EUROPA-FACHBUCHREIHE
für Metallberufe

# Tabellenbuch für Metallbautechnik

**Herausgegeben von Armin Steinmüller**

Autoren:  M. Fehrmann     Dr. E. Ignatowitz    D. Köhler
         F. Köhler        G. Lämmlin           H.-J. Pahl
         A. Steinmüller   A. Weingartner

**8. verbesserte Auflage**

**Europa-Nr.: 16011**

VERLAG EUROPA-LEHRMITTEL · Nourney, Vollmer GmbH & Co. KG
Düsselberger Straße 23 · 42781 Haan-Gruiten

**Autoren**

| | | |
|---|---|---|
| Fehrmann, Michael | Dipl.-Ing. (FH), Studienrat | Waiblingen |
| Ignatowitz, Eckhard | Dr.-Ing., Studienrat | Waldbronn |
| Köhler, Dagmar | Dipl.-Ing.-Päd. | Dresden |
| Köhler, Frank | Dipl.-Ing.-Päd. | Dresden |
| Lämmlin, Gerhard | Dipl.-Ing.; Studiendirektor | Neustadt/Weinstraße |
| Pahl, Hans-Joachim | Oberstudienrat | Hamburg |
| Steinmüller, Armin | Dipl.-Ing. | Hamburg |
| Weingartner, Alfred | Studiendirektor i. R. | München |

Für die Mitarbeit an der 1. bis 5. Auflage dieses Buches dankt der Arbeitskreis Herrn Jürgen Hohenstein und Herrn Werner Röhrer; für die Mitarbeit an der 1. bis 6. Auflage Herrn Gunter Mahr.

**Lektorat** und Leitung des Arbeitskreises:
Steinmüller, Armin; Dipl.-Ing., Verlagslektor, Hamburg

**Bildbearbeitung:**
Zeichenbüro des Verlages Europa-Lehrmittel, Ostfildern

Die Angaben in diesem Tabellenbuch beziehen sich auf die neuesten Ausgaben der Normblätter und sonstiger amtlicher Regelwerke. Es sind jedoch nur auf das Wesentliche beschränkte ausgewählte Teile der Originale. Verbindlich für die Anwendung sind nur die Original-Normblätter mit dem neuesten Ausgabedatum des DIN (Deutsches Institut für Normung e.V.) selbst. Sie können durch die Beuth Verlag GmbH, Burggrafenstr. 6, 10787 Berlin, bezogen werden.

Auch andere Inhalte, die auf Verordnungen, Regelwerken oder Herstellervorgaben unterschiedlicher Herkunft basieren, dürfen nur an Hand der jeweils neuesten Ausgabe der Originalfassung angewendet werden. In diesem Nachschlagewerk stehen in der Regel nur Auszüge aus den oft umfangreichen Unterlagen.

Das vorliegende Werk wurde mit aller gebotenen Sorgfalt erarbeitet. Dennoch übernehmen Autoren, Herausgeber und Verlag für die Richtigkeit von Fakten, Hinweisen und Vorschlägen sowie für eventuelle Satz- und Druckfehler keine Haftung.

In diesem Buch wiedergegebene Namen und Bezeichnungen dürfen nicht als frei zur allgemeinen Benutzung im Sinne der Warenzeichen- und Markenschutz-Gesetzgebung betrachtet werden. Bei der Entstehung dieses Buches wurde auf eventuelle Urheberrechte Dritter Rücksicht genommen. Sollten Rechteinhaber ihre Rechte verletzt sehen, bitten wir um Benachrichtigung.

8. Auflage 2014

Druck 5 4 3 2 1

Alle Drucke dieser Auflage sind im Unterricht nebeneinander einsetzbar, da sie bis auf die korrigierten Druckfehler und kleine Normänderungen unverändert sind.

ISBN 978 3 8085 1609 6

Alle Rechte vorbehalten. Das Werk ist urheberrechtlich geschützt. Jede Verwertung außerhalb der gesetzlich geregelten Fälle muss vom Verlag schriftlich genehmigt werden.

© 2014 by Verlag Europa-Lehrmittel, Nourney, Vollmer GmbH & Co. KG, 42781 Haan-Gruiten
http://www.europa-lehrmittel.de
Satz: rkt, 42799 Leichlingen, www.rktypo.com
Druck: B.O.S.S Druck und Medien GmbH, 47574 Goch

# Vorwort

Während der letzten Jahrzehnte hat sich die Berufsgruppe der Metallbauer und Konstruktionsmechaniker zusammen mit den Stahl- und Metallbauunternehmen stark entwickelt – sowohl auf Grund neuer Tendenzen in der Architektur als auch wegen erhöhter Anforderungen beim Wärmeschutz von Gebäuden als Beitrag zum Klimaschutz. Die für diese Berufe herausgegebene Fachbuchreihe des Verlages EUROPA-LEHRMITTEL besitzt mit diesem Tabellenbuch eine für Unterricht und Praxis notwendige aktuelle Basis an Daten und Fakten. Es ist aber auch unabhängig vom Schulunterricht als Nachschlagewerk geeignet.

In erster Linie ist diese Tabellen- und Formelsammlung für die Berufsausbildung der Metallbauer und Konstruktionsmechaniker bestimmt. Um den vielfältigen Anforderungen der beruflichen Weiterbildung Rechnung zu tragen, wurden darüber hinaus Informationen aufgenommen, die für den Unterricht in Meisterschulen und Fachschulen Bedeutung haben. Außerdem enthält dieses Nachschlagewerk für Studierende der Architektur und des Bauwesens viele wichtige Angaben und kann ein hilfreicher Wegweiser zu anderen Quellen mit weitergehenden Detailinformationen sein.

Der Inhalt des Buches gliedert sich in die nebenstehend aufgeführten acht Themenbereiche. Die Vielfalt der in diesem Buch dargebotenen Informationen bedingt, dass hin und wieder Inhalte einer Überschrift zugeordnet werden, die möglicherweise auch an anderer Stelle stehen könnten.

Jeder der 8 Hauptteile enthält Formeln, Tabellen, Definitionen und in manchen Fällen auch knappe Erläuterungen. In den Tabellen sind wesentliche Inhalte von DIN-Normen, Regeln der Behörden und Berufsgenossenschaften, Stoffwerte und Firmenangaben zu speziellen Verfahren und Konstruktionslösungen zu finden.

Zum schnellen Aufsuchen bestimmter Sachverhalte dienen die umfangreichen Teil-Inhaltsverzeichnisse sowie ein Sachwortverzeichnis mit englischer Übersetzung. Inhaltlich ähnliche Seiten wurden nach denselben grafischen Prinzipien benutzerfreundlich gestaltet. Bei Normteilen, Werkstoffen, vielen Bauteilen sowie bei Kurzangaben in Zeichnungen wird jeweils ein Bezeichnungsbeispiel aufgeführt. Zu Beginn eines entsprechenden Sachteils findet sich außerdem häufig eine Erläuterung zum Aufbau der Bezeichnungsbeispiele.

Die jetzt vorliegende **8. Auflage** entspricht in der Abfolge von Seiten und Themen der vorherigen. Alle Normangaben wurden überprüft und, falls notwendig, aktualisiert.

Der Umfang des gesamten Fachgebietes und die Vielfalt der Informationen aus den in permanenter Weiterentwicklung befindlichen einzelnen Sachgebieten des Metall- und Stahlbaus zwang uns im Interesse einer überschaubaren Seitenzahl dazu, manche von einzelnen Lesern gewünschte Sachverhalte nicht zu berücksichtigen.

Wir danken unseren Lesern für ihre Zuschriften und hoffen auch weiterhin auf ihre Meinungsäußerungen. Ebenso sind wir stets dankbar für Fehlerhinweise, Anregungen und Verbesserungsvorschläge, die wir Sie bitten, an **lektorat@europa-lehrmittel.de** zu schicken.

Sommer 2014                                                      Autoren und Verlag

---

**Mathematische Grundlagen**

**Naturwissenschaftlich-technische Grundlagen**

**Arbeitsplanung
Technische Kommunikation
Arbeitssicherheit
Umweltschutz**

**Werkstoffe**

**Bauteile
Befestigungsmittel
Verbindungsmittel**

**Fertigungstechnik**

**Konstruktionselemente und Bauteile**

**Steuerungs- und Regelungstechnik, NC-Technik**

# Inhaltsübersicht

## M Technische Mathematik 5

Formelzeichen, mathematische Zeichen . . . . . . . . . 6
Einheiten, Umwandlungstabellen. . . . . . . . . . . . . . 7
Mathematische Grundlagen . . . . . . . . . . . . . . . . . 10
Winkel. . . . . . . . . . . . . . . . . . . . . . . . . . . . . . . . . . 15
Längen . . . . . . . . . . . . . . . . . . . . . . . . . . . . . . . . . 17
Flächen . . . . . . . . . . . . . . . . . . . . . . . . . . . . . . . . . 18
Volumen, Oberflächen, Masse. . . . . . . . . . . . . . . . 23
Längenbezogene und flächenbezogene Masse. . . 27
Schwerpunkte . . . . . . . . . . . . . . . . . . . . . . . . . . . . 28

## N Naturwissenschaftlich-technische Grundlagen 29

Kräfte und Bewegungen . . . . . . . . . . . . . . . . . . . . 30
Arbeit, Leistung, Energie . . . . . . . . . . . . . . . . . . . . 34
Druck. . . . . . . . . . . . . . . . . . . . . . . . . . . . . . . . . . . 36
Statik, Festigkeit . . . . . . . . . . . . . . . . . . . . . . . . . . 37
Einwirkungen auf Tragwerke. . . . . . . . . . . . . . . . . 51
Elektrotechnik . . . . . . . . . . . . . . . . . . . . . . . . . . . . 59
Bauphysik . . . . . . . . . . . . . . . . . . . . . . . . . . . . . . . 61
Chemie . . . . . . . . . . . . . . . . . . . . . . . . . . . . . . . . . 76

## A Arbeitsplanung – Technische Kommunikation – Arbeitssicherheit – Umweltschutz 79

Grundlagen der Technischen Kommunikation . . . 80
Grundlagen des Technischen Zeichnens . . . . . . . . 81
Geometrische Grundkonstruktionen . . . . . . . . . . 96
Maßeintragung . . . . . . . . . . . . . . . . . . . . . . . . . . 103
Grenzmaße und Passungen. . . . . . . . . . . . . . . . . 116
Oberflächenbeschaffenheit . . . . . . . . . . . . . . . . . 124
Wärmebehandlungsangaben . . . . . . . . . . . . . . . 126
Schweißzeichnungen . . . . . . . . . . . . . . . . . . . . . 127
Metall- und Stahlbauzeichnungen . . . . . . . . . . . . 132
Rohrleitungsdarstellungen . . . . . . . . . . . . . . . . . 141
Bauzeichnungen . . . . . . . . . . . . . . . . . . . . . . . . . 143
Gestaltung . . . . . . . . . . . . . . . . . . . . . . . . . . . . . 148
Gesundheit und Sicherheit am Arbeitsplatz . . . . . 150
Gefahrstoffe. . . . . . . . . . . . . . . . . . . . . . . . . . . . . 156

## W Werkstoffe 159

Stoffwerte . . . . . . . . . . . . . . . . . . . . . . . . . . . . . . 160
Werkstoffnummern. . . . . . . . . . . . . . . . . . . . . . . 162
Bezeichnungssystem für Stähle . . . . . . . . . . . . . 164
Stahlsorten. . . . . . . . . . . . . . . . . . . . . . . . . . . . . 169
Harte Schneidstoffe. . . . . . . . . . . . . . . . . . . . . . . 173
Stahlbleche . . . . . . . . . . . . . . . . . . . . . . . . . . . . . 174
Warmgewalzte Stahlprofile . . . . . . . . . . . . . . . . . 177
Rohre . . . . . . . . . . . . . . . . . . . . . . . . . . . . . . . . . 188
Bauteile und Erzeugnisse aus Stahl . . . . . . . . . . . 194
Flächen- und längenbezogene Massen . . . . . . . . 196
Nichteisenmetalle . . . . . . . . . . . . . . . . . . . . . . . . 198
Kunststoffe und Kunststofferzeugnisse . . . . . . . . 204
Schmierstoffe und Hydrauliköle . . . . . . . . . . . . . 207
Korrosionsschutz. . . . . . . . . . . . . . . . . . . . . . . . . 209
Wärmebehandlung der Stähle . . . . . . . . . . . . . . 220
Werkstoffprüfung . . . . . . . . . . . . . . . . . . . . . . . . 223
RAL-Farbregister . . . . . . . . . . . . . . . . . . . . . . . . . 227

## B Bauteile, Befestigungsmittel, Verbindungsmittel 229

Gewinde. . . . . . . . . . . . . . . . . . . . . . . . . . . . . . . 230
Schrauben, Eigenschaften und Belastungen . . . . 235
Schraubenarten. . . . . . . . . . . . . . . . . . . . . . . . . . 244
Muttern und Scheiben . . . . . . . . . . . . . . . . . . . . 258
Bolzen, Splinte, Kerbstifte . . . . . . . . . . . . . . . . . . 264
Niete . . . . . . . . . . . . . . . . . . . . . . . . . . . . . . . . . . 266
Befestigungselemente . . . . . . . . . . . . . . . . . . . . 269
Montagetechnik . . . . . . . . . . . . . . . . . . . . . . . . . 282
Anschlagmittel, Handzeichen. . . . . . . . . . . . . . . 284

## F Fertigungstechnik 291

Biegetechnik . . . . . . . . . . . . . . . . . . . . . . . . . . . 292
Schmieden. . . . . . . . . . . . . . . . . . . . . . . . . . . . . 302
Mechanisches und thermisches Trennen . . . . . . . 303
Antriebstechnik . . . . . . . . . . . . . . . . . . . . . . . . . 306
Spanende Fertigungsverfahren. . . . . . . . . . . . . . 311
Schweißen . . . . . . . . . . . . . . . . . . . . . . . . . . . . . 318
Löten . . . . . . . . . . . . . . . . . . . . . . . . . . . . . . . . . 338
Kleben . . . . . . . . . . . . . . . . . . . . . . . . . . . . . . . . 340
Kalkulation . . . . . . . . . . . . . . . . . . . . . . . . . . . . . 341

## K Konstruktionselemente und Bauteile 347

Schlösser . . . . . . . . . . . . . . . . . . . . . . . . . . . . . . 348
Türöffneranlage, Schließanlagen . . . . . . . . . . . . . 354
Türen . . . . . . . . . . . . . . . . . . . . . . . . . . . . . . . . . 357
Bänder . . . . . . . . . . . . . . . . . . . . . . . . . . . . . . . . 366
Tore . . . . . . . . . . . . . . . . . . . . . . . . . . . . . . . . . . 368
Treppen . . . . . . . . . . . . . . . . . . . . . . . . . . . . . . . 377
Geländer . . . . . . . . . . . . . . . . . . . . . . . . . . . . . . 387
Fenster . . . . . . . . . . . . . . . . . . . . . . . . . . . . . . . . 397
Verglasungen. . . . . . . . . . . . . . . . . . . . . . . . . . . 402
Fugendichtstoffe . . . . . . . . . . . . . . . . . . . . . . . . 419
Sonnenschutzeinrichtungen . . . . . . . . . . . . . . . . 421
Stahlbau. . . . . . . . . . . . . . . . . . . . . . . . . . . . . . . 423
Metallbauelemente. . . . . . . . . . . . . . . . . . . . . . . 442
Rohrrahmenprofile . . . . . . . . . . . . . . . . . . . . . . . 444
Instandhaltung . . . . . . . . . . . . . . . . . . . . . . . . . . 452

## S Steuerungs- und Regelungstechnik, CNC-Technik 453

Grundbegriffe der Steuerungs- und
 Regelungstechnik . . . . . . . . . . . . . . . . . . . . . . . 454
Schaltalgebra und elektrotechnische
 Schaltzeichen . . . . . . . . . . . . . . . . . . . . . . . . . . 455
Schutzmaßnahmen gegen gefährliche
 Körperströme . . . . . . . . . . . . . . . . . . . . . . . . . . 459
Logische Verknüpfungen . . . . . . . . . . . . . . . . . . 460
GRAFCET . . . . . . . . . . . . . . . . . . . . . . . . . . . . . . 464
Funktionsdiagramme . . . . . . . . . . . . . . . . . . . . . 466
Pneumatik und Hydraulik. . . . . . . . . . . . . . . . . . 467
Steuerung von Werkzeugmaschinen. . . . . . . . . . 476
Datenverarbeitung und Internet . . . . . . . . . . . . . 485

**Normen und Regeln**     **487**

**Sachwortverzeichnis**     **490**

**Quellenverzeichnis**     **500**

# M  Technische Mathematik  5

## Allgemeine Grundlagen  6
Formelzeichen. . . . . . . . . . . . . . . . . . . . . . . . . . . . . . . . . . . . . . . . . . . . . . . . . . . . . . . . . . . . . 6
Mathematische Zeichen . . . . . . . . . . . . . . . . . . . . . . . . . . . . . . . . . . . . . . . . . . . . . . . . . . . 6
Einheiten im Messwesen . . . . . . . . . . . . . . . . . . . . . . . . . . . . . . . . . . . . . . . . . . . . . . . . . 7
Umrechnung von Maßeinheiten . . . . . . . . . . . . . . . . . . . . . . . . . . . . . . . . . . . . . . . . . . . . 9

## Mathematische Grundlagen  10
Bruchrechnung . . . . . . . . . . . . . . . . . . . . . . . . . . . . . . . . . . . . . . . . . . . . . . . . . . . . . . . . . 10
Vorzeichenregeln . . . . . . . . . . . . . . . . . . . . . . . . . . . . . . . . . . . . . . . . . . . . . . . . . . . . . . . 10
Klammerrechnung . . . . . . . . . . . . . . . . . . . . . . . . . . . . . . . . . . . . . . . . . . . . . . . . . . . . . . 10
Potenzieren – Radizieren . . . . . . . . . . . . . . . . . . . . . . . . . . . . . . . . . . . . . . . . . . . . . . . . . 11
Umformen von Gleichungen . . . . . . . . . . . . . . . . . . . . . . . . . . . . . . . . . . . . . . . . . . . . . . 12
Umstellen von Formeln. . . . . . . . . . . . . . . . . . . . . . . . . . . . . . . . . . . . . . . . . . . . . . . . . . 13
Prozentrechnung . . . . . . . . . . . . . . . . . . . . . . . . . . . . . . . . . . . . . . . . . . . . . . . . . . . . . . . 13
Schlussrechnung – Dreisatz . . . . . . . . . . . . . . . . . . . . . . . . . . . . . . . . . . . . . . . . . . . . . . 14
Mischungsrechnung . . . . . . . . . . . . . . . . . . . . . . . . . . . . . . . . . . . . . . . . . . . . . . . . . . . . 14

## Winkel  15
Winkelarten. . . . . . . . . . . . . . . . . . . . . . . . . . . . . . . . . . . . . . . . . . . . . . . . . . . . . . . . . . . 15
Strahlensatz . . . . . . . . . . . . . . . . . . . . . . . . . . . . . . . . . . . . . . . . . . . . . . . . . . . . . . . . . . 15
Zehnerpotenzen . . . . . . . . . . . . . . . . . . . . . . . . . . . . . . . . . . . . . . . . . . . . . . . . . . . . . . . 15
Winkelsumme im Dreieck . . . . . . . . . . . . . . . . . . . . . . . . . . . . . . . . . . . . . . . . . . . . . . . . 15
Winkelfunktionen in rechtwinkligen Dreieck . . . . . . . . . . . . . . . . . . . . . . . . . . . . . . . . . 16
Winkelfunktionen im schiefwinkligen Dreieck . . . . . . . . . . . . . . . . . . . . . . . . . . . . . . . .
Anwendungen des Sinus- und Kosinussatzes . . . . . . . . . . . . . . . . . . . . . . . . . . . . . . . .

## Längen  17
Gestreckte Längen . . . . . . . . . . . . . . . . . . . . . . . . . . . . . . . . . . . . . . . . . . . . . . . . . . . . . 17
Rohlängen von Schmiede- und Pressstücken. . . . . . . . . . . . . . . . . . . . . . . . . . . . . . . . . 17
Teilung von Längen, Randabstände. . . . . . . . . . . . . . . . . . . . . . . . . . . . . . . . . . . . . . . . 17

## Flächen  18
Gradlinig begrenzte einfache Flächen . . . . . . . . . . . . . . . . . . . . . . . . . . . . . . . . . . . . . . 18
Lehrsatz des Pythagoras . . . . . . . . . . . . . . . . . . . . . . . . . . . . . . . . . . . . . . . . . . . . . . . . 19
Lehrsatz des Euklid . . . . . . . . . . . . . . . . . . . . . . . . . . . . . . . . . . . . . . . . . . . . . . . . . . . . 19
Höhensatz . . . . . . . . . . . . . . . . . . . . . . . . . . . . . . . . . . . . . . . . . . . . . . . . . . . . . . . . . . . . 19
Gleichseitiges Dreieck . . . . . . . . . . . . . . . . . . . . . . . . . . . . . . . . . . . . . . . . . . . . . . . . . . 19
Regelmäßiges und unregelmäßiges Vieleck. . . . . . . . . . . . . . . . . . . . . . . . . . . . . . . . . . 20
Kreis – Kreisring . . . . . . . . . . . . . . . . . . . . . . . . . . . . . . . . . . . . . . . . . . . . . . . . . . . . . . . 20
Kreisringausschnitt – Kreisausschnitt . . . . . . . . . . . . . . . . . . . . . . . . . . . . . . . . . . . . . . 21
Kreisabschnitt – Ellipse . . . . . . . . . . . . . . . . . . . . . . . . . . . . . . . . . . . . . . . . . . . . . . . . . 21
Zusammengesetzte Flächen . . . . . . . . . . . . . . . . . . . . . . . . . . . . . . . . . . . . . . . . . . . . . 22
Verschnitt . . . . . . . . . . . . . . . . . . . . . . . . . . . . . . . . . . . . . . . . . . . . . . . . . . . . . . . . . . . . 22

## Volumen – Oberflächen  23
Würfel – Vierkantprisma . . . . . . . . . . . . . . . . . . . . . . . . . . . . . . . . . . . . . . . . . . . . . . . . 23
Zylinder – Hohlzylinder – Torus. . . . . . . . . . . . . . . . . . . . . . . . . . . . . . . . . . . . . . . . . . . 23
Pyramide – Pyramidenstumpf – Kegel – Kegelstumpf. . . . . . . . . . . . . . . . . . . . . . . . . . 24
Kugel – Kugelabschnitt – Kugelausschnitt. . . . . . . . . . . . . . . . . . . . . . . . . . . . . . . . . . . 25
Flächen und Volumen nach der Guldin'schen Regel. . . . . . . . . . . . . . . . . . . . . . . . . . . 25

## Volumen – Masse  26
Volumen von Werkstücken . . . . . . . . . . . . . . . . . . . . . . . . . . . . . . . . . . . . . . . . . . . . . . 26
Masse von Werkstücken . . . . . . . . . . . . . . . . . . . . . . . . . . . . . . . . . . . . . . . . . . . . . . . . 26
Längenbezogene und flächenbezogene Masse . . . . . . . . . . . . . . . . . . . . . . . . . . . . . . 27

## Schwerpunkte  28
Linienschwerpunkte. . . . . . . . . . . . . . . . . . . . . . . . . . . . . . . . . . . . . . . . . . . . . . . . . . . . 28
Flächenschwerpunkte . . . . . . . . . . . . . . . . . . . . . . . . . . . . . . . . . . . . . . . . . . . . . . . . . . 28

**Erläuterungen zu den folgenden 7 Teilinhaltsverzeichnissen:**
Um eine optimale Übersichtlichkeit und schnelles Auffinden zu erreichen, wurden manchmal Überschriften verkürzt, zusammengefasst oder auch anders formuliert als auf den jeweiligen Seiten. Dabei bleiben die inhaltlichen Aussagen aber stets gewahrt.

# 6 Allgemeine Grundlagen

## Formelzeichen
vgl. DIN 1304-1 (1994-03)

| Formelzeichen | Bedeutung | Formelzeichen | Bedeutung | Formelzeichen | Bedeutung |
|---|---|---|---|---|---|
| **Länge, Fläche, Volumen, Winkel** | | **Mechanik** | | **Wärme** | |
| $l$ | Länge | $m$ | Masse | $T, \Theta$ | thermodynamische Temperatur[3] |
| $b$ | Breite | $m'$ | längenbezogene Masse | | |
| $h$ | Höhe, Tiefe | $m''$ | flächenbezogene Masse | $\Delta T, \Delta t,$ $\Delta \vartheta$ | Temperaturdifferenz[3] |
| $r, R$ | Radius, Halbmesser | $\varrho$ | Dichte | $t, \vartheta$ | Celsius-Temperatur[3] |
| $d, D$ | Durchmesser | $J$ | Trägheitsmoment, Massenmoment 2. Grades | $\alpha_l, \alpha$ | Längenausdehnungskoeffizient |
| $s$ | Weglänge, Kurvenlänge | | | | |
| $\lambda$ | Wellenlänge | $F$ | Kraft | $\alpha_V, \gamma$ | Volumenausdehnungskoeffizient |
| $A, S$ | Fläche, Querschnittsfläche | $F_G, G$ | Gewichtskraft | | |
| | | $M$ | Drehmoment | $Q$ | Wärme, Wärmemenge |
| $V$ | Volumen | $T$ | Torsionsmoment | $\lambda$ | Wärmeleitfähigkeit |
| $\alpha, \beta, \gamma$ | ebener Winkel | $M_b$ | Biegemoment | $\alpha$ | Wärmeübergangskoeffizient[3] |
| $\Omega$ | Raumwinkel | $p$ | Druck | | |
| | | $p_{abs}$ | absoluter Druck | $k$ | Wärmedurchgangskoeffizient[3] |
| **Zeit** | | $p_{amb}$ | Atmosphärendruck | | |
| $t$ | Zeit, Dauer | $p_e$ | Überdruck | $\Phi, \dot{Q}$ | Wärmestrom[3] |
| $T$ | Periodendauer | $\sigma$ | Normalspannung | $a$ | Temperaturleitfähigkeit |
| $f, \nu$ | Frequenz | $\tau$ | Schubspannung | $C$ | Wärmekapazität |
| $n$ | Drehzahl, Umdrehungsfrequenz | $A$ | Bruchdehnung[2] | $c$ | spez. Wärmekapazität |
| | | $\varepsilon$ | Dehnung, rel. Längenänd. | $H_u$ | spezifischer Heizwert |
| $\omega$ | Winkelgeschwindigkeit | $E$ | Elastizitätsmodul | **Elektrizität** | |
| $v, u$ | Geschwindigkeit | $G$ | Schubmodul | | |
| $a$ | Beschleunigung | $\mu, f$ | Reibungszahl | $Q$ | Ladung, Elektrizitätsmenge |
| $g$ | örtliche Fallbeschleunigung | $W$ | Widerstandsmoment | | |
| | | $I$ | Flächenmoment 2. Grades | $U$ | Spannung |
| $\alpha$ | Winkelbeschleunigung | | | $C$ | Kapazität |
| $q_v, \dot{V}$ | Volumenstrom | $W, E$ | Arbeit, Energie | $\varepsilon$ | Permittivität |
| | | $W_p, E_p$ | potenzielle Energie | $I$ | Stromstärke |
| **Akustik** | | $W_k, E_k$ | kinetische Energie | $L$ | Induktivität |
| | | $P$ | Leistung | $\mu$ | Permeabilität |
| $p$ | Schalldruck | $\eta$ | Wirkungsgrad | $R$ | Widerstand |
| dB(A) | Schallpegel[1] | **Licht, elektromagnet. Strahlung** | | $\varrho$ | spezifischer Widerstand |
| $c$ | Schallgeschwindigkeit | | | $\gamma, \varkappa$ | elektrische Leitfähigkeit |
| $L_p$ | Schalldruckpegel | $E_v$ | Beleuchtungsstärke | $X$ | Blindwiderstand |
| $L_N$ | Lautstärkepegel | $f$ | Brennweite | $Z$ | Scheinwiderstand |
| $I$ | Schallintensität | $n$ | Brechzahl | $\varphi$ | Phasenverschiebungswinkel |
| $N$ | Lautheit | $I_e$ | Strahlstärke | | |
| | | $Q_e, W$ | Strahlungsenergie | $N$ | Windungszahl |

[1] nicht in DIN 1304; siehe Seite 72  [2] nicht in DIN 1304; siehe Seite 169 ff.  [3] Abweichungen von DIN 1304 s.S. 61 bis 71

## Mathematische Zeichen

| Math. Zeichen | Sprechweise | Math. Zeichen | Sprechweise | Math. Zeichen | Sprechweise |
|---|---|---|---|---|---|
| $\approx$ | ungefähr gleich | $\pi$ | pi (Kreiszahl = 3,14159…) | ln | natürlicher Logarithmus |
| $\hat{=}$ | entspricht | $a^x$ | a hoch x, x-te Potenz von a | log | Logarithmus (allgemein) |
| … | und so weiter bis | $\sqrt{\ }$ | Quadratwurzel aus | lg | dekadischer Logarithmus |
| $=$ | gleich | $\sqrt[n]{\ }$ | n-te Wurzel aus | sin | Sinus |
| $\neq$ | ungleich | $|x|$ | Betrag von x | cos | Kosinus |
| def | ist definitionsgemäß gleich | $\infty$ | unendlich | tan | Tangens |
| | | | | cot | Kotangens |
| $<$ | kleiner | $\perp$ | senkrecht auf | arcsin | Arcussinus |
| $\leq$ | kleiner gleich | $\parallel$ | ist parallel zu | % | Prozent, vom Hundert |
| $>$ | größer | $\uparrow\uparrow$ | gleichsinnig parallel | ‰ | Promille, vom Tausend |
| $\geq$ | größer gleich | $\uparrow\downarrow$ | gegensinnig parallel | (), [], {} | runde, eckige, geschweifte Klammer auf und zu |
| $+$ | plus | $\measuredangle$ | Winkel | | |
| $-$ | minus | $\triangle$ | Dreieck | $\overline{AB}$ | Strecke AB |
| $\cdot$ | mal, multipliziert mit | $\cong$ | kongruent zu | $\overset{\frown}{AB}$ | Bogen AB |
| $-, /, :$ | durch, geteilt durch | $\Delta x$ | Delta x (Differenz zweier Werte) | $a', a''$ | a Strich, a zwei Strich |
| $\Sigma$ | Summe | | | $a_1, a_2$ | a eins, a zwei |
| $\sim$ | proportional | | | | |

# Allgemeine Grundlagen

## Einheiten im Messwesen

Die Einheiten im Messwesen sind im Internationalen Einheitensystem (SI = Systeme International) festgelegt. Es baut auf den sieben *Basiseinheiten* (Grundeinheiten) auf, von denen weitere Einheiten abgeleitet werden.
→ vgl. DIN 1301-1 (2002-10), -2 (1978-02), -3 (1979-10)

**M**

### Basisgrößen und Basiseinheiten

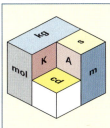

| Basisgröße | Basiseinheit | Einheitenzeichen |
|---|---|---|
| Länge | Meter | m |
| Masse | Kilogramm | kg |
| Zeit | Sekunde | s |
| elektrische Stromstärke | Ampere | A |
| Temperatur | Kelvin | K |
| Stoffmenge | Mol | mol |
| Lichtstärke | Candela | cd |

### Größen und Einheiten

| Größe | Formel-zeichen | Einheit Name | Zeichen | Beziehung | Bemerkung |
|---|---|---|---|---|---|
| **Länge, Fläche, Volumen, Winkel** | | | | | |
| Länge | $l$ | Meter | m | 1 m = 10 dm = 100 cm = 1000 mm<br>1 mm = 1000 µm<br>1 km = 1000 m | 1 inch = 1 Zoll = 25,4 mm<br>In der Luft- und Seefahrt gilt:<br>1 internationale Seemeile = 1852 m |
| Fläche | $A, S$ | Quadratmeter | m² | 1 m² = 10 000 cm² = 1 000 000 mm² | Zeichen $S$ nur für Querschnittsflächen |
| | | Ar<br>Hektar | a<br>ha | 1 a = 100 m²<br>1 ha = 100 a = 10 000 m²<br>100 ha = 1 km² | Ar und Hektar nur für Flächen von Grundstücken |
| Volumen | $V$ | Kubikmeter | m³ | 1 m³ = 1000 dm³ = 1 000 000 cm³ | |
| | | Liter | l, L | 1 l = 1 L = 1 dm³ = 10 dl = 0,001 m³<br>1 ml = 1 cm³ | Meist für Flüssigkeiten und Gase |
| ebener Winkel (Winkel) | $\alpha, \beta, \gamma \ldots$ | Radiant | rad | 1 rad = 1 m/m = 57,2957...°<br>= 180°/π | 1 rad ist der Winkel, der aus einem um den Scheitelpunkt geschlagenen Kreis mit 1 m Radius einen Bogen von 1 m Länge schneidet.<br>Bei techn. Berechnungen z.B. nicht $\alpha = 33°\ 17'\ 27{,}6''$, sondern besser $\alpha = 33{,}291°$ verwenden. |
| | | Grad | ° | $1° = \dfrac{\pi}{180}$ rad = 60' | |
| | | Minute | ' | 1' = 1°/60 = 60'' | |
| | | Sekunde | '' | 1'' = 1'/60 = 1°/3600 | |
| **Zeit** | | | | | |
| Zeit, Zeitspanne, Dauer | $t$ | Sekunde<br>Minute<br>Stunde<br>Tag<br>Jahr | s<br>min<br>h<br>d<br>a | 1 min = 60 s<br>1 h = 60 min = 3600 s<br>1 d = 24 h | 3 h bedeutet eine Zeitspanne (3 Std.)<br>3$^h$ bedeutet einen Zeitpunkt (3 Uhr).<br>Werden Zeitpunkte in gemischter Form, z.B. 3$^h$24$^m$10$^s$ geschrieben, so kann das Zeichen min auf m verkürzt werden. |
| Drehzahl, Umdrehungsfrequenz | $n$ | 1 durch Sekunde<br>1 durch Minute | 1/s<br>1/min | 1/s = 60/min = 60 min$^{-1}$<br>1/min = 1 min$^{-1}$ = $\dfrac{1}{60\ \text{s}}$ | |
| Geschwindigkeit | $v$ | Meter durch Sekunde<br>Meter durch Minute<br>Kilometer d. Stunde | m/s<br>m/min<br>km/h | 1 m/s = 60 m/min = 3,6 km/h<br>1 m/min = $\dfrac{1\ \text{m}}{60\ \text{s}}$<br>1 km/h = $\dfrac{1000\ \text{m}}{3600\ \text{s}}$ = $\dfrac{1\ \text{m}}{3{,}6\ \text{s}}$ | Geschwindigkeit bei der Seefahrt in Knoten (kn).<br>1 kn = 1,852 km/h<br>Mile per hour = 1 mile/h = 1 mph<br>1 mph = 1,60934 km/h |
| Beschleunigung | $a, g$ | Meter durch Sekunde hoch zwei | m/s² | 1 m/s² = $\dfrac{1\ \text{m/s}}{1\ \text{s}}$ | Formelzeichen $g$ nur für Fallbeschleunigung.<br>$g = 9{,}81$ m/s² |

# 8 Allgemeine Grundlagen

## Einheiten im Messwesen → vgl. DIN 1301-1 (2002-10), -2 (1978-02), -3 (1979-10)

### Größen und Einheiten (Fortsetzung)

| Größe | Formel-zeichen | Einheit Name | Einheit Zeichen | Beziehung | Bemerkung |
|---|---|---|---|---|---|
| **Mechanik** | | | | | |
| Masse | $m$ | **Kilogramm** Gramm Megagramm Tonne | kg g Mg t | 1 kg = 1000 g 1 g = 1000 mg 1 t = 1000 kg = 1 Mg 0,2 g = 1 Kt | Gewicht im Sinne eines Wägeergebnisses oder eines Wägestückes ist eine Größe von der Art der Masse (Einheit kg). Masse für Edelsteine in Karat (Kt). |
| längenbezogene Masse | $m'$ | Kilogramm durch Meter | kg/m | 1 kg/m = 1 g/mm | Die längenbezogene Masse wird z.B. zur Berechnung der Masse (Gewicht) von Stabwerkstoffen, Profilen und Rohren verwendet. |
| flächenbezogene Masse | $m''$ | Kilogramm durch Meter hoch zwei | kg/m² | 1 kg/m² = 0,1 g/cm² | Die flächenbezogene Masse wird z.B. zur Berechnung der Masse von Blechen verwendet. |
| Dichte | $\varrho$ | Kilogramm durch Meter hoch drei | kg/m³ | 1000 kg/m³ = 1 t/m³ = 1 kg/dm³ = 1 g/cm³ = 1 g/ml = 1 mg/mm³ | Die Dichte ist eine vom Ort unabhängige Größe. |
| Trägheitsmoment, Massenmoment 2. Grades | $J$ | Kilogramm mal Meter hoch zwei | kg · m² | | früher: Massenträgheitsmoment |
| Kraft Gewichtskraft | $F$ $F_G, G$ | Newton | N | $1\,N = 1\,\frac{kg \cdot m}{s^2} = 1\,\frac{J}{m}$ 1 MN = 10³ kN = 1 000 000 N | Die Kraft 1 N bewirkt bei der Masse 1 kg in 1 s eine Geschwindigkeitsänderung von 1 m/s. |
| Drehmoment Biegemoment Torsionsmoment | $M$ $M_b$ $T$ | Newton mal Meter | N · m | | |
| Druck mechanische Spannung | $p$ $\sigma, \tau$ | Pascal Newton durch Meter hoch zwei | Pa N/m² | 1 Pa = 1 N/m² = 0,01 mbar 1 bar = 100 000 N/m² = 10 N/cm² = 10⁵ Pa 1 mbar = 1 hPa 1 N/mm² = 10 bar = 1 MN/m² = 1 MPa 1 bar = 0,1 N/mm² | Unter Druck versteht man die Kraft je Flächeneinheit. $p_e$ – Überdruck $p_{abs}$ – absoluter Druck $p_{atm}$ – atmosphärischer Druck |
| Flächenmoment 2. Grades | $I$ | Meter hoch vier Zentimeter hoch vier | m⁴ cm⁴ | 1 m⁴ = 100 000 000 cm⁴ | früher: Flächenträgheitsmoment |
| Energie, Arbeit Wärmemenge | $E, W$ | Joule | J | 1 J = 1 N · m = 1 W · s = 1 kg · m²/s² | Joule für jede Energieart, kW · h bevorzugt für elektrische Energie |
| Leistung Wärmestrom | $P, \Phi$ | Watt | W | 1 W = 1 J/s = 1 N · m/s = 1 V · A = 1 m² · kg/s³ | |
| **Elektrizität und Magnetismus** | | | | | |
| **Elektrische Stromstärke** Elektr. Spannung Elektr. Widerstand | $I$ $U$ $R$ | **Ampere** Volt Ohm | A V Ω | 1 V = 1 W/1 A = 1 J/C 1 Ω = 1 V/1 A | |
| spez. Widerstand | $\varrho$ | Ohm mal Meter | Ω · m | $10^{-6}\,\Omega \cdot m = 1\,\Omega \cdot mm^2/m$ | $\varrho = \frac{1}{\varkappa}$ in $\frac{\Omega \cdot mm^2}{m}$ |
| Leitfähigkeit | $\gamma, \varkappa$ | Siemens durch Meter | S/m | | $\varkappa = \frac{1}{\varrho}$ in $\frac{m}{\Omega \cdot mm^2}$ |
| Frequenz | $f$ | Hertz | Hz | $1\,Hz = \frac{1}{s}$; 1000 Hz = 1 kHz | |
| Elektr. Arbeit | $W$ | Joule | J | 1 J = 1 W · s = 1 N · m 1 kW · h = 3,6 MJ 1 W · h = 3,6 kJ | |

# Allgemeine Grundlagen

## Umrechnung von Maßeinheiten

### Längeneinheiten — Umrechnungszahl 10

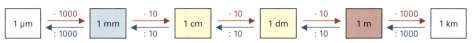

### Flächeneinheiten — Umrechnungszahl 100

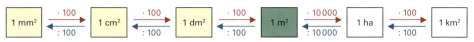

### Volumeneinheiten — Umrechnungszahl 1000

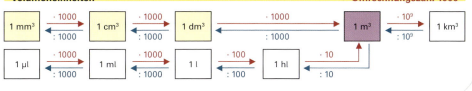

### Masseeinheiten

### Krafteinheiten

| 1 µN | ·1000 / :1000 | 1 mN | ·1000 / :1000 | 1 N | ·1000 / :1000 | 1 kN | ·1000 / :1000 | 1 MN |

### Druckeinheiten

$1\,\dfrac{N}{m^2}$ = 1 Pa  ·1000 / :1000  1 kPa  ·1000 / :1000  1 MPa = $1\,\dfrac{N}{mm^2}$

**1. Beispiel:** $4\,m^2 = ?\,cm^2$

$1\,m^2 \cdot \dfrac{1}{100} \cdot \dfrac{1}{100} = 1\,cm^2$

$\Rightarrow 1\,m^2 = 100 \cdot 100\,cm^2$

$\Rightarrow 4\,m^2 = 4 \cdot 100 \cdot 100\,cm^2 = 4 \cdot 10^4\,cm^2$

**2. Beispiel:** $3400\,mm^3 = ?\,dm^3$

$1\,mm^3 \cdot 1000 \cdot 1000 = 1\,dm^3 \Rightarrow 1\,mm^3 = \dfrac{1\,dm^3}{1000 \cdot 1000}$

$\Rightarrow 3400\,mm^3 = \dfrac{3400 \cdot 1\,dm^3}{1000 \cdot 1000} = 3400 \cdot 10^{-6}\,dm^3$

$= 0{,}0034\,dm^3$

### Vorsätze zur Bezeichnung von dezimalen Teilen und Vielfachen der Einheiten

| Vorsatz | Piko | Nano | Mikro | Milli | Zenti | Dezi | Deka | Hekto | Kilo | Mega | Giga | Tera |
|---|---|---|---|---|---|---|---|---|---|---|---|---|
| Vorsatzzeichen | P | N | µ | m | c | d | da | h | k | M | G | T |
| Zehnerpotenz | $10^{-12}$ | $10^{-9}$ | $10^{-6}$ | $10^{-3}$ | $10^{-2}$ | $10^{-1}$ | $10^{1}$ | $10^{2}$ | $10^{3}$ | $10^{6}$ | $10^{9}$ | $10^{12}$ |

Teile (z.B. $1\,\mu m = 10^{-6}\,m = 0{,}000\,001\,m$)  Vielfache (z.B. $1\,kN = 10^{3}\,N = 1000\,N$)

### Besondere Längeneinheiten

| 1 Zoll (″) | = 2,54 cm |
| 1 cm | = 0,394 Zoll (″) |
| 1 inch | = 1 Zoll |
| 1 USmile | = 1609 m |

### Besondere Flächeneinheiten

| 1 km² | = 100 ha |
| 1 ha | = 100 a |
| 1 a | = 100 m² |
| 1 Morgen | = 25 a |

### Besondere Volumeneinheiten

| 1 hl | = 100 l |
| 1 barrel | = 1,59 hl |
| 1 gallone | = 4,55 l |
| 1 l | = 1 dm³ |

# Mathematische Grundlagen

## Bruchrechnung

| Regel | Zahlenbeispiel | Algebraisches Beispiel |
|---|---|---|
| **Gleichnamige Brüche** werden addiert oder subtrahiert, indem man die Zähler addiert oder subtrahiert und die Nenner unverändert lässt. | $\frac{5}{8} + \frac{2}{8} - \frac{1}{8} = \frac{5+2-1}{8}$ $= \frac{6}{8} = \frac{3}{4}$ | $\frac{5}{a} - \frac{3}{a} + \frac{7}{a} = \frac{5-3+7}{a}$ $= \frac{9}{a}$ |
| Bei **ungleichnamigen Brüchen** muss zuerst der Hauptnenner gebildet werden, um sie addieren bzw. subtrahieren zu können. Der Hauptnenner ist der kleinste gemeinsame Nenner, in dem die Nenner aller Brüche ganzzahlig enthalten sind. Die Brüche werden durch Erweitern auf den Hauptnenner gebracht. | $\frac{1}{2} + \frac{2}{3} - \frac{3}{4} =$  Hauptnenner = 12 $= \frac{1 \cdot 6}{2 \cdot 6} + \frac{2 \cdot 4}{3 \cdot 4} - \frac{3 \cdot 3}{4 \cdot 3}$ $= \frac{6}{12} + \frac{8}{12} - \frac{9}{12}$ $= \frac{6+8-9}{12} = \frac{5}{12}$ | $\frac{a}{b} + \frac{c}{d} =$  Hauptnenner = $b \cdot d$ $= \frac{a \cdot d}{b \cdot d} + \frac{c \cdot b}{b \cdot d}$ $= \frac{a \cdot d + c \cdot b}{b \cdot d}$ |
| Ein Bruch wird mit einem anderen multipliziert, indem man Zähler mit Zähler und Nenner mit Nenner multipliziert. | $\frac{3}{5} \cdot \frac{2}{7} = \frac{3 \cdot 2}{5 \cdot 7} = \frac{6}{35}$ | $\frac{a}{b} \cdot \frac{c}{d} = \frac{a \cdot c}{b \cdot d}$ |
| Ein Bruch wird durch einen anderen Bruch dividiert, indem man den Dividenden (Bruch im Zähler) mit dem Kehrwert des Divisors (Bruch im Nenner) multipliziert. | $\frac{3}{4} : \frac{3}{5} = \frac{\frac{3}{4}}{\frac{3}{5}} = \frac{3 \cdot 5}{4 \cdot 3}$ $= \frac{5}{4} = 1\frac{1}{4}$ | $\frac{a}{b} : \frac{c}{d} = \frac{\frac{a}{b}}{\frac{c}{d}} = \frac{a \cdot d}{b \cdot c}$ |

## Vorzeichenregeln

| Regel | Zahlenbeispiel | Algebraisches Beispiel |
|---|---|---|
| Haben zwei Faktoren **gleiche** Vorzeichen, so wird das Produkt **positiv**. | $2 \cdot 5 = 10$ $(-2) \cdot (-5) = 10$ | $a \cdot x = ax$ $(-a) \cdot (-x) = ax$ |
| Haben zwei Faktoren **unterschiedliche** Vorzeichen, so wird das Produkt **negativ**. | $3 \cdot (-8) = -24$ $(-3) \cdot 8 = -24$ | $a \cdot (-x) = -ax$ $(-a) \cdot x = -ax$ |
| Haben Zähler und Nenner bzw. Dividend und Divisor **gleiche** Vorzeichen, so ist der Bruch bzw. der Quotient **positiv**. | $\frac{15}{3} = 15 : 3 = 5$ $\frac{-15}{-3} = (-15) : (-3) = 5$ | $\frac{a}{b} = \frac{a}{b}$ $\frac{-a}{-b} = \frac{a}{b}$ |
| Haben Zähler und Nenner bzw. Dividend und Divisor **unterschiedliche** Vorzeichen, so ist der Bruch bzw. der Quotient **negativ**. | $\frac{15}{-3} = 15 : (-3) = -5$ $\frac{-15}{3} = (-15) : 3 = -5$ | $\frac{a}{-b} = -\frac{a}{b}$ $\frac{-a}{b} = -\frac{a}{b}$ |
| **Punktrechnungen** ($\cdot$ und :) müssen **vor Strichrechnungen** (+ und −) ausgeführt werden. | $8 \cdot 4 - 18 \cdot 3 = 32 - 54$ $= -22$ $\frac{16}{4} + \frac{20}{5} - \frac{18}{3} = 4 + 4 - 6$ $= 2$ | $8a \cdot b - c \cdot 3d$ $= 4ab - 3cd$ |

## Klammerrechnung

| Regel | Zahlenbeispiel | Algebraisches Beispiel |
|---|---|---|
| Klammern, vor denen ein Pluszeichen steht, können weggelassen werden. Die Vorzeichen der Glieder bleiben dann unverändert. | $16 + (9 - 5)$ $= 16 + 9 - 5$ $= 20$ | $a + (b - c)$ $= a + b - c$ |
| Klammern, vor denen ein Minuszeichen steht, können nur aufgelöst (weggelassen) werden, wenn alle Summanden (Glieder in der Klammer) entgegengesetzte Vorzeichen erhalten. | $16 - (9 - 5)$ $= 16 - 9 + 5$ $= 12$ | $a - (b - c)$ $= a - b + c$ |

Fortsetzung auf Seite 11

# Mathematische Grundlagen

**Klammerrechnung** (Fortsetzung)

| Regel | Zahlenbeispiel | Algebraisches Beispiel |
|---|---|---|
| Ein Klammerausdruck wird mit einem Faktor multipliziert, indem man jedes Glied der Klammer mit dem Faktor multipliziert. | $7 \cdot (4 + 5)$ $= 7 \cdot 4 + 7 \cdot 5 = 63$ | $a \cdot (b + c)$ $= ab + ac$ |
| Ein Klammerausdruck wird mit einem Klammerausdruck multipliziert, indem man jedes Glied der einen Klammer mit jedem Glied der anderen Klammer multipliziert. | $(3 + 5) \cdot (10 - 7)$ $= 3 \cdot 10 + 3 \cdot (-7)$ $+ 5 \cdot 10 + 5 \cdot (-7)$ $= 30 - 21 + 50 - 35 = 24$ | $(a + b) \cdot (c - d)$ $= ac - ad + bc - bd$ |
| Ein Klammerausdruck wird durch einen Wert (Zahl, Buchstabe, Klammerausdruck) dividiert, indem man jedes Glied in der Klammer durch diesen Wert dividiert. | $(16 - 4) : 4$ $= 16 : 4 - 4 : 4$ $= 4 - 1 = 3$ | $(a + b) : c = a : c + b : c$ $\dfrac{a - b}{b} = \dfrac{a}{b} - 1$ |
| Ein Bruchstrich fasst Ausdrücke in gleicher Weise zusammen wie eine Klammer. | $\dfrac{3 + 4}{2} = (3 + 4) : 2$ | $\dfrac{a + b}{2} \cdot h = (a + b) \cdot \dfrac{h}{2}$ |
| Bei gemischten Punkt- und Strichrechnungen mit Klammerausdrücken müssen zuerst die Klammern aufgelöst und danach die Punkt- und dann die Strichrechnung ausgeführt werden. | $= 8 \cdot (3 - 2) + 4 \cdot (16 \cdot 5)$ $= 8 \cdot 1 + 4 \cdot 11$ $= 8 + 44 = 52$ | $= a \cdot (3x - 5x) - b \cdot (12y - 2)$ $= a \cdot (-2x) - b \cdot 10y$ $= -2ax - 10by$ |

**Potenzieren**

| | | |
|---|---|---|
| Potenzen mit gleicher Basis werden multipliziert, indem man die Exponenten addiert und die Basis beibehält. | $3^2 \cdot 3^3 = 3 \cdot 3 \cdot 3 \cdot 3 \cdot 3$ $= 3^5$ oder $3^2 \cdot 3^3 = 3^{(2+3)} = 3^5$ | $x^4 \cdot x^2 = x \cdot x \cdot x \cdot x \cdot x \cdot x$ $= x^6$ oder $x^4 \cdot x^2 = x^{(4+2)} = x^6$ |
| Potenzen mit gleicher Basis werden dividiert, indem man ihre Exponenten subtrahiert und die Basis beibehält. | $\dfrac{4^3}{4^2} = \dfrac{4 \cdot 4 \cdot 4}{4 \cdot 4} = 4$ oder $4^3 : 4^2 = 4^{(3-2)} = 4^1 = 4$ | $\dfrac{m^2}{m^3} = \dfrac{m \cdot m}{m \cdot m \cdot m} = \dfrac{1}{m} = m^{-1}$ oder $m^2 : m^3 = m^{(2-3)} = m^{-1} = \dfrac{1}{m}$ |
| Werden Potenzen mit einem Faktor multipliziert, so muss zuerst die Potenz berechnet werden. Potenzrechnung geht vor Punktrechnung. | $6 \cdot 10^3 = 6 \cdot 1000$ $= 6000$ $7 \cdot 10^{-2} = 7 \cdot \dfrac{1}{100} = 0{,}07$ | $a \cdot 10^2 = a \cdot 100 = 100\,a$ $b \cdot 10^{-1} = b \cdot \dfrac{1}{10} = 0{,}1\,b$ |
| Jede Potenz mit dem Exponenten Null hat den Wert 1. | $\dfrac{10^4}{10^4} = 10^{(4-4)} = 10^0 = 1$ | $(m + n)^0 = 1$ |

**Radizieren**

| | | |
|---|---|---|
| Ist der Radikand ein Produkt, so kann die Wurzel entweder aus dem Produkt oder aus jedem einzelnen Faktor gezogen werden. | $\sqrt{9 \cdot 16} = \sqrt{144} = 12$ oder $\sqrt{9 \cdot 16} = \sqrt{9} \cdot \sqrt{16} = 3 \cdot 4 = 12$ | $\sqrt[3]{a \cdot b} = \sqrt[3]{a} \cdot \sqrt[3]{b}$ |
| Ist der Radikand eine Summe oder eine Differenz, so kann nur aus dem Ergebnis die Wurzel gezogen werden. | $\sqrt{9 + 16} = \sqrt{25} = 5$ $\sqrt{5^2 - 4^2} = \sqrt{25 - 16} = \sqrt{9} = 3$ | $\sqrt[3]{a - b} = \sqrt[3]{(a - b)}$ |
| Eine Wurzel kann als Potenz geschrieben werden. | $\sqrt[3]{27} = 27^{\frac{1}{3}} = 3^{3 \cdot \frac{1}{3}} = 3^{\frac{3}{3}} = 3^1 = 3$ | $\sqrt{a} = a^{\frac{1}{2}}$ |

# Mathematische Grundlagen

## Umformen von Gleichungen

### Gleichheitsgrundsatz
Beide Seiten einer Gleichung können vertauscht werden.

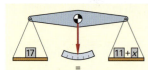

Die beiden Seiten einer Gleichung sind mit dem Gleichgewicht einer Waage vergleichbar.

$17 = 11 + x$
$11 + x = 17$

$48 = 6 \cdot y$
$6 \cdot y = 48$

Anwendung des Kommutativgesetztes

### Veränderungsoperationen
Die Veränderungen müssen so erfolgen, dass das Gleichgewicht erhalten bleibt.

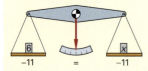

Auf beiden Seiten der Gleichung müssen die gleichen Rechenoperationen ausgeführt werden.

Auf beiden Seiten das Gleiche addieren oder subtrahieren.

Auf beiden Seiten mit dem Gleichen multiplizieren oder durch das Gleiche dividieren.

### Grundregel
Beim Seitentausch einer Größe ändert sich das Operationszeichen.

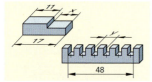

Die gesuchte Größe soll auf der linken Seite der Gleichung isoliert werden. Nach der Seitenwechselregel folgt:

aus + wird −    aus − wird +    aus · wird :    aus : wird ·

$11 + x = 17$
$x = 17 - 11$
$x = 6$

$6 \cdot y = 48$
$y = \frac{48}{6} = 8$

| Regel | Zahlenbeispiel | Algebraisches Beispiel |
|---|---|---|
| Durch **Addition** der gleichen Zahl oder Größe auf beiden Seiten steht die gesuchte Größe allein auf der linken Seite. | $y - 5 = 9$<br>$y - 5 + 5 = 9 + 5$<br>$y = 14$ | $y - c = d$<br>$y - c + c = d + c$<br>$y = d + c$ |
| Durch **Subtraktion** der gleichen Zahl oder Größe auf beiden Seiten steht die gesuchte Größe allein auf der linken Seite. | $x + 7 = 18$<br>$x + 7 - 7 = 18 - 7$<br>$x = 11$ | $x + a = b$<br>$x + a - a = b - a$<br>$x = b - a$ |
| Durch **Division** durch die gleiche Zahl oder Größe auf beiden Seiten steht die gesuchte Größe allein auf der linken Seite. | $6 \cdot x = 23$<br>$\frac{6 \cdot x}{6} = \frac{23}{6}$<br>$x = \frac{23}{6} = 3\frac{5}{6}$ | $a \cdot x = b$<br>$\frac{a \cdot x}{a} = \frac{b}{a}$<br>$x = \frac{b}{a}$ |
| Durch **Multiplikation** mit der gleichen Zahl oder Größe auf beiden Seiten steht die gesuchte Größe allein auf der linken Seite. | $\frac{y}{3} = 7$<br>$\frac{y \cdot 3}{3} = 7 \cdot 3$<br>$y = 21$ | $\frac{y}{c} = d$<br>$\frac{y \cdot c}{c} = d \cdot c$<br>$y = d \cdot c$ |
| Durch **Potenzieren** auf beiden Seiten steht die gesuchte Größe allein auf der linken Seite. | $\sqrt{x} = 4$<br>$(\sqrt{x})^2 = 4^2$<br>$x = 16$ | $\sqrt{x} = a + b$<br>$(\sqrt{x})^2 = (a+b)^2$<br>$x = a^2 + 2ab + b^2$ |
| Durch **Radizieren** auf beiden Seiten steht die gesuchte Größe allein auf der linken Seite. | $x^2 = 36$<br>$\sqrt{x^2} = \sqrt{36}$<br>$x = \pm 6$ | $x^2 = a + b$<br>$\sqrt{x^2} = \sqrt{a+b}$<br>$x = \pm\sqrt{a+b}$ |

# Mathematische Grundlagen

## Umstellen von Formeln

$$W_k = \frac{m \cdot v^2}{2}$$

Linke Formelseite — Rechte Formelseite

Wenn die zu ermittelnde Größe in einer Formel nicht allein auf einer Seite steht, dann ist es erforderlich die Formel umzustellen. Hier kommen die gleichen Regeln zur Anwendung wie beim Umformen von Gleichungen.
Demnach gilt für alle Schritte der Umstellung:

| Veränderung auf der **linken** Formelseite | = | Veränderung auf der **rechten** Formelseite |

**Beispiel:** Formel umstellen nach *v*

**Handlungsschritte** — **Lösungsschritte**

1 Multiplikation mit 2 auf beiden Seiten
$$W_k = \frac{m \cdot v^2}{2} \quad | \cdot 2$$

2 Kürzen von 2 auf der rechten Formelseite
$$2 \cdot W_k = \frac{2 \cdot m \cdot v^2}{2}$$

3 Beide Seiten durch *m* dividieren
$$\frac{2 \cdot W_k}{m} = \frac{m \cdot v^2}{m} \quad | : m$$

4 Kürzen von *m* auf der rechten Formelseite
$$\frac{2 \cdot W_k}{m} = \frac{m \cdot v^2}{m}$$

5 Formelseiten vertauschen
$$v^2 = \frac{2 \cdot W_k}{m} \quad | \sqrt{\phantom{x}}$$

6 Beide Formelseiten radizieren
$$\sqrt{v^2} = \sqrt{\frac{2 \cdot W_k}{m}} \quad \Rightarrow \quad v = \sqrt{\frac{2 \cdot W_k}{m}}$$

## Prozentrechnung

$$P_w = \frac{G_w \cdot P_s}{100\,\%}$$

$P_s$  Prozentsatz, Prozent
$P_w$  Prozentwert
$G_w$  Grundwert

Bei der Prozentrechnung werden anteilige Größen vom Ganzen berechnet.

### Prozentsatz
Der Prozentsatz gibt den Teil des Grundwertes in Hundertstel an.

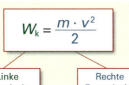

z. B.
$$\frac{75}{100} \text{ vom Ganzen} \triangleq 75\,\% \quad | \quad \frac{1}{100} \text{ vom Ganzen} \triangleq 1\,\%$$

### Grundwert
Der Grundwert ist der Wert einer Größe, von dem die Prozente zu berechnen sind.

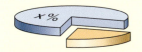

Der Grundwert ist immer eine Größe.
(*Größe = Zahlenwert · Einheit*), z. B. 500 cm$^2$
reiner Grundwert = 100 %
vermehrter Grundwert = 100 % + Prozentsatz
verminderter Grundert = 100 % − Prozentsatz

### Prozentwert
Der Prozentwert ist der Betrag der Größe des Grundwertes, den die Prozente des Grundwertes ergeben.

z. B.  | Prozentsatz 75 % | von | Grundwert 500 cm$^2$ | $\triangleq$ | Prozentwert 375 cm$^2$ |

**Beispiel:** Werkstückrohling 250 kg (Grundwert); Abbrand 2 % (Prozentsatz); Abbrand in kg = ? (Prozentwert)

$$P_w = \frac{G_w \cdot P_s}{100\,\%} = \frac{250\text{ kg} \cdot 2\,\%}{100\,\%} = 5\text{ kg}$$

# Mathematische Grundlagen

## Schlussrechnung, Mischungsrechnung

### Dreisatz für direkt proportionale Verhältnisse

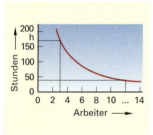

**Beispiel:** 60 Rohrkrümmer wiegen 330 kg. Wie groß ist die Masse von 35 Rohrkrümmern?

1 Satz: | Vorgabe | 60 Rohrkrümmer wiegen 330 kg

2. Satz: | Berechnung der Einheit: Durch Dividieren |

1 Rohrkrümmer wiegt $\frac{330 \text{ kg}}{60}$

3. Satz: | Berechnung der Mehrheit: Durch Multiplizieren |

35 Rohrkrümmer wiegen $\frac{330 \text{ kg} \cdot 35}{60}$ = **192,5 kg**

### Dreisatz für indirekt proportionale Verhältnisse

**Beispiel:** 3 Arbeiter erledigen einen Auftrag in 170 Stunden. Wie viele Stunden benötigen 12 Arbeiter für den gleichen Auftrag?

1 Satz: | Vorgabe | 3 Arbeiter benötigen 170 Stunden

2. Satz: | Berechnung der Einheit: Durch Dividieren |

1 Arbeiter benötigt 3 · 170 h

3. Satz: | Berechnung der Mehrheit: Durch Multiplizieren |

12 Arbeiter benötigen $\frac{3 \cdot 170 \text{ h}}{12}$ = **42,5 h**

### Dreisatz mit mehrgliedrigen Verhältnissen

**Beispiel:**

660 Werkstücke werden durch 5 Maschinen in 24 Tagen hergestellt.

In welcher Zeit können 312 Werkstücke gleicher Art von 9 Maschinen angefertigt werden?

**1. Dreisatz:** 5 Maschinen fertigen 660 Werkstücke in 24 Tagen
1 Maschine fertigt 660 Werkstücke in 24 · 5 Tagen
9 Maschinen fertigen 660 Werkstücke in $\frac{24 \cdot 5}{9}$ Tagen

**2. Dreisatz:** 9 Maschinen fertigen 660 Werkstücke in $\frac{24 \cdot 5}{9}$ Tagen
9 Maschinen fertigen 1 Werkstück in $\frac{24 \cdot 5}{9 \cdot 660}$ Tagen
9 Maschinen fertigen 312 Werkstücke in $\frac{24 \cdot 5 \cdot 312}{9 \cdot 660}$
= **6,3 Tagen**

### Mischungsrechnung

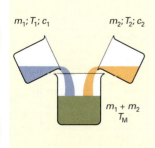

$m_1$, $m_2$ — Teilmassen
$T_1$, $T_2$ — Temperaturen der Teilmassen in K
$c_1$, $c_2$ — spez. Wärmekapazitäten[1] der Teilmassen
$T_M$ — Temperatur der Mischung

**Temperatur der Mischung**

$$T_M = \frac{c_1 \cdot m_1 \cdot T_1 + c_2 \cdot m_2 \cdot T_2}{c_1 \cdot m_1 + c_2 \cdot m_2}$$

**Beispiel:**
Ein Stahlbehälter mit $m_1$ = 6 kg und $T_1$ = 293 K wird mit $m_2$ = 24 l Wasser von $T_2$ = 318 K vollständig gefüllt. Welche Temperatur $T_M$ stellt sich ein?

$$T_M = \frac{c_1 \cdot m_1 \cdot T_1 + c_2 \cdot m_2 \cdot T_2}{c_1 \cdot m_1 + c_2 \cdot m_2} =$$

$$= \frac{0{,}49 \frac{\text{kJ}}{\text{kg} \cdot \text{K}} \cdot 6 \text{ kg} \cdot 293 \text{ K} + 4{,}18 \frac{\text{kJ}}{\text{kg} \cdot \text{K}} \cdot 24 \text{ kg} \cdot 318 \text{ K}}{0{,}49 \frac{\text{kJ}}{\text{kg} \cdot \text{K}} \cdot 6 \text{ kg} + 4{,}18 \frac{\text{kJ}}{\text{kg} \cdot \text{K}} \cdot 24 \text{ kg}}$$

= **317,29 K**
≙ **44,29 °C**

[1] Spezifische Wärmekapazität Seite 160 und Seite 161

# Winkel, Strahlensatz

## Winkelarten

### Nebenwinkel

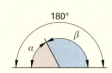

Nebenwinkel ergänzen sich zu 180°.

$$\alpha + \beta = \mathbf{180°}$$

### Stufenwinkel

Stufenwinkel sind gleich groß.

$$\alpha = \beta$$

### Scheitelwinkel

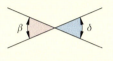

Scheitelwinkel sind gleich groß.

$$\beta = \delta$$

### Wechselwinkel

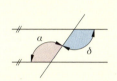

Wechselwinkel sind gleich groß.

$$\alpha = \delta$$

## Winkelsumme im Dreieck

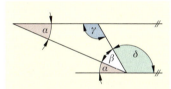

In jedem Dreieck ist die Summe der Innenwinkel gleich 180°.

$$\alpha + \beta + \gamma = \mathbf{180°}$$

Im rechtwinkligen Dreieck ist $\gamma = 90°$, die Winkel $\alpha$ und $\beta$ ergänzen sich zu 90°.

$$\alpha + \beta + \delta = \mathbf{180°}$$

## Strahlensatz

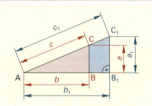

Werden zwei von einem Punkt ausgehende Strahlen von zwei Parallelen geschnitten, bilden die Abschnitte der Parallelen und die zugehörigen Strahlenabschnitte gleiche Verhältnisse.

$$\frac{a}{a_1} = \frac{b}{b_1} = \frac{c}{c_1}$$

$$\frac{a}{b} = \frac{a_1}{b_1} \qquad \frac{b}{c} = \frac{b_1}{c_1}$$

## Zehnerpotenzen

| Schreibweise als | | | Schreibweise als | | |
|---|---|---|---|---|---|
| Ziffer | Zehnerpotenz | Einheiten-Vorsatz | Ziffer | Zehnerpotenz | Einheiten-Vorsatz |
| 1 000 000 | $10^6$ | Mega (M) | 1 | $10^0$ | – |
| 100 000 | $10^5$ | – | 0,1 | $10^{-1}$ | Deci (d) |
| 10 000 | $10^4$ | – | 0,01 | $10^{-2}$ | Centi (c) |
| 1 000 | $10^3$ | Kilo (k) | 0,001 | $10^{-3}$ | Milli (c) |
| 100 | $10^2$ | Hekto (h) | 0,000 1 | $10^{-4}$ | – |
| 10 | $10^1$ | Deka (da) | 0,000 01 | $10^{-5}$ | – |
| 1 | $10^0$ | – | 0,000 001 | $10^{-6}$ | Mikro (µ) |

# Winkel

## Winkelfunktionen im rechtwinkligen Dreieck

| Bezeichnungen im rechtwinkligen Dreieck | Bezeichnungen der Seitenverhältnisse | Anwendung für $\alpha$ | Anwendung für $\beta$ |
|---|---|---|---|
| für ∢ $\alpha$: <br> $c$ Hypotenuse <br> $b$ Ankathete von $\alpha$ <br> $a$ Gegenkathete von $\alpha$ | Sinus = $\dfrac{\text{Gegenkathete}}{\text{Hypotenuse}}$ | $\sin \alpha = \dfrac{a}{c}$ | $\sin \beta = \dfrac{b}{c}$ |
| | Kosinus = $\dfrac{\text{Ankathete}}{\text{Hypotenuse}}$ | $\cos \alpha = \dfrac{b}{c}$ | $\cos \beta = \dfrac{a}{c}$ |
| für ∢ $\beta$: <br> $c$ Hypotenuse <br> $b$ Gegenkathete von $\beta$ <br> $a$ Ankathete von $\beta$ | Tangens = $\dfrac{\text{Gegenkathete}}{\text{Ankathete}}$ | $\tan \alpha = \dfrac{a}{b}$ | $\tan \beta = \dfrac{b}{a}$ |
| | Kotangens = $\dfrac{\text{Ankathete}}{\text{Gegenkathete}}$ | $\cot \alpha = \dfrac{b}{a}$ | $\cot \beta = \dfrac{a}{b}$ |

## Funktionswerte für ausgewählte Winkel

| | 0° | 30° | 45° | 60° | 90° | 180° | 270° | 360° |
|---|---|---|---|---|---|---|---|---|
| sin | 0 | $1/2 = 0{,}5000$ | $1/2 \cdot \sqrt{2} = 0{,}7071$ | $1/2 \cdot \sqrt{3} = 0{,}8660$ | 1 | 0 | −1 | 0 |
| cos | 1 | $1/2 \cdot \sqrt{3} = 0{,}8660$ | $1/2 \cdot \sqrt{2} = 0{,}7071$ | $1/2 = 0{,}5000$ | 0 | −1 | 0 | 1 |
| tan | 0 | $1/3 \cdot \sqrt{3} = 0{,}5774$ | 1 | $\sqrt{3} = 1{,}7321$ | ∞ | 0 | ∞ | 0 |
| cot | ∞ | $\sqrt{3} = 1{,}7321$ | 1 | $1/3 \cdot \sqrt{3} = 0{,}5774$ | 0 | ∞ | 0 | ∞ |

## Winkelfunktionen im schiefwinkligen Dreieck

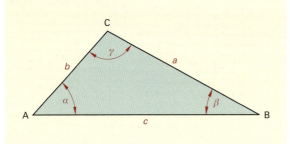

**Sinussatz**

$$a : b : c = \sin \alpha : \sin \beta : \sin \gamma$$
$$\frac{a}{\sin \alpha} = \frac{b}{\sin \beta} = \frac{c}{\sin \gamma}$$

**Kosinussatz**

$$a^2 = b^2 + c^2 - 2 b \cdot c \cdot \cos \alpha$$
$$b^2 = c^2 + a^2 - 2 c \cdot a \cdot \cos \beta$$
$$c^2 = a^2 + b^2 - 2 a \cdot b \cdot \cos \gamma$$

## Anwendungen des Sinus- und Kosinussatzes

| Seitenberechnung | Winkelberechnung | Flächenberechnung |
|---|---|---|
| $a = \dfrac{b \cdot \sin \alpha}{\sin \beta} = \dfrac{c \cdot \sin \alpha}{\sin \gamma}$ | $\sin \alpha = \dfrac{a \cdot \sin \beta}{b} = \dfrac{a \cdot \sin \gamma}{c}$ | $\cos \alpha = \dfrac{b^2 + c^2 - a^2}{2 \cdot b \cdot c}$ | $A = \dfrac{a \cdot b \cdot \sin \gamma}{2}$ |
| $b = \dfrac{a \cdot \sin \beta}{\sin \alpha} = \dfrac{c \cdot \sin \beta}{\sin \gamma}$ | $\sin \beta = \dfrac{b \cdot \sin \alpha}{a} = \dfrac{b \cdot \sin \gamma}{c}$ | $\cos \beta = \dfrac{a^2 + c^2 - b^2}{2 \cdot a \cdot c}$ | $A = \dfrac{b \cdot c \cdot \sin \alpha}{2}$ |
| $c = \dfrac{a \cdot \sin \gamma}{\sin \alpha} = \dfrac{b \cdot \sin \gamma}{\sin \beta}$ | $\sin \gamma = \dfrac{c \cdot \sin \alpha}{a} = \dfrac{a \cdot \sin \beta}{b}$ | $\cos \gamma = \dfrac{a^2 + b^2 - c^2}{2 \cdot a \cdot b}$ | $A = \dfrac{a \cdot c \cdot \sin \beta}{2}$ |

# Längen

## Gestreckte Längen

**Kreisringausschnitt**

D  Außendurchmesser
d  Innendurchmesser
$d_m$  mittlerer Durchmesser
s  Dicke
l  gestreckte Länge
$l_1, l_2$  Teillänge
L  zusammengesetzte Länge
Siehe auch Seite 293 ff.

**Gestreckte Länge beim Kreisring**

$$l = \pi \cdot d_m$$

**Gestreckte Länge beim Kreisringausschnitt**

$$l = \frac{\pi \cdot d_m \cdot \alpha}{360°}$$

**Zusammengesetzte Länge**

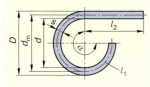

**Beispiel:**
Zusammengesetzte Länge (Bild links)
$D = 360$ mm; $s = 5$ mm; $\alpha = 270°$;
$l_2 = 70$ mm; $d_m = ?$; $L = ?$

$d_m = D - s = 360$ mm $- 5$ mm $= \mathbf{355}$ mm

$L = l_1 + l_2 = \dfrac{\pi \cdot d_m \cdot \alpha}{360°} + l_2$

$\phantom{L} = \dfrac{\pi \cdot 355 \text{ mm} \cdot 270°}{360°} + 70$ mm $= \mathbf{906{,}45}$ mm

**Mittlerer Durchmesser**

$$d_m = D - s$$
$$d_m = d + s$$

**Zusammengesetzte Längen**

$$L = l_1 + l_2 + \ldots$$

## Rohlängen von Schmiede- und Pressstücken

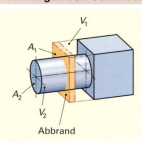

Abbrand

Beim Umformen ohne Abbrand ist das Volumen des Rohteiles gleich dem Volumen des Fertigteiles. Tritt Abbrand oder eine Gratbildung auf, so wird dies durch einen Zuschlag zum Volumen des Fertigteiles berücksichtigt.

$V_1$  Volumen des Rohteiles
$V_2$  Volumen des Fertigteiles
q  Zuschlagsfaktor für Abbrand oder Gratverluste
$A_1$  Querschnittsfläche des Rohteiles
$A_2$  Querschnittsfläche des Fertigteiles
$l_1$  Ausgangslänge der Zugabe
$l_2$  Länge des angeschmiedeten Teiles
Siehe auch Seite 302.

**Volumen ohne Abbrand**

$$V_1 = V_2$$

**Volumen mit Abbrand**

$$V_1 = V_2 + q \cdot V_2$$
$$V_1 = V_2 \cdot (1 + q)$$
$$A_1 \cdot l_1 = A_2 \cdot l_2 \cdot (1 + q)$$

**Beispiel:**
Wie groß muss die Ausgangslänge $l_1$ der Schmiedezugabe sein, wenn an einem Flachstahl 50 mm x 30 mm ein zylindrischer Zapfen mit $d = 24$ mm und $l_2 = 60$ mm abgesetzt werden soll?
Der Verlust durch Abbrand beträgt 10%.

$V_1 = V_2 \cdot (1 + q)$
$A_1 \cdot l_1 = A_2 \cdot l_2 \cdot (1 + q)$

$l_1 = \dfrac{A_2 \cdot l_2 \cdot (1 + q)}{A_1} = \dfrac{\pi \cdot (24 \text{ mm})^2 \cdot 60 \text{ mm} \cdot (1 + 0{,}1)}{4 \cdot 50 \text{ mm} \cdot 30 \text{ mm}} = \mathbf{20}$ mm

## Teilung von Längen, Randabstände

**Randabstand ≠ Teilung**

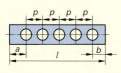

l  Gesamtlänge
n  Anzahl der Bohrungen, Sägeschnitte
p  Teilung
a, b  Randabstand

**Beispiel:** $l = 1950$ mm; $a = 100$ mm;
$b = 50$ mm; $n = 25$ Bohrungen;
$p = ?$

$p = \dfrac{l - (a + b)}{n - 1} = \dfrac{1950 \text{ mm} - 150 \text{ mm}}{25 - 1} = \mathbf{75}$ mm

**Teilung**

$$p = \frac{l - (a + b)}{n - 1}$$

$$l = p(n - 1) + (a + b)$$

**Randabstand = Teilung**

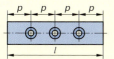

l  Gesamtlänge
n  Anzahl der Bohrungen, Sägeschnitte, …
p  Teilung
z  Anzahl der Teile

**Beispiel:** $l = 2$ m; $n = 24$ Bohrungen; $p = ?$

$p = \dfrac{l}{n + 1} = \dfrac{200 \text{ cm}}{24 + 1} = \mathbf{80}$ mm

**Teilung**

$$p = \frac{l}{n + 1}$$

**Anzahl der Teile**

$$z = n + 1$$

# 18 Flächen

## Geradlinig begrenzte einfache Flächen

### Quadrat

A  Fläche  e  Eckenmaß
l  Seitenlänge

**Beispiel:**
$l = 14$ mm; $A = ?$; $e = ?$
$A = l^2 = (14\text{ mm})^2 = $ **196 mm²**
$e = \sqrt{2} \cdot l = \sqrt{2} \cdot 14$ mm $= $ **19,8 mm**

**Fläche**
$$A = l^2$$

**Eckenmaß**
$$e = \sqrt{2} \cdot l$$

### Raute (Rhombus)

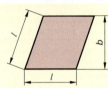

A  Fläche  b  Breite
l  Seitenlänge

**Beispiel:**
$l = 9$ mm; $b = 8,5$ mm; $A = ?$
$A = l \cdot b = 9$ mm $\cdot 8,5$ mm $= $ **76,5 mm²**

**Fläche**
$$A = l \cdot b$$

### Rechteck

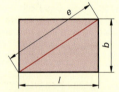

A  Fläche  b  Breite
l  Länge  e  Eckenmaß

**Beispiel:**
$l = 12$ mm; $b = 11$ mm; $A = ?$; $e = ?$
$A = l \cdot b = 12$ mm $\cdot 11$ mm $= $ **132 mm²**
$e = \sqrt{l^2 + b^2} = \sqrt{(12\text{ mm})^2 + (11\text{ mm})^2}$
$= \sqrt{265 \text{ mm}^2} = $ **16,28 mm**

**Fläche**
$$A = l \cdot b$$

**Eckenmaß**
$$e = \sqrt{l^2 + b^2}$$

### Parallelogramm (Rhomboid)

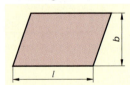

A  Fläche  b  Breite
l  Länge

**Beispiel:**
$l = 36$ mm; $b = 15$ mm; $A = ?$
$A = l \cdot b = 36$ mm $\cdot 15$ mm $= $ **540 mm²**

**Fläche**
$$A = l \cdot b$$

### Trapez

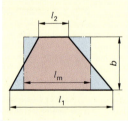

A  Fläche  $l_m$  mittlere Länge
$l_1$  große Länge  b  Breite
$l_2$  kleine Länge

**Beispiel:**
$l_1 = 23$ mm; $l_2 = 20$ mm; $b = 17$ mm;
$A = ?$

$A = \dfrac{l_1 + l_2}{2} \cdot b = \dfrac{23 \text{ mm} + 20 \text{ mm}}{2} \cdot 17$ mm
$= $ **365,5 mm²**

**Fläche**
$$A = \dfrac{l_1 + l_2}{2} \cdot b$$

**Mittlere Länge**
$$l_m = \dfrac{l_1 + l_2}{2}$$

### Dreieck

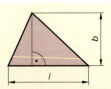

A  Fläche  b  Breite
l  Seitenlänge

**Beispiel:**
$l_1 = 62$ mm; $b = 29$ mm; $A = ?$

$A = \dfrac{l \cdot b}{2} = \dfrac{62 \text{ mm} \cdot 29 \text{ mm}}{2} = $ **899 mm²**

**Fläche**
$$A = \dfrac{l \cdot b}{2}$$

# Flächen

## Lehrsatz des Pythagoras

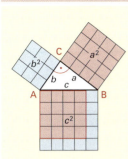

Im **rechtwinkligen Dreieck** ist das Hypotenusenquadrat flächengleich der Summe der beiden Kathetenquadrate.

$a$ Kathete   $c$ Hypotenuse
$b$ Kathete

**Hypotenusenquadrat**
$$c^2 = a^2 + b^2$$

**1. Beispiel:**
$c = 35$ mm;  $a = 21$ mm;  $b = ?$

$b = \sqrt{c^2 - a^2} = \sqrt{(35\text{ mm})^2 - (21\text{ mm})^2} =$ **28 mm**

**Hypotenuse**
$$c = \sqrt{a^2 + b^2}$$

**2. Beispiel:**
$a = 9$ mm;  $b = 12$ mm;  $c = ?$

$c = \sqrt{a^2 + b^2} = \sqrt{(9\text{ mm})^2 + (12\text{ mm})^2} =$ **15 mm**

**Katheten**
$$a = \sqrt{c^2 - b^2}$$
$$b = \sqrt{c^2 - a^2}$$

## Lehrsatz des Euklid (Kathetensatz)

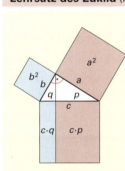

Das Quadrat über einer Kathete ist flächengleich einem Rechteck aus der Hypotenuse und dem anliegenden Hypotenusenabschnitt.

$a, b$ Kathete   $p, q$ Hypotenusenabschnitt
$c$ Hypotenuse

**Kathetenquadrat**
$$b^2 = c \cdot q$$

**Beispiel:**
Ein Rechteck mit $c = 6$ cm und $p = 3$ cm soll in ein flächengleiches Quadrat verwandelt werden. Wie groß ist die Quadratseite $a$?

$a^2 = c \cdot p$

$a = \sqrt{c \cdot p} = \sqrt{6\text{ cm} \cdot 3\text{ cm}} =$ **4,24 cm**

**Kathetenquadrat**
$$a^2 = c \cdot p$$

## Höhensatz

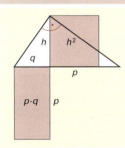

Das Quadrat über der Höhe $h$ ist flächengleich dem Rechteck aus den Hypotenusenabschnitten $p$ und $q$.

$h$ Höhe   $p, q$ Hypotenusenabschnitt

**Beispiel:**
Rechtwinkliges Dreieck
$p = 6$ cm;  $q = 2$ cm;  $h = ?$

$h^2 = p \cdot q$

$h = \sqrt{p \cdot q} = \sqrt{6\text{ cm} \cdot 2\text{ cm}} = \sqrt{12\text{ cm}^2} =$ **3,46 cm**

**Höhenquadrat**
$$h^2 = p \cdot q$$

## Gleichseitiges Dreieck

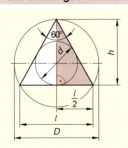

$A$ Fläche
$h$ Höhe
$d$ Inkreisdurchmesser
$D$ Umkreisdurchmesser
$l$ Seitenlänge

**Beispiel:**
$l = 42$ cm;  $A = ?$;  $h = ?$

$A = \dfrac{1}{4} \cdot \sqrt{3} \cdot l^2$

$= \dfrac{1}{4} \cdot \sqrt{3} \cdot (42\text{ mm})^2 =$ **763,9 mm²**

**Umkreisdurchmesser**
$$D = \dfrac{2}{3} \cdot \sqrt{3} \cdot l = 2 \cdot d$$

**Inkreisdurchmesser**
$$d = \dfrac{1}{3} \cdot \sqrt{3} \cdot l = \dfrac{D}{2}$$

**Fläche**
$$A = \dfrac{1}{4} \cdot \sqrt{3} \cdot l^2$$

**Dreieckshöhe**
$$h = \dfrac{1}{2} \cdot \sqrt{3} \cdot l$$

# Flächen

## Regelmäßiges Vieleck

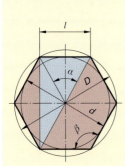

| | |
|---|---|
| $A$ | Fläche |
| $l$ | Seitenlänge |
| $D$ | Umkreisdurchmesser |
| $d$ | Inkreisdurchmesser |
| $n$ | Eckenzahl |
| $\alpha$ | Mittelpunktswinkel |
| $\beta$ | Eckenwinkel |

**Beispiel:**
Sechseck mit $D = 80$ mm
$l = ?;\ d = ?;\ A = ?$

$l = D \cdot \sin\left(\dfrac{180°}{n}\right) = 80\ \text{mm} \cdot \sin\left(\dfrac{180°}{6}\right)$
$\phantom{l}= 40$ mm

$d = \sqrt{D^2 - l^2} = \sqrt{6\,400\ \text{mm}^2 - 1\,600\ \text{mm}^2}$
$\phantom{d}= 69{,}282$ mm

$A = \dfrac{n \cdot l \cdot d}{4} = \dfrac{6 \cdot 40\ \text{mm} \cdot 69{,}282\ \text{mm}}{4}$
$\phantom{A}= 4\,156{,}92\ \text{mm}^2$

**Inkreisdurchmesser**
$$d = \sqrt{D^2 - l^2}$$

**Umkreisdurchmesser**
$$D = \sqrt{d^2 + l^2}$$

**Vielecksfläche**
$$A = \dfrac{n \cdot l \cdot d}{4}$$

**Seitenlänge**
$$l = D \cdot \sin\left(\dfrac{180°}{n}\right)$$

**Mittelpunktswinkel**
$$\alpha = \dfrac{360°}{n}$$

**Eckenwinkel**
$$\beta = 180° - \alpha$$

## Unregelmäßiges Vieleck

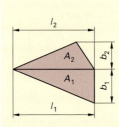

| | | | |
|---|---|---|---|
| $A$ | Gesamtfläche | $l_1, l_2$ | Länge |
| $A_1, A_2$ | Teilfläche | $b_1, b_2$ | Breite |

**Beispiel:**
$l_1 = 80$ mm;  $l_2 = 80$ mm;  $b_1 = 40$ mm;
$b_2 = 30$ mm
$A_1 = ?;\ A_2 = ?;\ A = ?$

$A_1 = \dfrac{l_1 \cdot b_1}{2} = \dfrac{80\ \text{mm} \cdot 40\ \text{mm}}{2} = 1\,600\ \text{mm}^2$

$A_2 = \dfrac{l_2 \cdot b_2}{2} = \dfrac{80\ \text{mm} \cdot 30\ \text{mm}}{2} = 1\,200\ \text{mm}^2$

$A = A_1 + A_2 = 1600\ \text{mm}^2 + 1200\ \text{mm}^2 = 2800\ \text{mm}^2$

**Gesamtfläche**
$$A = A_1 + A_2 + \ldots$$

## Kreis

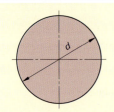

| | |
|---|---|
| $A$ | Fläche |
| $U$ | Umfang |
| $d$ | Durchmesser |

**Beispiel:**
$d = 60$ mm;  $A = ?;\ U = ?$

$A = \dfrac{\pi \cdot d^2}{4} = \dfrac{\pi \cdot (60\ \text{mm})^2}{4} = 2\,827\ \text{mm}^2$

$U = \pi \cdot d = \pi \cdot 60\ \text{mm} = 188{,}5$ mm

**Fläche**
$$A = \dfrac{\pi \cdot d^2}{4}$$

**Umfang**
$$U = \pi \cdot d$$

## Kreisring

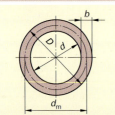

| | | | |
|---|---|---|---|
| $A$ | Fläche | $b$ | Breite |
| $d_m$ | mittlerer Durchmesser | | |
| $D$ | Außendurchmesser | | |
| $d$ | Innendurchmesser | | |

**Beispiel:** $D = 160$ mm;  $d = 125$ mm;  $A = ?$

$A = \dfrac{\pi}{4} \cdot (D^2 - d^2)$

$\phantom{A}= \dfrac{\pi}{4} \cdot (160^2\ \text{mm}^2 - 125^2\ \text{mm}^2) = 7\,834\ \text{mm}^2$

**Fläche**
$$A = \pi \cdot d_m \cdot b$$
$$A = \dfrac{\pi}{4} \cdot (D^2 - d^2)$$

# Flächen

## Kreisringausschnitt

A Fläche
d Innendurchmesser
D Außendurchmesser
α Mittelpunktwinkel

**Fläche**
$$A = \frac{\pi \cdot \alpha}{4 \cdot 360°} \cdot (D^2 - d^2)$$

**Beispiel:**
$D = 120$ mm; $d = 180$ mm; $\alpha = 110°$; $A = ?$

$A = \dfrac{\pi \cdot \alpha}{4 \cdot 360°} \cdot (D^2 - d^2) = \dfrac{\pi \cdot 110°}{4 \cdot 360°} \cdot (120^2 - 80^2)$ mm² = **1 920 mm²**

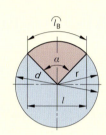

## Kreisausschnitt

A Fläche
d Durchmesser
$\widehat{l_B}$ Bogenlänge
l Sehnenlänge
r Radius
α Mittelpunktwinkel

**Fläche**
$$A = \frac{\pi \cdot d^2}{4} \cdot \frac{\alpha}{360°}$$

$$A = \frac{\widehat{l_B} \cdot r}{2}$$

**Beispiel:**
$d = 48$ mm; $\alpha = 110°$; $\widehat{l_B} = ?$; $A = ?$

$\widehat{l_B} = \dfrac{\pi \cdot r \cdot \alpha}{180°} = \dfrac{\pi \cdot 24 \text{ mm} \cdot 110°}{180°} =$ **46,1 mm**

$A = \dfrac{\widehat{l_B} \cdot r}{2} = \dfrac{46,1 \text{ mm} \cdot 24 \text{ mm}}{2} =$ **553 mm²**

**Sehnenlänge**
$$l = 2 \cdot r \cdot \sin \frac{\alpha}{2}$$

**Bogenlänge**
$$\widehat{l_B} = \frac{\pi \cdot r \cdot \alpha}{180°}$$

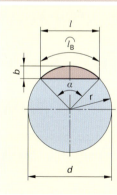

## Kreisabschnitt

A Fläche
d Durchmesser
r Radius
l Sehnenlänge
$\widehat{l_B}$ Bogenlänge
b Breite
α Mittelpunktwinkel

$$A = \frac{\widehat{l_B} \cdot r - l \cdot (r - b)}{2}$$

$$A = \frac{\pi \cdot d^2}{4} \cdot \frac{\alpha}{360°} - \frac{l \cdot (r - b)}{2}$$

$$b = r \cdot \left(1 - \cos \frac{\alpha}{2}\right)$$

**Beispiel:**
$b = 15,1$ mm; $l = 52$ mm;
$\widehat{l_B} = 62,83$ mm; $d = 60$ mm;
$r = 30$ mm; $A = ?$

$A = \dfrac{\widehat{l_B} \cdot r - l \cdot (r - b)}{2}$

$= \dfrac{(62,83 \cdot 30) \text{ mm}^2 - 52 \cdot (30 - 15,1) \text{ mm}^2}{2} =$ **555,1 mm²**

## Ellipse

A Fläche
d kleine Achse
D große Achse
U Umfang

**Fläche**
$$A = \frac{\pi \cdot D \cdot d}{4}$$

**Umfang**
$$U \approx \frac{\pi}{2} \cdot (D + d)$$

**Beispiel:**
$D = 65$ mm; $d = 20$ mm;
$\alpha = 110°$; $A = ?$

$A = \dfrac{\pi \cdot D \cdot d}{4} = \dfrac{\pi \cdot 65 \text{ mm} \cdot 20 \text{ mm}}{4} =$ **1 021 mm²**

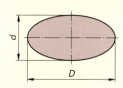

# 22 Flächen

## Zusammengesetzte Flächen

$A_W$ — Werkstückfläche
$A_1; A_2; \ldots$ — Teilflächen
$l_1; l_2; \ldots$ — Längen
$R_1; R_2; \ldots$ — Radien
$d_1; d_2; \ldots$ — Durchmesser

$$A_W = A_1 + A_2 + A_3 + \ldots + A_n$$

Es hat sich als zweckmäßig erwiesen, zusammengesetzte Flächen in möglichst einfach zu berechnende Teilflächen zu zerlegen.

**Beispiel:**
Ermitteln der Werkstückfläche $A_W$ durch Zerlegen in Teilflächen, die möglichst einfach zu berechnen sind.
$R_1 = 10$ cm;  $R_2 = 5$ cm;  $R_3 = 2$ cm;  $d_1 = 4$ cm;  $d_2 = 10$ cm;
$l_1 = 52$ cm;  $l_2 = 42$ cm;  $l_3 = 20$ cm;  $l_4 = 4$ cm;  $l_5 = 30$ cm;
$A = A_W = ?$

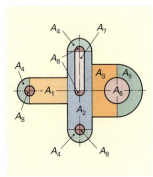

| Teil-fläche | Form | Berechnung | Vor-zei-chen | Flächen-inhalt (cm²) |
|---|---|---|---|---|
| $A_1$ | | $A_1 = (l_3 - R_2) \cdot 2 R_2 =$ $(20 \text{ cm} - 5 \text{ cm}) \cdot 2 \cdot 5 \text{ cm} =$ | + | 150 |
| $A_2$ | | $A_2 = l_5 \cdot 2 R_2 = 30 \text{ cm} \cdot 2 \cdot 5 \text{ cm} =$ | + | 300 |
| $A_3$ | | $A_3 = 2 R_1 \cdot (l_4 - R_2) =$ $2 \cdot 10 \text{ cm} \cdot (15 \text{ cm} - 5 \text{ cm}) =$ | + | 200 |
| $A_4$ | | $A_4 = \dfrac{3}{8} \cdot \dfrac{\pi}{4} \cdot (2 \cdot R_2)^2 = \dfrac{3}{8} \cdot \pi \cdot (2 \cdot 5 \text{ cm})^2 =$ | + | 117,8 |
| $A_5$ | | $A_5 = \dfrac{1}{2} \cdot \dfrac{\pi}{4} \cdot (2 \cdot R_1)^2 = \dfrac{\pi}{8} \cdot (20 \text{ cm})^2 =$ | + | 157,1 |
| $A_6$ | | $A_6 = \dfrac{\pi}{4} \cdot d_2^2 = \dfrac{\pi}{4} \cdot (10 \text{ cm})^2 =$ | − | 78,54 |
| $A_7$ | | $A_7 = \dfrac{l_5}{2} \cdot 2 \cdot R_3 = \dfrac{30 \text{ cm}}{2} \cdot 2 \cdot 2 \text{ cm} =$ | − | 60 |
| $A_8$ | | $A_8 = 3 \cdot \dfrac{\pi}{4} \cdot d_1^2 = 3 \cdot \dfrac{\pi}{4} \cdot (4 \text{ cm})^2 =$ | − | 37,7 |
| Werkstückfläche $A_W$ | | | = | **748,66** |

## Verschnitt

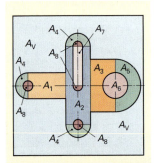

$A_{Ges}$ — Fläche des Rohteils, Ausgangsfläche
$A_W$ — Werkstückfläche, Abwicklungsfläche
$A_V$ — Verschnittfläche, Verschnitt

$$A_{Ges} = A_W + A_V$$

$$A_W = A_1 + A_2 + A_3 + \ldots + A_n$$

$$A_V = A_{Ges} - A_W$$

**Beispiel:**
$A_W = 748,66 \text{ cm}^2$;  $A_V = ?$

$A_{Ges} = l_1 \cdot l_2 = 52 \text{ cm} \cdot 42 \text{ cm}$
$\phantom{A_{Ges}} = 2184 \text{ cm}^2$

$$A_{V\,(\%)} = \dfrac{A_{Ges} - A_W}{A_{Ges}} \cdot 100\,\%$$

$$A_{V\,(\%)} = \dfrac{2184 \text{ cm}^2 - 748,66 \text{ cm}^2}{2184 \text{ cm}^2} \cdot 100\,\% = 66\,\%$$

# Volumen – Oberflächen

## Würfel

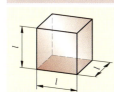

$V$ Volumen
$l$ Seitenlänge
$A_O$ Oberfläche

**Beispiel:** $l = 20$ mm;  $V = ?$
$V = l^3 = (20\ \text{mm})^3 = \mathbf{8\,000\ mm^3}$
$A_O = 6 \cdot l^2 = 6 \cdot (20\ \text{mm}) = \mathbf{2\,400\ mm^3}$

**Volumen**
$$V = l^3$$

**Oberfläche**
$$A_O = 6 \cdot l^2$$

## Vierkantprisma

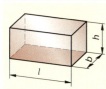

$V$ Volumen   $h$ Höhe
$A_O$ Oberfläche   $b$ Breite
$l$ Seitenlänge

**Beispiel:**
$l = 6$ cm;  $b = 3$ cm;  $h = 2$ cm;  $V = ?$
$V = l \cdot b \cdot h = 6\ \text{cm} \cdot 3\ \text{cm} \cdot 2\ \text{cm} = \mathbf{36\ cm^3}$

**Volumen**
$$V = l \cdot b \cdot h$$

**Oberfläche**
$$A_O = 2 \cdot (l \cdot b + l \cdot h + b \cdot h)$$

## Zylinder

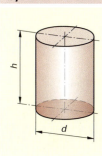

$V$ Volumen   $d$ Durchmesser
$A_O$ Oberfläche   $h$ Höhe
$A_M$ Mantelfläche

**Beispiel:**
$d = 14$ mm;  $h = 25$ mm;  $V = ?$

$V = \dfrac{\pi \cdot d^2}{4} \cdot h$

$\phantom{V} = \dfrac{\pi \cdot (14\ \text{mm})^2}{4} \cdot 25\ \text{mm}$

$\phantom{V} = \mathbf{3\,848\ mm^3}$

**Volumen**
$$V = \dfrac{\pi \cdot d^2}{4} \cdot h$$

**Oberfläche**
$$A_O = \pi \cdot d \cdot h + 2 \cdot \dfrac{\pi \cdot d^2}{4}$$

**Mantelfläche**
$$A_M = \pi \cdot d \cdot h$$

## Hohlzylinder

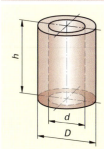

$V$ Volumen   $D, d$ Durchmesser
$A_O$ Oberfläche   $h$ Höhe

**Beispiel:**
$D = 42$ mm;  $d = 20$ mm;
$h = 80$ mm;  $V = ?$

$V = \dfrac{\pi \cdot h}{4} \cdot (D^2 - d^2)$

$\phantom{V} = \dfrac{\pi \cdot 80\ \text{mm}}{4} \cdot (42^2\ \text{mm}^2 - 20^2\ \text{mm}^2)$

$\phantom{V} = \mathbf{85\,703\ mm^3}$

**Volumen**
$$V = \dfrac{\pi \cdot h}{4} \cdot (D^2 - d^2)$$

**Oberfläche**
$$A_O = \pi \cdot (D + d) \cdot \left[\dfrac{1}{2} \cdot (D - d) + h\right]$$

## Torus

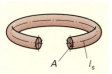

$V$ Volumen
$A$ Grundfläche
$l_s$ Schwerpunktlinie

**Beispiel:**
$A = 50{,}3$ mm$^2$;  $l_s = 1400$ mm;  $V = ?$
$V = A \cdot l_s = 0{,}3\ \text{mm9} \cdot 1400\ \text{mm} = \mathbf{70\,420\ mm^3}$

**Volumen**
$$V = A \cdot l_s$$

# 24 Volumen – Oberflächen

## Pyramide

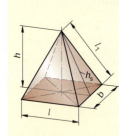

| | |
|---|---|
| $V$ Volumen | $l$ Seitenlänge |
| $h$ Höhe | $l_1$ Kantenlänge |
| $h_s$ Mantelhöhe | $b$ Breite |

**Beispiel:**
$l = 16$ mm; $b = 21$ mm; $h = 45$ mm;
$V = ?$

$$V = \frac{l \cdot b \cdot h}{3} = \frac{16 \text{ mm} \cdot 21 \text{ mm} \cdot 45 \text{ mm}}{3}$$

$= 5\,040$ mm³

**Volumen**
$$V = \frac{l \cdot b \cdot h}{3}$$

**Kantenlänge**
$$l_1 = \sqrt{h_s^2 + \frac{b^2}{4}}$$

**Mantelhöhe**
$$h_s = \sqrt{h^2 + \frac{l^2}{4}}$$

## Pyramidenstumpf

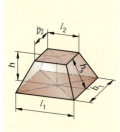

| | |
|---|---|
| $V$ Volumen | $h_s$ Mantelhöhe |
| $A_1$ Grundfläche | $l_1, l_2$ Seitenlänge |
| $A_2$ Deckfläche | $b_1, b_2$ Breite |
| $h$ Höhe | |

**Beispiel:**
$l_1 = 40$ mm; $l_2 = 22$ mm; $b_1 = 28$ mm;
$b_2 = 15$ mm; $h = 50$ mm;
$A_1 = 1\,120$ mm²; $A_2 = 330$ mm²; $V = ?$

$$V = \frac{h}{3} \cdot (A_1 + A_2 + \sqrt{A_1 \cdot A_2})$$

$= \frac{50 \text{ mm}}{3} \cdot (1\,120 + 330 + \sqrt{1\,120 \cdot 330})$ mm² $= 34\,299$ mm³

**Volumen**
$$V = \frac{h}{3} \cdot (A_1 + A_2 + \sqrt{A_1 \cdot A_2})$$

**Mantelhöhe**
$$h_s = \sqrt{h^2 + \left(\frac{l_1 - l_2}{2}\right)^2}$$

## Kegel

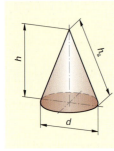

| | |
|---|---|
| $V$ Volumen | $h$ Höhe |
| $A_M$ Mantelfläche | $h_s$ Mantelhöhe |
| $d$ Durchmesser | |

**Beispiel:**
$d = 52$ mm; $h = 110$ mm; $V = ?$

$$V = \frac{\pi \cdot d^2}{4} \cdot \frac{h}{3}$$

$= \frac{\pi \cdot (52 \text{ mm})^2}{4} \cdot \frac{110 \text{ mm}}{3}$

$= 77\,870$ mm³

**Volumen**
$$V = \frac{\pi \cdot d^2}{4} \cdot \frac{h}{3}$$

**Mantelfläche**
$$A_M = \frac{\pi \cdot d \cdot h_s}{2}$$

**Mantelhöhe**
$$h_s = \sqrt{\frac{d^2}{4} + h^2}$$

## Kegelstumpf

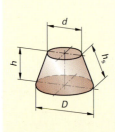

| | |
|---|---|
| $V$ Volumen | $d$ kleiner Durchmesser |
| $A_M$ Mantelfläche | $D$ großer Durchmesser |
| $h$ Höhe | $h_s$ Mantelhöhe |

**Beispiel:**
$D = 100$ mm; $d = 62$ mm; $h = 80$ mm;
$V = ?$

$$V = \frac{\pi \cdot h}{12} \cdot (D^2 + d^2 + D \cdot d)$$

$= \frac{\pi \cdot 80 \text{ mm}}{12} \cdot (100^2 + 62^2 + 100 \cdot 62)$ mm²

$= 419\,800$ mm³

**Volumen**
$$V = \frac{\pi \cdot h}{12} \cdot (D^2 + d^2 + D \cdot d)$$

**Mantelfläche**
$$A_M = \frac{\pi \cdot h_s}{2} \cdot (D + d)$$

**Mantelhöhe**
$$h_s = \sqrt{h^2 + \left(\frac{D - d}{2}\right)^2}$$

# Volumen – Oberflächen

## Kugel

$V$  Volumen  
$A_O$  Oberfläche  
$d$  Kugeldurchmesser

**Beispiel:** $d = 9$ mm; $V = ?$

$$V = \frac{\pi \cdot d^3}{6} = \frac{\pi \cdot (9 \text{ mm})^3}{6} = 382 \text{ mm}^3$$

**Volumen**
$$V = \frac{\pi \cdot d^3}{6}$$

**Oberfläche**
$$A_O = \pi \cdot d^2$$

## Kugelabschnitt

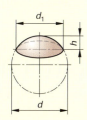

$V$  Volumen  
$A_M$  Mantelfläche  
$A_O$  Oberfläche  
$d$  Kugeldurchmesser  
$d_1$  kleiner Durchmesser  
$h$  Höhe

**Beispiel:** $d = 8$ mm; $h = 6$ mm; $V = ?$

$$V = \pi \cdot h^2 \cdot \left(\frac{d}{2} - \frac{h}{3}\right)$$

$$= \pi \cdot 6^2 \text{ mm}^2 \cdot \left(\frac{8 \text{ mm}}{2} - \frac{6 \text{ mm}}{3}\right)$$

$$= 226 \text{ mm}^3$$

**Volumen**
$$V = \pi \cdot h^2 \cdot \left(\frac{d}{2} - \frac{h}{3}\right)$$

**Oberfläche**
$$A_O = \pi \cdot h \cdot (2 \cdot d - h)$$

**Mantelfläche**
$$A_M = \pi \cdot d \cdot h$$

## Kugelausschnitt

$V$  Volumen  
$A_O$  Oberfläche  
$h$  Höhe  
$d$  Kugeldurchmesser  
$d_1$  kleiner Durchmesser

**Beispiel:** $d = 36$ mm; $h = 15$ mm; $V = ?$

$$V = \frac{\pi \cdot d^2 \cdot h}{6} = \frac{\pi \cdot (36 \text{ mm})^2 \cdot 15 \text{ mm}}{6}$$

$$= 10\,179 \text{ mm}^3$$

**Volumen**
$$V = \frac{\pi \cdot d^2 \cdot h}{6}$$

**Oberfläche**
$$A_O = \frac{\pi \cdot d}{4} \cdot (4 \cdot h + d_1)$$

## Flächen und Volumen nach der Guldin'schen Regel

### Mantelfläche

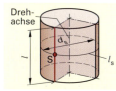

Eine Linie rotiert um eine Drehachse und erzeugt dabei eine Mantelfläche.

$A_M$  Mantelfläche  $S$  Schwerpunkt  
$l$  Länge der Mantellinie  
$l_S$  Weg des Schwerpunktes  
$d_S$  Durchmesser des Schwerpunktweges

**Mantelfläche**
$$A_M = l \cdot l_S$$

$$A_M = l \cdot \pi \cdot d_S$$

### Oberfläche

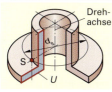

Der Umfang einer Querschnittsfläche rotiert um eine Drehachse und erzeugt dabei eine Oberfläche

$A_O$  Oberfläche  $S$  Schwerpunkt  
$U$  Umfang der Querschnittsfläche  
$l_S$  Weg des Schwerpunktes  
$d_S$  Durchmesser des Schwerpunktweges

**Oberfläche**
$$A_O = U \cdot l_S$$

$$A_M = U \cdot \pi \cdot d_S$$

### Volumen

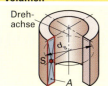

Eine Querschnittsfläche rotiert um eine Drehachse und erzeugt dabei ein Volumen.

$V$  Volumen  $S$  Schwerpunkt  
$A$  Flächeninhalt der Querschnittsfläche  
$l_S$  Weg des Schwerpunktes  
$d_S$  Durchmesser des Schwerpunktweges

**Volumen**
$$V = A \cdot l_S$$

$$V = A \cdot \pi \cdot d_S$$

# Volumen – Masse

## Volumen von Werkstücken

Werkstücke sind Kombinationen aus geometrischen Grundkörpern. Zusammengesetzte Körper werden zur Berechnung ihres Volumens in Teilkörper (geometrische Grundkörper) zerlegt, deren Volumen addiert oder subtrahiert werden kann.

$V_W$     Gesamtvolumen des Werkstücks
$V_1$; $V_2$; …     Volumen der Teilkörper

**Gesamtvolumen des Werkstücks**

$$V_W = V_1 \pm V_2 \pm \ldots \pm V_n$$

**Beispiel:** Von dem oben abgebildeten Werkstück ist das Volumen $V_W$ zu berechnen.

| Teil-volumen | Form | Berechnung | Vor-zeichen | Volumen (cm³) |
|---|---|---|---|---|
| $V_1$ | | $V_1 = a \cdot b \cdot c = 40 \text{ mm} \cdot 50 \text{ mm} \cdot 30 \text{ mm} = 60\,000 \text{ mm}^3$ <br><br> $V_1 = 60\,000 \text{ mm}^3 \cdot \dfrac{\text{cm}^3}{1000 \text{ mm}^3} = 60 \text{ cm}^3$ | + | 60 |
| $V_2$ | | $V_1 = a \cdot b \cdot c = 40 \text{ mm} \cdot 30 \text{ mm} \cdot 8 \text{ mm} = 9\,600 \text{ mm}^3$ <br><br> $V_1 = 9\,600 \text{ mm}^3 \cdot \dfrac{\text{cm}^3}{1000 \text{ mm}^3} = 9{,}6 \text{ cm}^3$ | – | 9,6 |
| $V_3$ | | $V_3 = \dfrac{\pi \cdot d^2}{4} \cdot h = \dfrac{\pi \cdot 16 \text{ mm}^2}{4} \cdot 12 \text{ mm} = 2413 \text{ mm}^3$ <br><br> $V_3 = 2413 \text{ mm}^3 \cdot \dfrac{\text{cm}^3}{1000 \text{ mm}^3} = 2{,}4 \text{ cm}^3$ | – | 2,4 |
| $V_4$ | | $V_4 = a \cdot b \cdot c = 24 \text{ mm} \cdot 50 \text{ mm} \cdot 10 \text{ mm} = 12\,000 \text{ mm}^3$ <br><br> $V_4 = 12\,000 \text{ mm}^3 \cdot \dfrac{\text{cm}^3}{1000 \text{ mm}^3} = 12 \text{ cm}^3$ | – | 12 |
| $V_W$ | | Gesamtvolumen des Werkstücks    $V_W = V_1 - V_2 - V_3 - V_4$ | = | 36 |

## Masse von Werkstücken

### Ermittlung der Masse aus Volumen und Dichte

Die Masse eines Werkstücks kann aus seinem Volumen und der Dichte des Werkstoffs, aus dem es besteht, ermittelt werden. Die Werte für die Dichte von Werkstoffen entnimmt man Tabellen. (siehe Seite 160, 161)

$V_W$     Gesamtvolumen des Werkstücks     $\varrho$   Dichte
$V_1$; $V_2$; …     Volumen der Teilkörper

**Masse**    $m = V \cdot \varrho$

**Beispiel:** Von dem oben abgebildeten Werkstück, das aus Bronze (Cu-Zn-Leg.) gefertigt wurde, ist die Masse $m$ zu berechnen.    $V_W = 36 \text{ cm}^3$;   $\varrho = 8{,}6 \text{ kg/dm}^3$

$$m = V_W \cdot \varrho = 36 \text{ cm}^3 \cdot 8{,}6 \, \dfrac{\text{kg}}{\text{dm}^3} \cdot \dfrac{1 \text{ dm}^3}{1000 \text{ cm}^3} = 0{,}3096 \text{ kg} \approx \mathbf{0{,}3 \text{ kg}}$$

# Volumen – Masse

## Masse von Werkstücken

### Masse aus der längenbezogenen Masse[1]

Die Masse von Stangen und Profilen wird im Metall- und Stahlbau meist aus der längenbezogenen Masse mit Hilfe von Werten aus Tabellen in Normen und nach Herstellerangaben ermittelt. Die längenbezogene Masse wird dort spezifisch für eine Länge von 1 Meter des Materials angegeben.

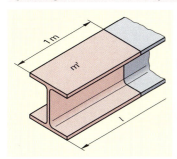

$m$    Masse
$m'$   längenbezogene Masse
$l$     Länge des Profils

**Beispiel:** Träger HE-B 200;
$m' = 61{,}3$ kg/m
Länge $l = 4{,}20$ m; $m = ?$

$m = m' \cdot l = 61{,}3 \,\dfrac{\text{kg}}{\text{m}} \cdot 4{,}20 \text{ m}$

$= 257{,}46$ kg $\approx$ **257,5 kg**

**längenbezogene Masse**

$$m' = \frac{m}{l} \text{ in } \frac{\text{kg}}{\text{m}}$$

**Masse**

$$m = m' \cdot l$$

[1] Angaben zur längenbezogenen Masse von Stab- und Formstählen finden Sie in den Tabellen ab Seite 178.

### Masse aus der flächenbezogenen Masse[2]

Die Masse von Blechen und Belägen wird im Metall- und Stahlbau meist aus der flächenbezogenen Masse mit Hilfe von Werten aus Tabellen in Normen und nach Herstellerangaben ermittelt. Die flächenbezogene Masse wird spezifisch für eine Fläche von 1 Quadratmeter des Materials angegeben.

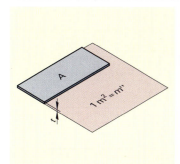

$m$    Masse
$m''$   flächenbezogene Masse
$A$    Fläche des Bleches

**Beispiel:** Blech BL 8x300x700 - S235
$m'' = 62{,}8$ kg/m²; $m = ?$
Fläche $A = 0{,}3$ m $\cdot$ 0,7 m
$= 0{,}21$ m²

$m = m'' \cdot A = 62{,}8 \,\dfrac{\text{kg}}{\text{m}^2} \cdot 0{,}21 \text{ m}^2$

$= 13{,}188$ kg $\approx$ **13,2 kg**

**flächenbezogene Masse**

$$m'' = \frac{m}{A} \text{ in } \frac{\text{kg}}{\text{m}^2}$$

**Masse**

$$m = m'' \cdot A$$

[2] Angaben zur flächenbezogenen Masse von Blechen und Bändern finden Sie auf Seite 196.

**Beispiel:**
**Maschinenrahmen aus Form- und Stabstahl**

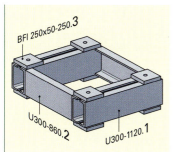

Berechnen Sie nach den Zeichnungsangaben die Gesamtmasse des Maschinenrahmens aus der längenbezogenen Masse.

$m_{\text{Teil 1}} = m'_1 \cdot l_1 = 46{,}2 \,\dfrac{\text{kg}}{\text{m}} \cdot 1{,}12 \text{ m} = 51744 \text{ kg} \approx 51{,}7$ kg

$m_{\text{Teil 2}} = m'_2 \cdot l_2 = 46{,}2 \,\dfrac{\text{kg}}{\text{m}} \cdot 0{,}86 \text{ m} = 39{,}732 \text{ kg} \approx 39{,}7$ kg

$m_{\text{Teil 3}} = m'_3 \cdot l_3 = 98{,}1 \,\dfrac{\text{kg}}{\text{m}} \cdot 0{,}25 \text{ m} = 24{,}525 \text{ kg} \approx 24{,}5$ kg

$m_{\text{Ges}} = 4 \cdot m_{\text{Teil 1}} + 2 \cdot m_{\text{Teil 2}} + 8 \cdot m_{\text{Teil 3}}$
$= 206{,}8 \text{ kg} + 79{,}4 \text{ kg} + 196 \text{ kg} = $ **482,2 kg**

# 28 Schwerpunkte

## Linienschwerpunkte

### Strecke

$$x_S = \frac{l}{2}$$

### Kreisbogen

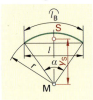

$$y_S = \frac{r \cdot l}{l_B}$$

$$y_S = \frac{l \cdot 180°}{\pi \cdot \alpha}$$

Halbkreisbogen
$$y_S = \frac{2 \cdot r}{\pi} = 0{,}6366 \cdot r$$

Viertelkreisbogen
$$y_S = \frac{\sqrt{2} \cdot 2 \cdot r}{\pi} = 0{,}9003 \cdot r$$

Sechstelkreisbogen
$$y_S = \frac{3 \cdot r}{\pi} = 0{,}9549 \cdot r$$

### Zusammengesetzter Linienzug

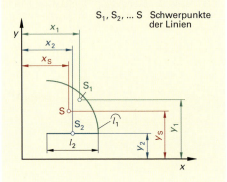

$S_1, S_2, \ldots S$ Schwerpunkte der Linien

**Beispiel:**
2 Einzellinien

$$x_S = \frac{l_1 \cdot x_1 + l_2 \cdot x_2}{l_1 + l_2}$$

$$y_S = \frac{l_1 \cdot y_1 + l_2 \cdot y_2}{l_1 + l_2}$$

## Flächenschwerpunkte

### Dreieck

$$y_S = \frac{b}{3}$$

### Rechteck

$$y_S = \frac{b}{2}$$

### Trapez

$$y_S = \frac{b}{3} \cdot \frac{l_1 + 2 \cdot l_2}{l_1 + l_2}$$

### Kreisabschnitt

$$y_S = \frac{l^3}{12 \cdot A}$$

### Kreisausschnitt

$$y_S = \frac{2 \cdot r \cdot l}{3 \cdot l_B}$$

Halbkreisfläche
$$y_S = \frac{4 \cdot r}{3 \cdot \pi} = 0{,}4244 \cdot r$$

Viertelkreisfläche
$$y_S = \frac{\sqrt{2} \cdot 4 \cdot r}{3 \cdot \pi} = 0{,}6002 \cdot r$$

Sechstelkreisfläche
$$y_S = \frac{2 \cdot r}{\pi} = 0{,}6366 \cdot r$$

### Zusammengesetzte Fläche

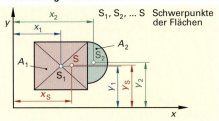

$S_1, S_2, \ldots S$ Schwerpunkte der Flächen

**Beispiel:**
2 Teilflächen

$$x_S = \frac{A_1 \cdot x_1 + A_2 \cdot x_2}{A_1 + A_2}$$

$$y_S = \frac{A_1 \cdot y_1 + A_2 \cdot y_2}{A_1 + A_2}$$

# Naturwissenschaftlich-technische Grundlagen

**Bewegung** — 30

**Kräfte** — 31
Darstellung, Zusammensetzen und Zerlegen von Kräften ... 31
Gewichtskraft ... 31
Kräfte bei Beschleunigung und Verzögerung ... 31
Reibungskraft ... 31
Drehmoment ... 32
Hebel ... 32
Auflager ... 32
Seilkräfte ... 33
Flaschenzug ... 33
Kräfte an der schiefen Ebene ... 33

**Arbeit, Leistung, Energie** — 34
Mechanische Arbeit ... 34
Mechanische Leistung ... 34
Potenzielle und kinetische Energie ... 35
Erhaltung der Energie ... 35
Wirkungsgrad ... 35

**Druck** — 36
Luftdruck ... 36
Druckarten ... 36
Auftriebskraft ... 36
Flächenpressung ... 36

**Statik und Festigkeit** — 37
Flächenmomente und Widerstandsmomente ... 37
Schnittgrößen und Auflagerkräfte ... 38
Biegebelastungsfälle von Bauteilen ... 39
Festigkeitsberechnungen im Stahlbau ... 40
Festigkeit von Schweißverbindungen ... 43
Bemessung von Schweißverbindungen im Stahlbau ... 44
Beanspruchung auf Knickfestigkeit ... 45
Festigkeit von Schraubenverbindungen ... 47
Widerstandsgrößen für Werkstoffe und Bauteile ... 48
Beanspruchungen und Belastungen im Maschinen- und Anlagenbau ... 49
Beanspruchung auf Biegung ... 50
Beanspruchung auf Verdrehung (Torsion) ... 50

**Einwirkungen auf Tragwerke** — 51
Eigen- und Nutzlasten für Hochbauten ... 51
Lotrechte Nutzlasten ... 52
Horizontale Nutzlasten ... 54
Veränderliche freie Einwirkungen ... 55

**Elektrotechnik** — 59
Ohm'sches Gesetz, Widerstand ... 59
Reihen- und Parallelschaltungen ... 59
Transformator, elektrische Arbeit und Leistung ... 60

**Bauphysik** — 61
Wärmetechnische Grundlagen ... 61
Mindestanforderungen zum Wärmeschutz ... 64
Stoffwerte ... 65
Primärenergiebedarf und Transmissionswärmeverlust ... 66
Energiebilanzen ... 67
Wasserdampfdiffusion ...
Vermeidung von Tauwasserbildung ...
Schallschutz ... 72
Brandschutz ... 74

**Chemie** — 76
Periodensystem der Elemente ... 76
Formeln und Reaktionsgleichungen ... 76
Stoffe, Verbindungen ... 77
Wichtige Chemikalien ... 78

# Bewegung

## Gleichförmige geradlinige Bewegung

Freitragendes Schiebetor

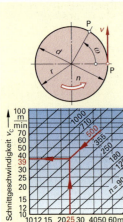

$v$ Geschwindigkeit
$s$ Weg
$t$ Zeit

**Beispiel:**
$s = 3{,}5$ m; $t = 15$ s; $v = ?$

$$v = \frac{s}{t} = \frac{3{,}5 \text{ m}}{15 \text{ s}} = 0{,}23 \ \frac{\text{m}}{\text{s}}$$

**Geschwindigkeit**

$$v = \frac{s}{t}$$

1 m/s = 60 m/min
     = 3,6 km/h

1 km/h = 16,67 m/min
       = 0,278 m/s

## Gleichförmige Kreis- oder Drehbewegung

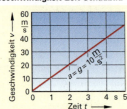

$v$ Umfangsgeschwindigkeit
$n$ Drehzahl
$d$ Durchmesser
$r$ Radius
$t$ Zeit
$\omega$ Winkelgeschwindigkeit
$\varphi$ Drehwinkel im Bogenmaß
$\widehat{l_B}$ Bogenlänge

$n = \dfrac{v_c}{(d \cdot \pi)}$

**Beispiel:**
$d = 25$ mm; $n = 500 \ \dfrac{1}{\text{min}}$; $v = ?$

$v = \pi \cdot d \cdot n$
$= \pi \cdot 0{,}025 \text{ m} \cdot 500 \ \dfrac{1}{\text{min}}$
$= 39{,}27 \ \dfrac{\text{m}}{\text{min}}$

$d = \dfrac{v_c}{(n \cdot \pi)}$

Nach Diagramm:
$v \approx 39 \ \dfrac{\text{m}}{\text{min}}$

$v = \pi \cdot d \cdot n$

$v = \dfrac{d}{2 \cdot \omega}$

$\omega = 2 \cdot \pi \cdot n$

$\varphi = \omega \cdot t$

$\widehat{l_B} = \varphi \cdot r$

$\dfrac{1}{\text{min}} = \text{min}^{-1}; \quad \dfrac{1}{\text{s}} = \text{s}^{-1}$

## Gleichförmige beschleunigte Bewegung

**Geschwindigkeit-Zeit-Schaubild**

$a$ Beschleunigung
$v_0$ Anfangsgeschwindigkeit
$v_c$ Endgeschwindigkeit
$t$ Zeit
$s$ Weg
$g$ Fallbeschleunigung

**1. Beispiel:**
Fallhammer, $s = 3$ m; $v_c = ?$
$a = g \approx 10 \text{ m/s}^2$; $v_0 = 0$

$v_c = \sqrt{v_0^2 + 2 \cdot a \cdot s} = \sqrt{2 \cdot a \cdot s}$
$= \sqrt{2 \cdot 10 \ \dfrac{\text{m}}{\text{s}^2} \cdot 3 \text{ m}} = 7{,}7 \ \dfrac{\text{m}}{\text{s}}$

**Weg-Zeit-Schaubild**

**2. Beispiel:**
Rolltor, Abbremsen bis Stillstand
$v_0 = 0{,}18$ m/s; $v_c = 0$; $t = 5$ s; $a = ?$

$a = \dfrac{v_c - v_0}{t} = \dfrac{0 - 0{,}18 \text{ m/s}}{5 \text{ s}} \approx -0{,}04 \ \dfrac{\text{m}}{\text{s}^2}$

$a = \dfrac{v_c - v_0}{t}$

$v_0 = v_c + a \cdot t$

$v_c = \sqrt{v_0^2 + 2 \cdot a \cdot s}$

$s = \dfrac{v_0 + v_c}{2} \cdot t$

$s = v_0 \cdot t + \dfrac{a \cdot t^2}{2}$

$g = 9{,}81 \ \dfrac{\text{m}}{\text{s}^2} \approx 10 \ \dfrac{\text{m}}{\text{s}^2}$

# Kräfte

## Darstellung, Zusammensetzen und Zerlegen von Kräften

**Darstellen von Kräften**

$F = M_k \cdot l$

$F, F_1, F_2, F_r$ Kräfte
$M_k$ Kräftemaßstab
$l$ Pfeillänge
$A$ Angriffspunkt der Kraft

**Gleichgerichtete Kräfte auf einer Wirkungslinie**

$$F_r = F_1 + F_2 + \ldots$$

**Zusammensetzen von Kräften**

### Gleichgerichtete Kräfte
**Beispiel:** $F_1 = 60\ N$;  $F_2 = 115\ N$;  $F_r = ?$
$\mathbf{F_r} = F_1 + F_2 = 60\ N + 115\ N = \mathbf{175\ N}$

**Entgegengesetzte Kräfte auf einer Wirkungslinie**

$$F_r = F_1 - F_2 - \ldots$$

### Entgegengesetzte Kräfte
**Beispiel:** $F_1 = 2000\ N$;  $F_2 = 170\ N$;  $F_r = ?$
$\mathbf{F_r} = F_1 - F_2 = 2000\ N - 170\ N = \mathbf{1830\ N}$

**Zerlegen von Kräften**

### Zusammensetzen von Kräften
**Beispiel:**
$F_1 = 120\ N$;  $F_2 = 170\ N$;  $M_k = 10\ \frac{N}{mm}$;  $F_r = ?$

$l_{F1} = \frac{F_1}{M_k} = \frac{120\ N}{10\ N/mm} = \frac{120\ N \cdot mm}{10\ N} = 12\ mm$

$l_{F2} = \frac{F_1}{M_k} = \frac{170\ N}{10\ N/mm} = \frac{170\ N \cdot mm}{10\ N} = 17\ mm$

gemessen: $l_{Fr} = 25\ mm$

$l_{Fr} = \frac{F_r}{M_k}$;  $\mathbf{F_r} = l_{Fr} \cdot M_k = 25\ mm \cdot 10\ N/mm = \mathbf{250\ N}$

**Kräfte auf sich kreuzenden Wirkungslinien**
Lösung durch Zeichnen mit Kräftemaßstab

$$l = \frac{F}{M_k}$$

$$1\ kg \cdot m/s^2 = 1\ N$$

## Gewichtskraft

$F_G$ Gewichtskraft
$m$ Masse
$g$ Fallbeschleunigung

**Beispiel:** Stahltür, $m = 150\ kg$;  $F_G = ?$
$\mathbf{F_G} = g \cdot m = 9{,}81\ \frac{m}{s^2} \cdot 150\ kg = \mathbf{1471{,}5\ N}$

**Gewichtskraft**

$$F_G = g \cdot m$$

## Kräfte bei Beschleunigung und Verzögerung

$F$ Kraft
$m$ Masse
$a$ Beschleunigung, Verzögerung

**Beispiel:** $m = 1150\ kg$;  $a = 3\ \frac{m}{s^2}$;  $F = ?$
$\mathbf{F} = m \cdot a = 1150\ kg \cdot 3\ \frac{m}{s^2} = \mathbf{3450\ N}$

**Beschleunigungs- bzw. Verzögerungskraft**

$$F = m \cdot a$$

## Reibungskraft

**Haftreibung, Gleitreibung**

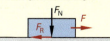

$F$ Kraft
$F_N$ Normalkraft
$F_R$ Reibungskraft
$f$ Rollreibungszahl
$r$ Radius
$\mu$ Reibungszahl

**Haftreibung, Gleitreibung**

$$F_R = \mu \cdot F_N$$

**Rollreibung**

**Beispiel:** Schiebetor;  $F_N = 1500\ N$;
$f = 0{,}5\ mm$;  $r = 60\ mm$;  $F_R = ?$

$\mathbf{F_R} = \frac{f \cdot F_N}{r} = \frac{0{,}5\ mm \cdot 1500\ N}{60\ mm} = \mathbf{12{,}5\ N}$

**Rollreibung**

$$F_R = \frac{f \cdot F_N}{r}$$

# Kräfte

## Drehmoment

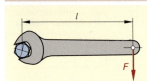

$M$ Drehmoment  
$l$ wirksame Hebellänge  
$F$ Kraft  

**Beispiel:** Schraube; $F = 120$ N;  
$l = 155$ mm; $M = ?$  

$M = F \cdot l = 120 \text{ N} \cdot 0{,}155 \text{ m} = \mathbf{18{,}6 \text{ N} \cdot \text{m}}$

**Drehmoment**

$$M = F \cdot l$$

## Hebel

**Einseitiger Hebel**

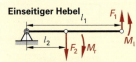

$M_l$ linksdrehendes Drehmoment  
$M_r$ rechtsdrehendes Drehmoment  
$l, l_1, l_2, \ldots$ wirksame Hebellängen  
$\Sigma$ Summe  
$F_1, F_2, \ldots$ Kräfte  

**Momentengleichgewicht**

$$\Sigma M_l = \Sigma M_r$$

**Zweiseitiger Hebel**

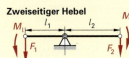

**1. Beispiel:** Schranke, zweiseitiger Hebel;  
$F_1 = 400$ N; $F_2 = 800$ N; $l_1 = 1{,}6$ m; $l_2 = ?$

$F_1 \cdot l_1 = F_2 \cdot l_2$

$l_2 = \dfrac{F_1 \cdot l_1}{F_2} = \dfrac{400 \text{ N} \cdot 1{,}6 \text{ m}}{800 \text{ N}} = \mathbf{0{,}8 \text{ m}}$

$$\Sigma M = 0$$

**Hebelgesetz bei nur 2 angreifenden Kräften**

$$F_1 \cdot l_1 = F_2 \cdot l_2$$

**Winkelhebel**

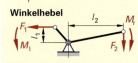

**2. Beispiel:** Hebel mit mehreren Kräften;  
$F_1 = 50$ N; $F_2 = 30$ N; $F_3 = 40$ N; $F_4 = 50$ N;  
$l_1 = 4$ m; $l_2 = 1$ m; $l_3 = 2$ m; $l_4 = ?$

$F_1 \cdot l_1 + F_2 \cdot l_2 = F_3 \cdot l_3 + F_4 \cdot l_4$

**Mehrere Kräfte am Hebel**

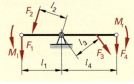

$l_4 = \dfrac{F_1 \cdot l_1 + F_2 \cdot l_2 - F_3 \cdot l_3}{F_4}$

$= \dfrac{50 \text{ N} \cdot 4 \text{ m} + 30 \text{ N} \cdot 1 \text{ m} - 40 \text{ N} \cdot 2 \text{ m}}{50 \text{ N}}$

$l_4 = \mathbf{3 \text{ m}}$

**Hebelgesetz bei mehreren angreifenden Kräften**

$$(F_1 \cdot l_1) + (F_2 \cdot l_2) + \ldots = (F_n \cdot l_n) + (F_m \cdot l_m) + \ldots$$

## Auflager

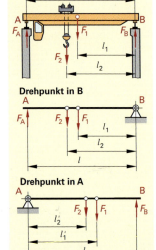

$\Sigma M$ Summe aller Momente  
$\Sigma F_V$ Summe aller Vertikalkräfte  
$\Sigma F_H$ Summe aller Horizontalkräfte  
$F_A$ Auflagerkraft bei Lager A  
$F_B$ Auflagerkraft bei Lager B  
$F_1, F_2, \ldots$ Kräfte  
$l_1, l_2, l'_1, l'_2, \ldots$ wirksame Hebellängen  

**Beispiel:**  
Laufkran; $F_1 = 4000$ N; $F_2 = 1500$ N;  
$l_1 = 6$ m; $l_2 = 8$ m; $l = 12$ m; $F_A = ?$; $F_B = ?$

$F_A = \dfrac{F_1 \cdot l_1 + F_2 \cdot l_2}{l}$

$= \dfrac{4 \text{ kN} \cdot 6 \text{ m} + 1{,}5 \text{ kN} \cdot 8 \text{ m}}{12 \text{ m}} = \mathbf{3 \text{ kN}}$

$F_A + F_B = F_1 + F_2$

$F_B = F_1 + F_2 - F_A$  
$= 4 \text{ kN} + 1{,}5 \text{ kN} - 3{,}0 \text{ kN} = \mathbf{2{,}5 \text{ kN}}$

**Gleichgewichtsbedingungen**

$$\Sigma M = 0$$

$$\Sigma F_V = 0$$

$$\Sigma F_H = 0$$

**Auflagerkraft $F_A$**

$$F_A = \dfrac{F_1 \cdot l_1 + F_2 \cdot l_2}{l}$$

**Auflagerkraft $F_B$**

$$F_B = \dfrac{F_1 \cdot l'_1 + F_2 \cdot l'_2}{l}$$

**Kräftegleichgewicht**

$$F_A + F_B = F_1 + F_2 + \ldots$$

# Kräfte

## Seilkräfte

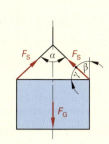

- $F_S$ Seilkraft
- $F_G$ Gewichtskraft
- $\alpha$ Spreizwinkel
- $\beta$ Neigungswinkel
- $\gamma$ Anschlagwinkel

**Beispiel:**
$F_G = 750\ \text{N};\ \beta = 60°;\ F_S = ?$

$\gamma = 90° - \beta = 90° - 60° = 30°$

$F_S = \dfrac{F_G}{2 \cdot \sin \gamma} = \dfrac{750\ \text{N}}{2 \cdot \sin \gamma} = \mathbf{750\ N}$

$$F_S = \dfrac{F_G}{2 \cdot \sin \gamma}$$

$$F_S = \dfrac{F_G}{2 \cdot \cos \dfrac{\alpha}{2}}$$

$$\gamma = 90° - \dfrac{\alpha}{2}$$

$$\gamma = 90° - \beta$$

**M**

**N**

## Flaschenzug

### Feste Rolle
- $F_1$ Kraft, Handkraft
- $F_G$ Last, Gewichtskraft
- $s_1$ Kraftweg
- $h, s_2$ Lastweg

$$F_1 = F_G$$

$$s_1 = h$$

### Lose Rolle
- $F_1$ Kraft, Handkraft
- $F_G$ Last, Gewichtskraft
- $s_1$ Kraftweg
- $h, s_2$ Lastweg

$$F_1 = \dfrac{F_G}{2}$$

$$s_1 = 2 \cdot h$$

### Rollenflaschenzug
- $F_1$ Kraft, Handkraft
- $F_G$ Last, Gewichtskraft
- $n$ Anzahl der tragenden Seilstränge, Rollenzahl
- $s_1$ Kraftweg
- $h, s_2$ Lastweg

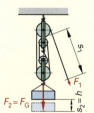

$$F_1 = \dfrac{F_G}{n}$$

$$s_1 = n \cdot h$$

### Seilwinde
- $F_1$ Kraft, Handkraft
- $F_G$ Last, Gewichtskraft
- $d$ Trommeldurchmesser
- $l$ Kurbellänge
- $h$ Lastweg
- $n$ Zahl der Umdrehungen der Kurbel

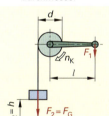

$$F_1 \cdot l = \dfrac{F_G \cdot d}{2}$$

$$h = \pi \cdot d \cdot n$$

## Kräfte an der schiefen Ebene

### Schiefe Ebene
- $F_1$ Kraft, Handkraft
- $F_G$ Last, Gewichtskraft
- $s, s_1, s_2$ Kraftweg
- $h$ Hubweg

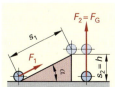

$$F_1 \cdot s = F_G \cdot h$$

$$F_1 = F_G \cdot \sin \alpha$$

### Schraube
- $F_1, F_2$ Kraft, Handkraft
- $P$ Gewindesteigung
- $s$ Kraftweg
- $d$ Durchmesser

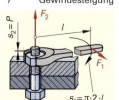

$$F_1 \cdot s = F_2 \cdot P$$

$$\pi \cdot F_1 \cdot d = F_2 \cdot P$$

# Arbeit, Leistung, Energie

## Mechanische Arbeit

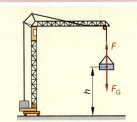

| | |
|---|---|
| $W$ | Arbeit |
| $F, F_G, F_N$ | Kräfte |
| $s$ | Kraftweg |
| $h$ | Hubhöhe |
| $\mu$ | Reibungszahl |
| $f$ | Rollreibungszahl |
| $r$ | Radius |

**Mechanische Arbeit**

$$W = F \cdot s = m \cdot g \cdot s$$

**Hubarbeit**

$$W = F_G \cdot h$$

**Beispiele:**

Kran; $F_G = 1{,}2$ kN; $h = s = 12$ m; $W = ?$

$$W = F_G \cdot h = 1{,}2 \text{ kN} \cdot 12 \text{ m}$$
$$= 14{,}4 \text{ kN} \cdot \text{m} = \mathbf{14{,}4 \text{ kJ}}$$

$1 \text{ J} = 1 \text{ Ws} = 1 \text{ Nm}$

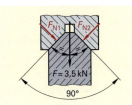

V-Führung; $F_N = 3{,}5$ kN; $\mu = 0{,}15$;
$s = 0{,}75$ m; $W = ?$

$1 \text{ kWh} = 3{,}6 \text{ MJ}$

$$W = \mu \cdot F_N \cdot s = 0{,}15 \cdot 3{,}5 \text{ kN} \cdot 0{,}75 \text{ m}$$
$$= 0{,}394 \text{ kN} \cdot \text{m} = \mathbf{0{,}394 \text{ kJ}}$$

**Reibungsarbeit**
Haft-, Gleitreibung

$$W = \mu \cdot F_N \cdot s$$

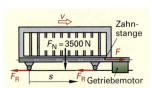

Tor; $F_N = 35\,000$ N; $f = 0{,}5$ mm; $s = 3{,}4$ m;
$r = 0{,}05$ m; $W = ?$

**Rollreibung**

$$W = \frac{f \cdot F_N \cdot s}{r} = \frac{0{,}0005 \text{ m} \cdot 3{,}5 \text{ kN} \cdot 3{,}4 \text{ m}}{0{,}05 \text{ m}}$$

$$W = \frac{f \cdot F_N \cdot s}{r}$$

$$= 0{,}12 \text{ kN} \cdot \text{m} = \mathbf{120 \text{ J}}$$

## Mechanische Leistung

**Geradlinige Bewegung**

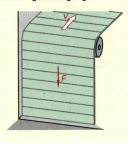

| | |
|---|---|
| $P$ | Leistung |
| $W$ | Arbeit |
| $F$ | Kraft |
| $s$ | Weg |
| $v$ | Geschwindigkeit |
| $t$ | Zeit |
| $M$ | Drehmoment |
| $d$ | Durchmesser |
| $n$ | Drehzahl |
| $\omega$ | Winkelgeschwindigkeit |

**Geradlinige Bewegung**

$$P = \frac{W}{t} = \frac{m \cdot g \cdot s}{t}$$

$$P = \frac{F \cdot s}{t}$$

**1. Beispiel:**

Sektionaltor; $F = 8750$ N; $v = 0{,}2 \frac{\text{m}}{\text{s}}$;
$P = ?$

$$P = F \cdot v$$

$$P = F \cdot v$$
$$= 8750 \text{ N} \cdot 0{,}2 \frac{\text{m}}{\text{s}} = 1750 \frac{\text{N} \cdot \text{m}}{\text{s}}$$
$$= \mathbf{1750 \text{ W}}$$

$1 \text{ W} = 1 \frac{\text{J}}{\text{s}} = 1 \frac{\text{N} \cdot \text{m}}{\text{s}}$

**Drehbewegung**

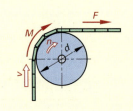

**2. Beispiel:**

Antrieb; $F = 8750$ N; $d = 160$ mm;
$n = 800$ min$^{-1}$; $P = ?$

**Drehbewegung**

$$P = \pi \cdot d \cdot n \cdot F$$

$$P = \pi \cdot d \cdot n \cdot F$$
$$= \pi \cdot 0{,}16 \text{ m} \cdot \frac{800}{60 \text{ s}} \cdot 8750 \text{ N}$$

$$P = \pi \cdot M \cdot 2 \cdot n$$

$$= 58\,643 \frac{\text{N} \cdot \text{m}}{\text{s}} = \mathbf{58{,}6 \text{ kW}}$$

$$P = M \cdot \omega$$

# Arbeit, Leistung, Energie

## Potenzielle und kinetische Energie

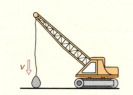

**Kinetische Energie bei geradliniger Bewegung**
- $W_k$ kinetische Energie
- $m$ Masse
- $v$ Geschwindigkeit

**Kinetische Energie Geradlinige Bewegung**

$$W_k = \frac{m \cdot v^2}{2}$$

$$v = \sqrt{\frac{2 \cdot W_k}{m}}$$

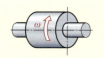

**Potentielle Energie**
- $W_p$ potentielle Energie
- $F_G$ Gewichtskraft
- $h$ Höhe

**Potenzielle Energie**

$$W_p = F_G \cdot h$$

$$W_p = m \cdot g \cdot h$$

**Kinetische Energie bei Drehbewegung**
- $W_k$ kinetische Energie
- $J$ Massenträgheitsmoment
- $\omega$ Winkelgeschwindigkeit

**Kinetische Energie Drehbewegung**

$$W_k = \frac{J \cdot \omega^2}{2}$$

## Erhaltung der Energie

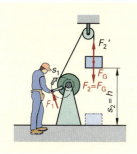

- $W_1$ aufgewendete Arbeit
- $W_2$ abgegebene Arbeit
- $\Delta W$ Reibungsarbeit
- $\eta$ Wirkungsgrad

**Energieerhaltungssatz**

$$W_1 = W_2 + \Delta W$$

**Mit Berücksichtigung der Reibung**

$$W_1 = \frac{W_2}{\eta}$$

## Wirkungsgrad

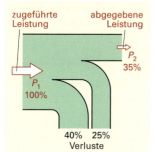

- $P_1$ zugeführte Leistung
- $P_2$ abgegebene Leistung
- $W_1$ zugeführte Arbeit
- $W_2$ abgegebene Arbeit
- $\eta$ Gesamtwirkungsgrad
- $\eta_1, \eta_2, \ldots$ Teilwirkungsgrade

**Beispiel:**
Getriebe; $P_1 = 4{,}5$ kW; $P_2 = 4$ kW; $\eta = ?$

$$\eta = \frac{P_2}{P_1} = \frac{4 \text{ kW}}{4{,}5 \text{ kW}} = 0{,}89$$

**Wirkungsgrad**

$$\eta = \frac{P_2}{P_1}$$

$$\eta = \frac{W_2}{W_1}$$

**Gesamtwirkungsgrad bei mehreren Abnehmern**

$$\eta = \eta_1 \cdot \eta_2 \cdot \eta_3 \cdot \ldots$$

# Druck

## Luftdruck

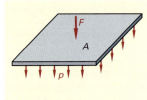

Der Druck ist eine über eine feste Fläche oder innerhalb abgeschlossener Flüssigkeiten oder Gasen gleichmäßig auftretende Krafteinwirkung.

Der atmosphärische Druck, der Luftdruck, entsteht durch das auf die Erdoberfläche wirkende gleichmäßig verteilte Gewicht der Luftmoleküle.

$p_e$  Überdruck
$p_{abs}$  absoluter Druck
$p_{amb}$  Atmosphärendruck

$p_{abs} < p_{amb}$  Unterdruck
$p_{abs} > p_{amb}$  Überdruck

**Überdruck**

$$p_e = p_{abs} - p_{amb}$$

**Unterdruck**
(negativer Überdruck)

**Normaldruck**

$$p_{amb} = 1{,}013 \text{ bar} \approx 1 \text{ bar}$$

Druckeinheiten auf Seite 8

## Druckarten

In der Technik wird der Druck in der Regel als Quotient einer Kraft durch die Fläche, auf die sie wirkt, definiert.

$p$  Druck
$F$  Kraft
$A$  Fläche
$d$  Kolbendurchmesser

**Beispiel:**
$F = 100$ N; $d = 10$ mm
Wie groß ist $p$?

$$p = \frac{F}{A} = \frac{4 \cdot F}{\pi \cdot d^2} = \frac{4 \cdot 100 \text{ N}}{\pi \cdot (0{,}01 \text{ m})^2}$$

$p = 12{,}74$ bar

**Druck**

$$p = \frac{F}{A}$$

Druck in Flüssigkeiten und Gasen, Anwendungen in Hydraulik und Pneumatik auf den Seiten 473 bis 475.

## Auftriebskraft

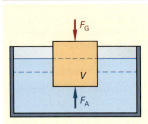

$p_S$  Statischer Druck
$\varrho_F$  Dichte der Flüssigkeit
$\varrho_K$  Dichte des Körpers
$F_G$  Gewichtskraft
$F_A$  Auftriebskraft
$V$  Eintauchvolumen
$h$  Flüssigkeitstiefe

$\varrho_F > \varrho_K$  Körper schwimmt
$\varrho_F = \varrho_K$  Körper schwebt
$\varrho_F < \varrho_K$  Körper sinkt

**Auftriebskraft**

$$F_A = g \cdot \varrho \cdot V$$

**Statischer Druck**

$$p_S = g \cdot \varrho \cdot h$$

$$g = 9{,}81 \ \frac{m}{s^2} \approx 10 \ \frac{m}{s^2}$$

Stoffwerte auf den Seiten 160 und 161

## Flächenpressung

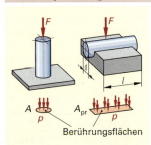

Der zwischen zwei sich berührenden Flächen infolge einer Krafteinwirkung auftretende Druck wird als Flächenpressung bezeichnet und erzeugt Druckspannungen.

$p$  Flächenpressung
$p_{zul}$  zulässige Flächenpressung
$F$  Kraft
$A$  Berührungsfläche
$A_{pr}$  Projektion der Berührungsfläche
$p_{zul}$  zulässige Flächenpressung
$F_{zul}$  zulässige Kraft

**Flächenpressung**

$$p = \frac{F}{A}$$

**erforderliche Berührungsfläche**

$$A_{pr} = \frac{F}{p_{zul}}$$

## Statik und Festigkeit

### Flächenmomente und Widerstandsmomente

| Querschnitts-form | Schwerpunkt-abstand | Flächemoment 2. Grades $I$ | axiales Widerstands-moment $W$ | polares Widerstands-moment $W_p$ |
|---|---|---|---|---|
| Rechteck | $e_x = \dfrac{h}{2}$ $e_y = \dfrac{b}{2}$ | $I_x = \dfrac{b \cdot h^3}{12}$ $I_y = \dfrac{h \cdot b^3}{12}$ | $W_x = \dfrac{b \cdot h^2}{6}$ $W_y = \dfrac{h \cdot b^2}{6}$ | $W_p = \eta \cdot b^2 \cdot h$ Werte für $\eta$ siehe Tabelle unten |
| Quadrat | $e_x = e_y = \dfrac{a}{2}$ | $I_x = I_y = \dfrac{a^4}{12}$ | $W_x = W_y = \dfrac{a^3}{6}$ | $W_p = 0{,}208 \cdot a^3$ |
| Hohlrechteck | $e_x = \dfrac{H}{2}$ $e_y = \dfrac{B}{2}$ | $I_x = \dfrac{B \cdot H^3 - b \cdot h^3}{12}$ $I_y = \dfrac{B^3 \cdot H - b^3 \cdot h}{12}$ | $W_x = \dfrac{B \cdot H^3 - b \cdot h^3}{6 \cdot H}$ $W_y = \dfrac{B^3 \cdot H - b^3 \cdot h}{6 \cdot B}$ | $W_p = \dfrac{s\,(H+h) \cdot (B+b)}{2}$ |
| Sechseck | $e_y = \dfrac{s}{2}$ $e_x = r$ | $I_x = I_y = \dfrac{5 \cdot \sqrt{3} \cdot s^4}{144}$ $I_y = I_x = \dfrac{5 \cdot \sqrt{3} \cdot d^4}{256}$ | $W_x = \dfrac{5 \cdot s^3}{48} = \dfrac{5 \cdot \sqrt{3} \cdot d^3}{128}$ $W_y = \dfrac{5 \cdot s^3}{24 \cdot \sqrt{3}} = \dfrac{5 \cdot d^3}{64}$ | $W_p = 0{,}188 \cdot s^3$ $W_p = 0{,}123 \cdot d^3$ |
| Kreis | $e_x = e_y = \dfrac{d}{2}$ | $I = \dfrac{\pi \cdot d^4}{64}$ | $W = \dfrac{\pi \cdot d^3}{32}$ | $W_p = \dfrac{\pi \cdot d^3}{16}$ |
| Kreisring | $e_x = e_y = \dfrac{D}{2}$ | $I = \dfrac{\pi \cdot (D^4 - d^4)}{64}$ | $W = \dfrac{\pi \cdot (D^4 - d^4)}{32 \cdot D}$ | $W_p = \dfrac{\pi \cdot (D^4 - d^4)}{16 \cdot D}$ |
| I-Profil | $e_x = \dfrac{H}{2}$ $e_y = \dfrac{B}{2}$ | $I_x = \dfrac{B \cdot H^3 - 2\,b \cdot h^3}{12}$ $I_y = \dfrac{(2 \cdot t \cdot B^3 + h \cdot s^3)}{12}$ | $W_x = \dfrac{B \cdot H^3 - 2\,b \cdot h^3}{6 \cdot H}$ $W_y = \dfrac{(2 \cdot t \cdot b^3 + h \cdot s^3)}{6 \cdot B}$ | |

| Verhältnis $h/b$ | 1 | 1,5 | 2 | 3 | 4 | 6 | 8 | 10 |
|---|---|---|---|---|---|---|---|---|
| Hilfswerte $\eta$ | 0,208 | 0,231 | 0,246 | 0,267 | 0,282 | 0,299 | 0,307 | 0,313 |

# Statik und Festigkeit

## Schnittgrößen und Auflagerkräfte

### Schnittgrößen

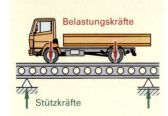

Für die statische Vorbemessung von Bauteilen gilt die Annahme, dass sich das System unter der Einwirkung der Kräfte und Momente nicht deformiert. Betrachtet wird ein ruhender, zugleich starrer Körper, an dem alle Kräfte und Momente im Gleichgewicht sind.

#### Gleichgewichtsbedingungen

Summe aller Horizontalkräfte gleich Null $\quad \Sigma F_H = 0$

Summe aller Vertikalkräfte gleich Null $\quad \Sigma F_V = 0$

Summe aller Momente gleich Null $\quad \Sigma M = 0$

Daraus folgt: Die Summe aller rechtsdrehenden Momente ist gleich der Summe aller linksdrehenden Momente $\quad \Sigma M_r = \Sigma M_l$

| Statik | Wie groß sind die Stützkräfte? |
|---|---|
| Festigkeitslehre | Welche Querschnittsfläche muss der Träger haben? |

### Schnittgrößen an einem Träger bestimmen

**1. Lageplan**

Zerlegen von $F$ in eine vertikale Komponente $F_V$ und eine horizontal Komponente $F_H$

**Vertikalkraft $F_V$**
$$F_V = F \cdot \sin \alpha$$

**Horizontalkraft $F_H$**
$$F_H = F \cdot \cos \alpha$$

Auflagerkräfte berechnen:
$\Sigma F_x = 0$
$F_{Ax} + F_H = 0$
$F_{Ax} = -F_H$

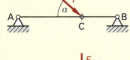

$\Sigma F_V = 0$
$F_{Ay} + F_B - F_V = 0 \quad \Rightarrow \quad F_{Ay} = F_V - F_B$

**2. Freimachen des Trägers**

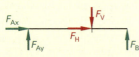

$\Sigma M_A = 0$
$F_V \cdot l_1 - F_B \cdot l = 0 \quad \Rightarrow \quad F_B = \dfrac{F_V \cdot l_1}{l}$

$\Sigma M_B = 0$
$F_{Ay} \cdot l - F_V \cdot l_2 = 0 \quad \Rightarrow \quad F_{Ay} = \dfrac{F_V \cdot l_2}{l}$

Durch Anwendung der Gleichgewichtsbedingungen können alle Auflagerkräfte bestimmt werden. Bei der Addition der Kräfte ist das Vorzeichen zu beachten (+; −). Beim Momentengleichgewicht muss die Drehrichtung der Einzelmomente durch das Vorzeichen erfasst werden (+; -).

**3. Vorzeichen festlegen**

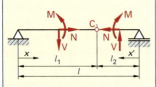

Schnittgrößen:

**links von C:**
$N = F_{Ax}$
$V = F_{Ay}$
$M = F_{Ay} \cdot x$

$M = \dfrac{F_V \cdot l_2 \cdot x}{l}$

mit $x = l_1 \quad \Rightarrow$

**rechts von C:**
$N = 0$
$V = F_B$
$M = F_B \cdot x'$

$M = \dfrac{F_V \cdot l_1 \cdot x'}{l}$

**Maximales Biegemoment**
$$M_{max} = \dfrac{F_V \cdot l_2 \cdot l_1}{l}$$

**4. Schnittgrößen berechnen**

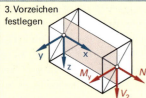
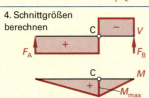

$F$ von außen angreifende Kraft
$F_{Ax}$ Horizontalkraft im Auflager A
$F_{Ay}$ Vertikalkraft im Auflager A
$l$ Stützweite des Trägers
$l_1$ Abstand von A bis Kraftangriffspunkt C
$l_2$ Abstand von B bis Kraftangriffspunkt C
$N$ Normalkraft
$V$ Querkraft

Die Berechnung der Auflagerkräfte und Biegemomente ist für jeden einzelnen Belastungsfall individuell vorzunehmen. Die folgende Seite zeigt eine Auswahl von möglichen Biegebelastungsfällen an Trägern.

## Biegebelastungsfälle von Bauteilen (Auswahl)

### Belastung durch Einzelkräfte

einseitig eingespannt

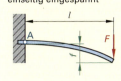

$M_b = F \cdot l$

$F_A = F$

$f = \dfrac{F \cdot l^3}{3 \cdot E \cdot I}$

auf zwei Stützen

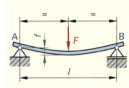

$M_b = \dfrac{F \cdot l}{4}$

$F_A = F_B = \dfrac{F}{2}$

$f = \dfrac{F \cdot l^3}{48 \cdot E \cdot I}$

doppelseitig eingespannt

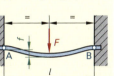

$M_b = \dfrac{F \cdot l}{8}$

$F_A = F_B = \dfrac{F}{2}$

$f = \dfrac{5 \cdot q \cdot l^4}{192 \cdot E \cdot I}$

auf zwei Stützen, Kraft außermittig

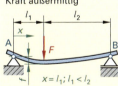
$x = l_1; l_1 < l_2$

$M_b = \dfrac{F \cdot l_1 \cdot l_2}{l}$

$F_A = \dfrac{F \cdot l_2}{l}$

$F_B = \dfrac{F \cdot l_1}{l}$

$f = \dfrac{F \cdot l^3}{48 \cdot E \cdot I} \cdot \left( \dfrac{3 \cdot l_1}{l} - \dfrac{4 \cdot l_1^3}{l^3} \right)$

### Belastung durch Streckenlasten

einseitig eingespannt

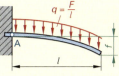

$F_A = q \cdot l$

$M_b = \dfrac{q \cdot l^2}{2}$

$f = \dfrac{q \cdot l^4}{8 \cdot E \cdot I}$

auf zwei Stützen

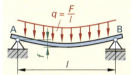

$M_b = \dfrac{q \cdot l^2}{8}$

$F_A = F_B = \dfrac{q \cdot l}{2}$

$f = \dfrac{5 \cdot q \cdot l^4}{384 \cdot E \cdot I}$

doppelseitig eingespannt

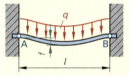

$M_b = \dfrac{q \cdot l^2}{24}$

$F_A = F_B = \dfrac{q \cdot l}{2}$

$f = \dfrac{q \cdot l^4}{384 \cdot E \cdot I}$

auf zwei Stützen, sich ändernde Streckenlast

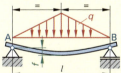

$M_b = \dfrac{q \cdot l^2}{12}$

$F_A = F_B = \dfrac{q \cdot l}{4}$

$f \approx \dfrac{q \cdot l^4}{549 \cdot E \cdot I}$

Elastizitätsmodul    Stahl $E = 210\,000$ N/mm²
Aluminium $E = 70\,000$ N/mm²

**Beispiel:** IPB-Träger auf 2 Stützen; $l = 4{,}5$ m;
$F = 30$ kN; $f_{zul} = 2$ mm;
$E = 210\,000$ N/mm²; $I = ?$

$f = \dfrac{F \cdot l^3}{48 \cdot E \cdot I} \Rightarrow I = \dfrac{F \cdot l^3}{48 \cdot E \cdot f}$

$I = \dfrac{30 \text{ kN} \cdot (4{,}5 \text{ m})^3 \cdot \text{mm}^2}{48 \cdot 2\,100\,000 \text{ N/mm}^2 \cdot 2 \text{ mm}} = \mathbf{13\,560 \text{ cm}^4}$

$\Rightarrow$ gewählt IPB 260 mit $I = \mathbf{14\,920 \text{ cm}^4}$

- $F$   äußere Belastung
- $F_A$   Auflagerkraft im Auflager A
- $F_B$   Auflagerkraft im Auflager B
- $M_b$   maximales Biegemoment
- $q$   Streckenlast
- $l$   Stützweite
- $l_1$   Entfernung von Lager A bis zum Kraftangriffspunkt
- $l_2$   Entfernung von Lager B bis zum Kraftangriffspunkt
- $E$   Elastizitätsmodul
- $I$   axiales Flächenmoment
- $f$   Durchbiegung

# Statik und Festigkeit

## Festigkeitsberechnungen im Stahlbau

Das Berechnungsverfahren zum Nachweis der Tragfähigkeit von Bauteilen ist in DIN EN 1990 genormt und im EUROCODE 3 erläutert.

| Begriffe | | | | |
|---|---|---|---|---|
| Einwirkungen $F$ | Einteilung nach der zeitlichen Veränderung | ständige | G | Eigenlasten, Erdlasten, Baugrundbewegungen |
| | | veränderliche | Q | Verkehrslasten, Kranlasten, Wind, Schnee, Eis |
| | | außergewöhnliche | F | Anpralllasten, Erdbeben, Explosion, Brand |
| Widerstand $M$ | | Der Widerstand des Tragwerkes, seiner Bauteile und Verbindungen gegen Einwirkungen. Widerstandsgrößen sind aus geometrischen Größen und Werkstoffkennwerten abgeleitet, z. B. Festigkeiten | | |
| Beanspruchung $S$ | | Mit Bemessungswerten der Widerstandsgrößen berechnete Grenzzustände des Tragwerkes, z. B. Grenzspannungen, Grenzabscherkräfte. | | |
| Beanspruchbarkeit $R$ | | Mit Bemessungswerten der Widerstandsgrößen berechnete Grenzzustände des Tragwerkes, z. B. Grenzspannungen, Grenzabscherkräfte | | |
| Charakteristische Werte Index $k$ | für Einwirkungen | $F_k$ | | Eigenlasten, Lastannahmen vgl. DIN EN 1991-1-1 ab Seite 51 |
| | für Widerstände | $M_k$ | | Widerstandsgrößen des Werkstoffs z. B: Streckgrenze $f_{yk}$, Zugfestigkeit $f_{uk}$ |
| Bemessungswerte Index $d$ | für Einwirkungen | $F_d$ | | durch Multiplikation charakteristische Werte mit einem Teilsicherheitsbeiwert $\gamma_F$ und einem Kombinationsbeiwert $\Psi$ |
| | für Widerstände | $M_d$ | | durch Teilsicherheitsbeiwert $\gamma_F$ dividierte charakteristische Werte |

### Nachweisschema für Tragsicherheitsnachweise

Nachzuweisen ist, dass sich das System im Gleichgewicht befindet und dass in allen Bauteilen und Verbindungen die Beanspruchungen $S_d$ die Beanspruchbarkeiten $R_d$ nicht übersteigen.

### Einwirkungskombinationen

Für die Bemessung und den Nachweis der Tragsicherheit müssen Einwirkungskombinationen gebildet werden. Sie ersetzen die bisher üblichen Lastfälle. Ergebnis ist, dass die Summe der Einwirkungen auf ein Bauteil berücksichtigt wird. Man unterscheidet:

| Grundkombination 1 (GK1) | | | Grundkombination 2 (GK2) | | | Außergewöhnliche Kombination (AGK) | | |
|---|---|---|---|---|---|---|---|---|
| Einwirkungen: | $\gamma_F$ | $\Psi$ | Einwirkungen: | $\gamma_F$ | $\Psi$ | Einwirkungen: | $\gamma_F$ | $\Psi$ |
| – ständige | 1,35 | – | – ständige | 1,35 | – | – ständige | 1 | – |
| – alle ungünstigen veränderlichen | 1,5 | 0,9 | – eine ungünstig wirkende veränderliche | 1,5 | 1 | – alle ungünstig wirkenden veränderlichen | 1 | 0,9 |
| Wenn Teile ständiger Einwirkungen so wirken, dass Beanspruchungen verringert werden, sind zusätzliche Grundkombinationen zu bilden. | | | | | | – eine ungünstig wirkende außergewöhnliche | 1 | – |

# Statik und Festigkeit

## Festigkeitsberechnungen im Stahlbau

### Beanspruchungen

**Bemessungswert der Kraft bei ständigen Einwirkungen**

| Bemessungswert der Kraft $F_{G,d}$ | = | Teilsicherheitsbeiwert für Einwirkungen $\gamma_F$ | · | Kombinationsbeiwert $\Psi$ | · | Charakteristische Kraft $F_k$ |

**Beispiel:** Ein Rundstahl aus S235 JR wird durch eine charakteristische Kraft von 8 kN dauernd belastet. Wie groß ist $F_{G,d}$ für diese Beanspruchung?
Nach Tabelle Seite 40: $\gamma_F = 1{,}35$; $\Psi = 1$
$F_{G,d} = F_{S,d} = \gamma_F \cdot \Psi \cdot F_k = 1{,}35 \cdot 1 \cdot 8$ kN = **10,8 kN**

**Bemessungswert der Kraft bei ständiger Einwirkung**
$$F_{G,d} = \gamma_F \cdot \Psi \cdot F_k$$

**Bemessungswert der Kraft bei veränderlichen Einwirkungen**

| Bemessungswert der Kraft $F_{Q,d}$ | = | Teilsicherheitsbeiwert für Einwirkungen $\gamma_F$ | · | Kombinationsbeiwert $\Psi$ | · | Charakteristische Kraft $F_k$ |

**Beispiel:** Ein Vierkantstahl aus S235 JR ist veränderlichen Einwirkungen ausgesetzt. Die charakteristische Kraft auf das Bauteil beträgt 8,6 kN. Wie groß ist $F_{Q,d}$ für diese Beanspruchung?
Nach Tabelle Seite 40: $\gamma_F = 1{,}5$; $\Psi = 0{,}9$
$F_{Q,d} = F_{S,d} = \gamma_F \cdot \Psi \cdot F_k = 1{,}5 \cdot 0{,}9 \cdot 8{,}6$ kN = **11,61 kN**

**Bemessungswert der Kraft bei veränderlichen Einwirkungen**
$$F_{Q,d} = \gamma_F \cdot \Psi \cdot F_k$$

**Bemessungswert der Kraft bei ständigen und veränderlichen Einwirkungen**

| Bemessungswert der Kraft $F_{S,d}$ | = | Bemessungswert der Kraft bei ständigen Einwirkungen $F_{G,d}$ | + | Bemessungswert der Kraft bei veränderlichen Einwirkungen $F_{Q,d}$ |

**Beispiel:** Welcher Bemessungswert der Kraft ist für ein Bauteil einzusetzten, für das aus ständiger Einwirkung ein Bemessungswert von $F_{G,d} = 10{,}8$ kN und aus veränderlichen Einwirkungen ein Bemessungswert $F_{Q,d} = 11{,}61$ kN ermittelt wurde?
$F_{S,d} = F_{G,d} + F_{Q,d} = 10{,}8$ kN + 11,61 kN = **22,41 kN**

**Bemessungswert der Kraft**
$$F_{S,d} = F_{G,d} + F_{Q,d}$$

### Bemessungswert der Spannung

| Bemessungswert der Spannung $\sigma_{S,d}$ | = | $\dfrac{\text{Bemessungswert der Kraft } F_{S,d}}{\text{Querschnittsfläche } A}$ |

**Beispiel:** Ein IPE 180 – S275 wird mit einer charakteristischen Kraft $F_k = 42$ kN ständig belastet. Welcher Bemessungswert der Spannung tritt auf?

$$\sigma_{S,d} = \frac{F_{S,d}}{A} = \frac{F_{G,d}}{A} = \frac{\gamma_F \cdot \Psi \cdot F_k}{A} = \frac{1{,}35 \cdot 1 \cdot 42\,000\,\text{N} \cdot 1\,\text{cm}^2}{23{,}9\,\text{cm}^2 \cdot 100\,\text{mm}^2}$$

$$\sigma_{S,d} = 23{,}72\ \frac{\text{N}}{\text{mm}^2}$$

**Bemessungswert der Spannung**
$$\sigma_{s,d} = \frac{F_{S,d}}{A}$$

| Teilsicherheitsbeiwert $\gamma_M$ | |
|---|---|
| Anwendung | $\gamma_M$ |
| Festigkeiten, Bemessungswerte für den Tragsicherheitsnachweis | 1,1 |
| Steifigkeiten, Bemessungswerte für den Tragsicherheitsnachweis | 1,1 |
| Gebrauchstauglichkeitsnachweis, wenn Gefahr für Leib und Leben besteht | 1,1 |
| Gebrauchstauglichkeitsnachweis, wenn keine Gefahr für Leib und Leben besteht | 1,0 |

# Statik und Festigkeit

## Festigkeitsberechnungen im Stahlbau

### Beanspruchbarkeiten

**Grenzwert der Kraft, Grenzwert der Spannung**

| Grenzwert der Kraft $F_{R,d}$ | = | Grenzwert der Spannung $\sigma_{R,d}$ | · | Querschnittsfläche $A$ |

**Beispiel:** Für einen Flachstahl 80 x 8 – S275 ist der Grenzwert der Kraft $F_{R,d}$ zu errechnen.
Nach Tabelle Seite 48: $f_{y,k}$ = 275 N/mm²
Nach Tabelle Seite 41: $\gamma_M$ = 1,1

**Grenzwert der Kraft**
$$F_{R,d} = \sigma_{R,d} \cdot A$$

**Grenzwert der Spannung**
$$\sigma_{R,d} = \frac{f_{y,k}}{\gamma_M}$$

$$F_{R,d} = \sigma_{R,d} \cdot A; \quad \sigma_{R,d} = \frac{f_{y,k}}{\gamma_M}; \quad \Rightarrow \quad F_{R,d} = \frac{f_{y,k}}{\gamma_M} \cdot l \cdot b$$

$$= \frac{275 \text{ N}}{1{,}1 \cdot \text{mm}^2} \cdot 80 \text{ mm} \cdot 8 \text{ mm} = 160\,000 \text{ N} = \mathbf{160 \text{ kN}}$$

### Sicherheitsnachweis

Die Tragsicherheit und Gebrauchstauglichkeit von Konstruktionen, ihren Verbindungen und ihren einzelnen Bauteilen ist nachzuweisen. Es ist entweder ein Tragsicherheitsnachweis oder ein Spannungsnachweis zu führen.

#### Tragsicherheitsnachweis

Die Beanspruchungen $S_d$ dürfen die Beanspruchbarkeit $R_d$ nicht übersteigen.

| Beanspruchung $S_d$ | ≤ | Beanspruchbarkeiten $R_d$ | | $S_d \leq R_d$ |
| Bemessungswert der Kraft $F_{S,d}$ | ≤ | Grenzwert der Kraft $F_{R,d}$ | | $F_{S,d} \leq F_{R,d}$ |

**Beispiel:** Eine Fachwerkstrebe aus Winkelstahl EN 10056-1 – 40 x 20 x 4 – S235 JR wird durch eine charakteristische Kraft $F_k$ = 35 kN belastet. Der Tragsicherheitsnachweis für ständige Einwirkungen ist zu führen. Nach Tabellen: $\gamma_F$ = 1,35; $\Psi$ = 1; $f_{y,k}$ = 240 N/mm²; $\gamma_M$ = 1,1; $A$ = 2,25 cm²

$$S_d = F_{S,d} = F_{G,d} = \gamma_F \cdot \Psi \cdot F_k = 1{,}35 \cdot 1{,}1 \cdot 35 \text{ kN} = 47{,}25 \text{ kN}$$

$$F_{R,d} = \sigma_{R,d} \cdot A = \frac{240 \text{ N}}{1{,}1 \cdot \text{mm}^2} \cdot 225 \text{ mm}^2 = 49\,090 \text{ N} = 49{,}09 \text{ kN}$$

$$F_{S,d} \leq F_{R,d} \quad \Rightarrow \quad F_{S,d} = \mathbf{47{,}25 \text{ kN} < 49{,}09 \text{ kN}} = F_{R,d} \quad \text{Tragsicherheitsnachweis erfüllt.}$$

#### Spannungsnachweis

Der Bemessungswert der Spannung $\sigma_{S,d}$ darf die Grenzspannung $\sigma_{R,d}$ nicht übersteigen.

| Bemessungswert der Spannung $\sigma_{S,d}$ | = | Bemessungswert der Kraft $F_{S,d}$ / Querschnittsfläche $A$ | | $\sigma_{S,d} = \dfrac{F_{S,d}}{A}$ |
| Grenzwert der Spannung $\sigma_{R,d}$ | = | Charakteristischer Wert der Streckgrenze $f_{y,k}$ / Teilsicherheitsbeiwert $\gamma_M$ | | $\sigma_{R,d} = \dfrac{f_{y,k}}{\gamma_M}$ |
| Bemessungswert der Spannung $\sigma_{S,d}$ | ≤ | Grenzwert der Spannung $\sigma_{R,d}$ | | $\sigma_{S,d} \leq \sigma_{R,d}$ |

**Beispiel:** Für die Fachwerkstrebe aus obigem Beispiel ist der Spannungsnachweis zu führen.
Nach Tabellen; $\gamma_F$ = 1,35; $\Psi$ = 1; $\gamma_M$ = 1,1; $A$ = 2,25 cm²

$$\sigma_{S,d} = \frac{F_{S,d}}{A} = \frac{\gamma_F \cdot \Psi \cdot F_k}{A} = \frac{1{,}35 \cdot 1 \cdot 35\,000 \text{ N}}{225 \text{ mm}^2} = 210 \frac{\text{N}}{\text{mm}^2}$$

$$\sigma_{R,d} = \frac{f_{y,k}}{\gamma_M} = \frac{240 \text{ N}}{1{,}1 \cdot \text{mm}^2} = 218 \frac{\text{N}}{\text{mm}^2}$$

Spannungsnachweis: $\sigma_{S,d} \leq \sigma_{R,d}; \Rightarrow \sigma_{S,d} = \mathbf{210 \frac{\text{N}}{\text{mm}^2} < 218{,}18 \frac{\text{N}}{\text{mm}^2}} = \sigma_{R,d}$
*Spannungsnachweis erfüllt.*

## Statik und Festigkeit

### Festigkeit von Schweißverbindungen

Schweißnähte verbinden Bauelemente und übertragen die von außen auf eine Konstruktion einwirkenden Kräfte. Ja nach Lage des Bauelementes und der angreifenden Kräfte entstehen in den Schweißnähten verschiedene Spannungen, die kleiner als die Grenzschweißspannung sein müssen. Die erforderliche Sicherheit der Schweißnaht ist mit dem Tragsicherheitsnachweis oder dem Spannungsnachweis nachzuweisen.

Stumpfnaht: $A_W = t \cdot l$
Kehlnaht: $A_W = a \cdot l$

### Spannungen und Grenzwerte der Kraft in der Schweißnaht

**Schweißzugspannung**

Schweißzugspannung $\sigma_{w,S,d}$ = Bemessungswert der Zugkraft $F_{S,d}$ / Spannungsquerschnitt $A_W$

$$\sigma_{w,S,d} = \frac{F_{S,d}}{A_W}$$

**Schweißscherspannung**

Schweißscherspannung $\sigma_{w,S,d}$ = Bemessungswert der Scherkraft $F_{S,d}$ / Spannungsquerschnitt $A_W$

$$\tau_{w,S,d} = \frac{F_{S,d}}{A_W}$$

**Grenzschweißzugspannung / Grenzschweißscherspannung**

Grenzschweiß-Zugspannung $\sigma_{w,R,d}$ / Grenzschweiß-Scherspannung $\tau_{w,R,d}$ = Wert für Grenzschweißspannung $\alpha_W$ · Streckgrenze $f_{y,k}$ / Teilsicherheitsbeiwert für den Widerstand $\gamma_M$

$$\sigma_{w,R,d} = \tau_{w,R,d} = \alpha_W \cdot \frac{f_{y,k}}{\gamma_M}$$

**Grenzwert der Kraft**

Grenzwert der Kraft $F_{R,d}$ = Grenzschweiß-Zugspannung $\sigma_{w,R,d}$ · Spannungsquerschnitt $A_W$

$$F_{w,R,d} = \sigma_{w,R,d} \cdot A_W$$

### Spannungsquerschnitt

Der Spannungsquerschnitt ist abhängig von der Nahtdicke a und der rechnerischen (tragenden) Schweißnahtlänge l. Bemessung nach Tabellen Seite 44.

**Spannungsquerschnitt**

Spannungsquerschnitt $A_W$ = Nahtdicke a (Kehlnaht), Blechdicke t (Stumpfnaht) · Tragende Schweißnahtlänge l

$$A_W = a \cdot l = t \cdot l$$

### Tragsicherheitsnachweis

Bemessungswert der Kraft $F_{S,d}$ = Grenzwert der Kraft $F_{R,d}$ — Werte für die Grenzschweißspannung $\alpha_W$ Tabelle Seite 48

$$F_{S,d} \leq F_{w,R,d}$$

Schweißzugspannung $\sigma_{w,S,d}$ = Grenzschweiß-Zugspannung $\sigma_{w,R,d}$

$$\sigma_{w,S,d} \leq \sigma_{w,R,d}$$

### Beispiel:

Ein Zugstab aus S235JR wird mit einem Knotenblech an eine Tragplatte angeschlossen. Die Schweißnaht ist eine Kehlnaht mit a = 5 mm und einer tragenden Schweißnahtlänge von l = 160 mm. Es wirkt eine charakteristische Kraft $F_K$ = 110 kN. Die Schweißzugspannung $\sigma_{w,S,d}$ wurde mit 185,6 N/mm² ermittelt. Gesucht sind:

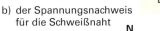

a) die Grenzschweißzugspannung $\sigma_{w,R,d}$

Nach Tabelle ist $\alpha_w$ = 0,95 und nach Tabelle Seite 41: $\gamma_M$ = 1,1 und nach Tabelle Seite 48: $f_{y,k}$ = 240 N/mm²

$$\sigma_{wR,d} = \alpha_w \cdot \frac{f_{y,k}}{\gamma_M} = 0{,}95 \cdot \frac{240 \text{ N/mm}^2}{1{,}1} = 207{,}3 \frac{\text{N}}{\text{mm}^2}$$

b) der Spannungsnachweis für die Schweißnaht

$$\sigma_{w,S,d} \leq \sigma_{w,R,d}; \quad 185{,}6 \frac{\text{N}}{\text{mm}^2} \leq 207{,}3 \frac{\text{N}}{\text{mm}^2}$$

Der Spannungsnachweis für die Schweißnaht ist erfüllt.

## Statik und Festigkeit

### Bemessung von Schweißverbindungen im Stahlbau — DIN EN 1993-1-8 (2010-12)

**Rechnerische Schweißnahtlänge $l$ bei unmittelbaren Anschlüssen**

| | |
|---|---|
| Stumpfnähte | Die rechnerische Schweißnahtlänge $l$ entspricht der voll wirksamen Nahtlänge. Sie darf nicht kleiner sein als die Breite des zu schweißenden Bauteils. Mittels Endkraterblechen sind die Nahtenden kraterfrei auszuführen. |
| Kehlnähte | Die Nahtlänge entspricht der Länge der Wurzellinie. Kehlnähte dürfen beim Festigkeitsnachweis nur berücksichtigt werden, wenn ihre Länge $l \geq 6 \cdot a \geq 30$ mm, beträgt.<br>Bei unmittelbaren Laschen- u. Stabanschlüssen gilt für jede einzelne Flankenkehlnaht $l \geq 150\, a$<br>Die rechnerische Nahtlänge $\Sigma l$ für solche Nähte ist der folgenden Tabelle zu entnehmen. |

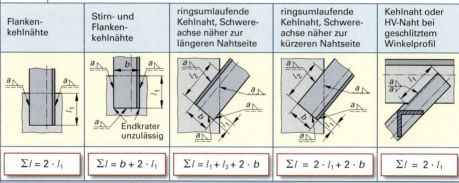

| Flankenkehlnähte | Stirn- und Flankenkehlnähte | ringsumlaufende Kehlnaht, Schwereachse näher zur längeren Nahtseite | ringsumlaufende Kehlnaht, Schwereachse näher zur kürzeren Nahtseite | Kehlnaht oder HV-Naht bei geschlitztem Winkelprofil |
|---|---|---|---|---|
| $\Sigma l = 2 \cdot l_1$ | $\Sigma l = b + 2 \cdot l_1$ | $\Sigma l = l_1 + l_2 + 2 \cdot b$ | $\Sigma l = 2 \cdot l_1 + 2 \cdot b$ | $\Sigma l = 2 \cdot l_1$ |

**Rechnerische Schweißnahtdicke $a$**

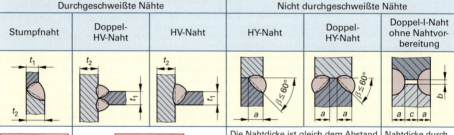

| Durchgeschweißte Nähte | | | Nicht durchgeschweißte Nähte | | |
|---|---|---|---|---|---|
| Stumpfnaht | Doppel-HV-Naht | HV-Naht | HY-Naht | Doppel-HY-Naht | Doppel-I-Naht ohne Nahtvorbereitung |
| $a = t_1$<br>für $t_1 < t_2$, sonst<br>$a$ = Werkstückdicke | $a = t_1$ | $a$ = Dicke der angeschlossenen Teile | Die Nahtdicke ist gleich dem Abstand vom theoretischen Wurzelpunkt zur Nahtoberfläche. Bei einem Öffnungswinkel $\beta < 45°$ ist die rechnerische Schweißnahtdicke um 2 mm zu vermindern oder durch Verfahrensprüfung festzulegen. | | Nahtdicke durch Verfahrensprüfung festlegen. Spalt $b$ ist verfahrensabhängig, z.B. bei UP-Schweißung $b = 0$ |

| Kehlnaht | Doppelkehlnaht | Dreiblechnaht, Steilflankennaht |
|---|---|---|

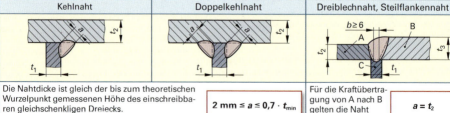

| Die Nahtdicke ist gleich der bis zum theoretischen Wurzelpunkt gemessenen Höhe des einschreibbaren gleichschenkligen Dreiecks. Bei Querschnittsteilen mit Dicken $t \geq 3$ mm soll eingehalten werden: | $2\text{ mm} \leq a \leq 0{,}7 \cdot t_{min}$ | Für die Kraftübertragung von A nach B gelten die Nahtdicken der Stumpfnähte. Für $t_2 \leq t_3$ gilt: | $a = t_2$ |
|---|---|---|---|
| Um ein Missverhältnis von Nahtquerschnitt und verbundenen Querschnittsteilen zu vermeiden, gilt: Kehlnähte nicht dicker ausführen als rechnerisch erforderlich. Bei Bleckdicken $t \geq 30$ mm sollte $a \geq 5$ mm gewählt werden. | $a \geq \sqrt{t_{max}} - 0{,}5$ | Für die Kraftübertragung von C nach A und B ist die Spaltbreite der Steilflankennaht anzusetzen. | $a = b \geq 6$ mm |

## Statik und Festigkeit

## Beanspruchung auf Knickfestigkeit
### Biegeknicknachweis in 7 Schritten

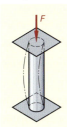

Bei langen schlanken Bauteilen und Stützen im Stahlbau kann Knickung auftreten. Unter der Belastung weicht das Profil zur Seite aus. Die Stelle, an der das Profil ausgeknickt ist, ist vom Schlankheitsgrad $\lambda_K$ und von der Art der Einspannung abhängig. Man unterscheidet 4 Belastungsfälle. Die Richtung, in der das Profil ausknickt, ist abhängig von der Querschnittsform, was durch Knickspannungslinien a, b, c, d berücksichtig wird (Seite 46).

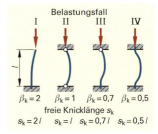

Der Biegeknicknachweis gliedert sich in folgende Schritte:

1. Ermittlung der Knicklänge,

| Freie Knicklänge $s_K$ | = | Knicklängen-beiwert $\beta_K$ | · | Systemlänge $l$ | | $s_K = \beta_K \cdot l$ |

2. Berechnung des Schlankheitsgrades,

| Schlankheitsgrad $\lambda_K$ | = | Freie Knicklänge $s_K$ / Kleinster Trägheitsradius $i_{min}$ | $i_{min}$ aus Profiltabellen | $\lambda_K = \dfrac{s_K}{i_{min}}$ |

3. Berechnung des bezogenen Schlankheitsgrades,

| Bezogener Schlankheitsgrad $\overline{\lambda}_K$ | = | Schlankheitsgrad $\lambda_K$ / Bezugsschlankheitsgrad $\lambda_a$ | $\lambda_a$ S. 46 | $\overline{\lambda}_K = \dfrac{\lambda_K}{\lambda_a}$ |

4. Zuordnung des Querschnitts (der Querschnittsform) zu einer Knickspannungslinie,  Tabelle Seite 46
5. Bestimmung des Abminderungsfaktors in Abhängigkeit vom bezogenen Schlankheitsgrad und der Knickspannungslinie,  Tabelle Seite 46
6. Berechnung der Grenzkraft im plastischen Zustand,

| Grenzkraft im plastischen Zustand $F_{pl,d}$ | = | Querschnittsfläche $A$ | · | Streckgrenze $f_{y,k}$ / Teilsicherheitsbeiwert $\gamma_M$ | | $F_{pl,d} = A \cdot \dfrac{f_{y,k}}{\gamma_M}$ |

7. Nachweis der Biegeknicksicherheit.

| Bemessungswert der Kraft $F_{N,d}$ | ≤ | Abminderungsfaktor $\kappa$ | · | Grenzkraft im plastischen Zustand $F_{pl,d}$ | | $F_{N,d} \leq \kappa \cdot F_{pl,d}$ |

**Beispiel:**
Eine Stahlstütze mit dem Profil HE 360 B aus S235JR und einer Systemlänge von $l = 4{,}2$ m ist am Fuß eingespannt. Die ständigen Einwirkungen betragen $F_G = 320$ kN und die veränderlichen Einwirkungen $F_Q = 170$ kN. Für die Stütze ist der Biegeknicknachweis zu führen.
Bemessungswert der Kraft: Nach Tabellen Seite 40: $\gamma_F = 1{,}35;\ \gamma_F = 1{,}50;\ \psi = 1{,}0$
$F_{N,d} = \gamma_F \cdot \psi \cdot F_G + \gamma_F \cdot \psi \cdot F_Q = 1{,}35 \cdot 1{,}0 \cdot 320$ kN $+ 1{,}5 \cdot 1{,}0 \cdot 170$ kN $= \mathbf{687\ kN}$

**1. Schritt:** $s_K = \beta_K \cdot l = 2{,}0 \cdot 4{,}2$ m $= \mathbf{8{,}4\ m}$
**2. Schritt:** Aus Tabellen: $i_{min} = 7{,}49$ cm
$\lambda_K = \dfrac{s_K}{i_{min}} = \dfrac{840\ cm}{7{,}49\ cm} = \mathbf{112{,}15}$
**3. Schritt:**
Nach Tabelle: $\lambda_a = 92{,}9\quad \overline{\lambda}_K = \dfrac{\lambda_K}{\lambda_a} = \dfrac{112{,}15}{92{,}9} = \mathbf{1{,}20}$

**4. Schritt:** Zuordnung des Querschnittes zu einer Knickspannungslinie: $h/b = 360/300;\ t \leq 80$ mm; nach Tabelle: Knickspannungslinie c

**5. Schritt:** Bestimmen des Abminderungsfaktors in Abhängigkeit vom bezogenen Schlankheitsgrad und der Knickspannungslinie;
Nach Tabelle: $\kappa = 0{,}434$

**6. Schritt:** Nach Tabelle Seite 48: $f_{y,k} = 240$ N/mm² und Seite 41: $\gamma_M = 1{,}1$; aus
Formstahl-Tabelle S. 185 für HE360B: $S = 181$ cm² $= A$
$F_{pl,d} = A \cdot \dfrac{f_{y,d}}{\gamma_M} = 18\,100\ mm^2 \cdot \dfrac{240\ N/mm^2}{1{,}1} = \mathbf{3\,949\,091\ N}$
$\approx \mathbf{3\,949{,}1\ kN}$

**7. Schritt:**
$F_{N,d} \leq \kappa \cdot F_{pl,d};\quad 687$ kN $\leq 0{,}434 \cdot 3\,949{,}1$ kN
$\mathbf{687\ kN \leq 1\,713{,}9\ kN}$; Die Stütze ist knicksicher.

# Statik und Festigkeit

## Knickfestigkeit

vgl. DIN EN 1993-1-1 (2010-12)

### Zuordnung der Querschnitte zu den Knickspannngslinien (S235, S275, S355, S420)

| Querschnittsform | | Ausweichen rechtwinklig zur Achse | Knick-spannungs-linie | Querschnittsform | | Ausweichen rechtwinklig zur Achse | Knick-spannungs-linie |
|---|---|---|---|---|---|---|---|
| Hohlprofile | warm gefertigt | x – y | a | I-Profile, gewalzt | $h/b > 1,2$ $t \leq 40$ mm | x – x | a |
| | | y – y | | | | y – y | b |
| | kalt gefertigt | x – x | c | | $h/b > 1,2$ $40 < t \leq 100$ mm | x – x | b |
| | | y – y | | | | y – y | c |
| Stab- und Formstähle, außer I | | x – x | c (L-Profil b) | | $h/b \leq 1,2$ $t \leq 100$ mm | x – x | b |
| | | | | | | y – y | c |
| | | y – y | | | $t > 100$ mm | x – x | d |
| | | | | | | y – y | |

### Bezugsschlankheitsgrad $\lambda_a$

$\lambda_a = 92{,}9$ für Stahl S235 mit $f_{y,k} = 240$ N/mm²
$\lambda_a = 75{,}9$ für Stahl S355 mit $f_{y,k} = 360$ N/mm²

$E$ Elastizitätsmodul für Stahl:
$E = 210\,000$ N/mm²

$$\lambda_a = \pi \cdot \sqrt{\frac{E}{f_{y,k}}}$$

### Abminderungsfaktoren $\kappa$ für Knickspannungslinien

| $\lambda_K$ | Knickspannungslinie | | | |
|---|---|---|---|---|
| | a | b | c | d |
| 0,20 | 1,000 | 1,000 | 1,000 | 1,000 |
| 0,24 | 0,991 | 0,986 | 0,980 | 0,969 |
| 0,28 | 0,982 | 0,971 | 0,959 | 0,938 |
| 0,30 | 0,977 | 0,964 | 0,940 | 0,923 |
| 0,34 | 0,968 | 0,949 | 0,929 | 0,894 |
| 0,38 | 0,958 | 0,934 | 0,908 | 0,865 |
| 0,40 | 0,953 | 0,926 | 0,897 | 0,850 |
| 0,44 | 0,942 | 0,910 | 0,876 | 0,822 |
| 0,48 | 0,930 | 0,893 | 0,854 | 0,793 |
| 0,50 | 0,924 | 0,884 | 0,843 | 0,779 |
| 0,54 | 0,911 | 0,866 | 0,820 | 0,751 |
| 0,58 | 0,897 | 0,847 | 0,797 | 0,724 |
| 0,60 | 0,890 | 0,837 | 0,785 | 0,710 |
| 0,64 | 0,874 | 0,816 | 0,761 | 0,683 |
| 0,68 | 0,857 | 0,795 | 0,737 | 0,656 |
| 0,70 | 0,848 | 0,784 | 0,725 | 0,643 |
| 0,74 | 0,828 | 0,761 | 0,700 | 0,617 |
| 0,78 | 0,807 | 0,737 | 0,675 | 0,592 |
| 0,80 | 0,796 | 0,724 | 0,662 | 0,580 |
| 0,84 | 0,772 | 0,699 | 0,637 | 0,556 |
| 0,88 | 0,747 | 0,674 | 0,612 | 0,532 |
| 0,90 | 0,734 | 0,661 | 0,600 | 0,521 |
| 0,94 | 0,707 | 0,635 | 0,575 | 0,499 |
| 0,98 | 0,680 | 0,646 | 0,552 | 0,477 |
| 1,00 | 0,666 | 0,597 | 0,540 | 0,467 |
| 1,04 | 0,638 | 0,572 | 0,517 | 0,447 |
| 1,08 | 0,610 | 0,547 | 0,495 | 0,428 |
| 1,10 | 0,596 | 0,535 | 0,484 | 0,419 |
| 1,14 | 0,569 | 0,512 | 0,463 | 0,401 |
| 1,18 | 0,543 | 0,489 | 0,443 | 0,384 |
| 1,20 | 0,530 | 0,478 | 0,434 | 0,376 |
| 1,24 | 0,505 | 0,457 | 0,415 | 0,361 |
| 1,28 | 0,482 | 0,437 | 0,397 | 0,346 |
| 1,30 | 0,470 | 0,427 | 0,389 | 0,339 |
| 1,34 | 0,448 | 0,408 | 0,372 | 0,325 |
| 1,38 | 0,428 | 0,390 | 0,357 | 0,312 |
| 1,40 | 0,418 | 0,382 | 0,349 | 0,306 |
| 1,44 | 0,399 | 0,365 | 0,335 | 0,293 |
| 1,48 | 0,381 | 0,350 | 0,321 | 0,282 |
| 1,50 | 0,372 | 0,342 | 0,315 | 0,277 |
| 1,54 | 0,356 | 0,328 | 0,302 | 0,266 |
| 1,58 | 0,341 | 0,314 | 0,290 | 0,256 |
| 1,60 | 0,333 | 0,308 | 0,284 | 0,251 |
| 1,64 | 0,319 | 0,295 | 0,273 | 0,242 |
| 1,68 | 0,306 | 0,284 | 0,263 | 0,233 |
| 1,70 | 0,299 | 0,278 | 0,258 | 0,229 |
| 1,74 | 0,287 | 0,267 | 0,248 | 0,221 |
| 1,78 | 0,276 | 0,257 | 0,239 | 0,213 |
| 1,80 | 0,270 | 0,252 | 0,235 | 0,209 |
| 1,84 | 0,260 | 0,243 | 0,226 | 0,202 |
| 1,88 | 0,250 | 0,234 | 0,218 | 0,195 |
| 1,90 | 0,245 | 0,229 | 0,214 | 0,192 |
| 1,94 | 0,236 | 0,221 | 0,207 | 0,186 |

| $\lambda_K$ | Knickspannungslinie | | | |
|---|---|---|---|---|
| | a | b | c | d |
| 1,98 | 0,227 | 0,213 | 0,200 | 0,180 |
| 2,00 | 0,223 | 0,209 | 0,196 | 0,177 |
| 2,04 | 0,215 | 0,202 | 0,190 | 0,171 |
| 2,08 | 0,207 | 0,195 | 0,183 | 0,166 |
| 2,10 | 0,204 | 0,192 | 0,180 | 0,163 |
| 2,14 | 0,197 | 0,186 | 0,174 | 0,158 |
| 2,18 | 0,190 | 0,179 | 0,169 | 0,153 |
| 2,20 | 0,187 | 0,176 | 0,166 | 0,151 |
| 2,24 | 0,180 | 0,171 | 0,161 | 0,146 |
| 2,28 | 0,175 | 0,165 | 0,156 | 0,142 |
| 2,30 | 0,172 | 0,163 | 0,154 | 0,140 |
| 2,34 | 0,166 | 0,158 | 0,149 | 0,136 |
| 2,38 | 0,161 | 0,153 | 0,145 | 0,132 |
| 2,40 | 0,159 | 0,151 | 0,143 | 0,130 |
| 2,44 | 0,154 | 0,146 | 0,138 | 0,127 |
| 2,48 | 0,149 | 0,142 | 0,134 | 0,123 |
| 2,50 | 0,147 | 0,140 | 0,132 | 0,121 |
| 2,54 | 0,142 | 0,136 | 0,129 | 0,118 |
| 2,58 | 0,138 | 0,132 | 0,125 | 0,115 |
| 2,60 | 0,136 | 0,130 | 0,123 | 0,113 |
| 2,64 | 0,132 | 0,126 | 0,120 | 0,110 |
| 2,68 | 0,129 | 0,123 | 0,117 | 0,108 |
| 2,70 | 0,127 | 0,121 | 0,115 | 0,106 |
| 2,74 | 0,123 | 0,118 | 0,112 | 0,104 |
| 2,78 | 0,120 | 0,115 | 0,109 | 0,101 |
| 2,80 | 0,118 | 0,113 | 0,108 | 0,100 |
| 2,84 | 0,115 | 0,110 | 0,105 | 0,097 |
| 2,88 | 0,112 | 0,107 | 0,102 | 0,095 |
| 2,90 | 0,111 | 0,106 | 0,101 | 0,094 |
| 2,94 | 0,108 | 0,103 | 0,099 | 0,091 |
| 2,98 | 0,105 | 0,101 | 0,096 | 0,089 |
| 3,00 | 0,104 | 0,099 | 0,095 | 0,088 |

# Statik und Festigkeit

## Festigkeit von Schraubenverbindungen

### Festigkeitsklassen

| Zugfestigkeit $f_{u,b,k}$ | = | erste Zahl | · | 100 | | | $f_{u,b,k} = X \cdot 100$ |
| Streckgrenze $f_{y,b,k}$ | = | erste Zahl | · | zweite Zahl | · | 10 | $f_{y,b,k} = X \cdot Y \cdot 10$ |

Festigkeitswerte für Schrauben siehe Tabelle Griffregister B Seite 235 ff.

### Zugbeanspruchung (vereinfachtes Verfahren)

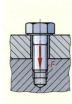

| Bemessungswert der Zugkraft $F_{S,d}$ | ≤ | Grenzwert der Zugkraft $F_{R,d}$ | | $F_{S,d} \leq F_{R,d}$ |

**Beispiel:** Eine Sechskantschraube ISO 4014 M24 × 80 – 5.6 hat in einer SL-Verbindung eine ständig einwirkende Zugkraft von F = 78 kN aufzunehmen. Führen Sie den Tragsicherheitsnachweis.

nach Tabellen: $\gamma_F = 1{,}35$; $\Psi = 1$; $F_{S,d} = \gamma_F \cdot \Psi \cdot F = 1{,}35 \cdot 1{,}0 \cdot 78$ kN = 105,3 kN
nach Tabellen: Grenzwert der Kraft $F_{R,d}$ = 112,2 kN
$F_{S,d}$ = **105,3 kN** ≤ $F_{R,d}$ = 112,2 kN ⇒ Tragsicherheitsnachweis erfüllt

### Abscherung (vereinfachtes Verfahren)

| Grenzwert der Abscherkraft $F_{a,R,d}$ | = | Anzahl der Schrauben $n$ | · | Anzahl der Scherfugen $m$ | · | Konstante der Abscherung $F_a$ | $F_{a,R,d} = n \cdot m \cdot F_a$ |
| Bemessungswert der Kraft $F_{S,d}$ | ≤ | Grenzwert der Abscherkraft $F_{a,R,d}$ | | | | | $F_{S,d} \leq F_{a,R,d}$ |

**Beispiel:** Eine Lasche ist mit einer Passschraube M20 – 8.8 an einem Träger befestigt. Die einwirkende Kraft beträgt 78 kN. Für die Schraubenverbindung ist der Tragsicherheitsnachweis für Abscherung zu führen.

nach Tabellen: $\gamma_F = 1{,}35$; $\Psi = 1$; $F_{S,d} = \gamma_F \cdot \Psi \cdot F = 1{,}35 \cdot 1{,}0 \cdot 78$ kN = 105,3 kN
nach Tabellen: $F_a$ = 151,1 kN
$F_{a,R,d} = n \cdot m \cdot F_a = 1 \cdot 1 \cdot 151{,}1$ kN = 151,1 kN
$F_{S,d}$ = **105,3 kN** ≤ 151,1 kN = $F_{a,R,d}$ ⇒ Tragsicherheitsnachweis erfüllt

### Lochleibung (vereinfachtes Verfahren)

| Grenzwert der Lochleibungskraft $F_{l,R,d}$ | = | Anzahl der Schrauben $n$ | · | Materialstärke $t_{min}$ | · | Konstante der Lochleibung $F_l$ | $F_{l,R,d} = n \cdot t_{min} \cdot F_l$ |
| Bemessungswert der Kraft $F_{S,d}$ | ≤ | Grenzwert der Lochleibungskraft $F_{l,R,d}$ | | | | | $F_{S,d} \leq F_{l,R,d}$ |

**Beispiel:** Ein U-Profil U180 aus S235 wird mit 4 Passschrauben M20 × 60 – 8.8 an ein Knotenblech t = 20 aus S235 angeschlossen. Für die Verbindung ist der Tragfähigkeitsnachweis für Lochleibung zu führen.

nach Tabellen: $\gamma_F = 1{,}35$; $\Psi = 1$; $F_{S,d} = \gamma_F \cdot \Psi \cdot F = 1{,}35 \cdot 1{,}0 \cdot 180$ kN = 243 kN
nach Tabellen: $F_l$ = 87,05 kN/cm
$F_{l,R,d} = n \cdot t_{min} \cdot F_l = 4 \cdot 0{,}8$ cm · 87,05 kN/cm = 178,56 kN
$F_{S,d}$ = **243 kN** ≤ 178,56 kN = $F_{l,R,d}$ ⇒ Tragsicherheitsnachweis erfüllt

## Statik und Festigkeit

### Widerstandsgrößen für Werkstoffe und Bauteile

#### Charakteristische Werte für Walzstahl

| Stahlsorte | | Erzeugnisdicke $t$ mm | | Streckgrenze $f_{y,k}$ N/mm² | Zugfestigkeit $f_{u,k}$ N/mm² | |
|---|---|---|---|---|---|---|
| Baustahl[1] | S235 | $t \leq 40$ | $40 < t \leq 100$ | 240 | 215 | 360 |
| | S275 | $t \leq 40$ | $40 < t \leq 80$ | 275 | 255 | 430 | 410 |
| | S355 | $t \leq 40$ | $40 < t \leq 80$ | 355 | 335 | 490 | 470 |
| Feinkorn-Baustahl[1] | S275N u. NL | $t \leq 40$ | $40 < t \leq 80$ | 275 | 255 | 390 | 370 |
| | S355N u. NL | $t \leq 40$ | $40 < t \leq 80$ | 355 | 335 | 490 | 470 |
| | S460N u. NL | $t \leq 40$ | $40 < t \leq 80$ | 460 | 430 | 540 | |
| | S275M u. ML | $t \leq 40$ | $40 < t \leq 80$ | 275 | 255 | 370 | 360 |
| | S355M u. ML | $t \leq 40$ | $40 < t \leq 80$ | 355 | 335 | 470 | 450 |
| | S460M u. ML | $t \leq 40$ | $40 < t \leq 80$ | 460 | 430 | 540 | 530 |
| Vergütungs-Stahl[1] | C35+N | $t \leq 16$ | $16 < t \leq 100$ | 300 | 270 | 550 | 520 |
| | C45+N | $t \leq 16$ | $16 < t \leq 100$ | 340 | 305 | 620 | 580 |
| Stahl-Guss[1] | GS-38 | $t \leq 100$ | | 200 | | 380 | |
| | GS-45 | | | 230 | | 450 | |
| | GS-52 | | | 260 | | 520 | |
| | GS-16Mn5N | $t \leq 50$ | $50 < t \leq 100$ | 260 | 230 | 430 | |
| | GS-20Mn5N | | | 300 | 380 | 500 | |
| | GS-20Mn5V | | | 360 | 300 | 500 | |
| Guss-eisen[2] | EN-GJS-400-15 | $t \leq 100$ | | 250 | | 390 | |
| | EN-GJS-400-18 | | | | | | |

[1] Elastizitätsmodul $E = 210\,000$ N/mm² und Schubmodul $G = 81\,000$ N/mm²
[2] Elastizitätsmodul $E = 169\,000$ N/mm² und Schubmodul $G = 46\,000$ N/mm²

#### Charakteristische Werte für Schraubenwerkstoffe

| Festigkeitsklasse | Streckgrenze $f_{y,k}$ in N/mm² | Zugfestigkeit $f_{u,k}$ in N/mm² |
|---|---|---|
| 4.6 | 240 | 400 |
| 5.6 | 300 | 500 |
| 8.8 | 640 | 800 |
| 10.9 | 900 | 1000 |

#### Charakteristische Werte für Kopf- und Gewindebolzen[3]

| Bolzen | | Streckgrenze $f_{y,k}$ in N/mm² | Zugfestigkeit $f_{u,k}$ in N/mm² |
|---|---|---|---|
| DIN EN ISO 13918 Festigkeitsklasse 4.8 | | 320 | 400 |
| DIN EN ISO 13918 aus S235J2G3 | | 350 | 450 |
| S235JR | $d \leq 40$ | 240 | 360 |
| S235J2G3 | $40 \leq d \leq 80$ | 215 | |
| S235JR | $d \leq 40$ | 240 | 510 |
| | $40 \leq d \leq 80$ | 215 | |

[3] Die Tabellenwerte gelten für Kopf- und Gewindebolzen, die durch Stumpfschweißen mit Stahlbauteilen verbunden werden. Sowohl für Bolzen als auch für Schweißnaht gilt:

$$\sigma_{b,R,d} = \frac{f_{y,k}}{\gamma_M} \text{ und } \tau_{b,R,d} = 0,7 \cdot \frac{f_{y,k}}{\gamma_M}$$

#### Grenzschweißnahtspannungen

| Gruppe | Nahtart | Nahtgüte | Beanspruchung | S235, S275 | S355 | S460N NL/M/ML |
|---|---|---|---|---|---|---|
| durch oder gegengeschweißte Nähte | Stumpfnaht Doppel-HV-Naht HV-Naht | alle | Druck | $\alpha_W = 1$[4] | $\alpha_W = 1$[4] | $\alpha_W = 1$[4] |
| | | nachgew. | Zug | $\sigma_{w,R,d} = $ | $\sigma_{w,R,d} = $ | $\sigma_{w,R,d} = $ |
| | | nicht nachgew. | | 218 N/mm² | 327 N/mm² | 327 N/mm² |
| nicht durchgeschweißte Nähte | HY-Naht Doppel-Y-Naht I-Naht | alle | Zug, Druck | $\alpha_W = 0,95$[4] | $\alpha_W = 0,80$ | $\alpha_W = 0,60$ |
| Kehlnähte | Kehlnaht | | Schub | $\sigma_{w,R,d} = $ 207 N/mm² | $\sigma_{w,R,d} = $ 262 N/mm² | $\sigma_{w,R,d} = $ 251 N/mm² |

[4] Diese Nähte brauchen rechnerisch nicht nachgewiesen zu werden, da der Bauteilwiderstand maßgeblich ist.

## Statik und Festigkeit

### Beanspruchungen und Belastungen im Maschinen und Anlagenbau
#### Belastungsfälle

| statische Belastung ruhend | dynamische Belastung schwellend | dynamische Belastung wechselnd | allgemein (schwingend) |
|---|---|---|---|
|  | 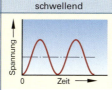 |  | 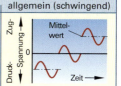 |
| **Belastungsfall I** Größe und Richtung der Belastung sind gleichbleibend. | **Belastungsfall II** Die Belastung steigt auf einen Höchstwert an und geht auf Null zurück. | **Belastungsfall III** Die Belastung wechselt zwischen einem Höchstwert und einem im Betrag gleichen Niedrigwert. | Die Belastung schwingt um einen beliebigen Mittelwert. |

### Beanspruchung auf Zug

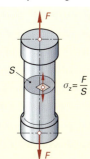

$\sigma_z$ Zugspannung  
$F$ Zugkraft  
$S$ Querschnittsfläche  
$\sigma_{z\,zul}$ zulässige Zugspannung  
$R_e$ Streckgrenze  
$R_m$ Zugfestigkeit  
$v$ Sicherheitszahl  
$F_{zul}$ zulässige Zugkraft  

**Zugspannung**
$$\sigma_z = \frac{F}{S}$$

**zul. Zugspannung**
für Stahl: $\sigma_{z\,zul} = \frac{R_e}{v}$
für Gusseisen: $\sigma_{z\,zul} = \frac{R_m}{v}$

**zulässige Zugkraft**
$$F_{zul} = \sigma_{z\,zul} \cdot S$$

**Beispiel:**
Rundstahl S235JR;  
$F_{zul} = 8{,}4$ kN; $\sigma_{zul} = 80$ N/mm²; $d = ?$  
$F_{zul} = \sigma_{zul} \cdot S$; $S = \dfrac{F_{zul}}{\sigma_{zul}} = \dfrac{8400\ \text{N}}{80\ \text{N/mm}^2} = 105$ mm²  
$d = 2 \cdot \sqrt{\dfrac{S}{\pi}} = 2 \cdot \sqrt{\dfrac{105\ \text{mm}^2}{\pi}} \approx$ **12 mm**

### Beanspruchung auf Druck

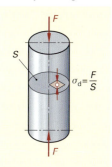

$\sigma_{dF}$ Quetschgrenze  
$\sigma_d$ Druckspannung  
$\sigma_{d\,zul}$ zulässige Druckspannung  
$v$ Sicherheitszahl  
$F$ Druckkraft  
$F_{zul}$ zulässige Druckkraft  
$S$ Querschnittsfläche  
$R_m$ Zugfestigkeit  

**Druckspannung**
$$\sigma_d = \frac{F}{S}$$

**zul. Druckspannung**
für Stahl: $\sigma_{d\,zul} = \dfrac{\sigma_{dF}}{v}$
für Gusseisen: $\sigma_{d\,zul} = \dfrac{4 \cdot R_m}{v}$

**zulässige Druckkraft**
$$F_{zul} = \sigma_{d\,zul} \cdot S$$

**Beispiel:**
Gestell aus Gusseisen; $R_m = 300$ N/mm²;  
$S = 2800$ mm²; $v = 2{,}5$; $F_{zul} = ?$  
$F_{zul} = \sigma_{d\,zul} \cdot S = \dfrac{4 \cdot R_m}{v} \cdot S$  
$= \dfrac{4 \cdot 300\ \text{N/mm}^2}{2{,}5} \cdot 2800\ \text{mm}^2$  
$= 1\,344\,000$ N $\approx$ **1,3 MN**

### Beanspruchung auf Abscherung

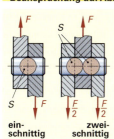

einschnittig / zweischnittig

$\tau_a$ Scherspannung  
$\tau_{a\,zul}$ zul. Scherspannung  
$\tau_{aB}$ Scherfestigkeit  
$F_{zul}$ zulässige Scherkraft  
$S$ Querschnittsfläche  
$v$ Sicherheitszahl  
$R_m$ Zugfestigkeit  

**Scherspannung**
$$\tau_a = \frac{F}{S}$$

**zul. Scherspannung**
$$\tau_{a\,zul} = \frac{\tau_{aB}}{v} = \frac{0{,}8 \cdot R_m}{v}$$

**zulässige Scherkraft**
$$F_{zul} = \tau_{a\,zul} \cdot S$$

**Beispiel:**
Zylinderstift ⌀ 6 mm; einschnittig beansprucht;  
$\tau_{aB} = 295$ N/mm²; $v = 2$; $S = 28{,}3$ mm²; $F_{zul} = ?$  
$\tau_{a\,zul} = \dfrac{\tau_{aB}}{v} = \dfrac{295\ \text{N/mm}^2}{2} = 147{,}5$ N/mm²;  
$F_{zul} = S \cdot \tau_{a\,zul} = 28{,}3\ \text{mm}^2 \cdot 147{,}5\ \dfrac{\text{N}}{\text{mm}^2} =$ **4174 N**

## Beanspruchung auf Biegung

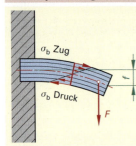

Bei Beanspruchung auf Biegung treten im Bauteil Zug- und Druckspannungen auf. Die maximale Spannung in der Randzone des Bauteils darf die zulässige Biegespannung nicht überschreiten.

| | | |
|---|---|---|
| $\sigma_b$ | Biegespannung | |
| $M_b$ | Biegemoment | |
| W | axiales Widerstandsmoment | |
| F | Biegekraft | |
| f | Durchbiegung | |
| E | Elastizitätsmodul | |

**Biegespannung**

$$\sigma_b = \frac{M_b}{W}$$

**Beispiel:** Träger DIN 1025 - IPE-240, $W = 324\ cm^3$; einseitig eingespannt; Einzelkraft $F = 25\ kN$; $l = 2{,}6\ m$; $\sigma_b = ?$

$$\sigma_b = \frac{M_b}{W} = \frac{F \cdot l}{W} = \frac{25\,000\ N \cdot 260\ cm}{324\ cm^3} = 20\,061\ \frac{N}{cm^2} \approx 200\ \frac{N}{mm^2}$$

## Beanspruchung auf Verdrehung (Torsion)

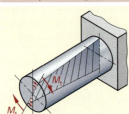

$M_t$  Torsionsmoment  $W_p$ polares Widerstandsmoment
$\tau_t$  Torsionsspannung

**Beispiel:** Welle, $d = 32\ mm$; $\tau_t = 65\ N/mm^2$; $M_t = ?$

$$W_p = \frac{\pi \cdot d^3}{16} = \frac{\pi \cdot (32\ mm)^3}{16} = 6434\ mm^3$$

**Torsionsspannung**

$$\tau_t = \frac{M_t}{W_p}$$

$$M_t = \tau_t \cdot W_p = 65\ \frac{N}{mm^2} \cdot 6434\ mm^3$$
$$= 418\,210\ N \cdot mm \approx \mathbf{418{,}2\ N \cdot m}$$

### Zusammenhang zwischen Bruchspannung und den Dauerfestigkeitswerten für Stahl und Leichtmetall

| Beanspruchungs-arten | Zug | | | Biegung | | | Verdrehen (Torsion) | | | Abscherung |
|---|---|---|---|---|---|---|---|---|---|---|
| Werkstoff | $\sigma_{zS}$[2] | $\sigma_{zSch}$ | $\sigma_{zW}$[2] | $\sigma_{bS}$[2] | $\sigma_{zSch}$ | $\sigma_{bW}$ | $\tau_{tS}$[2] | $\tau_{tSch}$ | $\tau_{tW}$ | $\tau_a$[2] |
| Baustahl | $R_e$ | $1{,}3 \cdot \sigma_{zW}$ | $0{,}45 \cdot R_m$ | $0{,}49 \cdot R_m$ | $1{,}5 \cdot \sigma_{bW}$ | $0{,}49 \cdot R_e$ | $0{,}7 \cdot R_m$ | $1{,}1 \cdot \tau_{tW}$ | $0{,}35 \cdot R_e$ | $0{,}8 \cdot R_e$ |
| Vergütungsstahl | $R_e$ | $1{,}7 \cdot \sigma_{zW}$ | $0{,}41 \cdot R_m$ | $0{,}44 \cdot R_m$ | $1{,}7 \cdot \sigma_{bW}$ | $0{,}44 \cdot R_e$ | $0{,}7 \cdot R_m$ | $1{,}6 \cdot \tau_{tW}$ | $0{,}30 \cdot R_e$ | $0{,}8 \cdot R_e$ |
| Einsatzstahl | $R_e$ | $1{,}6 \cdot \sigma_{zW}$ | $0{,}40 \cdot R_m$ | $0{,}41 \cdot R_m$ | $1{,}7 \cdot \sigma_{bW}$ | $0{,}41 \cdot R_e$ | $0{,}7 \cdot R_m$ | $1{,}4 \cdot \tau_{tW}$ | $0{,}30 \cdot R_e$ | $0{,}8 \cdot R_e$ |
| Leichtmetall | $R_e$ | – | $0{,}30 \cdot R_m$ | $0{,}40 \cdot R_m$ | – | – | – | – | $0{,}25 \cdot R_e$ | – |

### Ausgewählte Festigkeitswerte für Beanspruchungen und Belastungsfälle im Maschinen und Anlagenbau

| Beanspruchungs-arten | Zug | | | Biegung | | | Verdrehen (Torsion) | | | Abscherung |
|---|---|---|---|---|---|---|---|---|---|---|
| Belastungsfälle[1] | I | II | III | I | II | III | I | II | III | I |
| Bezeichnung der Grenzspannungen | $R_e, \sigma_{zS}$ | $\sigma_{zSch}$ | $\sigma_{zW}$ | $\sigma_{bS}$ | $\sigma_{zSch}$ | $\sigma_{bW}$ | $\tau_{tS}$ | $\tau_{tSch}$ | $\tau_{tW}$ | $\tau_a$[2] |
| Werkstoff | Grenzspannungen in N/mm² | | | | | | | | | |
| S235JR | 225 | 210 | 162 | 176 | 165 | 110 | 252 | 87 | 79 | 288 |
| S275JR | 265 | 240 | 185 | 201 | 195 | 130 | 287 | 102 | 93 | 328 |
| S355JR | 345 | 275 | 212 | 230 | 254 | 169 | 329 | 133 | 121 | 376 |
| E295 | 285 | 275 | 212 | 230 | 210 | 140 | 329 | 110 | 100 | 376 |
| E335 | 325 | 334 | 257 | 279 | 239 | 159 | 399 | 147 | 134 | 456 |
| E360 | 355 | 393 | 302 | 328 | 261 | 174 | 469 | 151 | 137 | 536 |
| C35 | 430 | 320 | 246 | 264 | 321 | 189 | 420 | 206 | 129 | 480 |
| C45 | 490 | 347 | 267 | 286 | 365 | 215 | 455 | 235 | 147 | 640 |
| C60 | 580 | 426 | 328 | 352 | 434 | 255 | 560 | 278 | 174 | 640 |
| 25CrMo4 | 600 | 558 | 328 | 352 | 434 | 255 | 560 | 288 | 180 | 640 |
| 34CrNiMo6 | 900 | 767 | 451 | 484 | 673 | 396 | 770 | 432 | 270 | 880 |
| X12CrMo5 | 320 | 299 | 230 | 250 | 235 | 157 | 357 | 123 | 112 | 408 |

[1] Belastungsfälle siehe Seite 49
[2] z – Zug, b – Biegung, t – Torsion, a – Abscherung, S – statisch, Sch – schwellend, W – wechselnd

# Einwirkungen auf Tragwerke

## Eigen- und Nutzlasten für Hochbauten
vgl. DIN EN 1991-1-1 (2010-12)

| | | |
|---|---|---|
| **Eigenlast** | Ständige vorhandene und i.d.R. unveränderliche Einwirkung | Gewicht der tragenden und stützenden Bauteile und dauernd aufzunehmende Einwirkungen, z.B. Putz, Auffüllungen usw. |
| **Nutzlast** (Veränderliche oder bewegliche Einwirkungen auf das Bauteil) | \multicolumn{2}{l}{Arten von Nutzlasten} |

### Arten von Nutzlasten

**Lotrechte Nutzlasten**

| | |
|---|---|
| Gleichmäßig verteilte Nutz- und Eigenlasten mit vorwiegend ruhender Einwirkung | Gleichmäßig verteilte Nutz- und Eigenlasten mit **nicht** vorwiegend ruhender Einwirkung |
| Statische (nicht ständig gleich bleibende) Einwirkungen und nicht ruhende Einwirkungen, die als ruhend betrachtet werden dürfen, z.B. gleichmäßig verteilte Nutzlasten für Decken, Treppen, Balkone | Stoßende oder sich häufig wiederholende Nutzlasten, z.B. Staplerverkehr, befahrende Deckenflächen, Hubschrauberlandeplattformen |

**Horizontale Nutzlasten**

Lasten infolge von Personen auf Brüstungen, Geländern und anderen Konstruktionen, die als Absperrung dienen.

## Charakteristische Werte für Eigenlasten

| | Baustoffe | Rohdichte $\varrho$ in kg/m³ | Wichte $\gamma_K$ in kN/m³ | | Baustoffe | Rohdichte $\varrho$ in kg/m³ | Wichte $\gamma_K$ in kN/m³ |
|---|---|---|---|---|---|---|---|
| Mauerwerk – Naturstein | Granit | 2800 | 28 | Beton, Mörtel, Putz | Normalbeton | – | 24 |
| | Schiefer | 2900 | 29 | | Stahlbeton | – | 25 |
| | Kalkstein | 2800 | 28 | | Stahlleichtbeton | – | 9 … 21 |
| | Sandstein | 2700 | 27 | | Porenbeton | 400 … 700 | 5,2 … 8,4 |
| Mauerwerk – künstliche Steine | Vollziegel | 1200 … 2000 | 14 … 20 | | Kalkmörtel (Mauer-, Putzmörtel) | | 18 |
| | Vollklinker | ≥ 1900 | 18 … 22 | | Anhydridmörtel, Anhydritestrich | | 18, 22 |
| | Kalksandstein | 1000 … 2200 | 12 … 22 | | Zementputz, Zementmörtel | | 21 |
| | Porenbetonsteine | 350 … 800 | 4 … 8,5 | | Kalkzement und Kalktrassmörtel | | 20 |

| | Baustoffe | Rohdichte $\varrho$ in kg/m³ | Wichte $\gamma_K$ in kN/m³ | | Baustoffe | | Rechenwert kN/m³ |
|---|---|---|---|---|---|---|---|
| Wandbauplatten | Faserzementplatten | 2000 | 20 | Gipskalkputz | auf Putzträgern 20/30 mm dick | | 0,3/0,5 |
| | Porenbetonplatten | 500 … 700 | 6 … 8 | | auf Holzwolle-Leichtbauplatten (HWL) 15/25 mm dick und Mörteldicke 20 mm | | 0,35/0,45 |
| | Gipskartonplatten | 700 … 900 | 7 … 9 | Wandputzsysteme | Kalkgips- und Gipssandmörtel 20 mm dick | | 0,35 |
| | Leichtbauplatten aus Gips | 600 … 1200 | 6 … 12 | | Wärmedämmputzsystem (WDPS) Dicke 20 mm/60 mm | | 0,24/0,32 |
| | Leichtbetonplatten | 600 … 1200 | 8 … 13 | | Wärmedämmverbundsystem (WDVS) aus bewehrtem Oberputz 15 mm dick und Schaumkunststoff oder Faserdämmstoff | | 0,3 |
| | Porengipsplatten | – | 7 | | | | |
| | HWL-Patten Dicke ≤ 100 /> 100 mm | – | 6/4 | | | | |

| | Baustoffe | Flächenlast KN/m² je cm Dicke | | Baustoffe | Last kN/m³ |
|---|---|---|---|---|---|
| Bodenbeläge | Asphaltbeton | 0,24 | Dachabdeckungen[1] | Betondachsteine bis 10 Stück/m² | 0,5 … 0,6 |
| | Beton-/Natursein-Platten | 0,24/0,3 | | Betondachsteine über 10 Stück/m² | 0,6 … 0,7 |
| | Estrich (Gips-/Industrie-) | 0,20/0,24 | | Biberschwanzziegel | 0,6 … 0,8 |
| | Glasscheiben | 0,25 | | Krempziegel, Hohlpfannen | 0,45 |
| | keramische Bodenfliesen | 0,22 | | Mönch- und Nonnenziegel | 0,9 |
| | Linoleum | 0,13 | | Wellblech (Stahl, verznkt)[2] | 0,25 |
| | Teppichboden | 0,03 | | Aluminiumblech $t = 0,7$ mm[2] | 0,25 |

[1] 0,1 kN/m² Zuschlag bei Vermörtelung;   [2] einschließlich Schalung/Lattung/Befestigungsmaterial

# Einwirkungen auf Tragwerke

## Lotrechte Nutzlasten

### Charakteristische Werte vgl. DIN EN 1991-1-1 (2010-12)

**Gleichmäßig verteilte Nutz- und Einzellasten für Decken, Balkone, Treppen**

| Kategorie | | Objekt | Beispiele | $q_k$ in KN/m² | $Q_k$ in KN |
|---|---|---|---|---|---|
| A | A1 | Spitzböden | zugänglicher Dachraum bis 1,80 m lichte Höhe | 1,0 | 1,0 |
| | A2 | Wohn- und Aufenthaltsräume | Räume mit ausreichender Querverteilung der Lasten, z.B. Räume und Flure in Wohngebäuden, Bettenräume in Krankenhäusern, Hotelzimmer, einschl. Küchen, Bäder | 1,5 | – |
| | A3 | | wie A2, aber ohne ausreichende Querverteilung der Lasten | 2,0[1)] | 1,0 |
| B | B1 | Büroflächen, Arbeitsflächen, Flure | Flure in Bürogebäuden, Büroflächen, Arztpraxen, Stationsräume, Kleinviehställe udgl. | 2,0 | 2,0 |
| | B2 | | Flure in Krankenhäusern, Hotels, Altersheimen, Internaten, Küchen, Behandlungsräume, einschl. Operationsräume ohne schwere Geräteausstattung | 3,0 | 3,0 |
| | B3 | | wie B2, aber mit schwerer Geräteausstattung | 5,0 | 4,0 |
| C | C1 | Räume, Versammlungsräume und Flächen, die der Ansammlung von Personen dienen können (außer Kat. A, B, D, E) | Flächen mit Tischen, z.B. Schulräume, Restaurants, Speisesäle, Empfangsräume udgl. | 3,0 | 4,0 |
| | C2 | | Flächen mit fester Bestuhlung, z.B. Kinos, Hörsäle | 4,0 | 4,0 |
| | C3 | | Frei begehbare Flächen, z.B. Museumsflächen, Ausstellungsflächen, nicht befahrbare Hofkellerdecken | 5,0 | 4,0 |
| | C4 | | Sport- und Spielflächen, z.B. Sporthallen, Krafträume | 5,0 | 7,0 |
| | C5 | | Flächen für große Menschenansammlungen, z.B. Tribünen mit fester Bestuhlung, Konzertsäle | 5,0 | 4,0 |
| D | D1 | Verkaufsräume | Flächen von Verkaufsräumen in Wohn-, Büro- und vergleichbaren Gebäuden bis 50 m² | 2,0 | 2,0 |
| | D2 | | Flächen in Einzelhandelsgeschäften und Warenhäusern | 5,0 | 4,0 |
| | D3 | | Flächen wie D2, jedoch mit hohen Lagerregalen | 5,0 | 7,0 |
| E | E1 | Fabriken und Werkstätten, Ställe, Lagerräume, Flächen mit erheblichen Menschen-ansammlungen | Flächen in Fabriken und Werkstätten mit vorwiegend ruhenden Nutzlasten, leichter Betrieb | 5,0 | 4,0 |
| | E2 | | Lagerflächen, Bibliotheken eingeschlossen | 6,0[2)] | 7,0 |
| | E3 | | Flächen in Fabriken und Werkstätten mit vorwiegend ruhenden Nutzlasten, schwerem Betrieb sowie regelmäßig genutzte Flächen mit erheblichen Menschenansammlungen | 7,5[2)] | 10,0 |
| T | T1 | Treppen und Treppenpodeste | Treppen und Treppenpodeste in Kategorie A und B1 mit wenig Publikumsverkehr | 3,0 | 2,0 |
| | T2 | | Treppen und Treppenpodeste der Kategorie B1 mit erheblichem Publikumsverkehr, B2 und E sowie alle Fluchttreppen | 5,0 | 2,0 |
| | T3 | | Zugänge und Fluchttreppen von Tribünen ohne feste Sitzplätze | 7,5 | 3,0 |
| Z | | Zugänge, Balkone | Dachterrassen, Laubengänge, …, Ausstiegspodeste | 4,0 | 2,0 |

[1)] Für die Weiterleitung der Lasten in Räumen mit Decken ohne ausreichende Querverteilung auf stützende Bauteile darf der angegebene Wert um 0,5 KN/m² abgemindert werden.
[2)] Die Werte sind Mindestwerte. Wenn höhere Lasten vorherrschen, sind diese anzusetzen.

**Parkhäuser und Flächen mit Fahrzeugverkehr**

| Kategorie | | Objekt | A in m² | $q_k$ in KN/m² | | 2 x $Q_k$ in KN |
|---|---|---|---|---|---|---|
| F | F1 | Verkehrs- und Parkflächen für leichte Fahrzeuge (Gesamtlast bis 25 kN) | ≤ 20 | 3,5 | oder alternativ | 20 |
| | F2 | | ≤ 50 | 2,5 | | 20[3)] |
| | F3 | | > 50 | 2,0 | | 20[3)] |
| | F4 | Zufahrtsrampen | ≤ 20 | 5,0 | | 20 |
| | F5 | | > 20 | 3,5 | | 20[3)] |

[3)] In F2, F3 und F5 können die Achslast (2 x $Q_k$ = 20 KN) oder die Radiallasten ($Q_k$ = 10 KN) für den Nachweis örtlicher Beanspruchung maßgebend werden.

# Einwirkungen auf Tragwerke

## Lotrechte Nutzlasten

### Allgemeine Regeln

| 1 | Gleichmäßig verteilte Nutz- und Eigenlasten für Decken, Balkone und Treppen gelten als vorwiegend ruhende Lasten. Tragwerke, die durch Menschen zu Schwingungen angeregt werden können, müssen so ausgelegt werden, dass keine Resonanzeffekte auftreten. |
|---|---|
| 2 | Wenn die örtliche Mindesttragfähigkeit nachgewiesen werden muss, so wird ausschließlich mit den charakteristischen Werten für die Einzellast $Q_K$ gerechnet. Die Flächenlast $q_k$ bleibt unberücksichtigt. |
| 3 | Müssen konzentrierte Lasten, wie z.B. von Lagerregalen, Tresoren udgl. berücksichtigt werden, so muss die Einzellast für den Fall gesondert ermittelt werden und gemeinsam mit den gleichmäßig verteilten Nutzlasten beim Tragsicherheitsnachweis berücksichtigt werden. |

### Anwendungsregeln

**Abminderung von Nutzlasten bei Lastweiterleitung auf sekundäre Tragglieder[1]**

$q'_k$ abgeminderte Nutzlast
$\alpha_A$[2] Abminderungsbeiwert nach den Kategorien A ... Z ⇒ Seite 52
$A$ Lasteinzugsfläche des sekundären Traggliedes in m²

$$q'_k = \alpha_A \cdot q_k$$

| Abminderungsbeiwert $\alpha_A$ für Kategorien A, B, Z | $\alpha_A = 0{,}5 + \dfrac{10}{A} \leq 1{,}0$ | Abminderungsbeiwert $\alpha_A$ für Kategorien C bis E1 | $\alpha_A = 0{,}7 + \dfrac{10}{A} \leq 1{,}0$ |
|---|---|---|---|

**Abminderungsfaktor für Nutzlasten aus mehreren Stockwerken $\alpha_n$[3]**

| $n$ | Anzahl der Geschosse (> 2) oberhalb des belasteten Bauteils mit der gleichen Nutzungskategorie | für Lastkategorien A bis D und Z | $\alpha_n = 0{,}7 + \dfrac{0{,}6}{n}$ |
|---|---|---|---|
| | | für Lastkategorien E und T | $\alpha_n = 1{,}0$ |

[1] Als sekundäre Tragglieder gelten z.B. Unterzüge, Stützen, Wände, Gründungen usw.
[2] Der Faktor $\alpha_A$ darf für ein Bauteil nicht gleichzeitig mit $\alpha_n$ angesetzt werden. Zum Ansatz kommt der günstigste der beide Werte.
[3] Wenn ein Kombinationsbeiwert $\Psi$ für das Zusammenwirken verschiedener Lasten verwendet wird, so darf keine zusätzliche Abminderung mit dem Faktor $\alpha_n$ erfolgen.

**Lasteinzugsflächen A für die Ermittlung der Schnittgrößen bei Mittel- und Randfeldern**

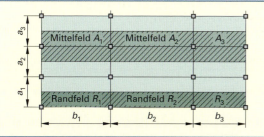

$$A_1 = \frac{a_2 + a_3}{2} \cdot b_1 \qquad R_1 = 0{,}4 \cdot a_1 \cdot b_1$$

$$A_2 = \frac{a_2 + a_3}{2} \cdot b_2 \qquad R_2 = 0{,}4 \cdot a_1 \cdot b_2$$

$$A_3 = \frac{a_2 + a_3}{2} \cdot b_3 \qquad R_3 = 0{,}4 \cdot a_1 \cdot b_3$$

### Nutzlasten für Dächer

| Kategorie | Objekt | Nutzung | $q_k$ in KN/m² | $Q_k$ in KN |
|---|---|---|---|---|
| H | Dächer | Mannlast für nichtbegehbare Dächer, außer für übliche Erhaltungsmaßnahmen und Reparaturen. | – | 1,0 |

(1) Nutzlasten für Dächer gelten als vorwiegend ruhende Lasten.
(2) Für Begehungsstege, die Teil eines Fluchtweges sind, ist eine Nutzlast von 3 KN/m² anzusetzen.
(3) Eine Überlagerung der Nutzlasten mit Einwirkungen aus Schneelasten ist nicht erforderlich.
(4) Bei Dachlatten gilt: 2 x $Q_k$ = 0,5 kN in den äußeren Viertelpunkten der Stützweite ansetzen. Für hölzerne Dachlatten handelsüblicher Abmessungen ist bis 1 m Sparrenabstand kein Nachweis nötig.
(5) Bei leichten Sprossen darf $Q_k$ = 0,5 kN in ungünstigster Stellung berechnet werden, wenn die Dächer nur mittels Bohlen und Leitern begehbar sind.

# Einwirkungen auf Tragwerke

## Lotrechte Nutzlasten

### Gleichmäßig verteilte Nutz- und Einzellasten bei nicht vorwiegend ruhenden Einwirkungen

Als mit nicht vorwiegend ruhenden Einzellasten beanspruchte Flächen gelten solche für den Betrieb mit Gegengewichtsstaplern, ferner Flächen mit Fahrzeugverkehr auf Hofkellerdecken sowie Hubschrauberlandeplätze auf Gebäuden. Die für die Tragfähigkeitsberechnung anzusetzenden gleichmäßig verteilten Nutzlasten $q_k$ und Einzellasten $Q_k$ sind Tabellen der DIN EN 1991-1-1 (2010-12) zu entnehmen.

## Horizontale Nutzlasten

### Charakteristische Werte  vgl. DIN EN 1991-1-1 (2010-12)

| Infolge von Personen auf Brüstungen, Geländer, Absperrkonstruktionen[1] | |
|---|---|
| Belastete Fläche nach Kategorie (⇒ Seite 38) | Horizontale Nutzlast $q_k$ in kN/m[2] |
| A, B1, ohne nennenswerten Publikumsverkehr | 0,5 |
| B1 mit nennenswertem Publikumsverkehr, B2, B3, C1 bis C4, D, E1 und E2, Z, K, T2 | 1,0 |
| C5, E3, T3 | 2,0 |

[1] Gleichmäßig verteilte Nutzlasten, die in der Höhe des Handlaufs, nicht höher als 1,2 m wirken.
[2] Die Werte sind in Absturzrichtung in voller Höhe, in Gegenrichtung mit 50 %, mindestens jedoch mit 0,5 kN/m anzusetzen. Windlasten und horizontale Nutzlasten brauchen nicht überlagert zu werden.

### Zur Erzielung ausreichender Längs- und Quersteifigkeit

(1) Windlasten und andere waagerecht wirkende Lasten sind zu berücksichtigen.
(2) Für Tribünenbauten und ähnliche Sitz- und Steheinrichtungen ist eine in Fußbodenhöhe angreifende Horizontallast von 1/20 der lotrechten Nutzlast anzusetzen.
(3) Bei Gerüsten ist eine in Schalungshöhe angreifende Horizontallast von 1/100 aller lotrechten Lasten anzusetzen.
(4) Zur Sicherung gegen Umkippen von Einbauten die innerhalb von geschlossenen Bauwerken stehen und keiner Windbeanspruchung ausgesetzt sind, ist eine Horizontallast von 1/100 der Gesamtlast in Höhe des Schwerpunktes anzusetzen.

### Für Hubschrauberlandeplätze und Anpralllasten

(1) In der Ebene der Start- und Landeflächen und des umgebenden Sicherheitsstreifens ist $q_k$ nach obiger Tabelle an der für den untersuchten Querschnitt jeweils ungünstigsten Stelle anzunehmen.
(2) Für den mindestens 0,25 m hohen Überrollschutz ist am oberen Rand eine Horizontallast von 10 kN anzunehmen.
(3) Für Anpralllasten gilt DIN 1055-9.

## Veränderliche freie Einwirkungen

### Windlasten  vgl. DIN EN 1991-1-4 (2010-12)

| | |
|---|---|
| Windlasten | Windlasten werden in Form von Winddrücken und Windkräften erfasst. Sie sind unabhängig von Himmelrichtung mit dem vollen Rechenwert des Geschwindigkeitsdruckes $q$ zu berechnen. Sie müssen für jeden belasteten Bereich nachgewiesen werden: a) für das gesamte Bauwerk oder b) für Teile des Bauwerks (Bauteile, Fassadenelemente, Befestigungsteile) |
| Winddruck | Die Winddrücke wirken auf außenliegende Oberflächen eines Bauwerks und infolge der Durchlässigkeit von äußeren Bauwerkshüllen auch auf innen liegende Oberflächen. Der Winddruck wirkt senkrecht zur betrachteten Fläche. |
| Windkraft | Windkräfte stellen die Gesamtkraft dar, die infolge Geschwindigkeitsdrucks $q$, abhängig von einer stimmten Bezugshöhe und aerodynamischen Einflüssen (z.B. der Dachform oder dem Geländeprofil) auf ein Bauwerk einwirkt. Wenn der Wind an größeren Flächen vorbei streicht, müssen erforderlichenfalls auch die paralel zur betrachteten Fläche wirkenden Reibungskräfte berücksichtigt werden. |
| Die Luftdichte hängt von der Höhe über dem Meeresspiegel, der Lufttemperatur und dem Luftdruck ab. Bei 10 °C in Meeresspiegelhöhe ergibt sich bei $p_{amb}$ = 1013 hPa eine Dichte von $\varrho$ = 1,25 kg/m³. | $q$ Geschwindigkeitsdruck  $v$ Windgeschwindigkeit  $\varrho$ Luftdichte  $$q = \frac{\varrho}{2} \cdot v^2$$ |

# Einwirkungen auf Tragwerke

## Veränderliche freie Einwirkungen (Fortsetzung)

### Windlasten

### Windzonen

Die Windzonenkarte zeigt Grundwerte der Basiswindgeschwindigkeiten $v_{b,0}$ und dazugehörige Geschwindigkeitsdrücke $q_{b,0}$.

Sie gelten als charakteristische Werte für eine Mittelung über einen Zeitraum von 10 min.

Die Geschwindigkeit $v_{b,0}$ gilt für Geländekategorie II in 10 m Höhe über Grund.

| Zone | $v_{b,0}$ in m/s | $q_{b,0}$ in kN/m² |
|------|------------------|--------------------|
| WZ 1 | 22,5 | 0,32 |
| WZ 2 | 25,0 | 0,39 |
| WZ 3 | 27,5 | 0,47 |
| WZ 4 | 30,0 | 0,56 |

### Erfassung der Einwirkungen

Bei ausreichend steifen, nicht schwingungsanfälligen Bauwerken genügt es, die Wirkung des des durch eine statische Ersatzlast zu erfassen.

Die Einzellasten werden auf der Grundlage von Böengeschwindigkeiten festgelegt. Bei Bauwerken, die eine Höhe von 25 m über Grund nicht überschreiten, darf zur Vereinfachung angenommen werden, dass der Geschwindigkeitsdruck über die gesamte Gebäudehöhe konstant ist.

### Vereinfachte Geschwindigkeitsdrücke $q$ (in kN/m²) für Bauwerke mit Gebäudehöhe $h \leq 25$ m

| Windzone | | $h \leq 10$ m | $10$ m $< h \leq 18$ m | $18$ m $< h \leq 25$ m |
|---|---|---|---|---|
| 1 | Binnenland | 0,50 | 0,65 | 0,75 |
| 2 | Binnenland | 0,65 | 0,80 | 0,90 |
| 2 | Küste und Inseln der Ostsee | 0,85 | 1,00 | 1,10 |
| 3 | Binnenland | 0,80 | 0,95 | 1,10 |
| 3 | Küste und Inseln der Ostsee | 1,05 | 1,20 | 1,30 |
| 4 | Binnenland | 0,95 | 1,15 | 1,30 |
| 4 | Küste der Nord- und Ostsee und Inseln der Ostsee | 1,25 | 1,40 | 1,55 |
| 4 | Inseln der Nordsee | 1,40 | – | – |

### Geländekategorien

**Geländekategorie I**
Offene See; Seen mit mindestens 5 km freier Fläche in Windrichung; glattes, flaches Land ohne Hindernisse

**Geländekategorie II**
Gelände mit Hecken, einzelnen Gehöften, Häusern oder Bäumen, z. B. landwirtschaftliches Gebiet

**Geländekategorie III**
Vorstädte, Industrie- oder Gewerbegebiete, Wälder

**Geländekategorie IV**
Stadtgebiete, bei denen mindestens 15 % der Fläche mit Gebäuden bebaut sind, deren mittlere Höhe 15 m übersteigt

Die mittlere Windgeschwindigkeit und die zugehörige Turbulenzintensität hängen von der Bodenrauigkeit und der Topografie in der Umgebung des Bauwerkes ab.
In der Baupraxis ist es sinnvoll, die Vielzahl der in der Natur vorkommenden Bodenrauigkeiten in Geländekategorien zusammenzufassen.
Man unterscheidet vier Geländekategorien und zwei Mischprofile. Diese kennzeichnen die Übergangsbereiche zwischen I und II (Mischprofil Küste) und II und III Mischprofil Binnenland).

# Einwirkungen auf Tragwerke

## Winddruck, Windkraft

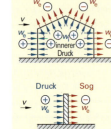

$c_{pe}$ aerodynamischer Beiwert für den Außendruck
$c_{pi}$ aerodynamischer Beiwert für den Innendruck
$q$ Geschwindigkeitsdruck
$z_e$ Bezugshöhe (abhängig von Baukörperhöhe und Anströmrichtung)
$z_i$ Bezugshöhe für den Innendruckbeiwert

Die Belastung infolge Winddrucks ist die Resultierende von Außen- und Innendruckbelastung. Der Innendruck in einem Gebäude hängt von Größe und Lage der Öffnungen in der Außenhaut ab. Er wirkt auf alle Raumabschlüsse gleichzeitig und mit gleichem Vorzeichen.

$c_f$ aerodynamischer Kraftbeiwert
$A_{ref}$ Bezugsfläche, auf die der Kraftbeiwert bezogen ist.
$z_e$ Bezugshöhe für den aerodynamischen Beiwert.
$q$ Geschwindigkeitsdruck

**Winddruck an Außenflächen**
$$w_e = c_{pe} \cdot q(z_e)$$

**Winddruck an Innenflächen**
$$w_i = c_{pi} \cdot q(z_i)$$

**Gesamtwindkraft $F_w$**
$$F_w = c_f \cdot q(z_e) \cdot A_{ref}$$

## Druckbeiwerte für Gebäude

Die Außendruckbeiwerte $c_{pe}$ für Bauwerke und Bauteile hängen von der Größe der Lasteinzugsfläche $A$ ab. Sie werden in Tabellen für spezielle Gebäudeformen für Lasteinzugsflächen von 1 m² und 10 m² angegeben. Die Werte gelten nicht für hinterlüftete Wand- und Dachflächen. Werte für $A < 10$ m² sind ausschließlich für die Berechnung der Ankerkräfte von unmittelbar windbeanspruchten Bauteilen anzuwenden. Die Werte werden für senkrechte Anströmrichtungen (0°, 90°, 180°) angegeben, spiegeln jedoch den höchsten, innerhalb von ± 45° um die Anströmrichtung auftretenden Wert wieder.

### Außendruckbeiwerte für senkrechte Wände rechteckiger Gebäude

| Bereich | A | | B | | C | | D | | E | |
|---|---|---|---|---|---|---|---|---|---|---|
| h/d | $c_{pe10}$ | $c_{pe1}$ | $c_{pe10}$ | $c_{pe1}$ | $c_{pe10}$ | $c_{pe1}$ | $c_{pe10}$ | $c_{pe1}$ | $c_{pe10}$ | $c_{pe1}$ |
| ≥ 5 | − 1,4 | − 1,7 | − 0,8 | − 1,1 | − 0,5 | − 0,7 | + 0,8 | + 1 | − 0,5 | − 0,7 |
| 1 | − 1,2 | − 1,4 | − 0,8 | − 1,1 | − 0,5 | | + 0,8 | + 1 | − 0,5 | |
| ≥ 25 | − 1,2 | − 1,4 | − 0,8 | − 1,1 | − 0,5 | | + 0,7 | + 1 | − 0,3 | − 0,5 |

### Außendruckbeiwerte für Pultdächer

Das Dach ist in Bereiche F, G, H einzuteilen. Bezugshöhe $z_e = h$. Für Anströmrichtung $\Theta = 0°$ und Neigungswinkeln $\alpha = + 15°$ bis $+ 30°$ schwankt der Druck zwischen positiven und negativen Werten.

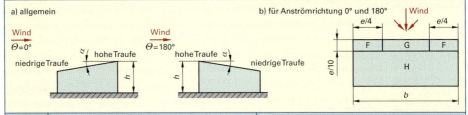

| Neigungswinkel | Anströmrichtung $\Theta = 0°$ | | | | | | Anströmrichtung $\Theta = 180°$ | | | | | |
| | F | | G | | H | | F | | G | | H | |
| $\alpha$ | $c_{pe10}$ | $c_{pe1}$ | $c_{pe10}$ | $c_{pe1}$ | $c_{pe10}$ | $c_{pe1}$ | $c_{pe10}$ | $c_{pe1}$ | $c_{pe10}$ | $c_{pe1}$ | $c_{pe10}$ | $c_{pe1}$ |
| 5° | − 1,7 | − 2,5 | − 1,2 | − 2,0 | − 0,6/+ 0,2 | − 1,2 | − 2,3 | − 2,5 | − 1,3 | − 2,0 | − 0,8 | − 1,2 |
| 15° | − 0,9 | − 2,0 | − 0,8 | − 1,5 | − 0,3 | | − 2,5 | − 2,8 | − 1,3 | − 2,0 | − 0,8 | − 1,2 |
| | + 0,2 | | + 0,2 | | + 0,2 | | | | | | | |
| 30° | − 0,5 | − 1,5 | − 0,5 | − 1,5 | − 0,2 | | − 1,1 | − 2,3 | − 0,8 | − 1,5 | − 0,8 | |
| | + 0,7 | | + 0,7 | | + 0,4 | | | | | | | |
| 45° | + 0,7 | | + 0,7 | | + 0,6 | | − 0,6 | − 1,3 | − 0,5 | | − 0,7 | |

# Einwirkungen auf Tragwerke

## Veränderliche freie Einwirkungen
### Schneelasten    vgl. DIN EN 1991-1-3 (2010-12)

### Schneelastzonen
Charakteristische Werte für Schneelasten $s_k$ werden für regionale Zonen mit unterschiedlichen Intensitäten der Schneelast ermittelt.

#### Schneelast auf dem Boden
Charakteristische Werte $s_k$

| Sockelbeträge | | |
|---|---|---|
| Zone | kN/m² | Höhe ü.d.M |
| S1 | 0,65 | ≤ 400 m |
| S2 | 0,85 | ≤ 285 m |
| S3 | 1,10 | ≤ 255 m |

| Berechnung | |
|---|---|
| Zone | Formel |
| S1[1] | $s_k = 0{,}19 + 0{,}91 \cdot \left(\dfrac{A + 140}{760}\right)^2$ |
| S2[1] | $s_k = 0{,}25 + 1{,}91 \cdot \left(\dfrac{A + 140}{760}\right)^2$ |
| S3[1] | $s_k = 0{,}31 + 2{,}91 \cdot \left(\dfrac{A + 140}{760}\right)^2$ |

$A$ Geländehöhe über Meeresniveau

[1] Die charakteristischen Werte in den Zonen S1a und S2a ergeben sich jeweils durch Multiplikation mit dem Faktor 1,25. Das gilt auch für die Sockelbeträge.

Legende Karte: S1 | S1a | S2 | S2a | S3

### Schneelast auf Dächern
Die Schneelast auf dem Dach ist abhängig von der Dachform und der charakteristischen Schneelast $s_k$ auf dem Boden.

$$s_i = \mu_i \cdot s_k$$

$\mu_i$ Formbeiwerte der Schneelast in Abhängigkeit von der Dachform

| Formbeiwerte für flache und einseitig geneigte Dächer | | | | |
|---|---|---|---|---|
| Dachneigung $\alpha$ | 0° ≤ $\alpha$ ≤ 30° | 30° < $\alpha$ ≤ 60° | $\alpha$ < 60° | |
| $\mu_1$ | 0,8 | 0,8 (60° − $\alpha$)/30° | 0 | |
| $\mu_2$ | 0,8 + 0,8 $\alpha$ /30° | 1,6 | 1,6 | |

$\gamma$ Wichte des Schnees
$\gamma$ = 2 kN/m³
$h$ Höhe des Firstes

$$\mu_2 = \frac{\gamma \cdot h}{s_k} + \mu_1$$

[2] Für Schneelasten aus Verwehungen, z.B. an Höhensprüngen von Dächern oder an Wänden und Dachaufbauten gelten andere Werte.

#### Schneeüberhang an der Traufe

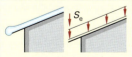

$S_e$ Schneelast des Überhangs je m Traufe
$s_i$ Schneelast für das Dach (Formbeiwert)
$\gamma$ Wichte des Schnees, hier $\gamma$ = 3 kN/m³

$$S_e = \frac{s_i^2}{\gamma}$$

#### Schneelast auf Schneefanggitter

$\mu_i$ größter Formbeiwert der Schneelast für die betrachtete Fläche
$b$ Grundrissentfernung zwischen Gitter und First in m
$\alpha$ Dachneigungswinkel

$$F_s = \mu_i \cdot s_k \cdot b \cdot \sin \alpha$$

# Einwirkungen auf Tragwerke

## Veränderliche freie Einwirkungen

### Eislasten  vgl. DIN 1055-5 (2005-07) (zurückgezogen)

| | E1 | | E3 |
|---|---|---|---|
| | E2 | | E4 |

Für Höhenlagen über 600 m über NN muss die Vereisungsklasse besonders begutachtet werden.

### Vereisungszonen

| Zone | Region | Vereisungsklasse |
|---|---|---|
| E1 | Küste | G1, R1 |
| E2 | Binnenland | G2, R2 |
| E3 | Mittelgebirge bis 400 m Höhe ü.d.M | R2 |
| E4 | Mittelgebirge 400 m bis 600 m Höhe ü.d.M | R3 |

### Vereisungsklassen R[1)]

| Vereisungsklasse | Eisgewicht an einem Stab ≤ 300 m in kN/m |
|---|---|
| R1 | 0,005 |
| R2 | 0,009 |
| R3 | 0,016 |
| R4 | 0,028 |
| R5 | 0,050 |

[1)] Es wird eine allseitige Ummantelung der Bauteile durch gefrierenden Nebel (Klareis) oder gefrierenden Regen (Glatteis) angenommen. Eisrohwichte für Klareis und Glatteis: $\gamma = 9$ kN/m³. Die Werte gelten für eine Höhe von 10 m über Gelände.

### Vereisungsklassen G[2)]

| Vereisungsklasse | Dicke der Klareisschicht |
|---|---|
| G1 | 1 cm |
| G2 | 2 cm |

[2)] Aufbau von Raueisfahnen in der vorherrschenden Windrichtung. Eisrohwichte für Raueis: $\gamma = 5$ kN/m³.

### Raueisfahnen von Stäben

| Typ A | Typ B | Typ C | Typ D | Typ E | Typ F |
|---|---|---|---|---|---|
| 8t  ≤W | 8t  ≤W | 8t  ≤0,5W | 8t  ≤0,5W | 8t  ≤0,5W | 8t  ≤0,5W |

**Stabquerschnitt Typ A, B, C und D**

| Stabbreite W in mm | | 10 | | 30 | | 100 | | 300 | |
|---|---|---|---|---|---|---|---|---|---|
| Eisklasse | Eisgewicht kN/m | \multicolumn{8}{c|}{Eisfahnen in mm} |
| | | L | D | L | D | L | D | L | D |
| R1 | 0,005 | 56 | 23 | 36 | 35 | 13 | 100 | 4 | 300 |
| R2 | 0,009 | 80 | 29 | 57 | 40 | 23 | 100 | 8 | 300 |
| R3 | 0,016 | 111 | 37 | 86 | 48 | 41 | 100 | 14 | 300 |

**Stabquerschnitt Typ E und F**

| Stabbreite W in mm | | 10 | | 30 | | 100 | | 300 | |
|---|---|---|---|---|---|---|---|---|---|
| Eisklasse | Eisgewicht kN/m | \multicolumn{8}{c|}{Eisfahnen in mm} |
| | | L | D | L | D | L | D | L | D |
| R1 | 0,005 | 55 | 22 | 29 | 34 | 0 | 100 | 0 | 300 |
| R2 | 0,009 | 79 | 28 | 51 | 39 | 0 | 100 | 0 | 300 |
| R3 | 0,016 | 111 | 38 | 81 | 47 | 9 | 100 | 0 | 300 |

# Elektrotechnik 59

## Ohm'sches Gesetz

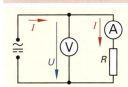

- $U$ Spannung
- $I$ Stromstärke
- $R$ Widerstand

**Beispiel:** Widerstand $R = 88\ \Omega$; $U = 230\ V$; $I = ?$

$$I = \frac{U}{R} = \frac{230\ V}{88\ \Omega} = \mathbf{2{,}6\ A}$$

**Stromstärke**
$$I = \frac{U}{R}$$

$$1\ \Omega = \frac{1\ V}{1\ A}$$

**M**

## Leiterwiderstand

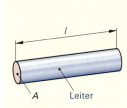

- $R$ Widerstand
- $\varrho$ spezifischer elektrischer Widerstand
- $A$ Leiterquerschnitt
- $l$ Leiterlänge

**Beispiel:** Kupferdraht, $l = 100\ m$; $A = 1{,}5\ mm^2$;

$$\varrho = 0{,}0179\ \frac{\Omega \cdot mm^2}{m};\ R = ?$$

$$R = \frac{\varrho \cdot l}{A} = \frac{0{,}0179\ \frac{\Omega \cdot mm^2}{m} \cdot 100\ m}{1{,}5\ mm^2} = \mathbf{1{,}19\ \Omega}$$

**Leiterwiderstand**
$$R = \frac{\varrho \cdot l}{A}$$

**N**

Tabelle mit spezifischen elektrischen Widerständen Seiten 160 und 161

## Reihenschaltung von Widerständen

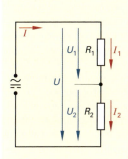

- $R$ Gesamtwiderstand, Ersatzwiderstand
- $I$ Gesamtstrom
- $U$ Gesamtspannung
- $R_1, R_2$ Einzelwiderstände
- $I_1, I_2$ Teilströme
- $U_1, U_2$ Teilspannungen

**Beispiel:** $R_1 = 10\ \Omega$; $R_2 = 20\ \Omega$; $U = 12\ V$;
$R = ?$; $I = ?$; $U_1 = ?$; $U_2 = ?$

$R = R_1 + R_2 = 10\ \Omega + 20\ \Omega = \mathbf{30\ \Omega}$

$I = \dfrac{U}{R} = \dfrac{12\ V}{30\ \Omega} = \mathbf{0{,}4\ A}$

$U_1 = R_1 \cdot I = 10\ \Omega \cdot 0{,}4\ A = \mathbf{4\ V}$
$U_2 = R_2 \cdot I = 20\ \Omega \cdot 0{,}4\ A = \mathbf{8\ V}$

**Gesamtwiderstand**
$$R = R_1 + R_2 + \ldots + R_n$$

**Gesamtspannung**
$$U = U_1 + U_2 + \ldots + U_n$$

**Gesamtstrom**
$$I = I_1 = I_2 = \ldots = I_n$$

**Teilspannungen**
$$\frac{U_1}{U_2} = \frac{R_1}{R_2}$$

## Parallelschaltung von Widerständen

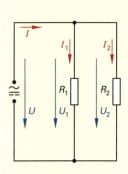

- $R$ Gesamtwiderstand, Ersatzwiderstand
- $I$ Gesamtstrom
- $U$ Gesamtspannung
- $R_1, R_2$ Einzelwiderstände
- $I_1, I_2$ Teilströme
- $U_1, U_2$ Teilspannungen

$$\frac{1}{R} = \frac{1}{R_1} + \frac{1}{R_2} + \ldots + \frac{1}{R_n}$$

**Beispiel:** $R_1 = 15\ \Omega$; $R_2 = 30\ \Omega$; $U = 12\ V$;
$R = ?$; $I = ?$

$$R = \frac{1}{\dfrac{1}{15\ \Omega} + \dfrac{1}{30\ \Omega}} = \mathbf{10\ \Omega}$$

$$I = \frac{U}{R} = \frac{12\ V}{10\ \Omega} = \mathbf{1{,}2\ A}$$

**Gesamtspannung**
$$U = U_1 = U_2 = \ldots = U_n$$

**Gesamtwiderstand**
$$R = \frac{1}{\dfrac{1}{R_1} + \dfrac{1}{R_2} + \ldots + \dfrac{1}{R_n}}$$

**Gesamtstrom**
$$I = I_1 + I_2 + \ldots + I_n$$

**Teilströme**
$$\frac{I_1}{I_2} = \frac{R_2}{R_1}$$

# Elektrotechnik

## Transformator

Eingangs- / Ausgangs-
seite (Primärspule) / seite (Sekundärspule)

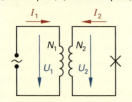

$N_1, N_2$ Windungszahlen
$U_1, U_2$ Spannungen
$I_1, I_2$ Stromstärken

**Beispiel:** $N_1 = 2875$; $N_2 = 100$; $U_1 = 230\,V$
$I_1 = 0{,}25\,A$; $U_2 = ?$; $I_2 = ?$

$$U_2 = \frac{U_1 \cdot N_2}{N_1} = \frac{230\,V \cdot 100}{2875} = \mathbf{8\,V}$$

$$I_2 = \frac{I_1 \cdot N_1}{N_2} = \frac{0{,}25\,A \cdot 2875}{100} = \mathbf{7{,}2\,A}$$

**Spannungen**
$$\frac{U_1}{U_2} = \frac{N_1}{N_2}$$

**Stromstärken**
$$\frac{I_1}{I_2} = \frac{N_2}{N_1}$$

## Elektrische Leistung bei Gleichstrom und induktionsfreiem Wechsel- oder Drehstrom

**Gleich- oder Wechselstrom**

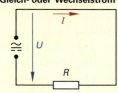

**Drehstrom**
L1 L2 L3

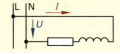

$P$ elektrische Leistung
$U$ Spannung (Leiterspannung)
$I$ Stromstärke
$R$ Widerstand

$I = P/U$
$U = P/I$

**1. Beispiel:** Glühlampe, $U = 6\,V$; $I = 5\,A$
$P = ?$; $R = ?$
$P = U \cdot I = 6\,V \cdot 5\,A = \mathbf{30\,W}$

$R = \dfrac{U}{I} = \dfrac{6\,V}{5\,A} = \mathbf{1{,}2\,\Omega}$

**2. Beispiel:** Glühofen, Drehstrom,
$U = 400\,V$; $P = 12\,kW$; $I = ?$
$P = \sqrt{3} \cdot U \cdot I$

$I = \dfrac{P}{\sqrt{3} \cdot U} = \dfrac{12\,000\,W}{\sqrt{3} \cdot 400\,V} = \mathbf{17{,}3\,A}$

**Leistung**
$$P = U \cdot I$$

$$P = I^2 \cdot R$$

$$P = \frac{U^2}{R}$$

**Drehstromleistung**
$$P = \sqrt{3} \cdot U \cdot I$$

## Elektrische Leistung bei Wechsel- und Drehstrom mit induktivem Lastanteil

**Wechselstrom**

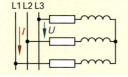

**Drehstrom**
L1 L2 L3

$P$ Wirkleistung
$U$ Spannung (Leiterspannung)
$I$ Stromstärke
$\cos\varphi$ Leistungsfaktor

**Beispiel:** Drehstrommotor, $U = 400\,V$;
$I = 2\,A$; $\cos\varphi = 0{,}85$; $P = ?$

$P = \sqrt{3} \cdot U \cdot I \cdot \cos\varphi$
$= \sqrt{3} \cdot 400\,V \cdot 2\,A \cdot 0{,}85$
$= 1178\,W \approx \mathbf{1{,}2\,kW}$

**Wechselstrom-Wirkleistung**
$$P = U \cdot I \cdot \cos\varphi$$

**Drehstrom-Wirkleistung**
$$P = \sqrt{3} \cdot U \cdot I \cdot \cos\varphi$$

## Elektrische Arbeit

$W$ elektrische Arbeit
$P$ elektrische Leistung
$t$ Zeit (Einschaltdauer)

**Beispiel:** Kochplatte, $P = 1{,}8\,kW$; $t = 3\,h$;
$W = ?$ in $kW \cdot h$ und MJ

$W = P \cdot t = 1{,}8\,kW \cdot 3\,h$
$= \mathbf{5{,}4\,kW \cdot h} = \mathbf{19{,}44\,MJ}$

$1\,kW \cdot h = 3\,600\,000\,W \cdot s$
$1\,kW \cdot h = 3{,}6\,MJ$

**elektrische Arbeit**
$$W = P \cdot t$$

# Bauphysik

## Wärmetechnische Grundlagen

### Temperatur
vergl. DIN 4108-2 (2003-07)

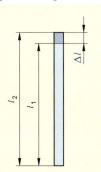

| | |
|---|---|
| $T$ | Thermodynamische Temperatur |
| $\Theta$ | Celsius-Temperatur |
| $\Delta T, \Delta \Theta$ | Temperaturdifferenzen (in K) |
| $T_0$ | Bezugstemperatur |

$T_0 = 273{,}15 \text{ K}$

**Rechenwert**

$T_0 = 273 \text{ K}$

**1. Beispiel:** $\Theta = 26 \text{ °C}; \quad T = ?$

$T = T_0 + \Theta = 273 + 26$
$= \mathbf{299 \text{ K}}$

in °C: $\Theta = T - T_0$

**2. Beispiel:** $T = 268 \text{ K}; \quad \Theta = ?$

$\Theta = T - T_0 = 268 - 273$
$\Theta = \mathbf{-5 \text{ °C}}$

in K: $T = T_0 + \Theta$

### Längenänderung

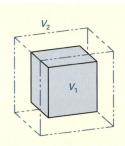

| | |
|---|---|
| $l_1$ | Länge vor Temperaturänderung |
| $l_2$ | Länge nach Temperaturänderung |
| $\Delta l$ | Längenänderung |
| $\alpha_l$ | Längenausdehnungskoeffizient |
| $\Theta_1$ | Anfangstemperatur |
| $\Theta_2$ | Endtemperatur |
| $\Delta \Theta$ | Temperaturdifferenz (in K) |

$l_2 = l_1 + \Delta l$

$\Delta \Theta = \Theta_2 - \Theta_1$

$\Delta l = \alpha_l \cdot l_1 \cdot \Delta \Theta$

**Beispiel:** Stahl
$l_1 = 4 \text{ m}; \quad \Theta_1 = 5 \text{ °C}; \quad \Theta_2 = 55 \text{ °C};$
$\alpha_l = 1{,}2 \cdot 10^{-5} \cdot 1/\text{K}; \quad l_2 = ?$

$l_2 = l_1 + \Delta l = l_1 + \alpha_l \cdot l_1 \cdot (\Theta_2 - \Theta_1)$
$l_2 = 4 \text{ m} + 4 \text{ m} \cdot 1{,}2 \cdot 10^{-5} \text{ 1/K} \cdot (55 \text{ °C} - 5 \text{ °C})$
$= \mathbf{4{,}0024 \text{ m}}$

für feste Stoffe:

$\alpha_l = \dfrac{1}{3} \alpha_v$

Stoffwerte siehe Seiten 160 und 161

### Volumenänderung

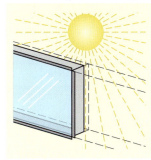

| | |
|---|---|
| $V_1$ | Volumen vor Temperaturänderung |
| $V_2$ | Volumen nach Temperaturänderung |
| $\Delta V$ | Volumendifferenz |
| $\alpha_v$ | Volumenausdehnungskoeffizient |
| $\Theta_1$ | Anfangstemperatur |
| $\Theta_2$ | Endtemperatur |
| $\Delta \Theta$ | Temperaturdifferenz (in K) |

$V_2 = V_1 + \Delta V$

$\Delta \Theta = \Theta_2 - \Theta_1$

$\Delta V = \alpha_v \cdot V_1 \cdot \Delta \Theta$

**Beispiel:** Magnesium
$V_1 = 5 \text{ m}^3; \quad \Theta_1 = 5 \text{ °C}; \quad \Theta_2 = 95 \text{ °C};$
$\alpha_v = 0{,}000\,078 \cdot 1/\text{K}; \quad \Delta V = ?$

$\Delta V = \alpha_v \cdot V_1 \cdot \Delta \Theta = \alpha_v \cdot V_1 \cdot (\Theta_2 - \Theta_1)$
$\mathbf{\Delta V} = 0{,}000\,078 \cdot 1/\text{K} \cdot 5 \text{ m}^3 \cdot (95 - 5) \text{ K} = \mathbf{0{,}00351 \text{ m}^3}$

für feste Stoffe:

$\alpha_v = 3 \cdot \alpha_l$

### Wärmemenge

| | |
|---|---|
| $Q$ | Wärme, Wärmemenge |
| $m$ | Masse |
| $\Theta_1$ | Anfangstemperatur |
| $\Theta_2$ | Endtemperatur |
| $\Delta \Theta$ | Temperaturdifferenz |
| $c$ | Spezifische Wärmekapazität |

$Q = c \cdot m \cdot \Delta \Theta$

$\Delta \Theta = \Theta_2 - \Theta_1$

**Beispiel:**
Fassadenelement aus Aluminium, $\Theta_1 = 8 \text{ °C}; \quad \Theta_2 = 85 \text{ °C};$
$m = 30 \text{ kg}; \quad c = 0{,}94 \text{ kJ/(kg} \cdot \text{K)}; \quad Q = ?$

$\Delta \Theta = \Theta_1 - \Theta_2 = 85 \text{ °C} - 8 \text{ °C} = 77 \text{ K}$

$\mathbf{Q} = c \cdot m \cdot \Delta \Theta = 0{,}94 \text{ kJ/(kg} \cdot \text{K)} \cdot 30 \text{ kg} \cdot 77 \text{ K} = \mathbf{2171{,}4 \text{ kJ}}$

Stoffwerte siehe Seiten 160 und 161

## Bauphysik

### Wärmetechnische Grundlagen
#### Verbrennungswärme

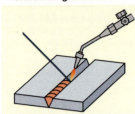

$Q$  Bei Verbrennung frei werdende Wärme
$H_u$  spezifischer Heizwert
$m$  Masse (flüssiger oder fester Brennstoff)
$V$  Volumen (gasförmiger Brennstoff)

$$Q = H_u \cdot m$$

$$Q = H_u \cdot V$$

**Beispiel:**
Acetylen: $V = 0{,}2\ m^3$; $H_u = 56\,900\ \dfrac{kJ}{m^3}$
$Q = ?$

$Q = H_u \cdot V = 56\,900\ \dfrac{kJ}{m^3} \cdot 0{,}2\ m^3 = \mathbf{11\,380\ kJ}$

Heizwerte siehe Seite 65

#### Schmelz- und Verdampfungswärme

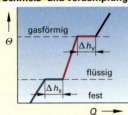

$Q$  Schmelz- bzw. Verdampfungswärme
$\Delta h_s$  spezifische Schmelzenthalpie
$\Delta h_v$  spezifische Verdampfungsenthalpie
$m$  Masse

$$Q = \Delta h_s \cdot m$$

$$Q = \Delta h_v \cdot m$$

**Beispiel:**
Aluminium: $m = 12\ kg$;  $\Delta h_s = 356\ \dfrac{kJ}{kg}$;
$Q = ?$

$Q = \Delta h_s \cdot m = 356\ \dfrac{kJ}{kg} \cdot 12\ kg = \mathbf{4272\ kJ}$

Stoffwerte siehe Seiten 65, 160 und 161

### Wärmestrom, Wärmeleitung
vgl. DIN 4108-2 (2003-07)

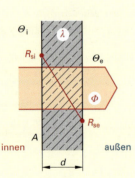

$\Theta_i$  Temperatur Innen
$\Theta_e$  Temperatur Außen
$\Delta\Theta$  Temperaturdifferenz (in K)
$R_s$  Wärmeübergangswiderstände
$U$  Wärmedurchgangskoeffizient
$\lambda$  Wärmeleitfähigkeit
$A$  Oberfläche
$d$  Wanddicke
$\Phi$  Wärmestrom

$$\Phi = U \cdot A \cdot \Delta\Theta$$

**Beispiel:**
Normalbeton: $\lambda = 2{,}1\ W/m \cdot K$; $A = 22\ m^2$;
$d = 0{,}45\ m$; $\Theta_i = 15\ °C$; $\Theta_e = 1\ °C$; $\Phi = ?$
$\Delta\Theta = \Theta_i - \Theta_e = 15\ °C - 1\ °C = 14\ K$

$$\Delta\Theta = \Theta_i - \Theta_e$$

$R = \dfrac{d}{\lambda} = \dfrac{0{,}45\ m}{2{,}1\ W/m \cdot K} = 0{,}2143\ \dfrac{m^2 \cdot K}{W}$

$R_T = (0{,}13 + 0{,}2143 + 0{,}04)\ \dfrac{m^2 \cdot K}{W} = 0{,}3843\ \dfrac{m^2 \cdot K}{W}$

$$U = \dfrac{1}{R_T}$$

$U = \dfrac{1}{R_T} = \dfrac{1\ W}{0{,}3843\ m^2 \cdot K} = 2{,}6\ \dfrac{W}{m^2 \cdot K}$

$$R = \dfrac{d}{\lambda}$$

$\Phi = 2{,}6\ \dfrac{W}{m^2 \cdot K} \cdot 22\ m^2 \cdot 14\ K = \mathbf{801{,}46\ W}$

$$R_T = R_{si} + R + R_{se}$$

Stoffwerte siehe Seiten 65, 160 und 161

### Wärmeübergang
vgl. DIN 4108-2 (2003-07)

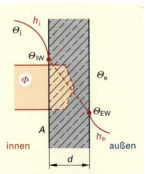

$\Phi$  Wärmestrom
$A$  Oberfläche
$h_i$  Wärmeübergangskoeffizient innen
$h_e$  Wärmeübergangskoeffizient außen
$\Theta_{IW}$  Wandtemperatur innen
$\Theta_{EW}$  Wandtemperatur außen
$\Theta_i$  Raumtemperatur innen
$\Theta_e$  Raumtemperatur außen
$\Delta\Theta_i$  Temperaturdifferenz innen
$\Delta\Theta_e$  Temperaturdifferenz außen

innen
$$\Phi = h_i \cdot A \cdot \Delta\Theta_i$$

außen
$$\Phi = h_e \cdot A \cdot \Delta\Theta_e$$

$$\Delta\Theta_i = \Theta_i - \Theta_{IW}$$

$$\Delta\Theta_e = \Theta_{EW} - \Theta_e$$

**Beispiel:** Innenwand, $h_i = 7{,}69\ W/m^2 \cdot K$;
$A = 22\ m^2$; $\Theta_i = 22\ °C$; $\Theta_{IW} = 16\ °C$; $\Phi = ?$
$\Delta\Theta_i = \Theta_i - \Theta_{IW} = 22\ °C - 16\ °C = 6\ °C \triangleq 6\ K$
$\Phi = h_i \cdot A \cdot \Delta\Theta_i = 7{,}69\ W/(m^2 \cdot K) \cdot 22\ m^2 \cdot 6\ K = \mathbf{1015{,}08\ W}$

Wärmeübergangszahlen siehe Seite 65

# Bauphysik

## Wärmetechnische Grundlagen

### Wärmedurchgang

vgl. DIN 4108-2 (2003-07)

Einschalige Wand

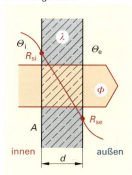

innen — d — außen

Mehrschalige Wand

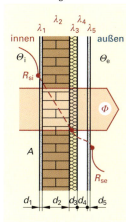

$\Phi$    Wärmestrom
$U$    Wärmedurchgangskoeffizient
$R_T$    Wärmedurchgangswiderstand
$R_{si}$    Wärmeübergangswiderstand Innenwand
$R_{se}$    Wärmeübergangswiderstand Außenwand
$\lambda$    Wärmeleitfähigkeit
$R$    Wärmedurchlasswiderstand
$A$    Oberfläche
$d$    Wanddicke bzw. Schichtdicke
$\Theta_i$    Raumtemperatur innen
$\Theta_e$    Raumtemperatur außen
$\Delta\Theta$    Temperaturdifferenz

$$\Phi = U \cdot A \cdot \Delta\Theta$$

$$\Delta\Theta = \Theta_i - \Theta_e$$

$$R_T = R_{si} + R + R_{se}$$

$$R = \frac{d_1}{\lambda_1} + \frac{d_2}{\lambda_2} + \frac{d_3}{\lambda_3} + \dots$$

**1. Beispiel:** Leichtbeton: $\lambda = 0{,}7$ W/m·K;
$d = 0{,}45$ m;   $R_{si} = 0{,}13$ m²·K/W;
$R_{se} = 0{,}04$ m²·K/W;   $A = 12$ m²;   $\Theta_i = 21$ °C;
$\Theta_e = 3$ °C;   $\Phi = ?$

$R_T = R_{si} + d/\lambda + R_{se}$

$R_T = 0{,}13 \, \dfrac{\text{m}^2 \cdot \text{K}}{\text{W}} + \dfrac{0{,}45 \text{ m}}{0{,}7 \text{ W/m·K}} + 0{,}04 \, \dfrac{\text{m}^2 \cdot \text{K}}{\text{W}}$

$R_T = \mathbf{0{,}81 \text{ m}^2 \cdot \text{K/W}}$

$U = 1/0{,}81$ m²·K/W $= 1{,}23$ W/m²·K

$\Delta\Theta = \Theta_i - \Theta_e = 21$ °C $- 3$ °C $= 18$ K

$\Phi = U \cdot A \cdot \Delta\Theta = 1{,}23$ W/(m²·K) $\cdot 12$ m² $\cdot 18$ K $= \mathbf{265{,}68 \text{ W}}$

$$U = \frac{1}{R_{si} + R + R_{se}}$$

$$U = \frac{1}{R_T}$$

**2. Beispiel:** Die Wand aus Beispiel 1 soll mit einer PU-Hartschaumplatte gedämmt werden: $\lambda = 0{,}03$ W/m·K;   $U_{erf} \leq 0{,}51$ W/m²·K;   $d_3 = ?$

$R_{T\,erf} = R_{si} + d_1/\lambda_1 + d_2/\lambda_2 + R_{se}$;   $R_{T\,erf\,max} = 1{,}96$ m²·K/W $\geq R_{T\,erf}$

$d_3 = (R_{T\,erf\,max} - R_{si} - d_1/\lambda_1 - R_{se}) \cdot \lambda_2$

$= \left(1{,}96 \, \dfrac{\text{m}^2 \cdot \text{K}}{\text{W}} - 0{,}13 \, \dfrac{\text{m}^2 \cdot \text{K}}{\text{W}} - 0{,}64 \, \dfrac{\text{m}^2 \cdot \text{K}}{\text{W}} - 0{,}04 \, \dfrac{\text{m}^2 \cdot \text{K}}{\text{W}}\right) \cdot 0{,}03 \, \dfrac{\text{W}}{\text{m} \cdot \text{K}}$

$= \mathbf{0{,}0345 \text{ m}}$; gewählt: $\mathbf{0{,}035 \text{ m}}$

Stoffwerte und Wärmeübergangswiderstände siehe Seite 65, 160, 161

### Wärmestrahlung

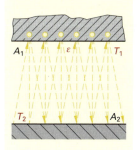

$\Phi$    Wärmestrom
$C_s$    Strahlungskonstante
$\varepsilon$    Emissionsgrad
$\alpha_{Str}$    Wärmeübergangskoeffizient bei Strahlung
$A_1$    Oberfläche mit der höheren Temperatur
$T_1$    Absolute Temperatur der wärmeren Oberfläche
$T_2$    Absolute Temperatur der kälteren Oberfläche

$$\Phi = \alpha_{Str} \cdot A_1 \cdot (T_1 - T_2)$$

$$C_s = 5{,}67 \text{ W/m}^2 \cdot \text{K}^4$$

$$\alpha_{Str} = C_s \cdot \varepsilon \cdot \frac{\left(\dfrac{T_1}{100}\right)^4 - \left(\dfrac{T_2}{100}\right)^4}{T_1 - T_2}$$

**Beispiel:** Strahlungsdecke, Aluminium, matt:
$\varepsilon = 0{,}4$; $A_1 = 22$ m²; $T_1 = 333$ K; $T_2 = 295$ K; $\Phi = ?$

$\alpha_{Str} = C_s \cdot \varepsilon \cdot \dfrac{\left(\dfrac{T_1}{100}\right)^4 - \left(\dfrac{T_2}{100}\right)^4}{T_1 - T_2} = 5{,}67 \cdot 0{,}4 \, \dfrac{\text{W}}{\text{m}^2 \cdot \text{K}} \cdot \dfrac{3{,}33^4 \text{ K}^4 - 2{,}95^4 \text{ K}^4}{3{,}33 \text{ K} - 2{,}95 \text{ K}}$

$= 2{,}81$ W/m²·K

$\Phi = \alpha_{Str} \cdot A_1 \cdot (T_1 - T_2) = 2{,}81$ W/(m²·K) $\cdot 22$ m² $\cdot (333$ K $- 295$ K$) = \mathbf{2349 \text{ W}}$

Emissionsgrade siehe Seite 65

# Bauphysik

## Mindestanforderungen zum Wärmeschutz    vgl. EnEV (2013-11) und DIN 4108-2 (2013-02)

Höchstwerte des Wärmedurchgangskoeffizienten $U_{max}$ in W/m² · K

| Bauteile[1] | Wohngebäude und Zonen von Nichtwohngebäuden mit Innentemperaturen ≥ 19 °C | Zonen von Nichtwohngebäuden mit Innentemperaturen von 12 bis < 19 °C | Bauteile[1] | Wohngebäude und Zonen von Nichtwohngebäuden mit Innentemperaturen ≥ 19 °C | Zonen von Nichtwohngebäuden mit Innentemperaturen von 12 bis < 19 °C |
|---|---|---|---|---|---|
| Außenwände | 0,24 | 0,35 | Dachflächen einschließlich Dachgauben, Wände gegen unbeheizten Dachraum (einschließlich Abseitenwänden), oberste Geschossdecken | 0,24 | 0,35 |
| Fenster, Fenstertüren | 1,3 | 1,9 | | | |
| Dachflächenfenster | 1,4 | 1,9 | | | |
| Verglasungen | 1,1 | keine Anforderungen | | | |
| Vorhangfassaden | 1,5 | 1,9 | Dachflächen mit Abdichtung | 0,20 | 0,35 |
| Glasdächer | 2,0 | 2,7 | | | |
| Fenstertüren mit Klapp-, Falt-, Schiebe- oder Hebemechanismus | 1,6 | 1,9 | Wände gegen Erdreich oder unbeheizte Räume (mit Ausnahme von Dachräumen) sowie Decken nach unten gegen Erdreich oder unbeheizte Räume | 0,30 | keine Anforderungen |
| Fenster, Fenstertüren, Dachflächenfenster mit Sonderverglasungen | 2,0 | 2,8 | | | |
| Sonderverglasungen | 1,6 | keine Anforderungen | Fußbodenaufbauten | 0,50 | keine Anforderungen |
| Vorhangfassaden mit Sonderverglasungen | 2,3 | 3,0 | Decken nach unten an Außenluft | 0,24 | 0,35 |

[1] Die Werte gelten bei erstmaligem Einbau, dem Ersatz und der Erneuerung von Bauteilen. Weitere Einzelheiten und Erläuterungen finden sich in der EnEV 2014.

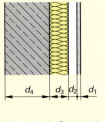

Außenwand, gedämmt und hinterlüftet

**Beispiel:**

$d_1 = 0{,}02$ m;    $\lambda_1 = 0{,}52$ W/m · K;
$d_2 = 0{,}025$ m;    $\lambda_2 = 0{,}026$ W/m · K;
$d_3 = 0{,}08$ m;    $\lambda_3 = 0{,}05$ W/m · K;
$d_4 = 0{,}5$ m;    $\lambda_4 = 2{,}1$ W/m · K;
$R_{si} = 0{,}13$ m² · K/W;    $R_{se} = 0{,}08$ m² · K/W;
$U_{vorh} = \,?$

Bedingung: $U_{vorh} \leq U_{max}$

$$R = \frac{d_1}{\lambda_1} + \frac{d_2}{\lambda_2} + \frac{d_3}{\lambda_3} + \frac{d_4}{\lambda_4}$$

$$= \left(\frac{0{,}02}{0{,}52} + \frac{0{,}025}{0{,}026} + \frac{0{,}08}{0{,}05} + \frac{0{,}5}{2{,}1}\right) \frac{m}{W/m \cdot K} = 2{,}8034 \, \frac{m^2 \cdot K}{W}$$

$$U = \frac{1}{R_{si} + R + R_{se}} = \left(\frac{1}{0{,}13 + 2{,}8034 + 0{,}08}\right) \frac{W}{m^2 \cdot K} = 0{,}3319 \, \frac{W}{m^2 \cdot K}$$

$$U_{vorh} \approx 0{,}33 \, \frac{W}{m^2 \cdot K} < U_{max} = 0{,}35 \, \frac{W}{m^2 \cdot K}$$

Stoffwerte siehe oben und Seiten 65, 160, 161

# Bauphysik

## Stoffwerte

### Wärmeübergangswerte — vgl. DIN V 4108-4 (2004-07)

| Bauteil | Wärmeübergangswiderstand $R_{si}$ m²·K/W | Wärmeübergangswiderstand $R_{se}$ m²·K/W | Wärmeübergangszahl $h_i$ W/m²·K | Wärmeübergangszahl $h_e$ W/m²·K |
|---|---|---|---|---|
| Außenwände u. Decken | 0,13 | 0,04 | 7,69 | 25,0 |
| Außenwände ans Erdreich angrenzend | 0,13 | – | 7,69 | – |
| Außenwände mit hinterlüfteter Fassade | 0,13 | 0,08 | 7,69 | 12,5 |
| Kellerdecken | 0,17 | 0,17 | 5,88 | 5,88 |
| Dachschrägen, belüftet | 0,13 | 0,08 | 7,69 | 12,5 |

### Emissionsgrade

| Stoffoberflächen von | $\varepsilon$ |
|---|---|
| Aluminium | 0,1 … 0,4 |
| Aluminium, poliert | 0,04 |
| Eisen und Stahl | 0,35 … 0,95 |
| Stahl, poliert | 0,26 |
| Heizkörperlack | 0,93 |
| Dachpappe, schwarz | 0,91 |
| Ton | 0,75 |
| Ziegelstein | 0,92 |

## Baustoffe (Bemessungswerte) — vgl. DIN EN 12524 (2000-07), zurückgezogen

| Baustoff | Rohdichte $\varrho$ kg/m³ | Wärmeleitfähigkeit $\lambda$ W/m·K | Diffusionswiderstandszahl $\mu$ trocken |
|---|---|---|---|
| Putzmörtel aus Kalk | 1800 | 0,87 | 15 … 35 |
| Gipsdämmputz | 600 / 1400 | 0,18 / 0,70 | 10 |
| Leichtputz 52 | 1300 | 0,52 | 15 … 20 |
| Leichtputz 21 | 700 | 0,21 | 15 … 20 |
| Wärmedämmputz 060 | ≥ 200 | 0,06 | 5 … 20 |
| Wärmedämmputz 090 | ≥ 200 | 0,09 | 5 … 20 |
| Normalmörtel | 1800 | 1,0 | 10 |
| Zementestrich | 2000 | 1,4 | 15 … 35 |
| Leichtbeton | 1600 | 0,70 | 70 … 150 |
| Normalbeton | 2400 | 2,1 | 70 … 150 |
| Porenbeton | 400 | 0,14 | 5 … 10 |
| Vollklinker | 1800 | 0,81 | 50 … 100 |
| Vollziegel | 1200 | 0,50 | 5 … 10 |
| Sandstein (Quarzit) | 2600 | 2,3 | 40 |
| Dachziegel aus Ton | 200 | 1,0 | 40 |
| Spanplatten | 600 | 0,14 | 50 |
| Gipskartonplatten | 900 | 5 | 10 |
| Polyurethan-Schaum schwer | 1300 | 0,048 | 60 |
| Polyurethan-Schaum leicht | 70 | 0,024 | 60 |
| Steinwolle | 8 … 500 | 0,045 | 10 … 50 |
| Stahl | 7850 | 50 | ∞ |
| Aluminium-Leg. | 2800 | 160 | ∞ |
| Fliesen | 2000 | 1,00 | ∞ |
| Fensterglas | 2500 | 2,0 | ∞ |
| Linoleum | 1200 | 0,17 | 1 000 |
| PVC | 1390 | 0,17 | 10 000 |
| Bitumendachbahnen | 1100 | 0,23 | 50 000 |
| PVC-Folien $d \geq 0{,}1$ mm | – | – | 30 000 |

## Spezifische Heizwerte für Brennstoffe

| Feste und flüssige Brennstoffe | $H_u$ MJ/kg | Gasförmige Brennstoffe | $H_u$ MJ/m³ |
|---|---|---|---|
| Braunkohle | 16 … 20 | Erdgas | 34 … 36 |
| Steinkohle | 30 … 34 | Acetylen | 56,9 |
| Benzin | 43 | Propan | 93 |
| Heizöl | 40 … 43 | Butan | 123 |

Alle Werte gerundet – unter Normbedingungen

## Luftschichten — vgl. DIN EN ISO 6946 (2008-04)

Wärmedurchlasswiderstand in m²·K/W

| Dicke der Luftschicht mm | Richtung des Wärmestroms | | |
|---|---|---|---|
| | Aufwärts | Horizontal | Abwärts |
| 5 | 0,11 | 0,11 | 0,11 |
| 7 | 0,13 | 0,13 | 0,13 |
| 10 | 0,15 | 0,15 | 0,15 |
| 15 | 0,16 | 0,17 | 0,17 |
| 25 | 0,16 | 0,18 | 0,19 |
| 50 | 0,16 | 0,18 | 0,21 |
| 100 | 0,16 | 0,18 | 0,22 |

# Bauphysik

## Jahres-Primärenergiebedarf und Transmissionswärmeverlust  vgl. EnEV (2013-11)

**Höchstwerte des spezifischen, auf die wärmeübertragende Umfassungsfläche bezogenen Transmissionswärmeverlustes**

| Gebäudetyp | | Höchstwert des spezifischen Transmissionswärmeverlustes |
|---|---|---|
| Freistehendes Wohngebäude | mit $A_N \leq 350$ m² | $H'_T = 0{,}40$ in W/(m² · K) |
| | mit $A_N > 350$ m² | $H'_T = 0{,}50$ in W/(m² · K) |
| Einseitig angebautes Wohngebäude | | $H'_T = 0{,}45$ in W/(m² · K) |
| Alle anderen Wohngebäude | | $H'_T = 0{,}65$ in W/(m² · K) |
| Erweiterungen und Ausbauten von Wohngebäuden | | $H'_T = 0{,}65$ in W/(m² · K) |

$$A_N = 0{,}32 \text{ m}^{-1} \cdot V_e$$

- $A$  Wärmeübertragende Umfassungfläche des Gebäudes in m²
- $A_N$  Gebäudenutzfläche in m²
- $V_e$  Beheiztes Gebäudevolumen in m³

Die wärmeübertragende Umfassungsfläche $A$ eines Wohngebäudes in m² ist nach Anhang B der DIN EN ISO 13789: 1999-10, Fall „Außenabmessung", zu ermitteln. Die zu berücksichtigenden Flächen sind die äußere Begrenzung einer abgeschlossenen beheizten Zone.

Beträgt die durchschnittliche Geschosshöhe $h_G$ eines Wohngebäudes, gemessen von der Oberfläche des Fußbodens zur Oberfläche des Fußbodens des darüber liegenden Geschosses, mehr als 3 m oder weniger als 2,5 m, so ist die Gebäudenutzfläche $A_N$ wie unten zu ermitteln:

$$A_N = \left(\frac{1}{h_G} - 0{,}04 \text{ m}^{-1}\right) \cdot V_e \qquad h_G \text{ Geschossdeckenhöhe in m}$$

Nach der **Energieeinsparverordnung 2014** (EnEV vom 24.07.2007 in der novellierten Fassung vom 18.11.2013, gültig ab Mai 2014) ist der **Höchstwert des Jahres-Primärenergiebedarfs** maßgeblich für die energetische Bewertung eines Gebäudes. Der Jahres-Primärenergiebedarf für Wohngebäude $Q_p$ ist nach DIN V 18599 : 2007-02 zu ermitteln. (s. folgende Seite).

Die Begriffe „Energiebedarf" und „Energieverbrauch" werden in der EnEV nicht in ihrer physikalischen sondern in umgangssprachlicher Bedeutung benutzt. Das steht im Widerspruch zu den Aussagen des ersten und zweiten Hauptsatzes der Thermodynamik. Im Wesentlichen handelt es sich dabei um jenes Energie-Niveau-Gefälle, das bei der Umwandlung der Primärenergien in die zu Heizzwecken genutzte Wärme verwertet wird. Diese Wärme wird in der technischen Thermodynamik mit Exergie bezeichnet.

Da für alle Bauvorhaben, für die bis zum 31. Januar 2002 ein Bauantrag gestellt oder Bauanzeige erstattet wurde, nach der früheren Wärmeschutzverordnung geprüft wird, werden Architekten und Bauausführende sich in diesen Fällen nach beiden Verordnungen richten müssen.

Ab 2008 muss für alle neu zu errichtenden oder zu verkaufenden Gebäude sowie bei Neuvermietungen oder Verkäufen von Wohnungen ein Energiepass ausgestellt werden.

Ab Mai 2014 wird in der neuen Fassung der EnEV neben verschärften Anforderungen an den Wärmeschutz die Tendenz zum Niedrigenergiehaus und zum Passivhaus fortgeschrieben.

Die Bestimmungen der EnEV bezieht sich auf folgende Normen:

| | | | |
|---|---|---|---|
| DIN 4108-2 | (2013-02) | DIN V 18599 Teile 1, 2, 5, 8, 9, 10 | (2011-12) |
| DIN V 4108-4 | (2004-07) | | |
| DIN V 4108-6 | (2003-06) | DIN EN 13947 | (2007-07) |
| DIN 4108 Bbl. 2 | (2006-03) | DIN EN ISO 6946 | (2008-04) |
| DIN V 4701-10 | (2003-08) | DIN EN ISO 10077-1 | (2010-05) |
| DIN 13053 | (2007-11) | DIN EN ISO 13789 | (1999-10) |

# Bauphysik

## Energiebilanzen[1]

vgl. EnEV (2013-11) und DIN V 4108-6 (2003-06)

| | | |
|---|---|---|
| $A$ | Wärmeübertragende Gebäudehülle | |
| $A_N$ | Gebäudenutzfläche | |
| $A_i$ | Einzelne Gebäudeflächen | |
| $F_{xi}$ | Temperatur-Korrekturfaktor | |
| $H_T$ | Spezifischer Transmissionswärmeverlust | |
| $H_V$ | Spezifischer Lüftungswärmeverlust | |
| $I_S$ | Solare Einstrahlung | |
| $Q$ | Jahres-Heizenergiebedarf | |
| $Q_p$ | Jahres-Primärenergiebedarf | |
| $Q_h$ | Jahres-Heizwärmebedarf | |
| $Q_w$ | Wärmebedarf der Warmwasserbereitung | |
| $Q_t$ | Wärmebedarf der Anlagentechnik | |
| $Q_r$ | Wärmegewinne durch regenerative Systeme | |
| $Q_{exV}$ | Externe Energieverluste | |
| $Q_g$ | Energiebedarf der Erzeugung | |
| $Q_s$ | Energiebedarf der Speicherung | |
| $Q_d$ | Energiebedarf der Verteilung | |
| $Q_{c,e}$ | Energiebedarf der Übergabe | |
| $Q_S$ | Solarer Wärmegewinn | |
| $Q_i$ | Innerer Wärmegewinn | |
| $Q_T$ | Transmissionswärmebedarf | |
| $Q_V$ | Sonstige Wärmeverluste | |
| $U_i$ | Wärmedurchgangskoeffizienten der Bauteile | |
| $V$ | Beheiztes Bauwerksvolumen | |
| $V_e$ | Beheiztes Gebäudevolumen | |
| $e_p$ | Primärenergiebezogene Gesamt-Anlagenaufwandszahl (DIN V 4701-10) | |
| $g_i$ | Gesamtenergiedurchlassgrad | |

**Gesetzliche Anforderung**

$$Q_p \leq Q'_p \qquad Q_p \leq Q''_p$$

$$Q'_p = \frac{Q_p}{V_e} \qquad Q''_p = \frac{Q_p}{A_N}$$

**Hauptgleichung**

$$Q_p \leq Q + Q_{exV}$$

Wärmegewinne und Energieverluste

$$Q = Q_h + Q_w + Q_t - Q_r$$

außerdem

$$Q_p = (Q_h + Q_w) \cdot e_p$$

$$Q_{exV} = Q_{c,e} + Q_d + Q_s + Q_g$$

$$Q_h = Q_T + Q_V - Q_S - Q_i$$

**Vereinfachtes Verfahren**
zur Ermittlung des Jahresheizwärmebedarfs

$$Q_h = 66\,(H_T + H_V) - 0{,}95\,(Q_S + Q_i)$$

$$H_T = \Sigma(F_{xi} \cdot U_i \cdot A_i) + 0{,}05\,A$$

$$H_V = 0{,}19 \cdot V_e$$

$$Q_i = 22 \cdot A_N$$

$$Q_S = \Sigma(I_S)_{j,HP} \cdot \Sigma\,0{,}567\,g_i \cdot A_i$$

$$A_N = 0{,}32 \cdot V_e$$

| Temperatur-Korrekturfaktoren $F_{xi}$ | |
|---|---|
| Wärmestrom nach außen über Bauteil | $F_{xi}$ |
| Außenwand, Fenster | 1 |
| Dach (als Systemgrenze) | 1 |
| Oberste Geschossdecke (Dachraum nicht ausgebaut) | 0,8 |
| Abseitenwand | 0,8 |
| Wände und Decken zu unbeheizten Räumen | 0,5 |
| Unterer Gebäudeabschluss:<br>– Kellerdecke/-wände zu unbeheiztem Keller<br>– Fußboden auf Erdreich<br>– Flächen des beheizten Kellers gegen Erdreich | 0,6 |

| Solare Einstrahlung | |
|---|---|
| Orientierung | $\Sigma(I_S)_{j,HP}$ |
| Südost bis Südwest | 270 kWh/(m² · a) |
| Nordwest bis Nordost | 100 kWh/(m² · a) |
| übrige Richtungen | 155 kWh/(m² · a) |
| Dachflächenfenster mit Neigungen < 30° | 225 kWh/(m² · a) |
| Die Fläche der Fenster $A_i$ mit der Orientierung j (Süd, West, Ost, Nord und horizontal) ist nach den lichten Fassadenöffnungsmaßen zu ermitteln. | |

[1] Vereinfachte Übersicht

# Bauphysik

## Wasserdampfdiffusion
vgl. DIN 4108-3 (2001-07)

**Wasserdampfsättigungsdruck $p_s$ in Pa in Abhängigkeit von der Lufttemperatur $\Theta_L$ in °C**

| °C | ,0 | ,5 | ,9 | °C | ,0 | ,5 | ,9 |
|---|---|---|---|---|---|---|---|
| 30 | 4244 | 4369 | 4469 | 5 | 872 | 902 | 925 |
| 29 | 4006 | 4124 | 4219 | 4 | 813 | 843 | 866 |
| 28 | 3781 | 3894 | 3984 | 3 | 759 | 787 | 808 |
| 27 | 3566 | 3674 | 3759 | 2 | 705 | 732 | 753 |
| 26 | 3362 | 3463 | 3544 | 1 | 657 | 682 | 700 |
|    |      |      |      | 0 | 611 | 635 | 653 |
| 25 | 3169 | 3266 | 3343 | − 0 | 611 | 587 | 567 |
| 24 | 2985 | 3077 | 3151 | − 1 | 562 | 538 | 522 |
| 23 | 2810 | 2897 | 2968 | − 2 | 517 | 496 | 480 |
|    |      |      |      | − 3 | 476 | 456 | 440 |
| 22 | 2645 | 2727 | 2794 | − 4 | 437 | 419 | 405 |
| 21 | 2487 | 2566 | 2629 | − 5 | 401 | 385 | 372 |
| 20 | 2340 | 2413 | 2473 | − 6 | 368 | 353 | 340 |
| 19 | 2197 | 2268 | 2324 | − 7 | 337 | 324 | 312 |
| 18 | 2065 | 2132 | 2185 | − 8 | 310 | 296 | 286 |
| 17 | 1937 | 2001 | 2052 | − 9 | 284 | 272 | 262 |
| 16 | 1818 | 1878 | 1926 | − 10 | 260 | 249 | 239 |
| 15 | 1706 | 1762 | 1806 | − 11 | 237 | 228 | 219 |
| 14 | 1599 | 1653 | 1695 | − 12 | 217 | 208 | 200 |
| 13 | 1498 | 1548 | 1588 | − 13 | 198 | 190 | 182 |
| 12 | 1403 | 1451 | 1458 | − 14 | 181 | 173 | 167 |
| 11 | 1312 | 1 358 | 1394 | − 15 | 165 | 158 | 152 |
| 10 | 1228 | 1270 | 1304 | − 16 | 150 | 144 | 138 |
| 9 | 1148 | 1187 | 1218 | − 17 | 137 | 131 | 126 |
| 8 | 1073 | 1110 | 1140 | − 18 | 125 | 120 | 115 |
| 7 | 1002 | 1038 | 1066 | − 19 | 114 | 109 | 104 |
| 6 | 935 | 968 | 995 | − 20 | 103 | 98 | 94 |

Zwischenwerte sind geradlinig zu interpolieren.

## Feuchteschutztechnische Berechnungen
vgl. DIN 4108-3 (2001-07)

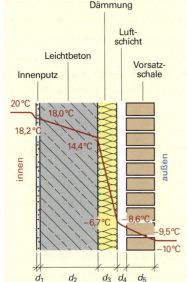

$\mu$  Wasserdampf-Diffusionswiderstandszahl

$d$  Schichtdicke

$n$  Anzahl der Einzelschichten

$d_d$  Wasserdampfdiffusionsäquivalente Luftschichtdicke

**Einschichtige Wand**

$$d_d = \mu \cdot d$$

**Mehrschichtige Wand**

$$d_d = \mu_1 \cdot d_1 + \mu_2 \cdot d_2 + \ldots + \mu_n \cdot d_n$$

**diffusionsoffene Schicht**
Bauteilschicht mit $d_d \leq 0{,}5$ m

**diffusionshemmende Schicht**
Bauteilschicht mit $0{,}5 < d_d < 1\,500$ m

**diffusionsdichte Schicht**
Bauteilschicht mit $d_d \geq 1\,500$ m

**Beispiel:**
Wie groß ist die wasserdampfdiffusionsäquivalente Luftschichtdicke einer Vorsatzschale aus Vollklinker der Dicke von 11,5 cm?

$d_d = 90 \cdot 0{,}115$ m $= 10{,}35$ m

Je nach Hersteller ist der $\mu$-Wert von Baustoffen etwas unterschiedlich (s. S. 65) und muss für praxisnahe Berechnungen erfragt werden.

# Bauphysik

## Wasserdampfdiffusion

### Feuchteschutztechnische Berechnungen
vgl. DIN 4108-3 (2001-07)

Verdunstungsperiode

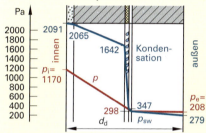
Tauperiode

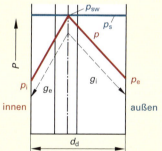
Verdunstungsperiode (schematisch)

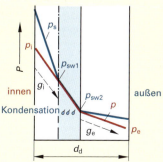
Tauperiode (schematisch)

**Typen des Tauwasserausfalls**
1. Wasserdampfdiffusion ohne Tauwasserausfall
2. Tauwasserausfall in einer Ebene
3. Tauwasserausfall in mehreren Ebenen
4. Tauwasserausfall in einem Bereich
5. Tauwasserausfall in mehreren Bereichen

**Norm-Klimabedingungen** (DIN 4108-3)
Dauer der Tauperiode $t_T$ = 1440 Stunden (h)
$\Theta_{Li}$ = 20 °C     $\varphi_i$ = 50 %     $p_{si}$ = 2340 Pa     $p_i$ = 1170 Pa
$\Theta_{Le}$ = −10 °C     $\varphi_e$ = 80 %     $p_{se}$ = 260 Pa     $p_e$ = 208 Pa

**Dauer der Verdunstungsperiode**
$t_V$ = 2160 Stunden (h)
$\Theta_{Li}$ = 12 °C     $\varphi_i$ = 70 %     $p_{si}$ = 1403 Pa     $p_i$ = 982 Pa
$\Theta_{Le}$ = 12 °C     $\varphi_e$ = 70 %     $p_{se}$ = 1403 Pa     $p_e$ = 982 Pa

**Tauwassermenge (kg/m²)**

$$m_{W,T} = t_T (g_i - g_e)$$

**Verdunstungswassermenge (kg/m²)**

$$m_{W,T} = t_V (g_i + g_e)$$

**Wasserdampf-Diffusionsstromdichte [kg/(m² · h)]**
(innen − außen)

$$g_i = \frac{p_i - p_{sw}}{Z_i} \qquad g_e = \frac{p_{sw} - p_e}{Z_e}$$

**Wasserdampf-Diffusionsdurchlasswiderstand**
(m² · h · Pa/kg)

$$Z = 1{,}5 \cdot 10^6 \, (\mu_1 \cdot d_1 + \mu_2 \cdot d_2 + \ldots + \mu_n \cdot d_n)$$

**Relative Luftfeuchte**

$$\varphi = \frac{p}{p_s} \cdot 100 \, (\%)$$

| | |
|---|---|
| $d$ | Schichtdicke |
| $p$ | Teildruck (Pa) |
| $p_e$ | Teildruck außen (Pa) |
| $p_i$ | Teildruck innen (Pa) |
| $p_s$ | Sättigungsdruck (Pa) |
| $p_{sw}$ | Sättigungsdruck am Ort des Tauwasserausfalls (Pa) |
| $m$ | Flächenbezogene Wassermenge (kg/m²) |
| $\mu$ | Wasserdampf-Diffusionswiderstandszahl |

# Bauphysik

## Vermeidung von Tauwasserbildung
vgl. DIN 4108-3 (2001-07)

### Sättigungsmenge $v_{sat}$ der Luft in Abhängigkeit von der Lufttemperatur $\Theta_L$
vgl. DIN EN ISO 10077-1 (2006-12)

| $\Theta_L$ °C | $v_{sat}$ g/m³ | $\Theta_L$ °C | $v_{sat}$ g/m³ | $\Theta_L$ °C | $v_{sat}$ g/m³ | $\Theta_L$ °C | $v_{sat}$ g/m³ | $\Theta_L$ °C | $v_{sat}$ g/m³ |
|---|---|---|---|---|---|---|---|---|---|
| −19 | 0,96 | −9 | 2,33 | 1 | 5,2 | 11 | 10,0 | 21 | 18,3 |
| −18 | 1,05 | −8 | 2,54 | 2 | 5,6 | 12 | 10,7 | 22 | 19,4 |
| −17 | 1,15 | −7 | 2,76 | 3 | 6,0 | 13 | 11,4 | 23 | 20,8 |
| −16 | 1,27 | −6 | 2,99 | 4 | 6,4 | 14 | 12,1 | 24 | 21,8 |
| −15 | 1,38 | −5 | 3,24 | 5 | 6,8 | 15 | 12,8 | 25 | 23,0 |
| −14 | 1,51 | −4 | 3,51 | 6 | 7,3 | 16 | 13,6 | 26 | 24,4 |
| −13 | 1,65 | −3 | 3,81 | 7 | 7,8 | 17 | 14,5 | 27 | 26,8 |
| −12 | 1,80 | −2 | 4,13 | 8 | 8,3 | 18 | 15,4 | 28 | 27,2 |
| −11 | 1,98 | −1 | 4,47 | 9 | 8,8 | 19 | 16,3 | 29 | 28,7 |
| −10 | 2,14 | 0 | 4,84 | 10 | 9,4 | 20 | 17,3 | 30 | 30,3 |

### Abhängigkeit der Taupunkttemperatur von Lufttemperatur und Luftfeuchte

| Lufttemperatur $\Theta_L$ in °C | Taupunkttemperatur $\Theta_{si}$ in °C bei einer relativen Luftfeuchte $\varphi$ von | | | | | | | | | | | | |
|---|---|---|---|---|---|---|---|---|---|---|---|---|---|
| | 30% | 35% | 40% | 45% | 50% | 55% | 60% | 65% | 70% | 75% | 80% | 85% | 90% | 95% |
| 30 | 10,5 | 12,9 | 14,9 | 16,8 | 18,4 | 20,0 | 21,4 | 22,7 | 23,9 | 25,1 | 26,2 | 27,2 | 28,2 | 29,1 |
| 29 | 9,7 | 12,0 | 14,0 | 15,9 | 17,5 | 19,0 | 20,4 | 21,7 | 23,0 | 24,1 | 25,2 | 26,2 | 27,2 | 28,1 |
| 28 | 8,8 | 11,1 | 13,1 | 15,0 | 16,6 | 18,1 | 19,5 | 20,8 | 22,0 | 23,2 | 24,2 | 25,2 | 26,2 | 27,1 |
| 27 | 8,0 | 10,2 | 12,2 | 14,1 | 15,7 | 17,2 | 18,6 | 19,9 | 21,1 | 22,2 | 23,3 | 24,3 | 25,2 | 26,1 |
| 26 | 7,1 | 9,4 | 11,4 | 13,2 | 14,8 | 16,3 | 17,6 | 18,9 | 20,1 | 21,2 | 22,3 | 23,3 | 24,2 | 25,1 |
| 25 | 6,2 | 8,5 | 10,5 | 12,2 | 13,9 | 15,3 | 16,7 | 18,0 | 19,1 | 20,3 | 21,2 | 22,3 | 23,2 | 24,1 |
| 24 | 5,4 | 7,6 | 9,6 | 11,3 | 12,9 | 14,4 | 15,8 | 17,0 | 18,2 | 19,3 | 20,3 | 21,3 | 22,3 | 23,1 |
| 23 | 4,5 | 6,7 | 8,7 | 10,4 | 12,0 | 13,5 | 14,8 | 16,1 | 17,2 | 18,3 | 19,4 | 20,3 | 21,3 | 22,2 |
| 22 | 3,6 | 5,9 | 7,8 | 9,5 | 11,1 | 12,5 | 13,9 | 15,1 | 16,3 | 17,4 | 18,4 | 19,4 | 20,3 | 21,2 |
| 21 | 2,8 | 5,0 | 6,9 | 8,6 | 10,2 | 11,6 | 12,9 | 14,2 | 15,3 | 16,4 | 17,4 | 18,4 | 19,3 | 20,2 |
| 20 | 1,9 | 4,1 | 6,0 | 7,7 | 9,3 | 10,7 | 12,0 | 13,2 | 14,4 | 15,4 | 16,4 | 17,4 | 18,3 | 19,2 |
| 19 | 1,0 | 3,2 | 5,1 | 6,8 | 8,3 | 9,8 | 11,1 | 12,3 | 13,4 | 14,5 | 15,5 | 16,4 | 17,3 | 18,2 |
| 18 | 0,2 | 2,3 | 4,2 | 5,9 | 7,4 | 8,8 | 10,1 | 11,3 | 12,5 | 13,5 | 14,5 | 15,4 | 16,3 | 17,2 |
| 17 | −0,6 | 1,4 | 3,3 | 5,0 | 6,5 | 7,9 | 9,2 | 10,4 | 11,5 | 12,5 | 13,5 | 14,5 | 15,3 | 16,2 |
| 16 | −1,4 | 0,5 | 2,4 | 4,1 | 5,6 | 7,0 | 8,2 | 9,4 | 10,5 | 11,6 | 12,6 | 13,5 | 14,4 | 15,2 |
| 15 | −2,2 | −0,3 | 1,5 | 3,2 | 4,7 | 6,1 | 7,3 | 8,5 | 9,6 | 10,6 | 11,6 | 12,5 | 13,4 | 14,2 |
| 14 | −2,9 | −1,0 | 0,6 | 2,3 | 3,7 | 5,1 | 6,4 | 7,5 | 8,6 | 9,6 | 10,6 | 11,5 | 12,4 | 13,2 |
| 13 | −3,7 | −1,9 | −0,1 | 1,3 | 2,8 | 4,2 | 5,5 | 6,6 | 7,7 | 8,7 | 9,6 | 10,5 | 11,4 | 12,2 |
| 12 | −4,5 | −2,6 | −0,1 | 0,4 | 1,9 | 3,2 | 4,5 | 5,7 | 6,7 | 7,7 | 8,7 | 9,6 | 10,4 | 11,2 |
| 11 | −5,2 | −3,4 | −1,8 | −0,4 | 1,0 | 2,3 | 3,5 | 4,7 | 5,8 | 6,7 | 7,7 | 8,6 | 9,4 | 10,2 |
| 10 | −6,0 | −4,2 | −2,6 | −1,2 | 0,1 | 1,4 | 2,6 | 3,7 | 4,8 | 5,8 | 6,7 | 7,6 | 8,4 | 9,2 |

$\varphi = \dfrac{v}{v_{sat}} \cdot 100\%$    $v = \varphi \cdot v_{sat}$

$v_{sat}$  Sättigungsmenge
$v$  absolute Luftfeuchte
$\varphi$  relative Luftfeuchte
$\Theta_i$  Raumlufttemperatur
$\Theta_{si}$  Taupunkttemperatur
$\Theta_e$  Außenlufttemperatur

**Beispiel 1:**
Bei welcher Temperatur der inneren Fenster-Oberfläche taut der Wasserdampf der Luft aus, wenn die Raumtemperatur $\Theta_i = 20$ °C und die relative Luftfeuchte $\varphi = 50\%$ betragen. Der Wert ist in der unteren Tabelle abzulesen.
$$\Theta_{si} = 9{,}3 \text{ °C}$$

**Beispiel 2:**
Wie groß wäre mit der absoluten Luftfeuchte von Beispiel 1 die relative Luftfeuchte bei 25 °C? Bei Sättigung: $v = v_{sat}$. Bei 9,3 °C ergibt sich aus der oberen Tabelle mit Hilfe einer Interpolation $v = 9{,}0$ g/m³. Bei 25 °C ist $v_{sat} = 23{,}0$ g/m³.

$$\varphi = \dfrac{v}{v_{sat}} \cdot 100\% = \dfrac{9{,}0 \text{ g/m}^3}{23{,}0 \text{ g/m}^3} \cdot 100\% = \mathbf{39\%}$$

# Bauphysik

## Vermeidung von Tauwasserbildung
vgl. DIN 4108-3 (2001-07)

| Symbol | Bedeutung |
|---|---|
| $U$ | Wärmedurchgangskoeffizient |
| $U_{max}$ | Zulässiger Wärmedurchgangskoeffizient |
| $R, R_1, R_2$ | Wärmedurchlasswiderstände |
| $R_{si}$ | Wärmeübergangswiderstand Innenwand |
| $R_{se}$ | Wärmeübergangswiderstand Außenwand |
| $d_1, d_2, ...$ | Wandschichtdicken |
| $\lambda_1, \lambda_2, ...$ | Wärmeleitfähigkeiten |
| $\Theta_i$ | Raumlufttemperatur |
| $\Theta_e$ | Außenlufttemperatur |
| $\Theta_{si}$ | Taupunkttemperatur |
| $\varphi$ | relative Luftfeuchte |

**maximal zulässiger Wärmedurchgangskoeffizient**

$$U_{max} = \frac{\Theta_i - \Theta_{si}}{R_{si}(\Theta_i - \Theta_e)}$$

**Wärmedurchlasswiderstand**

$$R = \frac{d_1}{\lambda_1} + \frac{d_2}{\lambda_2} + \frac{d_3}{\lambda_3} + \frac{d_4}{\lambda_4}$$

**Wärmedurchgangswiderstand**

$$U = \frac{1}{R_{si} + R + R_{se}}$$

**Beispiel:**
Wie dick muss die Dämmschicht $d_2$ sein, damit bei $\Theta_i = 21\,°C$, einer relativen Luftfeuchte $\varphi = 55\%$ innen sowie einer Außenlufttemperatur $\Theta_e = -9\,°C$ an der Innenwand kein Tauwasser auftritt?

$d_1 = 0,02\,m$; $\quad d_3 = 0,25\,m$; $\quad d_4 = 0,01\,m$; $\quad d_2 = ?$; $\quad$ Stoffwerte auf S. 65

Aus der Tabelle auf Seite 70: $\Theta_{si} = 11,6\,°C$

$$U_{max} = \frac{\Theta_i - \Theta_{si}}{R_{si}(\Theta_i - \Theta_e)} = \frac{21\,°C - 11,6\,°C}{0,13\,m^2\,K/W \cdot (21\,°C + 9\,°C)}$$

$U_{max} = 2,41\,W/m^2 \cdot K$

$$R = \frac{d_1}{\lambda_1} + \frac{d_2}{\lambda_2} + \frac{d_3}{\lambda_3} + \frac{d_4}{\lambda_4}; \quad d_2 = \lambda_2 \left(R - \frac{d_1}{\lambda_1} - \frac{d_3}{\lambda_3} - \frac{d_4}{\lambda_4}\right)$$

$$U = \frac{1}{R_{si} + R + R_{se}}; \quad R = \frac{1}{U} - R_{si} - R_{se}$$

$$R = \frac{1}{2,41\,W/m^2 \cdot K} - 0,13\,m^2 \cdot K/W - 0,04\,m^2 \cdot K/W = 0,24\,m^2 \cdot K/W$$

$$d_2 = 0,21\,W/m^2 \cdot K \left(0,24\,m^2 \cdot K/W - \frac{0,02\,m}{1,0\,W/m \cdot K} - \frac{0,25\,m}{2,1\,W/m \cdot K} - \frac{0,01\,m}{0,18\,W/m \cdot K}\right)$$

$d_2 = 0,042\,m$, gewählt $d_2 = 0,045\,m$ (Lieferdicke)

## Schimmelpilzbildung
vgl. DIN 4108-2 (2003-07)

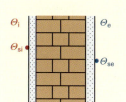

| Symbol | Bedeutung |
|---|---|
| $U$ | Wärmedurchgangskoeffizient |
| $R_{si}$ | Wärmeübergangswiderstand Innenwand |
| $f_{Rsi}$ | Temperaturfaktor |
| $\Theta_i$ | Raumlufttemperatur |
| $\Theta_e$ | Außenlufttemperatur |
| $\Theta_{si}$ | Innenwandtemperatur (Taupunkttemperatur) |

**Temperaturfaktor**

$$f_{Rsi} = \frac{\Theta_{si} - \Theta_e}{\Theta_i - \Theta_e}$$

**kein Schimmel bei**

$$f_{Rsi} \geq 0,7$$

**Innenwandtemperatur**

$$\Theta_{si} = (1 - U \cdot R_{si}) \cdot (\Theta_i - \Theta_e) + \Theta_e$$

# Bauphysik

## Schallschutz

### Schallarten

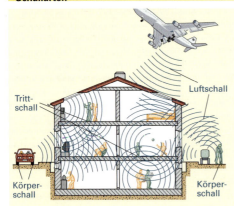

dB (A) Dezi-Bel A
Einheit der Lautstärke – physiologisch bewertete Einheit dB

### Bewerteter Schallpegel in dB(A)

| | |
|---|---|
| 0: | Hörschwelle |
| 0 … 10: | absolute Stille |
| 10 … 20: | schwaches Blätterrauschen |
| 20 … 30: | Geh- und Installationsgeräusche im Gebäude bei sehr guter Isolierung |
| 30 … 40: | Nachtgrundpegel der Geräusche bei einem städtischen Wohnviertel, Flüstern (1 m) |
| 40 … 50: | in Wohnungen bei geschlossenem Fenster durch vorbeifahrende Pkw, Trittgeräusche |
| 50 … 60: | leise Unterhaltung, Sprechen und Musik |
| 60 … 70: | Zimmerlautstärke, Büromaschinen |
| 70 … 80: | lautes Sprechen und Musik, elektr. Rasierer |
| 80 … 90: | Hauptverkehrsstraßen-Lärm |
| 90 … 100: | Autohupe, Discothek, Drucklufthammer |
| 100 … 130: | Propellerflugzeug beim Start aus der Nähe |
| 120 … 130: | **Schmerzschwelle** (individuell verschieden) |
| 130 … 140: | Turbo-Flugzeug beim Start aus der Nähe |
| 140 … 150: | Überschallverkehrsflugzeug beim Start |
| 150 … 160: | Windkanal, Explosionsknall |

### Schalldämmung

Luftschall dämmende Wand

$R_w$  Gemessenes Schalldämmmaß

$R'_w$  Bewertetes Schalldämmmaß mit flankierenden Bauteilen; Differenz des Schallpegels zwischen ankommendem und durchgelassenem Schall

$L'_{nw}$  Norm-Trittschall-Pegel

| Lärm in Raum 1 | $R'_w$ in dB | Höreindruck in Raum 2 |
|---|---|---|
| Drucklufthammer (90 dB) | 10 | 80 dB, wie lautes Rufen |
| | 20 | 70 dB, wie lautes Sprechen |
| | 30 | 60 dB, wie normales Sprechen |
| | 40 | 50 dB, etwas leiser als normales Sprechen |
| | 50 | 40 dB, wie leises Sprechen |
| | 60 | 30 dB, wie Flüstern |
| | 70 | 20 dB, noch hörbar |
| | 80 | 10 dB, Stille |

### Dämmung von Luft- und Trittschall

| Wohn- und Arbeitsbereich | Bauteile | | | | | | | |
|---|---|---|---|---|---|---|---|---|
| | Decken | | Treppen | | Wände | | Türen | |
| Mindestanforderungen in dB | $R'_w$ | $L'_{nw}$ | $R'_w$ | $L'_{nw}$ | $R'_w$ | $L'_{nw}$ | $R'_w$ | $L'_{nw}$ |
| Geschosshäuser mit Wohnungen und Arbeitsräumen | 54[1] | 53 | – | 58 | 53 | – | 27 | – |
| Einfamilien-Doppelhäuser Einfamilien-Reihenhäuser | – | 48 | – | 53 | 57 | – | – | – |
| Beherbergungsstätten | 54 | 46 | – | 58 | 47 | – | 32 | – |
| Krankenhäuser, Sanatorien | 54 | 46 | – | 58 | 37 | – | 32 | – |
| Schulen und vergleichbare Bereiche | 55 | 53 | – | – | 47 | – | 32 | – |

[1] Bei Gebäuden bis zu zwei Wohnungen beträgt $R'_{werf}$ = 52 dB.

M

N

## Schallschutz

### Rechenwerte der Schalldämmung

vgl. DIN V 4109 Bbl. 1 (2002-02)

**Dämmung von Luftschall durch Massivdecken** (Auswahl)

| **Bauteil** | Massivdecke einschalig, mit Estrich und Gehbelag | Massivdecke einschalig, mit schwimmendem Estrich | Massivdecke mit Unterdecke, Gehbelag und Estrich | Massivdecke mit schwimmendem Estrich und Unterdecke |
|---|---|---|---|---|
| flächenbezogene Masse der Decke $m'$ in kg/m² | bewertes Schalldämm-Maß $R'_{w,R}$ in dB | | | |
| 150 | 41 | 49 | 49 | 52 |
| 250 | 47 | 53 | 53 | 56 |
| 350 | 51 | 56 | 56 | 59 |
| 450 | 54 | 58 | 58 | 61 |

**Schalldämmung durch einschalige biegesteife Decken und Wände** (Auswahl)

| flächenbezogene Masse des Bauteils $m'$ in kg/m² | 85 | 150 | 210 | 250 | 295 | 350 | 410 | 490 | 580 | 680 |
|---|---|---|---|---|---|---|---|---|---|---|
| bewertes Schalldämmmaß $R'_{w,R}$ in dB | 34 | 41 | 45 | 47 | 49 | 51 | 53 | 55 | 57 | 59 |

**Schalldämmung durch einschalige biegesteife Wände mit biegeweicher Vorsatzschale** (Auswahl)

| flächenbezogene Masse der Wand $m'$ in kg/m² | 100 | 150 | 200 | 250 | 275 | 300 | 350 | 400 | 450 | 500 |
|---|---|---|---|---|---|---|---|---|---|---|
| bewertes Schalldämmmaß $R'_{w,R}$ in dB | 49 | 49 | 50 | 52 | 53 | 54 | 55 | 56 | 57 | 58 |

**Dämmung von Trittschall über massive Treppenhäuser**
**Werte für Treppenläufe und -podeste aus Stahlbeton $d \geq 120$ mm**

| **Kombination der Bauteile** | Rechenwerte des bewerteten Norm-Trittschallpegels $L'_{n,w,R}$ in dB |
|---|---|
| Treppenpodeste, mit der einschaligen biegesteifen Treppenraumwand fest verbunden (flächenbezogene Masse der Wand $m' \geq 380$ kg/m²) | 70 |
| Treppenlauf, mit der einschaligen biegesteifen Treppenraumwand fest verbunden (flächenbezogene Masse der Wand $m' \geq 380$ kg/m²) | 65 |
| Treppenpodest, fest verbunden mit der Treppenraumwand und einer durchgehenden Gebäudetrennfuge | ≤ 50 |
| Treppenlauf, von der einschaligen biegesteifen Treppenraumwand abgesetzt | 58 |
| Treppenlauf, von der Treppenraumwand abgesetzt, auf dem Treppenpodest elastisch gelagert und mit durchgehender Gebäudetrennfuge | ≤ 43 |
| Treppenlauf, von der Treppenraumwand abgesetzt und mit durchgehender Gebäudetrennfuge | 42 |

**Beispiel:**

Ausgewählt werden soll anhand der Tabellen für ein Einfamilienhaus in einer Wohnstraße eine einschalige biegesteife Wand ohne Berücksichtigung von Fensteröffnungen sowie der Dämmwirkung von Außen- und Innenputz.
Ausgewählt wird eine Wand mit einer flächenbezogenen Masse $m' = 580$ kg/m² und einem Rechenwert des bewerteten Schalldämmmaßes $L'_{n,w,R} = 57$ dB.

# Bauphysik

## Brandschutz

### Baustoffklassen

| Klasse | bauaufsichtliche Benennung | Zusatzkriterium | Nachweis durch |
|---|---|---|---|
| A | | genormt | DIN 4102 |
| A1 | nichtbrennbare Baustoffe | nicht genormt | Prüfzeugnis |
| A2 | | mit brennbaren Bestandteilen | Prüfbescheid mit Prüfzeichen |
| B | brennbare Baustoffe | genormt und nicht genormt | DIN 4102 sowie Prüfbescheid mit Prüfzeichen |
| B1 | schwer entflammbar | | |
| B2 | normal entflammbar | | Prüfzeugnis |
| B3 | leicht entflammbar | | nicht zugelassen |

### Feuerwiderstandsklassen    vgl. DIN 4102-1 (1998-05)

| Klasse | Feuerwiderstandsdauer in min ||| Beispiel: F 60 – AB |||
|---|---|---|---|---|---|---|
| | 30   60 feuerhemmend fh | 90   120 feuerbeständig fb | 180 hochfeuerbeständig hfb | F 60 | A | B |
| Zusatz | F | W | T | G | Widerstandsdauer 60 min: Wohnungsdecken u.a. | wesentliche Teile nicht brennbar | einige Teile brennbar |
| Bauteil | Wände, Decken, Stützen, Balken, Treppen | nichttragende Außenwände | Türen, Tore | Verglasungen | | | |
| Zusatz | L | K | R | I | **Hinweis:** Zur Zeit können Hersteller und Baubetriebe Nachweise zu Brandverhalten und Feuerwiderstandsdauer auf der Grundlage beider Normen führen. |||
| Bauteil | Lüftungsleitungen | Klappen für Lüftungsleitungen | Rohrleitungen | Installationsschächte, -kanäle | |||

### Brandverhalten von Bauteilen    vgl. DIN EN 13501-1 (2007-5) und DIN EN 13501-2 (2008-1)

| Eigenschaften | Zusatzanforderungen || Klassifizierung nach DIN EN 13 501-1 | Bauteile | Anforderungen | Nach DIN 13501-2 erfüllt durch: |
|---|---|---|---|---|---|---|
| | kein Rauch | kein brennendes Abfallen/Abtropfen | | | | |
| nicht brennbar | ● | ● | A1 | Tragendes Bauteil ohne raumabschließende Funktion | feuerbeständig oder feuerhemmend | R 90 bzw. R 30 |
| | ● | ● | A2-s1 d0 | | | |
| | ● | | B, C-s1 d0 | | | |
| schwer entflammbar | | ● | B, C-s3 d0 | Tragendes Bauteil mit raumabschließender Funktion | feuerbeständig bzw. feuerhemmend | REI 90 bzw. REI 30 |
| | ● | | B, C-s1 d2 | | | |
| | | | B, C-s3 d2 | | | |
| | | ● | D-s3 d0 E | Brandwand | feuerbeständig unter zusätzlicher mechanischer Beanspruchung von außen und aus nichtbrennbaren Baustoffen | REI-M90 |
| normal entflammbar | | | D-s3 d2 | | | |
| | | | E-d2 | | | |
| leicht entflammbar | | | F | Nichttragendes Bauteil mit raumabschließender Funktion | feuerhemmend und in den wesentlichen Teilen aus nichtbrennbaren Baustoffen | EI 30 |

Zusätzliche Anforderungen:
s1, s2, s3: Rauchentwicklung
d0, d1, d2: Abtropfen

**Eigenschaften von Bauteilen:** R = Erhalt der Tragfähigkeit, E = Raumabschluss, I = Wärmedämmung, S = Rauchdurchtritt, W = Wärmestrahlungdurchtritt, M = Erhöhte Festigkeit

**Feuerwiderstandsdauer** in Minuten nach DIN EN 13501-2: ≥ 10, ≥ 15, ≥ 20, ≥ 30, ≥ 45, ≥ 60, ≥ 90, ≥ 120, ≥ 180, ≥ 240, ≥ 360

**Beispiel:** Bei einem Brandversuch ergeben die Tragfähigkeit eine Feuerwiderstandsdauer von 115 min, der Raumabschluss 85 min, die Wärmedämmung 55 min.

**Kennzeichnung:** R 90/RE 80/REI 45                    Brandschutzglas Seite 411 ff.

# Bauphysik

## Brandschutz

### Ummantelung von Stahlträgern und -stützen
vgl. DIN 4102-4 (1994-03)

| Baustoff | Profil-verhältnis | Feuerwiderstandsklasse | | | | | |
|---|---|---|---|---|---|---|---|
| Konstruktion | $U/A$ in 1/m[1] | F30-A | F60-A | F90-A | F30-A | F60-A | F90-A |
| | | Mörtelgruppe P II oder P IVc | | | Mörtelgruppe P IVa pder P IV b | | |
| Mindestdicke | | $d$ in mm | | | | | |
| **Stahlträger** | | | | | | | |
| Putzdicke über Putzträgern aus Streckmaterial oder Drahtgewebe | < 90 90 bis 119 120 bis 179 180 bis 300 | 5 5 5 5 | 15 15 15 15 | – – – – | 5 5 5 5 | 5 5 15 15 | 15 15 15 25 |
| **Stahlstützen** | | | | | | | |
| Putzdicke über Putzträgern aus Streckmaterial oder Drahtgewebe | < 90 90 bis 119 120 bis 179 180 bis 300 | 15 15 15 15 | 25 25 25 25 | 45 45 45 45 | 10 10 10 10 | 20 20 20 20 | 35 35 45 45 |
| **Stahlträger** | | | | | | | |
| Gipskarton-Bauplatten (GFK) als Bekleidung | ≤ 300 | 12,5 | 12,5 + 9,5 | 2 × 15,0 | für F30-A einschalig | | |
| **Stahlstützen** | | | | | | | |
| Gipskarton-Bauplatten (GFK) als Bekleidung | ≤ 300 | 12,5 | 12,5 + 9,5 | 3 × 15,0 | für F30-A und F90-A mehrschalig | | |
| **Wandbauplatten** | | | | | | | |
| aus Gips nach DIN 18163 Teil 1 | – | 60 | 60 | 60 | | | |

[1] $U$ Profilumfang; $A$ Profilfläche

### Mindestanforderungen an Stahlprofilblechdecken
vgl. DIN 4102-4 (1994-03)

| | Konstruktive Merkmale | Querschnitt | Statisches System | Mindestdicke $d$ in mm | | Mindestachs-abstand $s$ in mm | |
|---|---|---|---|---|---|---|---|
| | | | | F90 | F120 | F90 | F120 |
| Stahlprofilblechdecken mit Aufbeton | Stahlprofilblech-Verbunddeckenplatten (Stahlprofilblech als untere Feldbewehrung der Stahlbetonplatte) | | | 120 | 120 | Zulagebewehrung und Mindestachsabstände nach Prüfzeugnis. Obere Bewehrung wie bei Durchlaufplatten nach DIN 1045 und DIN 4102, Teil 4 | |
| Stahlprofilblechdecken mit Aufbeton | Selbsttragende Stahlprofilbleche mit Aufbeton | | | oben Aufbeton: 50 unten z.B. Spritzputz Vermiculite 15 | 20 | vorgeschrieben | |
| Stahlprofilblechdecken ohne Aufbeton | Selbsttragende Stahlprofilbleche mit oberseitiger Plattenbekleidung | | | oben z.B. Calcium-Silikat-Platten 2 × 5 | 2 × 8 | nicht vorgeschrieben | |
| | | | | oben z.B. Calcium-Silikat-Platten 2 × 10 | 2 × 15 | | |

# Chemie

## Periodensystem der Elemente

Es gibt auf der Erde rund 100 **Grundstoffe**, auch **chemische Elemente** genannt. Sie sind in einem Ordnungsschema, dem **Periodensystem der Elemente** (kurz PSE), geordnet.
Zur Kurzbezeichnung der Elemente verwendet man die **chemischen Symbole**, z.B. für Eisen Fe, für Aluminium Al, für Kupfer Cu, für Sauerstoff O, für Kohlenstoff C.

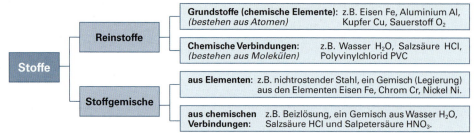

## Stoffeinteilung in der Chemie

**Stoffe**
- **Reinstoffe**
  - **Grundstoffe (chemische Elemente):** z.B. Eisen Fe, Aluminium Al, Kupfer Cu, Sauerstoff $O_2$ (bestehen aus Atomen)
  - **Chemische Verbindungen:** z.B. Wasser $H_2O$, Salzsäure HCl, Polyvinylchlorid PVC (bestehen aus Molekülen)
- **Stoffgemische**
  - **aus Elementen:** z.B. nichtrostender Stahl, ein Gemisch (Legierung) aus den Elementen Eisen Fe, Chrom Cr, Nickel Ni.
  - **aus chemischen Verbindungen:** z.B. Beizlösung, ein Gemisch aus Wasser $H_2O$, Salzsäure HCl und Salpetersäure $HNO_3$.

## Chemische Formeln

Mit chemischen Formeln wird eine chemische Verbindung symbolhaft bezeichnet. Aus der chemischen Formel können die enthaltenen Elemente und deren Anzahl pro Formeleinheit abgelesen werden.

**Beispiel:** **Wasser** hat die chemische Formel $H_2O$, das bedeutet, es besteht aus Molekülen mit jeweils 2 H-Atomen und einem O-Atom. Die tiefgestellte Zahl, **Index** genannt, gibt die Anzahl des voranstehenden Atoms an.

**Beispiel:** **Schwefelsäure** hat die chemische Formel $H_2SO_4$. Sie besteht aus Molekülen mit jeweils zwei H-Atomen, einem S-Atom und vier O-Atomen.

## Chemische Reaktionsgleichungen

Chemische Reaktionen werden mit chemischen Formeln der beteiligten Elemente oder Verbindungen und einer chemischen Reaktionsgleichung beschrieben. Wie bei einer mathematischen Gleichung müssen auf der linken Seite der Reaktionsgleichung genauso viele Atome vorhanden sein wie auf der rechten Seite der Reaktionsgleichung. Der Pfeil zeigt die Richtung der Reaktion an.

**Beispiel:** Kohlenstoff (C) verbrennt mit Sauerstoff ($O_2$) zu Kohlenstoffdioxid ($CO_2$): $C + O_2 \rightarrow CO_2$

**Beispiel:** Eisenerz ($Fe_2O_3$) reagiert im Hochofenprozess mit Kohlenstoffmonoxid (CO) zu Eisen (Fe) und Kohlenstoffdioxid ($CO_2$): $Fe_2O_3 + 3\ CO \rightarrow 2\ Fe + 3\ CO_2$

Die Zahlen vor den Atomen bzw. Molekülen, die **Koeffizienten**, sind ein Multiplikationsfaktor für die Stoffeinheit.

**Beispiele:** 3 CO-Moleküle bedeutet insgesamt 3 C-Atome und 3 O-Atome,
3 $CO_2$-Moleküle bedeutet insgesamt 3 C-Atome und $3 \cdot 2 = 6$ O-Atome.

# Chemie

## Chemische Stoffgruppen, Stoffe, Verbindungen

### Oxide

Oxide sind Sauerstoffverbindungen. Sie entstehen bei der Reaktion von Elementen mit Sauerstoff. In der Sprache der Chemie nennt man diesen Vorgang **Oxidation**. Oxide, die bei der Verbrennung von Erdgas und Heizöl entstehen, sind z.B. Kohlenstoffdioxid $CO_2$, Kohlenstoffmonoxid $CO$ und Wasser $H_2O$. Weitere gasförmige Oxide sind Schwefeldioxid $SO_2$ und Stickoxid $NO_2$. Bei der Verzunderung (Oxidation) von Eisen Fe entsteht Eisenoxid $Fe_2O_3$.

Die meisten Erze, aus denen die Metalle hergestellt werden, sind Oxide: Eisenerz ist Eisenoxid $Fe_2O_3$, Aluminiumerz (Bauxit) ist $Al_2O_3$. Aus den Erzen werden durch Sauerstoffentzug, d.h. **Reduktion**, die Metalle gewonnen.

### Säuren

Säuren bestehen aus dem Säurewasserstoff sowie einem Säurerest und sind in Wasser gelöst.

**Beispiel:** Salpetersäure $HNO_3$ besteht aus dem Säurewasserstoff $H^+$ und dem Säurerest $-NO_3$, der Nitrat heißt.

Säurelösungen werden im Metallbau zum Ätzen und Beizen von Metalloberflächen verwendet.

| Säure | Formel | Säurerest | |
|---|---|---|---|
| Kohlensäure | $H_2CO_3$ | $-CO_3$ | -carbonat |
| Salpetersäure | $HNO_3$ | $-NO_3$ | -nitrat |
| Salzsäure | $HCl$ | $-Cl$ | -chlorid |
| Schwefelsäure | $H_2SO_4$ | $-SO_4$ | -sulfat |
| Blausäure | $HCN$ | $-CN$ | -cyanid |

### Laugen

Laugen sind wässrige Lösungen bestimmter Metallhydroxide. Sie bestehen aus einem unedlen Metall, z.B. Natrium Na und der Hydroxidgruppe -OH. Sie haben meist einen umgangssprachlichen Namen.

**Beispiel:** Natronlauge ist die wässrige Lösung des Natriumhydroxids $NaOH$.

Häufig eingesetzte Laugen, z.B. zum Abbeizen von Altfarben, sind Natronlauge $NaOH$ und Kalkwasser $Ca(OH)_2$.

### Salze

Salze bestehen aus einem Metall und einem Säurerest. Sie haben häufig einen umgangssprachlichen Namen. Der chemische Name des Salzes wird aus den beiden Bestandteilen gebildet, d.h. aus dem Metall und dem Säurerest.

**Beispiele:** Kochsalz $NaCl$ hat den chemischen Namen Natriumchlorid. Kalkstein $CaCO_3$ heißt chemisch Calciumcarbonat.

| Salz | Formel | Chemischer Name |
|---|---|---|
| Kochsalz | $NaCl$ | Natriumchlorid |
| Gips | $CaSO_4$ | Calciumsulfat |
| Kalkstein | $CaCO_3$ | Calciumcarbonat |
| Zyankali | $KCN$ | Kaliumcyanid |
| Kupfervitriol | $CuSO_4$ | Kupfersulfat |

### Organische Verbindungen

Sie bestehen aus einem Gerüst aus Kohlenstoffatomen C sowie darin eingebauten Wasserstoff-, Sauerstoff-, Stickstoff- und Chlor-Atomen. Bekannte organische Verbindungsgruppen sind die **Kohlenwasserstoffe**, wie z.B. das Flüssiggas Butan $CH_3-CH_2-CH_2-CH_3$ oder das Schweißgas Acethylen $CH\equiv CH$. Andere organische Verbindungsgruppen sind die Alkohole, wie z.B. das Lösungsmittel Propanol $CH_3-CH_2-CH_2-OH$ oder die chlorierten **Kohlenwasserstoffe (CKW)**, wie z.B. Trichlorethylen $CHCl = CCl_2$.

### Wasser

Absolut reines Wasser $H_2O$ muss durch aufwändige Reinigungsverfahren hergestellt werden und wird nur in chemischen Labors verwendet. Es wird destilliertes oder demineralisiertes Wasser genannt. Natürliches Wasser ist kein reiner Stoff. Auch so genanntes reines Trinkwasser enthält gelöste Inhaltsstoffe in Form von Ionen: $Ca^{2+}$, $Mg^{2+}$, $Na^+$, $K^+$ sowie Hydrogencarbonat $HCO_3^-$, Chlorid $Cl^-$, Sulfat $SO_4^{2-}$ und Nitrat $NO_3^-$. Der Gehalt an gelösten Inhaltsstoffen (Ionen) im Wasser ist entscheidend für den Einsatz als Waschwasser. Deshalb wird Trinkwasser einem Wasserhärtebereich oder einer Maßzahl für die **Wasserhärte** zugeordnet. Die Einheit der Wasserhärte ist grad Deutsche Härte, abgekürzt °DH.

1 °DH entspricht 7,15 mg $Ca^{2+}$-Ionen in 1 Liter Wasser.

| Wasserhärte | | | |
|---|---|---|---|
| Wasserhärtebereiche | weich | mittel | hart |
| Härtebereiche in °DH | unter 8,4 | 8,4 bis 14 | über 14 |

### Wässrige Lösungen

Der pH-Wert ist ein Maß für den sauren bzw. alkalischen Charakter von wässrigen Lösungen. Er hat Werte von 0 bis 14 (siehe rechts). Stark saure Lösungen (starke Säuren), wie z.B. Salzsäure, haben einen pH-Wert von 0 bis 1. Stark alkalische Lösungen (starke Laugen), wie z.B. Natronlauge, haben einen pH-Wert von 13 bis 14. Chemisch reines Wasser hat einen pH-Wert von 7 und wird als neutral bezeichnet.

Der pH-Wert kann mit einem **Indikator** gemessen werden. Dies sind kleine Papierstreifen, die sich beim Eintauchen in die wässrige Lösung verfärben: Rottöne zeigen eine Säure an, Blautöne eine Lauge. Durch eine Farbvergleichsskala kann der pH-Wert bestimmt werden.

sauer — neutral — alkalisch
pH-Wert 0 1 2 3 4 5 6 7 8 9 10 11 12 13 14

starke Säuren | Magensaft | Limonade | Harn | Wasser | Meerwasser | Seifenlösung | starke Laugen

# Chemie

## Technisch wichtige Chemikalien

| Gewerbliche Bezeichnung | Chemischer Name | Chemische Formel | Eigenschaften, Verwendung |
|---|---|---|---|
| Aceton | Propanon (Dimethylketon) | $CH_3COCH_3$ | Frisch riechende, farblose, brennbare Flüssigkeit. Hauptanwendung: Lösungsmittel |
| Alkohole | zum Beispiel Ethanol Propanol | $C_2H_5OH$ $C_3H_7OH$ | Wasserklare, brennbare Flüssigkeiten. Ethanol ist der berauschende Bestandteil alkoholischer Getränke. Die Alkohole dienen als Reinigungs- und Lösungsmittel sowie als Zugabe zum Motorkraftstoff. |
| Ammoniak (Salmiakgeist) | Ammoniak | $NH_3$ | Farbloses, stechend riechendes Gas. Anwendung: Nitriergas für Nitrierschichten. Die wässrige Lösung von Ammoniak heißt Salmiakgeist. Sie dient als Reinigungsmittel (Fettlöser). |
| Beiz- und Ätzlösungen | Basis: Wasser $H_2O$, unterschiedliche Gehalte von Salzsäure $HCl$ und Salpetersäure $HNO_3$. | | Aggressive Flüssigkeiten. Dienen in der Metalltechnik zum Beizen und Ätzen von Metallen. |
| Benzin | Gemisch aus Kohlenwasserstoffen mit 5 bis 12 Kohlenstoffatomen z.B. $C_5H_{12}$, $C_6H_{14}$, $C_7H_{16}$ usw. | | Wasserklare, leicht verdunstende, sehr feuergefährliche Flüssigkeit. Wird vor allem als Motorkraftstoff sowie als Reinigungsmittel verwendet. |
| Essigsäure | Ethansäure | $CH_3COOH$ | Wasserklare Flüssigkeit mit stechendem Geruch. Essigsäure ist eine schwache Säure. Verwendung: Beizmittel |
| Gebrannter Kalk Gelöschter Kalk Kalkwasser | Calciumoxid Calciumhydroxid Wässrige Lösung des Calciumhydroxids | $CaO$ $Ca(OH)_2$ $Ca(OH)_2 + H_2O$ | Das in der Umgangssprache als Kalk bezeichnete Material ist gelöschter Kalk $Ca(OH)_2$. Er wird mit Sand und Wasser zu einem Brei, dem Mörtel, vermischt. Dabei reagiert er zu Kalkstein $CaCO_3$. Verwendung: Bindebaustoff. |
| Königswasser | Mischung aus 3 Teilen konzentrierter Salzsäure $HCl$ und 1 Teil konzentrierte Salpetersäure $HNO_3$ | | Starkes Lösungsmittel, das auch die Edelmetalle Gold und Platin auflöst. Verwendung: In der Metalltechnik als Ätzmittel sowie als Lösungsmittel zum Lösen von Edelmetallen aus Metallgemischen. **Vorsicht: Stark ätzend!** |
| Kohlensäure Kohlendioxid | Kohlensäure (Wässrige Lösung von $CO_2$-Gas) Kohlenstoffdioxid | $H_2CO_3$ $CO_2$ | Schwache Säure. Enthält $CO_2$-Gas, das leicht ausgast. Kohlendioxid $CO_2$ ist ein geruchloses Gas. Es ist in Druckgasflaschen oder gefroren als „Kohlensäureschnee" (– 80 °C) im Handel. Verwendung: Schutzgas beim MAG-Schweißen. |
| Mineralöl | Gemisch aus gesättigten Kohlenwasserstoffen mit 11 bis 20 C-Atomen | | Sammelbezeichnung für ölartige Destillationsprodukte, die aus Erdöl (mineralischem Öl) gewonnen werden. Sie werden als Dieselöl und als Schmieröl verwendet. |
| Natronlauge | Wässrige Lösung von Natriumhydroxid | $NaOH$ | Stark ätzend wirkende Lauge. Verwendung: In der Technik zum Reinigen, Ätzen und Beizen. **Vorsicht bei der Handhabung, Schutzbrille tragen.** |
| Salpetersäure | Salpetersäure | $HNO_3$ | Farblose bis gelbliche, stechend riechende, an der Luft rauchende Flüssigkeit. Starke Säure, die außer Gold und Platin alle Metalle auflöst sowie organische Stoffe zerstört. **Äußerste Vorsicht bei der Handhabung: Schutzhandschuhe und Schutzbrille tragen.** |
| Salzsäure | Chlorwasserstoffsäure (Wässrige Lösung des gasförmigen Chlorwasserstoffs) | $HCl$ | Starke Säure, die unedle Metalle wie Eisen und Zink stark angreift. Ist in Beiz- und Ätzlösungen enthalten. **Vorsicht bei der Handhabung.** |
| Schwefelsäure | Schwefelsäure | $H_2SO_4$ | Sehr starke Säure, die unedle Metalle auflöst und organische Substanzen zerstört. Verwendung: Elektrolyseflüssigkeit in Akkumulatoren. **Äußerste Vorsicht: Schutzhandschuhe und Schutzbrille tragen.** |
| Tetra | Tetrachlormethan (AGW-Werte Seite 139) | $CCl_4$ | Wasserklare, giftige, fettlösende Flüssigkeit mit süßlichem Geruch. Wurde früher als Reinigungs- und Fettlösungsmittel (Kaltreiniger) verwendet. **Verwendung ist heute verboten, da krebserregend.** |
| Tri | Trichlormethan | $CHCl=Cl_2$ | Wasserklare, fettlösende Flüssigkeit mit typischem Geruch. Die Verwendung als Reinigungsmittel ist seit Jahren verboten, da krebserregend. |

# A Arbeitsplanung – Technische Kommunikation – Arbeitssicherheit

**Grundlagen der Technischen Kommunikation** ........ **80**
Grundbegriffe ......................... 80
Informationsgehalt einer
  technischen Zeichnung.. .................. 80

**Grundlagen des Technischen Zeichnens** **81**
Arten von Zeichnungen ................. 81
Grafische Darstellungen, Diagramme ........ 82
Pläne ................................. 83
Normzahlen, Normen .................... 84
Schriften für Zeichnungen ................ 85
Griechisches Alphabet, Römische Ziffern ..... 85
Linienarten ............................ 86
Gestaltung des Zeichnungsblattes .......... 87
Schriftfelder ........................... 88
Projektionsmethoden zur Darstellung
  von Werkstücken .................... 89
Darstellung in Zeichnungen ............... 91
Schnittdarstellungen .................... 92

**Geometrische Grundkonstruktionen** **96**
Projektionen, Wahre Größen ............... 98
Schnitte und Abwicklungen ............... 99
Abwicklungen von Blechkörpern ........... 101

**Maßeintragung** **103**
Elemente der Maßeintragung .............. 103
Grundregeln ........................... 103
Systematik der Maßeintragung ............ 104
Maßbezugssysteme ..................... 104
Maßanordnung ......................... 105
Parallelbemaßung, Steigende Bemaßung,
  Koordinatenbemaßung ............... 106
Maßlinien, Maßhilfslinien ................ 107
Maßzahlen, Maßarten, Durchmesser ........ 108
Radius, Fase, Senkung, Neigung ........... 109
Bemaßung besonderer Formen ............ 110
Gewinde, Toleranzen ..................... 111
Teilungen .............................. 112
Vereinfachte Darstellung von Bohrungen,
  Senkungen und Gewindelöchern ......... 113
Darstellung von Schrauben und
  Schraubenverbindungen .............. 114
Schlüsselweiten ........................ 114
Freistiche ............................. 115
Zentrierbohrungen ..................... 115

**Grenzmaße und Passungen** **116**
Grundbegriffe ......................... 116
Passungssysteme ...................... 117
Grundtoleranzen ....................... 117
System Einheitsbohrung ................. 118
Grenzabmaße für Bohrungen und Wellen ... 119
Passungsempfehlungen und -auswahl ..... 120
Form und Lagertoleranzen ............... 120
Allgemeintoleranzen ................... 123

**Oberflächenbeschaffenheit** **124**
Kennzeichnung von
  Oberflächenbeschaffenheiten ........... 124
Graphische Symbole .................... 125
Sammelangaben ....................... 126

**Wärmebehandlungsangaben** **126**

**Schweißzeichnungen** **127**
Symbolische Darstellung und Bemaßung
  von Schweiß- und Lötnähten ........... 127

**Metall- und Stahlbauzeichnungen** **132**
Sinnbildliche Darstellung von Löchern,
  Schrauben- und Nietverbindungen ....... 132
Rand- und Lochabstände für Schrauben .... 132
Bolzenverbindungen ................... 133
Darstellung und Bemaßung im Metallbau ... 134
Bearbeitungsformen an Profilen .......... 135
Beispiel für eine Metallbauzeichnung ...... 136
Schweißfolgeplan ...................... 137
Bezeichnung von Profilen und Blechen .... 138
Bemaßung von Knotenblechen ........... 138
Kurzbezeichnung von Stäben und Profilen ... 139
Frühere Kurzbezeichnung von Stählen
  und Profilen ........................ 140

**Rohrleitungsdarstellungen** **141**
Vereinfachte Darstellung ................ 141
Allgemeine Regeln ..................... 141
Vereinfachte Darstellung in Koordianten .... 142

**Bauzeichnungen** **143**
Darstellung im Bauwesen ............... 143
Schraffuren für Schnittflächen ........... 143
Linienarten ........................... 144
Maße im Bauwesen .................... 144
Toleranzen im Hochbau ................. 145
Besonderheiten der Maßeintragung ....... 146
Beispiel für eine Bauzeichnung .......... 147

**Gestaltung** **148**
Perspektivische Darstellungen ........... 148
Proportionen ......................... 148
Gestaltungselemente .................. 149

**Gesundheit und Sicherheit am Arbeitsplatz** **150**
Gefährdungen und Schutzmaßnahmen
  am Arbeitsplatz .................... 150
Sicherheitskennzeichnungen ............. 153
Sicherheit im Umgang mit Elektrizität ..... 154

**Gefahrstoffe** **156**
Gefahrenhinweise (R-Sätze) ............. 156
Kombinierte R-Sätze ................... 156
Sicherheitsratschläge (S-Sätze) ........... 157
Kombinierte S-Sätze ................... 157
Gefahrenhinweise (H-Sätze) ............. 158

# Grundlagen der technischen Kommunikation

## Grundbegriffe / Informationsgehalt einer technischen Zeichnung

| Grundbegriffe | Begriffsinhalte | |
|---|---|---|
| **Technische Kommunikation** | Sie umfasst die Bearbeitung, Weiterleitung und Speicherung von Informationen. Sie findet z.B. als Informationsaustausch zwischen den Beschäftigten eines Betriebes statt. Weil der Informationsaustausch auf einen bestimmten technischen Gegenstand gerichtet ist und viele Teilinformationen zusammenfließen, bezeichnet man ihn auch als Informationsfluss. | |
| **Informationen** | Es sind Mitteilungen, Nachrichten oder Signale, die von einem Absender an einen Empfänger gerichtet sind. Das Wort Information bezieht sich auf den Inhalt einer Aussage. Technische Informationen beinhalten Daten, die sich z.B. auf die Beschreibung der Gestalt eines technischen Gegenstandes oder auf seinen Herstellungsprozess beziehen. Um sie weiterzuleiten, bedarf es eines Informationsträgers. Im Bereich der Technik ist die Technische Zeichnung noch immer der wichtigste, allgemeinverständlichste und am meisten genutzte Informationsträger. | |
| **Anforderungen an Informationen** | Sie müssen umfassend sein. | Sie müssen an die richtige Adresse gerichtet sein. |
| | Sie müssen ohne Fehler sein. | Sie müssen aufbewahrt werden können. |
| **Informationsträger** | Sie werden zur Vergegenständlichung, zum Transport und zur Aufbewahrung von technischen Informationen gebraucht. Im Bereich der Technik nennt man sie Technische Unterlagen. | |
| **Arten von Informationsträgern** | Richtlinien für Arbeitssicherheit und Unfallschutz | Normen (DIN, DIN ISO, DIN EN, DIN EN ISO) |
| | Technische Richtlinien von Industrieverbänden z.B. Stahlinformationszentrum und von Fachinstituten z.B. Institut für Fenstertechnik | VDI / VDE-Richtlinien |
| | | Betriebsanleitungen Instandhaltungspläne |
| | | Technische Zeichnungen Tabellen, Stücklisten, Montagepläne |
| | Vorschriften der Überwachungs- und Gütegemeinschaften z.B. Überwachungsgemeinschaft für Feuer-, Rauch- und Schutzraumabschlüsse | Programme für die NC-Fertigung elektronische Datenträger (z.B. USB-Speichersticks, CD, DVD) |
| **Technische Zeichnungen** | Sie können als Informationsträger vielfältiger Gestalt sein. Die Arten von Technischen Zeichnungen und deren Inhalt sind in DIN 199 beschrieben. | |

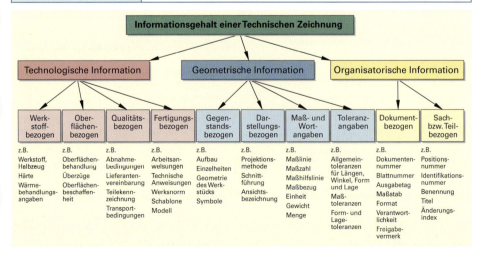

# Grundlagen des technischen Zeichnens

## Arten von Zeichnungen, Beispiele

vgl. DIN 199-1 (2002-03)

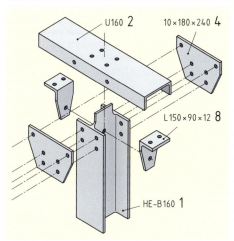

### Anordnungsplan

Ein Anordnungsplan (auch Anordnungszeichnung, Explosionszeichnung genannt) ist eine technische Zeichnung, die Erzeugnisse oder Baugruppen im demontierten Zustand so darstellt, dass die räumliche Lage der Bauteile und ihre funktionelle Zusammengehörigkeit erkennbar ist.

**Merkmale:**
- Ordnungsprinzip ist die Lage der Bauteile zueinander in der Reihenfolge ihrer späteren Montage.
- Dreidimensionale Darstellung (z.B. Isometrie).
- Nicht unbedingt maßstabsgerecht.
- Enthält keine Maßeintragung, außer Positionsnummern und Kurzbezeichnungen der Teile.
- Ist ohne besondere Kenntnisse lesbar.

Wegen der genannten Eigenschaften wird diese Zeichnungsart vor allem bei der Vorbereitung und Durchführung von Montage- und Demontageprozessen als Zusammenbauzeichnung angewendet.

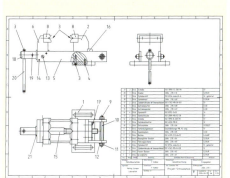

### Gesamtzeichnung

Eine Gesamtzeichnung stellt eine Anlage, ein Bauwerk, ein Erzeugnis oder eine Gruppe von Teilen vollständig dar.

**Merkmale:**
- Darstellung in Ansichten nach den Regeln der rechtwinkligen Parallelprojektion.
- Abbildung in einem genormten Maßstab.
- Darstellung im zusammengebauten Zustand.
- Positionsnummern als ordnendes Merkmal bezeichnen die Teile passend zur zugehörigen Stückliste.
- Meist keine Maßeintragung.
- Die Stückliste kann über dem Schriftfeld der Zeichnung von unten nach oben aufgebaut werden oder als eigenständiges Dokument.

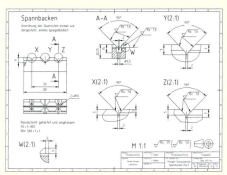

### Einzelteil (Teil-)zeichnung

Eine Einzelteilzeichnung stellt ein Teil eines Erzeugnisses oder einer Baugruppe dar, das nicht zerstörungsfrei zerlegt werden kann. Die räumliche Zuordnung des Teiles zum Erzeugnis bzw. der Baugruppe wird nicht dargestellt.

**Merkmale:**
- Darstellung in Ansichten nach den Regeln der rechtwinkligen Parallelprojektion.
- Die Darstellung ist maßstabsgerecht, exakt und sauber.
- Sie enthält z.B. als Fertigungszeichnung alle Angaben, die zur Fertigung des Teiles erforderlich sind, z.B. Angaben zu Form und Größe des Werkstücks, Angaben zu Besonderheiten der Fertigung, Angaben zu den Anforderungen an die Maßgenauigkeit, Anforderungen an die Oberflächenbeschaffenheit, Darstellung von Einzelheiten.

# Grundlagen des technischen Zeichnens

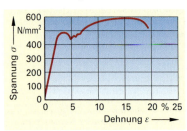

**Aufbau eines Diagramms**

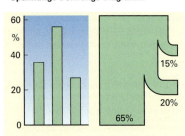

**Spannungs-Dehnungs-Diagramm**

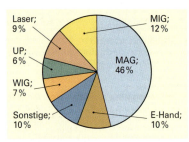

**Säulendiagramm**  **Sankey-Diagramm**

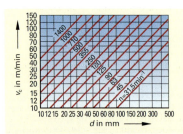

**Kreisdiagramm**
(Anwendung von Schweißverfahren)

**Nomogramm (Drehzahlauswahl)**

## Grafische Darstellungen  vgl. DIN 461 (1973-03)

Sie dienen der Veranschaulichung funktioneller Zusammenhänge. Abhängigkeiten veränderlicher Größen werden bildlich dargestellt. Die Darstellungsart wählt man nach Art und Umfang der Größen und ihres Zusammenhanges.

Die Linienbreiten werden nach DIN EN ISO 128 im Verhältnis Netz : Kurven : Achsen = 1 : 2 : 4 gewählt.

Zur Beschriftung verwendet man vertikale Normschrift. Die Ziffern und Formelzeichen werden kursiv geschrieben. Die Beschriftung soll von unten und in Ausnahmen von rechts lesbar sein.

## Diagramme

Das sind grafische Darstellungen in Koordinatensystemen. Die waagerechte Achse (x-Achse) für die unabhängige Veränderliche und die senkrechte Achse (y-Achse) für die abhängige Veränderliche schneiden sich im Nullpunkt (Ursprung). Pfeilspitzen zeigen in die positiven Achsrichtungen. Die Benennung der Achsen steht unter der waagerechten und links neben der senkrechten Pfeilspitze. Die Pfeile können auch parallel zu den Achsen mit der Benennung an der Pfeilwurzel angebracht werden.

Bei einer qualitativen Darstellung besitzt das Koordinatensystem keine Teilung. Zur quantitativen Darstellung erhalten die Achsen eine Skala (bezifferte Teilung).

Jeder negative Wert muss mit dem Minuszeichen, die Nullpunkte beider Achsen müssen mit einer Null versehen werden.

Räumliche rechtwinklige Koordinatensysteme werden in axonometrischer Projektion nach DIN ISO 5456 gezeichnet.

Beim Polarkoordinatensystem wird der waagerechten Achse zumeist der Winkel Null zugeordnet und positive Winkel werden entgegen dem Uhrzeigersinn angegeben (Seite 484). Der Radius ist der Betrag der Entfernung des zu beschreibenden Punktes zum Nullpunkt (Pol) des Koordinatensystems.

Man unterscheidet lineare Teilung, halblogarithmische Teilung und logarithmische Teilung der Achsen und wählt diese je nach Aussageabsicht und Verwendungszweck des Diagramms.

### Flächendiagramme

Säulendiagramm
   Die darzustellenden Größen werden als waagerechte oder senkrechte gleichdicke Säulen dargestellt.

Kreisdiagramm
   Mit einem Kreisdiagramm lassen sich Prozentanteile besonders anschaulich darstellen. Der Vollkreis entspricht dabei dem Wert von 100%.

Sankey-Diagramm
   Durch Aufteilung eines breiten Flächenstreifens, der 100% repräsentiert, in schmalere Flächenstreifen, deren Breite den abgehenden prozentualen Anteilen entspricht, werden ebenfalls Prozentwerte bildlich dargestellt.

Nomogramme
   Sie werden zur grafischen Darstellung technischer Zusammenhänge benutzt. Mit ihrer Hilfe lassen sich zusammengehörige Werte mehrerer Variablen ablesen.

# Grundlagen des technischen Zeichnens

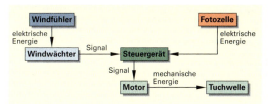

## Arbeitsplan

| Auftrag Nr.: 06/98 | | Teilnr.: 007 | |
|---|---|---|---|
| Sachnr.: F125-080-012 | | Werkstoff: AlMgSi0,5F22 | |
| Rohteil: | Strangpressprofil | | |
| Bezeichnung: | Dreh-Kipp-Flügel | | |
| Nr. | Bezeichnung | | Werkzeug/Hilfsmittel |
| 1 | Zuschnitt der Profile nach Rohbaurichtmaß (RBM) | | Gehrungssäge |
| 2 | Herstellung aller Bohrungen, Ausnehmungen, Ausklinkungen durch Bohren, Fräsen, Stanzen | | Bohrmaschine, Schablonen, Fräsmaschine, Spannmittel, Stanze, Lehren |

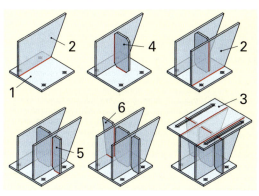

## Schweißfolgeplan

| Auftrag Nr.: 06/98 | | Teilnr.: | | 005 |
|---|---|---|---|---|
| Sachnr.: LB001-010-010 | | Werkstoff: | | S235JR |
| Rohteil: Blech DIN EN 10029 | | | | |
| Bezeichnung: Lagerbock | | Schweißverfahren: 111 | | |
| Nr. | Arbeitsfolge | Nahtform Nahtdicke | Nahtlänge | Bemerkungen |
| 1 | Steg 2 an Grundplatte 1 heften | Heftnaht | 4 Hefter | senkrecht ausrichten |
| 2 | Versteifung 4 an Grundplatte 1 und Steg 2 heften | Heftnaht | je 2 Hefter | senkrecht und rechtwinklig ausrichten |
| 11 | Rippe 6 an Grundplatte 1 und Steg 2 schweißen | a4 | 2x125 2x29 | Nähte 125 zuerst schweißen, ausrichten |
| 12 | Anschlussplatte 3 an Teile 2,4,5,6 schweißen | a4 | 2x41 2x50 2x29 2x210 | Längsnähte zuerst schweißen, dann Nähte mit Teil 4 |

## Pläne

Pläne verwendet man zur Darstellung von Wirkzusammenhängen. In Protokollen hält man den zeitlichen Ablauf eines Vorganges fest.

### Blockschaltbild

In Blockschaltbildern werden Bauteile schematisch dargestellt. Verknüpfungen und Wirkungsabläufe macht man mit Linien, Pfeilen, Textangaben deutlich.

### Schaltplan

Mittels genormter Sinnbilder für Bauteile und Linien werden die Zusammenhänge zwischen den einzelnen Bauteilen beschrieben. Für unterschiedliche Medien gibt es verschiedene Schaltpläne, z.B. Pneumatikschaltpläne, Stromlaufpläne, Rohrleitungspläne, Installationspläne.

### Arbeitsplan

Arbeitspläne legen den Ablauf einer Tätigkeit, z.B. die Arbeitsschritte bei der Montage eines Fensters, fest. Außerdem enthält ein Arbeitsplan auch erforderliche technologische Angaben zu Werkzeugen, Maschinen, Spannmitteln, Prüfmitteln usw.

### Schweißplan

Der Schweißplan ist ein technologischer Arbeitsplan, in dem alle wesentlichen Anweisungen zum Schweißen und Prüfen der Nähte einer Baugruppe enthalten sind. Folgende Angaben kann ein Schweißplan enthalten:
– Schweißeignung eines Werkstoffs
– Reihenfolge des Zusammenbaus und Anordnung der Schweißnähte
– Schweißnahtgüte (DIN EN ISO 5817)
– Schweißposition (ISO 6947)
– Schweißnahtvorbereitung (DIN EN ISO 9692)
– Schweißzusatzwerkstoffe (ISO 2560, EN 757)
– Wärmebehandlung
– Schweißen in Verformungsbereichen
– Einsatz der Schweißer (bei abnahmepflichtigen Anlagen)
– Schweißfolgen (im Schweißfolgeplan)
– Schweißnahtausführung (Nahtaufbau, Anzahl der Lagen, Maschineneinstellwerte, Schweißgeschwindigkeit)
– Schweißnahtprüfplan

Diese Angaben müssen jedoch nicht für jede geschweißte Baugruppe gemacht werden, sondern nur bei aufwändigen Schweißkonstruktionen, die besonderen Abnahmebedingungen unterliegen (z.B. Druckbehälter, Brückenkonstruktionen, Aufzüge, ...).

Der erhebliche Arbeitsaufwand wird durch einen reibungslosen und fehlerfreien Fertigungsablauf mehr als ausgeglichen. Schweißpläne sind außerdem hilfreich bei der Klärung von Schadensursachen und Verantwortlichkeiten.

### Schweißfolgeplan

Der Schweißfolgeplan ist eine Arbeitsanweisung. Er beinhaltet die örtliche u. zeitliche Herstellungsreihenfolge der Schweißnähte einer Baugruppe. Er enthält Informationen zur Reihenfolge der Arbeitsgänge beim Schweißen, zu Nahtform -dicke, -lage, -länge, Schweißfolge, Schweißposition, Grund- u. Zusatzwerkstoffen, Schweißverfahren, Hinweise zu Vorrichtungen und Werkzeugen.

## Normzahlen und Normzahlreihen, Normen

### Grundreihen     vgl. DIN 323-1(1974-08)

| R5 | R10 | R20 | R40 | R5 | R10 | R20 | R40 |
|---|---|---|---|---|---|---|---|
| 1,00 | 1,00 | 1,00 | 1,00 |  | 3,15 | 3,15 | 3,15 |
|  |  |  | 1,06 |  |  |  | 3,35 |
|  |  | 1,12 | 1,12 |  |  | 3,55 | 3,55 |
|  |  |  | 1,18 |  |  |  | 3,75 |
|  | 1,25 | 1,25 | 1,25 | 4,00 | 4,00 | 4,00 | 4,00 |
|  |  |  | 1,32 |  |  |  | 4,25 |
|  |  | 1,40 | 1,40 |  |  | 4,50 | 4,50 |
|  |  |  | 1,50 |  |  |  | 4,75 |
| 1,60 | 1,60 | 1,60 | 1,60 |  | 5,00 | 5,00 | 5,00 |
|  |  |  | 1,70 |  |  |  | 5,30 |
|  |  | 1,80 | 1,80 |  |  | 5,60 | 5,60 |
|  |  |  | 1,90 |  |  |  | 6,00 |
|  | 2,00 | 2,00 | 2,00 | 6,30 | 6,30 | 6,30 | 6,30 |
|  |  |  | 2,12 |  |  |  | 6,70 |
|  |  | 2,24 | 2,24 |  |  | 7,10 | 7,10 |
|  |  |  | 2,36 |  |  |  | 7,50 |
| 2,50 | 2,50 | 2,50 | 2,50 |  | 8,00 | 8,00 | 8,00 |
|  |  |  | 2,65 |  |  |  | 8,50 |
|  |  | 2,80 | 2,80 |  |  | 9,00 | 9,00 |
|  |  |  | 3,00 |  |  |  | 9,50 |

Normzahlen bilden die mathematische Grundlage für die Standardisierung in der Technik. Sie sind Glieder dezimalgeometrischer Reihen. Dabei werden $n$ Glieder in einem Zehnerbereich nach dem Bildungsgesetz einer geometrischen Reihe eingestuft.
Die Grundreihen entstehen, indem die Zwischenbereiche der Dekaden (Zehnerpotenzen) in eine Anzahl geometrisch gleicher Stufen aufgeteilt werden. Entsprechend der Anzahl $n = 5; 10; 20$ oder $40$ geometrisch gleicher Stufen erhält man 5, 10, 20 oder 40 Glieder je Dekade.
Die Grundreihen sind nach der Anzahl ihrer Glieder benannt.

**Bildungsgesetz für die dezimalgeometrische Reihe:**  $g_n = g_1 \cdot \varphi^{n-1}$

**Bildungsgesetz für den Stufensprung:**  $\varphi = \sqrt[n]{10}$

**Beispiel:**  $\varphi = \sqrt[10]{10} \approx 1{,}25$  ergibt Reihe R10

Normen in der Technik enthalten anerkannte Regeln, die im Allgemeinen als Empfehlungen gelten. Sie stellen bewährte Lösungen für häufig wiederkehrende Aufgaben dar. Ihre Anwendung bringt eine sinnvolle Vereinheitlichung und damit Kosteneinsparung.

### DIN-Normen
DIN – Deutsches Institut für Normung e.V.
Das Institut ist Träger der Normung in Deutschland. Innerhalb des DIN arbeiten auf verschiedenen Fachgebieten Normenausschüsse (NA). In den Normenausschüssen sind Fachleute aus der Industrie, der Wissenschaft und den Behörden vertreten, die aus den Erfahrungen oder aus verfügbaren Werksnormen Normenentwürfe erarbeiten. Diese Entwürfe werden öffentlich geprüft und dann publiziert. DIN-Normen enthalten die vom deutschen Institut für Normung erarbeiteten Fassungen der Normen, die in Normblättern veröffentlicht werden.
Wenn noch hinreichende praktische Erfahrungen fehlen, so können auch Vornormen (Entwürfe) herausgegeben werden, nach denen bereits gearbeitet werden soll.
Die DIN-Normen gelten als verpflichtende Empfehlungen und sind daher möglichst überall anzuwenden. Dabei sind auch DIN EN- und DIN ISO-Normen zu berücksichtigen.

### DIN EN-Normen
Hierbei handelt es sich um unverändert übernommene Europäische Normen in deutscher Übersetzung.
EN-Normen haben den Status von DIN-Normen.
Das Europäische Komitee für Normung CEN hat das Ziel der technischen Harmonisierung und Normung in der EU und erstellt zu diesem Zweck in enger Anlehnung an die internationalen Normen ISO, Europäische Normen EN. DIN ist Mitglied von CEN.

### DIN ISO-Normen
ISO – International Organisation for Standardization
Es handelt sich um internationale Normen, die von Deutschland als DIN-Norm übernommen wurden. Die ISO erarbeitet ISO-Standards, die von den Mitgliedsländern unverändert übernommen werden sollen.

### Normungsebenen

### Kopfleiste eines Normblattes

# Grundlagen des technischen Zeichnens

## Normzahlen für Radien
vgl. DIN 250 (2002-04)

| | | | **0,2** | | 0,3 | | **0,4** | | 0,5 | | **0,6** | | 0,8 | |
|---|---|---|---|---|---|---|---|---|---|---|---|---|---|---|
| **1** | | 1,2 | | **1,6** | | **2** | | **2,5** | | 3 | | **4** | | 5 | | **6** | | 8 | |
| **10** | | 12 | | **16** | | 18 | | **20** | | 22 | | **25** | | 28 | | **32** | | 36 | | **40** | | 45 | | **50** | | 56 | | **63** | | 70 | | **80** | | 90 |
| **100** | 110 | **125** | 140 | **160** | 180 | **200** | Die fett gedruckten Tabellenwerte sind zu bevorzugen. |

## Normschrift
vgl. DIN EN ISO 3098 (1998-04) u. DIN 6776-01 (1976-04)

### Schriftform B, V (vertikal)

AÄBCDEFGHIJKLMNO
ÖPQRSTUÜVWXYZ
aäɑäbcdefghijklmno
öpqrsßtuüvwxyz Ø □
[[(!?.;"−=+±×·:√%&)]
12345677890 I V X

### Schriftform B, S (schräg)

*AÄBCDEFGHIJKLMNO*
*ÖPQRSTUÜVWXYZ*
*aäɑäbcdefghijklmno*
*öpqrsßtuüvwxyzØ□*
*[[(!?.;"−=+±×·:√%&)]*
*12345677890 I V X*

### Kenngrößen für Schriftform B
vgl. DIN EN ISO 3098 (1998-04)

Bei der Beschriftung einer Zeichnung beträgt die Mindesthöhe der Buchstaben $h = 2,5$ mm. Bei gleichzeitiger Verwendung von Groß- und Kleinbuchstaben muss die Höhe der Großbuchstaben mindestens $h = 3,5$ mm betragen.

Für Indizes, Exponenten, Abmaße usw. wird eine Schriftgröße kleiner verwendet. Die Schrift darf aber nicht kleiner als 2,5 mm sein.

| Schriftgröße in mm | | | | | | | | | |
|---|---|---|---|---|---|---|---|---|---|
| Höhe der Großbuchstaben | $h$ | | 2,5 | 3,5 | 5,0 | 7,0 | 10,0 | 14,0 | 20,0 |
| Höhe der Kleinbuchstaben | $c_1$ | 7/10 h | – | 2,5 | 3,5 | 5,0 | 7,0 | 10,0 | 14,0 |
| **Mindestabstände** | | | | | | | | | |
| zwischen Schriftzeichen | $a$ | 2/10 h | 0,5 | 0,7 | 1,0 | 1,4 | 2,0 | 2,8 | 4,0 |
| zwischen Grundlinien | $b_2$ | 15/10 h | 3,6 | 5,3 | 7,5 | 10,5 | 15,0 | 21,0 | 30,0 |
| – bei Großbuchstaben/ Zahlen | $b_3$ | 13/10 h | 3,3 | 4,6 | 6,5 | 9,1 | 13,0 | 18,2 | 26,0 |
| zwischen Wörtern | $e$ | 6/10 h | 1,5 | 2,1 | 3,0 | 4,2 | 6,0 | 8,4 | 12,0 |
| Linienstärke | $d$ | 1/10 h | 0,25 | 0,35 | 0,5 | 0,7 | 1,0 | 1,4 | 2,0 |

## Griechisches Alphabet
vgl. DIN EN ISO 3098-0 (2000-11)

| | | | | | | | | | | | |
|---|---|---|---|---|---|---|---|---|---|---|---|
| Α | α | Alpha | Ζ | ζ | Zeta | Λ | λ | Lambda | Π | π | Pi |
| Β | β | Beta | Η | η | Eta | Μ | μ | My | Ρ | ϱ | Rho |
| Γ | γ | Gamma | Θ | ϑ | Theta | Ν | ν | Ny | Σ | σ | Sigma |
| Δ | Ε | Delta | Ι | ι | Jota | Ξ | ξ | Ksi | Τ | τ | Tau |
| Ε | ε | Epsilon | Κ | ϰ | Kappa | Ο | ο | Omikron | Υ | υ | Ypsilon |
| | | | | | | | | | Φ | φ | (ph) Phi |
| | | | | | | | | | Χ | χ | Chi |
| | | | | | | | | | Ψ | ψ | Psi |
| | | | | | | | | | Ω | ω | Omega |

## Römische Ziffern

| | | | | | | | | |
|---|---|---|---|---|---|---|---|---|
| I = 1 | II = 2 | III = 3 | IV = 4 | V = 5 | VI = 6 | VII = 7 | VIII = 8 | IX = 9 |
| X = 10 | XX = 20 | XXX = 30 | XL = 40 | L = 50 | LX = 60 | LXX = 70 | LXXX = 80 | XC = 90 |
| C = 100 | CC = 200 | CCC = 300 | CD = 400 | D = 500 | DC = 600 | DCC = 700 | DCCC = 800 | CM = 900 |
| M = 1000 | MM = 2000 | | | | | | | |

**Beispiele:** MDCCCLXXI = 1871    MCMLXXXIX = 1989    MMVII = 2007

# Grundlagen des technischen Zeichnens

## Linienarten, Liniengruppen
vgl. DIN EN ISO 128-20 (2002-12)

| DIN ISO 128 | Linienart | | DIN 15 | Liniengruppe | | | | Anwendungsbeispiele |
|---|---|---|---|---|---|---|---|---|
| | | | | 0,25 | 0,35 | 0,5 | 0,7 / 1 | |
| 01.1 | Volllinie | schmal | B | 0,13 | 0,18 | 0,25 | 0,35 / 0,5 | a) Maßlinien  h) Biegelinien<br>b) Maßhilfslinien  i) Projektionslinien<br>c) Hinweislinien  k) kurze Mittellinien<br>d) Schraffurlinien  l) Diagonalkreuz<br>e) Lichtkanten  m) Faser- und<br>f) Gewindegrund  Walzrichtung<br>g) Umrisse ein-  n) Umrahmung<br>   gerahmter Schnitte  von Einzelheiten |
| | Freihandlinie | schmal | C | 0,13 | 0,18 | 0,25 | 0,35 / 0,5 | Begrenzung von abgebrochen oder unterbrochen dargestellten Ansichten und Schnitten, wenn die Begrenzung keine Mittellinie ist. |
| | Zickzacklinie | schmal | D | 0,13 | 0,18 | 0,25 | 0,35 / 0,5 | In einer Zeichnung jeweils nur eine dieser Linienarten anwenden. |
| 01.2 | Volllinie | breit | A | 0,25 | 0,35 | 0,5 | 0,7 / 1 | a) sichtbare Kanten und Umrisse<br>b) Gewindenenndurchmesser bei Außengewinde<br>c) Gewindekerndurchmesser bei Innengewinde<br>d) Kennzeichnung der nutzbaren Gewindelänge<br>e) Systemlinien von Stahlbaukonstruktionen in schematischen Darstellungen<br>f) Hauptdarstellung in Diagramme |
| 02.1 | Strichlinie | schmal | F | 0,13 | 0,18 | 0,25 | 0,35 / 0,5 | a) verdeckte Kanten<br>b) verdeckte Umrisse |
| 04.1 | Strich-Punkt-linie | schmal | G | 0,13 | 0,18 | 0,25 | 0,35 / 0,5 | a) Mittellinien<br>b) Symmetrielinien<br>c) Mittelkreise bei Verzahnungen<br>d) Lochkreise |
| 04.2 | | breit | J | 0,25 | 0,35 | 0,5 | 0,7 / 1 | a) Kennzeichnung der Schnittebene<br>b) Kennzeichnung geforderter Behandlungen, z.B. Wärmebehandlung |
| 05.1 | Strich-Zwei-punktlinie | schmal | K | 0,13 | 0,18 | 0,25 | 0,35 / 0,5 | a) Umrisse von Teilen vor der Verformung<br>b) Umrisse angrenzender Teile<br>c) Schwerelinien von Profilen<br>d) Grenzstellungen beweglicher Teile<br>e) Kennzeichnung der Fertigform von Rohteilen<br>f) Teile, die vor einer Schnittebene liegen |
| | Beschriftung | | | 0,18 | 0,25 | 0,35 | 0,5 / 0,7 | Beschriftungen auf der Zeichenfläche, einschließlich Maßzahlen, Beschriftung von Schriftfeldern, Symbole |

## Anwendungsbeispiel für Linienarten

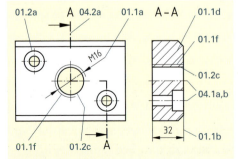

## Rangfolge bei Überdeckung von Linien

In technischen Zeichnungen kommt es oft vor, dass sich verschiedene Linienarten überdecken, weil verschiedene Anwendungen zusammenfallen. Für diese Fälle ist folgende Rangfolge der Darstellung einzuhalten:

① Sichtbare Kanten und Umrisse (01.2)
② Verdeckte Kanten und Umrisse (02.1)
③ Schnittebenen (04.2)
④ Mittellinien, Symmetrieachsen (04.1)
⑤ Schwerelinien (05.1)
⑥ Maßhilfslinien (01.1)

## Grundlagen des technischen Zeichnens

### Gestaltung des Zeichnungsblattes

**Blattgrößen** vgl. DIN EN ISO 5457 (1999-07)

| Reihe A | Fertigblatt (beschnitten) | Zeichenfläche | Rohblatt (unbeschnitten) | Anzahl der Felder kurze Seite | Anzahl der Felder lange Seite | Streifenformate | Fertigblatt (beschnitten) |
|---|---|---|---|---|---|---|---|
| A0 | 841 × 1189 | 831 × 1179 | 880 × 1230 | 16 | 24 | A2.0 | 420 × 1189 |
| A1 | 594 × 841 | 584 × 831 | 625 × 880 | 12 | 16 | A2.1 | 420 × 841 |
| A2 | 420 × 594 | 410 × 584 | 450 × 625 | 8 | 12 | A3.0 | 297 × 1189 |
| A3 | 297 × 420 | 287 × 410 | 330 × 450 | 6 | 8 | A3.1 | 297 × 841 |
| A4 | 210 × 297 | 200 × 287 | 240 × 330 | 4 | 6 | A3.2 | 297 × 594 |
| A5 | 148 × 210 | 139 × 200 | 165 × 240 | Für Blattgröße A4 gibt es kein genormtes Querformat. | | | |
| A6 | 105 × 148 | 95 × 138 | 120 × 165 | | | | |

**Ränder und Begrenzungen** vgl. DIN EN ISO 5457 (1999-07)

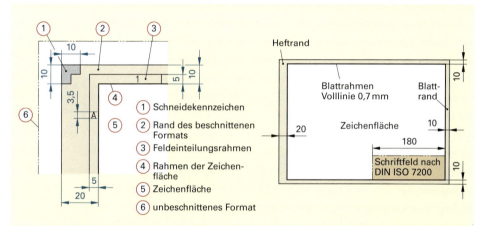

① Schneidekennzeichen
② Rand des beschnittenen Formats
③ Feldeinteilungsrahmen
④ Rahmen der Zeichenfläche
⑤ Zeichenfläche
⑥ unbeschnittenes Format

Blattrahmen Volllinie 0,7 mm
Blattrand
Heftrand
Zeichenfläche
Schriftfeld nach DIN ISO 7200

**Falten von Zeichnungen auf A4-Format** vgl. DIN 824 (1981-03)

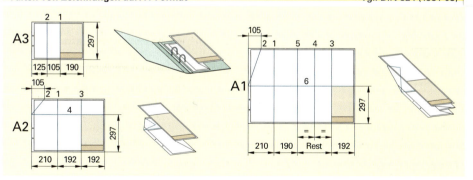

**Maßstäbe** vgl. DIN ISO 5455 (1979-12)

| Vergrößerungsmaßstäbe x : 1 | | | natürlicher Maßstab | Verkleinerungsmaßstäbe 1 : x | | | |
|---|---|---|---|---|---|---|---|
| 2 : 1 | 5 : 1 | 10 : 1 | **1 : 1** | 1 : 2 | 1 : 5 | 1 : 10 | |
| 20 : 1 | 50 : 1 | 100 : 1 | | 1 : 20 | 1 : 50 | 1 : 100 | |
| | | | | 1 : 200 | 1 : 500 | 1 : 1000[1] | |

[1] Nicht genormt, jedoch im Stahlbau üblich sind die Maßstäbe 1 : 2,5; 1 : 15; 1 : 25

# Grundlagen des technischen Zeichnens

## Schriftfelder
vgl. DIN ISO 5456-02 (1998-04)

### Grundschriftfeld für Konstruktionsdokumente
DIN EN ISO 7200 (2004-05), Ersatz für DIN 6776-1

Die Norm enthält Festlegungen und Regeln für Datenfelder, die in Schriftfeldern von Konstruktionsdokumenten aller Art anzuwenden sind. Die Datenfelder sind durch Feldnamen, Inhalt und Länge festgelegt.
Man unterscheidet:

| Identifizierende Datenfelder | | | Beschreibende Datenfelder | | | Administrative Datenfelder | | |
|---|---|---|---|---|---|---|---|---|
| Name des Datenfeldes | V | Z | Name des Datenfeldes | V | Z | Name des Datenfeldes | V | Z |
| Gesetzlicher Eigentümer | P | – | Titel des Dokuments | P | 25 | Genehmigte Person | P | 20 |
| | | | | | | Ersteller | P | 20 |
| Sachnummer | P | 16 | Zusätzlicher Titel | E | 2x25 | Dokumentenart | P | 30 |
| Ausgabedatum | P | 10 | P = Pflichtangaben<br>E = ergänzende Angaben<br>V = Verbindlichkeiten<br>Z = Anzahl der Zeichen | | | Verantwortliche Abteilung | E | 10 |
| Blattnummer | P | 4 | | | | | | |
| Anzahl der Blätter | E | 4 | | | | Seitenanzahl | E | 4 |

### Gestaltung, Anordnung, Inhalt von Schriftfeldern

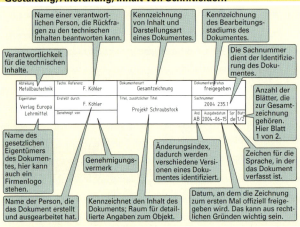
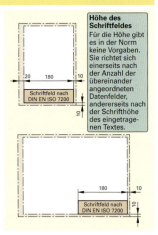

### Vorschlag für ein Schriftfeld zu Ausbildungszwecken

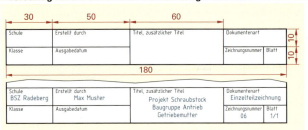

Die Norm ist für alle Arten von Konstruktionsdokumenten in allen Gebieten der Technik anwendbar. Die bisherige Norm 6776-1 wird damit abgelöst.

Datenfelder, die bisher in Schriftfeldern enthalten waren, aber nicht in der neuen Norm enthalten sind, werden außerhalb des Schriftfeldes angegeben, wenn das erforderlich ist, z.B. Maßstab, Toleranzen, Oberflächenangaben, Projektionssymbol.

### Stückliste Form A (A4 hoch)
vgl. DIN 6771-02 (1997-02)

Bezeichnung im Stücklistenfeld:
(1) Position (Teilenummer)
(2) Menge (Stückzahl, Losgröße)
(3) Einheit (Maßeinheit, z.B. Stück)
(4) Benennung (Name des Teiles)
(5) Sachnummer, Kurzbezeichnung (Kurzname nach Norm)
(6) Bemerkung (Werkstoffangaben)
Andere Form: Stückliste aufsteigend auf Schriftfeld aufgesetzt. ⇒ S. 81

# Grundlagen des technischen Zeichnens

## Projektionsmethoden zur Darstellung von Werkstücken  vgl. DIN ISO 5456-02 (1998-04)

### Projektionsverfahren

| 1. Isometrische Projektion | x : y : z = 1 : 1 : 1 | 2. Dimetrische Projektion | x : y : z = 0,5 : 1 : 1 |
|---|---|---|---|

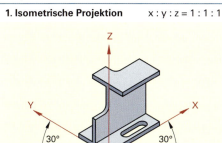

| 3. Kabinett-Projektion | 0°/45° <br> x : y : z = 0,5 : 1 : 1 | 5. Trimetrische Projektion | 0°/35° <br> x : y : z = 0,9 : 0,75 : 1 |
|---|---|---|---|
| 4. Kavalier-Projektion | 0°/45° <br> x : y : z = 1 : 1 : 1 | 6. Militär-Projektion | 30°/60° <br> x : y : z = 1 : 1 : 1 |

### 7. Rechtwinklige Projektion in mehrere Ebenen

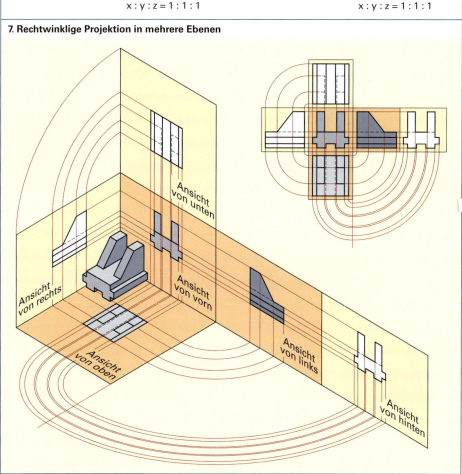

## Grundlagen des technischen Zeichnens

### Projektionsmethoden zur Darstellung von Werkstücken  vgl. DIN ISO 128-30 (2002-05)

#### Normalprojektion

In technischen Zeichnungen werden die Ansichten eines Werkstücks in rechtwinkliger Parallelprojektion auf zueinander rechtwinklig stehende Ebenen projiziert. Die Symmetrieachse der Werkstücke und meist auch die Hauptbegrenzungsflächen liegen dabei parallel zu den Projektionsebenen. Als Vorderansicht wählt man die im Hinblick auf die Beschreibung der Werkstückgeometrie und die Maßeintragung aussagekräftigste Ansicht aus. Oftmals ist das die Ansicht, die das Werkstück in Fertigungslage, in Funktionslage oder in Montagelage darstellt.

**Beachte:** Die Anzahl der auszuwählenden Ansichten und Schnitte richtet sich nach den Erfordernissen einer vollständigen und zweideutigen Darstellung des Werkstücks. Durch Anwendung von Zusatzzeichen bei der Maßeintragung können Ansichten eingespart werden.

Die Lage der Ansichten zueinander hängt von der gewählten Projektionsmethode ab. Man unterscheidet Projektionsmethode 1, Projektionsmethode 3 und die Pfeilmethode. Bei Anwendung der Projektionsmethode 1 oder 3 wird das entsprechende Sinnbild über dem Schriftfeld der Zeichnung eingetragen.

**Projektionsmethode 1**

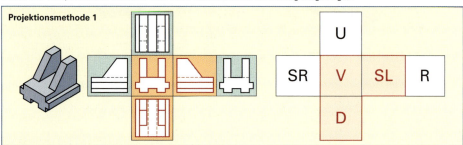

Diese Projektionsmethode wird im deutschsprachigen Raum bevorzugt angewendet.
Erläuterung: Es bedeutet
V = Ansicht von vorn    SL = Ansicht von links
R = Ansicht von hinten   D = Ansicht von oben
SR = Ansicht von rechts  U = Ansicht von unten

Sinnbild

**Projektionsmethode 3**

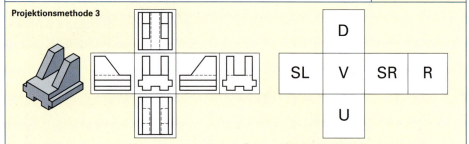

Diese Projektionsmethode wird vorwiegend in den Vereinigten Staaten von Amerika und in Großbritannien angewendet. Auch im Stahl- und Metallbau werden Werkstücke und Baugruppen oftmals mit dieser Methode dargestellt, wobei die Blickrichtung und die Ansichten wie bei der Pfeilmethode gekennzeichnet werden.

Sinnbild

**Pfeilmethode**

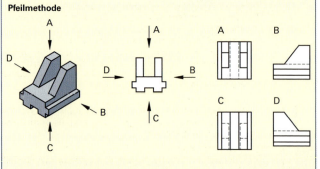

Die Betrachtungsrichtungen für die erforderlichen Ansichten werden durch Pfeile, die mit Großbuchstaben versehen werden, kenntlich gemacht. Man benutzt die Anfangsbuchstaben des Alphabets. Die gleichen Buchstaben werden oberhalb der Ansichten eingetragen.

Die Höhe der Buchstaben muss um den Faktor $\sqrt{2}$ größer sein als die normale Schrift.

Die Ansichten dürfen bei der Pfeilmethode unabhängig von der Vorderansicht angeordnet werden.

# Grundlagen des technischen Zeichnens

## Darstellung in Zeichnungen
**Besondere Darstellungen, vereinfachte Darstellungen**

vgl. DIN ISO 128-30 (2002-05)
DIN ISO 128-34 (2002-05)

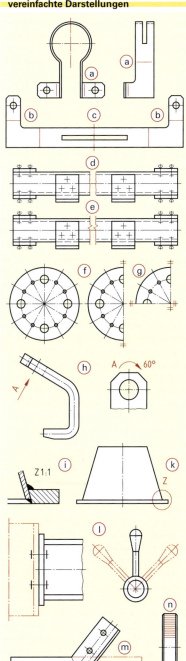

**Lichtkanten**

(a) Kanten an abgerundeten Übergängen werden durch schmale Volllinien dargestellt. Sie müssen an der Stelle gezeichnet werden, an der sich bei scharfkantigem Übergang die Kante befände. Lichtkanten dürfen die Umrisslinien (Körperkante) nicht berühren.

**Biegelinien**

(b) Biegelinien werden in Abwicklungen von Biegeteilen als schmale Volllinien von Körperkante zu Körperkante verlaufend dargestellt.

**Symmetrische Formen**

(c) Symmetrische Werkstücke werden durch eine Symmetrielinie gekennzeichnet, auch, wenn eine symmetrische Grundform in Einzelheiten verändert oder unterbrochen wurde.

**Teilansichten**

(d) Flache oder runde Werkstücke dürfen abgebrochen oder unterbrochen dargestellt werden, wenn Eindeutigkeit und Vollständigkeit der Darstellung gesichert sind. Bruchkanten sind als Freihandlinien zu zeichnen.

(e) Bei CAD-Zeichnungen ist die Darstellung mit schmalen Zickzacklinien üblich.

(f) Bei der vereinfachten Darstellung symmetrischer Werkstücke wird oft nur die Hälfte oder ein Viertel der Ansicht gezeichnet.

(g) Die Symmetrie wird durch das grafische Symbol, jeweils ein Doppelstrich aus Volllinien am Ende der Symmetrieachse, gekennzeichnet.

(h) Zur Erklärung eines Details kann eine Teilansicht gezeichnet werden. Die Betrachtungsrichtung ist durch einen Bezugspfeil anzuzeigen, die Ansicht wird mit einem Großbuchstaben benannt. Wenn die Lage der Teilansicht von der Betrachtungsrichtung abweicht, müssen Drehrichtung und Drehwinkel angegeben werden.

**Einzelheiten**

(i) Teilbereiche eines Werkstücks oder einer Baugruppe, die sich in der Gesamtdarstellung nicht deutlich darstellen, bemaßen oder kennzeichnen lassen, werden oftmals gegenüber der Hauptdarstellung vergrößert herausgezeichnet.
In diesem Fall entfällt dann die Darstellung der genauen Form in der Gesamtdarstellung.

(k) Der Bereich, der als Einzelheit vergrößert herausgezeichnet wird, muss in der Gesamtdarstellung mit einer schmalen Volllinie (Kreis) eingegrenzt werden.
Der eingegrenzte Bereich und die zugehörige Darstellung der Einzelheit werden durch gleiche Großbuchstaben gekennzeichnet. Man nutzt die letzten drei Buchstaben des Alphabets.

**Angrenzende Teile, Grenzstellungen von Teilen**

(l) Umrisse von angrenzenden Teilen und Grenzstellungen beweglicher Teile werden mit schmalen Strich-Zweipunkt-Linien dargestellt. Das angrenzende Teil darf das Hauptteil nicht verdecken.

**Ursprüngliche Formen**

(m) Die ursprüngliche Form eines Werkstücks wird z.B. wie beim Schmieden oder Biegen durch schmale Strich-Zweipunkt-Linien dargestellt.

**Oberflächenstrukturen**

(n) Oberflächenstrukturen werden vorzugsweise nur zum Teil, aber mit breiten Volllinien gezeichnet.

# Grundlagen des technischen Zeichnens

## Schnittdarstellungen
### Arten

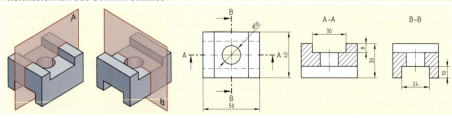

### Anwendungszweck
Sichtbarmachen von Werkstückkonturen, die sonst verdeckt sind.

### Regeln

| | | | |
|---|---|---|---|
| 1 | Die Schnittebene ist so zu wählen, dass zu beschreibende Konturen von innen liegenden Formelementen sichtbar werden. | 6 | In Längsrichtung der Schnittebene liegende Normteile, die keine Hohlräume oder verdeckte Einschnitte haben, z.B. Schrauben, Niete usw., werden nicht geschnitten. |
| 2 | Die gedachte Schnittebene liegt in der Regel parallel zu einer Projektionsebene. | 7 | Verdeckte Kanten, die hinter der gedachten Schnittebene liegen, werden nicht dargestellt. |
| 3 | Schnittebenen sind in der zugehörigen Ansichtsdarstellung durch Schnittlinien, Blickrichtung und bei mehreren Schnittebenen durch Kennbuchstaben zu kennzeichnen. | 8 | In manchen Fällen müssen Einzelheiten vor Werkstücken dargestellt werden, die vor der Schnittebene liegen. Dafür sind Strich-Zweipunkt Linien zu verwenden. |
| 4 | Die entstehenden Schnittflächen werden durch eine Schraffur gekennzeichnet. | 9 | Massive Elemente eines Werkstücks, die sich von der Grundform abheben sollen, wie z.B. Rippen, Speichen usw. werden nicht geschnitten. |
| 5 | Hohlräume, die in der Schnittebene liegen, von der Schnittebene also durchschnitten werden, ergeben keine Schnittflächen und werden deshalb nicht schraffiert. | 10 | Schnitte durch bereits vorhandene Schnittdarstellungen sollen vermieden werden. Es gibt jedoch Fälle, bei denen eine Abweichung von dieser Regel sinnvoll sein kann. |

### Kennzeichnen des Schnittverlaufes

# Grundlagen des technischen Zeichnens

## Schnittdarstellungen
### Kennzeichnung der Schnittflächen

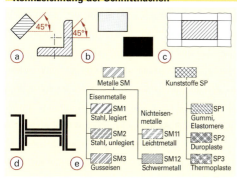

Schnittflächen können nach ISO 128-60 auf verschiedenen Weise gekennzeichnet werden:

(a) durch Grundschraffur

(b) durch Schattierung oder Tönung

(c) durch besonders breite Umrisse

(d) durch geschwärzte schmale Schnittflächen

(e) durch Schraffuren für spezielle Stoffe

Im Bereich der Metalltechnik verwendet man überwiegend die Grundschraffur.

### Schraffurregeln

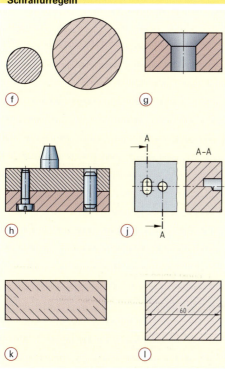

(a) Die Schraffur besteht aus schmalen Volllinien, die im Winkel von 46° zu den Symmetrieachsen oder zum Hauptumriss verlaufen.

(f) Der Abstand der Schraffurlinien ist der Größe der Schnittfläche anzupassen. Je größer die zu schraffierende Fläche, desto größer der Linienabstand.

(g) Teilflächen einer Schnittansicht desselben Werkstücks müssen gleichartig schraffiert werden.

(h) Die Schraffur angrenzender Teile, z.B. in Baugruppen, muss sich durch die Schraffurrichtung oder den Abstand der Schraffurlinien unterscheiden.

(j) Wenn parallele Schnittansichten oder Schnitte desselben Werkstücks nebeneinander gezeichnet werden, muss die Schraffur gleichartig sein, d.h. der Abstand der Linien und ihre Richtung sind gleich.

(k) Bei großen Schnittflächen kann man die Schraffur auf die Randzonen beschränken.

(l) Für jegliche Beschriftungen, z.B. Maßzahlen, wird die Schraffur unterbrochen, sonst nicht.

> In der Metalltechnik werden Schnittflächen durch Grundschraffur gekennzeichnet. Es gilt: gleichartige Schraffur für Schnittflächen desselben Werkstücks. In Gruppenzeichnungen: verschiedenartige Schraffur für unterschiedliche Teile.

### Teile, die nicht geschnitten werden

  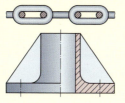

In ihrer Längsachse abgebildete Teile ohne Hohlräume oder verdeckte Einschnitte, z.B. Achsen, Wellen, Federn, Keile, Schrauben ..., werden nicht geschnitten dargestellt, obwohl sie in der Schnittebene liegen.

Dazu gehören z.B. auch Rippen, Stege, Radspeichen und dergleichen.

# Grundlagen des technischen Zeichnens

## Schnittdarstellungen

### Vollschnitte

**Vollschnitt in einer Ebene**

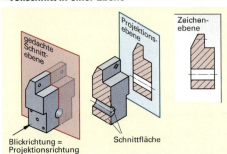

**Vollschnitt in mehreren Ebenen – Stufenschnitt**

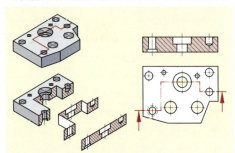

Die gedachte Schnittebene durchschneidet das Werkstück vollständig zweckmäßig entlang einer Symmetrieachse oder Mittellinie. Man denkt sich das abgeschnittene Teil vor der Schnittebene weg. Die Ansicht zeichnet man so, dass alles in und hinter der Schnittebene liegende auf der Zeichenebene entsprechend den Regeln der rechtwinkligen Parallelprojektion abgebildet wird. Verdeckte Kanten werden nicht dargestellt.

Die Schnittebenen sind parallel versetzt. Die Richtungsänderungen in der Schnittführung betragen immer 90°, so dass ein stufenförmiger Schnittverlauf entsteht. Man zeichnet die Ansicht so, dass alle Schnittebenen in derselben Zeichenebene zusammengefaßt werden. Knickstellen im Schnittverlauf werden nicht als Körperkante dargestellt und die Schnittfläche wird durchgängig schraffiert. Der Schnittverlauf ist anzugeben.

### Profilschnitte

**Eingeklappte Querschnitte**

**Reihenprofilschnitt**

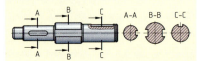

**Herausgetragene Profilschnitte**

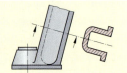

### Geknickter Schnitt

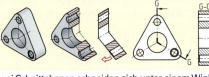

Zwei Schnittebenen schneiden sich unter einem Winkel von mehr als 90°. Die schräg liegende Schnittebene wird in die Projektionsebene hineingedreht. Die Schnittfläche wird zusammenhängend so gezeichnet, als läge sie insgesamt in derselben Zeichenebene. Diese Art der Schnittführung wird vor allem bei rotationssymmetrischen Werkstücken angewendet, um Details darzustellen, die sonst (z.B. bei einem Vollschnitt in einer Ebene) nicht im Schnittverlauf liegen würden.

### Teilschnitt

Die gedachte Schnittebene führt nur in Teilabschnitten durch das Werkstück. Nur ein begrenzter Teil einer Ansicht wird geschnitten dargestellt, wenn ein Vollschnitt zu aufwändig oder nicht zulässig ist.

**Ausbruch**

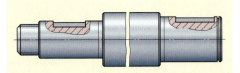

**Ausschnitt**

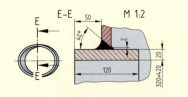

Nur ein kleiner mit Freihandlinie begrenzter Teilbereich des Werkstücks wird im Schnitt gezeichnet.

Ein Teilbereich des Werkstücks wird meist vergrößert ohne zugehörige Ansicht geschnitten dargestellt.

## Schnittdarstellungen
### Halbschnitt

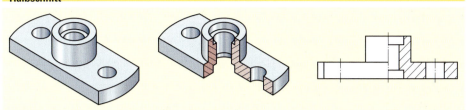

Symmetrische Werkstücke dürfen jeweils zur Hälfte als Ansicht und als Schnitt dargestellt werden. Zwei Schnittebenen, die im Winkel von 90° zueinander stehen, trennen gedanklich ein Viertel des Werkstücks heraus. Nach den Regeln der rechtwinkligen Prallelprojektion erscheint auf der Zeichenebene die linke Seite des Werkstücks als Ansicht, die rechte Seite als Schnitt. Die Mittellinie trennt die beiden Ansichtsteile. Der Schnittverlauf wird nicht gekennzeichnet, verdeckte Kanten werden nicht dargestellt.

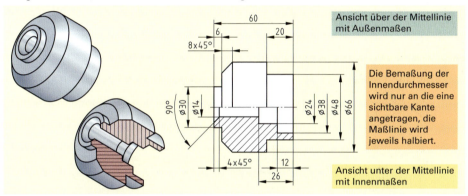

Ansicht über der Mittellinie mit Außenmaßen

Die Bemaßung der Innendurchmesser wird nur an die eine sichtbare Kante angetragen, die Maßlinie wird jeweils halbiert.

Ansicht unter der Mittellinie mit Innenmaßen

Die Bemaßung der Innendurchmesser wird nur an die eine sichtbare Kante angetragen, die Maßlinie wird jeweils halbiert. Die Grundform rotationssymmetrischer Werkstücke wird hauptsächlich durch Drehen hergestellt. Deren Fertigungslage ist waagerecht. Bei diesen Teilen ist die Darstellung im Halbschnitt sehr zweckmäßig, denn in derselben Ansicht können äußere und innere Teilformen sichtbar gemacht und bemaßt werden, ohne dass eine zusätzliche Ansicht benötigt wird.

### Besondere Schnittdarstellungen

**Werkstücke mit Rippen**

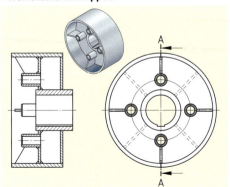

**In die Schnittebene gedrehte Elemente**

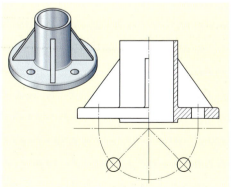

Rippen und Aussteifungen werden zum Zweck der Erhöhung der Steifigkeit einer Konstruktion beispielsweise bei Guss- und Stahlbauteilen angewendet. Sie werden, obwohl sie in der Schnittebene liegen, nicht geschnitten dargestellt.

Wenn Rotationsteile gleichmäßig angeordnete Formelemente haben, deren Schnittdarstellung erforderlich ist, die sich aber nicht in der Schnittebene befinden, so dürfen sie in die Schnittebene hinein gedreht werden. Eine zusätzliche Kennzeichnung ist nicht erforderlich.

# Geometrische Grundkonstruktionen

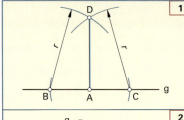

**1 Eine Senkrechte in einem Punkt errichten**

**Gegeben:** Gerade $g$, Punkt $A$ auf $g$
1. Um $A$ mit beliebigem Radius einen Kreisbogen schlagen, der die Gerade $g$ schneidet. Man erhält so die Punkte $B$ und $C$.
2. Um $B$ und $C$ jeweils Kreisbogen mit Radius $\overline{BC}$ zeichnen. Man erhält Punkt $D$.
3. Die Gerade durch $A$ und $D$ ist die Senkrechte auf $g$ im Punkt $A$.

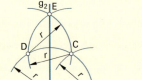

**2 Eine Senkrechte am Endpunkt einer Strecke errichten**

**Gegeben:** Endpunkt $A$ einer Strecke $g$
1. Um Endpunkt $A$ einen Kreisbogen mit beliebigem Radius $r$ zeichnen; ergibt Punkt $B$.
2. Von $B$ aus gleichen Radius $r$ zweimal auf dem Kreibogen abtragen; ergibt Punkte $C$ und $D$.
3. Kreisbögen mit $r$ um $C$ und $D$ erzeugen Schnittpunkt $E$.
4. Die durch $A$ und $E$ verlaufende Gerade ist die Senkrechte aus Punkt $A$.

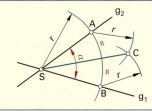

**3 Einen beliebigen Winkel halbieren**

**Gegeben:** Geraden $g_1$ und $g_2$, Schnittpunkt $S$
1. Um $S$ einen Kreisbogen mit beliebigem Radius $r$ zeichnen, der $g_1$ und $g_2$ schneidet; ergibt Punkte $A$ und $B$.
2. Mit Radius $r$ Kreisbögen um $A$ und $B$ zeichnen; ergibt Schnittpunkt $C$ der Kreisbögen.
3. Die durch die Punkte $S$ und $C$ verlaufende Gerade halbiert den Winkel $\alpha$.

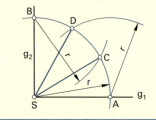

**4 Einen rechten Winkel in drei gleiche Teile teilen**

**Gegeben:** Geraden $g_1$ und $g_2$ schneiden sich unter 90° im Punkt $S$.
1. Kreisbogen mit beliebigem Radius $r$ um $S$ zeichnen, der $g_1$ und $g_2$ in den Punkten $A$ und $B$ schneidet.
2. Mit gleichem Radius $r$ Kreisbögen um $A$ und $B$ zeichnen; ergibt Punkte $C$ und $D$ auf dem ersten Kreisbogen.
3. Die Dreiteilung des rechten Winkels erhält man durch die Verbindung von $C$ und $D$ mit $S$.

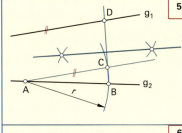

**5 Einen Winkel halbieren, dessen Scheitelpunkt außerhalb der Zeichenfläche liegt.**

**Gegeben:** zwei nicht parallel verlaufende Geraden $g_1$ und $g_2$
1. Auf $g_2$ Punkt $A$ markieren und durch $A$ eine Parallele zu $g_1$ zeichnen.
2. Um $A$ Kreisbogen zeichnen, der die Parallele und $g_2$ schneidet; ergibt Punkte $B$ und $C$.
3. Gerade durch $B$ und $C$ zeichnen, die $g_1$ im Punkt $D$ schneidet.
4. Auf der Strecke $\overline{BD}$ Mittelsenkrechte errichten; diese ist die Winkelhalbierende.

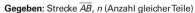
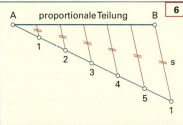

**6 Eine Strecke in $n$ gleiche Teile teilen**

**Gegeben:** Strecke $\overline{AB}$, $n$ (Anzahl gleicher Teile)
1. Von $A$ beginnend eine Gerade $g$ im Winkel von ca. 30° zur Strecke $\overline{AB}$ zeichnen und darauf $n$ gleiche Teile mit dem Maßstab (z.B. Zentimeter-Teilung) oder mit dem Zirkel abtragen.
2. Letzten Teilungspunkt mit Streckenendpunkt $B$ verbinden; ergibt Schlusslinie $s$.
3. Schlusslinie $s$ durch alle Teilungspunkte parallel verschieben; ergibt die proportionale Teilung der Strecke $\overline{AB}$.

## Geometrische Grundkonstruktionen

### 7 Eine Schraubenlinie konstruieren

**Gegeben:** Zylinder mit Durchmesser $d$, Steigung $P$
1. Grundriss des Zylindermantels mit 12er Teilung (**9**) versehen.
2. Projektion der Punkte 0 … 12 in Vorderansicht übertragen.
3. Grundlinie der Vorderansicht verlängern, Abwicklung des Zylinderumfangs abtragen.
4. Abwicklung in 12 gleiche Teile teilen (siehe Seite 96, Konstruktion **6**)
5. Senkrechte in Punkt 12 errichten (siehe Seite 96, Konstruktion **2**) und Steigung $P$ darauf abtragen; ergibt Punkt $A$.
6. Die Strecke $\overline{A0}$ stellt die Abwicklung der Schraubenlinie dar.
7. Linie 12-A durch alle Teilungspunkte parallel verschieben.
8. Die Punkte der Schraubenlinie erhält man, indem man die Parallelen zur Grundkante durch die auf $\overline{A0}$ entstandenen Schnittpunkte zeichnet und mit den Projektionslinien der Punkte 0 … 11 zum Schnitt bringt.

### 8 Den Mittelpunkt eines Kreises bestimmen

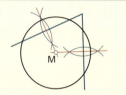

**Gegeben:** Kreis
1. In den Kreis 2 Sehnen zeichnen, die nicht parallel zueinander liegen.
2. Auf jeder der beiden Sehnen Mittelsenkrechte errichten.
3. Der Schnittpunkt der beiden Mittelsenkrechten ist der Mittelpunkt $M$ des Kreises.

### 9 Einen Kreis in 3, 6, 12 … gleiche Teile teilen

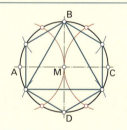

**Gegeben:** Kreis
1. Den Radius $r$ des Kreises von $B$ oder $D$ aus auf dem Umfang abtragen, ergibt 6 Punkte auf dem Kreisbogen.
2. Jeden zweiten verbinden ergibt ein Dreieck, alle verbinden ergibt ein Sechseck.
3. Den Radius $r$ um $A$ und $C$ nochmals auf dem Kreisbogen abtragen, ergibt weitere Teilungspunkte, die mit den vorher erzeugten Teilungspunkten gemeinsam eine 12er Teilung bilden.

### 10 Einen Kreis in eine beliebige Zahl $n$ gleicher Teile teilen

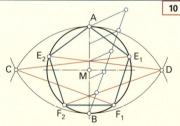

**Gegeben:** Kreis mit Hauptachsen und Punkten $A$ und $B$
1. Kreisbögen mit $r = \overline{AB}$ um $A$ und $B$ zeichnen, ergibt $C$ und $D$.
2. Durchmesser $\overline{AB}$ des Kreises in $n$ gleiche Teile teilen (siehe Seite 96, Konstruktion **6**).
3. Von $C$ und $D$ aus jeweils Verbindungslinien durch jeden zweiten Teilungspunkt ziehen, beginnend bei $A$, sodass sie den gegenüberliegenden Kreisbogen schneiden.
4. Die dabei entstehenden Schnittpunkte $F_1$ und $F_2$ sowie $E_1$ und $E_2$ sind zusammen mit $A$ die Eckpunkte des $n$-Ecks.

### 11 Eine Ellipse konstruieren

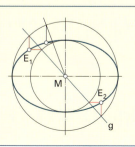

**Gegeben:** Maße der Halbachsen der Ellipse, Punkt $M$
1. Mit den Halbachsen als Radius Kreise um $M$ zeichnen.
2. Eine durch $M$ gezeichnete Gerade $g$ schneidet die Kreislinien.
3. Ausgehend von den erzeugten Schnittpunkten sind Parallelen zu den Hauptachsen zu zeichnen, die zum Schnitt gebracht den Ellipsenpunkt $E_1$ ergeben.
4. Die Wiederholung mit mehreren Geraden führt zu weiteren Ellipsenpunkten ($E_2$ usw.). Um gleichmäßig verteilte Kurvenpunkte zu erhalten, wird eine 12er-Teilung (Konstruktion **9**) empfohlen.

# Geometrische Grundkonstruktionen

## Projektionen

**Projektion eines Punktes** | **Projektion einer Geraden** | **Projektion einer Fläche**

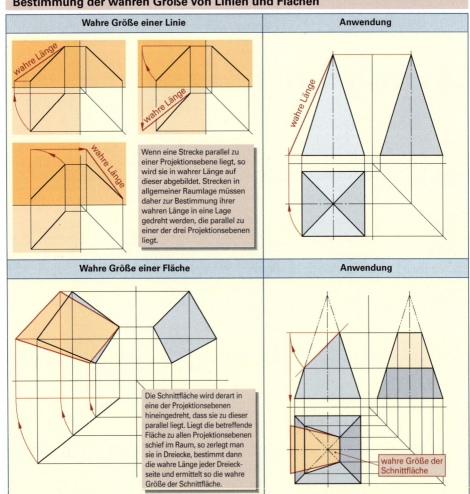

## Bestimmung der wahren Größe von Linien und Flächen

### Wahre Größe einer Linie — Anwendung

Wenn eine Strecke parallel zu einer Projektionsebene liegt, so wird sie in wahrer Länge auf dieser abgebildet. Strecken in allgemeiner Raumlage müssen daher zur Bestimmung ihrer wahren Länge in eine Lage gedreht werden, die parallel zu einer der drei Projektionsebenen liegt.

### Wahre Größe einer Fläche — Anwendung

Die Schnittfläche wird derart in eine der Projektionsebenen hineingedreht, dass sie zu dieser parallel liegt. Liegt die betreffende Fläche zu allen Projektionsebenen schief im Raum, so zerlegt man sie in Dreiecke, bestimmt dann die wahre Länge jeder Dreieckseite und ermittelt so die wahre Größe der Schnittfläche.

wahre Größe der Schnittfläche

# Geometrische Grundkonstruktionen

## Schnitte an Grundkörpern, Abwicklungen

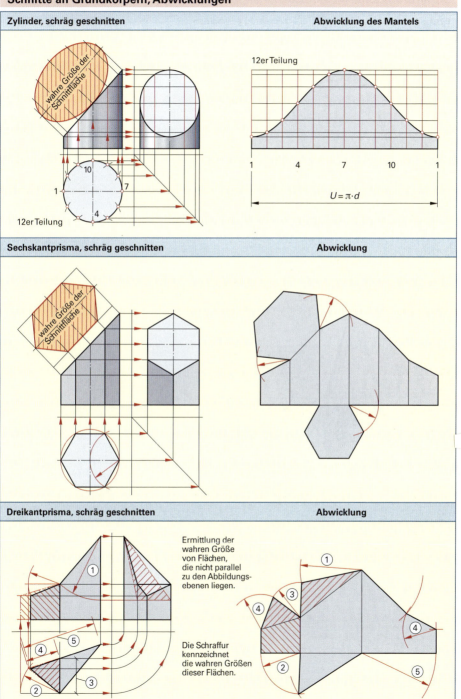

# Geometrische Grundkonstruktionen

## Schnitte an Grundkörpern, Abwicklungen (Fortsetzung)

### Pyramide mit quadratischer Grundfläche, schräg geschnitten — Abwicklung

### Kegelschnitt nach dem Mantellinienverfahren – Hyperbelschnitt — Abwicklung

$$L = \sqrt{\left(\frac{D}{2}\right)^2 + H^2}$$

Länge einer Mantellinie

$$\alpha = \frac{D}{L} \cdot 180°$$

Zentriewinkel der Abwicklung

D Durchmesser des Grundkreises

### Kegelschnitt nach dem Mantellinienverfahren – Parabelschnitt — Abwicklung

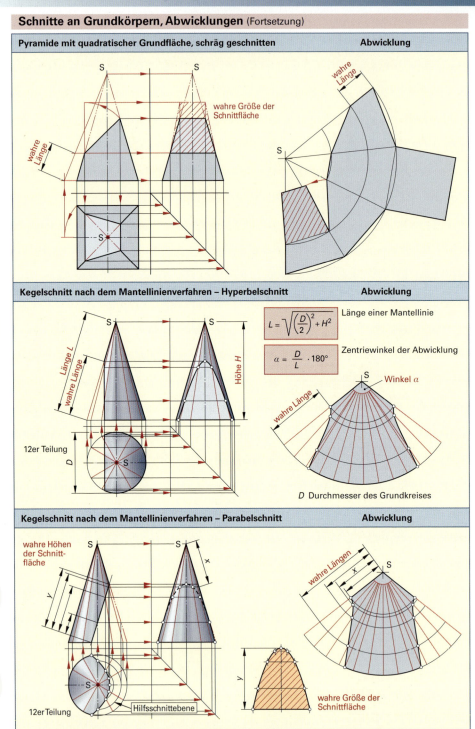

# Geometrische Grundkonstruktionen

## Abwicklung von Blechkörpern
### Abwicklung pyramidenförmiger Faltkörper

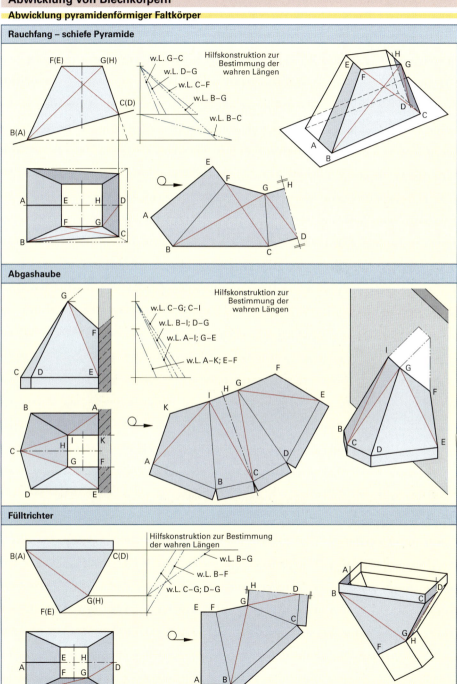

**Rauchfang – schiefe Pyramide**

**Abgashaube**

**Fülltrichter**

# Geometrische Grundkonstruktionen

## Abwicklung von Blechkörpern (Fortsetzung)
### Abwicklung von Übergangskörpern mit dem Dreiecksverfahren

#### Reduzierstück – Übergangskörper quadratisch auf rund

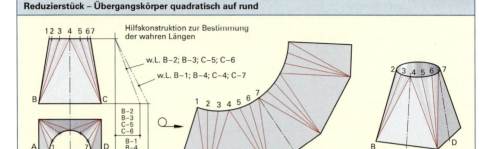

#### Dachreiter – Übergangskörper rechteckig auf rund

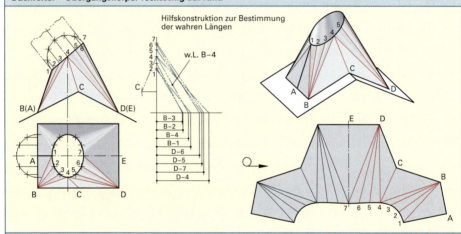

#### Hosenstück – Durchdringung schiefer Kegel

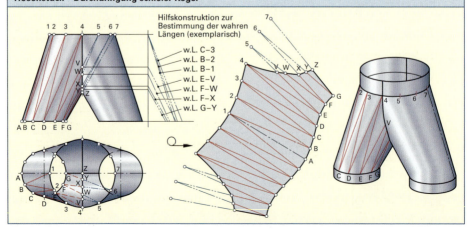

# Maßeintragung

## Elemente der Maßeintragung
vgl. DIN 406-10 u. -11 (1992-12)

| Grundelemente | Zusatzelemente | | Sonderelemente | |
|---|---|---|---|---|
| (Maßhilfslinie, Maßlinie, Maßzahl, Maßbegrenzung – Beispiele mit 75) | × | Diagonalkreuz | ○ | gestreckte Länge |
| | □ | Quadratzeichen | ǂ | Symmetriezeichen |
| | ⌀ | Durchmesserzeichen | 120 (gerahmt) | Prüfmaß |
| | R | Radiuszeichen | 120 (Rahmen) | ideales Maß (theoretisch genaues Maß) |
| | S | Kugelzeichen | (120) | Hilfsmaß |
| | SR | Kennzeichen für sphärische Oberflächen | 120 (unterstrichen) | unmaßstäbliches Maß |
| | SW | Schlüsselweite | [120] | Rohmaß |
| | ⟋ | Zeichen für geneigte Flächen | t | Werkstückdicke |
| | ⊲ | Zeichen für sich verjüngende Oberflächen | | Messstelle |
| | ∨ | Oberflächenrauheit | A | Bezugsfläche |
| | // 0,2 A B | Form- und Lagetoleranzen | 0  20  40 | Ursprung als Ausgangspunkt von Maßen |
| | ⌢246 | Bogenmaß | | |
| | ⧖ | Schweißzeichen und Nahtsymbole | | |

① Maßhilfslinie
② Maßlinie
③ Maßzahl
④ Maßbegrenzung

## Grundregeln für die Maßeintragung
vgl. DIN 406-10 u. -11 (1992-12)

① In eine Zeichnung darf jedes Maß nur einmal eingetragen werden und zwar in der Ansicht, in der die Form der Messstelle am deutlichsten erkennbar ist.

② Sind zur Bemaßung eines Formelementes mehrere Maße erforderlich, so gehören sie zusammen und sind möglichst in derselben Ansicht einzutragen.

③ Maßeintragung an verdeckten Werkstückkanten vermeiden!

④ Die Maßeinheit wird nicht eingetragen, da es im Metallbau üblich ist, alle Maße in mm anzugeben.

⑤ Die jeweils ersten Maßlinien sollen von den Körperkanten einen Mindestabstand von 10 mm haben, untereinander mindestens 7 mm.

⑥ Maßeintragungen müssen vom Schriftfeld aus gesehen von unten und/oder von rechts lesbar sein.
Maßzahlen sollen im Normalfall über der Maßlinie stehen.

⑦ Die Enden der Maßhilfslinien sollen 1 mm bis 2 mm über die Maßlinie hinausragen.

⑧ Bei Maßen bis 10 mm werden die Maßpfeile von außen, bei Maßen größer als 10 mm von innen an die Maßhilfslinie gesetzt.

⑨ Maßlinien verlaufen immer parallel zur Messrichtung.

⑩ Die Maßeintragung soll so vorgenommen werden, dass sie die Besonderheiten der Fertigung, des Prüfens und der Funktion der Werkstücke widerspiegelt.

# Maßeintragung

## Systematik der Maßeintragung

vgl. DIN 406-11 u. 12 (1992-12)

Die Maßeintragung an einem Werkstück soll fertigungsgerecht, funktionsgerecht und prüfgerecht ausgeführt werden. Dabei haben sich folgende Arbeitsschritte bewährt:

1. Festlegen des Maßbezugssystems nach Funktion, Fertigung, Prüfung.
2. Bemaßung aller Teilformen von innen nach außen fortschreitend, durch Eintragung der Größenmaße für die Teilform und Angabe ihrer Lage am Gesamtwerkstück (Lagemaße) bei Zugrundelegung des Maßbezugssystems.
3. Bemaßen der Grundform des Werkstücks.

- G  Größenmaße der Grundform
- g  Größenmaße der Teilform
- x  Lagemaße
- —  Maßbezugssystem

## Maßbezugssysteme

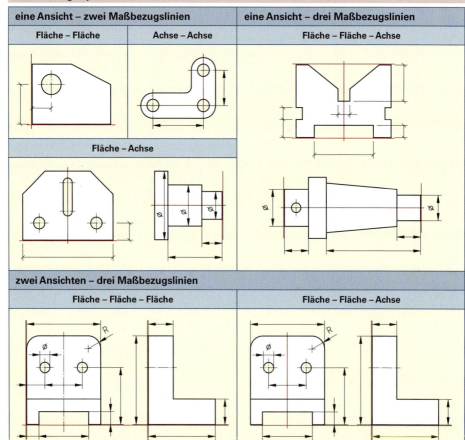

# Maßeintragung

## Bemaßung symmetrischer Teile

vgl. DIN 406-10 u. 11 (1992-12)

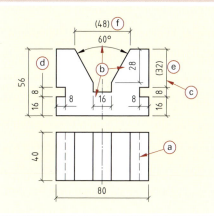

**Regeln**

Bei symmetrischen Formen ist die Mittellinie als Symmetrielinie zugleich auch Maßbezugsachse. Es wird über die Mitte bemaßt. Bei gleichgroßen symmetrisch angeordneten Teilformen werden deren Größenmaße und Lagemaße nur an einer Teilform eingetragen.

Die Maßeintragung kann von mehreren Bezugsflächen, Bezugskanten oder Bezugsachsen aus vorgenommen werden.

An Werkstücken, bei denen die Bearbeitungsrichtung nicht ausgesprochen deutlich erkennbar ist, werden die Maße in Anreißrichtung eingetragen.

● Maß nur einmal eintragen

## Maßanordnung

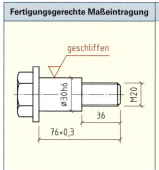

**Regeln**

(a) Möglichst keine Maßeintragung an verdeckten Kanten vornehmen.

(b) Maße nach Zugehörigkeit zu einem Formelement möglichst in derselben Ansicht gruppieren.

(c) Geschlossene Maßketten vermeiden.

(d) Ein Maß als Ausgleichsmaß offen lassen.

(e) Wenn es aus Gründen der Vollständigkeit einer Information erforderlich ist, kann eine Maßzahl der Maßkette als Hilfsmaß in Klammern gesetzt werden.

(f) Die Klammer kennzeichnet das Maß als Hilfsmaß und vermeidet Überbemaßung.

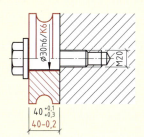

| Fertigungsgerechte Maßeintragung | Funktionsgerechte Maßeintragung | Prüfgerechte Maßeintragung |
|---|---|---|
| Dient der schnellen Information über die Fertigung des Werkstücks, über das anzuwendende Fertigungsverfahren. | Soll das Zusammenwirken und das Funktionieren aller Teile einer Baugruppe sichern. | Sichert die Prüfbarkeit der Maße und hängt von dem geforderten Prüfverfahren sowie von den verwendeten Prüfgeräten ab. |

Dieselbe Zeichnung kann sowohl Fertigungsmaße als auch Funktionsmaße und Prüfmaße enthalten.

## Maßeintragung

### Parallelbemaßung, steigende Bemaßung, Koordinatenbemaßung

vgl. DIN 406-11(1992-12)

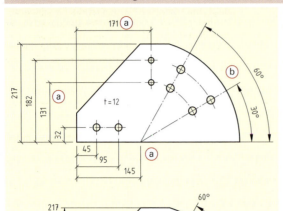

**Parallelbemaßung**

(a) Bei der Parallelbemaßung werden die Maßlinien an jede Teilform und zueinander parallel verlaufend eingetragen.

(b) Winkelmaße werden mit konzentrisch zueinander verlaufenden Maßlinien bemaßt. Jedem Winkel ist eine Maßlinie zugeordnet.

**Steigende Bemaßung**

(c) Der Beginn der Bemaßung (Ursprung) wird mit einem kleinen Kreis gekennzeichnet, dessen Durchmesser 8-mal der Maßlinienbreite entsprechen soll.

(d) Vom Ursprung aus wird für beide Richtungen der Längenmaße und für die Winkelmaße jeweils nur eine Maßlinie eingetragen.

(e) Bei Platzmangel dürfen zusätzliche Maßlinien eingetragen werden.

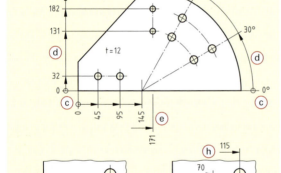

(f) Bei Maßen, die vom Ursprung aus in Gegenrichtung eingetragen werden, muss die Maßzahl mit einem negativen Vorzeichen versehen werden.

(g) Die Maßzahlen dürfen auch in Leserichtung über der zugehörigen Maßlinie eingetragen werden.

(h) Aus Platzgründen können die Maße auch mit abgebrochenen Maßlinien eingetragen werden.

**Koordinatenbemaßung**

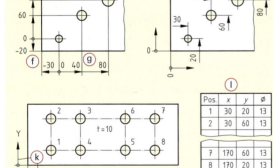

(i) Der Ursprung wird mit einem kleinen Kreis gekennzeichnet, dessen Durchmesser 8-mal der Maßlinienbreite entspricht.

(k) Kartesische Koordinaten werden, gemessen vom Ursprung aus, jeweils in Richtung der senkrecht zueinander verlaufenden Achsen festgelegt. Dabei werden Maßhilfslinien und Maßlinien nicht gezeichnet.
Der Ursprung des Koordinatensystems kann an beliebiger Stelle liegen. Damit können sich positive oder negative Messrichtungen ergeben. Die in negativen Achsrichtungen zu messenden Maße sind mit negativen Vorzeichen zu versehen.

(l) Die Koordinatenwerte werden entweder in Tabellen zusammengefasst oder direkt in der Nähe der Koordinatenpunkte angegeben.

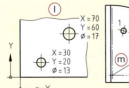

| Pos. | x | y | ø |
|---|---|---|---|
| 1 | 30 | 20 | 13 |
| 2 | 30 | 60 | 13 |
| 7 | 170 | 60 | 13 |
| 8 | 170 | 20 | 13 |

| Pos. | r | φ | ø |
|---|---|---|---|
| 1 | 60 | 75° | 9 |
| 2 | 60 | 45° | 9 |
| 3 | 60 | 15° | 9 |
| 4 | 90 | 60° | 13 |
| 5 | 90 | 30° | 13 |

(m) Polarkoordinaten werden durch einen absoluten Betrag (Radius) und einen Winkel, der bezüglich der Polarachse im Gegenuhrzeigersinn gemessen wird, angegeben.

(n) Die Koordinatenwerte werden in einer Tabelle zusammengefasst.

## Maßeintragung

### Maßlinien, Maßhilfslinien, Maßlinienbegrenzung  vgl. DIN 406-11 (1992-12)

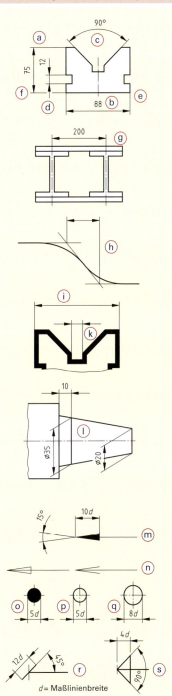

**Maßlinien**

(a) Maßlinien und Maßhilfslinien sind schmale Volllinien (vgl. Seite 86 DIN EN ISO 128-20). Maßlinien sind mindestens 10 mm von den Körperkanten entfernt einzutragen und haben untereinander einen Abstand von 7 mm. Maßlinien sollen sich mit anderen Maßlinien möglichst nicht schneiden.

(b) Maßlinien werden parallel zu der zu bemaßenden Strecke oder als Kreisbogen um den Scheitelpunkt eines Winkels
(c) bzw. den Bogenmittelpunkt eingetragen.

(d) Maßlinien werden nicht unterbrochen.

**Maßhilfslinien**

(e) Maßhilfslinien werden rechtwinklig zur zugehörigen Messstrecke eingetragen.

(f) Maßhilfslinien dürfen unterbrochen werden, wenn ihre Fortsetzung eindeutig erkennbar ist.

(g) Mittellinien dürfen als Maßhilfslinie verwendet werden. Außerhalb der Körperbegrenzung werden sie als schmale Volllinie gezeichnet.

(h) Einander schneidende Projektionslinien werden über ihren Schnittpunkt hinausgezogen, damit die Maßhilfslinie dort angesetzt werden kann.

(i) Bei Verwendung großer Linienbreiten wird die Maßhilfslinie an den Außenkanten angesetzt.

(k) Innenmaße entsprechend an den Innenkanten ansetzen.

(l) Wenn erforderlich, dürfen Maßhilfslinien unter einem Winkel von ca. 60° zur Maßlinie stehen, wenn dadurch die Maßeintragung deutlicher erkennbar wird.

**Maßlinienbegrenzungen**

| | | |
|---|---|---|
| (m) | geschwärzter Pfeil | vorwiegend im Maschinenbau |
| (n) | nicht geschwärzter oder offener Pfeil | bei rechnergestützt angefertigten Zeichnungen |
| (o) | Punkt | bei Platzmangel, in Verbindung mit anderen Maßbegrenzungen |
| (p) | Kreis | bei Zeichnungen des Bauwesens und des Stahlbaus |
| (q) | Kreis als Ursprung | bei Bezugsbemaßung |
| (r) | Maßstrich | bei Zeichnungen des Bauwesens und des Stahlbaus |
| (s) | nicht geschwärzter Pfeil | bei Zeichnungen des Bauwesens, z.B. Treppenlauflinie |

## Maßeintragung

### Maßzahlen, Arten von Maßen, Hinweislinien, Durchmesser  vgl. DIN 406-11 (1992-12)

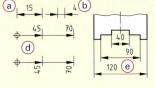

**Maßzahlen**
werden in Schriftform B vertikal eingetragen (vgl. Seite 85).

(a) Maßzahlen werden zwischen die Maßhilfslinien über die Maßlinie geschrieben.

(b) Bei Platzmangel können sie auch außerhalb der Maßhilfslinien auf die Maßlinie geschrieben werden.

(c) Bei Platzmangel darf die Maßzahl an einer Hinweislinie eingetragen werden.

(d) Bei steigender Maßeintragung werden die Maßzahlen in der Nähe der Maßlinienbegrenzung oder parallel zur Maßhilfslinie eingetragen.

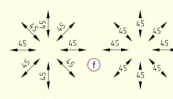

(e) Bei mehreren parallelen oder konzentrischen Maßlinien werden die Maßzahlen versetzt eingetragen. Alle Maße müssen von unten und von rechts lesbar sein. Unten ist dort, wo sich auf der Zeichnung das Schriftfeld in Leselage befindet. Alle Maße einer Zeichnung werden in der gleichen Maßeinheit angegeben. Die Maßeinheit wird nur eingetragen, wenn sie von der Einheit Millimeter (mm) abweicht.

(f) Bei Eintragung aller Maße in derselben Leselage werden die nichthorizontalen Maßlinien unterbrochen.

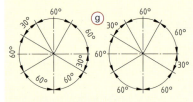

(g) Winkelmaße dürfen auch ohne Unterbrechung der Maßlinie in Leselage eingetragen werden.

### Arten von Maßen

(h) Mit Hilfsmaßen werden funktionelle Zusammenhänge verdeutlicht. Zur geometrischen Bestimmung eines Werkstücks sind sie nicht erforderlich. Sie werden in Klammern gesetzt.

(i) Prüfmaße werden vom Besteller bei der Abnahme des Erzeugnisses besonders geprüft. Sie werden oval eingefasst.

(k) Rohmaße beziehen sich auf den Ausgangszustand eines Teils. Sie werden in eckige Klammern gesetzt.

(l) Nicht maßstäblich eingetragene Maßangaben werden mittels Unterstreichung hervorgehoben.

(m) Theoretisch genaue Maße legen die geometrisch ideale Lage eines Punktes, einer Linie oder einer Fläche fest. Man setzt sie in ein rechteckiges Feld.

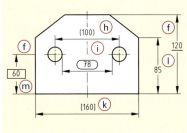

**Hinweislinien** enden entweder

(n) als Pfeil an einer Körperkante

(o) ohne Begrenzung an einer Linie

(p) als Punkt auf einer Fläche.

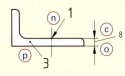

### Durchmesser

(q) Bei der Durchmesserbemaßung wird das grafische Symbol an jeder Kreisform angewendet (auch bei Schnitten).

(r) Die Maßlinie geht durch den Mittelpunkt des Kreises oder wird zwischen Maßhilfslinien gesetzt.

(s) Bei Platzmangel dürfen Durchmessermaße von außen an die Kreisform angesetzt werden.

(t) Wenn wie bei Halbschnitten nur eine Kante der Kreisform sichtbar ist, so werden die Durchmessermaße hinter der Symmetrieachse abgebrochen.

(u) Wenn nur ein Maßpfeil gezeichnet wird, geht die Maßlinie über den Mittelpunkt des Kreises hinaus.

(v) Kleine Durchmesser bemaßt man mit Bezugspfeil, wobei der Pfeil zum Mittelpunkt zeigt.

(w) Bei kleinen Durchmesserangaben oder wegen Übersichtlichkeit können die Maßlinien von außen angelegt werden.

(x) Aus Gründen der Übersichtlichkeit kann es erforderlich sein, die Maßlinie einerseits an die Körperkante, andererseits an eine Maßhilfslinie anzulegen.

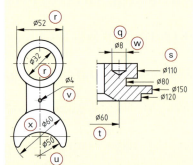

# Maßeintragung

## Radius, Fase, Senkung, Neigung, Verjüngung
vgl. DIN 406-11 (1992-12)

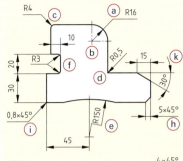

### Radien

(a) Zur Kennzeichnung von Radien dient der Großbuchstabe R vor der Maßzahl.

Radien können eingetragen werden:

(b) – mit Mittelpunktskennzeichnung

(c) – ohne Mittelpunktskennzeichnung (kleine Radien), mit Hinweislinie

(d) – sehr kleine Radien ohne Darstellung des Radius

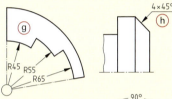

(e) – sehr große Radien mit Bemaßung der Mittelpunktslage (Maßpfeil abknicken)

(f) – mehrere Radien gleicher Größe können zusammengefasst werden

(g) – haben mehrere Radien den gleichen Mittelpunkt, so kann aus Gründen der Übersichtlichkeit um den gemeinsamen Mittelpunkt ein Kreis gezeichnet werden

Die Maßlinien sind vom Radienmittelpunkt ausgehend zu zeichnen bzw. zeigen in dessen Richtung.

### Fasen, Senkungen

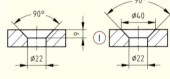

(h) 45°-Fasen und 90°-Senkungen können unter Angabe von Fasenbreite und Winkel vereinfacht bemaßt werden.

(i) 45°-Fasen dürfen, gleichgültig ob sie bildlich dargestellt sind oder nicht, mit Hinweislinie bemaßt werden.

(k) Bei Fasen ungleich 45° sind Winkel und Fasenbreite gemeinsam einzutragen.

(l) Kegelige Senkungen können entweder mit Außendurchmesser und Senkwinkel oder mit Senktiefe und Senkwinkel bemaßt werden.

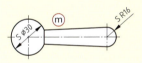

### Kugel

(m) Eine Kugelform wird in jedem Fall mit dem Großbuchstaben S vor der Maßzahl gekennzeichnet.

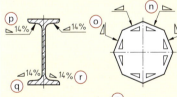

### Verjüngung, Neigung

(n) Das Sinnbild steht jeweils vor der Maßangabe in % oder als Zahlenverhältnis.

(o) Die Eintragung erfolgt im Regelfall mit Hinweislinie,

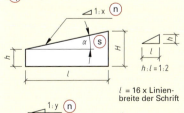

$l$ = 16 × Linienbreite der Schrift

(p) dabei wird das Sinnbild so eingetragen, wie es der Form des Werkstücks an dieser Stelle entspricht.

(q) Das Sinnbild darf auch ohne Hinweislinie in waagerechter Richtung eingetragen werden.

(r) Das Sinnbild darf auch parallel zur geneigten Werkstückoberfläche eingetragen werden.

(s) Der Neigungswinkel kann zusätzlich als Hilfsmaß für die Fertigung angegeben werden.

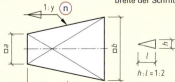

Neigung

$$1 : x = \frac{H - h}{l}$$

Verjüngung

$$1 : y = \frac{b - a}{l}$$

## Bemaßung besonderer Formen

vgl. DIN 406-11(1992-12)

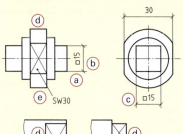

**Quadrat**

(a) Bei der Bemaßung quadratischer Formelemente wird das Quadratzeichen vor die Maßzahl gesetzt.

(b) Das Quadratzeichen hat die Größe eines Kleinbuchstaben.

(c) Quadratische Formen sollen vorzugsweise in der Ansicht bemaßt werden, in der ihre Form erkennbar ist.

**Diagonalkreuz**

(d) Zur Kennzeichnung ebener Flächen wird ein Diagonalkreuz aus schmalen Volllinien verwendet.

**Schlüsselweite**

(e) Der Abstand gegenüberliegender paralleler Flächen kann in der Ansicht, in der er nicht wie üblich bemaßt werden kann, als Schlüsselweite eingetragen werden. Dabei wird das Kurzzeichen SW in Großbuchstaben vor die Maßzahl gesetzt.

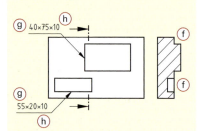

**Rechteck**

(f) Rechteckige Formelemente als Durchbrüche oder als vertiefte oder erhabene Formen können mit Hinweislinie bemaßt werden.

(g) Dabei steht das Maß der Kante als erstes auf dem Querstrich, an der die Hinweislinie endet.

(h) Mit der dritten Ziffer wird die Tiefe bzw. Höhe angegeben.

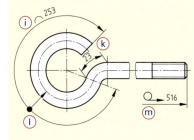

**Bogen**

(i) Das grafische Symbol kennzeichnet ein Bogenmaß. Es wird vor die Maßzahl geschrieben.

(k) Bei spitzen Winkeln bis 90° werden die Maßhilfslinien parallel zur Winkelhalbierenden gezeichnet, sonst in Richtung Bogenmittelpunkt.

(l) Zur unmissverständlichen Zuordnung kann die Verbindung zwischen Bogenlänge und Maßzahl durch eine Linie mit Pfeil und Punkt gekennzeichnet werden.

**Abwicklung**

(m) Bei nicht dargestellter Abwicklung eines Biegeteils kann mit dem Symbol für die gestreckte Länge bemaßt werden.

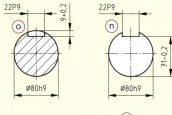

**Nuten**

(n) Bei durchgehenden bzw. auf einer Seite offenen Wellennuten sowie bei Nuten in zylindrischen Bohrungen werden die Nutbreite und das Maß von der Gegenseite bis zum Nutgrund angegeben.

(o) Bei geschlossenen Wellennuten, wie z.B. für rundstirnige Passfedern, werden die Nutbreite und die Nuttiefe bemaßt.

(p) Bei der Maßeintragung an in Draufsicht dargestellten Nuten darf die Nuttiefe vereinfacht mit dem Buchstaben h angegeben werden. In dem Fall sind außerdem die Nutbreite und die Nutlänge einzutragen. Passfedernuten werden über die gesamte Länge bemaßt.

(q) Die Nuttiefe kann auch in Kombination mit der Nutbreite eingetragen werden. In dem Fall ist nur noch die Nutlänge zu bemaßen.

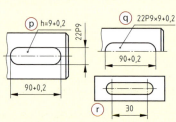

(r) Bei Langlöchern wird das Längenmaß zwischen den Rundungsmittelpunkten eingetragen. Außerdem wird die Lochbreite bemaßt.

## Maßeintragung

### Gewinde, Toleranzen
vgl. DIN 406-11 (1992-12)

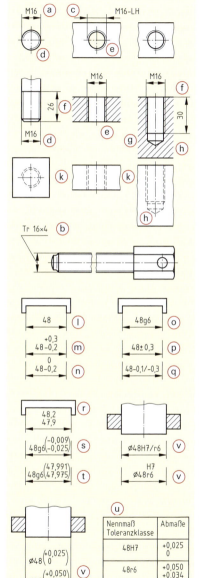

**Gewinde**

(a) Genormte Gewinde werden mit Kurzbezeichnungen nach DIN 202 benannt, die sich immer auf den Gewindenenndurchmesser beziehen.

(b) Die Gewindekurzbezeichnung kann durch Angaben zu Steigung und Teilung ergänzt werden.

(c) Linksgewinde werden mit LH gekennzeichnet. Treten an einem Werkstück mit Linksgewinde auch Rechtsgewinde auf, so werden diese mit RH gekennzeichnet.

(d) Bei Außengewinde werden die Maßhilfslinien am mit breiter Volllinie dargestellten Außendurchmesser (Nenndurchmesser) eingetragen. Kerndurchmesser werden in Ansicht mit schmaler Volllinie, in Draufsicht mit einem 3/4 Kreis mit schmaler Volllinie dargestellt.

(e) Bei Innengewinde wird der Kerndurchmesser mit breiter Volllinie dargestellt und das Nennmaß wird an dem mit schmaler Volllinie gezeichneten Nenndurchmesser eingetragen. Nenndurchmesser werden in Ansicht mit schmaler Volllinie, in Draufsicht mit 3/4 Kreis in schmaler Volllinie dargestellt.

(f) Längenangaben beziehen sich auf die nutzbare Gewindelänge.

(g) Die Tiefe einer Grundbohrung wird im Regelfall nicht bemaßt.

(h) Der Bohrkegel schließt in der Darstellung einen Winkel von 120° ein.

(i) Fasen für Innen- und Außengewinde werden nur dann bemaßt, wenn ihr Durchmesser vom Gewindeaußen- bzw. Gewindekerndurchmesser abweicht.

(k) Verdeckte Gewindebohrungen werden mit Strichlinien dargestellt.

**Toleranzen**

(l) Toleranzen können angegeben werden durch
 – Allgemeintoleranzen, – Abmaße,
 – Grenzmaße, – Kurzzeichen der Toleranzklasse.

(m) Die Abmaße sind mit Vorzeichen vorzugsweise in Maßzahlhöhe hinter dem Nennmaß einzutragen.

(n) Ist ein Abmaß Null, so kann es durch eine „0" angegeben werden.

(o) Kurzzeichen der Toleranzklasse werden hinter dem Nennmaß in Maßzahlhöhe eingetragen.

(p) ± wird verwendet, wenn oberes und unteres Abmaß gleiche Größe haben.

(q) Nennmaß und Abmaße in derselben Zeile eintragen.

(r) Grenzmaße werden als Höchst- u. Mindestmaß angegeben.

Falls erforderlich, können zu den Kurzzeichen der Toleranzklassen

(s) – die Abmaße in Klammern,

(t) – die Grenzmaße in Klammern,

(u) – beide in Tabellenform angegeben werden.

(v) Bei zusammengebaut dargestellten Gegenständen muss das Innenmaß vor bzw. über dem Außenmaß eingetragen werden.

(w) Bei Winkelmaßen werden die Einheit des Nennmaßes und der Abmaße immer mit angegeben.

## Teilungen

vgl. DIN 406-11 (1992-12)

**Teilungen**

(a) Bei Bauteilen, die gleiche Formelemente mit untereinander gleichen Abständen (Teilungen) aufweisen, werden die Längen- und Winkelmaße vereinfacht angegeben.

(b) Dabei muss die Anzahl der Formelemente entweder dargestellt oder bei der Maßeintragung mit angegeben werden.

(c) Zusätzlich zu dem Teilungs- bzw. Winkelteilungsmaß muss das Produkt aus der Anzahl der Teilungen und dem Teilungsmaß sowie das Ergebnis mit Gleichheitszeichen in Klammern gesetzt eingetragen werden.

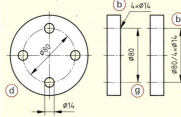

Gleiche Formelemente, die zusammengehören und sich wiederholen, können

(d) – vollständig in Anzahl und Form,

(e) – nur einmal vollständig,

(f) – in Halb- oder Vierteldarstellung,

(g) – als Mittellinien auf einem Teilkreis,

(h) – als Achsenkreuz

dargestellt werden.

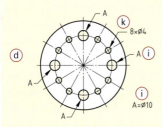

(i) Unterschiedliche Formelemente, die sich wiederholen, dürfen mit Großbuchstaben gekennzeichnet werden, deren Bedeutung in unmittelbarer Nähe zu erklären ist.

(k) Bei weniger abweichenden Formelementen darf die direkte Maßeintragung mit der Buchstabenkennzeichnung kombiniert werden.

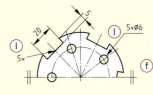

(l) Sind bei Kreisteilungen die Formelemente am Umfang oder auf dem Lochkreis gleichmäßig verteilt, so darf die Anzahl gleicher Formelemente über eine Hinweislinie angegeben werden.

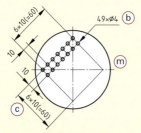

(m) Werkstücke, die eine Vielzahl gleicher Formelemente enthalten, können vereinfacht dargestellt werden. Die Möglichkeit einer falschen Interpretation muss ausgeschlossen sein.

# Maßeintragung 113

## Vereinfachte Darstellung und Maßeintragung an Bohrungen, Senkungen und Gewindelöchern
vgl. DIN 6780 (2000-10)

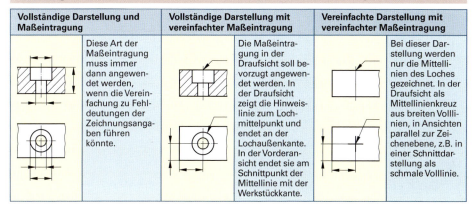

| Vollständige Darstellung und Maßeintragung | Vollständige Darstellung mit vereinfachter Maßeintragung | Vereinfachte Darstellung mit vereinfachter Maßeintragung |
|---|---|---|
| Diese Art der Maßeintragung muss immer dann angewendet werden, wenn die Vereinfachung zu Fehldeutungen der Zeichnungsangaben führen könnte. | Die Maßeintragung in der Draufsicht soll bevorzugt angewendet werden. In der Draufsicht zeigt die Hinweislinie zum Lochmittelpunkt und endet an der Lochaußenkante. In der Vorderansicht endet sie am Schnittpunkt der Mittellinie mit der Werkstückkante. | Bei dieser Darstellung werden nur die Mittellinien des Loches gezeichnet. In der Draufsicht als Mittellinienkreuz aus breiten Volllinien, in Ansichten parallel zur Zeichenebene, z.B. in einer Schnittdarstellung als schmale Volllinie. |

### Aufbau und Reihenfolge der Angaben für die vereinfachte Maßeintragung

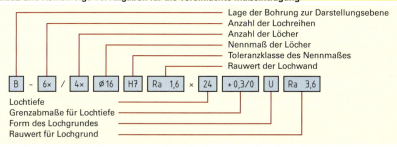

### Anzuwendende Symbole

| Symbol | Bedeutung | Beispiel | Symbol | Bedeutung | Beispiel |
|---|---|---|---|---|---|
| ⌀ | Durchmesserzeichen | ⌀10 | U | zylindrische Senkung | ⌀10×30 U |
| □ | Quadratzeichen | □12 | V | werkstoffabhängige Bohrerspitze | ⌀10×30 V |
| × | Trennzeichen zwischen Nennmaß und Tiefenangabe oder Winkelangabe oder Anzahl der Löcher/Lochgruppen | M12×30 | W | Wendeschneidplatten Bohrerspitze | ⌀10×30 W |
|  |  |  | V̲ | Tiefenmaßangabe bei Bohrerspitze | ⌀10×30 V̲ |
| / | Trennzeichen zwischen Tiefenangaben | M12×30/40 | B– | Fertigung von der Rückseite | B–⌀10×30 |

### Beispiel für die vereinfachte Maßeintragung

| Vollständige Darstellung und Maßeintragung | Vollständige Darstellung mit vereinfachter Maßeintragung | Vereinfachte Darstellung mit vereinfachter Maßeintragung | Erklärung |
|---|---|---|---|
| M8, 9, 12,9 / M8 | M8×9/12,9 V / M8×9/12,9 V | M8×9/12,9 V / M8×9/12,9 V | Gewinde M8 mit der Gewindelänge 9 mm, Kernlochtiefe 12,9 mm mit werkstoffabhängiger Bohrerspitze gefertigt. |

# Maßeintragung

## Darstellung von Schrauben und Schraubenverbindungen

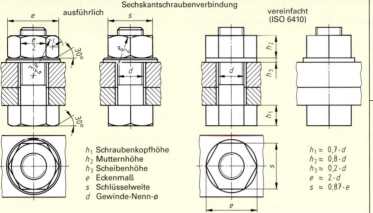

$h_1$ Schraubenkopfhöhe
$h_2$ Mutternhöhe
$h_3$ Scheibenhöhe
$e$ Eckenmaß
$s$ Schlüsselweite
$d$ Gewinde-Nenn-ø

$h_1 \approx 0{,}7 \cdot d$
$h_2 \approx 0{,}8 \cdot d$
$h_3 \approx 0{,}2 \cdot d$
$e \approx 2 \cdot d$
$s \approx 0{,}87 \cdot e$

## Vereinfachte Darstellung von Gewindeeinsätzen

vgl. DIN ISO 6410-02 (1993-12)

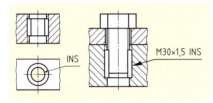

Diese Darstellung ist bevorzugt anzuwenden. Dabei wird nur die Außenkante des Gewindeeinsatzes, aber nicht sein Nenndurchmesser gezeichnet. Der Einsatz wird nicht schraffiert.
Die Bezeichnung erfolgt nach dem Gewinde, für das der Einsatz vorgesehen ist. Zusätzlich ist die Abkürzung INS hinter der Gewindebezeichnung anzugeben. (INS = Einsatz)
**Bezeichnungsbeispiel: M30 × 1,5 INS**

## Schlüsselweiten

Bezeichnung einer Schlüsselweite (SW) mit Nennmaß $s = 16$ mm:
**DIN 475-SW 16**

| $e_1 = 1{,}4142 \cdot s$ | $e_2 = 1{,}1547 \cdot s$ | $e_3 = 1{,}0824 \cdot s$ |
|---|---|---|
| $s = 0{,}7071 \cdot e_1$ | $s = 0{,}8660 \cdot e_2$ | $s = 0{,}9239 \cdot e_3$ |

| Schlüssel-weite (SW) Nennmaß $s$ | Eckenmaß 2kant $d$ | Eckenmaß 4kant $e_1$ ≈ | Eckenmaß 6kant $e_2$ ≈ | Schlüssel-weite (SW) Nennmaß $s$ | Eckenmaß 2kant $d$ | Eckenmaß 4kant $e_1$ ≈ | Eckenmaß 6kant $e_2$ ≈ | Eckenmaß 8kant $e_3$ ≈ | Schlüssel-weite (SW) Nennmaß $s$ | Eckenmaß 2kant $d$ | Eckenmaß 4kant $e_1$ ≈ | Eckenmaß 6kant $e_2$ ≈ | Eckenmaß 8kant $e_3$ ≈ |
|---|---|---|---|---|---|---|---|---|---|---|---|---|---|
| 3,2 | 3,7 | 4,5 | 3,7 | 15 | 17 | 21,2 | 17,3 | – | 32 | 38 | 45,3 | 36,9 | 34,6 |
| 3,5 | 4 | 4,9 | 4,0 | 16 | 18 | 22,6 | 18,5 | – | 34 | 40 | 48,0 | 39,3 | 36,7 |
| 4 | 4,5 | 5,7 | 4,6 | 17 | 19 | 24,0 | 19,6 | – | 36 | 42 | 50,9 | 41,6 | 39,0 |
| 4,5 | 5 | 6,4 | 5,2 | 18 | 21 | 25,4 | 20,8 | – | 41 | 48 | 58,0 | 47,3 | 44,4 |
| 5 | 6 | 7,1 | 5,8 | 19 | 22 | 26,9 | 21,9 | – | 46 | 52 | 65,1 | 53,1 | 49,8 |
| 5,5 | 7 | 7,8 | 6,4 | 20 | 23 | 28,3 | 23,1 | – | 50 | 58 | 70,7 | 57,7 | 54,1 |
| 6 | 7 | 8,5 | 6,9 | 21 | 24 | 29,7 | 24,2 | 22,7 | 55 | 65 | 77,8 | 63,5 | 59,5 |
| 7 | 8 | 9,9 | 8,1 | 22 | 25 | 31,1 | 25,4 | 23,8 | 60 | 70 | 84,8 | 69,3 | 64,9 |
| 8 | 9 | 11,3 | 9,2 | 23 | 26 | 32,5 | 26,6 | 24,9 | 65 | 75 | 91,9 | 75,0 | 70,3 |
| 9 | 10 | 12,7 | 10,4 | 24 | 28 | 33,9 | 27,7 | 26,0 | 70 | 82 | 99,0 | 80,8 | 75,7 |
| 10 | 12 | 14,1 | 11,5 | 25 | 29 | 35,5 | 28,9 | 27,0 | 75 | 88 | 106 | 86,6 | 81,2 |
| 11 | 13 | 15,6 | 12,7 | 26 | 31 | 36,8 | 30,0 | 28,1 | 80 | 92 | 113 | 92,4 | 86,6 |
| 12 | 14 | 17,0 | 13,9 | 27 | 32 | 38,2 | 31,2 | 29,1 | 85 | 98 | 120 | 98,1 | 92,0 |
| 13 | 15 | 18,4 | 15,0 | 28 | 33 | 39,6 | 32,3 | 30,2 | 90 | 105 | 127 | 103,9 | 97,4 |
| 14 | 16 | 19,8 | 16,2 | 30 | 35 | 42,4 | 34,6 | 32,5 | 95 | 110 | 134 | 109,7 | 103 |

**Hinweise:** In DIN 475 sind die Maße $e_2$ kleiner. Diese kleineren Maße sind empfohlene Herstellungsmaße für fertiggepresste Sechskantprodukte. Bemaßung ⇒ S. 110

## Maßeintragung

### Freistiche
vgl. DIN 509 (2006-12)

| Bezeichnungsbeispiel<br>**Freistich DIN 509 – F 1,6 x 0,3**<br>Radius $r$ = 1,6 mm<br>Einstichtiefe $t_1$ = 0,3 mm | $r \pm 0,1$[1] | | $t_1$ | $t_2$ | $f$ | $g$ | Durchmesser $d_1$ für Werkstücke mit | |
|---|---|---|---|---|---|---|---|---|
| | Reihe 1 | Reihe 2 | + 0,1<br>0 | + 0,05<br>0 | + 0,2<br>0 | | üblicher Beanspruchung | erhöhter Wechselfestigkeit |
| Form E + F | – | R0,2 | 0,1 | 0,1 | 1 | 0,9 | > ⌀ 1,6 … ⌀ 3 | – |
| | R0,4 | – | 0,2 | 0,1 | 2 | 1,1 | > ⌀ 3 … ⌀ 18 | – |
| | – | R0,6 | 0,2 | 0,1 | 2 | 1,4 | > ⌀ 10 … ⌀ 18 | – |
| | – | R0,6 | 0,3 | 0,2 | 2,5 | 2,1 | > ⌀ 18 … ⌀ 80 | – |
| | R0,8 | – | 0,3 | 0,2 | 2,5 | 2,3 | > ⌀ 18 … ⌀ 80 | – |
| | – | R1 | 0,2 | 0,1 | 2,5 | 1,8 | – | > ⌀ 18 … ⌀ 50 |
| | – | R1 | 0,4 | 0,3 | 4 | 3,2 | > ⌀ 80 | – |
| | R1,2 | – | 0,2 | 0,1 | 2,5 | 2 | – | > ⌀ 18 … ⌀ 50 |
| | R1,6 | – | 0,3 | 0,2 | 4 | 3,1 | – | > ⌀ 50 … ⌀ 80 |
| | R2,5 | – | 0,4 | 0,3 | 5 | 4,8 | – | > ⌀ 80 … ⌀ 125 |
| | R4 | – | 0,5 | 0,3 | 7 | 6,4 | – | > ⌀ 125 |
| Form G | R0,4 | – | 0,2 | 0,2 | 0,9 | 1,1 | > ⌀ 3 … ⌀ 18 | – |

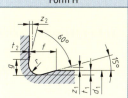

[1] Freistiche mit Radien der Reihe 1 sind zu bevorzugen.

Anwendung:
Form E – Für weiter zu bearbeitende Zylinderflächen
Form F – Für weiter zu bearbeitende Plan- und Zylinderflächen
Form G – Für kleinen Übergang bei geringer Beanspruchung
Form H – Für weiter zu bearbeitende Plan- und Zylinderflächen

| Form H | R 0,8 | – | 0,3 | 0,05 | 2 | 1,1 | > ⌀ 18 … ⌀ 80 | – |
|---|---|---|---|---|---|---|---|---|
| | R 1,2 | – | 0,3 | 0,05 | 2,4 | 1,5 | – | > ⌀ 18 … ⌀ 50 |

- Die Norm gilt für Freistiche bei Drehteilen und Bohrungen.
- Die Darstellungen beziehen sich auf Wellen und Achsen.
- Freistiche mit Radien der Reihe 1 sind bevorzugt anzuwenden.
- Die Zuordnung zum Durchmesserbereich gilt nicht bei kurzen Ansätzen und dünnwandigen Teilen. Aus Fertigungsgründen kann es zweckmäßig sein, an einem Werkstück mit unterschiedlichen Durchmsser mehrere Freistiche in gleicher Form und Größe anzubringen.

### Zeichnungsangaben

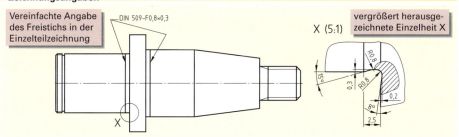

Vereinfachte Angabe des Freistichs in der Einzelteilzeichnung — DIN 509-F0,8×0,3

X (5:1) vergrößert herausgezeichnete Einzelheit X

### Darstellung und Bemaßung von Zentrierbohrungen
vgl. DIN ISO 6411 (1997-11)

| Zentrierbohrung **muss** am Fertigteil verbleiben | Zentrierbohrung **kann** am Fertigteil verbleiben | Zentrierbohrung **darf nicht** am Fertigteil verbleiben |
|---|---|---|
| DIN 332-A4/8,5 | DIN 332-A4/8,5 | DIN 332-A4/8,5 |

# Grenzmaße und Passungen

## Grundbegriffe
vgl. DIN ISO 286-1 (1990-11)

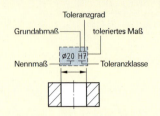

| Begriff | Erklärung | Begriff | Erklärung |
|---|---|---|---|
| Grenzabmaße Oberes Unteres | Höchstmaß minus Nennmaß. Mindestmaß minus Nennmaß. | Passung | Beziehung aus der Differenz der Istmaße von Bohrung und Welle nach dem Fügen. |
| Grenzmaße Höchstmaß Mindestmaß | Größtes zugelassenes Werkstückmaß. Kleinstes zugelassenes Werkstückmaß. | Toleranz | Differenz zwischen Höchst- und Mindestmaß bzw. Differenz zwischen oberem und unterem Abmaß. |
| Grundabmaß | Abstand zwischen Nulllinie und demjenigen Grenzabmaß, das am nächsten bei der Nulllinie liegt. | Toleranzfeld | Bei grafischer Darstellung von Toleranzen das Feld zwischen Höchst- und Mindestmaß. |
| Grundtoleranz | Die einem Grundtoleranzgrad, z.B. IT 7, und einem Nennmaßbereich, z.B. 30...50, zugeordnete Toleranz. | Toleranzgrad | Zahl des Grundtoleranzgrades. |
| Grundtoleranzgrad | Eine Gruppe von Toleranzen, die dem gleichen Genauigkeitsniveau, z.B. IT 7, zugeordnet werden. | Toleranzklasse | Benennung für eine Kombination eines Grundabmaßes mit einem Toleranzgrad, z.B. H7. |
| Istmaß | Gemessenes Werkstückmaß. | Toleriertes Maß | Nennmaß mit Grenzabmaßen, z.B. 30 ± 0,1, oder Nennmaß mit Toleranzklasse, z.B. 20 H7. |
| Nennmaß | Maß, auf das sich die Abmaße beziehen. | | |

## Grenzmaße, Abmaße und Toleranzen
vgl. DIN ISO 286-1 (1990-11)

**Bohrungen**
- $N$ Nennmaß
- $G_{oB}$ Höchstmaß Bohrung
- $G_{uB}$ Mindestmaß Bohrung
- $ES$ oberes Abmaß Bohrung
- $EI$ unteres Abmaß Bohrung
- $T_B$ Toleranz Bohrung

**Wellen**
- $N$ Nennmaß
- $G_{oW}$ Höchstmaß Welle
- $G_{uW}$ Mindestmaß Welle
- $es$ oberes Abmaß Welle
- $ei$ unteres Abmaß Welle
- $T_W$ Toleranz Welle

$G_{oB} = N + ES$

$G_{uB} = N + EI$

$T_B = ES - EI$

$T_B = G_{oB} - G_{uB}$

$G_{oW} = N + es$

$G_{uW} = N + ei$

$T_W = es - ei$

$T_W = G_{oW} - G_{uW}$

## Passungen
vgl. DIN ISO 286-1 (1990-11)

**Spielpassung**
- $P_{SH}$ Höchstspiel
- $P_{SM}$ Mindestspiel

**Übergangspassung**
- $P_{SH}$ Höchstspiel
- $P_{ÜH}$ Höchstübermaß

**Übermaßpassung**
- $P_{ÜH}$ Höchstübermaß
- $P_{ÜM}$ Mindestübermaß

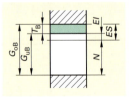
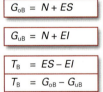
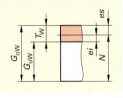
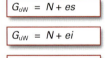

$P_{SM} = G_{uB} - G_{oW}$

$P_{SH} = G_{oB} - G_{uW}$

$P_{ÜH} = G_{uB} - G_{oW}$

$P_{ÜM} = G_{oB} - G_{uW}$

# Grenzmaße und Passungen

## Passungssysteme
vgl. DIN ISO 286-2 (1990-11)

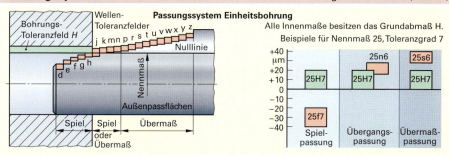

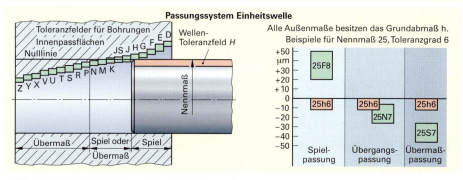

## Grundtoleranzen
vgl. DIN ISO 286-1 (1990-11)

| Nennmaß-bereich über ... bis mm | Grundtoleranzgrade | | | | | | | | | | | | | | | | | |
|---|---|---|---|---|---|---|---|---|---|---|---|---|---|---|---|---|---|---|
| | IT1 | IT2 | IT3 | IT4 | IT5 | IT6 | IT7 | IT8 | IT9 | IT10 | IT11 | IT12 | IT13 | IT14 | IT15 | IT16 | IT17 | IT18 |
| | Grundtoleranzen | | | | | | | | | | | | | | | | | |
| | µm | | | | | | | | | | | mm | | | | | | |
| ... 3 | 0,8 | 1,2 | 2 | 3 | 4 | 6 | 10 | 14 | 25 | 40 | 60 | 0,1 | 0,14 | 0,25 | 0,4 | 0,6 | 1 | 1,4 |
| 3... 6 | 1 | 1,5 | 2,5 | 4 | 5 | 8 | 12 | 18 | 30 | 48 | 75 | 0,12 | 0,18 | 0,3 | 0,48 | 0,75 | 1,2 | 1,8 |
| 6... 10 | 1 | 1,5 | 2,5 | 4 | 6 | 9 | 15 | 22 | 36 | 58 | 90 | 0,15 | 0,22 | 0,36 | 0,58 | 0,9 | 1,5 | 2,2 |
| 10... 18 | 1,2 | 2 | 3 | 5 | 8 | 11 | 18 | 27 | 43 | 70 | 110 | 0,18 | 0,27 | 0,43 | 0,7 | 1,1 | 1,8 | 2,7 |
| 18... 30 | 1,5 | 2,5 | 4 | 6 | 9 | 13 | 21 | 33 | 52 | 84 | 130 | 0,21 | 0,33 | 0,52 | 0,84 | 1,3 | 2,1 | 3,3 |
| 30... 50 | 1,5 | 2,5 | 4 | 7 | 11 | 16 | 25 | 39 | 62 | 100 | 160 | 0,25 | 0,39 | 0,62 | 1 | 1,6 | 2,5 | 3,9 |
| 50... 80 | 2 | 3 | 5 | 8 | 13 | 19 | 30 | 46 | 74 | 120 | 190 | 0,3 | 0,46 | 0,74 | 1,2 | 1,9 | 3 | 4,6 |
| 80... 120 | 2,5 | 4 | 6 | 10 | 15 | 22 | 35 | 54 | 87 | 140 | 220 | 0,35 | 0,54 | 0,87 | 1,4 | 2,2 | 3,5 | 5,4 |
| 120... 180 | 3,5 | 5 | 8 | 12 | 18 | 25 | 40 | 63 | 100 | 160 | 250 | 0,4 | 0,63 | 1 | 1,6 | 2,5 | 4 | 6,3 |
| 180... 250 | 4,5 | 7 | 10 | 14 | 20 | 29 | 46 | 72 | 115 | 185 | 290 | 0,46 | 0,72 | 1,15 | 1,85 | 2,9 | 4,6 | 7,2 |
| 250... 315 | 6 | 8 | 12 | 16 | 23 | 32 | 52 | 81 | 130 | 210 | 320 | 0,52 | 0,81 | 1,3 | 2,1 | 3,2 | 5,2 | 8,1 |
| 315... 400 | 7 | 9 | 13 | 18 | 25 | 36 | 57 | 89 | 140 | 230 | 360 | 0,57 | 0,89 | 1,4 | 2,3 | 3,6 | 5,7 | 8,9 |
| 400... 500 | 8 | 10 | 15 | 20 | 27 | 40 | 63 | 97 | 155 | 250 | 400 | 0,63 | 0,97 | 1,55 | 2,5 | 4 | 6,3 | 9,7 |
| 500... 630 | 9 | 11 | 16 | 22 | 32 | 44 | 70 | 110 | 175 | 280 | 440 | 0,7 | 1,1 | 1,75 | 2,8 | 4,4 | 7 | 11 |
| 630... 800 | 10 | 13 | 18 | 25 | 36 | 50 | 80 | 125 | 200 | 320 | 500 | 0,8 | 1,25 | 2 | 3,2 | 5 | 8 | 12,5 |
| 800...1000 | 11 | 15 | 21 | 28 | 40 | 56 | 90 | 140 | 230 | 360 | 560 | 0,9 | 1,4 | 2,3 | 3,6 | 5,6 | 9 | 14 |
| 1000...1250 | 13 | 18 | 24 | 33 | 47 | 66 | 105 | 165 | 260 | 420 | 660 | 1,05 | 1,65 | 2,6 | 4,2 | 6,6 | 10,5 | 16,5 |
| 1250...1600 | 15 | 21 | 29 | 39 | 55 | 78 | 125 | 195 | 310 | 500 | 780 | 1,25 | 1,95 | 3,1 | 5 | 7,8 | 12,5 | 19,5 |
| 1600...2000 | 18 | 25 | 35 | 46 | 65 | 92 | 150 | 230 | 370 | 600 | 920 | 1,5 | 2,3 | 3,7 | 6 | 9,2 | 15 | 23 |
| 2000...2500 | 22 | 30 | 41 | 55 | 78 | 110 | 175 | 280 | 440 | 700 | 1100 | 1,75 | 2,8 | 4,4 | 7 | 11 | 17,5 | 28 |
| 2500...3150 | 26 | 36 | 50 | 68 | 96 | 135 | 210 | 330 | 540 | 860 | 1350 | 2,1 | 3,3 | 5,4 | 8,6 | 13,5 | 21 | 33 |

Die Grenzabmaße der Toleranzgrade für die Grundabmaße h, js, H und JS können aus den Grundtoleranzen abgeleitet werden: **h**: es = 0; ei = − IT  **js**: es = + IT/2; ei = − IT/2  **H**: ES = + IT; EI = 0  **JS**: ES = + IT/2; EI = − IT/2

## Grenzmaße und Passungen

### System Einheitsbohrung
vgl. DIN ISO 286-02 (1990-11)

**Grenzabmaße in µm für Toleranzklassen**

| Nennmaß-bereich über...bis mm | H6 | Beim Fügen mit einer H6-Bohrung entsteht eine | | | | | H7 | Beim Fügen mit einer H7-Bohrung entsteht eine | | | | |
|---|---|---|---|---|---|---|---|---|---|---|---|---|
| | | Spiel- | Übergangs-Passung | | Übermaß- | | | Spiel- | Übergangs-Passung | | Übermaß- | |
| | | h5 | j6 | k6 | n6 | p6 | r6 | | f7 | h6 | k6 | n6 | r6 | s6 |

| Nennmaß-bereich | H6 | h5 | j6 | k6 | n6 | p6 | r6 | H7 | f7 | h6 | k6 | n6 | r6 | s6 |
|---|---|---|---|---|---|---|---|---|---|---|---|---|---|---|
| 1...3 | +6 / 0 | 0 / −4 | +4 / −2 | +6 / 0 | +8 / +4 | +10 / +6 | +14 / +10 | +10 / 0 | −6 / −16 | 0 / −6 | +6 / 0 | +10 / +4 | +16 / +10 | +20 / +14 |
| 3...6 | +8 / 0 | 0 / −5 | +6 / −2 | +9 / +1 | +13 / +8 | +17 / +12 | +20 / +15 | +12 / 0 | −10 / −22 | 0 / −8 | +9 / +1 | +16 / +8 | +23 / +15 | +27 / +19 |
| 6...10 | +9 / 0 | 0 / −6 | +7 / −2 | +10 / +1 | +16 / +10 | +21 / +15 | +25 / +19 | +15 / 0 | −13 / −28 | 0 / −9 | +10 / +1 | +19 / +10 | +28 / +19 | +32 / +23 |
| 10...14 | +11 / 0 | 0 / −8 | +8 / −3 | +12 / +1 | +20 / +12 | +26 / +18 | +31 / +23 | +18 / 0 | −16 / −34 | 0 / −11 | +12 / +1 | +23 / +12 | +34 / +23 | +39 / +28 |
| 14...18 | | | | | | | | | | | | | | |
| 18...24 | +13 / 0 | 0 / −9 | +9 / −4 | +15 / +2 | +24 / +15 | +31 / +22 | +37 / +28 | +21 / 0 | −20 / −41 | 0 / −13 | +15 / +2 | +28 / +15 | +41 / +28 | +48 / +35 |
| 24...30 | | | | | | | | | | | | | | |
| 30...40 | +16 / 0 | 0 / −11 | +11 / −5 | +18 / +2 | +28 / +17 | +37 / +26 | +45 / +34 | +25 / 0 | −25 / −50 | 0 / −16 | +18 / +2 | +33 / +17 | +50 / +34 | +59 / +43 |
| 40...50 | | | | | | | | | | | | | | |
| 50...65 | +19 / 0 | 0 / −13 | +12 / −7 | +21 / +2 | +33 / +10 | +45 / +32 | +54 / +41 / +43 | +30 / 0 | −30 / −60 | 0 / −19 | +21 / +2 | +39 / +20 | +60 / +41 / +43 | +72 / +53 / +59 |
| 65...80 | | | | | | | | | | | | | | +62 / +78 |
| 80...100 | +22 / 0 | 0 / −15 | +13 / −9 | +25 / +3 | +38 / +23 | +52 / +37 | +66 / +51 / +54 | +35 / 0 | −36 / −71 | 0 / −22 | +25 / +3 | +45 / +23 | +73 / +51 / +54 | +93 / +71 / +79 |
| 100...120 | | | | | | | | | | | | | | +76 / +101 |

| Nennmaß-bereich über...bis mm | H8 | Beim Fügen mit einer H8-Bohrung entsteht eine | | | | | H11 | Beim Fügen mit einer H11-Bohrung entsteht eine | | | | |
|---|---|---|---|---|---|---|---|---|---|---|---|---|
| | | Spiel-Passung | | | Übermaß-Passung | | | Spiel-Passung | | | | Übermaß- |
| | | d9 | e8 | f7 | h9 | u8 | x8 | | a11 | c11 | d9 | h9 | x11 |

| Nennmaß | H8 | d9 | e8 | f7 | h9 | u8 | x8 | H11 | a11 | c11 | d9 | h9 | x11 |
|---|---|---|---|---|---|---|---|---|---|---|---|---|---|
| 1...3 | +14 / 0 | −20 / −45 | −14 / −28 | −6 / −16 | 0 / −25 | +32 / +18 | +34 / +20 | +60 / 0 | −270 / −330 | −60 / −120 | −20 / −45 | 0 / −25 | −60 |
| 3...6 | +18 / 0 | −30 / −60 | −20 / −38 | −10 / −22 | 0 / −30 | +41 / +23 | +46 / +28 | +75 / 0 | −270 / −345 | −70 / −145 | −30 / −60 | 0 / −30 | −75 |
| 6...10 | +22 / 0 | −40 / −76 | −25 / −47 | −13 / −28 | 0 / −36 | +50 / +28 | +56 / +34 | +90 / 0 | −280 / −370 | −80 / −170 | −40 / −76 | 0 / −36 | −90 |
| 10...14 | +27 / 0 | −50 / −93 | −32 / −59 | −16 / −34 | 0 / −43 | +60 / +33 | +67 / +40 / +72 / +45 | +110 / 0 | −290 / −400 | −95 / −205 | −50 / −93 | 0 / −43 | −110 |
| 14...18 | | | | | | | | | | | | | |
| 18...24 | +33 / 0 | −65 / −117 | −40 / −73 | −20 / −41 | 0 / −52 | +74 / +41 / +81 / +48 | +87 / +54 / +97 / +64 | +130 / 0 | −300 / −430 | −110 / −240 | −65 / −117 | 0 / −52 | −130 |
| 24...30 | | | | | | | | | | | | | |
| 30...40 | +39 / 0 | −80 / −142 | −50 / −89 | −25 / −50 | 0 / −62 | +99 / +60 / +109 / +70 | +119 / +80 / +136 / +97 | +160 / 0 | −310 / −470 / −320 / −480 | −120 / −280 / −130 / −290 | −80 / −142 | 0 / −62 | −160 |
| 40...50 | | | | | | | | | | | | | |
| 50...65 | +46 / 0 | −100 / −174 | −60 / −106 | −30 / −60 | 0 / −74 | +133 / +87 / +148 / +102 | +168 / +122 / +192 / +146 | +190 / 0 | −340 / −530 / −360 / −550 | −140 / −330 / −150 / −340 | −100 / −174 | 0 / −74 | +312 / +122 / +336 / +146 |
| 65...80 | | | | | | | | | | | | | |
| 80...100 | +54 / 0 | −120 / −207 | −72 / −126 | −36 / −71 | 0 / −87 | +178 / +124 / +198 / +144 | +232 / +178 / +264 / +210 | +220 / 0 | −380 / −600 / −410 / −630 | −170 / −390 / −180 / −400 | −120 / −207 | 0 / −87 | +398 / +178 / +430 / +210 |
| 100...120 | | | | | | | | | | | | | |

# Grenzmaße und Passungen

## Grenzabmaße für Bohrungen und Wellen
vgl. DIN ISO 286-02 (1990-11)

| Nennmaß-bereich über...bis mm | Wellen Grenzabmaße in µm für Toleranzklassen ||||||||||||
|---|---|---|---|---|---|---|---|---|---|---|---|---|
| | c11 | d9 | e8 | f7 | g6 | h6 | h8 | h9 | j6 | js8 | n6 | k6 | r6 | s6 | u8 |
| 1... 3 | − 60 / −120 | − 20 / − 45 | − 14 / − 28 | − 6 / − 16 | − 2 / − 8 | 0 / − 6 | 0 / − 14 | 0 / − 25 | + 4 / − 2 | + 7 / − 7 | + 10 / + 4 | + 6 / 0 | + 16 / + 10 | + 20 / + 14 | + 32 / + 18 |
| 3... 6 | − 70 / −145 | − 30 / − 60 | − 20 / − 38 | − 10 / − 22 | − 4 / − 12 | 0 / − 8 | 0 / − 18 | 0 / − 30 | + 6 / − 2 | + 9 / − 9 | + 16 / + 8 | + 9 / + 1 | + 23 / + 15 | + 23 / + 15 | + 41 / + 23 |
| 6... 10 | − 80 / −180 | − 40 / − 76 | − 25 / − 47 | − 13 / − 28 | − 5 / − 14 | 0 / − 9 | 0 / − 22 | 0 / − 36 | + 7 / − 2 | +11 / −11 | + 19 / + 10 | + 10 / + 1 | + 28 / + 19 | + 28 / + 19 | + 50 / + 28 |
| 10... 14 / 14... 18 | − 95 / −205 | − 50 / − 93 | − 32 / − 59 | − 16 / − 34 | − 6 / − 17 | 0 / − 11 | 0 / − 27 | 0 / − 43 | + 8 / − 3 | +13,5 / −13,5 | + 23 / + 12 | + 12 / + 1 | + 34 / + 23 | + 39 / + 28 | + 60 / + 33 |
| 18... 24 | − 110 / −240 | − 65 / −117 | − 40 / − 73 | − 20 / − 41 | − 7 / − 20 | 0 / − 13 | 0 / − 33 | 0 / − 52 | + 9 / − 4 | +16,5 / −16,5 | + 28 / + 15 | + 15 / + 2 | + 41 / + 28 | + 48 / + 35 | + 74 / + 41 |
| 24... 30 | | | | | | | | | | | | | | | + 81 / + 48 |
| 30... 40 | −120 / −280 | − 80 / −142 | − 50 / − 89 | − 25 / − 50 | − 9 / − 25 | 0 / − 16 | 0 / − 39 | 0 / − 62 | +11 / − 5 | +19,5 / −19,5 | + 33 / + 17 | + 18 / + 2 | + 50 / + 34 | + 59 / + 43 | + 99 / + 60 |
| 40... 50 | −130 / −290 | | | | | | | | | | | | | | +109 / + 70 |
| 50... 65 | −140 / −330 | −100 / −174 | − 60 / −106 | − 30 / − 60 | − 10 / − 29 | 0 / − 19 | 0 / − 46 | 0 / − 74 | +12 / − 7 | +23 / −23 | + 39 / + 20 | + 21 / + 2 | + 60 / + 41 | + 72 / + 53 | +133 / + 87 |
| 65... 80 | −150 / −340 | | | | | | | | | | | | + 62 / + 43 | + 78 / + 59 | +148 / +102 |
| 80...100 | −170 / −390 | −120 / −207 | − 72 / −126 | − 36 / − 71 | − 12 / − 34 | 0 / − 22 | 0 / − 54 | 0 / − 87 | +13 / − 9 | +27 / −27 | + 45 / + 23 | + 25 / + 3 | + 73 / + 51 | + 93 / + 71 | +178 / +124 |

| Nennmaß-bereich über...bis mm | Bohrungen Grenzabmaße in µm für Toleranzklassen ||||||||||||
|---|---|---|---|---|---|---|---|---|---|---|---|---|
| | C11 | D10 | E6 | E9 | F7 | F8 | G6 | H7 | H11 | H13 | J7 | K7 | N8 | P8 | R7 |
| 1... 3 | +120 / + 60 | + 60 / + 20 | + 20 / + 14 | + 39 / + 14 | + 16 / + 6 | + 20 / + 6 | + 8 / + 2 | + 10 / 0 | + 60 / 0 | +140 / 0 | + 4 / − 6 | 0 / − 10 | − 4 / − 18 | − 6 / − 20 | − 10 / − 20 |
| 3... 6 | +145 / + 70 | + 78 / + 30 | + 28 / + 20 | + 50 / + 20 | + 22 / + 10 | + 28 / + 10 | + 12 / + 4 | + 12 / 0 | + 75 / 0 | +180 / 0 | + 6 / − 6 | + 3 / − 9 | − 2 / − 20 | − 12 / − 30 | − 11 / − 23 |
| 6... 10 | +170 / + 80 | + 98 / + 40 | + 34 / + 25 | + 61 / + 25 | + 28 / + 13 | + 35 / + 13 | + 14 / + 5 | + 15 / 0 | + 90 / 0 | +220 / 0 | + 8 / − 7 | + 5 / − 10 | − 3 / − 25 | − 15 / − 37 | − 13 / − 28 |
| 10... 14 / 14... 18 | +205 / + 95 | +120 / + 50 | + 43 / + 32 | + 75 / + 32 | + 34 / + 16 | + 43 / + 16 | + 17 / + 6 | + 18 / 0 | +110 / 0 | +270 / 0 | +10 / − 8 | + 6 / − 12 | − 3 / − 30 | − 18 / − 45 | − 16 / − 34 |
| 18... 24 / 24... 30 | +240 / +110 | +149 / + 65 | + 53 / + 40 | + 92 / + 40 | + 41 / + 20 | + 53 / + 20 | + 20 / + 7 | + 21 / 0 | +130 / 0 | +330 / 0 | +12 / − 9 | + 6 / − 15 | − 3 / − 36 | − 22 / − 55 | − 20 / − 41 |
| 30... 40 | +280 / +120 | +180 / + 80 | + 66 / + 50 | +112 / + 50 | + 50 / + 25 | + 64 / + 25 | + 25 / + 9 | + 25 / 0 | +160 / 0 | +390 / 0 | +14 / − 11 | + 7 / − 18 | − 3 / − 42 | − 26 / − 65 | − 25 / − 50 |
| 40... 50 | +290 / +130 | | | | | | | | | | | | | | |
| 50... 65 | +330 / +140 | +220 / +100 | + 79 / + 60 | +134 / + 60 | + 60 / + 30 | + 76 / + 30 | + 29 / + 10 | + 30 / 0 | +190 / 0 | +460 / 0 | +18 / − 12 | + 9 / − 21 | − 4 / − 50 | − 32 / − 78 | − 30 / − 60 |
| 65... 80 | +340 / +150 | | | + 90 / + 36 | + 34 / + 36 | + 35 / + 12 | +220 / 0 | +540 / 0 | +22 / − 13 | +10 / − 25 | − 4 / − 58 | − 37 / − 91 | − 32 / − 62 |
| 80...100 | +390 / +170 | +260 / +120 | | | | | | | | | | | | − 38 / − 73 |

# Grenzmaße und Passungen

## Passungsempfehlungen und -auswahl

### Passungsempfehlungen

| aus Reihe 1 | C11/h9, D10/h9, E9/h9, F8/h9, H8/f7, F8/h6, H7/f7, H8/h9, H7/h6, H7/n6, H7/r6, H8/x8 bzw. u8 |
|---|---|
| aus Reihe 2 | C11/h11, D10/h11, H8/d9, H8/e8, H7/g6, G7/h6, H11/h9, H7/j6, H7/k6, H7/s6 |

### Passungsauswahl  vgl. DIN 7157 (1966-01)

| Art | Passungs-System | | Passungs-Merkmale | |
|---|---|---|---|---|
| | Einheitsbohrung | Einheitswelle | Eigenschaften | Anwendungsbeispiele |
| Spielpassungen – H8/f7 | H8 / f7 | F8/h9 F8 / h9 | Die Passungen haben ein kleines Spiel. Die Teile sind leicht ineinander beweglich. | Wellen-Gleitlagerungen |
| Spielpassungen – H8/h9 | H8 / h9 | H8/h9 H8 / h9 | Die Passungen haben kaum Spiel. Die Teile können mit Handkraft ineinander bewegt werden. | Distanzbuchsen, Stellringe auf Wellen |
| Spielpassungen – H7/h6 | H7 / h6 | H7/h6 H7 / h6 | Die Passungen haben ein ganz geringes Spiel. Ein Verschieben der Teile mit Handkraft ist möglich. | Säulenführungen, Führungen an Werkzeugmaschinen, Schneidstempel in Führungsplatten |
| Übergangspassung – H7/n6 | H7 / n6 | nicht festgelegt | Die Passung hat eher Übermaß als Spiel. Zum Fügen ist ein geringer Kraftaufwand erforderlich. | Lagerbuchsen in Gehäusen, Bohrbuchsen und Auflagebolzen in Vorrichtungen |
| Übermaßpassungen – H7/r6 | H7 / r6 | | Die Passung hat ein kleines Übermaß. Die Teile lassen sich mit Kraftaufwand fügen. | Buchsen in Gehäusen |
| Übermaßpassungen – H7/u8 | H7 / u8 | nicht festgelegt | Die Passung hat ein großes Übermaß. Die Teile lassen sich nur durch Dehnen oder Schrumpfen fügen. | Schrumpfringe, Räder auf Achsen, Kupplungen auf Wellen |
| Übermaßpassungen – H7/x8 | H7 / x8 | | Die Passung hat ein sehr großes Übermaß. Das Fügen ist nur durch Dehnen oder Schrumpfen möglich. | |

## Form- und Lagetoleranzen  vgl. DIN ISO 1101 (1985-03)

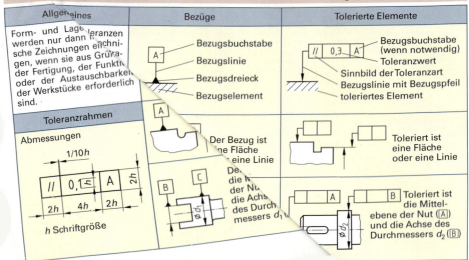

**Allgemeines** — Form- und Lagetoleranzen werden nur dann in technische Zeichnungen eingetragen, wenn sie aus Gründen der Fertigung, der Funktion oder der Austauschbarkeit der Werkstücke erforderlich sind.

**Toleranzrahmen** — Abmessungen: 1/10 h; 2h, 4h, 2h; 2h; h Schriftgröße

**Bezüge**: Bezugsbuchstabe, Bezugslinie, Bezugsdreieck, Bezugselement. Der Bezug ist eine Fläche oder eine Linie. Der … die … der Nut … die Achse des Durchmessers $d_1$

**Tolerierte Elemente**: Bezugsbuchstabe (wenn notwendig), Toleranzwert, Sinnbild der Toleranzart, Bezugslinie mit Bezugspfeil, toleriertes Element. Toleriert ist eine Fläche oder eine Linie. Toleriert ist die Mittelebene der Nut (A) und die Achse des Durchmessers $d_2$ (B).

## Grenzmaße und Passungen

### Form- und Lagetoleranzen
**Angaben in Zeichnungen** vgl. DIN ISO 1101 (2006-02)

#### Formtoleranzen

| Sinnbild | tolerierte Eigenschaft | Toleranzzone | Zeichnungsangabe | Erklärung |
|---|---|---|---|---|
| — | Geradheit | Ebene der vorgegebenen Richtung; $t = 0{,}08$ | $\boxed{-\ \ 0{,}08}$ | Die tolerierte Kante muss zwischen zwei Ebenen mit dem Abstand $t = 0{,}08$ mm liegen. |
| ⌓ | Ebenheit | $t = 0{,}2$ | $\boxed{\square\ \ 0{,}2}$ | Die tolerierte Fläche muss zwischen zwei parallelen Ebenen liegen, die den Abstand $t = 0{,}2$ mm haben. |
| ○ | Rundheit | $t = 0{,}08$ | $\boxed{\bigcirc\ \ 0{,}08}$ | In jeder Schnittebene senkrecht zur Achse muss sich die tolerierte Umfangslinie des Kreises zwischen zwei konzentrisch liegenden Kreisen befinden, die den Abstand $t = 0{,}08$ mm haben. |
| ⌭ | Zylindrizität | $t = 0{,}2$ | $\boxed{⌭\ \ 0{,}2}$ | Die tolerierte Mantelfläche des Zylinders muss zwischen zwei koaxialen Zylindern liegen, die einen Abstand von $t = 0{,}2$ mm haben. |

#### Lagetoleranzen
#### Richtungstoleranzen

| Sinnbild | tolerierte Eigenschaft | Toleranzzone | Zeichnungsangabe | Erklärung |
|---|---|---|---|---|
| ∥ | Parallelität | $t = 0{,}02$; Bezugsebene | $\boxed{\parallel\ \ 0{,}02\ \ A}$ | Die tolerierte Fläche muss sich zwischen zwei Ebenen befinden, die den Abstand $t = 0{,}02$ mm voneinander haben und die parallel zur Bezugsebene $A$ liegen. |
| ⊥ | Rechtwinkligkeit | $t = 0{,}04$; Bezugsebene | $\boxed{\perp\ \ 0{,}04\ \ A}$ | Die tolerierte Fläche muss zwischen zwei Ebenen vom Abstand $t = 0{,}04$ mm liegen, die senkrecht zur Bezugsfläche $A$ stehen. |
| ∠ | Neigung | $t = 0{,}08$; Bezugsebene | $\boxed{\angle\ \ 0{,}08\ \ A}$; $40°$ | Die tolerierte Fläche muss zwischen zwei Ebenen vom Abstand $t = 0{,}08$ mm liegen, die gegenüber der Bezugsebene $A$ um theoretisch genau 40° geneigt sind. |

# Grenzmaße und Passungen

## Form- und Lagetoleranzen

**Angaben in Zeichnungen**  vgl. DIN ISO 1101 (2006-02)

### Lagetoleranzen

#### Ortstoleranzen

| Sinnbild | tolerierte Eigenschaft | Toleranzzone | Zeichnungsangabe | Erklärung |
|---|---|---|---|---|
| ≡ | Symmetrie | $t/2$, $t/2 = 0{,}025$; Bezugsebene = Symmetrieebene | = 0,05 | Die tolerierte Mittelebene des Schlitzes muss sich zwischen zwei parallelen Ebenen vom Abstand $t = 0{,}05$ mm befinden, die symmetrisch zu den Außenflächen liegen. |
| ⊚ | Koaxialität | $t = 0{,}3$ | ⊚ ⌀0,03 A ; ⊚ ⌀0,03 A | Die Achse der tolerierten Bohrungen muss sich innerhalb eines zur Bezugsachse A koaxialen Zylinders des ⌀ $t = 0{,}3$ mm befinden. (koaxial: mit gleicher Achse) |
| ⊕ | Position | ⌀$t = 0{,}2$ | ⊕ ⌀0,2 A-B | Die Achse der tolerierten Bohrungen muss innerhalb eines Zylinders mit dem ⌀ $t = 0{,}2$ mm liegen, dessen Achse sich bezogen auf die Flächen A und B am theoretisch genauen Ort befindet. |

#### Lauftoleranzen, Gesamttoleranzen

| Sinnbild | tolerierte Eigenschaft | Toleranzzone | Zeichnungsangabe | Erklärung |
|---|---|---|---|---|
| ↗ | Rundlauf | Bezugsachse; $t = 0{,}05$ | ↗ 0,05 A-B | Bei einer Umdrehung der Welle um die aus A und B gebildete Achse darf die Rundlaufabweichung der tolerierten Fläche in jeder Messebene senkrecht zur Achse den Wert $t = 0{,}05$ mm nicht überschreiten. |
| ↗↗ | Gesamtlauf Planlauf | Bezugsachse; $t = 0{,}5$ | ↗↗ 0,2 | Bei mehrmaliger Drehung um die Bezugsebene und bei radialer Verschiebung der Messpunkte müssen alle Punkte der tolerierten Planfläche zwischen zwei Ebenen vom Abstand 0,2 mm liegen, die senkrecht zur Bezugsachse stehen. |

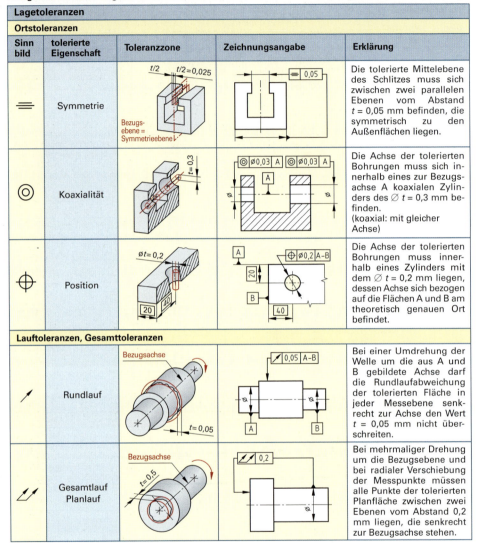

**Beispiel:**

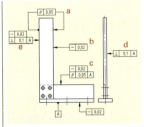

a  Die tolerierte Fläche soll zwischen zwei parallelen Ebenen mit Abstand 0,05 mm liegen, die parallel zur gegenüberliegenden Bezugsebene sind.

b  Die tolerierte Fläche muss zwischen zwei parallelen Ebenen mit Abstand 0,02 mm liegen.

c  Die tolerierte Fläche muss zwischen zwei parallelen Ebenen mit Abstand 0,02 mm liegen. Außerdem muss die tolerierte Fläche zwischen zwei parallelen Ebenen mit Abstand 0,05 mm liegen, die parallel zur Bezugsebene A sind.

d  Die tolerierte Fläche muss zwischen zwei parallelen Ebenen mit Abstand 0,1 mm liegen, die senkrecht zur Bezugsebene A sind.

e  Die tolerierte Fläche muss zwischen zwei parallelen Ebenen mit Abstand 0,1 mm liegen, die senkrecht zur Bezugsebene A sind. Außerdem muss die tolerierte Fläche zwischen zwei parallelen Ebenen mit Abstand 0,02 mm liegen.

# Grenzmaße und Passungen

## Allgemeintoleranzen

### Allgemeintoleranzen für Längen- und Winkelmaße
vgl. DIN ISO 2768-1 (1991-06)

| Toleranzklasse | | Längenmaße | | | | | | | |
|---|---|---|---|---|---|---|---|---|---|
| | | Grenzabmaße in mm für Nennmaßbereiche | | | | | | | |
| Kurzzeichen | Benennung | 0,5 bis 3 | über 3 bis 6 | über 6 bis 30 | über 30 bis 120 | über 120 bis 400 | über 400 bis 1000 | über 1000 bis 2000 | über 2000 bis 4000 |
| f | fein | ± 0,05 | ± 0,05 | ± 0,1 | ± 0,15 | ± 0,2 | ± 0,3 | ± 0,5 | – |
| m | mittel | ± 0,1 | ± 0,1 | ± 0,2 | ± 0,3 | ± 0,5 | ± 0,8 | ± 1,2 | ± 2 |
| c | grob | ± 0,2 | ± 0,3 | ± 0,5 | ± 0,8 | ± 1,2 | ± 2 | ± 3 | ± 4 |
| v | sehr grob | – | ± 0,5 | ± 1 | ± 1,5 | ± 2,5 | ± 4 | ± 6 | ± 8 |

| Toleranzklasse | | Rundungshalbmesser und Fasen | | | Winkelmaße | | | | |
|---|---|---|---|---|---|---|---|---|---|
| | | Grenzabmaße in mm für Nennmaßbereiche | | | Grenzabmaße in Grad und Minuten für Nennmaßbereiche (kürzerer Schenkel) | | | | |
| Kurzzeichen | Benennung | von 0,5 bis 3 | über 3 bis 6 | über 6 | bis 10 | über 10 bis 50 | über 50 bis 120 | über 120 bis 400 | über 400 |
| f | fein | ± 0,2 | ± 0,5 | ± 1 | ± 1° | ± 0° 30′ | ± 0° 20′ | ± 0° 10′ | ± 0° 5′ |
| m | mittel | | | | | | | | |
| c | grob | ± 0,4 | ± 1 | ± 2 | ± 1° 30′ | ± 1° | ± 0° 30′ | ± 0° 15′ | ± 0° 10′ |
| v | sehr grob | | | | ± 3° | ± 2° | ± 1° | ± 0° 30′ | ± 0° 20′ |

### Allgemeintoleranzen für Form und Lage
vgl. DIN ISO 2768-2 (1991-04)

| Toleranzklasse | Geradheit und Ebenheit | | | | | Rechtwinkligkeit | | | Symmetrie | | | Lauf |
|---|---|---|---|---|---|---|---|---|---|---|---|---|
| | Nennmaßbereiche in mm | | | | | Nennmaßbereiche in mm | | | Nennmaßbereiche in mm | | | |
| | bis 10 | über 10 bis 30 | über 30 bis 100 | über 100 bis 300 | über 300 bis 1000 | über 1000 bis 3000 | bis 100 | über 100 bis 300 | über 300 bis 1000 | über 1000 bis 3000 | bis 100 | über 100 bis 300 | über 300 bis 1000 | über 1000 bis 3000 | |
| H | 0,02 | 0,05 | 0,1 | 0,2 | 0,3 | 0,4 | 0,2 | 0,3 | 0,4 | 0,5 | 0,5 | | | 0,1 |
| K | 0,05 | 0,1 | 0,2 | 0,4 | 0,6 | 0,8 | 0,4 | 0,6 | 0,8 | 1 | 0,6 | 0,8 | 1 | 0,2 |
| L | 0,1 | 0,2 | 0,4 | 0,8 | 1,2 | 1,6 | 0,6 | 1 | 1,5 | 2 | 0,6 | 1 | 1,5 | 2 | 0,5 |

### Allgemeintoleranzen für Schweißkonstruktionen
DIN EN ISO 13 920 (1996-11)

| Toleranzklasse | Längenmaße | | | | | | | |
|---|---|---|---|---|---|---|---|---|
| | Grenzabmaße in mm für Nennmaßbereiche | | | | | | | |
| | über 30 bis 120 | über 120 bis 400 | über 400 bis 1000 | über 1000 bis 2000 | über 2000 bis 4000 | über 4000 bis 8000 | über 8000 bis 12000 | |
| A | ± 1 | ± 1 | ± 2 | ± 3 | ± 4 | ± 5 | ± 6 | |
| B | ± 2 | ± 2 | ± 3 | ± 4 | ± 6 | ± 8 | ± 10 | |
| C | ± 3 | ± 4 | ± 6 | ± 8 | ± 11 | ± 14 | ± 18 | |
| D | ± 4 | ± 7 | ± 9 | ± 12 | ± 16 | ± 21 | ± 27 | |

| Toleranzklasse | Winkelmaße | | | | | | |
|---|---|---|---|---|---|---|---|
| | Grenzabmaße Δα in Grad und Minuten Nennmaßbereich l in mm (Länge o. kürzerer Schenkel) | | | gerechnete und gerundete Grenzabmaße t in mm/m Nennmaßbereich l in mm (Länge o. kürzerer Schenkel) | | | |
| | bis 400 | über 400 bis 1000 | über 1000 | bis 400 | über 400 bis 1000 | über 1000 | |
| A | ± 20′ | ± 15′ | ± 10′ | ± 6 | ± 4,5 | ± 3 | |
| B | ± 45′ | ± 30′ | ± 20′ | ± 13 | ± 9 | ± 6 | |
| C | ± 1° | ± 45′ | ± 30′ | ± 18 | ± 13 | ± 9 | |
| D | ± 1° 30′ | ± 1° 15′ | ± 1° | ± 26 | ± 22 | ± 18 | |

| Toleranzklasse | Geradheits-, Ebenheits- und Parallelitätstoleranzen | | | | | | |
|---|---|---|---|---|---|---|---|
| | Toleranzen t in mm Nennmaßbereich l in mm (bezieht sich auf die längere Seite der Oberfläche) | | | | | | |
| | über 30 bis 120 | über 120 bis 400 | über 400 bis 1000 | über 1000 bis 2000 | über 2000 bis 4000 | über 4000 bis 8000 | über 8000 bis 12000 |
| E | 0,5 | 1 | 1,5 | 2 | 3 | 4 | 5 |
| F | 1 | 1,5 | 3 | 4,5 | 6 | 8 | 10 |
| G | 1,5 | 3 | 5,5 | 9 | 11 | 16 | 20 |
| H | 2,5 | 5 | 9 | 14 | 18 | 26 | 32 |

# Oberflächenbeschaffenheit

## Kennzeichnung von Oberflächenbeschaffenheiten

vgl. DIN 4766-01, 02 (03.81)

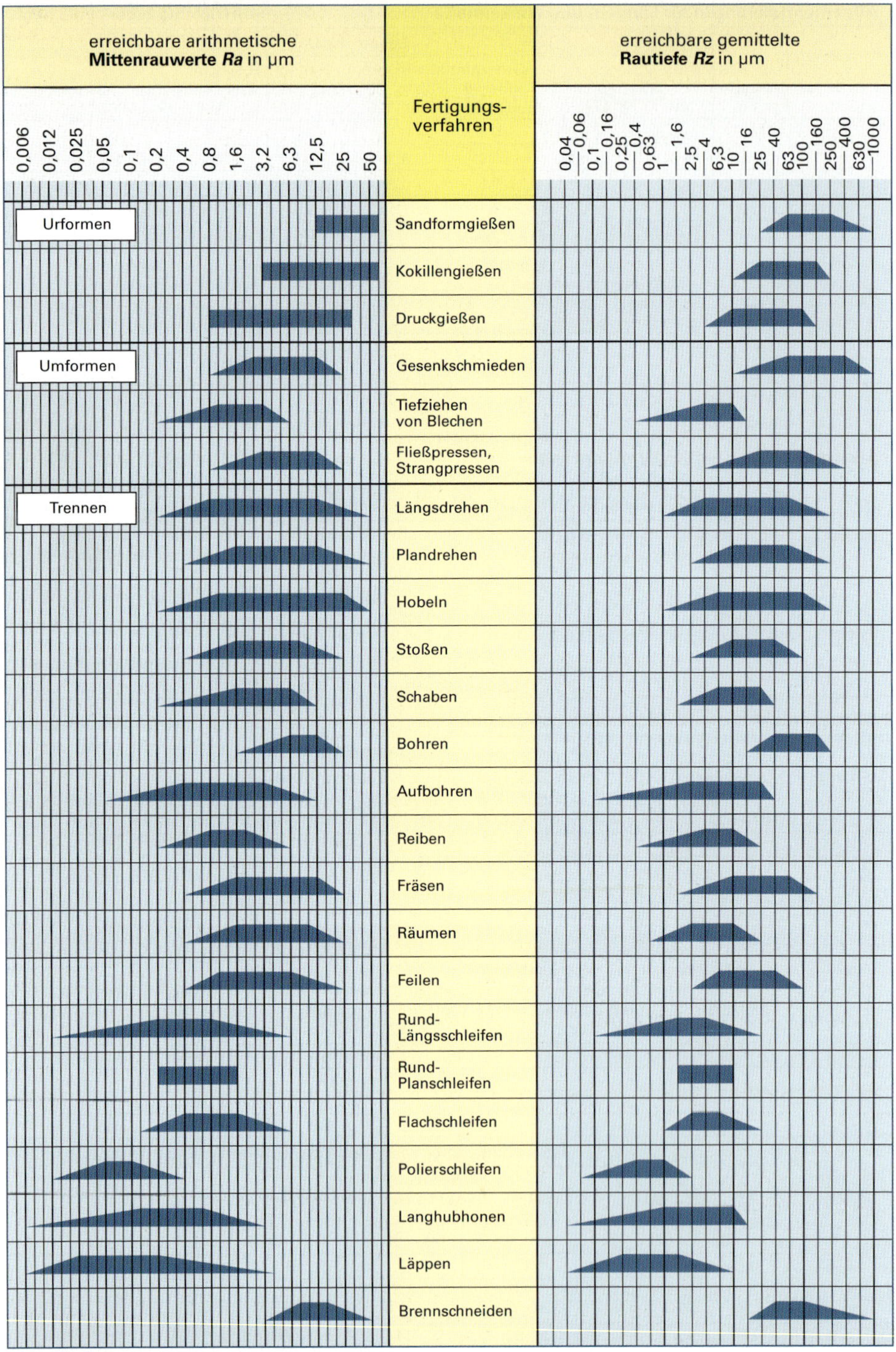

| erreichbare arithmetische Mittenrauwerte $R_a$ in µm | Fertigungs- verfahren | erreichbare gemittelte Rautiefe $R_z$ in µm |
|---|---|---|
| 0,006 / 0,012 / 0,025 / 0,05 / 0,1 / 0,2 / 0,4 / 0,8 / 1,6 / 3,2 / 6,3 / 12,5 / 25 / 50 | | 0,04 / 0,06 / 0,1 / 0,16 / 0,25 / 0,4 / 0,63 / 1 / 1,6 / 2,5 / 4 / 6,3 / 10 / 16 / 25 / 40 / 63 / 100 / 160 / 250 / 400 / 630 / 1000 |

**Urformen**
- Sandformgießen
- Kokillengießen
- Druckgießen

**Umformen**
- Gesenkschmieden
- Tiefziehen von Blechen
- Fließpressen, Strangpressen

**Trennen**
- Längsdrehen
- Plandrehen
- Hobeln
- Stoßen
- Schaben
- Bohren
- Aufbohren
- Reiben
- Fräsen
- Räumen
- Feilen
- Rund-Längsschleifen
- Rund-Planschleifen
- Flachschleifen
- Polierschleifen
- Langhubhonen
- Läppen
- Brennschneiden

# Oberflächenbeschaffenheit

## Graphische Symbole

vgl. EN ISO 1302 (2002-06)

| Grundsymbol | erweiterte graphische Symbole mit besonderer Bedeutung | | | | |
|---|---|---|---|---|---|
| Oberfläche, die behandelt wird. Symbol nicht ohne zusätzliche Informationen anwenden. | Oberfläche, für die Materialabtrag gefordert wird. | Materialabtrag zum Erreichen der geforderten Oberfläche unzulässig. Auch: Oberfläche verbleibt im Zustand des vorherigen Arbeitsganges. | Bei Angabe zusätzlicher Anforderungen an die Oberfläche muss das grafische Symbol mit diesem Bezugsstrich ergänzt werden. | 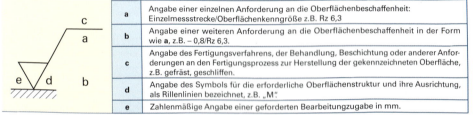 | Der Kreis wird hinzugefügt, wenn die gleiche Oberflächenbeschaffenheit für den gesamten Außenumriss des Werkstücks gefordert wird. |

**M  N  A**

## Angabe zusätzlicher Anforderungen für die Oberflächenbeschaffenheit

| | | |
|---|---|---|
| | a | Angabe einer einzelnen Anforderung an die Oberflächenbeschaffenheit: Einzelmessstrecke/Oberflächenkenngröße z.B. Rz 6,3 |
| | b | Angabe einer weiteren Anforderung an die Oberflächenbeschaffenheit in der Form wie a, z.B. – 0,8/Rz 6,3. |
| | c | Angabe des Fertigungsverfahrens, der Behandlung, Beschichtung oder anderer Anforderungen an den Fertigungsprozess zur Herstellung der gekennzeichneten Oberfläche, z.B. gefräst, geschliffen. |
| | d | Angabe des Symbols für die erforderliche Oberflächenstruktur und ihre Ausrichtung, als Rillenlinien bezeichnet, z.B. „M". |
| | e | Zahlenmäßige Angabe einer geforderten Bearbeitungszugabe in mm. |

## Graphische Symbole für übliche Oberflächenstrukturen

| Symbol für vorherrschende Struktur | = | ⊥ | X | M | C | R | P |
|---|---|---|---|---|---|---|---|
| Darstellung der Rillenrichtung | | | | | | | |
| Bedeutung | Parallel zur Projektionsebene der Anwendungsansicht. | Senkrecht zur Projektionsebene der Anwendungsansicht. | Gekreuzt in 2 schrägen Richtungen zur Projektionsebene der Anwendungsansicht. | Viele Richtungen | Annähernd zentrisch zum Mittelpunkt der Oberfläche, zu der das Symbol gehört. | Annähernd radial zum Mittelpunkt der Oberfläche, zu der das Symbol gehört. | Nichtrillige Oberfläche, ungerichtet oder muldig. |

## Größe der Symbole in der Zeichnung

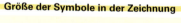

## Anordnung der Symbole in Zeichnungen

Symbole sind so einzutr... ...ionen von unten oder rechts gelesen werden können. Das Symbol muss direkt oder ... ...e mit der Oberfläche verbunden sein und von außerhalb auf eine Körperkante oder dere... ...gen.

# Oberflächenbeschaffenheit, Wärmebehandlungsangaben

## Sammelangaben

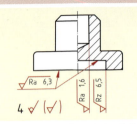
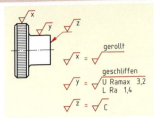

Vereinfachte Zeichnungseintragungen als Sammelangaben sind möglich, wenn an die Mehrzahl der Oberflächen eines Werkstücke gleiche Forderungen der Oberflächenbeschaffenheit gestellt werden. Danach werden in Klammern entweder die abweichenden Angaben gesetzt oder es folgt ein Grundsymbol ohne weitere Angaben. Die abweichenden Angaben sind an den betreffenden Werkstückflächen ebenfalls einzutragen.

Komplizierte Oberflächenangaben, die viel Platz in Anspruch nehmen würden, kann man vereinfacht eintragen. Sie müssen an geeigneter Stelle, z. B. über dem Schriftfeld näher erläutert werden.

## Wärmebehandlungsangaben in Zeichnungen     vgl. DIN ISO 15 787 (2010-01)

### Werkstoffangaben
Unabhängig vom Wärmebehandlungsverfahren muss in der Zeichnung vermerkt sein, welcher Werkstoff für das wärmebehandelte Werkstück verwendet worden ist. Das kann z. B. durch Hinweis auf die Stückliste geschehen.

### Härtewerte, Härtetiefe

| Wortangaben für den Wärmebehandlungszustand | Messbare Größen des Wärmebehandlungszustandes Kurzzeichen, Benennung | | |
|---|---|---|---|
| Der Wärmebehandlungszustand ist durch Wortangaben zu kennzeichnen, z. B. „gehärtet", „angelassen", „nitriert", „nitrocarburiert" ... | Härte-werte | HRC | Rockwellhärte, Härteskala C |
| | | HV | Vickershärte |
| | | HBW | Brinellhärte |
| | | HM | Martenshärte |
| Sind mehrere Wärmebehandlungen erforderlich, so sind sie in den Wortangaben in der Reihenfolge ihrer Durchführung anzugeben, z. B. „gehärtet und angelassen", „einsatzgehärtet und ganzes Teil angelassen". | Härte-tiefen | CHD | Einsatzhärtungs-Härtetiefe |
| | | FHD | Schmelzhärtungs-Härtetiefe |
| | | NHD | Nitrier-Härtetiefe |
| | | SHD | Einhärtungs-Härtetiefe, Synonym: Randschichthärtungs-Härtetiefe |
| | | CD | Aufkohlungstiefe |
| | | CLT | Verbindungsschichtdicke |

Allen Härtewerten muss eine Toleranz zugewiesen werden, die größtmöglich und funktionsgerecht sein soll.

### Ergänzende Angaben, Beispiel

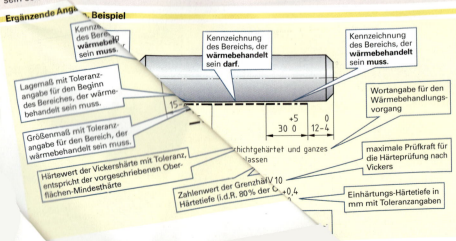

## Schweißzeichnungen

### Symbolische Darstellung und Bemaßung von Schweiß- und Lötnähten
**Symbole für Schweiß- und Lötnähte** vgl. DIN EN 22 553 (1997-03)

#### Grundsymbole

| Benennung und Darstellung | Symbol | Benennung und Darstellung | Symbol | Benennung und Darstellung | Symbol |
|---|---|---|---|---|---|
| I-Naht | ‖ | U-Naht | Y | Steilflankennaht | ⩔ |
| V-Naht | V | HU-Naht | ⊬ | Halb-Steilflankennaht | ⩗ |
| HV-Naht | ⩔ | Lochnaht | ⊓ | Stirnflachnaht | ‖‖ |
| Kehlnaht | △ | Punktnaht | ○ | Flächennaht | = |
| Y-Naht | Y | Liniennaht | ⊖ | Schrägnaht | ∥ |
| HY-Naht | ⊬ | Gegenlage | ⌣ | Schrägnaht | ∥ |
| Falznaht | ⊋ | Bördelnaht | ⋏ | Auftragung | ⌒ |

#### Zusatzsymbole

| Form der Oberfläche | Symbol | Form der Oberfläche | Symbol | Form der Oberfläche | Symbol |
|---|---|---|---|---|---|
| flach (flach nachgearbeitet) | — | konvex (gewölbt) | ⌒ | verbleibende Beilage benutzt | ⌐M⌐ |
| Nahtübergang kerbfrei | ⌣ | konkav (hohl) | ⌣ | Unterlage benutzt | ⌐MR⌐ |

#### Anwendungsbeispiele für zusammengesetzte symmetrische Nähte und Zusatzsymbole

| Benennung und Darstellung | Symbol | Benennung und Darstellung | Symbol | Benennung und Darstellung | Symbol |
|---|---|---|---|---|---|
| Doppel-V-Naht (X-Naht) | X | Doppel-U-Naht | ⋈ | Hohlkehlnaht | ◺ |
| Doppel-HV-Naht (K-Naht) | K | Flache V-Naht (flach nachbearbeitet) | ▽ | Gewölbte V-Naht mit flacher Gegenlage | ⍱ |

# Schweißzeichnungen

## Symbolische Darstellung und Bemaßung von Schweiß- und Lötnähten

**Symbolische Darstellung und Bemaßung**  vgl. DIN EN 22 553 (1997-03)

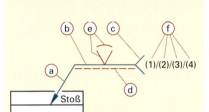

**Lage und Bedeutung der Symbole**

Das **Grundsymbol** besteht aus

ⓐ Pfeillinie mit Pfeil
ⓑ Bezugs-Volllinie
ⓒ Gabel

Es wird angewendet, wenn lediglich das Vorhandensein einer Löt- oder Schweißnaht angezeigt werden soll. Zur genaueren Beschreibung der Naht kann das Grundsymbol ergänzt weren durch:

ⓓ Bezugs-Strichlinie
ⓔ Nahtsymbol (Grund-, Zusatz-, Ergänzungssymbol)
ⓕ Ergänzende Angaben hinter der Gabel in der Reihenfolge:
 (1) Kennzahl des Schweißverfahrens,
 (2) Bewertungsgruppe,
 (3) Arbeitsposition,
 (4) Zusatzwerkstoff

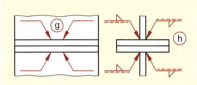

ⓖ Die Lage der Pfeillinie zur Naht hat im Allgemeinen keine besondere Bedeutung.
ⓗ Das Nahtsymbol darf entweder über oder unter der Bezugsvolllinie eingetragen werden.
ⓘ Auf die Bezugs-Strichlinie wird das Nahtsymbol dann gesetzt, wenn die Naht auf der Gegenseite des Stoßes ausgeführt ist, die Pfeillinie des Schweißsymbols sich also nicht auf der Nahtseite befindet.
Bei unsymmetrischen Nähten (z.B. HV-Naht) muss die Pfeillinie auf das Teil zeigen, bei dem die Nahtvorbereitung vorzunehmen ist.

**Allgemeine Festlegungen**
**für die Bemaßung der Nähte**

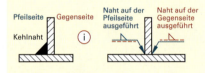

ⓚ Die Nahtdicke wird links vom Nahtsymbol, die Nahtlänge dagegen rechts davon eingetragen.
ⓛ Das Maß, das den Abstand des Nahtanfangs vom Werkstückrand festlegt wird als Vormaß $v$ direkt in die Zeichnung eingetragen.
Bei fehlender Längenangabe wird davon ausgegangen, dass die Naht über die ganze Länge oder Breits des Werkstücks verläuft.

**Kehlnähte**

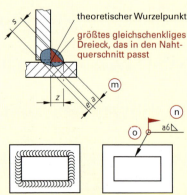

ⓜ $a$ Höhe des größten gleichschenkligen Dreiecks, das sich in den Nahtquerschnitt eintragen lässt.
 $z$ Schenkellänge des größten gleichschenkligen Dreiecks, das sich in den Nahtquerschnitt eintragen lässt

$$z = a \cdot \sqrt{2}$$

 $e$ Wurzeleinbrand
 $s$ Nahtdicke bei Kehlnähten mit tiefem Einbrand, z.B. $s8a6$

ⓝ Zur Unterscheidung der Bemaßungsmethoden bei Nahtdicken wird der Buchstabe „a" oder „z" immer vor

**Ergänzungssysmbole**

ⓞ Ein Kreis am Berührungpunkt von Pfeil- und Bezugslinie zeigt an, dass die Naht rundherum verläuft. Die Fahne an der Stelle markiert eine Baustellennaht.

# Schweißzeichnungen

## Symbolische Darstellung und Bemaßung von Schweiß- und Lötnähten
### Symbolische Darstellung und Bemaßung
vgl. DIN EN 22553 (1997-03)

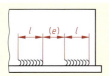 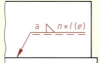

**Unterbrochene Kehlnaht**
- $a$    Nahtdicke (z.B. a3) oder
- $z$    Schenkellänge
- $n$    Anzahl der Einzelnähte
- $(e)$ Nahtabstand
- $l$    Einzelnahtlänge (ohne Krater)

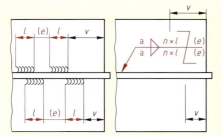

**Versetzte und unterbrochene Kehlnaht**
- $a$    Nahtdicke oder
- $z$    Schenkellänge
- $n$    Anzahl der Einzelnähte
- $(e)$ Nahtabstand
- $l$    Einzelnahtlänge (ohne Krater)

      Zeichen für Nahtversatz

- $v$    Das Vormaß wird in die Zeichnung eingetragen, um den Nahtversatz zu kennzeichnen

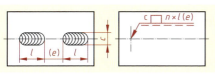

**Langlochnaht**
- $c$    Lochbreite
- $n$    Anzahl der Langlöcher
- $l$    Länge eines Langloches
- $(e)$ Abstand zwischen den Langlöchern

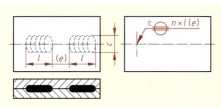

**Liniennaht (unterbrochen)**
- $c$    Breite der Naht
- $n$    Anzahl der Nahtabschnitte
- $l$    Länge eines einzelnen Nahtabschnittes
- $(e)$ Abstand zwischen zwei Nahtabschnitten

Das Nahtsymbol ist hier mittig auf der Bezugs-Volllinie eingetragen, weil die Naht an der Berührungsfläche beider Werkstücke liegt, z.B. beim Widerstandsschweißen.

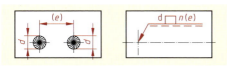

**Lochnaht**
- $a$    Lochdurchmesser
- $n$    Anzahl der Löcher
- $(e)$ Mittenabstand zweier Löcher

Das Nahtsymbol ist auf die Bezugs-Volllinie gezeichnet, weil sich die Löcher auf der Pfeilseite befinden.

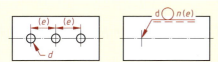

**Punktnaht**
- $d$    Punktdurchmesser
- $n$    Anzahl der Schweißpunkte
- $(e)$ Mittenabstand zweier Punkte

Das Nahtsymbol ist auf die Bezugs-Volllinie gezeichnet, weil sich die Punkte auf der Pfeilseite befinden (z.B. beim Schmelzschweißen).

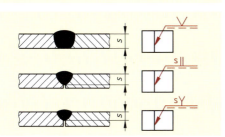

**Stumpfstoß**

Wenn die Naht durchgeschweißt ist, dann entspricht die Nahtdicke der Werkstückdicke und die Angabe von „$s$" am Symbol entfällt.

Wenn nichts anderes angegeben ist, gelten Stumpfnähte als voll angeschlossen.

Wenn die Naht nicht voll durchgeschweißt ist, dann ist das Maß „$s$" als Mindestmaß von der Werkstückoberfläche bis zur Unterseite des Einbrandes anzugeben.

# Schweißzeichnungen

## Symbolische Darstellung und Bemaßung von Schweiß- und Lötnähten

**Symbolische Darstellung und Bemaßung**  vgl. DIN EN 22 553 (1997-03)

### Vereinfachung durch Sammelangaben

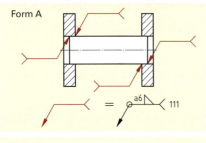

Bei gleichen Angaben für alle in der Zeichnung zu bemaßenden Nähte können diese vereinfacht dargestellt und mit erläuternden Angaben einmal in der Nähe des Schriftfeldes eingetragen werden (Form A).

Dies kann auch in Form einer Tabelle erfolgen (Form B).

Die Schweißnahtangaben sollen enthalten:
- Nahtform und Nahtdicke
- Schweißverfahren
- Bewertungsgruppe
- Schweißposition
- Zusatzwerkstoff
- Vorwärmung
- Nachbehandlung
- Prüfung
- Allgemeintoleranzen.

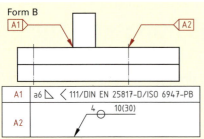

Bei Gruppen gleicher Nähte kann zu ihrer Kennzeichnung die Bezugsangabe in einer geschlossenen Gabel mit einem Großbuchstaben oder einer Kombination aus Großbuchstaben und Ziffern erfolgen.

Die Bedeutung dieser Zeichen wird in der Zeichnung entsprechend Form A oder Form B erläutert.

### Beispiele für Angaben hinter der Gabel

#### 1. Bezeichnungsbeispiel

für eine V-Naht mit Gegenlage und gewölbter Oberfläche, hergestellt durch Lichtbogenhandschweißen (Kennzahl 111 nach ISO 4063), geforderte Bewertungsgruppe D nach ISO 5817, Wannenposition PA nach ISO 6947, umhüllte Stabelektrode ISO 2560-A-E 42 2 2 Ni B 34 H10.

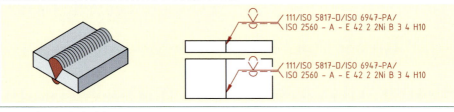

#### 2. Bezeichnungsbeispiel

für eine unterbrochene konkave Kehlnaht mit Vormaß 25 mm, Nahtdicke $a$6, 3 Einzelnähten mit Länge 50 mm und Nahtabstand 20 mm, hergestellt durch Lichtbogenhandschweißen (Kennzahl 111 nach ISO 4063), geforderte Bewertungsgruppe C nach ISO 5817, Horizontal-Vertikalposition PB nach ISO 6947, geschweißt mit umhüllter Stabelektrode ISO 2560-A-E 42 2 B 15 H10.

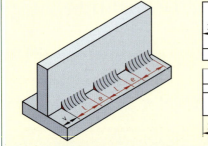
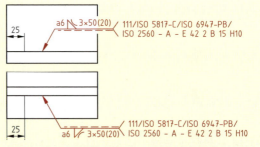

# Schweißzeichnungen 131

## Symbolische Darstellung und Bemaßung von Schweiß- und Lötnähten
**Beispiele für die Anwendung der symbolischen Darstellung**

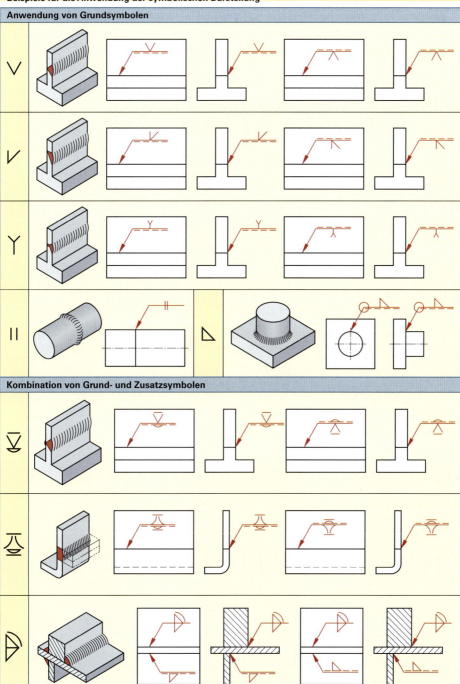

## Metall- und Stahlbauzeichnungen

### Sinnbildliche Darstellung von Löchern, Schrauben- und Nietverbindungen
vgl. DIN ISO 5845-1 (1997-04)

| Zeichen-ebene | senkrecht zur Mittelachse des Loches für Loch und Schraube oder Niet | | | | parallel zur Mittelachse des Loches nur für Schraube oder Niet | | | |
|---|---|---|---|---|---|---|---|---|
| Symbol | ohne Senkung | Senkung vorn | Senkung hinten | Senkung beidseitig | ohne Senkung | Senkung einseitig | Senkung beidseitig | mit Lage der Mutter |
| in der Werkstatt gebohrt bzw. eingebaut | | | | | | | | |
| in der Werkstatt gebohrt und auf der Baustelle eingebaut | | | | | | | | |
| auf der Baustelle gebohrt und eingebaut | | | | | | | | |

Zur Unterscheidung von Schrauben, Nieten oder Löchern muss die genaue Bezeichnung der Löcher oder Verbindungselemente normgerecht angegeben werden!

**Beispiel:** für ein Loch: ⌀ 13
für eine Schraube mit metrischem Gewinde: M12 x 50
für einen Niet: ⌀ 12 x 50

| Symbol nur für Loch | ohne Senkung | Senkung einseitig | Senkung beidseitig |
|---|---|---|---|
| in der Werkstatt gebohrt | | | |
| auf der Baustelle gebohrt | | | |

### Rand- und Lochabstände für Schrauben
vgl. DIN EN 1993-1-8 (2010-12)

Bei Scher-Lochleibungs-Verbindungen dürfen die Grenzwerte für die Schwertragfähigkeit der Schrauben nicht überschritten werden. Bei der Anordnung der Schrauben sind außerdem die Grenzwerte für die Rand- und Lochabstände einzuhalten. Damit wird die Lochleibungstragfähigkeit der Verbindung gesichert.

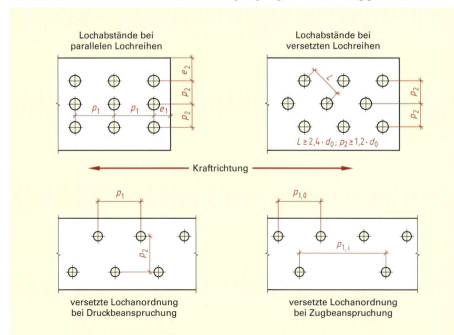

# Metall- und Stahlbauzeichnungen

## Rand- und Lochabstände für Schrauben
vgl. DIN EN 1993-1-8 (2010-12)

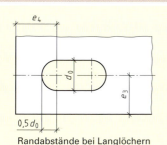

Randabstände bei Langlöchern

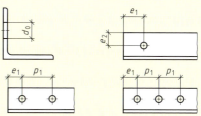

Rand- und Lochabstände bei einseitig angeschlossenen Winkeln

Für Abstände der Schrauben untereinander sowie für Randabstände gelten untere (kleinste) und obere (größte) Grenzwerte. Die Abstände sind vom Lochdurchmesser $d_0$ abhängig.

| Rand- und Lochabstände (Bilder oben) | kleinste Abstände | größte Abstände | | |
|---|---|---|---|---|
| | | bei korrosiven Einflüssen | ohne korrosive Einflüsse | ungeschützter Stahl |
| Randabstand $e_1$ | $1,2 \cdot d_0$ | 40 mm + 4 · $t$[1] | | 8 · $t$ oder 125 mm[3] |
| Randabstand $e_2$ | $1,2 \cdot d_0$ | 40 mm + 4 · $t$[1] | | 8 · $t$ oder 125 mm[3] |
| Randabstand $e_3$ | $1,5 \cdot d_0$ | | | |
| Randabstand $e_4$ | $1,5 \cdot d_0$ | | | |
| Lochabstand $p_1$ | $2,2 \cdot d_0$ | 14 · $t$ oder 200 mm[2] | 14 · $t$ oder 200 mm[2] | 14 · $t_{min}$ oder 175 mm[2] |
| Lochabstand $p_{1,0}$ | – | 14 · $t$ oder 200 mm[2] | | |
| Lochabstand $p_{1,i}$ | – | 28 · $t$ oder 400 mm[2] | | |
| Lochabstand $p_2$ | $2,4 \cdot d_0$ | 14 · $t$ oder 200 mm[2] | | 14 · $t_{min}$ oder 175 mm[2] |

[1] $t$ – Dicke des dünnsten außenliegenden Bleches.    [2] Der kleinste Wert von …    [3] Der größte Wert von …

## Bolzenverbindungen
vgl. DIN EN 1993-1-8 (2010-12)

### Geometrische Anforderungen an Augenstäbe

**Dicke $t$ vorgegeben**

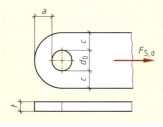

$$a \geq \frac{F_{S,d} \cdot \gamma_{M0}}{2 \cdot t \cdot f_{y,k}} + \frac{2 \cdot d_0}{3} \; ; \; c \geq \frac{F_{S,d} \cdot \gamma_{M0}}{2 \cdot t \cdot f_{y,k}} + \frac{d_0}{3}$$

$F_{S,d}$    Bemessungswert der Zugkraft  
$f_{y,k}$    Streckgrenze des Werkstoffs  
$t$    Werkstoffdicke  
$\gamma_{M0}$    Teilsicherheitsbeiwert  
$F_{S,d}$    Lochdurchmesser für eine Schraube, einen Niet oder Bolzen

**Geometrie vorgegeben**

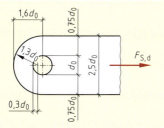

$$t \geq 0,7 \sqrt{\frac{F_{S,d} \cdot \gamma_{M0}}{f_{y,k}}} \; ; \; d_0 \geq 2,5 \cdot t$$

$F_{S,d}$    Bemessungswert der Zugkraft  
$f_{y,k}$    Streckgrenze des Werkstoffs  
$t$    Werkstoffdicke  
$\gamma_{M0}$    Teilsicherheitsbeiwert  
$F_{S,d}$    Lochdurchmesser für eine Schraube, einen Niet oder Bolzen

# Metall- und Stahlbauzeichnungen

## Darstellung und Bemaßung im Metallbau
vgl. DIN ISO 5261 (1997-04)

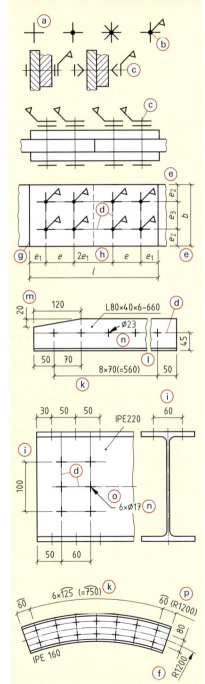

### Darstellung von Verbindungselementen

(a) Bohrlöcher, Schrauben und Niete werden symbolisch dargestellt. Werden sie in der Zeichenebene, die senkrecht zu ihrer Mittelachse liegt, abgebildet, so sind die Symbole mit breiten Volllinien zu zeichnen (Symboltabelle Seite 132).

(b) Das Mittenkreuz kennzeichnet die Lage des Verbindungselementes. Zusätzlich darf in die Mitte des Kreuzes ein Punkt mit dem Durchmesser der fünffachen Linienbreite der für das Kreuz verwendeten Volllinie gesetzt werden.

(c) Werden die Verbindungselemente in der Zeichenebene parallel zu ihrer Mittelachse abgebildet, so sind die Mittellinien des Symbols mit einer schmalen Volllinie, alle anderen Elemente mit einer breiten Volllinie zu zeichnen.

(d) Risslinien für Bohrlöcher werden mit schmalen Volllinien dargestellt.

### Bemaßung im Metallbau
#### Maßlinienbegrenzung

(e) Als Maßlinienbegrenzung verwendet man einen Schrägstrich unter 45° zur Maßlinie. Die Schrägstriche werden in Leserichtung von links unten nach rechts oben gezogen. Die Verwendung von Maßpfeilen ist ebenfalls zulässig.

(f) Für die Eintragung von Radien sind Maßpfeile als Begrenzung zu verwenden.

#### Maßhilfslinien

(g) Die Maßhilfslinien beginnen nicht direkt an den Körperkanten und Symbolen für Bohrlöcher, Schrauben und Niete, sondern man lässt einen kleinen Zwischenraum.

#### Maßanordnung

(h) Im Unterschied zum Maschinenbau ist es üblich, geschlossene Maßketten einzutragen.

(i) Bei gleichem Abstand von Formelementen zu einer Symmetrieachse kann über die Mitte bemaßt werden.

#### Teilungen

(k) Teilungen von gleichen Formelementen, die außerdem noch untereinander gleiche Abstände haben, werden vereinfacht bemaßt.

(l) Anzahl $n$ und Abstand $t$ der Elemente sowie die Gesamtlänge $l$ der aufgeteilten Strecke wird in der Form $n \times t (= l)$ angegeben.

#### Schrägen

(m) Schrägen an Profilen werden durch Längenmaße angegeben.

#### Bohrlöcher

(n) Um Bohrlöcher von Schrauben oder Nieten zu unterscheiden, müssen sie mit dem $\varnothing$-Zeichen versehen werden.

(o) Wenn eine Gruppe gleichartiger Bohrlöcher, Schrauben oder Niete bemaßt werden soll, braucht die Bezeichnung nur an einem äußeren Element angebracht zu werden. Die Anzahl der Bohrlöcher, Schrauben oder Niete ist vor ihre Bezeichnung zu setzen.

#### Gekrümmte Teile

(p) Bei der Darstellung gebogener Teile soll das Maß für den Krümmungsradius, auf den sich die Teilung bezieht, hinter die Maßkette in Klammern gesetzt werden.

# Metall- und Stahlbauzeichnungen

## Darstellung und Bemaßung im Metallbau
vgl. DIN ISO 5261 (1997-04)

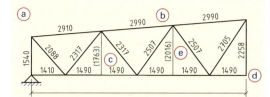

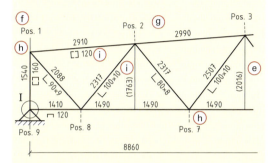

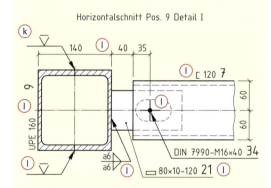

**Schematische Darstellung**

(a) Zusammengebaute Tragwerke von Metallbaukonstruktionen werden maßstäblich schematisch als Systemzeichnung dargestellt.

(b) Stäbe werden als breite Volllinien gezeichnet. Ihre Schwerelinien müssen mit den Systemlinien des Tragwerkes zusammenfallen.

(c) Die Abstände der Bezugspunkte werden direkt an die Stäbe geschrieben.

(d) Geschlossene Maßketten sind zugelassen.

(e) Maße für den Ausgleich von Summentoleranzen bzw. Hilfsmaße werden in Klammern (...) gesetzt.

**Erweiterte schematische Darstellung**

(f) Die Systemzeichnung kann durch weitere Daten ergänzt werden.

(g) Knotenpunkte werden mit Positionsnummern versehen, die den Vorsatz „Pos." erhalten, mindestens doppelt so hoch sind wie die Maßzahlen und im Uhrzeigersinn angeordnet werden.

(h) Die Bezugslinien der Zahlen stehen senkrecht auf den Stäben und werden bei durchlaufenden Stäben als Strichlinien gezeichnet.

(i) Stäbe und Profile werden mit ihren Normbezeichnungen versehen. Das Symbol zeigt die Einbaulage.

**Fertigungszeichnung**

(k) Fertigungszeichnungen enthalten sowohl schematische Darstellungen als auch detaillierte Darstellungen. Außerdem ist die Bemaßung der einzelnen Knotenpunkte Bestandteil dieser Zeichnungen. Gleiche Knotenpunkte werden nur einmal ausführlich dargestellt.

(l) Die Zeichnung enthält Normbezeichnungen der Bauteile, erforderliche Maße, Bearbeitungssymbole und Positionsnummern der Teile, die zum Anlegen der Stückliste benötigt werden.
In Zeichnungen des Metall- und Stahlbaus ist es üblich, Kurzbezeichnungen von Halbzeugen und Normteilen gemeinsam mit den dazugehörigen Positionsnummern anzugeben, auch wenn eine Stückliste vorliegt.

## Bearbeitungsformen an Profilen

| Schrägschnitt | Gehrungsschnitt | einseitige Ausklinkung | einseitige Abflanschung |
| beidseitige Abflanschung | Ausflanschungen | doppelseitige Ausklinkung | doppelte Schrägklinkung |

# Metall- und Stahlbauzeichnungen

## Beispiel für eine Metallbauzeichnung

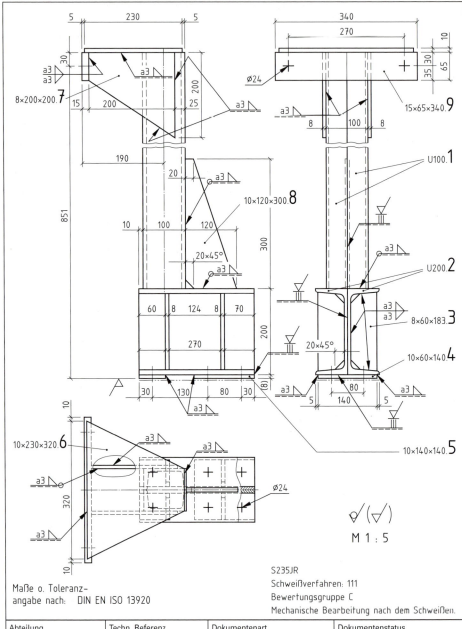

## Metall- und Stahlbauzeichnungen 137

### Beispiel für eine Metallbauzeichnung
#### Stückliste für die Beispielzeichnung von Seite 136

| 1 | 2 | 3 | 4 | 5 | 6 | 7 | 8 |
|---|---|---|---|---|---|---|---|
| Pos. | Menge | Ein-heit | Einheits-masse | Benennung | Sachnummer/ Norm-Kurzbezeichnung | Werkstoff | Masse kg/Einheit | Bemerkung |
| 1 | 2 | Stck. | 10,6 kg/m | Stützenstiel | U 100 × 673   DIN 1026 | S235JR | 7,134 | 14,268 kg |
| 2 | 2 | Stck. | 25,3 kg/m | Stützenfuß | U 200 × 270   DIN 1026 | S235JR | 6,831 | 13,662 kg |
| 3 | 4 | Stck. | 62,8 kg/m² | Aussteifung | Bl 8 × 60 × 183   DIN EN 10029 | S235JR | 0,690 | 2,760 kg |
| 4 | 1 | Stck. | 78,5 kg/m² | Fußblech | Bl 10 × 60 × 140   DIN EN 10029 | S235JR | 0,659 | 0,659 kg |
| 5 | 1 | Stck. | 78,5 kg/m² | Fußblech | Bl 10 × 140 × 140   DIN EN 10029 | S235JR | 1,539 | 1,539 kg |
| 6 | 1 | Stck. | 78,5 kg/m² | Kopfblech | Bl 10 × 230 × 320   DIN EN 10029 | S235JR | 5,778 | 5,778 kg |
| 7 | 2 | Stck. | 62,8 kg/m² | Seitenblech | Bl 8 × 200 × 200   DIN EN 10029 | S235JR | 2,512 | 5,024 kg |
| 8 | 1 | Stck. | 78,5 kg/m² | Rippe | Bl 10 × 120 × 300   DIN EN 10029 | S235JR | 2,826 | 2,826 kg |
| 9 | 1 | Stck. | 117,8 kg/m² | Anschlussleiste | Bl 15 × 65 × 340   DIN EN 10029 | S235JR | 2,603 | 2,603 kg |
|   |   |   |   |   |   | Gesamtmasse | | 49,119 kg |

| | | | |
|---|---|---|---|
| Die Stückliste nach DIN 6771-02 Form B, wurde in Spalte 2 und 3 den Bedürfnissen des Stahlbaus angepasst. **Spalte 3** = Längenbezogene Masse für Stab- und Formstähle in kg/m bzw. flächenbezogene Masse für Bleche in kg/m² **Spalte 8** = Masse pro Position | Abteilung: Metallbautechnik | Techn. Referenz: F. Köhler | Dokumentenart: Stückliste | Dokumentenstatur: in Bearbeitung |
| | Eigentümer: BSZ Radeberg Fachbereich 3 | Erstellt durch: F. Köhler | Titel, zusätzlicher Titel: Stütze | Zeichnungsnummer: 2013-309-12 |
| | | Genehmigt von: | Änd. D | Ausgabedatum 2013-10-12 | Spr. de | Blatt 1/1 |

### Schweißfolgeplan zur Beispielzeichnung Seite 136

| Auftrag Nr.: | 3009/2013 | Teil-Nr.: | 089 |
|---|---|---|---|
| Sachnr.: | 378.89-309 | Werkstoff: | S235JR |
| Rohteil: | Teile lt. Liste | | |
| Bezeichnung: | Stütze | Schweißverfahren: | 111 |

| Nr. | Arbeitsfolge | Nahtform Nahtdicke | Naht-länge | Bemerkungen |
|---|---|---|---|---|
| 1 | Teile 1 heften, 4 Hefter von je 5 cm … 7 cm Länge beidseitig setzen. | Heftnaht | 8 × 70 | Auf saubere Oberflächen achten, spannen, exakt ausrichten |
| 2 | Teile 1 schweißen, Endkraterbleche verwenden, erste Naht in einem Zug schweißen, nach Abkühlen auf Raumtemperatur zweite Naht schweißen. | ||| | 2 × 673 | Beide Nähte in die gleiche Richtung schweißen, mechanisiert, 50 cm/min … 60 cm/min., 250 A. |
| 3 | Teile 2 zur Nahtvorbereitung Stirnkanten 3 mm … 4 mm anschleifen, dann heften und schweißen. | ||| | 2 × 200 | Handschleifmaschine, beide Nähte in die gleiche Richtung schweißen. |
| 4 | Teile 3 in 2 heften. | Heftnaht | kurze Hefter | |
| 5 | Teile 3 in 2 schweißen, erst Quernähte, dann Längsnähte. | a3 ◣ | 4 × 140 8 × 40 | Rippen in diagonaler Reihenfolge einschweißen. |
| 6 | Teil 4 und 5 an Teile 2 heften und anschweißen. | a3 ◣ | 1 × 560 1 × 400 | Mechanische Bearbeitung nach dem Schweißen. |
| 10 | Anschlussbereiche für Teil 8 an Teil 1 und 2 schleifen, Baugruppe in die Vorrichtung spannen, ausrichten. | | | Montagevorrichtung benutzen. |
| 11 | Teil 1 an Teil 2 heften. | Heftnaht | | |
| 12 | Teil 8 heften. | Heftnaht | | |
| 13 | Teil 1 an Teil 2 rundherum in einem Zug schweißen. | a3 ◣ | 1 × 400 | Sprühlichtbogen, schnell schweißen. |
| 14 | Teil 8 an Teil 1 und Fußbaugruppe anschweißen. | a3 ◣ | 2 × 280 2 × 100 | Schweißnähte der Baugruppe entzundern. |

## Bezeichnung von Profilen und Blechen

vgl. DIN ISO 5261 (1997-04)

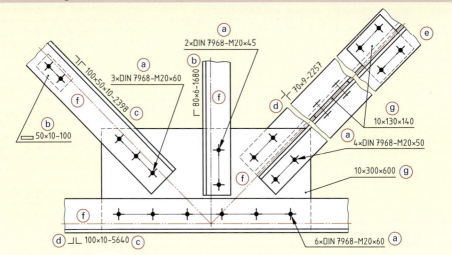

- (a) Zur Unterscheidung der Verbindungselemente untereinander und von Bohrlöchern werden sie mit der genauen Normbezeichnung versehen.
  Bei der Benennung einer Gruppe gleichartiger Verbindungselemente wird die Bezeichnung nur an ein Element angetragen und die Anzahl vor die Normbezeichnung geschrieben.
- (b) Die dargestellten Stäbe und Profile sollen immer mit ihrer DIN- oder ISO-Bezeichnung versehen werden.
- (c) Die Zuschnittlänge kann nach einem Bindestrich folgen.
- (d) Die Eintragung erfolgt meist parallel zur Stabachse. Dabei sind die Sinnbilder so anzuordnen, dass an ihrer Stellung die Querschnittslage abgelesen werden kann.
- (e) Häufig müssen Profile und Stäbe abgebrochen dargestellt werden. Die Bruchlinien sind mit einer Freihandlinie zu zeichnen.
- (f) Schwerelinien der Profile bzw. die Systemlinien des Fachwerks werden mit Strich-Zweipunkt-Linien dargestellt.
- (g) Bleche werden mit ihrer Dicke und der Länge und Breite des sie umgebenden gedachten Rechtecks benannt.

## Bemaßung von Knotenblechen

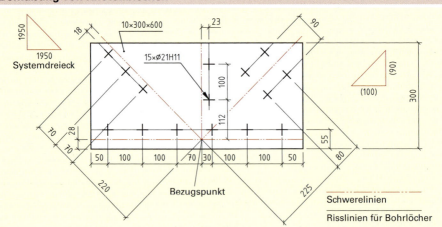

Bei der Bemaßung eines Knotenbleches bilden mindestens zwei sich schneidende Schwerelinien das Maßbezugssystem. Der Schnittpunkt heißt Bezugspunkt. Zu bemaßen sind die Größe der Bohrlöcher und ihre Lage bezüglich der Schwerelinien, Lochabstände, Randabstände von Bohrlöchern, Gesamtmaße. Die Lage der Systemlinien wird durch rechtwinklige Dreiecke angegeben, die mit den tatsächlichen Abständen der Bezugspunkte oder mit auf 100 bezogenen Werten bemaßt werden.

## Metall- und Stahlbauzeichnungen

### Kurzbezeichnung von Stäben und Profilen
vgl. DIN ISO 5261 (1997-04)

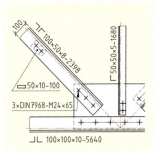

Die Norm enthält Festlegungen zur vereinfachten Benennung von Stäben und Profilen in technischen Zeichnungen des Metall- und Stahlbaus. Die vereinfachte Angabe besteht aus der Normbezeichnung und erforderlichenfalls wird nach einem Mittestrich die Zuschnittlänge angefügt. Dies gilt auch für das Ausfüllen von Stücklisten.

**Beispiel:** Winkelprofil EN 10056-1 – 150 x 150 x 10 – 4600 oder
L EN 10056-1 – 150 x 150 x 10 – 4500

Wenn in den Normen keine andere Bezeichnung festgelegt ist, wird die Kurzbezeichnung aus dem grafischen Symbol und den erforderlichen Maßen gebildet. Die Bezeichnung wird in der Nähe des betreffenden Stabes oder Profils angeordnet und zwar so, dass die Lage der Profile beim Zusammenbau deutlich wird.

### Stäbe

| Benennung der Stäbe | Maße | Graphisches Symbol | Erforderliche Maßangabe |
|---|---|---|---|
| Rundstab | | | d |
| Rohr | | | d x t |
| Quadratischer Stab | | | b |
| Rohr mit quadratischem Querschnitt | | | b x t |
| Flachstab | | | b x h |
| Rohr mit rechteckigem Querschnitt | | | b x h x t |
| Sechskantstab | | | s |
| Rohr mit sechseckigem Querschnitt | | | s x t |
| Dreikantstab | | | b |
| Halbrundstab | | | b x h |

### Profile

| Benennung | Graphisches Symbol | Kurzzeichen | Profile | Graphisches Symbol | Kurzzeichen |
|---|---|---|---|---|---|
| Winkelprofil | L | L | U-Profil | ⌐ | U |
| T-Profil | T | T | Z-Profil | Z | Z |
| I-Profil | I | I | Schienenprofil | | – |
| H-Profil | H | H | Wulstwinkelprofil | | – |

## Metall- und Stahlbauzeichnungen

### Frühere Kurzbezeichnung von Stäben und Profilen

vgl. DIN 1353-02 (1959-09) zurückgenommen

In dieser Norm waren Kurzzeichen und Abkürzungen enthalten, die in Stücklisten, Schriftfeldern und Zeichnungen auch heute noch oft anzutreffen sind und deshalb hier aufgelistet werden.

| Bedeutung | | übliche Abkürzung | Groß- schreibweise | Bildzeichen |
|---|---|---|---|---|
| Band / Blech (allg.) | | Bd/Bl | BD/BL | |
| Blech | Buckelblech | BuckBl | BUCKBL | |
| | Riffelblech | RiffBl | RIFFBL | |
| | Tonnenblech | TonnBl | TONNBL | |
| | Tränenblech | TraeBl | TRAEBL | |
| | Waffelblech | WaffBl | WAFFBL | |
| | Warzenblech | WarzBl | WARZBL | |
| | Wellblech | WellBl | WELLBL | 〰 |
| Draht | | Dr | DR | |
| Platte | | Pl | PL | |
| Profile (Querschnittsformen) | Breitflach | BrFl/BFl | BRFL/BFL | ▭ |
| | Doppel-T, | | | |
| | – schmalflanschig mit geneigten inneren Flanschflächen | I | I | |
| | – breitflanschig mit parallelen Flanschflächen | IPB | IPB | |
| | – breitflanschig mit parallelen Flanschflächen, leichte Ausführung | IPBl | IPBl | I |
| | – breitflanschig mit parallelen Flanschflächen, verstärkte Ausführung | IPBv | IPBv | |
| | – mittelbreit mit parallelen Flanschflächen | IPE | IPE | |
| | Flachprofil | Fl | FL | ▭ |
| | Halbrundprofil | Hrd | HRD | ⌒ |
| | Rund | Rd | RD | ⌀ |
| | Sechskant | 6kt | 6KT | ⬡ |
| | T | T | T | |
| | – breitfüßig, rundkantig | TB | TB | T |
| | – mit parallelen Flansch-und Stegseiten scharfkantig | TPS | TPS | |
| | U | U | U | |
| | – mit parallelen Flanschflächen | UP | UP | [ |
| | Vierkant | 4kt | 4KT | ☐ |
| | Winkel, rundkantig | L | L | L |
| | Winkel, scharfkantig | LS | LS | L |
| | Z | Z | Z | ⌐_| |
| Rohr | | Ro | RO | |
| Tafel | | Tfl | TFL | |

**Beispiel:**
Angabe in einer Zeichnung   IPBv 320 – 4100   (breiter Doppel-T-Träger mit parallelen Flansch-
 flächen verstärkte Ausführung,
 Nennhöhe 320 mm, Länge 4100 mm)

Angabe in einer Stückliste   IPB-Profil DIN 1025 – S235JR – IPBv 320 – 4100

# Rohrleitungsdarstellungen

## Vereinfachte Darstellung von Rohrleitungen
vgl. DIN ISO 6412-01 (1991-05)

### Allgemeine Regeln

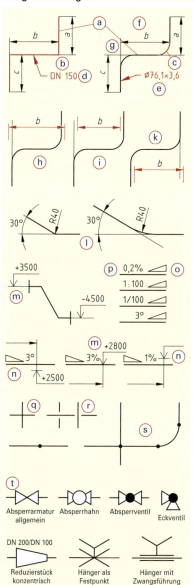

### Darstellung

(a) Die Fließlinie, die ein Rohr unabhängig von seinem Durchmesser darstellt, wird als breite Volllinie gezeichnet. Sie stimmt mit der Mittelachse des Rohres überein.

(b) Bögen dürfen vereinfacht dargestellt werden, indem die gerade Länge bis zum Scheitelpunkt verlängert wird.

(c) Bögen dürfen bei Bedarf als Kreisbögen dargestellt werden.

### Bemaßung

(d) Nennmaße dürfen mit der Kurzbezeichnung DN angegeben werden (DN = Nenndurchmesser).

(e) Der Außendurchmesser $d$ und die Wanddicke $t$ eines Rohres werden nach DIN 5261 angegeben.

(f) Bemaßte Längen beginnen an Rohrenden, Flanschen oder der Mitte eines Verbindungs- oder Anschlusselementes.

(g) Rohre mit Bögen bemaßt man von Mitte Rohr zu Mitte Rohr. Wenn erforderlich, kann das Maß von der äußeren oder inneren Wand oder der Oberfläche des Rohres angegeben werden. Die Maßlinien weisen dann auf kurze schmale, parallel zu den Maßhilfslinien liegende Striche.

(h) – vom äußeren zum äußeren Scheitelpunkt

(i) – vom inneren zum inneren Scheitelpunkt

(k) – vom inneren zum äußeren Scheitelpunkt.

### Radien und Winkel

(l) Es wird der funktionsbezogene Winkel angegeben, Winkel von 90° werden nicht bemaßt.

### Höhenangaben

(m) Sie beziehen sich auf die Mitte des Rohres.

(n) Falls erforderlich, darf die Höhe auch an der Ober- oder Unterseite des Rohres mit Hinweislinien angetragen werden.

### Neigungen

(o) Sie werden durch ein in Neigungsrichtung über der Fließlinie rechtwinkliges Dreieck angegeben.

(p) Die Größe der Neigung wird in Prozent oder als Verhältniszahl eingetragen. Sie kann durch die Höhenangabe eines der beiden Rohrenden ergänzt werden.

### Leitungskreuzungen und Verbindungen

(q) Darstellung in der Regel ohne Unterbrechung der Fließlinie.

(r) Bei Bedarf kann die Fließlinie des hintenliegenden Rohres unterbrochen werden.

(s) Unlösbare Verbindungen, z.B. durch Schweißen, werden mit einem Punkt an der Verbindungsstelle gekennzeichnet.

### Zubehörteile

(t) Sie werden mit Hilfe grafischer Symbole für Rohrleitungen nach DIN 2429-02 dargestellt.

### Flansche

(u) Sie werden unabhängig von Art und Größe
– in der Vorderansicht mittels zweier konzentrischer Kreise,
– in der Rückansicht mittels eines Kreises,
– in der Seitenansicht durch einen Strich
mit Linien derselben Linienbreite wie die Fließlinien dargestellt.

(v) Flanschlöcher werden vereinfacht mit Kreuzen gezeichnet.

### Fließrichtung

(w) Die Fließrichtung wird durch einen Pfeil direkt auf der Fließlinie oder in der Nähe eines grafischen Symbols angegeben.

# Rohrleitungsdarstellungen

## Vereinfachte Darstellung in Koordinaten
### Orthogonale Projektion
vgl. DIN ISO 6412-01 (1991-05)

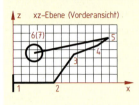
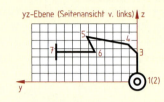

| Koordinatentabelle | | | |
|---|---|---|---|
| Punkt | x | y | z |
| 1 | 0 | 0 | 0 |
| 2 | + 50 | 0 | 0 |
| 3 | + 75 | 0 | + 34 |
| 4 | + 104 | + 12 | + 45 |
| 5 | + 118 | + 62 | + 54 |
| 6 | + 26 | + 52 | + 36 |
| 7 | + 26 | + 100 | + 36 |

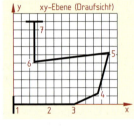

**Koordinaten**
Zur Vereinfachung von Berechnungen und Fertigungsvorgängen werden zweckmäßig Koordinatenhauptrichtungen festgelegt. Alle Koordinatenwerte vom Ursprung aus in Pfeilrichtung gesehen sind positiv, in Gegenrichtung negativ. Die Koordinatenrichtungen x, y, z bezeichnet man als Hauptrichtungen, die von ihnen aufgespannten Flächen als Hauptebenen.

**Positionsnummern**
Punkte, an denen eine Richtungsänderung des Rohrstranges stattfindet und auch Rohrverbindungen, werden durch Positionsnummern gekennzeichnet. Dabei werden Positionsnummern für die in der Ansicht verdeckten Punkte in Klammern gesetzt.

### Isometrische Darstellung
vgl. DIN ISO 6412-02 (1991-05)

**Allgemeine Festlegungen**
Rohre oder Teile davon, die parallel zu den Koordinatenachsen verlaufen, werden parallel zur jeweiligen Achse als Fließlinie gezeichnet. Abweichungen von den Richtungen der Hauptachsen werden durch Hilfsprojektionsebenen und Schraffuren der Hauptebenen gekennzeichnet.

**Hilfsprojektionsebenen**

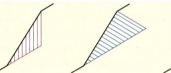

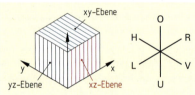

Rohre oder deren Teile, die auf einer vertikalen Ebene liegen, werden angegeben, indem ihre Projektion auf eine horizontale Ebene gezeichnet wird.

Rohre oder deren Teile, die auf einer horizontalen Ebene liegen, werden angegeben, indem ihre Projektion auf eine vertikale Ebene gezeichnet wird.

Rohre oder deren Teile, die nicht parallel zur Koordinatenachse verlaufen, kennzeichnet man durch ihre vertikale und horizontale Projektion.

Isometrische Darstellung des oben in orthogonaler Projektion gezeichneten Leitungsverlaufes. Die Koordinaten wurden beibehalten. Zur Vereinfachung des Zeichnens können solche Darstellungen auf vorgedruckte isometrische Liniennetze gezeichnet werden.

**Bemaßung**
Für die Maßeintragung gelten die allgemeinen Regeln nach DIN ISO 6412-01. Wenn notwendig, werden die schraffierten Hilfsprojektionen bemaßt. Sollte es aus Fertigungs- oder technischen Gründen erforderlich sein, eine Doppelbemaßung anzugeben, so wird diese in Klammern gesetzt.

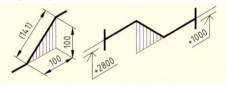

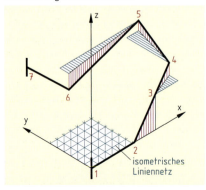

**Beispiele isometrisch gezeichneter grafischer Symbole**

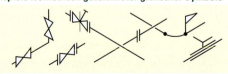

## Darstellung im Bauwesen

vgl. DIN 1356-01 (1995-02)

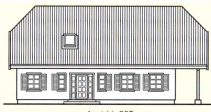

Ansicht OST

### Ansicht
Als Ansicht bezeichnet man die maßstäbliche Abbildung eines Bauobjektes in rechtwinkliger Parallelprojektion. Dabei verläuft die Projektionsrichtung von vorn nach hinten. Die sichtbaren Kanten werden als Volllinien dargestellt. Die Lage der Ansichten wird mit Wortangaben gekennzeichnet (z.B. „Ansicht OST", „Ansicht Wernerstraße").
(rechtwinklige Parallelprojektion siehe Seite 89/90)

### Draufsicht
Als Draufsicht bezeichnet man die maßstäbliche Abbildung eines Bauobjektes in rechtwinkliger Parallelprojektion. Die Projektionsrichtung verläuft dabei von oben nach unten. Die auf der Bauteiloberseite sichtbaren Kanten werden als Volllinien dargestellt.

### Grundriss
Als Grundriss bezeichnet man die Draufsicht auf den unteren Teil eines horizontal geschnittenen Baukörpers. Von oben sichtbare Kanten werden als Volllinien dargestellt, unter der Schnittebene liegende Kanten werden bei Bedarf als verdeckte Kanten gezeichnet.

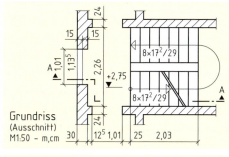

Grundriss (Ausschnitt) M 1:50 – m,cm

### Schnitt
Als Schnitt wird die Ansicht des hinteren Teils eines senkrecht geschnittenen Bauobjektes bezeichnet. Die vorn sichtbaren Kanten werden als Voll-Linien gezeichnet. Kanten, die hinter dieser Schnittebene liegen, können als verdeckte Kanten gezeichnet werden. Kanten von vor der Schnittebene liegenden Bauteilen werden gegebenenfalls durch Punktlinien dargestellt.

### Schnittführung
Die Schnittebenen sind so durch das Bauwerk zu legen, dass die wesentlichen Einzelheiten wie Wände, Decken, Treppen, Maueröffnungen geschnitten werden. Im Normalfall werden Schnittebenen rechtwinklig oder parallel zu den Außenflächen eines Bauwerks oder Bauteils geführt. Im Grundriss ist die Lage der senkrechten Schnittebenen anzugeben. Die Schnitte werden durch Schnittlinien, Blickrichtungspfeile und Buchstabenpaare markiert. Es können mehrere gerade Schnitte oder ein gestufter Schnitt angeordnet werden.

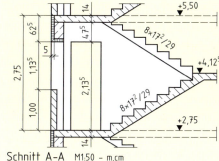

Schnitt A-A M 1:50 – m,cm

## Schraffuren für Schnittflächen[1]

vgl. ISO 128-50 (2002-05)

| Grundschaffur | Boden, geschüttet | Kies | Sand | Gipsplatte | Isolierstoff |
|---|---|---|---|---|---|
| feste Stoffe, allgemein | Metalle, allgemein | Stahl, legiert | Beton, bewehrt | Ziegelmauerwerk | Dämmstoff |
| Kunststoffe | Gummi | Glas | Holz (Hirnholz) | Holzwerkstoff | Dichtstoff |

[1] Abweichend davon können Stoffe besonders (fachspezifisch) gekennzeichnet werden. Wird diese besondere Kennzeichnung angewendet, ist deren Bedeutung auf der Zeichnung zu erläutern.

# Bauzeichnungen

## Linienarten
vgl. DIN 1356-01 (1995-02)

| Linienart | Anwendung | Liniengruppe | I | II | III | IV |
|---|---|---|---|---|---|---|
| | | für Maßstab | < 1 : 100 | | > 1 : 50 | |
| | | | Linienbreite | | | |
| ——— | Begrenzung von Schnittflächen | | 0,5 | 0,5 | 1 | 1 |
| —— | Sichtbare Umrisse von Bauteilen, Begrenzung kleinerer Schnittflächen | | 0,25 | 0,35 | 0,5 | 0,7 |
| — | Maßlinien, Maßhilfslinien, Hinweislinien, Lauflinien von Treppen, Begrenzung von Ausschnitten | | 0,18 | 0,25 | 0,35 | 0,5 |
| ········· | verdeckte Kanten, verdeckte Umrisse | | 0,25 | 0,35 | 0,5 | 0,7 |
| —·—·— | Lagekennzeichnung von Schnittebenen | | 0,5 | 0,5 | 1 | 1 |
| —·—·— | Achsen, Mittellinien | | 0,18 | 0,25 | 0,35 | 0,5 |
| ········· | Bauteile, die vor oder über Schnittebenen liegen | | 0,25 | 0,35 | 0,5 | 0,7 |
| Schrift | Maßzahlen, Mindestschriftgröße | | 2,5 | 3,5 | 5 | 7 |

## Maße im Bauwesen

### Maßordnung im Hochbau
vgl. DIN 4172 (1955-07)

| | |
|---|---|
| Baurichtmaße | Sie sind Vielfache von 12,5 cm. 1 am (Achtelmeter) = 11,5 cm Steinbreite + 1cm Fuge = Kopfmaß. Die Steinmaße und die Maße vieler Einbauteile (Fenster, Türen) und Plattenmaße sind auf die Baurichtmaße abgestimmt. |
| Mauerdicken | Alle Mauerdicken werden wie freistehendes Mauerwerk berechnet. |
| Mauerhöhen | Die Richtmaße sind Vielfache von 8,33 cm. |

$R = z \cdot 8{,}33$ cm

### Beispiel für Baurichtmaße und Baunennmaße

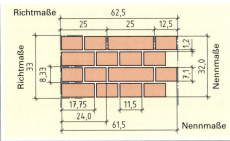

z  Schichtanzahl
R  Richtmaß
$N_A$  Nennmaß außen
$N_I$  Nennmaß innen
n  Kopfzahl

Richtmaße
$R = n \cdot 12{,}5$ cm

Nennmaß außen (freistehendes Mauerwerk)
$N_A = R - 1 \cdot \text{Fugenbreite}$

Nennmaß innen (zwischengebautes Mauerwerk oder Maueröffnung)
$N_I = R + 1 \cdot \text{Fugenbreite}$

| Rohbaumaße in cm | | | | | | | | | | | | | | | | |
|---|---|---|---|---|---|---|---|---|---|---|---|---|---|---|---|---|
| Anz. d. Steinbreiten n (Kopfzahl) | 0,5 | 1 | 1,5 | 2 | 2,5 | 3 | 3,5 | 4 | 4,5 | 5 | 5,5 | 6 | 6,5 | 7 | 7,5 | 8 |
| Nennmaß außen<br>$N_A = n \cdot am - 1$ cm | 5,25 | 11,5 | 17,75 | 24 | 30,25 | 36,5 | 42,75 | 49 | 55,25 | 61,5 | 67,75 | 74 | 80,25 | 86,5 | 92,75 | 99 |
| Nennmaß innen<br>$N_I = n \cdot am + 1$ cm | 7,25 | 13,5 | 19,75 | 26 | 32,25 | 38,5 | 44,75 | 51 | 57,25 | 63,5 | 69,75 | 76 | 82,25 | 88,5 | 94,75 | 101 |
| Richtmaß<br>$R = n \cdot am$ | 6,25 | 12,5 | 18,75 | 25 | 31,25 | 37,5 | 43,75 | 50 | 56,25 | 62,5 | 68,75 | 75 | 81,25 | 87,5 | 93,75 | 100 |

# Bauzeichnungen

## Toleranzen im Hochbau
vgl. DIN 18 202 (2005-10)

### Grenzabweichungen für Längen, Breiten, Höhen, Rastermaße, Achsmaße, Querschnittsmaße

| Geltungsbereich | Nennmaße in m | | | | | |
|---|---|---|---|---|---|---|
| | bis 1 | > 1…3 | > 3…6 | >6…15 | >15…30 | >30…60 |
| Maße im Grundriss, z.B. Längen und Breiten | ± 10 | ± 12 | ± 16 | ± 20 | ± 24 | ± 30 |
| Maße im Aufriss, z.B. Geschoss-, Podesthöhen | ± 10 | ± 16 | ± 16 | ± 20 | ± 30 | ± 30 |
| Lichte Maße im Grundriss, z.B. Stützenabstände | ± 12 | ± 16 | ± 20 | ± 24 | ± 30 | – |
| Lichte Maße im Aufriss, z.B. unter Unterzügen | ± 16 | ± 20 | ± 20 | ± 30 | – | – |
| Öffnungen, z.B. für Fenster und Türen, Einbauten | ± 10 | ± 12 | ± 16 | – | – | – |
| Öffnungen für oberflächenfertige Bauelemente | ± 8 | ± 10 | ± 12 | – | – | – |

### Grenzwerte für Winkelabweichungen von vertikalen, horizontalen, geneigten Flächen

| Geltungsbereich | Grenzstichmaße in mm bei Nennmaßen in m | | | | | |
|---|---|---|---|---|---|---|
| | bis 0,5 | > 0,5…1 | > 1…3 | < 3…6 | ≤ 6…15 | ≤ 15…30 | > 30 |
| vertikale, horizontale u. geneigte Flächen | 3 | 6 | 8 | 12 | 16 | 20 | 30 |

### Grenzwerte für Winkelabweichungen von Decken, Estrichen, Bodenbelägen, Wänden

| Geltungsbereich | | Grenzstichmaße in mm bei Messpunktabständen in m bis | | | | |
|---|---|---|---|---|---|---|
| | | 0,1 | 1 | 4 | 10 | 15 |
| Rohflächen von Decken, Unterbeton… | | 10 | 15 | 20 | 25 | 30 |
| Rohflächen von Decken, Unterbeton, Unterböden mit erhöhten Anforderungen, z.B. für Estriche, Fliesen, … ; auch fertige Oberflächen, z.B. für Kellerräume | | 5 | 8 | 12 | 15 | 20 |
| Flächenfertige Böden, z.B. Bodenbeläge, Fliesen | normale Anforderungen | 2 | 4 | 10 | 12 | 15 |
| | erhöhte Anforderungen | 1 | 3 | 9 | 12 | 15 |
| Nicht flächenfertige Oberflächen von Wänden, Unterseiten von Rohdecken | | 5 | 10 | 15 | 25 | 30 |
| Flächenfertige Oberflächen von Wänden und Unterseiten von Decken, z.B. geputzte Wände | normale Anforderungen | 3 | 5 | 10 | 20 | 25 |
| | erhöhte Anforderungen | 2 | 3 | 8 | 15 | 20 |

### Grenzwerte für Fluchtabweichungen bei Stützen

| Geltungsbereich | Grenzstichmaße in mm bei Nennmaßen in m als Messpunktabstand | | | | |
|---|---|---|---|---|---|
| | bis 3 m | von 3 m bis 6 m | über 6 m bis 15 m | über 15 m bis 30 m | über 30 m |
| Zulässige Abweichungen von der Flucht | 8 | 12 | 16 | 20 | 30 |

### Prüfen von Bauwerksmaßen

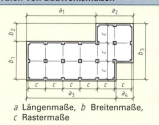

*a* Längenmaße, *b* Breitenmaße, *c* Rastermaße

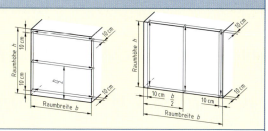

**Messpunkte für lichte Maße im Grundriss**
Die Maße sind jeweils in 10 cm Abstand von den Ecken zu nehmen. Bei der Prüfung von Winkeln geht man von den gleichen Messpunkten aus. Bei nicht rechtwinkligen Räumen ist die Messlinie senkrecht zu einer Bezugslinie anzuordnen. Die Messungen sind **in 2 Höhen** vorzunehmen: – in etwa 10 cm Abstand vom Fußboden und 10 cm Abstand von der Decke.

**Messpunkte für Maße im Aufriss**
Die Maße werden an übereinander liegenden Messpunkten an markanten Stellen des Bauwerks gemessen, z.B. Deckenkanten, Brüstungen, usw.
Die Maße sind jeweils in 10 cm Abstand von den Ecken zu nehmen, auch beim Prüfen von Winkeln. Die Messungen eines Raumes sind für jede Wandseite an 2 Stellen in etwa 10 cm Abstand von der Wand vorzunehmen. Lichte Höhen von Unterzügen sind beiderseits in 10 cm Abstand von der Auflagerkante zu messen.

# Bauzeichnungen

## Besonderheiten der Maßeintragung im Bauwesen
vgl. DIN 1356-01 (1995-02)

| Bemaßung in Maßeinheit | Maße unter 1 m, zum Beispiel | Maße über 1 m, zum Beispiel |
|---|---|---|
| cm | 25 | 87.5* | 287.5* |
| m und cm | 25 | 87⁵ | 2.87⁵* |
| mm | 250 | 875 | 2875 |

\* Anstelle des Dezimalpunktes darf auch ein Komma verwendet werden.

**Maßbegrenzungen**

Ausführung nach DIN 406. In Bauzeichnungen werden meist Striche oder Punkte verwendet.

**Maßzahlen**

Es gilt DIN 406. Außerdem gelten folgende Festlegungen:

(a) Maßzahlen sind zwar ohne Maßeinheit, jedoch in Abhängigkeit von der bauwerksbedingten Auswahl der Maßeinheiten einzutragen.

(b) Bei zwei dicht aneinanderliegenden Maßen werden die Maßzahlen links unten und rechts oben eingetragen.

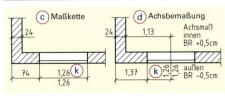

**Umfang der Maßangaben**

Wie viele und welche Maße eingetragen werden, richtet sich nach Zweck und Art der Bauzeichnung. Ausführungszeichnungen enthalten die umfangreichsten Angaben.

**Anordnung der Maßangaben**

Die Bemaßung kann nach den Systemen

(c) – Maßkette,

(d) – Achsbemaßung oder
– Koordinatenbemaßung ausgeführt werden.

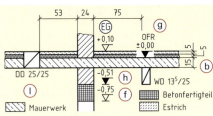

**Höhenmaße**

(f) In Grundrissen, Ansichten und Schnitten werden sie mit gleichseitigen Dreiecken mit darüber, darunter oder daneben stehender Maßzahl mit Vorzeichen eingetragen.

(g) Das Vorzeichen bezieht sich auf die Höhenlage ± 0.00 und kennzeichnet sie in der Regel bezüglich der Oberfläche der Fertigkonstruktion des Fußbodens im Eingangsbereich, bezogen auf NN (Normal Null).

(h) Geschwärzte Dreiecke kennzeichnen Rohbauhöhen, leere Dreiecke kennzeichnen Fertigbauhöhen.

(i) Bei Brüstungen darf zusätzlich die Rohbauhöhe über Oberfläche Rohfußboden angegeben werden.

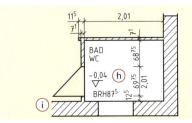

**Wandöffnungen**

(k) In Grundrissen wird bei Fenster- u. Türöffnungen oft zusätzlich zur Breite auch die Höhe angegeben. Dabei steht die Maßzahl für die Breite über der Maßlinie, die Maßzahl für die Höhe unter der Maßlinie.

(l) Rechteckquerschnitte z.B. von Wand- oder Deckendurchbrüchen dürfen mit dem Verhältnis Breite/Höhe vereinfacht bemaßt werden.

**Radien, Durchmesser, quadratische Querschnitte**

Anzuwenden ist DIN 406 (R, ∅, □).

**Hinweislinien**

(m) Zur näheren Kennzeichnung von Baustoffen werden besonders bei Schnittdarstellungen oftmals Hinweislinien aus der Darstellung herausgezogen. Die rechtwinklige Anordnung ist vorzuziehen.

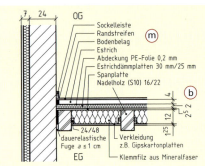

**Vereinfachte Darstellung**

(n) In Zeichnungen des Bauwesens werden viele Bauteile vereinfacht dargestellt, z.B. Treppen, Fenster, Türen, Aussparungen in Wänden und Decken. [vgl. DIN ISO 7519 (1992-09) u. DIN 1356-1 (1995-02)].

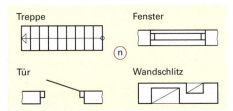

**Gebräuchliche Abkürzungen**

| | | | |
|---|---|---|---|
| OFF | – Oberfläche Fertigfußboden | EG | – Erdgeschoss |
| OFR | – Oberfläche Rohfußboden | KG | – Kellergeschoss |
| BRH | – Brüstungshöhe (Fenster) | DG | – Dachgeschoss |
| WD | – Wanddurchbruch | MR | – Meterriss |
| DD | – Deckendurchbruch | UK | – Unterkante |
| WS | – Wandschlitz | OK | – Oberkante |

# Bauzeichnungen

## Beispiel für eine Bauzeichnung
vgl. DIN 1356-01 (1995-02)

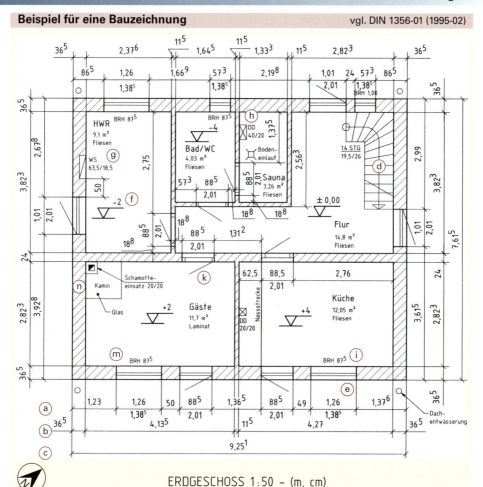

ERDGESCHOSS 1:50 – (m, cm)

| | Erläuterungen zur Bauzeichnung | | | |
|---|---|---|---|---|
| a | Maßkette für Wandöffnungen, Fenster, Türen und Pfeiler | ▽ −2 | f | Höhe der Oberfläche des Fertigfußbodens 2 cm unter Nullpunkt |
| b | Maßkette für Wanddicken und Raummaße | WS 63,5/18,5 | g | Wandschlitz, Breite 63,5 cm, Tiefe 18,5 cm |
| c | Gesamtaußenmaße des Baukörpers | DD 40/20 | h | Deckendurchbruch, 40 cm × 20 cm |
| (Treppe) | einläufige viertelgewendelte Treppe mit Lauflinie und Steigungsrichtung | BRH 87⁵ | i | Höhe der Fensterbrüstung 87,5 cm |
| 14 STG 19,5/26 | Anzahl Steigungen $n = 14$ Steigungshöhe $s = 19{,}5$ cm Auftrittsbreite $a = 26$ cm | | k | Tür DIN rechts mit Schwelle |
| | | | m | Fenster mit Doppelverglasung |
| 1,26 / 1,38⁵ | Maueröffnung Breite 88,5 cm, Höhe 1,385 m | | n | Schornsteinöffnung |

# Gestaltung

## Perspektivische Darstellungen

H Horizont  Z Zentral-Fluchtpunkt  F Fluchtpunkte

**Vogelperspektive**

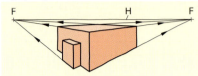

**Zentralperspektive**

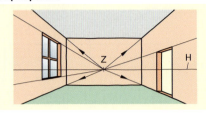

**Normalperspektive**

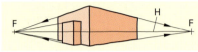

**Harmonische Teilung**

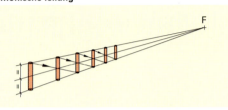

**Froschperspektive**

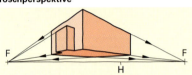

**Regel:** Alle senkrechten Linien bleiben senkrecht.
Alle waagerechten Linien laufen auf die Fluchtpunkte zu, liegen sie oberhalb der Horizontlinie sind sie fallend, befinden sie sich unterhalb, steigen sie.

## Proportionen

**Goldener Schnitt**

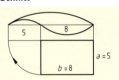

$a : b = b : (a + b) = 0{,}62$
$b : a = (a + b) : b = 1{,}62$

**Beispiel:**
$a : b = b : (a + b) = 5 : 8 = 8 : (5 + 8) = 0{,}62$
$a : b = 0{,}77 : 1{,}23 = 0{,}62$

**Klassische Konstruktion: Quadrat im Halbkreis**

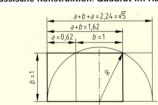

**Streckenteilung nach dem goldenen Schnitt**

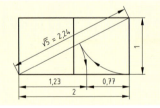

**Harmonie des menschlichen Körpers**

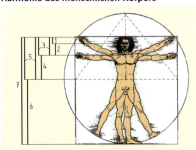

**Wachstumsspirale**

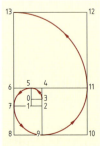

| „Goldenes Rechteck" | + Quadrat | ⇒ „Goldenes Rechteck" |
|---|---|---|
| 01 23 | + 03 45 | ⇒ 12 45 |
| 12 45 | + 15 67 | ⇒ 24 67 |
| 24 67 | + 27 89 | ⇒ 46 89 |
| 46 89 | + 49 1011 | ⇒ 68 1011 |
| 68 1011 | + 611 1213 | ⇒ 810 1213 |

Ausgangsrechteck:
Streckenverhältnis
$\overline{01} : \overline{23} > 5 : 8$

# Gestaltung

## Gestaltungselemente

### Plastische Darstellung
**Regel:** Lichteinfall von links oben

 Schattenlinie
 Verdichtete Linien
Aufnahme der Umrisslinie
Vollflächiger Schatten

### Kontrast, Rhythmus

 gleichmäßig monoton
 gleichmäßig wechselnd
 gleichmäßig wechselnd
 frei unruhig
 linienhafte Teilung
 Hauptzone bewegt

### Bogenformen

Rundbogen | Segmentbogen | Hufeisenbogen | Spitzbogen | Kleeblattbogen | Schulterbogen

Vorhangbogen | Kielbogen | Tudorbogen | Konvexbogen | Elliptischer Bogen

### Friese

 Wellenband (laufender Hund)
 Mäander
 Zahnschnittfries
 Schachbrettfries
 Rundbogenfries
 Diamantband

### Ornamente

|  |  |  |  |  |
|---|---|---|---|---|
| Palmette: Antike (ca. 1000 v. Chr. – 400 n. Chr.) Klassizismus (1750 – 1850) | Rosette: Romantik (1000 – 1150) Gotik | Dreipass: Gotik (1150 – 1500) | Dreischneus: Gotik (1150 – 1500) | Maureske: Renaissance (1400 – 1600) |
|  |  |  |  |  |
| Ohrmuschelstil: Spätrenaissance (1520 – 1600) | Kartusche: Barock (1630 – 1700) | Rocaille: Barock, Rokoko (1630 – 1750) | Muschelwerk: Rokoko (1700 – 1750) | Vignette: Jugendstil (1890 – 1920) |

## Gesundheit und Sicherheit am Arbeitsplatz

### Zumutbare Last beim Heben und Tragen

| Alter in Jahren | Zumutbare Last in kg — Häufigkeit des Hebens und Tragens | | | |
|---|---|---|---|---|
| | gelegentlich | | häufiger | |
| | Frauen[1] | Männer | Frauen[2] | Männer[2] |
| 15 bis 17 | 15 | 35[1] | 10 | 15 |
| 18 bis 39 | 15 | 55[2] | 15 | 25 |
| älter als 40 | 15 | 45[2] | 10 | 20 |

[1] Grenzwerte, die im Normalfall ohne Gesundheitsgefährdung nicht überschritten werden dürfen.
[2] Werte, die aus ergonomischer Sicht empfohlen werden.

### Heben und Tragen in Abhängigkeit zur Tragentfernung

| | Lastgewicht in kg | Heben, Absetzen, Umsetzten, Halten — Dauer < 5 Sekunden | Tragen | | |
|---|---|---|---|---|---|
| | | | Trageentfernung 5 bis < 10 Meter | Trageentfernung 10 bis < 30 Meter | Trageentfernung ≥ 30 Meter |
| Männer | < 10 | In Allgemeinen keine Einschränkung | | | |
| Männer | 10 bis < 15 | bis 1000 mal/Schicht | bis 500 mal/Schicht | bis 250 mal/Schicht | bis 100 mal/Schicht |
| Männer | 15 bis < 20 | bis 250 mal/Schicht | bis 100 mal/Schicht | | bis 50 mal/Schicht |
| Männer | 20 bis < 25 | bis 100 mal/Schicht | bis 50 mal/Schicht | | |
| Männer | ≥ 25 | Nur in Verbindung mit speziellen präventiven Maßnahmen | | | |
| Frauen | < 5 | In Allgemeinen keine Einschränkung | | | |
| Frauen | 5 bis < 10 | bis 1000 mal/Schicht | bis 500 mal/Schicht | bis 250 mal/Schicht | bis 100 mal/Schicht |
| Frauen | 10 bis < 15 | bis 250 mal/Schicht | bis 100 mal/Schicht | | bis 50 mal/Schicht |
| Frauen | ≥ 15 | Nur in Verbindung mit speziellen präventiven Maßnahmen | | | |

### Lärm und Prüfung technischer Einrichtungen

| Beispielhafte bewertete Schalldruckpegel | Gesundheitsgefährdende Einwirkungsdauer | | |
|---|---|---|---|
| **Hörschwelle** | Schalldruckpegel | Einwirkdauer | Gehörgefährdung |
| 10 dB (A)  Hauch | 85 dB (A) | 8 Stunden | 1-fach |
| 30 dB (A)  Flüstern | 88 dB (A) | 4 Stunden | 2-fach |
| 60 dB (A)  normale Sprache | 91 dB (A) | 2 Stunden | 4-fach |
| 80 dB (A)  Hauptverkehrsstraße, Dreherei, Bohrerei | 94 dB (A) | 1 Stunde | 8-fach |
| **Beginn der Gefährdung** | 97 dB (A) | 30 Minuten | 16-fach |
| 80 dB (A)  sehr starker Straßenverkehr | 100 dB (A) | 15 Minuten | 32-fach |
| 90 dB (A)  Schweres Fahrzeug, Schweißumformer | 103 dB (A) | 8 Minuten | 60-fach |
| 95 dB (A)  Holzfräsmaschine, Schlagschrauber | 105 dB (A) | 4,8 Minuten | 100-fach |
| 100 dB (A)  Kreissäge, Winkelschleifer | 109 dB (A) | 2 Minuten | 240-fach |
| 105 dB (A)  Motorsäge | 111 dB (A) | 1 Minute | 480-fach |
| 115 dB (A)  Bleche hämmern, Richtarbeiten | 114 dB (A) | ½ Minute | 960-fach |
| **Schmerzgrenze** | | | |
| 120 dB (A)  Propellerflugzeug | | | |
| 140 dB (A)  Düsenflugzeug | | | |

### Schutzmaßnahmen

| Maßnahmen beim Erreichen (≥) oder Überschreiten (>) | ab 80 dB (A) | ab 85 dB (A) |
|---|---|---|
| Lärmbereichskennzeichnung | | ≥ |
| Zugangsbeschränkung zu Lärmbereichen | | ≥ |
| Lärmminderungsprogramm | | > |
| Gehörschutz zur Verfügung stellen | > | |
| Gehörschutz-Tragepflicht | | ≥ |
| Unterweisung der Beschäftigten | ≥ | |

# Gesundheit und Sicherheit am Arbeitsplatz

## Erste-Hilfe-Einrichtungen

| Erforderliches Personal und Material | In Verarbeitungs-, Verwaltungs- und Handelsbetrieben | | | | | | | | Auf Baustellen | | | | | | | |
|---|---|---|---|---|---|---|---|---|---|---|---|---|---|---|---|---|
| | bei einer Anzahl der Beschäftigten: | | | | | | | | bei einer Anzahl der Beschäftigten: | | | | | | | |
| | bis 10 | bis 20 | 21 | 30 | 40 | 51 | 101 | 251 | 301 | bis 10 | bis 120 | 21 | 30 | 40 | 51 | 101 | 251 | 301 |
| Melde-Einrichtung (Telefon, Funk) | • | • | • | • | • | • | • | • | • | • | • | • | • | • | • | • | • | • |
| Aushang „Erste Hilfe" | • | • | • | • | • | • | • | • | • | • | • | • | • | • | • | • | • | • |
| Krankentrage | Je nach Art des Betriebes | | | | | | | | | • | • | • | • | • | • | • | • |
| Sanitätsraum | | | | | • | • | • | | | | | | | | • | • | • |
| Verbandkasten C[1] (klein) – DIN 13 157 | 1(1) | 1(1) | (1) | (1) | (1) | | | | | 1 | | | | | | | |
| Verbandkasten E[1] (groß) – DIN 13 169 | | | 1 | 1 | 1 | 1(1) | 2(1) | 3(1) | 4(2) | | 1 | 1 | 1 | 1 | 2 | 3 | 6 | 7 |
| Ersthelfer | 1(1) | 1(1) | 2(1) | 3(2) | 4(2) | 5(3) | 10(5) | 30(15) | 50(25) | 1 | 1 | 2 | 3 | 4 | 5 | 10 | 25 | 30 |
| Verbandbuch | • | • | • | • | • | • | • | • | • | • | • | • | • | • | • | • | • | • |
| Rettungsgeräte u. -transportmittel | | | | | | | | | | Bei schwer zugänglichen Arbeitsplätzen (z.B. im Tunnelbau, bei Druckluft-Arbeiten, in tiefen Baugruben u.a.) | | | | | | | | |

[1] Zwei kleine Verbandskästen ersetzen eine großen Verbandskasten.
Die roten Zahlen in Klammern gelten für Verwaltungs- und Handelsbetriebe.

## Löschmittel und Brandklassen für Feuerlöscher

**Klasse A**: Brände fester Stoffe, hauptsächlich organischer Natur, die normalerweise unter Flammen- und Glutbildung verbrennen (z.B. Holz, Papier, Stroh, Textilien, Kohle)

**Klasse B**: Brände von flüssigen oder flüssig werdenden Stoffen (z.B. Benzin, Öle, Fette, Lacke, Teer, Alkohol, Paraffin)

**Klasse C**: Brände von Gasen (z.B. Methan, Propan, Wasserstoff, Acetylen, Butan, Erdgas)

**Klasse D**: Brände von Metallen (insbesondere brennbare Leichtmetalle wie Magnesium, Kalium, Natrium und deren Verbindungen)

**Klasse F**: Brände von pflanzlichen oder tierischen Speiseölen und -fetten

| Wasser | (W) | A |
|---|---|---|
| Schaum | (S) | A, B |
| ABC-Löschpulver | (PG) | A, B, C |
| BC-Pulver | (P) | B, C |
| Metallbrandpulver | (PM) | D |
| Kohlendioxid | (K) | B |

Die Anzahl der Feuerlöscher richtet sich nach der Art und Größe des Betriebes. Wichtig ist, dass sie stets einsatzbereit sind und die Mitarbeiter mit ihnen umgehen können.

### Feuerlöscheranzahl[1]

| Betriebs- größe in m² | Brandgefahr | | |
|---|---|---|---|
| | gering | mittel | groß |
| 50 | 1 | 1 | 2 |
| 100 | 1 | 2 | 3 |
| 200 | 1 | 2 | 3 |
| 300 | 2 | 3 | 4 |
| 400 | 2 | 3 | 5 |
| 500 | 2 | 4 | 6 |
| 600 | 2 | 4 | 6 |

[1] mit ABC-Löschpulver nach DIN EN 3 mit dem Löschvermögen 43 A 183 B (P G 12)

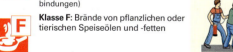

Flächenbrände vorn beginnend ablöschen und genügend Löscher auf einmal einsetzen.

## Rettungswege für den Brandfall

vgl. Musterbauordnung (MBO)

| Nutzungsart | Weglänge | Nutzungsart | Weglänge | |
|---|---|---|---|---|
| Wohngebäude | ≤ 35 m | Versammlungsstätten | ≥ 25 m[1] | ≤ 30 m[2] |
| Hochhäuser | 20 – 35 m | Verkaufsstätten | ≤ 10 m[3] | ≤ 25 m[4] |
| Krankenhäuser | ≤ 30 m | Gaststätten | ≤ 5 m[3] | ≤ 25 m[5] |
| Altenwohnheime, Pflegeheime | ≤ 20 m | Warenhäuser, Geschäftshäuser, Bürogroßräume | ≤ 35 m | |
| Schulen | ≤ 25 m | Garagen | ≤ 30 m[6] | ≤ 50 m[7] |
| Industriebauten | 25 – 70 m | Sporthallen | ≤ 35 m | |

[1] Von jedem Platz bis zum Ausgang
[2] Von jedem Platz des Flures bis zum Treppenraum
[3] Bis zum Hauptgang
[4] Bis zum nächsten Ausgang, notwendigen Flur oder Treppenraum
[5] Bei mehr als 400 Gastplätzen bis zum nächsten Ausgang
[6] In geschlossenen und unterirdischen Garagen bis zum nächsten Ausgang oder Treppenraum
[7] In oberirdischen offenen Garagen bis zum nächsten Treppenraum

# Gesundheit und Sicherheit am Arbeitsplatz

## Schutzalterbestimmungen

| Unfallverhütungsvorschrift | Arbeit | Alter in Jahren |
|---|---|---|
| Holzbearbeitungsmaschinen, BGR 500 | Betreiben und Instandhalten | über 18[1] |
| Krane, BGV D 6 | Führen und Warten, ausgenommen Handbetrieb | über 18 |
| Fahrzeuge, BGV D 29 | Führen | über 18 |
| Flurförderzeuge, BGV D 27 | Führen | über 18 |
| Hebebühnen, BGR 500 | Bedienen | über 18 |
| Schweißen, Schneiden und verwandte Verfahren, BGR 500 | – in engen Räumen<br>– in brand- und explosionsgefährdeten Bereichen<br>– an Behältern mit gefährlichem Inhalt | über 18[1] |
| Bauaufzüge, BGR 500 | Bedienen und Warten | über 18[1] |
| Bauarbeiten, BGV C 22 | Sicherungsaufgaben | über 18 |
| Schussapparate, BGV D 9 | Arbeiten | über 18[1] |

[1] Bei diesen Arbeiten dürfen auch Jugendliche über 15 Jahren beschäftigt werden, soweit dies zur Erreichung des Ausbildungszieles erforderlich und ihr Schutz durch die Aufsicht eines Fachkundigen gewährleistet ist.

## Sicherheitsbeauftragter pro Mitarbeiter

Betriebe mit der Gefahrenklasse ≥ 8,0

| Anzahl der Beschäftigten | Anzahl der Sicherheitsbeauftragten |
|---|---|
| 21 bis 100 | 1 |
| 101 bis 200 | 2 |
| 201 bis 350 | 3 |

Für jeweils 200 weitere Beschäftige ist ein weiterer Sicherheitsbeauftrager zu benennen.

Metallbaubetriebe werden der Gefahrklasse 5,98 und der damit verbundenen Tarifstelle 07 zugerechnet.

## Prüfung von Einrichtungen im Metallbau (Auszug)

| Einrichtung | Zu prüfen | Prüffrist |
|---|---|---|
| **Elektrische Anlagen und Betriebsmittel** VBG 4, § 5 | Alle elektrischen Anlagen und Betriebsmittel auf ordnungsgemäßen Zustand | Vor der ersten Inbetriebnahme, nach Änderungen oder Instandsetzungen, Werkstätten und auf Baustellen mindestens jährlich |
| **Fenster, Türen, Tore** Richtlinien für kraftbetriebene Fenster, Türen, Tore, BGR 232, BGG 950 | Alle Teile einschließlich Fangvorrichtungen auf sicheren Zustand | Vor der ersten Inbetriebnahme, mindestens jährlich[1]. |
| **Feuerlöscher** VBG 1, in Verbindung mit Sicherheitsregeln für die Ausrüstung von Arbeitsstätten mit Feuerlöschern | Alle Teile auf Funktionsfähigkeit | Mindestens alle 2 Jahre[1] |
| **Flurförderzeuge** (z.B. E-Karren, **Hubwagen**, Gabelstapler) VBG 12 a, BGG 918, BGG 943 | Alle Teile | Jährlich[2]<br>Vor der ersten Inbetriebnahme, nach Umbauten oder wesentlichen Instandsetzungen[2] |
| **Krane** VBG 9, BGG 943 | Bei kraftbetriebenen Kranen mit einer Tragfähigkeit von mehr als 1000 kg. Alle Teile des Krans bzw. der Katze einschl. der Kraftfahrbahn und der Tragmittel. | Vor der ersten Inbetriebnahme, nach wesentlichen Änderungen[2]<br><br>Mindestens jährlich[2] |
| **Lastaufnahmeeinrichtungen im Hebebetrieb** VBG 9a | Lastaufnahmemittel: Sicht- und Funktionsprüfung | Vor der ersten Inbetriebnahme[1] |
| | Lastaufnahmeeinrichtungen: Sicht- und Funktionsprüfung | Jährlich mindestens einmal, nach Bedarf[2] |
| | außerordentliche Prüfung: | nach Schadensfällen |
| | Rundstahlketten als Anschlagmittel: Prüfung auf Rissfreiheit | mindestens alle 3 Jahre, nach Instandsetzungsarbeiten[1], bei jeder dritten Prüfung[2]. |
| **Leitern und Tritte**, VBG 74, § 16 Abs. 1<br>Betriebsfremde Leitern und Tritte, § 16 Abs. 2<br>Mechanische Leitern, § 17 | Alle Teile auf ordnungsgemäßen Zustand<br>Alle Teile auf Eignung und Beschaffenheit<br>Alle Teile auf ordnungsgemäßen Zustand | In angemessenen Zeitabständen[3]<br>Vor der Benutzung<br>Nach Bedarf, mindestens jährlich[1] |

[1] Prüfung durch Sachkundigen    [2] Prüfung durch Sachverständigen    [3] Prüfung durch beauftragte Person

# Gesundheit und Sicherheit am Arbeitsplatz

## Unterweisungspflichten des Unternehmers (Auszug)

| Vorschriften, Unterweisungspflicht | | Vorschriften, Unterweisungspflicht | |
|---|---|---|---|
| Arbeiten mit Schussapparaten, BGV D 9 | Gefahren, Handhabung und Einsatz der Geräte | Gase, BGI 554 BGI 644 | Besondere Gefahren beim Umgang mit Gasen; Sicherheitsbestimmungen; Maßnahmen bei Unfällen und Störungen, Bedienungsanweisungen |
| Erste Hilfe, BGI 503, BGI 829 | Verhalten bei Arbeitsunfällen | | |
| Gefahrstoffverordnung, GefStoffV § 14 | Gefahren und Schutzmaßnahmen beim Umgang mit Gefahrstoffen | Bauaufzüge, BGV C 22 | Bedienung und Wartung der Aufzüge |
| Jugendliche unter 18 Jahren JArbSchG § 12 | Sicherheitsgerechtes Verhalten, alle am Arbeitsplatz auftretenden Gefahren und Schutzmaßnahmen | Verhalten im Gefahrenfall, BGV A1, § 4 | Verhalten in Notsituationen, Fluchtwege, Rettungswege |

## Prüfzeichen für Produkte

| Name und Symbol | CE-Zeichen | GS-Zeichen | BG-Zeichen |
|---|---|---|---|
| Einführung | 1993 | 1977 | 1984 |
| Verwendung | Obligatorisch. Voraussetzung: Das Produkt fällt unter eine EG-Richtlinie, die die CE-Kennzeichnung fordert. | Freiwilliges Prüfzeichen | Freiwilliges Prüfzeichen |
| Grundaussage | Erklärung des Herstellers gegenüber Behörden, dass das Produkt den EG-Vorschriften entspricht. | Bestätigung durch eine unabhängige Stelle, dass das Produkt die Vorschriften zu Sicherheit und Gesundheit erfüllt. | Bestätigung durch eine Prüf- und Zertifizierungsstelle des BG-PRÜFZERT, dass das Produkt den festgelegten Sicherheits- und Gesundheitsanforderungen entspricht. |
| Vergabe der Zeichen | Durch den Hersteller in eigener Verantwortung | Von einer zugelassenen Prüf- und Zertifizierungsstelle | Von einer der 19 Prüf- und Zertifizierungsstellen im BG-PRÜFZERT |
| Zertifikatsgültigkeit | | Max. 5 Jahre (Verlängerung möglich) | Max. 5 Jahre (Verlängerung möglich) |

## Kennzeichnung von Rohrleitungen

vgl. DIN 2403 (2013-01)

| Durchflussstoff | Gruppe | Gruppenfarbe[a] | Zusatzfarbe[a] | Schriftfarbe |
|---|---|---|---|---|
| Wasser | 1 | Grün[b] | – | Weiß[k] |
| Wasserdampf | 2 | Rot[c] | – | Weiß[k] |
| Luft | 3 | Grau[d] | – | Schwarz[j] |
| Brennbare Gase | 4 | Gelb[e] | Rot[c] | Schwarz[j] |
| Nichtbrennbare Gase | 5 | Gelb[e] | Schwarz[j] | Schwarz[j] |
| Säuren | 6 | Orange[f] | – | Schwarz[j] |
| Laugen | 7 | Violett[g] | – | Weiß[k] |
| Brennbre Flüssigkeiten und Feststoffe | 8 | Braun[h] | Rot[c] | Weiß[k] |
| Nichtbrennbare Flüssigkeiten und Feststoffe | 9 | Braun[h] | Schwarz[j] | Weiß[k] |
| Sauerstoff | 0 | Blau[i] | – | Weiß[k] |

| | | | |
|---|---|---|---|
| a | Kennfarben nach RAL (Auszug) | | Grundsätze der Kennzeichnung |
| b | RAL 6032 | Signalgrün | – Rohrleitungen sind im Abstand von max. 10 m über die Rohrlänge und an betriebswichtigen und gefahrenträchtigen Punkten nach dem Durchflussstart zu kennzeichnen |
| c | RAL 3001 | Signalrot | |
| d | RAL 7004 | Signalgrau | – Die Durchflussrichtung ist mit Pfeil anzugeben. |
| e | RAL 1003 | Signalgelb | – Der Durchflussstoff wird durch Wort, Kennzahl oder chemische Formel und durch zusätzliche Gefahrsymbole oder Gefahrstoffsymbole angegeben. |
| f | RAL 2010 | Signalorange | |
| g | RAL 4008 | Signalviolett | |
| h | RAL 8002 | Signalbraun | |
| i | RAL 5005 | Signalblau | |

# Gesundheit und Sicherheit am Arbeitsplatz

## Schutzklassen für elektrische Anlagen und Geräte

| Schutzklasse | I | II | III |
|---|---|---|---|
| Symbol | (Erdungssymbol) | (Quadrat-Symbol) | (Raute mit III) |
| Merkmale | Betriebsmittel besitzen einen Schutzleiteranschluss zur Ableitung gefährlicher elektrischer Ströme | Zusätzliche Isolierung, die den Schutz gegen gefährliche elektrische Ströme im Falle eines Versagens der Basisisolierung sicherstellt | Anschluss an eine Stromversorgung mit Sicherheitstransformator oder anderen von geerdeten Netzen sicher trennenden Einrichtungen (Batterien), Niedrigspannungsversorgung ≤ 50 V |
| Voraussetzungen | Anschluss des Schutzleiters (PE, Kennfarbe: grün/gelb) an den Schutzleiter der festen Installation | Keine, auf den Schutzleiter kann verzichtet werden. | Keine Verbindung zu Stromkreisen, die die Spannung über den Wert der Schutzkleinspannung erhöhen können |

## IP-Schutzarten von elektrischen Maschinen und Geräten
vgl. DIN EN 60529 (2000-09),
vgl. VDE 0470-1 (2000-09)

| Schutzart | Symbol | | Zahlenschlüssel | |
|---|---|---|---|---|
| **IP 5X** Staubschutz | (Raster) | 1. Zahl | Schutzumfang gegen | |
| | | | Berührung | Fremdkörper |
| | | 1 | Großflächig, Hand | Fremdkörper bis 50 mm ⌀ |
| **IP 6X** Staubdicht | (Raute) | 2 | Finger | Fremdkörper bis 12 mm ⌀ |
| | | 3 | Mit Werkzeug und Draht | Fremdkörper bis 2,5 mm ⌀ |
| | | 4 | Mit Werkzeug und Draht | Fremdkörper bis 1 mm ⌀ |
| **IP X1** Tropfwasserschutz | (Tropfen) | 5 | Vollständig | Staubgeschützt |
| | | 6 | Vollständig | Staubdicht |
| **IP X3** Regenwasserschutz | (Tropfen geneigt) | 2. Zahl | Schutzumfang gegen Wasser | |
| | | 0 | Ohne | |
| **IP X4** Spritzwasserschutz | (Dreieck) | 1 | Tropfwasser, senkrecht | |
| | | 2 | Tropfwasser, senkrecht, Neigung bis 15° | |
| | | 3 | Sprühwasser, Neigung bis 60° | |
| **IP X5** Strahlwasserschutz | (2 Dreiecke) | 4 | Spritzwasser aus allen Richtungen | |
| | | 5 | Strahlwasser aus allen Richtungen | |
| **IP X7** Wasserdicht | (2 Tropfen) | 6 | Wasserstrahl und Überflutung | |
| | | 7 | Kurzzeitiges Eintauchen | |
| | | 8 | Dauerhaftes Untertauchen | |
| **IP X8** Druckwasserdicht | (2 Tropfen ...bar) | **Bezeichnungsbeispiel: IP65** Der Lichtstrahler für Arbeitsstellen ist staubdicht (1 Zahl) und gegen Strahlwasser aus allen Richtungen geschützt (2. Zahl). | | |

Ist die Kennzeichnung der ersten oder zweiten Stelle hinter der Angabe IP nicht erforderlich, wird ein X eingesetzt.

## Typenschild-Kennzeichnung für Elektrowerkzeuge
vgl. DIN EN 60 745-1 (2010-01)

1 Firmenname oder Logo mit Anschrift oder Ursprungsland
2 10-stellige Typ-Teile-Nummer
3 Betriebsspannung (V)
4 Symbol für Stromart
5 Betriebsfrequenz (Hz)
6 Nennstrom (A)
7 Nennaufnahmeleistung (W)
8 Seriennummer
9 Schutzklassen
10 Werkskennzahl
11 Nenn-Leerlaufdrehzahl (1/min)
12 hier: max. Scheibendurchmesser
13 CE = Certificat Europa (EG-Konformitätszeichen)

## Gesundheit und Sicherheit am Arbeitsplatz

### Leerlaufspannungen beim Lichtbogenschweißen und -schneiden vgl. BGR 500

| Einsatzbedingung | Stromart | Leerlaufspannung Höchstwerte in Volt[1] | |
|---|---|---|---|
| | | Scheitelwert | Effektivwert |
| Erhöhte elektrische Gefährdung | Gleichstrom | 113 | |
| | Wechselstrom | 68 | 48 |
| Ohne erhöhte elektrische Gefährdung | Gleichstrom | 113 | |
| | Wechselstrom | 113 | 80 |
| Begrenzter Betrieb ohne erhöhte elektrische Gefährdung[2] | Gleichstrom | 113 | |
| | Wechselstrom | 78 | 55 |
| Lichtbogenbrenner maschinell geführt | Gleichstrom | 141 | |
| | Wechselstrom | 141 | 100 |
| Plasmaschneiden | Gleichstrom | 500 | – |
| Unter Wasser mit Personen im Wasser | Gleichstrom | 65 | – |
| | Wechselstrom | unzulässig | unzulässig |

[1] Die Höchstwerte sind als Scheitelwert und für Wechselstrom als Effektivwert festgelegt. Das Verhältnis der festgelegten Scheitel- und Effektivwerte entspricht der sinusförmigen Spannung. Bei Rechteckspannung sind Effektiv- und Scheitelwert gleich groß.
[2] Bei Schweißstromquellen für begrenzten Betrieb ist die Leistung begrenzt durch die Einschaltdauer (Temperaturwächter) und die Schweißstromstärke.

### Stromunfall und seine Wirkung auf den menschlichen Organismus

| Strom-stärke-bereich | Stromstärke bei | | Reaktionen des Menschen | |
|---|---|---|---|---|
| | Wechsel-strom | Gleich-strom | sichtbar | klinisch |
| I | bis 25 mA | bis 80 mA | Muskelkontraktionen in den Fingern; Loslassen noch möglich bei 9 mA ... 15 mA | vorübergehende Blutdrucksteigerung ohne Einfluss auf Herzrhytmus |
| II | 25 mA ... 80 mA | 80 mA ... 300 mA | noch eben ertragbare Stromstärke, keine Bewußtlosigkeit | Herzarrhytmie, vorübergehender Herzstillstand, vorübergehende Blutdrucksteigerung |
| III | über 80 mA | über 300 mA | Herz- und Atemstillstand, Tod bei Stromdurchgang länger als 0,3 Sekunden | Herzkammerflimmern |
| IV | über 3 A (Hochspannung) | | Verbrennungen Verkochungen | sonst wie Stromstärkebereich II Spätgefährdung: Nierenversagen |

### Stromstärke, Körperreaktionen, Fehlerstromschutzschalter

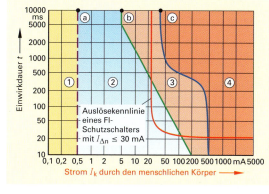

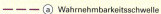

# Gefahrstoffe

## Gefahrenhinweise, Risikohinweise (R-Sätze) für Gefahrstoffe
vgl. EG-Nr. 67/548/EWG (2005-10)

**M**

- R 1 In trockenem Zustand explosionsgefährlich
- R 2 Durch Schlag, Reibung, Feuer oder andere Zündquellen explosionsgefährlich
- R 3 Durch Schlag, Reibung, Feuer oder andere Zündquellen besonders explosionsgefährlich
- R 4 Bildet hochempfindliche explosionsgefährliche Metallverbindungen

**N**

- R 5 Beim Erwärmen explosionsfähig
- R 6 Mit und ohne Luft explosionsfähig
- R 7 Kann Brand verursachen
- R 8 Feuergefahr bei Berührung mit brennb. Stoffen
- R 9 Explosionsgefahr bei Mischung mit brennbaren Stoffen
- R 10 Entzündlich
- R 11 Leichtentzündlich

**A**

- R 12 Hochentzündlich
- R 13 Hochentzündliches Flüssiggas
- R 14 Reagiert heftig mit Wasser
- R 15 Reagiert mit Wasser unter Bildung leicht entzündlicher Gase
- R 16 Explosionsgefährlich in Mischung mit brandfördernden Stoffen
- R 17 Selbstentzündlich an der Luft
- R 18 Bei Gebrauch Bildung explosionsfähiger/leichtentzündlicher Dampf-Luftgemische möglich
- R 19 Kann explosionsfähige Peroxide bilden
- R 20 Gesundheitsschädlich beim Einatmen
- R 21 Gesundheitsschädlich bei Berührung mit der Haut
- R 22 Gesundheitsschädlich beim Verschlucken
- R 23 Giftig beim Einatmen
- R 24 Giftig bei Berührung mit der Haut
- R 25 Giftig beim Verschlucken
- R 26 Sehr giftig beim Einatmen
- R 27 Sehr giftig bei Berührung mit der Haut
- R 28 Sehr giftig beim Verschlucken
- R 29 Entwickelt bei Berührung mit Wasser giftige Gase
- R 30 Kann bei Gebrauch leicht entzündlich werden
- R 31 Entwickelt bei Berührung mit Säure giftige Gase
- R 32 Entwickelt bei Berührung mit Säure sehr giftige Gase
- R 33 Gefahr kumulativer Wirkungen
- R 34 Verursacht Verätzungen
- R 35 Verursacht schwere Verätzungen
- R 36 Reizt die Augen
- R 37 Reizt die Atmungsorgane
- R 38 Reizt die Haut
- R 39 Ernste Gefahr irreversibler Schäden
- R 40 Irreversibler Schaden möglich
- R 41 Gefahr ernster Augenschäden
- R 42 Sensibilisierung durch Einatmen möglich
- R 43 Sensibilisierung durch Hautkontakt möglich
- R 44 Explosionsgefahr bei Erhitzen unter Einschluss
- R 45 Kann Krebs erzeugen
- R 46 Kann vererbbare Schäden verursachen
- R 47 Kann Missbildungen verursachen
- R 48 Gefahr ernster Gesundheitsschäden bei längerer Exposition
- R 49 Kann Krebs erzeugen beim Einatmen
- R 50 Sehr giftig für Wasserorganismen
- R 51 Giftig für Wasserorganismen
- R 52 Schädlich für Wasserorganismen
- R 53 Kann in Gewässern langfristig unerwünschte Wirkung haben
- R 54 Giftig für Pflanzen
- R 55 Giftig für Tiere
- R 56 Giftig für Bodenorganismen.
- R 57 Giftig für Bienen
- R 58 Kann längerfristig schädliche Wirkungen auf die Umwelt haben
- R 59 Gefährlich für die Ozonschicht
- R 60 Kann die Fortpflanzungsfähigkeit beeinträchtigen
- R 61 Kann das Kind im Mutterleib schädigen
- R 62 Kann möglicherweise die Fortpflanzungsfähigkeit beeinträchtigen
- R 63 Kann das Kind im Mutterleib möglicherweise schädigen
- R 64 Kann Säuglinge über die Muttermilch schädigen.
- R 65 Gesundheitsschädlich: Kann beim Verschlucken Lungenschäden verursachen
- R 66 Wiederholter Kontakt kann zu spröder oder rissiger Haut führen
- R 67 Dämpfe können Schläfrigkeit und Benommenheit verursachen
- R 68 Irreversibler Schaden möglich

## Kombinierte R-Sätze (Auszug)
vgl. EG-Nr. 67/548/EWG (2005-10)

- R 21/22 Gesundheitsschädlich bei Berührung mit der Haut und beim Verschlucken
- R 23/24 Giftig beim Einatmen und bei Berührung mit der Haut
- R 23/25 Giftig beim Einatmen und Verschlucken
- R 23/24/25 Giftig beim Einatmen, Verschlucken und Berührung mit der Haut
- R 24/25 Giftig bei Berührung mit der Haut und beim Verschlucken
- R 26/27 Sehr giftig beim Einatmen und bei Berührung mit der Haut
- R 26/28 Sehr giftig beim Einatmen und Verschlucken
- R 26/27/28 Sehr giftig beim Einatmen, Verschlucken und Berührung mit der Haut
- R 27/28 Sehr giftig bei Berührung mit der Haut und beim Verschlucken
- R 36/37 Reizt die Augen und die Atmungsorgane
- R 36/38 Reizt die Augen und die Haut
- R 36/37/38 Reizt die Augen, die Atmungsorgane und die Haut
- R 37/38 Reizt die Atmungsorgane und die Haut
- R 39/23 Giftig: ernste Gefahr irreversiblen Schadens durch Einatmen
- R 39/24 Giftig: ernste Gefahr irreversiblen Schadens bei Berührung mit der Haut
- R 39/25 Giftig: ernste Gefahr irreversiblen Schadens durch Verschlucken
- R 39/23/24 Giftig: ernste Gefahr irreversiblen Schadens durch Einatmen und bei Berührung mit der Haut

# Gefahrstoffe

## Sicherheitsratschläge (S-Sätze) für Gefahrstoffe
vgl. EG-Nr. 67/548/EWG (2005-10)

- S 1 Unter Verschluss aufbewahren
- S 2 Darf nicht in die Hände von Kindern gelangen
- S 3 Kühl aufbewahren
- S 4 Von Wohnplätzen fernhalten
- S 5 Unter … aufbewahren (geeignete Flüssigkeit vom Hersteller anzugeben)
- S 6 Unter … aufbewahren (inertes Gas vom Hersteller anzugeben)
- S 7 Behälter dicht geschlossen halten
- S 8 Behälter trocken halten
- S 9 Behälter an einem gut gelüfteten Ort aufbewahren
- S 12 Behälter gasdicht verschließen
- S 13 Von Nahrungsmitteln, Getränken und Futtermitteln fernhalten
- S 14 Von … fernhalten (inkompatible Substanzen vom Hersteller anzugeben)
- S 15 Vor Hitze schützen
- S 16 Von Zündquellen fernhalten – Nicht rauchen
- S 17 Von brennbaren Stoffen fernhalten
- S 18 Behälter mit Vorsicht öffnen und handhaben
- S 20 Bei der Arbeit nicht essen und trinken
- S 21 Bei der Arbeit nicht rauchen
- S 22 Staub nicht einatmen
- S 23 Gas/Rauch/Dampf/Aerosol nicht einatmen
- S 24 Berührung mit der Haut vermeiden
- S 25 Berührung mit den Augen vermeiden
- S 26 Bei Berührung mit den Augen gründlich mit Wasser abspülen und Arzt konsultieren
- S 27 Beschmutzte, getränkte Kleidung sofort ausziehen
- S 28 Bei Berührung mit der Haut sofort abwaschen mit viel … (vom Hersteller anzugeben)
- S 29 Nicht in die Kanalisation gelangen lassen
- S 30 Niemals Wasser hinzugießen
- S 33 Maßnahmen gegen elektrostatische Aufladungen treffen
- S 34 Schlag und Reibung vermeiden
- S 35 Abfälle und Behälter müssen in gesicherter Weise beseitigt werden
- S 36 Bei der Arbeit geeignete Schutzkleidung tragen
- S 37 Geeignete Schutzhandschuhe tragen
- S 38 Bei unzureich. Belüftung Atemschutz anlegen
- S 39 Schutzbrille/Gesichtsschutz tragen
- S 40 Fußboden u. verunreinigte Gegenstände mit … reinigen. (Material vom Hersteller anzugeben)
- S 41 Explosions- und Brandgase nicht einatmen
- S 42 Beim Räuchern/Versprühen geeignetes Atemschutzgerät anlegen
- S 43 Zum Löschen … (vom Hersteller anzugeben) verwenden (wenn Wasser die Gefahr erhöht, anfügen: Kein Wasser verwenden)
- S 44 Bei Unwohlsein ärztlichen Rat einholen (wenn möglich dieses Etikett vorzeigen)
- S 45 Bei Unfall oder Unwohlsein sofort Arzt hinzuziehen (wenn möglich, dieses Etikett vorzeigen)
- S 46 Bei Verschlucken sofort ärztlichen Rat einholen und Verpackung oder Etikett vorzeigen
- S 47 Nicht bei Temperaturen über … °C aufbewahren (vom Hersteller anzugeben)
- S 48 Feucht halten mit … (geeignetes Mittel vom Hersteller anzugeben)
- S 49 Nur im Originalbehälter aufbewahren
- S 50 Nicht mischen mit … (vom Hersteller anzugeben)
- S 51 Nur in gut gelüfteten Bereichen verwenden
- S 52 Nicht großflächig für Wohn- und Aufenthaltsräume zu verwenden
- S 53 Exposition vermeiden – vor Gebrauch besondere Anweisungen einholen
- S 56 Dieses Produkt und seinen Behälter der Problemabfallentsorgung zuführen
- S 57 Zur Vermeidung einer Kontamination der Umwelt geeigneten Behälter verwenden
- S 59 Information zur Wiederverwendung/Wiederverwertung beim Hersteller/Lieferanten erfragen.
- S 60 Dieses Produkt und sein Behälter sind als gefährlicher Abfall zu entsorgen
- S 61 Freisetzung in die Umwelt vermeiden. Besondere Anweisungen einholen/Sicherheitsdatenblatt zu Rate ziehen
- S 62 Bei Verschlucken kein Erbrechen herbeiführen. Sofort ärztlichen Rat einholen und Verpackung oder dieses Etikett vorzeigen
- S 63 Bei Unfall durch Einatmen: Verunfallten an die frische Luft bringen und ruhigstellen
- S 64 Bei Verschlucken Mund mit Wasser ausspülen (Nur wenn Verunfallter bei Bewusstsein ist)

## Kombinierte S-Sätze (Auszug)
vgl. EG-Nr. 67/548/EWG (2005-10)

| | |
|---|---|
| S 3/9/14 | An einem kühlen, gut gelüfteten Ort, entfernt von … aufbewahren. (die Stoffe, mit denen Kontakt vermieden werden muss, sind vom Hersteller anzugeben) |
| S 3/9/49 | Nur im Originalbehälter an einem kühlen, gut gelüfteten Ort aufbewahren |
| S 3/14 | An einem kühlen, von … entfernten Ort aufbewahren. (die Stoffe, mit denen Kontakt vermieden werden muss, sind vom Hersteller anzugeben) |
| S 7/8 | Behälter trocken und dicht geschlossen halten |
| S 7/9 | Behälter dicht geschlossen an einem gut gelüfteten Ort aufbewahren |
| S 7/47 | Behälter dicht geschlossen und nicht bei Temperaturen über … °C aufbewahren. (vom Hersteller anzugeben) |
| S 20/21 | Bei der Arbeit nicht essen, trinken oder rauchen |
| S 24/25 | Berührung mit den Augen und der Haut vermeiden |
| S 27/28 | Bei Berührung mit der Haut beschmutzte, getränkte Kleidung sofort ausziehen und Haut sofort abwaschen mit viel … .(vom Hersteller anzugeben) |
| S 29/35 | Nicht in die Kanalisation gelangen lassen; Abfälle und Behälter müssen in gesicherter Weise beseitigt werden |
| S 29/56 | Nicht in die Kanalisation gelangen lassen; dieses Produkt und seinen Behälter der Problemabfallentsorgung zuführen |
| S 36/37 | Bei der Arbeit geeignete Schutzhandschuhe und Schutzkleidung tragen |
| S 36/39 | Bei der Arbeit geeignete Schutzkleidung und Schutzbrille/Gesichtsschutz tragen |
| S 37/39 | Bei der Arbeit geeignete Schutzhandschuhe und Schutzbrille/Gesichtsschutz tragen |

# Gefahrstoffe

## Gefahrenhinweise nach GHS – (H-Sätze)[1]

vgl. EG-Nr. 07/548/EWG (2005-10)

- H200 Instabil, explosiv
- H201 Explosiv, Gefahr der Massenexplosion
- H202 Explosiv; große Gefahr durch Splitter, Spreng- und Wurfstücke
- H203 Explosiv; Gefahr durch Feuer, Luftdruck oder Splitter, Spreng- und Wurfstücke
- H204 Gefahr durch Feuer oder Splitter, Spreng- und Wurfstücke
- H205 Gefahr der Massenexplosion bei Feuer
- H220 Extrem entzündbares Gas
- H221 Entzündbares Gas
- H222 Extrem entzündbares Aerosol
- H223 Entzündbares Aerosol
- H224 Flüssigkeit und Dampf extrem entzündbar
- H225 Flüssigkeit und Dampf leicht entzündbar
- H226 Flüssigkeit und Dampf entzündbar
- H228 Entzündbarer Feststoff
- H240 Erwärmung kann Explosion verursachen
- H241 Erwärmung kann Brand oder Explosion verursachen
- H242 Erwärmung kann Brand verursachen
- H250 Gerät in Berührung mit Luft selbsttätig in Brand
- H251 Kann sich selbst erhitzen; kann in Brand geraten
- H252 Kann sich in großen Mengen selbst erhitzen; kann in Brand geraten
- H260 In Berührung mit Wasser entstehen selbstentzündbare Gase
- H261 In Berührung mit Wasser entstehen entzündbare Gase
- H270 Kann Brand verursachen oder verstärken; Oxidationsmittel
- H271 Kann Brand oder Explosion verursachen; starkes Oxidationsmittel
- H272 Kann Brand verstärken; Oxidationsmittel
- H280 Enthält Gas unter Druck; kann bei Erhitzen explodieren
- H281 Enthält tiefkaltes Gas; kann Kälteverbrennungen oder -verletzungen verursachen
- H290 Kann Metalle korrodieren
- H300 Tödlich bei Verschlucken
- H301 Giftig bei Verschlucken
- H302 Gesundheitsschädlich bei Verschlucken
- H304 Kann bei Verschlucken und Eindringen in die Atemwege tödlich sein
- H310 Lebensgefahr bei Hautkontakt
- H311 Giftig bei Hautkontakt
- H312 Gesundheitsschädlich bei Hautkontakt
- H314 Verursacht schwere Verätzungen der Haut
- H315 Verursacht Hautreizungen
- H317 Kann allergische Hautreaktionen verursachen
- H318 Verursacht schwere Augenschäden
- H319 Verursacht schwere Augenreizung
- H330 Tödlich bei Einatmen
- H331 Giftig bei Einatmen
- H332 Gesundheitsschädlich bei Einatmen
- H334 Kann bei Einatmen Allergie, asthmaartige Symptome oder Atembeschwerden verursachen
- H335 Kann die Atemwege reizen
- H336 Kann Schläfrigkeit und Benommenheit verursachen
- H340 Kann genetische Defekte verursachen
- H341 Kann vermutlich genetische Defekte verursachen
- H350 Kann Krebs verursachen
- H351 Kann vermutlich Krebs verursachen
- H360 Kann die Fruchtbarkeit beeinträchtigen oder das Kind im Mutterleib schädigen
- H361 Kann vermutlich die Fruchtbarkeit beeinträchtigen oder das Kind im Mutterleib schädigen
- H362 Kann Säuglinge über die Muttermilch schädigen
- H370 Schädigt die Organe
- H371 Kann die Organe schädigen
- H372 Schädigt die Organe bei längerer oder wiederholter Exposition
- H400 Sehr giftig für Wasserorganismen
- H410 Sehr giftig für Wasserorganismen, Langzeitwirkung
- H411 Giftig für Wasserorganismen, Langzeitwirkung
- H412 Schädlich für Wasserorganismen, Langzeitwirkung
- H413 Kann für Wasserorganismen schädlich sein, Langzeitwirkung

[1] H = Hazard Statement; (analog zu den R-Sätzen der Gefahrstoffverordnung)

## Ergänzende Gefahrenhinweise nach GHS (nur in der EU; Auszug)

- EUH001 In trockenem Zustand explosionsgefährlich
- EUH006 Mit und ohne Luft explosionsfähig
- EUH014 Reagiert heftig mit Wasser
- EUH018 Kann bei Verwendung explosionsfähige/entzündbare Dampf/Luft-Gemische bilden
- EUH019 Kann explosionsfähige Peroxide bilden
- EUH029 Entwickelt bei Berührung mit Wasser giftige Gase
- EUH030 Kann bei Verwendung leichtentzündbar werden
- EUH031 Entwickelt bei Berührung mit Säure giftige Gase
- EUH032 Entwickelt bei Berührung mit Säure sehr giftige Gase
- EUH044 Explosionsgefahr bei Erhitzen unter Einschluss
- EUH059 Schädigt die Ozonschicht
- EUH066 Wiederholter Kontakt kann zu spröder oder rissiger Haut führen
- EUH070 Giftig bei Kontakt mit den Augen
- EUH071 Ätzend für die Atemwege
- EUH201 Achtung! Enthält Blei. Nicht für den Anstrich von Gegenständen verwenden, die von Kindern gekaut oder gelutscht werden könnten
- EUH202 Achtung! Cyanacrylat. Klebt innerhalb von Sekunden Haut und Augenlider zusammen. Darf nicht in die Hände von Kindern gelangen
- EUH203 Enthält Chrom(VI). Kann allergische Reaktionen hervorrufen
- EUH204 Enthält Isocyanate. Kann allergische Reaktionen hervorrufen
- EUH205 Enthält epoxidhaltige Verbindungen. Kann allergische Reaktionen hervorrufen
- EUH206 Warnung! Nicht zusammen mit anderen Produkten verwenden, da gefährliche Gase (Chlor) frei gesetzt werden können
- EUH207 Warnung! Enthält Cadmium. Bei der Verwendung entstehen gefährliche Dämpfe Hinweise des Herstellers und Sicherheitsanweisungen beachten
- EUH208 Enthält ... Kann allergische Reaktionen hervorrufen

# Werkstoffe 159

## Stoffwerte ... 160

## Werkstoffnummern ... 162

## Einteilung der Stähle ... 163

## Bezeichnungssystem für Stähle ... 164
Systematik ... 164
Bezeichnung nach dem Verwendungszweck ... 164
Zusatzsymbole für Stahlerzeugnisse ... 166
Bezeichnung nach der chemischen
  Zusammensetzung ... 167
Alte Stahlnormung ... 168

## Stahlsorten ... 169
Baustähle für Metall- und Stahlbau ... 169
Unlegierte Baustähle ... 169
Schweißgeeignete Feinkornbaustähle ... 170
Wetterfeste Baustähle ... 170
Betonstahl ... 170
Korrosionsbeständige Stähle ... 171
Vergütungsstähle, Einsatzstähle ... 171
Automatenstähle ... 171
Werkzeugstähle ... 172
Gusseisen, Stahlguss ... 172

## Schneidstoffe ... 173

## Stahlbleche ... 174
Lieferformen ... 174
Kaltgewalztes Band und Blech ... 174
Korrosionsgeschütztes Band und Blech ... 175
Oberflächen von Blechen aus
  nichtrostendem Stahl ... 176

## Warmgewalzte Stahlprofile ... 177
Übersicht ... 177
Rund- und Vierkantstahl ... 178
Flachstahl, warmgewalzt ... 178
Breitflachstahl ... 179
U-Stahl ... 179
U-Stahl, Sechskantstahl ... 180
T-Stahl, L-Stahl ... 181
Winkelstahl ... 182
I-Träger, schmal, mittelbreit ... 184
I-Träger, breit ... 185
Z-Stahl ... 187

## Rohre ... 188
Eigenschaften von Stahl- und Kupferrohren ... 188

## Stahlrohre ... 189
Runde Hohlprofile ... 189
Quadratische und rechteckige Hohlprofile ... 191

## Bauteile und Erzeugnisse ... 194
Mantelflächen von Stahlerzeugnissen ... 194
Flacherzeugnisse aus Stahl, Übersicht ... 195
Flächen- und längenbezogene Massen
  von Fertigerzeugnissen ... 196
Bauelemente aus Stahl, Übersicht ... 197

## Nichteisen-Metalle ... 198
Aluminium-Werkstoffe, Einteilung,
  Normung ... 198
Aluminium und Aluminium-Legierungen ... 199
Aluminium-Erzeugnisse, Übersicht ... 200
Kupfer, Zink, Blei und ihre Legierungen ... 201
Erzeugnisse aus Kupfer, Zink und Blei ... 202
Längenbezogene Masse von Rohren
  aus NE-Metallen und Kunststoffen ... 203

## Kunststoffe ... 204
Übersicht und Kurzzeichen ... 204
Eigenschaften ... 205
Kunststofferzeugnisse ... 206

## Schmierstoffe ... 207
Schmieröle ... 207
Schmierfette ... 207
Feste Schmierstoffe ... 207
Kühlschmierstoffe ... 208
Hydraulik-Öle ... 208

## Korrosionsschutz ... 209
Korrosion; Begriffe, Grundlagen ... 209
Elektrochemische Spannungsreihe ... 209
Gestaltung von Stahlbauteilen ... 210
Vorbereitungen zum Korrosionsschutz ... 211
Feuerverzinken ... 214
Allgemeine Eigenschaften der Grundtypen
  von Beschichtungsstoffen ... 216
Korrosionsschutz-Beschichtungssysteme
  für Stahlbauten ... 216
Beschichtungssysteme für feuerverzinkten
  Stahl (Duplex-System) ... 218
Eignung von korrosionsbeständigen Stählen
  für Korrosionsbelastung ... 218
Korrosionsschutz für Aluminium-Bauteile ... 219

## Wärmebehandlung der Stähle ... 220
Wärmebehandlungsverfahren ... 220
Stahlbaustähle, Werkzeugstähle ... 220
Vergütungsstähle ... 221
Eisen-Kohlenstoff-Zustandsschaubild ... 221
Glüh-, Härte- und Anlasstemperaturen ... 222
Glüh- und Anlassfarben ... 222

## Werkstoffprüfung ... 223
Zugversuch, Kerbschlagbiegeversuch ... 223
Härteprüfungen ... 224
Zerstörungsfreie Prüfverfahren ... 226

## RAL-Farbregister ... 227

# Stoffwerte

## Gasförmige Stoffe (bei 1,013 bar)

| Stoff | Dichte bei 0 °C $\varrho$ kg/m³ | Dichtezahl[1] $\varrho/\varrho_L$ | Schmelztemperatur $\vartheta_m$ °C | Siedetemperatur $\vartheta_b$ °C | Wärmeleitfähigkeit bei 20 °C $\lambda$ W/m·K | Wärmeleitzahl[2] $\lambda/\lambda_L$ | Spezifische Wärmekapazität bei 20 °C $c_p$[3] kJ/kg·K | $c_v$[4] kJ/kg·K |
|---|---|---|---|---|---|---|---|---|
| Acetylen (C₂H₂) | 1,17 | 0,905 | −84 | −82 | 0,021 | 0,81 | 1,64 | 1,33 |
| Ammoniak (NH₃) | 0,77 | 0,596 | −78 | −33 | 0,024 | 0,92 | 2,06 | 1,56 |
| Butan (C₄H₁₀) | 2,70 | 2,088 | −135 | −1 | 0,016 | 0,62 | 1,70 | − |
| Frigen (CF₂CL₂) | 5,54 | 4,261 | −158 | −30 | 0,010 | 0,39 | 0,58 | − |
| Kohlenmonoxid (CO) | 1,25 | 0,967 | −205 | −190 | 0,025 | 0,96 | 1,05 | 0,75 |
| Kohlendioxid (CO₂) | 1,98 | 1,531 | −57[5] | −78 | 0,016 | 0,62 | 0,82 | 0,63 |
| Luft (trocken) | 1,29 | 1,0 | −220 | −191 | 0,026 | 1,00 | 1,01 | 0,72 |
| Methan (CH₄) | 0,72 | 0,557 | −183 | −162 | 0,033 | 1,27 | 2,19 | 1,68 |
| Propan (C₃H₈) | 2,00 | 1,547 | −190 | −43 | 0,018 | 0,69 | 1,70 | − |
| Sauerstoff (O₂) | 1,43 | 1,106 | −219 | −183 | 0,026 | 1,00 | 0,91 | 0,65 |
| Stickstoff (N₂) | 1,25 | 0,967 | −210 | −196 | 0,026 | 1,00 | 1,04 | 0,74 |
| Wasserstoff (H₂) | 0,09 | 0,07 | −259 | −253 | 0,180 | 6,92 | 14,24 | 10,10 |

[1] Dichtezahl = Dichte eines Gases $\varrho$ geteilt durch die Dichte der Luft $\varrho_L$
[2] Wärmeleitzahl = Wärmeleitfähigkeit $\lambda$ eines Gases geteilt durch die Wärmeleitfähigkeit $\lambda_L$ der Luft
[3] bei konst. Druck   [4] bei konst. Volumen   [5] bei 5,3 bar

## Flüssige Stoffe (bei 1,013 bar)

| Stoff | Dichte bei 0 °C $\varrho$ kg/dm³ | Zündtemperatur $\vartheta$ °C | Gefrier- bzw. Schmelztemperatur $\vartheta_m$ °C | Siedetemperatur $\vartheta_b$ °C | Spezif. Verdampfungswärme[1] $\Delta h_v$ kJ/kg | Wärmeleitfähigkeit bei 20 °C $\lambda$ W/m·K | Spezif. Wärmekapazität bei 20 °C $c$ kJ/kg·K | Volumenausdehnungskoeffizient $\gamma$ 1/°C o. 1/K |
|---|---|---|---|---|---|---|---|---|
| Diethyläther (C₂H₅)₂O | 0,71 | 170 | −116 | 35 | 377 | 0,13 | 2,37 | 0,00160 |
| Benzin | 0,72…0,75 | 220 | −30…−50 | 25…210 | 419 | 0,13 | 2,02 | 0,00110 |
| Dieselkraftstoff | 0,81…0,85 | 220 | −30 | 150…360 | 628 | 0,15 | 2,05 | 0,00096 |
| Heizöl EL | ≈ 0,83 | 220 | −10 | > 175 | 628 | 0,14 | 2,07 | 0,00096 |
| Maschinenöl | 0,91 | 400 | −20 | > 300 | − | 0,13 | 2,09 | 0,00093 |
| Petroleum | 0,76…0,86 | 550 | −70 | > 150 | 314 | 0,13 | 2,16 | 0,00100 |
| Quecksilber (Hg) | 13,5 | − | −39 | 357 | 285 | 10 | 0,14 | 0,00018 |
| Spiritus 95% | 0,81 | 520 | −114 | 78 | 854 | 0,17 | 2,43 | 0,00110 |
| Wasser, destilliert | 1,00[2] | − | 0 | 100 | 2256 | 0,60 | 4,19 | 0,00018 |

[1] bei Siedetemperatur   [2] bei 4°C

## Feste Stoffe (bei 1,013 bar)

| Stoff | Dichte $\varrho$ kg/dm³ | Schmelztemperatur $\vartheta_m$ °C | Siedetemperatur $\vartheta_b$ °C | Spezif. Schmelzenthalpie $\Delta h_s$ kJ/kg | Wärmeleitfähigkeit bei 20 °C $\lambda$ W/m·K | Mittlere spezif. Wärmekapazität bei 0…100 °C $c$ kJ/kg·K | Spezif. elektr. Widerstand bei 20 °C $\varrho_{el}$ Ω·mm²/m | Längenausdehnungskoeffizient zwischen 0…100 °C $\alpha_l$ 1/°C o. 1/K |
|---|---|---|---|---|---|---|---|---|
| Aluminium (Al) | 2,70 | 659 | 2467 | 356 | 204 | 0,94 | 0,03 | 0,0000238 |
| Antimon (Sb) | 6,69 | 631 | 1637 | 163 | 22 | 0,21 | 0,39 | 0,0000108 |
| Asbest | 2,1…2,8 | ≈ 1300 | − | − | − | 0,81 | − | − |
| Beryllium (Be) | 1,85 | 1280 | ≈ 3000 | − | 165 | 1,02 | 0,04 | 0,0000123 |
| Beton | 1,8…2,2 | − | − | − | ≈ 1 | 0,88 | − | 0,0000100 |
| Bismut (Bi) | 9,78 | 271 | 1560 | 59 | 8,1 | 0,12 | 1,25 | 0,0000125 |
| Blei (Pb) | 11,34 | 327 | 1751 | 24 | 35 | 0,13 | 0,21 | 0,0000290 |
| Cadmium (Cd) | 8,64 | 321 | 765 | 54 | 91 | 0,23 | 0,08 | 0,0000300 |
| Chrom (Cr) | 7,15 | 1903 | 2642 | 134 | 69 | 0,46 | 0,13 | 0,0000084 |
| Cobalt (Co) | 8,9 | 1493 | 2880 | 268 | 69 | 0,43 | 0,06 | 0,0000127 |
| CuAl-Legierungen | 7,4…7,7 | 1040 | 2300 | − | 61 | 0,44 | − | 0,0000195 |
| CuSn-Legierungen | 7,4…8,9 | 900 | 2300 | − | 46 | 0,38 | 0,02…0,03 | 0,0000175 |

## Stoffwerte

### Feste Stoffe (bei 1,013 bar)

| Stoff | Dichte $\varrho$ kg/dm³ | Schmelztemperatur $\vartheta_m$ °C | Siedetemperatur $\vartheta_b$ °C | Spezif. Schmelzenthalpie $q$ kJ/kg | Wärmeleitfähigkeit bei 20 °C $\lambda$ W/m·K | Mittlere spezif. Wärmekapazität bei 0...100 °C $c$ kJ/kg·K | Spezif. elektr. Widerstand bei 20 °C $\varrho_{el}$ Ω·mm²/m | Längenausdehnungskoeffizient zwischen 0...100 °C $\alpha_l$ 1/°C o. 1/K |
|---|---|---|---|---|---|---|---|---|
| CuZn-Legierungen | 8,4...8,7 | 900...1000 | 2300 | 167 | 105 | 0,39 | 0,05...0,07 | 0,000 018 5 |
| Eis | 0,92 | 0 | 100 | 332 | 2 | 2,09 | – | 0,000 051 0 |
| Eisen, rein (Fe) | 7,87 | 1536 | 3070 | 276 | 81 | 0,47 | 1,000 | 0,000 012 0 |
| Eisenoxid (Rost) | 4,98 | 1570 | – | – | 0,58 (pulv.) | 0,67 | – | – |
| Fette | 0,92...0,94 | 30...175 | ≈300 | – | – | 0,21 | – | – |
| Gips | 2,31 | 1200 | – | – | – | 0,45 | 1,09 | – |
| Glas (Quarzglas) | 2,4...2,7 | 520...550[1] | – | – | 0,79...1,00 | 0,83 | 1·10¹⁸ | 0,000 009 0 |
| Gold (Au) | 19,32 | 1064 | 2707 | 67 | 310 | 0,13 | 0,022 | 0,000 014 2 |
| Grafit (C) | 2,24 | ≈3800 | ≈4200 | – | 168 | 0,71 | 8,000 | 0,000 007 8 |
| Gusseisen | 7,25 | 1150...1200 | 2500 | 125 | 58 | 0,50 | 0,6...1,6 | 0,000 010 5 |
| Hartmetall (K 20) | 14,81 | >2000 | ≈4000 | – | 81 | 0,80 | – | 0,000 005 0 |
| Holz (lufttrocken) | 0,2...0,7 | – | – | – | 0,06...0,17 | 2,1...2,9 | – | ≈0,000 04 [2] |
| Iridium (Ir) | 22,56 | 2443 | >4350 | 135 | 59 | 0,13 | 0,053 | 0,000 006 5 |
| Iod (I) | 4,94 | 113 | 183 | 62 | 0,44 | 0,23 | – | – |
| Kohlenstoff (C) | 3,51 | 3800 | – | – | – | 0,52 | – | 0,000 001 18 |
| Koks | 1,6...1,9 | – | – | – | 0,18 | 0,83 | – | – |
| Konstantan | 8,89 | 1260 | ≈2400 | – | 23 | 0,41 | 0,492 | 0,000 015 2 |
| Kork | 0,1...0,3 | – | – | – | 0,04...0,06 | 1,7...2,1 | – | – |
| Korund (Al₂O₃) | 3,9...4,0 | 2050 | 2700 | – | 12...23 | 0,96 | – | 0,000 006 5 |
| Kupfer (Cu) | 8,96 | 1083 | ≈2595 | 213 | 384 | 0,39 | 0,017 | 0,000 016 8 |
| Magnesium (Mg) | 1,74 | 650 | 1120 | 195 | 172 | 1,04 | 0,044 | 0,000 026 0 |
| Magnesium-Leg. | ≈1,81 | ≈630 | 1500 | – | 46...139 | – | – | 0,000 024 5 |
| Mangan (Mn) | 7,43 | 1244 | 2095 | 251 | 21 | 0,48 | 0,391 | 0,000 023 0 |
| Molybdän (Mo) | 10,22 | 2620 | 4800 | 287 | 145 | 0,26 | 0,053 | 0,000 005 2 |
| Natrium (Na) | 0,97 | 98 | 890 | 113 | 126 | 1,30 | 0,040 | 0,000 071 0 |
| Nickel (Ni) | 8,91 | 1455 | 2730 | 306 | 59 | 0,45 | 0,101 | 0,000 013 0 |
| Niob (Nb) | 8,55 | 2468 | ≈4800 | 288 | 53 | 0,27 | 0,221 | 0,000 007 1 |
| Phosphor, gelb (P) | 1,82 | 44 | 280 | 21 | – | 0,80 | – | – |
| Platin (Pt) | 21,45 | 1769 | 4300 | 113 | 70 | 0,13 | 0,101 | 0,000 009 0 |
| Polyurethan | 1,23 | – | – | – | 0,024 | 2,09i | 10¹⁰ | 0,000 180 0 |
| Polyvinylchlorid | 1,38 | – | – | – | 0,15 | 0,85 | 10¹³ | 0,000 080 0 |
| Porzellan | 2,3...2,5 | ≈1600 | – | – | 2 [3] | 1,22 [3] | 10¹² | 0,000 004 0 |
| Quarz, Flint (SiO₂) | 2,1...2,5 | 1480 | 2230 | – | 10 | 0,74 | – | 0,000 008 0 |
| Schaumgummi | 0,1...0,3 | – | – | – | 0,04...0,06 | – | – | – |
| Schwefel (S) | 2,07 | 113 | 444,6 | 49 | 0,2 | 0,70 | – | – |
| Selen, rot (Se) | 4,40 | 220 | 688 | 83 | 0,2 | 0,33 | – | – |
| Silber (Ag) | 10,49 | 961 | 2180 | 105 | 407 | 0,23 | 0,017 | 0,000 019 3 |
| Silicium (Si) | 2,33 | 1423 | 2355 | 1658 | 83 | 0,75 | 2,3·10⁹ | 0,000 004 2 |
| Siliciumkarbid (SiC) | 3,21 | zerfällt über 3000°C in C und Si | | | 9 [4] | 1,05 [4] | – | – |
| Stahl unlegiert | 7,85 | ≈1500 | 2500 | 205 | 48...58 | 0,49 | 0,14...0,18 | 0,000 011 9 |
| Stahl nichtrostend | 7,87 | ≈1500 | – | – | 14 | 0,51 | 0,700 | 0,000 016 1 |
| Steinkohle | 1,35 | – | – | – | 0,24 | 1,02 | – | – |
| Tantal (Ta) | 16,6 | 2996 | 5400 | 172 | 54 | 0,14 | 0,124 | 0,000 006 5 |
| Titan (Ti) | 4,50 | 1670 | 3280 | 88 | 16 | 0,47 | 0,081 | 0,000 008 2 |
| Titanzink | 7,14 | 418 | 905 | 101 | 109 | 0,4 | 0,06 | 0,000 022 0 |
| Uran (U) | 19,16 | 1133 | ≈3800 | 356 | 28 | 0,12 | – | – |
| Vanadium (V) | 6,12 | 1890 | ≈3380 | 343 | 31 | 0,50 | 0,208 | – |
| Wolfram (W) | 19,27 | 3390 | 5500 | 54 | 130 | 0,13 | 0,055 | 0,000 004 5 |
| Zink (Zn) | 7,13 | 420 | 907 | 101 | 113 | 0,39 | 0,064 | 0,000 029 0 |
| Zinn (Sn) | 7,29 | 232 | 2687 | 59 | 66 | 0,24 | 0,114 | 0,000 023 0 |

[1] Transformationstemperatur   [2] quer zur Faser   [3] bei 800 °C   [4] über 1000 °C

# Werkstoffnummern

## Nummernsystem für Stähle
vgl. DIN EN 10027-2 (1992-09)

Das Nummernsystem für Stähle nach DIN EN 10027 besteht aus der Werkstoff-Hauptgruppen-Nummer 1 für Stahl, einer zweistelligen Stahlgruppen-Nummer und einer zweistelligen Zählnummer. Eine Erweiterung der Zählnummer auf 4 Stellen ist bei Bedarf möglich.

**Beispiel:** 1 · 01 14 (xx)

- Werkstoff-Hauptgruppe: 1 Stahl
- Stahlgruppen-Hauptnummer: 01 Allgemeiner Baustahl
- Zählnummer: 14, bei Bedarf erweiterbar (xx)

### Bedeutung der Stahlgruppen-Nummern

| Stahlgruppen-Nummer | Stahlgruppen | Stahlgruppen-Nummer | Stahlgruppen |
|---|---|---|---|
| | **Grundstähle**[1] | | **Legierte Qualitätsstähle** |
| 00, 90 | Grundstähle | 08 | Stähle mit besonderen physikalischen Eigenschaften |
| | **Unlegierte Qualitätsstähle** | 09 | Stähle für verschiedene Anwendungsbereiche |
| 01 | Allgemeine Baustähle, $R_m < 500$ N/mm² | | **Legierte Werkzeugstähle** |
| 02 | Sonstige Baustähle, $R_m < 500$ N/mm² | 20 … 27 | Aufteilung nach kennzeichnenden Legierungsbestandteilen |
| 03 | Stähle mit C < 0,12% oder $R_m < 400$ N/mm² | | **Legierte sonstige Stähle** |
| 04 | Stähle mit C ≥ 0,12% bis < 0,25% oder $R_m ≥ 400$ N/mm² bis < 500 N/mm² | 32, 33 | Schnellarbeitsstähle |
| 05 | Stähle mit C ≥ 0,25% bis < 0,55% oder $R_m ≥ 500$ N/mm² bis < 700 N/mm² | 35 | Wälzlagerstähle |
| 06 | Stähle mit C ≥ 0,55% oder $R_m ≥ 700$ N/mm² | 36 … 39 | Werkstoffe mit besonderen magnetischen oder physikalischen Eigenschaften |
| 07 | Stähle mit höherem P- oder S-Gehalt | 40 … 45 | Nichtrostende Stähle |
| | **Unlegierte Edelstähle** | 46 | Chemisch beständige und hochwarmfeste Nickellegierungen |
| 10 | Stähle mit besonderen physikalischen Eigenschaften | 47, 48 | Hitzebeständige Stähle |
| 11 | Bau-, Maschinenbau- und Behälterstähle mit C < 0,5% | 49 | Hochwarmfeste Werkstoffe |
| 12 | Maschinenbaustähle mit C ≥ 0,5% | | **Legierte Bau-, Maschinenbau- und Behälterstähle** |
| 13 | Bau-, Maschinenbau- und Behälterstähle mit besonderen Anforderungen | 51 … 84 | Aufteilung nach kennzeichnenden Legierungsbestandteilen |
| 15 … 18 | Werkzeugstähle | 85 | Nitrierstähle |
| | | 88, 89 | Hochfeste, schweißgeeignete Stähle |

[1] Nach DIN EN 10020 entfallen die bisherigen Grundstähle als Stahlgruppe. Sie werden den unlegierten Qualitätsstählen zugeordnet (Seite 163).

## Nummernsystem für Nichteisenmetalle
vgl. DIN 17007-4 (2012-12)

Das Nummernsystem für Nichteisenmetalle nach DIN 17007 besteht z.B. aus der Hauptgruppen-Nummer 2 für Schwermetalle oder der Hauptgruppen-Nummer 3 für Leichtmetalle und jeweils einer vierstelligen Werkstoffgruppen-Nummer mit zwei Anhängezahlen. Für Aluminium und Al-Legierungen gibt es ein neues Bezeichnungssystem.

**Beispiel:** 2 · 0321 · 01

| Hauptgruppe |
|---|
| 2 Schwermetalle |
| 3 Leichtmetalle |

| Sortennummer | Werkstoffgruppen | Anhängezahl 1 | Anhängezahl 2 (Auswahl) |
|---|---|---|---|
| 2.0000 … 2.1799 | Kupfer und Cu-Legierungen | 0 unbehandelt | 1 Sandguss |
| 2.2000 … 2.2499 | Zink, Cadmium und ihre Leg. | 1 weich | 0 ohne Korngrößenangabe |
| 2.3000 … 2.3499 | Blei und Pb-Legierungen | 2 kaltverfestigt (Zwischenhärtung) | 1 gewalzt und entspannt |
| 2.3500 … 2.3999 | Zinn und Sn-Legierungen | 3 kaltverfestigt | 2 federhart |
| 2.4000 … 2.4999 | Nickel, Cobalt und ihre Leg. | 4 lösungsgeglüht, ohne Nacharbeit | 0 kaltausgelagert |
| 2.5000 … 2.5999 | Edelmetalle | 5 lösungsgeglüht, kaltnachgearbeitet | 3 kaltverfestigt |
| 2.6000 … 2.6999 | Hochschmelzende Metalle | 6 warmausgehärtet, ohne Nacharbeit | 1 lösungsgeglüht |
| 3.0000 … 3.4999 | Aluminium und Al-Leg. | 7 warmausgehärtet, kaltnachgearbeitet | 1 lösungsgeglüht, gerichtet |
| 3.5000 … 3.5999 | Magnesium und Mg-Leg. | 8 entspannt | 5 Druckguss |
| 3.7000 … 3.7999 | Titan und Ti-Legierungen | 9 Sonderbehandlung | 2 Kokillenguss |

# Einteilung der Stähle

## Definition und Einteilung der Stähle
vgl. DIN EN 10020 (2000-07)

**Stahl**
- Hauptmassenanteil Eisen
- C-Gehalt < 2 %
- weitere Elemente

### Unlegierte Stähle
Angegebene Grenzwerte werden nicht erreicht z. B.

| Element | Al | Co | Cr | Cu |
|---|---|---|---|---|
| % | 0,3 | 0,3 | 0,3 | 0,3 |
| Element | Mn | Mo | Ni | Pb |
| % | 1,65 | 0,08 | 0,3 | 0,4 |
| Element | Si | Ti | V | W |
| % | 0,3 | 0,05 | 0,1 | 0,3 |

### Nichtrostende Stähle
Die nichtrostenten Stähle enthalten mindestens 10,5 % Cr und höchstens 1,2 % C.
Nichtrostende Stähle sind nach ihrer chemischen Zusammensetzung definiert. Sie werden weiterhin unterteilt:
- nach dem Nickelgehalt mit weniger als 2,5 % Ni und in Stähle mit 2,5 % Ni oder mehr
- nach Haupteigenschaften in korrosionsbeständige, hitzebeständige und warmfeste Stähle

### Andere legierte Stähle
Stähle, die nicht zu den nichtrostenden Stählen gehören und bei denen mindestens ein Element den Grenzwert für unlegierte Stähle erreicht.

### Unlegierte Qualitätsstähle
Stahlsorten, für die im Allgemeinen festgelegte Anforderungen, wie z. B. an die Zähigkeit, die Korngröße und/oder die Umformbarkeit erfüllt sind.

### Unlegierte Edelstähle
Diese Stähle haben einen höheren Reinheitsgehalt als Qualitätsstähle. Sie sind zum Vergüten und Oberflächenhärten vorgesehen. Verbesserte Eigenschaften stellen die Erfüllung erhöhter Anforderungen sicher. So besitzen diese Stähle hohe und eng eingeschränkte Streckgrenzen- oder Härtbarkeitswerte, teilweise auch die Eignung zum Kaltumformen oder Schweißen.

Unlegierte Edelstähle sind Stahlsorten, die einer oder mehreren der folgenden Anforderungen entsprechen:
- festgelegter Mindestwert der Kerbschlagarbeit im vergüteten Zustand,
- festgelegte Einhärtungstiefe oder Oberflächenhärte im gehärteten, vergüteten oder oberflächengehärteten Zustand,
- festgelegte, besonders niedrige Gehalte an nichtmetallischen Einschlüssen,
- festgelegter Höchstgehalt an Phosphor und Schwefel,
- festgelegte elektrische Leitfähigkeit,
- ausscheidungshärtende Stähle mit Mindestgehalten an Kohlenstoff.

### Legierte Qualitätsstähle
Diese Stähle erfüllen z. B. hinsichtlich Zähigkeit, Korngröße und/oder Umformbarkeit besondere Anforderungen. Diese Stähle sind im Allgemeinen nicht zum Vergüten oder Oberflächenhärten vorgesehen, dazu zählen:
- Schweißgeeignete Feinkornbaustähle und Stähle für Druckbehälter und Rohre, die folgende Bedingungen erfüllen:
  – Legierungsgehalte niedriger als in folgender Tabelle,

| Element | Cr, Cu | Mn | Mo | Nb | Ni | Ti, V, Zr |
|---|---|---|---|---|---|---|
| % | 0,5 | 1,8 | 0,1 | 0,08 | 0,5 | 0,12 |

  – festgelegte Mindeststreckgrenze < 380 N/mm² für Dicken ≤ 16 mm,
  – festgelegter Mindestwert der Kerbschlagarbeit von ≤ 27 J bei – 50 °C in Längsrichtung und ≤ 16 J in Querrichtung entnommener Proben,
- Legierte Stähle für Schienen, Spundbohlen und Grubenausbau, für warm- und kaltgewalzte Flacherzeugnisse für schwierige Kaltumformungen oder Dualphasenstähle.
- Legierte Stähle, in denen Kupfer das einzige Legierungselement ist.

### Legierte Edelstähle
Alle legierten Stahlsorten ohne die nichtrostenden Stähle, die durch genaue Einstellung ihrer chemischen Zusammensetzung sowie durch besondere Herstell- und Prüfbedingungen gegenüber den legierten Qualitätsstählen verbesserte Eigenschaften besitzen. Zu den legierten Edelstählen zählen:
- legierte Maschinenbaustähle
- legierte Stähle für Druckbehälter
- Stähle mit besonderen physikalischen Eigenschaften wie ferritische Nickelstähle
- Werkzeugstähle
- Wälzlagerstähle
- Schnellarbeitsstähle
- Stähle mit besonderem elektrischem Widerstand

# Bezeichnungssystem für Stähle

## Systematik

vgl. DIN EN 10027-1 (2005-10)

Die Kurznamen für Stähle und Stahlguss werden nach DIN EN 10 027 gebildet. Dieses Bezeichnungssystem ersetzt DIN 17006 T1...T3 und DIN V 17006-100.

Die Kurznamen bestehen aus Haupt- und Zusatzsymbolen. Diese werden ohne Zwischenräume aneinandergefügt. Zusatzsymbole für Stahlerzeugnisse sind von den vorhergehenden Symbolen durch ein Pluszeichen (+) getrennt. Falls erforderlich, wird dem Kurznamen der Buchstabe G für Stahlguss vorangestellt.

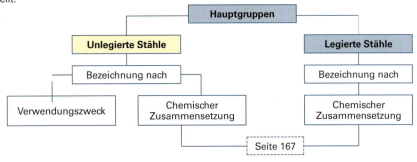

## Bezeichnung nach dem Verwendungszweck

| Verwendungszweck | Hauptsymbole | Zusatzsymbole für Stähle | | Zusatzsymbole für Stahlerzeugnisse |
|---|---|---|---|---|
| | | Gr. 1 | Gr. 2 | |
| Stähle für den Maschinenbau | E | 360 | | C |
| Stähle für den Stahlbau | S | 235 | J2G3 | |
| Stähle für Druckbehälterbau | P | 265 | N | H |
| Flacherzeugnisse aus höherfesten Stählen | H | 420 | M | |
| Flacherzeugnisse zum Kaltumformen | DX | 52 | D | + Z |
| Verpackungsblech und -band | T | 660 | | + SE |
| Stähle für Leitungsrohre | L | 360 | N | |
| Betonstähle | B | 500 | H | |
| Spannstähle | Y | 1770 | C | |
| Elektroblech und -band | M | 400 | – 50A | |
| Schienenstähle | R | 0880 | Mn | |

| Hauptsymbole | | | Zusatzsymbole für Stähle | | Zusatzsymbole für Stahlerzeugnisse |
|---|---|---|---|---|---|
| | | | Gruppe 1 | Gruppe 2 | |
| Kennbuchstabe G für Stahlguss (wenn erforderlich) | Kennbuchstabe für die Stahlgruppe | Buchstaben, Zahlen, z.B. zur Kennzeichnung von mech. Eigenschaften | Buchstaben, Ziffern, z.B. zur Kennzeichnung der – Kerbschlagarbeit, – Wärmebehandlung, – Verwendung, – Desoxidation | Buchstaben, Ziffern nur in Verbindung mit Gruppe 1 zulässig, z.B. zur Kennzeichnung der Umformbarkeit | Buchstaben, Zahlen, die von den vorhergehenden mit einem Pluszeichen (+) getrennt sind (Seite 166). |

### Stähle für den Maschinenbau

| | | | | |
|---|---|---|---|---|
| E | Mindeststreckgrenze $R_e$ in N/mm² für die geringste Erzeugnisdicke | Falls Kerbschlageigenschaften festgelegt sind, siehe Stähle für den Stahlbau Seite 165, Gruppe 1 | C mit besonderer Kaltumformbarkeit | nach Tabelle B Seite 166 |

**Bezeichnung** für einen Maschinenbaustahl, $R_e$ = 360 N/mm², mit besonderer Kaltumformbarkeit: **E360C**

# Bezeichnungssystem für Stähle

## Bezeichnung nach dem Verwendungszweck (Fortsetzung)

| Hauptsymbole | | Zusatzsymbole | | |
|---|---|---|---|---|
| Buchstabe | Eigenschaften | Gruppe 1 | Gruppe 2 | Stahlerzeugnisse |

### Stähle für den Stahlbau

| Buchstabe | Eigenschaften | Gruppe 1 | | | | Gruppe 2 | Stahlerzeugnisse |
|---|---|---|---|---|---|---|---|
| S | Mindeststreckgrenze $R_e$ in N/mm² für die geringste Erzeugnisdicke | Kerbschlagarbeit in Joule | | | Prüftemp. in C° | C mit besonderer Kaltumformbarkeit<br>D für Schmelzüberzüge<br>F zum Schmieden<br>H Hohlprofile<br>L für tiefere Temperaturen<br>M thermomechanisch umgeformt<br>N normalgeglüht o. normalisierend umgeformt<br>Q vergütet<br>S für Schiffsbau<br>T für Rohre<br>W wetterfest | nach Tabellen A, B und C Seite 166 |
| | | 27 J | 40 J | 60 J | | | |
| | | JR | KR | LR | +20 | | |
| | | J0 | K0 | L0 | 0 | | |
| | | J2 | K2 | L2 | −20 | | |
| | | J3 | K3 | L3 | −30 | | |
| | | J4 | K4 | L4 | −40 | | |
| | | J5 | K5 | L5 | −50 | | |
| | | J6 | K6 | L6 | −60 | | |

**Bezeichnung** für Stahlbaustahl, $R_e$ = 235 N/mm², Kerbschlagarbeit 27 J bei −20 °C, weichgeglüht: **S235J2H + A**

### Stähle für den Druckbehälterbau

| Buchstabe | Eigenschaften | Gruppe 1 | Gruppe 2 | Stahlerzeugnisse |
|---|---|---|---|---|
| P | Mindeststreckgrenze $R_e$ in N/mm² für die geringste Erzeugnisdicke | M thermomechanisch umgeformt<br>N normalgeglüht o. normalisierend umgeformt<br>Q vergütet<br>B Gasflaschen<br>S einfache Druckbehälter<br>T Rohre | H Einsatzbereich Hochtemperatur<br>L Einsatzbereich Niedrigtemperatur<br>R Einsatzbereich Raumtemperatur<br>X Einsatzbereich Hoch- und Niedrigtemperatur | nach Tabellen B und C Seite 166 |

**Bezeichnung** für Druckbehälterstahl, $R_e$ = 355 N/mm², normalgeglüht oder normalisierend umgeformt, für Hochtemperaturen geeignet: **P355NH**

### Flacherzeugnisse aus höherfesten Stählen zum Kaltumformen

| Buchstabe | Eigenschaften | Gruppe 1 | Gruppe 2 | Stahlerzeugnisse |
|---|---|---|---|---|
| H | Mindeststreckgrenze $R_e$ in N/mm² | M thermomechanisch gewalzt und kalt gewalzt<br>B Bake hardening<br>P Phosphor-legiert<br>X Dualphase<br>Y Interstitial free steel (IF Stahl) | D Schmelztauchüberzüge | nach Tabellen B und C Seite 166 |
| HT | Mindestzugfestigkeit $R_m$ in N/mm² | | | |

**Bezeichnung** für kaltgewalztes Flacherzeugnis aus höherfestem Stahl, $R_e$ = 420 N/mm², thermomechanisch und kalt gewalzt: **H420M**

**Bezeichnung** für kaltgewalztes Flacherzeugnis aus höherfestem Stahl, $R_m$ = 560 N/mm², thermomechanisch und kalt gewalzt, elektrolytisch verzinkt: **HT560M+ZE**

### Flacherzeugnis zum Kaltumformen

| Buchstabe | Eigenschaften | Gruppe 1 | Gruppe 2 | Stahlerzeugnisse |
|---|---|---|---|---|
| D | zweistellige Kennzahl | D Schmelztauchüberzüge<br>EK für konventionelle Emaillierung<br>ED für direkte Emaillierung<br>H Hohlprofile<br>T für Rohre | keine Symbole vorgesehen | nach Tabellen B und C Seite 166 |
| DC | kalt gewalzt, zweistellige Kennzahl | | | |
| DD | warm gewalzt, zweistellige Kennzahl | | | |
| DX | Walzzustand nicht vorgeschrieben, zweistellige Kennzahl | chemische Symbole für vorgeschriebene Elemente, z.B. Cu | | |

**Bezeichnung** für Flacherzeugnis zum Kaltumformen, ohne Walzvorschrift, Kennzahl 52, für Schmelztauchüberzüge, feuerverzinkt: **DX52D+Z**

# Bezeichnungssystem für Stähle

## Bezeichnung nach dem Verwendungszweck (Fortsetzung)

| Hauptsymbole | | Zusatzsymbole | | |
|---|---|---|---|---|
| Buchstabe | Eigenschaften | Gruppe 1 | Gruppe 2 | Stahlerzeugnisse |
| **Verpackungsblech und -band** | | | | |
| TH | Nennstreckgrenze $R_e$ in N/mm² für kontinuierlich geglühte Sorten | keine Symbole vorgesehen | keine Symbole vorgesehen | nach Tabellen B und C unten auf dieser Seite |
| TS | Nennstreckgrenze $R_e$ in N/mm² für losweise geglühte Sorten | | | |

**Bezeichnung** für Weißblech, kontinuierlich geglüht, $R_e$ = 620 N/mm², elektrolytisch verzinnt: **TH620+SE**
**Bezeichnung** für Verpackungsblech, losweise geglüht, $R_e$ = 275 N/mm², elektrolytisch spezialverchromt: **TS275+CE**

| | | | | |
|---|---|---|---|---|
| **Stähle für Leitungsrohre** | | | | |
| L | Mindeststreckgrenze $R_e$ in N/mm² für die geringste Erzeugnisdicke | M thermomechanisch umgeformt<br>N normalgeglüht o. normalisierend umgeformt<br>Q vergütet | Anforderungsklassen, falls erforderlich mit 1 Ziffer | nach Tabellen A, B und C unten auf dieser Seite |

**Bezeichnung** für Stahl für Leitungsrohre, $R_e$ = 360 N/mm², normalgeglüht: **L360N**

## Zusatzsymbole für Stahlerzeugnisse

### Tabelle A: Für besondere Anforderungen

| | | | | | |
|---|---|---|---|---|---|
| +H | Mit Härtbarkeit | +CH | Mit Kernhärtbarkeit | +Z35 | Mindestbrucheinschnürung senkrecht zur Oberfläche 35 % |
| +Z15 | Mindestbrucheinschnürung senkrecht zur Oberfläche 15 % | +Z25 | Mindestbrucheinschnürung senkrecht zur Oberfläche 25 % | | |

### Tabelle B: Für den Behandlungszustand[1]

| | | | | | |
|---|---|---|---|---|---|
| +A | Weichgeglüht | +FP | Behandelt auf Ferrit-Perlit-Gefüge und Härtespanne | +QA | Luftgehärtet |
| +AC | Geglüht zur Erzielung kugeliger Carbide | +HC | Warm-Kalt-geformt | +QO | Ölgehärtet |
| +AR | Wie gewalzt | +I | Isothermisch behandelt | +QT | Vergütet |
| +AT | Lösungsgeglüht | +LC | Leicht kalt nachgezogen bzw. leicht nachgewalzt (Skin passed) | +QW | Wassergehärtet |
| +C | Kaltverfestigt | | | +RA | Rekristallisationsgeglüht |
| +Cnnn | Kaltverfestigt auf eine Mindestzugfestigkeit von nnn N/mm² | +M | Thermomechanisch gewalzt | +S | Behandelt auf Kaltscherbarkeit |
| +CPnnn | Kaltverfestigt auf eine 0,2%-Dehngrenze von nnn N/mm² | +N | Normalgeglüht | +SR | Spannungsarm geglüht |
| +CR | Kaltgewalzt | +NT | Normalgeglüht und angelassen | +T | Angelassen |
| +DC | Lieferzustand dem Hersteller überlassen | +P | Ausscheidungsgehärtet | +TH | Behandelt auf Härtespanne |
| | | +Q | Abgeschreckt bzw. gehärtet | +U | Unbehandelt |
| | | | | +WW | Warmverfestigt |

[1] Um Verwechslungen mit anderen Symbolen aus den Tabellen A und C zu vermeiden, kann den Zusatzsymbolen für den Behandlungszustand der Buchstabe T vorangestellt werden, z.B. +TA.

### Tabelle C: Für die Art des Überzuges[2]

| | | | | | |
|---|---|---|---|---|---|
| +A | Feueraluminiert | +CU | Kupferüberzug | +TE | Elektrolytisch mit Pb-Sn-Legierung überzogen |
| +AS | Mit Al-Si-Legierung überzogen | +IC | Anorganische Beschichtung | +Z | Feuerverzinkt |
| | | +OC | Organisch beschichtet (Coilcoating) | +ZA | Mit Zn-Al-Legier. überzogen |
| +AZ | Mit Al-Zn-Legierung überzogen | +S | Feuerverzinnt | +ZE | Elektrolytisch verzinkt |
| +CE | Elektrolytisch spezialverchromt | +SE | Elektrolytisch verzinnt | +ZF | Diffusionsgeglühte Zn-Überzüge |
| | | +T | Schmelztauchveredelt mit Pb-Sn-Legierung (Terne) | +ZN | Zn-Ni-Überzug |

[2] Um Verwechslungen mit anderen Symbolen aus den Tabellen A und B zu vermeiden, kann den Zusatzsymbolen für die Art des Überzugs der Buchstabe S vorangestellt werden, z.B. +SA.

# Bezeichnungssystem für Stähle

## Bezeichnung nach der chemischen Zusammensetzung

| Chemische Zusammensetzung | Hauptsymbole | Beispiele | Zusatzsymbole für Stähle Gruppe 1 | Zusatzsymbole für Stahlerzeugnisse |
|---|---|---|---|---|
| Unlegierte Stähle mit einem Mn-Gehalt < 1 %, außer Automatenstähle | C | 35 | E4 | +QT |
| Unlegierte Stähle mit einem Mn-Gehalt > 1 % | | 28Mn6 | | |
| Unlegierte Automatenstähle | | 11SMn30 | | |
| Legierte Stähle mit Gehalten der einzelnen Legierungselemente unter 5 % | | 31CrMoV5-9 | | |
| Legierte Stähle (außer Schnellarbeitsstähle). Der mittlere Gehalt mindestens eines Legierungselementes liegt über 5 % | X | 5CrNi18-10 | | |
| Schnellarbeitsstähle | HS | 2-9-1-8 | | |

| Hauptsymbole | | Zusatzsymbole für Stähle Gruppe 1 | Zusatzsymbole für Stahlerzeugnisse |
|---|---|---|---|
| Kennbuchstabe G für Stahlguss (wenn erforderlich) | Kennbuchstabe für die Stahlgruppe | Buchstaben, Zahlen, z.B. zur Kennzeichnung von<br>– Kohlenstoffgehalt,<br>– Legierungselementen | Buchstaben, Ziffern, z.B. zur Kennzeichnung der<br>– Verwendung | Buchstaben, Zahlen, die von den vorhergehenden mit einem Pluszeichen (+) getrennt sind |

| Hauptsymbole | | Zusatzsymbole | |
|---|---|---|---|
| Buchstabe | Kohlenstoffgehalt | Gruppe 1 | Stahlerzeugnisse |

**Unlegierte Stähle mit einem Mn-Gehalt < 1 %, außer Automatenstähle**

| Buchstabe | Kohlenstoffgehalt | Gruppe 1 | | Stahlerzeugnisse |
|---|---|---|---|---|
| C | Kennzahl für den Kohlenstoffgehalt<br>Kennzahl = 100 · mittlerer C-Gehalt | E vorgeschriebener max. S-Gehalt[1])<br>R vorgeschriebene Bereiche des S-Gehaltes[1])<br>D zum Drahtziehen | C besondere Kaltumformbarkeit<br>S für Federn<br>T für Werkzeuge<br>W für Schweißdraht | nach Tabelle B Seite 166 |
| | | G1…G4 siehe Stähle für den Maschinenbau Seiten 171 f. | | |

[1]) Steht hinter den Symbolen E und R eine Kennzahl, so gilt: Kennzahl = Schwefelgehalt · 100

**Bezeichnung** für unlegierten Stahl, 0,35 % C-Gehalt, maximaler S-Gehalt = 0,04 %, vergütet: **C35E4+QT**

| Hauptsymbole | | | Zusatzsymbole |
|---|---|---|---|
| Buchstabe | Kohlenstoffgehalt | Legierungselemente | Stahlerzeugnisse |

**Unlegierte Stähle mit einem Mn-Gehalt > 1 %, unlegierte Automatenstähle, legierte Stähle (ohne Schnellarbeitsstähle) mit Gehalten der einzelnen Legierungselemente unter 5 %**

| Buchstabe | Kohlenstoffgehalt | Legierungselemente | | Stahlerzeugnisse |
|---|---|---|---|---|
| – | Kennzahl für den Kohlenstoffgehalt<br>Kennzahl = 100 · mittlerer C-Gehalt | Symbole für die Legierungselemente<br>Kennzahlen für den mittleren Gehalt der Elemente<br>Kennzahl = mittlerer Gehalt · Faktor | | nach Tabellen A und B Seite 166 |
| | | Element | Faktor | |
| | | Cr, Co, Mn, Ni, Si, W | 4 | |
| | | Al, Be, Cu, Mo, Nb, Pb, Ta, Ti, V, Zr | 10 | |
| | | Ce, N, P, S, C | 100 | |
| | | B | 1000 | |

**Bezeichnung** für unlegierten Stahl, 0,28 % C-Gehalt, 1,5 % Mn-Gehalt: **28Mn6**

**Legierte Stähle (ohne Schnellarbeitsstähle). Der mittlere Gehalt mindestens eines Legierungselementes liegt über 5 %**

| Buchstabe | Kohlenstoffgehalt | Legierungselemente | Stahlerzeugnisse |
|---|---|---|---|
| X | Kennzahl für den Kohlenstoffgehalt<br>Kennzahl = 100 · mittlerer C-Gehalt | Symbole für die Legierungselemente<br>Kennzahlen, durch Bindestrich getrennt, für den mittleren Gehalt der Elemente | nach Tabellen A und B Seite 166 |

**Bezeichnung** für legierten Stahl, 0,05 % C-Gehalt, 18 % Cr-Gehalt, 10 % Ni-Gehalt: **X5CrNi18-10**

**Schnellarbeitsstähle**

| HS | Schnellarbeitsstahl | Zahlen, durch Bindestrich getrennt, geben den prozentualen Gehalt in folgender Reihenfolge an: Wolfram (W) – Molybdän (Mo) – Vanadium (V) – Cobalt (Co) | nach Tabellen A und B Seite 166 |
|---|---|---|---|
| PM | Pulvermetallurgie | | |

**Bezeichnung** für Schnellarbeitsstahl, 2 % W, 9 % Mo, 1 % V, 8 % Co: **HS2-9-1-8**

# Bezeichnungssystem für Stähle

## Stahlnormung (alt)   vgl. DIN Normenheft 3 (1983)

Die nach diesem System und nach EURONORM 27-74 gebildeten Kurznamen wurden meist schon durch neue Kurznamen entsprechend der Systematik von DIN EN 10 027 (Seiten 164 ff.) ersetzt. Die Umstellung wird von den Fachausschüssen für die einzelnen Stahlgruppen, z.B. für die Einsatzstähle, vorgenommen.

### Werkstoffgruppe

| Kennbuchstabe | Bedeutung | Beispiel | Kennbuchstabe | Bedeutung | Beispiel |
|---|---|---|---|---|---|
| St | Unlegierter Baustahl | St 37-2 | GTS | Schwarzer Temperguss | GTS-55 |
| StE | Baustahl mit Angabe der Streckgrenze | StE 390 | GTW | Weißer Temperguss | GTW-35 |
|  |  |  | GS | Stahlguss | GS-52 |
| GG | Gusseisen mit Lamellengrafit | GG-20 | GK | Kokillenguss | GK-AlMg3 |
| GGG | Gusseisen mit Kugelgrafit | GGG-60 | GZ | Schleuderguss (Zentrifugalguss) | GZ-X12Cr14 |

Bei St, GG, GS, GTS und GTW erhält man aus der direkt angehängten Zahl durch Multiplikation mit dem Faktor 9,81 die Mindestzugfestigkeit in N/mm$^2$, bei StE dagegen die gewährleistete Streckgrenze.

### Chemische Zusammensetzung

#### Unlegierte Stähle

| Kennbuchstabe | Bedeutung | Beispiel | Kennbuchstabe | Bedeutung | Beispiel |
|---|---|---|---|---|---|
| C | Zeichen für Kohlenstoff | C 15 | W 1 | Werkzeugstahl erster Güte | C 105 W 1 |
| f | Geeignet für Flamm- und Induktionshärtung | Cf 53 | W 2 | Werkzeugstahl zweiter Güte | C 105 W 2 |
|  |  |  | W 3 | Werkzeugstahl dritter Güte | C 60 W 3 |
| k | Niedriger Phosphor- und Schwefelgehalt | Ck 10 | WS | Werkzeugstahl für Sonderzwecke | C 85 WS |

Die an den Kennbuchstaben C und D angehängten Zahlen kennzeichnen den Kohlenstoffgehalt in hundertstel Gewichtsprozenten.

#### Legierte Stähle

Die erste Zahl des Kurznamens bezeichnet den Kohlenstoffgehalt in hundertstel Gewichtsprozenten. Der Buchstabe C entfällt dabei. Danach folgen die chemischen Zeichen der wesentlichen Legierungselemente in der Reihenfolge abnehmender Gewichtsprozente sowie die Gewichtsprozente selbst, die mit den folgenden Faktoren multipliziert sind:

| Multiplikationsfaktor ||||
|---|---|---|---|
| 4 | 10 | 100 | 1000 |
| Cr Chrom<br>Co Kobalt<br>Mn Mangan | Ni Nickel<br>Si Silicium<br>W Wolfram | Al Aluminium<br>Be Beryllium<br>Cu Kupfer<br>Mo Molybdän | B Bor |
|  |  | Nb Niob<br>Pb Blei<br>Ta Tantal | |
|  |  | Ti Titan<br>V Vanadium<br>Zr Zirconium | |
|  |  | C Kohlenstoff<br>S Schwefel<br>N Stickstoff<br>Ce Cer | |

Bei **Gehalten von mehr als 5%** eines Legierungsbestandteils entfällt der Multiplikationsfaktor. Zur sicheren Kennzeichnung wird jedoch meist ein X vor den hundertfachen C-Gehalt gesetzt.
**Schnellarbeitsstähle** werden mit dem Buchstaben S gekennzeichnet, dem in immer gleicher Reihenfolge die Legierungsbestandteile Wolfram, Molybdän, Vanadium und Cobalt in Gewichtsprozenten folgen.

| Beispiel | Erläuterung | Beispiel | Erläuterung |
|---|---|---|---|
| 16 MnCr 5 | Einsatzstahl mit 0,16% C und 1,25% Mn, Cr-Anteile | X12 CrNi 18 8 | Korrosionsbeständiger Stahl mit 0,12% C, 18% Cr und 8% Ni |

### Kennzeichnung zusätzlicher Merkmale durch Buchstaben

| Kennbuchstabe **vor** dem eigentlichen Kurznamen (Angaben zur Herstellung) ||||||
|---|---|---|---|---|---|
| Kennbuchstabe | Bedeutung | Beispiel | Kennbuchstabe | Bedeutung | Beispiel |
| G | Gusswerkstoff | G-X 12 Cr 14 | S | Zum Schweißen besonders geeignet | GTW-S 38-12 |
| R | Beruhigter und halbberuhigter Stahl | RSt 37-2 | U | Unberuhigter Stahl | USt 37-2 |
| RR | Besonders beruhigter Stahl | RRSt 34.7 | WT | Witterungsbeständiger Stahl | WTSt 37-3 |

| Kennbuchstabe **nach** dem eigentlichen Kurznamen (Behandlungszustand) ||||||
|---|---|---|---|---|---|
| G | Weichgeglüht | 16 MnCr 5 G | SH | Geschält | Ck 45 SH |
| K | Kaltgezogen | 9 SMn 28 K | U | Unbehandelt | St 37.2 U |
| N | Normalgeglüht | Ck 45 N | V | Vergütet | 42 CrMo4V90 |

## Stahlsorten

### Baustähle für den Metallbau und Stahlbau
**Unlegierte Baustähle** (für warmgewalzte Erzeugnisse)   vgl. DIN EN 10025-2 (2005-04)

| Kurzname nach DIN EN 10 025 | Kurzname nach der früheren DIN 17 100 | Werkstoffnummer | Desoxidationsart[1] | Kohlenstoffgehalt[2] % | Streckgrenze[3] $R_{eH}$ N/mm² | Zugfestigkeit[4] $R_m$ N/mm² | Bruchdehnung[5] $A$ % | Eigenschaften Verwendung |
|---|---|---|---|---|---|---|---|---|
| **Stähle für den Stahlbau** | | | | | | | | |
| S185 | St 33 | 1.0035 | frei gestellt | – | 145…185 | 290…510 | 15…18 | Schlechte Schweißeignung, Geländer, Gitter |
| S235JR | RSt 37-2 | 1.0038 | FN | 0,17 | 175…235 | 360…510 | 21…26 | Übliche Stähle bei mäßiger bis mittlerer Belastung. Gute Schweißeignung, gut umformbar. |
| S235J0 | St 37-3U | 1.0114 | FN | 0,17 | 175…235 | 360…510 | 21…26 | |
| S235J2 | – | 1.0117 | FF | 0,17 | 175…235 | 360…510 | 21…24 | |
| S275JR | St 44-2 | 1.0044 | FN | 0,21 | 205…275 | 410…560 | 18…23 | Stahlbaustahl für mittlere Belastung. Gute Schweißeignung. |
| S275J0 | St 44-3U | 1.0143 | FN | 0,18 | 205…275 | 410…560 | 18…23 | |
| S275J2 | – | 1.0145 | FF | 0,18 | 205…275 | 410…560 | 18…21 | |
| S355JR | – | 1.0045 | FN | 0,24 | 275…355 | 470…630 | 17…22 | Hochbeanspruchte Bauteile im Stahlbau, Kranbau, Brückenbau und Karosseriebau. Gute Schweißeignung. |
| S355J0 | St 52-3U | 1.0553 | FN | 0,20 | 275…355 | 470…630 | 17…22 | |
| S355J2 | – | 1.0577 | FF | 0,20 | 275…355 | 470…630 | 17…22 | |
| S355K2 | – | 1.0596 | FF | 0,20 | 275…355 | 470…630 | 17…20 | |
| S450J0 | – | 1.0590 | FF | 0,24 | 380…450 | 550…720 | 17 | |
| **Stähle für den Maschinenbau** | | | | | | | | |
| E295 | St 50-2 | 1.0050 | FN | – | 225…295 | 470…610 | 15…20 | Mittel- bis höherbelastete Maschinenteile: Wellen, Achsen, Bolzen, Walzen. Nicht schweißgeeignet. |
| E335 | St 60-2 | 1.0060 | FN | – | 255…335 | 570…710 | 11…16 | |
| E360 | St 70-2 | 1.0070 | FN | – | 285…360 | 670…830 | 7…11 | |

[1] **Desoxidationsart: Freigestellt:** Nach Wahl des Herstellers; **FN** Beruhigter Stahl, **FF** Vollberuhigter Stahl mit einem ausreichenden Gehalt an Stickstoff abbindenden Elementen, z. B. 0,20 % Al..
[2] Weitere Bestandteile: Phosphor maximal 0,035 % bis 0,045 %. Schwefel maximal 0,025 % bis 0,045 %. Stickstoff maximal 0,025 %.
[3] Die $R_{eH}$-Werte gelten für Erzeugnisdicken von 16 mm bis 250 mm. (Die kleineren Erzeugnisdicken haben die höheren Zugfestigkeitswerte.) Definition des $R_{eH}$-Wertes auf Seite 223
[4] Die $R_m$-Werte gelten für Erzeugnisdicken von 3 mm bis 100 mm. (Die kleineren Erzeugnisdicken haben die höheren Zugfestigkeitswerte.) Definition des $R_m$-Wertes auf Seit 223
[5] Die $A$-Werte gelten für Längsproben und Erzeugnisdicken von 3 mm bis 250 mm. (Die kleineren Erzeugnisdicken haben die größeren $A$-Werte.) Definition des $A$-Wertes auf Seite 223

### Technologische Eigenschaften der unlegierten Baustähle nach DIN EN 10 025-2

Die Stähle nach DIN EN 10025-2 sind beruhigte (FN) oder vollberuhigte Qualitätsstähle (FF)
Ausnahme: S185.

**Schweißeignung**
Für die Stahlsorten S185, E295, E335 und E360 werden keine Angaben zur Schweißeignung gemacht. Die Stähle der Gütegruppen JR, J0, J2 und K2 sind zum Schweißen nach allen Verfahren geeignet. Die Schweißeignung verbessert sich von der Gütegruppe JR bis zur Gütegruppe K2. Mit zunehmender Erzeugnisdicke und Festigkeit können Kaltrisse auftreten.

**Kaltumformbarkeit**
Stahlsorten mit gewünschter Eignung zum Kaltumformen sind bei der Bestellung mit dem Buchstaben **C** zu bezeichnen, z.B. S235JRC, S275J2C, S355J2C. Sie sind zum Kaltbiegen, Abkanten, Kaltziehen und Walzprofilieren geeignet. Die empfohlenen kleinsten inneren Biegeradien dieser Stähle siehe Seite 292.

**Warmumformbarkeit (Schmiedbarkeit)**
Sie ist bei den unlegierten Baustählen gewährleistet, wenn die Stähle im normalgeglühten oder normalisierend gewalzten Zustand geliefert werden.

**Spanende Bearbeitung, Eignung zum Schmelztauchverzinken**
Alle Stahlsorten nach DIN EN 10 025-2 sind mit den üblichen spanenden Verfahren bearbeitbar und schmelztauchverzinkbar (feuerverzinkbar).

## Stahlsorten

### Baustähle für den Metallbau und den Stahlbau

**Schweißgeeignete Feinkornbaustähle** (für warmgewalzte Erzeugnisse)

| Kurzname nach DIN EN 10025-3 | Kurzname nach der früheren DIN 17 102 | Werkstoffnummer | Streckgrenze $R_{eH}$ in N/mm² für Nenndicken in mm | | | | | | Zugfestigkeit $R_m$ in N/mm² für Nenndicken in mm | Bruchdehnung $A$ in % |
|---|---|---|---|---|---|---|---|---|---|---|
| | | | ≤ 16 | 16...40 | 40...63 | 63...80 | 80...100 | 100...150 | ≤ 100 | |
| **Normalgeglüht gewalzte schweißgeeignete Feinkornbaustähle** | | | | | | | | | vgl. DIN EN 10025-3 (2005-02) | |
| S275 N | St E 285 | 1.0490 | 275 | 265 | 255 | 245 | 235 | 215 | 370...510 | 24 |
| S355 N | St E 355 | 1.0545 | 355 | 345 | 335 | 325 | 315 | 295 | 470...630 | 22 |
| S420 N | St E 420 | 1.8902 | 420 | 400 | 390 | 370 | 360 | 340 | 520...680 | 19 |
| S460 N | St E 460 | 1.8901 | 460 | 440 | 430 | 410 | 400 | 380 | 550...720 | 17 |
| **Thermomechanisch gewalzte schweißgeeignete Feinkornbaustähle** | | | | | | | | | vgl. DIN EN 10025-4 (2005-04) | |
| S275 M | – | 1.8818 | 275 | 265 | 255 | 245 | 245 | 240 | 350...530 | 24 |
| S355 M | St E 355 TM | 1.8823 | 355 | 345 | 335 | 325 | 325 | 320 | 440...610 | 22 |
| S420 M | St E 420 TM | 1.8825 | 420 | 400 | 390 | 380 | 370 | 365 | 470...660 | 19 |
| S460 M | St E 460 TM | 1.8827 | 460 | 440 | 430 | 410 | 400 | 385 | 500...720 | 17 |

**Technologische Eigenschaften der schweißgeeigneten Feinkornbaustähle**

Die schweißgeeigneten Feinkornbaustähle mit den Kennbuchstaben **N** und **M** haben Mindestwerte der Kerbschlagarbeit bei Temperaturen bis – 20 °C.
Außerdem gibt es schweißgeeignete Feinkornbaustähle für tiefe Temperaturen. Sie haben die Kennbuchstaben **NL** bzw. **ML**, wie z.B. S275ML. Sie haben festgelegte Mindestwerte der Kerbschlagarbeit bis – 50 °C.
Die obere Streckgrenze $R_{eH}$ und die Zugfestigkeit $R_m$ der Tieftemperaturstähle (NL, ML) sind annähernd gleich wie bei den Stählen der Ausführung N und M.
**Schweißeignung:** Stähle nach DIN EN 10025-3 bzw. -4 sind mit den gebräuchlichen Verfahren schweißbar.
**Warmumformbarkeit:** Die normalgeglüht gewalzten Stähle (N, NL) sind warm umformbar. Die thermomechanisch gewalzten Stähle (M, ML) dürfen nicht warm umgeformt werden.

**Wetterfeste Baustähle** (für warmgewalzte Erzeugnisse)    vgl. DIN EN 10025-5 (2005-02)

| Kurzname nach DIN EN 10025-5 | Kurzname nach der früheren DIN 17100 | Werkstoffnummer | Zusammensetzung % | Streckgrenze $R_{eH}$ N/mm² | Zugfestigkeit $R_m$ N/mm² | Bruchdehnung $A$ % | Verwendung |
|---|---|---|---|---|---|---|---|
| S235J0W | – | 1.8958 | C: 0,12...0,16<br>Si: 0,40...0,75<br>Mn: 0,2...1,5<br>Cr: 0,3...1,25<br>Cu: 0,25...0,55<br>S: max. 0,040<br>P: max. 0,040<br>Die Sorten mit P am Schluss 0,06 bis 0,15 | 195...235 | 350...510 | 22...26 | Die wetterfesten Baustähle werden für Bauteile verwendet, die einen erhöhten Widerstand gegen atmosphärische Korrosion aufweisen sollen. |
| S235J2W | WT St 37-3 | 1.8961 | | | | 22...24 | |
| S355J0WP | – | 1.8945 | | 345...355 | 470...680 | 22 | |
| S355J2WP | – | 1.8946 | | | | 20 | |
| S355J0W | – | 1.8959 | | 295...355 | 450...680 | 18...18 | |
| S355J2W | WT St 52-3 | 1.8965 | | | | | |
| S355K2W | – | 1.8967 | | | | | |

Die wetterfesten Baustähle gibt es in den Ausführungen *normalisierend gewalzt* (+N) und *gewalzt ohne besondere Wärmebehandlung* (+AR). **Beispiel:** S355J0WP+AR
**Technologische Eigenschaften:** Die Schweißneigung ist erschwert, Kaltbiegen und Abkanten ist gut möglich.

### Betonstahl

vgl. DIN 488-1 (2009-08)

| Stahlsorte | | Oberflächen-Kennzeichnung | Streckgrenze $R_{eH}$ N/mm² | Zugfestigkeit $R_m$ N/mm² | Bruchdehnung $A$ % | Erzeugnisform[1] | Nenndurchmesser mm | Zusammensetzung % |
|---|---|---|---|---|---|---|---|---|
| Kurzname | Werkstoffnummer | | | | | | | |
| B500A | 1.0438 | 3 Rippenreihen | 500 | 525 | 2,5 | Baustahl in Ringen<br>Baustahlmatten | 4...16<br>4...14 | C ≥ 0,22<br>P ≥ 0,050<br>S ≥ 0,050<br>N ≥ 0,012<br>Cu ≥ 0,80 |
| B500B | 1.0439 | 2 oder 4 Rippen | 500 | 540 | 5,0 | Betonstabstahl<br>Matten, Gitterträger | 6,8...40<br>4...14 | |

[1] Die Oberflächenkennzeichnung der Betonstahlsorten erfolgt mit der Anzahl der Rippenreihen.

# Korrosionsbeständige Stähle und Maschinenbaustähle

**Korrosionsbeständige Stähle für Halbzeuge, Stäbe, Profile und Blankstahlerzeugnisse** (Auswahl)
(auch nichtrostende Stähle genannt)     vgl. DIN EN 10088-3 (2005-09)

| Stahlsorte Kurzname | Werkstoffnummer | Wärmebehandlungszustand | 0,2%-Dehngrenze[1] N/mm² | Zugfestigkeit $R_m$ N/mm² | Bruchdehnung $A$ % | Härte HB | Eigenschaften, Anwendungen |
|---|---|---|---|---|---|---|---|
| **Ferritische Stähle** | | | | | | | |
| X2CrNi12 | 1.4003 | geglüht | 260 | 450…600 | 20 | 200 | Nur für Innenräume; Beschläge |
| X6Cr17 | 1.4016 | geglüht | 240 | 400…630 | 20 | 200 | |
| **Martensitische Stähle** | | | | | | | |
| X20Cr13 | 1.4021 | geglüht | 500 | 700…850 | 13 | 230 | Härtbar, verschleißfest. Laufräder, Schnecken |
| X50CrMoV15 | 1.4116 | geglüht | – | max. 900 | 12 | 280 | |
| **Austenitische Stähle** | | | | | | | |
| X5CrNi18-10 | 1.4301 | abgeschreckt | 190 | 500…700 | ~ 45 | 215 | Gut schweißbar, gut kaltumformbar. Geländer, Fassaden, dekorative Fenster- und Türrahmen. Tragende Stützen, Träger. Bauaufs. Zul. Z-30.3-6 |
| X6CrNiTi18-10 | 1.4541 | abgeschreckt | 205 | 510…740 | ~ 40 | 230 | |
| X5CrNiMo17-12-2 | 1.4401 | abgeschreckt | 200 | 500…700 | ~ 40 | 215 | |
| X6CrNiMoTi17-12-2 | 1.4571 | abgeschreckt | 200 | 500…700 | ~ 40 | 215 | |
| X12CrMnNiN17-7-5 | 1.4372 | abgeschreckt | 230 | 750…950 | ~ 40 | 260 | |
| X1CrNiMoCuN25-20-7 | 1.4529 | abgeschreckt | 300 | 650…850 | ~ 40 | 250 | |

[1] Die genannte 0,2 %-Dehngrenze ist die Grund-Dehngrenze des korrosionsbeständigen Stahls. Durch Kaltverformung können höhere Dehngrenzen erreicht werden.

**Vergütungsstähle**     vgl. DIN EN 10 083-1 und DIN EN 10 083-2 (1996-10)

| Stahlsorte Kurzname[1] | Werkstoffnummer | Streckgrenze[2] $R_{eH}$ N/mm² | Zugfestigkeit[2] $R_m$ N/mm² | Bruchdehnung[2] $A$ % | Stahlsorte Kurzname | Werkstoffnummer | Streckgrenze[2] $R_{eH}$ N/mm² | Zugfestigkeit[2] $R_m$ N/mm² | Bruchdehnung[2] $A$ % |
|---|---|---|---|---|---|---|---|---|---|
| C35E | 1.1181 | 380 | 600…750 | 19 | 34CrMo4 | 1.7220 | 650 | 900…1100 | 12 |
| C45E | 1.1191 | 430 | 650…800 | 16 | 50CrMo4 | 1.7228 | 780 | 1000…1200 | 10 |
| C60E | 1.1221 | 520 | 800…950 | 13 | 36CrNiMo4 | 1.6511 | 800 | 1000…1200 | 11 |
| 28Mn6 | 1.1170 | 490 | 700…850 | 15 | 30NiCrMo8 | 1.6580 | 1050 | 1250…1450 | 10 |
| 34Cr4 | 1.7033 | 590 | 800…950 | 14 | 51CrV4 | 1.8139 | 700 | 1000…1200 | 10 |

[1] Die Stähle mit einem E bzw. R (Beispiel C35E, C35R) haben einen begrenzten Schwefelgehalt.
[2] Die Kennwerte sind Mindestwerte für den vergüteten Zustand (+QT) für Querschnitte von 16 mm bis 40 mm Ø.

**Einsatzstähle**     vgl. DIN EN 10 084 (1998-06)

| Stahlsorte Kurzname | Werkstoffnummer | max. Härte (weichgeglüht) HB | Zugfestigkeit[1] (nach dem Vergüten) | Stahlsorte Kurzname | Werkstoffnummer | max. Härte (weichgeglüht) HB | Zugfestigkeit[1] (nach dem Vergüten) | |
|---|---|---|---|---|---|---|---|---|
| C10E | 1.1121 | 131 | > 490 | 20MoCr4 | 1.7321 | 207 | > 800 | Einsatzstähle werden zuerst in der Randschicht aufgekohlt und dann vergütet.<br>[1] Durchmesser 16 mm < $d$ ≤ 40 mm |
| C15E | 1.1141 | 143 | > 590 | 20NiCrMo2-2 | 1.6523 | 212 | > 800 | |
| 28Cr4 | 1.7030 | 217 | > 700 | 17CrNiMo6-4 | 1.6566 | 229 | > 1000 | |

**Automatenstähle**     vgl. DIN EN 10 087 (1999-01)

| Stahlsorte Kurzname | Werkstoffnummer | unbehandelt Streckgrenze $R_{eH}$ in N/mm² | unbehandelt Zugfestigkeit $R_m$ in N/mm² | vergütet Streckgrenze $R_{eH}$ in N/mm² | vergütet Zugfestigkeit $R_m$ in N/mm² | Bruchdehnung $A$ in % | Eigenschaften |
|---|---|---|---|---|---|---|---|
| 10S20 | 1.0721 | 230 | 360…530 | – | – | – | Zum Einsatzhärten vorgesehen |
| 11SMnPb30 | 1.0718 | 230 | 380…570 | – | – | – | |
| 35S20 | 1.0726 | 220 | 520…680 | 380 | 600…750 | 16 | Vergütbar und härtbar |
| 46SPb20 | 1.0757 | 370 | 590…760 | 430 | 650…800 | 13 | |

## Stahlsorten

### Werkzeugstähle, Gusseisen, Stahlguss

#### Werkzeugstähle
vgl. DIN EN ISO 4957 (2001-02)

| Stahlsorte | | Härte-temperatur °C | Härte-mittel (Wb = Warmbad) | Anlass-temperatur °C | Härte (gehärtet u. angelassen) HRC | Typische Verwendung |
| --- | --- | --- | --- | --- | --- | --- |
| Kurzname | Werkstoffnummer | | | | | |
| **Unlegierte Kaltarbeitsstähle** (Auswahl) | | | | | | |
| C45U | 1.1730 | 810 | Öl | 180 | 54 | Handwerkzeug, Zangen |
| C70U | 1.1620 | 800 | Wasser | 180 | 57 | Druckluftwerkzeuge |
| C80U | 1.1525 | 790 | Wasser | 180 | 58 | Handmeißel, Spitzeisen |
| C105U | 1.1545 | 780 | Wasser | 180 | 61 | Gewindeschneidwerkz. |
| **Legierte Kaltarbeitsstähle** (Auswahl) | | | | | | |
| 60WCrV8 | 1.2550 | 910 | Öl | 180 | 58 | Schneidwerkzeuge |
| 45NiCrMo16 | 1.2767 | 850 | Öl | 180 | 52 | Kunststoff-Pressformen |
| X210CrW12 | 1.2436 | 970 | Öl, Wb, Luft | 180 | 62 | Metallsägen |
| **Warmarbeitsstähle** (Auswahl) | | | | | | |
| 55NiCrMoV7 | 1.2714 | 850 | Öl | 500 | 42 | Hammergesenke |
| X40CrMoV5-1 | 1.2344 | 1020 | Öl, Wb, Luft | 550 | 50 | Presswerkzeuge für Al |
| **Schnellarbeitsstähle** (Auswahl) | | | | | | |
| HS6-5-2C | 1.3343 | 1210 | Öl, Wb, Luft | 560 | 64 | Reibahl., Spiralb., Fräser |
| HS6-5-2-5 | 1.3243 | 1210 | Öl, Wb, Luft | 560 | 64 | Spiral- u. Gewindebohrer |
| HS10-4-3-10 | 1.3207 | 1230 | Öl, Wb, Luft | 560 | 66 | Drehmeißel |
| HS2-9-1-8 | 1.3247 | 1190 | Öl, Wb, Luft | 550 | 66 | Fräser |

#### Gusseisen-Werkstoffe und Stahlguss

**Gusseisen mit Lamellengrafit (Grauguss)** — vgl. DIN EN 1561 (1997-08)

| Mit Zugfestigkeit als kennzeichnender Eigenschaft | | | | Mit Brinellhärte als kennzeichnender Eigenschaft | | | |
| --- | --- | --- | --- | --- | --- | --- | --- |
| Guss-Sorte | | | Erwartungswerte Zugfestigkeit $R_m$ in N/mm² | Guss-Sorte | | | Brinellhärte HB 30 |
| Kurzname | Werkstoff-Nummer | alter Kurzname | | Kurzname | Werkstoff-Nummer | alter Kurzname | |
| EN-GJL-150 | EN-JL1020 | GG-15 | 80…180 | EN-GJL-HB 155 | EN-JL2010 | GG-150 HB | 150…185 |
| EN-GJL-200 | EN-JL1030 | GG-20 | 115…230 | EN-GJL-HB 215 | EN-JL2040 | GG-190 HB | 190…260 |

**Gusseisen mit Kugelgrafit (Sphäroguss)** — vgl. DIN EN 1563 (2005-10)

| Guss-Sorte | | | Zugfestigkeit $R_m$ N/mm² | Dehngrenze $R_{p\,0,2}$ N/mm² | Bruchdehnung A % | Verwendung |
| --- | --- | --- | --- | --- | --- | --- |
| Kurzname | Werkstoff-Nummer | alter Kurzname | | | | |
| EN-GJS-400-15 | EN-JS1030 | GGG-40 | 400 | 250 | 15 | Duktile Gussteile |
| EN-GJS-800-2 | EN-JS1080 | GGG-80 | 800 | 480 | 2 | Hochfeste Gussteile |

**Temperguss** — vgl. DIN EN 1562 (2006-08)

| Temperguss-Sorte | | | Zugfestigkeit $R_m$ N/mm² | Dehngrenze $R_{p\,0,2}$ N/mm² | Bruchdehnung A % | Verwendung |
| --- | --- | --- | --- | --- | --- | --- |
| Kurzname | Werkstoff-Nummer | alter Kurzname | | | | |
| **Entkohlend geglühter Temperguss (Weißer Temperguss)** | | | | | | |
| EN-GJMW-350-4 | EN-JM1010 | GTW-35-04 | 350 | – | 4 | Bartschlüssel, Hebel |
| **Nicht entkohlend geglühter Temperguss (Schwarzer Temperguss)** | | | | | | |
| EN-GJMB-350-10 | EN-JM1130 | GTS-35-10 | 300 | 200 | 10 | Schlossteile, Fittings |

**Stahlguss für das Bauwesen** (gut schweißbar) — vgl. E DIN EN 10340 (2004-11)

| G17Mn5 | – | 1.1131 | 450…600 | 240 | 24 | Knotenpunkte, Gabeln |
| --- | --- | --- | --- | --- | --- | --- |

# Harte Schneidstoffe

## Bezeichnung der harten Schneidstoffe
vgl. DIN ISO 513 (2005-1-11)

| Schneidstoffgruppen | | Schneidstoffgruppen | |
|---|---|---|---|
| Kennbuchstabe | Zusammensetzung / Beschichtung | Kennbuchstabe | Zusammensetzung / Beschichtung |
| **Hartmetalle (Carbide)** | | | |
| HW | Unbeschichtetes Hartmetall, Hauptbestandteil Wolframcarbid (WC) mit Korngröße ≥ 1 μm | HF | Unbeschichtetes Hartmetall, Hauptbestandteil Wolframcarbid (WC) mit Korngröße < 1 μm |
| HT[1] | Unbeschichtetes Hartmetall, Hauptbestandteil Titancarbid (TiC) oder Titannitrit (TiN) | HC | Hartmetalle wie links, jedoch beschichtet |

[1] Diese Werkstoffsorten werden auch „Cermets" genannt.

| Schneidstoffgruppen | | Schneidstoffgruppen | |
|---|---|---|---|
| **Schneidkeramik** | | | |
| CA | Schneidkeramik, Hauptbestandteil Aluminiumoxid ($Al_2O_3$) | CM | Mischkeramik, Hauptbestandteil Aluminiumoxid ($Al_2O_3$), zusammen mit anderen Bestandteilen als Oxiden |
| CN | Siliziumnitridkeramik, Hauptbestandteil Silziumnitrid ($Si_3N_4$) | CC | Schneidkeramik wie CA, CM und CM, jedoch beschichtet mit Titancarbonitrid (TiCN) |
| CR | Schneidkeramik, Hauptbestandteil Aluminiumoxid ($Al_2O_3$), verstärkt | | |
| **Diamant** | | | |
| DP | Polykristalliner Diamant | DM | Monokristalliner Diamant |
| **Bornitrid** | | | |
| BL | Kubisch-kristallines Bornitrid mit niedrigem Bornitridgehalt | BH | Kubisch-kristallines Bornitrid mit hohem Bornitridgehalt |
| – | – | BC | Bornitrid wie BH, jedoch beschichtet |

## Anwendung und Klassifizierung harter Schneidstoffe
vgl. DIN ISO 513 (2005-1-11)

| Kennbuchstabe | Kennfarbe | Anwendungsgruppe | | zu spanender Werkstoff | Schneidstoffeigenschaften | Schnittwerte |
|---|---|---|---|---|---|---|
| P | blau | P01<br>P10<br>P20<br>P30<br>P40<br>P50 | P05<br>P15<br>P25<br>P35<br>P45 | **Stahl:**<br>Alle Arten von Stahl und Stahlguss, ausgenommen nichtrostender Stahl mit austenitischem Gefüge | Zunehmende Verschleißfestigkeit des Schneidstoffes ↑ / Zunehmende Zähigkeit des Schneidstoffes ↓ | Zunehmende Schnittgeschwindigkeit ↑ / Zunehmender Vorschub ↓ |
| M | gelb | M01<br>M10<br>M20<br>M30<br>M40 | M05<br>M15<br>M25<br>M35 | **Nichtrostender Stahl:**<br>Nichtrostender austenitischer und austenitisch-ferritischer Stahl sowie Stahlguss | | |
| K | rot | K01<br>K10<br>K20<br>K30<br>K40 | K05<br>K15<br>K25<br>K35 | **Gusseisen:**<br>Gusseisen mit Lamellengrafit, Gusseisen mit Kugelgrafit, Temperguss | | |
| N | grün | N01<br>N10<br>N20<br>N30 | N05<br>N15<br>N25 | **Nichteisenmetalle:**<br>Aluminium und andere Nichteisenmetalle, Nichtmetall-Werkstoffe, z. B. GFK | | |
| H | grau | H01<br>H10<br>H20<br>H30 | H05<br>H15<br>H25 | **Harte Werkstoffe:**<br>Gehärteter Stahl, gehärtete Gusseisenwerkstoffe, Gusseisen für Kokillenguss | | |

**Bezeichnung** eines unbeschichteten Hartmetalls mit dem Hauptbestandteil Wolframcarbid, Zerspanungsanwendungsgruppe P30: **HW-P30**

## Stahlbleche

### Lieferformen von Flacherzeugnissen

| Stahlbleche | Handelsübliche Formate: rechteckige Tafeln ($b \times l$) Kleinformat: $1000 \times 2000$ mm Mittelformat: $1250 \times 2500$ mm Großformat: $1500 \times 3000$ mm Blechdicken $s = 0{,}14 \ldots 250$ mm Verwendung: Zuschnitte zur Weiterverarbeitung | Bandstahl (Bänder)  | Handelsübliche Formate: Zu Rollen (Coils) aufgewickelte Endlos-Blechstreifen (Bänder) Streifenbreite $b$ bis 2000 mm Blechdicke $s = 0{,}14 \ldots$ ca. 10 mm Verwendung: Zuschnitte zur Weiterverarbeitung; Beschickung von automatischen Fertigungsanlagen |
|---|---|---|---|

### Kaltgewalztes Band und Blech

| Gültiger Kurzname | Stahlsorte Früherer Kurzname | Werkstoffnummer | C % | Zugfestigkeit[1] $R_\mathrm{m}$ N/mm² | Streckgrenze[1] $R_\mathrm{eH}$ oder $R_\mathrm{p0,2}$ N/mm² | Bruchdehnung $A$ % | Eigenschaften, Verwendung |
|---|---|---|---|---|---|---|---|
| **aus weichen Stählen zum Kaltumformen** | | | | | | | vgl. DIN EN 10130 (2007-02) |
| DC 01 | St 12 | 1.0330 | 0,12 | 270…410 | 280 | 28 | Kaltgewalzte Flacherzeugnisse zum Kaltumformen von 0,35 mm bis 3 mm Dicke. Sie sind zum Schweißen und für das Aufbringen metallischer Überzüge und von Lackierungen geeignet. |
| DC 03 | RRSt 13 | 1.0347 | 0,10 | 270…370 | 240 | 34 | |
| DC 04 | St 14 | 1.0338 | 0,08 | 270…350 | 210 | 38 | |
| DC 05 | – | 1.0312 | 0,06 | 270…330 | 180 | 40 | |
| DC 06 | – | 1.0873 | 0,02 | 270…350 | 180 | 38 | |
| **aus unlegierten Baustählen (Auswahl)** | | | | | | | vgl. DIN 1623 (2009-05) |
| S215G | St 37-3G | 1.0116 G | 0,18 | 360 … 510 | 215 | 20 | Fein-, Mittel- und Grobbleche sowie Well- und Trapezbleche für Dachkonstruktionen und den Industriehallenbau. |
| S245G | St 44-3G | 1.0144 G | 0,20 | 430 … 580 | 245 | 18 | |
| S325G | St 52-3G | 1.0570 G | 0,20 | 510 … 680 | 325 | 16 | |
| **aus Stählen mit hoher Streckgrenze (Auswahl)** | | | | | | | vgl. DIN 10268 (2006-10) |
| HC180Y | – | 1.0922 | 0,01 | 340 … 400 | 180 … 230 | 36 | Karosserieteile, Tiefziehteile, Verstärkungsteile |
| HC220B | – | 1.0936 | 0,06 | 320 … 400 | 220 … 270 | 32 | |
| HC300P | – | 1.0448 | 0,10 | 400 … 480 | 300 … 360 | 26 | |
| **aus unlegierten und legierten Druckbehälterstählen (Auswahl)** | | | | | | | vgl. DIN EN 10028-2 (2008-02) |
| P235GH | | 1.0345 | ≤ 0,16 | 360 … 480 | 170 … 235 | 24 | Für Druckbehälter sowie unter Druck stehende und heiß gehende Apparate. |
| P355GH | | 1.0473 | 0,10…0,22 | 510 … 650 | 280 … 355 | 20 | |
| 16Mo3 | | 1.5415 | 0,12…0,20 | 440 … 590 | 210 … 275 | 22 | |

[1] Die höheren Eigenschaftswerte gelten für dünnere Flacherzeugnisse ($s \leq 100$ mm).

### Oberflächenart und Oberflächenausführung für Band und Blech

| | Benennung | Kennzeichen DIN EN 10130 | Kennzeichen DIN 1623-02 | Merkmale der Oberfläche |
|---|---|---|---|---|
| Oberflächenart | übliche kaltgewalzte Oberfläche | A | 03 | Oberflächenfehler, die die Kaltumformung und das Aufbringen von Überzügen und Beschichtungen nicht beeinträchtigen, sind zulässig. |
| | beste Oberfläche | B | 05 | Die bessere Blechseite muss so gut wie fehlerfrei sein. |
| Oberflächenausführung | besonders glatt | b | b | Gleichmäßig blank (glatt) $R_\mathrm{a} \leq 0{,}4$ µm |
| | glatt | g | g | Gleichmäßig blank (glatt) $R_\mathrm{a} \leq 0{,}9$ µm |
| | matt | m | m | Gleichmäßig matt $R_\mathrm{a} > 0{,}6 \leq 1{,}9$ µm |
| | rau | r | r | Aufgeraut. $R_\mathrm{a} > 1{,}6$ µm |

**Bezeichnungsbeispiel:** Blech – EN 10130 – DC 04 B m – $50 \times 1500 \times 4000$; Blech nach DIN EN 10130, aus Werkstoff DC 04, beste Oberfläche, matt, Dicke 50 mm, Zuschnitt 1500 mm $\times$ 4000 mm

# Stahlbleche

## Korrosionsgeschütztes Band und Blech

**Kontinuierlich schmelztauchveredeltes Band und Blech aus weichen Stählen zum Kaltumformen, korrosionsgeschützt** (Auswahl)     vgl. DIN EN 10327 (2004-09) und DIN EN 10346 (2009-07)

| Kurzname | Werkstoffnummer | Symbole für die möglichen Schmelztauchüberzüge | Streckgrenze $R_{eH}$ bzw. $R_{p0,2}$ in N/mm² | Zugfestigkeit $R_m$ in N/mm² | Bruchdehnung $A$ in % |
|---|---|---|---|---|---|
| DX51D | 1.0226 | +Z, +ZF, +ZA, +AZ, +AS | – | 270 … 500 | 22 |
| DX53D | 1.0355 | +Z, +ZF, +ZA, +AZ, +AS | 140 … 260 | 270 … 380 | 30 |
| DX55D | 1.0309 | +AS | 140 … 240 | 270 … 370 | 30 |
| DX57D | 1.0853 | +Z, +ZA, +ZF, +AS | 120 … 170 | 260 … 350 | 39 |

**Dicken** des Bands und Blechs einschließlich Schmelztauchschicht: 0,35 mm bis 3,0 mm; Breiten und Längen wählbar.
**Arten des Überzugs: Z** Zink, **ZF** Zink-Eisen, **ZA** Zink-Aluminium, **AZ** Aluminium-Zink, **AS** Aluminium-Silicium.
**Dicke des Überzugs:** Auflagemassen bei +Z: von 100 g/m² bis 600 g/m², ansonsten weniger. Eine Auflagemasse von 100 g/m² beidseitig entspicht bei +Z, +ZF und +ZA einer beidseitigen Schichtdicke von 5 µm bis 12 µm; bei +AZ von 9 mm bis 19 mm; bei +AS von 6 mm bis 13 mm. Andere Auflagemassen durch Dreisatz in Schichtdicken umzurechnen.
**Aussehen des Überzugs: bei +Z:** Übliche Nickelblume (N), kleine Nickelblume (M); **bei +ZF:** mattgrau; **bei +ZA:** metallisch glänzend; **bei + AZ:** übliche Blume; **bei + AS:** übliche Blume.
**Oberflächenart: A** Übliche Oberfläche; **B** Verbesserte Oberfläche; **C** Beste Oberfläche
**Oberflächenbehandlung: C** Chemisch passiviert; **O** Geölt; **CO** Chemisch passiviert und geölt;     **S** Versiegelt; **P** Phosphatiert; **PO** Phosphatiert und geölt.
**Bestellbeispiel: 5 Bleche EN 10143 – 0,40 × 1000 × 2200 Stahl EN 10327 – DX53D+Z275-N-B-C**
5 Bleche, Grenzabmaße nach EN 10143, Bleckdicke 0,40 mm, Breite 1000 mm, Länge 2200 mm, aus Stahl DX53D, Zinkschicht, Auflagenmasse 275 g/mm². Übliche Zinkblume (N), Verbesserte Oberfläche (B), chemisch passiviert (C).

## Elektrolytisch verzinkte Bleche aus weichen Stählen zum Kaltumformen (Auswahl)     vgl. DIN EN 10152 (2009-07)

| Kurzname | Werkstoffnummer | Symbole für die möglichen Schmelztauchüberzüge | Streckgrenze $R_{eH}$ bzw. $R_{p0,2}$ in N/mm² | Zugfestigkeit $R_m$ in N/mm² | Bruchdehnung $A$ in % |
|---|---|---|---|---|---|
| DC01 | 1.0330 | +ZE | 140 … 280 | 270 … 410 | 28 |
| DC03 | 1.0347 | +ZE | 140 … 240 | 270 … 370 | 34 |
| DC06 | 1.0873 | +ZE | 120 … 190 | 270 … 350 | 37 |

Die Zinkauflage kann ein-oder zweiseitig sein. Angabe in µm. **Beispiel: +ZE 75/25**

## Kontinuierlich schmelztauchveredeltes Band und Blech aus Baustählen, korrosionsgeschützt (Auswahl)     vgl. DIN EN 10326 (2004-09) und DIN EN 10346 (2009-07)

| Kurzname | Werkstoffnummer | Symbole | Streckgrenze | Zugfestigkeit | Bruchdehnung |
|---|---|---|---|---|---|
| S220GD | 1.0241 | +Z, +ZF, +ZA, +AZ | 220 | 300 | 20 |
| S280GD | 1.0244 | +Z, +ZF, +ZA, +AZ, +AS | 280 | 360 | 18 |
| S550GD | 1.0531 | +Z, +ZF, +ZA, +AZ | 550 | 560 | – |

## Blech und Band aus korrosionsbeständigen Stählen (nichtrostenden Stählen) für allgemeine Verwendung (Auswahl)     vgl. DIN EN 10088-2 (2005-09)

| Kurzname | Stahlsorte[1] (austenitische Stähle) Werkstoffnummer | 0,2%-Dehngrenze $R_{p0,2}$ N/mm² | 1,0%-Dehngrenze $R_{p1,0}$ N/mm² | Zugfestigkeit $R_m$ N/mm² | Bruchdehnung $A$ % | Beständigkeit gegen interkristalline Korrosion[2] |
|---|---|---|---|---|---|---|
| X5CrNi18-10 | 1.4301 | 250 | 280 | 600 … 950 | 40 | nein |
| X5CrNiMo17-12-2 | 1.4401 | 240 | 270 | 550 … 680 | 40 | nein |
| X6CrNiMoTi17-12-2 | 1.4571 | 240 | 270 | 540 … 690 | 40 | ja |
| X1CrNiMoCuN25-20-7 | 1.4539 | 240 | 270 | 530 … 730 | 35 | ja |

[1] Die mechanischen Eigenschaften gelten für kaltgewalztes Band in lösungsgeglühtem Zustand.
[2] Die Beständigkeit gilt für den sensibilisierten Zustand, d.h. in Kontakt in Chloriden (Cl-).
Es gibt Bleche in verschiedenen Oberflächenbeschaffenheiten: Warmgewalzt (z.B. Zunderfrei 1D), Kaltgewalzt (z.B. Blank 2H) und in Sonderausführungen (z.B. Geschliffen 1G, Blankpoliert 2P, usw.; siehe Farbtafel S. 176)
**Bestellbeispiel: 10 Bleche – 2 × 2000 × 5000 – Stahl EN 10088-2 – X5CrNi18-10+1G**
Bedeutung: Menge, Erzeugnisform – Nennmaße in mm — Stahl-Norm – Kurzname oder Werkstoffnummer + Oberflächenart.

# Stahlbleche

## Oberflächen von Blechen aus nichtrostendem Stahl  vgl. DIN EN 10 088-4 (2010-01)

| | |
|---|---|
| 2 G: Feinschleifen. Der gleichmäßig gerichtete Schliff vermindert die Reflex-Wirkung. Korngröße des Schleifbandes 240. Überwiegender Einsatz in Innenbereichen. | 2 K: Feinschleifen. Glatte reflektierende Oberfläche. Rauheit $R_{a\,max}$ 0,5 µm. Aufgrund der schmutzabweisenden Oberfläche häufiger Einsatz in Außenbereichen. |
| 2 P: Hochglanzpolieren. Durch Polieren mit weichen Textilien und speziellen Polituren wird eine spiegelartige hochglänzende Oberfläche erzeugt. | Strahlen. Mit diesem Verfahren wird eine gleichmäßige richtungslose matte Oberfläche erzeugt. Im Bild: glasperlen-gestrahlte Oberfläche. |
| 2 M: Einseitig mustergewalzte (dessinierte) Oberfläche. Häufiger Einsatz in der Innenarchitektur. | 2 W: Beidseitig mustergewalzte Oberfläche. Diese Bleche zeichnen sich durch höhere Steifigkeit und stärkere Reliefbildung aus. |
| 2 L: Elektrolytisch rot eingefärbte Oberfläche. | 2 L: Elektrolytisch türkisfarben eingefärbte Oberfläche. |
| Mustergewalzte und elektrolytisch grün eingefärbte Oberfläche. | Mustergewalzte und elektrolytisch goldfarben eingefärbte Oberfläche. |
| Durch Strahlen mit z.B. Edelstahlgranulat, Keramik- oder Glasperlen und Aluminiumoxid aufgebrachtes Streifenmuster. | Geätzte Oberfläche. Die geätzten Bereiche weisen eine leicht raue Oberfläche auf. |
| Elektrolytisch blau gefärbte und anschließend geätzte Oberfläche. | Die geätzten Flächenelemente wurden anschließend rot lackiert. |

# Warmgewalzte Stahlprofile

## Übersicht

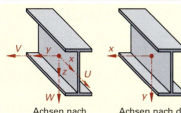

Achsen nach DIN 18 800
Achsen nach den einzelnen Profilnormen

**Hinweis:**
Die Achskoordianten für die Biegeachsen der einzelnen Profilnormen entsprechen nicht den Achsbezeichnungen der Stahlbaunorm DIN EN 1993-1-8.

Die Wurzelmaße und die Bohrungsdurchmesser nach DIN 997, die bei den einzelnen Profilnormen Anwendung finden, entsprechen ebenfalls nicht immer dem Regelwerk für Randabstände und Anforderungen der Stahlbaunorm DIN EN 1993-1-8.

Die Achsen und Maße in diesem Tabellenbuch entsprechen der jeweiligen Normung der einzelnen Profile.

| Querschnitt | Bezeichnung | Norm, Seite | Querschnitt | Bezeichnung | Norm, Seite |
|---|---|---|---|---|---|
| | Rundstahl | DIN EN 10060 S. 178 | | Z-Stahl | DIN 1027 S. 187 |
| | Vierkantstahl | DIN EN 10059 S. 178 | | Gleichschenkliger Winkelstahl | DIN EN 10 056-1 S. 183 |
| | Flachstahl | DIN EN 10058 S. 178 | | Ungleichschenkliger Winkelstahl | DIN EN 10 056-1 S. 182 |
| | Breitflachstahl | DIN 59 200 S. 179 | | Gleichschenkliger scharfkantiger Winkelstahl | DIN 1022 S. 181 |
| | U-Stahl mit geneigten Flanschflächen | DIN 1026-1 S. 180 | | Schmaler I-Träger I-Reihe | DIN 1025-1 S. 184 |
| | U-Stahl mit parallelen Flanschflächen | DIN 1026-2 S. 179 | | Mittelbreiter I-Träger IPE-Reihe | DIN 1025-5 S. 184, 185 |
| | Sechskantstahl | DIN EN 10061 S. 180 | | Breiter-Träger IPB-Reihe = HE-B | DIN 1025-2 S. 185 |
| | Gleichschenkliger T-Stahl | DIN 59 051 S. 181 | | Breiter-Träger IPBl-Reihe = HE-A IPBll-Reihe = He-AA | DIN 1025-3 S. 186 |
| | Gleichschenkliger scharfkantiger T-Stahl | DIN 59 051 S. 181 | | Breiter-Träger IPBv-Reihe = HE-M | DIN 1025-4 S. 187 |
| | Quadratische und rechteckige Hohlprofile | DIN EN 10 210-2 S. 191 DIN EN 10 219-2 S. 192 | | Runde Hohlprofile | DIN EN 10 210-2 S. 190 DIN EN 10 219-2 S. 189 |
| | Hohlprofile aus nichtrostenden Stählen | nicht genormt S. 193 | | Rohre aus nichtrostenden Stählen | DIN EN ISO 1127 S. 190 |

## Warmgewalzte Stahlprofile

### Warmgewalzter Rund-und Vierkantstahl

vgl. DIN EN 10060 (2004-02), DIN EN 10059 (2004-02)

| Maße d, a mm | m' in kg/m (rund) | m' in kg/m (vierkant) | Maße d, a mm | m' in kg/m (rund) | m' in kg/m (vierkant) | Maß d, a mm | m' in kg/m (rund) | m' in kg/m (vierkant) |
|---|---|---|---|---|---|---|---|---|
| 8  | 0,395 | 0,502 | 28 | 4,83 | 6,15 | 50  | 15,4 | 19,6 |
| 10 | 0,617 | 0,785 | 30 | 5,55 | 7,07 | 52  | 16,7 | –    |
| 12 | 0,888 | 1,13  | 31 | 5,92 | –    | 55  | 18,7 | 23,7 |
| 14 | 1,21  | 1,54  | 32 | 6,31 | 8,4  | 60  | 22,2 | 28,3 |
| 16 | 1,58  | 2,01  | 35 | 7,55 | 9,62 | 65  | 26,0 | 33,2 |
| 18 | 2,00  | 2,54  | 37 | 8,44 | –    | 70  | 30,2 | 38,5 |
| 20 | 2,47  | 3,14  | 38 | 8,90 | –    | 75  | 34,7 | –    |
| 22 | 2,98  | 3,80  | 40 | 9,86 | 12,6 | 80  | 39,5 | 50,2 |
| 24 | 3,55  | 4,52  | 42 | 10,9 | –    | 90  | 49,9 | 63,6 |
| 25 | 3,85  | 4,91  | 44 | 11,9 | –    | 100 | 61,7 | 78,5 |
| 27 | 4,49  | –     | 45 | 12,5 | 15,9 | 110 | 74,6 | 95,0 |

**Werkstoff:** Unlegierter Baustahl nach DIN EN 10 025
**Bezeichnung** eines warmgewalzten Rundstahles mit dem Durchmesser d = 20 mm aus S235JR:
**Rd 20 DIN EN 10060 - S235JR**

### Warmgewalzter Flachstahl

vgl. DIN EN 10058 (2004-02)

| Breite b in mm | \multicolumn{10}{c}{Längenbezogene Masse m in kg/m — Dicke s in mm} |
|---|---|---|---|---|---|---|---|---|---|---|
| | 5 | 6 | 8 | 10 | 12 | 14 | 16 | 18 | 20 | 22 | 25 | 30 |

| Breite b in mm | 5 | 6 | 8 | 10 | 12 | 14 | 16 | 18 | 20 | 22 | 25 | 30 |
|---|---|---|---|---|---|---|---|---|---|---|---|---|
| 10  | 0,393 | –    | –    | –    | –    | –    | –    | –    | –    | –    | –    | –    |
| 11  | 0,432 | 0,518 | –   | –    | –    | –    | –    | –    | –    | –    | –    | –    |
| 12  | 0,471 | 0,565 | –   | –    | –    | –    | –    | –    | –    | –    | –    | –    |
| 13  | 0,510 | 0,612 | 0,816 | –  | –    | –    | –    | –    | –    | –    | –    | –    |
| 14  | 0,550 | 0,659 | 0,879 | –  | –    | –    | –    | –    | –    | –    | –    | –    |
| 15  | 0,589 | 0,707 | 0,942 | 1,18 | –  | –    | –    | –    | –    | –    | –    | –    |
| 16  | 0,628 | 0,754 | 1,00 | 1,26 | –   | –    | –    | –    | –    | –    | –    | –    |
| 17  | 0,667 | 0,801 | 1,07 | –    | –   | –    | –    | –    | –    | –    | –    | –    |
| 18  | 0,707 | 0,848 | 1,13 | 1,41 | –   | –    | –    | –    | –    | –    | –    | –    |
| 20  | 0,785 | 0,942 | 1,26 | 1,57 | 1,88 | –   | –    | –    | –    | –    | –    | –    |
| 22  | 0,864 | 1,04  | 1,38 | 1,73 | 2,07 | 2,42 | –   | –    | –    | –    | –    | –    |
| 25  | 0,981 | 1,18  | 1,57 | 1,96 | 2,36 | 2,75 | 3,14 | –   | –    | –    | –    | –    |
| 26  | 1,02  | 1,22  | 1,63 | 2,04 | 2,45 | 2,86 | 3,27 | 3,67 | 4,08 | –   | –    | –    |
| 28  | 1,10  | 1,32  | 1,76 | 2,20 | 2,64 | 3,08 | 3,52 | 3,96 | –   | –    | –    | –    |
| 30  | 1,18  | 1,41  | 1,88 | 2,36 | 2,83 | 3,30 | 3,77 | 4,24 | 4,71 | 5,18 | 5,89 | –   |
| 32  | 1,26  | 1,51  | 2,01 | 2,51 | 3,01 | 3,52 | 4,02 | –    | 5,02 | 5,53 | 6,28 | –   |
| 35  | 1,37  | 1,65  | 2,20 | 2,75 | 3,30 | 3,85 | 4,40 | 4,95 | 5,50 | 6,04 | 6,87 | –   |
| 38  | 1,49  | 1,79  | 2,39 | 2,98 | 3,58 | 4,18 | 4,77 | –    | 5,97 | 6,56 | 7,46 | –   |
| 40  | 1,57  | 1,88  | 2,51 | 3,14 | 3,77 | 4,40 | 5,02 | 5,65 | 6,28 | 6,91 | 7,85 | 9,42 |
| 45  | 1,77  | 2,12  | 2,83 | 3,53 | 4,24 | 4,95 | 5,65 | –    | 7,07 | 7,77 | 8,83 | 10,6 |
| 50  | 1,96  | 2,36  | 3,14 | 3,93 | 4,71 | 5,10 | 6,28 | 7,07 | 7,85 | 8,64 | 9,81 | 11,8 |
| 55  | 2,16  | 2,59  | 3,45 | 4,32 | 5,18 | 6,04 | 6,91 | 7,77 | 8,64 | 9,50 | 10,8 | 13,0 |
| 60  | 2,36  | 2,83  | 3,77 | 4,71 | 5,65 | –    | 7,54 | 8,48 | 9,42 | 10,4 | 11,8 | 14,1 |
| 65  | 2,55  | 3,06  | 4,08 | 5,10 | 6,12 | –    | 8,16 | –    | 10,2 | 11,2 | 12,8 | 15,3 |
| 70  | 2,75  | 3,30  | 4,40 | 5,50 | 6,59 | –    | 8,79 | 9,89 | 11,0 | 12,1 | 13,7 | 16,5 |
| 75  | 2,94  | 3,53  | 4,71 | 5,89 | 7,07 | –    | 9,42 | –    | 11,8 | –    | 14,7 | 17,7 |
| 80  | 3,14  | 3,77  | 5,02 | 6,28 | 7,54 | –    | 10,0 | –    | 12,6 | –    | 15,7 | 18,8 |
| 90  | 3,53  | 4,24  | 5,65 | 7,07 | 8,48 | –    | 11,3 | 12,7 | 14,1 | –    | 17,7 | 21,2 |
| 100 | 3,93  | 4,71  | 6,28 | 7,85 | 9,42 | 11,0 | 12,6 | –    | 15,7 | –    | 19,6 | 23,6 |
| 110 | –     | –     | 6,91 | 8,64 | 10,4 | 12,1 | 13,8 | –    | 17,3 | –    | 21,6 | 25,9 |
| 120 | –     | –     | 7,54 | 9,42 | 11,3 | –    | 15,1 | –    | 18,8 | –    | 23,6 | 28,3 |
| 130 | –     | –     | 8,16 | 10,2 | 12,2 | 14,3 | 16,3 | –    | 20,4 | –    | 25,5 | 30,6 |
| 140 | –     | –     | 8,79 | 11,0 | 13,2 | –    | 17,6 | –    | 22,0 | –    | 27,5 | 33,0 |
| 150 | –     | –     | 9,42 | 11,8 | 14,1 | 16,5 | 18,8 | –    | 23,6 | –    | 29,4 | 35,3 |

**Werkstoff:** Stahlsorten nach DIN EN 10 025, DIN EN 10 083, DIN EN 10 084 und DIN EN 10 087
**Bezeichnung** eines warmgewalzten Flachstahles der Breite 40 mm und der Dicke 12 mm aus S235JR:
**Fl DIN EN 10058 – 40 × 12 – S235JR**

# Warmgewalzte Stahlprofile

## Warmgewalzter Breitflachstahl

vgl. DIN 59 200 (2001-05)

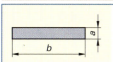

**Werkstoff:** Stahlsorten nach DIN EN 10 025, DIN EN 10 028-1, -2, -3, DIN EN 10 083-1, -2, DIN EN 10 084, DIN EN 10 113-1, -2, -3
**Lieferart:** Tafeln oder Stäbe, Herstelllängen 2 m bis 12 m
**Bezeichnung** eines Breitflachstahles DIN 59 200 aus C35, Nenndicke 10 mm, Klasse A für die Grenzabmaße der Dicke: **Breitflachstahl DIN 59 200-C35-10A**

| Nennbreite $b$ in mm | Längenbezogene Masse $m'$ in kg/m | | | | | | | | | | |
|---|---|---|---|---|---|---|---|---|---|---|---|
| | Dicke $a$ in mm | | | | | | | | | | |
| | 5 | 6 | 8 | 10 | 12 | 15 | 20 | 25 | 30 | 40 | 50 | 60 | 80 |
| 160 | 6,28 | 7,54 | 10,0 | 12,6 | 15,1 | 18,8 | 25,1 | 31,4 | 37,7 | 50,2 | 62,8 | 75,4 | 100 |
| 180 | 7,07 | 8,48 | 11,3 | 14,1 | 17,0 | 21,2 | 28,3 | 35,3 | 42,4 | 56,5 | 70,7 | 84,8 | 113 |
| 200 | 7,85 | 9,42 | 12,6 | 15,7 | 18,8 | 23,6 | 31,4 | 39,3 | 47,1 | 62,8 | 78,5 | 94,2 | 126 |
| 220 | 8,64 | 10,4 | 13,8 | 17,3 | 20,7 | 25,9 | 34,5 | 43,2 | 51,8 | 69,1 | 86,4 | 104 | 138 |
| 240 | 9,42 | 11,3 | 15,1 | 18,8 | 22,6 | 28,3 | 37,7 | 47,1 | 56,5 | 75,4 | 94,2 | 113 | 151 |
| 250 | 9,81 | 11,8 | 15,7 | 19,6 | 23,6 | 29,4 | 39,3 | 49,1 | 58,9 | 78,5 | 98,1 | 118 | 157 |
| 260 | 10,2 | 12,2 | 16,3 | 20,4 | 24,4 | 30,6 | 40,8 | 51,0 | 62,2 | 81,6 | 102 | 122 | 163 |
| 280 | 11,0 | 13,2 | 17,6 | 22,0 | 26,4 | 33,0 | 44,0 | 54,9 | 65,9 | 87,9 | 110 | 132 | 176 |
| 300 | 11,8 | 14,1 | 18,8 | 23,6 | 28,3 | 35,3 | 47,1 | 58,9 | 70,7 | 94,2 | 118 | 141 | 188 |
| 320 | 12,6 | 15,1 | 20,1 | 25,1 | 30,1 | 37,7 | 50,2 | 62,8 | 75,4 | 100 | 126 | 151 | 201 |
| 340 | 13,3 | 16,0 | 21,4 | 26,7 | 32,0 | 40,0 | 53,4 | 66,7 | 80,1 | 107 | 133 | 160 | 214 |
| 350 | 13,7 | 16,5 | 22,0 | 27,5 | 33,0 | 41,2 | 55,0 | 68,7 | 82,4 | 110 | 137 | 165 | 220 |
| 400 | 15,7 | 18,8 | 25,1 | 31,4 | 37,7 | 47,1 | 62,8 | 78,5 | 94,2 | 126 | 157 | 188 | 251 |
| 450 | 17,7 | 21,2 | 28,3 | 35,3 | 42,4 | 53,0 | 70,7 | 88,3 | 106 | 141 | 177 | 212 | 282 |
| 500 | 19,6 | 23,6 | 31,4 | 39,3 | 47,1 | 58,9 | 78,5 | 98,1 | 118 | 157 | 196 | 236 | 314 |
| 550 | 21,6 | 25,9 | 34,5 | 43,2 | 51,8 | 64,8 | 86,4 | 108 | 130 | 173 | 216 | 259 | 345 |
| 600 | 23,6 | 28,3 | 37,7 | 47,1 | 56,5 | 70,7 | 94,2 | 118 | 141 | 188 | 236 | 283 | 377 |

Weitere Nennbreiten sind $b$ = 360 – 380 – 650 – 700 – 750 – 800 – 900 – 1000 – 1100 – 1200 m. Alle anderen Breiten im Bereich 150 mm < $b$ ≤ 1250 mm sind auch lieferbar.

## U-Stahl, warmgewalzt mit parallelen Flanschflächen

vgl. DIN 1026-2 (2002-10)

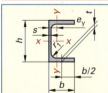

$S$ Querschnittsfläche
$m'$ längenbezogene Masse
$U$ Mantelfläche
$e_y$ Abstand der y-Achse
$I$ Flächenmoment 2. Grades
$W$ axiales Widerstandsmoment

**Werkstoff:**
Stahl für den Stahlbau nach DIN EN 10 025 z.B. S235JR
**Lieferart:** Herstelllängen 3 m bis 15 m
**Bezeichnung** eines warmgewalzten U-Profilstahls mit parallelen Flanschflächen (UPE) mit einer Höhe $h$ = 300 mm, aus S235JR:
**U-Profil DIN 1026-2 – UPE 300 – S235JR**

| Kurzzeichen UPE | Abmessungen in mm in mm | | | | | $S$ cm² | $m'$ kg/m | $U$ m²/m | $e_y$ cm | Für die Biegeachse | | | |
|---|---|---|---|---|---|---|---|---|---|---|---|---|---|
| | | | | | | | | | | x – x | | y – y | |
| | $h$ | $b$ | $s$ | $t$ | $r_1$ | | | | | $I_x$ cm⁴ | $W_x$ cm³ | $I_y$ cm⁴ | $W_y$ cm³ |
| 80 | 80 | 50 | 4,0 | 7,0 | 10 | 10,1 | 7,90 | 0,343 | 1,82 | 107 | 26,8 | 25,5 | 8,0 |
| 100 | 100 | 55 | 4,5 | 7,5 | 10 | 12,5 | 9,82 | 0,402 | 1,91 | 207 | 41,4 | 38,3 | 10,6 |
| 120 | 120 | 60 | 5,0 | 8,0 | 12 | 15,4 | 12,1 | 0,460 | 1,98 | 364 | 60,6 | 55,5 | 13,8 |
| 140 | 140 | 65 | 5,0 | 9,0 | 12 | 18,4 | 14,5 | 0,520 | 2,17 | 600 | 85,6 | 78,8 | 18,2 |
| 160 | 160 | 70 | 5,5 | 9,5 | 12 | 21,7 | 17,0 | 0,579 | 2,27 | 911 | 114 | 107 | 22,6 |
| 180 | 180 | 75 | 5,5 | 10,5 | 12 | 25,1 | 19,7 | 0,639 | 2,47 | 1350 | 150 | 144 | 28,6 |
| 200 | 200 | 80 | 6,0 | 11,0 | 13 | 29,0 | 22,8 | 0,697 | 2,56 | 1910 | 191 | 187 | 34,5 |
| 220 | 220 | 85 | 6,5 | 12,0 | 13 | 33,9 | 26,6 | 0,756 | 2,70 | 2680 | 244 | 247 | 42,5 |
| 240 | 240 | 90 | 7,0 | 12,5 | 15 | 38,5 | 30,2 | 0,813 | 2,79 | 3600 | 300 | 311 | 50,1 |
| 270 | 270 | 95 | 7,5 | 13,5 | 15 | 44,8 | 35,2 | 0,892 | 2,89 | 5250 | 389 | 401 | 60,7 |
| 300 | 300 | 100 | 9,5 | 15,0 | 15 | 56,6 | 44,4 | 0,968 | 2,89 | 7820 | 522 | 538 | 75,6 |
| 330 | 330 | 105 | 11,0 | 16,0 | 18 | 67,8 | 53,2 | 1,043 | 2,90 | 11010 | 667 | 682 | 89,7 |
| 360 | 360 | 110 | 12,0 | 17,0 | 18 | 77,9 | 61,2 | 1,121 | 2,97 | 14830 | 824 | 844 | 105 |
| 400 | 400 | 115 | 13,5 | 18,0 | 18 | 91,4 | 62,2 | 1,218 | 2,98 | 20980 | 1050 | 1050 | 123 |

## Warmgewalzte Stahlprofile

**U-Stahl,** warmgewalzt mit geneigten Flanschflächen  vgl. DIN 1026-1 (2009-09)

$r_1 = t$  
$r_2 = \dfrac{t}{2}$  
$c = \dfrac{b}{2}$

$S$ Querschnittsfläche  
$I$ Flächenmoment 2. Grades  
$W$ axiales Widerstandsmoment  
$m'$ längenbezogene Masse  

Anreißmaße nach DIN 997 (1970-10)

**Bezeichnung** für U-Stahl mit 100 mm Höhe aus S235JR nach DIN EN 10025:  
**U-Profil DIN 1026-1 – S235JR – U 100**

| Kurz-zei-chen U | Abmessungen in mm ||||| $S$ cm² | $m'$ kg/m | Abstand der y-Achse $e_y$ cm | Für die Biegeachse ||||| Anreißmaße in mm ||
|---|---|---|---|---|---|---|---|---|---|---|---|---|---|---|
| | | | | | | | | | x – x || y – y || | |
| | $h$ | $b$ | $s$ | $t$ | $h_1$ | | | | $I_x$ cm⁴ | $W_x$ cm³ | $I_y$ cm⁴ | $W_y$ cm³ | $w_1$ | $d_1$ max. |
| 30×15 | 30 | 15 | 4 | 4,5 | 12 | 2,21 | 1,74 | 0,52 | 2,53 | 1,69 | 0,38 | 0,39 | 10 | 4,3 |
| 30 | 30 | 33 | 5 | 7 | 1 | 5,44 | 4,27 | 1,31 | 6,39 | 4,26 | 5,33 | 2,68 | 20 | 8,4 |
| 40×20 | 40 | 20 | 5 | 5,5 | 18 | 3,66 | 2,87 | 0,67 | 7,58 | 3,97 | 1,14 | 0,86 | 11 | 6,4 |
| 40 | 40 | 35 | 5 | 7 | 11 | 6,21 | 4,87 | 1,33 | 14,1 | 7,05 | 6,68 | 3,08 | 20 | 8,4 |
| 50×25 | 50 | 25 | 5 | 6 | 25 | 4,92 | 3,86 | 0,81 | 16,8 | 6,73 | 2,49 | 1,48 | 16 | 8,4 |
| 50 | 50 | 38 | 5 | 7 | 20 | 7,12 | 5,59 | 1,37 | 26,4 | 10,6 | 9,12 | 3,75 | 20 | 11 |
| 60 | 60 | 30 | 6 | 6 | 35 | 6,46 | 5,07 | 0,91 | 31,6 | 10,5 | 4,51 | 2,16 | 18 | 8,4 |
| 65 | 65 | 42 | 5,5 | 7,5 | 33 | 9,03 | 7,09 | 1,42 | 57,5 | 17,7 | 14,1 | 5,07 | 25 | 11 |
| 80 | 80 | 45 | 6 | 8 | 46 | 11,0 | 8,64 | 1,45 | 106 | 26,5 | 19,4 | 6,36 | 25 | 13 |
| 100 | 100 | 50 | 6 | 8,5 | 64 | 13,5 | 10,6 | 1,55 | 206 | 41,2 | 29,3 | 8,49 | 30 | 15 |
| 120 | 120 | 55 | 7 | 9 | 82 | 17,0 | 13,4 | 1,60 | 364 | 60,7 | 43,2 | 11,1 | 30 | 17 |
| 140 | 140 | 60 | 7 | 10 | 97 | 20,4 | 16,0 | 1,75 | 605 | 86,4 | 62,7 | 14,8 | 35 | 17 |
| 160 | 160 | 65 | 7,5 | 10,5 | 115 | 24,0 | 18,8 | 1,84 | 925 | 116 | 85,3 | 18,3 | 35 | 21 |
| 180 | 180 | 70 | 8 | 11 | 133 | 28,0 | 22,0 | 1,92 | 1350 | 150 | 114 | 22,4 | 40 | 21 |
| 200 | 200 | 75 | 8,5 | 11,5 | 151 | 32,2 | 25,3 | 2,01 | 1910 | 191 | 148 | 27,0 | 40 | 23 |
| 220 | 220 | 80 | 9 | 12 | 168 | 37,4 | 29,4 | 2,14 | 2690 | 245 | 197 | 33,6 | 45 | 23 |
| 240 | 240 | 85 | 9,5 | 13 | 184 | 42,3 | 33,2 | 2,23 | 3600 | 300 | 248 | 39,6 | 45 | 25 |
| 260 | 260 | 90 | 10 | 14 | 200 | 48,3 | 37,9 | 2,36 | 4820 | 371 | 317 | 47,7 | 50 | 25 |
| 280 | 280 | 95 | 10 | 15 | 216 | 53,3 | 41,8 | 2,53 | 6280 | 448 | 399 | 57,2 | 50 | 25 |
| 300 | 300 | 100 | 10 | 16 | 232 | 58,8 | 46,2 | 2,70 | 8030 | 535 | 495 | 67,8 | 55 | 28 |
| 320 | 320 | 100 | 14 | 17,5 | 246 | 75,8 | 59,5 | 2,60 | 10870 | 697 | 597 | 80,6 | 58 | 28 |
| 350 | 350 | 100 | 14 | 17,5 | 276 | 77,3 | 60,6 | 2,40 | 12840 | 734 | 570 | 75,0 | 58 | 28 |
| 380 | 380 | 102 | 13,5 | 16 | 312 | 80,4 | 63,1 | 2,38 | 15760 | 829 | 615 | 78,7 | 60 | 28 |
| 400 | 400 | 110 | 14 | 18 | 324 | 91,5 | 71,8 | 2,65 | 20350 | 1020 | 846 | 102 | 60 | 28 |

**Sechskantstahl,** warmgewalzt  vgl. DIN EN 10061 (2004-02)

**Werkstoff:** Stahlsorten nach DIN EN 10025, DIN EN 10083-1, -2, DIN EN 10087  
**Bezeichnung** eines warmgewalzten Sechskantstabes, Schlüsselweite s = 18 mm, Festlänge $M$ = 3000 mm, aus S235 JR:  
**Sechskantstab DIN EN 10061 – 18 × 3000 DIN EN 10025 – S235JR**

| Nennmaß (Schlüsselweite) $s$ in mm | Querschnitts-fläche $S$ in cm² | längenbezogene Masse $m'$ in kg/m | Nennmaß (Schlüsselweite) $s$ in mm | Querschnitts-fläche $S$ in cm² | längenbezogene Masse $m'$ in kg/m |
|---|---|---|---|---|---|
| 15   ± 0,4 | 1,95 | 1,53 | 31,5 ± 0,6 | 8,59 | 6,75 |
| 18   ± 0,5 | 2,81 | 2,20 | 33,5 ± 0,6 | 9,72 | 7,63 |
| 20,5 ± 0,5 | 3,64 | 2,86 | 37,5 ± 0,8 | 12,2 | 9,56 |
| 22,5 ± 0,5 | 4,38 | 3,44 | 42,5 ± 0,8 | 15,6 | 12,3 |
| 23,5 ± 0,5 | 4,78 | 3,75 | 47,5 ± 0,8 | 19,5 | 15,3 |
| 25,5 ± 0,6 | 5,63 | 4,42 | 52    ± 1,0 | 23,4 | 18,4 |
| 28,5 ± 0,6 | 7,03 | 5,52 | 57    ± 1,0 | 28,1 | 22,1 |

## Warmgewalzte Stahlprofile 181

### T-Stahl   vgl. DIN EN 10 055 (1995-12)

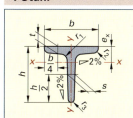

$r_1 = s$
$r_2 = \dfrac{s}{2}$
$c = \dfrac{s}{4}$

S   Querschnittsfläche
$I$   Flächenmoment 2. Grades
W   axiales Widerstandsmoment
$m'$   längenbezogene Masse

**Bezeichnung** für T-Stahl mit 50 mm Höhe aus S235JR nach DIN EN 10025:
**T-Profil DIN EN 10 055 – T50 – S235JR**

Anreißmaße nach DIN 997 (1970-10)

| Kurz-zeichen | Abmessungen in mm | | S | $m'$ | Abstand der x-Achse | Für die Biegeachse | | | | Anreißmaße in mm | | |
|---|---|---|---|---|---|---|---|---|---|---|---|---|
| | | | | | | x – x | | y – y | | | | |
| T | $b = h$ | $s = t$ | $cm^2$ | kg/m | $e_x$ cm | $I_x$ $cm^4$ | $W_x$ $cm^3$ | $I_y$ $cm^4$ | $W_y$ $cm^3$ | $w_1$ | $w_2$ | $d_1$ max. |
| 30 | 30 | 4 | 2,26 | 1,77 | 0,85 | 1,72 | 0,80 | 0,87 | 0,58 | 17 | 17 | 4,3 |
| 35 | 35 | 4,5 | 2,97 | 2,33 | 0,99 | 3,10 | 1,23 | 1,04 | 0,90 | 19 | 19 | 4,3 |
| 40 | 40 | 5 | 3,77 | 2,96 | 1,12 | 5,28 | 1,84 | 2,58 | 1,29 | 21 | 22 | 6,4 |
| 50 | 50 | 6 | 5,66 | 4,44 | 1,39 | 12,1 | 3,36 | 6,06 | 2,42 | 30 | 30 | 6,4 |
| 60 | 60 | 7 | 7,94 | 6,23 | 1,66 | 23,8 | 5,48 | 12,2 | 4,07 | 34 | 35 | 8,4 |
| 70 | 70 | 8 | 10,6 | 8,23 | 1,94 | 44,4 | 8,79 | 22,1 | 6,32 | 38 | 40 | 11 |
| 80 | 80 | 9 | 13,6 | 10,7 | 2,22 | 73,7 | 12,8 | 37,0 | 9,25 | 45 | 45 | 11 |
| 100 | 100 | 11 | 20,9 | 16,4 | 2,74 | 179 | 24,6 | 88,3 | 17,7 | 60 | 60 | 13 |
| 120 | 120 | 13 | 29,6 | 23,2 | 3,28 | 366 | 42,0 | 178 | 29,7 | 70 | 70 | 17 |
| 140 | 140 | 15 | 39,9 | 31,3 | 3,80 | 660 | 64,7 | 330 | 47,2 | 80 | 75 | 21 |

### Gleichschenkliger, scharfkantiger T-Stahl   vgl. DIN 59051 (2004-04)

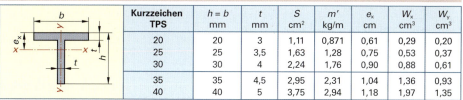

| Kurzzeichen TPS | $h = b$ mm | $t$ mm | S $cm^2$ | $m'$ kg/m | $e_x$ cm | $W_x$ $cm^3$ | $W_y$ $cm^3$ |
|---|---|---|---|---|---|---|---|
| 20 | 20 | 3 | 1,11 | 0,871 | 0,61 | 0,29 | 0,20 |
| 25 | 25 | 3,5 | 1,63 | 1,28 | 0,75 | 0,53 | 0,37 |
| 30 | 30 | 4 | 2,24 | 1,76 | 0,90 | 0,88 | 0,61 |
| 35 | 35 | 4,5 | 2,95 | 2,31 | 1,04 | 1,36 | 0,93 |
| 40 | 40 | 5 | 3,75 | 2,94 | 1,18 | 1,97 | 1,35 |

**Bezeichnung** für gleichschenkligen, scharfkantigen T-Stahl mit 30 mm Höhe aus S275JR nach DIN EN 10 025:
**T-Profil DIN 59 051 – TBS 30 – S275JR**

### Gleichschenkliger, scharfkantiger L-Stahl   vgl. DIN 1022 (2004-04)

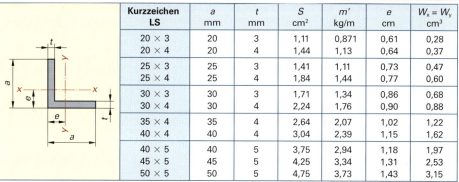

| Kurzzeichen LS | $a$ mm | $t$ mm | S $cm^2$ | $m'$ kg/m | $e$ cm | $W_x = W_y$ $cm^3$ |
|---|---|---|---|---|---|---|
| 20 × 3 | 20 | 3 | 1,11 | 0,871 | 0,61 | 0,28 |
| 20 × 4 | 20 | 4 | 1,44 | 1,13 | 0,64 | 0,37 |
| 25 × 3 | 25 | 3 | 1,41 | 1,11 | 0,73 | 0,47 |
| 25 × 4 | 25 | 4 | 1,84 | 1,44 | 0,77 | 0,60 |
| 30 × 3 | 30 | 3 | 1,71 | 1,34 | 0,86 | 0,68 |
| 30 × 4 | 30 | 4 | 2,24 | 1,76 | 0,90 | 0,88 |
| 35 × 4 | 35 | 4 | 2,64 | 2,07 | 1,02 | 1,22 |
| 40 × 4 | 40 | 4 | 3,04 | 2,39 | 1,15 | 1,62 |
| 40 × 5 | 40 | 5 | 3,75 | 2,94 | 1,18 | 1,97 |
| 45 × 5 | 45 | 5 | 4,25 | 3,34 | 1,31 | 2,53 |
| 50 × 5 | 50 | 5 | 4,75 | 3,73 | 1,43 | 3,15 |

**Bezeichnung** für gleichschenkligen, scharfkantigen Winkelstahl mit 20 mm Schenkelbreite und 4 mm Schenkeldicke aus S275JR nach DIN EN 10 025: **LS-Profil DIN 1022 – LS 20 × 4 – S275JR**

# Warmgewalzte Stahlprofile

## Ungleichschenkliger Winkelstahl

vgl. DIN EN 10056-1 (1998-10)

Anreißmaße nach DIN 997 (1970-10)

S   Querschnittsfläche
I   Flächenmoment 2. Grades
W   axiales Widerstandsmoment
m'  längenbezogene Masse

$r_1 \approx t$
$r_2 \approx \dfrac{t}{2}$

**Bezeichnung** für ungleichschenkligen Winkelstahl mit 65 mm und 50 mm Schenkelbreite und 5 mm Schenkeldicke:
L DIN EN 10 056-1 – 65 × 50 × 5 – S235JR

| Kurz-zeichen L | Abmessungen in mm | | | S cm² | m' kg/m | Abstände der Achsen | | Für die Biegeachse | | | | | Anreißmaße in mm | | | |
|---|---|---|---|---|---|---|---|---|---|---|---|---|---|---|---|---|
| | | | | | | | | x – x | | y – y | | | | | | |
| | a | b | t | | | $e_x$ cm | $e_y$ cm | $I_x$ cm⁴ | $W_x$ cm³ | $I_y$ cm⁴ | $W_y$ cm³ | $w_1$ | $w_2$ | $w_3$ | $d_1$ max. | $d_2$ max. |
| 30× 20× 3 | 30 | 20 | 3 | 1,43 | 1,12 | 0,990 | 0,502 | 1,25 | 0,621 | 0,437 | 0,292 | 17 | – | 12 | 8,4 | 4,3 |
| 30× 20× 4 | 30 | 20 | 4 | 1,86 | 1,46 | 1,03 | 0,541 | 1,59 | 0,807 | 0,553 | 0,379 | 17 | – | 12 | 8,4 | 4,3 |
| 40× 20× 4 | 40 | 20 | 4 | 2,26 | 1,77 | 1,47 | 0,48 | 3,59 | 1,42 | 0,600 | 0,393 | 22 | – | 12 | 11 | 4,3 |
| 40× 25× 4 | 40 | 25 | 4 | 2,46 | 1,93 | 1,36 | 0,623 | 3,89 | 1,47 | 1,16 | 0,619 | 22 | – | 15 | 11 | 6,4 |
| 45× 30× 4 | 45 | 30 | 4 | 2,87 | 2,25 | 1,48 | 0,74 | 5,78 | 1,91 | 2,05 | 0,91 | 25 | – | 17 | 13 | 8,4 |
| 50× 30× 5 | 50 | 30 | 5 | 3,78 | 2,96 | 1,73 | 0,741 | 9,36 | 2,86 | 2,51 | 1,11 | 30 | – | 17 | 13 | 8,4 |
| 60× 30× 5 | 60 | 30 | 5 | 4,28 | 3,36 | 2,17 | 0,684 | 15,6 | 4,07 | 2,63 | 1,14 | 35 | – | 17 | 17 | 8,4 |
| 60× 40× 5 | 60 | 40 | 5 | 4,79 | 3,76 | 1,96 | 0,972 | 17,2 | 4,25 | 6,11 | 2,02 | 35 | – | 22 | 17 | 11 |
| 60× 40× 6 | 60 | 40 | 6 | 5,68 | 4,46 | 2,00 | 1,01 | 20,1 | 5,03 | 7,12 | 2,38 | 35 | – | 22 | 17 | 11 |
| 65× 50× 5 | 65 | 50 | 5 | 5,54 | 4,35 | 1,99 | 1,25 | 23,2 | 5,14 | 11,9 | 3,19 | 35 | – | 30 | 21 | 13 |
| 70× 50× 6 | 70 | 50 | 6 | 6,89 | 5,41 | 2,23 | 1,25 | 33,4 | 7,01 | 14,2 | 3,78 | 40 | – | 30 | 21 | 13 |
| 75× 50× 6 | 75 | 50 | 6 | 7,19 | 5,65 | 2,44 | 1,21 | 40,5 | 8,01 | 14,4 | 3,81 | 40 | – | 30 | 21 | 13 |
| 75× 50× 8 | 75 | 50 | 8 | 9,41 | 7,39 | 2,52 | 1,29 | 52,0 | 10,4 | 18,4 | 4,95 | 40 | – | 30 | 23 | 13 |
| 80× 40× 6 | 80 | 40 | 6 | 6,89 | 5,41 | 2,85 | 0,884 | 44,9 | 8,73 | 7,59 | 2,44 | 45 | – | 22 | 23 | 11 |
| 80× 40× 8 | 80 | 40 | 8 | 9,01 | 7,07 | 2,94 | 0,963 | 57,6 | 11,4 | 9,61 | 3,16 | 45 | – | 22 | 23 | 11 |
| 80× 60× 7 | 80 | 60 | 7 | 9,38 | 7,36 | 2,51 | 1,52 | 59,0 | 10,7 | 28,4 | 6,34 | 45 | – | 35 | 23 | 11 |
| 100× 50× 6 | 100 | 50 | 6 | 8,71 | 6,84 | 3,51 | 1,05 | 89,9 | 13,8 | 15,4 | 3,89 | 55 | – | 30 | 25 | 13 |
| 100× 50× 8 | 100 | 50 | 8 | 11,4 | 8,97 | 3,60 | 1,13 | 116 | 18,2 | 19,7 | 5,08 | 55 | – | 30 | 25 | 13 |
| 100× 65× 7 | 100 | 65 | 7 | 11,2 | 8,77 | 3,23 | 1,51 | 113 | 16,6 | 37,6 | 7,53 | 55 | – | 35 | 25 | 21 |
| 100× 65× 8 | 100 | 65 | 8 | 12,7 | 9,94 | 3,27 | 1,55 | 127 | 18,9 | 42,2 | 8,54 | 55 | – | 35 | 25 | 21 |
| 100× 65×10 | 100 | 65 | 10 | 15,6 | 12,3 | 3,36 | 1,63 | 154 | 23,2 | 51,0 | 10,5 | 55 | – | 35 | 25 | 21 |
| 100× 75× 8 | 100 | 75 | 8 | 13,5 | 10,6 | 3,10 | 1,87 | 133 | 19,3 | 64,1 | 11,4 | 55 | – | 40 | 25 | 23 |
| 100× 75×10 | 100 | 75 | 10 | 16,6 | 13,0 | 3,19 | 1,95 | 162 | 23,8 | 77,6 | 14,0 | 55 | – | 40 | 25 | 23 |
| 100× 75×12 | 100 | 75 | 12 | 19,7 | 15,4 | 3,27 | 2,03 | 189 | 28,0 | 90,2 | 16,5 | 55 | – | 40 | 25 | 23 |
| 120× 80× 8 | 120 | 80 | 8 | 15,5 | 12,2 | 3,83 | 1,87 | 226 | 27,6 | 80,8 | 13,2 | 50 | 80 | 45 | 25 | 23 |
| 120× 80×10 | 120 | 80 | 10 | 19,1 | 15,0 | 3,92 | 1,95 | 276 | 34,1 | 98,1 | 16,2 | 50 | 80 | 45 | 25 | 23 |
| 120× 80×12 | 120 | 80 | 12 | 22,7 | 17,8 | 4,00 | 2,03 | 323 | 40,4 | 114 | 19,1 | 50 | 80 | 45 | 25 | 23 |
| 125× 75× 8 | 125 | 75 | 8 | 15,5 | 12,2 | 4,14 | 1,68 | 247 | 29,6 | 67,6 | 11,6 | 50 | – | 40 | 25 | 23 |
| 125× 75×10 | 125 | 75 | 10 | 19,1 | 15,0 | 4,23 | 1,76 | 302 | 36,5 | 82,1 | 14,3 | 50 | – | 40 | 25 | 23 |
| 125× 75×12 | 125 | 75 | 12 | 22,7 | 17,8 | 4,31 | 1,84 | 354 | 43,2 | 95,5 | 16,9 | 50 | – | 40 | 25 | 23 |
| 135× 65× 8 | 135 | 65 | 8 | 15,5 | 12,2 | 4,78 | 1,34 | 291 | 33,4 | 45,2 | 8,75 | 50 | – | 35 | 25 | 23 |
| 135× 65×10 | 135 | 65 | 10 | 19,1 | 15,0 | 4,88 | 1,42 | 356 | 41,3 | 54,7 | 10,8 | 50 | – | 35 | 25 | 23 |
| 150× 75× 9 | 150 | 75 | 9 | 19,6 | 15,4 | 5,26 | 1,57 | 455 | 46,7 | 77,9 | 13,1 | 60 | 105 | 40 | 28 | 23 |
| 150× 75×10 | 150 | 75 | 10 | 21,7 | 17,0 | 5,31 | 1,61 | 501 | 51,6 | 85,6 | 14,5 | 60 | 105 | 40 | 28 | 23 |
| 150× 75×12 | 150 | 75 | 12 | 25,7 | 20,2 | 5,40 | 1,69 | 588 | 61,3 | 99,6 | 17,1 | 60 | 105 | 40 | 28 | 23 |
| 150× 75×15 | 150 | 75 | 15 | 31,7 | 24,8 | 5,52 | 1,81 | 713 | 75,2 | 119 | 21,0 | 60 | 105 | 40 | 28 | 23 |
| 150× 90×10 | 150 | 90 | 10 | 23,2 | 18,2 | 5,00 | 2,04 | 533 | 53,3 | 146 | 21,0 | 60 | 105 | 50 | 28 | 25 |
| 150× 90×12 | 150 | 90 | 12 | 27,5 | 21,6 | 5,08 | 2,12 | 627 | 63,3 | 171 | 24,8 | 60 | 105 | 50 | 28 | 25 |
| 150× 90×15 | 150 | 90 | 15 | 33,9 | 26,6 | 5,21 | 2,23 | 761 | 77,7 | 205 | 30,4 | 60 | 105 | 50 | 28 | 25 |
| 150×100×10 | 150 | 100 | 10 | 24,2 | 19,0 | 4,81 | 2,34 | 553 | 54,2 | 199 | 25,9 | 60 | 105 | 55 | 28 | 25 |
| 150×100×12 | 150 | 100 | 12 | 28,7 | 22,5 | 4,89 | 2,42 | 651 | 64,4 | 233 | 30,7 | 60 | 105 | 55 | 28 | 25 |
| 200×100×10 | 200 | 100 | 10 | 29,2 | 23,0 | 6,93 | 2,01 | 1220 | 93,2 | 210 | 26,3 | 65 | 150 | 55 | 28 | 25 |
| 200×100×12 | 200 | 100 | 12 | 34,8 | 27,3 | 7,03 | 2,10 | 1440 | 111 | 247 | 31,3 | 65 | 150 | 55 | 28 | 25 |
| 200×100×15 | 200 | 100 | 15 | 43,0 | 33,75 | 7,16 | 2,22 | 1758 | 137 | 299 | 38,5 | 65 | 150 | 55 | 28 | 25 |
| 200×150×12 | 200 | 150 | 12 | 40,8 | 32,0 | 6,08 | 3,61 | 1650 | 119 | 803 | 70,5 | 65 | 200 | 80 | 28 | 25 |
| 200×150×15 | 200 | 150 | 15 | 50,5 | 39,6 | 6,21 | 3,73 | 2022 | 147 | 979 | 86,9 | 65 | 200 | 80 | 28 | 25 |

# Warmgewalzte Stahlprofile

## Gleichschenkliger Winkelstahl

vgl. DIN EN 10 056-1 (1998-10)

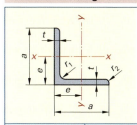

S   Querschnittsfläche
I   Flächenmoment 2. Grades
W   axiales Widerstandsmoment
m'  längenbezogene Masse

$r_1 \approx t$

$r_2 \approx \dfrac{t}{2}$

**Bezeichnung** für gleichschenkligen Winkelstahl mit 50 mm Schenkelbreite und 5 mm Schenkeldicke:

**L DIN EN 10 056–1 – 50 × 50 × 5**

Anreißmaße nach DIN 997 (1970-10)

| Kurz-zeichen L | Abmessungen in mm | | S cm² | m' kg/m | Abstände der Achsen e cm | Für die Biegeachse x – x und y – y | | Anreißmaße in mm | | |
|---|---|---|---|---|---|---|---|---|---|---|
| | a | t | | | | $I_x = I_y$ cm⁴ | $W_x = W_y$ cm³ | $w_1$ | $w_2$ | $d_1$ max. |
| 20 × 20 × 3 | 20 | 3 | 1,12 | 0,882 | 0,598 | 0,392 | 0,279 | 12 | – | 4,3 |
| 25 × 25 × 3 | 25 | 3 | 1,42 | 1,12 | 0,723 | 0,803 | 0,452 | 15 | – | 6,4 |
| 25 × 25 × 4 | 25 | 4 | 1,85 | 1,45 | 0,762 | 1,02 | 0,586 | 15 | – | 6,5 |
| 30 × 30 × 3 | 30 | 3 | 1,74 | 1,36 | 0,835 | 1,40 | 0,649 | 17 | – | 8,4 |
| 30 × 30 × 4 | 30 | 4 | 2,27 | 1,78 | 0,878 | 1,80 | 0,850 | 17 | – | 8,4 |
| 35 × 35 × 4 | 35 | 4 | 2,67 | 2,09 | 1,00 | 2,95 | 1,18 | 18 | – | 11 |
| 40 × 40 × 4 | 40 | 4 | 3,08 | 2,42 | 1,12 | 4,47 | 1,55 | 22 | – | 11 |
| 40 × 40 × 5 | 40 | 5 | 3,79 | 2,97 | 1,16 | 5,43 | 1,91 | 22 | – | 11 |
| 45 × 45 × 4,5 | 45 | 4,5 | 3,90 | 3,06 | 1,25 | 7,14 | 2,20 | 25 | – | 13 |
| 50 × 50 × 4 | 50 | 4 | 3,89 | 3,06 | 1,36 | 8,97 | 2,46 | 30 | – | 13 |
| 50 × 50 × 5 | 50 | 5 | 4,80 | 3,77 | 1,40 | 11,0 | 3,05 | 30 | – | 13 |
| 50 × 50 × 6 | 50 | 6 | 5,69 | 4,47 | 1,45 | 12,8 | 3,61 | 30 | – | 13 |
| 60 × 60 × 5 | 60 | 5 | 5,82 | 4,57 | 1,64 | 19,4 | 4,45 | 35 | – | 17 |
| 60 × 60 × 6 | 60 | 6 | 6,91 | 5,42 | 1,69 | 22,8 | 5,29 | 35 | – | 17 |
| 60 × 60 × 8 | 60 | 8 | 9,03 | 7,09 | 1,77 | 29,2 | 6,89 | 35 | – | 17 |
| 65 × 65 × 7 | 65 | 7 | 8,70 | 6,83 | 1,85 | 33,4 | 7,18 | 35 | – | 21 |
| 70 × 70 × 6 | 70 | 6 | 8,13 | 6,38 | 1,93 | 36,9 | 7,27 | 40 | – | 21 |
| 70 × 70 × 7 | 70 | 7 | 9,40 | 7,38 | 1,97 | 42,3 | 8,41 | 40 | – | 21 |
| 75 × 75 × 6 | 75 | 6 | 8,73 | 6,85 | 2,05 | 45,8 | 8,41 | 40 | – | 23 |
| 75 × 75 × 8 | 75 | 8 | 11,4 | 8,99 | 2,14 | 59,1 | 11,0 | 40 | – | 23 |
| 80 × 80 × 8 | 80 | 8 | 12,3 | 9,63 | 2,26 | 72,2 | 12,6 | 45 | – | 23 |
| 80 × 80 × 10 | 80 | 10 | 15,1 | 11,9 | 2,34 | 87,5 | 15,4 | 45 | – | 23 |
| 90 × 90 × 7 | 90 | 7 | 12,2 | 9,61 | 2,45 | 92,6 | 14,1 | 50 | – | 25 |
| 90 × 90 × 8 | 90 | 8 | 13,9 | 10,9 | 2,50 | 104 | 16,1 | 50 | – | 25 |
| 90 × 90 × 9 | 90 | 9 | 15,5 | 12,2 | 2,54 | 116 | 17,9 | 50 | – | 25 |
| 90 × 90 × 10 | 90 | 10 | 17,1 | 13,4 | 2,58 | 127 | 19,8 | 50 | – | 25 |
| 100 × 100 × 8 | 100 | 8 | 15,5 | 12,2 | 2,74 | 145 | 19,9 | 55 | – | 25 |
| 100 × 100 × 10 | 100 | 10 | 19,2 | 15,0 | 2,82 | 177 | 24,6 | 55 | – | 25 |
| 100 × 100 × 12 | 100 | 12 | 22,7 | 17,8 | 2,90 | 207 | 29,1 | 55 | – | 25 |
| 120 × 120 × 10 | 120 | 10 | 23,2 | 18,2 | 3,31 | 313 | 36,0 | 50 | 80 | 25 |
| 120 × 120 × 12 | 120 | 12 | 27,5 | 21,6 | 3,40 | 368 | 42,7 | 50 | 80 | 25 |
| 130 × 130 × 12 | 130 | 12 | 30,0 | 23,6 | 3,64 | 472 | 50,4 | 50 | 90 | 25 |
| 150 × 150 × 10 | 150 | 10 | 29,3 | 23,0 | 4,03 | 624 | 56,9 | 60 | 105 | 28 |
| 150 × 150 × 12 | 150 | 12 | 34,8 | 27,3 | 4,12 | 737 | 67,7 | 60 | 105 | 28 |
| 150 × 150 × 15 | 150 | 15 | 43,0 | 33,8 | 4,25 | 898 | 83,5 | 60 | 105 | 28 |
| 160 × 160 × 15 | 160 | 15 | 46,1 | 36,2 | 4,49 | 1100 | 95,6 | 60 | 115 | 28 |
| 180 × 180 × 16 | 180 | 16 | 55,4 | 43,5 | 5,02 | 1680 | 130 | 60 | 135 | 28 |
| 180 × 180 × 18 | 180 | 18 | 61,9 | 48,6 | 5,10 | 1870 | 145 | 60 | 135 | 28 |
| 200 × 200 × 16 | 200 | 16 | 61,8 | 48,5 | 5,52 | 2340 | 162 | 65 | 150 | 28 |
| 200 × 200 × 18 | 200 | 18 | 69,1 | 54,3 | 5,60 | 2600 | 181 | 65 | 150 | 28 |
| 200 × 200 × 20 | 200 | 20 | 76,3 | 59,9 | 5,68 | 2850 | 199 | 65 | 150 | 28 |
| 200 × 200 × 24 | 200 | 24 | 90,6 | 71,1 | 5,84 | 3330 | 235 | 65 | 150 | 28 |
| 250 × 250 × 28 | 250 | 28 | 133 | 104 | 7,24 | 7700 | 433 | 65 | 200 | 28 |
| 250 × 250 × 35 | 250 | 35 | 163 | 128 | 7,50 | 9260 | 529 | 65 | 200 | 28 |

# Warmgewalzte Stahlprofile

## Schmale I-Träger
vgl. DIN 1025-1 (2009-04)

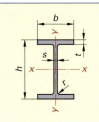

S  Querschnittsfläche
I  Flächenmoment 2. Grades
W  axiales Widerstandsmoment
m' längenbezogene Masse

$r_1 = s$
$r_2 \approx 0.6 \cdot s$

Bezeichnung für einen schmalen I-Träger (Doppel-T-Träger), I-Reihe, mit 180 mm Höhe aus S275JO nach DIN EN 10025:

**I-Profil DIN 1025 – S275JO – I180**

Anreißmaße nach DIN 997 (1970-10)

| Kurz-zeichen | Abmessungen in mm | | | | | | Für die Biegeachse | | | | Anreiß-maße in mm | |
|---|---|---|---|---|---|---|---|---|---|---|---|---|
| | | | | | | | x–x | | y–y | | | |
| I | h | b | s | t | $h_1$ | S cm² | m' kg/m | $I_x$ cm⁴ | $W_x$ cm³ | $I_y$ cm⁴ | $W_y$ cm³ | $w_1$ | $d_1$ max. |
| 80 | 80 | 42 | 3,9 | 5,9 | 59 | 7,57 | 5,94 | 77,8 | 19,5 | 6,29 | 3,00 | 22 | 6,4 |
| 100 | 100 | 50 | 4,5 | 6,8 | 75 | 10,6 | 8,34 | 171 | 34,2 | 12,2 | 4,88 | 28 | 6,4 |
| 120 | 120 | 58 | 5,1 | 7,7 | 92 | 14,2 | 11,1 | 328 | 54,7 | 21,5 | 7,41 | 32 | 8,4 |
| 140 | 140 | 66 | 5,7 | 8,6 | 109 | 18,2 | 14,3 | 573 | 81,9 | 35,2 | 10,7 | 34 | 11 |
| 160 | 160 | 74 | 6,3 | 9,5 | 125 | 22,8 | 17,9 | 935 | 117 | 54,7 | 14,8 | 40 | 11 |
| 180 | 180 | 82 | 6,9 | 10,4 | 142 | 27,9 | 21,9 | 1450 | 161 | 81,3 | 19,8 | 44 | 13 |
| 200 | 200 | 90 | 7,5 | 11,3 | 159 | 33,4 | 26,2 | 2140 | 214 | 117 | 26,0 | 48 | 13 |
| 220 | 220 | 98 | 8,1 | 12,2 | 175 | 39,5 | 31,1 | 3060 | 278 | 162 | 33,1 | 52 | 13 |
| 240 | 240 | 106 | 8,7 | 13,1 | 192 | 46,1 | 36,2 | 4250 | 354 | 221 | 41,7 | 56 | 17 |
| 260 | 260 | 113 | 9,4 | 14,1 | 208 | 53,3 | 41,9 | 5740 | 442 | 288 | 51,0 | 60 | 17 |
| 280 | 280 | 119 | 10,1 | 15,2 | 225 | 61,0 | 47,9 | 7590 | 542 | 364 | 61,2 | 60 | 17 |
| 300 | 300 | 125 | 10,8 | 16,2 | 241 | 69,0 | 54,2 | 9800 | 653 | 451 | 72,2 | 64 | 21 |
| 320 | 320 | 131 | 11,5 | 17,3 | 257 | 77,7 | 61,0 | 12510 | 782 | 555 | 84,7 | 70 | 21 |
| 340 | 340 | 137 | 12,2 | 18,3 | 274 | 86,7 | 68,0 | 15700 | 923 | 674 | 98,4 | 74 | 21 |
| 360 | 360 | 143 | 13,0 | 19,5 | 290 | 97,0 | 76,1 | 19610 | 1090 | 818 | 114 | 76 | 23 |
| 380 | 380 | 149 | 13,7 | 20,5 | 306 | 107 | 84,0 | 24010 | 1260 | 975 | 131 | 82 | 23 |
| 400 | 400 | 155 | 14,4 | 21,6 | 322 | 118 | 92,4 | 29210 | 1460 | 1160 | 149 | 82 | 23 |
| 450 | 450 | 170 | 16,2 | 24,3 | 363 | 147 | 115 | 45850 | 2040 | 1730 | 203 | 94 | 25 |
| 500 | 500 | 185 | 18,0 | 27,0 | 404 | 179 | 141 | 68740 | 2750 | 2480 | 268 | 100 | 28 |
| 550 | 550 | 200 | 19,0 | 30,0 | 445 | 212 | 166 | 99180 | 3610 | 3490 | 349 | 110 | 28 |

## Mittelbreite I-Träger (IPE) mit parallelen Flanschflächen
vgl. DIN 1025-5 (1994-03)

S  Querschnittsfläche
I  Flächenmoment 2. Grades
W  axiales Widerstandsmoment
m' längenbezogene Masse

Bezeichnung für einen mittelbreiten I-Träger (Doppel-T-Träger), IPE-Reihe, mit 300 mm Höhe aus S275JR nach DIN EN 10025:

**I-Profil DIN 1025 – S275JR – IPE 300**

Anreißmaße nach DIN 997 (1970-10)

| Kurz-zeichen | Abmessungen in mm | | | | | | Für die Biegeachse | | | | Anreiß-maße in mm | |
|---|---|---|---|---|---|---|---|---|---|---|---|---|
| | | | | | | | x–x | | y–y | | | |
| IPE | h | b | s | t | r | S cm² | m' kg/m | $I_x$ cm⁴ | $W_x$ cm³ | $I_y$ cm⁴ | $W_y$ cm³ | $w_1$ | $d_1$ max. |
| 80 | 80 | 46 | 3,8 | 5,2 | 5 | 7,64 | 6,0 | 80,1 | 20,0 | 8,49 | 3,69 | 26 | 6,4 |
| 100 | 100 | 55 | 4,1 | 5,7 | 7 | 10,3 | 8,1 | 171 | 34,2 | 15,9 | 5,79 | 30 | 8,4 |
| 120 | 120 | 64 | 4,4 | 6,3 | 7 | 13,2 | 10,4 | 318 | 53,0 | 27,7 | 8,65 | 36 | 8,4 |
| 140 | 140 | 73 | 4,7 | 6,9 | 7 | 16,4 | 12,9 | 541 | 77,3 | 44,9 | 12,3 | 40 | 11 |
| 160 | 160 | 82 | 5,0 | 7,4 | 9 | 20,1 | 15,8 | 869 | 109 | 68,3 | 16,7 | 44 | 13 |
| 180 | 180 | 91 | 5,3 | 8,0 | 9 | 23,9 | 18,8 | 1320 | 146 | 101 | 22,2 | 50 | 13 |

Fortsetzung der Tabelle Seite 185

# Warmgewalzte Stahlprofile

## Mittelbreite I-Träger (IPE) mit parallelen Flanschflächen (Fortsetzung von Seite 184)

| Kurz-zeichen IPE | Abmessungen in mm | | | | | $S$ cm² | $m'$ kg/m | Für die Biegeachse | | | | Anreißmaße in mm | |
|---|---|---|---|---|---|---|---|---|---|---|---|---|---|
| | | | | | | | | x–x | | y–y | | | |
| | $h$ | $b$ | $s$ | $t$ | $r$ | | | $I_x$ cm⁴ | $W_x$ cm³ | $I_y$ cm⁴ | $W_y$ cm³ | $w_1$ | $d_1$ max. |
| 200 | 200 | 100 | 5,6 | 8,5 | 12 | 28,5 | 22,4 | 1940 | 194 | 142 | 28,5 | 56 | 13 |
| 220 | 220 | 110 | 5,9 | 9,2 | 12 | 33,4 | 26,2 | 2770 | 252 | 205 | 37,3 | 60 | 17 |
| 240 | 240 | 120 | 6,2 | 9,8 | 15 | 39,1 | 30,7 | 3890 | 324 | 284 | 47,3 | 68 | 17 |
| 270 | 270 | 135 | 6,6 | 10,2 | 15 | 45,9 | 36,1 | 5790 | 429 | 420 | 62,2 | 72 | 21 |
| 300 | 300 | 150 | 7,1 | 10,7 | 15 | 53,8 | 42,2 | 8360 | 557 | 604 | 80,5 | 80 | 23 |
| 330 | 330 | 160 | 7,5 | 11,5 | 18 | 62,6 | 49,1 | 11770 | 713 | 788 | 98,5 | 86 | 25 |
| 360 | 360 | 170 | 8,0 | 12,7 | 18 | 72,7 | 57,1 | 16270 | 904 | 1040 | 123 | 90 | 25 |
| 400 | 400 | 180 | 8,6 | 13,5 | 21 | 84,5 | 66,3 | 23130 | 1160 | 1320 | 146 | 96 | 28 |
| 450 | 450 | 190 | 9,4 | 14,6 | 21 | 98,8 | 77,6 | 33740 | 1500 | 1680 | 176 | 106 | 28 |
| 500 | 500 | 200 | 10,2 | 16,0 | 21 | 116 | 90,7 | 48200 | 1930 | 2140 | 214 | 110 | 28 |
| 550 | 550 | 210 | 11,1 | 17,2 | 24 | 134 | 106 | 67120 | 2440 | 2670 | 254 | 120 | 28 |
| 600 | 600 | 220 | 12,0 | 19,0 | 24 | 156 | 122 | 92080 | 3070 | 3390 | 308 | 120 | 28 |

## Breite I-Träger (IPB = HE-B) mit parallelen Flanschflächen  vgl. DIN 1025-2 (1995-11)

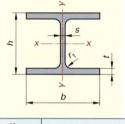

$r_1 \approx 2 \cdot s$

$S$  Querschnittsfläche
$I$  Flächenmoment 2. Grades
$W$  axiales Widerstandsmoment
$m'$  längenbezogene Masse

**Bezeichnung** für einen breiten I-Träger (Doppel-T-Träger) mit parallelen Flanschflächen, IPB-Reihe, von 240 mm Höhe aus S235JR nach DIN EN 10025:
**I-PB-Profil DIN 1025 – S235JR – IPB 240**
**Bezeichnung** nach EURONORM 53-62:
**HE 240 B**

Anreißmaße nach DIN 997 (1970-10)

| Kurz-zeichen IPB HE-B | Abmessungen in mm | | | | $S$ cm² | $m'$ kg/m | Für die Biegeachse | | | | Anreißmaße in mm | | | |
|---|---|---|---|---|---|---|---|---|---|---|---|---|---|---|
| | | | | | | | x–x | | y–y | | einreihig | zweireihig | | |
| | $h$ | $b$ | $s$ | $t$ | | | $I_x$ cm⁴ | $W_x$ cm³ | $I_y$ cm⁴ | $W_y$ cm³ | $w_1$ | $w_2$ | $w_3$ | $d_1$ max. |
| 100 | 100 | 100 | 6 | 10 | 26,0 | 20,4 | 450 | 89,9 | 167 | 33,5 | 56 | – | – | 13 |
| 120 | 120 | 120 | 6,5 | 11 | 34,0 | 26,7 | 864 | 144 | 318 | 52,9 | 66 | – | – | 17 |
| 140 | 140 | 140 | 7 | 12 | 43,0 | 33,7 | 1510 | 216 | 550 | 78,5 | 76 | – | – | 21 |
| 160 | 160 | 160 | 8 | 13 | 54,3 | 42,6 | 2490 | 311 | 889 | 111 | 86 | – | – | 23 |
| 180 | 180 | 180 | 8,5 | 14 | 65,3 | 51,2 | 3830 | 426 | 1360 | 151 | 100 | – | – | 25 |
| 200 | 200 | 200 | 9 | 15 | 78,1 | 61,3 | 5700 | 570 | 2000 | 200 | 110 | – | – | 25 |
| 220 | 220 | 220 | 9,5 | 16 | 91 | 71,5 | 8090 | 736 | 2840 | 258 | 120 | – | – | 25 |
| 240 | 240 | 240 | 10 | 17 | 106 | 83,2 | 11260 | 938 | 3920 | 327 | – | 96 | 35 | 25 |
| 260 | 260 | 260 | 10 | 17,5 | 118 | 93,0 | 14920 | 1150 | 5130 | 395 | – | 106 | 40 | 25 |
| 280 | 280 | 280 | 10,5 | 18 | 131 | 103 | 19270 | 1380 | 6590 | 471 | – | 110 | 45 | 25 |
| 300 | 300 | 300 | 11 | 19 | 149 | 117 | 25170 | 1680 | 8560 | 571 | – | 120 | 45 | 28 |
| 320 | 320 | 300 | 11,5 | 20,5 | 161 | 127 | 30820 | 1930 | 9240 | 616 | – | 120 | 45 | 28 |
| 340 | 340 | 300 | 12 | 21,5 | 171 | 134 | 36660 | 2160 | 9690 | 646 | – | 120 | 45 | 28 |
| 360 | 360 | 300 | 12,5 | 22,5 | 181 | 142 | 43190 | 2400 | 10140 | 676 | – | 120 | 45 | 28 |
| 400 | 400 | 300 | 13,5 | 24 | 198 | 155 | 57680 | 2880 | 10820 | 721 | – | 120 | 45 | 28 |
| 450 | 450 | 300 | 14 | 26 | 218 | 171 | 78890 | 3550 | 11720 | 781 | – | 120 | 45 | 28 |
| 500 | 500 | 300 | 14,5 | 28 | 239 | 187 | 107200 | 4290 | 12620 | 842 | – | 120 | 45 | 28 |
| 550 | 550 | 300 | 15 | 29 | 254 | 199 | 136700 | 4970 | 13080 | 872 | – | 120 | 45 | 28 |
| 600 | 600 | 300 | 15,5 | 30 | 270 | 212 | 171000 | 5700 | 13530 | 902 | – | 120 | 45 | 28 |
| 650 | 650 | 300 | 16 | 31 | 286 | 225 | 210600 | 6480 | 13980 | 932 | – | 120 | 45 | 28 |
| 700 | 700 | 300 | 17 | 32 | 306 | 241 | 256900 | 7340 | 14440 | 963 | – | 126 | 45 | 28 |
| 800 | 800 | 300 | 17,5 | 33 | 334 | 262 | 359100 | 8980 | 14900 | 994 | – | 130 | 40 | 28 |
| 900 | 900 | 300 | 18,5 | 35 | 371 | 291 | 494100 | 10980 | 15820 | 1050 | – | 130 | 40 | 28 |
| 1000 | 1000 | 300 | 19 | 36 | 400 | 314 | 644700 | 12890 | 16280 | 1090 | – | 130 | 40 | 28 |

# Warmgewalzte Stahlprofile

## Breite I-Träger (I PBI = HE-A) leichte Ausführung, mit parallelen Flanschflächen, warmgewalzt
vgl. DIN 1025-3 (1994-03)

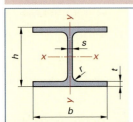

S  Querschnittsfläche
I  Flächenmoment 2. Grades
W  axiales Widerstandsmoment
m'  längenbezogene Masse
**Werkstoff:** Stahl für den Stahlbau nach DIN EN 10 025
**Lieferart:** Normallängen, bei h < 300 mm, 8 m bis 16 m;
bei h ≥ 300 mm, 8 m bis 18 m
**Bezeichnung** für einen breiten I-Träger, leichte Ausführung, mit parallelen Flanschflächen, aus S235JR, h = 360 mm:
**I-Profil DIN 1025 – S235JR – I PBI 360**
**Bezeichnung** nach EURONORM 53-62: **HE 360 A**

Anreißmaße nach DIN 997 (1970-10)

| Kurz-zeichen I PBI HE-A | Abmessungen in mm | | | | | m' kg/m | Für die Achsen | | | | Anreißmaße nach DIN 997 | | |
|---|---|---|---|---|---|---|---|---|---|---|---|---|---|
| | h | b | s | t | r | | x–x | | y–y | | $w_1, w_2$ | $w_3$ | $d_1$ |
| | | | | | | S cm² | $I_x$ cm⁴ | $W_x$ cm³ | $I_y$ cm⁴ | $W_y$ cm³ | mm | mm | mm |
| 100 | 96 | 100 | 5 | 8 | 12 | 21,2 | 16,7 | 349 | 72,8 | 134 | 26,8 | 56 | – | 13 |
| 120 | 114 | 120 | 5 | 8 | 12 | 25,3 | 19,9 | 606 | 106 | 231 | 38,5 | 66 | – | 17 |
| 140 | 133 | 140 | 5,5 | 8,5 | 12 | 31,4 | 24,7 | 1030 | 155 | 389 | 55,6 | 76 | – | 21 |
| 160 | 152 | 160 | 6 | 9 | 15 | 38,8 | 30,4 | 1670 | 220 | 616 | 76,9 | 86 | – | 23 |
| 180 | 171 | 180 | 6 | 9,5 | 15 | 45,3 | 35,5 | 2510 | 294 | 925 | 103 | 100 | – | 25 |
| 200 | 190 | 200 | 6,5 | 10 | 18 | 53,8 | 42,3 | 3690 | 389 | 1340 | 134 | 110 | – | 25 |
| 220 | 210 | 220 | 7 | 11 | 18 | 64,3 | 50,5 | 5410 | 515 | 1950 | 178 | 120 | – | 25 |
| 240 | 230 | 240 | 7,5 | 12 | 21 | 76,8 | 60,3 | 7760 | 675 | 2770 | 231 | 96 | 35 | 25 |
| 260 | 250 | 260 | 7,5 | 12,5 | 24 | 86,8 | 68,2 | 10450 | 836 | 3670 | 282 | 106 | 40 | 25 |
| 280 | 270 | 280 | 8 | 13 | 24 | 97,3 | 76,4 | 13670 | 1010 | 4760 | 340 | 110 | 45 | 25 |
| 300 | 290 | 300 | 8,5 | 14 | 27 | 112 | 88,3 | 18260 | 1260 | 6310 | 421 | 120 | 45 | 28 |
| 320 | 310 | 300 | 9 | 15,5 | 27 | 124 | 97,6 | 22930 | 1480 | 6990 | 466 | 120 | 45 | 28 |
| 340 | 330 | 300 | 9,5 | 16,5 | 27 | 133 | 105 | 27690 | 1680 | 7440 | 496 | 120 | 45 | 28 |
| 360 | 350 | 300 | 10 | 17,5 | 27 | 143 | 112 | 33090 | 1890 | 7890 | 526 | 120 | 45 | 28 |
| 400 | 390 | 300 | 11 | 19 | 27 | 159 | 125 | 45070 | 2310 | 8560 | 571 | 120 | 45 | 28 |
| 450 | 440 | 300 | 11,5 | 21 | 27 | 178 | 140 | 63720 | 2900 | 9470 | 631 | 120 | 45 | 28 |
| 500 | 490 | 300 | 12 | 23 | 27 | 198 | 155 | 86970 | 3550 | 10370 | 691 | 120 | 45 | 28 |
| 550 | 540 | 300 | 12,5 | 24 | 27 | 212 | 166 | 111900 | 4150 | 10820 | 721 | 120 | 45 | 28 |
| 600 | 590 | 300 | 13 | 25 | 27 | 226 | 178 | 141200 | 4790 | 11270 | 751 | 120 | 45 | 28 |

## Breite I-Träger (I PBII = HE-AA) besonders leichte Ausführung, mit parallelen Flanschflächen, warmgewalzt  nicht genormt

| Kurz-zeichen I PBII HE-AA | Abmessungen in mm | | | | | m' kg/m | Für die Achsen | | | | Anreißmaße nach DIN 997 | | |
|---|---|---|---|---|---|---|---|---|---|---|---|---|---|
| | h | b | s | t | r | | x–x | | y–y | | $w_1, w_2$ | $w_3$ | $d_1$ |
| | | | | | | S cm² | $I_x$ cm⁴ | $W_x$ cm³ | $I_y$ cm⁴ | $W_y$ cm³ | mm | mm | mm |
| 100 | 91 | 100 | 4,2 | 5,5 | 12 | 15,6 | 12,2 | 237 | 52,0 | 92,1 | 18,4 | 60 | – | 13 |
| 120 | 109 | 120 | 4,2 | 5,5 | 12 | 18,6 | 14,6 | 413 | 75,8 | 159 | 26,5 | 69 | – | 17 |
| 140 | 128 | 140 | 4,3 | 6 | 12 | 23,0 | 18,1 | 719 | 112 | 275 | 39,3 | 75 | – | 21 |
| 160 | 148 | 160 | 4,5 | 7 | 15 | 30,4 | 23,8 | 1283 | 173 | 479 | 59,8 | 88 | – | 23 |
| 180 | 167 | 180 | 5 | 7,5 | 15 | 36,5 | 28,7 | 1967 | 236 | 730 | 81,1 | 105 | – | 25 |
| 200 | 186 | 200 | 5,5 | 8 | 18 | 44,1 | 34,6 | 2944 | 317 | 1068 | 107 | 115 | – | 25 |
| 220 | 205 | 220 | 6 | 8,5 | 18 | 51,5 | 40,4 | 4170 | 407 | 1510 | 137 | 125 | – | 25 |
| 240 | 224 | 240 | 6,5 | 9 | 21 | 60,4 | 47,4 | 5835 | 521 | 2077 | 173 | 93 | 35 | 25 |
| 260 | 244 | 260 | 6,5 | 9,5 | 24 | 69,0 | 54,1 | 7981 | 654 | 2788 | 214 | 99 | 40 | 25 |
| 280 | 264 | 280 | 7 | 10 | 24 | 78,0 | 61,2 | 10560 | 800 | 3664 | 262 | 99 | 50 | 25 |
| 300 | 283 | 300 | 7,5 | 10,5 | 27 | 88,9 | 69,8 | 13800 | 976 | 4734 | 316 | 112 | 50 | 28 |
| 320 | 301 | 300 | 8 | 11 | 27 | 94,6 | 74,2 | 16450 | 1093 | 4959 | 331 | 112 | 50 | 28 |
| 340 | 320 | 300 | 8,5 | 11,5 | 27 | 101 | 78,9 | 19550 | 1222 | 5185 | 346 | 113 | 50 | 28 |
| 360 | 339 | 300 | 9 | 12 | 27 | 107 | 83,7 | 23040 | 1359 | 5410 | 361 | 113 | 50 | 28 |
| 400 | 378 | 300 | 9,5 | 13 | 27 | 118 | 92,4 | 31250 | 1654 | 5861 | 391 | 114 | 50 | 28 |
| 450 | 425 | 300 | 10 | 13,5 | 27 | 127 | 99,7 | 41890 | 1971 | 6088 | 406 | 114 | 50 | 28 |
| 500 | 472 | 300 | 10,5 | 14 | 27 | 137 | 107 | 54640 | 2315 | 6344 | 421 | 115 | 50 | 28 |
| 550 | 522 | 300 | 11,5 | 15 | 27 | 153 | 120 | 72870 | 2792 | 6767 | 451 | 116 | 50 | 28 |
| 600 | 571 | 300 | 12 | 15,5 | 27 | 164 | 129 | 91870 | 3218 | 6993 | 466 | 116 | 50 | 28 |

## Warmgewalzte Stahlprofile

### Breite I-Träger (I PBv = HE-M)
verstärkte Ausführung, mit parallelen Flanschflächen, warmgewalzt     vgl. DIN 1025-4 (1994-03)

S   Querschnittsfläche
I    Flächenmoment 2. Grades
W   axiales Widerstandsmoment
m'   längenbezogene Masse

Anreißmaße nach DIN 997 (1970-10)

**Werkstoff:** Stahl für den Stahlbau nach DIN EN 10025
**Lieferart:** Normallängen, bei h < 300 mm, 8 m bis 16 m;
bei h ≥ 300 mm, 8 m bis 18 m
**Bezeichnung** eines breiten I-Trägers, verstärkte Ausführung, mit parallelen Flanschflächen, aus S235JR, h = 400 mm: **I-Profil DIN 1025 – S235JR – I PBv 400**
**Bezeichnung** nach EURONORM 53-62: **HE 400 M**

| Kurz-zeichen I PBl HE-M | Abmessungen in mm |   |   |   |   | S cm² | m' kg/m | Für die Achsen x – x |   | y – y |   | Anreißmaße nach DIN 997 |   |   |
|---|---|---|---|---|---|---|---|---|---|---|---|---|---|---|
|   | h | b | s | t | r |   |   | $I_x$ cm⁴ | $W_x$ cm³ | $I_y$ cm⁴ | $W_y$ cm³ | $w_1, w_2$ mm | $w_3$ mm | $d_1$ mm |
| 100 | 120 | 106 | 12 | 20 | 12 | 53,2 | 41,8 | 1 140 | 190 | 399 | 75,3 | 60 | – | 13 |
| 120 | 140 | 126 | 12,5 | 21 | 12 | 66,4 | 52,1 | 2 020 | 288 | 703 | 112 | 68 | – | 17 |
| 140 | 160 | 146 | 13 | 22 | 12 | 80,6 | 63,2 | 3 290 | 411 | 1140 | 157 | 76 | – | 21 |
| 160 | 180 | 166 | 14 | 23 | 15 | 97,1 | 76,2 | 5 100 | 566 | 1760 | 212 | 86 | – | 23 |
| 180 | 200 | 186 | 14,5 | 24 | 15 | 113 | 88,9 | 7 480 | 748 | 2580 | 277 | 100 | – | 25 |
| 200 | 220 | 206 | 15 | 25 | 18 | 131 | 103 | 10 640 | 967 | 3650 | 354 | 110 | – | 25 |
| 220 | 240 | 226 | 15,5 | 26 | 18 | 149 | 117 | 14 600 | 1220 | 5010 | 444 | 120 | – | 25 |
| 240 | 270 | 248 | 18 | 32 | 21 | 200 | 157 | 24 290 | 1800 | 8150 | 657 | 100 | 35 | 25 |
| 260 | 290 | 268 | 18 | 32,5 | 24 | 220 | 172 | 31 310 | 2160 | 10450 | 780 | 110 | 40 | 25 |
| 280 | 310 | 288 | 18,5 | 33 | 24 | 240 | 189 | 39 550 | 2550 | 13160 | 914 | 116 | 45 | 25 |
| 300 | 340 | 310 | 21 | 39 | 27 | 303 | 238 | 59 200 | 3480 | 19400 | 1250 | 120 | 50 | 25 |
| 320 | 359 | 309 | 21 | 40 | 27 | 312 | 245 | 68 130 | 3800 | 19710 | 1280 | 120 | 50 | 25 |
| 340 | 377 | 309 | 21 | 40 | 27 | 316 | 248 | 76 370 | 4050 | 19710 | 1280 | 126 | 47 | 28 |
| 360 | 395 | 308 | 21 | 40 | 27 | 319 | 250 | 84 870 | 4300 | 19520 | 1270 | 126 | 47 | 28 |
| 380 | 432 | 307 | 21 | 40 | 27 | 326 | 256 | 104 100 | 4820 | 19330 | 1260 | 126 | 47 | 28 |
| 400 | 478 | 307 | 21 | 40 | 27 | 335 | 263 | 131 500 | 5500 | 19340 | 1260 | 126 | 47 | 28 |
| 500 | 524 | 306 | 21 | 40 | 27 | 344 | 270 | 161 900 | 6180 | 19150 | 1250 | 130 | 45 | 28 |
| 550 | 572 | 306 | 21 | 40 | 27 | 354 | 278 | 198 000 | 6920 | 19160 | 1250 | 130 | 45 | 28 |
| 600 | 620 | 305 | 21 | 40 | 27 | 364 | 285 | 237 400 | 7660 | 18970 | 1240 | 130 | 45 | 28 |

### ⌐-Stahl
vgl. DIN 1027 (2004-04)

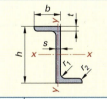

$r_1 \approx t$
$r_2 \approx \dfrac{t}{2}$

S   Querschnittsfläche
I    Flächenmoment 2. Grades
W   axiales Widerstandsmoment
m'   längenbezogene Masse

**Bezeichnung** für ⌐-Stahl mit 80 mm Höhe aus S235JRG1 nach DIN EN 10025:
**Z-Profil DIN 1027 – Z 80 – S235JRG1**

Anreißmaße nach DIN 997 (1970-10)

| Kurz-zeichen ⌐ | Abmessungen in mm |   |   |   | S cm² | m' kg/m | Für die Biegeachse x – x |   | y – y |   | Anreißmaße in mm |   |
|---|---|---|---|---|---|---|---|---|---|---|---|---|
|   | h | b | s | t |   |   | $I_x$ cm⁴ | $W_x$ cm³ | $I_y$ cm⁴ | $W_y$ cm³ | $w_1$ | $d_1$ max. |
| 30 | 30 | 38 | 4 | 4,5 | 4,32 | 3,39 | 5,96 | 3,97 | 13,7 | 3,80 | 20 | 11 |
| 40 | 40 | 40 | 4,5 | 5 | 5,43 | 4,26 | 13,5 | 6,75 | 17,6 | 4,66 | 22 | 11 |
| 50 | 50 | 43 | 5 | 5,5 | 6,77 | 5,31 | 26,3 | 10,5 | 23,8 | 5,88 | 25 | 11 |
| 60 | 60 | 45 | 5 | 6 | 7,91 | 6,21 | 4,7 | 14,9 | 30,1 | 7,09 | 25 | 13 |
| 80 | 80 | 50 | 6 | 7 | 11,1 | 8,71 | 109 | 27,3 | 47,4 | 10,1 | 30 | 13 |
| 100 | 100 | 55 | 6,5 | 8 | 14,5 | 11,4 | 222 | 44,4 | 72,5 | 14,0 | 30 | 17 |
| 120 | 120 | 60 | 7 | 9 | 18,2 | 14,3 | 402 | 67,0 | 106 | 18,8 | 35 | 17 |
| 140 | 140 | 65 | 8 | 10 | 22,9 | 18,0 | 676 | 96,6 | 148 | 23,3 | 35 | 17 |
| 160 | 160 | 70 | 8,5 | 11 | 27,5 | 21,6 | 1060 | 132 | 204 | 31,0 | 35 | 21 |

# Rohre

## Eigenschaften von Stahl- und Kupferrohren

**Nahtlose kaltgezogene Rohre** — vgl. DIN EN 10305-1 (2010-05)
**Geschweißte kaltgezogene Rohre** — vgl. DIN EN 10305-2 (2010-05)

### Lieferzustände

| Kurzzeichen | Benennung | Erklärung, Eigenschaften |
|---|---|---|
| +C | zugblank-hart | Ohne Wärmebehandlung nach dem abschließenden Kaltziehen. |
| +LC | zugblank-weich | Nach der letzten Wärmebehandlung folgt ein Kaltziehen in einem Stich |
| +SR | zugblank und spannungsarmgeglüht | Nach dem letzten Kaltziehen wird unter kontrollierter Atmosphäre spannungsarm geglüht. |
| +A | geglüht | Nach dem letzten Kaltziehen wird unter kontrollierter Atmosphäre geglüht. |
| +N | normalgeglüht | Nach dem letzten Kaltziehen werden die Rohre unter kontrollierter Atmosphäre normal geglüht. |

### Mechanische Eigenschaften nahtlos kaltgezogener Rohre — vgl. DIN EN 10305-1 (2010-05)

| Lieferzustand | +C | | +LC | | +SR | | | +A | | +N | | |
|---|---|---|---|---|---|---|---|---|---|---|---|---|
| Stahlsorte Kurzname | $R_m$ N/mm² | A % | $R_m$ N/mm² | A % | $R_m$ N/mm² | $R_{eH}$ N/mm² | A % | $R_m$ N/mm² | $A_5$ % | $R_m$ N/mm² | $R_{eH}$ N/mm² | A % |
| E215 | 430 | 8 | 380 | 12 | 380 | 280 | 16 | 280 | 30 | 290 bis 420 | 215 | 30 |
| E235 | 480 | 6 | 420 | 10 | 420 | 350 | 16 | 315 | 25 | 340 bis 480 | 235 | 25 |
| E255 | 580 | 5 | 520 | 8 | 520 | 375 | 12 | 390 | 21 | 440 bis 570 | 255 | 21 |
| E355 | 640 | 4 | 580 | 7 | 580 | 450 | 10 | 450 | 22 | 490 bis 630 | 355 | 22 |

Lieferzustand +C, +LC: Glatte äußere und innere Oberfläche mit einer Rauheit $R_a \leq 4$ µm, Lieferzustand +SR, +A, +N: Glatte, äußere Oberfläche mit einer Rauheit $R_a \leq 4$ µm.

**Lieferart:** Außendurchmesser $D = 4$ mm bis 260 mm in Wanddicken $T = 0{,}5$ mm bis 25 mm; Herstelllänge: 3 m bis 8 m
**Werkstoff:** Stähle für den Maschinenbau
**Bezeichnung** eines nahtlos kaltgezogenen Rohres nach DIN EN 10305-1, Außendurchmesser 60 mm, Innendurchmesser 56 mm, gefertigt aus der Stahlsorte E235 in normal geglühtem Zustand;
**Rohr-60 x ID56 -DIN EN 10305-1-E235+N**

### Mechanische Eigenschaften geschweißter kaltgezogener Rohre — vgl. DIN EN 10305-2 (2010-05)

| Lieferzustand | +C | | +LC | | +SR | | | +A | | +N | | |
|---|---|---|---|---|---|---|---|---|---|---|---|---|
| Stahlsorte Kurzname | $R_m$ N/mm² | A % | $R_m$ N/mm² | A % | $R_m$ N/mm² | $R_{eH}$ N/mm² | A % | $R_m$ N/mm² | $A_5$ % | $R_m$ N/mm² | $R_{eH}$ N/mm² | A % |
| E115 | 400 | 6 | 350 | 12 | 350 | 245 | 18 | 260 | 28 | 270 bis 410 | 155 | 28 |
| E195 | 420 | 6 | 370 | 10 | 370 | 260 | 18 | 290 | 28 | 300 bis 440 | 195 | 28 |
| E235 | 490 | 6 | 440 | 10 | 440 | 325 | 14 | 315 | 25 | 340 bis 480 | 235 | 25 |
| E275 | 560 | 5 | 510 | 8 | 510 | 375 | 12 | 390 | 21 | 410 bis 550 | 275 | 21 |
| E355 | 640 | 4 | 590 | 6 | 590 | 435 | 10 | 450 | 22 | 490 bis 630 | 355 | 22 |

Lieferzustand: Glatte äußere und innere Oberfläche mit einer Rauheit $R_a \leq 4$ µm.

**Lieferart:** Außendurchmesser $D = 4$ mm bis 150 mm in Wanddicken $T = 0{,}5$ mm bis 10 mm; Herstelllänge: 3 m bis 8 m
**Werkstoff:** Stähle für den Maschinenbau
**Bezeichnung** eines geschweißten kaltgezogenen Rohres nach DIN EN 10305-2, Außendurchmesser 30 mm, Innendurchmesser 22 mm, gefertigt aus der Stahlsorte E195 in geglühtem Zustand;
**Rohr-30 x ID22 -DIN EN 10305-2-E195+A**

### Installationsrohre aus Kupfer, nahtlos gezogen — vgl. DIN EN 1057 (2010-06), Ersatz für DIN 1786

| Bezeichnung | Außendurchmesser $d$ in mm | Zugfestigkeit $R_m$ in MPa | Bruchdehnung A in % | Verwendung |
|---|---|---|---|---|
| R220 | 6 bis 54 | 220 | 40 | Wasser- und Gasleitungen für Sanitärinstallationen und Heizungsanlagen |
| R250 | 6 bis 66,7 | 250 | 30 | |
| | 6 bis 259 | | 20 | |

**Lieferart:** In Ringen von $d = 6$ mm bis 54 mm im Zustand R220 in Lieferlängen von 25 m oder 50 m. In geraden Längen von $d = 6$ mm bis 267 mm im Zustand R250 oder R290, mit Lieferlängen von 3 m oder 5 m.
**Werkstoff:** Kupfer und Kupferlegierungen
**Bezeichnung** eines Kupferrohres nach DIN EN 1057, R220 (weich), $d = 12$ mm, Wanddicke $e = 1$ mm
**Kupferrohr DIN EN 1057 – R220 – 12 × 1,0**

# Stahlrohre

## Runde Hohlprofile

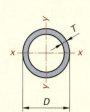

D  Außendurchmesser
T  Wanddicke
W  Widerstandsmoment
S  Querschnittsfläche
i  Trägheitsradius 2. Grades
m  längenbezogene Masse
I  Flächenmoment

**Werkstoff:** Unlegierte Baustähle und Feinkornbaustähle

**Lieferant:** Von Durchmesser $D$ = 21,3 mm bis 1219 mm, je nach Durchmesser von $T$ = 2,0 mm bis 60,0 mm.

**Bezeichnung** für ein warmgefertigtes rundes Hohlprofil (HFCHS) aus S275J0 mit $D$ = 60,3 mm und $T$ = 4 mm DIN EN 10 210:
**HFCHS DIN EN 10210 – S275J0 – 60,3 × 4**

### Warmgefertigte, runde Hohlprofile (HFCHS) vgl. DIN EN 10 210-2 (2006-07)

| D mm | T mm | $m'$ kg/m | S cm² | i cm | $I_x$ cm⁴ | $W_x$ cm³ |
|---|---|---|---|---|---|---|
| 21,3 | 2,3 | 1,08 | 1,37 | 0,677 | 0,629 | 0,590 |
|  | 2,6 | 1,20 | 1,53 | 0,668 | 0,681 | 0,639 |
|  | 3,2 | 1,43 | 1,82 | 0,650 | 0,768 | 0,722 |
| 26,9 | 2,3 | 1,40 | 1,78 | 0,874 | 1,36 | 1,01 |
|  | 2,6 | 1,56 | 1,98 | 0,864 | 1,48 | 1,10 |
|  | 3,2 | 1,87 | 2,38 | 0,846 | 1,70 | 1,27 |
| 33,7 | 2,6 | 1,99 | 2,54 | 1,10 | 3,09 | 1,84 |
|  | 3,2 | 2,41 | 3,07 | 1,08 | 3,60 | 2,14 |
|  | 4,0 | 2,93 | 3,73 | 1,06 | 4,19 | 2,49 |
| 42,4 | 2,6 | 2,55 | 3,25 | 1,41 | 6,46 | 3,05 |
|  | 3,2 | 3,09 | 3,94 | 1,39 | 7,62 | 3,59 |
|  | 4,0 | 3,79 | 4,83 | 1,36 | 8,99 | 4,24 |
| 48,3 | 2,6 | 2,93 | 3,73 | 1,62 | 9,78 | 4,05 |
|  | 3,2 | 3,56 | 4,53 | 1,60 | 11,6 | 4,80 |
|  | 4,0 | 4,37 | 5,57 | 1,57 | 13,8 | 5,70 |
|  | 5,0 | 5,34 | 6,80 | 1,54 | 16,2 | 6,69 |
| 60,3 | 2,6 | 3,70 | 4,71 | 2,04 | 19,7 | 6,52 |
|  | 3,2 | 4,51 | 5,74 | 2,02 | 23,5 | 7,78 |
|  | 4,0 | 5,55 | 7,07 | 2,00 | 28,2 | 9,34 |
|  | 5,0 | 6,82 | 8,69 | 1,69 | 33,5 | 11,1 |
| 76,1 | 2,6 | 4,71 | 6,00 | 2,60 | 40,6 | 10,7 |
|  | 3,2 | 5,75 | 7,33 | 2,58 | 48,8 | 12,8 |
|  | 4,0 | 7,11 | 9,06 | 2,55 | 59,1 | 15,5 |
|  | 5,0 | 8,77 | 11,2 | 2,52 | 70,9 | 18,6 |
| 88,9 | 3,2 | 6,76 | 8,62 | 3,03 | 79,2 | 17,8 |
|  | 4,0 | 8,38 | 10,7 | 3,00 | 96,3 | 21,7 |
|  | 5,0 | 10,3 | 13,2 | 2,97 | 116 | 26,2 |
|  | 6,0 | 12,3 | 15,6 | 2,94 | 135 | 30,4 |
|  | 6,3 | 12,8 | 16,3 | 2,93 | 140 | 31,5 |
| 101,6 | 3,2 | 7,77 | 9,89 | 3,48 | 120 | 23,6 |
|  | 4,0 | 9,63 | 12,3 | 3,45 | 146 | 28,8 |
|  | 5,0 | 11,9 | 15,2 | 3,42 | 177 | 34,9 |
|  | 6,0 | 14,1 | 18,0 | 3,39 | 207 | 40,7 |
|  | 6,3 | 14,8 | 18,9 | 3,36 | 215 | 42,3 |
|  | 8,0 | 18,5 | 23,5 | 3,32 | 260 | 51,1 |
|  | 10,0 | 22,6 | 28,8 | 3,26 | 305 | 60,1 |

### Kaltgefertigte, runde geschweißte Hohlprofile (CFCHS) vgl. DIN EN 10 219-2 (2006-07)

| D mm | T mm | $m'$ kg/m | S cm² | i cm | $I_x$ cm⁴ | $W_x$ cm³ |
|---|---|---|---|---|---|---|
| 21,3 | 2,0 | 0,952 | 1,21 | 0,686 | 0,571 | 0,536 |
|  | 2,5 | 1,16 | 1,48 | 0,671 | 0,664 | 0,623 |
|  | 3,0 | 1,35 | 1,72 | 0,656 | 0,741 | 0,696 |
| 26,9 | 2,0 | 1,23 | 1,56 | 0,883 | 1,22 | 0,907 |
|  | 2,5 | 1,50 | 1,92 | 0,867 | 1,44 | 1,07 |
|  | 3,0 | 1,77 | 2,25 | 0,85 | 1,63 | 1,21 |
| 33,7 | 2,0 | 1,56 | 1,99 | 1,12 | 2,51 | 1,49 |
|  | 2,5 | 1,92 | 2,45 | 1,11 | 3,00 | 1,78 |
|  | 3,0 | 2,27 | 2,89 | 1,09 | 3,44 | 2,04 |
| 42,4 | 2,0 | 1,99 | 2,54 | 1,43 | 5,19 | 2,45 |
|  | 2,5 | 2,46 | 3,13 | 1,41 | 6,26 | 2,95 |
|  | 3,0 | 2,91 | 3,71 | 1,40 | 7,25 | 3,42 |
|  | 4,0 | 3,79 | 4,83 | 1,36 | 8,99 | 4,24 |
| 48,3 | 2,0 | 2,28 | 2,91 | 1,64 | 7,81 | 3,23 |
|  | 2,5 | 2,82 | 3,60 | 1,62 | 9,46 | 3,92 |
|  | 3,0 | 3,35 | 4,27 | 1,61 | 11,0 | 4,55 |
|  | 4,0 | 4,37 | 5,57 | 1,57 | 13,8 | 5,70 |
|  | 5,0 | 5,34 | 6,80 | 1,54 | 16,2 | 6,69 |
| 60,3 | 2,0 | 2,88 | 3,66 | 2,06 | 15,6 | 5,17 |
|  | 2,5 | 3,56 | 4,54 | 2,05 | 19,0 | 6,30 |
|  | 3,0 | 4,24 | 5,40 | 2,03 | 22,2 | 7,37 |
|  | 4,0 | 5,55 | 7,07 | 2,00 | 28,2 | 9,34 |
|  | 5,0 | 6,82 | 8,69 | 1,96 | 33,5 | 11,1 |
| 76,1 | 2,0 | 3,65 | 4,66 | 2,62 | 32,0 | 8,40 |
|  | 2,5 | 4,54 | 5,78 | 2,60 | 39,2 | 10,2 |
|  | 3,0 | 5,41 | 6,89 | 2,59 | 46,1 | 12,1 |
|  | 4,0 | 7,11 | 9,06 | 2,55 | 59,1 | 15,5 |
|  | 5,0 | 8,77 | 11,2 | 2,52 | 70,9 | 18,6 |
|  | 6,0 | 10,4 | 13,2 | 2,49 | 81,8 | 21,5 |
|  | 6,3 | 10,8 | 13,8 | 2,48 | 84,8 | 22,3 |
| 88,9 | 2,0 | 4,29 | 5,46 | 3,07 | 51,6 | 11,6 |
|  | 2,5 | 5,33 | 6,79 | 3,06 | 63,4 | 14,3 |
|  | 3,0 | 6,36 | 8,10 | 3,04 | 74,8 | 16,8 |
|  | 4,0 | 8,34 | 10,7 | 3,00 | 96,3 | 21,7 |
|  | 5,0 | 10,3 | 13,2 | 2,97 | 116 | 26,2 |
|  | 6,0 | 12,3 | 15,6 | 2,94 | 135 | 30,4 |
|  | 6,3 | 12,8 | 16,3 | 2,93 | 140 | 31,5 |

**Weitere Durchmesser:**
114,3 – 139,7 – 168,3 – 177,8 – 193,7 – 219,1 – 244,5 – 273,0 – 323,9 – 355,6 – 406,4 – 457,0 – 508,0 – 610,0 – 711,0 – 762,0 – 813,0 – 914,0 – 1016,0 – 1067,0 – 1168,0 – 1219,0 mm.

# Stahlrohre

## Nahtlose und geschweißte Rohre aus nichtrostenden Stählen
vgl. DIN EN ISO 1127 (1997-03)

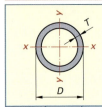

$I_x = I_y$ Flächenmomente 2. Grades
$W_x = W_y$ axiale Widerstandsmomente
$m'$ längenbezogene Masse
$D$ Außendurchmesser
$T$ Wanddicke

**Bezeichnung** eines geschweißten, austenitischen Edelstahlrohres aus X5CrNi18-10 (1.4301), $D$ = 33,7 mm, $T$ = 2,6 mm:
**Rohr DIN EN ISO 1127 – X5CrNi18-10 – 33,7 × 2,6**
oder handelsüblicher mit Angabe der Werkstoffnummer:
**Rohr Edelstahl-Rostfrei DIN EN ISO 1127 – 1.4301 – 33,7 × 2,6**

| Außendurchmesser $D$ mm | Wanddicke $T$ mm | Für austen. Stahl[1] $m'$ kg/m | Für martens. Stahl[2] $m'$ kg/m | Für die f. Biegeachsen x–x = y–y | | Außendurchmesser $D$ mm | Wanddicke $T$ mm | Für austen. Stahl[1] $m'$ kg/m | Für martens. Stahl[2] $m'$ kg/m | Für die f. Biegeachsen x–x = y–y | |
|---|---|---|---|---|---|---|---|---|---|---|---|
| | | | | $I_x$ cm⁴ | $W_x$ cm³ | | | | | $I_x$ cm⁴ | $W_x$ cm³ |
| 8,00[R2] | 1,0 | 0,175 | 0,170 | 0,01 | 0,03 | 40,00[R2] | 2,6 | 2,435 | 2,361 | 5,37 | 2,68 |
| | 1,2 | 0,204 | 0,198 | 0,02 | 0,04 | 42,40[R1] | 2,6 | 2,578 | 2,500 | 6,37 | 3,02 |
| 10,00[R1] | 1,0 | 0,225 | 0,219 | 0,03 | 0,06 | | 3,2 | 3,125 | 3,031 | 7,50 | 3,56 |
| | 1,2 | 0,264 | 0,256 | 0,03 | 0,07 | 48,30[R1] | 2,6 | 2,975 | 2,885 | 9,78 | 4,05 |
| 10,20[R1] | 1,2 | 0,270 | 0,262 | 0,03 | 0,07 | | 3,2 | 3,613 | 3,505 | 11,59 | 4,80 |
| 12,00[R2] | 1,6 | 0,417 | 0,404 | 0,07 | 0,12 | | 3,6 | 4,029 | 3,908 | 12,71 | 5,26 |
| | 2,0 | 0,501 | 0,486 | 0,08 | 0,14 | 51,00[R2] | 2,6 | 3,151 | 3,056 | 11,61 | 4,55 |
| | 1,6 | 0,445 | 0,431 | 0,09 | 0,14 | | 3,2 | 3,830 | 3,714 | 13,79 | 5,41 |
| 12,70[R2] | 2,0 | 0,536 | 0,520 | 0,10 | 0,16 | 57,00[R2] | 2,0 | 2,754 | 2,671 | 13,08 | 4,59 |
| | 2,3 | 0,599 | 0,581 | 0,11 | 0,17 | | 2,9 | 3,928 | 3,810 | 18,08 | 6,35 |
| | 1,6 | 0,477 | 0,462 | 0,11 | 0,16 | | 2,6 | 3,756 | 3,643 | 19,65 | 6,52 |
| 13,50[R1] | 2,0 | 0,576 | 0,559 | 0,12 | 0,18 | 60,30[R1] | 2,9 | 4,168 | 4,042 | 21,59 | 7,16 |
| | 2,3 | 0,645 | 0,626 | 0,13 | 0,20 | | 3,2 | 4,575 | 4,437 | 23,47 | 7,78 |
| 16,00[R2] | 1,6 | 0,577 | 0,559 | 0,19 | 0,24 | | 3,6 | 5,111 | 4,957 | 25,87 | 8,58 |
| | 2,0 | 0,701 | 0,680 | 0,22 | 0,27 | 63,50[R2] | 2,6 | 3,964 | 3,845 | 23,10 | 7,28 |
| | 1,6 | 0,625 | 0,606 | 0,24 | 0,28 | | 3,2 | 4,831 | 4,686 | 27,63 | 8,70 |
| 17,20[R1] | 2,0 | 0,761 | 0,738 | 0,28 | 0,33 | 70,00[R2] | 2,9 | 4,872 | 4,725 | 34,47 | 9,85 |
| | 2,3 | 0,858 | 0,832 | 0,31 | 0,36 | | 2,9 | 5,315 | 5,155 | 44,74 | 11,76 |
| 19,00[R2] | 1,6 | 0,697 | 0,676 | 0,33 | 0,35 | | 3,6 | 6,535 | 6,338 | 54,01 | 14,19 |
| | 2,0 | 0,851 | 0,826 | 0,39 | 0,41 | 76,10[R1] | 4,0 | 7,221 | 7,003 | 59,06 | 15,52 |
| 20,00[R2] | 2,0 | 0901 | 0,874 | 0,46 | 0,46 | | 5,0 | 8,901 | 8,633 | 70,92 | 18,64 |
| 21,30[R1] | 2,0 | 0,966 | 0,937 | 0,57 | 0,54 | | 3,2 | 6,866 | 6,660 | 79,21 | 17,82 |
| 25,00[R2] | 2,0 | 1,152 | 1,117 | 0,96 | 0,77 | 88,90[R1] | 3,6 | 7,689 | 7,457 | 87,90 | 19,77 |
| | 2,6 | 1,458 | 1,414 | 1,16 | 0,93 | | 4,0 | 8,503 | 8,247 | 96,34 | 21,67 |
| 26,90[R1] | 2,0 | 1,247 | 1,209 | 1,22 | 0,91 | | 5,6 | 11,680 | 11,328 | 127,69 | 28,73 |
| | 2,6 | 1,582 | 1,534 | 1,48 | 1,10 | 101,60[R2] | 4,0 | 9,775 | 9,480 | 146,28 | 28,80 |
| 31,80[R2] | 2,6 | 1,901 | 1,844 | 2,56 | 1,61 | | 5,6 | 13,460 | 13,055 | 195,23 | 38,43 |
| | 3,2 | 2,291 | 2,222 | 2,98 | 1,87 | 114,30[R1] | 3,6 | 9,978 | 9,678 | 191,98 | 33,59 |
| 33,70[R1] | 2,3 | 1,808 | 1,754 | 2,81 | 1,67 | | 4,5 | 12,371 | 11,999 | 234,32 | 41,00 |
| | 2,6 | 2,025 | 1,964 | 3,09 | 1,84 | | 4,0 | 13,590 | 13,181 | 392,86 | 56,24 |
| 38,00[R2] | 2,6 | 2,304 | 2,235 | 4,55 | 2,40 | 139,70[R1] | 5,0 | 16,863 | 16,355 | 480,54 | 68,80 |
| | 3,2 | 2,788 | 2,704 | 5,34 | 2,81 | | 6,3 | 21,042 | 20,409 | 588,62 | 84,27 |

[1] $m'$ für austenitische Stähle = 7,97 kg/dm³;   [2] $m'$ für ferritische und martensitische Stähle = 7,73 kg/dm³
[R1] Rohre der Reihe 1;   [R2] Rohre der Reihe 2

**Wanddicken $T$ in Stufungen:** 1,0; 1,2; 1,6; 2,0; 2,3; 2,6; 2,9; 3,2; 3,6; 4,0; 4,5; 5,0; 5,6; 6,3; 7,1; 8,0; 10,0; 11,0; 12,5; 14,2

**Weitere Wanddicken $T$ für Rohre der Reihe 1 und 2:** Für $D$ = 6; 8; 10; 10,2; 12; 12,7; 13,5; 16; 17,2; 19; 20; 21,3; 25; 26,9; 33,7 und 51 mm ab 1 mm. Für $D$ = 31,8; 32; 38 und 40 mm ab 1,2 mm. Für $D$ = 42,2 bis 168,3 mm ab 1,6 mm. Für $D$ = 219,1 und 273 mm ab 2,0 mm. Für $D$ = 457 mm, 508 mm und 610 mm ab 3,2 mm: Für $D$ = 711 mm nur in 7,1 mm. Für $D$ = 813 mm nur in 8,0 mm. Für $D$ = 914 mm nur in 8,8 mm. Für $D$ = 1016 mm nur in 10 mm.

**Rohre der Reihe 3 in Größe ($D$ : $T$)** in mm: $D$ = **14**: 1,0; 1,6; 2,0/$D$ = **18**: 1,0; 1,6, 2,0/$D$ = **22**: 1,0. 2,0/$D$ = **25,4**: 1,2; 1,6; 2,0/$D$ = **30**: 1,6; 2,0/$D$ = **35**: 1,2; 2,0/$D$ = **44,5**: 2,0; 2,6; 2,9/$D$ = **54**: 1,6; 2,0; 2,6/$D$ = **82,5**: 2,0; 3,2

# Stahlrohre

**Warmgefertigte quadratische und rechteckige Hohlprofile** vgl. DIN EN 10 210-2 (2006-07)

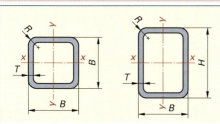

$I_x$, $I_y$ Flächenmomente 2. Grades
$W_x$, $W_y$ axiale Widerstandsmomente
$i_x$, $i_y$ Trägheitsradius
$m'$ längenbezogene Masse
$T$ Wanddicke
$S$ Querschnittsfläche

**Werkstoff:** Unlegierte Baustähle und Feinkornbaustähle

**Lieferart:** von $B = 20$ mm bis 400 mm, $T = 2{,}0$ mm bis 20,0 mm, von $H \times B = 50 \times 25$ mm bis $500 \times 300$ mm, $T = 2{,}5$ mm bis 20,0 mm.

**Bezeichnung** für Hohlprofil aus S355J0 quadratisch mit $B = 60$ mm und $T = 5$ mm nach DIN EN 10 210:
**Hohlprofil DIN EN 10 210-2 – S355J0 – 60 × 60 × 5**

Äußeres Rundungsprofil für jeden Eckenbereich höchstens $R = 3 \cdot T$

| Nenn-maß $B \times B$, $H \times B$ mm | Wand-dicke $T$ mm | Längen-bezogene Masse $m'$ kg/m | Quer-schnitts-fläche $S$ cm² | Mantel-fläche $A_M$ m²/m | Trägheitsradius $i_x$ cm | $i_y$ cm | Flächen- und Widerstandsmomente für die Biegeachsen x–x $I_x$ cm⁴ | $W_x$ cm³ | y–y $I_y$ cm⁴ | $W_y$ cm³ |
|---|---|---|---|---|---|---|---|---|---|---|
| 20×20 | 2,0 | 1,10 | 1,40 | 0,0748 | 0,727 | 0,727 | 0,739 | 0,930 | 0,739 | 0,930 |
|  | 2,5 | 1,32 | 1,68 | 0,0736 | 0,705 | 0,705 | 0,835 | 1,08 | 0,835 | 1,08 |
| 30×30 | 2,0 | 1,72 | 2,20 | 0,1148 | 1,14 | 1,14 | 2,84 | 1,89 | 2,84 | 1,89 |
|  | 2,5 | 2,11 | 2,68 | 0,1136 | 1,11 | 1,11 | 3,33 | 2,22 | 3,33 | 2,22 |
| 40×40 | 3,0 | 3,41 | 4,34 | 0,1523 | 1,50 | 1,50 | 9,78 | 4,89 | 9,78 | 4,89 |
|  | 4,0 | 4,39 | 5,59 | 0,1497 | 1,45 | 1,45 | 11,8 | 5,91 | 11,8 | 5,91 |
|  | 5,0 | 5,28 | 6,73 | 0,1471 | 1,41 | 1,41 | 13,4 | 6,68 | 13,4 | 6,68 |
| 50×50 | 2,5 | 3,68 | 4,68 | 0,1936 | 1,93 | 1,93 | 17,5 | 6,99 | 17,5 | 6,99 |
|  | 3,0 | 4,35 | 5,54 | 0,1923 | 1,91 | 1,91 | 20,2 | 8,08 | 20,2 | 8,08 |
| 60×60 | 2,5 | 4,46 | 5,68 | 0,2336 | 2,34 | 2,34 | 31,1 | 10,4 | 31,1 | 10,4 |
|  | 3,0 | 5,29 | 6,74 | 0,2323 | 2,32 | 2,32 | 36,2 | 12,1 | 36,2 | 12,1 |
|  | 4,0 | 6,90 | 8,79 | 0,2297 | 2,27 | 2,27 | 45,4 | 15,3 | 45,4 | 15,1 |
|  | 5,0 | 8,42 | 10,7 | 0,2271 | 2,23 | 2,23 | 53,3 | 17,8 | 53,3 | 17,8 |
|  | 6,0 | 9,87 | 12,6 | 0,2245 | 2,18 | 2,18 | 59,9 | 20,0 | 59,9 | 20,0 |
| 70×70 | 4,0 | 8,16 | 10,39 | 0,2697 | 2,68 | 2,68 | 74,69 | 21,34 | 74,69 | 21,34 |
|  | 5,0 | 9,99 | 12,73 | 0,2671 | 2,64 | 2,64 | 88,50 | 25,29 | 88,50 | 25,29 |
| 80×80 | 3,0 | 7,18 | 9,14 | 0,3123 | 3,13 | 3,13 | 89,8 | 22,5 | 89,8 | 22,5 |
|  | 4,0 | 9,41 | 12,0 | 0,3097 | 3,09 | 3,09 | 114 | 28,6 | 114 | 28,6 |
|  | 5,0 | 11,6 | 14,7 | 0,3071 | 3,05 | 3,05 | 137 | 34,2 | 137 | 34,2 |
| 90×90 | 5,0 | 13,13 | 16,73 | 0,3471 | 3,45 | 3,45 | 199,60 | 44,35 | 199,60 | 44,35 |
|  | 6,3 | 16,22 | 20,67 | 0,3438 | 3,40 | 3,40 | 238,30 | 52,95 | 238,30 | 52,95 |
| 100×100 | 4,0 | 11,9 | 15,2 | 0,3897 | 3,91 | 3,91 | 232 | 46,4 | 232 | 46,4 |
|  | 5,0 | 14,7 | 18,7 | 0,3871 | 3,86 | 3,86 | 279 | 55,9 | 279 | 55,9 |
|  | 6,0 | 17,4 | 22,2 | 0,3845 | 3,82 | 3,82 | 323 | 64,6 | 323 | 64,6 |
| 50×30 | 2,5 | 2,89 | 3,68 | 0,1536 | 1,79 | 1,19 | 11,8 | 4,73 | 5,22 | 3,48 |
|  | 3,0 | 3,41 | 4,34 | 0,1523 | 1,77 | 1,17 | 13,6 | 5,43 | 5,94 | 3,96 |
|  | 4,0 | 4,39 | 5,59 | 0,1497 | 1,72 | 1,13 | 16,5 | 6,60 | 7,08 | 4,72 |
| 60×40 | 3,0 | 4,35 | 5,54 | 0,1923 | 2,18 | 1,58 | 26,5 | 8,82 | 13,9 | 6,95 |
|  | 4,0 | 5,64 | 7,19 | 0,1897 | 2,14 | 1,54 | 32,8 | 10,9 | 17,0 | 8,52 |
| 80×40 | 3,0 | 5,29 | 6,74 | 0,2323 | 2,84 | 1,63 | 54,2 | 13,6 | 18,0 | 9,00 |
|  | 4,0 | 6,90 | 8,79 | 0,2297 | 2,79 | 1,59 | 68,2 | 17,1 | 22,2 | 11,1 |
|  | 5,0 | 8,42 | 10,7 | 0,2271 | 2,74 | 1,55 | 80,3 | 20,1 | 25,7 | 12,9 |
| 90×50 | 4,0 | 8,16 | 10,39 | 0,2697 | 3,21 | 2,01 | 107,10 | 23,80 | 41,95 | 16,78 |
|  | 5,0 | 9,99 | 12,73 | 0,2671 | 3,16 | 1,97 | 127,30 | 28,28 | 49,21 | 19,69 |
| 100×50 | 4,0 | 8,78 | 11,2 | 0,2897 | 3,53 | 2,03 | 140 | 27,9 | 46,2 | 18,5 |
|  | 5,0 | 10,8 | 13,7 | 0,2871 | 3,48 | 1,99 | 167 | 33,3 | 54,3 | 21,7 |
|  | 6,0 | 12,7 | 16,2 | 0,2845 | 3,43 | 1,95 | 190 | 38,1 | 61,2 | 24,5 |
| 100×60 | 3,0 | 7,18 | 9,14 | 0,3123 | 3,68 | 2,47 | 124 | 24,7 | 55,7 | 18,6 |
|  | 4,0 | 9,41 | 12,0 | 0,3097 | 3,63 | 2,43 | 158 | 31,6 | 70,5 | 23,5 |
|  | 5,0 | 11,6 | 14,7 | 0,3071 | 3,58 | 2,38 | 189 | 37,8 | 83,6 | 27,9 |

## Stahlrohre

### Kaltgefertigte, geschweißte, quadratische und rechteckige Hohlprofile

vgl. DIN EN 10219-2 (2006-07)

$I_x$, $I_y$ Flächenmomente 2. Grades
$W_x$, $W_y$ axiale Widerstandsmomente
$i_x$, $i_y$ Trägheitsradius
$m'$ längenbezogene Masse
$T$ Wanddicke
$S$ Querschnittsfläche

**Werkstoff:** Unlegierte Baustähle und Feinkornbaustähle
**Lieferart:** Von $B = 20$ mm bis 400 mm, $T = 2{,}0$ mm bis 16,0 mm, von $H \times B = 40 \times 20$ mm bis $400 \times 300$ mm, $T = 2{,}0$ mm bis 16,0 mm.

**Bezeichnung** für Hohlprofil aus S355J0 quadratisch mit $B = 40$ mm und $T = 4$ mm nach DIN EN 10 219:
Hohlprofil DIN EN 10 219 – S355J0 – $40 \times 40 \times 4$

Äußeres Rundungsprofil:
- $R = 1{,}6$ bis $2{,}4 \cdot T$ für $T \leq 6$ mm
- $R = 2{,}0$ bis $3{,}0 \cdot T$ für $6 < T \leq 10$ mm
- $R = 2{,}4$ bis $2{,}6 \cdot T$ für $T > 10$ mm

| Nennmaß $B \times B$, $H \times B$ mm | Wanddicke $T$ mm | Längenbezogene Masse $m'$ kg/m | Querschnittsfläche $S$ cm² | Mantelfläche $A_M$ m²/m | Trägheitsradius $i_x$ cm | Trägheitsradius $i_y$ cm | Flächen- und Widerstandsmomente für die Biegeachsen x–x $I_x$ cm⁴ | x–x $W_x$ cm³ | y–y $I_y$ cm⁴ | y–y $W_y$ cm³ |
|---|---|---|---|---|---|---|---|---|---|---|
| 20×20 | 2,0 | 1,05 | 1,34 | 0,0731 | 0,73 | 0,73 | 0,69 | 0,69 | 0,69 | 0,69 |
| 25×25 | 2,0 | 1,36 | 1,74 | 0,0931 | 0,92 | 0,92 | 1,48 | 1,19 | 1,48 | 1,19 |
| 30×30 | 2,0 | 1,68 | 2,14 | 0,1131 | 1,13 | 1,13 | 2,72 | 1,81 | 2,72 | 1,81 |
| | 2,5 | 2,03 | 2,59 | 0,1114 | 1,10 | 1,10 | 3,16 | 2,10 | 3,16 | 2,10 |
| | 3,0 | 2,36 | 3,01 | 0,1097 | 1,08 | 1,08 | 3,50 | 2,34 | 3,50 | 2,34 |
| 40×40 | 2,0 | 2,31 | 2,94 | 0,1531 | 1,54 | 1,54 | 6,94 | 3,47 | 6,94 | 3,47 |
| | 2,5 | 2,82 | 3,59 | 0,1514 | 1,51 | 1,51 | 8,22 | 4,11 | 8,22 | 4,11 |
| | 3,0 | 3,30 | 4,21 | 0,1497 | 1,49 | 1,49 | 9,32 | 4,66 | 9,32 | 4,66 |
| | 4,0 | 4,20 | 5,35 | 0,1462 | 1,44 | 1,44 | 11,1 | 5,54 | 11,1 | 5,54 |
| 50×50 | 2,5 | 3,60 | 4,59 | 0,1914 | 1,92 | 1,92 | 16,9 | 6,78 | 16,9 | 6,78 |
| | 3,0 | 4,25 | 5,41 | 0,1897 | 1,90 | 1,90 | 19,5 | 7,79 | 19,5 | 7,79 |
| | 4,0 | 5,45 | 6,95 | 0,1862 | 1,85 | 1,85 | 23,7 | 9,49 | 23,7 | 9,49 |
| 60×60 | 3,0 | 5,19 | 6,61 | 0,2267 | 2,31 | 2,31 | 35,1 | 11,7 | 35,1 | 11,7 |
| | 4,0 | 6,71 | 8,55 | 0,2262 | 2,26 | 2,26 | 43,6 | 14,5 | 43,6 | 14,5 |
| | 5,0 | 8,13 | 10,4 | 0,2228 | 2,21 | 2,21 | 50,5 | 16,8 | 50,5 | 16,8 |
| | 6,0 | 9,45 | 12,0 | 0,2194 | 2,16 | 2,16 | 56,1 | 18,7 | 56,1 | 18,7 |
| 80×80 | 3,0 | 7,07 | 9,01 | 0,3097 | 3,12 | 3,12 | 87,8 | 22,0 | 87,8 | 22,0 |
| | 4,0 | 9,22 | 11,7 | 0,3062 | 3,07 | 3,07 | 111 | 27,8 | 111 | 27,8 |
| | 5,0 | 11,3 | 14,4 | 0,3028 | 3,03 | 3,03 | 131 | 32,9 | 131 | 32,9 |
| | 6,0 | 13,2 | 16,8 | 0,2994 | 2,98 | 2,98 | 149 | 37,3 | 149 | 37,3 |
| 100×100 | 4,0 | 11,73 | 14,95 | 0,3863 | 3,89 | 3,89 | 226,4 | 45,27 | 226,4 | 45,27 |
| | 5,0 | 14,41 | 18,36 | 0,3828 | 3,84 | 3,84 | 271,1 | 54,22 | 271,1 | 54,22 |
| 40×20 | 2,0 | 1,68 | 2,14 | 0,1131 | 1,38 | 0,793 | 4,05 | 2,02 | 1,34 | 1,34 |
| | 2,5 | 2,03 | 2,59 | 0,1114 | 1,35 | 0,770 | 4,69 | 2,35 | 1,54 | 1,54 |
| | 3,0 | 2,36 | 3,01 | 0,1097 | 1,32 | 0,748 | 5,21 | 2,60 | 1,68 | 1,68 |
| 50×30 | 2,0 | 2,31 | 2,94 | 0,1531 | 1,80 | 1,21 | 9,54 | 3,82 | 4,29 | 2,86 |
| | 3,0 | 3,30 | 4,21 | 0,1497 | 1,75 | 1,16 | 12,83 | 5,13 | 5,70 | 3,80 |
| 60×40 | 3,0 | 4,25 | 5,41 | 0,1897 | 2,17 | 1,58 | 25,4 | 8,46 | 13,4 | 6,72 |
| | 4,0 | 5,45 | 6,95 | 0,1892 | 2,11 | 1,53 | 31,0 | 10,3 | 16,3 | 8,14 |
| | 5,0 | 6,56 | 8,36 | 0,1828 | 2,06 | 1,48 | 35,3 | 11,8 | 18,4 | 9,21 |
| 80×40 | 3,0 | 5,19 | 6,61 | 0,2297 | 2,81 | 1,63 | 52,3 | 13,1 | 17,6 | 8,78 |
| | 4,0 | 6,71 | 8,55 | 0,2262 | 2,75 | 1,59 | 64,8 | 16,2 | 21,5 | 10,7 |
| 80×60 | 3,0 | 6,13 | 7,81 | 0,2697 | 3,00 | 2,40 | 70,0 | 17,5 | 44,9 | 15,0 |
| | 4,0 | 7,97 | 10,1 | 0,2662 | 2,94 | 2,35 | 87,9 | 22,0 | 56,1 | 18,7 |
| 100×40 | 3,0 | 6,13 | 7,81 | 0,2697 | 3,44 | 1,67 | 92,3 | 18,5 | 21,7 | 10,8 |
| | 4,0 | 7,97 | 10,1 | 0,2662 | 3,38 | 1,62 | 116 | 23,1 | 26,7 | 13,3 |
| | 5,0 | 9,70 | 12,4 | 0,2628 | 3,31 | 1,58 | 136 | 27,1 | 30,8 | 15,4 |
| 120×60 | 4,0 | 10,5 | 13,3 | 0,3462 | 4,25 | 2,47 | 241 | 40,1 | 81,2 | 27,1 |
| | 5,0 | 12,8 | 16,4 | 0,3428 | 4,19 | 2,42 | 287 | 47,8 | 96,0 | 32,0 |

# Stahlrohre

## Geschweißte, quadratische und rechteckige Hohlprofile aus nichtrostenden Stählen

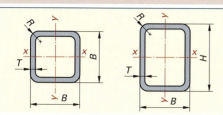

$I_x, I_y$ Flächenmomente 2. Grades
$W_x, W_y$ axiale Widerstandsmomente
$m'$ längenbezogene Masse
$T$ Wanddicke
$S$ Querschnittsfläche

**Werkstoff:** Nichtrostende austenitische Stähle
Handelsüblich nach Werkstoffnummern zu bestellen.
Die vier gebräuchlichsten Werkstoffe:
1.4301 (X5CrNi18-10), 1.4401 (X5CrNiMo17-12-2)
1.4541 (X6CrNiTi18-10), 1.4571 (X6CrNiMoTi17-12-2)
Äußeres Rundungsprofil:
$R = 1{,}6$ bis $2{,}4 \cdot T$ für $T < 6$ mm;
$R = 2{,}4$ bis $3{,}6 \cdot T$ für $T > 6$ mm.

**Bezeichnung** (nicht genormt) eines geschweißten, rechteckigen Hohlprofils aus X5CrNi18-10 (1.4301)
$H = 100$ mm; $B = 40$ mm; $T = 4$ mm.
**Hohlprofil aus nichtrostendem Stahl – 1.4301 – 100 × 40 × 4**
auch
**Rechteckrohr nichtrostender Stahl – 1.4301 – 100 × 40 × 4**

Die Werte für $I_x$, $I_y$, $W_x$ und $W_y$ sind herstellerspezifisch und können um ± 2 % abweichen.

| Nenn-maß $B \times B$ mm | Wand-dicke $T$ mm | längen-bez. Masse $m'$ kg/m | Quer-schnitts-fläche $S$ cm² | Momente für die Biegeachsen $x-x = y-y$ | | Nenn-maß $H \times B$ mm | Wand-dicke $T$ mm | längen-bez. Masse $m'$ kg/m | Quer-schnitts-fläche $S$ cm² | Flächen- und Widerstandsmomente für die Biegeachsen | | | |
|---|---|---|---|---|---|---|---|---|---|---|---|---|---|
| | | | | | | | | | | $x-x$ | | $y-y$ | |
| | | | | $I_x = I_y$ cm⁴ | $W_x = W_y$ cm³ | | | | | $I_x$ cm⁴ | $W_x$ cm³ | $I_y$ cm⁴ | $W_y$ cm³ |
| 15 × 15 | 1,00 | 0,450 | 0,53 | 0,17 | 0,23 | 20 × 10 | 1,50 | 0,660 | 0,75 | 0,35 | 0,35 | 0,11 | 0,22 |
| | 1,50 | 0,660 | 0,75 | 0,23 | 0,31 | 20 × 15 | 1,50 | 0,807 | 0,90 | 0,47 | 0,47 | 0,30 | 0,39 |
| 20 × 20 | 1,00 | 0,601 | 0,73 | 0,43 | 0,43 | 25 × 10 | 1,50 | 0,807 | 0,90 | 0,63 | 0,50 | 0,14 | 0,27 |
| | 1,50 | 0,886 | 1,05 | 0,60 | 0,60 | 25 × 15 | 1,50 | 0,883 | 1,05 | 0,83 | 0,66 | 0,36 | 0,48 |
| 25 × 25 | 1,50 | 1,146 | 1,35 | 1,21 | 0,97 | | 2,00 | 1,152 | 1,34 | 1,02 | 0,82 | 0,44 | 0,59 |
| | 2,00 | 1,495 | 1,74 | 1,52 | 1,22 | 25 × 20 | 1,50 | 0,995 | 1,20 | 1,02 | 0,82 | 0,72 | 0,72 |
| 30 × 30 | 1,50 | 1,371 | 1,65 | 2,16 | 1,44 | | 2,00 | 1,280 | 1,54 | 1,27 | 1,02 | 0,88 | 0,88 |
| | 2,00 | 1,840 | 2,14 | 2,73 | 1,82 | 30 × 15 | 1,50 | 0,995 | 1,20 | 1,31 | 0,87 | 0,42 | 0,57 |
| 35 × 35 | 1,50 | 1,620 | 1,95 | 3,51 | 2,00 | | 2,00 | 1,302 | 1,54 | 1,64 | 1,10 | 0,52 | 0,69 |
| | 2,00 | 2,150 | 2,54 | 4,47 | 2,56 | 30 × 20 | 1,50 | 1,146 | 1,35 | 1,59 | 1,06 | 0,83 | 0,83 |
| | 2,50 | 2,650 | 3,09 | 5,36 | 3,06 | | 2,00 | 1,495 | 1,74 | 2,01 | 1,34 | 1,03 | 1,03 |
| 40 × 40 | 1,50 | 1,859 | 2,25 | 5,32 | 2,66 | 40 × 20 | 1,50 | 1,371 | 1,65 | 3,25 | 1,63 | 1,07 | 1,07 |
| | 2,00 | 2,454 | 2,94 | 6,83 | 3,41 | | 2,00 | 1,840 | 2,14 | 4,14 | 2,06 | 1,34 | 1,34 |
| | 2,50 | 3,161 | 3,59 | 8,21 | 4,10 | 40 × 30 | 2,00 | 2,150 | 2,54 | 5,48 | 2,74 | 3,47 | 2,31 |
| 50 × 50 | 2,00 | 3,080 | 3,74 | 13,74 | 5,50 | | 3,00 | 3,024 | 3,61 | 7,57 | 3,79 | 4,72 | 3,15 |
| | 2,50 | 3,819 | 4,59 | 16,66 | 6,66 | 50 × 20 | 1,50 | 1,620 | 1,95 | 5,70 | 2,28 | 1,31 | 1,31 |
| | 3,00 | 4,650 | 5,41 | 19,39 | 7,76 | | 2,00 | 2,150 | 2,54 | 7,31 | 2,92 | 1,64 | 1,64 |
| 60 × 60 | 3,00 | 5,491 | 6,61 | 34,54 | 11,51 | 50 × 30 | 2,00 | 2,454 | 2,94 | 9,45 | 3,78 | 4,19 | 2,80 |
| | 4,00 | 7,222 | 8,55 | 43,78 | 14,59 | | 3,00 | 3,756 | 4,21 | 13,22 | 5,29 | 5,75 | 3,83 |
| 80 × 80 | 4,00 | 9,816 | 11,75 | 109,16 | 27,30 | 60 × 20 | 1,50 | 1,859 | 2,25 | 9,08 | 3,02 | 1,55 | 1,55 |
| | 5,00 | 12,935 | 14,36 | 151,36 | 32,84 | | 2,00 | 2,454 | 2,94 | 11,70 | 3,90 | 1,94 | 1,94 |
| | 6,00 | 14,600 | 16,83 | 151,74 | 37,93 | 60 × 30 | 2,00 | 2,804 | 3,34 | 14,83 | 4,95 | 4,93 | 3,28 |
| 100 × 100 | 5,00 | 15,380 | 18,36 | 266,52 | 53,31 | | 3,00 | 4,131 | 4,81 | 20,93 | 6,98 | 6,77 | 4,51 |
| | 8,00 | 22,500 | 27,79 | 389,15 | 77,83 | 80 × 30 | 2,00 | 3,360 | 4,14 | 30,59 | 7,64 | 6,39 | 4,26 |
| 120 × 120 | 5,00 | 18,660 | 22,36 | 472,37 | 78,72 | | 3,00 | 4,944 | 6,01 | 43,67 | 10,92 | 8,82 | 5,88 |
| | 8,00 | 28,532 | 34,19 | 700,40 | 116,73 | 80 × 40 | 3,00 | 5,491 | 6,61 | 51,94 | 12,98 | 17,14 | 8,57 |
| 150 × 150 | 8,00 | 34,300 | 43,79 | 1424,69 | 189,96 | | 4,00 | 7,222 | 8,55 | 66,15 | 16,54 | 21,40 | 10,70 |
| | 10,00 | 41,600 | 53,42 | 1709,50 | 229,00 | 100 × 40 | 4,00 | 8,384 | 10,15 | 116,88 | 23,38 | 26,24 | 13,12 |
| 200 × 200 | 8,00 | 47,100 | 59,79 | 3516,73 | 351,67 | 120 × 60 | 4,00 | 11,060 | 13,35 | 237,34 | 39,55 | 78,84 | 26,28 |
| | 10,00 | 57,600 | 73,42 | 4264,35 | 426,43 | 150 × 100 | 8,00 | 29,843 | 35,79 | 1049,72 | 139,90 | 546,98 | 109,40 |

Insgesamt sind folgende Größen erhältlich: **Quadrat** in: 10; 12; 15; 16; 18; 19; 20; 22; 25; 25,40; 30; 31,75; 31,80; 34; 35; 38,10; 40; 45; 50; 50,80; 60; 70; 80; 100; 120; 150; 200; 250; 300 mm
bei Wanddicke $T_{max} = 1/10 \times B$; $T_{min} = 1{,}5$ mm ab $B = 60$ mm; 2 mm ab $B = 70$ mm; 3 mm ab $B = 120$ mm; 4 mm ab $B = 300$ mm
**Rechteck** in: Maß $H$ in mm: 20; 25; 30; 35; 40; 50; 60; 100; 120; 140; 150; 160; 200; 250; 300
Maß $B$ in mm: 10; (nur 12 × 25); 15; (nur 17 × 49); 20; 25; (nur 33 × 60); 35; 40; 50; 60; (nur 70 × 120); 80; 100; 150.
Bei Wanddicke T: 1; 1,2; 1,25; 1,5; 2; 2,5; 3; 4; 5; 6; 8; 10    $T_{min}$ bezogen auf Maß $B = 1{,}2$ ab 40 mm; 2 ab 50 mm; 3 ab 150 mm
Rohre, die WIG bzw. TIG verschweißt sind, sind verformungsunanfälliger als Rohre, die HF geschweißt sind. Rohre nach Streckgrenze gefertigt (Ni-Gehalt abhängig), können bis 1000 N/mm² Streckgrenze haben (z.B. 1.4103), geglühte Rohre nur bis 400 N/mm².
Profile, die eine bauaufsichtliche Zulassung benötigen, müssen extra bezeichnet werden (Anfrage bei Hersteller, Stahlhandel).

# Bauteile und Erzeugnisse

## Mantelflächen von Stahlerzeugnissen

Die Mantelflächen dienen zur Berechnung der Beschichtungs- und Entrostungsflächen; Seite 216 ff.

### Berechnung der Mantelflächen für Stabstähle

 Rundstahl und Rohre
$A_M = \pi \cdot d \cdot L$

 Vierkantstahl, Quadrat-Hohlprofil
$A_M = 4 \cdot a \cdot L$

 Sechskantstahl, Sechskant-Hohlprofil
$A_M = 6 \cdot a \cdot L$
$A_M \approx 3{,}5 \cdot s \cdot L$

 Flachstahl, Rechteckiges Hohlprofil
$A_M = 2 \cdot (s + b) \cdot L$

**Berechnungsbeispiel:** Mantelfläche von 62 m Sechskantstahl, Schlüsselweite $s = 18$ ($\triangleq 0{,}018$ m)
$A_M = 3{,}5 \cdot s \cdot L = 3{,}5 \cdot 0{,}018 \text{ m} \cdot 62 \text{ m} = 3{,}9 \text{ m}^2$

### Längenbezogene Mantelfläche $A'_M$ von Formstählen in m²/m

| \multicolumn{4}{c}{Warmgewalzter T-Stahl Hochstegig rundkantig DIN EN 10055} | \multicolumn{6}{c}{Warmgewalzter, gleichschenkliger Winkelstahl rundkantig DIN EN 10056-1} |
|---|---|---|---|---|---|---|---|---|---|
| T | $A'_M$ | T | $A'_M$ | L | $A'_M$ | L | $A'_M$ | L | $A'_M$ |
| T 20 | 0,075 | T 60 | 0,229 | L 20 | 0,077 | L 80 | 0,311 | L 140 | 0,547 |
| T 25 | 0,094 | T 70 | 0,268 | L 30 | 0,116 | L 90 | 0,351 | L 150 | 0,586 |
| T 30 | 0,114 | T 80 | 0,307 | L 40 | 0,155 | L 100 | 0,390 | L 160 | 0,625 |
| T 35 | 0,133 | T 90 | 0,345 | L 50 | 0,194 | L 110 | 0,430 | L 180 | 0,705 |
| T 40 | 0,153 | T 100 | 0,383 | L 60 | 0,233 | L 120 | 0,469 | L 200 | 0,785 |
| T 45 | 0,171 | T 120 | 0,459 | L 70 | 0,272 | L 130 | 0,508 | L 250 | 0,983 |
| T 50 | 0,191 | T 140 | 0,537 | | | | | | |

| Warmgewalzter, ungleichschenkliger rundkantiger Winkelstahl DIN EN 10056-1 | | | | Warmgewalzter, rundkantiger Z-Stahl DIN 1027 | | Warmgewalzter, rundkantiger U-Stahl DIN 1026-1 | | | |
|---|---|---|---|---|---|---|---|---|---|
| L | $A'_M$ | L | $A'_M$ | Z | $A'_M$ | U | $A'_M$ | U | $A'_M$ |
| L 30 × 20 | 0,097 | L 90 × 60 | 0,294 | ⌐ 30 | 0,198 | U 30 × 15 | 0,103 | U 160 | 0,546 |
| L 40 × 25 | 0,127 | L 100 × 65 | 0,321 | ⌐ 40 | 0,225 | U 30 | 0,174 | U 180 | 0,611 |
| L 50 × 30 | 0,156 | L 100 × 75 | 0,341 | ⌐ 50 | 0,253 | U 40 × 20 | 0,142 | U 200 | 0,661 |
| L 60 × 30 | 0,175 | L 120 × 80 | 0,391 | ⌐ 60 | 0,282 | U 40 | 0,199 | U 220 | 0,718 |
| L 60 × 40 | 0,195 | L 130 × 90 | 0,430 | ⌐ 80 | 0,339 | U 50 × 25 | 0,181 | U 240 | 0,775 |
| L 70 × 50 | 0,235 | L 150 × 100 | 0,489 | ⌐ 100 | 0,397 | U 50 | 0,232 | U 260 | 0,834 |
| L 75 × 55 | 0,254 | L 160 × 80 | 0,469 | ⌐ 120 | 0,454 | U 60 × 30 | 0,215 | U 280 | 0,890 |
| L 80 × 40 | 0,234 | L 180 × 90 | 0,528 | ⌐ 140 | 0,511 | U 65 | 0,273 | U 300 | 0,950 |
| L 80 × 60 | 0,274 | L 200 × 100 | 0,587 | ⌐ 160 | 0,569 | U 80 | 0,312 | U 320 | 0,982 |
| | | | | | | U 100 | 0,372 | U 350 | 1,05 |
| | | | | | | U 120 | 0,434 | U 380 | 1,11 |
| | | | | | | U 140 | 0,489 | U 400 | 1,18 |

### Längenbezogene Mantelfläche $A'_M$ von warmgewalzten I-Trägern in m²/m

| Schmale I-Träger I-Reihe DIN 1025-1 | | Mittelbreite I-Träger, IPE-Reihe DIN 1025-5 | | Breite I-Träger | | | | | |
|---|---|---|---|---|---|---|---|---|---|
| | | | | IPB-Reihe (HE-B) DIN 1025-2 | | IPBl-Reihe (HE-A) DIN 1025-3 | | | |
| I | $A'_M$ | I | $A'_M$ | IPE | $A'_M$ | IPB | $A'_M$ | IPB | $A'_M$ | IPBl | $A'_M$ | IPBl | $A'_M$ |

| I | $A'_M$ | I | $A'_M$ | IPE | $A'_M$ | IPB | $A'_M$ | IPB | $A'_M$ | IPBl | $A'_M$ | IPBl | $A'_M$ |
|---|---|---|---|---|---|---|---|---|---|---|---|---|---|
| I 80 | 0,304 | I 320 | 1,09 | 80 | 0,328 | 100 | 0,567 | 340 | 1,81 | 100 | 0,561 | 340 | 1,79 |
| I 100 | 0,370 | I 340 | 1,15 | 100 | 0,400 | 120 | 0,686 | 360 | 1,85 | 120 | 0,677 | 360 | 1,83 |
| I 120 | 0,439 | I 360 | 1,21 | 120 | 0,475 | 140 | 0,805 | 400 | 1,93 | 140 | 0,794 | 400 | 1,91 |
| I 140 | 0,502 | I 380 | 1,27 | 140 | 0,551 | 160 | 0,918 | 450 | 2,03 | 160 | 0,906 | 450 | 2,01 |
| I 160 | 0,575 | I 400 | 1,33 | 180 | 0,698 | 180 | 1,04 | 500 | 2,12 | 180 | 1,02 | 500 | 2,11 |
| I 180 | 0,640 | I 425 | 1,41 | 200 | 0,768 | 200 | 1,15 | 550 | 2,22 | 200 | 1,14 | 550 | 2,21 |
| I 200 | 0,709 | I 450 | 1,48 | 220 | 0,848 | 220 | 1,27 | 600 | 2,32 | 220 | 1,26 | 600 | 2,31 |
| I 220 | 0,775 | I 475 | 1,55 | 240 | 0,922 | 240 | 1,38 | 650 | 2,42 | 240 | 1,37 | 650 | 2,41 |
| I 240 | 0,844 | I 500 | 1,63 | 270 | 1,04 | 260 | 1,50 | 700 | 2,52 | 260 | 1,48 | 700 | 2,50 |
| I 260 | 0,906 | I 550 | 1,80 | 300 | 1,16 | 280 | 1,62 | 800 | 2,71 | 280 | 1,60 | 800 | 2,70 |
| I 280 | 0,966 | I 600 | 1,92 | 330 | 1,25 | 300 | 1,73 | 900 | 2,91 | 300 | 1,72 | 900 | 2,90 |
| I 300 | 1,03 | | | | | 320 | 1,77 | 1000 | 3,11 | 320 | 1,76 | 1000 | 3,10 |

**Berechnungsbeispiel:** Mantelfläche von 118 m IPE-Träger: IPE 180 (DIN 1025-5), Seite 185 f.
$A_M = L \cdot A'_M = 118 \text{ m} \cdot 0{,}698 \text{ m}^2/\text{m} = 82{,}364 \text{ m}^2$

# Bauteile und Erzeugnisse 195

## Flacherzeugnisse aus Stahl (Übersicht)

### Warmgewalztes Blech und Band
vgl. DIN EN 10 051 (1997-11)

Als **Band** bezeichnet man Flacherzeugnisse, die unmittelbar nach dem Fertigwalzen zu Rollen (Coils) aufgewickelt werden. **Bleche** sind Flacherzeugnisse in Form quadratischer oder rechteckiger Tafeln.

Band (< 600 mm Breite) und Breitband (≥ 600 mm Breite) mit Nenndicken ≤ 25 mm

Blech (≥ 600 mm Breite) aus Band geschnitten mit Nenndicken ≤ 25 mm

Werkstoffe nach DIN EN 10 025, 10 028, 10 088, 10 030, 10 149.
**Bezeichnungsbeispiel:** Blech EN 10 051 – 2,5 × 1200 × 2000; Stahl EN 10 025-2 – S355JR

### Warmgewalztes Blech mit Mustern
vgl. DIN 59 220 (2000-04)

Tränenblech (T)   Riffelblech (R)

| Zu bevorzugende Nenndicken | in mm | 3 | 4 | 5 | 6 | 8 | 10 |
|---|---|---|---|---|---|---|---|

Übliche Breiten: 600 mm bis 2000 mm, Längen: bis 20 000 mm
Werkstoffe: Üblicherweise Stähle nach DIN EN 10 025-2 (Seite 169)
**Bezeichnungsbeispiel:** Blech DIN 59 220 – 235JR –T-5 × 1200 × 1600.
Näheres auf Seite 442.

### Lochplatten
vgl. DIN 24 041 (2002-12)

**Beispiel:** Lochplatte mit Rundlochung (Rg) in geraden Reihen

Rechteckige Platten (Bleche) aus Stahl mit regelmäßig angeordneten Löchern unterschiedlicher Form. Plattendicken von 0,315 mm bis 20 mm und Lochabmessungen von 0,5 mm bis 125 mm in vielen Abstufungen.
**Bezeichnungsbeispiel:** Lochplatte DIN 24 041 – Rg 4 – 10
Die Plattenmaße, Lochgröße, Lochform, Lochanordnung und Randabstände sind mit einer Maßskizze anzugeben; ebenso der Werkstoff.
Näheres auf Seite 442.

### Kaltgewalztes Band und Blech aus verschiedenen Stählen

| | | |
|---|---|---|
| Kaltgewalztes Band und Blech aus unlegierten Baustählen DIN 1623-2 (Seite 174) | Flacherzeugnisse aus Druckbehälterstählen DIN EN 10 028-2 | Kaltgewalztes Feinst- und Weißblech aus weichen Stählen DIN EN 10 205 |
| Flacherzeugnisse aus weichen Stählen zum Kaltumformen DIN EN 10 130 (Seite 175) | Flacherzeugnisse aus höherfesten Stählen DIN EN 10 149 | Blech und Band aus nichtrostenden Stählen DIN EN 10 088-2 (Seite 175) |

**Bezeichnungsbeispiel:** Blech – 0,5 × 320 × 2000 – Stahl EN 10 088-2 – X5CrNi18-10-2B

### Korrosionsgeschütztes Blech und Band aus verschiedenen Stählen

| | |
|---|---|
| Kontinuierlich schmelztauchverdeltes Band und Blech aus weichen Stählen zum Kaltumformen (Seite 175) vgl. DIN EN 10 327 | Kontinuierlich schmelztauchverdeltes Blech und Band aus Baustählen (Seite 175) vgl. DIN EN 10 326 |
| Elektrolytisch verzinkte Flacherzeugnisse aus Stahl zum Kaltumformen vgl. DIN EN 10 152 | Kontinuierlich organisch beschichtete (bandbeschichtete) Flacherzeugnisse aus Stahl vgl. DIN EN 10 169-1 |

### Wellbleche und Pfannenbleche, oberflächenveredelt
vgl. DIN EN 59 231 (2003-11)
### Trapezprofile im Hochbau (siehe auch Seite 438)
vgl. DIN 18 807-1 (1987-06)

Wellblech   Pfannenblech   Gebogenes Wellblech für freitragende Dächer

Korrosionsgeschützte Blechprofile, hergestellt aus schmelztauchverdeltem (feuerverzinktem) Stahlblech nach DIN EN 10 326 (Seite 175).
Es werden eine Vielzahl von Profilformen in verschiedenen Blechdicken, Profilhöhen und Profilbreiten angeboten.
**Bestellbeispiel:** Wellblech DIN 18 326 76 × 0,63 × 2500 – Stahl S280GD+Z275-N-A-C
Verwendung im Hochbau für tragende Dächer, Wände, Fassadenverkleidungen. Auch zur Deckenausbildung einsetzbar.

Trapezblechprofil   Trapezblechprofil mit Sicken   Kassettenprofil mit Gurtsicken

## Bauteile und Erzeugnisse

### Flächen- und längenbezogene Massen von Fertigerzeugnissen

#### Stahlblech, Stahlband
vgl. DIN EN 10 029 (1991-10), DIN EN 10 131 (2006-09)

| Nenn-dicke mm | flächenbez. Masse $m''$ kg/m² | Nenn-dicke mm | flächenbez. Masse $m''$ kg/m² | Nenn-dicke mm | flächenbez. Masse $m''$ kg/m² | Nenn-dicke mm | flächenbez. Masse $m''$ kg/m² | Nenn-dicke mm | flächenbez. Masse $m''$ kg/m² | Nenn-dicke mm | flächenbez. Masse $m''$ kg/m² |
|---|---|---|---|---|---|---|---|---|---|---|---|
| 0,35 | 2,75 | 0,70 | 5,50 | 1,2 | 9,42 | 3,0 | 23,55 | 4,75 | 37,3 | 10,0 | 78,5 |
| 0,40 | 3,14 | 0,80 | 6,28 | 1,5 | 11,80 | 3,5 | 27,4 | 5,0 | 39,25 | 12,0 | 94,2 |
| 0,50 | 3,92 | 0,90 | 7,07 | 2,0 | 15,70 | 4,0 | 31,4 | 6,0 | 47,1 | 14,0 | 109,9 |
| 0,60 | 4,71 | 1,0 | 7,85 | 2,5 | 19,60 | 4,5 | 35,4 | 8,0 | 62,8 | 15,0 | 117,75 |

**Lieferart:** In Tafeln und Bändern nach DIN EN 10 131 in Dicken von 0,35 mm bis 3 mm, nach DIN EN 10 029 in Dicken über 3 mm bis 250 mm; **Werkstoff:** Unlegierte und legierte Stähle.
**Bezeichnung** eines Bandes, Nenndicke 1,2 mm, Nennbreite 1500 mm, übliche kaltgewalzte Oberfläche, matt, aus Stahl DC04: **Band DIN EN 10 131 – 1,20 × 1500 Stahl DIN EN 10 130 DC04 Am**

#### Bleche und Bänder aus NE-Metallen
vgl. DIN EN 1652 (1998-03), DIN EN 485-4 (1994-01)

| Blech-dicke mm | D-Cu | CuZn37 | CuAl8 | EN AW-Al 99,8 | MgAl6 | Zn97,5 | Blech-dicke mm | D-Cu | CuZn37 | CuAl8 | EN AW-Al 99,8 | MgAl6 | Zn97,5 |
|---|---|---|---|---|---|---|---|---|---|---|---|---|---|
| | Flächenbezogene Masse $m''$ in kg/m² | | | | | | | Flächenbezogene Masse $m''$ in kg/m² | | | | | |
| 0,2 | 1,78 | 1,68 | 1,54 | 0,540 | – | 1,41 | 1,6 | 14,2 | 13,4 | 12,6 | – | – | 12,9 |
| 0,25 | 2,22 | 2,10 | 1,92 | 0,675 | – | 1,80 | 1,8 | 16,0 | 15,1 | 13,9 | 4,86 | 3,28 | 14,4 |
| 0,3 | 2,67 | 2,52 | 2,31 | 0,810 | 0,546 | 2,15 | 2 | 17,8 | 16,9 | 15,4 | 5,40 | 3,64 | 15,8 |
| 0,4 | 3,56 | 3,36 | 3,08 | 1,08 | 0,728 | 2,87 | 2,2 | 19,6 | 18,5 | 16,9 | – | – | 18,0 |
| 0,5 | 4,45 | 4,20 | 3,85 | 1,35 | 0,910 | 3,59 | 2,5 | 22,2 | 20,9 | 19,2 | 6,75 | 4,55 | 20,1 |
| 0,6 | 5,34 | 5,04 | 4,62 | 1,62 | 1,09 | 4,31 | 2,8 | 25,0 | 23,6 | 21,5 | – | – | 21,5 |
| 0,7 | 6,23 | 5,88 | 5,38 | – | – | 5,03 | 3 | 26,8 | 25,3 | 23,1 | 8,10 | 5,46 | 25,1 |
| 0,8 | 7,12 | 6,72 | 6,16 | 2,16 | 1,46 | 5,74 | 3,2 | 29,0 | 27,4 | 24,6 | – | – | 28,7 |
| 1 | 8,90 | 8,40 | 7,70 | 2,70 | 1,82 | 7,18 | 3,5 | 31,2 | 29,5 | 26,9 | 9,45 | 6,37 | 35,9 |
| 1,2 | 10,7 | 10,1 | 9,24 | 3,24 | 2,18 | 8,62 | 4 | 35,6 | 33,6 | 30,4 | 10,8 | 7,28 | |
| 1,4 | 12,5 | 11,8 | 10,8 | – | – | 10,1 | 4,5 | 40,1 | 37,8 | 34,6 | – | – | |
| 1,5 | 13,4 | 12,7 | 11,6 | 4,05 | 2,73 | 10,8 | 5 | 44,5 | 42,0 | 38,5 | 13,5 | 9,10 | |

**Lieferart:** In Tafeln und Bändern nach DIN EN 1652 in Dicken von 0,1 mm bis 5 mm, nach DIN EN 485-4 in Dicken von 0,4 mm bis 15 mm; **Werkstoff:** Cu-, Al- und Zn-Legierungen.
**Bezeichnung** eines Bleches (BL) nach DIN 1783 aus EN AW-Al99,8 mit 1,5 mm Dicke: **Blech DIN EN 485-4 – EN AW-Al99,8 – BL – 1,5**

#### Stahldraht, kaltgezogen
vgl. DIN EN 10 218-2 (2012-03)

| Durch-messer mm | längenbez. Masse $m'$ kg/1000 m | Durch-messer mm | längenbez. Masse $m'$ kg/1000 m | Durch-messer mm | längenbez. Masse $m'$ kg/1000 m | Durch-messer mm | längenbez. Masse $m'$ kg/1000 m | Durch-messer mm | längenbez. Masse $m'$ kg/1000 m | Durch-messer mm | längenbez. Masse $m'$ kg/1000 m |
|---|---|---|---|---|---|---|---|---|---|---|---|
| 0,1 | 0,062 | 0,28 | 0,484 | 0,5 | 1,54 | 1,25 | 9,66 | 2,5 | 38,5 | 4,5 | 125,0 |
| 0,16 | 0,158 | 0,36 | 0,798 | 0,8 | 3,95 | 1,6 | 15,8 | 2,8 | 43,4 | 5,0 | 154,0 |
| 0,2 | 0,246 | 0,4 | 0,989 | 0,9 | 4,99 | 2,0 | 24,6 | 3,55 | 77,7 | 5,6 | 193,0 |
| 0,25 | 0,385 | 0,45 | 1,25 | 1,0 | 6,16 | 2,24 | 30,9 | 4,0 | 98,9 | 6,3 | 245,0 |

**Lieferart:** In Ringen oder auf Spulen mit Drahtdurchmessern von $d = 0,05$ mm bis 25 mm.
**Werkstoff:** Stähle mit niedrigem Kohlenstoffgehalt nach DIN EN 10 016

#### Runddrähte aus NE-Metallen
vgl. DIN 46 420 (1970-06), DIN 46 431 (1970-06)

| Durch-messer mm | E-Cu | CuZn36 Pb2 | Al 99 | Durch-messer mm | E-Cu | CuZn 36 | EN AW-Al 99 | Durch-messer mm | E-Cu | CuZn 36 Pb 2 | EN AW-Al 99 |
|---|---|---|---|---|---|---|---|---|---|---|---|
| | Längenbezogene Masse $m'$ in kg/1000 m | | | | Längenbezogene Masse $m'$ in kg/1000 m | | | | Längenbezogene Masse $m'$ in kg/1000 m | | |
| 0,05 | 0,017 | – | – | 0,315 | 0,694 | – | 0,211 | 1,4 | 13,7 | 13,1 | 4,16 |
| 0,1 | 0,070 | 0,070 | 0,021 | 0,36 | – | 0,865 | – | 1,6 | 17,9 | 17,1 | 5,43 |
| 0,125 | 0,109 | – | 0,033 | 0,4 | 1,12 | 1,07 | 0,339 | 2,0 | 28,0 | 26,8 | 8,48 |
| | 0,137 | 0,131 | 0,042 | 0,45 | 1,42 | 1,36 | 0,429 | 2,5 | 43,7 | 41,7 | 13,3 |
| | 0,179 | 0,171 | 0,054 | 0,5 | 1,75 | 1,67 | 0,530 | 3,0 | 62,9 | 60,1 | 19,1 |
| | 0,280 | 0,268 | 0,085 | 0,8 | 4,47 | 4,26 | 1,36 | 4,0 | 112,0 | 107,0 | 33,9 |
| | 0,437 | 0,417 | 0,133 | 0,9 | 5,66 | 5,42 | 1,72 | 4,5 | 142,0 | 136,0 | 42,9 |
| | | 0,601 | – | 1,0 | 6,99 | 6,67 | 2,12 | 5,0 | 175,0 | 167,0 | 53,0 |

**Lieferart:** In Ringen oder auf Spulen von $d = 0,05$ mm bis 16 mm; **Werkstoff:** Cu- und Al-Legierungen
**Bezeichnung** eines genau gezogenen Runddraht von Nenndurchmesser $d = 0,4$ mm aus E-Cu F 20:
**DIN 46 431 – E-CU F20 – 0,4**

# Bauteile und Erzeugnisse

## Bauelemente aus Stahl (Übersicht)

### Kaltprofile aus Stahl
vgl. DIN EN 10 162 (2003-12)

| U-Profil | L-Profil | Z-Profil | C-Profil | Omega-profil | Sigma-Profil |
|---|---|---|---|---|---|

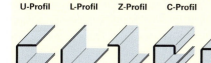

**Kaltprofile aus flachgewalztem Stahl**
Keine genormten Vorzugsmaße. Bestellung nach Herstellerliste oder mit Skizze und Maßangabe.
Werkstoffe: Blech aus unlegierten Baustählen nach DIN 1623 (Seite 174) und schmelztauchveredeltes Blech nach DIN EN 10 326 (Seite 175)

### Rahmen-Hohlprofile, RP-Profile
Herstellerangaben

Rahmen-Hohlprofile aus 1,5 mm bis 3 mm dickem Stahl für Trennwände, Fenster, Türen, Tore. Es gibt eine Vielfalt von Profilformen. Bestellung nach Herstellerliste. Unten stehend einige Beispiele. (siehe auch Seite 444 ff.).

Rahmen-Hohlprofile ohne Dichtungsnut

Rahmen-Hohlprofile mit Dichtungsnut

### Streckgitter
vgl. DIN 791 (1967-03)

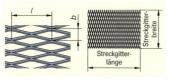

Gitterartiges Flacherzeugnis, hergestellt durch Einbringen von Reihen versetzter Schnitte und gleichzeitiges Aufrecken der Schnitte zu rautenförmigen Öffnungen, relativ geringe Formsteifigkeit.
Ausgangsblechdicke: 0,3 mm bis 4 mm
Streckgitterbreiten: 500 mm bis 2500 mm; Längen: bis 25 m
Maschengröße: von 10 mm × 4,4 mm bis 200 mm × 75 mm
Bestellung nach Herstellerliste.

### Gitterroste aus metallischen Werkstoffen (als Bodenbelag)
vgl. DIN 24537-1 (2006-04)

Ausführung: Schweißpressrost (SP)
Ausführung: Einpressrost (P)

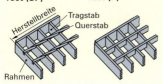

Gitterroste bestehend aus Rahmen, Tragstäben und Querstäben in Quadrat- und Rechteckform.
Verwendung in Betriebsanlagen für Arbeitsbühnen, Treppenstufen, Stege. Maschenweite 34 mm × 38 mm oder 34 × 50 mm, Höhe 30 mm oder 40 mm, Stützweiten: 600, 800, 1000, 1200 und 1500 mm.
Werkstoffe: unlegierte Baustähle nach DIN EN 10 025-2, korrosionsbeständige Stähle nach DIN EN 10 088, Al-Legierungen nach DIN EN 573 und DIN EN 485.
Außenmaße und zulässige Belastung nach Herstellerangaben.
Siehe auch Seite 443

### Blechprofilroste aus metallischen Werkstoffen
vgl. DIN 24537-2 (2007-08)

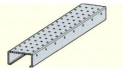

Blechprofilroste in Form von C-Profilen mit Löchern zum Aufnehmen von Lasten durch Begehen oder Befahren mit Fahrzeugen.
Maße: Längen ≤ 6000 mm, Breiten 1,5 mm bis 3 mm.
Werkstoffe: Unlegierte Stähle nach DIN EN 10 025-2, 10 111, 10 327
Korrosionsbeständige Stähle nach DIN EN 10 088-1 bis -3
Al-Legierungen nach DIN EN 573 und DIN EN 485

### Nicht genormte Roste

| Diagonalrost | Trapezrost, weit | Trapezrost, eng | Wabenrost |
|---|---|---|---|

### Stahldrahtgeflechte und Drahterzeugnisse für Zäune
vgl. DIN EN 10 223-2 bis -7 (2004-08)

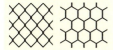

Drahtgeflecht mit viereckigen oder sechseckigen Maschen, roh, verzinkt oder kunststoffbeschichtet.
Werkstoff: Walzstahldraht

Geschweißte Gitter aus Walzstahldraht für Zäune; roh, verzinkt oder kunststoffbeschichtet.

# Nichteisen-Metalle

## Aluminium-Werkstoffe, Einteilung, Normung, Kurzbezeichnung

### Einteilung nach der Verarbeitung

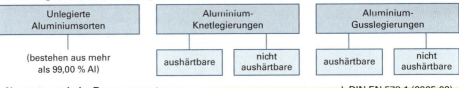

### Normung nach der Zusammensetzung

vgl. DIN EN 573-1 (2005-02)

Die Normung der Al-Werkstoffe erfolgt nach den enthaltenen Legierungselementen in Legierungsgruppen, **Serien** genannt.

| | |
|---|---|
| Serie 1000: Unlegierte Al-Werkstoffe | Serie 5000: AlMg-Legierungen (nicht härtbar) |
| Serie 2000: AlCu-Legierungen (härtbar) | Serie 6000: AlMgSi-Legierungen (härtbar) |
| Serie 3000: AlMn-Legierungen (nicht härtbar) | Serie 7000: AlZn-Legierungen (härtbar) |
| Serie 4000: AlSi-Legierungen (härtbar) | Serie 8000: Sonstige Al-Legierungen |

### Kurznamen der Aluminiumwerkstoffe

vgl. DIN EN 573-1 und -2 (2005-02)

Der Kurzname eines Al-Werkstoffs besteht aus:

- Der Abkürzung **EN AW** bei Al-Knetlegierungen oder **EN AC** bei Gusslegierungen
  **AW** von englisch <u>A</u>luminium <u>W</u>rougt (Al gewalzt)
  **AC** von englisch <u>A</u>luminium <u>C</u>ost (Al gegossen)
  und nach einem Bindestrich der Werkstoff-Seriennummer (**Numerischer Kurzname**).
  Mit einem nachgestellten Buchstaben (A oder B) kann eine besondere Eigenschaft angegeben sein.

- Zusätzlich können in eckiger Klammer die chemischen Symbole und Gehalte wichtiger Legierungselemente angegeben sein (**Numerisch-chemischer Kurzname**). (Bei unlegierten Al-Werkstoffen ist der Al-Gehalt über 99,00 % angegeben.)

- Nach einem weiteren Bindestrich kann der Werkstoffzustand von Halbzeugen durch Buchstaben und Ziffern angegeben werden.

- In Ausnahmefällen, wenn nur die Werkstoffzusammensetzung genannt werden soll, ist auch ein **rein chemischer Kurzname** erlaubt.

**Beispiele:**

In Ausnahmefällen EN AW - Al Zn4,5Mg1

### Werkstoffzustände von Al-Halbzeug (Auswahl)

vgl. DIN EN 515 (1993-12)

| Basiszustände | | Kurzzeichen | Bedeutung |
|---|---|---|---|
| Herstellzustand | F | F | Für Erzeugnisse aus Umformverfahren ohne spezielle Vorgaben der Herstellbedingungen; keine Festlegung der mechanischen Kennwerte |
| weichgeglüht | O | O1 | Bei hoher Temperatur geglüht und langsam abgekühlt. |
| | | O2 | Thermomechanisch behandelt. |
| kaltverfestigt | H | H111 | Geglüht durch Recken oder Richten geringförmig kaltverfestigt. |
| | | H112 | Durch Warmumformung oder Kaltverformung geringfügig kaltverfestigt. |
| wärmebehandelt | T | T4 | Lösungsgeglüht und kalt ausgelagert. |
| | | T5 | Abgeschreckt von Warmformgebungstemperatur und warm ausgelagert. |
| | | T6 | Lösungsgeglüht und warm ausgelagert. |
| | | T6510 | Lösungsgeglüht, durch Recken entspannt und warm ausgelagert. |
| | | T 73 | Lösungsgeglüht und überhärtet (gegen Spannungskorrosion). |

## Aluminium und Aluminium-Legierungen

| Aluminium-Werkstoffe nach DIN EN 573-3 (2003-10) | Mechanische Eigenschaften von stranggepressten Stangen, Rohren und Profilen vgl. DIN EN 755-2 (2008-06) | | | | | | Typische Anwendung |
|---|---|---|---|---|---|---|---|
| Numerischer Kurzname<br>Numerisch-chemischer Kurzname | Werkstoffzustand von Halbzeug | Zugfestigkeit $R_m$ in N/mm² min. | max. | 0,2%-Dehngrenze $R_{p0,2}$ in N/mm² min. | max. | Bruchdehnung $A$ in % | |
| **Unlegierter Aluminium-Werkstoff** (Beispiel) | | | | | | | |
| EN AW-1050 A<br>EN AW-1050 A [Al 99,5] | F, H112<br>O, H111 | 60<br>60 | –<br>95 | 20<br>20 | –<br>– | 25<br>25 | Band, Fließpressteile |
| **Nichtaushärtende Aluminium-Knetlegierungen** (Auswahl) | | | | | | | |
| EN AW-3103<br>EN AW--3103 [Al Mn1] | F, H112<br>O, H111 | 95<br>95 | –<br>135 | 35<br>35 | –<br>– | 25<br>25 | Dacheindeckungen |
| EN AW-5005 A<br>EN AW-5005 A [Al Mg1(C)] | F, H112<br>O, H111 | 100<br>100 | –<br>150 | 40<br>40 | –<br>– | 18<br>20 | Fassadenverkleidungen |
| EN AW-5754<br>EN AW-5754 [Al Mg3] | F, H112<br>O, H111 | 180<br>180 | –<br>250 | 80<br>80 | –<br>– | 14<br>17 | Fassadenverkleidungen |
| EN AW-5083<br>EN AW-5083 [Al Mg4,5Mn0,7] | F<br>O, H111<br>H112 | 270<br>270<br>270 | –<br>–<br>– | 110<br>110<br>125 | –<br>–<br>– | 12<br>12<br>12 | Tragkonstruktionen |
| **Aushärtbare Aluminium-Knetlegierungen** (Auswahl) | | | | | | | |
| EN AW-6060<br>EN AW-6060 [Al MgSi] | T4<br>T5<br>T6<br>T64<br>T66 | 120<br>140<br>170<br>180<br>195 | –<br>–<br>–<br>–<br>– | 60<br>120<br>140<br>120<br>150 | –<br>–<br>–<br>–<br>– | 16<br>8<br>8<br>12<br>8 | Fensterund Türrahmen |
| EN AW-7020<br>EN AW-7020 [Al Zn4,5Mg1] | T6 | 350 | – | 290 | – | 10 | Schweißkonstruktionen |
| EN AW-7075<br>EN AW-7075 [Al Zn5,5MgCu] | O, H111<br>T6, T6510, T6511<br>T73,<br>T73510<br>T73511 | –<br>530<br><br>470<br> | 275<br>–<br><br>–<br> | 480<br>460<br><br>400<br> | –<br>–<br><br>–<br> | 10<br>6<br><br>6<br> | Hochfeste Bauteile für Flugzeuge und Pkw (korrosionsanfällig) |
| **Automatenlegierung** (Beispiel) | | | | | | | |
| EN AW-6012<br>EN AW-6012 [Al MgSiPb] | T6, T6510, T6511 | 310 | – | 260 | – | 8 | Drehteile |
| **Alumimium-Gusslegierung** | Mechan. Eigenschaften von Gussteilen vgl. DIN EN 1706 (1998-03) | | | | | | |
| EN AC-44200<br>EN AC-44200 [Al Si12(a)] | Gusszustand<br>geglüht | 150<br>160 | 210<br>210 | 70<br>80 | 100<br>110 | 5…10<br>6…12 | Gussteile |

### Bezeichnung von genormten Al-Kneterzeugnissen vgl. DIN EN 573-5 (2007-11)

**Abkürzungen für die Form von Al-Kneterzeugnissen**

| Abkürzung | Querschnittsform, Erzeugnis | Abkürzung | Querschnittsform, Erzeugnis |
|---|---|---|---|
| RND- | Rundstange oder Runddraht | OD | Außendurchmesser, Rohr |
| SQU- | Quadratische Stange oder Draht | ID | Innendurchmesser, Rohr |
| RCT- | Rechteckige Stange oder Draht | Z … | Profil (nach Zeichnung Nummer …) |
| HEX- | Sechseckige Stange oder Draht | RL | Herstelllänge |

**Bezeichnungsbeispiele:**
SQU – Stange EN 754-4 – AW-6060 – H112 – 20 × RL   Quadratische Stange nach DIN EN 754-4, Werkstoff EN AW-6060, Werkstoffzustand H112, 20 mm Kantenlänge, in Herstelllänge
Profil EN 755-9 – AW-7020 – T8 – Z 274 × 5000   Profil nach DIN EN 755-9, Werkstoff EN AW-7020, Werkstoffzustand T8, Profilform nach Zeichnungsnummer Z 274, Festlänge 5000 mm

## Nichteisen-Metalle

### Aluminium-Erzeugnisse (Übersicht)

#### Stangen, gezogen und stranggepresst
vgl. DIN EN 754 (2008-06), DIN EN 755 (2008-06)

**Rundstangen,** gezogen, DIN EN 754-3
Gängige Durchmesser:
$d$ = 3 mm bis 100 mm
**Rundstangen,** stranggepresst,
DIN EN 755-3
Gängige Durchmesser:
$d$ = 8 mm bis 320 mm

**Vierkantstangen,** gezogen, DIN EN 754-4
Gängige Kantenlängen:
$a$ = 3 mm bis 100 mm
**Vierkantstangen,** stranggepresst,
DIN EN 755-4
Gängige Kantenlängen:
$a$ = 8 mm bis 320 mm

**Rechteckstangen,** gezogen,
DIN EN 754-1
Gängige Breiten:
$b$ = 5 mm bis 200 mm
Gängige Dicken:
$a$ = 2 mm bis 60 mm
**Rechteckstangen,** stranggepresst, DIN EN 755-5
Breiten: 10 mm bis 600 mm, Dicken: 2 mm bis 180 mm

**Sechskantstangen,** gezogen,
DIN EN 754-1
Gängige Schlüsselweiten:
SW = 3 mm bis 80 mm
**Sechskantstangen,** stranggepresst,
DIN EN 755-6
Gängige Schlüsselweiten:
SW = 10 mm bis 220 mm

#### Nahtlose Rohre und Hohlprofile
vgl. DIN EN 754 (2008-06) DIN EN 755 (2008-06)

**Rundrohre,** gezogen
DIN EN 754-1
Durchmesser: 3 mm bis 350 mm
**Rundrohre,** stranggepresst
DIN EN 755-7 und 755-8
Durchmesser: 8 mm bis 450 mm
**HF-Längsgeschweißte Rundrohre**
DIN EN 1592-2 und -3
(1997-12)

**Vierkant-, Rechteck-, Sechskant- und Achtkantrohre,
gezogen, DIN EN 754-1**
Breite, Höhe oder Schlüsselweite:
8 mm bis 200 mm
**stranggepresst, DIN EN 755-8.**
Breite, Höhe oder Schlüsselweite:
8 mm bis 350 mm
**HF-Längsgeschweißte quadratische, rechteckige und geformte
Rohre** DIN EN 1592-4 (1997-12)

#### Bänder, Bleche und Platten, kaltgewalzt
vgl. DIN EN 485-2 (2009-01)

**Bänder auf Rollen gewickelt** (Coils)
Dicken: 0,2 mm bis 15 mm
Breiten $b$: bis 2500 mm
Die Dicke beträgt nicht mehr als
1/10 der Breite.

**Bleche und Platten**
Dicken: 0,20 mm bis 200 mm
Breiten: bis 3500 mm, Länge bis
5000 mm; Übliche Abmessungen:
$1000 \times 2000$, $1250 \times 2500$,
$1500 \times 3000$

#### Al-Bleche mit eingewalzten Mustern
vgl. DIN EN 1386 (2008-05)

Muster (Auswahl)
Duett (Two bar) / Quintett (Five bar)
Diamant (Diamond) / Mandel (Almond)

Bleche, Bänder und Platten
aus Al-Knetlegierungen
mit einem eingewalzten,
erhabenen Muster.
Zur Verwendung als Trittflächen, Stufen, Abdeckungen.
Dicke: 1,2 mm bis 20 mm
Breite: bis 2500 mm
Länge: bis 12 500 mm

#### Al-Trapezprofile
vgl. DIN 18 807-1 (1987-06) und DIN 18 807-6 (1995-09)

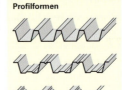
**Profilformen**

Dünnwandige Al-Trapezprofile für Dächer, Deckenverkleidungen, Wände
und Wandverkleidungen.
Anodisch oxidiert oder/und
farbbeschichtet.
Die Profilformen sind nicht
genormt.
Bestellung nach
Herstellerkatalogen.

#### Stranggepresste Profile

**Beispiel**

**Al-Profile, stranggepresst**
DIN EN 755-9 (2008-06)
Profilquerschnitt nach Zeichnung
Allgemeine Anwendung

**Beispiel**

**Stranggepresste Präzisionsprofile
aus EN AW-6060** und **EN AW-6063**
DIN EN 12 020-1 und -2 (2008-06)
Profilquerschnitt nach Zeichnung
Anwendung im Baubereich und
der Architektur

#### Gepresste Winkel-, U-, T- und Doppel-T- Profile (für die Luft- und Raumfahrt)

**Beispiele**
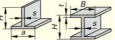

**T-Profile:** vgl. DIN EN 2050 (2002-08)
Maße von $16 \times 25 \times 1{,}2$ bis $160 \times 160 \times 16$ ($B \times H \times s$)
**Doppel-T-Profile:** vgl. LN 9712 (1984-12)
Maße von $40 \times 40 \times 4 \times 4$ bis $200 \times 90 \times 8 \times 11$ ($H \times B \times s \times t$)

# Nichteisen-Metalle

## Kupfer, Zink, Blei und ihre Legierungen

### Unlegierte Kupferwerkstoffe für das Bauwesen (Auswahl) vgl. DIN EN 1172 (1996-10)

| Kurzbezeichnung nach DIN EN 1976 Kurzzeichen[1] | Nummer[2] | Kurzname nach früherer DIN 1708 Kurzname | Nummer | Zugfestigkeit $R_m$ N/mm² | Bruchdehnung $A$ % | Besondere Eigenschaften Hauptanwendungen |
|---|---|---|---|---|---|---|
| Cu-DHP - R200 | CW024A | SF-Cu | 2.0090 | 200 | 35 | Gute Schweiß- und Hartlötbarkeit sowie Umformbarkeit Bauwesen, Metallbau |

### Kupfer und Kupferlegierungen (Stangen zur allgemeinen Verwendung) vgl. DIN EN 12 163 (1998-04)

| Kurzzeichen[3] (Werkstoffnummer[2]) | Werkstoff-Zustand[4] | Härte HB | Zugfestigkeit $R_m$ N/mm² | 0,2%-Dehngrenze $R_{p0,2}$ N/mm² | Bruchdehnung $A$ % | Besondere Eigenschaften Hauptanwendungen |
|---|---|---|---|---|---|---|
| **Kupfer-Zink-Knetlegierungen** | | | | | | |
| CuZn10 (CW501L) | R320 H060 | – | 270 – | 80 – | 28 | sehr gut kaltumformbar Pressteile, Handläufe |
| CuZn40 (CW509L) | R340 H080 | – > 80 | 340 – | 260 – | 25 | gut kalt- und warmformbar, spanbar Warmpressteile, Beschlagteile |
| CuZn40Mn2Fe1 (CW723R) | H150 R540 | > 150 – | – 540 | – 320 | – 8 | gut form- und spanbar, witterungsbeständig Bauwesen, Architektur |
| **Kupfer-Zinn-Legierungen** | | | | | | |
| CuSn6 (CW452K) | H155 R550 | > 155 – | – 550 | – 500 | – | gute Gleiteigenschaften, gute Korrosionsbeständigkeit, hohe Festigkeit |
| CuSn8 (CW453K) | H185 R620 | > 185 – | – 620 | – 550 | – | Beschläge, Federn, Membranen, Gleitlager, Flachstecker |
| **Kupfer-Nickel-Zink-Legierung (Neusilber)** | | | | | | |
| CuNi12Zn24 (CW403J) | H190 R380 R640 | > 190 – – | – 380 640 | – 270 550 | – 38 – | Silberähnliches Aussehen, korrosions- und anlaufbeständig, hohe Festigkeit Beschläge, Geländer, Verkleidungen |

[1] Das **Kurzzeichen der unlegierten Kupferwerkstoffe** besteht aus dem Symbol Cu- und Großbuchstaben für kennzeichnende Eigenschaften. **Beispiel:** Cu-DHP-R220 ist ein unlegierter Kupferwerkstoff, desoxidiert (D), Hoher Phosphorgehalt (HP).

[2] **Werkstoffnummer für Kupfer und Kupferlegierungen** nach DIN EN 1412: CW Kupferknetlegierung, CC Kupfergusslegierung, danach eine Nummer und Kennbuchstaben. **Beispiel:** CW501L

[3] Das **Kurzzeichen der Kupferlegierungen** besteht aus dem Kupfersymbol Cu und den Symbolen der Hauptlegierungselemente mit Gehaltsangaben in Prozent.
**Beispiel:** CuZn36Pb3 enthält 36 % Zink (Zn), 3 % Blei (Pb).

[4] Der **Werkstoffzustand** (nach DIN EN 1173) wird durch Kennbuchstaben und Ziffern angegeben, z.B. R220 = Mindestzugfestigkeit $R_m$ = 220 N/mm², z.B. HB80 = Brinellhärte mindestens HB 80.
**Beispiel:** CuZn38Pb1–R220

### Zinkwerkstoffe

| Zinksorte | Herstellung | Normung | Zusammensetzung | Verwendung |
|---|---|---|---|---|
| Primärzink Z2 | aus Zinkerz | DIN EN 1179 (2003-09) | 99,99 % Zn | Verzinkerei-Zink |
| Sekundärzink ZS1 | aus Zinkschrott | DIN EN 13283 (2002-01) | 98,0 % Zn | Basis für Zinklegierungen |

### Titanzink (Gewalzte Flacherzeugnisse für das Bauwesen) vgl. DIN EN 988 (1996-08)

| Bezeichnung | Zusammensetzung | Verwendung |
|---|---|---|
| Titanzink EN 988 | Basis: Primärzink Z1 sowie Ti: 0,06%...0,2%, Cu: 0,08%...1%, Al: bis 0,015% | Band, Blech oder Streifen für das Bauwesen, Dächer, Rinnen, Rohre |

### Bleiwerkstoffe

| Bezeichnung | Zusammensetzung | Verwendung |
|---|---|---|
| Reinblei PB990R | mindestens 99,99 % Pb | Basiswerkstoff für Legierungen |
| Blei für das Bauwesen PB810M | Basis; Pb, Leg. Elemente: 0,03 ... 0,06 Cu, 0,005 Sb, 0,10 i, 0,005 Ag, 0,05 Sn, 0,001 Zn, Sonstige: max. 0,005 | Bleche für das Bauwesen |

# Nichteisen-Metalle

## Erzeugnisse aus Kupfer, Zink und Blei

### Stangen aus Kupfer zur allgemeinen Verwendung    vgl. DIN EN 12 163 (1998-04)

**Rundstangen**
Kurzzeichen: RND

**Sechseckstangen**
Kurzzeichen: HEX

**Achteckstangen**
Kurzzeichen: OCT

**Quadratstangen**
Kurzzeichen: SQR

**Rechteckstangen**
Kurzzeichen: RCT

Die Rund-, Quadrat-, Sechseck-, Achteck- und Rechteckstangen gibt es in vielen Größenabstufungen.

**Werkstoffe:** Kupfer und Kupfer-Knetlegierungen nach den gängigen DIN-Normen, siehe Seite 201.
**Bestellbeispiel:** 50 m Rundstangen aus CuZn40 - R340, Durchmesser 36 mm, Toleranzklasse B, gerundete Kanten (RD), in Herstelllängen
**50 m Stange EN 12 163 − CuZn40 - R340 − RND36B − RD**

### Bänder und Bleche aus Kupfer für das Bauwesen    DIN EN 1172 (1996-10)

**Werkstoffe:** Cu-DHP (geeignet zum Schweißen, Hart- und Weichlöten)
CuZn0,5 (nur für Dachrinnen, Fallrohre und Zubehör)

| Dicke in mm | Breite in mm | Vorzugslänge von Blech in mm | Ringinnendurchmesser des Bandes in mm |
|---|---|---|---|
| 0,5; 0,6; 0,7; 0,8; 1,0 | bis 1250 | 2000 oder 3000 | 300; 400; 500; 600 |

**Bestellbeispiel:** 60 kg Blech EN 1172 − Cu-DHP − R240 − 0,6 × 1000 × 2000

### Profile und Rechteckstangen aus Kupfer zur allgemeinen Verwendung    DIN EN 12 167 (1998-04)

Die Rechteckstangen sind durch die Maße, die Profile durch die Profilnummer oder eine mit Maßen versehene Zeichnung zu beschreiben.
**Werkstoffe:** Cu-DLP, Cu-DHP, CuNi2Be, CuAl7Si2, CuNi18Zn20, CuZn37, CuZn40, CuZn39Pb2, CuZn20Al2As, CuZn39Sn1, CuZn40Mn2Fe1 usw.
**Bestellbeispiel:** 150 m Profil EN 12 167 − CuZn37 − R410 − S86 −
Länge (Nennmaß) 3000 mm
S86 bedeutet: Profil nach Zeichnung Nr. 86

### Profile und Rechteckstangen aus Kupfer zur allgemeinen Verwendung    DIN EN 12 167 (1998-04)

Maße: Außendurchmesser 3 mm bis 450 mm, Wanddicken 0,3 mm bis 20 mm.
**Werkstoffe:** Cu-DHP, CuNi2Si, CuNi18Zn20, CuSn6, CuSn8, CuSn8PbP, CuZn5, CuZn20, CuZn37, CuZn37Pb1, CuZn20Al2As, CuZn31Si1, CuZn40Mn2Fe1.
**Bestellbeispiel:** 200 m Rohr EN 12 449 − CuSn8PbP − H075 − OD26 × 25 − Festlänge 3000 mm
OD26 bedeutet: Außendurchmesser (OD) 26 mm, Wanddicke 2,5 mm

### Gewalzte Flacherzeugnisse (Bleche) aus Titanzink für das Bauwesen    vgl. DIN EN 988 (1996-08)

| Werkstoff-Bezeichnung | Dicke mm | Breite mm | $R_{p0,2}$ N/mm² | $R_m$ N/mm² | Bruch-dehnung % | Bleibende Dehnung im Zeitstandversuch |
|---|---|---|---|---|---|---|
| Titanzink EN 988 | 0,6…1,0 | 100…1000 | min. 100 | min. 150 | min. 35 | max. 0,1% |

### Gewalzte Bleche aus Blei für das Bauwesen    vgl. DIN 12 585 (2007-03)

| Werkstoff-Bezeichnung | Dicke mm | Breite mm | $R_{p0,2}$ N/mm² | $R_m$ N/mm² | Bruch-dehnung % | Verwendung |
|---|---|---|---|---|---|---|
| PB810M | bis 6 | 100…2500 | 4…5 | 16…20 | 43…51 | Dächer, Verkleidungen Sperrschichten |

**Bezeichnungsbeispiel:** Bleiblech EN 12588 − 1,25;    **Bedeutung:** Bleiblech nach DIN EN 12588, 1,25 mm dick

# Nichteisen-Metalle

## Längenbezogene Masse von Rohren aus NE-Metallen und Kunststoffen

| Außen-Ø mm | Längenbezogene Masse m' in kg/m für Wanddicke s in mm | | | | | | | Außen-Ø mm | Längenbezogene Masse m' in kg/m für Wanddicke s in mm | | | | | | |
|---|---|---|---|---|---|---|---|---|---|---|---|---|---|---|---|
| | 0,5 | 0,75 | 1 | 1,5 | 2 | 2,5 | 3 | 4 | | 1 | 2 | 3 | 4 | 5 | 6 | 8 | 10 |

### Rohre aus unlegiertem Kupfer, nahtlos gezogen

| Außen-Ø mm | 0,5 | 0,75 | 1 | 1,5 | 2 | 2,5 | 3 | 4 | Außen-Ø mm | 1 | 2 | 3 | 4 | 5 | 6 | 8 | 10 |
|---|---|---|---|---|---|---|---|---|---|---|---|---|---|---|---|---|---|
| 3 | 0,03 | 0,05 | 0,06 | – | – | – | – | – | 25 | 0,67 | 1,29 | 1,85 | 2,35 | – | – | – | – |
| 4 | 0,05 | 0,07 | 0,08 | – | – | – | – | – | 30 | 0,81 | 1,57 | 2,26 | 2,91 | – | – | – | – |
| 5 | 0,06 | 0,09 | 0,11 | – | – | – | – | – | 35 | 0,95 | 1,85 | 2,68 | 3,47 | – | – | – | – |
| 6 | 0,08 | 0,11 | 0,14 | – | – | – | – | – | 42 | – | 2,24 | 3,27 | 4,25 | 5,17 | – | – | – |
| 8 | 0,10 | 0,15 | 0,20 | 0,27 | – | – | – | – | 50 | – | 2,68 | – | – | – | – | – | – |
| 10 | 0,13 | 0,19 | 0,25 | 0,36 | 0,45 | – | – | – | 60 | – | – | 3,24 | 4,78 | 6,26 | 7,69 | – | – |
| 12 | 0,16 | 0,24 | 0,31 | 0,44 | 0,56 | – | – | – | 70 | – | 3,80 | – | – | – | – | – | – |
| 16 | – | 0,32 | 0,42 | 0,61 | 0,78 | 0,94 | 1,09 | – | 80 | – | 4,36 | – | – | – | – | – | – |
| 20 | – | 0,40 | 0,53 | 0,78 | 1,01 | 1,22 | 1,43 | 1,79 | 100 | – | 5,48 | – | – | – | – | – | – |

### Rohre aus Kupfer-Zink-Knetlegierungen (Messing), nahtlos gezogen

| Außen-Ø mm | 0,5 | 0,75 | 1 | 1,5 | 2 | 2,5 | 3 | 4 | Außen-Ø mm | 1 | 2 | 3 | 4 | 5 | 6 | 8 | 10 |
|---|---|---|---|---|---|---|---|---|---|---|---|---|---|---|---|---|---|
| 3 | 0,028 | 0,047 | 0,057 | – | – | – | – | – | 25 | 0,634 | 1,22 | 1,75 | 2,22 | 2,64 | 3,01 | – | – |
| 4 | 0,047 | 0,066 | 0,075 | – | – | – | – | – | 30 | 0,765 | 1,48 | 2,14 | 2,75 | 3,30 | 3,80 | 4,64 | – |
| 5 | 0,057 | 0,085 | 0,104 | – | – | – | – | – | 35 | 0,869 | 1,75 | 2,53 | 3,27 | 3,96 | 4,58 | 5,70 | – |
| 6 | 0,075 | 0,104 | 0,132 | – | – | – | – | – | 40 | 1,03 | 2,00 | 2,92 | 3,83 | 4,62 | 5,36 | 6,76 | 7,92 |
| 8 | 0,094 | 0,142 | 0,189 | 0,254 | 0,321 | – | – | – | 50 | 1,29 | 2,53 | 3,72 | 4,85 | 5,95 | 6,96 | 8,86 | 10,6 |
| 10 | 0,122 | 0,179 | 0,236 | 0,340 | 0,425 | 0,491 | 0,556 | – | 60 | 1,56 | 3,06 | 4,53 | 5,92 | 7,25 | 8,56 | 10,9 | 13,2 |
| 12 | 0,151 | 0,226 | 0,292 | 0,415 | 0,528 | 0,624 | 0,707 | 0,840 | 70 | 1,82 | 3,58 | 5,30 | 6,96 | 8,58 | 10,1 | 13,1 | 15,8 |
| 16 | 0,208 | 0,302 | 0,393 | 0,575 | 0,736 | 0,887 | 1,03 | 1,26 | 80 | – | 4,12 | 6,10 | 8,04 | 9,92 | 11,7 | 15,2 | 18,5 |
| 20 | – | 0,378 | 0,500 | 0,736 | 9,953 | – | 1,35 | 1,69 | 100 | – | 5,18 | 7,68 | 10,1 | 12,5 | 14,9 | 19,4 | 23,8 |

### Rohre aus Aluminium und Aluminium-Knetlegierungen, nahtlos gezogen

| Außen-Ø mm | 0,5 | 0,75 | 1 | 1,5 | 2 | 2,5 | 3 | 4 | Außen-Ø mm | 1 | 2 | 3 | 4 | 5 | 6 | 8 | 10 |
|---|---|---|---|---|---|---|---|---|---|---|---|---|---|---|---|---|---|
| 3 | 0,011 | 0,014 | 0,017 | – | – | – | – | – | 25 | 0,204 | 0,390 | 0,560 | 0,713 | 0,848 | 0,966 | – | – |
| 4 | 0,015 | 0,021 | 0,025 | – | – | – | – | – | 30 | 0,246 | 0,475 | 0,687 | 0,882 | 1,06 | 1,22 | 1,49 | – |
| 5 | 0,019 | 0,027 | 0,034 | – | – | – | – | – | 35 | 0,288 | 0,560 | 0,814 | 1,05 | 1,27 | 1,48 | 1,83 | – |
| 6 | 0,023 | 0,34 | 0,42 | – | – | – | – | – | 40 | 0,331 | 0,645 | 0,942 | 1,22 | 1,48 | 1,73 | 2,18 | 2,54 |
| 8 | 0,032 | 0,046 | 0,060 | 0,083 | 0,102 | – | – | – | 50 | 0,416 | 0,814 | 1,20 | 1,56 | 1,91 | 2,24 | 2,85 | 3,39 |
| 10 | 0,040 | 0,059 | 0,076 | 0,107 | 0,136 | 0,159 | 0,178 | – | 60 | 0,500 | 0,984 | 1,45 | 1,90 | 2,33 | 2,75 | 3,53 | 4,24 |
| 12 | 0,049 | 0,072 | 0,093 | 0,133 | 0,170 | 0,202 | 0,229 | 0,270 | 70 | 0,585 | 1,15 | 1,70 | 2,23 | 2,76 | 3,26 | 4,21 | 5,09 |
| 16 | – | 0,097 | 0,127 | 0,184 | 0,238 | 0,286 | 0,331 | 0,407 | 80 | – | 1,32 | 1,96 | 2,58 | 3,18 | 3,76 | 4,89 | 5,94 |
| 20 | – | 0,123 | 0,161 | 0,235 | 0,306 | – | 0,433 | 0,543 | 100 | – | 1,66 | 2,47 | 3,26 | 4,03 | 4,78 | 6,24 | 7,64 |

**Bezeichnungsbeispiel für ein Kupferrohr:** Rohr DIN 1754 – Cu-DHP – 60 × 3
Die längenbezogene Masse dieses Rohres beträgt m' = 4,78 kg/m

### Rohre aus Kunststoffen

| Außen-Ø mm | Polyethylen hoher Dichte (PE-HD) vgl. DIN 8074 (1999-08) | | | | | | | | | | | | | | Polyvinylchlorid (PVC) vgl. DIN 8062 (2009-10) | | | | | | | | | | | | | |
|---|---|---|---|---|---|---|---|---|---|---|---|---|---|---|---|---|---|---|---|---|---|---|---|---|---|---|---|---|
| | Wanddicke s in mm und längenbezogene Masse m' in kg/m | | | | | | | | | | | | | | Wanddicke s in mm und längenbezogene Masse m' in kg/m | | | | | | | | | | | | | |
| mm | s | m' | s | m' | s | m' | s | m' | s | m' | s | m' | s | m' | s | m' | s | m' | s | m' | s | m' | s | m' | s | m' | s | m' |
| 20 | – | – | – | – | – | – | – | – | 1,9 | 0,11 | 2,8 | 0,15 | – | – | – | – | – | – | – | – | – | – | – | – | 1,5 | 0,14 | | |
| 25 | – | – | – | – | – | – | 1,8 | 0,14 | 2,3 | 0,17 | 3,5 | 0,24 | – | – | – | – | – | – | – | – | 1,5 | 0,17 | 1,9 | 0,21 | | | | |
| 32 | – | – | – | – | – | – | 1,9 | 0,19 | 2,9 | 0,27 | 4,4 | 0,39 | – | – | – | – | – | – | – | – | 1,8 | 0,26 | 2,4 | 0,34 | | | | |
| 40 | – | – | – | – | 1,8 | 0,23 | 2,4 | 0,29 | 3,7 | 0,43 | 5,5 | 0,60 | – | – | – | – | 1,8 | 0,33 | 1,9 | 0,35 | 3,0 | 0,52 | | | | | | |
| 50 | – | – | 1,8 | 0,29 | 2,0 | 0,32 | 3,0 | 0,45 | 4,6 | 0,66 | 6,9 | 0,93 | – | – | – | – | 1,8 | 0,42 | 2,4 | 0,55 | 3,7 | 0,71 | | | | | | |
| 63 | 1,8 | 0,36 | 2,0 | 0,40 | 2,5 | 0,49 | 3,8 | 0,72 | 5,8 | 1,05 | 8,6 | 1,47 | – | – | – | – | 1,9 | 0,56 | 3,0 | 0,85 | 4,7 | 1,29 | | | | | | |
| 75 | 1,9 | 0,45 | 2,3 | 0,55 | 2,9 | 0,67 | 4,5 | 1,02 | 6,8 | 1,47 | 10,3 | 2,09 | 1,8 | 0,64 | 2,2 | 0,78 | 3,6 | 1,22 | 5,6 | 1,82 | | | | | | | | |
| 90 | 2,2 | 0,64 | 2,8 | 0,79 | 3,5 | 0,97 | 5,4 | 1,46 | 8,2 | 2,12 | 12,3 | 3,00 | 1,9 | 0,77 | 2,7 | 1,13 | 4,3 | 1,75 | 6,7 | 2,60 | | | | | | | | |
| 110 | 2,7 | 0,94 | 3,4 | 1,17 | 4,2 | 1,43 | 6,6 | 2,17 | 10,0 | 3,14 | 15,1 | 4,49 | 2,2 | 1,16 | 3,2 | 1,64 | 5,3 | 2,61 | 8,2 | 3,90 | | | | | | | | |
| 125 | 3,1 | 1,23 | 3,9 | 1,51 | 4,8 | 1,84 | 7,4 | 2,76 | 11,4 | 4,08 | 17,1 | 5,77 | 2,5 | 1,48 | 3,7 | 2,13 | 6,0 | 3,34 | 9,3 | 5,01 | | | | | | | | |
| 140 | 3,5 | 1,54 | 4,3 | 1,88 | 5,4 | 2,32 | 8,3 | 3,46 | 12,7 | 5,08 | 19,2 | 7,25 | 2,8 | 1,84 | 4,1 | 2,65 | 6,7 | 4,18 | 10,4 | 6,27 | | | | | | | | |
| 160 | 4,0 | 2,00 | 4,9 | 2,42 | 6,2 | 3,04 | 9,5 | 4,52 | 14,6 | 6,67 | 21,9 | 9,47 | 3,2 | 2,41 | 4,7 | 3,44 | 7,7 | 5,47 | 11,9 | 8,17 | | | | | | | | |

**Lieferart:** Ringbunde oder in Längen bis 12 m
**Bezeichnungsbeispiel:** Rohr DIN 8074 – 110 × 10,0 – PE80
Die längenbezogene Masse dieses Rohres beträgt m' = 3,14 kg/m

**Lieferart:** Längen bis 12 m
**Bezeichnungsbeispiel:**
Rohr DIN 8062 – 32 × 1,8 PVC-U

## Kunststoffe

### Übersicht und Kurzzeichen

| Kunststoff (chemische Bezeichnung) | Kurzzeichen nach DIN EN ISO 1043-1 | Handelsnamen (Firmeninterne Bezeichnungen) | Kennzeichnende Merkmale | Typische Anwendungen |
|---|---|---|---|---|
| **Thermoplaste** | | | | |
| Polyethylen, weich (linear, low density) | PE-LD | Hostalen H und S Lupolen 1810 H | transparent bis milchig weiß, lederartig zäh, flexibel | Dichtungsbahnen, Schläuche, Folien |
| Polyethylen, hart (linear, high density) | PE-HD | Hostalen GC, Vestolen Lupolen 5261 Z | farblos, trüb durchscheinend, zähhart, steif | Profile, Fässer, Tanks, Kästen, Wasserleitungsrohre, Mülleimer |
| Polypropylen | PP | Vestolen P, Hostalen PPN; Propathen | weiß, durchscheinend, steif, hart, kochfest, kratzfeste Oberfläche | Rohrfittings, Pkw-Bauteile, Haushaltsgerätegehäuse, Teile für Haushaltsmaschinen |
| Polyvinylchlorid hart | PVC hart | Vestolit Hostalit | weiß, hart, steif, schwer zerbrechlich | Fensterprofile, Wellplatten, Dachrinnen, Rohre, Behälter, Apparategehäuse |
| Polyvinylchlorid weich | PVC weich | Vestolit Vinoflex | farblos durchscheinend, lederartig bis weich | Abdichtungsbahnen, Fugenbänder, Schläuche, Fußbodenbeläge |
| Acrylglas (Polymethylmethacrylat) | PMMA | Plexiglas Resarit | farblos, glasklar, lichtecht, hart, steif, zäh, schwer zerbrechlich | Lichtkuppeln, Balkonverkleidungen, Verglasungen, Doppelstegplatten |
| Polystyrol-Hartschaumstoff | PS | Styropor Styrodur | biegsamer bis harter Schaumstoff, geringes Gewicht | Wärme- und Kälteisolierplatten und Rohrverkleidungen, Verpackungen |
| Polystyrol-Copolymerisate | SB SAN ABS | Polystyrol, Hostyren, Vestyron, Luran, Terluran, Novodur | durchsichtig klar, hartzäh, biegesteif | Leuchtenabdeckungen, Gerätegehäuse, Schutzhelme |
| Polyamide | PA 6 PA 12 PA 66 | Ultramid, Durethan Vestamid, Trogamid | weißlich, transparent, zähhart, gleitfähige Oberfläche | Maschinenteile, Zahnräder, Schrauben, Lagerschalen, Beschläge, Bohrmaschinengehäuse |
| Polycarbonat | PC | Makrolon Lexan | farblos, glasklar, zähhart, steif, schlagzäh | Unzerbrechliche Abdeckungen, Verglasungen und Isolierteile |
| Polyoximethylen | POM | Hostaform Ultraform | weißlich, durchscheinend, zähhart, steif, schlagzäh | Beschläge, Gehäuse, Zahnräder, Armaturenbauteile, Elektro-Isolierteile |
| Polytetrafluorethylen | PTFE | Teflon, Tefzel, Hostaflon | weiß, gleitfähige Oberfläche, chemikalien-, hitze- und kältebeständig | Kälte-, wärme- und chemikalienbeständige Bauteile, gleitfähige Beschichtungen |
| **Duroplaste/Elastomere** | | | | |
| Ungesättigte Polyesterharze | UP | Leguval, Palatal Vestopal, Polyleit | farblos, durchsichtig, hart, steif, gute Klebefähigkeit | Klebe- und Lackharz, Bindeharz für verstärkte Kunststoffe |
| Epoxidharze | EP | Araldit, Epikote, Epoxin, Lekutherm | farblos bis honiggelb, hartzäh, gute Klebefähigkeit | Klebe-, Lack- und Gießharz, Bindeharz für verstärkte Kunststoffe |
| Polyurethanharze Polyurethankautschuk | PUR | Desmodur Baydur, Bayflex | honiggelb, durchscheinend, hartgummiartig bis weich. Auch als Elastomer und als Schaumstoff herstellbar | Gummihämmer, Lack- und Klebstoffharz, Fugenfüllmasse, Dichtungen, Lagerschalen, elastische und steife Schaumstoffe |
| Siliconharz Siliconkautschuk | SI | Silicon, Baysilon | farblos bis milchig, biegsam, wasserabweisend, hitze- und kältebeständig, auch als Elastomer herstellbar | Dichtungen, Fugenfüllmasse, Isolierlacke, Gießformen für Kunstharz |
| **Elastomere** | | | | |
| Styrol-Butadien-Kautschuk | SBR | Buna S Cariflex S | braun bis schwarz, hartgummi- bis weichgummiartig | Gummihämmer, Puffer, Schläuche, Dichtungen, Autoreifen |
| Butyl-Kautschuk EPDM-Kautschuk | IIR EPDM | | meist schwarz eingefärbt, witterungs- u. chemikalienbeständig, geringe Gasdurchlässigkeit | Profildichtungen für Fenster und Türen, Fugenbänder, Dichtungen (Seiten 419, 420) |

# Kunststoffe

## Eigenschaften der Kunststoffe

| | Physikalisch-technologische Eigenschaften | | | | Beständigkeit ● beständig ◐ bedingt beständig ○ unbeständig | | | | | | | | Brand-verhalten |
|---|---|---|---|---|---|---|---|---|---|---|---|---|---|
| Kurz-zeichen der Kunst-stoff-art | Dichte kg/dm³ | Möglicher Temperatur-Einsatz-bereich °C | Streck-spannung bzw. Zugfestig-keit N/mm² | Kerbschlag-zähigkeit (U bedeutet Probe nicht gebrochen) kJ/m² | heißes Wasser (100 °C) | Benzin | Dieselöl/Heizöl | Mineralöle/Schmieröle | Tierische und pflanzliche Öle | Schwache Laugen | Starke Laugen | Schwache Säuren | Starke Säuren | ▲ brennbar ▲ verlöschend △ schwer entflammbar |
| **Thermoplaste** | | | | | | | | | | | | | | |
| PE-LD | 0,918 | − 50…+ 80 | ≈ 10 | U | ● | ◐ | ◐ | ◐ | ● | ● | ● | ● | ● | ▲ |
| PE-HD | 0,95…1,09 | − 50…+ 90 | 25…30 | U | ● | ◐ | ◐ | ◐ | ● | ● | ● | ● | ◐ | ▲ |
| PP | 0,9…1,14 | − 10…+ 110 | 28…42 | U bis 30 | ● | ◐ | ◐ | ● | ◐● | ● | ● | ● | ◐ | ▲ |
| PVC hart | ≈ 1,38 | − 30…+ 60 | 35…55 | ≈ 4 | ○ | ○ | ◐ | ● | ● | ● | ● | ● | ● | △ |
| PVC weich | 1,2…1,35 | − 50…+ 60 | 10…30 | U | ○ | ○ | ○ | ◐ | ◐ | ● | ○ | ● | ◐ | ▲ |
| PMMA | 1,18 | − 40…+ 80 | ≈ 30 | ≈ 18 | ● | ● | ● | ● | ● | ● | ● | ● | ○ | ▲ |
| PS | 1,04 0,015…0,030 | − 80…+ 80 | 25…50 | ≈ 20 | ● | ○ | ◐ | ● | ◐ | ● | ● | ● | ◐ | ▲ |
| SB SAN ABS | 1,03…1,31 | − 25…+ 80 | 25…130 | 20…50 | ● | ● | ◐ | ● | ● | ● | ● | ● | ◐ | ▲ |
| PA | 1,14 | − 40…+ 100 | 40…190 | 40…70 | ◐ | ● | ● | ● | ● | ● | ◐ | ◐ | ○ | ▲ |
| PC | 1,2…1,35 | −130…+ 130 | 60…90 | 40…65 | ● | ◐ | ◐ | ● | ● | ◐ | ○ | ● | ◐ | ▲ |
| POM | 1,42 | − 50…+ 100 | ≈ 70 | ≈ 10 | ● | ◐ | ● | ● | ● | ● | ◐ | ◐ | ○ | ▲ |
| PTFE | 2,14…2,19 | −200…+ 260 | 15…30 | ≈ 50 | ● | ● | ● | ● | ● | ● | ● | ● | ● | △ |
| **Duroplaste/Elastomere** | | | | | | | | | | | | | | |
| UP | ≈ 1,2 | −100…+ 150 | ≈ 35 | ≈ 10 | ● | ◐ | ◐ | ● | ● | ● | ○ | ◐ | ○ | ▲ |
| EP | ≈ 1,2 | …+ 125 | ≈ 70 | ≈ 15 | ● | ● | ● | ● | ● | ● | ● | ● | ● | ▲ |
| PUR | 1,26 | − 40…+ 80 | ≈ 40 | U | ○ | ● | ● | ● | ● | ○ | ◐ | ◐ | ● | ▲ |
| SI | 1,4…2,5 | − 50…+ 180 | gering | U | ● | ● | ● | ◐ | ● | ● | ● | ● | ○ | △ |
| **Elastomere** | | | | | | | | | | | | | | |
| SBR | 0,92…0,97 | …+ 80 | ≈ 20 | U | ● | ◐ | ◐ | ◐ | ● | ● | ● | ● | ◐ | ▲ |
| IIR EPDM | 1,23 | …+ 100 | 20…40 | U | ● | ● | ● | ● | ● | ● | ◐ | ● | ◐ | ▲ |

# Kunststoffe

## Kunststoff-Erzeugnisse (Übersicht)

### Erzeugnisse aus thermoplastischen Kunststoffen
vgl. DIN 16 985 (1989-06)

| Werkstoffe: | PA 6, PA 66, PA 12, PBT, PC, PET, PE-HD, PE-LD, PP-H, PP-B, PP-R, PPO, POM, PVC-U, PVC-HI, PVC-C, PVDF | (Bedeutung der Kurzzeichen Seite 204) |
|---|---|---|

### Rundstäbe aus thermoplastischen Kunststoffen
vgl. DIN 16 980 (1987-05)

| Durchmesser $d$ mm | 3 | 4 | 5 | 6 | 8 | 10 | 12 | 16 | 18 | 20 | 22 | 25 | 28 | 30 |
|---|---|---|---|---|---|---|---|---|---|---|---|---|---|---|
| Werkstoffe: siehe oben | 32 | 36 | 40 | 45 | 50 | 56 | 60 | 63 | 70 | 80 | 90 | 100 | 110 | 125 |
| | 140 | 150 | 160 | 180 | 200 | 220 | 250 | 280 | 300 | 320 | 360 | 400 | 450 | 500 |

### Tafeln aus thermoplastischen Kunststoffen

| PE-HD | DIN 16 972 (1995-03) | ABS, ASA | DIN 16 956 (1976-12) |
|---|---|---|---|
| PVC (hart) | EN ISO 11833-1 (2008-01) | PC | DIN EN ISO 11 963 (1995-11) |
| Dicken: 1; 1,6; 2; 2,5; 3; 4; 5; 6; 8; 10; | | Länge und Breite frei vereinbar | |

**Bezeichnungsbeispiel:** Tafel DIN 16 972 – PE-HD – 3 × 100 × 2000

### Dach- und Dichtungsbahnen aus Kunststoff

| Chloriertes Polyethylen (PE-C) | DIN 16 736 (1986-12) | Dicken: 1,2 mm; 1,5 mm; 2 mm; 2,5 mm, 3 mm |
|---|---|---|
| Polyvinylchlorid (PVC-P) | DIN 16 730, DIN 16 734, DIN 16 735 (1986-12) | |
| Polyisobuthylen (PIB) | DIN 16 731 (1986-12) | Breiten: 600 mm, 800 mm, 1000 mm |
| Ethylencopolymerisat-Bitumen (ECB) | DIN 16 729 (1984-09) | Längen: 10 m, 20 m |

**Bezeichnungsbeispiel:** Dach-Dichtungsbahn DIN 17 736 – PE-C – 1,5 – GV   (GV = Glasvlieseinlage)

### Rohre aus thermoplastischen Kunststoffen für Druckleitungen

| Rohraußendurchmesser $d_a$ | mm | 10 | 12 | 16 | 20 | 25 | 32 | 40 |
|---|---|---|---|---|---|---|---|---|
| 50 | 63 | 75 | 90 | 110 | 125 | 160 | 180 | 200 | 225 | 250 | 280 | 315 |
| 355 | 400 | 450 | 500 | 560 | 630 | 710 | 800 | 900 | 1000 | 1200 | 1400 | 1600 |

Je nach Rohrreihe (Nenndruck) unterschiedliche Werte der Wanddicke $s$

| Rohr-Werkstoff | DIN-Norm | Rohrreihen für Nenndrücke PN (bar) | Rohrleitungsteile, Zubehör |
|---|---|---|---|
| PE-HD | 8074 (1999-08) | PN 2,5, PN 3,2, PN 4, PN 6, PN 10, PN 16 | DIN 16 963-1 (1980-08) DIN 8076-1 (1984-03) |
| PP | 8077 (1999-07) | PN 2,5, PN 4, PN 6, PN 10 | DIN 16 962 (1980-08) |
| PVC-U, PVC-HI | 8062 (1988-11) | PN 2,5, PN 4, PN 6, PN 10, PN 16 | DIN 8063 (1986-12) |
| PB | 16 969 (1997-12) | PN 4, PN 6, PN 10, PN 16, PN 20 | – |

**Bezeichnungsbeispiel:** Rohr DIN 8074 – PE-HD – 63 × 2,5   (63 = Außendurchmesser, 2,5 = Wanddicke)

### Erzeugnisse aus verstärkten Kunststoffen (Verbundwerkstoffe)

| Verbundwerkstoffarten | GMT | Glasmattenverstärkte Thermoplaste | vgl. DIN EN 13677 (2003-07) |
|---|---|---|---|
| | SMC | Verstärkte Harzmatten (**S**heet **M**oulding **C**ompound) | vgl. DIN EN 14598-1 (2005-07) |
| | BMC | Verstärkte, härtbare Pressmasse (**B**ulk **M**oulding **C**ompound) | vgl. DIN EN 14598-1 (2005-07) |

### Grundstruktur der Bezeichnung von verstärkten Kunststoffen
vgl. DIN EN ISO 1043-2 (2002-04)

| Basis-Kunststoffe nach DIN EN ISO 1043-1 (Seite 204) | Art der Verstärkungsfasern oder Füllstoffe z.B. A Aramidfaser   M Mineral G Glasfaser     L2 Baumwolle C Kohlenstofffaser Q Quarz | Form der Verstärkung oder Füllstoffe z.B. B Kugeln      D Pulver C Schnitzel  M Matte F Fasern     W Gewebe | Massenanteil der Verstärkungs- oder Füllstoffe in Prozent | Gegebenenfalls weitere Eigenschaften (angegeben mit Kennbuchstaben und Ziffern) |
|---|---|---|---|---|

**Bezeichnungsbeispiel:** SMC EN 14598-1 – UP(GF30+MD15)X,F
Verstärkte Harzmatte nach DIN EN 14598-1, aus ungesättigtem Polyesterharz, verstärkt mit 30 % Glasfasern und 15 % Mineralpulver (Gesteinspulver), kein empfohlenes Verarbeitungsverfahren (X), Flammbeständig (F)

# Schmierstoffe

## Schmieröle

vgl. DIN 51 502 (1990-08)

| Schmieröl gruppe Symbol | Schmierölart (besondere Eigenschaften, Verwendung) | Kenn- buch- staben | Zusatz-Kennbuchstaben für Schmierstoffe | |
|---|---|---|---|---|
| **Mineral- öle** | Normalschmieröl ohne Zusätze für Anwendungen ohne besondere Anforderungen (DIN 51 501) | AN | Emulgierbare Kühlschmieröle | E |
| | Bitumenhaltige Schmieröle, bevorzugt für offene Schmierstellen (DIN 51 513) | B | mit Festschmierstoff-Zusatz, z. B. Graphit oder $MoS_2$ | F |
| | Alterungsbeständige Umlaufschmieröle für Wälz- und Gleitlager (DIN 51 517) | C | mit Zusätzen zur Erhöhung des Korrosionsschutzes | L |
| | Gleitbahn-Schmieröle mit Zusätzen zur Verschleißminderung bei Mischreibung | CG | mit Zusätzen zur Verminderung des Verschleißes | P |
| | Schmieröle für druckluftgetriebene Werkzeuge und Maschinen | D | mit Lösungsmitteln verdünnt | V |
| | Korrosionsschutzöle | R | **ISO-Viskositätsklassen für Öle** vgl. DIN ISO 3448 (2010-02) | |
| | Kühlschmieröle (nicht wassermischbar) | S | Beispiel: ISO VG 2 | Kinematische Viskosität bei 40 °C: ≈ 2,2 mm²/s „wasserähnlich" |
| **Synthese- öle** | Esteröle mit geringer Viskositätsände- rung bei Temperaturänderung | E | ansteigend in den Stufungen ISO VG 2, 3, 5, 7, 10, 15, 22, 32, 46, 68, 100, 150, 220, 320, 460, 680, 1000, 1500 | |
| | Fluorkohlenwasserstofföle mit hoher Reaktionsstabilität gegenüber Chemikalien | FK | Beispiel: ISO VG 1500 | Kinematische Viskosität bei 40 °C: ≈ 1500 mm²/s (honigartig) |
| | Polyglycolöle mit hoher Reaktions- stabilität und Verschleißschutz | PG | **Bezeichnungsbeispiel:** | |
| | Silikonöle mit geringer Viskositäts- änderung bei tiefen bis hohen Tempera- turen | SI | **CLP 320** | Schmieröl auf Mineralölbasis mit Korrosionsschutz- und Verschleißschutz-Zusätzen ISO-Viskositätsklasse 320 |

## Schmierfette

vgl. DIN 51 502 (1990-08)

| Schmierfett- gruppe Symbol | Schmierfettart | Kenn- buch- staben | Konsistenzzahlen | | |
|---|---|---|---|---|---|
| | | | Konsistenz- Kennzahl | Konsistenz- beschreibung | Die Konsistenz- Kennzahlen entsprechen den NLGI-Klassen nach DIN 51 818 |
| **auf Mineralöl- basis** | für Wälz- und Gleitlager sowie Gleit- flächen (– 20 °C…+ 140 °C) | K | 000 | sehr weich | |
| | für hohe Druckbelast. (–20 °C…+140 °C) | KP | 00 | salbenartig weich | |
| | für tiefe Temperaturen bis – 55 °C | KT | 0 | salbenartig | |
| | für geschlossene Getriebe | G | 1 bis 6 | salbenartig fest bis hartpastig | |
| | für offene Verzahnungen (Haftschmierstoff ohne Bitumen) | OG | **Zusatzbuchstaben von A…H, K, M, N, …, U** beschreiben den Gebrauchstemperatur- bereich und das Verhalten gegen Wasser. | | |
| | für Gleitlager | M | | | |
| **auf Syntheseöl- basis**  | Schmierfette auf Syntheseölbasis werden mit obigen Kennbuchstaben unter Hinzufügung des Syntheseöl-Kennbuchstabens bezeichnet. **Bezeichnungsbeispiel:** Schmierfett für tiefe Temperaturen auf Esterölbasis: KT E | |  **Bezeichnungsbeispiel:** Schmierfett auf Mineralölbasis für hohe Druck- belastung, Konsistenzzahl 2; Zusatz- buchstabe R: für Gebrauchstem- peraturen über +180 °C sowie kei- ner Änderung gegenüber Wasser. | | |

## Feste Schmierstoffe

| Schmierstoff | Chemische Zusammensetzung | Aussehen | Gebrauchs- temperaturbereich | Verwendung |
|---|---|---|---|---|
| Graphit | Sonderform des Kohlenstoffs (C) | schwarzes Pulver | – 20 °C … + 450 °C | Für Scharniere, Schlösser, Führungen; als Beimengung in Schmierfetten |
| Molybdän- disulfid | Molybdändisulfid $MoS_2$ | grau-schw. Pulver | – 180 °C … + 400 °C | Als Beimengung in Schmierölen und S.-fetten, bevorzugt auf Syntheseölbasis |
| Polytetrafluor- ethylen  PTFE | Kunststoff $(-CF_2-)_n$ | weißliches Pulver | – 250 °C … + 260 °C | Als Beimengung in synthetischen Schmierfetten sowie in Gleitlacken |

# Schmierstoffe, Hydrauliköle

## Kühlschmierstoffe für das Spanen
vgl. DIN 51 385 (1991-06)

| Kühlschmierstoffart Kurzzeichen | Wirkung | Abkürzung | Zusammensetzung, Eigenschaften, Anwendungen |
|---|---|---|---|
| Kühlschmierlösungen **SESW** | zunehmende Kühlwirkung ↑ / zunehmende Schmierwirkung ↓ | L | Lösungen oder Dispersionen von vorwiegend organischen, meist synthetischen Stoffen in Wasser. Gleicher Anwendungsbereich wie Kühlschmieremulsionen, weniger geruchsintensiv. |
| Kühlschmieremulsionen (Öl in Wasser) **SEMW** | | E 2% bis E 20% | Öl-in-Wasser-Emulsionen mit einem Mischungsverhältnis von 2% (E 2%) bis 20% (E 20%) emulgierbarem Kühlschmieröl in Wasser. Wurde früher als Bohrwasser bezeichnet. Öl-in-Wasser-Emulsionen werden eingesetzt, wenn eine gute Kühlwirkung, aber nur geringe Schmierwirkung erforderlich ist, z.B. beim Spanen mit hoher Schnittgeschwindigkeit. |
| Nichtwassermischbare Kühlschmierstoffe **SN** | | S | Schneidöle mit verschiedenen Zusätzen zur Verbesserung der Benetzung, der Korrosionsschutzwirkung, der Alterungs-, Druck- und Temperaturbeständigkeit. Werden eingesetzt, wenn zum Spanen gute Schmierwirkung erforderlich ist, z.B. beim Gewindeschneiden oder Fertigdrehen. |

### Auswahl des geeigneten Kühlschmierstoffs

| Fertigungsverfahren | | Stahl normal spanbar | Stahl schwer spanbar | Gusseisen | Kupfer, Kupferlegierungen | Aluminium, Aluminiumlegierungen | Magnesiumlegierungen |
|---|---|---|---|---|---|---|---|
| Sägen | | E 5%…E 10% L | E 20% | trocken E 2%…E 5% | S E 2%…E 5% | S | trocken |
| Bohren | | E 2%…E 5% | E 10% S | trocken E 5%…E 10% | trocken S E 5%…E 10% | E 2%…E 5% S | trocken S |
| Gewindeschneiden | | S | S | S, E 5%…E 10% | S | S | S, trocken |
| Drehen | Schruppen Vordrehen | E 2%…E 5% L | E 10% S | trocken | trocken L, S | E 2%…E 5% S | trocken |
| Drehen | Schlichten (Fertigdrehen) | E 2%…E 5% S | E 10% S | trocken E 2%…E 5% | trocken L, S | trocken S | S |

## Druckflüssigkeiten – Hydrauliköle
vgl. DIN 51 524-1 bis -3 (2006-04)

| Hydrauliköle HL | Mineralöle mit Wirkstoffen zum Korrosionsschutz und zur Alterungsbeständigkeit. |
|---|---|
| Hydrauliköle HLP | Mineralöle mit Wirkstoffen zum Erhöhen des Korrosionsschutzes, der Alterungsbeständigkeit und gegen „Fressen" bei Mischreibung für Drücke über 200 bar. |
| Hydrauliköle HVLP | Mineralöle mit Wirkstoffen zum Korrosionsschutz, zur Alterungsbeständigkeit, gegen „Fressen" und zur Verbesserung des Viskositäts-Temperatur-Verhaltens. |

Das Kurzzeichen der Hydrauliköle besteht aus den Kennbuchstaben HL, HLP oder HVLP und einer Kennziffer, die die kinetische Viskosität des Öls bei + 40 °C in mm²/s (DIN 51 550) angibt.
**Bezeichnungsbeispiel:** Hydrauliköl DIN 51 524 – HL 32
ist ein Hydrauliköl Typ HL mit 32 mm²/s kinematischer Viskosität bei 40 °C.

### Eigenschaften der Hydrauliköle

| Eigenschaften | | Hydrauliköle | | | | | | |
|---|---|---|---|---|---|---|---|---|
| | | HL 10 HLP 10 | HL 22 HLP 22 | HL 32 HLP 32 | HL 46 HLP 46 | HL 68 HLP 68 | HL 100 HLP 100 | HL 150 HLP 150 |
| Kinematische Viskosität in mm²/s | bei 0 °C | 90 | 300 | 420 | 780 | 1400 | 2560 | 4500 |
| | bei + 40 °C | 10 | 22 | 32 | 46 | 68 | 100 | 165 |
| | bei + 100 °C | 2,4 | 4,1 | 5,0 | 6,1 | 7,8 | 9,9 | 14,0 |
| Pourpoint[1] | gleich oder tiefer als | – 30 °C | – 21 °C | – 18 °C | – 15 °C | – 12 °C | – 12 °C | – 12 °C |
| Flammpunkt[2] | höher als | 125 °C | 165 °C | 175 °C | 185 °C | 195 °C | 205 °C | 215 °C |

[1] Der Pourpoint ist die Temperatur, bei der das Hydrauliköl unter dem Einfluss der Schwerkraft gerade noch fließt.
[2] Der Flammpunkt ist die niedrigste Temperatur, bei der sich durch Verdunsten über dem Öl ein zündfähiges Öldampf/Luft-Gemisch bildet.

# Korrosionsschutz

## Korrosion: Begriffe, Grundlagen

Nach DIN 50900 versteht man unter Korrosion die von der Oberfläche ausgehende Zerstörung metallischer Werkstoffe durch chemische und elektrochemische Reaktionen.
Die im Metallbau auftretende Korrosion hat überwiegend elektrochemische Ursachen.

### Korrosionsarten und Auslöser der Korrosion

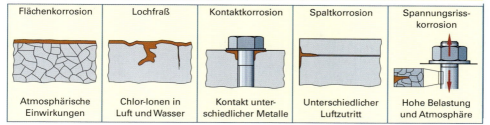

| Flächenkorrosion | Lochfraß | Kontaktkorrosion | Spaltkorrosion | Spannungsrisskorrosion |
|---|---|---|---|---|
| Atmosphärische Einwirkungen | Chlor-Ionen in Luft und Wasser | Kontakt unterschiedlicher Metalle | Unterschiedlicher Luftzutritt | Hohe Belastung und Atmosphäre |

### Korrosionsverhalten von ungeschützten Werkstoffen in verschiedenen Atmosphären

| Atmosphärentyp | Unlegierte Baustähle | Niedriglegierte Stähle | Wetterfeste Baustähle | Nichtrostende Stähle 18 % Cr, 8 % Ni | Nichtrostende Stähle 18 % Cr, 10 % Ni 2,5 % Mo, Ti | Aluminiumwerkstoffe | Kupferwerkstoffe |
|---|---|---|---|---|---|---|---|
| Trockene, warme Raumluft | ⊕ | ⊕ | + | + | + | + | + |
| Landatmosphäre | ⊖ | ⊖ | ⊕ | ⊕ | + | + | + |
| Stadt- und Industrieatmosphäre | – | – | ⊕ | ⊕ | ⊕ | ⊕ | ⊕ |
| Meeresatmosphäre | – | – | ⊕ | ⊕ | ⊕ | ⊕ | ⊕ |

Bedeutung der Zeichen:
+ über längere Zeit beständig, praktisch kein Angriff
⊕ bedingt beständig, langsame Korrosion
⊖ wenig beständig, deutlicher Angriff
– unbeständig, rasche Korrosion

## Kontaktkorrosion

Kontaktkorrosion tritt auf, wenn sich zwei Bauteile aus unterschiedlichen Metallen berühren und etwas Wasser (Elektrolyt) vorhanden ist. Diese Anordnung ist ein **galvanisches Element**. Tritt ein galvanisches Element bei einem Bauteil auf, so wird es **Korrosionselement** genannt.
Bei einem Korrosionselement wird das unedlere Metall aufgelöst, d.h. es korrodiert.
Welches Metall bei einer Metallpaarung das unedlere Metall ist, kann aus der **elektrochemischen Spannungsreihe der Metalle** abgelesen werden: Es steht dort weiter links.
**Beispiel:** Bei der Metallpaarung Eisen – Zink wird Zink (Zn) korrodiert, da es weiter links als Fe steht.

### Elektrochemische Spannungsreihe der Metalle

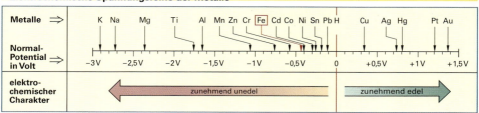

Die elektrochemische Spannungsreihe gilt für reine Metalle mit blanker Oberfläche und gibt einen groben Anhaltspunkt für die Kontaktkorrosion von Metallpaarungen.
Die technisch verwendeten Metalle und Legierungen jedoch bilden zum Teil **Passivierungsschichten** aus, die das Korrosionsverhalten total verändern. So sind z.B. Titan (Ti), Aluminium (Al) und Chrom (Cr) gemäß der Spannungsreihe der Metalle unedler als Eisen (Fe). Da Titan, Aluminium und Chrom auf der Oberfläche der Bauteile Passivschichten bilden, sind diese Metalle bzw. die damit legierten Stähle in der technischen Realität korrosionsbeständiger als unlegierter Stahl (Eisen).

## Korrosionsschutzmöglichkeiten

Es gibt eine Reihe von Möglichkeiten, den aus technischen Gründen erforderlichen oder aus preislichen Gründen ausgewählten Werkstoff gegen Korrosion zu schützen. Siehe Seiten 216 bis 218.

# Korrosionsschutz

## Korrosionsschutzgerechte Gestaltung von Stahlbauteilen

**Grundregeln zur korrosionsschutzgerechten Gestaltung**  vgl. DIN EN ISO 12 944-3 (1998-06)

Das Bauteil sollte möglichst wenig gegliedert sein und aus Profilen mit geschlossenen Oberflächen bestehen. Alle Flächen des Bauwerks müssen für Korrosionsschutzmaßnahmen zugänglich sein. Deshalb Mindestabstand von 30 cm zwischen den Flächen vorsehen.

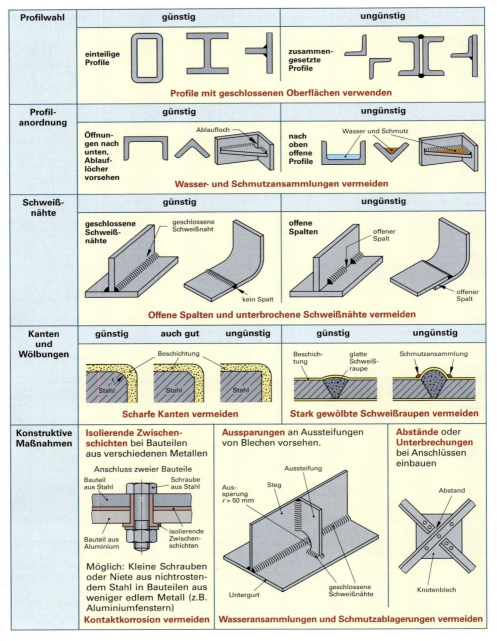

# Korrosionsschutz

## Vorbereitungen zum Korrosionsschutz
### Ermitteln des geeigneten Korrosionsschutzes für ein Stahlbauteil

Um einen **wirksamen Korrosionsschutz** für Stahlbauteile zu erreichen, sind vor der Realisierung folgende Punkte zu klären und zu berücksichtigen.
1. Bestimmen der **Korrosivitätskategorie** der Umgebungsbedingungen des Bauteils (siehe unten). Die Korrosivitätskategorie ist ein Maß für die Aggressivität einer Umgebung oder eines Mediums.
2. Mögliche **Sonderbelastungen** ermitteln, z.B. örtliche chemische Immissionen, starker mechanischer Abrieb oder erhöhte Temperaturen.
3. **Korrosionsschutzgerechte Gestaltung** des Bauteils ohne Stellen mit besonderem Korrosionsangriff (siehe Seite 210). Zugänglichkeit aller Flächen für Korrosionsschutzarbeiten sicherstellen.
4. Bei Neukonstruktionen aus korrosionsbeständigen Stählen (Edelstahl rostfrei) die Stahlsorte mit der geeigneten Widerstandsklasse gegen Korrosion auswählen (Seite 218).
5. Bei Neukonstruktionen aus Baustählen oder Instandsetzungsarbeiten den Zustand der Oberfläche feststellen und die **geeignete Oberflächenvorbereitung** auswählen (siehe Seite 213).
6. Korrosionsschutz mit der erforderlichen **Schutzdauer** auswählen (siehe Seite 216 bis 218).
7. Instandsetzungsplan für die gesamte Nutzungsdauer des Bauwerks festlegen.

### Einteilung der Umgebungsbedingungen von Atmosphären   vgl. DIN EN ISO 12 944-2 (1998-07)

| Korrosivi- tätskategorie[1)] | Beispiele für typische Umgebungen in einem gemäßigten Klima (Mitteleuropa) | | Massenverlust $m'_V$ pro m² und Jahr Dickenabnahme $s'_V$ pro Jahr | | | |
|---|---|---|---|---|---|---|
| | | | Unlegierter Baustahl | | Verzinkter Baustahl | |
| | außen | innen | $m'_V$ g/m² | $s'_V$ µm | $m'_V$ g/m² | $s'_V$ µm |
| **C1** unbedeutend | – | Geheizte Gebäude mit neutralen Atmosphären, z.B. Büros, Läden, Schulen, Hotels | ≤ 10 | ≤ 1,3 | ≤ 0,7 | ≤ 0,1 |
| **C2** gering | Atmosphären mit geringer Verunreinigung, meist ländliche Bereiche (Landatmosphäre) | Ungeheizte Gebäude, in denen zeitweise Kondensation auftreten kann, z.B. Lager, Hallen | >10 …200 | > 1,3 …25 | > 0,7 …5 | > 0,1 …0,7 |
| **C3** mäßig | Stadt- und Industrieatmosphäre, mäßige Verunreinigung durch Schwefeldioxod (SO₂). Entfernter Küstenbereich | Produktionsräume mit hoher Feuchte und mäßiger Luftverunreinigung, z.B. Wäschereien, Brauereien, Lebensmittelherstellung | > 200 …400 | > 25 …50 | > 5 …15 | > 0,7 …2,1 |
| **C4** stark | Industrielle Bereiche und Küstenbereiche mit mäßiger Salzbelastung | Chemieanlagen, Schwimmbäder, Bootsschuppen über Meerwasser | > 400 …600 | > 50 …80 | > 15 …30 | > 2,1 …4,2 |
| **C5-I** sehr stark (Industrie) | Industrielle Bereiche mit hoher Feuchte und aggressiver Atmosphäre (Industrieatmosphäre) | Gebäude mit nahezu ständiger Kondensation und starker Luftverunreinigung | > 650 …1500 | > 80 …200 | > 30 …60 | > 4,2 …8,4 |
| **C5-M** sehr stark (Meer) | Küsten- und Offshore-Bereiche mit hoher Salzbelastung (Meeresatmosphäre) | Gebäude mit ständiger Kondensation und starken Luftverunreinigungen | > 650 …1500 | > 80 …200 | > 30 …60 | > 4,2 …8,4 |

### Einteilung der Umgebungsbedingungen bei Wasser und Erdreich   vgl. DIN EN ISO 12 944-2 (1998-07)

| Korrosivitätskategorie[1)] | Umgebung | Beispiele für Umgebungen und Stahlbauten |
|---|---|---|
| Im1 | Süßwasser | Flussbauten, Wasserkraftwerke |
| Im2 | Meer- und Brackwasser | Schleusentore, Molen, Staustufen, Offshore-Anlagen |
| Im3 | Erdreich | Erdbehälter, Stahlspundwände, Rohrleitungen im Erdreich |

[1)] Die Korrosivitätskategorie ist ein Maß für die Aggressivität einer Umgebung oder eines Mediums.

# Korrosionsschutz

## Vorbereitungen zum Korrosionsschutz

### Vorbereitung verrosteter und mit Altschichten bedeckter Stahlbauteile
vgl. DIN EN ISO 12944-4 (1998-07)

Verrostete oder mit einer schadhaften Altbeschichtung versehene Stahlbauteile müssen entrostet bzw. gereinigt werden, bevor sie beschichtet werden. Die Beseitigung der Schichten erfolgt überwiegend durch Strahlen (Kurzzeichen Sa), gelegentlich auch durch handwerkliches Bürsten und Schleifen (Kurzzeichen St) oder durch Flammstrahlen (Kurzzeichen Fl) oder Beizen (Kurzzeichen Be).

Wird sofort nach dem Entrosten beschichtet, so entfallen zusätzliche Reinigungs-, Entfettungs- und Spülbehandlungen. Wird nicht sofort anschließend beschichtet, so wird eine dünne Lackschicht (Fertigungsbeschichtung oder Shop Primer genannt) aufgebracht, die die Oberfläche bis zur Beschichtung schützt.

Der **Ausgangszustand** der verrosteten Stahloberflächen und der **Oberflächenvorbereitungsgrad** der entrosteten bzw. entzunderten Stahloberflächen wird durch Beschreibungen und Vergleichsfotos gemäß ISO 8501-1 festgelegt.

**Beispiele hierzu siehe Farbtafel Seite 213.**

### Vorbereitung verschmutzter Bauteile für einen Überzug oder eine Beschichtung

Auch Bauteile, die keine Beläge wie Rost, Zunder oder Altschichten aufweisen, müssen für die Beschichtung vorbereitet werden, da sie Fett, Öl, Salze oder Schmutz auf ihrer Oberfläche haben können.

| Bauteil-Werkstoff | Überzug Beschichtung | Behandlungsfolge[1] | Bauteil-Werkstoff | Überzug Beschichtung | Behandlungsfolge[1] |
|---|---|---|---|---|---|
| Unlegierter Baustahl | Zink | 10-1-12-1-20-1-4-1 | CuZn-, CuSn-Legierungen | farbloser Lack | 11-24-1-2-5 |
| | Lack, Farbe | 11-20-1-30-1-3-5-33 | | Nickel, Chrom | 10-1-13-1-21-1-31-1 |
| | Nickel, Chrom | 10-1-12-1-20-1-31-1 | Unlegiertes Aluminium | Anodisiert | 10-1-22-1-26-1-5 |
| Kupfer | farbloser Lack | 11-21-1-2-5 | Al-Legierungen, siliciumhaltig | Anodisiert | 11-13-1-25-1-5 |

[1] **Erläuterung der Kennziffern für die Behandlungsfolgen**

| | |
|---|---|
| 1 | Spülen in Kaltwasser |
| 2 | Spülen in Heißwasser |
| 3 | Spülen in 0,2%- bis 1%iger Sodalösung (Passivieren) |
| 4 | Spülen in 10%iger Cyanidlösung |
| 5 | Trocknen in Warmluft |
| 10 | Entfetten in siedenden alkalischen Bädern |
| 11 | Entfetten mit organischen Lösungsmitteln durch Abwaschen, Tauchen, Dampfbad |
| 12 | Katodische Entfettung in alkalischer Lösung |
| 13 | Anodische Entfettung in alkalischer Lösung |
| 20 | Beizen in 10%iger Salzsäure, 20 °C, evtl. mit Zusatz von Phosphorsäure und Reaktionshemmern |
| 21 | Beizen in 5%- bis 25%iger Schwefelsäure bei 40 °C bis 80 °C |
| 22 | Beizen in 10%iger Natronlauge, 80 °C bis 90 °C |
| 24 | Gelbbrennen in einem 1:1 Gemisch von konzentrierter Salpetersäure mit konzentrierter Schwefelsäure |
| 25 | Beizen in verdünnter Flusssäure (3% bis 10%) |
| 26 | Beizen in 30%iger Salpetersäure |
| 30 | Phosphatieren, Chromatieren |
| 31 | Vorverkupfern als Zwischenschicht |
| 33 | Grundieren mit Fertigungsbeschichtung |

### Vorauswahl des Korrosionsschutzes für Bauteile aus unlegiertem Baustahl nach Schutzdauer

| Schutzdauer bzw. Anforderung an den Korrosionsschutz | Nutzungsdauer | Beispiele für Anwendungen | Zu empfehlende Korrosionsschutzarten |
|---|---|---|---|
| Keine oder kurzzeitige Schutzdauer | bis 5 Jahre | Verlorene Schalungen, Hilfs- und Kurzzeitbauten | → Einfach-Beschichtung oder → keine Beschichtung |
| Mittlere Schutzdauer | 5 bis 15 Jahre | Industriehallenbau | → Anstrichsystem oder |
| Lange Schutzdauer | über 15 Jahre | Tragwerke, Masten | → Feuerverzinkung |
| Höchster Langzeitschutz | über 40 Jahre | Industriehallenbau, Tragwerke, Stahlbrücken | → Feuerverzinkung und Beschichtung (Duplex-System) |
| Farbliche Gestaltung, Verkehrssicherheit | unterschiedliche Anforderungen | Repräsentativbauten, Freileitungs- und Signalmasten | → Anstrichsystem oder → Duplex-System |

# Korrosionsschutz

## Vorbereitungen zum Korrosionsschutz

### Ausgangszustand vorzubereitender Stahloberflächen vgl. DIN EN ISO 8501-1 (2007-12)

Die Rostgrade legen anhand von Beschreibungen des Aussehens und durch repräsentative fotografische Beispiele den Vergleichszustand einer Stahloberfläche vor der Beschichtung fest.

| Rostgrad A | Rostgrad B | Rostgrad C | Rostgrad D |
|---|---|---|---|
| Stahloberfläche weitgehend mit festhaftendem Zunder bedeckt, aber im Wesentlichen frei von Rost. | Stahloberfläche mit beginnender Rostbildung und beginnender Zunderabblätterung. | Stahloberfläche, von der der Zunder abgerostet ist oder sich abschaben lässt. Wenig sichtbare Rostnarben. | Stahloberfläche, von der der Zunder abgerostet ist und die verbreitet Rostnarben besitzt. |

### Oberflächenvorbereitungsgrade von verrosteten und verzunderten Stahloberflächen vgl. DIN EN ISO 8501-1 (2007-12)

Die Oberflächenvorbereitungsgrade definieren durch Beschreibung des Aussehens und durch repräsentative fotografische Beispiele den Grad der Reinigung einer Stahloberfläche.
Reinigungsverfahren sind Strahlen (Sa), handwerklich maschinelles Schleifen (St), Flammstrahlen (Fl) und Beizen mit Säure (Be).
Die Vergleichsmuster werden mit dem ursprünglichen Rostgrad (z.B. A, B, C, D, siehe oben) vor der Reinigung und dem geforderten Oberflächenvorbereitungsgrad bezeichnet.
**Bezeichnungsbeispiel: D Sa 2 $^1/_2$**

| Oberflächenvorbereitungsgrade, erzeugt durch Strahlen (Sa) | | | |
|---|---|---|---|
| Sa 1 | Sa 2 | Sa 2 $^1/_2$ | Sa 3 |
| Ausgangszustände: B, C, D | Ausgangszustände: B, C, D | Ausgangszustände: A, B, C, D | Ausgangszustände: A, B, C, D |
| **Beispiel:** D Sa 1 | **Beispiel:** D Sa 2 | **Beispiel:** D Sa 2 $^1/_2$ | **Beispiel:** D Sa 3 |
| Lediglich loser Zunder, loser Rost und lose Beschichtungen sind entfernt. | Nahezu aller Zunder, nahezu aller Rost und nahezu alle Altbeschichtungen sind entfernt. | Zunder, Rost und Beschichtungen sind soweit entfernt, dass Reste nur als leichte Schattierungen sichtbar sind. | Sämtlicher Zunder, Rost und alte Beschichtungen sind vollständig entfernt. |

**Bezeichnungsbeispiel: D Sa2 $^1/_2$** bedeutet: Ausgangszustand Rostgrad D, gestrahlt (Sa) auf den Oberflächenvorbereitungsgrad Sa2 $^1/_2$

# Korrosionsschutz

## Korrosionsschutz durch Feuerverzinken

### Allgemeine Richtlinien für zu verzinkende Bauteile    vgl. DIN EN ISO 14713-1 und -2 (2010-05)

- Zum Verzinken geeignet sind Bauteile aus unlegierten Baustählen, niedrig legierten Stählen und Gusseisen.
- Die Bauteile sind verzinkungsgerecht auszubilden (siehe unten).
- Die Oberfläche der Bauteile muss metallisch blank sein. Rost, Zunder, Schweißlacke oder Altbeschichtungen sind durch mechanische Verfahren, wie Bürsten, Schleifen und Strahlen, sowie durch Beizen zu entfernen (Seite 212).
- **Bearbeitungsspuren**, wie z. B. Riefen oder Schweißunebenheiten sind auszugleichen. Achtung: Oberflächenfehler und die Rauheit der Stahloberfläche zeichnen sich nach dem Verzinken ab.
- **Spannungen** im Bauteil, die z.B. durch Schweißen, Brennschneiden oder Kaltverformen verursacht wurden, werden beim Verzinken abgebaut und können ein Verziehen der Bauteile bewirken.
- Das **Schweißen** sollte möglichst in gleichem Umfang auf beiden Seiten der Hauptachse der Bauteile erfolgen. Dadurch kann sich das Verziehen der Bauteile ausgleichen.
- **Tragende Bauteile** sind gemäß der DASt-Richtlinie 022 zu verzinken. Ansonsten besteht die Gefahr der Spannungsrissbildung.
- Allseits geschlossene größere **Hohlbauteile** sind zu vermeiden. Sie können beim Verzinken durch den hohen Druck der eingeschlossenen Luft bersten. (Dies betrifft nicht Rohre und Hohlprofile)

Bei Bedarf ist eine Abstimmung der Konstruktion mit einem Verzinkungs-Fachmann sinnvoll.

### Anforderungen an die Gestaltung feuerverzinkter Bauteile

- Glatte Profile und glatte Formstähle sind zu bevorzugen. Bauteile aus glatten Profilen können nach dem Feuerverzinken mit feuerverzinkten Schrauben und Muttern gefügt werden.
- Das Bauteil sollte an allen Stellen für die Reinigung und Instandsetzung zugänglich sein.
- Rücksprünge und Vertiefungen, in denen sich Wasser und Schmutz ansammeln können, sind zu vermeiden.
- Dicht verschlossene Hohlprofile und Rohre benötigen keinen Korrosionsschutz für die Innenflächen. Offene Rohre und Hohlprofile sind außen und innen zu verzinken.
- Hohlbauteile und Hohlprofile sind mit ausreichend großen Öffnungen (Löchern oder V-förmigen Aussparungen) zum Ein- und Ausfließen des Zinks sowie zum Entlüften zu versehen (siehe unten).
- Große Unterschiede der Wanddicken und Querschnitte der einzelnen Bauteile sind zu vermeiden.

### Vermeiden von Spalten

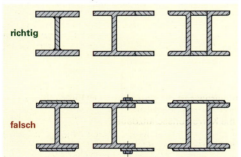

richtig / falsch

### Abflussöffnungen bei Trägern

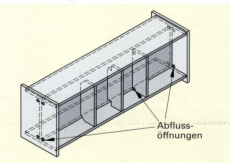

Abflussöffnungen

### Durchfluss- und Entlüftungsöffnungen bei Hohlbauteilen

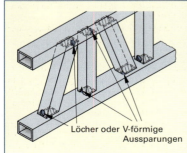

Löcher oder V-förmige Aussparungen

| Hohlprofil-Abmessungen in mm | | | Mindest-Lochdurchmesser in mm Anzahl der Öffnungen | | |
|---|---|---|---|---|---|
| ○ | □ | □ | 1 | 2 | 4 |
| 40 | 40 | 50 × 30 | 14 | 12 | – |
| 50 | 50 | 60 × 40 | 16 | 12 | 10 |
| 60 | 60 | 80 × 40 | 20 | 12 | 10 |
| 80 | 80 | 100 × 60 | 20 | 16 | 12 |
| 100 | 100 | 120 × 80 | 25 | 20 | 12 |
| 120 | 120 | 160 × 80 | 30 | 25 | 16 |
| 160 | 160 | 200 × 120 | 40 | 25 | 16 |
| 200 | 200 | 260 × 140 | 50 | 30 | 16 |

# Korrosionsschutz

## Korrosionsschutz durch Feuerverzinken
### Mindest-Zinkauflagen einer normgerechten Feuerverzinkung
### (durch Stückverzinken)

vgl. DIN EN ISO 1461 (2009-10)

| Bauteile, die nach dem Feuerverzinken nicht zentrifugiert werden Art und Dicke der Bauteile | | Durchschnittliche Zinkauflage | | Bauteile, die nach dem Feuerverzinken zentrifugiert werden (Kleinteile) Art und Dicke der Bauteile | | Durchschnittliche Zinkauflage | |
|---|---|---|---|---|---|---|---|
| | | $m'$ in g/m² | $s$ in µm | | | $m'$ in g/m² | $s$ in µm |
| Stahl | ≥ 6 mm | 610 | 85 | Gewindeteile | ≥ 20 mm ⌀ | 395 | 55 |
| Stahl | ≥ 3 mm...< 6 mm | 505 | 70 | | ≥ 6 mm...20 mm ⌀ | 325 | 45 |
| Stahl | ≥ 1,5 mm...< 3 mm | 395 | 55 | | < 6 mm ⌀ | 180 | 25 |
| Stahl | < 1,5 mm | 325 | 45 | Andere Teile (einschl.) Guss | ≥ 3 mm | 395 | 55 |
| Gusseisen | ≥ 6 mm | 575 | 80 | | | | |
| Gusseisen | < 6 mm | 505 | 70 | | < 3 mm | 325 | 45 |

Kurzbezeichnung einer Feuerverzinkung in einer Zeichnung:
Bedeutung der Buchstaben: o ohne Anforderung
k Keine Nachbehandlung  b beschichtet

DIN EN ISO 1461–tZno

### Schutzdauer der Verzinkung bis zur ersten Instandsetzung[1]

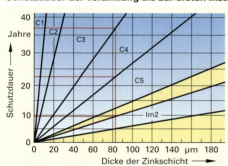

Die Schutzdauer einer Zinkbeschichtung ist direkt proportional der Zinkschichtdicke und ist stark abhängig von den Umweltbedingungen. Sie werden durch die Korrosivitätskategorie (Seite 211) gekennzeichnet.

**Ablesebeispiel:** Ein verzinktes Stahlbauteil mit einer Zinkauflage von 85 µm hat bei einer Korrosionsbelastung gemäß Korrosivitätskategorie C4 eine zu erwartende Schutzdauer von 22 bis 37 Jahren.

Bei einer Korrosionsbelastung gemäß Korrosivitätskategorie Im2 beträgt die Schutzdauer 5 bis 8 Jahre.

[1] Die **Instandsetzung** eines zinkbeschichteten Bauteils, z.B. mit einem Anstrich, sollte erfolgen, wenn noch mindestens 20 µm Restschichtdicke vorhanden ist und noch keine Roststellen sichtbar sind.

### Besondere Belastungen
vgl. DIN EN ISO 14713-1 (2010-05)

**Kontakt mit anderen Metallen:** Meist keine oder leichte, zusätzliche Korrosion des Zinküberzugs.
**Kontakt mit Beton:** Feuerverzinkter Bewehrungsstahl verbessert die Korrosionsbeständigkeit des eingegossenen Stahls; insbesondere vorteilhaft in alterndem (rissigen) Beton.
**Kontakt mit Holz:** Hat keinen negativen Einfluss auf die Korrosionsschutzdauer.
**Bauteil im Boden:** Korrosionsgeschwindigkeit in der Regel etwa 10 µm/Jahr, d.h. eine Zinkbeschichtung von 85 µm hält etwa 8 Jahre. In aggressiven Böden ist die Korrosion stärker.
**Kontakt mit Wasser:** Wasser und wässrige Lösungen mit einem pH-Wert größer 5,5 und kleiner 12,5 haben einen Korrosionsabtrag von weniger als 10 µm/Jahr.
Schwere Korrosion in maritimer Umgebung oder in Meerwasser: 10 µm bis 20 µm/Jahr.
Verzinkte Stahlbauteile sind nicht geeignet bei dauerndem Stand in heißem Wasser und bei dauernder Kondensatbildung auf der Oberfläche. Die Zinkschicht löst sich dadurch ab.
**Kontakt mit Chemikalien:** Nicht beständig gegen starke Säuren und starke Laugen. Geringe Korrosion durch organische Lösemittel.

### Feuerverzinkung und Beschichtung (Duplex-System)

Die Schutzdauer eines von Anfang an aufgetragenen Korrosionsschutzsystems aus Zinküberzug und organischer Beschichtung (Duplex-System) ist merklich länger als die Summe der getrennt erreichbaren Schutzdauern eines Zinküberzugs und einer Beschichtung. Ursache: Der Zinküberzug verhindert die Unterrostung der Beschichtung.

**Faustregel:** Ein Duplex-Korrosionsschutz hält doppelt so lange wie die Zinkbeschichtung allein.

Weiterer Vorteil eines Duplex-Systems: Nach Abwittern der Beschichtung kann eine neue Beschichtung aufgebracht werden, ohne dass die Zinkbeschichtung vollständig zerstört ist. Eine Erneuerung der Beschichtung ist auch möglich (Instandsetzung), wenn die Zinkschicht schon stark abgewittert ist. Die Rest-Zinkschicht sollte mindestens 20 µm dick sein. Duplex-Korrosionsschutzsysteme auf Seite 218.

# Korrosionsschutz

## Allgemeine Eigenschaften der Grundtypen von Beschichtungsstoffen

| Eignung:<br>+ gut<br>⊕ begrenzt<br>⊖ schlecht<br>– völlig ungeeignet | Poly-vinyl-chlorid<br>PVC | Chlor-kaut-schuk<br>CR | Acryl-harz<br>AY | Alkyd-Harz<br>AK | Poly-urethan, aroma-tisch<br>PUR aroma-tisch | Poly-urethan, alipha-tisch<br>PUR alipha-tisch | Ethyl-Zink-silicat<br>ESI | Epoxid-harz<br>EP | Epoxid-harz-Kombi-nation<br>EPC |
|---|---|---|---|---|---|---|---|---|---|
| Farbhaltung und Glanzhaltung | ⊕ | ⊕ | + | ⊕ | ⊖ | + | – | ⊖ | ⊖ |
| **Beständigkeit gegen Wasser und Chemikalien** | | | | | | | | | |
| Häufiges Eintauchen in Wasser | ⊕ | + | ⊕ | ⊖ | ⊕ | ⊖ | ⊕ | + | + |
| Regen/Kondens-wasser | + | + | + | + | + | + | + | + | + |
| Lösemittel | ⊖ | ⊖ | ⊖ | ⊕ | + | + | ⊕ | + | + |
| Säuren | ⊕ | + | ⊕ | ⊕ | + | ⊕ | ⊖ | ⊕ | + |
| Säuren (Spritzen) | + | + | ⊕ | ⊕ | + | + | ⊖ | + | + |
| Alkalien | ⊕ | ⊕ | ⊕ | ⊕ | ⊕ | ⊕ | ⊖ | + | + |
| Alkalien (Spritzen) | + | + | ⊕ | ⊕ | + | + | ⊖ | + | + |
| **Beständigkeit gegen trockene Wärme** | | | | | | | | | |
| bis 70 °C | ⊖ | ⊖ | ⊕ | + | + | + | + | + | + |
| 70 °C bis 120 °C | – | – | ⊕ | + | + | + | + | + | ⊕ |
| 120 °C bis 150 °C | – | – | ⊕ | ⊖ | ⊕ | ⊖ | + | ⊕ | ⊕ |
| > 150 °C ≤ 400 °C | – | – | – | – | – | – | + | – | – |
| **Physikalische Eigenschaften** | | | | | | | | | |
| Abriebwiderstand | ⊖ | ⊖ | ⊖ | ⊕ | + | ⊕ | + | + | ⊕ |
| Schlagfestigkeit | ⊕ | ⊕ | ⊕ | ⊕ | + | ⊕ | ⊕ | + | ⊕ |
| Dehnbarkeit | + | + | + | ⊕ | + | + | ⊖ | ⊕ | ⊕ |
| Härte | ⊕ | ⊕ | ⊕ | + | + | + | + | + | + |

## Korrosionsschutz-Beschichtungssysteme für Stahlbauten vgl. DIN EN ISO 12944-5 (2008-01)

**Belastung: Korrosivitätskategorie C2 (Landatmosphäre)**

Oberflächenvorbereitung: Für Sa 2 ½, Rostgrad A, B oder C (siehe ISO 8501, Seite 213)

| System Nr. | Grundbeschichtung(en) | | | | Nachfolgende Schicht(en) | | | Erwartete Schutzdauer[3] | | |
|---|---|---|---|---|---|---|---|---|---|---|
| | Binde-mittel-typ[2] | Pigment-typ[1] | Anzahl Schichten | Schicht-dicke μm | Binde-mittel-typ | Anzahl Schichten | Schicht-dicke μm | N (L) | M (M) | H (H) |
| A2.01 | AK | div. | 1 | 40 | AK | 2 | 80 | | | |
| A2.02 | AK | div. | 1 – 2 | 80 | AK | 2 – 3 | 120 | | | |
| A2.03 | AK | div. | 1 – 2 | 80 | AK, AY, PVC, CR | 2 – 4 | 160 | | | |
| A2.04 | AK | div. | 1 – 2 | 100 | – | 1 – 2 | 100 | | | |
| A2.05 | AY, PVC, CR | div. | 1 – 2 | 80 | AY, PVC, CR | 2 – 4 | 160 | | | |
| A2.06 | EP | div. | 1 – 2 | 80 | EP, PUR | 2 – 3 | 120 | | | |

[1] Zn(R) = Zinkstaub; div. = Grundbeschichtungsstoffe mit verschiedenen Korrosionspigmenten.
[2] siehe unten   [3] N = Niedrig (L): 2 bis 5 Jahre; M = Mittel (M): 5 bis 15 Jahre; H = Hoch (H): über 15 Jahre
**Bezeichnungsbeispiel:** Beschichtungssystem ISO 12 944-5/A2.06 – EP/PUR
Beschichtungssystem aus einer mit verschiedenen Korrosionsschutzpigmenten versehenen Grundbeschichtung aus Epoxidharz (EP) von 80 μm sowie einer Deckschicht aus Epoxid- oder Polyurethanharz von 120 μm. Die zu erwartende Schutzdauer ist niedrig bis mittel.
**Auswahlbeispiel:** Es soll ein Beschichtungssystem für eine mäßig verunreinigte Stadt- und Industrieatmosphäre (Korrosivitätskategorie C3) und lange Schutzdauer (Hoch) ausgewählt werden. Siehe Seite 217.
Als geeignet können eingesetzt werden: A3.04;   A3.06;   A3.09;   A3.11;   A3.13.

# Korrosionsschutz

## Korrosionsschutz-Beschichtungssysteme für Stahlbauten vgl. DIN EN ISO 12944-5 (2008-01)

| System Nr. | Grundbeschichtung(en) Bindemittel-typ[2] | Pigmenttyp[1] | Anzahl Schichten | Schichtdicke µm | Nachfolgende Schicht(en) Bindemittel-typ[2] | Beschichtungs-System Anzahl Schichten | Schichtdicke µm | Erwartete Schutzdauer[3] N (L) | M (M) | H (H) |
|---|---|---|---|---|---|---|---|---|---|---|
| \multicolumn{11}{l}{Oberflächenvorbereitung: Für Sa 2 ½, Rostgrad A, B oder C (siehe ISO 8501, Seite 213)} |
| \multicolumn{11}{l}{[1] div = verschiedene Korrosionspigmente, Zn (R) = Zinkstaub;  [2] [3] Bezeichnung siehe Seite 216} |
| \multicolumn{11}{l}{**Belastung: Korrosivitätskategorie C3 (Stadtatmosphäre)**} |
| A3.01 | AK | div. | 1 – 2 | 80 | AK | 2 – 3 | 120 | | | |
| A3.02 | AK | div. | 1 – 2 | 80 | AK | 2 – 4 | 160 | | | |
| A3.03 | AK | div. | 1 – 2 | 80 | AK | 2 – 5 | 200 | | | |
| A3.04 | AK | div. | 1 – 2 | 80 | AK, PVC, CR | 3 – 5 | 200 | | | |
| A3.05 | AY, PVC, CR | div. | 1 – 2 | 80 | AY, PVC, CR | 2 – 4 | 160 | | | |
| A3.06 | AY, PVC, CR | div. | 1 – 2 | 80 | AY, PVC, CR | 3 – 5 | 200 | | | |
| A3.07 | EP | div. | 1 | 80 | EP, PUR | 2 – 3 | 120 | | | |
| A3.08 | EP | div. | 1 | 80 | EP, PUR | 2 – 4 | 160 | | | |
| A3.09 | EP | div. | 1 | 80 | EP, PUR | 3 – 5 | 200 | | | |
| A3.11 | EP, PUR, ESI | Zn (R) | 1 | 60 | EP, PUR | 2 | 160 | | | |
| A3.12 | EP, PUR, ESI | Zn (R) | 1 | 60 | AY, PVC, CR | 2 – 3 | 160 | | | |
| A3.13 | EP, PUR | Zn (R) | 1 | 60 | AY, PVC, CR | 3 | 200 | | | |
| \multicolumn{11}{l}{**Belastung: Korrosivitätskategorie C4 (schwach belastete Industrie- oder Meeresatmosphäre)**} |
| A4.01 | AK | div. | 1 – 2 | 80 | AK | 3 – 5 | 200 | | | |
| A4.02 | AK | div. | 1 – 2 | 80 | AY, CR, PVC | 2 – 5 | 200 | | | |
| A4.03 | AK | div. | 1 - 2 | 80 | AY, CR, PVC | 3 – 5 | 240 | | | |
| A4.04 | AY, CR, PVC | div. | 1 – 2 | 80 | AY, CR, PVC | 3 – 5 | 200 | | | |
| A4.05 | AY, CR, PVC | div. | 1 – 2 | 80 | AY, CR, PVC | 3 – 5 | 240 | | | |
| A4.07 | EP | div. | 1 – 2 | 160 | AY, CR, PVC | 2 – 3 | 280 | | | |
| A4.09 | EP | div. | 1 | 80 | EP, PUR | 2 – 3 | 280 | | | |
| A4.10 | EP, PUR, ESI | Zn (R) | 1 | 60 | AY, CR, PVC | 2 – 3 | 240 | | | |
| A4.11 | EP, PUR, ESI | Zn (R) | 1 | 60 | AY, CR, PVC | 2 – 4 | 200 | | | |
| A4.12 | EP, PUR, ESI | Zn (R) | 1 | 60 | AY, CR, PVC | 3 – 4 | 240 | | | |
| A4.14 | EP, PUR, ESI | Zn (R) | 1 | 60 | EP, PUR | 2 – 3 | 200 | | | |
| A4.15 | EP, PUR, ESI | Zn (R) | 1 | 60 | EP, PUR | 3 – 4 | 240 | | | |
| A4.16 | ESI | Zn (R) | 1 | 60 | – | 1 | 60 | | | |
| \multicolumn{11}{l}{**Belastung: Korrosivitätskategorie C5-I (stark belastete Industrieatmosphäre)**} |
| A5.01 | EP, PUR | div. | 1 – 2 | 120 | AY, CR, PVC | 3 – 4 | 200 | | | |
| A5.02 | EP, PUR | div. | 1 | 80 | EP, PUR | 3 – 4 | 320 | | | |
| A5.03 | EP, PUR | div. | 1 | 150 | EP, PUR | 2 | 300 | | | |
| A5.04 | EP, PUR, ESI | Zn (R) | 1 | 60 | EP, PUR | 3 – 4 | 240 | | | |
| A5.05 | EP, PUR, ESI | Zn (R) | 1 | 60 | EP, PUR | 3 – 5 | 320 | | | |
| A5.06 | EP, PUR, ESI | Zn (R) | 1 | 60 | AY, CR, PVC | 4 – 5 | 320 | | | |
| \multicolumn{11}{l}{**Belastung: Korrosivitätskategorie C5-M (sehr aggressive Meeresatmosphäre)**} |
| A5M.01 | EP, PUR | div. | 1 | 150 | EP, PUR | 2 | 300 | | | |
| A5M.02 | EP, PUR | div. | 1 | 80 | EP, PUR | 3 – 4 | 320 | | | |
| A5M.03 | EP, PUR | div. | 1 | 400 | – | 1 | 400 | | | |
| A5M.04 | EP, PUR | div. | 1 | 250 | EP, PUR | 2 | 500 | | | |
| A5M.06 | EP, PUR, ESI | Zn (R) | 1 | 60 | EP, PUR | 4 – 5 | 320 | | | |
| A5M.07 | EP, PUR, ESI | Zn (R) | 1 | 60 | EPC | 3 – 4 | 400 | | | |

# Korrosionsschutz

## Korrosionsschutz-Beschichtungssysteme für Stahlbauten
vgl. DIN EN ISO 12944-5 (2008-01)

| System Nr. | Grundbeschichtung(en) | | | | Nachfolgende Schicht(en) | | | Beschichtungs-System | | Erwartete Schutzdauer[3] | | |
|---|---|---|---|---|---|---|---|---|---|---|---|---|
| | Bindemittel-typ[2] | Pigmenttyp[1] | Anzahl Schichten | Schichtdicke µm | Bindemittel-typ | Anzahl Schichten | Schichtdicke µm | | | N (L) | M (M) | H (H) |

Oberflächenvorbereitung: Für Sa 2 ½, Rostgrad A, B oder C (siehe ISO 8501, Seite 213)
[1] div = verschiedene Korrosionspigmente, Zn (R) = Zinkstaub;    [2] [3] Bezeichnung siehe Seite 216

**Belastung: Korrosivitätskategorie Im1, Im2, Im3 (in Wasser und Erdreich stehend)**

| System Nr. | Bindemittel | Pigment | Anz. | Dicke | Bindemittel | Anz. | Dicke | | | |
|---|---|---|---|---|---|---|---|---|---|---|
| A6.01 | EP | Zn (R) | 1 | 60 | EP, PUR | 3–5 | 360 | | | |
| A6.02 | EP | Zn (R) | 1 | 60 | EP, PURC | 3–5 | 540 | | | |
| A6.03 | EP | div. | 1 | 80 | EP, PUR | 2–4 | 380 | | | |
| A6.04 | EP | div. | 1 | 80 | EPGF, EP, PUR | 3 | 500 | | | |
| A6.05 | EP | div. | 1 | 80 | EP | 2 | 330 | | | |
| A6.06 | EP | div. | 1 | 800 | – | – | 800 | | | |
| A6.07 | ESI | Zn (R) | 1 | 60 | EP, EPGF | 3 | 450 | | | |

## Beschichtungssysteme für feuerverzinkten Stahl (Duplex-System)
vgl. DIN EN ISO 12944-5 (2008-01)

| System Nr. | Grundbeschichtung(en) | | | Nachfolgende Schicht(en) | | | Beschichtungs-System | | | Erwartete Schutzdauer[3] | | | | | | | |
|---|---|---|---|---|---|---|---|---|---|---|---|---|---|---|---|---|---|
| | Bindemittel-typ[2] | Anzahl Schichten | Schichtdicke µm | Bindemittel-typ[2] | Anzahl Schichten | Schichtdicke µm | C2 | | C3 | | C4 | | C5-I | | C5-M | | |
| | | | | | | | L | M | H | L | M | H | L | M | H | L | M | H |

Die Art der Oberflächenvorbereitung (ISO 12944-5) hängt von der Art des Beschichtungssystems ab und wird vom Beschichtungsstoffhersteller festgelegt.

**Belastung: Korrosivitätskategorie C2 biks C5-I und C5-M**

| System Nr. | Bindemittel | Anz. | Dicke | Bindemittel | Anz. | Dicke | | | | | | | | | | | | |
|---|---|---|---|---|---|---|---|---|---|---|---|---|---|---|---|---|---|---|
| A7.03 | PVC | 1 | 80 | PVC | 2 | 160 | | | | | | | | | | | | |
| A7.04 | PVC | 1 | 80 | PVC | 3 | 240 | | | | | | | | | | | | |
| A7.07 | AY | 1 | 80 | AY | 2 | 160 | | | | | | | | | | | | |
| A7.08 | AY | 1 | 80 | AY | 3 | 240 | | | | | | | | | | | | |
| A7.12 | EP, PUR | 1 | 80 | EP, PUR | 3 | 240 | | | | | | | | | | | | |
| A7.13 | EP, PUR | 1 | 80 | EP, PUR | 3 | 320 | | | | | | | | | | | | |

## Eignung von korrosionsbeständigen Stählen (Edelstahl Rostfrei) für Korrosionsbelastung
vgl. Bauaufsichtliche Zulassung Z30.3-6 (2003-12)

| Stahlsorte (nach DIN EN 10088) | | Widerstandsklasse | Korrosionsverhalten | Geeignet für Korrosivitätskategorie (Seite 211) |
|---|---|---|---|---|
| Kurzname | Werkstoff-Nr. | | Eignung Typische Anwendungen | |
| X2CrNi12 | 1.4003 | I (gering) | Konstruktionen in Innenräumen (keine Feuchträume) | C1 |
| X6Cr17 | 1.4016 | | | |
| X5CrNi18-10 | 1.4301 | II (mäßig) | Zugängliche Konstruktionen, Landatmosphäre ohne nennenswerte Gehalte an Cloriden und Schwefeldioxiden, keine Industrieatmosphäre | C2 |
| X6CrNiTi18-10 | 1.4541 | | | |
| X2CrNiN18-7 | 1.4318 | | | |
| X5CrNiMo17-12-2 | 1.4401 | III (mittel) | Konstruktionen in Stadtatmosphäre mit mäßiger Cl⁻- und SO₂-Belastung sowie unzugängliche Konstruktionen | C3 |
| X6CrNiMoTi17-12-2 | 1.4571 | | | |
| X1NiCrMoCu25-20-5 | 1.4539 | IV (stark) | Hohe Korrosionsbelastung durch Chlor oder Chloride und/oder Schwefeldioxide und hohe Luftfeuchtigkeit, sowie bei Aufkonzentrationen von Schadstoffen, z.B. in Tunneln und Parkhäusern oder bei Meeresatmosphäre | C4 |
| X2CrNiMnMoNbN25-18-5-4 | 1.4565 | | | C5-I, C5-M |
| X1NiCrMoCuN25-20-7 | 1.4529 | | | Im1, Im2, Im3 |
| X1CrNiMoCuN20-18-7 | 1.4547 | | | |

# Korrosionsschutz 219

## Korrosionsschutz für Aluminiumbauteile
**Anodische Oxidation von Aluminiumbauteilen**  vgl. DIN 17 611 (2007-11) und DIN EN 12 373 (2001-10)

**Behandlungsschritte:**

Oberflächenbehandlung (Schleifen, Bürsten, Polieren) → Gegebenenfalls Reinigen Beizen → Anodisieren → Einfärbung (optional) → Verdichten (durch Sieden in Wasser)

Je nach Art der **Oberflächenbehandlung** und des **Anodisierverfahrens** ergibt sich ein unterschiedliches Aussehen der anodisierten Bauteiloberfläche.

| Oberflächen-behandlung | Kurz-zeichen | Auswirkung auf Oberflächenfehler | Anodisier-verfahren (Auswahl) | Anodisier-schicht-dicke | Aussehen der anodisierten Bauteile | Reinigen der anodisierten Bauteile |
|---|---|---|---|---|---|---|
| keine | E 0 | wenig verändert | | | Press-Oberfläche | |
| Schleifen | E 1 | vollständig beseitigt | Gleichstrom-Schwefel-säure-Verfahren (GS) | 20 µm bis 25 µm für Bauteile im Freien | etwas stumpf Schleifriefen | Tensidische Reinigungs-mittel mit einem pH-Wert im Bereich von 5 bis 8 (neutral bis leicht sauer) |
| Bürsten | E 2 | je nach Tiefe teilweise beseitigt | | | matt glänzend, feine Bürstenstriche | |
| Polieren | E 3 | | | | glänzend | |
| Schleifen und Bürsten | E 4 | vollständig beseitigt | oder | | matt glänzend, feine Bürstenstriche | |
| Schleifen und Polieren | E 5 | | | | glatt, glänzend | |
| Beizen (alkalisch) | E 6 | ausgeglichen | Gleichstrom-Schwefel-säure-Oxalsäure-Verfahren (GSX) | 10 µm bis 15 µm für Bauteile in Räumen | matt bis glänzend | |
| Chem. oder elektrochem. Glänzen | E 7 | nur teilweise beseitigt | | | matt bis glänzend | |
| Polieren und chem. Glänzen | E 8 | vollständig beseitigt | | | glänzend | |

**Beispiel:** Chemisches Beizen (E6) der zu anodisierenden Bauteile gleicht kleine Oberflächenfehler aus und ergibt eine matt- bis seidenglänzende Oberfläche.
**Eigenschaften anodisierter Oberflächen:** Hart und abriebfest, aber anfällig gegen alkalische Substanzen wie Mörtel oder Beton. Hinweis: Schutzfolie erst bei Inbetriebnahme entfernen.
Durch **elektrolytische Einfärbung** sowie die **Tauchfärbung nach dem Anodisieren** kann eine durchgehende Färbung der Anodisierschicht erreicht werden. Die erzielbaren Farbtöne reichen von Bronzetönen bis zu verschiedenen Buntfarben.

## Farbbeschichtung von Aluminiumbauteilen  Aluminium-Merkblatt 04
**Behandlungsschritte:**

Entfetten, Beizen, Spülen → Desoxidieren Neutralisieren → wahlweise Chromatisieren → Spritzlackieren, Pulverbeschichten → Aushärten Vernetzen

| Farbbeschichtungssysteme für Al-Bauteile | | | | | | | | |
|---|---|---|---|---|---|---|---|---|
| Schicht-aufbau | Deckende Anstriche für innen (normale Beanspruchung) | | | Deckende Anstriche für außen (verstärkte Korrosionsbeanspruchung) | | | | Klarlack-anstriche |
| | Alkyd-harz | Polymeri-satharz | PUR-Harz | Alkyd- oder PUR-Harz | Alkyd-harz | Polyester-harz | PUR-Harz | Acryl- oder PUR-Harz |
| Grund-anstrich | × | × | ⊗ | × PUR | × | ⊗ | ⊗ | ⊗ Acryl |
| Deck-anstrich | × | × | ⊗ | × AK | × | ⊗ | ⊗ | ⊗ PUR |

× normale Ausführung  ⊗ bei starker Korrosionsbeanspruchung

**Eigenschaften farbbeschichteter Oberflächen:** Geringere Härte und Abriebfestigkeit als anodisierte Oberflächen, aber sehr gute Chemikalienbeständigkeit.
**Reinigung:** Warmes Wasser mit Netzmitteln (Tensiden).
**Hinweis:** Bei farbbeschichteten Al-Fensterprofilen nur Dichtungsschäume und Klebebänder verwenden, die die Farbbeschichtung nicht beschädigen.

# Wärmebehandlung der Stähle

## Wärmebehandlungsverfahren (Auswahl)

vgl. DIN EN 10052 (1994-01)

### Spannungsarmglühen

gebogenes Rohr

Erwärmen und Halten auf Glühtemperatur (S. 222) und anschließendes Abkühlen.
Zweck: Abbau innerer Spannungen

### Härten

1. **Erwärmen** und Halten auf Härtetemperatur (Seite 222)
   → Umwandlung des Gefüges in Austenit
2. **Abschrecken** in Wasser, Öl oder an der Luft
   → sprödhartes Härtegefüge (Martensit)
3. **Anlassen** bei niedrigen Temperaturen:
   → Abbau von Härteverspannungen
   → Gebrauchshärte mit ausreichender Härte und Zähigkeit

### Rekristallisationsglühen

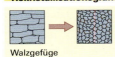
Walzgefüge

Glühen bei entsprechender Temperatur (Seite 222)
Zweck: Komplette Korn-Neubildung in einem kaltverfomten Werkstück

### Weichglühen

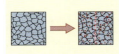

Erwärmen und Halten auf Weichglühtemperatur (Seite 222), anschließendes Abkühlen
Zweck: Vermindern der Härte des Werkstücks auf einen vorgegebenen Wert

### Vergüten

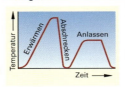

1. **Erwärmen** und Halten auf Härtetemperatur
   → Umwandlung des Gefüges in Austenit
2. **Abschrecken** in Wasser, Öl oder an der Luft
   → sprödhartes Härtegefüge
3. **Anlassen** bei höheren Temperaturen:
   → Umwandlung des Martensitgefüges in feinkörniges Vergütungsgefüge
   → Hohe Festigkeit und große Zähigkeit

### Normalglühen

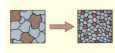

Erwärmen und Halten auf Normalglühtemperatur (Seite 222), anschließendes Abkühlen
Zweck: Bildung eines neuen feinkörnigen Gefüges

## Wärmebehandlung der Stahlbaustähle

| Stahlsorte | Spannungsarmglühen | | Normalglühen | |
|---|---|---|---|---|
| | Temperatur in °C | Haltedauer | Temperatur in °C | Haltedauer |
| **Unlegierte Baustähle** (nach DIN EN 10025-2) und **Wetterfeste Baustähle** (nach DIN EN 10025-5) | 530…580 | mindestens 30 min höchstens 150 min | 890…950 | Nach Erreichen der Normalglühtemperatur im ganzen Bauteil: Abkühlung an ruhender Luft |
| **Schweißgeeignete Feinkornbaustähle** nach DIN EN 10025-3 und -4 | 530…580 | | 880…960 | |

Ansonsten sind die Stahlbaustähle **nicht** für Wärmebehandlungen vorgesehen. Das gilt auch für die **nichtrostenden** Stähle (Edelstahl Rostfrei).

## Wärmebehandlung der Werkzeugstähle

| Stahlsorte | | Warmformgebung °C | Weichglühen °C | Härten | | Anlassen | Härte HRC nach dem Anlassen | |
|---|---|---|---|---|---|---|---|---|
| Kurzname | Werkstoffnummer | | | Härtetemperatur °C | Abschreckmittel Wb = Warmbad | | Härte HRC | auf 400 °C |
| **Unlegierte Kaltarbeitsstähle** | | | | | | | | |
| C45U | 1.1730 | 1000…800 | 680…710 | 810 | Wasser | 180 | 54 | 42 |
| C80U | 1.1525 | 1050…800 | 680…710 | 790 | Wasser | 180 | 58 | 44 |
| C105U | 1.1545 | 1000…800 | 680…710 | 780 | Wasser | 180 | 61 | 44 |
| **Legierte Kaltarbeitsstähle** | | | | | | | | |
| 102Cr6 | 1.2067 | 1050…850 | 710…750 | 840 | Öl | 180 | 60 | 50 |
| X210CrW12 | 1.2436 | 1050…850 | 800…840 | 970 | Öl, Luft, Wb | 180 | 62 | 58 |
| **Warmarbeitsstähle** | | | | | | | | |
| 55NiCrMoV7 | 1.2714 | 1050…850 | 680…710 | 850 | Öl | 500 | 42 | 50 |
| X40CrMoV5-1 | 1.2344 | 1100…900 | 750…780 | 1020 | Öl, Luft, Wb | 550 | 50 | 54 |
| **Schnellarbeitsstähle** | | | | | | | | |
| HS6-5-2C | 1.3343 | 1100…900 | 770…840 | 1210 | Öl, Luft, Wb | 560 | 64 | 62 |
| HS6-5-2-5 | 1.3243 | 1100…900 | 770…840 | 1210 | | 560 | 64 | 62 |

## Wärmebehandlung der Stähle

### Wärmebehandlung der Vergütungsstähle vgl. DIN EN 10083-2 (2006-10) und 10083-3 (2007-01)

| Stahlsorte | | Weichglühen (+A) Temperatur °C | Normalglühen (+N) Temperatur °C | Erwärmen und Abschrecken in Wasser (W), Öl (O) Temperatur in °C | Vergüten (+QT) | |
|---|---|---|---|---|---|---|
| Kurzname | Werkstoffnummer | | | | Härte HRC nach dem Härten im Stirnabschreckversuch | Anlasstemperatur °C |
| C22E | 1.1151 | 650…700 | 880…920 | 860…900 (W) | – | 550…660 |
| C35E, C35R | 1.1181, 1.1180 | | 860…920 | 840…880 (W, O) | 48…58 | |
| C45E, C45R | 1.1191, 1.1201 | | 840…900 | 820…860 (W, O) | 55…62 | |
| C60E, C60R | 1.1221, 1.1223 | | 820…880 | 810…850 (O, W) | 60…67 | |
| 28Mn6 | 1.1170 | 650…700 | 850…890 | 840…880 (W, O) | 45…54 | 540…680 |
| 38Cr2 | 1.7003 | 650…700 | 850…880 | 830…870 (O, W) | 51…60 | 540…680 |
| 41Cr4 | 1.7035 | 680…720 | 840…880 | 820…860 (O, W) | 53…61 | 540…680 |
| 34CrMo4 | 1.7220 | | 850…890 | 830…890 (O, W) | 49…57 | 540…680 |
| 50CrMo4 | 1.7228 | | 840…880 | 820…870 (Öl) | 58…65 | |
| 36CrNiMo4 | 1.6511 | 650…700 | 850…880 | 820…850 (O, W) | 51…60 | 540…680 |
| 36NiCrMo16 | 1.6773 | 650…700 | 860…900 | 865…885 (O) | 50…57 | 550…650 |
| 51CrV4 | 1.8159 | 680…720 | 840…880 | 820…870 (O) | 57…65 | 540…680 |

**Bezeichnungsbeispiel** eines vergüteten Stahls: Stahl DIN EN 10 083-1 – C45E + QT

### Eisen-Kohlenstoff-Zustandsschaubild (Fe-C-Zustandsschaubild)

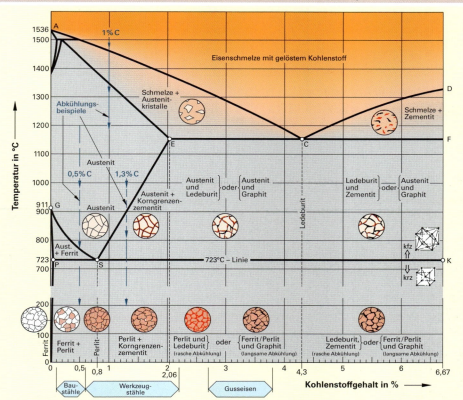

**Abkühlungsbeispiel Stahl mit 0,5 % C, ausgehend von 1200 °C:** Bei dieser Temperatur liegt Austenitgefüge vor; beginnend bei 770 °C entsteht Ferrit, bei 723 °C ist das Gefüge in Ferrit und Perlit umgewandelt.

## Wärmebehandlung der Stähle

### Glühtemperaturen für unlegierte Stähle

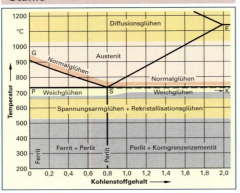

### Härte- und Anlasstemperaturen für unlegierte Stähle

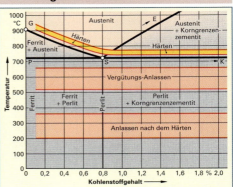

### Gefügebilder von unlegiertem Vergütungsstahl (C45E) vor und nach dem Härten

Normalgeglüht: Perlit + Ferrit

Gehärtet: grober Martensit

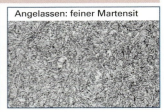

Angelassen: feiner Martensit

### Glühfarben und Anlassfarben

| Glühfarben auf blanker Stahloberfläche | | | Farben des aufgetragenen Anlassfarbstifts | | |
|---|---|---|---|---|---|
| Dunkelbraun | 250 °C | | Weißgelb | 200 °C | |
| Braunrot | 630 °C | | Strohgelb | 220 °C | |
| Dunkelrot | 680 °C | | Goldgelb | 230 °C | |
| Dunkelkirschrot | 740 °C | | Gelbbraun | 240 °C | |
| Kirschrot | 780 °C | | Braunrot | 250 °C | |
| Hellkirschrot | 810 °C | | Rot | 260 °C | |
| Hellrot | 850 °C | | Purpurrot | 270 °C | |
| gut Hellrot | 900 °C | | Violett | 280 °C | |
| Gelbrot | 950 °C | | Dunkelblau | 290 °C | |
| Hellgelbrot | 1000 °C | | Kornblumenblau | 300 °C | |
| Gelb | 1100 °C | | Hellblau | 320 °C | |
| Hellgelb | 1200 °C | | Blaugrau | 340 °C | |
| Gelbweiß bis weiß | 1300 °C | | Grau | 360 °C | |

# Werkstoffprüfung

## Zugversuch (für metallische Werkstoffe)
vgl. DIN EN ISO 6892-1 (2009-12)

**Verformung der Zugprobe** im Laufe des Zugversuchs

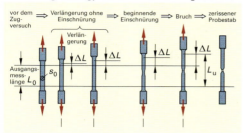

Verlängerung: $\Delta L = L - L_0$

Dehnung: $\varepsilon = \dfrac{L - L_0}{L_0} \cdot 100\% = \dfrac{\Delta L}{L_0} \cdot 100\%$

Bruchdehnung: $A = \dfrac{L_u - L_0}{L_0} \cdot 100\%$

Zugspannung: $\sigma_z = \dfrac{F}{S_0}$; mit $S_0 = \dfrac{\pi \cdot d_0^2}{4}$

**Spannungs-Dehnungs-Schaubild mit ausgeprägter Streckgrenze** (z.B. unlegierter Baustahl S235JR)

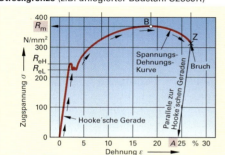

$L$ Messlänge  $F$ Zugkraft
$S_0$ Ausgangs-Querschnittsfläche der Zugprobe
$d_0$ Ausgangs-Durchmesser der Zugprobe

Die Form und Maße der Zugproben sind in DIN EN ISO 6892-1 und DIN 50 125 festgelegt. Sie können kreisförmig, rechteckig, quadratisch oder ringförmig sein.

**Obere Streckgrenze $R_{eH}$**
Spannung, bei der ein erster deutlicher Kraftabfall beginnt.
Ist nur ein $R_e$-Wert angegeben, so ist dies der $R_{eH}$-Wert.

$R_{eH} = \dfrac{F_{eH}}{S_0}$

**Untere Streckgrenze $R_{eL}$**
Niedrigste Spannung während des plastischen Fließens.

$R_{eL} = \dfrac{F_{eL}}{S_0}$

**Zugfestigkeit $R_m$**
Höchste, im Werkstoff mögliche Zugspannung

$R_m = \dfrac{F_m}{S_0}$

**Elastizitätsmodul $E$**
Der E-Modul ist der Quotient aus der Spannung und Dehnung im elastischen

$E = \dfrac{\sigma_z}{\varepsilon} = \dfrac{F \cdot L_0}{S_0 \cdot \Delta L_0}$

Verformungsbereich des Werkstoffs (Hooke'sche Gerade). Er ist ein Maß für die Steifigkeit eines Werkstoffs.

**Spannungs-Dehnungs-Schaubild ohne ausgeprägte Streckgrenze** (z.B. Vergütungsstahl 34Cr4)

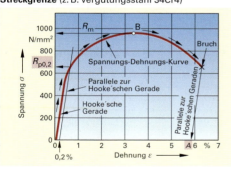

**0,2%-Dehngrenze $R_{p0,2}$**
Die 0,2%-Dehngrenze $R_{p0,2}$ ist ein Kennwert für Werkstoffe ohne ausgeprägte Streckgrenze $R_e$. Es ist die Spannung im Werkstoff bei 0,2% bleibender Dehnung. (Schaubild siehe links)

$R_{p0,2} = \dfrac{F_{p0,2}}{S_0}$

## Kerbschlagbiegeversuch nach Charpy
vgl. DIN EN 10 045-1 (1991-04)

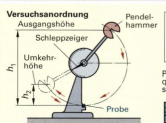

Der Kennwert des Kerbschlagbiegeversuchs ist die **Kerbschlagarbeit K**. Sie ist ein Maß für die Zähigkeit eines Werkstoffs.

Hartspröde Werkstoffe zerbrechen beim Kerbschlagbiegeversuch. Sie haben eine geringe Kerbschlagarbeit. Zähe Werkstoffe werden verformt, sie haben eine hohe Kerbschlagarbeit.

**Bezeichnungsbeispiel** einer gemessenen Kerbschlagarbeit von 82 J, bestimmt an einer Normalprobe mit U-Kerbe:
**KU = 82 J.**

# Werkstoffprüfung

## Brinell-Härteprüfung
vgl. DIN EN ISO 6506-1 (2006-03)

**Berechnung des Brinell-Härtewerts:**

$$HBW = \text{Konstante} \cdot \frac{\text{Prüfkraft}}{\text{Eindruckoberfläche}}$$

$$HBW = 0{,}102 \cdot \frac{2 \cdot F}{\pi \cdot D \cdot (D - \sqrt{D^2 - d^2})}$$

$F$ in N, $D$ in mm, $d$ in mm, $d = \dfrac{d_1 + d_2}{2}$

(Die früheren Bezeichnungen HB oder HBS sind nicht mehr zugelassen.)

In der Praxis wird der HBW-Wert mit den Werten $F$, $D$ und $d$ aus einer in DIN EN 10003 enthaltenen Tabelle abgelesen oder von einem Rechner am Härteprüfgerät berechnet.

**Eindrückkörper:** Kugel aus Hartmetall (Stahlkugel nicht mehr zugelassen). Verschiedene Kugeldurchmesser sind möglich. Kugeldurchmesser und Prüfkräfte gemäß unten stehender Tabelle.

**Eignung der Brinell-Härteprüfung:** Für weiche bis mittelharte Werkstoffe.

**Beispiel für die Angabe eines Brinellhärtewertes:** 342 HBW 1/30/20 bedeutet Brinellhärte 342, Hartmetallkugeldurchmesser $D = 1$ mm, $F = 30 : 0{,}102 = 294{,}2$ N, Prüfkraft-Einwirkdauer 20 s.

### Prüfkräfte und Eindrückkugel-Durchmesser für Brinell-Härteprüfung

Für die verschieden harten Werkstoffe verwendet man unterschiedlich große Prüfkugeln und Prüfkräfte. Man fasst die Werkstoffe in Gruppen mit gleich großem **Beanspruchungsgrad** $a$ zusammen: $a = 0{,}102 \cdot F/D^2$.

| Eindrück-kugel-Durch-messer in mm | Unlegierte Baustähle, Gusseisen, harte NE-Legierungen $a = 30$ N/mm² Prüfkräfte in N | Weiches Gusseisen, mittelharte NE-Legierungen $a = 10$ N/mm² Prüfkräfte in N | Al und Al-Legierungen $a = 5$ N/mm² Prüfkräfte in N | Cu und Cu-Legierungen, sehr weiche Leichtmetalle $a = 2{,}5$ N/mm² Prüfkräfte in N | Sehr weiche Metalle: z. B. Blei, Zinn $a = 1$ N/mm² Prüfkräfte in N |
|---|---|---|---|---|---|
| 1 | 294,2 | 98,07 | 49,03 | 24,52 | 9,807 |
| 2 | 1 177 | 392,3 | 196,1 | 98,07 | 39,23 |
| 2,5 | 1 839 | 612,9 | 306,5 | 153,2 | 61,29 |
| 5 | 7 355 | 2 452 | 1 226 | 612,9 | 245,2 |
| 10 | 29 420 | 9 807 | 4 903 | 2 452 | 980,7 |

## Rockwell-Härtepüfungen
vgl. DIN EN ISO 6508-1 (2006-03)

| Eindrückkörper | Diamantkegel mit 120° Kegelwinkel und abgerundeter Spitze ($r = 0{,}2$ mm) | Hartmetallkugel (HM-Kugel) mit 1,5875 mm oder 3,175 mm Durchmesser |
|---|---|---|
| Schrittfolge und Prinzip der Härteprüfung | ① Versuchsbeginn  ① Vorkraft aufgeben  ② Prüfkraft aufgeben  ③ Prüfkraft wegnehmen und Härte ablesen (HRC) | ① Vorkraft aufgeben  ② Prüfkraft aufgeben  ③ Prüfkraft wegnehmen und Härte ablesen (HRB) |

| Härte-skala | Härte-symbol | Art des Eindrückkörpers | Prüf-vorkraft $F_0$ | Prüf-zusatzkraft $F_1$ | Prüf-gesamtkraft $F$ | Anwendungsbereiche (Bereich der Rockwellhärte) |
|---|---|---|---|---|---|---|
| A | HRA | Diamantkegel, 120° | 98,07 N | 490,3 N | 588,4 N | 60 bis 88 HRA |
| B | HRB | HM-Kugel 1,5875 mm | 98,07 N | 882,6 N | 980,7 N | 20 bis 100 HRB |
| C | HRC | Diamantkegel, 120° | 98,07 N | 1373 N | 1471 N | 20 bis 70 HRC |
| D | HRD | Diamantkegel, 120° | 98,07 N | 882,6 N | 980,7 N | 40 bis 77 HRD |
| E | HRE | HM-Kugel 3,175 mm | 98,07 N | 882,6 N | 980,7 N | 70 bis 100 HRE |
| F | HRF | HM-Kugel 1,5875 mm | 98,07 N | 490,3 N | 588,4 N | 60 bis 100 HRF |
| G | HRG | HM-Kugel 1,5875 mm | 98,07 N | 1373 N | 1471 N | 30 bis 94 HRG |
| H | HRH | HM-Kugel 3,175 mm | 98,07 N | 490,3 N | 588,4 N | 80 bis 100 HRH |
| K | HRK | HM-Kugel 3,175 mm | 98,07 N | 1373 N | 1471 N | 40 bis 100 HRK |

**Eignung der Rockwell-Härteprüfungen:** Durch die Auswahl des Eindrückkörpers und der Prüfkraft können Werkstoffe aller Härtestufen geprüft werden (siehe Seite 201 unten).

**Beispiele für Rockwell-Härteangaben:**
44 HRC bedeutet HRC-Härtewert = 44; Prüfung mit Diamantkegel
68 HRBW bedeutet HRB-Härtewert = 68, Prüfung mit Hartmetallkugel (W)

# Werkstoffprüfung

## Vickers-Härteprüfung
vgl. DIN EN ISO 6507-1 (2006-03)

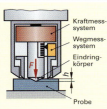

**Berechnung des Vickers-Härtewerts:**

$$HV = \text{Konstante} \cdot \frac{\text{Prüfkraft}}{\text{Eindruckoberfläche}}$$

$$HV = 0{,}1891 \cdot \frac{F}{d^2}$$

$F$ in N, $d$ in mm;

$d$ wird als Mittelwert aus $d_1$ und $d_2$ berechnet

$$d = \frac{d_1 + d_2}{2}$$

In der Praxis wird der HV-Wert mit $F$ und $d$ aus einer in DIN EN 6507-1 enthaltenen Tabelle abgelesen oder direkt am Härteprüfgerät angezeigt.

**Prüfkräfte für Vickers-Härteprüfung**

| Normalbereich | | Kleinkraftbereich | |
|---|---|---|---|
| Härtesymbol | Prüfkraft $F$ N | Härtesymbol | Prüfkraft $F$ N |
| HV 5 | 49,03 | HV 0,2 | 1,961 |
| HV 10 | 98,07 | HV 0,3 | 2,942 |
| HV 20 | 196,1 | HV 0,5 | 4,903 |
| HV 30 | 294,2 | HV 1 | 9,807 |
| HV 50 | 490,3 | HV 2 | 19,61 |
| HV 100 | 980,7 | HV 3 | 29,42 |

**Eindringkörper:** Vierseitige Diamantpyramide mit einem Winkel von 136° zwischen gegenüberliegenden Flächen.
**Eignung:** Werkstoffe jeder Härte, Proben jeder Größe

**Beispiel** für einen Vickershärtewert: **564 HV 30**   Vickershärte 564, Prüfkraft = 30 : 0,102 = 294,2 N

## Martens-Härteprüfung
vgl. DIN EN ISO 14577-1 (2003-05)

**Messprinzip:** Der Eindringkörper wird mit einer ansteigenden Kraft $F$ in die Probe gedrückt ①, beim Maximalwert $F_{max}$ gehalten ② und dann entlastet ③. Die Prüfkraft $F$ und die Eindringtiefe $h$ werden fortlaufend gemessen und in einem Diagramm aufgezeichnet (Bild rechts unten).

**Berechnung der Martenshärte:** aus einer festgelegten Prüfkraft $F_{max}$ und der dazugehörenden Eindringtiefe $h$ aus dem Prüfkraft/Eindringtiefen-Diagramm.

$$HM = \frac{F}{26{,}43 \cdot h^2}$$

$F$ in N, $h$ in mm;

**Eignung der Martens-Härteprüfung:** Werkstoffe aller Härten.

**Gesteuerte Prüfkraftaufgabe** (z.B. in 3 Schritten)

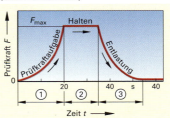

**Prüfkräfte/Eindringtiefen-Diagramm**

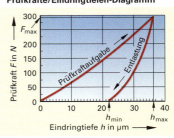

**Beispiel** für die Angabe einer Martenshärte:

HM 290 / 20 / 20 = 4230 N/mm²

- Maximal-Prüfkraft
- Aufbringzeit der Prüfkraft in N
- Haltezeit der Prüfkraft in Sekunden
- Martenshärtewert in Sekunden

**Eindringkörper:** Diamantpyramide mit quadratischer Grundfläche und Spitzenwinkel 136° (wie bei der Vickers-Härteprüfung).

Mit der Martens-Härteprüfung können zusätzlich der **Eindringmodul** und die **elastisch-plastische Härte** bestimmt werden.

## Anwendungsbereiche verschiedener Härteprüfungen

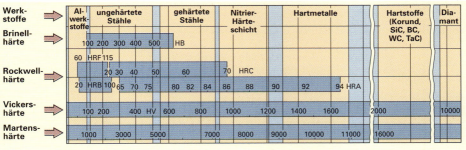

# Werkstoffprüfung

## Zerstörungsfreie Prüfverfahren

| Prüfverfahren / Prinzipdarstellung | Durchführung der Prüfung | Eignung / Anwendung |
|---|---|---|
| **Magnetpulververfahren** <br> 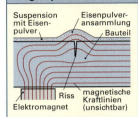 <br> Suspension mit Eisenpulver, Eisenpulveransammlung, Bauteil, Riss, magnetische Kraftlinien (unsichtbar), Elektromagnet | vgl. DIN 54 130 (1974-04) <br><br> Das gereinigte Bauteil wird gleichmäßig mit einer Petroleum-Eisenpulver-Suspension bestrichen und dann mit einem Elektromagnet magnetisiert. An Stellen mit Oberflächenrissen oder oberflächennahen Fehlern (bis 4 mm Tiefe) zeigen Eisenpulveransammlungen die darunter liegenden Risse an. Sie werden mit einem Farbstift markiert und protokolliert. | Für offene Risse und Risse dicht unter der Bauteiloberfläche bei magnetisierbaren Stählen. Nicht für austenitische Stähle (Edelstahl Rostfrei) anwendbar. <br><br> Empfindlichstes Prüfverfahren für Oberflächenrisse. |
| **Farbeindringverfahren** <br> 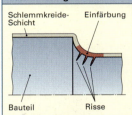 <br> Schlemmkreide-Schicht, Einfärbung, Bauteil, Risse | vgl. DIN EN 571-1 (1997-03) <br><br> Das gereinigte Bauteil wird mit einem dünnflüssigen Farbstoff besprüht. Er dringt in vorhandene Risse ein. Anschließend wird der Farbstoff abgewaschen. Dann wird das Bauteil mit weißer Schlämmkreide (Entwickler) besprüht. Sie saugt in den Rissen verbliebene Farbe heraus und färbt die Schlämmkreide dort rot. Die Risse werden mit einem Farbstift markiert. | Für oberflächenoffene Risse bei allen Stählen, Gusseisen- und NE-Werkstoffen geeignet. <br><br> Prüfung gehärteter Bauteile auf Härterisse und nichtrostender, austenitischer Stähle auf Spannungrisskorrosion. |
| **Ultraschallprüfung** <br> 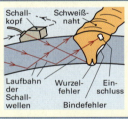 <br> Schallkopf, Schweißnaht, Laufbahn der Schallwellen, Wurzelfehler, Einschluss, Bindefehler | vgl. DIN EN 583-1 (1998-12) und DIN EN 1714 (2002-09) <br><br> Das zu prüfende Bauteil bzw. die Schweißnaht werden durch einen Schallkopf mit Ultraschall durchschallt. Fehlstellen im Bauteil bzw. der Schweißnaht zeigen sich durch Fehlerechos auf dem Monitor des Ultraschallprüfgeräts. Die Lage und Größe der Fehlstellen wird durch die Form und Position der Fehlerschallechos ermittelt. | Zur Prüfung von Bauteilen auf innen liegende Risse, Einschlüsse und Lunker (Hohlräume) sowie zur Prüfung von Schweißnähten (DIN EN 1712) auf Wurzel- und Bindefehler sowie Schlackeeinschlüsse. |
| **Wirbelstromprüfung (Induktive Verfahren)** <br> 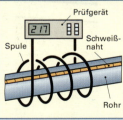 <br> Prüfgerät, Spule, Schweißnaht, Rohr | vgl. DIN 12084 (2001-06) <br><br> Das Bauteil, das Halbzeug oder das Schweißteil werden in das magnetische Feld einer Wechselstromspule gebracht. Die Stromstärke in der Spule stellt sich durch Induktion je nach Bauteilquerschnitt ein. Hat das Bauteil eine Fehlerstelle, so wird die Induktion gestört und die Stromstärke in der Spule ändert sich. Die Fehlerstellen werden markiert und protokolliert. | Zum Auffinden von Fehlern in Schweißnähten (z.B. bei geschweißten Hohlprofilen und Rohren) sowie zur kontinuierlichen Prüfung von umgeformten Halbzeugen (Stangen, Rohren, Profilen) auf innen liegende Fehler. |
| **Durchstrahlungsprüfung mit Röntgen- oder Gammastrahlen** <br> 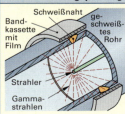 <br> Schweißnaht, Bandkassette mit Film, geschweißtes Rohr, Strahler, Gammastrahlen | vgl. DIN EN 1435 (2008-09) <br><br> Das zu prüfende Bauteil bzw. der zu prüfende Bauteilbereich wird in den Strahlengang einer Röntgenröhre oder eines Gammastrahlers (z.B. Cobalt 60) gebracht. Hinter das Bauteil wird ein strahlenempfindlicher Film positioniert. Vorhandene Bauteil- bzw. Schweißnahtfehler zeigen sich als helle Flecken im Durchstrahlungsbild. | Zum Auffinden von Fehlern in großen Gussstücken sowie in mehrlagigen Schweißnähten von hochbelasteten Konstruktionen und Rohren. <br><br> **Achtung!** <br> Röntgen- und Gammastrahlen sind stark gesundheitsschädlich. |

# RAL-Farbregister

| | |
|---|---|
| RAL 1000 | Grünbeige |
| **RAL 1001** | **Beige** |
| RAL 1002 | Sandgelb |
| RAL 1003 | Signalgelb |
| RAL 1004 | Goldgelb |
| **RAL 1005** | **Honiggelb** |
| RAL 1006 | Maisgelb |
| RAL 1007 | Narzissengelb |
| **RAL 1011** | **Braunbeige** |
| RAL 1012 | Zitronengelb |
| RAL 1013 | Perlweiß |
| **RAL 1014** | **Elfenbein** |
| RAL 1015 | Hellelfenbein |
| RAL 1016 | Schwefelgelb |
| RAL 1017 | Safrangelb |
| **RAL 1018** | **Zinkgelb** |
| RAL 1019 | Graubeige |
| RAL 1020 | Olivgelb |
| **RAL 1021** | **Rapsgelb** |
| RAL 1023 | Verkehrsgelb |
| RAL 1024 | Ockergelb |
| **RAL 1026** | **Leuchtgelb** |
| RAL 1027 | Currygelb |
| RAL 1028 | Melonengelb |
| RAL 1032 | Ginstergelb |
| **RAL 1033** | **Dahliengelb** |
| RAL 1034 | Pastellgelb |
| RAL 1035 | Perlbeige |
| **RAL 1036** | **Perlgold** |
| RAL 1037 | Sonnengelb |
| RAL 2000 | Gelborange |
| **RAL 2001** | **Rotorange** |
| RAL 2002 | Blutorange |
| RAL 2003 | Pastellorange |
| RAL 2004 | Reinorange |
| **RAL 2005** | **Leuchtorange** |
| RAL 2007 | Leuchthellorange |
| RAL 2008 | Hellrotorange |
| **RAL 2009** | **Verkehrsorange** |
| RAL 2010 | Signalorange |
| RAL 2011 | Tieforange |
| **RAL 2012** | **Lachsorange** |
| RAL 2013 | Perlorange |
| RAL 3000 | Feuerrot |
| **RAL 3001** | **Signalrot** |
| RAL 3002 | Karminrot |
| RAL 3003 | Rubinrot |
| RAL 3004 | Purpurrot |
| **RAL 3005** | **Weinrot** |
| RAL 3007 | Schwarzrot |
| RAL 3009 | Oxidrot |
| **RAL 3011** | **Braunrot** |
| RAL 3012 | Beigerot |
| RAL 3013 | Tomatenrot |
| **RAL 3014** | **Altrosa** |
| RAL 3015 | Hellrosa |
| RAL 3016 | Korallenrot |
| RAL 3017 | Rosé |
| **RAL 3018** | **Erdbeerrot** |
| RAL 3020 | Verkehrsrot |
| RAL 3022 | Lachsrot |
| **RAL 3024** | **Leuchtrot** |
| RAL 3026 | Leuchthellrot |
| RAL 3027 | Himbeerrot |
| **RAL 3031** | **Orientrot** |
| RAL 3032 | Perlrubinrot |
| RAL 3033 | Perlrosa |
| RAL 4001 | Rotlila |
| **RAL 4002** | **Rotviolett** |
| RAL 4003 | Erikaviolett |
| RAL 4004 | Bordeauxviolett |
| **RAL 4005** | **Blaulila** |
| RAL 4006 | Verkehrspurpur |
| RAL 4007 | Purpurviolett |
| **RAL 4008** | **Signalviolett** |
| RAL 4009 | Pastellviolett |
| RAL 4010 | Telemagenta |
| RAL 4011 | Perlviolett |
| **RAL 4012** | **Perlbrombeer** |
| RAL 5000 | Violettblau |
| RAL 5001 | Grünblau |
| **RAL 5002** | **Ultramarinblau** |
| RAL 5003 | Saphirblau |
| RAL 5004 | Schwarzblau |
| **RAL 5005** | **Signalblau** |
| RAL 5007 | Brillantblau |
| RAL 5008 | Graublau |
| RAL 5009 | Azurblau |
| **RAL 5010** | **Enzianblau** |
| RAL 5011 | Stahlblau |
| RAL 5012 | Lichtblau |
| **RAL 5013** | **Kobaltblau** |
| RAL 5014 | Taubenblau |
| RAL 5015 | Himmelblau |
| **RAL 5017** | **Verkehrsblau** |
| RAL 5018 | Türkisblau |
| RAL 5019 | Capriblau |
| **RAL 5020** | **Ozeanblau** |
| RAL 5021 | Wasserblau |
| RAL 5022 | Nachtblau |
| RAL 5023 | Fernblau |
| **RAL 5024** | **Pastellblau** |
| RAL 5025 | Perlenzian |
| RAL 5026 | Perlnachtblau |
| **RAL 6000** | **Patinagrün** |
| RAL 6001 | Smaragdgrün |

# RAL-Farbregister

| | |
|---|---|
| RAL 6002 Laubgrün | RAL 7031 Blaugrau |
| **RAL 6003 Olivgrün** | **RAL 7032 Kieselgrau** |
| RAL 6004 Blaugrün | RAL 7033 Zementgrau |
| RAL 6005 Moosgrün | RAL 7034 Gelbgrau |
| RAL 6006 Grauoliv | RAL 7035 Lichtgrau |
| **RAL 6007 Flaschengrün** | **RAL 7036 Platingrau** |
| RAL 6008 Braungrün | RAL 7037 Staubgrau |
| RAL 6009 Tannengrün | RAL 7038 Achatgrau |
| **RAL 6010 Grasgrün** | **RAL 7039 Quarzgrau** |
| RAL 6011 Resedagrün | RAL 7040 Fenstergrau |
| RAL 6012 Schwarzgrün | RAL 7042 Verkehrsgrau A |
| **RAL 6013 Schilfgrün** | **RAL 7043 Verkehrsgrau B** |
| RAL 6014 Gelboliv | RAL 7044 Seidengrau |
| RAL 6015 Schwarzoliv | RAL 7045 Telegrau 1 |
| RAL 6016 Türkisgrün | **RAL 7046 Telegrau 2** |
| **RAL 6017 Maigrün** | RAL 7047 Telegrau 4 |
| RAL 6018 Gelbgrün | RAL 7048 Perlmausgrau |
| RAL 6019 Weißgrün | RAL 8000 Grünbraun |
| RAL 6020 Chromoxidgrün | **RAL 8001 Ockerbraun** |
| **RAL 6021 Blassgrün** | RAL 8002 Signalbraun |
| RAL 6022 Braunoliv | RAL 8003 Lehmbraun |
| RAL 6024 Verkehrsgrün | RAL 8004 Kupferbraun |
| RAL 6025 Farngrün | **RAL 8007 Rehbraun** |
| **RAL 6026 Opalgrün** | RAL 8008 Olivbraun |
| RAL 6027 Lichtgrün | RAL 8011 Nussbraun |
| RAL 6028 Kieferngrün | **RAL 8012 Rotbraun** |
| **RAL 6029 Minzgrün** | RAL 8014 Sepiabraun |
| RAL 6032 Signalgrün | RAL 8015 Kastanienbraun |
| RAL 6033 Minttürkis | RAL 8016 Mahagonibraun |
| RAL 6034 Pastelltürkis | **RAL 8017 Schokoladenbraun** |
| **RAL 6035 Perlgrün** | RAL 8019 Graubraun |
| RAL 6036 Perlopalgrün | RAL 8022 Schwarzbraun |
| RAL 7000 Fehgrau | **RAL 8023 Orangebraun** |
| **RAL 7001 Silbergrau** | RAL 8024 Beigebraun |
| RAL 7002 Olivgrau | RAL 8025 Blassbraun |
| RAL 7003 Moosgrau | RAL 8028 Terrabraun |
| RAL 7004 Signalgrau | **RAL 8029 Perlkupfer** |
| **RAL 7005 Mausgrau** | RAL 9001 Cremeweiß |
| RAL 7006 Beigegrau | RAL 9002 Grauweiß |
| RAL 7008 Khakigrau | **RAL 9003 Signalweiß** |
| RAL 7009 Grüngrau | RAL 9004 Signalschwarz |
| **RAL 7010 Zeltgrau** | RAL 9005 Tiefschwarz |
| RAL 7011 Eisengrau | **RAL 9006 Weißaluminium** |
| RAL 7012 Basaltgrau | RAL 9007 Graualuminium |
| **RAL 7013 Braungrau** | RAL 9010 Reinweiß |
| RAL 7015 Schiefergrau | RAL 9011 Graphitschwarz |
| RAL 7016 Anthrazitgrau | **RAL 9016 Verkehrsweiß** |
| RAL 7021 Schwarzgrau | RAL 9017 Verkehrsschwarz |
| **RAL 7022 Umbragrau** | RAL 9018 Papyrusweiß |
| RAL 7023 Betongrau | **RAL 9022 Perlhellgrau** |
| RAL 7024 Graphitgrau | **RAL 9023 Perldunkelgrau** |
| **RAL 7026 Granitgrau** | |
| **RAL 7030 Steingrau** | |

RAL Deutsches Institut für Gütesicherung und Kennzeichnung; früher Reichs-Ausschuss für Lieferbedingungen (gegründet 1925).

Die hier abgebildeten RAL-Farben können nicht die beim RAL hinterlegten, verbindlichen Farbmuster ersetzen.

# Bauteile, Befestigungsmittel, Verbindungsmittel, Anschlagmittel

## Gewinde — 230
Gewindearten, Übersicht .................. 230
Gewinde nach ausländischen Normen
   (Auswahl) ............................. 231
Metrisches ISO-Gewinde .................. 232
Whitworth-Gewinde, Rohrgewinde ........ 233
Trapezgewinde ........................... 234
Sägengewinde ............................ 234

## Schrauben — 235
Bezeichnung von Schrauben und Muttern .... 235
Mechanische Eigenschaften ................ 235
Festigkeitsklassen, Grenzkräfte ........... 236
Vorspannkraft und Anziehdrehmoment .... 237
Reibungszahlen, Vorspannung ............. 238
Mechanische Eigenschaften von Schrauben
   und Muttern aus nichtrostendem Stahl
   und NE-Metallen ...................... 239
Festigkeitsklassen, Durchgangslöcher,
   Einschraubtiefen, Verbindungsarten ..... 240
Senkungen .............................. 241
Kopf- und Antriebsarten ................. 242
Maße für Längsschlitze ................... 242
Schraubensicherungen ................... 242
Schrauben mit Beschichtung .............. 243
Kostenvergleich bei Verbindungstechniken ... 243
Sechskantschrauben ..................... 244
Zylinderschrauben ....................... 245
Senkschrauben, Hammerschrauben ...... 246
Sechskantschrauben für
   Stahlkonstruktionen ................... 247
HV-, HVP-, HR-Sechskantschrauben ...... 248
HR-Senkschrauben ...................... 250
Senkschrauben mit Schlitz für
   Stahlkonstruktionen ................... 250
Spezial-Senkschrauben und
   Flachrundschrauben ................... 251
Flachrundschrauben mit Vierkantsatz ..... 251
Schrauben mit Schlitz- und Kreuzschlitzkopf .. 252
Augenschrauben, Gelenke, Stifte ......... 253
Stiftschrauben, Gewindebolzen,
   Anschweißenden ...................... 254
Rundstahlbügel (Rohrbügel) ............. 254
Blechschrauben und Bohrschrauben .... 255

## Muttern — 258
Sechskantmuttern ....................... 258
Vierkant-Schweißmuttern ................ 260
Griffmuttern und Gewindeanschlüsse .... 261
Blindnietmuttern (Einnietmuttern) ....... 261
Blechdurchzüge mit Gewinde ........... 261

## Scheiben und Sicherungselemente — 262
Scheiben für Sechskantschrauben ......... 262
Große Scheiben (Karosseriescheiben) ..... 262
Scheiben für Bolzen ..................... 262
Scheiben für Stahlkonstruktionen ......... 262
Scheiben, vierkant, keilförmig
   für I- und U-Profile .................... 262
Scheiben für planmäßige Vorspannung:
   System HV und HR .................... 263
Spannscheiben .......................... 263
Fächerscheiben ......................... 263
Federringe, gewölbt .................... 263

## Verbindungselemente — 264
Bolzen, Splinte, Stecker .................. 264
Stifte ................................... 265

## Niete — 266
Blindniete ............................... 266
Senkniete ............................... 267
Halbrundniete .......................... 267
Stanzniete .............................. 268
Durchsetzfügen ......................... 268

## Befestigungselemente — 269
Dübel ................................... 269
Anker ................................... 272
Setzbolzen .............................. 281

## Montagetechnik — 282
Trägerklammern, Klemmelemente ........ 282
Rohrschellen ............................ 282
Montageschienen und Schienenmuttern .... 283

## Anschlagmittel — 284
Faserseile ............................... 284
Rundschlingen und Hebebänder ......... 285
Anschlagseile ........................... 286
Ketten und Zubehör ..................... 287

## Transporthilfsmittel — 289
Spannschlösser, Ringschrauben, Heber ..... 289

## Handzeichen für Anschläger — 290

# Gewinde

## Übersicht über Gewindearten
vgl. DIN 202 (1999-11)

### Rechtsgewinde, eingängig

| Gewindebenennung | Gewindeprofil | Kennbuchstabe | Bezeichnungsbeispiel | Nenngröße | Anwendung |
|---|---|---|---|---|---|
| Metrisches ISO-Gewinde | 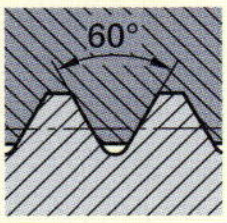 60° | M | DIN 14 – M 0,8 | 0,3 bis 0,9 mm | Uhren, Feinwerktechnik |
| | | | DIN 13 – M 30 | 1 bis 68 mm | Regelgewinde, allgemein |
| | | | DIN 13 – M 20 × 1 | 1 bis 1000 mm | Feingewinde, allgemein |
| Metr. Gewinde mit großem Spiel | | | DIN 2510 – M 36 | 12 bis 180 mm | Schrauben mit Dehnschaft |
| Metrisches zylindrisches Innengewinde | 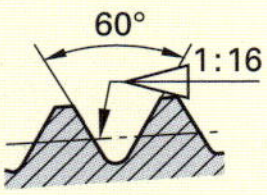 60° 1:16 | | DIN 158 – M 30 × 2 | 6 bis 60 mm | Innengewinde für Verschlussschrauben und Schmiernippel |
| Metrisches kegeliges Außengewinde | | | DIN 158 – M 30 × 1,5 keg | 6 bis 60 mm | Verschlussschrauben und Schmiernippel |
| Rohrgewinde, zylindrisch |  55° | G | ISO 228 – G 1½ (innen)<br>ISO 228 – G 1½ A (außen) | ⅛ bis 6 inch | Rohrgewinde, nicht im Gewinde dichtend |
| Whitworth-Rohrgewinde, zylindrisch (Innengewinde) |  55° | Rp | EN 10226 – Rp ½<br>DIN 3858 – Rp ⅛ | 1/16 bis 6 inch<br>⅛ bis 1½ inch | Rohrgewinde, im Gewinde dichtend |
| Whitworth-Rohrgewinde, kegelig (Außengewinde) | 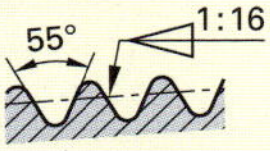 55° 1:16 | R | EN 10226 – R ½<br>DIN 3858 – R ⅛ | 1/16 bis 6 inch<br>⅛ bis 1½ inch | für Gewinderohre, Fittings, Rohrverschraubungen |
| Metrisches ISO-Trapezgewinde |  30° | Tr | DIN 103 – Tr 40 × 7 | 8 bis 300 mm | allgemein als Bewegungsgewinde |
| Sägengewinde | 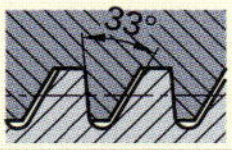 33° | S | DIN 513 – S 48 × 8 | 10 bis 640 mm | Bei Aufnahme einseitig wirkender Kräfte |
| Rundgewinde | 30° | Rd | DIN 405 – Rd 40 × ⅙<br>DIN 20400 – Rd 40 × 5 | 8 bis 200 mm<br>10 bis 300 mm | allgemein<br>Rundgewinde mit großer Tragtiefe |
| Blechschraubengewinde |  60° | St | ISO 1478 – ST 3,5 | 1,5 bis 9,5 mm | Blechschrauben |

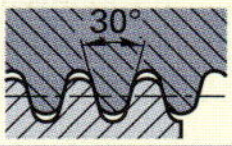

### Linksgewinde und mehrgängige Gewinde

| Gewindeart | Erläuterung | Kurzbezeichnung |
|---|---|---|
| Linksgewinde | Das Kurzzeichen „LH" ist hinter die vollständige Gewindebezeichnung zu setzen (LH = Left Hand). | M 30 – LH<br>Tr 40 × 7 – LH |
| Mehrgängiges Rechtsgewinde | Hinter dem Kurzzeichen und dem Gewindedurchmesser folgt die Steigung und die Angabe der Teilung P. | Tr 40 × 14 P 7 |
| Mehrgängiges Linksgewinde | Hinter die Gewindebezeichnung des mehrgängigen Gewindes wird „LH" gesetzt. | Tr 40 × 14 P 7 – LH |

Bei Teilen, die mit Rechts- und Linksgewinde versehen sind, ist hinter die Gewindebezeichnung des Rechtsgewindes das Kurzzeichen „RH" (RH = Right Hand) und hinter das Linksgewinde „LH" zu setzen. Die Gangzahl bei mehrgängigen Gewinden ergibt sich aus der Beziehung **Gangzahl = Steigung $P_h$ : Teilung $P$**.

# Gewinde

## Gewinde nach ausländischen Normen (Auswahl) vgl. DIN 202 (1999-11)

| Gewindebenennung | Gewindeprofil | Kurzzeichen | Bezeichnungsbeispiel | Bedeutung | Land |
|---|---|---|---|---|---|
| Einheitsgewinde, grob (Unified National Coarse Thread) Amerikanisches Grobgewinde | | UNC | $1/4$–20 UNC–2A | UNC-Gewinde mit $1/4$ inch Nenndurchmesser, 20 Gewindegänge/inch, Passungsklasse 2A | USA, GB, CDN |
| Einheits-Feingewinde (Unified National Fine Thread) Amerikanisches Feingewinde | Muttergewinde / Bolzengewinde 60° | UNF | $1/4$–28 UNF–3A | UNF-Gewinde mit $1/4$ inch Nenndurchmesser, 28 Gewindegänge/inch, Passungsklasse 3A | USA, GB, CDN |
| Einheitsgewinde, extra fein (Unified National Extra Fine Thread) Amerikanisches Fein–Feingewinde | | UNEF | $1/4$–32 UNEF–3A | UNEF-Gewinde mit $1/4$ inch Nenndurchmesser, 32 Gewindegänge/inch, Passungsklasse 3A | USA, GB, CDN |
| Einheits-Sondergewinde (Unified National Special Thread) | | UNS | $1/4$–27 UNS | UNS-Gewinde mit $1/4$ inch Nenndurchmesser, 27 Gewindegänge/inch | USA, GB, CDN |
| Zylindrisches Rohrgewinde für mechanische Verbindungen (Straight Pipe Threads for Mechanical Joints) Amerikanisches zylindrisches Gasrohrgewinde | zylindrisches Muttergewinde / zylindrisches Bolzengewinde 60° | NPSM, NPS, NPSC und NPSF | $1/2$–14 NPSM | NPSM-Gewinde mit $1/2$ inch Nenndurchmesser, 14 Gewindegänge/inch | USA |
| Amerikanisches kegeliges Gasrohrgewinde 1:16 (National Taper Pipe) | kegeliges Muttergewinde 1:16 | NPT | $3/8$–18 NPT | NPT-Gewinde mit $3/8$ inch Nenndurchmesser, 18 Gewindegänge/inch | USA |
| Amerikanisches kegeliges Fein-Rohrgewinde 1:16 (National Taper Pipe, Thread Fine) | 60° kegeliges Bolzengewinde | NPTF | $1/2$–14 NPTF (dryseal) | NPTF-Gewinde mit $1/2$ inch Nenndurchmesser, 14 Gewindegänge/inch (trocken dichtend) | USA |
| Amerikanisches Trapezgewinde $h = 0,5 \cdot P$ | Muttergewinde 29° | Acme | $1^{3}/_{4}$–4 Acme–2G | Acme-Gewinde mit $1^{3}/_{4}$ inch Nenndurchmesser, 4 Gewindegänge/inch, Passungsklasse 2G | USA, GB |
| Amerikanisches abgeflachtes Trapezgewinde $h = 0,3 \cdot P$ | Bolzengewinde | Stub-Acme | $1/2$–20 Stub-Acme | Stub-Acme-Gewinde mit $1/2$ inch Nenndurchmesser, 20 Gewindegänge/inch | USA |

## Metrisches ISO-Gewinde, Abmessungen

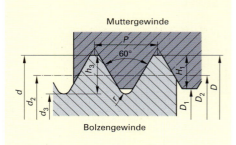

Nenndurchmesser $d = D$
Steigung $P$
Gewindetiefe
 des Bolzengewindes $h_3 = 0{,}6134 \cdot P$
Gewindetiefe
 des Muttergewindes $H_1 = 0{,}5413 \cdot P$
Rundung $R = 0{,}1443 \cdot P$
Flanken-$\varnothing$ $d_2 = D_2 = d - 0{,}6495 \cdot P$
Kern-$\varnothing$ des Bolzengewindes $d_3 = d - 1{,}2269 \cdot P$
Kern-$\varnothing$ des Muttergewindes $D_1 = d - 1{,}0825 \cdot P$
Kernlochbohrer-$\varnothing$ $D_1 \approx d - P$
Flankenwinkel $60°$

Spannungsquerschnitt $$S = \frac{\pi}{4} \cdot \left(\frac{d_2 + d_3}{2}\right)^2$$

**Regelgewinde Reihe 1**[1]   Maße in mm   vgl. DIN 13-1 (1999-11), DIN ISO 261 (1999-11)

| Gewinde-bezeichnung $d = D$ | Stei-gung $P$ | Flan-ken-$\varnothing$ $d_2 = D_2$ | Kern-$\varnothing$ Bolzen $d_3$ | Kern-$\varnothing$ Mutter $D_1$ | Gewindetiefe Bolzen $h_3$ | Gewindetiefe Mutter $H_1$ | Run-dung $R$ | Spannungs-querschnitt $S$ mm² | Kern-loch-bohrer-$\varnothing$ | Sechs-kant-schlüs-sel-weite[2] |
|---|---|---|---|---|---|---|---|---|---|---|
| M 1 | 0,25 | 0,84 | 0,69 | 0,73 | 0,15 | 0,14 | 0,04 | 0,46 | 0,75 | 2,5 |
| M 1,2 | 0,25 | 1,04 | 0,89 | 0,93 | 0,15 | 0,14 | 0,04 | 0,73 | 0,95 | 3 |
| M 1,6 | 0,35 | 1,38 | 1,17 | 1,22 | 0,22 | 0,19 | 0,05 | 1,27 | 1,25 | 3,2 |
| M 2 | 0,4 | 1,74 | 1,51 | 1,57 | 0,25 | 0,22 | 0,06 | 2,07 | 1,6 | 4 |
| M 2,5 | 0,45 | 2,21 | 1,95 | 2,01 | 0,28 | 0,24 | 0,07 | 3,39 | 2,05 | 5 |
| M 3 | 0,5 | 2,68 | 2,39 | 2,46 | 0,31 | 0,27 | 0,07 | 5,03 | 2,5 | 5,5 |
| M 4 | 0,7 | 3,55 | 3,14 | 3,24 | 0,43 | 0,38 | 0,10 | 8,78 | 3,3 | 7 |
| M 5 | 0,8 | 4,48 | 4,02 | 4,13 | 0,49 | 0,43 | 0,12 | 14,2 | 4,2 | 8 |
| M 6 | 1 | 5,35 | 4,77 | 4,92 | 0,61 | 0,54 | 0,14 | 20,1 | 5,0 | 10 |
| M 8 | 1,25 | 7,19 | 6,47 | 6,65 | 0,77 | 0,68 | 0,18 | 36,6 | 6,8 | 13 |
| M 10 | 1,5 | 9,03 | 8,16 | 8,38 | 0,92 | 0,81 | 0,22 | 58,0 | 8,5 | 16/17[3] |
| M 12 | 1,75 | 10,86 | 9,85 | 10,11 | 1,07 | 0,95 | 0,25 | 84,3 | 10,2 | 18/19[3] |
| M 16 | 2 | 14,70 | 13,55 | 13,84 | 1,23 | 1,08 | 0,29 | 157 | 14 | 24 |
| M 20 | 2,5 | 18,38 | 16,93 | 17,29 | 1,53 | 1,35 | 0,36 | 245 | 17,5 | 30 |
| M 24 | 3 | 22,05 | 20,32 | 20,75 | 1,84 | 1,62 | 0,43 | 353 | 21 | 36 |
| M 30 | 3,5 | 27,73 | 25,71 | 26,21 | 2,15 | 1,89 | 0,51 | 561 | 26,5 | 46 |
| M 36 | 4 | 33,40 | 31,09 | 31,67 | 2,45 | 2,17 | 0,58 | 817 | 32 | 55 |
| M 42 | 4,5 | 39,08 | 36,48 | 37,13 | 2,76 | 2,44 | 0,65 | 1121 | 37,5 | 65 |
| M 48 | 5 | 44,75 | 41,87 | 42,59 | 3,07 | 2,71 | 0,72 | 1473 | 43 | 75 |
| M 56 | 5,5 | 52,43 | 49,25 | 50,05 | 3,37 | 2,98 | 0,79 | 2030 | 50,5 | 85 |

[1] Reihe 2 und Reihe 3 enthalten auch Zwischengrößen (z. B. M7, M9, M 14);   [2] vgl. DIN ISO 272 (1979-10)
[3] veraltete Schlüsselweite. Sie ist trotz der aktuellen Norm ISO 272 (1979-10) noch in der Anwendung.

**Feingewinde**   Maße in mm   vgl. DIN 13-2...11 (1999-11)

| Gewinde-bezeichnung $d \times P$ | Flanken-$\varnothing$ $d_2 = D_2$ | Kern-$\varnothing$ Bolzen $d_3$ | Kern-$\varnothing$ Mutter $D_1$ | Gewinde-bezeichnung $d \times P$ | Flanken-$\varnothing$ $d_2 = D_2$ | Kern-$\varnothing$ Bolzen $d_3$ | Kern-$\varnothing$ Mutter $D_1$ | Gewinde-bezeichnung $d \times P$ | Flanken-$\varnothing$ $d_2 = D_2$ | Kern-$\varnothing$ Bolzen $d_3$ | Kern-$\varnothing$ Mutter $D_1$ |
|---|---|---|---|---|---|---|---|---|---|---|---|
| M 2×0,25 | 1,84 | 1,69 | 1,73 | M 10×0,25 | 9,84 | 9,69 | 9,73 | M 24×2 | 22,70 | 21,55 | 21,84 |
| M 3×0,25 | 2,84 | 2,69 | 2,73 | M 10×0,5 | 9,68 | 9,39 | 9,46 | M 30×1,5 | 29,03 | 28,16 | 28,38 |
| M 4×0,2 | 3,87 | 3,76 | 3,78 | M 10×1 | 9,35 | 8,77 | 8,92 | M 30×2 | 28,70 | 27,55 | 27,84 |
| M 4×0,35 | 3,77 | 3,57 | 3,62 | M 12×0,35 | 11,77 | 11,57 | 11,62 | M 36×1,5 | 35,03 | 34,16 | 34,38 |
| M 5×0,25 | 4,84 | 4,69 | 4,73 | M 12×0,5 | 11,68 | 11,39 | 11,46 | M 36×2 | 34,70 | 33,55 | 33,84 |
| M 5×0,5 | 4,68 | 4,39 | 4,46 | M 12×1 | 11,35 | 10,77 | 10,92 | M 42×1,5 | 41,03 | 40,16 | 40,38 |
| M 6×0,25 | 5,84 | 5,69 | 5,73 | M 16×0,5 | 15,68 | 15,39 | 15,46 | M 42×2 | 40,70 | 39,55 | 39,84 |
| M 6×0,5 | 5,68 | 5,39 | 5,46 | M 16×1 | 15,35 | 14,77 | 14,92 | M 48×1,5 | 47,03 | 46,16 | 46,38 |
| M 6×0,75 | 5,51 | 5,08 | 5,19 | M 16×1,5 | 15,03 | 14,16 | 14,38 | M 48×2 | 46,70 | 45,55 | 45,84 |
| M 8×0,25 | 7,84 | 7,69 | 7,73 | M 20×1 | 19,35 | 18,77 | 18,92 | M 56×1,5 | 55,03 | 54,16 | 54,38 |
| M 8×0,5 | 7,68 | 7,39 | 7,46 | M 20×1,5 | 19,03 | 18,16 | 18,38 | M 56×2 | 54,70 | 53,55 | 53,84 |
| M 8×1 | 7,35 | 6,77 | 6,92 | M 24×1,5 | 23,03 | 22,16 | 22,38 | M 64×2 | 62,70 | 61,55 | 61,84 |

**Gewinde** 233

## Whitworth-Gewinde BSW-Regelgewinde (Ww)[1]   vgl. B. S. 84[2]

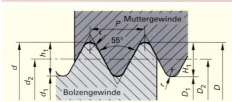

Außendurchmesser $d = D$
Kerndurchmesser $d_1 = D_1 = d - 1{,}28 \cdot P$
$= d - 2 \cdot t_1$
Flankendurchmesser $d_2 = D_2 = d - 0{,}640 \cdot P$
Gangzahl je inch (Zoll) $Z$
Steigung $P = \dfrac{25{,}4 \text{ mm}}{Z}$
Gewindetiefe $h_1 = H_1 = 0{,}640 \cdot P$
Rundung $R = 0{,}137 \cdot P$
Flankenwinkel $55°$

| Gewinde-bezeichnung | Maße in mm für Bolzen und Mutter | | | | | | Gewinde-bezeichnung | Maße in mm für Bolzen und Mutter | | | | | |
|---|---|---|---|---|---|---|---|---|---|---|---|---|---|
| $d$ | Außen-⌀ $d=D$ | Kern-⌀ $d_1=D_1$ | Flan-ken-⌀ $d_2=D_2$ | Gang-zahl je inch $Z$ | Ge-winde-tiefe $h_1=H_1$ | Kern-quer-schnitt mm² | $d$ | Außen-⌀ $d=D$ | Kern-⌀ $d_1=D_1$ | Flan-ken-⌀ $d_2=D_2$ | Gang-zahl je inch $Z$ | Ge-winde-tiefe $h_1=H_1$ | Kern-quer-schnitt mm² |
| W ¼" | 6,35 | 4,72 | 5,54 | 20 | 0,81 | 17,5 | W 1¼" | 31,75 | 27,10 | 29,43 | 7 | 2,32 | 577 |
| W 5/16" | 7,94 | 6,13 | 7,03 | 18 | 0,90 | 29,5 | W 1½" | 38,10 | 32,68 | 35,39 | 6 | 2,71 | 839 |
| W ⅜" | 9,53 | 7,49 | 8,51 | 16 | 1,02 | 44,1 | W 1¾" | 44,45 | 37,95 | 41,20 | 5 | 3,25 | 1131 |
| W ½" | 12,70 | 9,99 | 11,35 | 12 | 1,36 | 78,4 | W 2" | 50,80 | 43,57 | 47,19 | 4,5 | 3,61 | 1491 |
| W ⅝" | 15,88 | 12,92 | 14,40 | 11 | 1,48 | 131 | W 2¼" | 57,15 | 49,02 | 53,09 | 4 | 4,07 | 1886 |
| W ¾" | 19,05 | 15,80 | 17,42 | 10 | 1,63 | 196 | W 2½" | 63,50 | 55,37 | 59,44 | 4 | 4,07 | 2408 |
| W ⅞" | 22,23 | 18,61 | 20,42 | 9 | 1,81 | 272 | W 3" | 76,20 | 66,91 | 72,56 | 3,5 | 4,65 | 3516 |
| W 1" | 25,40 | 21,34 | 23,37 | 8 | 2,03 | 358 | W 3½" | 88,90 | 78,89 | 83,89 | 3,25 | 5,00 | 4888 |

[1] British Standard Whithworth Coarse thread    [2] British Standard Nr. 84

## Rohrgewinde   vgl. ISO 228-1 (2003-05), EN 10 226 (2004-10)

**Whitworth-Rohrgewinde ISO 228-1**
für nicht im Gewinde dichtende Verbindungen;
Innen- und Außengewinde zylindrisch (G)

**Whitworth-Rohrgewinde EN 10 226-1**
im Gewinde dichtend; Innengewinde zylindrisch (RP),
Außengewinde kegelig (R)

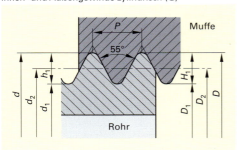
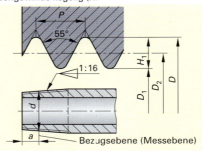

| Gewindebezeichnung | | | Außen-durch-messer $d=D$ | Flanken-durch-messer $d_2=D_2$ | Kern-durch-messer $d_1=D_1$ | Stei-gung $P$ | Gang-zahl je inch $Z$ | Gewinde-tiefe $h_1=H_1$ | Abstand der Bezugs-ebene $a$ |
|---|---|---|---|---|---|---|---|---|---|
| ISO 228-1 Außen- und Innengewinde | EN 10 226 Außen-gewinde | Innen-gewinde | | | | | | | |
| G 1/16 | R 1/16 | Rp 1/16 | 7,72 | 7,14 | 6,56 | 0,91 | 28 | 0,58 | 4,0 |
| G ⅛ | R ⅛ | Rp ⅛ | 9,73 | 9,15 | 8,57 | 0,91 | 28 | 0,58 | 4,0 |
| G ¼ | R ¼ | Rp ¼ | 13,16 | 12,30 | 11,45 | 1,34 | 19 | 0,86 | 6,0 |
| G ⅜ | R ⅜ | Rp ⅜ | 16,66 | 15,81 | 14,95 | 1,34 | 19 | 0,86 | 6,4 |
| G ½ | R ½ | Rp ½ | 20,96 | 19,79 | 18,63 | 1,81 | 14 | 1,16 | 8,2 |
| G ¾ | R ¾ | Rp ¾ | 26,44 | 25,28 | 24,12 | 1,81 | 14 | 1,16 | 9,5 |
| G 1 | R 1 | Rp 1 | 33,25 | 31,77 | 30,29 | 2,31 | 11 | 1,48 | 10,4 |
| G 1¼ | R 1¼ | Rp 1¼ | 41,91 | 40,43 | 38,95 | 2,31 | 11 | 1,48 | 12,7 |
| G 1½ | R 1½ | Rp 1½ | 47,80 | 46,32 | 44,85 | 2,31 | 11 | 1,48 | 12,7 |
| G 2 | R 2 | Rp 2 | 59,61 | 58,14 | 56,66 | 2,31 | 11 | 1,48 | 15,9 |
| G 2½ | R 2½ | Rp 2½ | 75,18 | 73,71 | 72,23 | 2,31 | 11 | 1,48 | 17,5 |
| G 3 | R 3 | Rp 3 | 87,88 | 86,41 | 84,93 | 2,31 | 11 | 1,48 | 20,6 |
| G 4 | R 4 | Rp 4 | 113,03 | 111,55 | 110,07 | 2,31 | 11 | 1,48 | 25,4 |
| G 5 | R 5 | Rp 5 | 138,43 | 136,95 | 135,37 | 2,31 | 11 | 1,48 | 28,6 |
| G 6 | R 6 | Rp 6 | 163,83 | 162,35 | 160,87 | 2,31 | 11 | 1,48 | 28,6 |

## Gewinde

### Metrisches ISO-Trapezgewinde
vgl. DIN 103-1 (1977-04)

$$a_c = \frac{D_4 - d}{2}$$

| Nenndurchmesser | $d$ |
| --- | --- |
| Steigung eingäng. Gewinde u. Teilung mehrgäng. Gewinde | $P$ |
| Steigung mehrgäng. Gewinde | $P_h$ |
| Gangzahl | $n = P_h : P$ |
| Kern-⌀ Bolzengewinde | $d_3 = d - (P + 2 \cdot a_c)$ |
| Außen-⌀ Muttergewinde | $D_4 = d + 2 \cdot a_c$ |
| Kern-⌀ Muttergewinde | $D_1 = d - P$ |
| Flanken-⌀ | $d_2 = D_2 = d - 0{,}5 \cdot P$ |
| Gewindetiefe | $h_3 = H_4 = 0{,}5 \cdot P + a_c$ |
| Flankenüberdeckung | $H_1 = 0{,}5 \cdot P$ |
| Spitzenspiel | $a_c$ |
| Rundungen | $R_1$ und $R_2$ |
| Breite | $b = 0{,}366 \cdot P - 0{,}54 \cdot a_c$ |
| Flankenwinkel | 30° |

| Maß | für Steigungen $P$ in mm | | | |
| --- | --- | --- | --- | --- |
| | 1,5 | 2…5 | 6…12 | 14…44 |
| $a_c$ | 0,15 | 0,25 | 0,5 | 1 |
| $R_1$ | 0,075 | 0,125 | 0,25 | 0,5 |
| $R_2$ | 0,15 | 0,25 | 0,5 | 1 |

#### Gewindemaße in mm

| Gewinde-bezeichnung $d \times P$ | Flanken-⌀ $d_2 = D_2$ | Kern-⌀ Bolzen $d_3$ | Kern-⌀ Mutter $D_1$ | Außen-⌀ $D_4$ | Gewinde-tiefe $h_3 = H_4$ | Breite $b$ | Gewinde-bezeichnung $d \times P$ | Flanken-⌀ $d_2 = D_2$ | Kern-⌀ Bolzen $d_3$ | Kern-⌀ Mutter $D_1$ | Außen-⌀ $D_4$ | Gewinde-tiefe $h_3 = H_4$ | Breite $b$ |
| --- | --- | --- | --- | --- | --- | --- | --- | --- | --- | --- | --- | --- | --- |
| Tr 10× 2 | 9 | 7,5 | 8 | 10,5 | 1,25 | 0,60 | Tr 40× 7 | 36,5 | 32 | 33 | 41 | 4 | 2,29 |
| Tr 12× 3 | 10,5 | 8,5 | 9 | 12,5 | 1,75 | 0,96 | Tr 44× 7 | 40,5 | 36 | 37 | 45 | 4 | 2,29 |
| Tr 16× 4 | 14 | 11,5 | 12 | 16,5 | 2,25 | 1,33 | Tr 48× 8 | 44 | 39 | 40 | 49 | 4,5 | 2,66 |
| Tr 20× 4 | 18 | 15,5 | 16 | 20,5 | 2,25 | 1,33 | Tr 52× 8 | 48 | 43 | 44 | 53 | 4,5 | 2,66 |
| Tr 24× 5 | 21,5 | 18,5 | 19 | 24,5 | 2,75 | 1,70 | Tr 60× 9 | 55,5 | 50 | 51 | 61 | 5 | 3,02 |
| Tr 28× 5 | 25,5 | 22,5 | 23 | 28,5 | 2,75 | 1,70 | Tr 70× 10 | 65 | 59 | 60 | 71 | 5,5 | 3,39 |
| Tr 32× 6 | 29 | 25 | 26 | 33 | 3,5 | 1,93 | Tr 80× 10 | 75 | 69 | 70 | 81 | 5,5 | 3,39 |
| Tr 36× 3 | 34,5 | 32,5 | 33 | 36,5 | 2,0 | 0,83 | Tr 90× 12 | 84 | 77 | 78 | 91 | 6,5 | 4,12 |
| Tr 36× 6 | 33 | 29 | 30 | 37 | 3,5 | 1,93 | Tr 100× 12 | 94 | 87 | 88 | 101 | 6,5 | 4,12 |
| Tr 36× 10 | 31 | 25 | 26 | 37 | 5,5 | 3,39 | Tr 140× 14 | 133 | 124 | 126 | 142 | 8 | 4,58 |

### Sägengewinde
vgl. DIN 513 (1985-04)

| Nennmaß des Gewindes | $d = D$ |
| --- | --- |
| Steigung | $P$ |
| Kern-⌀ Bolzengewinde | $d_3 = d - 1{,}736 \cdot P$ |
| Kern-⌀ Muttergewinde | $D_1 = d - 1{,}5 \cdot P$ |
| Flanken-⌀ Bolzengewinde | $d_2 = d - 0{,}75 \cdot P$ |
| Flanken-⌀ Muttergewinde | $D_2 = d - 0{,}75 \cdot P + 3{,}176 \cdot a$ |
| Axialspiel | $a = 0{,}1 \cdot \sqrt{P}$ |
| Gewindetiefe Bolzen | $h_3 = 0{,}8678 \cdot P$ |
| Gewindetiefe Mutter | $H_1 = 0{,}75 \cdot P$ |
| Rundung | $R = 0{,}124 \cdot P$ |
| Profilbreite am Außen-⌀ | $w = 0{,}264 \cdot P$ |
| Flankenwinkel | 33° |

| Gewinde-bezeichnung $d \times P$ | Bolzen Kern-⌀ $d_3$ | Bolzen Gewinde-tiefe $h_3$ | Mutter Kern-⌀ $D_1$ | Mutter Gewinde-tiefe $H_1$ | Flanken-⌀ $d_2$ | Gewinde-bezeichnung $d \times P$ | Bolzen Kern-⌀ $d_3$ | Bolzen Gewinde-tiefe $h_3$ | Mutter Kern-⌀ $D_1$ | Mutter Gewinde-tiefe $H_1$ | Flanken-⌀ $d_2$ |
| --- | --- | --- | --- | --- | --- | --- | --- | --- | --- | --- | --- |
| S 12× 3 | 6,79 | 2,60 | 7,5 | 2,25 | 9,75 | S 44× 7 | 31,85 | 6,07 | 33,5 | 5,25 | 38,75 |
| S 16× 4 | 9,06 | 3,47 | 10,0 | 3,00 | 13,00 | S 48× 8 | 34,12 | 6,94 | 36 | 6,00 | 42,00 |
| S 20× 4 | 13,06 | 3,47 | 14,0 | 3,00 | 17,00 | S 52× 8 | 38,11 | 6,94 | 40 | 6,00 | 46,00 |
| S 24× 5 | 15,32 | 4,34 | 16,5 | 3,75 | 20,25 | S 60× 9 | 44,38 | 7,81 | 46,5 | 6,75 | 53,25 |
| S 28× 5 | 19,32 | 4,34 | 20,5 | 3,75 | 24,25 | S 70× 10 | 52,64 | 8,68 | 55 | 7,50 | 62,50 |
| S 32× 6 | 21,58 | 5,21 | 23,0 | 4,50 | 27,50 | S 80× 10 | 62,64 | 8,68 | 65 | 7,50 | 72,50 |
| S 36× 6 | 25,59 | 5,21 | 27,0 | 4,50 | 31,50 | S 90× 12 | 69,17 | 10,41 | 72 | 9,00 | 81,00 |
| S 40× 7 | 27,85 | 6,07 | 29,5 | 5,25 | 34,25 | S 100× 12 | 79,17 | 10,41 | 82 | 9,00 | 91,00 |

# Schrauben

## Bezeichnung von Schrauben und Muttern
vgl. DIN 962 (2001-11)

Bezeichnungsschema: ⌐1⌐ ⌐2⌐ – ⌐3⌐ ⌐4⌐ × ⌐5⌐ × ⌐6⌐ – ⌐7⌐ – ⌐8⌐ – ⌐9⌐ – ⌐10⌐ – ⌐11⌐ – ⌐12⌐ – ⌐13⌐

| Nr. | Erläuterung | Beispiele | |
|---|---|---|---|
| 1 | Benennung | Sechskantschraube | |
| 2 | Norm-Hauptnummer | ISO 4017 | |
| 3 | Schaftform (falls erforderlich) | A<br>B<br>C | mit Gwinde annähernd bis Kopf<br>mit Schaftduchmesser ~ Flankendurchmesser<br>mit Schaftduchmesser ~ Gewindedurchmesser |
| 4 | Gewinde und Gewindezusätze | M12<br>M12 x 1<br>ST 4,2 | Regelgewinde<br>Feingewinde<br>Blechschraubengewinde |
| 5 | Nennlänge (bei Schrauben) | x 80 | |
| 6 | Gewindelänge oder Schaftlänge (falls erforderlich) | x 20<br>x80lg60 | Sonderlänge des Gewindes<br>Sonderlänge des Schaftes |
| 7 | Schraubenform (falls erforderlich) | – AK<br>– S<br>– RI | Ansatzkuppe<br>Splintloch         nach DIN 962<br>Gewindefreistich |
| 8 | Schlüsselweite (falls erforderlich) | – SW 16 | vgl. Schraubentabelle |
| 9 | Festigkeitsklasse, Härteklasse oder Werkstoff | – 6.8<br>– A4<br>– 1.4541 | vgl. unten<br>Nichtrostender Stahl<br>(Werkstoffnummer) |
| 10 | Produktklasse (falls erforderlich) | – A<br>– B<br>– C | Toleranzklasse mittel<br>Toleranzklasse mittelgrob<br>Toleranzklasse grob |
| 11 | Formbuchstabe für Kreuzschlitz (falls erforderlich) | – H oder<br>– Z | vgl. Senkschrauben mit Kreuzschlitz |
| 12 | Oberflächenschutz (falls erforderlich) | – galZn<br>– tZn | galvanisch verzinkt<br>feuerverzinkt |
| 13 | Beschichtung (falls erforderlich) | – MK<br>– KL | Klebende Beschichtung<br>klemmende Beschichtung |

Bezeichnungsbeispiele: Sechskantschraube ISO 4017 – M 12 x 80 – 8.8
Sechskantschraube ISO 4014 – M 12 x 80 – 8.8 – MK

Schrauben nach DIN EN, DIN EN ISO oder DIN ISO erhalten im Regelfall die Angabe der ISO-Hauptnummer.

## Mechanische Eigenschaften von Schrauben aus vergütetem Stahl
vgl. DIN EN ISO 898-1 (2013-05)

| Eigenschaften | Festigkeits-klassen | 4.6 | 4.8 | 5.6 | 5.8 | 6.8 | 8.8 | | 9.8 | 10.9 | 12.9 |
|---|---|---|---|---|---|---|---|---|---|---|---|
| | | | | | | | ≤M16 | >M16 | | | |
| Zugfestigkeit | Nennwert | 400 | 500 | 600 | 800 | 600 | 800 | 800 | 900 | 1000 | 1200 |
| $R_m$ in N/mm² | min. | 400 | 420 | 500 | 520 | 600 | 800 | 830 | 900 | 1040 | 1220 |
| Streckgrenze | Nennwert | 240 | 320 | 300 | 400 | 480 | – | – | – | – | – |
| $R_e$ in N/mm² | min. | 240 | 340 | 300 | 420 | 480 | – | – | – | – | – |
| 0,2 % Dehngrenze | Nennwert | – | – | – | – | – | 640 | 640 | 720 | 900 | 1080 |
| $R_{p0,2}$ in N/mm² | min. | – | – | – | – | – | 640 | 660 | 720 | 940 | 1100 |
| Bruchdehnung A in % | min. | 22 | | 20 | | | 12 | 12 | 10 | 9 | 8 |
| Härte Vickers ($F ≤ 98$ N) | HV min-max | 120 – 220 | 130 – 220 | 155 – 220 | 160 – 220 | 190 – 250 | 250 – 320 | 255 – 335 | 290 – 360 | 320 – 380 | 385 – 435 |
| | am Schraubenende | 250 | 250 | 250 | 250 | – | – | – | – | – | – |
| Härte Brinell ($F = 30$ D2) | HB min-max | 114 – 209 | 124 – 209 | 147 – 209 | 152 – 209 | 181 – 238 | 245 – 316 | 250 – 331 | 286 – 355 | 316 – 337 | 380 – 429 |
| | am Schraubenende | 238 | 238 | 238 | 238 | – | – | – | – | – | – |

# Schrauben

## Festigkeitsklassen, Grenzkräfte

### Charakteristische Werte für Schraubenwerkstoffe
vgl. DIN EN ISO 898-1 (2013-05)

| Festigkeitsklasse | 4.6 | 5.6 | 6.8 | 8.8 | 9.8 | 10.9 | 12.9 |
|---|---|---|---|---|---|---|---|
| Streckgrenze $f_{y,b,k}$ in N/mm² | 240 | 300 | 800 | 640 | 900 | 900 | 1200 |
| Zugfestigkeit $f_{u,b,k}$ in N/mm² | 400 | 500 | 480 | 800 | 720 | 1000 | 1100 |

### Festigkeitsklassen von Muttern aus vergütetem Stahl[1)]
vgl. DIN EN ISO 898-2 (2012-08)

| Festigkeitsklasse | 4 | 5 | 6 | 8 | 9 | 10 | 12 |
|---|---|---|---|---|---|---|---|
| Zugfestigkeit $R_m$ in N/mm² | 400 | 500 | 600 | 800 | 900 | 1000 | 1200 |

[1)] Ab Gewindedurchmesser M5 sind Muttern mit der Nennhöhe ≥ 0,8 · d < 0,8 · d mit der Festigkeitsklasse zu kennzeichnen. Flache Muttern mit einer Nennhöhe ≥ 0,5 · d < 0,8 · d werden für die Festigkeitsklasse 4 mit 04 und für die Festigkeitsklasse 5 mit 05 gekennzeichnet.

### Grenzzugkräfte $F_{R,d}$ in kN
Richtwerte

| | | Schraubengröße | | | | | | | | |
|---|---|---|---|---|---|---|---|---|---|---|
| | Norm | M 6 | M 8 | M 10 | M 12 | M 16 | M 20 | M 24 | M 27 | M 30 | M 36 |
| Schrauben mit glattem Schaft und Gewinde | | | | | | | | | | | |
| 4.6 | DIN 7990 | – | – | 15,6 | 22,4 | 39,9 | 62,3 | 89,7 | 113,7 | 140,2 | – |
| 5.6 | DIN 7990, ISO 4014 | 7,02 | 12,5 | 19,5 | 28,0 | 49,8 | 77,9 | 112,1 | 142,1 | 175,3 | – |
| 8.8 | ISO 4014 | 11,7 | 21,3 | 33,7 | 49,0 | 91,3 | 142,5 | 205,4 | 267,1 | 326,4 | 475,3 |
| 10.9 | EN 14399-4, ISO 4014 | 14,6 | 26,6 | 42,2 | 61,3 | 114,2 | 178,2 | 256,7 | 333,8 | 408,0 | 594,2 |
| Passschrauben nach DIN 7968 bzw. DIN 7999 | | | | | | | | | | | |
| 5.6 | DIN 7968 | – | – | – | 30,7 | 56,3 | 85,8 | 121,7 | 152,7 | 187,2 | – |
| 10.9 | EN 14399-8 | – | – | – | 61,3 | 114,2 | 178,2 | 256,7 | 333,8 | 408,0 | – |
| Schrauben mit Gewinde bis zum Kopf | | | | | | | | | | | |
| 5.6 | ISO 4017 | 4,98 | 9,07 | 14,4 | 20,9 | 38,9 | 60,7 | 87,5 | 113,8 | 139,1 | 202,6 |
| 8.8 | ISO 4017 | 10,6 | 19,4 | 30,7 | 44,6 | 83,0 | 129,6 | 186,7 | 242,8 | 296,7 | 432,1 |

### Grenzabscherkräfte $F_{a,R,d}$ in kN für einschnittige Verbindungen
Richtwerte

| Verbindungsart | Festigkeitsklasse | Norm | Schraubengröße | | | | | | | | | |
|---|---|---|---|---|---|---|---|---|---|---|---|
| | | | M 6 | M 8 | M 10 | M 12 | M 16 | M 20 | M 24 | M 27 | M 30 | M 36 |
| SL | 4.6 | DIN 7990 | – | – | 17,1 | 24,7 | 43,9 | 68,5 | 98,6 | 125,0 | 154,3 | – |
| SL | 5.6 | DIN 7990, ISO 4014 | 7,72 | 13,7 | 21,4 | 30,8 | 54,8 | 85,6 | 123,3 | 156,3 | 192,9 | – |
| SLP | 5.6 | DIN 7968 | – | – | – | 36,2 | 61,9 | 94,4 | 133,9 | 168,0 | 205,9 | – |
| SL, SLV | 8.8 | ISO 4014 | 12,3 | 21,9 | 34,3 | 49,4 | 87,7 | 137,0 | 197,2 | 250,0 | 308,5 | 444,2 |
| SL, SLV | 10.9 | EN 14399-4, ISO 4014 | 14,2 | 25,2 | 39,3 | 56,6 | 100,5 | 157,0 | 226,0 | 286,5 | 353,5 | 509,0 |
| SLP, SLVP | 10.9 | EN 14399-8 | – | – | – | 66,4 | 113,7 | 173,0 | 245,5 | 308,0 | 377,5 | – |

### Grenzlochleibungskräfte $F_{e,R,d}$ in kN je 1 cm Bauteildicke[1)]

| Verbindungsart | Bauteilwerkstoff | Lochdurchmesser für Schraubengröße | | | | | |
|---|---|---|---|---|---|---|---|
| | | 13 / M 12 | 17 / M 16 | 21 / M 20 | 25 / M 24 | 28 / M 27 | 31 / M 30 | 37 / M 36 |
| SL, SLV | S 235 JR | 49,8 | 66,3 | 82,9 | 99,5 | 1119,0 | 124,4 | 149,2 |
| SL, SLV | S 355 JO | 74,6 | 99,5 | 124,4 | 149,2 | 167,9 | 186,6 | 223,9 |

[1)] Die Tabelle ist gültig für das Verhältnis Schraubenabstand e / Lochdurchmesser $d_L$ ≥ 2,5 und das Verhältnis Schraubenrandabstand e1 / Lochdurchmesser $d_L$ ≥ 2,0.

## Schrauben

**Vorspannkraft und Anziehdrehmoment**[1] vgl. DIN 25 201-2 E (2010-03), VDI 2230-1 (2003-02)

| Gewinde | Festigkeitsklasse | Montagevorspannkräfte $F_{MTab}$ in kN für $\mu^{2)}$ = | | | | | | Anziehdrehmomente $M_{Ab}$ in Nm für $\mu^{3)}$ = | | | | | |
|---|---|---|---|---|---|---|---|---|---|---|---|---|---|
| | | 0,08 | 0,1 | 0,12 | 0,14 | 0,16 | 0,20 | 0,08 | 0,1 | 0,12 | 0,14 | 0,16 | 0,20 |
| M4 | 8.8 | 4,6 | 4,5 | 4,4 | 4,3 | 4,2 | 3,9 | 2,3 | 2,6 | 3,0 | 3,3 | 3,6 | 4,1 |
| | 10.9 | 6,8 | 6,7 | 6,5 | 6,3 | 6,1 | 5,7 | 3,3 | 3,9 | 4,6 | 4,8 | 5,3 | 6,0 |
| | A2-70 | 3,3 | 3,2 | 3,1 | 3,0 | 2,9 | 2,8 | 1,6 | 1,8 | 2,1 | 2,3 | 2,5 | 2,9 |
| | A4-80 | 4,4 | 4,4 | 4,1 | 4,0 | 3,9 | 3,7 | 2,1 | 2,5 | 2,8 | 3,1 | 3,4 | 3,8 |
| M5 | 8.8 | 7,6 | 7,4 | 7,2 | 7,0 | 6,8 | 6,4 | 4,4 | 5,2 | 5,9 | 6,5 | 7,1 | 8,1 |
| | 10.9 | 11,1 | 10,8 | 10,6 | 10,3 | 10,0 | 9,4 | 6,5 | 7,6 | 8,6 | 9,5 | 10,4 | 11,9 |
| | A2-70 | 5,3 | 5,2 | 5,1 | 4,9 | 4,8 | 4,5 | 3,1 | 3,6 | 4,1 | 4,6 | 5,0 | 5,7 |
| | A4-80 | 7,1 | 6,9 | 6,8 | 6,6 | 6,4 | 6,0 | 4,1 | 4,8 | 5,5 | 6,1 | 6,6 | 7,6 |
| M6 | 8.8 | 10,7 | 10,4 | 10,2 | 9,9 | 9,6 | 9,0 | 7,7 | 9,0 | 10,1 | 11,3 | 12,3 | 14,1 |
| | 10.9 | 15,7 | 15,3 | 14,9 | 14,5 | 14,1 | 13,2 | 11,3 | 13,2 | 14,9 | 16,5 | 18,0 | 20,7 |
| | A2-70 | 7,5 | 7,3 | 7,2 | 7,0 | 6,8 | 6,4 | 5,4 | 6,3 | 7,1 | 7,9 | 8,6 | 9,9 |
| | A4-80 | 10,0 | 9,8 | 9,5 | 9,3 | 9,0 | 8,5 | 7,2 | 8,4 | 9,5 | 10,5 | 11,5 | 13,2 |
| M8 | 8.8 | 19,5 | 19,1 | 18,6 | 18,1 | 17,6 | 16,5 | 18,5 | 21,6 | 24,6 | 27,3 | 29,8 | 34,3 |
| | 10.9 | 28,7 | 28,0 | 27,3 | 26,6 | 25,8 | 24,4 | 27,2 | 31,8 | 36,1 | 40,1 | 43,8 | 50,3 |
| | A2-70 | 13,7 | 13,4 | 13,1 | 12,7 | 12,4 | 11,7 | 13,0 | 15,2 | 17,3 | 19,2 | 21,0 | 24,1 |
| | A4-80 | 18,3 | 17,9 | 17,5 | 17,0 | 16,5 | 15,6 | 17,3 | 20,3 | 23,0 | 25,5 | 28,0 | 32,1 |
| M10 | 8.8 | 31,0 | 30,3 | 29,6 | 28,8 | 27,9 | 26,3 | 36 | 43 | 48 | 54 | 59 | 68 |
| | 10.9 | 45,6 | 44,5 | 43,4 | 42,2 | 41,0 | 38,6 | 53 | 63 | 71 | 79 | 87 | 100 |
| | A2-70 | 21,8 | 21,3 | 20,8 | 20,3 | 19,7 | 18,6 | 26 | 30 | 34 | 38 | 41 | 48 |
| | A4-80 | 29,1 | 28,5 | 27,8 | 27,0 | 26,3 | 24,8 | 34 | 40 | 45 | 51 | 55 | 64 |
| M12 | 8.8 | 45,2 | 44,1 | 43,0 | 41,9 | 40,7 | 38,3 | 63 | 73 | 84 | 93 | 102 | 117 |
| | 10.9 | 66,3 | 64,8 | 63,2 | 61,5 | 59,8 | 56,3 | 92 | 108 | 123 | 137 | 149 | 172 |
| | A2-70 | 31,8 | 31,1 | 30,3 | 29,5 | 28,7 | 27,1 | 44 | 52 | 59 | 65 | 72 | 82 |
| | A4-80 | 42,4 | 41,4 | 40,4 | 39,4 | 38,3 | 36,1 | 59 | 69 | 78 | 87 | 95 | 110 |
| M16 | 8.8 | 84,7 | 82,9 | 80,9 | 78,8 | 76,6 | 72,2 | 153 | 180 | 206 | 230 | 252 | 291 |
| | 10.9 | 124,4 | 121,7 | 118,8 | 115,7 | 112,6 | 106,1 | 224 | 264 | 302 | 338 | 370 | 428 |
| | A2-70 | 59,7 | 58,4 | 57,1 | 55,6 | 54,1 | 51,1 | 108 | 127 | 145 | 162 | 178 | 206 |
| | A4-80 | 79,6 | 77,9 | 76,1 | 74,1 | 72,2 | 68,1 | 143 | 169 | 193 | 216 | 237 | 274 |
| M20 | 8.8 | 136 | 134 | 130 | 127 | 123 | 116 | 308 | 363 | 415 | 464 | 509 | 588 |
| | 10.9 | 194 | 190 | 186 | 181 | 176 | 166 | 438 | 517 | 592 | 661 | 725 | 838 |
| | A2-70 | 93 | 91 | 89 | 87 | 84 | 80 | 210 | 248 | 284 | 317 | 347 | 402 |
| M24 | 8.8 | 196 | 192 | 188 | 183 | 178 | 168 | 529 | 625 | 714 | 798 | 875 | 1011 |
| | 10.9 | 280 | 274 | 267 | 260 | 253 | 239 | 754 | 890 | 1017 | 1136 | 1246 | 1440 |
| | A2-50 | 63 | 61 | 60 | 58 | 57 | 54 | 169 | 199 | 228 | 254 | 279 | 322 |
| M30 | 8.8 | 313 | 307 | 300 | 292 | 284 | 268 | 1053 | 1246 | 1428 | 1597 | 1754 | 2035 |
| | 10.9 | 446 | 437 | 427 | 416 | 405 | 332 | 1500 | 1775 | 2033 | 2274 | 2498 | 2893 |
| | A2-50 | 100 | 98 | 96 | 93 | 91 | 86 | 336 | 397 | 455 | 509 | 559 | 647 |
| M36 | 8.8 | 458 | 448 | 438 | 427 | 415 | 392 | 1825 | 2164 | 2482 | 2778 | 3054 | 3541 |
| | 10.9 | 652 | 638 | 623 | 608 | 591 | 558 | 2600 | 3082 | 3535 | 3957 | 4349 | 5043 |
| | A2-50 | 146 | 143 | 139 | 136 | 132 | 125 | 582 | 689 | 790 | 885 | 972 | 1128 |

[1] Die Tabelle gilt für Sechskantschrauben mit Schaft (ISO 4014), Sechskantschrauben mit Gewinde bis Kopf (ISO 4017) und Zylinderschrauben mit Innensechskant (ISO 4762).

[2] Reibungszahl für das Gewinde. Gerechnet wird mit $\mu_G = \mu_K$.

[3] Reibungszahl für Kopfunterseite.

# Schrauben

## Vorspannkraft und Anziehdrehmoment

### Vorspannkraft und Anziehdrehmoment für Stahlbauschrauben — Richtwerte

| Vorspannkraft $F_V$ und Anziehdrehmoment $M_A$ | | | Gewinde | | | | | | |
|---|---|---|---|---|---|---|---|---|---|
| | | | M 12 | M 16 | M 20 | M 22 | M 24 | M 27 | M 30 | M 36 |
| $F_V$, erforderliche Vorspannkraft in der Schraube der Festigkeitsklasse 8.8 | in kN | | 35 | 70 | 110 | 130 | 150 | 200 | 245 | 355 |
| $M_A$ bei Drehmomentverfahren für Schrauben der Festigkeitsklasse 8.8 | in Nm | feuerverzinkt und geschmiert | 70 | 170 | 300 | 450 | 600 | 900 | 1200 | 2100 |
| Einzuhaltende Vorspannkraft nach dem Drehimpuls-Verfahren (Impuls-Schrauber) | in kN | | 60 | 110 | 175 | 210 | 240 | 320 | 390 | 560 |
| $M_A$ bei Drehmomentverfahren für Schrauben der Festigkeitsklasse 10.9 | in Nm | feuerverzinkt und geschmiert | 100 | 250 | 450 | 650 | 800 | 1250 | 1650 | 2800 |

### Anziehen von HV-Schrauben nach dem Drehwinkelverfahren

| Schrauben-Nenn-∅ | Voranziehmoment nach dem Drehwinkel-Verfahren | Erforderlicher Drehwinkel $\varphi$ und Umdrehungsmaß U | | | | | | | |
|---|---|---|---|---|---|---|---|---|---|
| | Klemmlänge $l_k$ in mm | $l_k \leq 50$ | | $51 \leq l_k \leq 101$ | | $101 \leq l_k \leq 170$ | | $171 \leq l_k \leq 240$ | |
| d | $M_V$ | $\varphi$ | U | $\varphi$ | U | $\varphi$ | U | $\varphi$ | U |
| mm | NM | | | | | | | | |
| M12 | 10 | 180° | 1/2 | 240° | 2/3 | 270° | 3/4 | 360° | 1 |
| M16 – M20 | 50 | | | | | | | | |
| M22 | 100 | | | | | | | | |
| M24 | 100 | | | | | | | | 270° | 3/4 |
| M27 – 200 | 200 | | | | | | | | |

### Überprüfung der Vorspannung

| Weiterdrehwinkel | Bewertung | Maßnahme |
|---|---|---|
| < 30° | Vorspannung war ausreichend | Keine |
| 30° bis 60° | Vorspannung war bedingt ausreichend | Garnitur belassen und zwei benachbarte Verbindungen im gleichen Anschluss prüfen |

## Reibungszahlen, Unterkopfreibungszahlen

### Reibungszahlen für Schrauben aus Stahl — vgl. VDI 2230-1 (2003-02)

| Oberflächenzustand | | $\mu_{ges}$ bei Zustand | | |
|---|---|---|---|---|
| Außengewinde Schraube | Innengewinde (Mutter/Werkstück) | ungeschmiert | geölt | MoS$_2$-Paste |
| ohne Nachbehandlung (schwarz) | ohne Nachbehandlung | **0,12** … 0,18 | **0,10** … 0,17 | **0,06** … 0,12 |
| Mn-phosphatiert | ohne Nachbehandlung | **0,14** … 0,18 | **0,15** … 0,15 | **0,06** … 0,11 |
| Zn-phosphatiert | ohne Nachbehandlung | **0,14** … 0,21 | **0,14** … 0,17 | **0,06** … 0,12 |
| galvanisch verzinkt 5 … 8 µm | ohne Nachbehandlung | **0,12** … 0,20 | **0,10** … 0,18 | **0,06** … 0,12 |
| galvanisch verkadmet 5 … 8 µm | ohne Nachbehandlung | **0,08** … 0,14 | **0,08** … 0,11 | **0,06** … 0,12 |
| galvanisch verzinkt 5 … 8 µm | galvanisch verzinkt 3 … 5 µm | **0,12** … 0,20 | **0,10** … 0,18 | **0,06** … 0,12 |

# Mechanische Eigenschaften von Schrauben und Muttern aus nichtrostendem Stahl und NE-Metallen

## Mechanische Eigenschaften von Schrauben aus nichtrostendem Stahl

vgl. DIN EN ISO 3506-1 (2010-04)

| Stahl-gruppe | Stahl-sorte | Festigkeits-klasse | Durch-messer-bereich | Zugfestig-keit $R_m$ [1] in N/mm² | 0,2%-Dehn-grenze $R_{p\,0,2}$ [1] in N/mm² | Bruch-dehnung $A_L$ [2] in mm |
|---|---|---|---|---|---|---|
| Auste-nitisch | A 1 | 50 weich (gedreht) | ≤ M 39 | 500 | 210 | 0,6 · d |
| | A 2, A 3 | 70 kaltverfestigt (gepresst) | ≤ M 24 | 700 | 450 | 0,4 · d |
| | A 4, A 5 | 80 stark kaltverfestigt | ≤ M 24[2] | 800 | 600 | 0,3 · d |
| Ferritisch | F1 | 45 weich (gedreht) | ≤ M 24 | 450 | 250 | 0,2 · d |
| | | 60 kaltverfestigt (gepresst) | ≤ M 24 | 600 | 410 | 0,2 · d |
| Marten-sitisch | C1 | 50 weich | – | 500 | 250 | 0,2 · d |
| | | 70 vergütet | – | 700 | 410 | 0,2 · d |
| | | 110 vergütet | – | 1100 | 820 | 0,2 · d |
| | C3 | 80 vergütet | – | 800 | 640 | 0,2 · d |
| | C4 | 50 weich | – | 500 | 250 | 0,2 · d |
| | | 70 vergütet | – | 700 | 410 | 0,2 · d |

[1] Bezogen auf den Spannungsquerschnitt des Gewindes.
[2] Für größere Gewinde müssen die Festigkeitswerte vereinbart werden, weil andere Werte möglich sind.

## Festigkeitsklassen für Muttern aus nichtrostendem Stahl

vgl. DIN EN ISO 3506-2 (2010-04)

| Stahl-gruppe | Stahl-sorte | Festigkeitsklasse Muttern Typ 1 ($m \geq 0,8\,d$) | Festigkeitsklasse Niedrige Muttern ($0,5\,d \leq m < 0,8\,d$) | Durch-messer-bereich $d$ mm | Prüfspannung $S_p$ in N/mm² min. Muttern Typ 1 ($m \geq 0,8\,d$) | Prüfspannung $S_p$ in N/mm² min. Niedrige Muttern ($0,5\,d \leq m < 0,8\,d$) |
|---|---|---|---|---|---|---|
| Auste-nitisch | A 1 | 50 | 025 | ≤ 39 | 500 | 250 |
| | A 2, A 3 | 70 | 035 | ≤ 24 | 700 | 350 |
| | A 4, A 5 | 80 | 040 | ≤ 24 | 800 | 400 |
| Ferritisch | F1 | 45 | 020 | ≤ 24 | 450 | 200 |
| | | 60 | 030 | ≤ 24 | 600 | 300 |
| Marten-sitisch | C1 | 50 | 025 | – | 500 | 250 |
| | | 70 | – | – | 700 | – |
| | | 110 | 055 | – | 1100 | 550 |
| | C3 | 80 | 040 | – | 800 | 400 |
| | C4 | 50 | – | – | 500 | – |
| | | 70 | 035 | – | 700 | 350 |

## Mechanische Eigenschaften von Schrauben und Muttern aus Nichteisenmetallen

vgl. DIN EN 28839 (1991-12)

| Werk-stoff | Kurzzeichen | Werkstoff-nummer | Zugfestigkeit $R_m$ in N/mm² | 0,2%-Dehn-grenze $R_{p\,0,2}$ | Bruch-dehnung A in % |
|---|---|---|---|---|---|
| CU 1 | Cu-ETP, Cu-FRHC | 2.0060 | 240 | 160 | 14 |
| CU 2 | CuZn37 (MS 63) | 2.0321 | 370 … 440 | 250 … 340 | 19 … 11 |
| CU 3 | CuZn39Pb3 (MS 58) | 2.0401 | 370 … 440 | 250 … 340 | 19 … 11 |
| CU 4 | CuSn6 | 2.1020 | 400 … 470 | 200 … 340 | 33 … 32 |
| CU 5 | CuNiSi | 2.0853 | 590 | 540 | 12 |
| CU 6 | CuZn40Mn1Pb | 2.0580 | 440 | 180 | 18 |
| CU 7 | CuAl10Ni5Fe4 | 2.0966 | 640 | 270 | 15 |
| AL 1 | AlMg3 | 3.3535 | 250 … 270 | 180 … 230 | 4 … 3 |
| AL 2 | AlMg5 | 3.5555 | 280 … 310 | 200 | 6 |

# Schrauben

## Festigkeitsklassen, Durchgangslöcher, Einschraubtiefen, Verbindungsarten

### Kennzeichnung der Festigkeitsklassen[1] von Schrauben aus vergütetem Stahl

vgl. DIN EN ISO 898-1 (2013-05)

| Sechskant-Schrauben | Schrauben mit Innensechskant | Flachrund-schrauben | Stiftschrauben |
|---|---|---|---|

[1] Ab Gewindedurchmesser M5 sind Schrauben mit dem Hersteller-Kennzeichen (XYZ) und der Festigkeitsklasse zu versehen.
Bei Platzmangel können Symbole eingeschlagen werden: Festigkeitsklasse 5.6: –, 8.8: ○, 10.9: □, 12.9: △

### Farbkennzeichnung bei Gewindestangen und Gewindebolzen

vgl. DIN 976-2 (2009-02)

| Farbe | Festigkeitsklasse | Farbe | Festigkeitsklasse |
|---|---|---|---|
| keine Farbe | 4.6, 4.8 | Perlweiß (RAL 1013) | 10.9 |
| Kastanienbraun (RAL 8015) | 5.6 | Verkehrsschwarz (RAL 9017) | 12.9 |
| Enzianblau (RAL 5010) | 5.8 | Verkehrsgrün (RAL 6024) | A2-70 |
| Verkehrsgelb (RAL 1023) | 8.8 | Feuerrot (RAL 3000) | A4-80 |

### Durchgangslöcher für Schrauben

vgl. DIN EN 20 273 (1992-02)

| Gewinde | | M 4 | M 5 | M 6 | M 8 | M 10 | M 12 | M 16 | M 20 | M 22 | M 24 | M 27 | M 30 | M 36 |
|---|---|---|---|---|---|---|---|---|---|---|---|---|---|---|
| Durchgangsloch | fein | 4,3 | 5,3 | 6,4 | 8,4 | 10,5 | 13,0 | 17,0 | 21,0 | 23,0 | 25,0 | 28,0 | 31,0 | 37,0 |
| | mittel | 4,5 | 5,5 | 6,6 | 9,0 | 11,0 | 13,5 | 17,5 | 22,0 | 24,0 | 26,0 | 30,0 | 33,0 | 39,0 |
| | grob | 4,8 | 5,8 | 7,0 | 10,0 | 12,0 | 14,5 | 18,5 | 24,0 | 26,0 | 28,0 | 32,0 | 35,0 | 42,0 |

### Mindesteinschraubtiefen in Gewinde-Grundlöcher

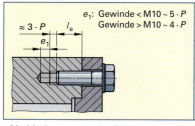

$e_1$: Gewinde < M10 ~ 5 · P
Gewinde > M10 ~ 4 · P
≈ 3 · P, $l_e$

| Anwendungsbereich | | Mindesteinschraubtiefe $l_e$ für Regelgewinde und Festigkeitsklasse | | | |
|---|---|---|---|---|---|
| | | 3.6, 4.6 | 4.8…6,8 | 8.8 | 10.9 |
| Stahl | $R_m$ ≤ 400 N/mm² | 0,8 · d | 1,2 · d | – | – |
| | $R_m$ = 400 … 600 N/mm² | 0,8 · d | 1,2 · d | 1,2 · d | – |
| | $R_m$ > 600 … 800 N/mm² | 0,8 · d | 1,2 · d | 1,2 · d | 1,2 · d |
| | $R_m$ > 800 N/mm² | 0,8 · d | 1,2 · d | 1,0 · d | 1,0 · d |

### Verbindungsarten im Stahlbau

| Verbindungsart | | Lochspiel $\Delta d$ in mm | Schrauben |
|---|---|---|---|
| SL | Scher-Lochleibungs-verbindung | 0,3 … 2,0 | Rohe Schrauben Hochfeste Schrauben |
| SLP | Scher-Lochleibungs-Passverbindung | ≤ 0,3 | Passschrauben Hochfeste Schrauben |
| SLV | planmäßig vorge-spannte Lochleibungs-verbindung | 0,3 … 2,0 | Hochfeste Schrauben |
| SLVP | planmäßig vorgespannte Scher-Lochleibungs-Passverbindung | ≤ 0,3 | Hochfeste Passschrauben |
| GV | gleitfeste planmäßig vorgespannte Ver-bindung | 0,3 … 2,0 | Hochfeste Schrauben |
| GVP | gleitfeste planmäßig vorgespannte Pass-Verbindung | ≤ 0,3 | Hochfeste Schrauben |

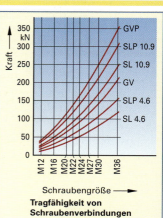

Tragfähigkeit von Schraubenverbindungen

# Schrauben

## Senkungen

### Senkungen für Senkschrauben                      vgl. ISO 15065 (2005-05)

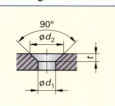

| Nenngröße | 4 | 5 | 5.5 | 6 | 8 | 10 |
|---|---|---|---|---|---|---|
| Gewinde | M 4 | M 5 | – | M 6 | M 8 | M 10 |
| Gewinde (Blechschraube) | ST 4,2 | ST 4,8 | ST 5,5 | ST 6,3 | ST 8 | ST 9,5 |
| $d_1$ (mittel) | 4,5 | 5,5 | 6,0 | 6,6 | 9,0 | 11,0 |
| $d_2$ | 9,4 | 10,4 | 11,5 | 12,6 | 17,3 | 20,0 |
| $t \sim$ | 2,6 | 2,6 | 2,9 | 3,1 | 4,3 | 4,7 |

Gültig für Schrauben nach: ISO 1482, ISO 1483, ISO 2009, ISO 2010, ISO 7046, ISO 7047, ISO 7050, ISO 7051, ISO 14584, ISO 14586, ISO 14587, ISO 14582, ISO 15843.
**Bezeichnungsbeispiel:** Senkung Nenngröße 6 für Senkschrauben M6 bzw. Blechschrauben ST 6,3: Senkung ISO 15065-6.

### Senkungen für Senkschrauben mit Innensechskant             vgl. DIN 74 (2003-04)

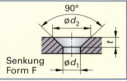

Senkung Form F

| Nenngröße | 5 | 6 | 8 | 10 | 12 | 16 |
|---|---|---|---|---|---|---|
| Gewinde | M 5 | M 6 | M 8 | M 10 | M 12 | M 16 |
| $d_1$ (mittel) | 5,5 | 6,6 | 9 | 11 | 13,5 | 17,5 |
| $d_2$ | 11,5 | 13,7 | 18,3 | 22,7 | 27,2 | 14,0 |
| $t \sim$ | 3 | 3,6 | 4,6 | 5,9 | 6,9 | 8,2 |

Gültig für Senkschrauben mit Innensechskant nach ISO 10642.
**Bezeichnungsbeispiel:** Senkung Form F für Gewindedurchmesser 16 mm: Senkung DIN 74 – F 16.

### Senkungen für Stahlkonstruktionen                vgl. DIN 74 (2003-04)

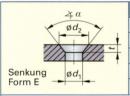

Senkung Form E

| Nenngröße | 10 | 12 | 16 | 20 | 22 | 24 |
|---|---|---|---|---|---|---|
| Gewinde | M 10 | M 12 | M 16 | M 20 | M 22 | M 24 |
| $d_1$ (mittel) | 10,5 | 13 | 17 | 21 | 23 | 25 |
| $d_2$ | 19 | 24 | 31 | 34 | 37 | 40 |
| $t \sim$ | 5,5 | 7 | 9 | 11,5 | 12 | 13 |
| $\alpha$ (± 1°) | 75° | 75° | 75° | 60° | 60° | 60° |

Gültig für Senkschrauben für Stahlkonstruktionen nach DIN 7969.
**Bezeichnungsbeispiel:** Senkung Form E für Gewindedurchmesser 20 mm: Senkung DIN 74 – E 20.

### Senkdurchmesser und Senktiefen für Schrauben mit Zylinderkopf    vgl. DIN 974-1 (2008-02)

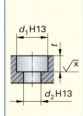

$\sqrt{x} = \sqrt{Rz\ 25}$

| Gewinde-⌀ | | 3 | 4 | 5 | 6 | 8 | 10 | 12 | 16 | 20 | 24 | 27 | 30 | 36 |
|---|---|---|---|---|---|---|---|---|---|---|---|---|---|---|
| $d_2$ | | 3,4 | 4,5 | 5,5 | 6,6 | 9 | 11 | 13,5 | 17,5 | 22 | 26 | 30 | 33 | 39 |
| $d_1$ H13 | Reihe 1 | 6,5 | 8 | 10 | 11 | 15 | 18 | 20 | 26 | 33 | 40 | 46 | 50 | 58 |
|  | Reihe 2 | 7 | 9 | 11 | 13 | 18 | 24 | – | – | – | – | – | – | – |

| Reihe | Schrauben mit Zylinderkopf ohne Unterlegteile |
|---|---|
| 1 | Schrauben ISO 1207, ISO 4762, DIN 6912, DIN 7984, DIN 38821, ISO 14579 ISO 14580 |
| 2 | Schrauben ISO 1580, DIN 7985, ISO 7045, ISO 14583 |

Die Senktiefe $t$ für den bündigen Abschluss ergibt sich aus:

$$t = k_{max} + h_{max} + Z$$

$k_{max}$ maximale Kopfhöhe
$h_{max}$ maximale Scheibendicke
$Z$ Zugabe

| Zugabe | Gewinde-Nenndurchmesser $d$ | Zugabe | Gewinde-Nenndurchmesser $d$ |
|---|---|---|---|
| 0,4 | bis 6 | 0,8 | über 20 bis 27 |
| 0,6 | über 6 bis 20 | 1,0 | über 27 |

## Schrauben

### Kopf- und Antriebsarten

**Allgemeine Antriebe**

 Außensechskant
 Innensechskant
 Längsschlitz

**Kraftantriebe für höhere Anziehwerte**

 Außensechsrund (Torx)
 Innensechsrund (Torx)

**Kreuzschlitzantriebe für Schnellmontage**

 Phillips-Kreuzschlitz / Pozidriv-Kreuzschlitz

**Diebstahl- und vandalismushemmende Antriebe (nicht lösbar)**

 Einwegschlitz
 Fächerantrieb
 Kappe für Außensechskant

 Einschlagsicherung für Innensechskant
 Abreißkopf

**Sonderantriebe (lösbar)**

 Pin-Phillips
 Pin-Innensechskant
 Pin-Innensechsrund (Torx)
 Zweiloch-Antrieb

### Maße für Längsschlitze

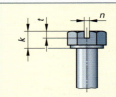

| Gewinde-Nenndurchmesser | | | | | | | | |
|---|---|---|---|---|---|---|---|---|
| Schrauben mit metr. Gewinde | 4 | 5 | 6 | 7 | 8 | 10 | 12 | 14 | 16 |
| Blechschrauben | 3,5 3,9 | 4,2 4,8 | 5,5 6,3 | – | 8 | – | – | – | – |
| Nennmaß $n$ | 1 | 1,2 | 1,6 | 1,6 | 2 | 2,5 | 3 | 3 | 4 |
| Nennmaß $t$ | $0,4 \times k$ | | | | | | | | |

### Schraubensicherungen im Vergleich

| Ursache des Lösens | Einteilung der Sicherungselemente nach | | | 1 sehr gut 2 gut 3 befriedigend 4 unbefriedigend 5 schlecht | Sicherungseigenschaften | | | | | |
|---|---|---|---|---|---|---|---|---|---|---|
| | Funktion | Wirkprinzip | Beispiel | | Vorspannungserhaltung | gegen Verlieren | abhängig vom Gegenmaterial | abhängig von der Temperatur (bis ca. 120 °C) | Verletzung der Oberfläche | Wiederverwendbarkeit | Montagekosten | Preis |
| Lockern durch Setzen und/oder Relaxation | Setzsicherung | Mitverspannte federnde Elemente | Tellerfedern Spannscheiben Kombischrauben Kombimuttern | Gruppe | | | | | | | | |
| Losdrehen durch Aufhebung der Selbsthemmung | Verliersicherung | Formschluss = formschlüssige Elemente | Kronenmuttern/ Splinte Schrauben mit Splintloch Drahtsicherung | mitverspannte federnde Elemente[1] | 4 bis 5 | 4 bis 5 | 3 bis 5 | 1 bis 2 | 3 bis 5 | 2 bis 4 | 1 bis 4 | 1 bis 4 |
| | | Klemmen = klemmende Elemente | Muttern mit Klemmteil Schrauben mit Kunststoffbeschichtung im Gewinde Gewindefurchende Schrauben | formschlüssige | 3 bis 4 | 2 bis 4 | 1 bis 2 | 1 bis 2 | 1 bis 2 | 3 bis 5 | 4 bis 5 | 5 bis 5 |
| | | | | klemmende | 3 bis 4 | 1 bis 2 | 2 bis 5 | 2 bis 5 | 1 bis 2 | 2 bis 4 | 2 bis 3 | 3 bis 4 |
| | Losdrehsicherung | Mikroformschluss = sperrende Elemente | Sperrzahnschrauben Sperrzahnmuttern Sperrkantscheiben | mikroformschlüssig sperrende | 1 bis 2 | 1 bis 2 | 2 bis 4 | 1 bis 2 | 2 bis 5 | 1 bis 2 | 1 bis 2 | 1 bis 3 |
| | | Kleben = klebende Elemente | Mikroverkapselung Flüssig-Klebstoff | klebende | 1 bis 2 | 1 bis 2 | 2 bis 2 | 4 bis 5 | 1 bis 2 | 4 bis 5 | 1 bis 4 | 1 bis 4 |

[1] Noch gebräuchliche, aber unwirksame Schraubensicherungen sind Fächerscheiben nach DIN 6798, Zahnscheiben nach DIN 6797, gewölbte Federringe nach DIN 128, gewellte Federscheiben nach DIN 137, Stellringe nach DIN 705, Sicherungsbleche nach DIN 93, DIN 432 und DIN 463, Sicherungsmuttern (PAL-Muttern) nach DIN 7967. Die hier aufgeführten (veralteten) Normen wurden daher zurückgezogen.

# Schrauben 243

## Schrauben mit Beschichtung

| | |
|---|---|
| Einsatzgebiete: | dynamische Belastungen |
| Sicherungsart: | Verlier- und Losdrehsicherung |
| Losdrehmoment: | hoch |
| Temperaturbeständigkeit der Verbindung: | – 50 °C bis 90 °C |
| Mindesttemperatur für Aushärtung: | + 5 °C |
| Aushärtezeit: | 24 h |
| Anforderungen an das Einschraubgewinde: | frei von Öl und Fett |
| Gleitreibungszahl µ: | 0,10 ... 0,16 |
| Wiederverwendbarkeit: | nicht gegeben |
| Beständigkeit der Verbindung gegenüber: | schwachen Säuren, Ölen und Fetten, Wasser, Laugen pH < 11, Lösungsmitteln |
| Lagerbeständigkeit: | 4 Jahre bei Raumtemperatur |
| Anforderung an Lagerung: | trockene Lagerung |

Farblich gekennzeichnetes Trägermaterial

Mikrokapseln mit Kleber und Härter

In farblich gekennzeichnetem Trägermaterial ist der mikroverkapselte Klebstoff aufgebracht. Die Mikrokapseln enthalten den Kleber und einen Härter. Durch das Verschrauben werden die Kapseln aufgebrochen und der Kleber beginnt auszuhärten. Für kleinere Stückzahlen wird ein anaerober Flüssigkeitsklebstoff empfohlen.

**Bezeichnungsbeispiel** für eine Schraube mit mikroverkapseltem Klebstoffauftrag nach DIN 267-27 (2009-09): Schraube ISO 4014 – M 12 x 80 – 8.8 – MK

| Kurzzeichen | Beanspruchung | Scherfestigkeit τ in N/mm² | Gewinde |
|---|---|---|---|
| N | niedrigfest | 3 bis 6 | ≤ M 10 |
| M | mittelfest | 7 bis 15 | ≤ M 24 |
| H | hochfest | über 16 | ≥ M 16 |

**Bezeichnungsbeispiel** eines mittelviskosen (Klasse 2) Flüssigklebstoffes (FK), der Beanspruchungsklasse H: Klebstoff DIN 25 201 – FK – H3

## Kostenvergleich bei Verbindungstechniken

| Kosten-faktor | Verbindungstechnik | Kosten-faktor | Verbindungstechnik |
|---|---|---|---|
| 3,6 | Durchgangsloch mit Schraube und Mutter | 2,6 | Halbrundniet |
| 3,7 | Gewindebohrung mit Schraube | 1,0 | Punktschweißen |
| 3,9 | Stanzmutter mit Schraube | 2,9 | Lichtbogenhandschweißen (einseitig) |
| 4,1 | Blechdurchzug mit Gewinde und Schraube | 4,3 | Schutzgasschweißen (einseitig) |
| 4,4 | Schweißmutter mit Schraube | 6,9 | autogenes Hartlöten |

# Schrauben

## Sechskantschrauben

### Sechskantschrauben mit Schaft
vgl. ISO 4014 (2011-06)

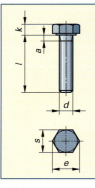

| Gewinde | | M 5 | M 6 | M 8 | M 10 | M 12 | M 16 | M 20 | M 24 | M 30 | M 36 |
|---|---|---|---|---|---|---|---|---|---|---|---|
| $l^{1)}$ (Nenn- | von | 25 | 30 | 40 | 45 | 50 | 65 | 80 | 90 | 110 | 140 |
| länge) | bis | 50 | 60 | 80 | 100 | 120 | 160 | 200 | 240 | 300 | 360 |
| $l_S$ | von | 9 | 12 | 18 | 19 | 20 | 27 | 34 | 36 | 44 | 56 |
| | bis | 34 | 42 | 58 | 74 | 90 | 116 | 148 | 167 | 215 | 263 |
| | $l_G \leq 125$ | 16 | 18 | 22 | 26 | 30 | 38 | 46 | 54 | 66 | – |
| $l_G$ | $l_G \geq 125$ | – | – | – | – | – | 44 | 52 | 60 | 72 | 84 |
| | $l_G \geq 200$ | – | – | – | – | – | – | – | 73 | 85 | 97 |
| $k$ | | 3,5 | 4,0 | 5,3 | 6,4 | 7,5 | 10,0 | 12,5 | 15,0 | 18,7 | 22,5 |
| $s$ | max | 8 | 10 | 13 | 16 | 18 | 24 | 30 | 36 | 46 | 55 |
| $e$ | min | 8,8 | 11,1 | 14,4 | 17,6 | 20,0 | 26,8 | 33,5 | 40,0 | 50,9 | 60,8 |

$^{1)}$ Nennlängen: von   25 mm bis   70 mm jeweils um   5 mm gestuft,
        von   70 mm bis 160 mm jeweils um 10 mm gestuft,
        von 160 mm bis 360 mm jeweils um 20 mm gestuft.

**Festigkeitsklassen:** Stahl: 5.6, 8.8, 10.9; nichtrostender Stahl: A2-50 und A2-70
**Bezeichnungsbeispiel:** Sechskantschraube ISO 4014 - M 10 × 60 - 8.8

### Sechskantschrauben mit Gewinde bis Kopf
vgl. ISO 4017 (2011-07)

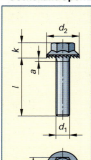

| Gewinde | | M 5 | M 6 | M 8 | M 10 | M 12 | M 16 | M 20 | M 24 | M 30 | M 36 |
|---|---|---|---|---|---|---|---|---|---|---|---|
| $l^{1)}$ (Nenn- | von | 10 | 12 | 16 | 20 | 25 | 30 | 40 | 50 | 60 | 70 |
| länge) | bis | 50 | 60 | 80 | 100 | 120 | 150 | 200 | 200 | 200 | 200 |
| $a$ | max | 2,4 | 3,0 | 4,0 | 4,5 | 5,3 | 6,0 | 7,5 | 9,0 | 10,5 | 12,0 |
| $k$ | | 3,5 | 4,0 | 5,3 | 6,4 | 7,5 | 10,0 | 12,5 | 15,0 | 18,7 | 22,5 |
| $s$ | max | 8 | 10 | 13 | 16 | 18 | 24 | 30 | 36 | 46 | 55 |
| $e$ | min | 8,8 | 11,1 | 14,4 | 17,6 | 20,0 | 26,8 | 33,5 | 40,0 | 50,9 | 60,8 |

$^{1)}$ Nennlängen: 10 mm, 12 mm, 16 mm, 20 mm;
        von   20 mm bis   70 mm jeweils um   5 mm gestuft,
        von   70 mm bis 160 mm jeweils um 10 mm gestuft,
        von 160 mm bis 360 mm jeweils um 20 mm gestuft.

**Festigkeitsklassen:** Stahl: 5.6, 8.8, 10.9; nichtrostender Stahl: A2-50 und A2-70
**Bezeichnungsbeispiel:** Sechskantschraube ISO 4017 - M 10 × 60 - 8.8

### Sechskant-Sperrzahnschrauben

| Gewinde | | M 5 | M 6 | M 8 | M 10 | M 12 | M 16 |
|---|---|---|---|---|---|---|---|
| $l^{1)}$ (Nennlänge) | von | 10 | 10 | 12 | 16 | 20 | 30 |
| | bis | 20 | 30 | 40 | 40 | 40 | 70 |
| $\alpha$ | | 1,6 | 2,0 | 2,5 | 3,0 | 3,5 | 4,0 |
| $k$ | max | 4,3 | 5,5 | 7,0 | 8,5 | 10,0 | 14,0 |
| $d_2$ | | 11,2 | 14,3 | 18,3 | 21,0 | 24,0 | 31,0 |
| $s$ | | 8 | 10 | 13 | 15 | 17 | 19 |
| $e$ | min | 8,9 | 11,1 | 14,4 | 16,6 | 18,9 | 24,5 |

Sperrzahn-Schrauben sind heute das wirksame Sicherungselement für Schraubenverbindungen, weil in begrenztem Maße Setzbeträge ausgeglichen werden.

Sperrzahnschrauben sind immer als Garnitur mit der zugehörigen Mutter zu verwenden.

**Festigkeitsklassen:** Stahl: 10.9, 12.9
**Bezeichnungsbeispiel:** Garnitur Sechskant-Sperrzahnschraube/Mutter
    10.9-M 12 × 60 – 10.9/10

# Schrauben

## Sechskantschrauben
### RIPP-Schrauben[1]

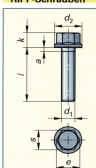

| Gewinde | | M 5 | M 6 | M 8 | M 10 | M 12 | M 16 |
|---|---|---|---|---|---|---|---|
| $l$ (Nennlänge) | von | 10 | 10 | 10 | 10 | 10 | 10 |
| | bis | 25 | 25 | 30 | 35 | 40 | 15 |
| $a$ | | 1,6 | 2,0 | 2,5 | 3,0 | 3,5 | 4,0 |
| $k$ | max | 4,3 | 5,5 | 7,0 | 8,5 | 10,0 | 14,0 |
| $d_2$ | | 11,2 | 14,2 | 18,2 | 21,0 | 24,0 | 31,0 |
| $s$ | | 8 | 10 | 13 | 15 | 17 | 22 |
| $e$ | min | 8,9 | 11,1 | 14,4 | 16,6 | 18,9 | 24,5 |

[1] RIPP-Schrauben haben gute Sicherungseigenschaften.
RIPP-Schrauben sind immer als Garnitur mit der dazugehörenden Mutter zu verwenden.
**Festigkeitsklassen:** Stahl: 10.9, 12.9
**Bezeichnungsbeispiel:** RIPP-Schraubengarnitur 12.9 M 12 × 60

## Zylinderschrauben
### Zylinderschrauben mit Innensechskant   vgl. ISO 4762 (2004-06)

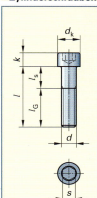

| Gewinde | | M 5 | M 6 | M 8 | M 10 | M 12 | M 16 | M 20 | M 24 | M 30 | M 36 |
|---|---|---|---|---|---|---|---|---|---|---|---|
| $l^{1)}$ (Nennlänge) | von | 30 | 35 | 40 | 45 | 55 | 65 | 80 | 90 | 110 | 120 |
| | bis | 50 | 60 | 80 | 100 | 120 | 160 | 200 | 200 | 200 | 300 |
| $l_S$ | von | 8,0 | 11,0 | 12,0 | 13,0 | 19,0 | 21,0 | 28,0 | 30,0 | 38,0 | 36,0 |
| | bis | 28,0 | 36,0 | 52,0 | 68,0 | 84,0 | 116,0 | 148,0 | 140,0 | 128,0 | 116,0 |
| $l_G$ | max | 22 | 24 | 28 | 32 | 36 | 44 | 52 | 60 | 72 | 84 |
| $k$ | max | 5 | 6 | 8 | 10 | 12 | 16 | 20 | 24 | 30 | 36 |
| $d_K$ | max | 8,5 | 10,0 | 13,0 | 16,0 | 18,0 | 24,0 | 30,0 | 36,0 | 45,0 | 54,0 |
| $s$ | | 4 | 5 | 6 | 8 | 10 | 14 | 17 | 19 | 22 | 27 |
| Schlüsselweite | | 4 | 5 | 6 | 8 | 10 | 14 | 17 | 19 | 22 | 27 |

[1] Nennlängen: von 8 mm bis 12 mm jeweils um 2 mm gestuft,
von 12 mm bis 20 mm jeweils um 4 mm gestuft,
von 20 mm bis 70 mm jeweils um 5 mm gestuft,
von 70 mm bis 160 mm jeweils um 10 mm gestuft,
von 160 mm bis 360 mm jeweils um 20 mm gestuft.
**Festigkeitsklassen:** Stahl: 8.8, 10.9, 12.9; nichtrostender Stahl: A2-50, A4-50 und A4-70
**Bezeichnungsbeispiel:** Zylinderschraube ISO 4762 - M 12 × 80 - 10.9

### Zylinderschrauben mit Innensechskant und niedrigem Kopf   vgl. DIN 7984 (2009-06)

| Gewinde | | | M 3 | M 4 | M 5 | M 6 | M 8 | M 10 | M 12 | M 16 | M 20 | M 24 |
|---|---|---|---|---|---|---|---|---|---|---|---|---|
| $l^{1)}$ (Nennlänge) | von | | 5 | 6 | 8 | 10 | 12 | 16 | 20 | 30 | 40 | 50 |
| | bis | | 20 | 25 | 30 | 40 | 80 | 100 | 80 | 80 | 100 | 100 |
| $l_S$ | von | | 1,5 | 2,1 | 2,4 | 3,0 | 3,75 | 4,5 | 5,25 | 6,0 | 7,5 | 9,0 |
| | bis | | 8,0 | 11,0 | 14,0 | 22,0 | 38,0 | 44,0 | 50,0 | 42,0 | 54,0 | 46,0 |
| $l_G$ | | $l_G \leq 125$ | 12 | 14 | 16 | 18 | 22 | 26 | 30 | 38 | 46 | 54 |
| | | $l_G \geq 125$ | – | – | – | – | 28 | 32 | 36 | 44 | 52 | 60 |
| $k$ | max | | 2,0 | 2,8 | 3,5 | 4,0 | 5,0 | 6,0 | 7,0 | 9,0 | 11,0 | 13,0 |
| $d_K$ | max | | 5,5 | 7,0 | 8,5 | 10,0 | 13,0 | 16,0 | 18,0 | 24,0 | 30,0 | 36,0 |
| $s$ | | | 2,0 | 2,5 | 3,0 | 4,0 | 5,0 | 7,0 | 8,0 | 12,0 | 14,0 | 17,0 |
| Schlüsselweite | | | 2 | 2,5 | 3 | 4 | 5 | 7 | 8 | 12 | 14 | 17 |

[1] Nennlängen: 5 mm, 6 mm; von 6 mm bis 20 mm jeweils um 2 mm gestuft,
von 20 mm bis 60 mm jeweils um 5 mm gestuft,
von 60 mm bis 100 mm jeweils um 10 mm gestuft.
**Festigkeitsklassen:** Stahl: 8.8; nichtrostender Stahl: A2-50, A2-70
**Bezeichnungsbeispiel:** Zylinderschraube DIN 7984 - M 12 × 80 - 8.8

## Senkschrauben, Hammerschrauben

### Senkschrauben mit Innensechskant   vgl. ISO 10 642 (2013-04)

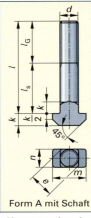

| Gewinde | | | M 4 | M 5 | M 6 | M 8 | M 10 | M 12 | M 16 | M 20 |
|---|---|---|---|---|---|---|---|---|---|---|
| $l^{1)}$ (Nenn- | von | | 30 | 35 | 40 | 50 | 55 | 65 | 80 | 100 |
| länge) | bis | | 40 | 50 | 60 | 80 | 100 | 100 | 100 | 100 |
| $l_S$ | von | | 10 | 13 | 16 | 22 | 23 | 29 | 36 | 48 |
| | bis | | 20 | 28 | 36 | 52 | 68 | 65 | 46 | – |
| $l_G$ | | | 20 | 22 | 24 | 28 | 32 | 36 | 44 | 52 |
| k | max | | 2,5 | 3,1 | 3,7 | 5,0 | 6,2 | 7,4 | 8,8 | 10,2 |
| $d_K$ | max | | 9,0 | 11,2 | 13,4 | 17,9 | 22,4 | 26,9 | 33,6 | 40,3 |
| s | | | 2,5 | 3,0 | 4,0 | 5,0 | 6,0 | 8,0 | 10,0 | 12,0 |
| Schlüsselweite | | | 2,5 | 3 | 4 | 5 | 6 | 8 | 10 | 12 |

[1] Nennlängen: 8 mm, 10 mm, 12 mm, 16 mm, 20 mm;
  von 20 mm bis  40 mm jeweils um  5 mm gestuft;
  von 40 mm bis 100 mm jeweils um 10 mm gestuft.

**Festigkeitsklassen:** Stahl: 8.8, 10.9, 12.9

**Bezeichnungsbeispiel:** Senkschraube ISO 10 642 – M 8 × 50 – 8.8

### Hammerschrauben mit Vierkant   vgl. DIN 186 (2010-09)

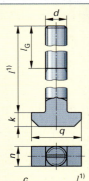

Form A mit Schaft

| Gewinde | | | M 6 | M 8 | M 10 | M 12 | M 16 | M 20 | M 24 | M 30 | M 36 | M 42 |
|---|---|---|---|---|---|---|---|---|---|---|---|---|
| $l^{1)}$ (Nenn- | von | | 45 | 45 | 50 | 55 | 70 | 80 | 110 | 120 | 150 | 160 |
| länge) | bis | | 60 | 80 | 100 | 120 | 160 | 200 | 200 | 200 | 200 | 200 |
| $l_S$ | von | | 27 | 23 | 24 | 25 | 32 | 34 | 56 | 54 | 66 | 64 |
| | bis | | 42 | 58 | 74 | 90 | 116 | 148 | 140 | 128 | 116 | 104 |
| $l_G$ | $l_G \leq 120$ | | 18 | 22 | 26 | 30 | 38 | 46 | 54 | 66 | 78 | – |
| | $l_G \geq 120$ | | – | – | – | – | 44 | 52 | 60 | 72 | 84 | 96 |
| k | | | 4,5 | 5,5 | 7,0 | 8,0 | 10,5 | 13,0 | 15,0 | 19,0 | 23,0 | 26,0 |
| m | | | 16 | 18 | 21 | 26 | 30 | 36 | 43 | 54 | 66 | 80 |
| n | | | 6 | 8 | 10 | 12 | 16 | 20 | 24 | 30 | 36 | 42 |
| e | min | | 6,9 | 9,2 | 11,8 | 14,2 | 19,3 | 24,3 | 29,5 | 37,2 | 44,6 | 52,3 |

[1] Nennlängen: von 45 mm bis 80 mm jeweils um 5 mm gestuft; von 80 mm bis 200 mm jeweils um 10 mm gestuft; dabei sind folgende Längen möglichst zu vermeiden:
45 mm, 55 mm, 65 mm, 75 mm, 110 mm, 130 mm, 150 mm, 170 mm und 190 mm.

**Festigkeitsklassen:** Stahl: 3.6, 4.6

**Bezeichnungsbeispiel:** Hammerschraube DIN 186-A[2] – M 12 × 60

[2] Form A mit Schaft, Form B mit langem Gewinde

### Hammerschrauben mit großem Kopf   vgl. DIN 7992 (2010-09)

| Gewinde | M 24 | M 30 | M 36 | M 42 | M 48 | M 56 | M 64 | M72×6 | M80×6 | M90×6 |
|---|---|---|---|---|---|---|---|---|---|---|
| $l_G$ | 100 | 120 | 140 | 170 | 200 | 220 | 240 | 260 | 290 | 320 |
| k | 18 | 22 | 25 | 30 | 35 | 40 | 50 | 55 | 60 | 70 |
| q | 65 | 75 | 85 | 95 | 110 | 125 | 140 | 155 | 170 | 185 |
| n | 24 | 30 | 36 | 42 | 48 | 56 | 64 | 72 | 80 | 90 |
| c | 140 | 150 | 170 | 190 | 210 | 220 | 240 | 260 | 280 | 300 |
| $f \approx$ | 800 | 1000 | 1200 | 1400 | 1600 | 1800 | 2000 | 2000 | 2400 | 2600 |
| U-Profil DIN 1026 | 65 | 65 | 80 | 100 | 120 | 120 | 140 | 140 | 160 | 160 |

[1] Die Länge $l$ errechnet sich aus der Einbautiefe $f$ und dem Überstand $a$.
Die errechneten Längen sind auf 20 mm zu runden (Nennlänge).

**Festigkeitsklasse:** Stahl: 5.6

**Bezeichnungsbeispiel:**
Hammerschraube DIN 7992 – M 30 × 1000 – 5.6

## Schrauben

### Sechskantschrauben für Stahlkonstruktionen
#### Rohe Sechskantschrauben für Stahlkonstruktionen — vgl. DIN 7990 (2008-04)

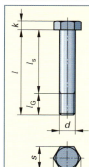

| Gewinde | | M 12 | M 16 | M 20 | M 24 | M 27 | M 30 |
|---|---|---|---|---|---|---|---|
| $l^{1)}$ (Nennlänge) | von bis | 30 120 | 35 150 | 40 100 | 45 200 | 60 200 | 80 200 |
| $l_s$ | von bis | 9,5 99,5 | 10,5 125,5 | 11,5 151,5 | 12 167 | 14,5 164,5 | 16,5 161,5 |
| $l_G$ | | 20,5 | 24,5 | 28,5 | 33 | 35,5 | 38,5 |
| k | | 8 | 10 | 13 | 15 | 17 | 19 |
| s | max | 18 | 24 | 30 | 36 | 41 | 46 |
| e | min | 19,9 | 26,2 | 33,0 | 39,6 | 45,2 | 50,9 |

[1] Nennlängen: von 30 mm bis 200 mm jeweils um 5 mm gestuft.

**Festigkeitsklassen:** Stahl: 4.6, 5.6

**Hinweis:** Die Sechskantschrauben sind stets mit der zugehörigen Scheibe nach DIN 7989 und der zugehörigen Mutter nach ISO 4032 oder ISO 4034 zu verwenden.

**Bezeichnungsbeispiel:** Sechskantschraube DIN 7990 – M 16 × 80 – Mu – 4.6

### Sechskantpassschrauben für Stahlkonstruktionen — vgl. DIN 7968 (2007-07)

| Gewinde | | M 12 | M 16 | M 20 | M 24 | M 27 | M 30 |
|---|---|---|---|---|---|---|---|
| $l^{1)}$ (Nennlänge) | von bis | 35 120 | 40 150 | 45 180 | 55 200 | 60 200 | 65 200 |
| $l_s$ | von bis | 14,5 99,5 | 15,5 125,5 | 16,5 151,5 | 22 167 | 24,5 164,5 | 26,5 161,5 |
| $l_G$ | | 20,5 | 24,5 | 28,5 | 33 | 35,5 | 38,5 |
| k | | 8 | 10 | 13 | 15 | 17 | 19 |
| $d_s$ (Passung h11) | | 13 | 17 | 21 | 25 | 28 | 31 |
| s | max | 18 | 24 | 30 | 36 | 41 | 46 |
| e | min | 19,9 | 26,2 | 33,0 | 39,6 | 45,2 | 50,9 |

[1] Nennlängen: von 30 mm bis 200 mm jeweils um 5 mm gestuft.

**Festigkeitsklasse:** Stahl: 5.6

**Hinweis:** Die Sechskantschrauben sind stets mit der zugehörigen Scheibe B nach DIN 7989 und der zugehörigen Mutter nach ISO 4032 oder ISO 4034 zu verwenden.

**Bezeichnungsbeispiel:** Sechskant-Passschraube/Mutter DIN 7968 – M 16 × 80 – Mu – 5.6

### Klemmlängen für Sechskantschrauben und Sechskant-Passschrauben — vgl. DIN 7968 (2007-07)

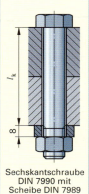

Sechskantschraube DIN 7990 mit Scheibe DIN 7989

| Gewinde | M 12 | M 16 | M 20 | M 24 | M 27 | M 30 |
|---|---|---|---|---|---|---|
| Länge l | Klemmlänge $l_k$ in mm (Auswahl) | | | | | |
| 35 | 9,5 … 14,5 | – | – | – | – | – |
| 40 | 14,5 … 19,5 | 10,5 … 15,5 | – | – | – | – |
| 45 | 19,5 … 24,5 | 15,5 … 20,5 | 12 … 17 | – | – | – |
| 50 | 24,5 … 29,5 | 20,5 … 25,5 | 17 … 22 | – | – | – |
| 55 | 29,5 … 34,5 | 25,5 … 30,5 | 22 … 27 | 18 … 23 | – | – |
| 60 | 34,5 … 39,5 | 30,5 … 35,5 | 27 … 32 | 23 … 28 | 20,5 … 25,5 | – |
| 65 | 39,5 … 44,5 | 35,5 … 40,5 | 32 … 37 | 28 … 33 | 25,5 … 30,5 | 23 … 28 |
| 70 | 44,5 … 49,5 | 40,5 … 45,5 | 37 … 42 | 33 … 38 | 30,5 … 35,5 | 28 … 33 |
| 75 | 49,5 … 54,5 | 45,5 … 50,5 | 42 … 47 | 38 … 43 | 35,5 … 40,5 | 33 … 38 |
| 80 | 54,5 … 59,5 | 50,5 … 55,5 | 47 … 52 | 43 … 48 | 40,5 … 45,5 | 38 … 42 |
| 85 | 59,5 … 64,5 | 55,5 … 60,5 | 52 … 57 | 48 … 53 | 45,5 … 50,5 | 43 … 48 |
| 90 | 64,5 … 69,5 | 60,5 … 65,5 | 57 … 62 | 53 … 58 | 50,5 … 55,5 | 48 … 53 |
| 95 | 69,5 … 74,5 | 65,5 … 70,5 | 62 … 67 | 58 … 63 | 55,5 … 60,5 | 53 … 58 |
| 100 | 74,5 … 79,5 | 70,5 … 75,5 | 67 … 72 | 83 … 88 | 60,5 … 65,5 | 58 … 63 |
| 105 | 79,5 … 84,5 | 75,5 … 80,5 | 72 … 77 | 68 … 73 | 65,5 … 70,5 | 63 … 68 |
| 110 | 84,5 … 89,5 | 80,5 … 85,5 | 77 … 82 | 73 … 78 | 70,5 … 75,5 | 68 … 73 |

## Schrauben

### HV-, HVP-, HR-Sechskantschrauben

#### HV-Sechskantschrauben
vgl. EN 14399-4 (2013-05)

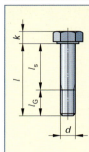

| Gewinde | | M 12 | M 16 | M 20 | M 22 | M 24 | M 27 | M 30 |
|---|---|---|---|---|---|---|---|---|
| $l^{1)}$ (Nennlänge) | von | 35 | 40 | 45 | 50 | 60 | 70 | 75 |
| | bis | 95 | 130 | 155 | 165 | 195 | 200 | 200 |
| $l_S$ | von | 12 | 12 | 12 | 16 | 21 | 29 | 31 |
| | bis | 72 | 102 | 122 | 131 | 156 | 159 | 156 |
| $l_G$ | min | 23 | 28 | 33 | 34 | 39 | 41 | 44 |
| $k$ | | 8 | 10 | 13 | 14 | 15 | 17 | 19 |
| $s$ | max | 22 | 27 | 32 | 36 | 41 | 46 | 50 |
| $e$ | min | 23,9 | 29,6 | 35,0 | 39,6 | 45,2 | 50,9 | 55,4 |

$^{1)}$ Nennlängen: von 35 mm bis 200 mm jeweils um 5 mm gestuft.
**Festigkeitsklasse:** Stahl: 10.9
**Hinweis:** Die HV-Schrauben sind stets mit der zugehörigen H-Scheibe EN 14399-5 oder nach EN 14399-6 und der zugehörigen HV-Mutter nach EN 14399-4 zu verwenden. Schrauben, Muttern und Scheiben müssen als Schraubengarnitur vom gleichen Hersteller stammen. Die feuerverzinkten Schraubengarnituren dürfen nicht mit einer zusätzlichen Schmierung versehen werden.
**Bezeichnungsbeispiel:** Garnitur Schraube / Mutter EN 14399-4 – HV –
M 16 × 100 – 10.9/10

#### Klemmlängen für HV-Sechskantschrauben
vgl. EN 14399-4 (2013-05)

| Gewinde | M12 | M16 | M20 | M22 | M24 | M27 | M30 |
|---|---|---|---|---|---|---|---|
| Länge $l$ | | | Klemmlänge $\Sigma t$ in mm | | | | |
| 35 | 16…21 | – | – | – | – | – | – |
| 40 | 21…26 | 17…22 | – | – | – | – | – |
| 45 | 26…31 | 22…27 | 18…23 | – | – | – | – |
| 50 | 31…36 | 27…32 | 23…28 | 22…27 | – | – | – |
| 55 | 36…41 | 32…37 | 28…33 | 27…32 | – | – | – |
| 60 | 41…46 | 37…42 | 33…38 | 32…37 | 29…34 | – | – |
| 65 | 46…51 | 42…47 | 38…43 | 37…42 | 34…39 | – | – |
| 70 | 51…56 | 47…52 | 43…58 | 42…47 | 39…44 | 36…41 | – |
| 75 | 56…61 | 52…57 | 48…53 | 47…52 | 44…49 | 41…46 | 39…44 |
| 80 | 61…66 | 57…62 | 53…58 | 52…57 | 49…54 | 46…51 | 44…49 |
| 85 | 66…71 | 62…67 | 58…63 | 57…62 | 54…59 | 51…56 | 49…54 |
| 90 | 71…76 | 67…72 | 63…68 | 62…67 | 59…64 | 56…61 | 54…59 |
| 95 | 76…81 | 72…77 | 68…73 | 67…72 | 64…69 | 61…66 | 59…64 |
| 100 | – | 77…82 | 73…78 | 72…77 | 69…74 | 66…71 | 64…69 |
| 105 | – | 82…87 | 78…83 | 77…82 | 74…79 | 71…76 | 69…74 |
| 110 | – | 87…92 | 83…88 | 82…87 | 79…84 | 76…81 | 74…79 |
| 115 | – | 92…97 | 86…93 | 87…92 | 84…89 | 81…86 | 79…84 |
| 120 | – | 97…102 | 93…98 | 92…97 | 89…94 | 86…91 | 84…89 |
| 125 | – | 102…107 | 98…103 | 97…102 | 94…99 | 91…96 | 89…94 |
| 130 | – | 107…112 | 103…108 | 102…107 | 99…104 | 96…101 | 94…99 |
| 135 | – | – | 108…113 | 107…112 | 104…109 | 101…106 | 99…104 |
| 140 | – | – | 113…118 | 112…117 | 109…114 | 106…111 | 104…109 |
| 145 | – | – | 118…123 | 117…122 | 114…119 | 111…116 | 109…114 |
| 150 | – | – | 123…128 | 122…127 | 119…124 | 116…121 | 114…119 |
| 155 | – | – | 128…133 | 127…132 | 124…129 | 121…126 | 119…124 |
| 160 | – | – | – | 132…137 | 129…134 | 126…131 | 124…129 |
| 165 | – | – | – | 137…142 | 134…139 | 131…136 | 129…134 |
| 170 | – | – | – | – | 139…144 | 136…141 | 134…139 |
| 175 | – | – | – | – | 144…149 | 141…146 | 139…144 |
| 180 | – | – | – | – | 149…154 | 146…151 | 144…149 |
| 185 | – | – | – | – | 154…159 | 151…156 | 149…154 |
| 190 | – | – | – | – | 159…164 | 156…161 | 154…159 |
| 195 | – | – | – | – | 164…169 | 161…166 | 159…164 |
| 200 | – | – | – | – | – | 166…171 | 164…169 |

# Schrauben

## HV-, HVP-, HR-Sechskantschrauben
### HVP-Sechskant-Passschrauben
vgl. EN 14399-8 (2008-03)

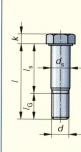

| Gewinde | | M 12 | M 16 | M 20 | M 22 | M 24 | M 27 | M 30 |
|---|---|---|---|---|---|---|---|---|
| $l^{1)}$ (Nennlänge) | von bis | 50 95 | 65 125 | 75 155 | 80 165 | 90 185 | 95 200 | 105 200 |
| $l_S$ | von bis | 27 72 | 37 97 | 42 122 | 46 131 | 51 146 | 54 159 | 61 156 |
| $l_G$ | | 23 | 28 | 33 | 34 | 39 | 41 | 44 |
| $k$ | | 8 | 10 | 13 | 14 | 15 | 17 | 19 |
| $d_S$ (Passung b 11) | | 13 | 17 | 21 | 23 | 25 | 28 | 31 |
| $s$ | | 22 | 27 | 32 | 36 | 41 | 46 | 50 |
| $e$ min | | 23,9 | 29,6 | 35,0 | 39,6 | 45,2 | 50,9 | 55,4 |

[1] Nennlängen: von 40 mm bis 200 mm jeweils um 5 mm gestuft.
**Festigkeitsklasse:** Stahl: 10.9
**Hinweis:** Die HVP-Schrauben sind stets mit der zugehörigen H-Scheibe nach EN 14399-5, EN 14399-6 und der zugehörigen HV-Mutter nach EN 14399-4 zu verwenden. Schrauben, Muttern und Scheiben müssen als Schraubengarnitur vom gleichen Hersteller stammen. Die feuerverzinkten Schraubengarnituren dürfen nicht mit einer zusätzlichen Schmierung versehen werden.
**Bezeichnungsbeispiel:**
Garnitur Sechskant-Passschraube/Mutter EN 14399-8 – M 16 × 100 – 10.9/10 – HVP

### Klemmlängen für HVP-Sechskant-Passschrauben
vgl. EN 14399-8 (2008-03)

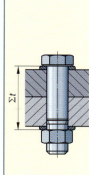

| Gewinde $d$ | M12 | M16 | M20 | M22 | M24 | M27 | M30 |
|---|---|---|---|---|---|---|---|
| Länge $l$ (nom.) | Klemmlänge $\Sigma t$ in mm | | | | | | |
| 50 | 31…36 | – | – | – | – | – | – |
| 55 | 36…41 | – | – | – | – | – | – |
| 60 | 41…46 | – | – | – | – | – | – |
| 65 | 46…51 | 42…47 | – | – | – | – | – |
| 70 | 51…56 | 47…52 | – | – | – | – | – |
| 75 | 56…61 | 52…57 | 48…53 | – | – | – | – |
| 80 | 61…66 | 57…62 | 53…58 | 52…57 | – | – | – |
| 85 | 66…71 | 62…67 | 58…63 | 57…62 | – | – | – |
| 90 | 71…76 | 67…72 | 63…68 | 62…67 | 59…64 | – | – |
| 95 | 76…81 | 72…77 | 68…73 | 67…72 | 64…69 | 61…66 | – |
| 100 | – | 77…82 | 73…78 | 72…77 | 69…74 | 66…71 | – |
| 105 | – | 82…87 | 78…83 | 77…82 | 74…79 | 71…76 | 69…74 |
| 110 | – | 87…92 | 83…88 | 82…87 | 79…84 | 76…81 | 74…79 |
| 115 | – | 92…97 | 86…93 | 87…92 | 84…89 | 81…86 | 79…84 |
| 120 | – | 97…102 | 93…98 | 92…97 | 89…94 | 86…91 | 84…89 |
| 125 | – | 102…107 | 98…103 | 97…102 | 94…99 | 91…96 | 89…94 |
| 130 | – | – | 103…108 | 102…107 | 99…104 | 96…101 | 94…99 |
| 135 | – | – | 108…113 | 107…112 | 104…109 | 101…106 | 99…104 |
| 140 | – | – | 113…118 | 112…117 | 109…114 | 106…111 | 104…109 |
| 145 | – | – | 118…123 | 117…122 | 114…119 | 111…116 | 109…114 |
| 150 | – | – | 123…128 | 122…127 | 119…124 | 116…121 | 114…119 |
| 155 | – | – | 128…133 | 127…132 | 124…129 | 121…126 | 119…124 |
| 160 | – | – | – | – | 132…137 | 129…134 | 126…131 | 124…129 |
| 165 | – | – | – | 137…142 | 134…139 | 131…136 | 129…134 |
| 170 | – | – | – | – | 139…144 | 136…141 | 134…139 |
| 175 | – | – | – | – | 144…149 | 141…146 | 139…144 |
| 180 | – | – | – | – | 149…154 | 146…151 | 144…149 |
| 185 | – | – | – | – | 154…159 | 151…156 | 149…154 |
| 190 | – | – | – | – | – | 156…161 | 154…159 |
| 195 | – | – | – | – | – | 161…166 | 159…164 |
| 200 | – | – | – | – | – | 166…171 | 164…169 |

# Schrauben

## HV-, HVP-, HR-Sechskantschrauben

### HR-Sechskantschrauben   vgl. EN 14399-3 (2006-06)

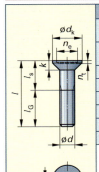

| Gewinde | | M 12 | M 16 | M 20 | M 22 | M 24 | M 27 | M 30 |
|---|---|---|---|---|---|---|---|---|
| $l^{1)}$ (Nennlänge) | von | 45 | 60 | 70 | 75 | 85 | 90 | 100 |
| | bis | 100 | 160 | 160 | 160 | 200 | 200 | 200 |
| $l_S$ | von | 11,3 | 14 | 17,5 | 18,5 | 21 | 22,5 | 25,5 |
| | bis | 70 | 106 | 98 | 94 | 140 | 134 | 128 |
| $l_G$ | min | 30 | 38 | 46 | 50 | 54 | 60 | 66 |
| $k$ | | 7,5 | 10 | 12,5 | 14 | 15 | 17 | 18,7 |
| $s$ | max | 22 | 27 | 32 | 36 | 41 | 46 | 50 |
| $e$ | min | 23,9 | 29,6 | 35,0 | 36,6 | 45,2 | 50,9 | 55,4 |

$^{1)}$ Nennlängen: von 35 mm bis 200 mm jeweils um 5 mm gestuft.
**Festigkeitsklasse:** Stahl: 8.8, 10.9
**Hinweis:** Die HR-Schrauben sind stets mit der zugehörigen H-Scheibe EN 14399-5 oder nach EN 14399-6 und der zugehörigen HR-Mutter nach EN 14399-3, bzw. 14399-7 zu verwenden. Schrauben, Muttern und Scheiben müssen als Schraubengarnitur vom gleichen Hersteller stammen. Die feuerverzinkten Schraubengarnituren dürfen nicht mit einer zusätzlichen Schmierung versehen werden.
**Bezeichnungsbeispiel:** Garnitur Sechskantschraube/Mutter EN 14399-3 – HR – M 16 × 100 – 10.9/10

### HR-Senkschrauben   vgl. EN 14399-7 (2008-03)

| Gewinde | | M 12 | M 16 | M 20 | M 22 | M 24 | M 27 | M 30 |
|---|---|---|---|---|---|---|---|---|
| $l^{1)}$ (Nennlänge) | von | 45 | 50 | 60 | 65 | 70 | 80 | 90 |
| | bis | 100 | 150 | 150 | 150 | 200 | 200 | 200 |
| $l_S$ | von | 19,3 | 24,0 | 30,5 | 32,5 | 37,0 | 40,0 | 45,0 |
| | bis | 70,0 | 106,0 | 98,0 | 94,0 | 140,0 | 134,0 | 128,0 |
| $l_G$ | min | 30 | 38 | 46 | 50 | 54 | 60 | 66 |
| $k$ | | 8 | 10 | 13 | 14 | 16 | 17,5 | 19,5 |
| $\alpha_k$ | max | 24 | 32 | 40 | 44 | 48 | 54 | 60 |
| $n_b$ | max | 3,0 | 3,0 | 3,5 | 3,5 | 3,5 | 3,5 | 4,0 |
| $n_e$ | min | 15,5 | 21,5 | 27,5 | 29,5 | 32,5 | 36,5 | 41,5 |
| $n_t$ | min | 3,0 | 3,0 | 3,5 | 3,5 | 3,5 | 3,5 | 4,0 |

$^{1)}$ Nennlängen: von 45 mm bis 100 mm jeweils um 5 mm gestuft, von 100 mm bis 200 mm um 10 mm gestuft.
**Festigkeitsklasse:** Stahl: 8.8, 10.9
**Hinweis:** siehe oben (HR-Sechskantschrauben)
**Bezeichnungsbeispiel:** Garnitur Senkschraube/Mutter EN 14399-7 – M 16 × 100 – 10.9/10 – HR

### Senkschraube mit Schlitz für Stahlkonstruktionen   vgl. DIN 7969 (2007-10)

| Gewinde | | M 12 | M 16 | M 20 | M 24 |
|---|---|---|---|---|---|
| $l^{1)}$ (Nennlänge) | von | 40 | 50 | 60 | 70 |
| | bis | 160 | 160 | 160 | 160 |
| $l_S$ | von | 18 | 22 | 28 | 32 |
| | bis | 132 | 125 | 120 | 110 |
| $l_G$ | min | 22 | 28 | 32 | 38 |
| $k$ | | 7 | 9 | 11,5 | 13 |
| $\alpha_k$ | | 21 | 28 | 32 | 38 |
| $n_b$ | | 2,5 | 2,5 | 3,0 | 3,0 |
| $n_e$ | | 14 | 19 | 22 | 26 |
| $n_t$ | | 3 | 3 | 3,5 | 3,5 |

$\measuredangle \alpha$: M12, M16 = 75°$^{+5°}_{-0°}$
$\measuredangle \alpha$: M20, M24 = 65°$^{+5°}_{-0°}$

$^{1)}$ Nennlängen: von 20 mm bis 80 mm jeweils um 10 mm gestuft, von 80 mm bis 160 mm um 10 mm gestuft.
**Festigkeitsklasse:** Stahl: 4.6
**Bezeichnungsbeispiel:** Senkschraube DIN 7969 – M 16 × 80 – 4.6

## Spezial-Senkschrauben und Flachrundschrauben

### Senkschrauben mit Nase (Pflugschrauben) vgl. DIN 604 (2010-09)

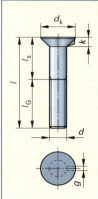

| Gewinde | | M 6 | M 8 | M 10 | M 12 | M 16 | M 20 | M 24 |
|---|---|---|---|---|---|---|---|---|
| $l^{1)}$ (Nennlänge) | von | 40 | 45 | 50 | 50 | 50 | 50 | 50 |
| | bis | 100 | 150 | 160 | 160 | 160 | 160 | 160 |
| $l_S$ | von | 22 | 23 | 24 | 20 | 19 | 24 | 36 |
| | bis | 82 | 122 | 128 | 124 | 116 | 108 | 100 |
| $l_G$ | $l_G \leq 125$ | 18 | 22 | 26 | 30 | 38 | 46 | 54 |
| | $l_G \geq 125$ | 24 | 28 | 32 | 36 | 44 | 52 | 60 |
| k | | 4,0 | 5,0 | 5,5 | 7,0 | 9,0 | 11,5 | 13,0 |
| $d_K$ | max | 12,6 | 16,6 | 19,7 | 24,7 | 32,8 | 32,8 | 38,8 |
| g | max | 2,5 | 3,0 | 3,2 | 3,6 | 4,2 | 5,4 | 6,6 |

$^{1)}$ Nennlängen: von 20 mm bis 70 mm jeweils um 5 mm gestuft; von 70 mm bis 160 mm jeweils um 10 mm gestuft.

**Festigkeitsklassen:** Stahl: 4.6, 4.8, 8.8

**Bezeichnungsbeispiel:** Senkschraube DIN 604 – M 8 × 50 – 4.6

### Senkschrauben mit hohem Vierkantansatz vgl. DIN 605 (2010-09)

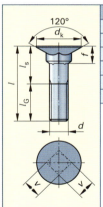

| Gewinde | | M 6 | M 8 | M 10 |
|---|---|---|---|---|
| $l^{1)}$ (Nennlänge) | von … bis | 30 … 60 | 30 … 80 | 40 … 100 |
| $l_S$ | von … bis | 12,5 … 42,0 | 16 … 58 | 13 … 74 |
| $l_G$ | min | 18 | 22 | 26 |
| f | max | 7,5 | 9,5 | 11,6 |
| $d_k$ | max | 16,6 | 20,7 | 24,7 |
| v | max | 6,5 | 8,6 | 10,6 |

$^{1)}$ Nennlängen: von 30 mm bis 70 mm jeweils um 5 mm gestuft; von 70 mm bis 100 mm jeweils um 10 mm gestuft.

**Festigkeitsklassen:** Stahl: 4.6, 4.8, 8.8

**Bezeichnungsbeispiel:** Senkschraube DIN 605 – M 8 × 50 – 8.8

### Flachrundschrauben mit Vierkantansatz (Schlossschrauben) vgl. DIN 603 (2010-09)

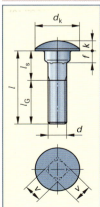

| Gewinde | | M 5 | M 6 | M 8 | M 10 | M 12 | M 16 | M 20 |
|---|---|---|---|---|---|---|---|---|
| $l^{1)}$ (Nennlänge) | von | 16 | 16 | 20 | 20 | 30 | 55 | 70 |
| | bis | 80 | 150 | 150 | 200 | 200 | 200 | 200 |
| $l_S$ | von | 8 | 10 | 12 | 14 | 18 | 23 | 28,5 |
| | bis | 64 | 126 | 122 | 168 | 164 | 156 | 148 |
| $l_G$ | $l_G \leq 125$ | 16 | 18 | 22 | 26 | 30 | 38 | 46 |
| | $l_G \geq 125$ | – | 24 | 28 | 32 | 36 | 44 | 52 |
| f | max | 4,1 | 4,6 | 5,6 | 6,6 | 8,75 | 12,9 | 15,9 |
| k | max | 3,3 | 3,9 | 4,9 | 5,4 | 7,0 | 9,0 | 11,1 |
| $d_K$ | max | 13,6 | 16,6 | 20,7 | 24,7 | 30,7 | 38,8 | 46,8 |
| v | max | 5,5 | 6,5 | 8,6 | 10,6 | 12,7 | 16,7 | 20,8 |

$^{1)}$ Nennlängen: 16 mm, 20 mm; von 20 mm bis 70 mm jeweils um 5 mm gestuft; von 70 mm bis 200 mm jeweils um 10 mm gestuft.

**Festigkeitsklassen:** Stahl: 4.6, 4.8, 8.8; nichtrostender Stahl: A2-70, A4-70

**Bezeichnungsbeispiel:** Flachrundschraube DIN 603 – M 8 × 50 – 4.6

# Schrauben

## Schrauben mit Schlitz- und Kreuzschlitzkopf

### Zylinderschrauben mit Schlitzkopf   vgl. ISO 1207 (2011-10)

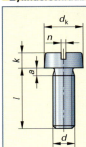

| Gewinde | | M 2,5 | M 3 | M 4 | M 5 | M 6 | M 8 | M 10 |
|---|---|---|---|---|---|---|---|---|
| $l^{1)}$ (Nennlänge) | von bis | 3 25 | 4 30 | 5 40 | 6 50 | 8 60 | 10 80 | 12 80 |
| $a$ | max | 0,9 | 1,0 | 1,4 | 1,6 | 2,0 | 2,5 | 3,0 |
| $k$ | max | 1,8 | 2,0 | 2,6 | 3,3 | 3,9 | 5,0 | 6,0 |
| $d_k$ | max | 4,5 | 5,5 | 7,0 | 8,5 | 10,0 | 13,0 | 16,0 |
| $n$ | | 0,6 | 0,8 | 1,2 | 1,2 | 1,6 | 2,0 | 2,5 |

1) Nennlängen: von 3 mm bis 6 mm jeweils um 1 mm gestuft; von 6 mm bis 12 mm jeweils um 2 mm gestuft; von 12 mm bis 20 mm jeweils um 4 mm gestuft; von 20 mm bis 50 mm jeweils um 5 mm gestuft; von 50 mm bis 80 mm jeweils um 10 mm gestuft.
**Festigkeitsklassen:** Stahl: 4.8, 5.8; nichtrostender Stahl: A2-50, A2-70
**Bezeichnungsbeispiel:** Zylinderschraube ISO 1207 – M 6 × 30 – 4.8

### Senkschrauben mit Schlitzkopf   vgl. ISO 2009 (2011-12)

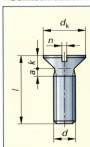

| Gewinde | | M 2,5 | M 3 | M 4 | M 5 | M 6 | M 8 | M 10 |
|---|---|---|---|---|---|---|---|---|
| $l^{1)}$ (Nennlänge) | von bis | 4 25 | 5 30 | 6 40 | 8 50 | 8 60 | 10 80 | 12 80 |
| $a$ | max | 0,9 | 1,0 | 1,4 | 1,6 | 2,0 | 2,5 | 3,0 |
| $k$ | max | 1,5 | 1,7 | 2,7 | 2,7 | 3,3 | 4,7 | 5,0 |
| $d_k$ | max | 4,7 | 5,5 | 8,4 | 9,3 | 11,3 | 15,8 | 18,3 |
| $n$ | max | 0,8 | 1,0 | 1,5 | 1,5 | 1,9 | 2,3 | 2,8 |

1) Nennlängen: von 4 mm bis 6 mm jeweils um 1 mm gestuft; von 6 mm bis 12 mm jeweils um 2 mm gestuft; von 12 mm bis 20 mm jeweils um 4 mm gestuft; von 20 mm bis 50 mm jeweils um 5 mm gestuft; von 50 mm bis 80 mm jeweils um 10 mm gestuft.
**Festigkeitsklassen:** Stahl: 4.8, 5.8; nichtrostender Stahl: A2-50, A2-70
**Bezeichnungsbeispiel:** Senkschraube ISO 2009 – M 6 × 30 – 4.8

### Senkschrauben mit Kreuzschlitzkopf (Form H und Z)   vgl. ISO 7046-1 (2011-12)

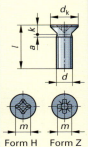

| Gewinde | | M 2,5 | M 3 | M 4 | M 5 | M 6 | M 8 | M 10 |
|---|---|---|---|---|---|---|---|---|
| $l^{1)}$ (Nennlänge) | von bis | 3 25 | 4 30 | 5 40 | 6 50 | 8 60 | 10 60 | 12 60 |
| $a$ | max | 0,9 | 1,0 | 1,4 | 1,6 | 2,0 | 2,5 | 3,0 |
| $k$ | max | 1,5 | 1,7 | 2,7 | 2,7 | 3,3 | 4,7 | 5,0 |
| $d_k$ | max | 4,7 | 5,5 | 8,4 | 9,3 | 11,3 | 15,8 | 18,3 |
| $m$ | Form H | 2,9 | 3,2 | 4,6 | 5,2 | 6,8 | 8,9 | 10 |
| $m$ | Form Z | 2,8 | 3,0 | 4,4 | 4,9 | 6,6 | 8,8 | 9,8 |

1) Nennlängen: von 3 mm bis 6 mm jeweils um 1 mm gestuft; von 6 mm bis 12 mm jeweils um 2 mm gestuft; von 12 mm bis 20 mm jeweils um 4 mm gestuft; von 20 mm bis 60 mm jeweils um 5 mm gestuft.
**Festigkeitsklasse:** Stahl: 4.8; **Hinweis:** Form H ≙ Phillips-Antrieb, Form Z ≙ Pozidriv-Antrieb
**Bezeichnungsbeispiel:** Senkschraube ISO 7046-1 – M 6 × 30 – 4.8 – Z

### Linsen-Senkschrauben mit Kreuzschlitzkopf (Form H und Z)   vgl. ISO 7047 (2011-12)

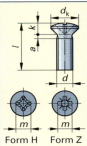

| Gewinde | | M 2,5 | M 3 | M 4 | M 5 | M 6 | M 8 | M 10 |
|---|---|---|---|---|---|---|---|---|
| $l^{1)}$ (Nennlänge) | von bis | 3 25 | 4 30 | 5 40 | 6 50 | 8 60 | 10 60 | 12 60 |
| $a$ | max | 0,9 | 1,0 | 1,4 | 1,6 | 2,0 | 2,5 | 3,0 |
| $k$ | max | 1,5 | 1,7 | 2,7 | 2,7 | 3,3 | 4,7 | 5,0 |
| $f$ | | 0,6 | 0,7 | 1,0 | 1,2 | 1,4 | 2,0 | 2,3 |
| $d_k$ | max | 4,7 | 5,5 | 8,4 | 9,3 | 11,3 | 15,8 | 18,3 |
| $m$ | Form H | 3,0 | 3,4 | 5,2 | 5,4 | 7,3 | 9,6 | 10,4 |
| $m$ | Form Z | 2,8 | 3,1 | 5,0 | 5,3 | 7,1 | 9,5 | 10,3 |

1) Nennlängen: siehe Senkschrauben mit Kreuzschlitzkopf (oben).
**Bezeichnungsbeispiel:** Linsen-Senkschraube ISO 7047 – M 6 × 30 – 4.8 H

# Schrauben

## Augenschrauben, Gelenke, Stifte

### Augenschrauben
vgl. DIN 444 (1983-04)

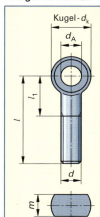

| Gewinde | | M 6 | M 8 | M 10 | M 12 | M 16 | M 20 | M 24 | M 30 | M 36 |
|---|---|---|---|---|---|---|---|---|---|---|
| $l^{1)}$ (Nennlänge) | von | 35 | 40 | 45 | 55 | 70 | 100 | 100 | 150 | 160 |
| | bis | 80 | 90 | 150 | 260 | 260 | 260 | 260 | 300 | 300 |
| $l_1$ | | 14 | 16 | 18 | 23 | 27 | 32 | 40 | 46 | 59 |
| $d_A$ (ISO-Passung H9) | | 6 | 8 | 10 | 12 | 16 | 18 | 22 | 27 | 32 |
| | | | | | | | | | 28 | 33 |
| $d_k$ | | 13,6 | 17,6 | 19,5 | 24,5 | 31,4 | 39,4 | 44,4 | 54,3 | 64,3 |
| $m$ | max | 7 | 9 | 12 | 14 | 17 | 22 | 25 | 30 | 38 |

[1] Nennlängen: von 35 mm bis 80 mm jeweils um 5 mm gestuft;
von 80 mm bis 160 mm jeweils um 10 mm gestuft;
von 160 mm bis 300 mm jeweils um 20 mm gestuft.

**Festigkeitsklassen:** Stahl: 4.6, 5.6

**Bezeichnungsbeispiel:** Augenschraube DIN 444 – C[2] M 24 × 180 – 5.6

[2] Form A: Ausführung grob, Form B: Ausführung mittelgrob,
Form C: Ausführung mittel.

Augenschrauben mit Gewinde annähernd bis Auge erhalten vor der Formkennzeichnung (A, B oder C) den Buchstaben L vorangestellt.

### Winkelgelenke
vgl. DIN 71 802 (1992-04)

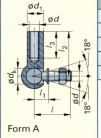

Form A

| Gewinde | M 5 | M 6 | M 8 | M 10 | M 14 × 15 | M 14 × 15 | M 16 |
|---|---|---|---|---|---|---|---|
| $l$ | 19 | 23 | 29 | 36 | 48 | 48 | 48 |
| $l_1$ | 9 | 11 | 13 | 16 | 20 | 20 | 20 |
| $l_2$ | 10,2 | 11,5 | 14,0 | 15,5 | 21,5 | 21,5 | 21,5 |
| $d_k$ | 8 | 10 | 13 | 16 | 19 | 19 | 19 |
| $d_1$ | 8 | 10 | 13 | 16 | 22 | 22 | 22 |

Für Torkonstruktionen bei steigenden Auffahrten (Bänder für Steigungen).

**Werkstoff:** Stahl

**Bezeichnungsbeispiel:** Winkelgelenk DIN 71 802 – M8

### Gewindestifte mit Kegelstumpf
vgl. ISO 4766 (2011-11), EN 27 434 (1992-10), ISO 4026 (2004-05), ISO 4027 (2004-05)

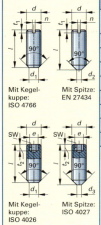

Mit Kegelkuppe: ISO 4766
Mit Spitze: EN 27434
Mit Kegelkuppe: ISO 4026
Mit Spitze: ISO 4027

| Gewinde | | M 3 | M 4 | M 5 | M 6 | M 8 | M 10 | M 12 |
|---|---|---|---|---|---|---|---|---|
| $l^{1)}$ (Nennlänge) | von | 3 | 4 | 5 | 6 | 8 | 10 | 12 |
| | bis | 16 | 20 | 25 | 30 | 40 | 50 | 60 |
| $d_1$ | min | 1,8 | 2,3 | 3,2 | 3,7 | 5,2 | 6,6 | 8,1 |
| $d_2$ | max | 0,4 | 0,6 | 0,8 | 1,0 | 1,2 | 1,6 | 2,0 |
| $d_3$ | max | 0,8 | 1,0 | 1,3 | 1,5 | 2,0 | 2,5 | 3,0 |
| $n$ | | 0,4 | 0,6 | 0,8 | 1,0 | 1,2 | 1,6 | 2,0 |
| $t_1$ | min | 0,8 | 1,1 | 1,3 | 1,6 | 2,0 | 2,4 | 2,8 |
| $t_2$ | min | 2,0 | 2,5 | 3,0 | 3,5 | 5,0 | 6,0 | 8,0 |
| $e$ | | 1,7 | 2,3 | 2,9 | 3,4 | 4,6 | 5,7 | 6,9 |
| $sw$ | | 1,5 | 2,0 | 2,5 | 3,0 | 4,0 | 5,0 | 6,0 |

[1] Nennlängen: 2 mm, 2,5 mm, 3 mm, 4 mm, 5 mm, 6 mm, 8 mm, 10 mm, 12 mm, 16 mm, 20 mm, 25 mm, 30 mm, 35 mm, 40 mm, 45 mm, 50 mm, 55 mm, 60 mm

**Festigkeitsklassen für Gewindestifte mit Schlitz:** 14 H, 22 H, A1-50
**Festigkeitsklassen für Gewindestifte mit Innensechskant:**
45 H, A1-12 H, A2-21 H, A3-21 H. A4-21 H, A5-21 H

**Bezeichnungsbeispiel:** ISO 4027 – M 8 × 20 – 45 H

## Schrauben

### Stiftschrauben, Gewindebolzen, Anschweißenden

#### Stiftschrauben
vgl. DIN 938 (2012-12), DIN 939 (1995-02), DIN 940 (2010-07)

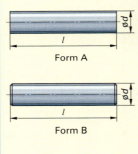

| Gewinde | | M 4 | M 5 | M 6 | M 8, M 8 × 1 | M 10, M 10 × 1,25 | M 12, M 12 × 1,25 | M 16, M 16 × 1,5 | M 20, M 20 × 1,5 | M 24, M 24 × 2 |
|---|---|---|---|---|---|---|---|---|---|---|
| $l^{1)}$ | von | 20 | 25 | 25 | 30 | 35 | 40 | 50 | 60 | 70 |
| | bis | 40 | 50 | 60 | 80 | 100 | 120 | 170 | 200 | 200 |
| b | $l < 125$ | 14 | 16 | 18 | 22 | 26 | 30 | 38 | 46 | 54 |
| für | $l > 125$ | 20 | 22 | 24 | 28 | 32 | 36 | 44 | 52 | 60 |
| e | DIN 938 | 4 | 5 | 6 | 8 | 10 | 12 | 16 | 20 | 24 |
| | DIN 939 | 5 | 6,5 | 7,5 | 10 | 12 | 15 | 20 | 25 | 30 |
| | DIN 940 | 10 | 13 | 15 | 20 | 25 | 30 | 40 | 50 | 60 |

| Verwendung | | |
|---|---|---|
| DIN | zum Einschrauben in | |
| 938 | Stahl Einschraubende $1 \cdot d$ | |
| 939 | Gusseisen Einschraubende $1,25 \cdot d$ | |
| 940 | Aluminiumlegierungen Einschraubende $2,5 \cdot d$ | |

[1] Nennlängen: von 20 mm bis 100 mm um 5 mm gestuft; von 100 mm bis 200 mm um 10 mm gestuft.

**Festigkeitsklassen:** 5.6, 8.8

**Bezeichnungsbeispiel:** Stiftschraube DIN 938 – M 12 × 90 – 8.8

#### Gewindebolzen, Gewindestangen
vgl. DIN 976-1 (2002-12)

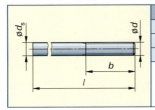

Form A

Form B

| Gewinde | | M 4 | M 5 | M 6 | M 8, M 8 × 1 | M 10, M 10 × 1,25 | M 12, M 12 × 1,25 | M 16, M 16 × 1,5 | M 20, M 20 × 1,5 | M 24, M 24 × 2 |
|---|---|---|---|---|---|---|---|---|---|---|
| $l^{1)}$ | von | 8 | 10 | 12 | 16 | 20 | 25 | 30 | 40 | 50 |
| | bis | 80 | 100 | 120 | 160 | 200 | 240 | 320 | 400 | 480 |

[1] Nennlängen: von 8 mm bis 20 mm um 2 mm gestuft; von 20 mm bis 100 mm um 5 mm gestuft; von 200 mm bis 480 mm um 20 mm gestuft.

Alle gewindegrößen sind auch als Gewindestangen in den Längen 1000 mm, 2000 mm und 3000 mm erhältlich.

**Festigkeitsklassen:** 4.8, 5.6, 5.8, 8.8, 10.9, 12.9, A2-70, A4-70

**Bezeichnungsbeispiel:** Gewindebolzen DIN 976-1 – M 10 × 100 – B – 5.8

#### Anschweißenden
vgl. DIN 525 (2009-11)

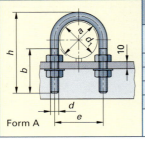

| Gewinde | M 8 | M 10 | M12 | M16 | M20 | M24 | M30 | M36 | M42 |
|---|---|---|---|---|---|---|---|---|---|
| $l$ (Nennlänge) | 140 | 150 | 170 | 190 | 210 | 230 | 270 | 310 | 350 |
| b | 40 | 45 | 55 | 65 | 75 | 85 | 105 | 125 | 145 |
| $d_s$ | 8 | 10 | 12 | 16 | 20 | 24 | 30 | 36 | 42 |

**Werkstoff:** Stahl (schweißbar)

**Festigkeitsklassen:** 4.6

**Bezeichnungsbeispiel:** Anschweißende DIN 525 – M 10 – 4.6

#### Rundstahlbügel (Rohrbügel)
vgl. DIN 3570 (1968-10)

| Nenndurchmesser $a$ = lichter Durchmesser | | 30 | 38 | 46 | 52 | 64 | 82 | 94 |
|---|---|---|---|---|---|---|---|---|
| Nennweite | in mm | 20 | 25 | 32 | 40 | 50 | 65 | 90 |
| | in inch | 3/4" | 1" | 1 1/4" | 1 1/2" | 2" | 2 1/2" | 3" |
| Gewinde | $d$ | M 10 | M 10 | M 10 | M 10 | M 12 | M 12 | M 12 |
| b | | 40 | 40 | 50 | 50 | 50 | 50 | 50 |
| h | | 70 | 76 | 86 | 92 | 109 | 125 | 138 |
| e | | 40 | 48 | 56 | 62 | 76 | 94 | 106 |

**Bezeichnungsbeispiel:** Rundstahlbügel A 82 DIN 3570
Form A, lichter Rohrdurchmesser 82 mm ohne Muttern und Scheiben

Form A

## Schrauben

### Blechschrauben und Bohrschrauben
#### Sechskant-Blechschrauben mit Bund  vgl. ISO 7053 (2011-11)

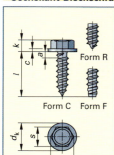

| Gewinde | | ST 3,5 | ST 3,9 | ST 4,2 | ST 4,8 | ST 5,5 | ST 6,3 | ST 8 |
|---|---|---|---|---|---|---|---|---|
| $l^{1)}$ (Nennlänge) | von | 6,5 | 6,5 | 9,5 | 9,5 | 13 | 13 | 16 |
|  | bis | 22 | 25 | 25 | 32 | 38 | 50 | 50 |
| $a$ | | 1,3 | 1,3 | 1,4 | 1,6 | 1,8 | 1,8 | 2,1 |
| $c$ | min | 0,6 | 0,6 | 0,8 | 0,9 | 1,0 | 1,0 | 1,2 |
| $k$ | max | 3,4 | 3,4 | 4,1 | 4,3 | 5,4 | 5,9 | 7,0 |
| $d_k$ | max | 8,3 | 8,3 | 8,8 | 10,5 | 11,0 | 13,5 | 18,0 |
| $s$ | max | 5,5 | 5,5 | 7,0 | 8,0 | 8,0 | 10,0 | 13,0 |
| $e$ | min | 6,0 | 6,0 | 7,6 | 8,7 | 8,7 | 11,0 | 14,3 |

$^{1)}$ Nennlängen: 6,5 mm, 9,5 mm, 13 mm; von 13 mm bis 25 mm jeweils um 3 mm gestuft; 32 mm, 38 mm, 45 mm, 50 mm.
**Werkstoff:** Einsatzstahl, nichtrostender Stahl
**Bezeichnungsbeispiel:** Blechschraube ISO 7053 – ST 4,2 × 13-C

#### Kombi-Blechschrauben mit flachen Scheiben[1]  vgl. ISO 10 510 (2011-07)

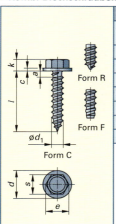

| Gewinde | | ST 3,5 | ST 4,2 | ST 4,8 | ST 5,5 | ST 6,3 | ST 8 | ST 9,5 |
|---|---|---|---|---|---|---|---|---|
| $l^{2)}$ (Nennlänge) | von | 6,5 | 9,5 | 9,5 | 13 | 13 | 16 | 16 |
|  | bis | 22 | 25 | 32 | 38 | 50 | 50 | 50 |
| $a$ | | 1,3 | 1,4 | 1,6 | 1,8 | 1,8 | 2,1 | 2,1 |
| $c$ | min | 1,0 | 1,0 | 1,0 | 1,6 | 1,6 | 1,6 | 2,0 |
| $k$ | max | 2,6 | 3,0 | 3,8 | 4,1 | 4,7 | 6,0 | 7,5 |
| $d$ | normal, Form N | 8,0 | 9,0 | 10,0 | 12,0 | 14,0 | 16,0 | 20,0 |
|  | groß, Form L | 11,0 | 12,0 | 15,0 | 15,0 | 18,0 | 24,0 | 30,0 |
| $s$ | max | 5,5 | 7,0 | 8,0 | 8,0 | 10,0 | 13,0 | 16,0 |
| $e$ | min | 6,0 | 7,6 | 8,7 | 8,7 | 11,0 | 14,3 | 17,6 |

[1] Die flachen Scheiben dieser Schraube sind unverlierbar und drehen sich mit.
[2] Nennlängen: 6,5 mm, 9,5 mm, 13 mm; von 13 mm bis 25 mm jeweils um 3 mm gestuft; 32 mm, 38 mm, 45 mm, 50 mm.
**Werkstoff:** Einsatzstahl, nichtrostender Stahl
**Kurzzeichen:** S1 für Sechskantschrauben nach ISO 1479
 S2 für Linsen-Blechschrauben mit Kreuzschlitz nach ISO 7049
 S3 für Flachkopfblechschrauben mit Schlitz nach ISO 1481
**Bezeichnungsbeispiel:**
Kombi-Blechschraube ISO 10 510 – ST 4,2 × 16 – F – S1 – N

#### Linsensenk-Blechschrauben mit Kreuzschlitzkopf  vgl. ISO 7051 (2011-11)

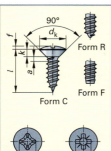

| Gewinde | | ST 2,9 | ST 3,5 | ST 4,2 | ST 4,8 | ST 5,5 | ST 6,5 | ST 8 |
|---|---|---|---|---|---|---|---|---|
| $l^{1)}$ (Nennlänge) | von | 6,5 | 9,5 | 9,5 | 9,5 | 13 | 13 | 16 |
|  | bis | 19 | 25 | 32 | 32 | 38 | 38 | 50 |
| $a$ | max | 2,2 | 2,6 | 2,8 | 3,2 | 3,6 | 3,6 | 4,2 |
| $k$ | max | 1,7 | 2,4 | 2,6 | 2,8 | 3,0 | 3,2 | 4,7 |
| $f$ | | 0,7 | 0,8 | 1,0 | 1,2 | 1,3 | 1,4 | 2,0 |
| $d_k$ | max | 5,5 | 7,3 | 8,4 | 9,3 | 10,3 | 11,3 | 15,8 |
| Kreuzschlitz-Größe | | 1 | 2 | 2 | 2 | 3 | 3 | 4 |
| $m$ Form H | | 3,2 | 4,4 | 4,6 | 5,2 | 6,6 | 6,8 | 8,9 |
| $m$ Form Z | | 3,0 | 4,1 | 4,4 | 4,9 | 6,3 | 6,6 | 8,8 |

[1] Nennlängen: 6,5 mm, 9,5 mm, 13 mm; von 13 mm bis 25 mm jeweils um 3 mm gestuft; 32 mm, 38 mm, 45 mm, 50 mm.
**Werkstoff:** Einsatzstahl, nichtrostender Stahl
**Bezeichnungsbeispiel:** Blechschraube ISO 7051 – ST 4,8 × 32 – C – Z

## Blechschrauben und Bohrschrauben
### Gewinde und Schraubenenden für Blechschrauben  vgl. ISO 1478 (1999-12)

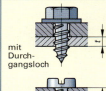

Blechschraubengewinde ST (Tapping screw thread) Flankenwinkel 60° mit Spitzenformen C, F, R.

| Gewinde | ST 1,5 | ST 1,9 | ST 2,2 | ST 2,6 | ST 2,9 | ST 3,3 | ST 3,5 | ST 3,9 | ST 4,2 | ST 4,8 | ST 5,5 | ST 6,3 | ST 8 | ST 9,5 |
|---|---|---|---|---|---|---|---|---|---|---|---|---|---|---|
| P | 0,5 | 0,6 | 0,8 | 0,9 | 1,1 | 1,3 | 1,3 | 1,4 | 1,4 | 1,6 | 1,8 | 1,8 | 2,1 | 2,1 |
| $d_1$ | 1,5 | 1,9 | 2,2 | 2,6 | 2,9 | 3,3 | 3,5 | 3,9 | 4,2 | 4,8 | 5,5 | 6,3 | 8,0 | 9,7 |
| $d_2$ | 0,9 | 1,2 | 1,6 | 1,9 | 2,2 | 2,4 | 2,6 | 2,9 | 3,1 | 3,9 | 4,2 | 4,9 | 6,2 | 7,9 |
| $d_3$ | 0,8 | 1,1 | 1,5 | 1,7 | 2,0 | 2,2 | 2,4 | 2,7 | 2,8 | 3,3 | 3,9 | 4,6 | 5,8 | 7,4 |
| $y_{max}$[1] Form C | 1,4 | 1,6 | 2 | 2,3 | 2,6 | 3 | 3,2 | 3,5 | 3,7 | 4,3 | 5 | 6 | 7,5 | 8 |
| $y_{max}$[1] Form F | 1,1 | 1,2 | 1,6 | 1,8 | 2,1 | 2,5 | 2,5 | 2,7 | 2,8 | 3,2 | 3,6 | 3,6 | 4,2 | 4,2 |
| $y_{max}$[1] Form R | – | – | – | – | – | – | 2,7 | 3,0 | 3,2 | 3,6 | 4,3 | 5,0 | 6,3 | – |

[1] Länge des unvollständigen Gewindes (Spitze oder Zapfen)
**Bezeichnungsbeispiel:** Gewinde ISO 1478-ST 3.9 – R

### Grenzen der Blechdicke  vgl. DIN 7975 (1989-08)

| Gewinde | ST 2,2 | ST 2,9 | ST 3,5 | ST 3,9 | ST 4,2 | ST 4,8 | ST 5,5 | ST 6,3 | ST 8 |
|---|---|---|---|---|---|---|---|---|---|
| Untere Grenze der Blechdicke t | 0,8 | 1,1 | 1,3 | 1,3 | 1,4 | 1,6 | 1,8 | 1,8 | 2,1 |
| Obere Grenze der Blechdicke t | 1,8 | 2,2 | 2,8 | 3,0 | 3,5 | 4,0 | 4,5 | 5,0 | 6,5 |

**Hinweis:** Die Norm gilt für Blechschrauben nach ISO 1478 (siehe oben). Ist die vorhandene Blechdicke kleiner als t, so können Blechschraubenverbindungen nach den unten dargestellten Bildern zur Anwendung kommen.

mit Durchgangsloch

zwei Kernlöcher

 Kernloch aufgedornt

Kernloch durchgezogen

 Pressloch-verschraubung

### Kernlochdurchmesser[1]

| Blech-dicke t | Kernlochdurchmesser $d_b$ für Gewindegröße ST 3,9 | | | | | | | | Blech-dicke t | Kernlochdurchmesser $d_b$ für Gewindegröße ST 4,2 | | | | | | | |
|---|---|---|---|---|---|---|---|---|---|---|---|---|---|---|---|---|---|
| | Werkstoff-Festigkeit $R_m$ in N/mm² | | | | | | | | | Werkstoff-Festigkeit $R_m$ in N/mm² | | | | | | | |
| | 150 | 200 | 250 | 300 | 350 | 400 | 450 | 500 | | 150 | 200 | 250 | 300 | 350 | 400 | 450 | 500 |
| 1,3 | 2,9 | 2,9 | 2,9 | 2,9 | 2,9 | 3,0 | 3,0 | 3,1 | 1,4 | 3,1 | 3,1 | 3,1 | 3,1 | 3,1 | 3,2 | 3,3 | 3,4 |
| 1,4 | 2,9 | 2,9 | 2,9 | 2,9 | 3,0 | 3,1 | 3,1 | 3,1 | 1,5 | 3,2 | 3,2 | 3,2 | 3,2 | 3,2 | 3,2 | 3,3 | 3,4 |
| 1,5 | 3,0 | 3,0 | 3,0 | 3,0 | 3,0 | 3,1 | 3,1 | 3,2 | 1,6 | 3,2 | 3,2 | 3,2 | 3,2 | 3,2 | 3,3 | 3,4 | 3,4 |
| 1,6 | 3,0 | 3,0 | 3,0 | 3,0 | 3,1 | 3,2 | 3,2 | 3,2 | 1,7 | 3,2 | 3,2 | 3,2 | 3,2 | 3,3 | 3,3 | 3,4 | 3,4 |
| 1,7 | 3,0 | 3,0 | 3,0 | 3,1 | 3,1 | 3,2 | 3,2 | 3,3 | 1,8 | 3,2 | 3,2 | 3,2 | 3,3 | 3,3 | 3,4 | 3,4 | 3,5 |
| 1,8 | 3,0 | 3,0 | 3,0 | 3,1 | 3,2 | 3,2 | 3,3 | 3,3 | 1,9 | 3,2 | 3,2 | 3,3 | 3,3 | 3,4 | 3,4 | 3,4 | 3,5 |
| 1,9 | 3,0 | 3,0 | 3,1 | 3,2 | 3,2 | 3,3 | 3,3 | 3,3 | 2,0 | 3,2 | 3,2 | 3,3 | 3,4 | 3,4 | 3,5 | 3,5 | 3,5 |
| 2,0 | 3,0 | 3,0 | 3,1 | 3,2 | 3,2 | 3,3 | 3,3 | 3,3 | 2,2 | 3,2 | 3,3 | 3,3 | 3,4 | 3,5 | 3,5 | 3,5 | 3,6 |
| 2,2 | 3,0 | 3,1 | 3,2 | 3,2 | 3,3 | 3,3 | 3,3 | 3,4 | 2,5 | 3,3 | 3,4 | 3,4 | 3,5 | 3,5 | 3,6 | 3,6 | 3,6 |
| 2,5 | 3,0 | 3,2 | 3,3 | 3,3 | 3,3 | 3,4 | 3,4 | 3,4 | 2,8 | 3,3 | 3,4 | 3,5 | 3,6 | 3,6 | 3,6 | 3,6 | 3,6 |

| Blech-dicke t | Kernlochdurchmesser $d_b$ für Gewindegröße ST 4,8 | | | | | | | | Blech-dicke t | Kernlochdurchmesser $d_b$ für Gewindegröße ST 5,5 | | | | | | | |
|---|---|---|---|---|---|---|---|---|---|---|---|---|---|---|---|---|---|
| | Werkstoff-Festigkeit $R_m$ in N/mm² | | | | | | | | | Werkstoff-Festigkeit $R_m$ in N/mm² | | | | | | | |
| | 150 | 200 | 250 | 300 | 350 | 400 | 450 | 500 | | 150 | 200 | 250 | 300 | 350 | 400 | 450 | 500 |
| 1,6 | 3,6 | 3,6 | 3,6 | 3,6 | 3,7 | 3,8 | 3,9 | 3,9 | 1,8 | 4,2 | 4,2 | 4,2 | 4,3 | 4,4 | 4,5 | 4,6 | 4,6 |
| 1,7 | 3,6 | 3,6 | 3,6 | 3,7 | 3,8 | 3,9 | 3,9 | 4,0 | 1,9 | 4,2 | 4,2 | 4,2 | 4,4 | 4,5 | 4,6 | 4,6 | 4,7 |
| 1,8 | 3,6 | 3,6 | 3,6 | 3,8 | 3,8 | 3,9 | 4,0 | 4,0 | 2,0 | 4,2 | 4,2 | 4,3 | 4,4 | 4,5 | 4,6 | 4,6 | 4,7 |
| 1,9 | 3,6 | 3,6 | 3,7 | 3,8 | 3,9 | 3,9 | 4,0 | 4,0 | 2,2 | 4,2 | 4,3 | 4,4 | 4,5 | 4,6 | 4,7 | 4,7 | 4,8 |
| 2,0 | 3,6 | 3,6 | 3,8 | 3,9 | 3,9 | 4,0 | 4,0 | 4,1 | 2,5 | 4,2 | 4,4 | 4,5 | 4,7 | 4,7 | 4,8 | 4,8 | 4,8 |
| 2,2 | 3,6 | 3,7 | 3,9 | 3,9 | 4,0 | 4,0 | 4,1 | 4,1 | 2,8 | 4,4 | 4,6 | 4,7 | 4,7 | 4,8 | 4,8 | 4,8 | 4,9 |
| 2,5 | 3,7 | 3,9 | 4,0 | 4,0 | 4,1 | 4,1 | 4,1 | 4,2 | 3,0 | 4,5 | 4,6 | 4,7 | 4,8 | 4,8 | 4,8 | 4,9 | 4,9 |
| 2,8 | 3,8 | 4,0 | 4,0 | 4,1 | 4,1 | 4,2 | 4,2 | 4,2 | 3,5 | 4,6 | 4,7 | 4,8 | 4,8 | 4,9 | 4,9 | 4,9 | 4,9 |
| 3,0 | 3,9 | 4,0 | 4,1 | 4,1 | 4,2 | 4,2 | 4,2 | 4,2 | 4,0 | 4,7 | 4,8 | 4,9 | 4,9 | 4,9 | 4,9 | 5,0 | 5,0 |
| 3,5 | 4,0 | 4,1 | 4,2 | 4,2 | 4,2 | 4,2 | 4,2 | 4,3 | | | | | | | | | |

[1] Die angegebenen Kernlochdurchmesser gelten für Blechschraubenverbindung mit Durchgangsloch im oberen Bauteil und mit gebohrtem Kernloch im unteren Bauteil.

# Schrauben

## Blechschrauben und Bohrschrauben

### Bohrschrauben mit Blechschrauben-Gewinde
vgl. ISO 15480 (2002-02)

| Gewinde | | | ST 2,9 | ST 3,5 | ST 3,9 | ST 4,2 | ST 4,8 | ST 5,5 | ST 6,3 |
|---|---|---|---|---|---|---|---|---|---|
| $d$ | | | 2,3 | 2,8 | 3,1 | 3,6 | 4,1 | 4,8 | 5,8 |
| Blechdicken | | von | 0,7 | 0,7 | 0,7 | 1,8 | 1,8 | 1,8 | 2,0 |
| | | bis | 1,9 | 2,3 | 2,4 | 3,0 | 4,4 | 5,3 | 6,0 |
| $l^{1)}$ (Nennlänge) | | von | 9,5 | 9,5 | 13,0 | 13,0 | 13,0 | 16,0 | 19,0 |
| | | bis | 19,0 | 25,0 | 38,0 | 38,0 | 50,0 | 50,0 | 50,0 |
| $l_G$ | Kopfform K | von | 3,3 | 2,9 | 5,8 | 4,3 | 3,7 | 5,0 | 7,0 |
| | min | bis | 12,5 | 18,1 | 30,5 | 29,0 | 39,5 | 39,0 | 38,0 |
| $l_G$ | Kopfform O | von | 6,5 | 9,5 | – | 9,5 | 9,5 | 13,0 | 13,0 |
| | min | bis | 19,0 | 25,0 | | 32,0 | 32,0 | 38,0 | 38,0 |
| $a$ | | | 1,1 | 1,3 | 1,3 | 1,4 | 1,6 | 1,8 | 1,8 |
| $c$ | min | | 0,4 | 0,6 | 0,6 | 0,8 | 0,9 | 1,0 | 1,0 |
| $k$ | max | Kopfform K | 2,8 | 3,4 | 3,4 | 4,1 | 4,3 | 5,4 | 5,9 |
| $k$ | max | Kopfform O | 1,7 | 2,4 | – | 2,6 | 2,8 | 3,0 | 3,2 |
| $d_K$ | max | Kopfform K | 6,3 | 8,3 | 8,3 | 8,8 | 10,5 | 11,0 | 13,5 |
| $d_K$ | max | Kopfform O | 5,5 | 7,3 | – | 8,4 | 9,3 | 10,3 | 11,3 |
| $s$ | max | | 4,0 | 5,5 | 5,5 | 7,0 | 8,0 | 8,0 | 10,0 |
| $e$ | min | | 4,3 | 6,0 | 6,0 | 7,6 | 8,7 | 8,7 | 11,0 |
| $m$ | Kopfform O | Form H | 3,2 | 4,4 | – | 4,6 | 5,2 | 6,6 | 6,8 |
| $m$ | Kopfform O | Form Z | 3,2 | 4,3 | – | 4,6 | 5,1 | 6,5 | 6,8 |

[1)] Nennlängen: 9,5 mm, 13 mm; von 13 mm bis 25 mm jeweils um 3 mm gestuft; 32 mm, 38 mm, 45 mm, 50 mm.

**Werkstoff:** Einsatzstahl, Vergütungsstahl

**Bezeichnungsbeispiel:** Bohrschraube ISO 15480 - ST 6,3 × 22 – O – Z

### Linsensenk-Bohrschrauben mit Kreuzschlitzkopf
vgl. ISO 15483 (2000-02)

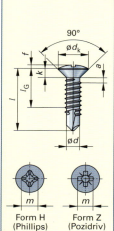

| Gewinde | | ST 2,9 | ST 3,5 | ST 4,2 | ST 4,8 | ST 5,5 | ST 6,3 |
|---|---|---|---|---|---|---|---|
| $d$ | | 2,3 | 2,8 | 3,6 | 4,1 | 4,8 | 5,8 |
| Blechdicken | von | 0,7 | 0,7 | 3,0 | 4,4 | 5,3 | 6 |
| | bis | 1,9 | 2,3 | | | | |
| $l^{1)}$ (Nennlänge) | von | 13 | 13 | 13 | 13 | 16 | 19 |
| | bis | 19 | 25 | 38 | 50 | 50 | 50 |
| $l_G$ | von | 6,6 | 6,2 | 4,3 | 3,7 | – | – |
| | bis | 12,5 | 18,1 | 29,0 | 39,5 | 39,0 | 38,0 |
| $a$ | | 1,1 | 1,3 | 1,4 | 1,6 | 1,8 | 1,8 |
| $k$ | max | 1,7 | 2,4 | 2,6 | 2,8 | 3 | 3,2 |
| $F$ | | 0,7 | 0,8 | 1,0 | 1,2 | 1,3 | 1,4 |
| $d_K$ | max | 5,5 | 7,3 | 8,4 | 9,3 | 10,3 | 11,3 |
| Kreuzschlitzgröße | | 1 | 2 | 2 | 2 | 3 | 3 |
| $m$ Form H | | 3,4 | 4,8 | 5,2 | 5,4 | 6,7 | 7,3 |
| $m$ Form Z | | 3,3 | 4,8 | 5,2 | 5,6 | 6,6 | 7,2 |

[1)] Nennlängen: von 13 mm bis 25 mm um 3 mm gestuft; 32 mm, 38 mm, 45 mm, 50 mm.

**Werkstoff:** Einsatzstahl, Vergütungsstahl

**Bezeichnungsbeispiel:** Bohrschraube ISO 15483 – ST 6,2 × 25 – Z

# Muttern

## Sechskantmuttern

### Sechskantmuttern, Typ 1 — vgl. ISO 4032 (2013-04)

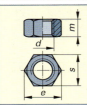

| Gewinde | | M 6 | M 8 | M 10 | M 12 | M 16 | M 20 | M 24 | M 30 | M 36 | M 42 |
|---|---|---|---|---|---|---|---|---|---|---|---|
| $d$ | | 6 | 8 | 10 | 12 | 16 | 20 | 24 | 30 | 36 | 42 |
| $m$ | max | 5,2 | 6,8 | 8,4 | 10,8 | 14,8 | 18,0 | 21,5 | 25,6 | 31,0 | 34,0 |
| $s$ | max | 10 | 13 | 16 | 18 | 24 | 30 | 36 | 46 | 55 | 65 |
| $e$ | min | 11,1 | 14,4 | 17,8 | 20,0 | 26,8 | 33,0 | 39,6 | 50,9 | 60,8 | 71,3 |

**Festigkeitsklassen:** Stahl: 6, 8, 10; nichtrostender Stahl: A1-50, A1-70
**Bezeichnungsbeispiel:** Sechskantmutter ISO 4032 – M 8 – 8

### Sechskantmuttern — vgl. ISO 4034 (2013-04)

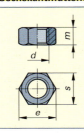

| Gewinde | | M 6 | M 8 | M 10 | M 12 | M 16 | M 20 | M 22 | M 24 | M 27 | M 30 |
|---|---|---|---|---|---|---|---|---|---|---|---|
| $d$ | | 6 | 8 | 10 | 12 | 16 | 20 | 22 | 24 | 27 | 30 |
| $m$ | max | 6,1 | 7,9 | 9,5 | 12,2 | 15,9 | 19 | 20,2 | 23,3 | 24,7 | 26,4 |
| $s$ | max | 10 | 13 | 16 | 18 | 24 | 30 | 34 | 36 | 41 | 46 |
| $e$ | min | 10,9 | 14,2 | 17,6 | 19,9 | 26,2 | 33 | 37,3 | 39,6 | 45,2 | 50,9 |

**Festigkeitsklassen:** Stahl: 4, 5
**Hinweis:** Die Mutter ist für Sechskantschrauben (DIN 7990) und Sechskant-Pass-schrauben (DIN 7968) für Stahlkonstruktionen zu verwenden.
**Bezeichnungsbeispiel:** Sechskantmutter ISO 4034 – M 16 – 5

### Sechskantmuttern, niedrige Form — vgl. ISO 4035 (2013-04)

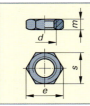

| Gewinde | | M 6 | M 8 | M 10 | M 12 | M 16 | M 20 | M 22 | M 24 | M 27 | M 30 |
|---|---|---|---|---|---|---|---|---|---|---|---|
| $d$ | | 6 | 8 | 10 | 12 | 16 | 20 | 22 | 24 | 27 | 30 |
| $m$ | max | 3,2 | 4,0 | 5,0 | 6,0 | 8,0 | 10,0 | 11,0 | 12,0 | 13,5 | 15 |
| $s$ | max | 10 | 13 | 17 | 19 | 24 | 30 | 32 | 36 | 41 | 46 |
| $e$ | min | 11,1 | 14,4 | 18,9 | 21,1 | 26,8 | 33,0 | 35,0 | 39,6 | 45,2 | 50,9 |

**Festigkeitsklassen:** Stahl: 4, 5
**Bezeichnungsbeispiel:** Sechskantmutter ISO 4035 – M 12 – 4

### Sechskant-Sperrzahnmutter

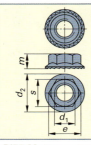

| Gewinde | | M 5 | M 6 | M 8 | M 10 | M 12 | M 16 |
|---|---|---|---|---|---|---|---|
| $d_1$ | | 5 | 6 | 8 | 10 | 12 | 16 |
| $d_2$ | | 11,2 | 14,3 | 18,3 | 21,0 | 24,0 | 31 |
| $m$ | max | 4,3 | 5,5 | 7,0 | 7,9 | 8,7 | 11,2 |
| $s$ | max | 8 | 10 | 13 | 15 | 17 | 22 |
| $e$ | min | 8,9 | 11,1 | 14,4 | 16,4 | 18,9 | 24,5 |

Sperrzahnmuttern sind immer als Garnitur mit der zugehörigen Schraube zu verwenden.
**Festigkeitsklassen:** Stahl: 10, 10
**Bezeichnungsbeispiel:** Sechskant-Sperrzahnmutter M 12 – 10

### RIPP-Mutter

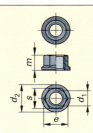

| Gewinde | | M 5 | M 6 | M 8 | M 10 | M 12 | M 16 |
|---|---|---|---|---|---|---|---|
| $d_1$ | | 5 | 6 | 8 | 10 | 12 | 16 |
| $d_2$ | | 11,2 | 14,2 | 18,2 | 21,0 | 24,0 | 31,0 |
| $m$ | max | 4,3 | 5,5 | 7,0 | 8,5 | 10,0 | 14,0 |
| $s$ | max | 8 | 10 | 13 | 15 | 17 | 22 |
| $e$ | min | 8,9 | 11,1 | 14,4 | 16,4 | 18,9 | 24,5 |

RIPP-Muttern sind immer als Garnitur mit der zugehörigen Schraube zu verwenden.
**Festigkeitsklassen:** Stahl: 10, 10
**Bezeichnungsbeispiel:** RIPP-Mutter M 12 – 10

# Muttern

## Sechskantmuttern

### Sechskantmuttern mit Klemmteil, Typ 1
vgl. ISO 7040 (2013-04)

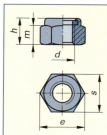

| Gewinde | | M 5 | M 6 | M 8 | M 10 | M 12 | M 16 | M 20 |
|---|---|---|---|---|---|---|---|---|
| $d_1$ | | 5 | 6 | 8 | 10 | 12 | 16 | 20 |
| $m$ | min | 4,4 | 4,9 | 6,4 | 8,0 | 10,4 | 14,1 | 16,9 |
| $h$ | max | 6,8 | 8,0 | 9,5 | 11,9 | 14,9 | 19,1 | 22,8 |
| $s$ | max | 8,0 | 10,0 | 13,0 | 16,0 | 18,0 | 24,0 | 30,0 |
| $e$ | min | 8,8 | 11,1 | 14,4 | 17,8 | 20,0 | 26,8 | 33,0 |

**Festigkeitsklassen:** 5, 8, 10
**Werkstoff:** Stahl mit Polyamid-Klemmteil
**Bezeichnungsbeispiel:** Sechskantmutter ISO 7040 – M 12 – 8

### Sechskant-Hutmuttern (hohe Form)
vgl. DIN 1587 (2012-02)

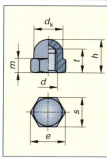

| Gewinde | | M 4 | M 5 | M 6 | M 8 | M 10 | M 12 | M 16 | M 20 | M 24 |
|---|---|---|---|---|---|---|---|---|---|---|
| $d$ | | 4 | 5 | 6 | 8 | 10 | 12 | 16 | 20 | 24 |
| $t$ | min | 5,3 | 7,2 | 7,7 | 10,7 | 12,7 | 15,7 | 20,6 | 25,6 | 30,5 |
| $m$ | max | 3,2 | 4,0 | 5,0 | 6,5 | 8,0 | 10,0 | 13 | 16 | 19 |
| $h$ | max | 8 | 10 | 12 | 15 | 18 | 22 | 28 | 34 | 42 |
| $d_k$ | max | 6,5 | 7,5 | 9,5 | 12,5 | 15,0 | 17,0 | 23,0 | 28,0 | 34,0 |
| $s$ | max | 7 | 8 | 10 | 13 | 16 | 18 | 24 | 30 | 36 |
| $e$ | min | 7,7 | 8,8 | 11,1 | 14,4 | 17,8 | 20,0 | 26,8 | 33,5 | 40,0 |

**Festigkeitsklassen:** Stahl: 6; nichtrostender Stahl: A1-50
**Bezeichnungsbeispiel:** Hutmutter DIN 1587 – M 8 – 6

### Sechskant-Hutmuttern (niedrige Form)
vgl. DIN 917 (2000-10)

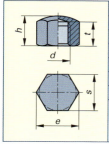

| Gewinde | | M 4 | M 5 | M 6 | M 8 | M 10 | M 12 | M 16 | M 20 | M 24 |
|---|---|---|---|---|---|---|---|---|---|---|
| $d$ | | 4 | 5 | 6 | 8 | 10 | 12 | 16 | 20 | 24 |
| $t$ | min | 4,2 | 5,0 | 6,7 | 9,2 | 10,7 | 13,2 | 16,7 | 20,6 | 23,6 |
| $h$ | max | 5,5 | 7,0 | 9,0 | 12,0 | 14,0 | 16,0 | 20,0 | 25,0 | 30,0 |
| $d_k$ | max | 6,5 | 7,5 | 9,5 | 12,5 | 15,0 | 17,0 | 23,0 | 28,0 | 34,0 |
| $s$ | max | 7 | 8 | 10 | 13 | 16 | 18 | 24 | 30 | 36 |
| $e$ | min | 7,7 | 8,8 | 11,1 | 14,4 | 17,8 | 20,0 | 26,8 | 33,0 | 40,0 |

**Festigkeitsklassen:** Stahl: 6; nichtrostender Stahl, Nichteisenmetall
**Bezeichnungsbeispiel:** Hutmutter DIN 917 – M 10 – 6

### Sechskant-Hutmuttern mit Klemmteil
vgl. DIN 986 (2012-02)

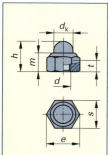

| Gewinde | | M 4 | M 5 | M 6 | M 8 | M 10 | M 12 | M 16 | M 20 |
|---|---|---|---|---|---|---|---|---|---|
| $d$ | | 4 | 5 | 6 | 8 | 10 | 12 | 16 | 20 |
| $t$ | min | 2,9 | 4,4 | 4,9 | 6,4 | 8,0 | 10,4 | 14,1 | 16,9 |
| $m$ | max | 5,6 | 6,0 | 7,5 | 8,9 | 10,5 | 13,5 | 16,5 | 21,0 |
| $h$ | max | 9,6 | 10,5 | 12,0 | 14,0 | 18,1 | 22,5 | 27,9 | 35,0 |
| $d_k$ | max | 5,0 | 6,0 | 7,0 | 9,2 | 11,6 | 13,6 | 17,6 | 21,6 |
| $s$ | max | 7 | 8 | 10 | 13 | 16 | 18 | 24 | 30 |
| $e$ | min | 7,7 | 8,8 | 11,1 | 14,4 | 17,8 | 20,0 | 26,8 | 33,0 |

**Festigkeitsklassen:** 5, 6, 8, 10
**Werkstoff:** Stahl mit Polyamid-Klemmteil
**Bezeichnungsbeispiel:** Hutmutter DIN 986 – M 10 – 6

# Muttern

## Sechskantmuttern

### HV-, HVP-Sechskantmuttern für planmäßige Vorspannung
vgl. EN 14399-4 (2013-05), EN 14399-8 (2008-03)

| Gewinde | | M 12 | M 16 | M 20 | M 22 | M 24 | M 27 | M 30 | M 36 |
|---|---|---|---|---|---|---|---|---|---|
| d | | 12 | 16 | 20 | 22 | 24 | 27 | 30 | 36 |
| m | max | 10 | 13 | 16 | 18 | 20 | 22 | 24 | 29 |
| s | max | 22 | 27 | 32 | 36 | 41 | 46 | 50 | 60 |
| e | min | 23,9 | 29,6 | 35,0 | 39,6 | 45,2 | 50,9 | 55,4 | 66,4 |

HV-Muttern sind immer als Garnitur mit der zugehörigen HV-Sechskant-Schraube (EN 14399-4) bzw. HVP-Sechskant-Passschraube (EN 14399-8) und zugehöriger HV-Scheibe zu verwenden.
Die Muttern in den beiden oben aufgeführten Normen sind identisch.
**Festigkeitsklasse:** Stahl: 10
**Bezeichnungsbeispiel:** Sechskantmutter EN 14399-4 – HV – M 12 – 10

### HR-Sechskantmuttern für planmäßige Vorspannung
vgl. EN 14399-3 (2006-06), EN 14399-7 (2008-03)

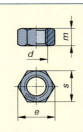

| Gewinde | | M 12 | M 16 | M 20 | M 22 | M 24 | M 27 | M 30 | M 36 |
|---|---|---|---|---|---|---|---|---|---|
| d | | 12 | 16 | 20 | 22 | 24 | 27 | 30 | 36 |
| m | max | 10,8 | 14,8 | 18,0 | 19,4 | 21,5 | 23,8 | 25,6 | 31,0 |
| s | max | 22 | 27 | 32 | 36 | 41 | 46 | 50 | 60 |
| e | min | 23,9 | 29,6 | 35,0 | 39,6 | 45,2 | 50,9 | 55,4 | 66,4 |

HR-Muttern sind immer als Garnitur mit der zugehörigen HR-Sechskant-Schraube (EN 14399-3) bzw. HR-Senkschraube (EN 14399-7) und zugehöriger HR-Scheibe zu verwenden. Die Muttern in den beiden oben aufgeführten Normen sind identisch.
**Festigkeitsklasse:** Stahl: 10
**Bezeichnungsbeispiel:** Sechskantmutter EN 14399-3 – HR – M 12 – 10

### Sechskant-Spannschlossmuttern
vgl. DIN 1479 (2005-09)

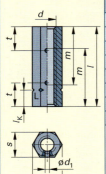

| Gewinde | | M 6 | M 8 | M 10 | M 12 | M 16 |
|---|---|---|---|---|---|---|
| d | | 6 | 8 | 10 | 12 | 16 |
| m | | 22,5 | 25 | 33 | 40 | 55 |
| m | | 30 | 35 | 45 | 55 | 75 |
| $l_K$ [1)] | | 6 | 8 | 10 | 12 | 16 |
| t [2)] | | 9,5 | 12 | 14 | 17 | 22 |
| $d_1$ [3)] | | 4,0 | 4,0 | 4,0 | 4,0 | 4,6 |
| e | min | 11,1 | 14,4 | 17,8 | 20,0 | 26,8 |
| s | max | 10 | 13 | 16 | 18 | 24 |

[1)] Rille der Kennzeichnung des Linksgewindes oder eingeprägtes „L".
[2)] t = Mindesteinschraublänge
[3)] $d_1$ = Bohrung zur Kontrolle der Lage des Anschlussgewindes
**Festigkeitsklasse:** Stahl: 5; nichtrostender Stahl: A4-50
**Bezeichnungsbeispiel:** Spannschlossmutter DIN 1479 – SP – M 12 – 5
**Hinweis:** SP = Spannschlossmutter mit Rechts- und Linksgewinde

### Vierkant-Schweißmuttern
vgl. DIN 928 (2013-05)

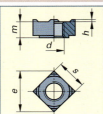

| Gewinde | M 4 | M 5 | M 6 | M 8 | M 10 | M 12 | M 16 |
|---|---|---|---|---|---|---|---|
| d | 4 | 5 | 6 | 8 | 10 | 12 | 16 |
| m | 3,5 | 4,2 | 5,0 | 6,5 | 8,0 | 9,5 | 13,0 |
| h | 0,6 | 0,8 | 0,8 | 1,0 | 1,2 | 1,4 | 1,6 |
| s | 7 | 9 | 10 | 14 | 17 | 19 | 24 |
| e | 9 | 12 | 13 | 18 | 22 | 25 | 32 |

**Werkstoff:** Stahl mit max. 0,25% Kohlenstoffgehalt
**Bezeichnungsbeispiel:** Schweißmutter DIN 928 – M 8 – St

# Muttern

## Griffmuttern und Gewindeanschlüsse
### Flügelmuttern
VGL. DIN 315 (1998-07)

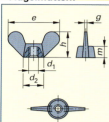

| Gewinde | M 4 | M 5 | M 6 | M 8 | M 10 | M 12 | M 16 |
|---|---|---|---|---|---|---|---|
| $d_1$ | 4 | 5 | 6 | 8 | 10 | 12 | 16 |
| $m$ | 4,6 | 6,5 | 8 | 10 | 12 | 14 | 17 |
| $h$ | 10,5 | 13 | 17 | 20 | 25 | 33,5 | 37,5 |
| $d_2$ | 8 | 11 | 13 | 16 | 20 | 23 | 29 |
| $e$ | 20 | 26 | 33 | 39 | 51 | 65 | 73 |
| $g$ | 1,9 | 2,3 | 2,3 | 2,8 | 4,4 | 4,9 | 6,4 |

**Werkstoff:** Temperguss, Stahl, CuZn-Legierung
**Bezeichnungsbeispiel:** Flügelmutter DIN 315-M8-GT

### Kreuzgriffe
vgl. DIN 6335 (2008-05)

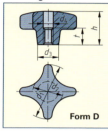

Form D

| Gewinde | | M 6 | M 8 | M 10 | M 12 | M 16 | M 20 |
|---|---|---|---|---|---|---|---|
| $d_1$ | (Nenn-⌀) | 32 | 40 | 50 | 63 | 80 | 100 |
| $d_2$ | | 18 | 21 | 25 | 32 | 40 | 48 |
| $d_3$ | | 12 | 14 | 18 | 20 | 25 | 32 |
| $d_4$ | | 6,4 | 8,4 | 10,5 | 13 | 17 | 21 |
| $t$ | | 10 | 13 | 16 | 20 | 20 | 25 |
| $h$ | | 20 | 25 | 32 | 40 | 50 | 63 |

**Werkstoff:** Gusseisen (G JL), Aluminiumlegierung (Al)
**Bezeichnungsbeispiel:** Kreuzgriff DIN 6335 D 50 Al

## Blindnietmuttern (Einnietmuttern)

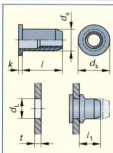

| Gewinde $d$ | | M 3 | M 3 | M 4 | M 4 | M 5 | M 6 | M 8 | M 10 | M 12 |
|---|---|---|---|---|---|---|---|---|---|---|
| $t$ | von | 1 | 1,5 | 1 | 2 | 0,25 | 3 | 3 | 3,5 | 4 |
| | bis | 1,5 | 3 | 2 | 4 | 3 | 5,5 | 5,5 | 6 | 7 |
| $l$ | | 8,0 | 9,0 | 9,5 | 11,0 | 13,0 | 17,5 | 19,5 | 24,0 | 28,0 |
| $l_1$ | | 4,8 | 4,8 | 5,4 | 5,4 | 8,0 | 10,0 | 11,0 | 15,0 | 17,5 |
| $k$ | | 1,0 | 1,0 | 1,0 | 1,0 | 1,5 | 1,5 | 2,0 | 2,0 |
| $d_k$ | | 7,5 | 7,5 | 9,0 | 9,0 | 10,0 | 13,0 | 16,0 | 19,0 | 23,0 |
| $d_S$ | | 5,0 | 5,0 | 6,0 | 6,0 | 7,0 | 9,0 | 11,0 | 13,0 | 16,0 |
| $d_L$ | | 5,1 | 5,1 | 6,1 | 6,1 | 7,1 | 9,1 | 11,1 | 13,1 | 16,1 |

**Werkstoffe:** Stahl, nichtrostender Stahl
**Bezeichnungsbeispiel:** Blindnietmutter M 5 × 13

## Blechdurchzüge mit Gewinde
vgl. DIN 7952-1 (1986-07)

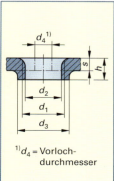

[1] $d_4$ = Vorlochdurchmesser

| Gewinde | | M 4 | M 5 | M 6 | M 8 | M 10 |
|---|---|---|---|---|---|---|
| $d_1$ | | 4 | 5 | 6 | 8 | 10 |
| $d_1$ | | 3,2 | 4,1 | 4,9 | 6,7 | 8,4 |
| $d_3$ bei: | | | | | | |
| $s$ | $h$ | | | | | |
| 1,0 | 2,0 | 4,5 | – | – | – | – |
| 1,2 | 2,0 … 2,5 | 4,4 … 4,7 | 5,6 | – | – | – |
| 1,5 | 2,5 … 3,0 | 4,5 … 4,8 | 5,5 … 5,8 | 6,7 | – | – |
| 2,0 | 3,2 … 4,0 | 4,6 … 4,8 | 5,5 … 6,0 | 6,5 … 7,0 | 9,0 | – |
| $d_4$ bei: $s$ | | | | | | |
| 1,0 | | 2,3 | – | – | – | – |
| 1,2 | | 2,7 … 1,5 | 3,0 | – | – | – |
| 1,5 | | 2,5 … 1,8 | 3,5 … 2,5 | 3,6 | 4,6 | – |
| 2,0 | | 2,4 | 3,4 … 2,7 | 4,2 … 2,5 | 4,6 | – |

## Scheiben und Sicherungselemente

### Scheiben für Sechskantschrauben
vgl. ISO 7089 (2000-11), ISO 7090 (2000-11)

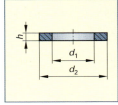

ISO 7089: ohne Fase
ISO 7090: mit Außenfase

| Schraube (Nenngröße) | M 4 | M 5 | M 6 | M 8 | M 10 | M 12 | M 16 | M 20 | M 22 | M 24 | M 27 | M 30 | M 36 |
|---|---|---|---|---|---|---|---|---|---|---|---|---|---|
| $d_1$ | 4,3 | 5,3 | 6,4 | 8,4 | 10,5 | 13,0 | 17,0 | 21,0 | 23,0 | 25,0 | 28,0 | 31,0 | 37,0 |
| $d_2$ max | 9 | 10 | 12 | 16 | 20 | 24 | 30 | 37 | 39 | 44 | 50 | 56 | 66 |
| $h$ | 0,8 | 1,0 | 1,6 | 1,6 | 2,0 | 2,5 | 3,0 | 3,0 | 3,0 | 4,0 | 4,0 | 4,0 | 5,0 |

**Festigkeitsklassen:** Stahl 8.8; nichtrostender Stahl: A2-50, A4-50
**Hinweis:** Scheiben der Härteklasse 200 HV (200 HV...250 HV) für Schrauben bis Festigkeitsklasse 8.8.
Scheiben der Härteklasse 300 HV (300 HV...370 HV) für Schrauben der Festigkeitsklasse 10.9.
**Bezeichnungsbeispiel:** Scheibe ISO 7089 - 8 -140 HV

### Große Scheiben (Karosseriescheiben)
vgl. ISO 7093-1 (2000-11)

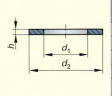

| Schraube (Nenngröße) | M 4 | M 5 | M 6 | M 8 | M 10 | M 12 | M 16 | M 20 | M 24 | M 30 | M 36 |
|---|---|---|---|---|---|---|---|---|---|---|---|
| $d_1$ | 4,3 | 5,3 | 6,4 | 8,4 | 10,5 | 13,0 | 17,0 | 21,0 | 25,0 | 33,0 | 39,0 |
| $d_2$ max | 12 | 15 | 18 | 24 | 30 | 37 | 50 | 60 | 72 | 92 | 110 |
| $h$ | 1,0 | 1,0 | 1,6 | 2,0 | 2,5 | 3,0 | 3,0 | 4,0 | 5,0 | 6,0 | 8,0 |

**Werkstoffe:** Stahl, Härteklassen 100 (100 HV... 250 HV 10) und 140 HV (140 HV ... 250 HV 10); nichtrostender Stahl (A2, A4, F1, C1, C4)
**Bezeichnungsbeispiel:** Scheibe ISO 7093-10 – 100 HV – A2

### Scheiben für Bolzen
vgl. ISO 8738 (1992-10)

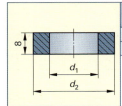

| Bolzen Nenngröße | 5 | 6 | 8 | 10 | 12 | 14 | 16 | 18 | 20 | 24 | 30 |
|---|---|---|---|---|---|---|---|---|---|---|---|
| $d_1$ min | 5 | 6 | 8 | 10 | 12 | 14 | 16 | 18 | 20 | 24 | 30 |
| $d_1$ max | 5,2 | 6,2 | 8,2 | 10,2 | 12,3 | 14,3 | 16,3 | 18,3 | 20,3 | 24,3 | 30,5 |
| $d_2$ max | 10 | 12 | 15 | 18 | 20 | 22 | 24 | 28 | 30 | 38 | 45 |
| $h$ | 1 | 1,6 | 2 | 2,5 | 3 | 3 | 3 | 4 | 4 | 4 | 5 |

**Werkstoff:** Stahl, Härteklasse 160 HV
**Bezeichnungsbeispiel:** Scheibe ISO 8738 – 10 – 160 HV

### Scheiben für Stahlkonstruktionen
vgl. DIN 7989 (2001-04)

| Schraube Nenngröße | M 10 | M 12 | M 16 | M 20 | M 24 | M 27 | M 30 | M 36 |
|---|---|---|---|---|---|---|---|---|
| $d_1$ | 11 | 13,5 | 17,5 | 22 | 26 | 30 | 33 | 39 |
| $d_2$ | 20 | 24 | 30 | 37 | 44 | 50 | 56 | 66 |

**Werkstoff:** Stahl
**Hinweis:** Ausführung C (gestanzt) und Ausführung A (gedreht). Die Ausführung B ist für Sechskant-Passschrauben nach DIN 7968 vorgesehen.
**Bezeichnungsbeispiel:** Scheibe DIN 7989 – 12 – A 100 HV

### Scheiben, vierkant, keilförmig für I- und U-Profile
DIN 435 (2000-01), DIN 434 (2000-04)

DIN 435 für I-Profile Neigung: 14%
DIN 434 für U-Profile Neigung: 8%

| Schraube | M 8 | M 10 | M 12 | M 16 | M 20 | M 22 | M 24 | M 27 |
|---|---|---|---|---|---|---|---|---|
| $d$ min (Nenn-$\varnothing$) | 9 | 11 | 13,5 | 17,5 | 22 | 24 | 26 | 30 |
| $a$ | 22 | 22 | 26 | 32 | 40 | 44 | 56 | 56 |
| $b$ | 22 | 22 | 30 | 36 | 44 | 50 | 56 | 56 |
| $h$ (DIN 435) | 4,6 | 4,6 | 6,2 | 7,5 | 9,2 | 10,0 | 10,8 | 10,8 |
| $h$ (DIN 434) | 3,8 | 3,8 | 4,9 | 5,9 | 7,0 | 8,0 | 8,5 | 8,5 |

**Werkstoff:** Stahl, Härte 100 HV 10 bis 250 HV 10
**Bezeichnungsbeispiele:** I-Scheibe DIN 435-17,5;    U-Scheibe DIN 434-17,5

# Scheiben und Sicherungselemente

## H-Scheiben für planmäßige Vorspannung: System HV und HR

vgl. EN 14399-5, -6 (2013-05)

EN 14399-5: ohne Fase

EN 14399-6: mit Außen- und Innenfase

| Schraube | | M 12 | M 16 | M 20 | M 22 | M 24 | M 27 | M 30 |
|---|---|---|---|---|---|---|---|---|
| Nenngröße | | 12 | 16 | 20 | 22 | 24 | 27 | 30 |
| $d_1$ | min | 13,0 | 17,0 | 21 | 23 | 25 | 28 | 31 |
| $d_2$ | max | 24 | 30 | 37 | 39 | 44 | 50 | 56 |
| $h$ | | 3 | 4 | 4 | 4 | 4 | 5 | 5 |

**Werkstoff**: Stahl, vergütet auf 300 HV bis 370 HV (z.B. C 45)

**Hinweis**: Die Scheiben tragen das Kennzeichen „H" (früher HV). Sechskantschrauben mit planmäßiger Vorspannung nach dem System HV oder HR erhalten kopf- und mutterseitig je 1 Scheibe.

**Bezeichnungsbeispiel**: Scheibe EN 14399-6 – 16

## Spannscheiben

vgl. DIN 6796 (2009-08)

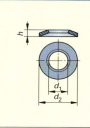

| Schraube | | M 5 | M 6 | M 8 | M 10 | M 12 | M 16 | M 18 |
|---|---|---|---|---|---|---|---|---|
| Nenngröße | | 5 | 6 | 8 | 10 | 12 | 16 | 18 |
| $d_1$ | | 5,3 | 6,4 | 8,4 | 10,5 | 13 | 17 | 19 |
| $d_2$ | | 11 | 14 | 18 | 23 | 29 | 39 | 42 |
| $h$ | max | 1,6 | 2 | 2,6 | 3,2 | 4,0 | 5,3 | 5,8 |

**Werkstoff**: Federstahl (FSt), nichtrostender Stahl

**Hinweis**: Die Spannscheiben sind für Schrauben der Festigkeitsklassen 8.8 und 10.9 vorgesehen.

**Bezeichnungsbeispiel**: Spannscheibe DIN 6796 – 8 – FSt

## Fächerscheiben

| Schraube | | M 4 | M 5 | M 6 | M 8 | M 10 | M 12 | M 16 |
|---|---|---|---|---|---|---|---|---|
| Nenngröße | | 4 | 5 | 6 | 8 | 10 | 12 | 16 |
| $d_1$ | | 4,3 | 5,3 | 6,4 | 8,4 | 10,5 | 13 | 17 |
| $d_2$ | | 8 | 10 | 11 | 15 | 18 | 20,5 | 26 |
| $s$ | ≈ | 1,5 | 1,8 | 2,1 | 2,4 | 2,7 | 3,0 | 3,6 |
| $h$ | max | 1,6 | 2 | 2,6 | 3,2 | 4,0 | 5,3 | 5,8 |

**Werkstoff**: Federstahl (FSt)

**Hinweis**: Die Fächerscheiben sind für Schrauben der Festigkeitsklassen ≤ 5.8 vorgesehen.

**Bezeichnungsbeispiel**: Fächerscheibe A – 8.4 – FSt

## Federringe, gewölbt

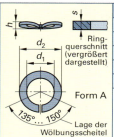

Ringquerschnitt (vergrößert dargestellt)

Form A

Lage der Wölbungsscheitel

| Schraube | | M 5 | M 6 | M 8 | M 10 | M 12 | M 16 | M 20 | M 24 | M 27 | M 30 |
|---|---|---|---|---|---|---|---|---|---|---|---|
| Nenngröße | | 5 | 6 | 7 | 10 | 12 | 16 | 20 | 24 | 27 | 30 |
| $d_1$ | min | 5,1 | 6,1 | 8,1 | 10,2 | 12,2 | 16,2 | 20,2 | 24,5 | 27,5 | 30,5 |
| $d_2$ | max | 9,2 | 11,8 | 14,5 | 18,1 | 21,1 | 27,4 | 33,6 | 40,8 | 43,0 | 48,2 |
| $d$ | max | 1,7 | 2,2 | 2,8 | 3,2 | 3,7 | 5,1 | 5,9 | 7,5 | 7,5 | 10,5 |
| $s$ | | 1,0 | 1,3 | 1,6 | 1,8 | 2,1 | 2,8 | 3,2 | 4,0 | 4,0 | 6,0 |

**Werkstoffe**: Federstahl (FSt) mit 430 HV bis 530 HV

**Hinweis**: Die Federringe sind für kurze Schrauben der Festigkeitsklassen 3.6 – 6.8 vorgesehen, die axial und mit ruhender Last beansprucht werden.

**Bezeichnungsbeispiel**: Federring – A 8 – FSt

# Verbindungselemente

## Bolzen, Splinte, Stecker

### Bolzen mit Kopf
vgl. ISO 2341 (1992-10)

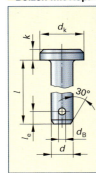

| d (ISO-Passung h11) | 6 | 8 | 10 | 12 | 14 | 16 | 20 | 24 | 30 | 36 |
|---|---|---|---|---|---|---|---|---|---|---|
| $l^{1)}$ (Nennlänge) von bis | 12 / 60 | 16 / 80 | 20 / 100 | 24 / 120 | 28 / 140 | 30 / 160 | 40 / 200 | 50 / 200 | 60 / 200 | 70 / 200 |
| $l_e$ | 3,2 | 3,5 | 4,5 | 5,5 | 6,0 | 6,0 | 8,0 | 9,0 | 10,0 | 10,0 |
| k | 2,0 | 3,0 | 4,0 | 4,0 | 4,0 | 4,5 | 5,0 | 6,0 | 8,0 | 8,0 |
| $d_K$ | 10 | 14 | 18 | 20 | 22 | 25 | 30 | 36 | 44 | 50 |
| $d_B$ | 1,6 | 2,0 | 3,2 | 3,2 | 4,0 | 4,0 | 5,0 | 6,3 | 8,0 | 8,0 |

1) Nennlängen: 12, 14, 16 ... 32, 35, 40, 45 ... 100, 120, 140 ... 200 mm.
**Werkstoff:** Automatenstahl Härte 125 HV bis 245 HV
**Hinweis:** Für diesen Bolzen ist die Scheibe nach ISO 8738 zu verwenden.
**Bezeichnungsbeispiel:** Bolzen ISO 2341 – B²⁾ – 24 × 120 – St
2) Form A ohne Splintloch, Form B mit Splintloch

### Bolzen ohne Kopf
vgl. ISO 2340 (1992-10)

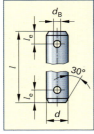

| d (ISO-Passung h11) | 8 | 10 | 12 | 14 | 16 | 18 | 20 | 22 | 24 | 27 |
|---|---|---|---|---|---|---|---|---|---|---|
| $l^{1)}$ (Nennlänge) von bis | 16 / 80 | 20 / 100 | 24 / 120 | 28 / 140 | 32 / 160 | 35 / 180 | 40 / 200 | 45 / 200 | 50 / 200 | 55 / 200 |
| $l_e$ | 3,5 | 4,5 | 5,5 | 6,0 | 6,0 | 7,0 | 8,0 | 8,0 | 9,0 | 9,0 |
| $d_B$ | 2,0 | 3,2 | 3,2 | 4,0 | 4,0 | 5,0 | 5,0 | 5,0 | 6,3 | 6,3 |

1) Nennlängen: 16, 18 ... 32, 35, 40, 45 ... 100, 120, 140 ... 200 mm.
**Werkstoff:** Automatenstahl Härte 125 HV bis 245 HV
**Bezeichnungsbeispiel:** Bolzen ISO 2340 – B²⁾ – 40 × 100 – St
2) Form A ohne Splintloch, Form B mit Splintlöchern

### Splinte
vgl. ISO 1234 (1998-02)

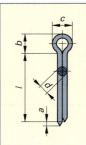

| d | 1,6 | 2,0 | 2,5 | 3,2 | 4,0 | 5,0 | 6,3 | 8,0 | 10,0 | 13,0 |
|---|---|---|---|---|---|---|---|---|---|---|
| $l^{1)}$ (Nennlänge) von bis | 8 / 32 | 10 / 40 | 12 / 50 | 14 / 63 | 18 / 80 | 22 / 100 | 32 / 125 | 40 / 160 | 45 / 200 | 71 / 250 |
| a | 2,5 | 2,5 | 2,5 | 3,2 | 4,0 | 4,0 | 4,0 | 4,0 | 6,3 | 6,3 |
| b | 3,2 | 4,0 | 5,0 | 6,4 | 8,0 | 10,0 | 12,6 | 16,0 | 20,0 | 26,0 |
| c | 2,8 | 3,6 | 4,6 | 5,8 | 7,4 | 9,2 | 11,8 | 15,0 | 19,0 | 24,8 |

1) Nennlängen: 8, 10, 12 ... 32, 36, 40, 45, 50, 56, 63, 71, 80, 90, 100, 112, 125, 140, 160 ... 200, 224, 250 mm.
**Werkstoffe:** Stahl, Kupfer, Kupfer-Zink-Legierung, Aluminium-Legierung, nichtrostender Stahl
**Bezeichnungsbeispiel:** Splint ISO 1234 – 6,3 × 40 – St

### Federstecker
vgl. DIN 11 024 (1973-01)

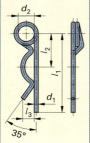

| d Nenn-⌀¹⁾ | 2,5 | 3,2 | 4,0 | 5,0 | 6,3 | 7,0 | 8,0 |
|---|---|---|---|---|---|---|---|
| $d_1$ | 2,3 | 2,8 | 3,6 | 4,5 | 5,6 | 6,3 | 7,0 |
| $d_2$ | 20 | 20 | 20 | 25 | 25 | 30 | 30 |
| für Bolzendurchmesser von bis | 9,0 / 11,2 | 11,2 / 14,0 | 14,0 / 20,0 | 20,0 / 26,0 | 26,0 / 34,0 | 34,0 / 45,0 | 45,0 / 56,0 |
| $l_1$ | 42 | 48 | 64 | 80 | 97 | 125 | 150 |
| $l_2$ | 24 | 26 | 32 | 39 | 45 | 56 | 63 |
| $l_3$ | 5,5 | 7,0 | 10,0 | 12,5 | 16,0 | 21,0 | 25,5 |

1) Nenndurchmesser ist der Bohrungsdurchmesser des Bolzens (siehe oben).
**Werkstoffe:** Stahldraht A DIN 2076-A
**Bezeichnungsbeispiel:** Federstecker 4 DIN 11024 – verzinkt

## Verbindungselemente

### Stecker
#### Klappstecker
vgl. DIN 11 023 (1979-10)

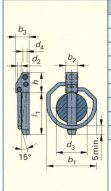

| Nenngröße | 5 × 32 | 6 × 42 | 8 × 42 | 10 × 45 | 12 × 45 | 12 × 55 | 17 × 60 |
|---|---|---|---|---|---|---|---|
| $d_1$[1] | 5 | 6 | 8 | 10 | 12 | 12 | 17 |
| $l_1$ | 32 | 42 | 42 | 45 | 45 | 55 | 60 |
| $d_2$ | 4,5 | 5,5 | 7,5 | 9,5 | 11,0 | 11,0 | 16,0 |
| $d_3$ | 25 | 32 | 32 | 32 | 32 | 45 | 45 |
| $d_4$ | 3,5 | 4,0 | 4,0 | 4,5 | 4,5 | 4,5 | 6,0 |
| $b_1$ | 36 | 52 | 52 | 52 | 52 | 60 | 60 |
| $b_2$ | 7 | 8 | 9 | 12 | 14 | 14 | 20 |
| $b_3$ | 11,5 | 14 | 15 | 15 | 15 | 15 | 21 |
| h | 18 | 22 | 22 | 22 | 22 | 22 | 29 |

[1] Der Nenndurchmesser $d_1$ bezieht sich auf die Bohrung der Achse oder Welle oder des Bolzens.

**Werkstoff:** Stahl mit $R_m$ 500 N/mm² (max, für Stecker)
Federstahldraht (Federbügel)

**Bezeichnungsbeispiel:** Klappstecker DIN 11 023 – 8 × 42

### Stifte
Spannstifte (Spannhülsen), geschlitzt, leichte Ausführung — vgl. ISO 13 337 (2009-10)
Spannstifte (Spannhülsen), geschlitzt, schwere Ausführung — vgl. ISO 8752 (2009-10)

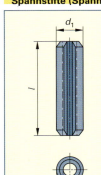

| d Nenn-⌀[1] | | 4 | 5 | 6 | 8 | 10 | 12 | 14 | 16 |
|---|---|---|---|---|---|---|---|---|---|
| $d_1$ vor max | | 4,6 | 5,6 | 6,7 | 8,8 | 10,8 | 12,8 | 14,8 | 16,8 |
| dem Einbau min | | 4,4 | 5,4 | 6,4 | 8,5 | 10,5 | 12,5 | 14,5 | 16,5 |
| $l_1$[2] (Nenn- von | | 4 | 5 | 10 | 10 | 10 | 10 | 10 | 10 |
| länge) bis | | 50 | 80 | 100 | 120 | 160 | 180 | 200 | 200 |
| s | ISO 13 337 | 0,5 | 0,5 | 0,8 | 0,8 | 1,0 | 1,0 | 1,5 | 1,5 |
| s | ISO 8752 | 0,8 | 1,0 | 1,2 | 1,5 | 2,0 | 2,5 | 3,0 | 3,0 |

[1] Nenndurchmesser ist der Bohrungsdurchmesser
[2] Nennlängen: von 4 mm bis 32 mm um 2 mm gestuft,
von 30 mm bis 100 mm um 5 mm gestuft,
von 100 mm bis 200 mm um 20 mm gestuft.

**Werkstoff:** Stahl (St), gehärtet und angelassen, nichtrostender Stahl A und C

**Bezeichnungsbeispiel:** Spannstift aus martensitischem, nichtrostenden Stahl (C) mit $d_1$ = 6 mm und der Nennlänge 40 mm:
Spannstift ISO 13 337 – 6 × 40 – C

### Knebelkerbstifte
vgl. ISO 8742 (1998-03), ISO 8743 (1998-03)

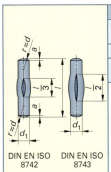

| $d_1$ | | 2 | 2,5 | 3 | 4 | 5 | 6 | 8 | 10 | 12 | 16 | 20 |
|---|---|---|---|---|---|---|---|---|---|---|---|---|
| l von | | 12 | 12 | 12 | 18 | 18 | 22 | 26 | 32 | 40 | 45 | 45 |
| bis | | 30 | 30 | 40 | 60 | 60 | 80 | 100 | 160 | 200 | 200 | 200 |
| a | | 0,25 | 0,3 | 0,4 | 0,5 | 0,63 | 0,8 | 1,0 | 1,2 | 1,6 | 2,0 | 2,5 |
| Mindestabscher-kraft[1] in kN | | 2,84 | 4,4 | 6,4 | 11,3 | 17,6 | 25,4 | 45,2 | 70,4 | 101 | 181 | 283 |

[1] gilt für zweischnittige Verbindungen aus Stahl

Nennlängen: 18 mm, 20 mm ... 32 mm, 35 mm ... 40 mm, 100 mm ... 200 mm

**Werkstoff:** Stahl (St), nichtrostender Stahl (A1)

**Bezeichnungsbeispiel:** Knebelkerbstift mit kurzen Kerben, aus nichtrostendem Stahl, mit Nennmesser $d_1$ = 6 mm und Nennlänge $l$ = 50 mm:
Kerbstift ISO 8742 – 6 × 50 – A1

**Bezeichnungsbeispiel:** eines Knebelkerbstiftes mit langen Kerben, aus Stahl, mit Nenndurchmesser $d_1$ = 6 mm und Nennlänge $l$ = 50 mm:
Kerbstift ISO 8743 – 6 × 50 – St

DIN EN ISO 8742    DIN EN ISO 8743

## Niete

### Offene Blindniete mit Sollbruchdorn und Flachkopf AlA/St[1)] und St/St[2)]

vgl. ISO 15977 (2011-02) und ISO 15979 (2003-04)

| $d$ | (Nenn-⌀) | 2,4 | 3 | 3,2 | 4 | 4,8 | 5 | 6 | 6,4 |
|---|---|---|---|---|---|---|---|---|---|
| $d_k$ | max | 5,0 | 6,3 | 6,7 | 8,4 | 10,1 | 10,5 | 12,6 | 13,4 |
| $k$ | max | 1,0 | 1,3 | 1,3 | 1,7 | 2,0 | 2,1 | 2,5 | 2,7 |
| $d_m$ ISO 15977[1)] | max | 1,6 | 2,0 | 2,0 | 2,5 | 3,0 | 3,0 | 3,4 | 3,9 |
| $d_m$ ISO 15979[2)] | max | 1,5 | 2,2 | 2,2 | 2,8 | 3,5 | 3,5 | 3,5 | 4,0 |
| $P$ | | 25 | 25 | 25 | 27 | 27 | 27 | 27 | 27 |
| Nietloch-⌀ | | 2,5–2,6 | 3,1–3,2 | 3,3–3,4 | 4,1–4,2 | 4,9–5,0 | 5,1–5,2 | 6,1–6,2 | 6,5–6,6 |
| Scherkraft Typ A | N | 250 | 400 | 500 | 850 | 1200 | 1400 | 2100 | 2200 |
| Zugkraft Typ A | N | 350 | 550 | 700 | 1200 | 1700 | 2000 | 3000 | 3150 |
| Scherkraft Typ B | N | 650 | 950 | 1100 | 1700 | 2900 | 3100 | 4300 | 4900 |
| Zugkraft Typ B | N | 700 | 1100 | 1200 | 2200 | 3100 | 4000 | 4800 | 5700 |

| Schaftlänge $l$ (Nennlänge) | | Klemmlängenbereiche für Blindniete ISO 15977 (= A) und ISO 15979 (= B) ||||||||||||||||
|---|---|---|---|---|---|---|---|---|---|---|---|---|---|---|---|---|---|
| | | A | B | A | B | A | B | A | B | A | B | A | B | A | B | A | B |
| 4 mm | von bis | 0,5 2,0 | – | 0,5 1,5 | – | 0,5 1,5 | – | – | – | – | – | – | – | – | – | – | – |
| 6 mm | von bis | 2 4 | 0,5 3,5 | 1,5 3,5 | 0,5 3,0 | 1,5 3,5 | 0,5 3,0 | 1 3 | 1 3 | 1,5 2,5 | – | 1,5 2,5 | – | – | – | – | – |
| 8 mm | von bis | 4 6 | 3,5 5,5 | 3,5 5,0 | 3 5 | 3,5 5,0 | 3 5 | 3 5 | 3 5 | 2,5 4,0 | 2,5 4,0 | 2,5 4,0 | 2,5 4,0 | 2 3 | – | – | – |
| 10 mm | von bis | 6 8 | – | 5 7 | 5,0 6,5 | 5 7 | 5,0 6,5 | 5,0 6,5 | 5,0 6,5 | 4 6 | 4 6 | 4 6 | 4 6 | 3 5 | 3 4 | – | 3 4 |
| 12 mm | von bis | 8,0 9,5 | 5,5 9,5 | 7 9 | 6,5 8,0 | 7 9 | 6,5 8,0 | 6,5 8,5 | 6,5 9,0 | 6 8 | 6 8 | 6 8 | 6 8 | 4 5 | 4 6 | 3 6 | 4 6 |

[1)] ISO 15977: Die Niethülse besteht aus einer Aluminiumlegierung (AlA) und einem Nietdorn aus Stahl (St) der Festigkeitsklasse L (niedrig) oder H (hoch).
[2)] ISO 15979: Die Niethülse besteht aus Stahl (St) und einem Nietdorn aus Stahl (St).

**Bezeichnungsbeispiele:** Blindniet ISO 15977 – 4,8 × 16 – AlA/St – L
Blindniet ISO 15979 – 3,2 × 10 – St/St

### Offene Blindniete mit Sollbruchdorn und Flachkopf A2/A2

vgl. ISO 15983 (2003-04)

| $d$ | (Nenn-⌀) | 3 | 3,2 | 4 | 4,8 | 5 |
|---|---|---|---|---|---|---|
| $d_k$ | max | 6,3 | 6,7 | 8,4 | 10,1 | 10,5 |
| $k$ | max | 1,3 | 1,3 | 1,7 | 2,0 | 2,1 |
| $d_m$ | max | 2,1 | 2,2 | 2,8 | 3,2 | 3,3 |
| $P$ | | 25 | 25 | 25 | 27 | 27 |
| Nietloch-⌀ | | 3,1–3,2 | 3,3–3,4 | 4,1–4,2 | 4,9–5,0 | 5,1–5,2 |
| Scherkraft min | N | 1800 | 1900 | 2700 | 4000 | 4700 |
| Zugkraft min | N | 2200 | 2500 | 3500 | 5000 | 5800 |
| Bruchkraft max | N | 4100 | 4500 | 6500 | 8500 | 9000 |
| Schaftlänge $l$ (Nennlänge) | | Klemmlängenbereiche von … bis ||||
| 6 mm | | 0,5 – 3,0 | | 1,0 – 2,5 | 1,5 – 2,0 | |
| 8 mm | | 3 – 5 | | 2,5 – 4,5 | 2 – 4 | |
| 10 mm | | 5,0 – 6,5 | | 4,5 – 6,5 | 4 – 6 | |
| 12 mm | | 6,5 – 8,5 | | 6,5 – 8,5 | 6 – 8 | |
| 14 mm | | 8,5 – 10,5 | | 8,5 – 10,0 | – | |

Niethülse und Nietdorn bestehen aus nichtrostendem, austenitischen Stahl (A2/A2).

**Bezeichnungsbeispiel:** Blindniet ISO 15983 – 3,2 × 16 – A2/A2

## Senkniete

vgl. DIN 661 (2001-03)

Form A: Halbrundkopf als Schließkopf

Form B: Senkkopf als Schließkopf

| $d_1$ (Nenn-∅) | 1,6 | 2 | 2,5 | 3 | 4 | 5 | 6 | 8 |
|---|---|---|---|---|---|---|---|---|
| $e$ max | 0,8 | 1,0 | 1,3 | 1,5 | 2,0 | 2,5 | 3,0 | 4,0 |
| $k \sim k_2$ | 0,8 | 1,0 | 1,2 | 1,4 | 2,0 | 2,5 | 3,0 | 4,0 |
| $k_1$ (Form A) | 1,0 | 1,2 | 1,5 | 1,8 | 2,4 | 3,6 | 3,6 | 4,8 |
| $d_2 = d_8$ | 2,8 | 3,5 | 4,4 | 5,2 | 7,0 | 8,8 | 10,5 | 14 |
| $d_3$ | 1,5 | 1,9 | 2,4 | 2,9 | 3,9 | 4,8 | 5,8 | 7,8 |
| $d_7$ (Nietloch-∅) | 1,7 | 2,1 | 2,6 | 3,1 | 4,2 | 5,2 | 6,3 | 8,4 |

**Werkstoffe:** Stahl, Nichtrostender Stahl A2, A4, CuZn 37, EN AW – 1050 A
**Bezeichnungsbeispiel:** Senkniet DIN 661 – 5 × 20-Al
Die Schaftlänge für den Niet mit Halbrundkopf als Schließkopf wird nach der Formel berechnet: $l = 1{,}1 \cdot l_k + 1{,}3 \cdot d_1$   Für den Senkkopf gilt: $l = 1{,}1 \cdot l_k + 0{,}3 \cdot d_1$

| Nennlänge $l$ | Maximale Klemmlänge $l_K$ für Form A und B |||||||||||||||
|---|---|---|---|---|---|---|---|---|---|---|---|---|---|---|---|
|  | A | B | A | B | A | B | A | B | A | B | A | B | A | B | A | B |
| 5 | 2,5 | 3,5 | 2 | 3,5 | 1,5 | 3,5 | 1,5 | 3,5 | – | – | – | – | – | – | – | – |
| 6 | 3 | 4,5 | 3 | 4 | 2,5 | 4 | 2 | 4 | 1 | 3,5 | – | – | – | – | – | – |
| 8 | 5 | 6 | 4,5 | 6 | 4 | 6 | 4 | 6 | 3 | 5,5 | 2 | 5 | – | – | – | – |
| 10 | – | – | 6 | 7,5 | 6 | 7,5 | 6 | 7,5 | 5 | 7 | 4 | 7 | 3 | 6,5 | – | – |
| 12 | – | – | – | – | 7,5 | 9,5 | 7,5 | 9,5 | 6,5 | 9 | 6 | 9 | 5 | 8,5 | 3 | 7,5 |
| 14 | – | – | – | – | – | – | 9,5 | 11 | 8 | 10,5 | 7,5 | 10 | 6,5 | 10 | 5 | 9 |
| 16 | – | – | – | – | – | – | 11 | 12,5 | 9,5 | 12 | 9 | 11,5 | 8 | 11,5 | 6,5 | 10,5 |
| 18 | – | – | – | – | – | – | – | – | 11 | 14 | 11 | 13 | 10 | 13 | 8,5 | 13 |
| 20 | – | – | – | – | – | – | – | – | 13 | 15 | 13 | 15 | 12 | 15 | 10 | 14 |
| 22 | – | – | – | – | – | – | – | – | – | – | 14 | 17 | 13 | 17 | 12 | 16 |

## Halbrundniete (Kaltniete)

vgl. DIN 660 (2012-01)

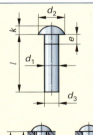

Form A: Halbrundkopf als Schließkopf

Form B: Senkkopf als Schließkopf

| $d_1$ (Nenn-∅) | 1,6 | 2 | 2,5 | 3 | 4 | 5 | 6 | 8 |
|---|---|---|---|---|---|---|---|---|
| $e$ | 0,8 | 1,0 | 1,3 | 1,5 | 2,0 | 2,5 | 3,0 | 4,0 |
| $k = k_1$ | 1,0 | 1,2 | 1,5 | 1,8 | 2,4 | 3,0 | 3,6 | 4,8 |
| $k_2$ | 0,7 | 0,8 | 1,0 | 1,3 | 1,9 | 2,4 | 2,8 | 3,9 |
| $d_2 = d_8$ | 2,8 | 3,5 | 4,4 | 5,2 | 7,0 | 8,8 | 10,5 | 14 |
| $d_3$ | 1,5 | 1,9 | 2,4 | 2,9 | 3,9 | 4,8 | 5,8 | 7,8 |
| $d_7$ (Nietloch-∅) | 1,7 | 2,1 | 2,6 | 3,1 | 4,2 | 5,2 | 6,3 | 8,4 |

**Werkstoffe:** Stahl, Nichtrostender Stahl A2, A4, CuZn 37, SF-Cu, Al 99,5
**Bezeichnungsbeispiel:** Halbrundniet DIN 660 – 5 × 20-Al
Die Schaftlänge für den Niet mit Halbrundkopf als Schließkopf wird nach der Formel berechnet: $l = 1{,}1 \cdot l_k + 1{,}3 \cdot d_1$   Für den Senkkopf gilt: $l = 1{,}1 \cdot l_k + 0{,}3 \cdot d_1$

| Nennlänge $l$ | Maximale Klemmlänge $l_K$ für Form A und B |||||||||||||||
|---|---|---|---|---|---|---|---|---|---|---|---|---|---|---|---|
|  | A | B | A | B | A | B | A | B | A | B | A | B | A | B | A | B |
| 5 | 2,0 | 3,5 | 2,0 | 3,0 | 1,5 | 3,0 | 1,5 | 3,0 | – | 2,0 | – | 1,5 | – | – | – | – |
| 6 | 3,0 | 4,0 | 2,5 | 4,0 | 2,0 | 4,0 | 2,0 | 4,0 | 1,0 | 3,0 | – | 2,5 | – | 2,0 | – | – |
| 8 | 5,0 | 6,0 | 4,5 | 5,5 | 4,0 | 5,5 | 4,0 | 5,5 | 3,0 | 5,0 | 2,0 | 4,5 | 0,5 | 4,0 | – | 3,0 |
| 10 | 6,5 | 7,5 | 6,0 | 7,5 | 6,0 | 7,5 | 5,5 | 7,5 | 4,5 | 7,0 | 4,0 | 6,5 | 2,5 | 6,0 | – | 5,0 |
| 12 | 8,0 | 9,5 | 7,5 | 9,0 | 7,0 | 9,0 | 7,5 | 9,0 | 6,0 | 9,0 | 5,5 | 8,5 | 4,5 | 8,0 | 2,5 | 7,0 |
| 14 | – | – | 9,5 | 10,5 | 9,0 | 10,5 | 9,0 | 10,5 | 7,5 | 10,0 | 7,0 | 10,0 | 6,5 | 9,5 | 4,0 | 8,5 |
| 16 | – | – | 11,0 | 12,0 | 11,0 | 12,0 | 11,0 | 12,0 | 9,0 | 11,0 | 9,0 | 11,5 | 8,0 | 11,0 | 6,0 | 10,0 |
| 18 | – | – | 12,5 | 14,0 | 13,0 | 14,0 | 13,0 | 14,0 | 11,0 | 13,0 | 11,0 | 13,0 | 9,5 | 13,0 | 8,0 | 12,0 |
| 20 | – | – | 14,0 | 15,5 | 14,0 | 16,0 | 14,0 | 16,0 | 13,0 | 15,0 | 12,0 | 15,0 | 11,0 | 15,0 | 9,5 | 14,0 |
| 22 | – | – | – | – | 16 | 18 | 16 | 18 | 15 | 17 | 14 | 17 | 13 | 17 | 11 | 15 |

# Niete

## Halbrundniete (Warmniete)

vgl. DIN 124 (2011-03)

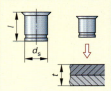

Halbrundkopf als Schließkopf

| $d_1$ (Nenn-$\varnothing$) | | 10 | 12 | 16 | 20 | 24 | 27 | 30 | 36 |
|---|---|---|---|---|---|---|---|---|---|
| $l^{1)}$ | von | 16 | 18 | 24 | 30 | 38 | 42 | 50 | 62 |
| | bis | 50 | 60 | 80 | 100 | 120 | 135 | 150 | 160 |
| $e$ | | 5,0 | 6,0 | 8,0 | 10,0 | 12,0 | 13,5 | 15,0 | 18,0 |
| $k = k_1$ | | 6,5 | 7,5 | 10,0 | 13,0 | 16,0 | 17,0 | 19,0 | 23,0 |
| $d_2 = d_8$ | | 16,0 | 19,0 | 25,0 | 32,0 | 40,0 | 43,0 | 48,0 | 58,0 |
| $d_3$ | | 9,4 | 11,3 | 15,2 | 19,1 | 22,9 | 25,8 | 28,6 | 34,6 |
| $d_7$ (Nietloch-$\varnothing$) | | 10,5 | 13,0 | 17,0 | 21,0 | 25,0 | 28,0 | 31,0 | 37,0 |
| $l_k$ (Klemm-längen-bereiche) | von | 5 | 5 | 6 | 6 | 7,3 | 12 | 15 | 19 |
| | bis | 33 | 38 | 52 | 65 | 78 | 90 | 101 | 103 |

[1)] Nennlängen von 16 mm bis 42 mm jeweils um 2 mm gestuft,
von 42 mm bis 80 mm jeweils um 2 mm oder 3 mm gestuft,
von 80 mm bis 160 mm jeweils um 5 mm gestuft.

**Werkstoffe:** Stahl (C4C, C10C), CuZn 37, Cu-DHP, EN AW – 1050 A, X 3 Cr NiCu 18-9-4

**Bezeichnungsbeispiel:** Halbrundniet DIN 124 – 20 × 42 – St

Die Schaftlänge für den Niet mit Halbrundkopf als Schließkopf wird nach der Formel berechnet: $l = 1,1 \cdot l_k + 1,5 \cdot d_1$

Für den Senkkopf als Schließkopf gilt: $l = 1,1 \cdot l_k + 0,7 \cdot d_1$

Der Nietdurchmesser wird nach der Formel berechnet: $d = \sqrt{50 \cdot t} - 2$ mm

Für $t$ wird mit dem dünnsten Blech der Nietverbindung gerechnet.

## Stanzniete

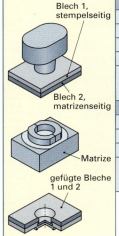

| $t$ | von | 1,8 | 2,2 | 2,5 | 2,8 | 3,1 | 3,4 | 3,7 | 4 | 4,3 |
|---|---|---|---|---|---|---|---|---|---|---|
| | bis | 2,1 | 2,4 | 2,7 | 3 | 3,3 | 3,6 | 3,9 | 4,2 | 4,5 |
| $d_s$ | (Nenn-$\varnothing$) | 4 | 4 | 4 | 4 | 4 | 4 | 4 | 4 | 4 |
| $l$ | (Nenn-länge) | 2,1 | 2,4 | 2,7 | 3,0 | 3,3 | 3,6 | 3,9 | 4,2 | 4,5 |

**Werkstoffe:** Stahl, nichtrostender Stahl
**Bezeichnungsbeispiel:** Stanzniete 4 × 3

## Durchsetzfügen (Clinchen)

Blech 1, stempelseitig
Blech 2, matrizenseitig
Matrize
gefügte Bleche 1 und 2

| Werkzeugdurchmesser 6 mm (Matrize)[1)] | | | |
|---|---|---|---|
| Werkstoff | | DC 01, DC 04 | EN AW-5083 |
| Blechdicke stempelseitig | mm | 1,0 | 1,0 |
| Blechdicke matrizenseitig | mm | 1,0 | 1,0 |
| Zugfestigkeit $R_m$ | N/mm² | 325 | 228 |
| Haftkraft Scherzug | N | 3000 | 2650 |
| Kopfzug | N | 1700 | 1200 |
| **Werkzeugdurchmesser 8 mm (Matrize)[2)]** | | | |
| Blechdicke stempelseitig | mm | 1,5 | 0,7 |
| Blechdicke matrizenseitig | mm | 1,5 | 0,7 |
| Zugfestigkeit $R_m$ | N/mm² | 300 … 350 | 250 |
| Haftkraft Scherzug | N | 1950 | 920 |
| Kopfzug | N | 1700 | 540 |

[1)] Der Elementdurchmesser 6 mm erlaubt eine Gesamtblechdicke von 3 mm.
[2)] Der Elementdurchmesser 8 mm erlaubt eine Gesamtblechdicke von 4 mm. Ein Elementdurchmesser von max. 10 mm erlaubt eine Gesamtblechdicke von 6 mm.

# Befestigungselemente

Zu den **Befestigungselementen** zählen z.B. Dübel, Anker, Setzbolzen, Betonschrauben. Sie sind nicht genormt. Für sicherheitsrelevante Befestigungen (tragende Konstruktionen) sind Anker mit Zulassung erforderlich.
**Bezeichnung:** Firmenname, Name und Größe des Befestigungselementes.
**Beispiel:** NN (Firmenname), Einschlaganker mit Zulassung M 8.
Alle Werte auf den nachfolgenden Seiten zur Befestigungstechnik beziehen sich auf Angaben der Hersteller

| Maß | Einheit | Bedeutung | Maß | Einheit | Bedeutung |
|---|---|---|---|---|---|
| $a$ | mm | Erforderlicher Achsabstand bei Volllast[1] | $F_{v\,zul}$ | kN | zulässige vertikale Zugkraft |
| $a_r$ | mm | Erforderlicher Randabstand bei Volllast[1] | $h_{ef}$ | mm | Effektive Verankerungstiefe |
|  |  |  | $l$ | mm | Dübel-, Ankerlänge |
| $c_{cr}$ | mm | Erforderlicher Randabstand bei Volllast[2] | $l_G$ | mm | Nutzbare Gewindelänge |
|  |  |  | $s_{cr}$ | mm | Erforderlicher Achsabstand bei Volllast[2] |
| $d$ | mm | Gewindedurchmesser | $t$ | mm | Bohrlochtiefe |
| $d_f$ | mm | Durchgangsloch im Anschlussteil | $t_d$ | mm | Bohrlochtiefe ab Oberkante Anschlussteil |
| $d_0$ | mm | Bohrer-Nenndurchmesser |  |  |  |
| $d_p$ | mm | Plattendicke | $T_{inst}$ | Nm | Montagedrehmoment |
| $e$ | mm | Klemmdicke | $t_{fix}$ | mm | maximale Dicke des Anschluss-Bauteils |
| $F_{zul}$ | kN | zulässige zentrische Zugkraft |  |  |  |

[1] Allgemeine bauaufsichtliche Zulassung des Deutschen Institus für Bautechnik (DIBT), Berlin, Bemessung nach Verfahren A.
[2] Bemessung nach „European Technical Approvals Guidline" (ETAG-Verfahren A, B bzw. C, Anhang C).

## Dübel

### Universaldübel

**Beschreibung:** Spreizdübel aus Polyamid für Holzschraube und Spanplatten-Schraube, Vorsteck- und Durchsteckmontage, Spreizwirkung in Vollbaustoffen, Knotenbildung in Lochsteinen und bei Plattenbaustoffen

**Geeignete Baustoffe:** Beton, Vollziegel, Kalksandlochstein, Hochlochziegel, Porenbeton, Naturstein, Gipskartonplatten, Spanplatten

**Einsatzbereiche:** Leichte Befestigung nicht-tragender Konstruktionen.

| Belastung | | Dübelbezeichnung | | | | |
|---|---|---|---|---|---|---|
| Abmessungen | | 5 | 6 | 8 | 10 | 12 | 14 |
| $F_{zul}$ (Beton ≥ C20/25) | kN | 0,30 | 0,40 | 0,60 | 1,00 | 1,50 | 1,80 |
| $F_{zul}$ (Vollziegel) | kN | 0,20 | 0,20 | 0,30 | 0,50 | 0,70 | 0,80 |
| $F_{zul}$ (Kalksandlochstein, KSL 12) | kN | 0,30 | 0,40 | 0,50 | 0,60 | 0,80 | 0,80 |
| $F_{zul}$ (Hochlochziegel, Hlz 12) | kN | 0,20 | 0,20 | 0,20 | 0,20 | 0,30 | 0,40 |
| $d_0$ | mm | 5,0 | 6,0 | 8,0 | 10,0 | 12,0 | 14,0 |
| $t$ | mm | 35 | 40 | 55 | 70 | 80 | 90 |
| $d$ | mm | 3 | 4 | 4,5 | 6 | 8 | 10 |

Hinweise zu den Kurzbezeichnungen siehe oben unter „Befestigungselemente".

### Montage

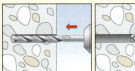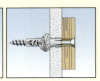

## Befestigungselemente

### Dübel

#### Universal-Langschaftdübel mit Zulassung für gerissenen und ungerissenen Beton

**Beschreibung:** Polyamid-Spreizdübel, Durchsteckmontage, Spezialschraube
**Geeignete Baustoffe:** Beton ≥ C20/25, Vollziegel, Kalksandvollstein, Hohlblockstein, Naturstein
**Einsatzbereiche:** Befestigung von Fassaden-Unterkonstruktionen leichter, vorgehängter Fassaden, Fenster- und Türrahmen, Feuerschutztüren, Toren, für tragende Konstruktionen.

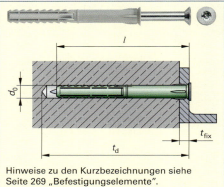

| Belastung Abmessungen | | | Dübelbezeichnung | | | | |
|---|---|---|---|---|---|---|---|
| | | | 10 × 80 | 10 × 100 | 14 × 100 | 14 × 140 | 14 × 180 | 14 × 240 |
| $F_{zul}$ | Gerissener Beton | kN | 1,7 | 1,7 | 1,7 | 1,7 | 1,7 | 1,7 |
| | Ungerissener Beton | kN | 2,0 | 2,0 | 2,0 | 2,0 | 2,0 | 2,0 |
| $d_0$ | | mm | 10 | 10 | 10 | 10 | 10 | 10 |
| $l$ | | mm | 80 | 100 | 120 | 140 | 160 | 180 |
| $t_d$ | | mm | 90 | 110 | 130 | 150 | 170 | 190 |
| $t_{fix}$ | | mm | 30 | 50 | 70 | 90 | 110 | 130 |
| $s_{cr}$ | | mm | 105 | | | | | |
| $c_{cr}$ | | mm | 52,5 | | | | | |

Hinweise zu den Kurzbezeichnungen siehe Seite 269 „Befestigungselemente".

**Montage**

#### Universal-Rahmendübel

**Beschreibung:** Polyamid-Spreizdübel mit lamellenartigen Spreizelementen, Durchsteckmontage, Spezial-Sechskantschraube mit angeformter Unterlegscheibe
**Geeignete Baustoffe:** Beton, Vollziegel, Kalksandlochstein, Hochlochziegel, Hohlblockstein
**Einsatzbereiche:** Tür- und Fensterrahmen, Feuerschutztüren, Tore, Fassaden- und Dachkonstruktionen, Küchenhängeschränke

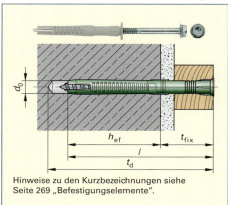

| Belastung Abmessungen | | Dübelbezeichnung | | | | | |
|---|---|---|---|---|---|---|---|
| | | 10 × 80 | 10 × 100 | 10 × 120 | 10 × 140 | 10 × 160 | 10 × 180 |
| $F_{zul}$ (Beton ≥ C20/25) | kN | 0,8 | 0,8 | 1,2 | 1,2 | 1,2 | 1,0 |
| $F_{zul}$ (Vollziegel) | kN | 0,6 | 0,6 | 0,6 | 0,6 | 0,6 | 0,6 |
| $F_{zul}$ (KSL 6) | kN | 0,4 | 0,4 | 0,6 | 0,6 | 0,6 | 0,6 |
| $F_{zul}$ (Hlz 12) | kN | 0,4 | 0,4 | 0,6 | 0,6 | 0,6 | 0,6 |
| $d_0$ | mm | 10 | 10 | 14 | 14 | 14 | 14 |
| $l$ | mm | 80 | 100 | 100 | 140 | 180 | 240 |
| $t_d$ | mm | 90 | 115 | 115 | 155 | 195 | 255 |
| $h_{ef}$ | mm | 70 | 70 | 70 | 70 | 70 | 70 |
| $t_{fix}$ | mm | 10 | 30 | 30 | 70 | 110 | 170 |

Hinweise zu den Kurzbezeichnungen siehe Seite 269 „Befestigungselemente".

**Montage**

# Befestigungselemente

## Dübel

### Dübel für Porenbeton mit Zulassung

**Beschreibung:** Polyamid-Spreizdübel, Vorbohren und Einschlagen mit dem Hammer, Vorsteckmontage
**Geeignete Baustoffe:** Porenbeton
**Einsatzbereiche:** Leichte Befestigung tragender Konstruktionen, Fassaden- und Dachkonstruktionen aus Holz und Metall, abgehängter Decken; Kabeltrassen, Blumenampeln

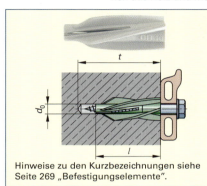

| Belastung | | | Dübelbezeichnung | | |
|---|---|---|---|---|---|
| Abmessungen | | | 8 | 10 | 14 |
| $F_{zul}$ | PB2, PP2 | kN | 0,20 | 0,25 | 0,40 |
| | PB4, PP4 | kN | 0,40 | 0,60 | 0,90 |
| $d_0$ | | mm | 8 | 10 | 14 |
| $t$ | | mm | 60 | 65 | 90 |
| $l$ | | mm | 50 | 55 | 75 |
| $a$ | PB2, PP2 | mm | 100 | 150 | 200 |
| | PB4, PP4 | mm | 150 | 200 | 300 |
| $a_r$ | PB2, PP2 | mm | 75 | 100 | 250 |
| | PB4, PP4 | mm | 100 | 150 | 200 |

Hinweise zu den Kurzbezeichnungen siehe Seite 269 „Befestigungselemente".

### Montage

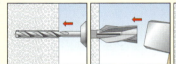   

### Nageldübel

**Beschreibung:** Polyamid-Spreizdübel mit Nagelschraube, Durchsteckmontage
**Geeignete Baustoffe:** Beton, Vollziegel, Lochsteine, Porenbeton, Naturstein
**Einsatzbereiche:** Befestigung von Leisten und Holzlattungen, Verkleidungen, Unterkonstruktionen aus Holz und Metall, Putzprofile, Bleche

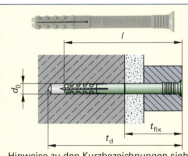

| Belastung | | Dübelbezeichnung | | | | | |
|---|---|---|---|---|---|---|---|
| Abmessungen | | 6×40 | 6×60 | 8×80 | 8×100 | 10×135 | 10×160 |
| $F_{zul}$ (Beton ≥ C20/25) | kN | 0,20 | 0,20 | 0,27 | 0,27 | 0,33 | 0,33 |
| $F_{zul}$ (Vollziegel) | kN | 0,17 | 0,17 | 0,24 | 0,24 | 0,30 | 0,30 |
| $F_{zul}$ (Kalksandvollstein) | kN | 0,17 | 0,17 | 0,24 | 0,24 | 0,33 | 0,33 |
| $F_{zul}$ (Porenbeton PB2, P2) | kN | 0,04 | 0,04 | 0,07 | 0,07 | 0,10 | 0,10 |
| $d_0$ | mm | 6 | 6 | 8 | 8 | 10 | 10 |
| $t_d ≥$ | mm | 55 | 75 | 95 | 115 | 150 | 175 |
| $l$ | mm | 40 | 60 | 80 | 100 | 135 | 160 |
| $t_{fix}$ | mm | 10 | 30 | 40 | 60 | 85 | 110 |

Hinweise zu den Kurzbezeichnungen siehe Seite 269 „Befestigungselemente".

### Montage

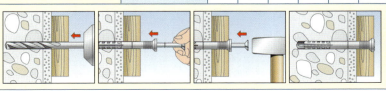

# Befestigungselemente

## Anker

**Einschlaganker mit Zulassung für ungerissenen Beton**

**Beschreibung:** Verzinkter Stahl-Spreizanker mit Innengewinde. Setzen des Ankers mit Einschlagwerkzeug.
**Geeignete Baustoffe:** Beton ≥ C20/25
**Einsatzbereiche:** Universalanker für mittlere Kräfte im ungerissenen Beton für Rohrleitungen, Lüftungskanäle, Sprinkleranlagen, Kabeltrassen, abgehängte Decken, Gitter

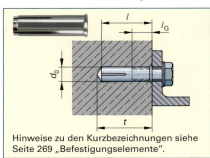

| Belastung Abmessungen | | Ankerbezeichnung | | | | |
|---|---|---|---|---|---|---|
| | | M 6 | M 8 | M 10 | M 12 | M 16 | M 20 |
| $F_{zul}$ (ungerissener Beton) | kN | 3,9 | 3,9 | 6,1 | 8,5 | 12,6 | 17,2 |
| $T_{inst}$ | Nm | 4 | 8 | 15 | 35 | 60 | 120 |
| $d_0$ | mm | 8 | 10 | 12 | 15 | 20 | 25 |
| $t$ | mm | 32 | 33 | 43 | 54 | 70 | 85 |
| $h_{ef}$ | mm | 30 | 30 | 40 | 50 | 65 | 80 |
| $l_G$ | mm | 13 | 13 | 17 | 22 | 28 | 34 |
| $s_{cr}$ | mm | 90 | 90 | 120 | 150 | 195 | 240 |
| $c_{cr}$ | mm | 45 | 47 | 60 | 75 | 97,5 | 120 |

Hinweise zu den Kurzbezeichnungen siehe Seite 269 „Befestigungselemente".

### Montage

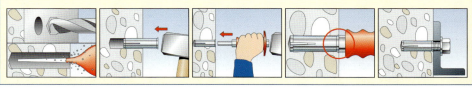

**Bolzenanker mit Zulassung für ungerissenen Beton**

**Beschreibung:** Verzinkter Stahl-Spreizanker mit Außengewinde, Durchsteck- und Vorsteckmontage
**Geeignete Baustoffe:** Beton ≥ C20/25
**Einsatzbereiche:** Z.B. für Konsolen, Geländer, Leitern, Treppen, Tore, Fassaden

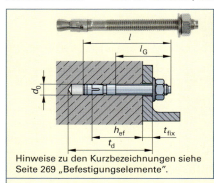

| Belastung Abmessungen | | Ankerbezeichnung | | | | |
|---|---|---|---|---|---|---|
| | | M 8 | M 8 | M 10 | M 12 | M 16 | M 20 |
| $F_{zul}$ | kN | 2,9 | 6,1 | 8,5 | 12,6 | 17,2 | 25,8 |
| $T_{inst}$ | Nm | 15 | 15 | 30 | 50 | 100 | 200 |
| $d_0$ | mm | 8 | 8 | 10 | 12 | 16 | 20 |
| $t_d$ | mm | 76 | 86 | 118 | 135 | 154 | 195 |
| $h_{ef}$ | mm | 30 | 40 | 50 | 65 | 80 | 105 |
| $l$ | mm | 81 | 91 | 126 | 140 | 170 | 214 |
| $l_G$ | mm | 49 | 59 | 86 | 99 | 114 | 90 |
| $t_{fix}$ | mm | 30 | 30 | 50 | 50 | 50 | 60 |
| $s_{cr}$ | mm | 90 | 120 | 150 | 195 | 240 | 315 |
| $c_{cr}$ | mm | 45 | 60 | 75 | 97,5 | 120 | 157,5 |

Hinweise zu den Kurzbezeichnungen siehe Seite 269 „Befestigungselemente".

### Montage

## Anker

### Bolzenanker mit Zulassung für gerissenen und ungerissenen Beton

**Beschreibung:** Verzinkter Stahl-Spreizanker mit Außengewinde, Durchsteck- und Vorsteckmontage
**Geeignete Baustoffe:** Beton ≥ C20/25
**Einsatzbereiche:** Für mittlere Kräfte, z.B. Montage von Geländern, Konsolen, Leitern, Maschinen, Treppen.

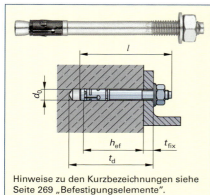

Hinweise zu den Kurzbezeichnungen siehe Seite 269 „Befestigungselemente".

| Belastung Abmessungen | | Ankerbezeichnung | | | | | |
|---|---|---|---|---|---|---|---|
| | | M 8 × 50 | M 10 × 50 | M 12 × 50 | M 16 × 50 | M 20 × 60 | M 24 × 60 |
| $F_{zul}$ (gerissener Beton) | kN | 2,4 | 4,3 | 7,6 | 13,4 | 17,1 | 24,0 |
| $F_{zul}$ (ungerissener Beton) | kN | 4,3 | 7,6 | 11,9 | 18,8 | 24,0 | 33,5 |
| $T_{inst}$ | Nm | 20 | 45 | 60 | 110 | 200 | 270 |
| $d_0$ | mm | 8 | 10 | 12 | 16 | 20 | 24 |
| $t_d$ | mm | 115 | 130 | 145 | 165 | 185 | 215 |
| $h_{ef}$ | mm | 45 | 60 | 70 | 85 | 100 | 125 |
| $l$ | mm | 115 | 135 | 150 | 173 | 202 | 235 |
| $t_{fix}$ | mm | 50 | 50 | 50 | 50 | 60 | 60 |
| $s_{cr}$ | mm | 120 | 180 | 210 | 260 | 300 | 360 |
| $c_{cr}$ | mm | 70 | 90 | 105 | 130 | 150 | 190 |

**Montage**

### Hülsenanker mit Zulassung für gerissenen und ungerissenen Beton

**Beschreibung:** Verzinkter Stahl-Spreizanker, Durchsteckmontage
**Geeignete Baustoffe:** Beton ≥ C20/25
**Einsatzbereiche:** Für hohe Kräfte, z.B. Stahlkonstruktionen, Geländer, Konsolen, Tore, Treppen, Steigleitern.

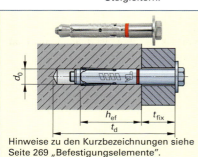

Hinweise zu den Kurzbezeichnungen siehe Seite 269 „Befestigungselemente".

| Belastung Abmessungen | | Ankerbezeichnung | | | |
|---|---|---|---|---|---|
| | | M 8 | M 8 | M 10 | M 12 |
| $F_{zul}$ (ungerissener Beton) | kN | 3,57 | 5,71 | 9,48 | 11,88 |
| $T_{inst}$ | Nm | 10 | 20 | 40 | 75 |
| $d_0$ | mm | 10 | 12 | 15 | 18 |
| $t_d$ | mm | 90 | 95 | 110 | 12 |
| $h_{ef}$ | mm | 40 | 45 | 55 | 70 |
| $t_{fix}$ | mm | 25 | 25 | 25 | 25 |
| $s_{cr}$ | mm | 120 | 135 | 165 | 210 |
| $c_{cr}$ | mm | 60 | 68 | 83 | 105 |

**Montage**

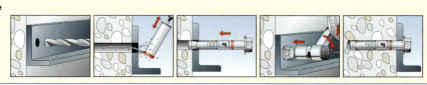

## Befestigungselemente

### Anker

**Hinterschnittanker mit Zulassung für gerissenen und ungerissenen Beton**

**Beschreibung:** Verzinkter Stahlanker, Bohrloch und Hinterschnitt werden mit Spezialwerkzeugen (Bundbohrer und Setzwerkzeug) hergestellt, Vorsteckmontage.
**Geeignete Baustoffe:** Beton ≥ C20/25
**Einsatzbereiche:** Für mittlere Kräfte bei geringen Rand- und Achsabständen, z.B. Stahlkonstruktionen, Konsolen, Tore, Fassaden, Treppen, Geländer, Deckenkonstruktionen, Installationsleitungen.

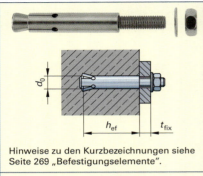

| Belastung Abmessungen | | | Ankerbezeichnung | | | | |
|---|---|---|---|---|---|---|---|
| | | | M 8 × 40 | M 8 × 50 | M10 × 60 | M 12 × 80 | M 16 × 80 |
| $F_{zul}$ | (gerissener Beton) | kN | 2,38 | 4,28 | 5,71 | 9,52 | 16,88 |
| $F_{zul}$ | (ungerissener Beton) | kN | 3,57 | 5,71 | 9,52 | 14,29 | 19,04 |
| $T_{inst}$ | | Nm | 20 | 20 | 40 | 60 | 100 |
| $d_0$ | | mm | 12 | 12 | 14 | 18 | 22 |
| $h_{ef}$ | | mm | 40 | 50 | 60 | 80 | 100 |
| $t_{fix}$ | | mm | 15 | 15 | 25 | 25 | 60 |
| $s_{cr}$ | | mm | 120 | 150 | 180 | 180 | 300 |
| $c_{cr}$ | | mm | 60 | 75 | 90 | 90 | 150 |

Hinweise zu den Kurzbezeichnungen siehe Seite 269 „Befestigungselemente".

**Montage**

**Hinterschnitt-Einschlaganker mit Zulassung für gerissenen und ungerissenen Beton**

**Beschreibung:** Verzinkter Stahlanker, Bohrloch und Hinterschnitt werden mit Spezialwerkzeugen (Bundbohrer und Setzwerkzeug) hergestellt, Vorsteckmontage.
**Geeignete Baustoffe:** Beton ≥ C20/25
**Einsatzbereiche:** Für mittlere Kräfte bei geringen Rand- und Achsabständen, z.B. Tore, Fassaden, Gitter.

| Belastung Abmessungen | | | Ankerbezeichnung | | |
|---|---|---|---|---|---|
| | | | M 8 | M10 | M 12 |
| $F_{zul}$ | (gerissener Beton) | kN | 1,6 | 3,0 | 3,6 |
| $F_{zul}$ | (ungerissener Beton) | kN | 3,6 | 3,6 | 3,6 |
| $T_{inst}$ | | Nm | 10 | 15 | 20 |
| $d_0$ | | mm | 10 | 12 | 14 |
| $h_{ef}$ | | mm | 40 | 40 | 40 |
| $l_G$ | | mm | 17 | 19 | 21 |
| $s_{cr}$ | | mm | 120 | 120 | 120 |
| $c_{cr}$ | | mm | 60 | 60 | 50 |

Hinweise zu den Kurzbezeichnungen siehe Seite 269 „Befestigungselemente".

**Montage**

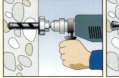   

# Befestigungselemente

## Anker

### Verbundanker mit Zulassung für ungerissenen Beton

**Beschreibung:** Verzinkte Ankerstange aus Stahl. Klebepatrone bestehend aus Reaktionsharz und Härter, vorsteckmontage.
**Geeignete Baustoffe:** Beton ≥ C20/25
**Einsatzbereiche:** Für hohe Kräfte bei geringen Rand- und Achsabständen, z.B. Stahlkonstruktionen, Stützen, Kopf- und Fußplatten, Konsolen, Geländer, Treppen, Tore, Fassaden.

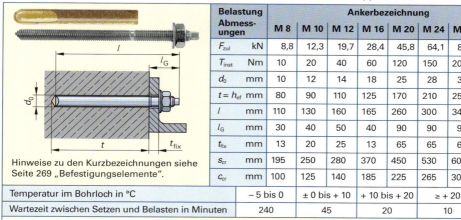

| Belastung Abmessungen | | Ankerbezeichnung | | | | | | |
|---|---|---|---|---|---|---|---|---|
| | | M 8 | M 10 | M 12 | M 16 | M 20 | M 24 | M 27 |
| $F_{zul}$ | kN | 8,8 | 12,3 | 19,7 | 28,4 | 45,8 | 64,1 | 85,8 |
| $T_{inst}$ | Nm | 10 | 20 | 40 | 60 | 120 | 150 | 200 |
| $d_0$ | mm | 10 | 12 | 14 | 18 | 25 | 28 | 32 |
| $t = h_{ef}$ | mm | 80 | 90 | 110 | 125 | 170 | 210 | 250 |
| $l$ | mm | 110 | 130 | 160 | 165 | 260 | 300 | 340 |
| $l_G$ | mm | 30 | 40 | 50 | 40 | 90 | 90 | 90 |
| $t_{fix}$ | mm | 13 | 20 | 25 | 13 | 65 | 65 | 60 |
| $s_{cr}$ | mm | 195 | 250 | 280 | 370 | 450 | 530 | 600 |
| $c_{cr}$ | mm | 100 | 125 | 140 | 185 | 225 | 265 | 300 |

Hinweise zu den Kurzbezeichnungen siehe Seite 269 „Befestigungselemente".

| Temperatur im Bohrloch in °C | – 5 bis 0 | ± 0 bis + 10 | + 10 bis + 20 | ≥ + 20 |
|---|---|---|---|---|
| Wartezeit zwischen Setzen und Belasten in Minuten | 240 | 45 | 20 | 10 |

**Montage**

### Verbundanker mit Zulassung für gerissenen und ungerissenen Beton

**Beschreibung:** Verzinkter Stahlanker. Klebepatrone bestehend aus Reaktionsharz und Härter.
**Geeignete Baustoffe:** Beton ≥ C20/25
**Einsatzbereiche:** Für hohe Kräfte bei geringen Rand- und Achsabständen (z.B. Deckenbereich) und für schwere Lasten mit hohen Sicherheitsanforderungen, z.B. Stahlkonstruktionen, Konsolen, Tore.

| Belastung Abmessungen | | Ankerbezeichnung | | | | |
|---|---|---|---|---|---|---|
| | | M 8 | M 10 | M 12 | M 16 | M 20 |
| $F_{zul}$ (gerissener Beton) | kN | 6,6 | 15,9 | 22,5 | 34,7 | 52,2 |
| $F_{zul}$ (ungerissener Beton) | kN | 9,3 | 16,4 | 23,7 | 46,0 | 65,5 |
| $T_{inst}$ | Nm | 15 | 20 | 40 | 60 | 100 |
| $d_0$ | mm | 10 | 12 | 14 | 18 | 25 |
| $t$ | mm | 75 | 110 | 135 | 175 | 235 |
| $h_{ef}$ | mm | 60 | 95 | 120 | 160 | 210 |
| $t_{fix}$ | mm | 10 | 10 | 10 | 30 | 50 |
| $s_{cr}$ | mm | 180 | 285 | 360 | 480 | 630 |
| $c_{cr}$ | mm | 90 | 142,5 | 180 | 240 | 315 |

Hinweise zu den Kurzbezeichnungen siehe Seite 269 „Befestigungselemente".

| Temperatur im Bohrloch in °C | – 5 bis 0 | ± 0 bis + 10 | + 10 bis + 20 | ≥ + 20 |
|---|---|---|---|---|
| Wartezeit zwischen Setzen und Belasten in Minuten | 240 | 45 | 20 | 10 |

**Montage**

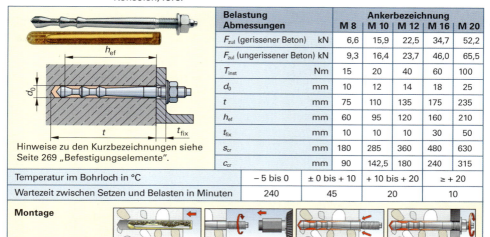

## Befestigungselemente

### Anker

**Verbundanker mit Zulassung für dynamische Lasten**

**Beschreibung:** Verzinkter Stahlanker mit Drahtgewebe, Klebepatrone bestehend aus Reaktionsharz und Härter, Spannbuchse, Vorsteck- und Durchsteckmontage.
**Geeignete Baustoffe:** Beton ≥ C20/25
**Einsatzbereiche:** Säulenschwenkkräne, Portal- und Deckenlaufkräne, Führungsschienen von Aufzügen, Sendemasten, Antennen, Fertigungsroboter, Stahlventilatoren

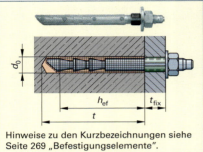

| Belastung | | | Ankerbezeichnung | | | |
|---|---|---|---|---|---|---|
| Abmessungen | | | M 12 | M 16 | M 20 | M 24 |
| $F_{zul}$ (gerissener Beton) | | kN | 9,8 | 12,9 | 20,9 | 29,9 |
| $F_{zul}$ (ungerissener Beton) | | kN | 12,2 | 14,8 | 29,1 | 38,5 |
| $T_{inst}$ | | Nm | 40 | 60 | 100 | 120 |
| $d_0$ | | mm | 15 | 18 | 25 | 28 |
| $t$ | | mm | 115 | 140 | 190 | 245 |
| $h_{ef}$ | | mm | 100 | 125 | 170 | 220 |
| $t_{fix}$ | | mm | 8 | 15 | 15 | 20 |
| $s_{cr}$ | | mm | 300 | 375 | 450 | 660 |
| $c_{cr}$ | | mm | 150 | 187,5 | 225 | 330 |

Hinweise zu den Kurzbezeichnungen siehe Seite 269 „Befestigungselemente".

| Temperatur im Bohrloch in °C | − 5 bis 0 | ± 0 bis + 10 | + 10 bis + 20 | ≥ + 20 |
|---|---|---|---|---|
| Wartezeit zwischen Setzen und Belasten in Minuten | 300 | 60 | 30 | 25 |

**Montage**

**Injektionsanker mit Zulassung für dynamische Lasten**

**Beschreibung:** Verzinkter Stahlanker mit Sicherungsmutter (PAL-Mutter), Injektionsmörtel in Zweikomponenten-Kartusche, Durchsteckmontage.
**Geeignete Baustoffe:** Beton ≥ C20/25
**Einsatzbereiche:** siehe oben (Verbundanker für dynamische Lasten)

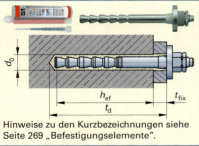

| Belastung | | | Ankerbezeichnung | | | |
|---|---|---|---|---|---|---|
| Abmessungen | | | M 12 | M 16 | M 20 | M 24 |
| $F_{zul}$ (gerissener Beton) | | kN | 14,1 | 23,0 | 28,1 | 28,9 |
| $T_{inst}$ | | Nm | 40 | 60 | 100 | 120 |
| $d_0$ | | mm | 14 | 18 | 24 | 28 |
| $t_d$ | | mm | 130 | 155 | 225 | 275 |
| $h_{ef}$ | | mm | 100 | 125 | 170 | 220 |
| $t_{fix}$ | | mm | 25 | 25 | 50 | 50 |
| $s_{cr}$ | | mm | 300 | 375 | 510 | 660 |
| $c_{cr}$ | | mm | 150 | 190 | 225 | 330 |

Hinweise zu den Kurzbezeichnungen siehe Seite 269 „Befestigungselemente".

| Temperatur im Bohrloch in °C | −5 bis ±0 | ±0 bis +5 | +5 bis +20 | +20 bis +30 | +20 bis +30 |
|---|---|---|---|---|---|
| Wartezeit zwischen Setzen und Belasten in Minuten | 360 | 180 | 80 | 35 | 20 |

**Montage**

# Befestigungselemente

## Anker

### Injektionsanker mit Zulassung für Mauerwerk

**Beschreibung:** Verzinkter Stahlanker und Injektionsmörtel in Zweikomponenten-Kartusche
**Geeignete Baustoffe:** Vollziegel, Kalksand-Vollstein
**Einsatzbereiche:** Für die direkte Verankerung von Stahlkonstruktionen, Gittern, Geländern, Handläufen u.a.

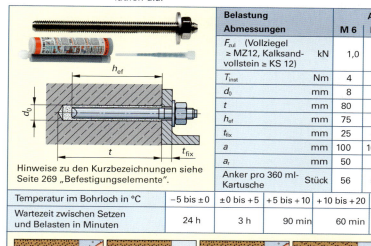

| Belastung / Abmessungen | | Ankerbezeichnung | | | | |
|---|---|---|---|---|---|---|
| | | M 6 | M 8 | M 10 | M 12 | M 16 |
| $F_{zul}$ (Vollziegel $\geq$ MZ12, Kalksandvollstein $\geq$ KS 12) | kN | 1,0 | 1,0 | 1,7 | 1,7 | 1,7 |
| $T_{inst}$ | Nm | 4 | 4 | 4 | 4 | 4 |
| $d_0$ | mm | 8 | 10 | 12 | 14 | 18 |
| $t$ | mm | 80 | 80 | 80 | 80 | 80 |
| $h_{ef}$ | mm | 75 | 75 | 75 | 75 | 75 |
| $t_{fix}$ | mm | 25 | 45 | 45 | 50 | 85 |
| $a$ | mm | 100 | 100 | 100 | 100 | 100 |
| $a_r$ | mm | 50 | 50 | 50 | 50 | 50 |
| Anker pro 360 ml-Kartusche | Stück | 56 | 56 | 42 | 34 | 24 |

Hinweise zu den Kurzbezeichnungen siehe Seite 269 „Befestigungselemente".

| Temperatur im Bohrloch in °C | −5 bis ±0 | ±0 bis +5 | +5 bis +10 | +10 bis +20 | +20 bis +30 | +30 bis +40 |
|---|---|---|---|---|---|---|
| Wartezeit zwischen Setzen und Belasten in Minuten | 24 h | 3 h | 90 min | 60 min | 45 min | 35 min |

### Injektionsanker mit Zulassung für Hohlmauerwerk

**Beschreibung:** Verzinkter Stahlanker, Ankerhülse aus Kunststoff und Injektions-Mörtel in Zweikomponenten-Kartusche.
**Geeignete Baustoffe:** Hochlochziegel, Kalksand-Lochsteine, Hohlblocksteine aus Leichtbeton.
**Einsatzbereiche:** Für Anschlusselemente wie z.B. Gitter, Konsolen, Handläufe, Vordächer, Markisen, Sanitäreinrichtungen sowie für tragende Konstruktionen.

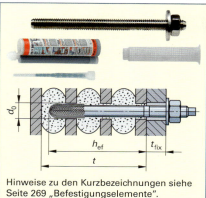

| Belastung / Abmessungen | | Ankerbezeichnung | | | | |
|---|---|---|---|---|---|---|
| | | M 6 | M 8 | M 10 | M 12 | M 16 |
| $F_{zul}$ (Hochlochziegel $\geq$ HLz 6) | kN | 0,4 | 0,4 | 0,4 | 0,4 | 0,4 |
| $F_{zul}$ (Kalksandlochstein $\geq$ KSL 6) | kN | 0,6 | 0,6 | 0,6 | 0,6 | 0,6 |
| $T_{inst}$ | Nm | 4 | 4 | 4 | 4 | 4 |
| $d_0$ | mm | 16 | 16 | 16 | 20 | 20 |
| $t$ | mm | 90 | 90 | 90 | 90 | 90 |
| $h_{ef}$, Siebhülse | mm | 85 | 85 | 85 | 85 | 85 |
| $t_{fix}$ | mm | 25 | 45 | 45 | 50 | 85 |
| $a$ | mm | 100 | 100 | 100 | 100 | 100 |
| $a_r$ | mm | 50 | 50 | 50 | 50 | 50 |
| Anker pro 360 ml-Kartusche | Stück | 17 | 14 | 14 | 11 | 11 |

Hinweise zu den Kurzbezeichnungen siehe Seite 269 „Befestigungselemente".

**Montage**

# Befestigungselemente

## Anker

### Thermisch getrennter Anker mit Zulassung

**Beschreibung:** Verankerungssystem auf Injektionsbasis mit thermischer Trennung durch Kunststoffblock. Dieses dient auch als Fräser zum Einfräsen im Wärmedämmverbundsystem.

**Geeignete Baustoffe:** Mauerziegel, Beton, Kalksand-Vollsteine, Hochlochziegel, Kalksand-Vollsteine

**Einsatzbereiche:** Für Markisen, Vordächer u. a. im Wärmeverbundsystem einer Außenwand.

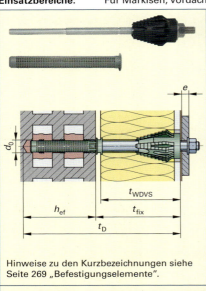

| Belastung | | | Ankerbezeichnung | |
|---|---|---|---|---|
| Abmessungen | | | M 12 | M 16 |
| $F_{zul}$ (Vollstein/Beton) | | kN | 1,7 | 1,7 |
| $F_{zul}$ (Kalksand-Vollstein ≥ KS 12) | | kN | 1,7 | 1,7 |
| $F_{zul}$ (Hochlochziegel ≥ Hlz 12) | | kN | 0,8 | 0,8 |
| $F_{zul}$ (Kalksand-Lochstein ≥ KSL 12) | | kN | 1,4 | 1,4 |
| $T_{inst}$ | | Nm | 20 | 20 |
| $d_0$ | Vollstein/Beton | mm | 14 | 18 |
| | Lochstein | | 20 | 20 |
| $t_d$ | Vollstein/Beton | mm | $t_{fix}$ + 95 | $t_{fix}$ + 125 |
| | Lochstein | | $t_{fix}$ + 130 + 5 | $t_{fix}$ + 200 + 5 |
| $t_{fix}$ | | mm | 60 – 110 | 60 – 170 |
| $h_{ef}$ | Vollstein/Beton | mm | 95 | 125 |
| | Lochstein | | 130 | 200 |
| $e$ | | mm | ≤ 16 | ≤ 16 |
| Achsabstand $a$ | | mm | 100 | 100 |
| Randabstand $a_r$ | | mm | | |
| | Vollstein/Beton | | 60 | 60 |
| | Lochstein KS | | 60 | 60 |
| | Hlz, KSL | | 150 | 240 |

Hinweise zu den Kurzbezeichnungen siehe Seite 269 „Befestigungselemente".

**Montage**

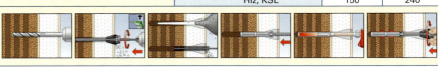

### Einbruchsicherer Anker für Beton

**Beschreibung:** Verzinkter Stahl-Spreizanker mit Abreißkopf. Der Sechskant reißt nach Erreichen des Drehmoments ab. Zurück bleibt eine Halbkugel als Kopf.

**Geeignete Baustoffe:** Beton ≥ C20/25

**Einsatzbereiche:** Einbruchs- und Diebstahlschutz z. B. für Fenstergitter, Wandtresore

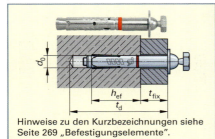

| Belastung | | |
|---|---|---|
| Abmessungen | | M 8 |
| $F_{zul}$ (ungerissener Beton) | kN | 5,71 |
| $T_{inst}$ | Nm | 20 |
| $d_0$ | mm | 12 |
| $t_d$ | mm | 95 |
| $h_{ef}$ | mm | 45 |
| $t_{fix}$ | mm | 25 |
| $s_{cr}$ | mm | 135 |
| $c_{cr}$ | mm | 68 |

Hinweise zu den Kurzbezeichnungen siehe Seite 269 „Befestigungselemente".

**Montage**

# Befestigungselemente

## Anker

### Betonschrauben für gerissenen und ungerissenen Beton

**Beschreibung:** Verzinkte Schraube mit Spezialgewinde und gehärteter Spitze. Vorbohren und Einschrauben.
**Geeignete Baustoffe:** Beton ≥ C20/25
**Einsatzbereiche:** Durchsteckmontage für Ankerschienen, Konsolen, Schutzgitter, Sitzreihen, Regalsysteme.

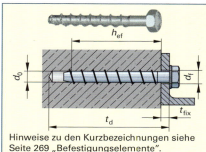

| Belastung | | | Ankerbezeichnung | |
|---|---|---|---|---|
| Abmessungen | | | 8 | 10 |
| $F_{zul}$ (gerissener Beton) | | kN | 2,5 | 4,0 |
| $F_{zul}$ (ungerissener Beton) | | kN | 5,3 | 6,6 |
| $d_0$ | | mm | 8 | 10 |
| $t_d$ | | mm | 100 | 110 |
| $h_{ef}$ | | mm | 50 | 60 |
| $t_{fix}$ | | mm | 15 | 15 |
| $d_f$ ≤ | | mm | 12 | 14 |
| $s_{cr}$ | | mm | 150 | 180 |
| $c_{cr}$ | | mm | 75 | 90 |

Hinweise zu den Kurzbezeichnungen siehe Seite 269 „Befestigungselemente".

### Montage

### Steinschrauben (Spaltdollen)

vgl. DIN 529 (2010-09)

| Gewinde | | M 8 | M 10 | M 12 | M 16 | M 20 | M 24 | M 30 | M 36 | M 42 | M 48 |
|---|---|---|---|---|---|---|---|---|---|---|---|
| $l$ (Nennlänge) | von | 80 | 100 | 125 | 160 | 200 | 250 | 320 | 400 | 500 | 630 |
| | bis | 250 | 320 | 400 | 630 | 1000 | 1600 | 2500 | 3200 | 3200 | 4000 |
| $l_G$ | | 20 | 25 | 30 | 40 | 50 | 60 | 75 | 90 | 105 | 120 |
| $c$ | | 55 | 55 | 70 | 90 | 110 | 130 | 160 | 190 | 230 | 260 |
| $a$ | | 25 | 32 | 40 | 55 | 65 | 80 | 100 | 120 | 140 | 160 |
| $g$ | für Form C | 5 | 7 | 8 | 11 | 14 | 18 | 24 | 30 | 34 | 40 |

**Festigkeitsklasse:** Stahl: 4.6
**Bezeichnungsbeispiel:** Steinschraube DIN 529 – M 20 × 250 – 4.6

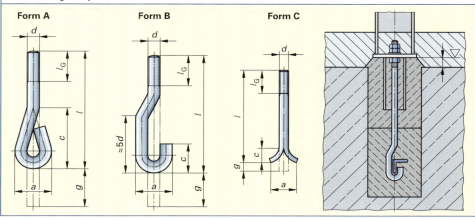

Form A   Form B   Form C

## Anker

### Hohlraumanker

**Beschreibung:** Verzinkter Stahlhülsenanker mit Innengewinde für die Vorsteckmontage.
**Geeignete Baustoffe:** Gipskarton- und Gipsfaserplatten, Spanplatten, Hohldecken, Sperrholz
**Einsatzbereiche:** Befestigung leichter Objekte (z.B. Handtuchhalter, Gardinenschienen, Schlüsselkasten) an dünnen Wänden.

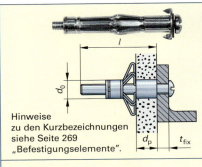

| Belastung | | Ankerbezeichnung | | | |
| Abmessungen | | M 4 | M 5 | M 5 | M 8 |
|---|---|---|---|---|---|
| $F_{zul}$ (Gipskarton 12,5 mm) | kN | – | 0,25 | 0,25 | 0,25 |
| $F_{zul}$ (Holzspanplatte 10 mm) | kN | 0,25 | 0,25 | 0,25 | 0,25 |
| $F_{zul}$ (Gipsfaserplatte 15 mm) | kN | 0,25 | 0,25 | 0,25 | 0,25 |
| $d_0$ | mm | 8 | 10 | 12 | 12 |
| $t$ | mm | 56 | 62 | 62 | 65 |
| $l$ | mm | 46 | 52 | 52 | 55 |
| $d_p$ | mm | 5–18 | 7–21 | 10–21 | 10–21 |
| $t_{fix}$ | mm | 23 | 24 | 24 | 24 |

Hinweise zu den Kurzbezeichnungen siehe Seite 269 „Befestigungselemente".

### Montage

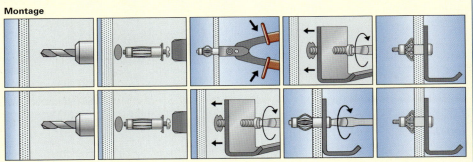

### Gipskartonanker

**Beschreibung:** Metallanker mit scharfkantigem, selbstschneidendem Gewinde und Einschraubkanal für Anschlussschraube, Vorsteckmontage
**Geeignete Baustoffe:** Gipskartonplatten, Gipsfaserplatten
**Einsatzbereiche:** Leichte Befestigung für z. B. Bilder, Lampen, Schalter, Schlüsselkästen, Regale

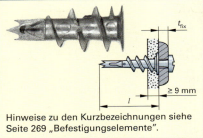

| Belastung | | Ankerbezeichnung | |
| Abmessungen | | GK 12 | GK 27 |
|---|---|---|---|
| $F_{zul}$ (Gipskarton 9,5 mm) | kN | 0,07 | |
| $F_{zul}$ (Gipskarton 12,5 mm) | kN | 0,08 | |
| $F_{zul}$ (Gipskarton ≥ 2 × 12,5 mm) | kN | 0,11 | |
| $l_{inst}$ | mm | 31 | |
| $t_{fix}$ | mm | 12 | 27 |
| Schraube $d \times l$ | | 4,5 × 35 | 4,5 × 50 |

Hinweise zu den Kurzbezeichnungen siehe Seite 269 „Befestigungselemente".

### Montage

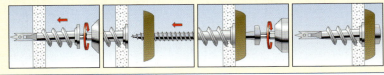

# Befestigungselemente

## Anker
### Anker für Stahlhohlprofile
**Beschreibung:** Verzinkter Stahlanker.
**Geeignete Baustoffe:** Quadrat-, Rechteck- und Rundrohr
**Einsatzbereiche:** Für Anschlusselemente, Konsolen, Abhängungen.

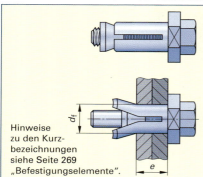

Hinweise zu den Kurzbezeichnungen siehe Seite 269 „Befestigungselemente".

| Belastung Abmessungen | | Ankerbezeichnung | | | | |
|---|---|---|---|---|---|---|
| | | M 8 | M 10 | M 12 | M 16 | M 20 |
| $F_{zul}$ (Hohlprofil 140 × 140 × 6,3) | kN | 4 | 8 | 10 | 15 | 16 |
| $F_{zul}$ (Hohlprofil 180 × 180 × 8) | kN | 4 | 7 | 10 | 17 | 18 |
| $F_{v\,zul}$ (vertikal) | kN | 5 | 10 | 15 | 30 | 40 |
| $\tau_{inst}$ | Nm | 23 | 45 | 80 | 190 | 300 |
| $d_f$ | mm | 14 | 18 | 20 | 26 | 33 |
| $e$ | mm | 3…22 | 3…22 | 3…25 | 8…29 | 8…34 |
| $a$ | mm | 35 | 40 | 50 | 55 | 70 |
| $a_r$ | mm | ≥ 17,5 | ≥ 22,5 | ≥ 25,0 | ≥ 32,5 | ≥ 33 |

## Setzbolzen für Formstähle
**Beschreibung:** Verzinkter und vergüteter Stahlnagel.
**Geeignete Baustoffe:** Formstähle aus S235JR, S355J0, S355J2G3 mit einer Wandstärke von $t ≥ 6$ mm.
**Einsatzbereiche:** Für Trapezblech-Befestigung an Stützen, Trägern und Pfetten. Geeignet für maximal 4 Blechlagen.

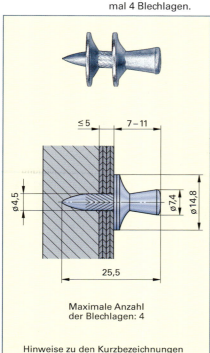

Maximale Anzahl der Blechlagen: 4

Hinweise zu den Kurzbezeichnungen siehe S. 269 „Befestigungselemente".

| Belastung und Anwendung des Setzbolzens | | | | | | | | | |
|---|---|---|---|---|---|---|---|---|---|
| $F_{zul}$ kN | 2,05 | 3,15 | 3,60 | 4,00 | 4,40 | 4,40 | 4,40 | 4,40 | 4,40 |
| $F_{v\,zul}$ kN | 2,0 | 2,35 | 2,70 | 3,00 | 3,50 | 4,00 | 4,30 | 4,30 | 4,30 |
| $t$ mm | 0,63 | 0,75 | 0,88 | 1,0 | 1,13 | 1,25 | 1,5 | 1,75 | 2,0 |
| zulässige Befestigungsarten | 1…4 | 1…4 | 1…4 | 1…4 | 1…4 | 1 | 1 | 1 | 1 |

*Note: last column $F_{zul}=4,40$, $F_{v\,zul}=4,30$, $t=2,5$, Befestigungsart = 1*

### Befestigungsarten

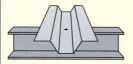

1. einfach, keine Überlappung

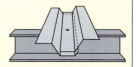

2. in Querrichtung überlappt

3. in Längsrichtung überlappt

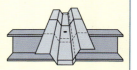

4. in Längs- und Querrichtung überlappt

## Montagetechnik

### Trägerklammern, Klemmelemente

#### Trägerklammern

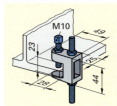

Trägerprofile:
links: I-Profile mit geneigten Flanschen (DIN 1025-1)
rechts: I-Profile mit parallelen Flanschen (DIN 1025-2, DIN 1025-5)

Empfohlene Belastung: links: 4,5 kN; rechts: 3,1 kN
Anzugsmomente:
links: 20 Nm
rechts: Stellschraube 8 Nm, Feststellmutter 22 Nm.
Die Trägerklammer links ist paarweise zu setzen.

#### Träger-Klemmelemente für Kreuzverbindungen

  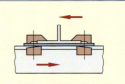

| Schraube und Festigkeitsklasse | Anziehmoment $M_A$ in Nm | Zulässige Last pro Klemmelement $F_{zul}$ in kN | Zulässige Scherkraft pro Klemmelement $Q_{zul}$ in kN | Reibungskraft $F_R$ pro Klemmelement in kN bei Oberflächen Stahl : Stahl | Farbüberzug : Verzinkung |
|---|---|---|---|---|---|
| M 12 | 8.8 | 69,0 | 5.8 | 9.9 | 0,9 | 0,35 |
| M 16 | 8.8 | 147,0 | 7.3 | 18.4 | 2,0 | 0,75 |
| M 20 | 8.8 | 285,0 | 14.7 | 28.8 | 3,5 | 1,5 |
| M 24 | 8.8 | 491,0 | 19.7 | 41.5 | 5,45 | 2,25 |
| M 30 | 8.8 | 940,0 | 37.5 | 65.8 | – | – |
| M 36 | 8.8 | 1715,0 | 62.5 | 96.1 | 8,75 | 3,65 |

### Rohrschellen

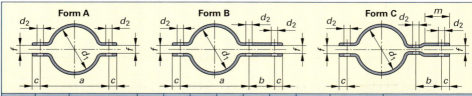

| Nennweite in mm | Rohr-Schelle $d_1$ in mm | äußerer Rohrdurchmesser in mm | in inch | $a$ in mm | $b$ in mm | $c$ in mm | $d_2$ in mm | $f$ in mm | $m$ in mm | Flach-Stahl S235JR | Sechskant-Schrauben | Masse in kg/100 Stück Form A | B und C |
|---|---|---|---|---|---|---|---|---|---|---|---|---|---|
| 15 | 22 | 21,3 | 1/2″ | 56 | | | | 5 | | | | 18,0 | 28,4 |
| 20 | 27 | 26,9 | 3/4″ | 66 | | | | | | | | 22,6 | 33,0 |
| 25 | 34 | 33,7 | 1″ | 72 | 46 | 15 | 11,5 | 7 | 44 | 30 × 5 | M 10 × 30 | 24,8 | 35,2 |
| 32 | 43 | 42,4 | 1 1/4″ | 82 | | | | | | | | 27,9 | 38,4 |
| 40 | 49 | 48,3 | 1 1/2″ | 88 | | | | | | | | 30,4 | 40,7 |
| 50 | 57 | 57,0 | | 104 | | | | | | | | 56,1 | 76,7 |
|    | 61 | 60,3 | 2″ | 108 | 54 | 18 | 14 | 9 | 52 | 40 × 6 | M 12 × 35 | 58,2 | 78,0 |
| 65 | 77 | 76,1 | 2 1/2″ | 122 | | | | | | | | 66,3 | 86,0 |
| 80 | 89 | 88,9 | 3″ | 136 | | | | | | | | 75,3 | 95,1 |
| 100 | 108 | 108,0 | | 172 | 24 | 18 | 11 | | | 50 × 8 | M 16 × 45 | 159,1 | 203,0 |
|     | 115 | 114,3 | 4″ | 178 | | | | | | | | 163,4 | 206,5 |

# Montagetechnik

## Montageschienen und Schienenmuttern
### Schienen für Metallbau-Konstruktionen

| Schienenarten | | | gelocht 28 × 18 | gelocht 41 × 21 | ungelocht 41 × 21 | ungelocht 41 × 41 |
|---|---|---|---|---|---|---|
| Bezeichnung | | | | | | |
| Wandstärke | t | in mm | 1,2 | 2,5 | 2,5 | 2,5 |
| Querschnittsfläche | S | in cm² | 0,78 | 1,97 | 2,32 | 3,35 |
| Schienengewicht | m | in kg/m | 0,61 | 1,55 | 1,82 | 2,63 |
| Lieferlänge | l | in m | 2 und 3 | 3 und 6 | 3 und 6 | 3 und 6 |

### Belastbarkeit der Montageschienen in Abhängigkeit von der Spannweite

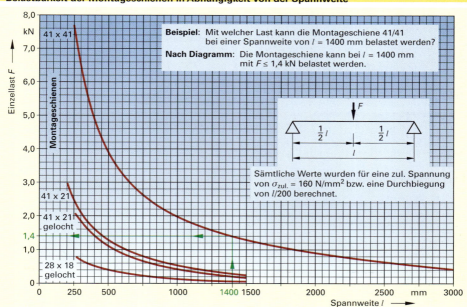

**Beispiel:** Mit welcher Last kann die Montageschiene 41/41 bei einer Spannweite von $l$ = 1400 mm belastet werden?

**Nach Diagramm:** Die Montageschiene kann bei $l$ = 1400 mm mit $F ≤ 1,4$ kN belastet werden.

Sämtliche Werte wurden für eine zul. Spannung von $\sigma_{zul.}$ = 160 N/mm² bzw. eine Durchbiegung von $l/200$ berechnet.

### Schienenmuttern

| Schienenprofil | Gewinde | Empfohlene Kräfte | | Anzieh-moment |
|---|---|---|---|---|
| | | Zug $F_{zul}$ in kN | Querzug[1] $F_{q\,zul}$ in kN | $M_F$ in Nm |
| 41 × 21 gelocht 41 × 21 ungelocht | M 8 M 10 M 12 | 6,0 7,5 7,5 | 0,8 1,7 1,7 | 25,0 50,0 70,0 |
| 41 × 41 ungelocht | M 8 M 10 M 12 | 6,0 7,5 10,0 | 0,8 1,7 2,4 | 25,0 50,0 90,0 |

[1] Querzug gültig für Einzelbefestigung. Wert für zweifache Befestigung $F_{q\,zul}$ · 1,3.

## Anschlagmittel

### Faserseile

#### Anschlag-Faserseile im Vergleich

vgl. DIN EN 1492-4 (2009-02)

| Seil-Werkstoff | Seil-Nenn-durchmesser d mm | Tragfähigkeit kg Einzelstrang direkt | Seil-Werkstoff | Seil-Nenn-durchmesser d mm | Tragfähigkeit kg Einzelstrang direkt |
|---|---|---|---|---|---|
| **Hanfseile** – Ha – vierlitzig Kennzeichnung durch weißes Farbetikett bzw. Kennfaden | 16 | 250 | **Polyesterseile** – PES – dreilitzig Kennzeichnung durch blaues Farbetikett oder Kennfaden | 16 | 520 |
| | 20 | 350 | | 20 | 800 |
| | 24 | 500 | | 24 | 1200 |
| | 28 | 700 | | 28 | 1500 |
| | 32 | 900 | | 32 | 2000 |
| | 36 | 1200 | | 36 | 2500 |
| | 40 | 1400 | | 40 | 3000 |
| | 48 | 2000 | | 48 | 4300 |
| **Polyamidseile** – Pa – dreilitzig Kennzeichnung durch grünes Farbetikett bzw. Kennfaden | 16 | 680 | **Polypropylenseile** – PP – dreilitzig Kennzeichnung durch braunes Farbetikett oder Kennfaden | 16 | 480 |
| | 20 | 1100 | | 20 | 750 |
| | 24 | 1500 | | 24 | 1100 |
| | 28 | 2100 | | 28 | 1400 |
| | 32 | 2600 | | 32 | 1700 |
| | 36 | 3200 | | 36 | 2200 |
| | 40 | 4500 | | 40 | 2600 |
| | 48 | 5400 | | 48 | 3700 |

Tragfähigkeit auch abgekürzt WLL (Working Load Limit)

#### Ablegereife von Kunstfaserseilen

1. Bruch einer Litze im Seil.
2. Garnbrüche; mehr als 10% der Gesamtgarnzahl.
3. Stärkere Verformung aufgrund von Wärme, z.B. durch Reibung.
4. Lockerung der Spleiße.
5. Schäden durch aggressive Stoffe.

#### Eigenschaften von Polyamid (PA)-, Polyester (PES)- und Polypropylen (PP)-garnen

| Eigenschaft | | PA | PES | PP |
|---|---|---|---|---|
| Festigkeit | $\frac{N}{mm^2}$ | 65 … 80 | 65 … 80 | 35 … 45 |
| Reißdehnung | % | ca. 20 | ca. 12 | ca. 15 |
| Nassfestigkeit | % | 85 … 90 | 100 | 100 |
| Scheuerfestigkeit im Verhältnis | % | 100 | 80 | 50 |
| Hitzebeständigkeit | | gut bis sehr gut | sehr gut | gut |
| Formbeständigkeit | | gut | sehr gut | befriedigend |
| Dichte | $\frac{g}{cm^3}$ | 1,14 | 1,38 | 0,91 |
| Schmelzpunkt | °C | 255 | 260 | 168 |
| Feuchtigkeitsaufnahme bei Normalklima | % | 4,0 | 0,4 | 0,0 |
| **Chemikalienbeständigkeit:** | | | | |
| Laugen | | gut | mäßig | gut |
| Säuren | | unbeständig | gut | gut |
| Salze, basisch | | unempfindlich | Schädigung | unempfindlich |
| Benzindämpfe | | beständig | beständig | beständig |

# Anschlagmittel

## Rundschlingen und Hebebänder

### Rundschlingen aus PA, PES oder PP
vgl. DIN EN 1492-2 (2009-05)

| Farbe der Umhüllung | Tragfähigkeit WLL[1] in der Anschlagart direkt in t | Tragfähigkeit in kg | | | | | | |
|---|---|---|---|---|---|---|---|---|
| | | Neigungswinkel $\beta$ | | | | | | |
| | | 0° | 0° | 0° | 0° bis 45° | 45° bis 60° | 0° bis 45° | 45° bis 60° |
| | | Anschlagfaktor $M$[2] | | | | | | |
| | | 1 | 0,8 | 2 | 1,4 | 1 | 1,4 | 1 |
| | | einfach direkt | einfach geschnürt | einfach umgelegt, parallel | einfach umgelegt | | zweisträngige Rundschlinge | |
| violett | 1,0 | 1000 | 800 | 2000 | 1400 | 1000 | 1400 | 1000 |
| grün | 2,0 | 2000 | 1600 | 4000 | 2800 | 2000 | 2800 | 2000 |
| gelb | 3,0 | 3000 | 2400 | 6000 | 4200 | 3000 | 4200 | 3000 |
| grau | 4,0 | 4000 | 3200 | 8000 | 5600 | 4000 | 5600 | 4000 |
| rot | 5,0 | 5000 | 4000 | 10000 | 7000 | 5000 | 7000 | 5000 |
| braun | 6,0 | 6000 | 4800 | 12000 | 8400 | 6000 | 8400 | 6000 |
| blau | 8,0 | 8000 | 6400 | 16000 | 11200 | 8000 | 11200 | 8000 |
| orange | 10,0 | 10000 | 8000 | 20000 | 14000 | 10000 | 14000 | 10000 |

### Hebebänder, flachgewebt aus PA, PES oder PP
vgl. DIN EN 1492-1 (2009-05)

| Farbe des Hebebandes mit Endschlaufen bzw. des Endloshebebandes | Tragfähigkeit WLL[1] in der Anschlagart direkt in t | Tragfähigkeit in kg | | | | | | |
|---|---|---|---|---|---|---|---|---|
| | | Neigungswinkel $\beta$ | | | | | | |
| | | 0° | 0° | 0° | 0° bis 45° | 45° bis 60° | 0° bis 45° | 45° bis 60° |
| | | Anschlagfaktor $M$[2] | | | | | | |
| | | 1 | 0,8 | 2 | 1,4 | 1 | 1,4 | 1 |
| | | einfach direkt | einfach geschnürt | einfach umgelegt, parallel | einfach umgelegt | | zweisträngiges Hebeband | |
| violett | 1,0 | 1000 | 800 | 2000 | 1400 | 1000 | 1400 | 1000 |
| grün | 2,0 | 2000 | 1600 | 4000 | 2800 | 2000 | 2800 | 2000 |
| gelb | 3,0 | 3000 | 2400 | 6000 | 4200 | 3000 | 4200 | 3000 |
| grau | 4,0 | 4000 | 3200 | 8000 | 5600 | 4000 | 5600 | 4000 |
| rot | 5,0 | 5000 | 4000 | 10000 | 7000 | 5000 | 7000 | 5000 |
| braun | 6,0 | 6000 | 4800 | 12000 | 8400 | 6000 | 8400 | 6000 |
| blau | 8,0 | 8000 | 6400 | 16000 | 11200 | 8000 | 11200 | 8000 |
| orange | 10,0 | 10000 | 8000 | 20000 | 14000 | 10000 | 14000 | 10000 |

[1] Engl. Walking Load Limit. Es gibt die maximale Masse in Tonnen an, für die das Anschlagmittel in der Anschlagart einfach direkt und für übliche Hebevorgänge ausgelegt ist.

[2] Mit dem Anschlagfaktor $M$ wird die Veränderung der Tragfähigkeit des Anschlagmittels durch die Anschlagart berücksichtigt. Durch Multiplikation der Tragfähigkeit WLL mit dem Anschlagfaktor $M$ ergibt sich die Tragfähigkeit je nach Anschlagart und Neigungswinkel.

### Farbkennzeichnung und Tragfähigkeit von Rundschlingen und Hebebändern aus Kunstfaser

| | | | | | | | | |
|---|---|---|---|---|---|---|---|---|
| rosa: | 500 kg | blau: | 1500 kg | gelb: | 3000 kg | rot: | 5000 kg | blau: 8000 kg |
| violett: | 1000 kg | grün: | 2000 kg | grau: | 4000 kg | braun: | 6000 kg | orange: 10000 – 15000 kg |

## Anschlagseile

**Anschlagseile[1] mit Fasereinlage, Seilklassen 6 × 19 und 6 × 36**  vgl. DIN EN 13414-1 (2009-02)

| Seil-nenn-durch-messer $d$ für Litzen-seil (Seilart N) | Tragfähigkeit in kg ||||||||
|---|---|---|---|---|---|---|---|---|
| | Neigungswinkel $\beta$ ||||||||
| | 0° | 0° | 0° | 0° bis 45° | 45° bis 60° | 0° bis 45° | 45° bis 60° ||
| | einfach direkt | einfach geschnürt | einfach umgelegt, parallel | zweisträngiges Anschlagseil || drei- oder viersträngiges Anschlagseil ||
| 8 | 700 | 560 | 1400 | 950 | 700 | 1500 | 1050 |
| 10 | 1050 | 840 | 2100 | 1500 | 1050 | 2250 | 1600 |
| 12 | 1550 | 1240 | 3100 | 2120 | 1550 | 3300 | 2300 |
| 14 | 2120 | 1700 | 4240 | 3000 | 2120 | 4350 | 3150 |
| 16 | 2700 | 2160 | 5400 | 3850 | 2700 | 5650 | 4200 |
| 18 | 3400 | 2720 | 6800 | 4800 | 3400 | 7200 | 5200 |
| 20 | 4350 | 3480 | 8700 | 6000 | 4350 | 9000 | 6500 |
| 22 | 5200 | 4160 | 10 400 | 7200 | 5200 | 11 000 | 7800 |
| 24 | 6300 | 5040 | 12 600 | 8800 | 6300 | 13 500 | 9400 |
| 26 | 7200 | 5760 | 14 400 | 10 000 | 7200 | 15 000 | 11 000 |
| 28 | 8400 | 6720 | 16 800 | 11 800 | 8400 | 18 000 | 12 500 |
| 32 | 11 000 | 8800 | 22 000 | 15 400 | 11 000 | 23 000 | 16 500 |
| 36 | 14 000 | 11 200 | 28 000 | 19 000 | 14 000 | 29 000 | 21 000 |
| 40 | 17 000 | 13 600 | 34 000 | 23 500 | 17 000 | 36 000 | 26 000 |
| 44 | 21 000 | 16 800 | 42 000 | 29 000 | 21 000 | 44 000 | 31 500 |
| 48 | 25 000 | 20 000 | 50 000 | 35 000 | 25 000 | 52 000 | 37 000 |

[1] Verzinkte Ausführung, für Temperturbereiche −40 ° bis + 100 °C; Sicherheitsfaktor 5, Festigkeitsklasse 1770

### Ablegereife von Drahtseilen

1. Bruch einer Litze.
2. Aufdoldungen.
3. Lockerung der äußeren Lage in der freien Länge.
4. Quetschungen in der freien Länge.
5. Knicke und Kinken (Klanken).
6. Korrosionsnarben.
7. Beschädigungen oder starke Abnutzung der Seil- oder Seilendverbindungen.
8. 

| Anzahl sichtbarer Drahtbrüche ||||
|---|---|---|---|
| Seilart || Prüflänge in mm |||
| || $3 \cdot d^{1)}$ | $6 \cdot d$ | $30 \cdot d$ |
| Litzenseile | N | 4 | 6 | 16 |
| Kabelschlagseile | K | 10 | 15 | 40 |

[1] $d$ = Seildurchmesser

### Richtwerte für Drahtseile

| Chemische Zusammensetzung ||
|---|---|
| Kohlenstoff | 0,4 % … 0,9 % |
| Mangan | 0,3 % … 0,7 % |
| Silizium | 0,1 % … 0,3 % |
| Phosphor | max. 0,045 % |
| Schwefel | max. 0,045 % |
| Stickstoff | max. 0,008 % |
| Nennfestigkeit Litzenseil nach DIN EN 13414-1 | 1600 N/mm² … 2100 N/mm² 1770 N/mm² |
| Proportionalitäts-grenze | 40 % … 55 % der Zugfestigkeit |
| Streckgrenze | 70 % … 85 % der Zugfestigkeit |
| Elastizitätsmodul | ca. 200 000 N/mm² |

# Anschlagmittel

## Ketten und Zubehör

### Anschlagketten Güteklasse 8
vgl. DIN EN 818-4 (2008-12)

| Ketten-nenn-dicke | Tragfähigkeit in kg |||||||
|---|---|---|---|---|---|---|---|
| | Neigungswinkel β |||||||
| | 0° | 0° | 0° | 0° bis 45° | 45° bis 60° | 0° bis 45° | 45° bis 60° |
| Ketten-nenndicke d | einfach direkt | einfach geschnürt | einfach umgelegt, parallel | zweisträngige Anschlagkette || drei- oder viersträngige Anschlagkette ||
| 4  | 500   | 400   | 1000  | 700   | 500   | 1000  | 800   |
| 6  | 1100  | 900   | 2200  | 1600  | 1100  | 2400  | 1700  |
| 8  | 2000  | 1600  | 4000  | 2800  | 2000  | 4300  | 3000  |
| 10 | 3200  | 2500  | 6400  | 4300  | 3200  | 6700  | 4800  |
| 13 | 5300  | 4300  | 10600 | 7500  | 5300  | 11200 | 8000  |
| 16 | 8000  | 6400  | 16000 | 11200 | 8000  | 17000 | 11800 |
| 18 | 10000 | 8000  | 20000 | 14000 | 10000 | 21200 | 15000 |
| 22 | 15000 | 12000 | 30000 | 21000 | 15000 | 31500 | 22400 |

### Anschlagketten Güteklasse 10
vgl. PAS[1]) 1061 (2006-04)

| | | | | | | | |
|---|---|---|---|---|---|---|---|
| 4  | 630   | 500   | 1260  | 880   | 630   | 1320  | 950   |
| 6  | 1500  | 1200  | 3000  | 2100  | 1500  | 3150  | 2250  |
| 8  | 2500  | 2000  | 5000  | 3500  | 2500  | 5250  | 3750  |
| 10 | 4000  | 3200  | 8000  | 5600  | 4000  | 8400  | 6000  |
| 13 | 6700  | 5400  | 13400 | 9500  | 6700  | 14000 | 10000 |
| 16 | 10000 | 8000  | 20000 | 14000 | 10000 | 21000 | 15000 |
| 18 | 16000 | 12800 | 32000 | 22400 | 16000 | 33600 | 24000 |
| 22 | 20000 | 16000 | 40000 | 28000 | 20000 | 42000 | 30000 |

[1]) **P**ublicity **A**vailable **S**pecification

### Vergleich der Tragfähigkeit verschiedener Anschlagketten, Einzelstrang direkt

| Nenndicke d mm | Güteklasse || | Nenndicke d mm | Güteklasse |||
|---|---|---|---|---|---|---|---|
| | 2 | 5 | 8 | | 2 | 5 | 8 |
| 8  | 630 kg  | 1250 kg | 2000 kg | 16 | 2500 kg | 5000 kg | 8000 kg  |
| 10 | 1000 kg | 2000 kg | 3150 kg | 18 | 3200 kg | 6300 kg | 10000 kg |

### Prüfstempel und Kettenanhänger für die Güteklassen 8 und 10
vgl. DIN 685-4 (2001-02)

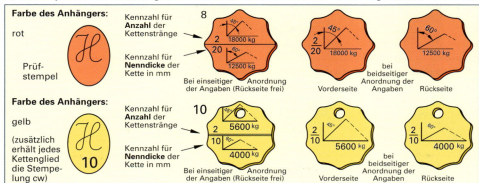

**Farbe des Anhängers:** rot — Prüfstempel

Kennzahl für **Anzahl** der Kettenstränge
Kennzahl für **Nenndicke** der Kette in mm

**Farbe des Anhängers:** gelb (zusätzlich erhält jedes Kettenglied die Stempelung cw)

Kennzahl für **Anzahl** der Kettenstränge
Kennzahl für **Nenndicke** der Kette in mm

Bei einseitiger Anordnung der Angaben (Rückseite frei) — Vorderseite / Rückseite bei beidseitiger Anordnung der Angaben

# 288 Anschlagmittel

## Ketten und Zubehör

### Aufhängeglieder

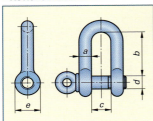

| Ketten-Nenndicke mm | | Trag-fähigkeit kg | Maße mm | | | Kran-haken-breite b mm | Kran-haken-größe nach DIN 15401 | Masse kg |
|---|---|---|---|---|---|---|---|---|
| 1-Strang | 2-Strang | | d | l | p | | | |
| 7 | 6 | 1 500 | 13 | 60 | 110 | 45 | 2,5 | 0,3 |
| 8 | 7 | 2 200 | 16 | 60 | 110 | 45 | 2,5 | 0,5 |
| 10 | 8 | 3 200 | 18 | 75 | 135 | 60 | 5,0 | 0,8 |
| 13 | 10 | 5 000 | 22 | 90 | 160 | 70 | 6,0 | 1,5 |
| 16 | 13 | 8 000 | 26 | 100 | 180 | 75 | 8,0 | 2,3 |
| 18 | 16 | 11 200 | 32 | 110 | 200 | 95 | 10,0 | 3,9 |

### Kettenschäkel

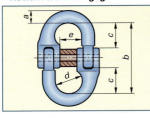

| Trag-fähigkeit kg | Maße mm | | | | | Masse kg |
|---|---|---|---|---|---|---|
| | a | b | c | d | e | |
| 500 | 6 | 22 ± 2 | 11 ± 2 | 8 | 18 | 0,1 |
| 750 | 8 | 26 ± 2 | 13 ± 2 | 10 | 21 | 0,1 |
| 1000 | 10 | 31 ± 4 | 16 ± 2 | 12 | 25 | 0,1 |
| 1500 | 11 | 36 ± 4 | 18 ± 2 | 13 | 29 | 0,2 |
| 2000 | 13 | 41 ± 4 | 20 ± 2 | 16 | 31 | 0,3 |
| 3250 | 16 | 50 ± 4 | 26 ± 2 | 19 | 40 | 0,6 |

### Kettenverbindungsglieder

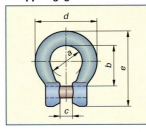

| Ketten-Nenndicke mm | Trag-fähigkeit kg | Maße mm | | | | Masse kg |
|---|---|---|---|---|---|---|
| | | a | b | c | d | |
| 6 | 1000 | 7 | 47 | 16 | 16 | 15 | 0,1 |
| 7 | 1500 | 9 | 56 | 18 | 21 | 20 | 0,1 |
| 8 | 2000 | 9 | 58 | 26 | 20 | 20 | 0,1 |
| 10 | 3200 | 13 | 66 | 30 | 26 | 27 | 0,3 |
| 13 | 5000 | 17 | 84 | 31 | 31 | 29 | 0,6 |

### Kupplungsglieder für Ketten

| Ketten-Nenndicke mm | Trag-fähigkeit kg | Maße mm | | | | Masse kg |
|---|---|---|---|---|---|---|
| | | a | b | c | d | e | |
| 6 | 1000 | 13 | 23 | 6,5 | 44 | 50 | 0,1 |
| 7 | 1500 | 26 | 33,5 | 8,5 | 54 | 66 | 0,1 |
| 8 | 2000 | 26 | 33,5 | 8,5 | 54 | 66 | 0,3 |
| 10 | 3200 | 36 | 43,5 | 10,5 | 68 | 85 | 0,3 |
| 13 | 5000 | 44 | 55,0 | 13,6 | 88 | 108 | 0,6 |
| 16 | 8000 | 52 | 64,0 | 16,8 | 104 | 129 | 1,0 |

### Kupplungsglieder für Hebebänder und Rundschlingen

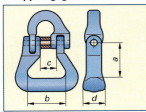

| Ketten-Nenndicke mm | Trag-fähigkeit kg | Maße mm | | | | Masse kg |
|---|---|---|---|---|---|---|
| | | a | b | c | d | |
| 8 | 2000 | 35 | 40 | 18 | 24 | 0,2 |
| 10 | 3200 | 42 | 47 | 24 | 29 | 0,4 |
| 13 | 5000 | 50 | 53 | 29 | 35 | 0,7 |
| 16 | 8000 | 62 | 67 | 35 | 43 | 1,2 |
| 20 | 12 500 | 71 | 80 | 43 | 52 | 1,9 |

## Transporthilfsmittel

### Spannschlösser, Ringschrauben, Heber
#### Spannschlösser[1]

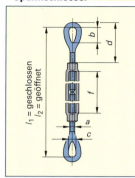

| Tragfähigkeit kg | Nenngröße inch | Maße mm a | b | c | d | $e_1$ | $e_2$ | f | Masse kg |
|---|---|---|---|---|---|---|---|---|---|
| 230  | 1/4 × 4    | 6,35 | 19,8 | 8,6  | 44,4 | 198 | 300  | 102 | 0,14 |
| 540  | 3/8 × 6    | 9,53 | 28,5 | 13,5 | 64   | 292 | 444  | 152 | 0,34 |
| 1000 | 1/2 × 9    | 17,7 | 36,6 | 18,3 | 82   | 408 | 637  | 229 | 0,83 |
| 1590 | 5/8 × 12   | 15,9 | 44,5 | 22,2 | 99,1 | 525 | 820  | 305 | 1,59 |
| 2360 | 3/4 × 12   | 19,1 | 53   | 25,4 | 119  | 569 | 873  | 305 | 2,46 |
| 3270 | 7/8 × 12   | 22,2 | 60,5 | 31,8 | 130  | 592 | 897  | 305 | 3,67 |
| 4540 | 1 × 12     | 25,4 | 76   | 36,6 | 162  | 660 | 964  | 305 | 5,41 |
| 6890 | 1 1/4 × 12 | 31,8 | 90,5 | 46   | 196  | 719 | 1024 | 305 | 8,62 |

[1] Prüflast ist die zweifache Tragfähigkeit. Mindestbruchkraft ist die fünffache Tragfähigkeit.

### Ringschrauben und Ringmuttern[1]

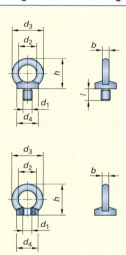

| Tragfähigkeit[2] kg senkrecht direkt 0° | seitlich 90° | Gewinde Ringschraube M × l | Ringmutter M | Maße mm $d_2$ | $d_3$ | $d_4$ | b | h | Masse kg |
|---|---|---|---|---|---|---|---|---|---|
| 400  | 100  | M 6 × 13  | –     | 25 | 45 | 25 | 10 | 45 | 0,09 |
| 400  | 100  | –         | M 6   | 25 | 45 | 25 | 10 | 45 |      |
| 800  | 200  | M 8 × 19  | –     | 25 | 45 | 25 | 10 | 45 | 0,09 |
| 800  | 200  | –         | M 8   | 25 | 45 | 25 | 10 | 45 |      |
| 1000 | 250  | M 10 × 17 | –     | 25 | 45 | 26 | 10 | 45 | 0,11 |
| 1000 | 250  | –         | M 10  | 25 | 45 | 25 | 10 | 45 |      |
| 1600 | 400  | M 12 × 21 | –     | 35 | 63 | 35 | 14 | 62 | 0,27 |
| 1600 | 400  | –         | M 12  | 35 | 63 | 35 | 14 | 62 |      |
| 4000 | 1000 | M 16 × 27 | –     | 35 | 63 | 35 | 14 | 62 | 0,31 |
| 4000 | 1000 | –         | M 16  | 35 | 63 | 35 | 14 | 62 |      |
| 6000 | 1500 | M 20 × 30 | –     | 50 | 90 | 50 | 20 | 90 | 0,86 |
| 6000 | 1500 | –         | M 20  | 50 | 90 | 50 | 20 | 90 |      |

[1] Güteklassen: Ringschraube 8.8, Ringmutter 8
[2] Die angegebenen Tragfähigkeiten gelten nur, wenn der Ring der Mutter in einer Linie mit der Lastrichtung ist und die Mutter bis zum Ende des Gewindes fest eingedreht ist.

### Blechheber und Profilheber

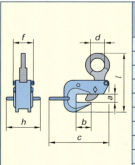

| Tragfähigkeit kg | Maulweite a inch | Maße mm b | c | d | e | f | g | h | Masse kg |
|---|---|---|---|---|---|---|---|---|---|
| 500  | 0 – 25  | 59 | 180 | 57 | 225 | 70  | 70  | 37 | 3,38 |
| 500  | 19 – 38 | 59 | 180 | 57 | 28  | 70  | 70  | 37 | 4,0  |
| 1000 | 0 – 25  | 63 | 292 | 57 | 241 | 70  | 117 | 48 | 5,0  |
| 1000 | 19 – 38 | 63 | 292 | 57 | 254 | 70  | 117 | 48 | 5,0  |
| 1000 | 32 – 51 | 63 | 292 | 57 | 267 | 70  | 117 | 48 | 6,0  |
| 2000 | 0 – 32  | 81 | 337 | 78 | 310 | 98  | 138 | 51 | 9,7  |
| 2000 | 75 – 51 | 81 | 333 | 78 | 329 | 98  | 138 | 51 | 10,0 |
| 2000 | 47 – 70 | 81 | 333 | 78 | 348 | 98  | 138 | 51 | 11,0 |
| 4000 | 0 – 38  | 97 | 378 | 92 | 380 | 111 | 145 | 70 | 16,0 |
| 4000 | 32 – 64 | 97 | 378 | 92 | 406 | 111 | 145 | 70 | 17,0 |

Einsatzschwerpunkte für Blech- und Profilheber. Bei Blechen und Blechpaketen Anschlaggehänge mit drei Hebern oder mehr verwenden. Für Profiltransport nur paarweise Heber einsetzen.

# Handzeichen für Anschläger

## Handzeichen für Kranführer, Anschläger und Einweiser
vgl. DIN 33 409 (1983-04)

|  |  |  |
|---|---|---|
| Arm gestreckt mit nach vorn gekehrter Handfläche hochhalten: **Achtung** | Beide Arme seitwärts waagerecht ausstrecken: **Halt** | Beide Arme seitwärts waagerecht ausstrecken und abwechselnd anwinkeln und strecken: **Halt – Gefahr** |
|  |  |  |
| Arm hochgestreckt mit nach vorn gekehrter Handfläche seitlich hin und her bewegen: **Abfahren** | Mit beiden Armen mit zum Körper gerichteten Handflächen heranwinkeln: **Herkommen** | Mit beiden Armen mit vom Körper weggerichteten Handflächen wegwinkeln: **Entfernen** |
|  |  |  |
| Den der Bewegungsrichtung zugeordneten Arm anwinkeln und seitlich hin und her bewegen: **Nach Links fahren** | Den der Bewegungsrichtung zugeordneten Arm anwinkeln und seitlich hin und her bewegen: **Nach Rechts fahren** | Beide Handflächen parallel dem Abstand entsprechend halten: **Anzeige des Abstandes zum Haltepunkt** |
|  |  |  |
| Mit beiden Händen auf Zielpunkt zeigen: **Ortsbestimmung** | Mit nach unten zeigender Hand mit dem Arm Kreisbewegungen ausführen: **Ab** | Mit nach oben zeigender Hand mit dem Arm Kreisbewegungen ausführen: **Auf** |
|  |  |  |
| Beide Arme mit nach unten gekehrten Handflächen waagerecht ausstrecken und leicht nach oben und unten bewegen: **Langsam** | Unterarm waagerecht mit nach oben gekehrter Handfläche leicht auf und ab bewegen: **Langsam auf** | Unterarm waagerecht mit nach unten gekehrter Handfläche leicht auf und ab bewegen: **Langsam ab** |

# Fertigungstechnik 291

## Biegetechnik 292
- Biegeradien .................... 292
- Gestreckte Länge ................ 293
- Biegelinien ..................... 293
- Ausgleichswerte ................. 294
- Rückfederung .................... 297
- Gesenkbiegen .................... 297
- Falzverbindungen ................ 299
- Kaltbiegen von Rohren ........... 300
- Anwärmlängen .................... 301
- Profilbögen, Mindestradien ...... 301

## Schmiedetemperaturen 302
- Schmiedetemperaturen für unlegierten Stahl ............ 302
- Schmiedetemperaturen verschiedener Werkstoffe ......... 302
- Schmiedetemperaturen und Verformbarkeit ................. 302
- Maßtoleranzen für das Freiformschmieden ... 302

## Mechanisches und thermisches Trennen 303
- Scherschneiden .................. 303
- Tafelscheren, Kreisscheren ...... 303
- Nibbeln ......................... 304
- Maßtoleranzen für thermische Schnitte ...... 304
- Brennschneiden .................. 304
- Plasmaschneiden ................. 305
- Laserstrahlschneiden ............ 305
- Wasserstrahlschneiden ........... 305

## Antriebstechnik 306
- Zahnradberechnung ............... 306
- Übersetzungen ................... 307
- Schmalkeilriementrieb ........... 308
- Geschwindigkeiten an Maschinen .. 309
- Drehzahldiagramm ................ 310

## Spanende Fertigungsverfahren 311
- Bohren .......................... 311
- Sägen ........................... 312
- Drehen .......................... 313
- Fräsen .......................... 314
- Schleifen ....................... 315
- Spanende Bearbeitung der Kunststoffe ...... 317

## Schweißen 318
- Schweißverfahren ................ 318
- Schweißnahtvorbereitung ......... 319
- Schweißpositionen ............... 319
- Gasschmelzschweißen (Autogenschweißen) von Stahl ......... 320
- Schweißgase ..................... 320
- Schweißstäbe für das Gasschmelzschweißen . 320
- Richtwerte ...................... 320
- Lichtbogenhandschweißen (E-Schweißen) von Stahl ......... 321
- Richtwerte ...................... 321
- Umhüllte Stabelektroden ......... 321
- Zuordnung der Stabelektroden zu den Werkstoffen .............. 323
- Elektrodenbedarf beim Lichtbogen-Schmelzschweißen ....... 324
- Kennzeichnung von Gasflaschen ... 326
- Schutzgas-Schweißverfahren ...... 327
- Schutzgase ...................... 327
- Drahtelektroden, Schweißzusätze zum Schutzgasschweißen ......... 328
- Einstellgrößen und Richtwerte zum Schutzgasschweißen ......... 330
- Zuordnung von Drahtlelektroden und Schweißstäben zu den Werkstoffen ........ 331
- Hauptnutzungszeit beim Lichtbogen-Schmelzschweißen ..... 332
- Schweißen mit Fülldrahtelektroden ......... 333
- Unterpulver-Schweißen ........... 334
- Lichtbogen-Bolzenschweißen ...... 334
- Bewertung von Schweißverbindungen ...... 335
- Schweißen von Aluminium- und Kupferwerkstoffen ................ 336
- Schweißen von Kunststoffen ...... 337

## Löten 338
- Weichlöten ...................... 338
- Hartlöten ....................... 339

## Kleben 340

## Kalkulation 341
- Kostenstellen, Gemeinkosten ..... 341
- Vorkalkulation .................. 342
- Abrechnung nach Gewicht ......... 343
- Stundenverrechnungssatz ......... 344
- Maschinenstundensatz ............ 345
- Auftragszeit nach REFA .......... 346

# Biegetechnik

## Biegeradien

### Biegeradien – Empfehlung
vgl. DIN 6935 (2011-10)

Die fettgedruckten Biegeradien (Biegehalbmesser) sind zu bevorzugen.

| $R$ | 1 | 1,2 | **1,6** | 2 | **2,5** | 3 | **4** | 5 | **6** | 8 | **10** | 12 | **16** | **20** | **25** | 28 | **32** |
|---|---|---|---|---|---|---|---|---|---|---|---|---|---|---|---|---|---|

### Mindest-Biegeradien für Flacherzeugnisse aus Stahl (Kaltbiegen)
vgl. DIN 6935 (2011-10)

| Werkstoff | Mindest-zugfestig-keit in N/mm² | Lage [1] | Kleinster zulässiger innerer Biegeradius $R_{min}$ für Blechdicken $s$ in mm | | | | | | | | | | | |
|---|---|---|---|---|---|---|---|---|---|---|---|---|---|---|
| | | | 1 | über 1 bis 1,5 | über 1,5 bis 2,5 | über 2,5 bis 3 | über 3 bis 4 | über 4 bis 5 | über 5 bis 6 | über 6 bis 7 | über 7 bis 8 | über 8 bis 10 | über 10 bis 12 | über 12 bis 14 | über 14 bis 16 | über 16 bis 18 | über 18 bis 20 |
| S235 JR S235 JO S235 J2 | 360 … 510 | q | 1 | 1,6 | 2,5 | 3 | 5 | 6 | 8 | 10 | 12 | 16 | 20 | 25 | 28 | 36 | 40 |
| | | l | 1 | 1,6 | 2,5 | 3 | 6 | 8 | 10 | 12 | 16 | 20 | 25 | 28 | 32 | 40 | 45 |
| S275 JR S275 JO S275 J2 | 430 … 580 | q | 1,2 | 2,0 | 3,0 | 4 | 5 | 8 | 10 | 12 | 16 | 20 | 25 | 28 | 32 | 40 | 45 |
| | | l | 1,2 | 2,0 | 3,0 | 4 | 6 | 10 | 12 | 16 | 20 | 25 | 32 | 36 | 40 | 45 | 50 |
| S355 JR S355 JO S355 J2 | 510 … 680 | q | 1,6 | 2,5 | 4,0 | 5 | 6 | 8 | 10 | 12 | 16 | 20 | 25 | 32 | 36 | 45 | 50 |
| | | l | 1,6 | 2,5 | 4,0 | 5 | 8 | 10 | 12 | 16 | 20 | 25 | 32 | 36 | 40 | 50 | 63 |

**Hinweis:** Angegebene Werte gelten für Biegewinkel $\alpha \leq 120°$, für $\alpha > 120°$ ist der nächsthöhere Tabellenwert maßgeblich.

[1] Blechlage beim Biegen zur Walzrichtung: $q$ (quer), $l$ (längs/parallel)

### Mindest-Biegeradien für Flacherzeugnisse (Kaltbiegen)
vgl. DIN EN 10025-2 (2011-04)

| Werkstoff | beim Biegen quer oder längs zur Walzrichtung | Kleinster zulässiger innerer Biegeradius $R_{min}$ für Blechdicken $s$ in mm | | | | | | | | | |
|---|---|---|---|---|---|---|---|---|---|---|---|
| | | über 1 bis 2,5 | über 2,5 bis 3 | über 3 bis 4 | über 4 bis 5 | über 5 bis 6 | über 6 bis 7 | über 7 bis 8 | über 8 bis 10 | über 10 bis 12 | über 12 bis 14 | über 14 bis 16 | über 16 bis 18 | über 18 bis 20 |
| S235 JOW | quer | 2,5 | 3 | 5 | 6 | 8 | 10 | 12 | 16 | 20 | 25 | 28 | 36 | 40 |
| S235 J2W | längs | 2,5 | 3 | 6 | 8 | 10 | 12 | 16 | 20 | 25 | 28 | 32 | 40 | 45 |
| S355 JOWP | quer | 4 | 5 | 6 | 8 | 10 | 12 | 16 | 20 | 25 | 28 | 32 | 40 | 45 |
| S355 J2WP | längs | 4 | 5 | 8 | 10 | 12 | 16 | 20 | 25 | 32 | 36 | 40 | 45 | 50 |
| S355 JOW S355 J2W | quer | 4 | 5 | 6 | 8 | 10 | 12 | 16 | 20 | 25 | 32 | 36 | 45 | 50 |
| S355 K2W | längs | 4 | 5 | 8 | 10 | 12 | 16 | 20 | 25 | 32 | 36 | 40 | 50 | 63 |

**Hinweis:** Angegebene Werte gelten für Biegewinkel $\alpha \leq 90°$.

### Mindest-Biegeradien für Flacherzeugnisse aus Stählen mit höherer Streckgrenze im vergüteten Zustand (Kaltbiegen)
vgl. DIN EN 10025-6 (2011-04)

Kleinster zulässiger innerer Biegeradius $R_{min}$ für Blechdicken $s \leq 16$ mm für in Biegewinkel $\leq 90°$ mm
Blechlage beim Biegen zur Walzrichtung

| Werkstoff | quer | längs/parallel |
|---|---|---|
| S460 Q, S460 QL, S460 QL1 | $R_{min} = 3 \cdot s$ | $R_{min} = 4 \cdot s$ |
| S500 Q, S500 QL, S500 QL1 | | |
| S550 Q, S550 QL, S550 QL1 | | |
| S620 Q, S820 Q, S620 QL1 | | |
| S690 Q, S690 QL, S690 QL1 | | |
| S890 Q, S890 QL, S890 QL1 | | |

## Biegetechnik 293

### Biegeradien, Gestreckte Länge, Biegelinien

**Mindest-Biegeradien für Flacherzeugnisse aus NE-Metallen**  vgl. DIN 5520 (2002-07)

| Werkstoff | Zustands-hinweis | Blechdicke $s$ in mm ||||||||||||
|---|---|---|---|---|---|---|---|---|---|---|---|---|
| | | bis 0,8 | über 0,8 bis 1 | über 1 bis 1,5 | über 1,5 bis 2 | über 2 bis 3 | über 3 bis 4 | über 4 bis 5 | über 5 bis 6 | über 6 bis 7 | über 7 bis 8 | über 8 bis 10 | über 10 bis 12 | über 12 bis 15 |
| | | Biegeradius $R_{min}$ in mm ||||||||||||
| CuZn37 - F60 | hart | 2,0 | 2,5 | 4,0 | 5,0 | 8,0 | 10,0 | 12,0 | 16,0 | – | – | – | – |
| CuZn40 - F35 | mittelhart | 1,0 | 1,6 | 2,5 | 4,0 | 6,0 | 10,0 | – | – | – | – | – | – |
| EN AW-5754 - H22 | kaltverfestigt und rückgeglüht | 0,8 | 1,0 | 1,5 | 3,0 | 4,5 | 6,0 | 8,0 | 10,0 | – | – | – | – |
| EN AW-5754 - H 12 | kaltverfestigt | 1,2 | 1,6 | 2,5 | 4,0 | 6,0 | 10,0 | 14,0 | 18,0 | – | – | – | – |
| EN AW-5754 - H 112 | warmgewalzt | – | – | – | – | – | – | – | – | – | 25 | 36 | 48 |
| EN AW-5754 - H 111 | weichgeglüht, gerichtet | 0,4 | 0,6 | 1,0 | 2,0 | 3,0 | 4,0 | 6,0 | 8,0 | 10,0 | 14,0 | – | – |
| EN AW-5083 - H 111 | weichgeglüht, gerichtet | 0,6 | 1,0 | 1,5 | 2,5 | 4,0 | 6,0 | 8,0 | 10,0 | 14,0 | 20,0 | 25,0 | 36,0 | 48,0 |
| EN AW-5083 - H 22 | kaltverfestigt und rückgeglüht | 1,2 | 1,6 | 2,5 | 4,0 | 6,0 | 10,0 | 16,0 | 20,0 | 25,0 | 32,0 | 40,0 | 56,0 | 80,0 |
| EN AW-6082 - T6 | lösungsgeglüht u. warm ausgelagert | 2,5 | 4,0 | 5,0 | 8,0 | 12,0 | 16,0 | 23,0 | 28,0 | 36,0 | 44,0 | 60,0 | – | – |

**Hinweis:** Bei Blechen ab 4 mm Dicke aus Werkstoffen mit hoher Festigkeit sind die Kanten im Bereich der Biegung zu entgraten, um ein Einreißen zu verhindern. Die Tabellenwerte gelten für Biegewinkel $\alpha \leq 90°$.

### Berechnung der gestreckten Länge für gebogene Blechteile  vgl. DIN 6935 (2011-10)

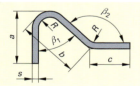

**Gestreckte Länge**

$$L = a + b + c + \ldots - v_1 - v_2 - \ldots$$

**Beispiel:** $a = 45$ mm;  $b = 50$ mm;  $c = 32$ mm;  $R = 10$ mm;
$\beta_1 = 45°$;  $\beta_2 = 135°$;  $s = 5$ mm
$v_1 = ?$;  $v_2 = ?$;  $L = ?$
$v_1 = 1,72$ mm;  $v_2 = 3,00$ mm (vgl. nachfolgende Tabellen)
$L = a + b + c + - v_1 - v_2$
   $= 45$ mm $+ 50$ mm $+ 32$ mm $- 1,72$ mm $- 3,00$ mm
   $= 122,28$ mm $\approx$ **123 mm**

| | |
|---|---|
| $L$ | gestreckte Länge[1] |
| $a, b, c$ | Schenkellängen[2] |
| $s$ | Blechdicke |
| $R$ | Biegeradius |
| $\beta_1, \beta_2$ | Öffnungswinkel |
| $v_1, v_2$ | Ausgleichswerte[3] |

[1] Die gerechnete gestreckte Länge wird auf volle Millimeter aufgerundet.
[2] Es wird mit den Außenmaßen der Biegeschenkel gerechnet.
[3] Bei Öffnungswinkel $\beta = 0°$ bis $65°$ sind die Ausgleichswerte positiv oder negativ und bei $\beta \geq 65°$ immer positiv.

### Berechnung der Biegelinien  vgl. DIN 6935 (2011-10)

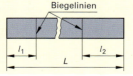

**Lage der Biegelinien**

$$l_1 = a - \frac{v_1}{2} \qquad l_2 = c - \frac{v_2}{2}$$

Bei der Berechnung wird mit den Außenmaßen der Biegeschenkel gerechnet.

**Beispiel:** $a = 45$ mm;  $b = 50$ mm;  $c = 32$ mm;  $R = 10$ mm;  $\beta_1 = 45°$;  $\beta_2 = 135°$;  $s = 5$ mm;
$v_1 = 1,72$ mm;  $v_2 = 3,00$ mm (vgl. nachfolgende Tabellen)

$l_1 = ?$;   $l_2 = ?$

$l_1 = a - \frac{v_1}{2} = 45$ mm $- \frac{1,72}{2}$ mm         $l_2 = c - \frac{v_2}{2} = 32$ mm $- \frac{3,00}{2}$ mm

$l_1 = 44,14$ mm $\approx$ **44 mm**         $l_2 = 30,5$ mm $\approx$ **31 mm**

## Biegetechnik

### Ausgleichswerte

Ausgleichswerte für das Kaltbiegen von Flacherzeugnissen aus Stahl

vgl. DIN 6935 Beibl. 2 (2010-01)

| Dicke s in mm | Empfohlener Biegeradius $R^{1)}$ in mm | | | | | | | | | | | |
|---|---|---|---|---|---|---|---|---|---|---|---|---|
| | 1 | 1,2 | 1,6 | 2 | 2,5 | 3 | 4 | 5 | 6 | 8 | 10 | 12 | 16 |
| | Ausgleichswert $v$ in mm | | | | | | | | | | | |
| **150°** | | | | | | | | | | | | |
| 1   | +0,38 | +0,37 | +0,36 | +0,60 | +0,34 | +0,34 | +0,34 | +0,34 | +0,35 | +0,37 | +0,40 | +0,42 | +0,47 |
| 1,5 | –     | –     | +0,56 | +0,55 | +0,54 | +0,53 | +0,51 | +0,51 | +0,50 | +0,51 | +0,53 | +0,56 | +0,61 |
| 2   | –     | –     | –     | –     | +0,74 | +0,72 | +0,70 | +0,69 | +0,68 | +0,67 | +0,67 | +0,70 | +0,74 |
| 2,5 | –     | –     | –     | –     | +0,95 | +0,93 | +0,90 | +0,88 | +0,86 | +0,85 | +0,84 | +0,84 | +0,88 |
| 3   | –     | –     | –     | –     | –     | +1,13 | +1,10 | +1,07 | +1,05 | +1,03 | +1,01 | +1,02 | +1,02 |
| 3,5 | –     | –     | –     | –     | –     | –     | +1,30 | +1,27 | +1,25 | +1,21 | +1,19 | +1,18 | +1,17 |
| 4   | –     | –     | –     | –     | –     | –     | –     | –     | +1,47 | +1,44 | +1,40 | +1,38 | +1,36 | +1,34 |
| 4,5 | –     | –     | –     | –     | –     | –     | –     | –     | –     | +1,65 | +1,60 | +1,56 | +1,54 | +1,52 |
| 5   | –     | –     | –     | –     | –     | –     | –     | –     | +1,85 | +1,79 | +1,75 | +1,73 | +1,69 |
| 6   | –     | –     | –     | –     | –     | –     | –     | –     | –     | +2,19 | +2,14 | +2,11 | +2,06 |
| 7   | –     | –     | –     | –     | –     | –     | –     | –     | –     | –     | +2,54 | +2,49 | +2,43 |
| 8   | –     | –     | –     | –     | –     | –     | –     | –     | –     | –     | –     | +2,89 | +2,81 |
| **135°** | | | | | | | | | | | | |
| 1   | +0,62 | +0,61 | +0,60 | +0,60 | +0,60 | +0,61 | +0,63 | +0,65 | +0,69 | +0,78 | +0,87 | +0,95 | +1,12 |
| 1,5 | –     | –     | +0,92 | +0,91 | +0,90 | +0,90 | +0,91 | +0,92 | +0,94 | +1,00 | +1,08 | +1,17 | +1,34 |
| 2   | –     | –     | –     | –     | +1,22 | +1,21 | +1,20 | +1,21 | +1,22 | +1,25 | +1,30 | +1,39 | +1,56 |
| 2,5 | –     | –     | –     | –     | +1,54 | +1,52 | +1,50 | +1,50 | +1,50 | +1,53 | +1,57 | +1,61 | +1,78 |
| 3   | –     | –     | –     | –     | –     | +1,85 | +1,82 | +1,80 | +1,80 | +1,81 | +1,84 | +1,88 | +2,00 |
| 3,5 | –     | –     | –     | –     | –     | –     | +2,14 | +2,11 | +2,10 | +2,10 | +2,12 | +2,15 | +2,24 |
| 4   | –     | –     | –     | –     | –     | –     | –     | +2,43 | +2,41 | +2,40 | +2,41 | +2,43 | +2,51 |
| 4,5 | –     | –     | –     | –     | –     | –     | –     | –     | +2,73 | +2,70 | +2,70 | +2,72 | +2,78 |
| 5   | –     | –     | –     | –     | –     | –     | –     | –     | +3,05 | +3,01 | +3,00 | +3,01 | +3,06 |
| 6   | –     | –     | –     | –     | –     | –     | –     | –     | –     | +3,64 | +3,61 | +3,60 | +3,63 |
| 7   | –     | –     | –     | –     | –     | –     | –     | –     | –     | –     | +4,23 | +4,21 | +4,21 |
| 8   | –     | –     | –     | –     | –     | –     | –     | –     | –     | –     | +4,83 | +4,80 |
| **120°** | | | | | | | | | | | | |
| 1   | +0,92 | +0,92 | +0,93 | +0,95 | +0,98 | +1,01 | +1,09 | +1,17 | +1,28 | +1,49 | +1,71 | +1,92 | +2,35 |
| 1,5 | –     | –     | +1,38 | +1,39 | +1,40 | +1,43 | +1,48 | +1,55 | +1,63 | +1,81 | +2,02 | +2,24 | +2,67 |
| 2   | –     | –     | –     | –     | +1,85 | +1,86 | +1,90 | +1,96 | +2,02 | +2,17 | +2,34 | +2,55 | –2,98 |
| 2,5 | –     | –     | –     | –     | +2,30 | +2,31 | +2,33 | +2,38 | +2,43 | +2,57 | +2,72 | +2,88 | +3,30 |
| 3   | –     | –     | –     | –     | –     | +2,77 | +2,77 | +2,81 | +2,85 | +2,97 | +3,11 | +3,26 | +3,61 |
| 3,5 | –     | –     | –     | –     | –     | –     | +3,23 | +3,25 | +3,28 | +3,38 | +3,51 | +3,65 | +3,97 |
| 4   | –     | –     | –     | –     | –     | –     | –     | +3,69 | +3,72 | +3,80 | +3,92 | +4,05 | +4,35 |
| 4,5 | –     | –     | –     | –     | –     | –     | –     | –     | +4,16 | +4,23 | +4,33 | +4,45 | +4,74 |
| 5   | –     | –     | –     | –     | –     | –     | –     | –     | +4,61 | +4,66 | +4,75 | +4,86 | +5,13 |
| 6   | –     | –     | –     | –     | –     | –     | –     | –     | –     | +5,55 | +5,61 | +5,70 | +5,94 |
| 7   | –     | –     | –     | –     | –     | –     | –     | –     | –     | –     | +6,49 | +6,56 | +6,76 |
| 8   | –     | –     | –     | –     | –     | –     | –     | –     | –     | –     | –     | +7,44 | +7,60 |
| **90°** | | | | | | | | | | | | |
| 1   | +1,92 | +1,97 | +2,10 | +2,23 | +2,41 | +2,59 | +2,97 | +3,36 | +3,79 | +4,65 | +5,51 | +6,37 | +8,08 |
| 1,5 | –     | –     | +2,90 | +3,02 | +3,18 | +3,34 | +3,70 | +4,07 | +4,45 | +5,26 | +6,11 | +6,97 | +8,69 |
| 2   | –     | –     | –     | –     | +3,98 | +4,13 | +4,46 | +4,81 | +5,18 | +5,94 | +6,72 | +7,58 | +9,30 |
| 2,5 | –     | –     | –     | –     | +4,80 | +4,93 | +5,24 | +5,57 | +5,93 | +6,66 | +7,42 | +8,21 | +9,90 |
| 3   | –     | –     | –     | –     | –     | +5,76 | +6,04 | +6,35 | +6,69 | +7,40 | +8,14 | +8,91 | +10,51 |
| 3,5 | –     | –     | –     | –     | –     | –     | +6,85 | +7,15 | +7,47 | +8,15 | +8,88 | +9,63 | +11,17 |
| 4   | –     | –     | –     | –     | –     | –     | –     | +7,95 | +8,26 | +8,92 | +9,62 | +10,36 | +11,68 |
| 4,5 | –     | –     | –     | –     | –     | –     | –     | –     | +9,06 | +9,69 | +10,38 | +11,10 | +12,60 |
| 5   | –     | –     | –     | –     | –     | –     | –     | –     | +9,87 | +10,48 | +11,15 | +11,85 | +13,32 |
| 6   | –     | –     | –     | –     | –     | –     | –     | –     | –     | +12,08 | +12,71 | +13,38 | +14,70 |
| 7   | –     | –     | –     | –     | –     | –     | –     | –     | –     | –     | +14,29 | +14,93 | 16,31 |
| 8   | –     | –     | –     | –     | –     | –     | –     | –     | –     | –     | –     | +16,51 | 17,84 |

[1] Die fett gedruckten Biegeradien sind bevorzugt zu verwenden.

# Biegetechnik

## Ausgleichswerte
### Ausgleichswerte für das Kaltbiegen von Flacherzeugnissen aus Stahl

vgl. DIN 6935 Beibl. 2 (2010-01)

| Dicke s in mm | Empfohlener Biegeradius $R^{1)}$ in mm | | | | | | | | | | | |
|---|---|---|---|---|---|---|---|---|---|---|---|---|
| | 1 | 1,2 | **1,6** | 2 | 2,5 | 3 | **4** | 5 | **6** | 8 | **10** | 12 | 16 |
| | Ausgleichswert $v$ in mm | | | | | | | | | | | |
| 1   | +1,22 | +1,16 | +1,06 | +0,97 | +0,87 | +0,79 | +0,63 | +0,48 | +0,39 | +0,20 | +0,01 | −0,18 | −0,56 |
| 1,5 | −     | −     | +1,81 | +1,69 | +1,57 | +1,46 | +1,27 | +1,10 | +0,94 | +0,67 | +0,49 | +0,30 | −0,08 |
| 2   | −     | −     | −     | −     | +2,30 | +2,17 | +1,95 | +1,75 | +1,57 | +1,25 | +0,96 | +0,77 | +0,40 |
| 2,5 | −     | −     | −     | −     | +3,06 | +2,91 | +2,65 | +2,43 | +2,23 | +1,88 | +1,57 | +1,27 | +0,87 |
| 3   | −     | −     | −     | −     | −     | +3,67 | +3,38 | +3,14 | +2,92 | +2,53 | +2,19 | +1,88 | +1,35 |
| 3,5 | −     | −     | −     | −     | −     | −     | +4,13 | +3,86 | +3,62 | +3,20 | +2,84 | +2,50 | +1,90 |
| 4   | 120° | | | | −     | −     | −     | +4,60 | +4,34 | +3,89 | +3,50 | +,315 | +2,51 |
| 4,5 |      | | | | −     | −     | −     | −     | +5,08 | +4,59 | +4,18 | +3,80 | +3,13 |
| 5   |      | | | | −     | −     | −     | −     | +5,82 | +5,31 | +4,86 | +4,47 | +3,76 |
| 6   |      | | | | −     | −     | −     | −     | −     | +6,77 | +6,28 | +5,84 | +5,07 |
| 7   |      | | | | −     | −     | −     | −     | −     | −     | +7,72 | +7,24 | +6,41 |
| 8   |      | | | | −     | −     | −     | −     | −     | −     | −     | +8,68 | +7,78 |
| 1   | +0,88 | +0,76 | +0,54 | +0,34 | +0,11 | −0,12 | −0,55 | −0,96 | −1,32 | −2,03 | −2,74 | −3,45 | −4,88 |
| 1,5 | −     | −     | +1,26 | +1,03 | +0,76 | +0,52 | +0,05 | −0,39 | −0,82 | −1,62 | −2,33 | −3,04 | −4,47 |
| 2   | −     | −     | −     | −     | +1,46 | +1,19 | +0,69 | +0,22 | −0,23 | −1,08 | −1,92 | −2,63 | −4,06 |
| 2,5 | −     | −     | −     | −     | +2,20 | +1,90 | +1,36 | +0,86 | +0,39 | −0,51 | −1,36 | −2,19 | −3,64 |
| 3   | −     | −     | −     | −     | −     | +2,63 | +2,06 | +1,53 | +1,03 | +0,10 | −0,78 | −1,64 | −3,23 |
| 3,5 | −     | −     | −     | −     | −     | −     | +2,78 | +2,22 | +1,70 | +0,73 | −0,18 | −1,06 | −2,74 |
| 4   | 135° | | | | −     | −     | −     | +2,93 | +2,38 | +1,38 | +0,44 | −0,46 | −2,18 |
| 4,5 |      | | | | −     | −     | −     | −     | +3,09 | +2,04 | +1,07 | +0,15 | −1,61 |
| 5   |      | | | | −     | −     | −     | −     | +3,80 | +2,72 | +1,72 | +0,78 | −1,02 |
| 6   |      | | | | −     | −     | −     | −     | −     | +4,11 | +3,06 | +2,07 | +0,20 |
| 7   |      | | | | −     | −     | −     | −     | −     | −     | +4,44 | +3,40 | +1,46 |
| 8   |      | | | | −     | −     | −     | −     | −     | −     | −     | +4,77 | +2,76 |
| 1   | +0,53 | +0,36 | +0,03 | −0,28 | −0,66 | −1,02 | −1,72 | −2,40 | −3,02 | −4,25 | −5,49 | −6,72 | −9,20 |
| 1,5 | −     | −     | +0,71 | +0,37 | −0,04 | −0,43 | −1,17 | −1,88 | −2,58 | −3,91 | −5,14 | −6,38 | −8,85 |
| 2   | −     | −     | −     | −     | +0,63 | +0,21 | −0,57 | −1,31 | −2,03 | −3,43 | −4,80 | −6,03 | −8,51 |
| 2,5 | −     | −     | −     | −     | +1,33 | +0,89 | +0,07 | −0,71 | −1,46 | −2,90 | −4,29 | −5,66 | −8,16 |
| 3   | −     | −     | −     | −     | −     | +1,59 | +0,73 | −0,08 | −0,85 | −2,33 | −3,76 | −5,15 | −7,81 |
| 3,5 | −     | −     | −     | −     | −     | −     | +1,42 | +0,58 | −0,22 | −1,74 | −3,20 | −4,62 | −7,38 |
| 4   | 150° | | | | −     | −     | −     | +1,25 | +0,43 | −1,14 | −2,63 | −4,07 | −6,87 |
| 4,5 |      | | | | −     | −     | −     | −     | +1,10 | −0,51 | −2,03 | −3,50 | −6,34 |
| 5   |      | | | | −     | −     | −     | −     | +1,78 | +0,13 | −1,42 | −2,91 | −5,80 |
| 6   |      | | | | −     | −     | −     | −     | −     | +1,46 | −0,16 | −1,70 | −4,67 |
| 7   |      | | | | −     | −     | −     | −     | −     | −     | +1,15 | −0,44 | −3,49 |
| 8   |      | | | | −     | −     | −     | −     | −     | −     | −     | +0,86 | −2,27 |
| 1   | −0,16 | −0,45 | −1,01 | −1,54 | −2,19 | −2,82 | −4,06 | −5,28 | −6,42 | −8,70 | −10,99 | −13,27 | −17,84 |
| 1,5 | −     | −     | −0,39 | −0,96 | −1,65 | −2,31 | −3,60 | −4,86 | −6,09 | −8,49 | −10,77 | −13,06 | −17,62 |
| 2   | −     | −     | −     | −     | −1,05 | −1,74 | −3,08 | −4,38 | −5,64 | −8,12 | −10,56 | −12,84 | −17,41 |
| 2,5 | −     | −     | −     | −     | −0,41 | −1,13 | −2,52 | −3,85 | −5,15 | −7,68 | −10,15 | −12,59 | −17,19 |
| 3   | −     | −     | −     | −     | −     | −0,49 | −1,92 | −3,29 | −4,62 | −7,20 | −9,71 | −12,18 | −16,98 |
| 3,5 | −     | −     | −     | −     | −     | −     | −1,30 | −2,71 | −4,07 | −6,69 | −9,24 | −11,74 | −16,65 |
| 4   | 180° | | | | −     | −     | −     | −2,10 | −3,49 | −6,16 | −8,75 | −11,28 | −16,24 |
| 4,5 |      | | | | −     | −     | −     | −     | −2,89 | −5,61 | −8,24 | −10,80 | −15,81 |
| 5   |      | | | | −     | −     | −     | −     | −2,27 | −5,04 | −7,70 | −10,30 | −15,35 |
| 6   |      | | | | −     | −     | −     | −     | −     | −3,85 | −6,59 | −9,24 | −14,40 |
| 7   |      | | | | −     | −     | −     | −     | −     | −     | −5,41 | −8,13 | −13,39 |
| 8   |      | | | | −     | −     | −     | −     | −     | −     | −     | −6,97 | −12,32 |

[1] Die fett gedruckten Biegeradien sind bevorzugt zu verwenden.

# Biegetechnik

## Ausgleichswerte

### Ausgleichswerte für beliebige Biegewinkel    vgl. DIN 6935 (2011-10)

| | | |
|---|---|---|
| L   gestreckte Länge | R   Biegeradius | β   Öffnungswinkel |
| a, b   Schenkellängen | α   Biegewinkel | k   Korrekturfaktor[1)] |
| s   Blechdicke | v   Ausgleichswert | |

**Ausgleichswert** für $\beta = 0° \dots 90°$:

$$v = 2 \cdot (R + s) - \pi \cdot \left(\frac{180° - \beta}{180°}\right) \cdot \left(R + \frac{s}{2} \cdot k\right)$$

**Ausgleichswert** für $\beta > 90° \dots 165°$:

$$v = 2 \cdot (R + s) \cdot \tan\frac{180° - \beta}{2} - \pi \cdot \left(\frac{180° - \beta}{180°}\right) \cdot \left(R + \frac{s}{2} \cdot k\right)$$

**Ausgleichswert** für $\beta > 165° \dots 180°$:

$$v = 0$$

**Beispiel**: Biegeteil mit Öffnungswinkel 50°;
$\beta = 50°$;   $s = 5$ mm;   $R = 6$ mm;   $k = ?$;   $v = ?$

Verhältnis $\dfrac{R}{s} = \dfrac{6 \text{ mm}}{5 \text{ mm}} = 1{,}2$

Nach Diagramm: $k = 0{,}7$

$v = 2 \cdot (R + s) - \pi \cdot \left(\dfrac{180° - \beta}{180°}\right) \cdot \left(R + \dfrac{s}{2} \cdot k\right)$

$= 2 \cdot (6 \text{ mm} + 5 \text{ mm}) - \pi \cdot \left(\dfrac{180° - 50°}{180°}\right) \cdot \left(6 \text{ mm} + \dfrac{5 \text{ mm}}{2} \cdot 0{,}7\right)$

$= + 4{,}42$ mm

[1)] Der Korrekturfaktor k gibt die Abweichung der Lage der Biegelinie von der neutralen Linie $\frac{s}{2}$ an. Für das Verhältnis $\frac{R}{s} > 5$ ist $k = 1$ zu setzen. In diesem Fall kann die gestreckte Länge eines Biegeteils auch über die neutrale Linie berechnet werden.

### Ausgleichswerte nach Faustformel und Näherungsformel

Bei einfachen Blechbiegearbeiten mit Biegewinkel $\alpha = 90°$ und Blechstärken unter 5 mm kann mit den folgenden Faustformeln pro Biegestelle gerechnet werden:

R   Biegeradius
s   Blechdicke
v   Ausgleichswert

$$v \approx 2 \cdot s \qquad \text{oder} \qquad v \approx \frac{R}{2} + s$$

Bei kleinen Toleranzen und bei mehr als drei 90°-Biegungen ergibt sich der Ausgleichswert aus folgender Näherungsformel:

$$v \approx 0{,}43 \cdot R + (1{,}48 \cdot s)$$

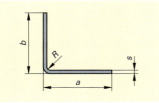

**Beispiel**: Biegeteil mit Öffnungswinkel 90°;
$s = 1$ mm;   $R = 3$ mm;   $v = ?$

1. Faustformel:   $v \approx 2 \cdot s \approx 2 \cdot 1 \text{ mm} \approx \mathbf{2 \text{ mm}}$

oder

2. Faustformel:   $v \approx \dfrac{R}{2} + s \approx \dfrac{3 \text{ mm}}{2} + 1 \text{ mm} \approx \mathbf{2{,}5 \text{ mm}}$

# Biegetechnik

## Rückfederung, Gesenkbiegen

### Rückfederung beim Schwenkbiegen    Richtwerte

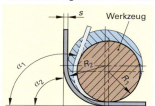

- $\alpha_1$  Winkel am Werkzeug (vor Rückfederung)
- $\alpha_2$  Biegewinkel (Werkstück)
- $R_1$  Radius am Werkzeug
- $R_2$  Biegeradius (am Werkstück)
- $k_r$  Rückfederungsfaktor
- $s$  Blechdicke

Radius am Werkzeug
$$R_1 = k_r \cdot (R_2 + 0{,}5 \cdot s) - 0{,}5 \cdot s$$

Winkel am Werkzeug
$$\alpha_1 = \frac{\alpha_2}{k_r}$$

| Werkstoff der Biegeteile | Rückfederungsfaktor $k_r$ für das Verhältnis $R_2 : s$ |||||||||||
|---|---|---|---|---|---|---|---|---|---|---|
| | 1 | 1,6 | 2,5 | 4 | 6,3 | 10 | 16 | 25 | 40 | 63 | 100 |
| DC04 (St 14) | 0,99 | 0,99 | 0,99 | 0,98 | 0,97 | 0,97 | 0,96 | 0,94 | 0,91 | 0,87 | 0,83 |
| DC01 (St 12) | 0,99 | 0,99 | 0,99 | 0,97 | 0,96 | 0,96 | 0,93 | 0,90 | 0,85 | 0,77 | 0,66 |
| X12CrNi18 8 | 0,99 | 0,98 | 0,97 | 0,95 | 0,93 | 0,89 | 0,84 | 0,76 | 0,63 | – | – |
| E-Cu - F20 | 0,98 | 0,97 | 0,97 | 0,96 | 0,95 | 0,93 | 0,90 | 0,85 | 0,79 | 0,72 | 0,60 |
| CuZn33 - F29 | 0,97 | 0,97 | 0,96 | 0,95 | 0,94 | 0,93 | 0,89 | 0,86 | 0,83 | 0,77 | 0,73 |
| CuNi18Zn | – | – | – | 0,97 | 0,96 | 0,95 | 0,92 | 0,87 | 0,82 | 0,72 | – |
| EN AW-1200 | 0,99 | 0,99 | 0,99 | 0,99 | 0,98 | 0,98 | 0,97 | 0,97 | 0,96 | 0,95 | 0,93 |
| EN AW-2017 A | 0,98 | 0,98 | 0,98 | 0,98 | 0,97 | 0,97 | 0,96 | 0,95 | 0,93 | 0,91 | 0,87 |
| EN AW-6082 | 0,98 | 0,98 | 0,98 | 0,97 | 0,96 | 0,95 | 0,93 | 0,90 | 0,86 | 0,82 | 0,76 | 0,72 |

### Rückfederung beim Gesenkbiegen    Richtwerte

| Blechdicke $s$ in mm | Biegeradius $R$ in mm | Rückfederungswinkel $\beta$ bei 90°-Abkantungen[1] ||||
|---|---|---|---|---|
| | | Stahl, weich<br>Stanzblech<br>Messing, weich<br>($R_m$ = 270 N/mm²)<br>Aluminium, Zink | Stahl, mittelhart<br>($R_m$ = 400 N/mm²)<br>Messing, hart<br>($R_m$ = 350 N/mm²)<br>Bronze, hart | Stahl, hart<br>($R_m$ = 600 N/mm²) |
| bis 0,8 | < s<br>s ... 5 · s<br>> 5 · s | 4 ... 3<br>5 ... 4<br>6 ... 5 | 5 ... 4<br>6 ... 5<br>8 ... 7 | 7 ... 6<br>9 ... 8<br>12 ... 10 |
| 0,8 ... 2 | < s<br>s ... 5 · s<br>> 5 · s | 2<br>4 ... 3<br>5 ... 4 | 3 ... 2<br>5 ... 3<br>7 ... 5 | 5 ... 3<br>7 ... 5<br>9 ... 7 |
| 2 ... 5 | < s<br>s ... 5 · s<br>> 5 · s | 1 ... 0<br>2 ... 1<br>4 ... 2 | 2 ... 0<br>3 ... 1<br>5 ... 3 | 3 ... 2<br>5 ... 3<br>7 ... 5 |
| über 5 | < s<br>s ... 5 · s<br>> 5 · s | 0<br>1<br>2 | 0<br>1<br>2 | 2<br>3<br>4 |

[1] Die größeren Winkel sind jeweils den niedrigeren Blechdicken zugeordnet.
Der Biegestempel hat den Winkel $\alpha - \beta$, wenn das Werkstück mit dem Winkel $\alpha$ gebogen werden soll.

### Technische Daten für Gesenkbiegemaschinen (Abkantpressen)

| Press-<br>kraft<br>kN | Motor-<br>leistung<br>kW | Tisch-<br>länge<br>mm | Hub<br>mm | Einbau-<br>höhe<br>mm | Arbeitsgeschwindigkeit ||| Maschinen-<br>gewicht<br>t |
|---|---|---|---|---|---|---|---|---|
| | | | | | leer<br>mm/s | Volllast<br>mm/s | aufwärts<br>mm/s | |
| 1000 | 11,0 | 3050 | 410 | 670 | 100 | 10 | 120 | 8,0 |
| 1300 | 15,0 | 3050 | 410 | 670 | 100 | 10 | 100 | 11,0 |
| 1750 | 18,5 | 3550 | 410 | 670 | 100 | 10 | 105 | 14,0 |
| 2350 | 22,0 | 4050 | 410 | 670 | 120 | 10 | 100 | 20,5 |
| 3250 | 37,0 | 5050 | 510 | 820 | 120 | 10 | 95 | 36,0 |
| 4250 | 45,0 | 5050 | 510 | 820 | 120 | 10 | 100 | 40,0 |

## Biegetechnik

### Gesenkbiegen

**Presskraft für das Gesenkbiegen** — Erfahrungswerte

| s in mm | v in mm | 4 | 6 | 7 | 8 | 10 | 12 | 14 | 16 | 18 | 20 | 25 | 32 | 40 | 50 | 63 | 80 | 100 | 125 | 160 | 200 | 250 |
|---|---|---|---|---|---|---|---|---|---|---|---|---|---|---|---|---|---|---|---|---|---|---|
| | b in mm | 2,8 | 4 | 5,0 | 5,5 | 7 | 8,5 | 10 | 11 | 13,5 | 14 | 17,5 | 22 | 28 | 35 | 45 | 55 | 71 | 89 | 113 | 140 | 175 |
| | R in mm | 0,7 | 1 | 1,1 | 1,3 | 1,6 | 2 | 2,3 | 2,6 | 3 | 3,3 | 4 | 5 | 6,5 | 8 | 10 | 13 | 16 | 20 | 26 | 33 | 41 |
| 0,5 | | 40 | 30 | – | – | – | | | | | | | | | | | | | | | | |
| 0,6 | | 60 | 40 | 40 | 40 | – | – | | | | | | | | | | | | | | | |
| 0,8 | | – | 70 | 70 | 50 | 40 | – | – | | | | | | | | | | | | | | |
| 1,0 | | – | 110 | 100 | 80 | 70 | 60 | – | | | | | | | | | | | | | | |
| 1,2 | | – | – | 140 | 120 | 100 | 80 | 70 | 60 | – | | | | | | | | | | | | |
| 1,4 | | – | – | – | 150 | 130 | 110 | 100 | 90 | 80 | – | | | | | | | | | | | |
| 1,6 | | – | – | – | – | 170 | 150 | 130 | 110 | 100 | 90 | | | | | | | | | | | |
| 2,0 | | – | – | – | – | 220 | 190 | 170 | 150 | 130 | 110 | – | – | – | – | – | – | – | – | – | – | – |
| 2,3 | | – | – | – | – | 250 | 230 | 190 | 170 | 150 | 120 | – | – | – | – | – | – | – | – | – | – | – |
| 2,6 | | – | – | – | – | – | 280 | 250 | 220 | 180 | 140 | – | – | – | – | – | – | – | – | – | – | – |
| 3,0 | | – | – | – | – | – | 340 | 300 | 240 | 190 | 150 | – | – | – | – | – | – | – | – | – | – | – |
| 3,2 | | – | – | – | – | – | – | 340 | 270 | 220 | 170 | 140 | – | – | – | – | – | – | – | – | – | – |
| 3,5 | | – | – | – | – | – | – | 330 | 260 | 200 | 160 | 130 | – | – | – | – | – | – | – | – | – | – |
| 4,0 | | – | – | – | – | – | – | 430 | 340 | 270 | 210 | 170 | – | – | – | – | – | – | – | – | – | – |
| 4,5 | | – | – | – | – | – | – | – | 440 | 340 | 270 | 210 | – | – | – | – | – | – | – | – | – | – |
| 5,0 | | – | – | – | – | – | – | – | 520 | 420 | 330 | 260 | 210 | – | – | – | – | – | – | – | – | – |
| 6 | | – | – | – | – | – | – | – | – | 600 | 480 | 380 | 300 | 240 | – | – | – | – | – | – | – | – |
| 7 | | – | – | – | – | – | – | – | – | – | 520 | 410 | 330 | 260 | – | – | – | – | – | – | – | – |
| 9 | | – | – | – | – | – | – | – | – | – | – | 670 | 540 | 430 | – | – | – | – | – | – | – | – |
| 10 | | – | – | – | – | – | – | – | – | – | – | 850 | 670 | 530 | 420 | – | – | – | – | – | – | – |
| 12 | | – | – | – | – | – | – | – | – | – | – | – | 960 | 780 | 600 | 550 | – | – | – | – | – | – |
| 16 | | – | – | – | – | – | – | – | – | – | – | – | – | 1360 | 1070 | 860 | – | – | – | – | – | – |
| 19 | | – | – | – | – | – | – | – | – | – | – | – | – | – | 1500 | 1250 | 1000 | – | – | – | – | – |
| 22 | | – | – | – | – | – | – | – | – | – | – | – | – | – | – | 1600 | 1300 | – | – | – | – | – |
| 25 | | – | – | – | – | – | – | – | – | – | – | – | – | – | – | – | 2100 | 1700 | – | – | – | – |
| 30 | | – | – | – | – | – | – | – | – | – | – | – | – | – | – | – | – | 2400 | – | – | – | – |

Presskraft F in kN/m pro 1 m Abkantlänge

Bei gegebener Blechstärke s kann den Tabellen entnommen werden:
a) die Presskraft bezogen auf 1 m Blechlänge bei Blechen mit $R_m \leq 500$ N/mm²
b) die technologisch zugehörigen v-Öffnungen der Matrizenöffnung
c) die für das Biegeteil kürzeste Schenkellänge b.

s Blechdicke in mm; Zugfestigkeit 450 $\frac{N}{mm^2}$ ... 500 $\frac{N}{mm^2}$
F Presskraft pro Meter in $\frac{kN}{m}$
R Innenradius in mm
b kürzeste Schenkellänge des Werkstückes in mm
v V-Öffnung der Matrize in mm

**1. Beispiel:** Ein Blech mit s = 1,6 mm und einer Biegelänge von 1250 mm soll eine 90°-Abkantung erhalten. Es wird eine Matrize mit einer V-Öffnung von 16 mm verwendet. Wie groß muss die Presskraft sein?

Nach Tabelle: **F = 110 kN/m**

$F_{ges} = F \cdot l$ = 110 kN/m · 1,25 m = **137,5 kN**

**2. Beispiel:** Es sollen Bleche mit s = 3,0 mm in einer Länge von 4000 mm gekantet (Grundkanten) werden. Die Bleche haben eine Festigkeit von 600 N/mm²
Welche V-Öffnung der Matrize ist zu wählen? Welche Presskraft ist erforderlich?
v = 8 · s (siehe Tabelle V-Matrizen für das Gesenkbiegen, unten)
v = 8 · 3,0 mm = **24 mm**

Da die V-Öffnung v = 24 mm in der Tabelle nicht angegeben ist, wird die nächsthöhere V-Öffnung v = 25 mm gewählt.

Nach Tabelle: **F = 240 kN/m**

Die angegebene Presskraft ist gültig für Bleche mit einer Zugfestigkeit bis 500 N/mm². Bei dem vorliegenden Blech mit einer Zugfestigkeit 600 N/mm² muss der Tabellenwert für die Presskraft 240 kN/m daher um 120% (Faktor 1,2) höher veranschlagt werden und mit der Blechlänge multipliziert werden.

$F_{ges} = F \cdot 1,2 \cdot l$ = 240 kN/m · 1,2 · 4 m = **1152 kN**

**V-Matrizen für das Gesenkbiegen** — Richtwerte

| Blechdicke s in mm | 0,5 bis 2,6 | 3,0 bis 8,0 | 9,0 bis 10,0 | 12,0 und mehr |
|---|---|---|---|---|
| V-Öffnung | 6 · s | 8 · s | 10 · s | 12 · s |

# Biegetechnik 299

## Falzverbindungen
### Stehfalz

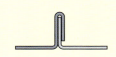 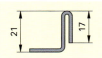  

| $s = 0{,}5$ mm ... $1{,}5$ mm | $z \approx 35$ mm | $z \approx 17$ mm | $s$ Blechdicke in mm |
|---|---|---|---|
| | | | $z$ Materialzuschlag pro Falz in mm |

### Eckfalz (Pittsburghfalz)

 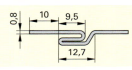  

$s = 0{,}5$ mm ... $1{,}0$ mm   $z \approx 32$ mm   $z \approx 6$ mm

### Langfalz / Längsfalz

 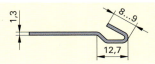 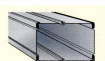

$s = 0{,}5$ mm ... $1{,}5$ mm   $z \approx 22$ mm

### Schiebefalz (Stoßbandfalz)

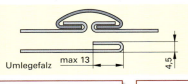 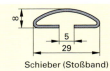 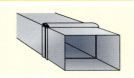

Umlegefalz    Schieber (Stoßband)

$s = 0{,}5$ mm ... $1{,}5$ mm   $z \approx 13$ mm   $z \approx 53$ mm

### Einfacher Falz

$B \approx 10 \cdot s$

$L_S \approx L + 3 \cdot B$

$B$ Falzbreite
$L_S$ Zuschnittlänge
$L$ gestreckte Länge

### Doppelter Falz

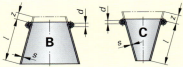

$B \approx 10 \cdot s$

$L_S \approx L + 5 \cdot B$

$B$ Falzbreite
$L_S$ Zuschnittlänge
$L$ gestreckte Länge

### Zuschnittlängen für Randversteifungen

$L$ gestreckte Länge
$h$ Höhe des Zylinders bzw. des Übergangskörpers
$d$ Drahtdurchmesser ($d \geq s/0{,}2$)
$s$ Blechdicke

**A**  $L \approx h + (2 \cdot d) - s$
   $Z = 2{,}5 \cdot d$

**B**  $L \approx h + (1{,}7 \cdot d) - s$
   $Z = 2 \cdot d$

**C**  $L \approx h + (2{,}4 \cdot d) - s$
   $Z = 3 \cdot d$

# Biegetechnik

## Kaltbiegen von Rohren

### Mindest-Biegeradien für das Kaltbiegen von Rohren

vgl. DIN 25570 (2004-02)

- $d$ Rohraußendurchmesser
- $s$ Wanddicke
- $R$ Biegeradius[1]

[1] Bei Formstählen, Stabstählen, Rundrohren und Konstruktionsrohren wird der Biegeradius $R$ durchweg auf die neutrale Linie bzw. auf die Biegeachse (Schwerachse) des Profils bezogen.

| Stahlrohre nach DIN EN 10220 | | | Stahlrohre aus nichtrostendem Stahl nach DIN EN 10305 | | | Aluminiumrohre nach DIN EN 755-8 | | |
|---|---|---|---|---|---|---|---|---|
| $d \times s$ | Biegeradius $R$ Vorzug/min | | $d \times s$ | Biegeradius $R$ Vorzug/min | | $d \times s$ | Biegeradius $R$ Vorzug/min | |
| mm | mm | mm | mm | mm | mm | mm | mm | mm |
| 13,5×2,3 | 32,5 | 25 | 10×1 | 25 | 20 | 16×1,5 | 100 | 80 |
| 17,2×2,3 | 45 | 35 | 12×1,5 | 32,5 | 25 | 18×1,5 | 100 | 80 |
| 21,3×2,6 | 55 | 45 | 12×2 | 32,5 | 25 | 20×1,5 | 100 | 100 |
| 21,3×3,2 | 55 | 45 | 15×1,5 | 40 | 35 | 22×1,5 | 100 | 100 |
| 25×2 | 65 | 55 | 16×2 | 40 | 35 | 25×1,5 | 110 | 110 |
| 26,9×2,9 | 70 | 55 | 18×2,5 | 45 | 40 | 25×3 | 110 | 110 |
| 26,9×3,2 | 70 | 55 | 20×2 | 55 | 45 | 28×1,5 | 140 | 125 |
| 30×2,6 | 80 | 80 | 20×3 | 55 | 45 | 28×2,5 | 140 | 125 |
| 30×45 | 80 | 80 | 22×3 | 65 | 50 | 30×1,5 | 140 | 125 |
| 31,8×4 | 80 | 80 | 25×1,5 | 65 | 55 | 32×3 | 160 | 140 |
| 32,7×3,2 | 85 | 80 | 25×2,5 | 65 | 55 | 35×1,5 | 160 | 160 |
| 33,7×4 | 85 | 80 | 28×1,5 | 80 | 80 | 35×3 | 160 | 160 |
| 38×4 | 100 | 80 | 30×1,5 | 80 | 80 | 40×2 | 200 | 180 |
| 42,4×3,2 | 110 | 90 | 30×2 | 80 | 80 | 40×3 | 200 | 180 |
| 42,4×4 | 110 | 90 | 30×3 | 80 | 80 | 45×2 | 200 | 200 |
| 48,3×2,6 | 125 | 125 | 35×2 | 100 | 80 | 50×2 | 250 | 250 |
| 48,3×3,2 | 125 | 100 | 38×3 | 100 | 80 | 50×3 | 250 | 250 |
| 48,3×4 | 125 | 100 | 40×2,5 | 110 | 100 | 55×3 | 300 | 300 |
| 60,3×4,5 | 180 | 125 | 45×2 | 125 | 125 | 60×2 | 300 | 300 |
| 70×2,9 | 200 | 200 | 48×1,5 | 150 | 140 | 70×2 | 400 | 350 |
| 88,9×3,2 | 350 | 350 | 50×2,5 | 180 | 140 | 70×3 | 400 | 350 |
| 114,3×3,6 | 450 | 400 | 50×3 | 180 | 140 | 75×3 | 400 | 400 |

| Stahlrohre aus nichtrostendem Stahl nach DIN EN ISO 1127 | | |
|---|---|---|
| $d \times s$ | Biegeradius $R$ Vorzug/min | |
| mm | mm | mm |
| 6×1 | 25 | 20 |
| 8×1 | 25 | 20 |
| 10×1 | 25 | 20 |
| 10×1,6 | 25 | 20 |
| 12×1 | 32,5 | 25 |
| 12×1,6 | 32,5 | 25 |
| 16×1,6 | 40 | 35 |
| 18×1,6 | 45 | 40 |
| 22×1,6 | 65 | 50 |
| 25×2 | 65 | 55 |
| 26,4×3,2 | 65 | 55 |
| 42,4×1,6 | 110 | 100 |

| Kupferrohre nach DIN EN ISO 12449 | | |
|---|---|---|
| $d \times s$ | Biegeradius $R$ Vorzug/min | |
| mm | mm | mm |
| 10×1,5 | 60 | 40 |
| 12×1,5 | 60 | 40 |
| 15×1,5 | 80 | 60 |
| 16×1,5 | 80 | 60 |
| 18×1,5 | 100 | 80 |
| 22×1,5 | 125 | 100 |
| 28×1,5 | 160 | 125 |
| 30×2,5 | 160 | 125 |
| 35×1 | 200 | 160 |
| 35×1,5 | 200 | 160 |
| 42×1,5 | 250 | 200 |
| 44,5×2,5 | 250 | 200 |
| 57×3 | 300 | 250 |
| 70×2 | 350 | 300 |
| 76×3 | 350 | 300 |
| 89×3 | 400 | 350 |

**Werkstoffe:** Stahlrohre nach DIN EN 10220: P 235TR1 – Option 1 – EN 10216-1
Stahlrohre aus nichtrostendem Stahl nach DIN EN 10305-1:
nahtlos: E 235 NBK – EN 10305-1, X6CrNiTi18-10 – EN 10216-5, X5CrNi18-10 – EN 10216-5
geschweißt: E235 NBK – EN 10305-2, X5CrNi18-10 – EN 10216-5
Stahlrohre aus nichtrostendem Stahl nach DIN EN ISO 1127: X5CrNi 18-10 – DIN 17458
Aluminiumrohre nach DIN EN 755-8: EN AW-6060 – EN 755-2
Kupferrohre nach DIN EN 12449: Cu-DHP-R250 – EN 12449

**Bezeichnungsbeispiele:**
– Rohr EN 10220 – 25 x 2 x 6000 – EN 10216-1 – P 235TR 1 – Option 1
– Rohr EN 10305-1 – 25 x 2,5 x 6000 – EN 10305-1 – E 235 NBK
– Rohr ISO 1127 – 25 x 2 x 6000 – 1.4301
– Rohr EN 755-8 – 25 x 1,5 x 6000 - EN AW-6060 –T66
– Rohr EN 12449 – 22 x 1,5 x 6000 – Cu-DHP-R 250-OD

# Biegetechnik

## Anwärmlängen, Profilbögen

### Anwärmlängen für das Warmbiegen von Stahlrohren (90°-Bögen)

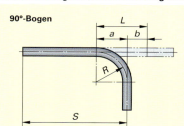

L Länge der Anwärmstrecke
R Biegeradius
S Stichmaß, Höhe des Rohrbogens
a Länge des Maßschenkels
b Länge des Biegeschenkels

$$a = \frac{2}{3} \cdot L$$

$$b = \frac{1}{3} \cdot L$$

$$L = \frac{\pi \cdot 2 \cdot R \cdot 90°}{360°}$$

**Faustformel**

$$L \approx 1{,}5 \cdot R$$

**Beispiel:** Ein 1/2"-Stahlrohr mit $R = 100$ mm soll einen 90°-Bogen mit $S = 210$ mm erhalten;
$L = ?; \ a = ?; \ b = ?$

$$L = \frac{\pi \cdot 2 \cdot R \cdot 90°}{360°} = \frac{\pi \cdot 2 \cdot 100 \text{ mm} \cdot 90°}{360°} = \mathbf{157 \text{ mm}}$$

$$a = \frac{2}{3} \cdot L = \frac{2}{3} \cdot 157 \text{ mm} = \mathbf{105 \text{ mm}}$$

$$b = \frac{1}{3} \cdot L = \frac{1}{3} \cdot 157 \text{ mm} = \mathbf{52 \text{ mm}}$$

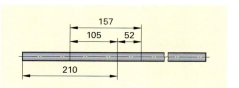

### Biegeradien und Anwärmlängen

| R mm | L mm | a mm | b mm | R mm | L mm | a mm | b mm | R mm | L mm | a mm | b mm | R mm | L mm | a mm | b mm |
|---|---|---|---|---|---|---|---|---|---|---|---|---|---|---|---|
| 50 | 79 | 53 | 26 | 90 | 141 | 94 | 47 | 130 | 204 | 136 | 68 | 170 | 267 | 178 | 89 |
| 60 | 93 | 62 | 31 | 100 | 157 | 105 | 52 | 140 | 220 | 147 | 73 | 180 | 283 | 189 | 94 |
| 70 | 110 | 73 | 37 | 110 | 173 | 115 | 58 | 150 | 236 | 157 | 79 | 190 | 298 | 199 | 99 |
| 80 | 126 | 84 | 42 | 120 | 188 | 125 | 63 | 160 | 251 | 167 | 84 | 200 | 314 | 209 | 105 |

### Mindestbiegeradien für Profilbögen aus Stahl (Kaltbiegen)

| Profil | Maße in mm | R in mm | Profil | Maße in mm | R in mm | Profil | Maße in mm | R in mm |
|---|---|---|---|---|---|---|---|---|
| | 80 × 10 | 400 | | 70 × 70 × 8 | 400 | | U 80 | 600 |
| | 100 × 10 | 600 | | 80 × 80 × 9 | 500 | | U 100 | 600 |
| | 100 × 20 | 800 | | 100 × 100 × 11 | 600 | | U 140 | 700 |
| | 100 × 15 | 200 | | T 70 | 400 | | I 80 | 600 |
| | 100 × 25 | 300 | | T 80 | 500 | | I 120 | 700 |
| | 120 × 40 | 300 | | T 100 | 600 | | | |
| | 40 × 40 | 400 | | T 70 | 800 | | I 120 | 400 |
| | 45 × 45 | 400 | | T 80 | 1000 | | I 140 | 400 |
| | 60 × 60 | 400 | | T 100 | 1200 | | I 200 | 500 |
| | ⌀ 45 | 400 | | | | | 60 × 40 × 3 | 1000 |
| | ⌀ 50 | 400 | | T 80 | 1000 | | 60 × 40 × 4 | 1000 |
| | ⌀ 70 | 500 | | | | | 80 × 40 × 3 | 1000 |
| | 50 × 50 × 5 | 600 | | U 80 | 400 | | 60 × 60 × 3 | 1000 |
| | 60 × 60 × 8 | 600 | | U 120 | 400 | | 60 × 60 × 4 | 1000 |
| | 80 × 80 × 10 | 800 | | U 140 | 500 | | 80 × 80 × 4 | 1000 |

Die angegebenen Werte sind Herstellerangaben. Sie beziehen sich auf das Walzbiegen auf einem modernen Biegezentrum.

# Schmiedetemperaturen

## Schmiedetemperaturen für unlegierten Stahl

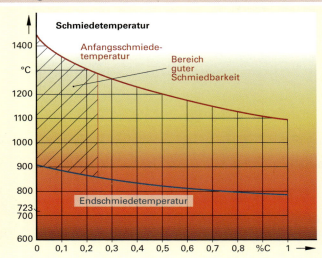

## Schmiedetemperaturen verschiedener Werkstoffe

| Werkstoff | S235JR | S355JR | Nichtrost. Stähle | Aluminiumlegierungen | Kupferlegierungen |
|---|---|---|---|---|---|
| Anfangstemperatur ca. in °C | 1320 | 1280 | 1150 | 450 | 750 |
| Endtemperatur ca. in °C | 870 | 860 | 750 | 400 | 600 |

## Schmiedetemperaturen und Verformbarkeit

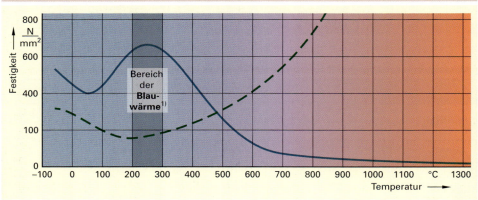

[1] Im Temperaturbereich zwischen 200 °C und 300 °C ist der Stahl besonders spröde, die Zusammenhangskraft des Werkstoffes geht durch die Schmiedekräfte verloren und der Stahl bricht daher sehr leicht. Weil der Stahl in diesem Bereich blau anläuft, wird dieser Bereich **Blauwärme** oder **Blaubruch** genannt.

## Maßtoleranzen für das Freiformschmieden    Praxiswerte

| Nennmaße in mm | über bis | – 120 | 120 250 | 250 500 | 500 1000 |
|---|---|---|---|---|---|
| Zulässige Abweichung in mm | | + 5 − 2,5 | + 6 − 3 | + 10 − 5 | + 15 − 5 |

## Scherschneiden, Tafelscheren, Kreisscheren
### Parallelschnitt und Schrägschnitt

**Parallelschnitt**

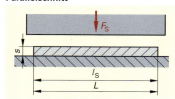

**Schrägschnitt**

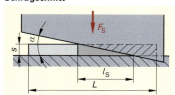

- $F_s$ Schneidkraft
- $R_m$ Zugfestigkeit
- $\tau_B$ Scherspannung
- $W$ Schneidarbeit
- $A$ Schnittfläche
- $L$ Werkstücklänge
- $l_s$ Länge der Schnittlinie
- $s$ Blechdicke
- $\alpha$ Schnittwinkel

**Schnittfläche**

$$A = s \cdot L$$

**Parallelschnitt**

$$F_s = l_s \cdot s \cdot 1{,}2 \, \tau_{Bmax}$$

**maximale Scherfestigkeit**

$$\tau_{Bmax} = \frac{F_{max}}{A}$$

**für zähe Metalle**

$$\tau_{Bmax} = 0{,}8 \cdot R_m$$

$$W = \frac{2}{3} \cdot F_s \cdot s$$

**Schrägschnitt**

$$F_s = \frac{1{,}2 \cdot \tau_{Bmax} \cdot s^2}{2 \cdot \tan \alpha}$$

$$l_s = \frac{s}{\tan \alpha}$$

$$\tan \alpha = \frac{s}{l_s} \quad \Big| \quad l_s \leq L$$

**Beispiel:** $l_s = 150\,mm$; $s = 3\,mm$; $R_m = 400\,N/mm^2$;
$\tau_{Bmax} = ?$; $F_s = ?$ (Parallelschnitt)

$\tau_{Bmax} = 0{,}8 \cdot R_m = 0{,}8 \cdot 400\,N/mm^2 = \mathbf{320\,N/mm^2}$

$F_s = l_s \cdot s \cdot 1{,}2 \cdot \tau_{Bmax} = 150\,mm \cdot 3\,mm \cdot 1{,}2 \cdot 320\,N/mm^2$
$= 172\,800\,N = \mathbf{172{,}8\,kN}$

### Richtwerte für Tafelscheren (Herstellerangaben)

| Maschinen-typ | Blechdicke $s_{max}$ in mm bei $R_m$ | | Schnitt-länge $l_s$ mm | Schnitt-zahl (Hübe) $\frac{1}{min}$ | Schnitt-winkel max. ° (Grad) | Weg des hinteren Anschlages mm | Motor-leistung kW | Masse der Maschine kg |
|---|---|---|---|---|---|---|---|---|
| | 420 $\frac{N}{mm^2}$ | 700 $\frac{N}{mm^2}$ | | | | | | |
| 30/2 | 2 | 1 | 3050 | 20 … 30 | 1° 20′ | 750 | 5,5 | 4000 |
| 25/3 | 3 | 2 | 2550 | 20 … 30 | 1° 40′ | 750 | 5,5 | 3500 |
| 25/4 | 4 | 2,5 | 2550 | 14 … 20 | 2° 20′ | 750 | 7,5 | 4500 |
| 20/5 | 5 | 3 | 2050 | 14 … 20 | 3° | 750 | 7,5 | 4000 |
| 20/6 | 6 | 4 | 2050 | 14 … 20 | 2° 50′ | 750 | 7,5 | 5200 |
| 20/8 | 8 | 5 | 2050 | 14 … 20 | 3° | 1000 | 9,0 | 6800 |
| 20/10 | 10 | 6 | 2050 | 12 … 20 | 2° 50′ | 1000 | 15,0 | 7500 |
| 20/12 | 12 | 8 | 2050 | 10 … 18 | 3° 30′ | 1000 | 18,5 | 8600 |
| 20/14 | 14 | 10 | 2050 | 10 … 18 | 3° 50′ | 1000 | 22,0 | 9500 |
| 20/16 | 16 | 12 | 2050 | 8 … 18 | 4° | 1000 | 30,0 | 11500 |
| 25/18 | 18 | 14 | 2550 | 7 … 15 | 3° 40′ | 1000 | 30,0 | 17500 |
| 20/20 | 20 | 15 | 2050 | 7 … 15 | 4° | 1000 | 37,0 | 16000 |

### Richtwerte für Kreisscheren (Herstellerangaben)

| Maschinen-typ | Blechdicke $s_{max}$ in mm | Rondendurchmesser $d_{max}$ in mm | Schnittgeschwindigkeit $v$ in m/min | Antriebsleistung $P$ in kW |
|---|---|---|---|---|
| 1000 | 2,0 | 1000 | 7,5 | 0,75 |
| 1500 | 4,0 | 1500 | 8,0 | 1,10 |

# Mechanisches und thermisches Trennen

## Nibbeln, Brennschneiden

### Richtwerte für Nibbeln (Knabbern)

| Maschinen-typ | Blechdicke $s_{max}$ in mm für $R_m$ | | | | Schnitt-geschwin-digkeit | Startloch-durch-messer | $r_{min}$ bei Kurven-schnitt | Schnitt-zahl | Motoren-Nenn-leistung |
|---|---|---|---|---|---|---|---|---|---|
| | Stahl | | | Al | | | | | |
| | 400 $\frac{N}{mm^2}$ | 600 $\frac{N}{mm^2}$ | 800 $\frac{N}{mm^2}$ | 250 $\frac{N}{mm^2}$ | m/min | mm | mm | 1/min | kW |
| 160 | 1,6 | 1,0 | 0,7 | 2,0 | 1,5 | 16 | 40 | 650 | 0,35 |
| 200 | 2,0 | 1,5 | 1,0 | 2,5 | 1,3 | 21 | 40 | 650 | 0,5 |
| 350 | 3,5 | 2,3 | 1,8 | 3,5 | 1,3 | 30 | 70 | 650 | 0,9 |
| 500 | 5,0 | 3,2 | 2,5 | 7,0 | 1,4 | 41 | 90 | 600 | 1,1 |

### Schnittqualität und Maßtoleranzen für thermische Schnitte     vgl. DIN EN ISO 9013 (2003-07)

Die Angaben gelten für
- autogenes Brennschneiden,
- Plasmaschneiden,
- Laserstrahlschneiden.

Die Qualität der Schnittflächen wird festgelegt durch
- die Rechtwinkligkeitstoleranz $u$,
- die gemittelte Rautiefe $R_{z5}$.

$l$   Nennlänge
$s$   Werkstückdicke
$u$   Rechtwinkligkeitstoleranz
$R_{z5}$   gemittelte Rautiefe
$\Delta l$   Grenzabmaße für die Nennlänge $l$

#### Qualität der Schnittflächen

| Bereich | Rechtwinkligkeits-toleranz $u$ in mm | gemittelte Rau-tiefe $R_{z5}$ in μm | Bemerkung |
|---|---|---|---|
| 1 | $u < 0,05 + 0,003 \cdot s$ | $R_{z5} < 10 + 0,6 \cdot s$ | Werkstück-dicke $s$ in mm einsetzen |
| 2 | $u < 0,15 + 0,007 \cdot s$ | $R_{z5} < 40 + 0,8 \cdot s$ | |
| 3 | $u < 0,4 + 0,01 \cdot s$ | $R_{z5} < 70 + 1,2 \cdot s$ | |
| 4 | $u < 0,8 + 0,02 \cdot s$ | $R_{z5} < 110 + 1,8 \cdot s$ | |

#### Grenzabmaße für Nennlängen

| Werkstück-dicke $s$ in mm | Grenzabmaße $\Delta l$ für Nennlängen $l$ in mm | | | | | |
|---|---|---|---|---|---|---|
| | Toleranzklasse 1 | | | Toleranzklasse 2 | | |
| | < 35 ≤ 125 | < 125 ≤ 315 | < 315 ≤ 1000 | < 35 ≤ 125 | < 125 ≤ 315 | < 315 ≤ 1000 |
| > 1 ≤ 3,15 | ± 0,3 | ± 0,3 | ± 0,4 | ± 0,7 | ± 0,8 | ± 0,9 |
| > 3,15 ≤ 6,3 | ± 0,4 | ± 0,5 | ± 0,5 | ± 0,9 | ± 1,1 | ± 1,2 |
| > 6,3 ≤ 10 | ± 0,6 | ± 0,7 | ± 0,7 | ± 1,3 | ± 1,4 | ± 1,5 |
| > 10 ≤ 50 | ± 0,7 | ± 0,8 | ± 1 | ± 1,8 | ± 1,9 | ± 2,3 |
| > 50 ≤ 100 | ± 1,3 | ± 1,4 | ± 1,7 | ± 2,5 | ± 2,6 | ± 3,0 |
| > 100 ± 150 | ± 2 | ± 2,1 | ± 2,3 | ± 3,3 | ± 3,4 | ± 3,7 |

Norm-Nummer
**Schnittqualität**
Rechtwinkligkeits-toleranz $u$ nach Reihe 3
gemittelte Rautiefe $R_{z5}$ nach Reihe 4
Toleranzklasse 2

**Beispiel:** Autogenes Brennschneiden nach Toleranzklasse 2,
$l = 450$ mm; $s = 12$ mm; Schnittqualität nach Bereich 4
$\Delta l = ?$; $u = ?$; $R_{z5} = ?$

$\Delta l = \pm 2,3$ mm
$u = 0,8 + 0,02 \cdot s = 0,8$ mm $+ 0,02 \cdot 12$ mm $= \mathbf{1,04}$ **mm**
$R_{z5} < 110 + 1,8 \cdot s < 110$ μm $+ 1,8 \cdot 12$ μm $< \mathbf{131,6}$ **μm**

### Richtwerte für das Brennschneiden

**Werkstoff: unlegierter Baustahl;     Brenngas: Acetylen**

| Blech-dicke $s$ mm | Schneid-düse mm | Schnitt-fugen-breite mm | Sauerstoffdruck | | Acetylen-druck bar | Gesamt-sauerstoff-verbrauch $m^3$/h | Acetylen-verbrauch $m^3$/h | Schneidgeschwindigkeit | |
|---|---|---|---|---|---|---|---|---|---|
| | | | Schneiden bar | Heizen bar | | | | Qualitäts-schnitt m/min | Trenn-schnitt m/min |
| 5  | 3...10 | 1,5 | 2,0 | 2,0 | 0,2 | 1,67 | 0,27 | 0,69 | 0,84 |
| 8  | | | 2,5 | | | 1,92 | 0,32 | 0,64 | 0,78 |
| 10 | | | 3,0 | | | 2,14 | 0,34 | 0,60 | 0,74 |
| 10 | 10...25 | 1,8 | 2,5 | 2,5 | 0,2 | 2,46 | 0,36 | 0,62 | 0,75 |
| 15 | | | 3,0 | | | 2,67 | 0,37 | 0,52 | 0,69 |
| 20 | | | 3,5 | | | 2,98 | 0,38 | 0,45 | 0,64 |

# Mechanisches und thermisches Trennen

## Plasmaschneiden, Laserstrahlschneiden

### Richtwerte für das Plasmaschneiden[1]

| Blech-dicke s mm | Werkstoff: hochlegierte Baustähle Schneidtechnik: Argon-Wasserstoff ||||||| Werkstoff: Aluminium Schneidtechnik: Argon-Wasserstoff |||||
|---|---|---|---|---|---|---|---|---|---|---|---|---|
| | Stromstärke || Schneidge-schwindigkeit || Verbrauchswerte ||| Stromstärke || Schneidge-schwindigkeit || Verbrauchswerte ||
| | Qualitäts-schnitt A | Trenn-schnitt A | Qualitäts-schnitt m/min | Trenn-schnitt m/min | Argon m³/h | Wasser-stoff m³/h | Stick-stoff m³/h | Qualitäts-schnitt A | Trenn-schnitt A | Qualitäts-schnitt m/min | Trenn-schnitt m/min | Argon m³/h | Wasser-stoff m³/h |
| 4 5 10 | 70 | 120 | 1,4 1,1 0,65 | 2,4 2,0 0,95 | 0,6 0,6 1,2 | – – 0,24 | 1,2 1,2 – | 70 | 120 | 3,6 1,9 1,1 | 6,0 5,0 1,6 | 1,2 | 0,5 |
| 15 20 25 | 70 | 120 | 0,35 0,25 0,35 | 0,6 0,45 0,35 | 1,2 1,2 1,5 | 0,24 0,24 0,48 | – – – | 70 | 120 | 0,6 0,35 0,2 | 1,3 0,75 0,5 | 1,2 | 0,5 |

[1] Die Werte gelten für eine Lichtbogenleistung von ca. 12 kW und 1,2 mm Schneiddüsen-Durchmesser.

### Richtwerte für das Laserstrahlschneiden von Stahl S 235 JR

| Blech-dicke mm | Laser-leistung kW | Linsen-brennweite mm | (Zoll) | Schneiddüse Bohrung mm | Schneiddüse Abstand mm | Schneid-sauerstoffdruck bar | Schneid-geschwindigkeit Qualitätsschnitt m/min |
|---|---|---|---|---|---|---|---|
| 0,5 | 500 | 63 | (2.5") | 0,6 – 0,8 | 0,3 – 0,6 | 3,6 – 6,0 | 15 |
| 1 | 800 | 63 | (2.5") | 0,6 – 0,8 | 0,3 – 0,6 | 3,5 – 5,0 | 11 |
| 2 | 1000 | 63 | (2.5") | 0,6 – 1,2 | 0,3 – 0,8 | 2,5 – 5,0 | 7 |
| 4 | 1000 | 127 | (5") | 0,8 – 1,2 | 0,5 – 1,0 | 2,0 – 4,0 | 4 |
| 8 | 1500 | 127 | (5") | 1,0 – 1,5 | 0,8 – 1,5 | 0,5 – 1,0 | 1,5 |
| 12 | 1500 | 190 | (7,5") | 1,2 – 1,6 | 1 – 1,5 | 0,5 – 1,0 | 1,2 |
| 16 | 2600 | 190 | (7,5") | 1,2 – 1,8 | 1 – 1,5 | 0,4 – 0,6 | 1 |
| 20 | 2600 | 190 | (7,5") | 2,0 – 2,5 | 1 – 1,5 | 0,4 – 0,6 | 0,7 |

### Richtwerte für das Laserstrahlschneiden von nichtrostendem Stahl

| Blech-dicke mm | Laser-leistung kW | Linsen-brennweite mm | (Zoll) | Schneiddüse Bohrung mm | Schneiddüse Abstand mm | Schneid-sauerstoffdruck bar | Schneid-geschwindigkeit Qualitätsschnitt m/min |
|---|---|---|---|---|---|---|---|
| 1 | 1500 | 127 | (5") | 1,4 | 0,6 – 0,8 | 8 | 7,5 – 5,0 |
| 2 | 1500 | 127 | (5") | 1,4 | 0,6 – 0,8 | 10 | 4,0 – 2,0 |
| 4 | 1500 | 190 | (7,5") | 1,7 | 0,8 – 1,2 | 15 | 1,2 – 1,0 |
| 8 | 2600 | 190 | (7,5") | 2,2 | 0,8 – 1,2 | 17 | 0,7 – 0,5 |
| 12 | 3000 | 190 | (7,5") | 2,5 | 0,8 – 1,2 | 19 | 0,3 – 0,4 |

### Richtwerte für das Wasserstrahlschneiden[1]

| Materialstärke | 5 mm | 10 mm | 15 mm | 20 mm | 25 mm | 30 mm | 50 mm | 100 mm |
|---|---|---|---|---|---|---|---|---|
| Material | Schnittgeschwindigkeiten in m/min ||||||||
| Werkzeugstahl | 0,678 | 0,370 | 0,236 | 0,169 | 0,128 | 0,102 | 0,48 | 0,18 |
| Nichtrostender Stahl 1.4301 | 0,833 | 0,454 | 0,290 | 0,208 | 0,159 | 0,125 | 0,60 | 0,22 |
| Titan | 1,083 | 0,590 | 0,377 | 0,270 | 0,206 | 0,163 | 0,78 | 0,28 |
| Aluminium | 2,250 | 1,226 | 0,782 | 0,561 | 0,427 | 0,339 | 0,162 | 0,59 |
| Kohlefaser-Verbundwerkstoff | 3,915 | 2,135 | 1,363 | 0,975 | 0,744 | 0,590 | 0,281 | 0,103 |
| Glas | 4,315 | 2,352 | 1,502 | 1,075 | 0,820 | 0,650 | 0,310 | 0,113 |
| Marmor | 4,672 | 2,547 | 1,626 | 1,164 | 0,888 | 0,704 | 0,336 | 0,123 |
| Plexiglas | 4,904 | 2,674 | 1,707 | 1,222 | 0,932 | 0,739 | 0,352 | 0,129 |

[1] Wasserdruck 4100 bar, Wasserverbrauch 3,8 Liter/min, Abrasivmittelverbrauch 580 g/min. Für einen Qualitätsschnitt wird mit 40 % der Tabellenwerte gerechnet.

## Zahnradberechnung
### Stirnrad mit Geradverzahnung

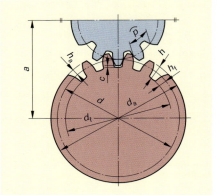

| | |
|---|---|
| $m$ | Modul |
| $d$ | Teilkreisdurchmesser |
| $d_a$ | Kopfkreisdurchmesser |
| $d_f$ | Fußkreisdurchmesser |
| $z$ | Zähnezahl |
| $h_a$ | Zahnkopfhöhe |
| $h_f$ | Zahnfußhöhe |
| $p$ | Teilung |
| $h$ | Zahnhöhe |
| $c$ | Kopfspiel |

Ein geradverzahntes Stirnrad mit Modul $m = 1$ mm hat eine Teilung
$p = \pi \cdot m = \pi \cdot 1$ mm $= 3{,}142$ mm.
Sie wird als Bogenmaß auf dem Teilkreis gemessen.

### Maße außenverzahnter Stirnräder mit Geradverzahnung

| | |
|---|---|
| Modul | $m = \dfrac{p}{\pi} = \dfrac{d}{z}$ |
| Teilung | $p = \pi \cdot m$ |
| Zähnezahl | $z = \dfrac{d}{m} = \dfrac{d_a - 2 \cdot m}{m}$ |
| Kopfspiel | $c = 0{,}1 \cdot m$ bis $0{,}3 \cdot m$ häufig $c = 0{,}167 \cdot m$ |
| Zahnkopfhöhe | $h_a = m$ |
| Teilkreisdurchmesser | $d = m \cdot z = \dfrac{z \cdot p}{\pi}$ |
| Kopfkreisdurchmesser | $d_a = d + 2 \cdot m = m \cdot (z + 2)$ |
| Fußkreisdurchmesser | $d_f = d - 2 \cdot (m + c)$ |
| Zahnhöhe | $h = 2 \cdot m + c$ |
| Zahnfußhöhe | $h_f = m + c$ |

### Maße innenverzahnter Stirnräder mit Geradverzahnung

| | |
|---|---|
| Kopfkreisdurchmesser | $d_a = d - 2 \cdot m = m \cdot (z - 2)$ |
| Fußkreisdurchmesser | $d_f = d + 2 \cdot (m + c)$ |
| Zähnezahl | $z = \dfrac{d}{m} = \dfrac{d_a + 2 \cdot m}{m}$ |

Die anderen Zahnradmaße werden gleich wie bei außenverzahnten Stirnrädern mit Geradverzahnung berechnet.

### Achsabstand bei Geradverzahnung

| | |
|---|---|
| **Achsabstand** bei außenliegendem Gegenrad | $a = \dfrac{d_1 + d_2}{2} = \dfrac{m \cdot (z_1 + z_2)}{2}$ |
| **Achsabstand** bei innenliegendem Gegenrad | $a = \dfrac{d_2 - d_1}{2} = \dfrac{m \cdot (z_2 - z_1)}{2}$ |

**Beispiel:** Innenverzahntes Stirnrad,
$m = 1{,}5$ mm; $z = 80$; $c = 0{,}167 \cdot m$; $d = ?$; $d_a = ?$; $h = ?$
$d = m \cdot z = 1{,}5$ mm $\cdot 80 = $ **120 mm**
$d_a = d - 2 \cdot m = 120$ mm $- 2 \cdot 1{,}5$ mm $= $ **117 mm**
$h = 2 \cdot m + c = 2 \cdot 1{,}5$ mm $+ 0{,}167 \cdot 1{,}5$ mm $= $ **3,25 mm**

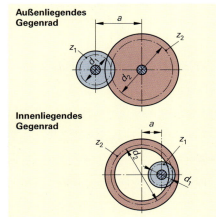

| | |
|---|---|
| $a$ | Achsabstand |
| $d_1, d_2$ | Teilkreisdurchmesser |
| $z_1, z_2$ | Zähnezahlen |

# Antriebstechnik

## Übersetzungen

### Riementrieb

**Einfache Übersetzung**

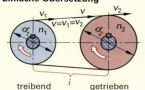

$d_1, d_3, d_5 \dots$ Durchmesser ⎫ treibende
$n_1, n_3, n_5 \dots$ Drehzahlen ⎭ Scheiben
$d_2, d_4, d_6 \dots$ Durchmesser ⎫ getriebene
$n_2, n_4, n_6 \dots$ Drehzahlen ⎭ Scheiben
$n_a$ Anfangsdrehzahl
$n_e$ Enddrehzahl
$i$ Gesamt-Übersetzungsverhältnis
$i_1, i_2, i_3 \dots$ Einzel-Übersetzungsverhältnis
$v, v_1, v_2$ Umfangsgeschwindigkeit

**Geschwindigkeit**

$$v = v_1 = v_2$$

**Antriebsformel**

$$n_1 \cdot d_1 = n_2 \cdot d_2$$

**Übersetzungsverhältnis**

$$i = \frac{d_2}{d_1} = \frac{n_1}{n_2} = \frac{n_a}{n_e}$$

**Mehrfache Übersetzung**

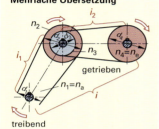

**Beispiel:**
$n_1 = 600/\text{min} \cdot n_2 = 400/\text{min}$
$d_1 = 240 \text{ mm}; \ i = ?; \ d_2 = ?$

$i = \dfrac{n_1}{n_2} = \dfrac{600/\text{min}}{400/\text{min}} = \dfrac{1,5}{1} = \textbf{1,5}$

$d_2 = \dfrac{n_1 \cdot d_1}{n_2} = \dfrac{600/\text{min} \cdot 240 \text{ mm}}{400/\text{min}}$
$= \textbf{360 mm}$

**Gesamt-Übersetzungsverhältnis**

$$i = \frac{d_2 \cdot d_4 \cdot d_6 \dots}{d_1 \cdot d_3 \cdot d_5 \dots}$$

$$i = i_1 \cdot i_2 \cdot i_3 \dots$$

### Zahnradtrieb

**Einfache Übersetzung**

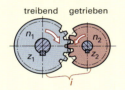

$z_1, z_3, z_5 \dots$ Zähnezahlen ⎫ treibende
$n_1, n_3, n_5 \dots$ Drehzahlen ⎭ Räder
$z_2, z_4, z_6 \dots$ Zähnezahlen ⎫ getriebene
$n_2, n_4, n_6 \dots$ Drehzahlen ⎭ Räder
$n_a$ Anfangsdrehzahl
$n_e$ Enddrehzahl
$i$ Gesamt-Übersetzungsverhältnis
$i_1, i_2, i_3 \dots$ Einzel-Übersetzungsverhältnis

**Antriebsformel**

$$n_1 \cdot z_1 = n_2 \cdot z_2$$

**Übersetzungsverhältnis**

$$i = \frac{z_2}{z_1} = \frac{n_1}{n_2} = \frac{n_a}{n_e}$$

**Mehrfache Übersetzung**

**Beispiel:**
$i = 0,4; \ n_1 = 180/\text{min}; \ z_2 = 24;$
$n_2 = ?; \ z_1 = ?$

$n_2 = \dfrac{n_1}{i} = \dfrac{180/\text{min}}{0,4} = \textbf{450/min}$

$z_1 = \dfrac{n_2 \cdot z_2}{n_1} = \dfrac{450/\text{min} \cdot 24}{180/\text{min}} = \textbf{60}$

**Gesamt-Übersetzungsverhältnis**

$$i = \frac{z_2 \cdot z_4 \cdot z_6 \dots}{z_1 \cdot z_3 \cdot z_5 \dots}$$

$$i = i_1 \cdot i_2 \cdot i_3 \dots$$

### Schneckentrieb

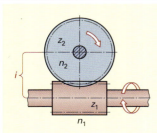

$z_1$ Zähnezahl (Gangzahl) der Schnecke
$n_1$ Drehzahl der Schnecke
$z_2$ Zähnezahl des Schneckenrades
$n_2$ Drehzahl des Schneckenrades
$i$ Übersetzungsverhältnis

**Beispiel:**
$i = 25; \ n_1 = 1500/\text{min}; \ z_1 = 3;$
$n_2 = ?$

$n_2 = \dfrac{n_1}{i} = \dfrac{1500/\text{min}}{25} = \textbf{60/min}$

**Antriebsformel**

$$n_1 \cdot z_1 = n_2 \cdot z_2$$

**Übersetzungsverhältnis**

$$i = \frac{n_1}{n_2} = \frac{z_2}{z_1}$$

## Schmalkeilriementrieb

### Schmalkeilriemen DIN 7753-1 (1988-01)

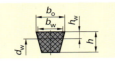

### Keilriemenscheiben DIN 2211-1 (1984-01)

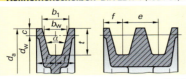

Wirkdurchmesser $d_w = d_a - 2 \cdot c$

| Bezeichnungen | | Schmalkeilriemen, Keilriemenscheiben | | | |
|---|---|---|---|---|---|
| Riemenprofil (ISO-Kurzzeichen) | | SPZ | SPA | SPB | SPC |
| $b_o$ | obere Riemenbreite | 9,7 | 12,7 | 16,3 | 22 |
| $b_w$ | Wirkbreite | 8,5 | 11 | 14 | 19 |
| $h$ | Riemenhöhe | 8 | 10 | 13 | 18 |
| $h_w$ | Abstand | 2 | 2,8 | 3,5 | 4,8 |
| $d_{wk}$ | kleinstzulässiger Wirk-∅ | 63 | 90 | 140 | 224 |
| $b_1$ | obere Rillenbreite | 9,7 | 12,7 | 16,3 | 22 |
| $c$ | Abstand Wirk-∅ bis Außen-∅ | 2 | 2,8 | 3,5 | 4,8 |
| $t$ | kleinstzulässige Rillentiefe | 11 | 13,8 | 17,5 | 23,8 |
| $e$ | Rillenabstand | 12 | 15 | 19 | 25,5 |
| $f$ | Rillenabstand vom Rande | 8 | 10 | 12,5 | 17 |
| Rillenwinkel $\alpha$ | 34°/38° für Wirk-∅ bis | 80 | 118 | 190 | 315 |
| | über | 80 | 118 | 190 | 315 |

| Winkelfaktor $c_1$ | 1 | 1,02 | 1,05 | 1,08 | 1,12 | 1,16 | 1,22 | 1,28 | 1,37 | 1,47 |
|---|---|---|---|---|---|---|---|---|---|---|
| Umschlingungswinkel $\beta$ | 180° | 170° | 160° | 150° | 140° | 130° | 120° | 110° | 100° | 90° |

### Betriebsfaktor $c_2$

| Tägliche Betriebsdauer in Stunden | | | angetriebene Arbeitsmaschinen (Beispiele) |
|---|---|---|---|
| bis 10 | über 10 bis 16 | über 16 | |
| 1,0 | 1,1 | 1,2 | Kreiselpumpen, Ventilatoren, Bandförderer für leichtes Gut |
| 1,1 | 1,2 | 1,3 | Werkzeugmaschinen, Pressen, Blechscheren, Druckereimaschinen |
| 1,2 | 1,3 | 1,4 | Mahlwerke, Kolbenpumpen, Stoßförderer, Textil- u. Papiermaschinen |
| 1,3 | 1,4 | 1,5 | Steinbrecher, Mischer, Winden, Krane, Bagger |

### Leistungswerte für Schmalkeilriemen  vgl. DIN 7753-2 (1976-04)

| Riemenprofil | SPZ | | | SPA | | | SPB | | | SPC | | |
|---|---|---|---|---|---|---|---|---|---|---|---|---|
| $d_{wk}$ der kleineren Scheibe | 63 | 100 | 180 | 90 | 160 | 250 | 140 | 250 | 400 | 224 | 400 | 630 |
| $n_k$ der kleineren Scheibe | Nennleistung $P_N$ in kW je Riemen | | | | | | | | | | | |
| 400 | 0,35 | 0,79 | 1,71 | 0,75 | 2,04 | 3,62 | 1,92 | 4,86 | 8,64 | 5,19 | 12,56 | 21,42 |
| 700 | 0,54 | 1,28 | 2,81 | 1,17 | 3,30 | 5,88 | 3,02 | 7,84 | 13,82 | 8,13 | 19,79 | 32,37 |
| 950 | 0,68 | 1,66 | 3,65 | 1,48 | 4,27 | 7,60 | 3,83 | 10,04 | 17,39 | 10,19 | 24,52 | 37,37 |
| 1450 | 0,93 | 2,36 | 5,19 | 2,02 | 6,01 | 10,53 | 5,19 | 13,66 | 22,02 | 13,22 | 29,46 | 31,74 |
| 2000 | 1,17 | 3,05 | 6,63 | 2,49 | 7,60 | 12,85 | 6,31 | 16,19 | 22,07 | 14,58 | 25,81 | – |
| 2800 | 1,45 | 3,90 | 8,20 | 3,00 | 9,24 | 14,13 | 7,15 | 16,44 | 9,37 | 11,89 | – | – |

### Leistungswerte für Schmalkeilriemen  vgl. DIN 7753-2 (1976-04)

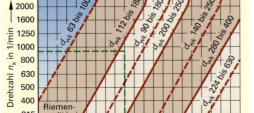

$P$ zu übertragende Leistung
$P_N$ Nennleistung je Riemen
$z$ Anzahl der Riemen
$c_1$ Winkelfaktor
$c_2$ Betriebsfaktor

**Anzahl der Riemen**

$$z = \frac{P \cdot c_1 \cdot c_2}{P_N}$$

**Beispiel:** Zu übertragen sind
$P = 12$ kW bei $c_1 = 1{,}12$; $c_2 = 1{,}4$; $d_{wk} = 160$ mm;
$n_k = 950$/min; $\beta = 140°$; $z = ?$

Aus $P \cdot c_2 = 12$ kW $\cdot$ 1,4 $= 16{,}8$ kW erhält man nach Diagramm das Profil **SPA**;
$P_N$ nach Tabelle 4,27 kW je Riemen

$$z = \frac{P \cdot c_1 \cdot c_2}{P_N} = \frac{12 \text{ kW} \cdot 1{,}12 \cdot 1{,}4}{4{,}27 \text{ kW}} = 4{,}4$$

gewählt: $z = $ **5 Riemen**

# Antriebstechnik

## Geschwindigkeiten an Maschinen
### Vorschubgeschwindigkeit

**Bohren**

**Drehen**

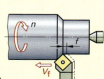

**Gewindetrieb**

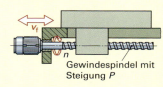

Gewindespindel mit Steigung P

**Zahnstangentrieb**

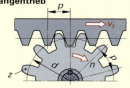

| | |
|---|---|
| $v_f$ | Vorschubgeschwindigkeit |
| $f$ | Vorschub |
| $n$ | Drehzahl |
| $P$ | Gewindesteigung |
| $p$ | Teilung der Zahnstange |
| $z$ | Zähnezahl des Ritzels |
| $d$ | Teilkreisdurchmesser |

**Beispiel:**

Gewindespindel, $P = 8$ mm; $n = 52/\text{min}$; $v_f = ?$

$v_f = n \cdot P = 52 \, \frac{1}{\text{min}} \cdot 8 \, \text{mm}$

$= \mathbf{416 \, \frac{\text{mm}}{\text{min}}}$

**Beispiel:**

Zahnstange, $z = 30$; $p = 18{,}85$ mm; $n = 12/\text{min}$; $v_f = ?$

$v_f = n \cdot z \cdot p$

$= 12 \, \frac{1}{\text{min}} \cdot 30 \cdot 18{,}85 \, \text{mm}$

$= 6786 \, \frac{\text{mm}}{\text{min}} \approx \mathbf{6{,}8 \, \frac{\text{m}}{\text{min}}}$

**Vorschubgeschwindigkeit beim Bohren und Drehen**

$$v_f = n \cdot f$$

**Vorschubgeschwindigkeit beim Gewindetrieb**

$$v_f = n \cdot P$$

**Vorschubgeschwindigkeit beim Zahnstangentrieb**

$$v_f = n \cdot z \cdot p$$

$$v_f = \pi \cdot d \cdot n$$

## Schnittgeschwindigkeit, Umfangsgeschwindigkeit

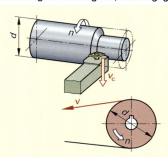

| | |
|---|---|
| $v_c$ | Schnittgeschwindigkeit |
| $v$ | Umfangsgeschwindigkeit |
| $d$ | Durchmesser |
| $n$ | Drehzahl |

**Beispiel:**

Winkelschleifer, $n = 6000/\text{min}$; Trennscheibe $d = 200$ mm; $v_c = ?$

$v_c = \pi \cdot d \cdot n$
$= \pi \cdot 0{,}2 \, \text{m} \cdot 6000 \, \frac{1}{\text{min}}$

$= 3769{,}9 \, \frac{\text{m}}{\text{min}} = \mathbf{62{,}83 \, \frac{\text{m}}{\text{s}}}$

**Schnittgeschwindigkeit**

$$v_c = \pi \cdot d \cdot n$$

**Umfangsgeschwindigkeit**

$$v = \pi \cdot d \cdot n$$

## Mittlere Geschwindigkeit bei Kurbeltrieben

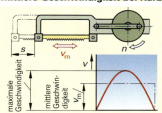

| | |
|---|---|
| $v_m$ | mittlere Geschwindigkeit |
| $n$ | Anzahl der Doppelhübe |
| $s$ | Hublänge |

**Beispiel:**

Maschinenbügelsäge, $s = 280$ mm; $n = 45/\text{min}$; $v_m = ?$

$v_m = 2 \cdot s \cdot n = 2 \cdot 0{,}28 \, \text{m} \cdot 45 \, \frac{1}{\text{min}} = \mathbf{25{,}2 \, \frac{\text{m}}{\text{min}}}$

**Mittlere Geschwindigkeit**

$$v_m = 2 \cdot s \cdot n$$

## Antriebstechnik

### Drehfrequenzdiagramm

Die **Drehfrequenz** (Drehzahl) einer Werkzeugmaschine wird aus der gewählten Schnittgeschwindigkeit $v_c$ und dem Durchmesser $d$ des Werkstücks bzw. des Werkzeugs ermittelt. Sie wird entweder mit der nebenstehenden **Gleichung** berechnet oder aus einem **Drehfrequenzdiagramm** abgelesen (siehe unten). Bei Werkzeugmaschinen mit gestuften Drehfrequenzen sind die einstellbaren Drehfrequenzen im Drehfrequenzdiagramm der Maschine eingezeichnet. Es wird dann diejenige der einstellbaren Drehfrequenzen gewählt, die der berechneten Drehfrequenz am nächsten kommt. Bei Werkzeugmaschinen mit stufenlosen Antrieben wird die ermittelte Drehfrequenz eingestellt.

**Maschinendrehfrequenz**

$$n = \frac{v_c}{\pi \cdot d}$$

#### Drehfrequenzdiagramm (Drehzahldiagramm) mit logarithmischer Teilung der Achsen

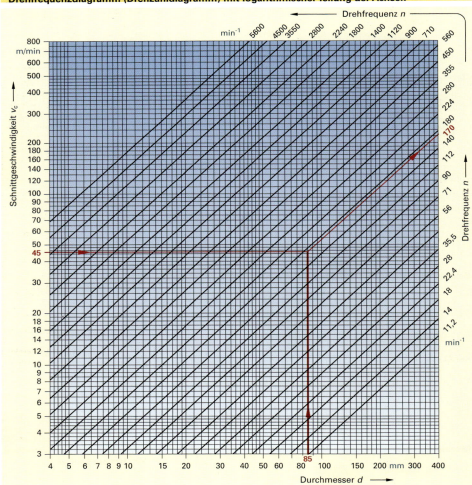

**Beispiel der Ermittlung einer Maschinendrehfrequenz:** Durchmesser $d = 85$ mm; Schnittgeschwindigkeit $v_c = 45$ m/min

Mit der **Berechnungsgleichung**: $n = \dfrac{v_c}{\pi \cdot d} = \dfrac{45 \text{ m/min}}{\pi \cdot 0{,}085 \text{ m}} = 168{,}5 \, \dfrac{1}{\text{min}}$

Durch **Ablesen** aus dem Drehfrequenzdiagramm: $n \approx 170 \, \dfrac{1}{\text{min}}$

## Spanende Fertigungsverfahren

### Bohren

**Spiralbohrer aus Schnellarbeitsstahl (HSS)**
vgl. DIN ISO 5419 (1998-06)

**Vorschubgeschwindigkeit**

$$v_f = n \cdot f; \quad n = \frac{v_c}{\pi \cdot d}$$

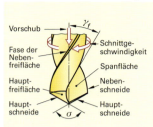

- $n$ Bohrerdrehfrequenz
- $f$ Vorschub
- $v_c$ Schnittgeschwindigkeit in m/min
- $\sigma$ Spitzenwinkel
- $\gamma_f$ Drallwinkel (Seitenspanwinkel)

**Bohrertypen** vgl. DIN 1836 (1984-01)

| Bohrer-typ | Anwendung | Spitzen-winkel $\sigma$ | Drall-winkel $\gamma_f$ |
|---|---|---|---|
| N | Universeller Einsatz für Baustähle, Vergütungsstähle | 118° | 30° ... 40° |
| H | Spröde und zähe NE-Metalle und Kunststoffe | 118° | 18° ... 19° |
| W | Weiche NE-Metalle und Kunststoffe | 130° | 40° ... 47° |

### Richtwerte für das Bohren — Herstellerangaben

| Werkstoff des Werkstücks | | mit Zugfestigkeit in N/mm² | Schnittgeschwindigkeit $v_c$ in m/min | Vorschub $f$ in mm je Bohrerumdrehung für folgende Bohrerdurchmesser in mm | | | | | | | Kühlschmierstoff |
|---|---|---|---|---|---|---|---|---|---|---|---|
| | | | | 2,5 | 4 | 6 | 10 | 16 | 25 | 40 | 63 | |
| **Mit Spiralbohrer aus Schnellarbeitsstahl HSS** | | | | | | | | | | | | |
| Unlegierte Baustähle | | bis 700 | 25 ... 35 | 0,05 | 0,10 | 0,12 | 0,2 | 0,25 | 0,4 | 0,5 | 0,8 | Kühlschmieremulsion |
| | | über 700 | 20 ... 30 | 0,03 | 0,06 | 0,08 | 0,12 | 0,16 | 0,25 | 0,3 | 0,5 | |
| Legierte Stähle | | 800 ... 1000 | 20 ... 30 | 0,02 | 0,04 | 0,05 | 0,08 | 0,1 | 0,16 | 0,2 | 0,3 | |
| Korrosionsbeständige Stähle | | | 6 ... 12 | 0,02 | 0,04 | 0,05 | 0,08 | 0,12 | 0,16 | 0,2 | 0,3 | |
| Gusseisen | | bis 250 | 15 ... 20 | 0,05 | 0,08 | 0,1 | 0,16 | 0,2 | 0,3 | 0,4 | 0,6 | Druckluft |
| | | über 250 | 5 ... 15 | 0,03 | 0,06 | 0,08 | 0,12 | 0,16 | 0,25 | 0,3 | 0,5 | |
| Al-Legierungen | | | 30 ... 50 | 0,08 | 0,12 | 0,2 | 0,28 | 0,38 | 0,5 | 0,6 | 0,8 | Emulsion |
| CuZn-Legierungen, hart | | | 60 ... 100 | 0,08 | 0,12 | 0,2 | 0,28 | 0,38 | 0,5 | 0,6 | 0,8 | Druckluft |
| CuZn-Legierungen, zäh | | | 35 ... 60 | 0,06 | 0,1 | 0,16 | 0,22 | 0,3 | 0,4 | 0,5 | 0,7 | |
| **Mit Voll-Hartmetall-Spiralbohrer[1] oder mit Spiralbohrer mit Hartmetall-Wendeschneidplatten[2]** | | | | | | | | | | | | |
| Unleg. Baustähle über 700 | | | 40 ... 80[1] 150 ... 350[2] | 0,03[1] | 0,03[1] | 0,04[1] | 0,04[1] | 0,04[1] | 0,06[2] | 0,08[2] | 0,12[2] | Kühlschmieremulsion |
| Legierte Stähle | | bis 800 | 30 ... 45[1] 120 ... 300[2] | 0,02[1] | 0,03[1] | 0,04[1] | 0,04[1] | 0,05[1] | 0,07[2] | 0,10[2] | 0,14[2] | |
| | | über 800 | 20 ... 25[1] 100 ... 250[2] | 0,02[1] | 0,02[1] | 0,03[1] | 0,03[1] | 0,03[1] | 0,08[2] | 0,12[2] | 0,18[2] | |
| Korrosionsbeständige Stähle | | | 10 ... 22[1] 120 ... 300[2] | 0,01[1] | 0,01[1] | 0,015[1] | 0,02[1] | 0,03[1] | 0,04[2] | 0,06[2] | 0,1[2] | |
| Gusseisen | | bis 220 HB | 40 ... 80[1] 80 ... 140[2] | 0,03[1] | 0,04[1] | 0,04[1] | 0,05[1] | 0,08[1] | 0,15[2] | 0,01 ... 0,04[2] | | Druckluft |
| | | über 220 HB | 30 ... 40[1] 70 ... 130[2] | 0,02[1] | 0,03[1] | 0,03[1] | 0,04[1] | 0,05[1] | 0,08[2] | | | |
| Al-Legierungen | | | 100 ... 140[1] | – | 0,125[1] | 0,20[1] | 0,25[1] | 0,40[1] | 0,50[1] | 0,80[1] | 1,0[1] | 1,6[1] | Emulsion |

[1] Richtwerte für Voll-Hartmetall-Spiralbohrer
[2] Richtwerte für Spiralbohrer mit Hartmetall-Wendeschneidplatten

### Hauptnutzungszeit beim Bohren

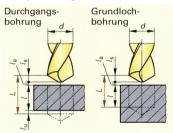

Durchgangsbohrung — Grundlochbohrung

- $t_h$ Hauptnutzungszeit
- $L$ Vorschubweg
- $i$ Anzahl der Bohrungen
- $n$ Bohrerdrehfrequenz
- $f$ Vorschub je Umdrehung
- $v_c$ Schnittgeschwindigkeit
- $l$ Bohrungstiefe
- $l_a$ Anlauf
- $l_u$ Überlauf
- $l_s$ Anschnittlänge
- $\sigma$ Spitzenwinkel
- $d$ Bohrerdurchmesser

**Hauptnutzungszeit**

$$t_h = \frac{L \cdot i}{n \cdot f}$$

**Bohrerdrehfrequenz**

$$n = \frac{v_c}{\pi \cdot d}$$

**Vorschubweg bei Grundlochbohrung**

$$L = l + l_s + l_a$$

**Vorschubweg bei Durchgangsbohrung**

$$L = l + l_s + l_a + l_u$$

**Anschnittlänge $l_s$**

| $\sigma$ | $l_s$ | $\sigma$ | $l_s$ |
|---|---|---|---|
| 80° | $0{,}6 \cdot d$ | 130° | $0{,}23 \cdot d$ |
| 118° | $0{,}3 \cdot d$ | 140° | $0{,}18 \cdot d$ |

# Sägen

## Sägen mit der Bügelsägemaschine

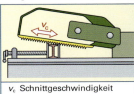

$v_c$ Schnittgeschwindigkeit

| Schnittwerte | | | Herstellerangaben |
|---|---|---|---|
| Werkstoff des Werkstücks | Schnittgeschwindigkeit m/min | Hubfrequenz Hübe/min | Angaben zur Schnittflächenleistung und Standzeit können nicht gemacht werden. Sie sind von der Sägeblattgröße und der Maschinenleistung abhängig. |
| Unlegierte Baustähle | 25 ... 35 | 80 ... 100 | |
| Nichtrostende Stähle | 16 ... 24 | 40 ... 60 | |
| Al-Legierungen | 40 ... 60 | 80 ... 120 | |

## Sägen mit der Kreissäge    Herstellerangaben

Drehfrequenz $n = \dfrac{v_c}{\pi \cdot d}$

$v_c$ Schnittgeschw.
$a$ Schnitttiefe
$v_f$ Vorschubgeschw.

| Schnittwerte für das Sägen mit Schnellarbeitsstahl-Kreissägeblatt | | | | |
|---|---|---|---|---|
| Werkstoff des Werkstücks | Schnittgeschwindigkeit $v_c$ in m/min | Vorschubgeschwindigkeit $v_f$ in mm/min | Vorschub pro Zahn mm/Zahn | Standzeitfläche $m^2$ |
| Unlegierte Baustähle | 20 ... 40 | 100 ... 250 | ≈ 0,06 | Die Standzeiten hängen sehr stark von der Qualität der HS-Sägeblätter ab. |
| Unlegierte Baustähle, Vergütungsstähle | 20 ... 30 / 15 ... 25 | 80 ... 200 | ≈ 0,06 | |
| Werkzeugstähle | 10 ... 20 | 60 ... 120 | ≈ 0,05 | |
| Nichtrostende Stähle | 7 ... 15 | 30 ... 90 | ≈ 0,04 | |
| Al-Legierungen | 500 ... 1000 | 400 ... 2000 | ≈ 0,05 ... 0,1 | |
| Cu-Legierungen | 150 ... 400 | 300 ... 1000 | ≈ 0,05 ... 0,1 | |

## Sägen mit der Bandsäge    Herstellerangaben

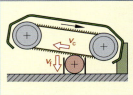

$v_f$ Vorschubgeschwindigkeit
$v_c$ Schnittgeschwindigkeit

| Auswahl der Zahnteilung | | | | |
|---|---|---|---|---|
| Vollmaterial | | Rohre und Profile | | |
| Eingriffslänge in mm | Zahnteilung Zähne/Zoll | Eingriffslänge in mm | Wanddicke in mm | Zahnteilung Zähne/Zoll |
| 0 ... 20 | 10 ... 14 | 60 | 3 | 10 ... 14 |
| 20 ... 50 | 8 ... 12 | 100 | 8 | 6 ... 10 |
| 35 ... 80 | 5 ... 8 | 150 | 10 | 4 ... 6 |
| 50 ... 100 | 4 ... 6 | 200 | 15 | 2 ... 4 |
| 120 ... 350 | 2 ... 3 | 300 | 30 | 2 ... 3 |

| Schnittwerte für das Bandsägen mit HS-Sägeband (Bimetall-Sägeband) | | | | | |
|---|---|---|---|---|---|
| Werkstoff des Werkstücks | Vorschubgeschwindigkeit ⌀ 100 mm \| ⌀ 200 mm mm/min | | Schnittgeschwindigkeit $v_c$ m/min | Schnittflächenleistung $P_S$ ⌀ 100 mm $cm^2$/min | Standzeitfläche $m^2$ |
| Unlegierte Baustähle $R_m$ < 500 N/mm² | 63 ... 95 | 32 ... 50 | 85 ... 95 | 50 ... 75 | 7 |
| Baustähle, Vergütungsstähle $R_m$ < 750 N/mm² | 51 ... 70 | 25 ... 35 | 65 ... 85 | 40 ... 55 | 6 |
| Werkzeugstähle | 25 ... 42 | 13 ... 21 | 40 ... 45 | 20 ... 33 | 5 |
| Nichtrostende Stähle | 15 ... 19 | 8 ... 10 | 25 | 12 ... 15 | 5 |
| Al- und Cu-Legierungen | 140 ... 160 | 70 ... 77 | 100 ... 500 | 110 ... 120 | 10 |

## Hauptnutzungszeit beim Sägen

$S$ Sägefläche  
$P_S$ Schnittflächenleistung  
$v_f$ Vorschubgeschwindigkeit  
$L$ Eingriffslänge

$$t_h = \dfrac{S}{P_S} \quad \text{oder} \quad t_h = \dfrac{L}{v_f}$$

**Beispiel:** Sägen eines Trägers IPBv 300 aus unleg. Baustahl mit einer Bandsäge (Bimetallsägeblatt)
Sägequerschnittsfläche IPBv (Seite 187): $S = 303\ cm^2$; $L ≈ 300$ mm; $\Rightarrow$ Zahnteilung: 2 ... 3 ZpZoll
Gegeben vom Bandsägen-Hersteller:
$P_S = (35 ... 80)\ cm^2/min$ (je nach Maschine); $\quad t_h = \dfrac{S}{P_S} = \dfrac{303\ cm^2 \cdot min}{(35 ... 80)\ cm^2} =$ **(8,7 ... 3,8) min**

## Spanende Fertigungsverfahren

### Drehen
#### Geometrische Verhältnisse beim Drehvorgang (Außenlängsdrehen)

**Drehfrequenz**

$$n = \frac{v_c}{\pi \cdot d}$$

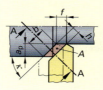
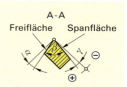

- $v_c$  Schnittgeschwindigkeit
- $v_f$  Vorschubgeschwindigkeit
- $f$   Vorschub pro Umdrehung
- $A$   Spanungsquerschnitt $A = a_p \cdot f$
- $a$   Schnitttiefe
- $\alpha$  Freiwinkel
- $\beta$  Keilwinkel
- $\gamma$  Spanwinkel
- $\varkappa$  Einstellwinkel

#### Richtwerte für das Drehen mit Hartmetall-bestückten Werkzeugen (Standzeit 15 min) Herstellerangaben

| Werkstoff des Werkstücks | Stähle mit Zugfestigkeit $R_m$ in N/mm² | Drehwerkzeug | | | Schnittparameter | | |
|---|---|---|---|---|---|---|---|
| | | Hartmetallsorte | Freiwinkel $\alpha$ | Spanwinkel $\gamma$ | Schnitttiefe $a_p$ mm | Vorschub $f$ mm | Schnittgeschwindigkeit[1)2)] $v_c$ in m/min |
| Unleg. Baustähle, unleg. Automatenstähle | bis 500 | K10, P10 | 6°…10° | 12°…25° | 0,5…4 | 0,1…0,4 | 330…220 |
| | | P10, P20 | | 12°…18° | über 4 | 0,3…1,5 | 240…160 |
| Vergütungsstähle | 700…1000 | P10, M20 | 6°… 8° | 6°…12° | 0,5…4 | 0,1…0,4 | 150… 85 |
| | | M20, P30 | | | über 4 | 0,3…1,5 | 90… 35 |
| Al-Legierungen | | K20 | 10°… 8° | 24°…10° | – | 0,1…0,6 | 600…250 |
| Kupferlegierungen | | K20 | 5°…10° | 5°…10° | – | 0,1…0,6 | 500…200 |

[1)] Der niedrigere Wert von $v_c$ gilt für ungünstige Zerspanungsbedingungen mit Schnittunterbrechungen, der höhere Wert von $v_c$ gilt für günstige Zerspanungsbedingungen.
[2)] Auswahl der Kühlschmierstoffe siehe Seite 208.

#### Richtwerte für das Drehen mit Schnellarbeitsstahl-Drehmeißeln    Herstellerangaben

| Werkstoff des Werkstücks | mit Zugfestigkeit $R_m$ in N/mm² | Drehwerkzeug | | | Schnittparameter | | | |
|---|---|---|---|---|---|---|---|---|
| | | Schnellarbeitsstahl | Freiwinkel $\alpha$ | Spanwinkel $\gamma$ | Schnitttiefe $a_p$ in mm | Vorschub $f_z$ in mm | Schnittgeschwindigk. $v_c$ in m/min | Standzeit $T$ in min |
| Unlegierte Baustähle, Einsatz- und Vergütungsstähle | bis 700 | HS 10-4-3-10 | 8° | 14° | 0,5 | 0,1 | 70 … 50 | 60 |
| | | | | | 3 | 0,5 | 50 … 30 | |
| | | HS 18-1-2-10 | 8° | 14° | 6 | 1,0 | 35 … 25 | |
| Automatenstähle | bis 700 | HS10-4-3-10 und HS18-1-2-10 | 8° | bis 20° | 0,5 | 0,1 | … 60 | 240 |
| | | | | | 3 | 0,3 | 75 … 50 | |
| | | | | | 6 | 0,6 | 55…35 | |
| Al-Werkstoffe | bis 350 | HS10-4-3-10 | 8° … 10° | 10° … 24° | 0,5 … 4 | 0,1 … 0,5 | 120 … 180 | 240 |
| Cu-Werkstoffe | bis 500 | HS18-1-2-10 | 5° … 10° | 5° … 10° | 0,5 … 4 | 0,1 … 0,5 | 100 … 125 | 240 |

**Hinweis:** Die genannten Werte sind allgemeine Richtwerte. Bei Verwendung der Werkzeuge eines bestimmten Herstellers sind die vom Hersteller empfohlenen Fertigungsrichtwerte anzuwenden.

#### Hauptnutzungszeit beim Drehen

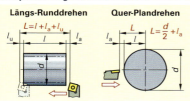

- $t_h$ Hauptnutzungszeit
- $L$  Vorschubweg
- $f$  Vorschub je Umdrehung
- $n$  Drehfrequenz
- $i$  Anzahl der Schnitte
- $v_c$ Schnittgeschwindigkeit
- $l$  Werkstücklänge
- $d$  Außendurchmesser
- $l_a$ Anlauf
- $l_u$ Überlauf

**Hauptnutzungszeit**

$$t_h = \frac{L \cdot i}{n \cdot f}$$

**Drehzahl**

$$n = \frac{v_c}{\pi \cdot d}$$

# Spanende Fertigungsverfahren

## Fräsen

### Richtwerte für das Fräsen mit hartmetallbestückten Messerköpfen — Herstellerangaben

**Stirnfräsen**

**Umfangfräsen**

| Werkstoff des Werkstücks | | Hartmetall-sorte des Werkzeuges | Vorschub $f_z$ mm | Schnitttiefe $a_p$ mm | Schnittge-schwindigkeit $v_c$ m/min |
|---|---|---|---|---|---|
| Werkstoff-gruppe | Zugfestigkeit $R_m$ in N/mm² | | | | |
| Unlegierte Stähle | bis 500 | HM-P25 bis HM-P40 | 0,1…0,3 | 5 | 160…200 |
| | | | | 10 | 130…160 |
| Unlegierte und legierte Stähle | 500…900 | | 0,1…0,5 | 5 | 90…160 |
| | | | | 10 | 60…130 |
| Legierte Stähle | 900…1400 | | 0,1…0,5 | 5 | 80…105 |
| | | | | 10 | 75…85 |
| Korrosionsbe-ständige Stähle | bis 600 | HM-K10 bis HM-K20 | 0,01…0,2 | 3 | 95…110 |
| | | | 0,1…0,2 | 5 | 40…50 |
| Gusseisen | 240…330 HB[1)] | | 0,1…0,5 | 5 | 70…90 |
| | | | 0,1…0,2 | 10 | 70…80 |
| Aluminium-Legierungen | nicht aushärtbar | | bis 0,3 | 0,5…8 | bis 2500 |
| | aushärtbar | | bis 0,3 | 0,5…8 | bis 700 |
| Kupfer und Kupfer-legierungen | | | 0,1…0,4 | 0,5…8 | 80…150 |

**Fräserdrehfrequenz**

$$n = \frac{v_c}{\pi \cdot d}$$

$v_c$  Schnittgeschwindigkeit
$d$  Fräserdurchmesser

**Vorschubgeschwindigkeit**

$$v_f = f_z \cdot z \cdot n$$

$f_z$  Vorschub pro Fräserzahn
$z$  Zähnezahl des Fräsers

### Richtwerte für das Fräsen mit Vollhartmetall-Schaftfräsern — Herstellerangaben

**Schaftfräsen**

| Werkstoff-gruppe des Werkstücks | Zugfestigkeit $R_m$ in N/mm² | Schnittge-schwindigkeit $v_c$ m/min | Vorschub pro Zahn $f_z$ in mm für Schaftfräserdurchmesser | | |
|---|---|---|---|---|---|
| | | | 5…8 mm | 9…12 mm | 13…20 mm |
| Stähle | 600…900 | 50…90 | 0,02…0,04 | 0,02…0,06 | 0,02…0,06 |
| Korrosionsbest. Stähle | 450…900 | 15…30 | | | |
| Gusseisen | bis 330 HB[1)] | 25…40 | 0,03…0,06 | 0,03…0,08 | 0,03…0,10 |
| Al- und Cu-Legierungen | bis 350 | 50…150 | 0,02…0,04 | 0,02…0,06 | 0,02…0,08 |

[1)] Bei den Werkstoffen mit HB ist die Brinellhärte die bestimmende Werkstoffeigenschaft.

### Hauptnutzungszeit beim Fräsen

**Stirnfräsen**

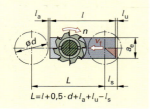

$L = l + 0{,}5 \cdot d + l_a + l_u - l_s$

**Umfangs-Planfräsen**

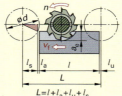

$L = l + l_a + l_u + l_s$

**Hauptnutzungszeit**

$$t_h = \frac{L \cdot i}{n \cdot f}$$

$$t_h = \frac{L \cdot i}{v_f}$$

**Vorschub je Fräserumdrehung**

$$f = f_z \cdot z$$

**Vorschubgeschwindigkeit**

$$v_f = n \cdot f$$

$$v_f = n \cdot f_z \cdot z$$

$l$  Werkstücklänge
$a_p$  Schnitttiefe
$a_e$  Schnittbreite (Fräsbreite)
$l_a$  Anlauf
$l_u$  Überlauf
$l_s$  Anschnitt
$L$  Vorschubweg
$n$  Drehfrequenz
$d$  Fräserdurchmesser
$f$  Vorschub je Umdrehung
$f_z$  Vorschub je Schneide
$z$  Anzahl der Schneiden
$v_c$  Schnittgeschwindigkeit
$v_f$  Vorschubgeschwindigkeit
$i$  Anzahl der Schnitte

# Spanende Fertigungsverfahren

## Schleifen
### Zusammensetzung, Aufbau und Bezeichnung von Schleifkörpern aus gebundenem Schleifmittel
vgl. DIN ISO 525 (2000-08)

**Schnittgeschwindigkeit beim Schleifen**

$$v_c = \pi \cdot d_s \cdot n_s$$

$d_s$ Schleifscheibendurchmesser
$n_s$ Drehfrequenz der Schleifscheibe

**Beispiel einer Schleifkörperbezeichnung**

Abmessungen in mm: Außendurchmesser · Dicke · Bohrungsdurchmesser

ISO 603 – TRS – 150 × 2,5 × 22,3 –

A/F 30  S  4  BF - 80

Max RPM 8600 – Maximale Drehfrequenz in 1/min

80 m/s – Höchstzulässige Umfangsgeschwindigkeit

Schleifscheibenform (siehe unten)

| Schleifmittel | | Körnung (Siebmaschen pro inch) | | Härtegrad (Bindung der Körner) | | Gefüge (Porosität in %) | | Bindung | |
|---|---|---|---|---|---|---|---|---|---|
| Schmirgel | SL | sehr grob | F6 ... F8 | sehr weich | A ... G | dicht | 0 ... 3 | Keramik | V |
| Normalkorund | | mittelgrob | F10 ... F14 | weich | H ... K | mittel | 4 ... 6 | Kunstharz faserverstärkt | B BF |
| Halbedelkorund | A | grob | F16 ... F24 | mittel | L ... O | porös | 7 ... 9 | Metall | M |
| Edelkorund | | | | | | | | | |
| Siliciumcarbid | C | mittel | F30 ... F60 | hart | P ... S | offen | 10 ... 14 | Galvanisch | G |
| Bornitrid | CBN | fein | F70 ... F220 | sehr hart | T ... Z | | | Gummi faserverstärkt | R RF |
| Diamant | D | sehr fein | F230 ... F1200 | äußerst hart | X, Y, Z | sehr offen | 15 ... 30 | Magnesitbindung | MG |

**Eignung von Schleifmitteln**

| Werkstoff | Stähle, ungehärtet | Stähle, gehärtet; Gusseisen | Al, Al-Leg., Cu, Cu-Leg. | Kunststoffe | Hartmetalle |
|---|---|---|---|---|---|
| Schleifmittel | Normal- u. Halbedelkorund | Edelkorund, Siliciumkarbid | Edelkorund, Siliciumkarbid | Edelkorund | Diamant |

### Schleifkörper aus gebundenem Schleifmittel

Es gibt eine Vielzahl von Schleifscheibenformen (52) für die verschiedenen Schleifarbeiten: DIN ISO 603-1 bis DIN ISO 603-16. Im Folgenden werden einige wichtige Schleifscheiben für den Metallbau gezeigt.

**Schleifscheiben für Werkzeuge** (Auswahl) — vgl. DIN ISO 603-6 (2000-05)

| Benennung, Form | Maße in mm | Benennung, Form | Maße in mm |
|---|---|---|---|
| Gerade Schleifscheibe — Form 1 | D: 50 ... 300<br>T: 6 ... 32<br>H: 13 ... 51 | Einseitig konische Schleifscheibe — Form 3 | D: 80 ... 250<br>J: 40 ... 125<br>H: 13 ... 32<br>T: 5 ... 14<br>U: 1; 1,5; 2; 3 |

**Schleifscheiben für Freihandschleifen** (Auswahl) — vgl. DIN ISO 603-7 (2000-05)

| Benennung, Form | Maße in mm | Benennung, Form | Maße in mm |
|---|---|---|---|
| Einseitig ausgesparte Schleifscheibe — Form 5 | D: 150 ... 400<br>T: 32 ... 50<br>H: 13 ... 127<br>P: 80 ... 215<br>F: 16, 20, 25 | Schleifscheibe mit Tragscheibe — Form 36 | D: 350 ... 900<br>T: 63, 80, 100<br>H: 120 ... 280 |

**Trennschleifscheiben für Winkelschleifer** — vgl. DIN ISO 603-16 (2000-05)

| Benennung, Form | Maße in mm | Benennung, Form | Maße in mm |
|---|---|---|---|
| Gerade Trennschleifscheibe — Form 41 | D: 80 ... 350<br>T: 1; 1,6; 2; 2,5; 4,0<br>H: 10 ... 25,4 | Gekröpfte Trennschleifscheibe — Form 42 | D: 80 ... 340<br>U: 2; 2,5; 3,2<br>H: 10, 16, 22, 23<br>K: 23; 35,5; 45<br>F: 4,0; 4,6 |

**Bezeichnungsbeispiel: Gekröpfte Trennscheibe ISO 603-16 – 42 – 115 × 2,5 × 22,23 – A 24 S BF – 80 m/s**
ist eine gekröpfte Trennschleifscheibe, Form 42, Maße D = 115 mm, U = 2,5 mm, H = 22,23 mm, Schleifmittel A, Korngröße 24, Härtegrad S, Kunstharzbindung faserverstärkt BF, Arbeitshöchstgeschwindigkeit 80 m/s.

# Spanende Fertigungsverfahren

## Schleifen

### Oberflächenbearbeitung von nichtrostenden Stählen (Edelstahl Rostfrei)

**Schleifverfahren, Schleifwerkzeuge, Schleifmittel**

| Rundschleifen | Flächenschleifen | Bandschleifen | Kantenschleifen |
|---|---|---|---|
| Fächerschleifscheibe | Vliesrad | Schleifband | Schleifrad |
| **Rundschleif-Werkzeuge** Fächerschleifscheiben (DIN ISO 15 635) Ebene Schleifscheiben (DIN ISO 603-14) Grobe und feine Vliesscheiben, Filzscheiben | **Flächen- und Längsschleif-Werkzeuge** Lamellenschleifscheiben, auch Schleifblätterräder genannt (DIN ISO 5429) Schleifrollen (DIN ISO 3366) Vliesräder, Filzräder | **Bandschleif-Werkzeuge** Grobe und feine Schleifbänder (DIN ISO 2976) Grobe und feine Vliesbänder, Filzbänder | **Kantenschleif-Werkzeuge** kleine Lamellen-Schleifräder (DIN ISO 5429) Schleifrollen (DIN ISO 3366) kleine Vliesräder, Schleifstifte, kleine Filzköpfe |

**Schleifarbeiten für das Schleifen von nichtrostenden Stählen** — Herstellerangaben

| Nr. | Arbeitsfolge | Beschreibung, Anwendung | Empfohlenes Schleifmittel | Körnung | Umfangsgeschwindigkeit m/min |
|---|---|---|---|---|---|
| 1a | Putzschleifen | für raue Schweißnähte | Schleifscheibe | 24/36 | 1200 ... 1800 |
| 1b | Vorschleifen | Anfangsarbeit an warmgewalzten Blechen oder glatten Schweißnähten | Fächerschleifscheibe Schleifband | 24/26 60 | 1200 ... 1800 |
| 2 | Fertigschleifen | Anfangsarbeit für warmgewalztes Blech und Band | Lamellenschleifrad | 80/100 | 1500 ... 2400 |
| 3a | | Anfangsarbeit beim Feinschleifen | Schleifscheibe Fächerschleifscheibe | 120/150 | 1500 ... 2400 |
| 3b | Feinschleifen | Anschlussarbeit an 3a | Lamellenschleifrad | 180 | 1500 ... 2400 |
| 3c | | Anschlussarbeit an 3b für eine normale Politur | Schleifband Polierscheibe | 240 | 2400 ... 3000 |
| 4 | Bürsten | Herstellung eines matten Seidenglanzes (satiniert)[1] | Polierscheibe mit Paste aus Bimssteinpulver oder Quarzmehl mit Öl | | 600 ... 1500 |
| 5 | Polieren oder Läppen | Anschlussarbeit zur Herstellung einer normalen Politur[1] | Polierscheibe | Polierpaste | 2400 ... 3000 |
| 6a | Polieren | Vorarbeit zur Herstellung einer Hochglanzpolitur[1] | Polierscheibe Polierband | 320 | ≈ 1500 |
| 6b | Hochglanzpolieren | Abschlussarbeit zur Herstellung der Hochglanzpolitur[1] | Poliervlies Filzband | Poliermittel | ≈ 1500 |
| 7 | Strahlen | Herstellen einer matten, nicht gerichteten Oberfläche[1] | Glasperlen Quarzsand | nach Wunsch | – |
| 8 | Passivieren | Bildung einer Passivschicht, Beseitigen von Anlauffarben | Beizpaste oder Beizlösung (50%ige Salpetersäurelösung) | | |

[1] siehe Seite 176

**Arbeitsbeispiel:** Fertigen einer Hochglanzpolitur auf einem warmgewalzten Blech.
**Arbeitsschritte:** Nr. 2 Fertigschleifen mit Lamellenschleifrad Körnung 80/100 → Nr. 3a, 3b, 3c Feinschleifen mit Lamellenschleifrad Körnung 120/150 → 180 → 240 → Nr. 6a Polieren mit Polierscheibe Körnung 320 → Nr. 6b Hochglanzpolieren mit Filzscheibe und Polierpaste → Nr. 8 Erzeugen einer Passivschicht durch Abreiben mit Beizlösung.

# Spanende Fertigungsverfahren

## Spanende Bearbeitung der Kunststoffe
### Richtwerte für die spanende Bearbeitung der Kunststoffe

### Drehen

$\alpha$ Freiwinkel, $\gamma$ Spanwinkel, $\varkappa$ Einstellwinkel, $v_c$ Schnittgeschw., $f$ Vorschub, $a$ Spantiefe, Spitzenradius $r$ mind. 0,5 mm

| Zu spanende Kunststoffe | | Kurzzeichen | Schneidstoff | $\alpha$ ° | $\gamma$ ° | $\varkappa$ ° | $v_c$ m/min | $f$ mm/U | $a$ mm |
|---|---|---|---|---|---|---|---|---|---|
| Thermoplaste | Polyethylen, Polyprop. | PE, PP | HS | 5...15 | 0...10 | 45...60 | 200...500 | 0,1...0,5 | bis 6 |
| | Polyvinylchlorid | PVC | | 5...10 | 0... 5 | 45...60 | 200...500 | 0,1...0,2 | bis 4 |
| | Polymethylmethacrylat | PMMA | | 5...10 | 0...(–)4 | ~15 | 200...300 | 0,1...0,2 | bis 4 |
| | Polystyrol | PS | oder | | | | | | |
| | Polystyrol-Copolymerisate | SAN ABS SB | | 5...10 | 0... 2 | ~15 | 50...60 | 0,1...0,2 | bis 2 |
| | Polyamide | PA | HM | 5...15 | 0...10 | 45...60 | 200...500 | 0,1...0,5 | bis 6 |
| | Polycarbonat | PC | (z.B. K 10) | 5...10 | 0... 5 | 45...60 | 200...300 | 0,1...0,5 | bis 6 |
| | Polyoximethylen | POM | | 10...15 | 15...20 | 9...11 | 100...300 | 0,05...0,25 | bis 6 |
| | Polytetrafluorethylen | PTFE | | 5...10 | 0... 5 | 45...60 | 200...500 | 0,1...0,2 | bis 6 |
| | Celluloseacetat | CA | | | | | | | |
| Duroplaste | Phenolharz | PF | HS | 5 ... 10 | 15 ... 25 | 45 ... 60 | bis 80 | 0,05 bis 0,5 je nach Einspannung und Stabilität des Werkstücks | bis 10 je nach Stabilität |
| | Harnstoffharz | UF | oder | | | | | | |
| | Melaminharz | MF | | | | | | | |
| | Ung. Polyesterharz | UP | | | | | | | |
| | Epoxidharz | EP | HM | 10 ... 15 | 45 ... 60 | bis 40 | | | |
| | Polyurethanharz | PUR | | | | | | | |
| | Siliconharz | SI | | | | | | | |
| | Mit anorganischem Material wie z.B. Glasfasern (GFK), Gesteinsmehl u.ä. verstärkte Duroplaste | | Diamant-Trennscheibe | 5...11 | 0...12 | 45...60 | bis 40 | | |

### Sägen

$\alpha$ Freiwinkel, $\gamma$ Spanwinkel, $t$ Zahnteilung, K Index für Kreissägen, B Index für Bandsägen

| | $\alpha$ ° | $\gamma_K$ ° | $\gamma_B$ ° | $t$ mm | $v_K$ m/min | $v_B$ m/min |
|---|---|---|---|---|---|---|
| PE, PP | 30 bis 40 (HS) | 5 bis 8 (HS) | 0 bis 8 | 2 bis 8 | bis 3000 | bis 3000 |
| PVC, PMMA, PS | | | | | | |
| SAN ABS SB | | | | | | |
| PA | 10 bis 15 (HM) | 0 bis 5 (HM) | | | | |
| PC, POM, PTFE | | | | | | |
| CA | | | | | | |
| PF, UF, MF, UP | 30 ... 40 | 5 ... 8 | 5 ... 8 | 4 ... 8 | bis 3000 | bis 2000 |
| EP, PUR, SI | 10 ... 15 | 3 ... 6 | | 8 ... 18 | bis 5000 | bis 2000 |
| GFK usw. | Diamantkorn | | | | 1000 bis 2000 | 300 |

### Bohren (Hauptschneide)

$\alpha$ Freiwinkel, $\gamma$ Spanwinkel, $v_c$ Schnittgeschw., $f$ Vorschub, $\sigma$ Spitzenwinkel, $\gamma_f$ Seitenspanwinkel (Drallwinkel) 12° bis 16°

| | $\alpha$ ° | $\gamma$ ° | $\sigma$ ° | $v_c$ m/min | $f$ mm/U |
|---|---|---|---|---|---|
| PE, PP | 10...12 | 3...5 | 60... 90 | 50...100 | 0,2...0,5 |
| PVC | 8...10 | 3...5 | 80...110 | 30... 80 | 0,1...0,5 |
| PMMA | 3... 8 | 0...4 | 60... 90 | 20... 60 | 0,1...0,5 |
| PS | 3... 8 | 3...5 | 60... 90 | 20... 60 | 0,1...0,5 |
| SAN ABS SB | 5... 8 | 3...5 | 60... 90 | 30... 80 | 0,1...0,5 |
| PA | 8...10 | 3...5 | 60... 75 | 30... 80 | 0,1...0,5 |
| PC | 10...12 | 3...5 | 60... 90 | 50...100 | 0,2...0,5 |
| POM | 5... 8 | 3...5 | 60... 90 | 50...120 | 0,2...0,5 |
| PTFE | 5... 8 | 3...5 | 60... 90 | 50...100 | 0,1...0,5 |
| CA | 16 | 3...5 | 130 | 100...300 | 0,1...0,3 |
| PF, UF, MF, UP | 8...10 | 3...5 | 80...110 | 30... 80 | 0,1...0,5 |
| EP, PUR, SI | 6... 8 | 6...10 | 100 ... 120 | 30 bis 40 | 0,4 bis 0,5 |
| EP, PUR, SI (HM) | 6... 8 | 6...10 | 100 ... 120 | 100 ... 120 | je nach Bohrerdurchmesser und Füllstoff |
| GFK | 6... 8 | 0...6 | 80...100 | 20...40 | |

# Schweißen

## Schweißverfahren

| Gasschmelz-Schweißen (Autogenschweißen)[1] | Lichtbogenhandschweißen (E-Schweißen) | Metall-Aktivgas-Schweißen (MAG-Schweißen) | Metall-Inertgas-Schweißen (MIG-Schweißen) |
|---|---|---|---|
| Wolfram-Inertgas-Schweißen (WIG-Schweißen) | Wolfram-Plasma-Schweißen (WP-Schweißen) | Unterpulverschweißen (UP-Schweißen) | Bolzenschweißen (BS-Schweißen) |

[1] In Klammern der Kurzname des Schweißverfahrens

## Ordnungsnummern der Schweißverfahren    vgl. DIN EN ISO 4063 (2000-04)

| 1 | Lichtbogenschweißen | 2 | Widerstandsschweißen | 7 | Andere Schweißverfahren |
|---|---|---|---|---|---|
| 101 | Metall-Lichtbogenschweißen | 21 | Widerstands-Punktschweißen | 73 | Elektrogasschweißen |
| 11 | Metall-Lichtbogenschweißen ohne Gasschutz | 22 | Rollennahtschweißen | 74 | Induktionsschweißen |
| 111 | Lichtbogenhandschweißen | 23 | Buckelschweißen | 75 | Lichtstrahlschweißen |
| 12 | Unterpulverschweißen | 3 | Gasschmelzschweißen | 78 | Bolzenschweißen |
| 13 | Metall-Schutzgasschweißen | 311 | Gasschweißen mit Sauerstoff-Acetylen-Flamme | 8 | Schneiden |
| 131 | Metall-Inertgasschw. (MIG) | | | 81 | Autogenes Brennschneiden |
| 135 | Metall-Aktivgasschw. (MAG) | 312 | Gasschweißen mit Sauerstoff-Propan-Flamme | 82 | Lichtbogenschneiden |
| 136 | Metall-Aktivgasschweißen mit Fülldrahtelektrode | 4 | Pressschweißen | 83 | Plasmaschneiden |
| 137 | Metall-Inertgasschweißen mit Fülldrahtelektrode | 41 | Ultraschallschweißen | 84 | Laserstrahlschneiden |
| | | 42 | Reibschweißen | 9 | Hartlöten, Weichlöten |
| 14 | Wolfram-Schutzgasschweißen | 5 | Strahlschweißen | 91 | Hartlöten |
| 141 | Wolfram-Inertgasschweißen (WIG) | 51 | Elektronenstrahlschweißen | 912 | Flammhartlöten |
| 15 | Plasmaschweißen | | | 94 | Weichlöten |
| 151 | Plasma-WIG-Schweißen | 52 | Laserstrahlschweißen | 952 | Kolbenweichlöten |

## Eignung gebräuchlicher Schweißverfahren

| Schweißverfahren | Eignung | | Nahtvorbereitung | | Schweißtechnische Hinweise | | | |
|---|---|---|---|---|---|---|---|---|
| | schweißbare Werkstoffe | Materialdicke | Öffnungswinkel | Toleranzanforderung | Abschmelzleistung | Einbrand | Wärmeeinflusszone | Schweißverzug |
| Gasschmelz-Schweißen | Unlegierte und niedrigleg. Stähle | dünn | 0°, 60° | grob | gering | gering | groß | mittel |
| Lichtbogenhandschweißen | Alle Stähle | mittel, dick | 60° | grob | mittel | mittel | mittel | mittel |
| MAG-Schweißen | Alle schweißgeeigneten Werkstoffe | alle Dicken | 40° ... 60° | eng | groß | groß | mittel | gering |
| MIG-Schweißen | Al-, Cu-, Ti-, Ni-Werkstoffe | mittel, dick | 40° ... 60° | eng | groß | groß | mittel | gering |
| WIG-, WP-Schweißen | Alle Stähle und NE-Metalle | dünn | 0° ... 60° | mittel | gering | gering | klein | gering |

Arbeitssicherheit beim Schweißen siehe Seite 155

# Schweißen

## Schweißnahtvorbereitung, Schweißpositionen

### Schweißnahtvorbereitung für Stähle (Auswahl)   vgl. DIN EN ISO 9692-1 (2004-05)

| Nahtname Symbol nach ISO 2553 | Fugenform Schweißnaht- querschnitt | Werk- stück- dicke $t$ mm | Spalt- breite $b$ mm | Fugenmaße Steg- höhe $c$ mm | Winkel $\alpha, \beta$ Grad (°) | Empfohlenes Schweiß- verfahren (s. Seite 318) | Bemerkungen |
|---|---|---|---|---|---|---|---|
| I-Naht ‖ | | ≤ 4 | $b \approx t$ | – | – | 3, 111, 141 | einseitig geschweißt |
| | | 3 … 8 | $6 \leq b \leq 8$ $\approx t$ | – | – | 13 141 | einseitig geschweißt mit Badsicherung |
| | | ≤ 15 | 0 … 1 | – | – | 52 | |
| V-Naht V | | 3 … 10 | ≤ 4 | ≤ 2 | 40 … 60 | 3, 111, 13, 141 | eventuell mit Badsicherung |
| | | 3 … 40 | ≤ 3 | ≤ 2 | ≈ 60 40 … 60 | 111, 141 13 | mit Gegenlage |
| Y-Naht Y | | 5 … 40 | 1 … 4 | 2 … 4 | ≈ 60 | 111, 13 141 | einseitig geschweißt |
| | | > 10 | 1 … 3 | 2 … 4 | ≈ 60 40 … 60 | 111, 141 13 | mit Wurzel- und Gegenlage |
| D-V-Naht (X-Naht) X | | > 10 | 1 … 3 | ≤ 2 | ≈ 60 | 111, 141 | symmetrische Anschrägungen |
| | | | | | 40 … 60 | 13 | |
| D-HV-Naht (K-Naht) K | | > 10 | 1 … 4 | ≤ 2 | 35 … 60 | 111, 13, 141 | Die Fugenform kann auch unsymmetrisch sein. |
| Kehl-Naht T-Stoß | | $t_1 > 2$ $t_2 > 2$ | ≤ 2 | – | 70 … 100 | 3, 111, 13, 141 | – |
| Kehl-Naht Eckstoß | | $t_1 > 2$ $t_2 > 2$ | ≤ 2 | – | 60 … 120 | 3, 111, 13, 141 | – |

### Schweißpositionen   vgl. DIN EN ISO 6947 (2011-08)

**Stumpfnähte**

PA Wannenposition

PC Querposition

PE Überkopfposition

PG Fallposition

PF Steigposition

**Kehlnähte**

PB Horizontal- Vertikalposition

PA Wannenposition

PD Horizontal- Überkopfposition

PG Fallposition

PF Steigposition

# Schweißen

## Gasschmelzschweißen (Autogenschweißen) von Stahl
### Gase zum Schmelzschweißen

| Gasart | Gas-Kennfarbe (S. 326) | Anschlüsse der Flaschenventile | Gasflaschendaten Druck bar | Gasflaschendaten Volumen l | Gasflaschendaten Füllmenge kg, m³ | Maximale Flammentemperatur |
|---|---|---|---|---|---|---|
| Acetylen | braun | Spannbügel | 19 | 40/50 | 8 m³/10 m³ | ≈ 3200 °C |
| Wasserstoff | rot | W 21,8× 1/14 – LH | 200 | 10/50 | 2 m³/10 m³ | ≈ 2100 °C |
| Propan | rot | W 21,8× 1/14 – LH | ≈ 8,5 | 10/50 | 4 kg/21 kg | ≈ 2750 °C |
| Sauerstoff | blau/weiß | R 3/4 | 200 | 40/50 | 8 m³/10 m³ | – |

Schweißbrenner: Mischdüse, Schweißdüse, Sauerstoffventil, Mischrohr, Brenngasventil, auswechselbarer Schweißeinsatz, Griffstück

### Ermittlung der Gasentnahmemengen aus Gasflaschen

**Gelöste Gase,** z.B. Acetylen in Aceton

$$\Delta V = \frac{V_F \cdot (p_1 - p_2)}{p_F}$$

Gasentnahme

$V_F$ gelöstes Gasvolumen
$p_1$ Druck vor der Gasentnahme
$p_2$ Druck nach der Gasentnahme
$p_F$ Fülldruck der Gasflasche

**Druckflaschengase,** z.B. Sauerstoff, Wasserstoff

$$\Delta V = \frac{V \cdot (p_1 - p_2)}{p_{amb}}$$

Gasentnahme

$V$ Gasflaschenvolumen
$p_1$ Druck vor der Gasentnahme
$p_2$ Druck nach der Gasentnahme
$p_{amb}$ Luftdruck (1 bar)

**Flüssiggase,** (z.B. Propan) und **gelöste Gase** (z.B. Acetylen in Aceton)

$$\Delta V = \frac{\Delta m}{\varrho_{Gas}}$$

Gasentnahme

$\Delta m$ Gasmasse; durch Wiegen vor und nach der Gasentnahme bestimmt
$\varrho_{Gas}$ Gasdichte; $\varrho_{Acetylen} = 1{,}17$ kg/m³

### Schweißstäbe für das Gasschmelzschweißen                          vgl. DIN EN 12 536 (2000-08)

| Kurzzeichen des Stabs | O Z | O I | O II | O III | O IV | O V | O VI |
|---|---|---|---|---|---|---|---|
| Alter Kurzname nach DIN 8554 | – | G I | G II | G III | G IV | G V | G VI |
| Fließverhalten | keine Eigenschaft vereinbart | dünnfließend | dünnfließend | zähfließend | zähfließend | zähfließend | zähfließend |
| Spritzneigung der Schmelze | | stark | gering | keine | keine | keine | keine |
| Porenbildung in der Naht | | ja | ja | nein | nein | nein | nein |

Genormte Schweißstabdurchmesser in mm: 1,6; 2; 2,5: 3; (3,2); 4; 5; (6,3)
Bezeichnungsbeispiel: Stab EN 12 536 – O II

### Zuordnung des geeigneten Schweißstabes zum Gasschmelzschweißen

| Zu schweißende Werkstoffe Stahlgruppe | Stahlsorten | O I (G I) | O II (G II) | O III (G III) | O IV (G IV) |
|---|---|---|---|---|---|
| Unlegierte Baustähle nach DIN EN 10025-2 | S235JR (St37-2) bis S275JR | | X | X | X |
| | S235JR bis S355JR | | | X | X |
| Stahlrohre nach DIN 1615, DIN 1626 | S185 (St33), USt37.0 | X | X | X | X |
| Stahlrohre nach DIN 17175 | St35.8, St45.8 | | | X | X |
| Blech und Band aus Druckbehälterstählen nach DIN EN 10028 | P235GH (HI), P265GH (HII) | | | X | X |
| | 17Mn4, 16Mo5 | | | | X |

### Richtwerte der Betriebsdaten für das Gasschmelzschweißen von Stahl

| Werkstoffdicke in mm | Schweißeinsatz (Nummer) | Schweißnahtart (Symbol) | Schweißstabdurchmesser in mm | Gasdruck in bar Sauerstoff | Gasdruck in bar Acetylen | Acetylen- bzw. Sauerstoffverbrauch (gleich) l/h | Acetylen- bzw. Sauerstoffverbrauch l/1 m Naht | Schweißgeschwindigkeit cm/min | Zeitbedarf pro 1 m Naht |
|---|---|---|---|---|---|---|---|---|---|
| 0,5… 0 | 1 | ⊥ | 1,6 | 2,5 | 0,5 | 80 | 15 | 10 | 10 min |
| 1… 2 | 2 | II | 1,6; 2 | 2,5 | 0,5 | 160 | 30 | 8 | 12,5 min |
| 2… 4 | 3 | II, V | 2; 2,5 | 2,5 | 0,5 | 315 | 70 | 6,5 | 15 min |
| 4… 6 | 4 | II, V | 3; 4 | 2,5 | 0,5 | 500 | 170 | 5 | 20 min |
| 6… 9 | 5 | V, HV | 4; 5 | 2,5 | 0,5 | 800 | 280 | 4 | 25 min |
| 9…14 | 6 | Y, HY, U, HU | | 2,5 | 0,5 | 1250 | 550 | 3,5 | 30 min |
| 14…20 | 7 | Y, U, K, X | 5 | 2,5 | 0,5 | 1800 | 1000 | 2,5 | 40 min |

# Schweißen

## Lichtbogenhandschweißen (E-Schweißen) von Stahl
### Richtwerte beim Lichtbogenhandschweißen

| | Durchmesser der Stabelektrode (Kernstab) in mm | | | | | |
|---|---|---|---|---|---|---|
| | 2 | 2,5 | 3,2 | 4 | 5 | 6 |
| Stromstärke in A | 50 … 70 | 60 … 90 | 90 … 160 | 130 … 230 | 170 … 350 | 240 … 350 |
| Abschmelzleistung in kg/h | 0,5 | 0,8 | 1,4 | 1,8 | 2,2 | 3,0 |
| Länge der Stabelektroden in mm: 250, 300, 350 (bei 1,6, 2, 2,5 mm ⌀), 300, 350, 450 (bei 3,2 4, 5, 6 mm ⌀) | | | | | | |

### Umhüllte Stabelektroden für unlegierte Stähle und Feinkornstähle
(mit Mindeststreckgrenze unter 500 N/mm²)    vgl. DIN EN ISO 2560 (2010-03)

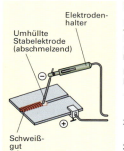

**Beispiel** für die Bezeichnung einer Stabelektrode (Einteilung A)

Umhüllte Stabelektrode   ISO 2560-A – E 42 2 2Ni B 3 4 H10

- Umhüllte Stabelektrode nach DIN EN ISO 2560, Einteilung A
- Kennbuchstabe für das Lichtbogenhandschweißen
- 1. Kennziffer für Streckgrenze, Zugfestigkeit und Dehnung des Schweißgutes
- 2. Kennzeichen für die Kerbschlagarbeit
- 3. Kurzzeichen für die chemische Zusammensetzung
- 4. Kurzzeichen für den Umhüllungstyp
- 5. Kennziffer für Ausbringung und Stromart
- 6. Kennziffer für die Schweißposition
- 7. Kennzeichen für den Wasserstoffgehalt

Umhüllte Stabelektrode (abschmelzend) – Elektrodenhalter – Schweißgut

### 1. Kennziffer für die Festigkeit und Bruchdehnung des Schweißgutes

| Kennziffer | Streckgrenze N/mm² | Zugfestigkeit N/mm² | Bruchdehnung |
|---|---|---|---|
| 35 | ≥ 355 | 440…570 | > 22% |
| 38 | ≥ 380 | 470…600 | > 20% |
| 42 | ≥ 420 | 500…640 | > 20% |
| 46 | ≥ 460 | 530…680 | > 20% |
| 50 | ≥ 500 | 560…720 | > 18% |

### 2. Kennzeichen für die Kerbschlagarbeit des Schweißgutes

| Kennzeichen | Temperatur für Mindestkerbschlagarbeit 47 J | Kennzeichen | Temperatur für Mindestkerbschlagarbeit 47 J |
|---|---|---|---|
| Z | keine Anforderungen | 3 | – 30° |
| A | + 20° | 4 | – 40° |
| 0 | 0° | 5 | – 50° |
| 2 | – 20° | 6 | – 60° |

### 3. Kurzzeichen für die chemische Zusammensetzung des Schweißgutes

| Legierungs-Kurzzeichen | Chemische Zusammensetzung | | |
|---|---|---|---|
| | Mn in % | Mo in % | Ni in % |
| keins | 2,0 | – | – |
| Mo | 1,4 | 0,3…0,6 | – |
| MnMo | 1,4…2,0 | 0,3…0,6 | – |
| 1 Ni | 1,4 | – | 0,6…1,2 |
| 2 Ni | 1,4 | – | 1,8…2,6 |
| 3 Ni | 1,4 | – | 2,6…3,8 |
| Mn1Ni | 1,4…2,0 | – | 0,6…1,2 |
| 1NiMo | 1,4 | 0,3…0,6 | 0,6…1,2 |
| Z | Jede andere vereinbarte Zusammensetzung | | |

### 4. Kurzzeichen für die Umhüllung der Stabelektrode

| A | sauerumhüllt | RR | rutilumhüllt – dick |
|---|---|---|---|
| C | zelluloseumhüllt | RC | rutilzelluloseumhüllt |
| R | rutilumhüllt | RA | rutilsauerumhüllt |
| B | basischumhüllt | RB | rutilbasischumhüllt |

### 5. Kennziffer für die Ausbringung und Stromart

| Kennziffer | Ausbringung % | Stromart |
|---|---|---|
| 1 | ≤ 105 | Wechsel- und Gleichstrom |
| 2 | ≤ 105 | Gleichstrom |
| 3 | > 105  ≤ 125 | Wechsel- und Gleichstrom |
| 4 | > 105  ≤ 125 | Gleichstrom |
| 5 | > 125  ≤ 160 | Wechsel- und Gleichstrom |
| 6 | > 125  ≤ 160 | Gleichstrom |
| 7 | > 160 | Wechsel- und Gleichstrom |
| 8 | > 160 | Gleichstrom |

### 6. Kennziffer für die Schweißposition

| 1 | alle Positionen |
|---|---|
| 2 | alle, außer Fallposition |
| 3 | Stumpfnaht in Wannenposition Kehlnaht in Wannen- und Horizontalposition |
| 4 | Stumpf- und Kehlnaht in Wannenposition |
| 5 | Fallposition und Positionen wie 3 |

### 7. Kennzeichen für den Wasserstoffgehalt im Schweißgut

| Kennzeichen | Wasserstoffgehalt in ml/100 g Schweißgut |
|---|---|
| H 5 | 5 |
| H 10 | 10 |
| H 15 | 15 |

## Schweißen

### Lichtbogenhandschweißen (E-Schweißen) von Stahl

**Umhüllte Stabelektroden für hochfeste Stähle** vgl. DIN EN 757 (1997-05)
(mit Mindeststreckgrenze über 500 N/mm²)

**Bezeichnungsbeispiel:** Umhüllte Stabelektrode EN 757–E 69 3 Mn1 Ni B 3 4 H5

- Umhüllte Stabelektrode für hochfeste Stähle
- Kennbuchstabe für das Lichtbogenhandschweißen
- 1. Kennziffer für die Festigkeits- und Dehnungseigenschaften
- 2. Kennzeichen für die Kerbschlagarbeit
- 3. Kurzzeichen für die chemische Zusammensetzung
- 4. Umhüllungstyp
- 5. Ausbringung und Stromart
- 6. Kennziffer für die Schweißposition
- 7. Wasserstoffgehalt

| 1. Kennziffer für die Festigkeits- und Dehnungseigenschaften des Schweißgutes | | | |
|---|---|---|---|
| Kennziffer | Streckgrenze N/mm² | Zugfestigkeit N/mm² | Bruchdehnung % |
| 55 | ≥ 550 | 610…780 | ≥ 18 |
| 62 | ≥ 620 | 690…890 | ≥ 18 |
| 69 | ≥ 690 | 760…960 | ≥ 17 |
| 79 | ≥ 790 | 880…1080 | ≥ 16 |
| 89 | ≥ 890 | 980…1180 | ≥ 15 |

**2. Kennzeichen für die Kerbschlagarbeit des Schweißgutes**
siehe Seite 321

**4. Kurzzeichen für den Umhüllungstyp**
siehe Seite 321

**5. Kennziffer für die Ausbringung und Stromart**
siehe Seite 321

**6. Kennziffer für die Schweißposition**
siehe Seite 321

**7. Kennzeichen für den Wasserstoffgehalt im Schweißgut**

| Kennzeichen | Wasserstoffgehalt in ml/100 g Schweißgut |
|---|---|
| H 5 | 5 |
| H 10 | 10 |

**3. Kurzzeichen für die chemische Zusammensetzung des Schweißgutes**

| MnMo | Mn1Ni | 1 NiMo | 1,5 NiMo | 2 NiMo | Mn1NiMo | Mn2NiMo | Mn2NiCrMo | Mn2Ni1CrMo |

Das Kurzzeichen besteht aus den Symbolen der enthaltenen Elemente und Kennzahlen, die den ungefähren Gehalt in Prozent (%) angeben. Mangan ist immer mit mindestens 1,4% enthalten. Keine Kennzahl bedeutet weniger als 1%.

**Beispiele:**
1 NiMo : mindestens 1,4% Mn, 0,6% bis 1,2% Ni, 0,3% bis 0,6% Mo
Mn2NiMo : 1,4% bis 2,0% Mn, 1,8% bis 2,6% Ni, 0,3% bis 0,6% Mo

**Umhüllte Stabelektroden für nichtrostende und hitzebeständige Stähle** vgl. DIN EN 1600 (1997-10)

**Bezeichnungsbeispiel:** Umhüllte Stabelektrode EN 1600–E 19 12 3 Nb R 3 4

- Bedeutung der Kennziffern für Umhüllungstyp, Schweißposition, Ausbringung und Stromart siehe Seite 321
- Umhüllte Stabelektrode nach DIN EN 1600 für das Lichtbogenhandschweißen
- Kurzzeichen für die chemische Zusammensetzung
- Umhüllungstyp
- Ausbringung und Stromart
- Schweißposition

| Kurzzeichen für die chemische Zusammensetzung des reinen Schweißgutes (Auswahl) | | | | | | | | |
|---|---|---|---|---|---|---|---|---|
| Schweißguttyp | Legierungskurzzeichen | Legierungsgehalte in % | | | | | | frühere Werkstoff-Nr. |
| | | C | Mn | Cr | Ni | Mo | sonstige | |
| austenitisch | 19 9 L | 0,04 | 2 | 18…21 | 9…11 | – | – | 1.4316 |
| | 19 9 Nb | 0,08 | 2 | 18…21 | 9…11 | – | Nb | 1.4551 |
| | 19 12 3 Nb | 0,08 | 2 | 17…20 | 10…13 | 2,5…3 | Nb | 1.4576 |
| vollaustenitisch, hohe Korrosionsbeständigkeit | 18 16 5 NL | 0,04 | 1…4 | 17…20 | 15,5…19 | 3,5…5 | N ≤ 0,20 | 1.4440 |
| | 20 16 3 MnNL | 0,04 | 5…8 | 18…21 | 15…18 | 2,5…3,5 | N ≤ 0,20 | 1.4455 |
| | 20 25 5 CuNL | 0,04 | 1…4 | 19…22 | 24…27 | 4…7 | Cu: 1…2 | 1.4517 |
| für hitzebeständige Stahlsorten | 25 4 | 0,15 | 2,5 | 24…27 | 4…6 | – | – | 1.4820 |
| | 25 20 | 0,06…0,20 | 1…5 | 23…27 | 18…22 | – | – | 1.4842 |

# Schweißen

## Zuordnung der Stabelektroden für das Lichtbogen-Handschweißen zu den Werkstoffen

Beim Lichtbogenhandschweißen erfolgt die Auswahl der Stabelektroden ausgehend von den Stahlgruppen der zu schweißenden Stähle.

**Unlegierte Stähle und Feinkornbaustähle:** Umhüllte Stabelektroden nach DIN EN ISO 2560 (Seite 321).
**Hochfeste Stähle:** Umhüllte Stabelektroden nach DIN EN 757 (Seite 322).
**Nichtrostende Stähle:** Umhüllte Stabelektroden nach DIN EN 1600 (Seite 322, unten).

Für jede Stahlgruppe der zu schweißenden Werkstoffe bieten die Schweißstabhersteller eine Vielzahl von Stabelektroden mit den auf den speziellen Einsatz abgestimmten Verarbeitungseigenschaften an.

**Beispiel:**
Die **Stabelektrode E 38 0 RC 1 1** : Aus der Normbezeichnung kann entnommen werden:
Die Stabelektrode erzeugt ein Schweißgut mit einer Mindeststreckgrenze von 380 N/mm$^2$ (Kennziffer 38) und einer Mindestkerbschlagarbeit von 47 J bei 0 °C (Kennziffer 0). Die Elektrode hat eine Rutilzellulose-Umhüllung (RC), eine Ausbringung von ≤ 105% (Kennziffer 1) und ist für alle Schweißpositionen (Kennziffer 1) geeignet.

Die **Verarbeitungseigenschaften und Einsatzmöglichkeiten** nennt der Hersteller:
Universalelektrode für Montage-, Werkstatt- und Reparaturschweißungen in allen Schweißpositionen; einfaches Zünden; unempfindlich gegen Beläge und Verschmutzungen der Schweißstelle; eingeschränkt für feuerverzinkte Bauteile geeignet. Zu schweißende Stähle: S(P)235JR bis S(P)355JR, GP240, GP280

Zur **Auswahl einer Schweißelektrode für eine Schweißarbeit** benutzt man die Handbücher oder die Internetseiten der Schweißelektrodenhersteller.

### Auswahl von umhüllten Stabelektroden für das Lichtbogenhandschweißen aus dem Handbuch eines Schweißelektrodenherstellers

| Zu schweißende Werkstoffe (Schweißaufgabe) | Geeignete Stabelektrode | Besondere Eigenschaften der Stabelektrode |
|---|---|---|
| **Umhüllte Elektroden nach DIN EN ISO 2560 für unlegierte Stähle und Feinkornstähle** (Seite 321) | | |
| S235JR bis S335JR, GP240, GP280 | E 38 2 RA 1 3 | Hohe Abschmelzleistung, glatte, röntgensichere Nähte |
| S235JR bis S335JR, GP240, GP280 | E 42 0 RR 1 2 | Universalelektrode, besonders einfache Handhabung |
| S235JR bis S335JR, GP240, GP280, L210bisL360 | E 38 2 RB 1 2 | Für den Rohrleitungs-, Apparate- und Behälterbau |
| S235 bis S420, GP240, GP280 | E 42 0 RR 7 3 | Hochleistungselektrode mit 160 % Ausbringung |
| **Umhüllte Elektroden nach DIN EN ISO 2560 für wetterfeste Baustähle** (Seite 321) | | |
| S235J0W, S355J2W | E 42 4 2 NiCuI B 4 | Korrosionsverhalten wie die wetterfesten Stähle |
| **Umhüllte Elektroden nach DIN EN 757 für hochfeste Stähle** (Seite 322) | | |
| S355 bis S500, 20MnMoNi5-5, 15NiCuMoNb5, 22NiMoCr3-7 | E55 6Mn1NiMoBT4 2H5 | Hochfeste Schweißverbindung bis 550 N/mm$^2$ Streckgrenze |
| S690, P690, L415 bis L555 | E69 6Mn2NiCrMoB4 2H5 | Hochfeste Schweißverbindung bis 700 N/mm$^2$ Streckgrenze |
| **Umhüllte Elektroden nach DIN EN 1600 für nichtrostende und hitzebeständige Stähle** (Seite 322) | | |
| X6CrNiTi18-10 | E 19 9 LR 1 2 | Für austenitische CrNi-Stähle Schönschweiß-Eigenschaften |
| X6CrNiMoTi17-12-2 | E 19 12 3 LR 12 | |
| **Umhüllte Stabelektroden für Gusseisenwerkstoffe (nicht genormt)** | | |
| EN-GJL-100 bis EN-GJS-700 | E C Ni Cl 1 | Verbindungs-, Riss- und Auftrags-Schweißen von Gusseisen |
| **Umhüllte Stabelektroden nach DIN 1732 für Aluminiumlegierungen** | | |
| AlMg- und AlMgSi-Legierungen | EL-AlSi 5 | Verbindungsschweißen von Aluminiumlegierungen |

# Schweißen

## Elektrodenbedarf beim Lichtbogen-Schmelzschweißen

Die Berechnung des Elektrodenbedarfs kann für das Lichtbogenhandschweißen mit umhüllten Stabelektroden sowie für das Schutzgasschweißen (MAG, MIG, WIG) mit Drahtelektroden angewandt werden.

### Berechnungsmethode 1: Durch Berechnung des Schweißnahtvolumens $V_S$

| Anzahl der benötigten Elektroden | Volumen der Schweißnaht | Nutzbares Volumen einer Elektrode | Nutzbare Elektrodenlänge |
|---|---|---|---|
| $Z = \dfrac{V_S}{V_E}$ | $V_S = A \cdot L$ | $V_E = \dfrac{\pi \cdot d^2}{4} \cdot l_E$ | $l_E = l - 30 \text{ mm}$ |

### Querschnittsflächen $A$ verschiedener Schweißnähte

**V-Naht**: $A = a^2 \cdot \tan\dfrac{\alpha}{2} + a \cdot s$

**Kehlnaht**: $A = a^2 \cdot \tan\dfrac{\alpha}{2}$

**I-Naht**: $A = a \cdot s$

| | | |
|---|---|---|
| $A$ | Nahtquerschnitt | mm² |
| $\alpha$ | Öffnungswinkel | ° |
| $a$ | Schweißnahtdicke | mm |
| $s$ | Nahtspaltbreite | mm |
| $L$ | Schweißnahtlänge | m |
| $l$ | Elektrodenlänge | mm |
| $d$ | Kerndrahtdurchmesser | mm |

**Beispiel:** Es ist der Elektrodenbedarf einer 2,40 m langen Kehlnaht (90°) mit einer Nahtdicke von 6 mm zu berechnen. Nahtüberhöhung: 20 %. Es werden Elektroden 4 mm x 450 mm eingesetzt. Stummel: 30 mm

$A = a^2 \cdot \tan \alpha/2 = 6^2 \text{ mm}^2 \cdot \tan 90°/2 = 36 \text{ mm}^2 \cdot 1 = 36 \text{ mm}^2$

$V_S = A \cdot L = 36 \text{ mm}^2 \cdot 2400 \text{ mm} = 86\,400 \text{ mm}^3$;  $l_E = l - 30 \text{ mm} = 450 \text{ mm} - 30 \text{ mm} = 420 \text{ mm}$

$V_E = \dfrac{\pi \cdot d^2}{4} \cdot l_E = \dfrac{\pi \cdot 4^2 \text{ mm}^2}{4} \cdot 420 \text{ mm} = 5278 \text{ mm}^3$;

$Z = \dfrac{V_S}{V_E} = \dfrac{86\,400 \text{ mm}^3}{5278 \text{ mm}^3} = 16,4$  Zuschlag für Nahtüberhöhung: 16,4 · 20 % ≈ 3,3

Elektrodenbedarf: 16,4 + 3,3 = 19,7 ⇒ **20 Elektroden erforderlich**

### Berechnungsmethode 2: Mit dem spezifischen Elektrodenbedarf $z_S$ aus Tabellen

$Z$  Anzahl der benötigten Elektroden    $L$  Schweißnahtlänge

$z_S$  Elektrodenzahl pro Meter, spezifischer Elektrodenbedarf genannt (in diesem Wert ist die Nahtüberhöhung enthalten)

Elektrodenbedarf: $Z = L \cdot z_S$

**Spezifischer Elektrodenbedarf $z_S$ für V-Nähte und Kehlnähte bei Standardbedingungen**
(Standardbedingungen: Elektrodenlänge 450 mm, Stummellänge 50 mm, Ausbringung 100%)

| W Wurzellage  F Fülllage  D Decklage  Nahtform | Blechdicke $a$ mm | Spaltbreite $s$ mm | Anzahl und Art der Lagen | Elektrodendurchmesser $d$ mm | Spezifischer Elektrodenbedarf $z_S$ ||| 
|---|---|---|---|---|---|---|---|
| | | | | | Wurzel 3,2 mm ⌀ Elektr./m | Hauptnaht 4 mm ⌀ Elektr./m | 5 mm ⌀ Elektr./m |
| **V-Naht, 60°** | 4 | 1 | 1 W, 1 D | 3,2 ; 4 | 3 | 2 | – |
| | 5 | 1,5 | 1 W, 1 D | 3,2 ; 4 | 4 | 2,9 | – |
| | 6 | 2 | 1 W, 2 D | 3,2 ; 4 | 4 | 4,7 | – |
| | 8 | 2 | 1 W, 1 F, 1 D | 3,2 ; 4 ; 5 | 4 | 3,7 | 3,5 |
| | 10 | 2 | 1 W, 1 F, 1 D | 3,2 ; 4 ; 5 | 4 | 4 | 6,2 |
| **Kehlnaht, 90°, waagerecht** | Nahtdicke $a$ in mm | | | | | 3,2 mm ⌀ | 4 mm ⌀ |
| | 4 | 1 | | 4 | – | – | 3,6 |
| | 5 | 3 | | 3,2 | – | 8,6 | – |
| | 6 | 3 | | 4 | – | – | 8,0 |
| | | | | | 4 mm ⌀ | 5 mm ⌀ | 6 mm ⌀ |
| | 8 | | 1 W, 2 D | 4 ; 5 | 3 | 7 | – |
| | 10 | | 1 W, 4 D | 4 ; 5 | 3 | 12,3 | – |

**Beispiel:** Es soll der Elektrodenbedarf einer 84 cm langen V-Naht (60 °) bei einer Blechdicke von 6 mm berechnet werden. Aus der Tabelle werden die Anzahl und Art der Lagen bestimmt sowie die $z_S$-Wert abgelesen und damit der Elektrodenbedarf berechnet.

Eine Wurzellage: $Z = L \cdot z_S = 0,84 \text{ m} \cdot 4 \text{ Elektr./m} = 3,36 \text{ Elektroden}$ ⇒ **4 Elektroden** 3,2 mm x 450 mm

Zwei Decklagen: $Z = L \cdot z_S = 0,84 \text{ m} \cdot 4,7 \text{ Elektr./m} = 3,95 \text{ Elektroden}$ ⇒ **2 · 4 = 8 Elektroden** 4 mm x 450 mm

## Elektrodenbedarf beim Lichtbogen-Schmelzschweißen

### Fortsetzung Berechnungsmethode 2: Mit dem spezifischen Elektrodenbedarf $z_S$ aus Tabellen

**Elektrodenbedarf bei Nichtstandardbedingungen**

Bei nicht 100 %iger Ausbringung, anderer Elektrodenlänge als 450 mm und anderem Öffnungswinkel der Nähte müssen Korrekturfaktoren (siehe rechts) bei der Berechnung des Elektrodenbedarfs berücksichtigt werden.

$K_E$ Korrekturfaktor Ausbringung
$K_L$ Korrekturfaktor Elektrodenlänge
$K_W$ Korrekturfaktor Öffnungswinkel

**Elektrodenbedarf mit Korrekturfaktoren**

$$Z = K_E \cdot K_L \cdot K_W \cdot L \cdot z_S$$

**Korrekturfaktor Elektrodenlänge**

| Faktor | Nennlänge $l$ in mm | | |
|---|---|---|---|
| | 300 | 350 | 400 |
| $K_L$ | 1,6 | 1,3 | 1,1 |

**Korrekturfaktor Ausbringung**

| Faktor | Ausbringung in % | | |
|---|---|---|---|
| | 95 | 120 | 140 |
| $K_E$ | 1,05 | 0,8 | 0,7 |

**Korrekturfaktor Öffnungswinkel**

| Faktor | Öffnungswinkel $\alpha$ | | | |
|---|---|---|---|---|
| | V-Nähte | | Kehlnähte | |
| | 50° | 70° | 60° | 90° |
| $K_W$ | 0,9 | 1,2 | 0,6 | 1 |

**Beispiel:** Elektrodenbedarf für die Schweißarbeit: 5 Meter V-Naht 70°, Blechdicke 8 mm
Ausbringung: 120 %; Elektrodenlänge: 350 mm; Öffnungswinkel: 70°
$K_E = 0,8$   $K_L = 1,3$   $K_W = 1,2$
Aus der Tabelle aus Seite 324, unten wird abgelesen: 1 Wurzellage, 1 Fülllage, 1 Decklage
Für die Wurzelraupe:   $z_S = 4$ Elektroden/m, Elektrodenlänge 450 mm, 3,2 mm ⌀
Für die Hauptnaht:   Fülllage:   $z_S = 3,7$ Elektroden/m, Elektrodenlänge 450 mm, 4 mm ⌀
   Decklage:   $z_S = 3,5$ Elektroden/m, Elektrodenlänge 450 mm, 5 mm ⌀,

**Der korrigierte Elektrodenbedarf (350 mm Elektroden) beträgt:**
Für die Wurzellage:   $Z = K_E \cdot K_L \cdot K_W \cdot L \cdot Z_S = 0,8 \cdot 1,3 \cdot 1,2 \cdot 5 \text{ m} \cdot 4$ Elektr./m = 24,9 Stück   ⇒ **25 Elektroden**
Für die Hauptnaht:   Fülllage:   $Z = 0,8 \cdot 1,3 \cdot 1,2 \cdot 5 \text{ m} \cdot 3,7$ Elektr./m = 23,1 Stück   ⇒ **24 Elektroden**
   Decklage:   $Z = 0,8 \cdot 1,3 \cdot 1,2 \cdot 5 \text{ m} \cdot 3,5$ Elektr./m = 21,8 Stück   ⇒ **22 Elektroden**

### Berechnungsmethode 3: Mit spezifischer Nahtmasse $m'$ aus Tabellen

$Z$ Anzahl der benötigten Elektroden
$L$ Schweißnahtlänge
$m'$ Spezifische Nahtmasse
$m_E$ Masse einer Elektrode

**Elektrodenbedarf bei Standardbedingungen**

$$Z = L \cdot \frac{m'}{m_E}$$

mit $m_E = \varrho_{Stahl} \cdot l_E \cdot \frac{\pi \cdot d_E^2}{4}$

$\varrho_E$ Dichte des Elektrodenkerndrahts
$l_E$ Nutzbare Länge der Elektrode
   $l_E = l - l_{Stummel}$
$d_E$ Kerndrahtdurchmesser der Elektrode

**Elektrodenbedarf bei Nichtstandardbedingungen** (mit Korrekturfaktoren, oben)

$$Z = K_E \cdot K_L \cdot K_W \cdot L \cdot \frac{m'}{m_E}$$

**Spezifische Nahtmasse $m'$ von V- und Kehlnähten bei Standardbedingungen**
(Elektrodenlänge 450 mm, Stummellänge 50 mm, Ausbringung 100%)

| Blechdicke $a$ mm | Spaltbreite $s$ mm | Nahtquerschnitt mm² | Spezifische Nahtmasse $m'$ in g/m | | | | |
|---|---|---|---|---|---|---|---|
| | | | bei Nahtüberhöhung $h$ | | | | |
| | | | 0 mm | 1 mm | 1,5 mm | 2 mm | 2,5 mm |
| **V-Naht, 60°** | | | | | | | |
| 6 | 1 | 26,8 | 210 | 252 | 273 | 294 | 314 |
| 8 | 1,5 | 48,9 | 384 | 441 | 469 | 496 | 525 |
| 10 | 2,0 | 77,7 | 610 | 681 | 716 | 752 | 788 |
| 12 | 2,0 | 107,1 | 841 | 925 | 965 | 1010 | 1050 |
| 14 | 2,0 | 141 | 1110 | 1205 | 1254 | 1300 | 1345 |
| **Kehlnaht, 90°, waagrecht** | | | bei Nahtüberhöhung $h$ | | | | |
| Nahtdicke $a$ in mm | | | 0 mm | 0,5 mm | 1 mm | 1,5 mm | |
| 4 | | 16 | 125,6 | 147 | 167,5 | 188,5 | |
| 6 | | 36 | 282 | 314 | 346 | 377 | |
| 8 | | 64 | 503 | 544 | 587 | 628 | |
| 10 | | 100 | 785 | 836 | 890 | 943 | |

**Beispiel:** Bei der Montage eines Brückengeländers sind 12,6 m Kehlnaht (90°) mit einer Nahtdicke von 6 mm zu Schweißen. Die Nahtüberhöhung beträgt 1 mm, die Ausbringung 120 %, die Elektrodenlänge 400 mm, der Elektrodendurchmesser 4 mm, $\varrho_{Stahl} = 7,85$ kg/dm³; Stummellänge: 50 mm.

Aus der Tabelle wird abgelesen:   $m' = 346$ g/m;   $l_E = l - l_{Stummel} = 400$ mm $- 50$ mm $= 350$ mm

$m_E = \varrho_{Stahl} \cdot l_E \cdot \frac{\pi \cdot d_E^2}{4} = 7,85 \cdot \frac{1000 \text{ g}}{10^6 \text{ mm}^3} \cdot 350 \text{ mm} \cdot \frac{\pi \cdot 4^2 \cdot \text{mm}^2}{4} = 34,5$ g

$Z = K_E \cdot K_L \cdot K_W \cdot L \cdot \frac{m'}{m_E} = 0,8 \cdot 1,1 \cdot 1 \cdot 12,6 \text{ m} \cdot \frac{346 \text{ g/m}}{34,5 \text{ g}} = 111,2$   ⇒ **112 Elektroden**

# Schweißen

## Kennzeichnung von Gasflaschen
vgl. DIN EN 1089-3 (2011-10)

### Rein- und Mischgase für die Technik

Die Kennzeichnungsfarben sind auf der Gasflaschenschulter angebracht. Dabei sind die Farben nach geringer werdender Gefährlichkeit der Gase abgestuft. Beispiel:

| Farbe | Bedeutung |
|---|---|
| Gelb (RAL 1018) | Giftig und/oder korrosiv (ISO 10 298 und ISO 13 338) |
| Rot (RAL 3000) | Entzündbar (EN ISO 10156) |
| Hellblau (RAL 5012) | Oxidierend (EN 720-2) |
| Leuchtendes Grün (RAL 6018) | Inert: ungiftig, nicht korrosiv, nicht brennbar, nicht oxidierend |

Wenn ein Gas oder ein Gasgemisch zwei Gefahreneigenschaften hat, ist die Gasflaschenschulter mit der Farbe der primären Gefahr gekennzeichnet. Die Farbe des zylindrischen Flaschenmantels ist nicht genormt. Für Industriegase ist sie meistens grau.

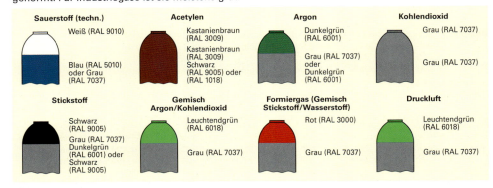

**Sauerstoff (techn.)** — Weiß (RAL 9010); Blau (RAL 5010) oder Grau (RAL 7037)
**Acetylen** — Kastanienbraun (RAL 3009); Kastanienbraun (RAL 3009) Schwarz (RAL 9005) oder (RAL 1018)
**Argon** — Dunkelgrün (RAL 6001); Grau (RAL 7037) oder Dunkelgrün (RAL 6001)
**Kohlendioxid** — Grau (RAL 7037); Grau (RAL 7037)

**Stickstoff** — Schwarz (RAL 9005); Grau (RAL 7037) Dunkelgrün (RAL 6001) oder Schwarz (RAL 9005)
**Gemisch Argon/Kohlendioxid** — Leuchtendgrün (RAL 6018); Grau (RAL 7037)
**Formiergas (Gemisch Stickstoff/Wasserstoff)** — Rot (RAL 3000); Grau (RAL 7037)
**Druckluft** — Leuchtendgrün (RAL 6018); Grau (RAL 7037)

## Gefahrgutaufkleber für technischen Sauerstoff
vgl. DIN EN ISO 7225 (2013-01)

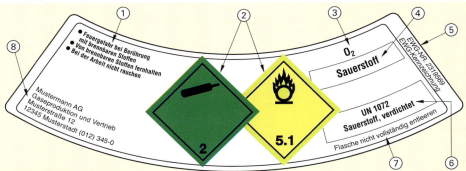

1 Gefährdungshinweise
2 Primärer Gefahrenzettel (links) und ergänzender Gefahrenzettel (rechts)
3 Bestandteile des Gases
4 Produktbezeichnung des Herstellers
5 EWG-Nr. des Gases oder das Wort „Gasgemisch"
6 Vollständige Gasbenennung
7 Herstellerhinweis
8 Name, Anschrift und Telefonnummer des Herstellers

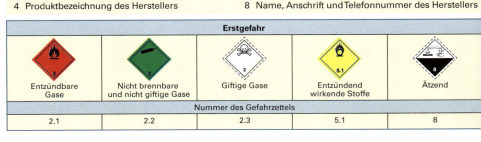

| Erstgefahr | | | | |
|---|---|---|---|---|
| Entzündbare Gase | Nicht brennbare und nicht giftige Gase | Giftige Gase | Entzündend wirkende Stoffe | Ätzend |
| **Nummer des Gefahrzettels** | | | | |
| 2.1 | 2.2 | 2.3 | 5.1 | 8 |

## Schutzgas-Schweißverfahren, Schutzgase

### Schutzgas-Schweißverfahren und Ordnungsnummern     vgl. DIN EN ISO 4063 (2000-04)

| Schutzgas-Schweißverfahren (Kurzname) | Ordnungs-nummer | Schutzgas-Schweißverfahren (Kurzname) | Ordnungs-nummer |
|---|---|---|---|
| Metall-Schutzgas-Schweißen (MSG) | 13 | Wolfram-Schutzgas-Schweißen | 14 |
| Metall-Inertgas-Schweißen (MIG) | 131 | Wolfram-Inertgas-Schweißen (WIG) | 141 |
| Metall-Aktivgas-Schweißen (MAG) | 135 | Plasma-Schweißen | 15 |
| MAG mit Fülldraht-Elektroden | 136 | Plasma-WIG-Schweißen (WP) | 151 |
| MIG mit Fülldraht-Elektroden | 137 | | |

### Prinzipskizze und Anwendung der Schutzgas-Schweißverfahren

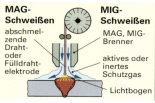
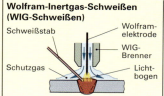
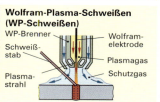

**MAG-Schweißen**
Große Abschmelzleistung, Unlegierte Baustähle, Feinkornbaustähle, Maschinenbaustähle, Chrom-Nickel-Stähle

**MIG-Schweißen**
Aluminium-, Kupfer-, Titan- und Nickel-Werkstoffe sowie Al-, Cu-, Ti- und Ni-Legierungen; geringe Abschmelzleistung

**WIG-Schweißen**
Alle schweißgeeigneten Stähle sowie NE-Metall-Werkstoffe und NE-Legierungen; geringe Abschmelzleistung

**WP-Schweißen**
Alle schweißgeeigneten Stähle sowie NE-Metall-Werkstoffe und NE-Legierungen; geringe Abschmelzleistung

### Schutzgase zum Lichtbogenschweißen und Schneiden     vgl. DIN EN ISO 14175 (2008-06)

Als Schutzgas finden die Gase Argon (Ar), Helium (He), Kohlenstoffdioxid ($CO_2$), Sauerstoff ($O_2$), Wasserstoff ($H_2$) und Stickstoff ($N_2$) sowie Gemische dieser Gase Verwendung.

| Schutzgas-Hauptgruppe | Schutz-gas-Kurzname | Gaskomponenten in Volumen-% | | | | | | Geeignet für die Schweiß-verfahren | Geeignet zum Schweißen der Werkstoffe |
|---|---|---|---|---|---|---|---|---|---|
| | | inerte Gase | | oxidierende Gase | | reduzie-rend | reaktions-träge | | |
| | | Argon | Helium | $CO_2$ | $O_2$ | $H_2$ | $N_2$ | | |
| I (inerte Gase und inerte Mischgase) | I 1 | 100 | – | – | – | – | – | MIG WIG, WP | Al-Werkstoffe |
| | I 2 | – | 100 | – | – | – | – | | Cu-Werkstoffe |
| M 1 (oxidierende Mischgase) | M 11 | Rest[1] | – | 0,5 … 5 | – | 0,5 … 5 | – | MAG | rostfreie und korrosions-beständige Stähle |
| | M 12 | Rest[1] | – | 0,5 … 5 | – | – | – | | |
| | M 13 | Rest[1] | – | – | 0,5 … 3 | – | – | | |
| | M 14 | Rest[1] | – | 0,5 … 5 | 0,5 … 3 | – | – | | |
| M 2 (oxidierende Mischgase) | M 21 | Rest[1] | – | 15 … 25 | – | – | – | MAG | niedrig legierte und mittel-legierte Stähle |
| | M 22 | Rest[1] | – | – | 3 … 10 | – | – | | |
| | M 23 | Rest[1] | – | 0,5 … 5 | 3 … 10 | – | – | | |
| | M 24 | Rest[1] | – | 5 … 15 | 0,5 … 3 | – | – | | |
| M 3 (oxidierende Mischgase) | M 31 | Rest[1] | – | 25 … 50 | – | – | – | MAG | unlegierte und niedrig le-gierte Stähle |
| | M 32 | Rest[1] | – | – | 10 … 15 | – | – | | |
| | M 33 | Rest[1] | – | 25 … 50 | 2 … 10 | – | – | | |
| C (stark oxidierend) | C 1 | – | – | 100 | – | – | – | MAG | unlegierte Stähle |
| | C 2 | – | – | Rest | 0,5 … 30 | – | – | | |
| R (reduzierende Mischgase) | R 1 | Rest[1] | – | – | – | 0,5 … 15 | – | WIG, WP | hochlegierte Stähle |
| | R 2 | Rest[1] | – | – | – | 15 … 50 | – | | |
| N (reaktionsträge Gase) | N 1 | – | – | – | – | – | 100 | Wurzel-schutz | – |
| | N 2 | Rest[1] | – | – | – | – | 0,5 … 5 | | |

[1] Argon darf teilweise oder vollständig durch Helium ersetzt werden.

Arbeitssicherheit beim Schweißen siehe Seite 155

**Bezeichnungsbeispiel:** Mischgas ISO 14175 – M24 – ArCO – 4/3
Mischgas mit Basisgas Argon, 4 % Kohlendioxid und 3 % Sauerstoff

## Schweißen

### Drahtelektroden, Schweißzusätze zum Schutzgasschweißen

**Drahtelektroden und Schweißgut zum Metall-Schutzgasschweißen (MAG, MIG) von unlegierten Stählen und Feinkornstählen**

vgl. DIN EN ISO 14341 (2011-04)
Ersatz für DIN EN 440

**Bezeichnungsbeispiel eines Schweißgutes:** Schweißgut ISO 14341 – A – G 42 2 M23 G3Si1

Erschmolzen durch Metall-Schutzgasschweißen (G) aus der Drahtelektrode G2Si1 mit dem Schweißgas M 23.

- Schweißgut gemäß ISO 14341
- Kennbuchstabe A: Bei Einteilung nach Streckgrenze und Kerbschlagarbeit von 47J.
- Kennbuchstabe G für das Metall-Schutzgasschweißen
- Kurzzeichen für die chemische Zusammensetzung der Drahtelektrode
- Schutzgas-Kurzname (Seite 327)
- Kennziffer für Kerbschlagarbeit des reinen Schweißgutes
- Kennziffer für Festigkeit und Bruchdehnung

| Schweißzusätze mit Kennbuchstaben A (Einteilung A: Gekennzeichnet durch die Streckgrenze und eine Kerbschlagarbeit von 47 J) | | | | Schweißzusätze mit Kennbuchstaben B (Einteilung B: Gekennzeichnet durch die Zugfestigkeit und eine Kerbschlagarbeit von 27 J) | | | |
|---|---|---|---|---|---|---|---|
| Kennziffer für die Festigkeit und Bruchdehnung des reinen Schweißgutes | | | | Kurzzeichen für die Festigkeit und Bruchdehnung des reinen Schweißgutes | | | |
| Kennziffer | Mindeststreckgrenze N/mm² | Zugfestigkeit N/mm² | Mindestbruchdehnung % | Kurzzeichen | Mindeststreckgrenze N/mm² | Zugfestigkeit N/mm² | Mindestbruchdehnung % |
| 35 | 355 | 440 bis 570 | 22 | 43X | 330 | 430 bis 600 | 20 |
| 38 | 380 | 470 bis 600 | 20 | 49X | 390 | 490 bis 670 | 18 |
| 42 | 420 | 500 bis 640 | 20 | 55X | 460 | 550 bis 740 | 17 |
| 46 | 460 | 530 bis 680 | 20 | 57X | 490 | 570 bis 770 | 17 |
| Kurzzeichen für die chemische Zusammensetzung der Drahtelektroden (Kennbuchstabe A: Streckgrenze, Kerbschlagarbeit 47J) | | | | Kurzzeichen für die chemische Zusammensetzung der Drahtelektroden (Auswahl) (Kennbuchstabe B: Zugfestigkeit, Kerbschlagarbeit 47J) | | | |
| G0 | G2Si | G3Si1 | G3Si2 | G4Si1 | G0 | G3 | G12 | G18 | G1M3 |
| G2Ti | G2Al | G3Ni1 | G2Ni2 | G2Mo | G3M1 | G4M31 | GN1 | GN3 | GN5 |
| G4Mo | – | – | – | – | GNCC | GNCCT1 | GN1M2T | GN2M2T | GN2M4T |

Das Kurzzeichen besteht aus dem Kennbuchstaben für das Metall-Schutzgasschweißen G sowie weiteren Ziffern und Buchstaben für die chemische Zusammensetzung.

**Kennzeichen für die Kerbschlagarbeit des reinen Schweißgutes mit 47 J oder 27 J**

| Kennzeichen | Temperatur für Mindestkerbschlagarbeit 47 J oder 27 J | Kennzeichen | Temperatur für Mindestkerbschlagarbeit 47 J oder 27 J | Kennzeichen | Temperatur für Mindestkerbschlagarbeit 47 J oder 27 J | Kennzeichen | Temperatur für Mindestkerbschlagarbeit 47 J oder 27 J |
|---|---|---|---|---|---|---|---|
| Z | keine Anforderungen | 0 | 0° | 3 | –30° | 5 | –50° |
| A, Y | +20° | 2 | –20° | 4 | –40° | 6 | –60° |

**Stäbe, Drähte und Schweißgut zum Wolfram-Schutzgasschweißen (WIG) von unlegierten Stählen und Feinkornstählen**

vgl. DIN EN ISO 636 (2008-08)
Ersatz für DIN EN 1668

**Bezeichnungsbeispiel eines Schweißgutes:** Schweißgut ISO 636 – A – W 46 3 W3Si1

Erschmolzen durch Wolfram-Inertgasschweißen (W) aus dem Schweißstab W3Si1

- Schweißgut gemäß DIN EN ISO 636
- Kennbuchstabe A: siehe oben
- Kennbuchstabe W für das Wolfram-Inertgas-Schweißen
- Kurzzeichen für die chemische Zusammensetzung der Stäbe und Drähte (siehe unten)
- Kennziffer für Kerbschlagarbeit (siehe oben)
- Kennziffer für Streckgrenze und Dehnung (siehe oben)

| Kurzzeichen für die chemische Zusammensetzung der Stäbe und Drähte (Kennbuchstabe A: Streckgrenze, Kerbschlagarbeit 47J) | | | | | Kurzzeichen für die chemische Zusammensetzung der Stäbe und Drähte (Auswahl) (Kennbuchstabe B: Zugfestigkeit, Kerbschlagarbeit 47J) | | | | |
|---|---|---|---|---|---|---|---|---|---|
| W0 | W2Si | W3Si1 | W4Si1 | W2Ti | W0 | W3 | W6 | W16 | W1M3 |
| W3Ni1 | W2Ni2 | W2Mo | – | – | W2M31 | W3M1T | W4M3 | WN1 | WN3 |
| – | – | – | – | – | WN7 | WN71 | WNCC | WN1M2T | WN2M3 |

# Schweißen

## Drahtelektroden, Schweißzusätze zum Schutzgasschweißen

**Drahtelektroden, Drähte, Stäbe und Schweißgut zum Schutzgasschweißen (MAG, MIG, WIG) von hochfesten Stählen**  
vgl. DIN EN ISO 16834 (2007-05)  
Ersatz für DIN EN 12534

**Bezeichnungsbeispiel eines Schweißstabes zum Wolfram-Inertgasschweißen (W)**

Schweißstab ISO 16834 – A – W 55 6 M Mn4Ni1Mo

- Schweißgut nach DIN EN ISO 16834 Einteilung A
- Wolfram-Inertgasschweißen
- Kennziffer für die mechanische Eigenschaft des Schweißgutes
- Kurzzeichen für die chemische Zusammensetzung des Schweißstabes
- Schutzgas (Seite 327)
- Kennziffer für Kerbschlagarbeit (Seite 328)

### Schweißzusätze mit Kennbuchstaben A
(Einteilung A: Gekennzeichnet durch die Streckgrenze und eine Kerbschlagarbeit von 47 J)

Kennziffer für die Festigkeit und Bruchdehnung des reinen Schweißgutes

| Kennziffer | Mindeststreckgrenze N/mm² | Zugfestigkeit N/mm² | Mindestbruchdehnung % |
|---|---|---|---|
| 55 | 550 | 640 bis 820 | 18 |
| 62 | 620 | 700 bis 890 | 18 |
| 69 | 690 | 770 bis 940 | 17 |
| 89 | 890 | 940 bis 1180 | 15 |

### Schweißzusätze mit Kennbuchstaben B
(Einteilung B: Gekennzeichnet durch die Zugfestigkeit und eine Kerbschlagarbeit von 27 J)

Kurzzeichen für die Festigkeit und Bruchdehnung des reinen Schweißgutes

| Kurzzeichen | Mindeststreckgrenze N/mm² | Zugfestigkeit N/mm² | Mindestbruchdehnung % |
|---|---|---|---|
| 59X | 490 | 590 bis 790 | 16 |
| 62X | 530 | 620 bis 820 | 15 |
| 69X | 600 | 690 bis 890 | 14 |
| 78X | 680 | 780 bis 980 | 13 |

Kurzzeichen für die chemische Zusammensetzung der Drähte und Stäbe (Auswahl) (Kennbuchstabe A: Streckgrenze, Kerbschlagarbeit 47J)

| | | | |
|---|---|---|---|
| Z | Mn3NiCrMo | Mn3Ni1CrMo | Mn3NiMo |
| Mn3Ni1,5Mo | Mn3NiCu | Mn3Ni1MoCu | Mn3Ni2,5CrMo |
| Mn4Ni1Mo | Mn4Ni2Mo | Mn4Ni1,5CrMo | Mn4Ni2CrMo |

Kurzzeichen für die chemische Zusammensetzung der Drahtelektroden (Auswahl) (Kennbuchstabe B: Zugfestigkeit, Kerbschlagarbeit 27J)

| | | | |
|---|---|---|---|
| 2M3 | 3M3 | 4M3 | N1M3 |
| N2M3 | N5M3 | N7M4T | C1M1T |
| N4CM21T | N5CM3T | N6C1M4 | N6CM3T |

**Drahtelektroden, Bandelektroden, Drähte und Stäbe zum Schmelzschweißen (MIG, MAG, WIG) v. nichtrostenden u. hitzebeständigen Stählen**  
vgl. DIN EN ISO 14343 (2007-05)  
Ersatz für DIN EN 12072

**Bezeichnungsbeispiel einer Drahtelektrode für das Metall-Schutzgasschweißen (G)**

Für Schweißzusätze zum Schmelzschweißen von nichtrostenden und hitzebeständigen Stählen gibt es zwei Bezeichnungssysteme:

**Bezeichnung nach der Nenn-Zusammensetzung**  
Beispiel:  
Drahtelekrode ISO 14343 – A – G 19 12 3 Nb

- Drahtelektrode nach ISO 14343 Einteilung nach der Nennzusammensetzung (A)
- Legierungskurzzeichen der Drahtelektrode
- Metall-Schutzgasschweißen

**Bezeichnung nach dem Legierungstyp**  
Beispiel:  
Drahtlektrode ISO 14343 – B – SS 308 L

- Drahtelektrode nach ISO 14343 Einteilung nach dem Legierungstyp (B)
- Massivdraht (S) aus nichtrostendem Stahl (S)
- Legierungstyp der Drahtelektrode

| Legierungs-Kurzzeichen nach Nennzusammensetzung ISO 14343 – A | nach Legierungstyp ISO 14343 – B | Haupt-Bestandteile | | | | | Dehngrenze $R_{p0,2}$ N/mm² | Zugfestigkeit $R_m$ N/mm² | Bruchdehnung $A$ % |
|---|---|---|---|---|---|---|---|---|---|
| | | Mn | Cr | Ni | Mo | Cu | | | |
| 13 4 | 410NiMo | 1,0 | 11…14 | 3…5 | 0,4…1,0 | 0,3 | 500 | 750 | 15 |
| 19 9 L | 308 L | 1,0…2,5 | 19…21 | 9…11 | 0,3 | 0,3 | 320 | 510 | 30 |
| 19 9 Nb | 347 | 1,0…2,5 | 19…21 | 9…11 | 0,3 | 0,3 | 350 | 550 | 25 |
| 19 9 NbSi | 347Si | 1,0…2,5 | 19…21 | 9…11 | 0,3 | 0,3 | 350 | 550 | 25 |
| 19 12 3 L Si | 316 LSi | 1,0…2,5 | 18…20 | 11…14 | 2,5…3 | 0,3 | 320 | 510 | 25 |
| 25 9 4 NL | – | 2,5 | 24…27 | 8…10,5 | 2,5…4,5 | 1,5 | 550 | 620 | 18 |
| 20 25 5 CuL | 385 | 1…4 | 19…22 | 24…27 | 4…6 | 1…2 | 320 | 510 | 25 |

## Schweißen

### Einstellgrößen und Richtwerte zum Schutzgasschweißen

**Einstellgrößen und Richtwerte für das MAG-Schweißen** (Beispiele) — Herstellerangaben

Werkstoffe: Unlegierte Baustähle, Schweißzusatz: Drahtelektrode ISO 14341 – A – G 42 Z G3Si1, Schutzgas ISO 14175 – M21, Schweißposition: PB(h)

| Nahtform | Nahtdicke $a$ / Nahtmaß $a$ mm | Lagenzahl | Drahtelektroden ⌀ mm | Schweißspannung V | Stromstärke A | Elektrodenvorschub m/min | Schutzgasverbrauch l/min | Abschmelzleistung $p$ kg/h |
|---|---|---|---|---|---|---|---|---|
| I-Naht | 2 | 1 | 0,8 | 19 | 70 | 3,1 | 10 | 0,8 |
|  | 4 | 1 | 1,0 | 20 | 130 | 4,3 | 12 | 1,2 |
|  | 6 | 2 | 1,2 | 21 | 150 | 3,4 | 15 | 1,5 |
| V-Naht 60° | 4 | 2 | 1,2 | 19 | 130 | 3,1 | 12 | 1,2 |
|  | 6 | 2 | 1,2 | 21 | 150 | 3,4 | 15 | 1,5 |
|  | 12 | 3 {1 | 1,2 | 21 | 150 | 3,4 | 17 | 1,5 |
|  |  | 2 | 1,2 | 26 | 250 | 7,6 | 17 | 3,5 |
|  | 20 | 5 {1 | 1,2 | 21 | 150 | 3,4 | 20 | 1,5 |
|  |  | 2 | 1,6 | 28 | 320 | 5,4 | 20 | 4,6 |
|  |  | 2 | 1,6 | 33 | 400 | 7,7 | 20 | 6,4 |
| Kehlnaht 90° | 2 | 1 | 0,8 | 20 | 110 | 7 | 10 | 1,5 |
|  | 4 | 1 | 1,0 | 23 | 220 | 10 | 10 | 2,5 |
|  | 6 | 1 | 1,0 | 30 | 300 | 10 | 15 | 4,0 |
|  | 8 | 3 | 1,2 | 30 | 300 | 10 | 15 | 4,6 |
|  | 10 | 4 | 1,2 | 30 | 300 | 10 | 15 | 4,6 |

**Einstellgrößen und Richtwerte für das MIG-Schweißen** (Beispiele) — Herstellerangaben

Werkstoffe: Aluminium-Magnesium-Legierungen (z.B. EN AW-5754[Al Mg3]) oder Aluminium-Magnesium-Silicium-Legierungen (z.B. EN AW-Al MgSi),
Schweißzusatz: Drahtelektrode gemäß DIN EN 14532-3 – SG-AlMg5,
Schutzgas: ISO 14175 – I1 (Argon), Schweißposition: PA (w)

| Nahtform | Nahtdicke $a$ mm | Lagenzahl | Drahtelektroden ⌀ mm | Schweißspannung V | Stromstärke A | Elektrodenvorschub m/min | Schutzgasverbrauch l/min | Abschmelzleistung $p$ kg/h |
|---|---|---|---|---|---|---|---|---|
| I-Naht | 2 | 1 | 1,0 | 19 | 130 | 2 | 12 | 0,4 |
|  | 4 | 1 | 1,2 | 23 | 180 | 3 | 12 | 0,5 |
|  | 5 | 1 | 1,6 | 25 | 200 | 4 | 18 | 1,8 |
|  | 6 | 1 | 1,6 | 26 | 230 | 7 | 18 | 6,2 |
| V-Naht 60° | 5 | 1 | 1,6 | 22 | 160 | 6 | 18 | 4,3 |
|  | 6 | 2 | 1,6 | 22 | 170 | 6 | 18 | 5,3 |
|  | 10 | 4 | 1,6 | 24 | 220 | 6 | 20 | 6,8 |
|  | 12 | 3 | 2,4 | 27 | 270 | 4 | 25 | 7,8 |

**Einstellgrößen und Richtwerte für das WIG-Schweißen** (Beispiele) — Herstellerangaben

| Nahtform | Nahtdicke $a$ mm | Zusatzstab ⌀ mm | Schweißspannung V | Stromstärke A | Schweißgeschwindigkeit cm/min | Argonverbrauch l/min | Abschmelzleistung $p$ kg/h |
|---|---|---|---|---|---|---|---|
| **Werkstoffe: Unlegierte Baustähle (S235 bis S355)**, Schweißzusätze gemäß DIN EN ISO 636 ||||||||
| I-Naht | 3 | 4 | 10 … 15 | 135 | 20 … 25 | 3 … 6 | – |
|  | 5 | 4 | 15 … 20 | 195 | 20 … 25 | 1 … 10 | – |
| **Werkstoff: Aluminiumlegierung EN AW-6060[Al MgSi]**, Schweißzusatz: SG-AlMg5 gemäß DIN EN 14532-3 ||||||||
| I-Naht | 3 | 3 | 20 … 25 | 125 | ≈ 70 | 3 … 6 | – |
|  | 5 | 3 | 20 … 25 | 185 | ≈ 10 | 4 … 10 | – |
| **Werkstoffe: Kupferwerkstoffe**, Schweißzusatz SCu1897(CuAg1) gemäß DIN EN ISO 24373 ||||||||
| I-Naht | 3 | 2 | 20 … 25 | 150 … 240 | 20 … 25 | 3 … 7 | – |
|  | 5 | 3 | 25 … 30 | 220 … 350 | 25 … 30 | 3 … 7 | – |

# Schweißen

## Zuordnung von Drahtelektroden und Schweißstäben beim Schutzgasschweißen zu den Werkstoffen

Die Auswahl einer Drahtelektrode (MAG, MIG) oder eines WIG-Schweißstabs für einen zu schweißenden Werkstoff (Schweißaufgabe) erfolgt nach den Werkstoffgruppen.
Mit Hilfe eines Handbuchs oder den Internetseiten eines Schweißzusatz-Herstellers bestimmt man für den zu schweißenden Werkstoff den geeigneten Schweißzusatz (siehe unten).

Aus der Kurzbezeichnung des Schweißzusatzes können teilweise die mechanischen Eigenschaften sowie die chemische Zusammensetzung abgelesen werden.

**Beispiel: G 42 3 C G3Si1** ist eine Drahtelektrode für das Metall-Schutzgasschweißen (G), die ein Schweißgut mit einer Mindeststreckgrenze von 420 N/mm$^2$ (Kennziffer 42) und eine Mindestkerbschlagarbeit von 27 J bei –30 °C (Kennziffer 3) besitzt, mit einem Schutzgas der Hauptgruppe C zu schweißen ist und das Kurzzeichen G3Si1 der chemischen Zusammensetzung hat.

Im Produktblatt werden vom Hersteller des Schweißzusatzes genauere Angaben zu den mechanischen Eigenschaften, der Verarbeitung, den Schweißbedingungen und besonderen Eigenschaften der erzeugten Schweißnaht gemacht.

### Auswahl an Drahtelektroden für das Metall-Schutzgasschweißen (MAG- bzw. MIG-Schweißen) aus einem Hersteller-Handbuch

| Zu schweißende Werkstoffe | | Geeignete Drahtelektroden | Schutzgas |
|---|---|---|---|
| Werkstoffgruppe | Werkstoffe | | |
| Unlegierte und niedrig legierte Stähle | S(P)235 bis S(P)355 GP240, GP280 | G 42 3 C G3Si1 | M2 bis C1 |
| | S(P)235 bis S(P)460 GP240, GP280 | G 46 4 M G4Si1 | M2 bis C1 |
| Wetterfeste Stähle | S235J0W bis S355J0W | G 42 3 C GO | C1, M2 |
| Hochfeste Feinkornstähle | S(P)460 bis S(P)620 | G 55 4 C Mn3NiMo | C1, M2 |
| Warmfeste Stähle | 13CrMo4-5, 16CrMoV4, 24CrMo5, G17CrMo5-5 | GCrMo1Si | M20, M21, M24, M26 |
| Korrosionsbeständige Stähle (Nichtrostende Stähle, Edelstahl Rostfrei) | X6CrNiTi18-10 (1.4541) | G 19 9 NbSi | M12, M13 |
| | X6CrNiMoTi17-12-2 (1.4571) | G 19 12 3 L Si | M12, M13 |
| | X2CrNiMoN22-5-3 (1.4462) | G 25 9 4 NL | M 13 |
| Gusseisenwerkstoffe | GJS-350 bis GJS70-700 | S C NiFe1 | I1, M12, M13 |
| Aluminium-Legierungen (siehe auch Seite 336) | Al MgSi0,5 , Al MgSi1 | S Al 4043 (AlSi5) | I1, I3 |
| | AlMg3, Al Mg5, Al MgMn | S Al 5183 (Al Mg4,5Mn0,7) | I1, I3 |

### Auswahl an Schweißstäben für das WIG-Schweißen aus einem Hersteller-Handbuch

| Zu schweißende Werkstoffe | | Geeignete Drahtelektroden | Schutzgas |
|---|---|---|---|
| Werkstoffgruppe | Werkstoffe | | |
| Unlegierte und niedrig legierte Stähle | S(P)235 bis S(P)420 GP240, GP280 | W 42 4 W3Si1 | I1 |
| Warmfeste Stähle | S(P)235 bis S(P)460, 16 Mo3 | W MoSi | I1 |
| Korrosionsbeständige Stähle (Edelstahl Rostfrei) | X6CrNiTi18-10 (1.4541) | W 19 9 Nb Si | I1 |
| | X6CrNiMoTi 17-12-2 (1.4571) | W 19 12 3 LSi | I1 |
| Aluminium-Legierungen (siehe auch Seite 336) | Al MgSi0,5 , Al MgSi0,7 | S Al 4043 (AlSi5) | I1 |
| | AlMg3, Al ZnMg4,5Mn | S Al 5087 (Al Mg4,5MnZr) | I1 |
| Kupfer-Werkstoffe (siehe auch Seite336) | Cu-DPH, Cu-DPL, Cu-PHC | S Cu 1898 (Cu Sn1) | I1 |
| Nickel-Basislegierungen | Alloy 625, Alloy 825 u.ä. | S Ni 6625 (NiC22Mo9Nb) | I1 |

## Hauptnutzungszeit beim Lichtbogen-Schmelzschweißen

Die Berechnung der Hauptnutzungszeit kann für die verschiedenen Schweißverfahren (E, MAG, MIG, WIG) mit den gleichen Formeln berechnet werden.
Bei Standardbedingungen (Elektrodenlänge 450 mm, Stummellänge 50 mm, Ausbringung 100%) entfallen die Korrekturfaktoren.
Da für jede Schweißlage (Wurzel-, Füll- bzw. Decklagen) häufig Elektroden mit verschiedenen Durchmessern verwendet werden, muss die Hauptnutzungszeit für jede Lage gesondert berechnet werden.
Die spezifische Nahtmasse $m'$ kann aus Tabellen abgelesen werden (Seite 325) oder mit den nachfolgenden Formeln berechnet werden.

**Hauptnutzungszeit** (reine Schweißzeit)

$$t_h = K_E \cdot K_W \cdot K_p \cdot L \cdot \frac{m'}{p}$$

| | |
|---|---|
| I-Naht | $m' = \varrho_s \cdot A = \varrho_s \cdot a \cdot s$ |
| Kehlnaht | $m' = \varrho_s \cdot A = \varrho_s \cdot a^2 \cdot \tan \alpha/2$ |
| V-Naht | $m' = \varrho_s \cdot A = \varrho_s \cdot (a^2 \cdot \tan \alpha/2 + a \cdot s)$ |
| Gesamte Nahtmasse | $m_{ges} = n \cdot L \cdot m'$ |

Die **Abschmelzleistung $p$** wird aus Tabellen oder Diagrammen abgelesen, z.B. Seite 330 oder aus nachfolgendem Schaubild.

- $K_E$ Faktor Ausbringung
- $K_W$ Faktor Öffnungswinkel
- $K_p$ Faktor Schweißposition
- $L$ Nahtlänge
- $m'$ Spezifische Nahtmasse $m' = \varrho_{Stahl} \cdot A$
- $p$ Abschmelzleistung
- $\varrho_s$ Dichte des Schweißgutes
- $A$ Nahtquerschnittsfläche
- $n$ Anzahl der Lagen

**Einstellwerte für das MAG-Schweißen und Abschmelzleistung der Drahtelektroden für unlegierte Stähle und Feinkornstähle nach DIN EN ISO 14341** — Herstellerangaben

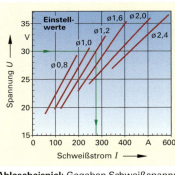
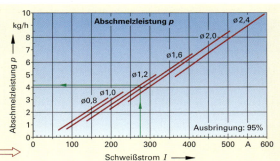

**Ablesebeispiel:** Gegeben Schweißspannung 30 V, Drahtelektrodendurchmesser 1,2 mm.
Mit diesen Werten liest man aus dem linken Diagramm einen Schweißstrom von 275 A ab. Damit ermittelt man aus dem rechten Diagramm eine Abschmelzleistung von 4,2 kg/h.

**Beispiel:** Es soll folgende Schweißarbeit ausgeführt werden:

5 Meter V-Naht, Blechdicke 6 mm, 2 Schweißlagen, MAG-Schweißen mit Drahtelektrode ⌀ 1,2 mm, Schweißposition PF, Schweißspannung 30 V, Ausbringung 95 %, $\varrho_{Stahl}$ = 7,85 kg/dm³, Schweißnahtüberhöhung 20 %.
Welche reine Schweißzeit (Hauptnutzungszeit) ist für diese Schweißarbeit erforderlich?

**Spezifische Nahtmasse V-Naht:** $m' = \varrho_s \cdot (a^2 \cdot \tan \alpha/2 + a \cdot s)$
$m'$ = 7850 kg/m³ · (0,000 036 m² · 0,577 + 0,006 m · 0,001 m)
  = **0,210 kg/m**

Mit Nahtüberhöhung: $m'$ = 0,210 kg/m · 120 % = **0,252 kg/m**

**Abschmelzleistung:**
aus Diagramm (links oben): $U$ = 30 V → $I$ = 275 A
aus Diagramm (oben rechts): $p$ = **4,2 kg/h**

**Hauptnutzungszeit:** $t_h = K_E \cdot K_W \cdot K_p \cdot L \cdot \dfrac{m'}{p}$

**Faktoren** (aus den rechts stehenden Tabellen):
$K_E$ = 1,05; $K_W$ = 1; $K_p$ = 1,5;

$t_h = 1{,}05 \cdot 1 \cdot 1{,}5 \cdot 5 \text{ m} \cdot \dfrac{0{,}252 \text{ kg/m}}{4{,}2 \text{ kg/h}} = 0{,}473 \text{ h} \cong$ **28,3 min**

Bei 2 Schweißlagen $t_{hGes}$ = 2 · 28,3 min = **56,6 min**

| Faktor | Ausbringung in % | | | |
|---|---|---|---|---|
| | 90 | 95 | 105 | 110 |
| $K_E$ | 1,11 | 1,05 | 0,95 | 0,91 |
| Faktor | Öffnungswinkel $\alpha$ | | | |
| | V-Nähte | | Kehlnähte | |
| | 50° | 60° | 70° | 60° | 90° |
| $K_W$ | 0,9 | 1 | 1,2 | 0,6 | 1 |
| Faktor | V-Nähte | | | |
| | Schweißposition | | | |
| | PA | PG | PE | PF | PC |
| $K_p$ | 1 | 1,1 | 1,9 | 1,5 | 1,2 |
| Faktor | Kehlnähte | | | |
| | Schweißposition | | | |
| | PA | PG | PE | PF | PB |
| $K_p$ | 1 | 1,2 | 1,7 | 1,4 | 1 |

# Schweißen

## Schweißen mit Fülldrahtelektroden
### Fülldrahtelektroden zum Metall-Schutzgasschweißen

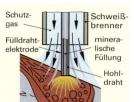

**Bezeichnungsbeispiel**

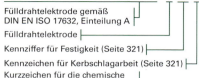

Fülldrahtelektrode ISO 17632 – A – T 46 3 2Ni B M1 4 H5

- Fülldrahtelektrode gemäß DIN EN ISO 17632, Einteilung A
- Fülldrahtelektrode
- Kennziffer für Festigkeit (Seite 321)
- Kennzeichen für Kerbschlagarbeit (Seite 321)
- Kurzzeichen für die chemische Zusammensetzung (siehe unten)
- Wasserstoffgehalt des Schweißgutes (Seite 321)
- Schweißposition
- Schutzgas (Seite 327)
- Art der Füllung

### Kurzzeichen für die chemische Zusammensetzung des reinen Schweißguts

| Fülldrahtelektroden für unlegierte Stähle und Feinkornstähle (Auswahl) | | | | | | vgl. DIN EN ISO 17632 (2008-08) | | |
|---|---|---|---|---|---|---|---|---|
| Einteilung A | Z | Mo | MnMo | 1Ni | 2Ni | 3Ni | Mn1Ni | 1NiMo |
| Einteilung B | G | K | 2M3 | N1 | N3 | CC | NCC1 | N1M2 |

| Fülldrahtelektroden für hochfeste Stähle (Auswahl) | | | | | | vgl. DIN EN ISO 18276 (2006-09) | | |
|---|---|---|---|---|---|---|---|---|
| Einteilung A | Z | MnMo | Mn1Ni | 1NiMo | Mn2,5Ni | 2NiMo | Mn1NiMo | Mn2NiMo |
| Einteilung B | G | 3M2 | 3M3 | N2M1 | N4M1 | N4C1M2 | N6C1M4 | N3C1M2 |

| Fülldrahtelektroden für nichtrostende und hitzebeständige Stähle (Auswahl) vgl. DIN EN ISO 17633 (2006-06) | | | | | | | | |
|---|---|---|---|---|---|---|---|---|
| Legierungsbezeichnung mit Einteilung nach Nenn-Zusammensetzung gemäß ISO 17633 – A | | | | Legierungsbezeichnung mit Einteilung nach Nenn-Zusammensetzung gemäß ISO 17633 – B | | | | |
| 13 | 13 4 | 19 9 L | 19 9 Nb | 317 | 318 | 409Nb | 16-8-1 | |
| 19 12 3 Nb | 19 13 4 NL | 22 9 3 NL | 18 8 Mn | 307 | 308 | 409Nb | 16-8-2 | |
| 20 10 3 | 23 12 2 L | 22 12 H | 25 20 | 316 LCu | 347 | 410NiMo | 2553 | |

### Einstellwerte und Richtwerte für das Metall-Schutzgasschweißen mit Fülldrahtelektroden (Beispiele von Schweißarbeiten)
*Herstellerangaben*

Werkstoffe: Unlegierte Baustähle, unlegierte Druckbehälterstähle, Rohrstähle, Schweißzusatz: Fülldrahtelektroden ISO 17632 – A – T 46 2 Mo B M1 4 H5, Schutzgas ISO 14175 – M1, Schweißposition: PA(w)

| Nahtform | Naht-dicke $a$ mm | Lagen-zahl | Draht-elektroden ⌀ mm | Spannung $U$ V | Strom-stärke $I$ A | Schweißge-schwindigkeit cm/min | Abschmelz-leistung $p$ kg/h |
|---|---|---|---|---|---|---|---|
| V-Naht 60° | 10 | 2 | 1,2 | 26 | 250 | 12,3 | 4,4 |
| | 15 | 6 | 1,4 | 28 | 300 | 6,5 | 5,4 |
| X-Naht | 20 | 9 | 1,6 | 33 | 400 | 9,1 | 7,6 |
| | 28 | 13 | 1,6 | 33 | 400 | 7,6 | 5,0 |

### Schweißparameter und Abschmelzleistung der Fülldrahtelektroden für das Metall-Schutzgasschweißen (Beispiel: Fülldrahtelektrode ISO 17632 – A – T 46 2 Mo B M1 4 H5)

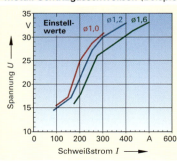
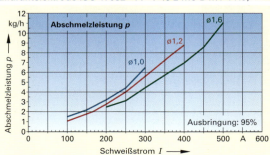

Die Berechnung des Elektrodenbedarfs erfolgt gemäß S. 324 und der Hauptnutzungszeit gemäß S. 332.

## Schweißen

### Unterpulver-Schweißen

**Drahtelektroden und Draht-Pulver-Kombinationen zum Unterpulverschweißen von unlegierten Stählen und Feinkornstählen** vgl. DIN EN ISO 14171 (2011-01)

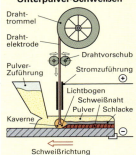

Unterpulver-Schweißen

| Drahtelektroden (Auswahl) | Schweißpulvertypen vgl. DIN EN ISO 14174 | | | |
|---|---|---|---|---|
| SZ, S1, S2, S3, S4 | Mangan-Silicat | MS | Aluminat-basisch | AB |
| S1Si, S2Si2, S3Si, S4Si | Calcium-Silicat | CS | Aluminat-Silicat | AS |
| S1Mo, S2Mo, S3Mo, S4 Mo | Zirkon-Silicat | ZS | Al-Fluorid-basisch | AF |
| S2Ni, S2Ni1,5, S2Ni2, S2Ni3 | Rutil-Silicat | RS | Fluorid-basisch | FB |
| S2Ni1Mo, S3Ni1Mo, S3Ni1,5Mo, S2Ni1Cu | Aluminat-Rutil | AR | Andere Typen | Z |

**Bezeichnungsbeispiel:**

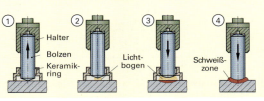

Draht-Pulver-Kombination ISO 14171 – S 46 3 AB S2
- Kennbuchstabe Unterpulverschweißen
- Kennziffern für Streckgrenze und Kerbschlagarbeit (Seite 321)
- Drahtelektrode
- Pulvertyp

### Lichtbogen-Bolzenschweißen von metallischen Werkstoffen

vgl. DIN EN ISO 14555 (2006-12)

Bolzenschweißen mit Hubzündung — Bolzenschweißen mit Spitzenzündung

**Bedingungen und Einstellwerte beim Bolzenschweißen**

| Bolzenschweißverfahren | Bolzen-⌀ d mm | Bolzenwerkstoff | Blechoberfläche | Mindestblechdicke mm | Spitzenstrom A | Schweißbadschutz |
|---|---|---|---|---|---|---|
| Bolzenschweißen mit Hubzündung | 3…25 | S235, Nichtrostende Stähle, Messing | metallisch, blank, verzinkt | 0,125 × Bolzen-⌀ | 300 bis 3000 | Keramikring |
| Bolzenschweißen mit Spitzenzündung | 0,8…10 | S235, Nichtrostende Stähle, Messing, Al | metallisch, blank, verzinkt, geölt | ≥ 0,5 mm | bis 10000 | kein Schutz |

**Geeignete Werkstoffkombinationen beim Bolzenschweißen**

| Bolzenwerkstoffe | Bauteil-Werkstoffe | | | | |
|---|---|---|---|---|---|
| | Unlegierte Baustähle, Feinkornstähle | Unlegierte und niedriglegierte Vergütungsstähle | Korrosionsbeständige Stähle | Aluminium-Legierungen | Kupfer-Legierungen, z.B. CuZn37 |
| **Bolzenschweißen mit Hubzündung[1]** | | | | | |
| S235, Schrauben 4.8, 16Mo3 | 1 | 2 | 2 | 0 | – |
| Korrosionsbeständige Stähle | 2 | 2 | 1 | 0 | – |
| EN AW-AlMg3, EN AW-AlMg5 | 0 | 0 | 0 | 2 | – |
| **Bolzenschweißen mit Spitzenzündung[1]** | | | | | |
| S235, Schraubenwerkstoff 4.8 | 1 – 2 | 1 – 2 | 2 | 0 | 2 |
| Korrosionsbeständige Stähle | 1 – 2 | 2 | 1 | 0 | 2 |
| CuZn37 (Messing) | 2 | 2 | 2 | 0 | 1 |
| EN AW-AlMg3 | 0 | 0 | 0 | 1 | 0 |

[1] Bedeutung der Ziffern: **0** nicht geeignet, **1** gut geeignet, auch für Kraftübertragungen, **2** eingeschränkt geeignet (nicht für Kraftübertragungen)

# Schweißen

## Bewertung von Lichtbogen-Schweißverbindungen an Stahl

Zur Bewertung der Schweißverbindungen werden die Unregelmäßigkeiten (Schweißfehler) nach Art und Größe ermittelt bzw. vermessen und einer Bewertungsgruppe (D, C, B) zugeordnet.
Das Auffinden der Unregelmäßigkeiten erfolgt durch zerstörende und zerstörungsfreie Prüfverfahren.

Die Bewertungsgruppen für Schweißnähte dienen der Qualitätssicherung von Schweißarbeiten. Vor Ausführung einer Schweißarbeit wird vom Auftraggeber die Bewertungsgruppe festgelegt. Der ausführende Schweißer muss die Schweißarbeit gemäß der geforderten Bewertungsgruppe ausführen.

**Schweißunregelmäßigkeiten und Bewertungsgruppen** (Auswahl)   vgl. DIN EN ISO 5817 (2006-10)

| Benennung der Unregelmäßigkeit | Erscheinungsbild / Beschreibung | | Grenzwerte für die Unregelmäßigkeit bei Bewertungsgruppe | | |
|---|---|---|---|---|---|
| | | | niedrig **D** | mittel **C** | hoch **B** |
| Risse | | Längs-, Quer- und sternförmige Risse im Schweißgut sowie in der Bindezone und Wärmeeinflusszone | Nicht zulässig | | |
| Porosität und Poren | | Summe der Porenfläche auf der untersuchten Oberfläche<br><br>Größtmaß einer einzelnen Pore | Einlagig: ≤ 2,5 %<br>Mehrlagig: ≤ 5 %<br><br>≤ 5 mm | Einlagig: ≤ 1,5 %<br>Mehrlagig: ≤ 3 %<br><br>≤ 4 mm | Einlagig: ≤ 1 %<br>Mehrlagig: ≤ 2 %<br><br>≤ 3 mm |
| Schlauchporen, Gaskanäle, Lunker, Feste Einschlüsse | | Lange Unregelmäßigkeit<br><br>Größtmaß einer Unregelmäßigkeit | Unregelmäßigkeit kleiner als halbe Nahtdicke zulässig max. 4 mm | Nicht zulässig | Nicht zulässig |
| Bindefehler | Flankenbindefehler | Lagenbindefehler<br>Wurzelbindefehler | Kurze Unregelmäßigkeit zulässig.<br>Kleiner 0,4 x Blechdicke, max. 4 mm | Nicht zulässig | Nicht zulässig |
| Ungenügende Durchschweißung | T-Stoß, tatsächlicher Einbrand, Solleinbrand | Kehlnaht | Lange Unregelmäßigkeiten nicht zulässig.<br>Kurze Unregelmäßigkeiten zulässig.<br>$h ≤ 0{,}2\,s$<br>$h$ max. 2 mm | $h ≤ 0{,}1\,s$<br>$h$ max. 1,5 mm | Nicht zulässig |
| Einbrandkerbe | Weicher Übergang wird verlangt, Einbrandkerbe | Einbrandkerbe | Kurze Unregelmäßigkeit zulässig.<br>$h ≤ 0{,}2\,t$<br>$h$ max. 1 mm | Kurze Unregelmäßigkeit zulässig.<br>$n ≤ 0{,}1\,t$<br>$n$ max. 0,5 mm | Nicht zulässig |
| Zu große Nahtüberhöhung | Weicher Übergang wird verlangt V-Naht | Kehlnaht | V-Naht: $h ≤$ 1 mm + 0,25 $b$<br>max. 10 mm<br>Kehlnaht: $h ≤$ 1 mm + 0,25 $b$<br>max. 5 mm | V-Naht: $h ≤$ 1 mm + 0,15 $b$<br>max. 7 mm<br>Kehlnaht: $h ≤$ 1 mm + 0,15 $b$<br>max. 4 mm | V-Naht: $h ≤$ 1 mm + 0,1 $b$<br>max. 5 mm<br>Kehlnaht: $h ≤$ 1 mm + 0,1 $b$<br>max. 3 mm |
| Decklagenunterwölbung<br>Verlaufendes Schweißgut | | Vertiefung in der Naht wegen zu wenig Schweißgut<br>Schwerkraftbedingt verlaufenes Schweißgut | Lange Unregelmäßigkeiten: Nicht zulässig<br>Kurze Unregelmäßigkeiten zulässig:<br>$h ≤ 0{,}25\,t$,<br>max. 2 mm | $h ≤ 0{,}1\,t$,<br>max. 1 mm | $h ≤ 0{,}05\,t$,<br>max. 0,5 mm |
| Schweißgutüberlauf | | Übermäßiges Schweißgut am Nahtübergang, das ohne Bindung auf dem Werkstück aufliegt | Kurze Unregelmäßigkeiten zulässig<br>$h ≤ 0{,}2\,b$ | Nicht zulässig | Nicht zulässig |

# Schweißen

## Schutzgasschweißen von Aluminium- und Kupferwerkstoffen

### Massivdrähte und -stäbe zum Schmelzschweißen von Aluminiumwerkstoffen (Auswahl)
vgl. DIN EN ISO 18273 (2004-05)

| Typ Nr. | Kurzzeichen[1] numerisch | Kurzzeichen[1] chemisch | Typ Nr. | Kurzzeichen[1] numerisch | Kurzzeichen[1] chemisch | Typ Nr. | Kurzzeichen[1] numerisch | Kurzzeichen[1] chemisch |
|---|---|---|---|---|---|---|---|---|
| Typ 1 | S Al 1200 | S Al 99,0 | Typ 4 | S Al 4043 | S Al Si5 | Typ 5 | S Al 5554 | S Al Mg2,7Mn |
| | S Al 1450 | S Al 99,5Ti | | S Al 4147 | S Al Si12 | | S Al 5754 | S Al Mg3 |
| Typ 3 | S Al 3103 | S Al Mn1 | | S Al 4643 | S Al Si4Mg | | S Al 5183 | S Al Mg4,5Mn0,7(A) |
| Typ 4 | S Al 4010 | S Al Si7Mg | | S Al 4145 | S Al Si10Cu | | S Al 5087 | S Al Mg4,5MnZr |

[1] Das Kurzzeichen der Schweißzusätze besteht aus dem Kennbuchstaben S und einem numerischen oder chemischen Al-Legierungszeichen gemäß DIN EN 573-2 (siehe Seite 196)

**Bezeichnungsbeispiel eines Massivdrahtes zum Schweißen:** Massivdraht EN ISO 18273 - S Al 4043 oder Massivdraht EN ISO 18273 - S Al 4043(Al Si5)

### Auswahl der Schweißzusätze für das Schweißen verschiedenartiger Aluminiumwerkstoffe
vgl. DIN EN 1011-4 (2001-02)

Der geeignete Zusatzwerkstoff wird durch die Typnummer angegeben. Erste Ziffer: Optimale mechanische Eigenschaften. Zweite Ziffer: Optimaler Korrosionswiderstand. Dritte Ziffer: Optimale Schweißeignung.

**Beispiel:** Es soll ein Bauteil aus AlMg3 mit einem Bauteil aus AlMgSi verschweißt werden.

Der geeignete Schweißzusatz ist bei optimalen mechanischen oder korrosiven Eigenschaften ein Schweißzusatz vom Typ 5, bei optimaler Schweißeignung ein Schweißzusatz vom Typ 4. Auszuwählen ist der Schweißzusatz, der dem Grundwerkstoff am nächsten kommt. Das ist in vorliegendem Beispiel der Schweißzusatz S Al 5754 (AlMg3) und bei Typ 4 der Schweißzusatz S Al 4643 (AlSi4Mg).

| Grundwerkstoff 1 ↓ | | | | | | | | | | |
|---|---|---|---|---|---|---|---|---|---|---|
| Al | 4 | 1 | 4 | | | | | | | |
| AlMn | 4/5 1 | 4 | 3/4 3 | 4 | | | | | | |
| AlMg (< 1%) | 4 | 1 | 4 | 4 | 4 | 4 | | | | |
| AlMg 3 % | 4/5 5 4/5 | 5 5/3 | 4 | 5 | 5 | 4 | 5 5 | | | |
| AlMg 5 % | 5 5 | 5 5 | 5 | 5 5 | 4 | 5 5 | 5 5 4 | | | |
| AlMg Si | 4/5 5 4 | 5/4 5 4 | 5/4 5 4 | 5 5 | 5 4 | 5 5 4 | 5/4 5 4 | | | |
| AlZnMg | 5 5 | 5 5 | 5 5 | 5 5 | 5 5 | 5 5 5 5 | 5 5 5 | | |
| AlSiCu | 4 4 | 4 4 | 4 4 | 4 4 | 4 4 | 4 4 | 4 4 | 4 4 | 4 4 | |
| AlSiMg | 4 4 | 4 4 | 4 4 | 4 4 | 4 4 | 4 4 | 4 4 | 4 4 | 4 4 | 4 4 |
| Grundwerkstoff 2 → | Al | AlMn | AlMg < 1% | AlMg 3% | AlMg 5% | AlMgSi | AlZnMg | AlSiCu | AlSiMg | AlCu |

## Schweißen von Kupfer und Kupferlegierungen

### Schweißnahtvorbereitung (für Gasschmelzschweißen und Schutzgasschweißen)
vgl. DIN 8552-3 (2006-01)

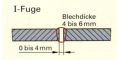

I-Fuge
Blechdicke 4 bis 6 mm
0 bis 4 mm

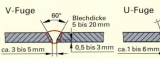

V-Fuge 60°
Blechdicke 5 bis 20 mm
ca. 3 bis 5 mm

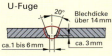

U-Fuge 20°
Blechdicke über 14 mm
0,5 bis 3 mm · ca.1 bis 6 mm · ca. 3 mm

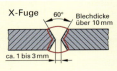

X-Fuge 60°
Blechdicke über 10 mm
ca. 1 bis 3 mm

### Massivdrähte und Massivstäbe zum Schweißen von Kupfer und Kupferlegierungen
vgl. DIN EN ISO 24373 (2009-08)

| Kurzzeichen der Schweißzusätze numerisch | Kurzzeichen der Schweißzusätze chemisch[1] | Schweißbare Kupferwerkstoffe[1] | Schweißeignung[3] Gas | Schweißeignung[3] WIG | Schweißeignung[3] MIG | Schmelzbereich in °C |
|---|---|---|---|---|---|---|
| S Cu 1897 | S Cu Ag 1 | z.B. Cu-DHP-R200 | 2 | 2 | 1 | 1070 … 1080 |
| S Cu 4700 | S CuZn 40 | Kupfer-Zink-Legierungen (Messing) | 2 | 1 | 0 | 890 … 910 |
| S Cu 5180 | S CuSn6P | CuSn-Legierungen | 1 | 2 | 2 | 910 … 1040 |
| S Cu 6328 | S CuAl9Ni5 | CuAl-Legierungen | 0 | 2 | 2 | 1015 … 1045 |
| S Cu 7158 | S CuNi30 | CuNi-Legierungen | 0 | 2 | 2 | 1180 … 1240 |
| S Cu 6338 | S CuMn13Al7 | Seewasserbeständige CuMnAl-Legierungen | 0 | 2 | 2 | 945 … 985 |

[1] Aus den chemischen Kurzzeichen ist die ungefähre Zusammensetzung der Schweißzusätze ablesbar.
[2] Es sollte ein Schweißzusatz gewählt werden, der in der Zusammensetzung dem zu schweißenden Werkstoff am nächsten kommt.
[3] Bedeutung der Zeichen; 1 empfohlen; 2 geeignet; 0 nicht geeignet

**Bestellbeispiel:** Massivdraht ISO 24373 – S Cu 6338 oder **Massivdraht ISO 24373 – S Cu 6338 (CuMn13Al7)**

# Schweißen

## Schweißen von Kunststoffen
### Schweißverfahren für Kunststoffe
vgl. DIN 1910-3 (1977-09)

| Warmgasschweißen | Heizelementschweißen | Reibschweißen | Hochfrequenzschweißen |
|---|---|---|---|
|  |  | 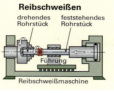 | 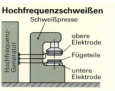 |

### Schweißbarkeit der thermoplastischen Kunststoffe

| Kunststoff | Kurz-zeichen | Schweißbarkeit von Formteilen und Halbzeug[1] | | | | Schweißverfahren für Folien |
|---|---|---|---|---|---|---|
| | | Warmgas-schweißen | Heizelement-schweißen | Reib-schweißen | Hochfrequenz-schweißen | |
| Polyethylen weich | PE-LD | × 190 °C bis 210 °C | × 170 °C bis 190 °C | × | | Folienschweißen mit Heizkeil |
| Polyethylen hart | PE-HD | × 220 °C bis 240 °C | × 190 °C bis 210 °C | × | | Folienschweißen mit Heizkeil |
| Polypropylen | PP | × 250 °C bis 270 °C | × 210 °C bis 230 °C | × | | Folienschweißen mit Heizkeil |
| Polyvinyl-chlorid hart | PVC-hart | × 220 °C bis 240 °C | × 215 °C bis 235 °C | × | × | Folienschweißen mit Heizkeil und mit Hochfrequenzverfahren |
| Polyvinyl-chlorid weich | PVC-weich | × 250 °C bis 300 °C | × 250 °C bis 300 °C | | × | Folienschweißen mit Hochfrequenzverfahren (gelegentlich mit Heizkeil) |
| Polymethyl-methacrylat | PMMA | × | ⊗ | ⊗ | ⊗ | – |
| Polystyrol | PS | × | ⊗ | ⊗ | | (Besser als Schweißen ist hier Kleben) |
| PS-Copolymerisate SB, SAN, ABS, ASA | | × | × | × | | – |
| Polyamide | PA | × | ⊗ | × | × | Folien mit Hochfrequenz- oder Heizkeilverfahren |
| Polycarbonat | PC | | × | × | × | – |
| Polyoxi-methylen | POM | × 220 °C bis 260 °C | × 200 °C bis 220 °C | × | | – |

[1] × gut schweißbar,  ⊗ bedingt schweißbar,  – nicht schweißbar,  leer = keine Anwendung

### Schweißnahtarten beim Warmgasschweißen
vgl. DIN 16 960-1 (1974-02)

| V-Naht am Stumpfstoß ohne Gegenlage | V-Naht am Stumpfstoß mit Gegenlage | V-Naht am Eckstoß |
|---|---|---|
| Vorbereiten der Naht / Schweißen der Naht mit Rundstäben / mit Ovalstäben / mit Dreikantstab 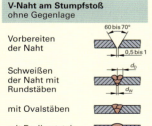 | Vorbereiten der Naht / Schweißen der Naht mit Rundstäben 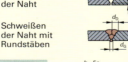<br>Überlapp-naht  | Hochbeanspruchbare Ausführung <br>Gering belastbare Ausführung: Vorbereiten der Naht / Schweißen der Naht   |

| X-Naht | HV-Naht mit Kehlnaht | K-Stegnaht |
|---|---|---|
| Vorbereiten der Naht / Schweißen der Naht  | Vorbereiten der Naht / Schweißen der Naht   mit Ziehklinge abgezogen | Vorbereiten der Naht / Schweißen der Naht   abgezogen |

# Löten

## Weichlöten

**Weichlote** (Auswahl)  vgl. DIN EN ISO 9453 (2006-12)

| Lötwerkstoff-Gruppe | Legierungs-Nr. | Legierungs-kurzzeichen nach DIN EN ISO 9453[1] | Altes Kurzzeichen nach früherer DIN 1707 | Schmelz-bereich °C | Löttem-peratur-bereich °C | Anwendungen, lötbare Werkstoffe |
|---|---|---|---|---|---|---|
| Zinn-Blei-legierungen | 101 | S-Sn63Pb37 | L-Sn 63 Pb | 183 | 185…325 | Karosseriebau Feinblech-lötungen Feinlötungen Klempner-arbeiten Kühlerbau Elektrogeräte |
|  | 103 | S-Sn60Pb40 | L-Sn 60 Pb | 183…190 | 185…325 |  |
| Blei-Zinn-Legierungen | 111 | S-Pb50Sn50 | L-Sn 50 Pb | 183…215 | 220…325 |  |
|  | 116 | S-Pb70Sn30 | – | 183…255 | 260…325 |  |
|  | 122 | S-Pb90Sn10 | – | 268…302 | 320…380 |  |
|  | 124 | S-Pb98Sn2 | L-PbSn2 | 320…325 | 325…400 |  |
| Zinn-Blei-Antimon-Legierungen | 131 | S-Sn63Pb37Sb | – | 183 | 185…325 | Klempnerarbei-ten, Feinlötun-gen, Kühlerbau |
|  | 133 | S-Pb50Sn50Sb | L-Sn50Pb(5n) | 183…216 | 220…325 |  |
| Zinn-Blei-Cad-mium-Legierung | 151 | S-Sn50Pb32Cd19 | L-SnPbCd18 | 145 | 145…250 | Niedertempe-ratur-Lötungen |
| Blei-Silber | 182 | S-Pb95Ag5 | L-PbAg5 | 304…370 | 320…390 | Elektrogeräte |
| Zinn-Antimon | 201 | S-Sn95Sb 5 | – | 235…240 | 245…325 | Niedertempe-ratur-Lötungen |
| Bismuth-Zinn | 301 | S-Bi58Sn42 | – | 139 | 190…325 |  |
| Zinn-Kuper und Zinn-Kupfer-Silber | 402 | S-Sn97Cu3 | L-SnPbCu3 | 237…310 | 250…350 | Kupferrohr-installation Feinwerktechnik |
|  | 502 | S-Sn95Cu4Ag1 | – | 217…353 | 250…350 |  |
| Zinn-Silber | 701 | S-Sn96Ag4 | – | 221…228 | 230…250 |  |

**Bezeichnungsbeispiel:** Weichlot ISO 9453 S-Pb60Sn40

[1] Für spezielle Lötarbeiten (Maschinenlötungen) gibt es zusätzliche Weichlote nach DIN 1707-100 (2001-02).

**Hinweis:** Cadmium- und zinkhaltige Weichlote sollten wegen ihrer Gesundheitsschädlichkeit möglichst nicht mehr eingesetzt werden.

**Flussmittel zum Weichlöten**  vgl. DIN EN 29 454-1 (1994-02), entsprechend IOS 9454-1

Die **Kurzbezeichnung** eines Flussmittels besteht aus drei Kennziffern und einem Buchstaben. Siehe nebenstehendes Beispiel.

**Beispiel:** 3 . 2 . 1 . C

- 1. Kennziffer: Flussmitteltyp
- 2. Kennziffer: Flussmittelbasis
- 3. Kennziffer: Flussmittelaktivator
- Kennbuchstabe: Flussmittelart

**Bezeichnungsbeispiel: Flussmittel EN 29 454 – 3.2.1.C**
Flussmittel zum Weichlöten nach DIN EN 29 454 vom Typ anorganisch, Basis Säure, mit Amin oder Ammoniak, Aggregatzustand: Paste.

**Flussmittelsorten** (Auswahl) | | | **Bedeutung der Kennziffern und des Kennbuchstabens** | | | |
|---|---|---|---|---|---|---|
| Kurzzeichen nach DIN EN 29454 | früherer DIN 8511 | Korrosivität der Rückstände | 1. Kennziffer: Flussmitteltyp | 2. Kennziffer: Flussmittelbasis | 3. Kennziffer: Flussmittelaktivator | Buchstabe: Fluss-mittelart |
| für Schwermetalle (Stähle, Cu-, Ni-Werkstoffe) | | | | | | |
| 3.2.2. | F-SW-11 | korrodierend | 1 Harz | 1 Kolophonium | 1 ohne Aktivator | A flüssig |
| 3.1.1. | F-SW-12 |  |  | 2 ohne Kolo-phonium | 2 mit Halogenen aktiviert |  |
| 3.1.1. | F-SW-21 | bedingt korrodierend | 2 organisch | 1 wasserlöslich 2 nicht wasser-löslich | 3 ohne Halogene aktiviert |  |
| 2.1.3. | F-SW-23 |  |  |  |  |  |
| 2.1.1. | F-SW-24 |  |  |  |  |  |
| 2.1.2. | F-SW-25 | nicht korrodierend | 3 anorga-nisch | 1 Salze | 1 mit Ammo-niumchlorid 2 ohne Ammo-niumchlorid | B fest |
| 1.1.1. | F-SW-31 |  |  |  |  |  |
| 1.1.3. | F-SW-32 |  |  |  |  |  |
| für Leichtmetalle (Al-Werkstoffe) | | | | 2 Säuren | 1 Phosphorsäure 2 andere Säuren | C Paste |
| 3.1.1. | F-LW-1 |  |  |  |  |  |
| 2.1.3. | F-LW-2 | korrodierend |  | 3 alkalisch | 1 Amine und/oder Ammoniak |  |
| 2.1.2. | F-LW-3 |  |  |  |  |  |

## Hartlöten

### Lotzusätze zum Hartlöten
vgl. DIN EN 1044 (1999-07) und DIN EN ISO 3677 (1995-04)

Die **Kurzbezeichnung der Hartlote** ist nach mehreren Bezeichnungssystemen möglich.

Das **Kurzzeichen nach DIN EN 1044** besteht aus zwei Großbuchstaben, die den bestimmenden Werkstoff angeben (AG, CU, CP, AL) und einer Zählnummer.

Außerdem hat jedes Hartlot eine **Werkstoffnummer**.

Das **Kurzzeichen nach DIN EN ISO 3677** enthält die chemischen Symbole und Prozentgehalte der Hauptbestandteile sowie den Schmelzbereich des Hartlots.

Das frühere Kurzzeichen nach der vormaligen DIN 8513 enthält die chemischen Symbole und Prozentgehalte der bestimmenden Hauptbestandteile.

**Beispiel für die Bezeichnung eines Hartlotes**

| | |
|---|---|
| nach DIN EN 1044: | **AG 204** |
| Werkstoffnummer nach DIN EN 1044: | **CF 738 R** |
| nach DIN EN ISO 3677: | **B-Cu38ZnAg – 680/765** |
| nach früherer DIN 8513: (zurückgezogen) | **L-Ag30** |

**Bezeichnungsbeispiel:**

**Lotzusatz EN 1044 – AG 204**

oder

**Lotzusatz EN ISO 3677 – B-Cu38ZnAg – 680/765**

| Kurzzeichen nach DIN EN 1044 | Werkstoffnummer nach EN | Kurzzeichen nach DIN EN ISO 3677 | Kurzzeichen nach alter DIN 8513 | Schmelzbereich[1] in °C | Verwendungshinweise |
|---|---|---|---|---|---|
| **Silberhartlote** | | | | | |
| AG 208 | CF 743 R | B-Cu55ZnAg (Si)-820/870 | L-Ag5 | 820…870 | Beliebige Stähle sowie Kupfer-Werkstoffe und Nickel-Werkstoffe. Für Lötstellen mit Betriebstemperaturen bis 200 °C |
| AG 206 | CF 742 R | B-Cu44ZnAg (Si)-690/810 | L-Ag20 | 690…810 | |
| AG 204 | CF 738 R | B-Cu38ZnAg-680/765 | L-Ag30 | 680…765 | |
| AG 203 | – | B-Ag44CuZn–675/735 | L-Ag44 | 675…735 | |
| AG 202 | – | B-Ag60CuZn-695/730 | L-Ag60 | 695…730 | |
| AG 306 | – | B-Ag30CuCdZn-600/690 | L-Ag30Cd | 600…690 | |
| AG 301 | – | B-Ag50CdZnCu-620/640 | L-Ag50Cd | 620…640 | |
| AG 351 | – | B-Ag50CdZnCuNi-635/655 | L-Ag50CdNi | 635…655 | Hartmetall auf Stahl |
| **Kupferhartlote** | | | | | |
| CU 104 | CF 034 A | B-Cu100(P)-1085 | L-SFCu | 1085 | Stähle Ni-Werkstoffe |
| CU 201 | CF 462 K | B-Cu94Sn(P)-910/1040 | L-CuSn6 | 910…1040 | |
| **Kupfer-Phosphorhartlote** | | | | | |
| CP 105 | CF 223 E | B-Cu92PAg-645/825 | L-Ag2P | 645…825 | Kupfer (ohne Flussmittel), Messinge, Bronzen |
| CP 102 | CF 237 E | B-Cu80AgP-645/800 | L-Ag15P | 645…800 | |
| **Aluminiumhartlote** | | | | | |
| AL 101 | AW 4043 A | B-Al95Si-575/630 | – | 575…630 | Aluminiumwerkstoffe |
| AL 104 | AM 4047 A | B-Al88Si-575/585 | L-AlSi12 | 575…585 | |

[1] Die tiefere Temperatur ist die Solidustemperatur, die höhere Temperatur ist die Liquidustemperatur

### Flussmittel zum Hartlöten
vgl. DIN EN 1045 (1997-08)

| Typ | Arbeitstemperatur in °C | Eignung zum Löten | Korrosive Eigenschaften | Typ | Arbeitstemperatur in °C | Eignung zum Löten | Korrosive Eigenschaften |
|---|---|---|---|---|---|---|---|
| FH 10 | > 600 | Vielzweck-Flussmittel | korrosive Rückstände entfernen durch Waschen oder Beizen | FH 30 | > 1000 | Kupfer- und Nickellote | nicht korrosiv |
| FH 11 | > 600 | CuAl-Legierungen | | FH 40 | 600 … 1000 | Borfreies Flussmittel | korrosiv |
| FH 12 | > 600 | Nichtrostende Stähle | | FH 10 | 550 … 650 | Aluminiumwerkstoffe | korrosiv |
| FH 20 | > 750 | Vielzweck-Flussmittel | | FH 20 | 550 … 650 | | nicht korrosiv |

# Kleben

## Klebstoff-Auswahltabelle  *Herstellerangaben*

\* Polystyrol-Spezial-Kleber

| | | Metalle | | | | Kunststoffe | | | | | | | | | Glas, Keramik, Steingut | Beton, Mauerwerk | Holz, Holzwerkstoffe |
|---|---|---|---|---|---|---|---|---|---|---|---|---|---|---|---|---|---|
| | | Eisen/Stahl-Bauteile u. Bleche roh, grundiert, verzinkt | Al-Werkstoffe roh, eloxiert | Kupferblech Bleiblech | Andere Metalle | Hart-PVC | Weich-PVC Kunstleder | Acrylglas Polycarbonatglas | Polystyrol | Formaldehydharze Pressmassen | Polyesterharz Epoxidharz Polyurethanharz | SBR-Kautschuk Butyl-Kautschuk EPDM-Kautschuk | Polystyrol-Hartschaum | Polyurethan-Weich- und Hartschaum | | | |
| **Metalle** | Eisen/Stahl-Bauteile und Bleche; roh, grundiert, verzinkt | Bevorzugt **ZK** auf Basis EP, PUR, UP  Daneben **EK** auf Basis CY und **KK** auf Basis CR | | | | **EK** auf Basis CY  **KK** auf Basis CR, NR, BR | | **ZK** auf Basis EP, PUR, UP  **KK** auf Basis CR | | **KK** auf Basis BR, CR und NR | | **KK** auf Basis BR, CR und NR | | **KK** auf Basis BR, CR und NR | | | |
| | Al-Werkstoffe roh, eloxiert | | | | | | | | | | | | | | | | |
| | Kupferblech Bleiblech | | | | | | | | | | | | | | | | |
| | Andere Metalle | | | | | | | | | | | | | | | | |
| **Kunststoffe** | Hart-PVC | | | | | PVC-spezial- kleber (Tetra- hydrofuran) | | **ZK** auf Basis EP, PUR, EK auf Basis CY  **KK** auf Basis CR, BR | | | | | **ZK** auf Basis EP, PUR | | | | |
| | Weich-PVC Kunstleder | | | | | | | | | | | | | | | | |
| | Acrylglas Polycarbonatglas | | | | | | **ZK** auf Basis EP, PUR, **KK** auf Basis CR, **EK** auf Basis CY | | | | | | | | | | |
| | Polystyrol | | | | | **ZK, KK** | | \* | **ZK** auf Basis EP, PUR; **KK** auf Basis CR | | | | | | | | |
| | Formaldehydharze Pressmassen | | | | | | | | | Bevorzugt: **ZK** auf Basis EP, PUR, UP  Daneben: **KK** auf Basis BR, CR  **SK** auf Basis EP | | | | | | | |
| | Polyesterharz Epoxidharz Polyurethanharz | | | | | | | | | | | | | | | | |
| | SBR-Kautschuk Butyl-Kautschuk EPDM-Kautschuk | | | | | | | | | | | **KK** auf Basis BR, CR, NR | | | | | |
| | Polystyrol-Hartschaum | | | | | | | | | | | | **KK** auf Basis BR, CR, NR | | | | |
| | Polyurethan-Weich- und Hartschaum | | | | | | | | | | | | | | | | |
| | Glas, Keramik, Steingut | | | | | | | | | | | | | | **ZK EK** | **EK** | |
| | Beton, Mauerwerk | | | | | | | | | | | | | | | **DK** | |
| | Holz, Holzwerkstoffe | | | | | | | | | | | | | | | | **DK KK** |

### Kurzzeichen der Klebstoffarten

| **DK** Dispersions- Klebstoffe | **LK** Lösungsmittel- Klebstoffe | **KK** Kontakt- Klebstoffe | **ZK** Zweikomponenten- Reaktionsklebstoffe | **EK** Einkomponenten- Reaktionsklebstoffe | **SK** Schmelz- Klebstoffe |
|---|---|---|---|---|---|

Die Kurzzeichen der Basisstoffe der Klebstoffe siehe Seite 204 und 205 sowie CR Chlorkautschuk, NR Naturkautschuk, BR Butadienkautschuk

### Vorbehandlung der Klebeflächen

| **Stähle** | Reinigen, Entfetten, Spülen, Trocknen, Aufrauen, z.B. durch Schleifen |
|---|---|
| **Stahl, verzinkt** | Reinigen, falls erforderlich Entfetten, Spülen, Trocknen |
| **Al-Werkstoffe** | Reinigen, Entfetten, Spülen, Trocknen, Aufrauen, falls erforderlich Beizen |
| **Cu-Werkstoffe** | Reinigen, Entfetten, Spülen, Trocknen, Aufrauen |
| **Kunststoffe** | Reinigen, Entfetten, Spülen, Trocknen, Aufrauen, ggf. Beizen, Abflämmen |

# Kalkulation

## Kostenstellen, Gemeinkosten

### Kostenstellen (KS) im Metallbau

**KS 20: Handarbeit**
Sämtliche Arbeiten an der Werkbank bzw. in der Werkstatt mit Kleinwerkzeugen.
**Beispiele:** Bohren mit der Handbohrmaschine, Schleifen mit dem Winkelschleifer.

**KS 21: Maschinenarbeit**
Sämtliche Arbeiten an Großmaschinen.
**Beispiele:** Bohren mit der Säulenbohrmaschine, Abkantarbeiten an der Abkantpresse, Sägen mit der Bandsägemaschine.

**KS 22: Gasschmelzschweißen**
Sämtliche Arbeiten mit einer Brenngas-Sauerstoff-Flamme und Schmiedearbeiten.
**Beispiele:** Gasschmelzschweißen, Brennschneiden, Flammrichten, Hartlöten.

**KS 23: Elektroschweißen**
Sämtliche Arbeiten mit Elektroschweißgeräten mit Ausnahme des MAG-, MIG-, WIG-Verfahren.
**Beispiele:** Lichtbogenhandschweißen, Punktschweißen, Lichtbogen-Bolzenschweißen.

**KS 24: Montage**
Sämtliche Arbeiten im Bereich der Montage, Arbeiten außerhalb des Betriebes sowie Fahrzeiten zum Arbeitsort.
**Beispiel:** Bohren mit dem Bohrhammer.

**KS 25: Arbeitsvorbereitung**
Sämtliche Tätigkeiten im Bereich der Arbeitsvorbereitung, Arbeitsüberwachung und Technisches Büro.
**Beispiel:** Angebotskalkulation.

**KS 26: Schutzgasschweißen**
Sämtliche Arbeiten mit Schutzgasgeräten.
**Beispiele:** Schweißen mit MAG-, MIG-, WIG-Geräten, Arbeiten mit dem Plasmaschneider.

**KS 27: Zeiteinsparungsprämie**
Lohnzuschläge für Arbeiten, bei denen Mitarbeiter in kürzerer Zeit als der vorgegebenen arbeiten.
**Beispiel:** Prämienlöhne.

### Schema der Kostenkalkulation

**KS:**
- **Materialkosten**
- **40:** Fertigungsmaterial + GK-Zuschlag ... %
- **Fertigungskosten**
- **20:** Handarbeit = Fertigungslöhne + GK-Zuschlag ... %
- **21:** Maschinenarbeit = Fertigungslöhne + GK-Zuschlag ... %
- **22:** Gasschmelzschweißen = Fertigungslöhne + GK-Zuschlag ... %
- **23:** Elektroschweißen = Fertigungslöhne + GK-Zuschlag ... %
- **24:** Montage = Fertigungslöhne + GK-Zuschlag ... %
- **25:** Arbeitsvorbereitung = Fertigungslöhne + GK-Zuschlag ... %
- **26:** Schutzgasschweißen = Fertigungslöhne + GK-Zuschlag ... %
- **27:** Zeiteinsparungsprämien = Fertigungslöhne + GK-Zuschlag ... %
- **311:** Pkw = Pkw-Kosten pro km · gefahrene Kilometer
- **312:** Lkw = Lkw-Kosten pro km · gefahrene Kilometer
- **SEK:** Sondereinzelkosten der Fertigung
- **VV:** Verwaltungs- und Vertriebskosten GK-Zuschlag ... %
- **GW** Gewinn und Wagnis Zuschlag ... %

(Herstellungskosten (HK), Selbstkosten (SK), Verkaufspreise (VP))

## Berechnung der Gemeinkosten (GK) – Zuschlagssätze

Die Zuschlagssätze werden aus dem zurückliegenden Abrechnungszeitraum (z.B. 1 Jahr) ermittelt.

**KS: 40:** $\text{GK-Zuschlag (\%)} = \dfrac{\Sigma \text{ GK Einkauf und Lager} \cdot 100\%}{\Sigma \text{ Fertigungsmaterial}}$

**KS: 20:** $\text{GK-Zuschlag (\%)} = \dfrac{\Sigma \text{ GK Handarbeit} \cdot 100\%}{\Sigma \text{ Fertigungslöhne Handarbeit}}$

**KS: 21:** $\text{GK-Zuschlag (\%)} = \dfrac{\Sigma \text{ GK Maschinenarbeit} \cdot 100\%}{\Sigma \text{ Fertigungslöhne Maschinenarbeit}}$

**KS: 22:** $\text{GK-Zuschlag (\%)} = \dfrac{\Sigma \text{ GK Gasschmelzschweißen} \cdot 100\%}{\Sigma \text{ Fertigungslöhne Gasschmelzschweißen}}$

**KS: 23:** $\text{GK-Zuschlag (\%)} = \dfrac{\Sigma \text{ GK Elektroschweißen} \cdot 100\%}{\Sigma \text{ Fertigungslöhne Elektroschweißen}}$

**KS: 24:** $\text{GK-Zuschlag (\%)} = \dfrac{\Sigma \text{ GK Montage} \cdot 100\%}{\Sigma \text{ Fertigungslöhne Montage}}$

**KS: 25:** $\text{GK-Zuschlag (\%)} = \dfrac{\Sigma \text{ GK Arbeitsvorbereitung} \cdot 100\%}{\Sigma \text{ Fertigungslöhne Arbeitsvorbereitung}}$

**KS: 26:** $\text{GK-Zuschlag (\%)} = \dfrac{\Sigma \text{ GK Schutzgasschweißen} \cdot 100\%}{\Sigma \text{ Fertigungslöhne Schutzgasschweißen}}$

**KS: 27:** $\text{GK-Zuschlag (\%)} = \dfrac{\Sigma \text{ GK Zeiteinsparungsprämie} \cdot 100\%}{\Sigma \text{ Fertigungslöhne Zeiteinsparungsprämie}}$

**KS: 311:** $\text{Kosten pro gefahrene Kilometer} = \dfrac{\Sigma \text{ GK Pkw}}{\Sigma \text{ gefahrene Kilometer}}$

**KS: 312:** $\text{Kosten pro gefahrene Kilometer} = \dfrac{\Sigma \text{ GK Lkw}}{\Sigma \text{ gefahrene Kilometer}}$

**KS: VV:** $\text{GK-Zuschlag (\%)} = \dfrac{\Sigma \text{ GK Verwaltung und Vertrieb} \cdot 100\%}{\Sigma \text{ Herstellungskosten}}$

# Kalkulation

## Vorkalkulation (Angebot)

| | | | | |
|---|---|---|---|---|
| Datum | 30.8.2015 | Termin | 15.10.2015 | |
| Name | Verlag Europa Lehrmittel | | | |
| Anschrift | Düsselberger Straße 23 | Tel. | 02104/6916-0 | |
| | 42781 Haan-Gruiten | | | |
| Architekt | | Pos. Nr. --- | Tel. | |

| Stunden | | M. | 83,38 |
|---|---|---|---|
| Werkstatt | Montage | | 16,68 |
| 20 | 20 | | 61,65 |
| 4,5 | | | 80,15 |
| 21 | 21 | | 34,25 |
| 2,5 | | | 68,50 |
| 22 | 22 | | |
| 23 | 23 | | |
| 24 | 6,5 + 1,0 | 24 | 102,75 |
| | = 7,5 | | 102,75 |
| 25 | 0,5 + 1,0 | 25 | 46,25 |
| 1,0 | = 1,5 | | 34,69 |
| 26 | | 26 | 27,40 |
| 2,0 | | | 60,28 |
| 27 | | 27 | |
| | | 311 | 5,88 |
| 10,0 | 9,0 | 312 | 9,52 |

### Beschreibung – Skizze

(Skizze: Fenstergitter, Maße 920 × 1670 mm, Stäbe (1) und Quergurte (2))

### Herstellung von 5 Fenstergittern mit Montage in Fensterlaibung

Fensterlaibung: 840 × 1750.
Die Stäbe (1) sind mit den Quergurten (2) einseitig zu verschweißen (MAG).
Die Quergurte sind an ihren Enden als Maueranker auszubilden. Feuerverzinkung.
Für die Kostenstelle 25 werden für den Meister 1 h Büroarbeit, 1 h Fahrzeit (hin u. zurück) und 0,5 h für die Maßaufnahme angesetzt.

Entfernung zum Montageort: 7 km
Fahrzeit (hin u. zurück): 1 h

### Kosten:

Stundenlohn für Gesellen: 13,70 €/h
Stundenlohn für Meister: 18,50 €/h
Verzinkerei (SEK): 0,82 €/kg
Verbundmörtel
1 Kartusche (SEK): 32,20 €/Kartusche
Pkw (KSt 311): 0,42 €/km
Lkw (KSt 312): 0,68 €/km

| Kostenstellen | | GK-Zuschlagsätze |
|---|---|---|
| 40: | Material | 20% |
| 20: | Handarbeit | 130% |
| 21: | Maschinenarbeit | 200% |
| 24: | Montage | 100% |
| 25: | Arbeitsvorbereitung | 75% |
| 26: | Schutzgasschweißen | 220% |
| VV: | Verwaltungs- und Vertriebskosten | 15% |
| GW: | Gewinn- und Wagniszuschlag | 14% |

### Legende:

M = Materialgemeinkosten
SEK = Sondereinzelkosten
HK = Herstellungskosten
VV = Verwaltungs- und Vertriebskosten
SK = Selbstkosten
GW = Gewinn- und Wagniszuschlag
VP = Netto-Verkaufspreis (ohne Mehrwertsteuer)

### Auftragsumfang

| Stück | lfd. m | | Verzinken |
|---|---|---|---|
| 5 | | | 45,62 |
| kg | m² | Sondereinzelkosten (SEK) | Kartuschen |
| 55,64 | 5 × 1,54 | | 32,20 |

### Auswertung

| | Std. | Werkstatt | Montage | | |
|---|---|---|---|---|---|
| je kg | | | | HK: | 811,95 |
| | | | | VV: | 121,79 |
| je lfd. m | | | | SK: | 933,74 |
| | | | | GW: | 130,72 |
| je | | | | VP: | 1064,50 € |

## Materialkosten

| Pos. | Material | Stück | Einzel-länge m | Zuschnitt | Ges.-Länge m | kg/m | kg | Einzelpreis €/100kg | Gesamtpreis € | Bem. |
|---|---|---|---|---|---|---|---|---|---|---|
| 1 | Rd 12 | 25 | 1,67 | ⊢—⊣ | 41,75 | 0,89 | 37,16 | 138,00 | 51,28 | |
| 2 | Fl 20 × 8 | 15 | 0,92 | ⊢—⊣ | 13,80 | 1,26 | 17,39 | 141,00 | 24,52 | |
| | | | | | | | | | ------ | |
| | | | | | | | | | 75,80 | |
| | | | | + 10% Verschnitt-Zuschlag: | | | | | 7,58 | |
| | | | + 2% Zuschlag für Schweißnähte | | | | 1,09 | | | |
| | | | | | Gewicht zusammen | | 55,64 | | | |
| | | | | | | Summe/Übertrag | | | 83,38 | |

| eingetragen _____ | Gewicht _____ kg gewogen von _____ | fertiggestellt am _____ von _____ | abgerechnet am _____ | Ausg. Rechnung Nr. _____ |
|---|---|---|---|---|
| ausgetragen _____ | | | | |

## Kalkulation

### Abrechnung nach Gewicht
#### Abrechnung nach Gewicht im Stahlbau
vgl. DIN 18 360 (2002-12)

Für Formstähle wird zur Berücksichtigung der Walztoleranzen das Handelsgewicht verwendet.

$m$   Gesamtmasse
$m'_H$  Handelsgewicht
$L$   Gesamtlänge

$$m = m'_H \cdot L$$

**Handelsgewichte $m'_H$ für Formstähle in kg/m**

| U | | IPE | | HE-A ≙ IPBl | | HE-B ≙ IPB | | HE-M ≙ IPBv | |
|---|---|---|---|---|---|---|---|---|---|
| $h$ in mm | $m'_H$ in $\frac{kg}{m}$ | $h$ in mm | $m'_H$ in $\frac{kg}{m}$ | $h$ in mm | $m'_H$ in $\frac{kg}{m}$ | $h$ in mm | $m'_H$ in $\frac{kg}{m}$ | $h$ in mm | $m'_H$ in $\frac{kg}{m}$ |
| 80 | 8,9 | 80 | 6,2 | 100 | 17,1 | 100 | 20,9 | 100 | 42,8 |
| 100 | 10,9 | 100 | 8,3 | 120 | 20,4 | 120 | 27,4 | 120 | 53,4 |
|  |  |  |  | 140 | 25,3 | 140 | 34,5 | 140 | 64,8 |
| 120 | 13,7 | 120 | 10,7 | 160 | 31,2 | 160 | 43,7 | 160 | 78,1 |
| 140 | 16,4 | 140 | 13,2 | 180 | 36,4 | 180 | 52,6 | 180 | 91,1 |
| 160 | 19,3 | 160 | 16,2 | 200 | 43 | 200 | 63 | 200 | 106 |
| 180 | 22,5 | 180 | 19,3 |  |  |  |  |  |  |
| 200 | 26 | 200 | 23 | 220 | 52 | 220 | 73 | 220 | 120 |
|  |  |  |  | 240 | 62 | 240 | 85 | 240 | 161 |
| 220 | 30 | 220 | 26,9 | 260 | 70 | 260 | 95 | 260 | 176 |
| 240 | 34 | 240 | 31,5 | 280 | 78 | 280 | 106 | 280 | 194 |
| 260 | 39 | 270 | 37 | 300 | 90 | 300 | 120 | 300 | 244 |
| 280 | 43 | 300 | 43,3 |  |  |  |  |  |  |
| 300 | 48 |  |  | 320 | 100 | 320 | 130 | 320/305 | 180 |
|  |  | 330 | 50,4 | 340 | 108 | 340 | 137 | 320 | 251 |
| 320 | 61 | 360 | 58,6 | 360 | 115 | 360 | 146 | 340 | 254 |
| 350 | 61 | 400 | 68 | 400 | 128 | 400 | 159 | 360 | 256 |
| 380 | 65 |  |  |  |  |  |  | 400 | 262 |
| 400 | 74 | 450 | 80 | 450 | 143 | 450 | 175 |  |  |
|  |  | 500 | 93 | 500 | 159 | 500 | 192 | 450 | 270 |
|  |  | 550 | 109 | 550 | 170 | 550 | 204 | 500 | 277 |
|  |  | 600 | 125 | 600 | 182 | 600 | 217 | 550 | 285 |
|  |  |  |  | 650 | 195 | 650 | 231 | 600 | 292 |
|  |  |  |  | 700 | 209 | 700 | 247 | 650 | 300 |
|  |  |  |  | 800 | 230 | 800 | 269 | 700 | 309 |
|  |  |  |  |  |  |  |  | 800 | 325 |
|  |  |  |  | 900 | 258 | 900 | 298 | 900 | 341 |
|  |  |  |  | 1000 | 279 | 1000 | 322 | 1000 | 358 |

**Beispiel:** U 220, $L$ = 45 m nach Tabelle:
$$m'_H = 30 \, \frac{kg}{m}$$
$$m = m'_H \cdot L = 30 \, \frac{kg}{m} \cdot 45 \, m = \mathbf{1350 \, kg}$$

#### Abrechnung nach Gewicht im Metallbau
vgl. DIN 18360 (2002-12)

| Verarbeitete Produkte | Verrechnungsgröße |
|---|---|
| Genormte Profile | $m'$ nach DIN-Normen |
| Andere Profile | $m'$ nach Profilbüchern der Hersteller |
| Bleche und Bänder |  |
| – Stahl | $m'' = 7,85 \, kg/m^2 \cdot mm$ |
| – Edelstahl | $m'' = 7,9 \, \, kg/m^2 \cdot mm$ |
| – Aluminium | $m'' = 2,7 \, \, kg/m^2 \cdot mm$ |
| – Kupfer, Messing | $m'' = 9,0 \, \, kg/m^2 \cdot mm$ |
| Formgussstücke |  |
| – Stahl | $m''' = 7,85 \, kg/dm^3$ |
| – Gusseisen (Grauguss) | $m''' = 7,25 \, kg/dm^3$ |

Im Metallbau wird nach den in der Tabelle aufgeführten Vorgaben abgerechnet. Die Verbindungsmittel bleiben unberücksichtigt. Das Verzinken wird mit einem Zuschlag von 5 % verrechnet.

$m$   Masse
$m'$  längenbezogene Masse
$m''$  flächenbezogene Masse
$m'''$  volumenbezogene Masse
$L$   Länge
$A$   Fläche
$V$   Volumen
$Z$   Zuschlag
$s$   Dicke

$$m = m' \cdot L \cdot Z$$

$$m = m'' \cdot A \cdot s \cdot Z$$

$$m = m''' \cdot V \cdot Z$$

**Beispiel:** Stahlblech, $A$ = 5 m² mit $s$ = 6 mm,
Profil I 180 mit $L$ = 18 m, Konstruktion geschweißt und verzinkt.
Nach Tabelle: $m'$ = 21,9 kg/m,    $m''$ = 7,85 kg/m² · mm,    $Z$ = 5%

$m = (m' \cdot L + m'' \cdot A \cdot s) \cdot Z = 21{,}9 \, kg/m \cdot 18 \, m + 7{,}85 \, kg/m^2 \cdot mm \cdot 5 \, m^2 \cdot 6 \, mm) \cdot 1{,}05 = \mathbf{661{,}19 \, kg}$

# Kalkulation

## Stundenverrechnungssatz

Der Stundenverrechnungssatz (SVS) erleichtert dem Handwerker die Kostenkalkulation. Der SVS fußt auf Betriebsdaten des letzten Kalenderjahres. Ergeben sich Änderungen im Betrieb, muss der SVS neu ermittelt werden. Betriebsbezogene Änderungen sind: Lohnerhöhungen, Änderung des Personalbestandes und der betrieblichen Kosten wie Steuern, Versicherungen, lohngebundene Zahlungen, sowie Kosten für betriebliche Baumaßnahmen und Investitionen.

**Stundenverrechnungssatz:**
$$SVS = \frac{\text{Lohnkosten + Gemeinkosten + Gewinn}}{\text{Produktivstunden}}$$

**Lohnkosten:**
$$LK = \text{Jahresarbeitsstunden} \cdot \text{Stundenlohn}$$

**Gemeinkosten:**
$$GK = \text{Lohnzusatzkosten + Betriebsgemeinkosten}$$

**Produktivstunden:**
$$PS = \text{Jahresarbeitsstunden} - \text{bezahlte Freizeit}$$

**Gewinn:**
$$GW = \text{aus der Überschussrechnung bzw. Buchführung}$$

### Lohnzusatzkosten (LZK) = 1 + 2 + 3
1. Bezahlte Freizeit, wie Urlaub, Feiertage, Krankheitstage, sonstige Freistellungen.
2. Zuzahlungen für zusätzliches Urlaubsgeld, Arbeitgeberanteile zur Vermögensbildung, Weihnachtsgeld u.a.
3. Arbeitgeberanteile zur gesetzlichen Sozialversicherung.

### Betriebsgemeinkosten (BGK) = Σ 1 bis 15
1. Abschreibungen
2. Beratungskosten
3. Betriebliche Steuern
4. Bewirtung
5. Bürobedarf
6. Energiekosten
7. Gebühren (Beiträge, Abfall u.a.)
8. Hilfs- und Betriebsstoffe
9. Instandhaltung ud Reparaturen
10. Kalkulatorische Kosten
11. Raumkosten
12. Reisekosten
13. Werbung
14. Zinsen
15. Sonstige Kosten

### Jahresarbeitsstunden =
365 Tage – 104 Samstage u. Sonntage
= 261 Arbeitstage.
261 Arbeitstage · 7,8 tägliche Arbeitsstunden
= 2035,8 Arbeitsstunden im Jahr.

### Bezahlte Freizeit

| | | | | |
|---|---|---|---|---|
| Urlaubstage: | z.B. 24 Tage | zu je 7,8 Arbeitsstunden | = | 187,2 Stunden |
| Feiertage: | z.B. 10 Tage | zu je 7,8 Arbeitsstunden | = | 78,0 Stunden |
| Krankheitstage: | geschätzt 5 Tage | zu je 7,8 Arbeitsstunden | = | 39,0 Stunden |
| Freistellungen u.a.: | z.B. 2 Tage | zu je 7,8 Arbeitsstunden | = | 15,6 Stunden |
| Summe: | 41 Tage | zu je 7,8 Arbeitsstunden | = | 319,8 Stunden |
| Verbliebene produktive Arbeitstage (261 T – 41 T): | | 220 Tage | = | 1716,0 Stunden |
| Innerbetriebliche Zeitverluste: | 0,5 Stunden/ produktive Arbeitstage | | = | 110,0 Stunden |

**Beispiel:** Metallbaubetrieb: 3 Mitarbeiter, tägliche Arbeitszeit 7,8 Stunden, durchschnittlicher Stundenlohn 13,70 €. Bezahlte Freizeit pro Mitarbeiter im Jahr 41 Arbeitstage. Lohnzusatzkosten (LZK) 61 722 €/Jahr, Betriebsgemeinkosten (BGK) 26 097 €/Jahr, Gewinn (GW) 39 881 €/Jahr.

$$\text{Stundenverrechnungssatz (SVS)} = \frac{LK + GK + GW}{PS}$$

**Lohnkosten (LK)**
= Jahresarbeitsstunden · Stundenlohn
= 261 Arbeitstage · 3 Mitarbeiter · 7,8 h · 13,70 € = **83 671,38 €**

**Gemeinkosten (GK)** = LZK + BGK = 61722 € + 26097 € = **87 819,00 €**

**Produktivstunden (PS)** = Jahresarbeitsstunden – bezahlte nichtproduktive Std. – innerbetriebl. Zeitverlust
= 261 Arbeitstage · 3 Mitarbeiter · 7,8 h – 41 Arbeitstage · 3 Mitarbeiter · 7,8 h – 110 h · 3
= 6107,4 h – 959,4 h – 330 h = **4818 h**

$$SVS = \frac{83\,671{,}38\,€ + 87\,819{,}00\,€ + 39\,881{,}00\,€}{4818\,h} = 43{,}87\,\frac{€}{h}$$

# Kalkulation

## Maschinenstundensatz

Die Kalkulation mit Hilfe des Maschinenstundensatzes hat u.a. den Vorteil, dass die Kosten genauer erfasst und überwacht werden können. Diese Berechnungsart wird vor allem bei teuren Werkzeugmaschinen und bei der automatisierten Fertigung angewandt. Der Maschinenstundensatz umfasst nicht die Kosten der Bedienungsperson.

**Maschinenstundensatz:**
$$K_{Mh} = \frac{\text{Fertigungsgemeinkosten}}{\text{Netto-Maschinenlaufzeit}} = \frac{K_{FG}}{T_L}$$

**Fertigungsgemeinkosten:**
$$K_{FG} = K_A + K_Z + K_I + K_E + K_R$$

**Kalkulatorische Abschreibung:**
$$K_A = \frac{\text{Wiederbeschaffungskosten in €}}{\text{Nutzungsdauer in Jahren}}$$

**Kalkulatorische Zinsen:**
$$K_Z = \frac{^1/_2 \text{ Wiederbeschaffungskosten in € · Zinssatz in \%}}{100\%}$$

**Instandhaltungskosten:**
$K_I$ = Instandhaltungskosten in €/Jahr (z.B. Reparaturen und Wartungsdienst)

**Energiekosten:**
$K_E$ = Max. Leistungsaufnahme in kW · Nutzungsfaktor · Energiekosten pro kW · h · Maschinenlaufzeit pro Jahr

**Anteilige Raumkosten:**
$K_R$ = Raumkosten in €/(m² · Monat) · Flächenbedarf der Maschine in m² · 12 Monate/Jahr

**Netto-Maschinenlaufzeit:**
$T_L$ = Tägliche Arbeitszeit in h · Arbeitstage pro Jahr – jährliche Ausfallzeiten für Wartung, Reparatur, Urlaub, u.a.

**Beispiel:** Ausklinksäge mit vertikalem und horizontalem Sägeblatt, Anschaffungswert 33 000,00 €, Nutzungsdauer 6 Jahre, Wiederbeschaffungswert 35 000,00 €, Zinssatz 3 %, Instandhaltungskosten pro Jahr 5 % vom Anschaffungspreis, maximale Leistungsaufnahme 6,5 kW, Energiekosten 0,19 €/kW · h, Maschinenlaufzeit 190 h/Jahr, monatliche Raumkosten 6,14 €/m², Maschinenfläche 7,5 m²; Maschinenstundensatz in €/h = ?

Maschinenstundensatz ($K_{Mh}$) $= \dfrac{K_{FG}}{T_L} = \dfrac{K_A + K_Z + K_I + K_E + K_R}{T_L}$

Kalkulatorische Abschreibung ($K_A$) $= \dfrac{35\,000,00 \text{ €}}{6 \text{ Jahre}} = 5833,00$

Kalkulatorische Zinsen ($K_Z$) $= \dfrac{35\,000,00 \text{ €} \cdot 3\,\%}{2 \cdot 100\,\%} = 525,00$ €/Jahr

Instandhaltungskosten ($K_I$) $= \dfrac{33\,000,00 \text{ €} \cdot 5\,\%}{100\,\%} = 1650,00$ €/Jahr

Energiekosten ($K_E$) = 6,5 kW · 0,19 €/kW · h · 190 h/Jahr = 235,00 €/Jahr

Raumkosten ($K_R$) = 6,14 €/m² · Monat · 7,5 m² · 12 Monate/Jahr = 553,00 €/Jahr

Fertigungsgemeinkosten ($K_{FG}$) = **8796,00 €/Jahr**

**Maschinenstundensatz ($K_{Mh}$)** $= \dfrac{8796,00 \text{ €/Jahr}}{190 \text{ h/Jahr}} = \mathbf{46{,}30 \dfrac{€}{h}}$

# Kalkulation

## Auftragszeit nach REFA[1)]

```
                    Rüstzeit t_r        Auftragszeit T         Ausführungszeit t_a = m · t_e
       ┌───────────────┼───────────────┐                    ┌──────────┼──────────┐
  Rüst-           Rüst-            Rüst-                         Zeit je Einheit t_e
  grund-  t_rg    erholungs-  t_rer verteil-  t_rv         ┌──────────┼──────────┐
  zeit            zeit              zeit                  Grund-   Erholungs-  Verteil-
                                                          zeit t_g  zeit t_er  zeit t_v
  ┌───────┼───────┐                                                  │
Tätigkeits-  Wartezeit                                   ┌───────────┴───────────┐
zeit t_t     t_w                                    sachliche             persönliche
                                                    Verteilzeit t_s       Verteilzeit t_p
  ┌───────┴───────┐
beeinflussbare  unbeeinflussbare
Tätigkeitszeit  Tätigkeitszeit
  t_tb            t_tu
```

[1)] REFA Verband für Arbeitsgestaltung, Betriebsorganisation und Unternehmensentwicklung

| Kurz-zeichen | Bezeich-nung | Erläuterung |
|---|---|---|
| $T$ | Auftrags-zeit | Die für die Erledigung eines Auftrages insgesamt vorgegebene Zeit. Sie gliedert sich in die Rüstzeit (Vorbereiten der Auftragsausführung) und die Ausführungszeit. |
| $t_r$ | Rüstzeit | In der Rüstzeit werden Arbeitsplatz, Maschine und Werkzeuge für den Auftrag vorbereitet (gerüstet) und nach der Ausführung wieder in den ursprünglichen Zustand versetzt. Die Rüstzeit kommt unabhängig von der Zahl der Einheiten meist nur einmal je Auftrag vor.<br>**Beispiele:** Rüstgrundzeit $t_{rg}$: Auftrag und Zeichnung lesen, Maschine einstellen<br>Rüsterholungszeit $t_{rer}$: Erholungsz. n. anstrengender Umrüstung (% v. $t_{rg}$)<br>Rüstverteilzeit $t_{rv}$: Kurze Maschinenstörung beseitigen |
| $t_a$ | Ausfüh-rungszeit | Die Zeit für die Ausführungsarbeit an allen Einheiten $m$ des Auftrages. Meist wird die Ausführungszeit aus $t_a = m \cdot t_e$ berechnet. |
| $t_g$ | Grundzeit | Die Grundzeit ist für das planmäßige Ausführen des Auftrages nötig. Sie setzt sich aus der Tätigkeit und der Wartezeit zusammen. |
| $t_{er}$ | Erholungs-zeit | Während der Erholungszeit wird die Arbeit unterbrochen, um Arbeitsermüdung abzubauen.<br>**Beispiele:** Erholung nach Überkopfschweißen oder längerer Arbeit am Bildschirm |
| $t_v$ | Verteilzeit | Unregelmäßig auftretende Zeiten, die zur planmäßigen Auftragsausführung nötig sind.<br>**Beispiele:** Sachliche Verteilzeit $t_s$: Unvorhergesehenes Werkzeugschleifen (% v. $t_v$)<br>Persönliche Verteilzeit $t_p$: Lohnabrechnung prüfen, Bedürfnis erledigen (% von $t_v$) |
| $t_t$ | Tätigkeits-zeit | Tätigkeitszeiten sind Zeiten, in denen der eigentliche Auftrag erledigt wird. In der **Haupttätigkeitszeit** wird der Auftrag unmittelbar bearbeitet.<br>**Beispiele:** Montage von Getriebeteilen, Spanen mit Werkzeugmaschinen.<br>In der **Nebentätigkeitszeit** tritt kein direkter Fortschritt des Auftrages ein.<br>**Beispiele:** Auspacken von Wälzlagern, Spannen von Werkstücken, Ablage von Fertigteilen. Die Tätigkeitszeiten werden in **beeinflussbare** Zeiten, z.B. Montage- oder Entgratarbeiten, und **unbeeinflussbare** Zeiten, z.B. Programmablauf einer CNC-Maschine, unterteilt. |
| $t_w$ | Wartezeit | In der Wartezeit wartet der Arbeiter auf das Ende von Arbeitsabschnitten, die seiner eigentlichen Tätigkeit vorangehen und seine weitere Tätigkeit bedingen.<br>**Beispiel:** Warten auf das nächste Werkstück in der Fließfertigung. |

**Beispiel:** Herstellung von 20 Montageschienen mit Hutprofil auf der Abkantpresse

| Rüstzeiten: | | | min |
|---|---|---|---|
| Arbeitsplatz rüsten | | = | 3,50 |
| Maschine rüsten | | = | 6,00 |
| Werkzeuge rüsten | | = | 7,50 |
| Rüstgrundzeit | $t_{rg}$ | = | 17,00 |
| Rüsterholungszeit | $t_{rer}$ = 5% von $t_{rg}$ | = | 0,85 |
| Rüstverteilzeit | $t_{rv}$ = 8% von $t_{rg}$ | = | 1,36 |
| **Rüstzeit** | $t_r = t_{rg} + t_{rer} + t_{rv}$ | = | **19,21** |

| Ausführungszeiten: | | | min |
|---|---|---|---|
| Tätigkeitszeit | $t_t$ | = | 3,2 |
| Wartezeit | $t_w$ = 3,5% von $t_t$ | = | 0,11 |
| Grundzeit | $t_g = t_t + t_w$ | = | 3,31 |
| Erholungszeit | $t_{er}$ = 4% von $t_g$ | = | 0,13 |
| Verteilzeit | $t_v$ = 2% von $t_g$ | = | 0,07 |
| Zeit je Einheit | $t_e = t_g + t_{er} + t_v$ | = | 3,51 |
| **Ausführungszeit** | $t_a = m \cdot t_e = 20 \cdot 3{,}51$ | = | **70,20** |

**Auftragszeit** $T = t_r + t_a = 19{,}21$ min $+ 70{,}2$ min $= $ **89,41 min**

# Konstruktionenselemente und Bauteile 347

## Schlösser 348
Einsteckschlösser . . . . . . . . . . . . . . . . . . . . . . . 348
Kastenschlösser, Möbelschlösser . . . . . . . . . . 351
Schließzylinder . . . . . . . . . . . . . . . . . . . . . . . . 352
Türöffneranlage. . . . . . . . . . . . . . . . . . . . . . . 354
Schließanlagen . . . . . . . . . . . . . . . . . . . . . . . 355

## Türen 357
Wandöffnungen für Türen. . . . . . . . . . . . . . . . 357
Standardzargen. . . . . . . . . . . . . . . . . . . . . . . 358
Stahlzargenprofile und deren Montage . . . . . . 359
Türschließer . . . . . . . . . . . . . . . . . . . . . . . . . . 360
Sicherheit bei automatischen Türsystemen
 und kraftbetätigten Toren. . . . . . . . . . . . . . . 361
  Zulässige Schließkräfte. . . . . . . . . . . . . . . . . 361
  Schließkanten verschiedener Türsysteme. . . 361
Einbruchhemmung. . . . . . . . . . . . . . . . . . . . . 361
Feuerschutztüren. . . . . . . . . . . . . . . . . . . . . . 362
Türproduktnorm . . . . . . . . . . . . . . . . . . . . . . 364

## Bänder 366
Anschweißbänder. . . . . . . . . . . . . . . . . . . . . . 366
Konstruktionsbänder . . . . . . . . . . . . . . . . . . . 367

## Tore 368
Torarten, Einsatzbereiche . . . . . . . . . . . . . . . . 368
Torelemente. . . . . . . . . . . . . . . . . . . . . . . . . . 369
Schiebetore . . . . . . . . . . . . . . . . . . . . . . . . . . 370
Drehtorantrieb. . . . . . . . . . . . . . . . . . . . . . . . 374
Torproduktnorm . . . . . . . . . . . . . . . . . . . . . . 375

## Treppen 377
Treppenarten, Treppensysteme . . . . . . . . . . . . 377
Konstruktionsmaße und Treppenberechnung . 378
Profilgrößen für Treppenwangen. . . . . . . . . . . 381
Profilgrößen für Spindeltreppen . . . . . . . . . . . 384
Stufenverziehung bei gewendelten Treppen . . 385
Trittstufen aus Gitterrosten . . . . . . . . . . . . . . 386

## Geländer 387
Abmessungen, lichte Weite . . . . . . . . . . . . . . 387
Sicherheitstechnische Anforderungen . . . . . . . 390
Belastungsfälle . . . . . . . . . . . . . . . . . . . . . . . 391
Bemessung der Geländer und Pfosten. . . . . . . 391
Größe der Befestigungsplatten . . . . . . . . . . . . 396
Dübelabstände . . . . . . . . . . . . . . . . . . . . . . . 396

## Fenster 397
Hauptbegriffe im Fensterbau. . . . . . . . . . . . . . 397
Öffnungsarten der Fensterflügel . . . . . . . . . . . 397
Richtlinien zur Beurteilung der
 visuellen Qualität von ISO-Glas. . . . . . . . . . . 398
Klotzung von Verglasungseinheiten . . . . . . . . 398
Prüfanforderungen an Fenster
 und Fassaden. . . . . . . . . . . . . . . . . . . . . . . 399
Bemessung von Rahmenquerschnitten . . . . . . 400

## Verglasungen 402
Bemessung der Glasscheibendicke . . . . . . . . . 402
Glasprodukte . . . . . . . . . . . . . . . . . . . . . . . . 409
Wärmeschutzfunktion von Fenstern . . . . . . . . 414
Schallschutzfunktion von Fenstern . . . . . . . . . 417
Fugendichtstoffe . . . . . . . . . . . . . . . . . . . . . . 419
Anschlussfugen. . . . . . . . . . . . . . . . . . . . . . . 420

## Sonnenschutzeinrichtungen 421
Konstruktionen im Verleich . . . . . . . . . . . . . . 421
Rolladenstäbe, Eigenschaften . . . . . . . . . . . . 421
Beurteilung des Wärmeschutzes . . . . . . . . . . 421
Montagedaten für Gelenkarmmarkisen . . . 422

## Fensterbeschläge und Befestigung 422

## Stahlbau 423
Winkelanschlüsse . . . . . . . . . . . . . . . . . . . . . 423
Stirnplattenanschlüsse . . . . . . . . . . . . . . . . . . 425
Stirnplatten . . . . . . . . . . . . . . . . . . . . . . . . . . 428
Trägerausklinkungen . . . . . . . . . . . . . . . . . . . 429
Fundamentverankerungen. . . . . . . . . . . . . . . 430
Rippenlose Krafteinleitung. . . . . . . . . . . . . . . 432
Pfettenstöße. . . . . . . . . . . . . . . . . . . . . . . . . 433
Pfettenschuhe . . . . . . . . . . . . . . . . . . . . . . . 434
Zugstangen zur Pfettensicherung . . . . . . . . . . 435
Tragwerke, Grenzstützweiten . . . . . . . . . . . . 437
Sonderprofile aus Stahl . . . . . . . . . . . . . . . . . 438
Montage der Z-Pfetten . . . . . . . . . . . . . . . . . 441

## Metallbauelemente 442
Lochplatten . . . . . . . . . . . . . . . . . . . . . . . . . 442
Musterbleche. . . . . . . . . . . . . . . . . . . . . . . . 442
Gitterroste . . . . . . . . . . . . . . . . . . . . . . . . . . 443

## Rohrrahmenprofile 444
Rohrrahmenprofile aus Stahl. . . . . . . . . . . . . . 444
Profile für Fenster und Türen . . . . . . . . . . . . . 445
Fassadenprofile. . . . . . . . . . . . . . . . . . . . . . . 446
Rohrrahmenprofile aus Aluminium . . . . . . . . . 447
Profile für Fenster und Türen . . . . . . . . . . . . . 447
Glasleistentabelle . . . . . . . . . . . . . . . . . . . . . 448
Aluminiumprofile für rauchdichte Türen. . . . . . 449
Fassadenprofile. . . . . . . . . . . . . . . . . . . . . . . 451

## Instandhaltung 452
Inhalte von Wartungs- und Inspektionsplänen 452

# Schlösser

## Einsteckschlösser
vgl. DIN 18 250 (2006-09), DIN 18 251-1 (2002-07) und DIN 18 251-2 und -3 (2002-11)

### Bezeichnungen für Einsteckschlösser

| Benennung | Kurzzeichen | Benennung | Kurzzeichen |
|---|---|---|---|
| Buntbartschloss | BB | Selbstverriegelung | SV |
| Zuhaltungsschloss (Chubbschloss) | ZH | Wechseleinrichtung | W |
| Zylinderschloss | PZ | Linksschloss (nach DIN 107) | L |
| Zwei Profilzylinder | PZ – PZ | Rechtsschloss (nach DIN 107) | R |
| Einsteckschloss | ES | Schloss für Badtüren | BAD |
| Einsteckschloss für Feuerschutztür | FS | Einsteckschloss für Rauchschutztüren | RS |
| Rauchschutztüren | RD | Mehrfachverriegelung | MV |
| Schloss für Rohrrahmentür | RR | Falle umlegbar | U |
| Flachstulp | FL | Profilstulp | PR |

### Klassifizierung nach Türgewicht oder Benutzerhäufigkeit

| Klasse | Verwendung | Benutzerhäufigkeit | Dornmaß $a$ in mm | Schlosskasten |
|---|---|---|---|---|
| 1 | leichtes Innentürschloss | gering | 55 | offen |
| 2 | Innentürschloss | üblich | 55 | offen |
| 3 | Wohnungsabschlusstür | mittel | 55, 60, 65, 70, 80, 100 | allseitig geschlossen |
| 4 | einbruchhemmend | hoch | 55, 60, 65, 70, 80, 100 | allseitig geschlossen |
| 5 | erhöhte Einbruchhemmung | hoch | 55, 60, 65, 70, 80, 100 | allseitig geschlossen |

### Einsteckschlösser für gefälzte Türen
vgl. DIN 18 251-1 (2002-07)

**Technische Daten**

Schloss für Buntbart- oder Zuhaltungsschlüssel, selbstspannende, geteilte Nuss
Nuss-Vierkant $c = 8,1 \pm 0,05$
Entfernung $e = 72 \pm 0,1$ mm
2-tourig, Stulpbreite 20 mm oder 24 mm
In den Klassen 1 und 2 ist das Dornmaß $a$ = 55 mm.

| Dornmaß $a$ in mm[1] | 55 | 60 | 65 | 70 | 80 | 100 |
|---|---|---|---|---|---|---|
| Kastenbreite $b$ in mm | 88,5 | 93,5 | 98,5 | 103,5 | 113,5 | 133,5 |

[1] Grenzabmaß + 0,5

**Bestellbeispiel** eines Zuhaltungsschlosses der Klasse 3 mit 55 mm Dornmaß, 20 mm Stulpbreite, als Rechtsschloss:
**Schloss DIN 18 251-1 – ZH – 3 – 55 – 20 – R**

### Möglichkeiten der Riegelbetätigung
vgl. DIN 18 251-1 (2002-07)

Zylinderschloss

Buntbartschloss

Zuhaltungsschloss

Badschloss

### Schlüsselschweifungen bei Buntbartschlössern
Die Querschnittsform (Schweifung) des Schlüsselbartes bedingt die Nachschließsicherheit.

# Schlösser

## Einsteckschlösser vgl. DIN 18 250 (2006-09), DIN 18 251-1 (2002-07) und 18 251-2 und -3 (2002-11)

### Fallen-Riegelschlösser für Feuer- und Rauchschutztüren vgl. DIN 18 250 (2006-09)

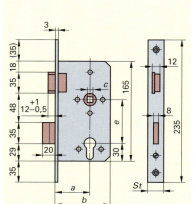

**Technische Daten**

Mittelschweres Profilzylinder-Schloss mit Wechsel
Nuss-Lochvierkant $c = 9{,}02 ^{+0,08}_{-0,02}$ mm
Entfernung $e = 72 \pm 0{,}2$ mm
2-tourig
Stulp und Schließblech messingfarben lackiert
Schlosskasten, Falle und Riegel verzinkt

|  | nach | | |
|---|---|---|---|
|  | DIN 18 251-1 | DIN 18 251-2 | DIN 18 251-3 |
| Dornmaß $a$ in mm | 55, 65, 80, 100 | 30, 35, 40, 45 | 30, 35, 40, 45, 55, 65, 80, 100 |
| Stulpbreite $St$ in mm | 20, 24 | 24 | 20, 24 |
| Klasse | 1 bis 5 | 1 bis 5 | 1 bis 5 |

**Bestellbeispiel** eines Schlosses vorgerichtet für Profilzylinder mit Dornmaß $a = 65$ mm, Stulpbreite 20 mm, mit Wechsel als Linksschloss der Klasse 3:

**Schloss DIN 18 250 – FS – ES – PZ – 3 – 65 – 20 – W – L**

### Fallen-Riegelschlösser für Rohrrahmenprofile vgl. DIN 18 251-2 (2002-11)

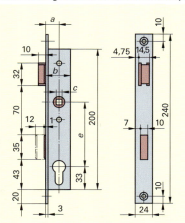

**Technische Daten**

Schweres Einsteckschloss mit Wechsel
Nuss-Lochvierkant $8{,}1 \pm 0{,}05$
Entfernung $e = 92 \pm 0{,}1$
Kastenstärke $d = 19$ mm
1-tourig
Rechts und links verwendbar
Riegel gehärtet
Galvanisch vollverzinkt

| Dornmaß $a$ in mm | 25 | 30 | 35 | 40 | 45 |
|---|---|---|---|---|---|
| Kastenbreite $b$ in mm | 41 | 46 | 51 | 56 | 61 |

**Bestellbeispiel** eines Schlosses mit Profilzylinder mit Dornmaß $a = 40$ mm, Links, der Maßreihe 244/102, Klasse 4 mit Wechsel und umlegbarer Falle.

**Schloss DIN 18 251-2 – RR – 4 – 244/102 – 40 – W – L – U**

### Einfallenschlösser

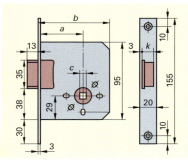

**Technische Daten**

Mittelschweres Einfallenschloss
Nuss-Lochvierkant $c = 8$ mm
Kastenstärke $d = 14$ mm

| Dornmaß $a$ in mm | 25 | 30 | 35 | 40 | 45 | 50 |
|---|---|---|---|---|---|---|
| Kastenbreite $b$ in mm | 41 | 46 | 51 | 56 | 61 | 66 |

**Bestellbeispiel** eines Einfallenschlosses mit Dornmaß $a = 40$ mm der Klasse 2, als Linksschloss:

**Schloss DIN 18 251 – E – 2 – 40 – L**

# Schlösser

## Einsteckschlösser
vgl. DIN 18 251-1 (2002-07)

### Rollenfallenschlösser

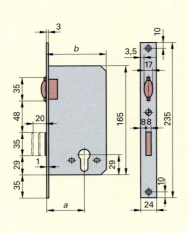

**Technische Daten**

Für Türen: Kastenstärke $d$ = 14 mm
1- und 2-tourig

| Dornmaß $a$ in mm | 45 | 50 | 55 | 60 | 65 | 70 | 80 |
|---|---|---|---|---|---|---|---|
| Kastenbreite $b$ in mm | 75 | 80 | 85 | 90 | 95 | 100 | 110 |

Für Rohrrahmenprofile: Kastenstärke $d$ = 19 mm
1-tourig

| Dornmaß $a$ in mm | 18 | 20 | 22 | 25 | 27 | 30 | 35 | 40 |
|---|---|---|---|---|---|---|---|---|
| Kastenbreite $b$ in mm | 34 | 36 | 38 | 41 | 43 | 46 | 51 | 56 |

**Bestellbeispiel** für ein Schloss vorgerichtet für Profilzylinder mit Dornmaß $a$ = 45 mm:
**Einsteck-Rollenfallenschloss DIN 18 251 – PZ – 45**

### Riegelschlösser

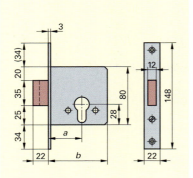

**Technische Daten**

Schweres Einsteckriegelschloss
Vorgerichtet für Profilzylinder
Kastenstärke $d$ = 15 mm
2-tourig
Stulp, Schließblech und Schlosskasten z.B. messingfarben lackiert
Riegel verzinkt

| Dornmaß $a$ in mm | 55 | 60 |
|---|---|---|
| Kastenbreite $b$ in mm | 80 | 85 |

**Bestellbeispiel** für ein Schloss vorgerichtet für Profilzylinder mit Dornmaß $a$ = 60 mm:
**Einsteck-Riegelschloss DIN 18 251 – PZ – 60**

### Hakenfallenschlösser

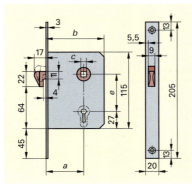

**Technische Daten**

Buntbartschloss einfach oder vorgerichtet für Profilzylinder
Nuss-Lochvierkant $c$ = 8 mm
Entfernung $e$ = 55 mm

| Dornmaß $a$ in mm | 50 | 55 | 60 | 65 | 70 | 80 |
|---|---|---|---|---|---|---|
| Kastenbreite $b$ in mm | 80 | 85 | 90 | 95 | 100 | 110 |

**Bestellbeispiel** für ein Schloss mit Zuhaltungen und Dornmaß $a$ = 90 mm:
**Einsteck-Hakenfallenschloss DIN 18 251 – ZH – 90**

# Schlösser

## Kastenschlösser, Möbelschlösser
vgl. DIN SPEC 1134 (2010-08)

### Riegelschlösser

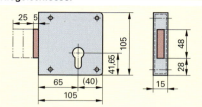

**Technische Daten**
Als Buntbart- oder Zuhaltungsschloss oder vorgerichtet für Schließzylinder, Kastenstärke $d$ = 15 mm
Riegel 5 mm vorstehend, 2-tourig

**Bestellbeispiel** für ein rechtes Schloss mit Dornmaß $a$ = 65 mm vorgerichtet für Profilzylinder:
> Kastenriegelschloss … – PZ – 25 – R

### Stangenschlösser

**Technische Daten:** Schlösser für Metallschränke, geeignet für Schließanlagen

Zylinder mit 5 Zuhaltungsstiften, 2-riegelig, Stangenausschluss $l_{St}$ = 8 mm, Schubstange 10 mm × 3 mm × 1000 mm

Dornmaß $a$ = 25 mm, Schließhakenweg 90°, Zylinder mit 5 Zuhaltungsstiften, Drehstange ⌀ 5 mm oder ⌀ 6 mm, 2000 mm lang

**Bestellbeispiel** eines Stangenschlosses mit Standard-Zubehör:
> Kastenstangenschloss Typ …

**Bestellbeispiel** eines Schlosses mit Standard-Zubehör als Rechtsschloss mit Dornmaß $a$ = 25 mm:
> Kasten-Drehstangenschloss Typ … … – 25 – R

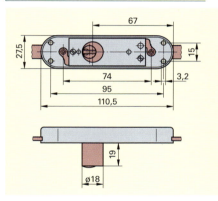
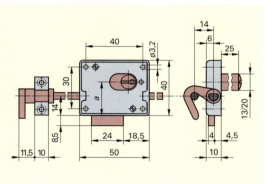

**Technische Daten:** Schlösser für Schwebe-, Kipp- und Flügeltore
Mit Profilhalb- oder Rundzylinder, Nuss-Lochvierkant $c$ = 8 mm

**Bestellbeispiel** für ein Schloss vorgerichtet für Profil-Halbzylinder:
> Kasten-Stangenschloss … – H

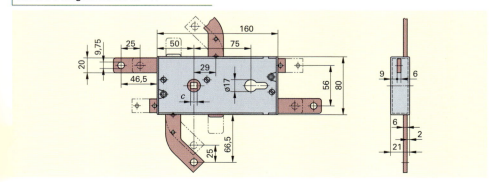

# Schlösser

## Schließzylinder

### Bezeichnungen für Schließzylinder
vgl. DIN 18252 (2006-12)

| Benennung | Kurzzeichen | Benennung | Kurzzeichen |
|---|---|---|---|
| Einzelzylinder | EZ | Doppelzylinder | D |
| Profilzylinder für: Zentralschließanlage | Z | Halbzylinder | H |
| | | Knaufzylinder | K |
| Hauptschlüsselanlage | HS | Profilzylinder mit Bohrschutz | BS |
| General-Hauptschlüsselanlage | GHS | Profilzylinder mit Bohr- und Ziehschutz | BZ |
| Profilzylinder mit Legitimationsausweis | LE | | |

### Klassifizierung
vgl. DIN EN 1303 (2013-12)

| 1 | 2 | 3 | 4 | 5 | 6 | 7 | 8 |
|---|---|---|---|---|---|---|---|
| Gebrauchs-klasse | Dauer-haftigkeit | Tür-masse | Feuer-widerstand | Betriebs-sicherheit | Korrosions- und Tem-peraturbeständigkeit | Verschluss-sicherheit | Angriffs-widerstand |
| 1 bis 6 | 4 / 5 / 6 | 0 | 0 / 1 | 0 | A / B / C | 1 bis 6 | 0 / 1 / 2 |
| 0 keine Anforderung | | | | | | | |

### Profil-, Oval-, Rundzylinder, Profilhalbzylinder
vgl. DIN 18252 (2006-12)

**Technische Daten:** 5 Zuhaltungsstifte, Kernstifte aus verschleißfester Sonderbronze, erstes Stiftpaar aus rostfreiem, gehärtetem Stahl, zusätzlicher Aufbohrschutz und Ziehschutz, Schließweg 360°

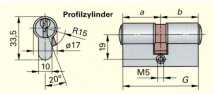
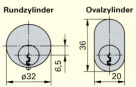

G Grundlänge
a Halbe Grundlänge außen
b Halbe Grundlänge innen

**Bestellbeispiel** eines Profil-Doppelzylinders der Klasse 2 mit Bohr- und Ziehschutz mit den Maßen $a = 50{,}5$ mm und $b = 45{,}5$ mm: **Profilzylinder DIN 18252 – P 2 – D – BZ – 50,5 – 45,4**

### Maße für Profil-Doppelzylinder

| Halbe Grundlängen $a$ in mm \ Halbe Grundlänge $b$ in mm | 30,5 | 40,5 | 50,5 | 60,5 | 70,5 | 80,5 | 90,5 | 100,5 | 110,5 | 120,5 | 130,5 |
|---|---|---|---|---|---|---|---|---|---|---|---|
| 30,5 | 30/30 | 30/40 | 30/50 | 30/60 | 30/70 | 30/80 | 30/90 | 30/100 | 30/110 | 30/120 | 30/130 |
| 35,5 | 35/30 | 35/40 | 35/50 | 35/60 | – | – | – | – | – | – | – |
| 40,5 | 40/30 | 40/40 | 40/50 | 40/60 | 40/70 | 40/80 | 40/90 | 40/100 | 40/110 | 40/120 | 40/130 |
| 45,5 | 45/30 | 45/40 | 45/50 | 45/60 | – | – | – | – | – | – | – |
| 50,5 | 50/30 | /40 | 50/50 | 50/60 | 50/70 | 50/80 | 50/90 | 50/100 | 50/110 | 50/120 | 50/130 |
| 55,5 | 55/30 | /40 | 55/50 | 55/60 | – | – | – | – | – | – | – |
| 60,7 | 60/30 | /40 | 60/50 | 60/60 | 60/70 | 60/80 | 60/90 | 60/100 | 60/110 | 60/120 | 60/130 |
| 65,5 | 65/30 | /40 | 65/50 | 65/60 | – | – | – | – | – | – | – |
| 70,5 | 70/30 | /40 | 70/50 | 70/60 | 70/70 | 70/80 | 70/90 | 70/100 | 70/110 | 70/120 | 70/130 |
| 80,5 | 80/30 | /40 | 80/50 | 80/60 | 80/70 | 80/80 | 80/90 | 80/100 | 80/110 | 80/120 | 80/130 |
| 90,5 | 90/30 | /40 | 90/50 | 90/60 | 90/70 | 90/80 | 90/90 | 90/100 | 90/110 | 90/120 | 90/130 |
| 100,5 | 100/30 | /40 | 100/50 | 100/60 | 100/70 | 100/80 | 100/90 | 100/100 | 100/110 | 100/120 | 100/130 |
| 110,5 | 110/30 | /40 | 110/50 | 110/60 | 110/70 | 110/80 | 110/90 | 110/100 | 110/110 | 110/120 | 110/130 |
| 120,5 | 120/30 | /40 | 120/50 | 120/60 | 120/70 | 120/80 | 120/90 | 120/100 | 120/110 | 120/120 | 120/130 |
| 130,5 | 130/30 | /40 | 130/50 | 130/60 | 130/70 | 130/80 | 130/90 | 130/100 | 130/110 | 130/120 | 130/130 |

### Maße für Profil-Halbzylinder

| Halbe Grundlänge $a$ in mm |
|---|
| 30 | 35 | 40 | 45 | 50 | 55 | 60 | 65 | 70 | 80 | 90 | 100 | 110 | 120 | 130 |

# Schlösser

## Schließzylinder

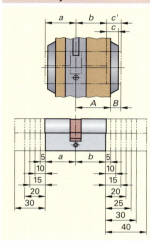

### Berechnung der Verlängerung

Ist das Schloss asymmetrisch im Türblatt montiert, müssen die Verlängerungen $c_a$ und $c_i$ für die halben Grundlängen $a$ oder $b$ errechnet werden. Die Verlängerung wird auf die nächste Verlängerungsstufe aufgerundet.

| | |
|---|---|
| A | Abstand Mitte Schraubenbohrung – Türblattkante |
| B | Beschlagdicke |
| a | Halbe Grundlänge außen |
| b | Halbe Grundlänge innen |
| $c_a$, $c_i$ | Verlängerungen |
| c' | Verlängerungsstufe |

$$c_a = A + B - a$$

$$c_i = A + B - b$$

### Beispiel:

$A$ = 43 mm, $a$ = 30,5 mm, $B$ = 6 mm
$c_a = A + B - a = 43\ \text{mm} + 6\ \text{mm} - 30,5\ \text{mm} = 18,5\ \text{mm}$
Nächste Verlängerungsstufe: $c'$ = 20 mm

## Profil-Knaufzylinder

vgl. DIN 18 252 (2006-12)

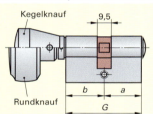

### Technische Daten:

Fünf Zuhaltungsstifte; Kernstifte aus verschleißfester Sonderbronze; erstes Stiftpaar aus rostfreiem, gehärtetem Stahl; mit Aufbohr- und Ziehschutz; Gehäuse Messing matt vernickelt; Betätigung von innen durch Knauf, von außen mit Schlüssel; mit Kegel- oder Rundknauf.

| Länge $G$ in mm | 61 | 55 | 63 | 69 | 70 |
|---|---|---|---|---|---|
| Länge $b$ in mm | 30,5 | 27,5 | 27,5 | 34,5 | 35 |

Verlängerung Profil-Knaufzylinder

Verlängerung Knaufwelle
Bei Profil-Knaufzylindern kann statt des Zylinders auch die Knaufwelle verlängert werden.

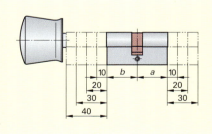

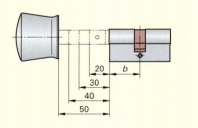

## Zylinder-Hebelschlösser

vgl. DIN 18 252 (2006-12)

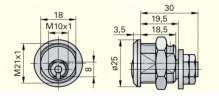

### Technische Daten:

Geeignet für Schließanlagen
Gehäuse Zink-Druckguss glanzverchromt
Fünf Zuhaltungsstifte
Schlüssel nur in Sperrstellung abziehbar

# Schlösser

## Codegesteuerte Elektro-Türöffneranlage

**Funktionsdarstellung**

**Beispiel:** Türöffneranlage mit zwei Türen

**Steuergerät**
Modul für Türsteuerung mit Türcode
2 Relaisausgänge für 2 Türöffner
1 Relaisausgang für Alarmauswertung
1 Relaisausgang für Falschcode
Mikroprozessorgesteuertes System
Eingebaute Quarzuhr mit Datum
Erweiterbar bis max. 16 Türen
12 V Notstromversorgung
$B$ = 230 mm, $H$ = 150 mm, $T$ = 67 mm

**Tastgeräte**
$B$ = 230 mm, $H$ = 132 mm/120 mm, $T$ = 56 mm/37 mm

**Elektro-Türöffner**
$H$ = 250 mm, $B$ = 25 mm, $T$ = 28 mm/39 mm
Ruhestromfunktion:
Nennspannung 12 V – 100% ED
Stromaufnahme ca. 200 mA
Arbeitsstromfunktion:
Nennspannung 12 V – 100% ED
Stromaufnahme ca. 400 mA

**Rückmeldekontakt für Türöffner**
Anschlussspannung ~ 230 V + 10% /– 15%
Frequenz 50 Hz … 60 Hz
Leistungsaufnahme max. 20 VA
Betriebsnennspannung 12 V
max. Belastbarkeit für externe Verbraucher
(z.B. Türöffner) 1 A

**Programmwahl**

Programmziffer

**0** = Tür 1 und 2 gleiche Codeziffer
Tastgerät 1 nur für Tür 1
Tastgerät 2 nur für Tür 2
Codeziffer und Symboltaste „+",
die Tür wird bleibend entriegelt.
Codeziffer und Symboltaste „–",
die Tür wird wieder verriegelt.

**1** = Standard-Programm
Tür 1 und 2 gleiche Codeziffer
Tastgerät 1 nur für Tür 1
Tastgerät 2 nur für Tür 2
Richtig eingetastete Codeziffer entriegelt die Tür für 0,5 bis 99 Sekunden.
Nach Ablauf der Zeit, bzw. je nach Beschaltung (Türöffner mit Rückmeldung) automatisch bei geöffneter Tür, schaltet sich die Türverriegelung wieder ein.

**2** = Codezifferhalbierung
Bei entsprechender Beschaltung, z.B. über Schaltuhr, kann die Codeziffer zeitweilig von 4- auf 2-stellig bzw. von 6- auf 3-stellig umgeschaltet werden.
Übrige Funktionen wie **Programmziffer 0**.

**3** = Codezifferhalbierung
Bei entsprechender Beschaltung, z.B. über Schaltuhr, kann die Codeziffer zeitweilig (z.B. tagsüber) von 4- auf 2-stellig, bzw. von 6- auf 3-stellig, umgeschaltet werden.
Übrige Funktionen wie **Programmziffer 1**.

**4** = Unterschiedliche Codeziffern für die Türen 1 und 2
Codeschalter 1 – 2 (4-stelliges Gerät) bzw. 1 – 3 (6-stelliges Gerät) für Tür 1
Codeschalter 3 – 4 (4-stelliges Gerät) bzw. 4 – 6 (6-stelliges Gerät) für Tür 2
Übrige Funktionen wie **Programmziffer 0**.

**5** = Unterschiedliche Codeziffern für die Türen 1 und 2
Codeschalter 1 – 2 (4-stelliges Gerät) bzw. 1 – 3 Codeschalter 1 (6-stelliges Gerät) für Tür 1
Codeschalter 3 – 4 (4-stelliges Gerät) bzw. 4 – 6 (6-stelliges Gerät) für Tür 2
Übrige Funktionen wie **Programmziffer 1**.

**6** = Identisch mit Programmziffer 4

**7** = Identisch mit Programmziffer 5

**8** = Unterschiedliche Codeziffern für die Türen 1 und 2
Codeschalter 1 – 2 (4-stelliges Gerät) bzw. 1 – 3 (6-stelliges Gerät) für Tür 1
Codeschalter 3 – 4 (4-stelliges Gerät) bzw. 4 – 6 (6-stelliges Gerät) für Tür 2
Mit Tastgerät 1 kann mit der jeweiligen Codeziffer Tür 1 und 2 entriegelt werden.
Tastgerät 2 nur für Tür 2.
Übrige Funktionen wie **Programmziffer 0**.

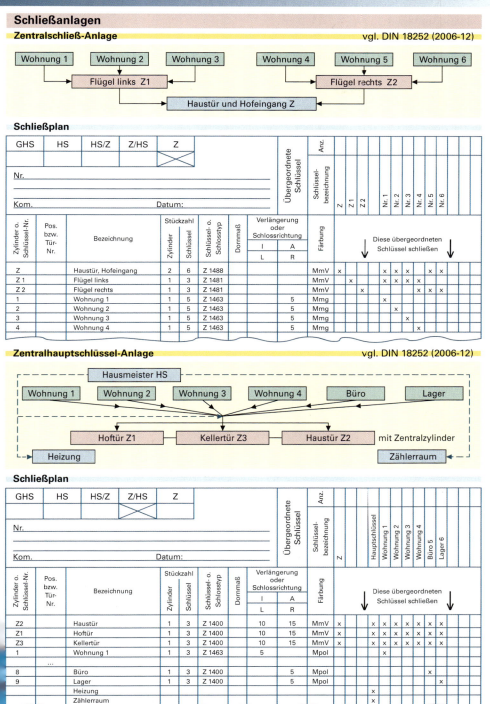

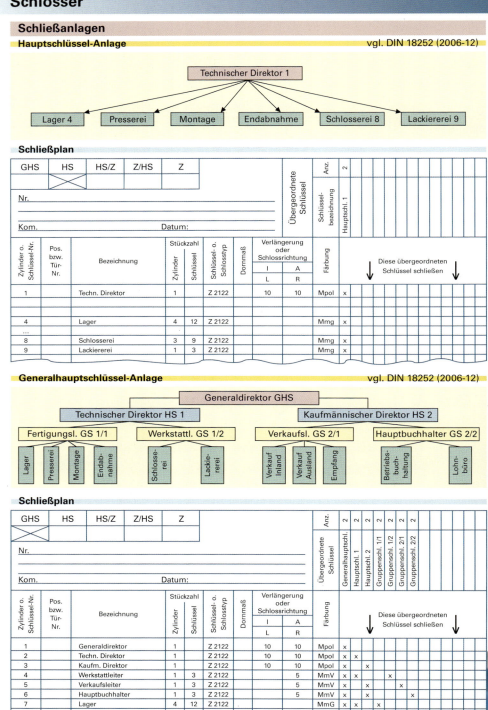

# Türen

## Wandöffnungen für Türen
vgl. DIN 18 100 (1983-10)

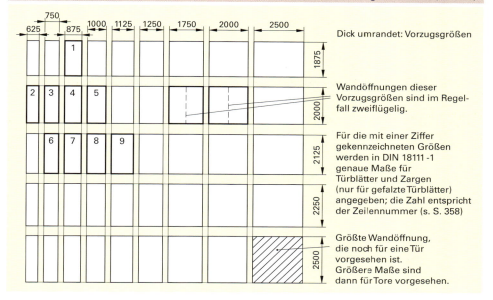

Dick umrandet: Vorzugsgrößen

Wandöffnungen dieser Vorzugsgrößen sind im Regelfall zweiflügelig.

Für die mit einer Ziffer gekennzeichneten Größen werden in DIN 18111-1 genaue Maße für Türblätter und Zargen (nur für gefalzte Türblätter) angegeben; die Zahl entspricht der Zeilennummer (s. S. 358).

Größte Wandöffnung, die noch für eine Tür vorgesehen ist. Größere Maße sind dann für Tore vorgesehen.

## Sollmaße und Toleranzen

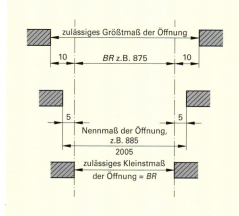
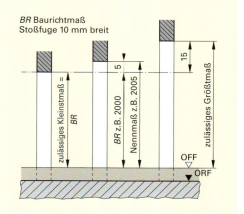

| Wandöffnungen | Wandöffnungsbreite | Wandöffnungshöhe |
|---|---|---|
| Nennmaß | BR + 10 mm | BR + 5 mm |
| zul. Kleinstmaß | BR | BR |
| zul. Größtmaß | BR + 20 mm | BR + 15 mm |

**Bezeichnungsbeispiel:** Wandöffnung DIN 18 100 - 875 x 2000:

Größe im *BR* (Eintrag in Entwurfszeichnung):  zulässiges Kleinstmaß: 875 mm × 2000 mm
875 mm × 2000 mm

Größe im Nennmaß (Eintrag in Ausführungszeichnung):  zulässiges Größtmaß: 895 mm × 2015 mm
885 mm × 2005 mm

# Türen

## Standardzargen für gefalzte Türen

vgl. DIN 18 111-1 (2004-08)

| | | | |
|---|---|---|---|
| FB | Falzbreite | TBB | Türblattbreite |
| FT | Falztiefe | TBD | Türblattdicke |
| LDB | Lichte Durchgangsbreite | ZB | Zargenbreite |
| LT | Leibungstiefe | ZFM | Zargenfalzmaß |
| MW | Maulweite | ZT | Zargentiefe (Profilaußenmaß) |

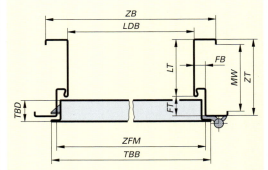

Darstellung linke Seite (Schlossseite): Umfassungszarge
Darstellung rechte Seite (Bandseite): Eckzarge und Umfassungszarge.

**Bezeichnung** einer Stahlzarge als Umfassungszarge von 145 mm Maulweite für das Baurichtmaß 750 mm × 2000 mm, Ausführung VG (Oberfläche vorbehandelt und allseitig grundiert):

**Stahlzarge DIN 18 111 - 145 750 × 2000 VG**

**Bezeichnung** einer Stahlzarge als Eckzarge (E) für das Baurichtmaß 875 mm × 2125 mm, Ausführung V (Oberfläche nicht vorbehandelt und nicht grundiert):

**Stahlzarge DIN 18 111 - E - 875 × 2125 - V**

### Maulweite der Zarge und Fertigdicke der Wand

| MW | Fertigdicke der Wand | = | Nennmaß der Wanddicke (rohe Wand) | + | Nenndicke des Putzes (beidseitig) |
|---|---|---|---|---|---|
| mm | mm | | mm | | mm |
| 60 | 90 | = | 60 | + | 2 × 15 |
| 100 | 130 | = | 100 | + | 2 × 15 |
| 115 | 145 | = | 115 | + | 2 × 15 |
| 175 | 205 | = | 175 | + | 2 × 15 |
| 240 | 270 | = | 240 | + | 2 × 15 |

### Maße für Standardzargen

| | Baurichtmaß mm Breite × Höhe | Nennmaß der Wandöffnung mm Breite × Höhe | Zargenfalzmaß mm Breite × Höhe | Lichte Zargendurchgangsmaße mm Breite × Höhe | Türblattaußenmaße mm Breite × Höhe |
|---|---|---|---|---|---|
| 1 | 875 × 1875 | 885 × 1880 | 841 × 1858 | 811 × 1843 | 860 × 1860 |
| 2 | **625 × 2000** | 635 × 2005 | 591 × 1983 | 561 × 1968 | 610 × 1985 |
| 3 | **750 × 2000** | 760 × 2005 | 716 × 1983 | 686 × 1968 | 735 × 1985 |
| 4 | **875 × 2000** | 885 × 2005 | 841 × 1983 | 811 × 1968 | 860 × 1985 |
| 5 | **1000 × 2000** | 1010 × 2005 | 966 × 1983 | 936 × 1968[1] | 985 × 1985 |
| 6 | 750 × 2125 | 760 × 2130 | 716 × 2108 | 686 × 2093 | 735 × 2110 |
| 7 | 875 × 2125 | 885 × 2130 | 841 × 2108 | 811 × 2093 | 860 × 2110 |
| 8 | 1000 × 2125 | 1010 × 2130 | 966 × 2108 | 936 × 2093[1] | 985 × 2110 |
| 9 | 1125 × 2125 | 1135 × 2130 | 1091 × 2108 | 1061 × 2093[1] | 1110 × 2110 |

Fettgedruckte Größen sind Vorzugsgrößen
[1] Nur diese Größen sind geeignet für Rollstuhlbenutzer (lichte Durchgangsbreite min. 850 mm)

## Türen

## Stahlzargenprofile und deren Montage
vgl. DIN 18 111-1, 2, 4 (2004-08; -3 (2005-01)

### Stahlzargenarten

#### Eckzargen

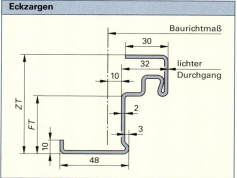

| Zarge Nr. | Maße in mm | | | Verwendung (auch kombiniert) |
|---|---|---|---|---|
| | ZT | FT | TBD | |
| EZ1 | 73 | 43 | 42 | Je nach Konstruktion für feuerhemmende, feuerbeständige, rauchdichte und schall- bzw. einbruchhemmende Türen. |
| EZ2 | 84 | 54 | 54 | |
| EZ3 | 92 | 62 | 62 | |

#### Z-Zarge + Gegenzarge (Umfassungszarge)

#### Umfassungszarge für Standardstahltüren und -Klappen

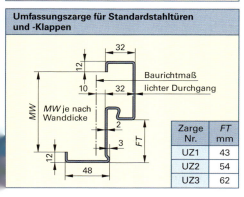

| Zarge Nr. | FT mm |
|---|---|
| UZ1 | 43 |
| UZ2 | 54 |
| UZ3 | 62 |

### Befestigung an Beton- und Mauerwerkswänden

#### Mauerankermontage

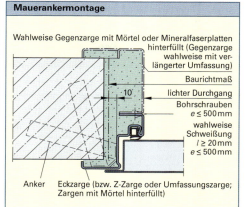

Wahlweise Gegenzarge mit Mörtel oder Mineralfaserplatten hinterfüllt (Gegenzarge wahlweise mit verlängerter Umfassung)

Bohrschrauben $e \leq 500\,mm$
wahlweise Schweißung $l \geq 20\,mm$, $e \leq 500\,mm$

Anker — Eckzarge (bzw. Z-Zarge oder Umfassungszarge; Zargen mit Mörtel hinterfüllt)

#### Dübelmontage

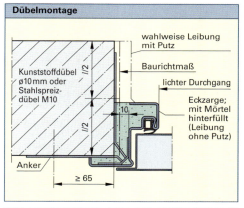

Kunststoffdübel ø10mm oder Stahlspreizdübel M10

Eckzarge; mit Mörtel hinterfüllt (Leibung ohne Putz)

#### Dübelmontage

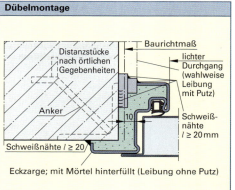

Distanzstücke nach örtlichen Gegebenheiten

Schweißnähte $l \geq 20$
Schweißnähte $l \geq 20\,mm$

Eckzarge; mit Mörtel hinterfüllt (Leibung ohne Putz)

Anschweißmontage nur für objektgebundene Fertigung, d.h. der Einbauort derart hergestellter Türen muss dem Türhersteller bekannt sein.

# Türen

## Türschließer

### Türschließmittel mit kontrolliertem Schließablauf

vgl. DIN EN 1154 (2003-04)

| Tür-schließer-größe | Türflügel-Breite[1] mm max | Masse („Gewicht") der Prüftür[2] m kg | Schließmoment in Nm | | | | Öffnungs-moment zwischen 0° und 60° Nm max | Türschließer-Wirkungsgrad zwischen 0° und 4° % min |
|---|---|---|---|---|---|---|---|---|
| | | | zwischen 0° und 4° min | zwischen 88° und 92° max | zwischen 88° und 92° min | bei jedem anderen Öffnungs-winkel min | | |
| 1 | 750  | 20  | 9  | 13  | 3  | 2  | 26  | 50 |
| 2 | 850  | 40  | 13 | 18  | 4  | 3  | 36  | 50 |
| 3 | 950  | 60  | 18 | 26  | 6  | 4  | 47  | 55 |
| 4 | 1100 | 80  | 26 | 37  | 9  | 6  | 62  | 60 |
| 5 | 1250 | 100 | 37 | 54  | 12 | 8  | 83  | 65 |
| 6 | 1400 | 120 | 54 | 87  | 18 | 11 | 134 | 65 |
| 7 | 1600 | 160 | 87 | 140 | 29 | 18 | 215 | 65 |

[1] Die Türbreiten gelten für Normalmontagen. Im Falle außergewöhnlich hoher oder schwerer Türen, windiger oder zugiger Umfeldbedingungen oder Spezialmontagen sollten größere Türschließer verwendet werden.
[2] Folgen aus der Masse der Tür und ihrer Größe zwei Türschließergrößen, sollte der größere Türschließer verwendet werden.

### Kennzeichnung von Türschließern

Jeder Türschließer ist vom Hersteller zu kennzeichnen. U.a. muss die Kennzeichnung die Klassifizierung enthalten

Klassifizierungsbeispiel:  4  8  5-7  1  1  0

| Anwendungsklasse | Anzahl der Prüfzyklen | Türschließer-größe | Brand-verhalten | Sicherheit | Korrosions-beständigkeitsklasse |
|---|---|---|---|---|---|
| 1 nicht belegt<br>2 nicht belegt<br>3 Schließen von Türen aus mind. 105° Öffnung<br>4 Schließen von Türen aus 180° Öffnung | Es gibt nur Klasse 8: 500 000 Prüfzyklen | einstellbarer Verwen-dungsbereich nach oben stehender Tabelle | 0 nicht geeignet …<br>1 geeignet … … für Feuer- und Rauch-schutztüren | Es gibt nur Klasse 1, (alle Türen müssen Nutzungs-sicherheit besitzen) | 0 keine definierte Korrosions-beständigkeit<br>1 geringe Beständigkeit<br>2 mittlere Beständigkeit<br>3 hohe Beständigkeit<br>4 sehr hohe Beständigkeit |

### Anschlag von Oben-Türschließern (Normalmontage) an Feuer- und Rauchschutz-Drehflügeltüren

vgl. Beiblatt 1 zu DIN EN 1154 (2003-04)

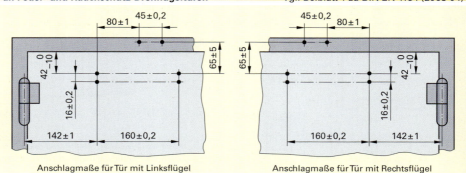

Anschlagmaße für Tür mit Linksflügel — Anschlagmaße für Tür mit Rechtsflügel

# Türen

## Sicherheit bei automatischen Türsystemen und kraftbetätigten Toren
vgl. DIN EN 12 453, DIN EN 13241-1 (2011-06)

### Zulässige Schließkräfte (Spitzenkräfte), Kraftbegrenzung

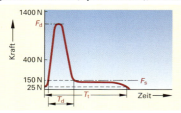

$F_d$ maximale Kraft während der dynamischen Zeitdauer $T_d$
$F_s$ maximale Kraft nach der dynamischen Zeitdauer $T_d$
$T_d$ Zeitdauer, in der die gemessene Kraft 150 N übersteigt
$T_t$ Zeitdauer, in der die gemessene Kraft 25 N übersteigt

| $F_d$ bei automatischen Türsystemen (Schiebe-, Drehflügel-[1], Falt-, Karusseltür) | | $F_d$ bei kraftbetätigten Toren | |
|---|---|---|---|
| Spalt zwischen Schließkanten und Gegenschließkanten mm | $F_d$ N | Toröffnung mm | Zulässige Spitzenkraft $F_d$ N |
| < 200 | 400 | 50 bis 500 | 400 für alle Torarten und Schranken |
| 350 | 700 | > 500 | 400 für vertikal und kippend bewegte Tore und Schranken |
| > 500 | 1400 | | 1400 für horizontal und drehend[1] bewegte Tore |

[1] Hier gilt eine zusätzliche Begrenzung von $F_d$ zwischen ebenen Flächen (zwischen Tür- oder Torflügel und angrenzenden Wänden) auf 1400 N. Die oben angegebenen Werte sind Maximalwerte, die innerhalb einer Zeit von max. 0,5 s ($T_d \leq 0,5$ s) zulässig sind. Danach ist eine statische Kraft von nicht mehr als 150 N erlaubt. Sie muss nach 4,5 s ($T_s$ im obigen Diagramm) auf eine Restkraft $F_R$ von 0 N … 25 N absinken.

### Schließkanten verschiedener Türsysteme

A Hauptschließkante
B Nebenschließkante
C Gegenschließkante

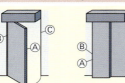

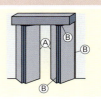

## Einbruchhemmung
vgl. DIN En 1627 (2011-09)

| Widerstandsklassen (RC) | Erwarteter Tätertyp, mutmaßliches Täterverhalten | Empfohlener Einsatzort der Widerstandsklasse | | |
|---|---|---|---|---|
| | | A Wohnobjekte | B Gewerbeobjekte, öffentliche Objekte | C Wie B, jedoch hohe Gefährdung |
| | geringes Risiko  durchschnittliches Risiko  hohes Risiko | | | |
| WK 1 | Grundschutz gegen körperliche Gewalt wie Gegentreten und -springen, Schulterwurf, Hochschieben und Herausreißen. Kaum Schutz gegen Hebelwerkzeuge. | Der Einsatz der Widerstandsklasse 1 wird nur bei Bauteilen empfohlen, bei denen kein direkter (z.B. ebenerdiger) Zugang möglich ist. | | |
| WK 2 | Zusätzlicher Einsatz einfacher Werkzeuge, wie Schraubendreher, Zange und Keile. | gering | gering | |
| WK 3 | Zusätzlich zweiter Schraubendreher und Kuhfuß. | durchschnittlich | durchschnittlich | |
| WK 4 | Zusätzlich Säge- und Schlagwerkzeuge, wie Schlagaxt, Stemmeisen, Hammer und Meißel, Akku-Bohrmaschine. | | | gering |
| WK 5 | Zusätzlich Elektrowerkzeuge, wie z.B. Bohrmaschine, Stich- oder Säbelsäge und Winkelschleifer. | | | durchschnittlich |
| WK 6 | Zusätzlich leistungsfähige Elektrowerkzeuge, wie z.B. Bohrmaschine, Stich- oder Säbelsäge, Winkelschleifer. | | | hoch |

## Türen

### Feuerschutztüren
vgl. DIN 18 093 (1987-06)

| Feuerwiderstands-klasse | Feuerwiderstands-dauer in Minuten |
|---|---|
| T 30 | ≥ 30 |
| T 60[1] | ≥ 60 |
| T 90 | ≥ 90 |
| T 120 | ≥ 120 |
| T 180 | ≥ 180 |

[1] in Deutschland nicht üblich

Feuerschutzabschlüsse sind selbstschließende Türen und andere Abschlüsse (z.B. Klappen, Rollladen, Tore), die dazu bestimmt sind, den Durchtritt eines Feuers für eine bestimmte Zeit durch Öffnungen in Wänden oder Decken zu verhindern. Die Eigenschaft **selbstschließend** wird durch **Schließmittel** erreicht.

**Schließmittel sind z.B.:**
Federbänder, Türschließer mit hydraulischer Dämpfung, Türschließer mit Öffnungsautomatik, feststellbare Türschließer, Kontergewichtsanlagen.

### Lage der Anker

**Höhenlage der Leibungsanker**

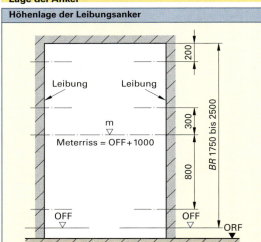

**Seitenlage der Sturzanker**

bis 1250 mm **kein** Sturzanker

Von 1250 mm bis 1500 mm **ein** mittiger Sturzanker

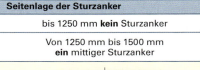

Von 1500 mm bis 2500 mm **zwei** Sturzanker mit einem Abstand von je 400 mm von der Mittellinie

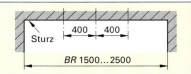

### Wandaussparung für Anker (Ankerlöcher)

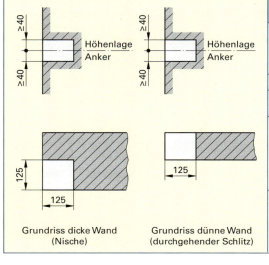

**Vorgeschriebene Wanddicken für den Einbau von Feuerschutztüren**

| Feuer-schutztür | Wände[1] aus | |
|---|---|---|
| | Mauerwerk Nenndicke in mm | Stahlbeton Nenndicke in mm |
| T 30 | ≥ 115 | ≥ 120[3] |
| T 90 | ≥ 240 | ≥ 140<br>≥ 80[2] |

[1] Die ausgeführten Mindestwanddicken gelten, wenn im Zulassungsbescheid der Feuerschutztür keine andere Wanddicke angegeben ist.
[2] Tragende Wand F30.
[3] Nichttragende Wand F30.

Werden Maueranker bzw. wie Maueranker benutzte Zargenanker verwendet, so müssen an den oben dargestellten Verankerungspunkten Wandaussparungen angeordnet werden.

# Türen

## Feuerschutztüren
### Bänder für Feuerschutztüren
vgl. DIN 18272 (1987-08)

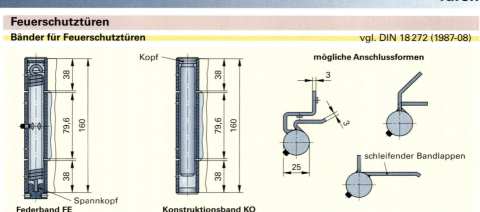

**Bezeichnung** eines Federbandes (FE):
**Federband DIN 18272 - FE**

**Bezeichnung** eines Konstruktionsbandes (KO):
**Konstruktionsband DIN 18272 -KO**

**Bezeichnung** einer Garnitur, bestehend aus einem Federband (FE) und einem Konstruktionsband (KO):
**Garnitur DIN 18272 - FE/KO**

**Bezeichnung** einer Garnitur, bestehend aus zwei Konstruktionsbändern (KO/KO):
**Garnitur DIN 18272 - KO/KO**

### Mögliche Aufhängung von Feuerschutztüren
Bei der Verwendung von FE/KO-Garnituren ist wegen der links/rechts-Verwendbarkeit der Garnituren auf die vertauschte Lage von Federband und Konstruktionsband zu achten. Der Spannkopf des Federbandes und der Kopf des Konstruktionsbandes müssen jeweils zur Türmitte zeigen. Statt eines Federbandes kann ein Türschließer verwendet werden.

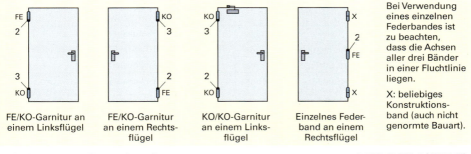

Bei Verwendung eines einzelnen Federbandes ist zu beachten, dass die Achsen aller drei Bänder in einer Fluchtlinie liegen.

X: beliebiges Konstruktionsband (auch nicht genormte Bauart).

### Bezeichnung von Feuerschutztüren
vgl. DIN 18082-1 (1997-12)

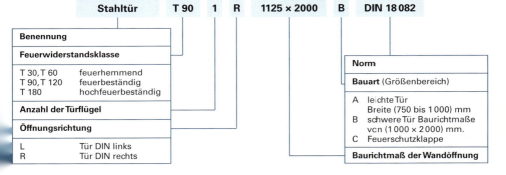

# Türen

## Türproduktnorm
vgl. DIN EN 14351-1 (2010-08)

Die Türproduktnorm DIN EN 14351-1 ist seit 01.02.2010 in allen Mitgliedstaaten der EU verbindlich anzuwenden. Sie ist gültig für alle Fenster und Außentüren ohne Feuer- und Rauchschutzeigenschaften.
Diese Produktnorm legt europaweit und materialunabhängig die meisten Eigenschaften und Leistungsklassen von Fenstern und Außentüren fest.
Mit Anwendung der Türenproduktnorm erfüllt der Hersteller die zur CE-Zertifizierung erforderlichen grundlegenden Richtlinien:

- Bauprodukterichtlinie BPR (89/100/EWG)
- Maschinenrichtlinie MRL (98/37/EG)
- Niederspannungsrichtlinie NSR (73/23/EWG)

Folgende Eigenschaften von Türen werden klassifiziert:

| Nr. | Norm-abschnitt | Eigenschaft / Wert / Einheit | Klassifizierung / Wert | | | | | | | |
|---|---|---|---|---|---|---|---|---|---|---|
| 1 | 4.2 | Widerstand gegen Windlast (Pa) | npd[1] | 1 (400) | 2 (800) | 3 (1200) | 4 (1600) | 5 (2000) | Exxx (>2000) | |
| 2 | 4.2 | Widerstand gegen Windlast (Rahmendurchbiegung) | npd | A (< 1/150) | | B (< 1/200) | | C (< 1/300) | | |
| 3 | 4.5 | Schlagregendichtheit ungeschützt A (PA) | npd | 1A (0) | 2A (50) | 3A (100) | 4A (150) | 5A (200) | 6A (250) | 7A (300) | 8A (450) | 9A (600) |
| 4 | 4.5 | Schlagregendichtheit geschützt B (Pa) | npd | 1B (0) | 2B (50) | 3B (100) | 4B (150) | 5B (200) | 6B (250) | 7B (300) |
| 5 | 4.6 | Gefährliche Substanzen | npd | Wie vorgeschrieben | | | | | | |
| 6 | 4.7 | Stoßfestigkeit Fallhöhe (mm) | npd | 200 | 300 | 450 | 700 | 950 | | |
| 7 | 4.8 | Tragfähigkeit von Sicherheitsvorrichtungen | npd | Sicherheitsvorrichtungen (z.B. Befestigungsvorrichtungen und Fangscheren, Feststeller und Vorrichtungen für Reinigungszwecke) müssen das Türblatt 60 s in der ungünstigsten Position bei einer Last von 350 N halten können (Schwellenwert). | | | | | | |
| 8 | 4.9 | Höhe und Breite | npd | Festgestellter Wert | | | | | | |
| 9 | 4.10 | Fähigkeit zur Freigabe | npd | Siehe EN 179, EN 1125. prEN 13633 oder pfEN 13637 | | | | | | |
| 10 | 4.11 | Schallschutz (dB) | npd | Festgestellter Wert | | | | | | |
| 11 | 4.12 | Wärmedurchgang (W/m$^2$K) | npd | Festgestellter Wert | | | | | | |
| 12 | 4.13 | Strahlungseigenschaft Gesamtenergiedurchlass | npd | Festgestellter Wert | | | | | | |
| 13 | 4.13 | Strahlungseigenschaft Lichttransmissionsgrad | npd | Festgestellter Wert | | | | | | |

[1] npd: keine Leistung festgestellt (**n**o **p**erformance **d**etermined)

### Fünf Schritte zum CE-Zeichen
#### 1. Konformitätsvoraussetzungen

Folgende Elemente dienen der Kontrolle der Konformität (= Nachweis der Übereinstimmung mit den europäischen Normen):

- Ersttypprüfung (**ITT = initial type testing**)
- Stichprobenprüfung
- Werkseigene Produktionskontrolle WPK (**FPC = Factory Production Control**)
- Erstinspektion des Werkes
- Inspektion der werkseigenen Produktionskontrolle
- Laufende Fremdüberwachung

# Türen

## Türproduktnorm
vgl. DIN EN 14351-1 (2010-08)

### Fünf Schritte zum CE-Zeichen (Fortsetzung)

### 2. Konformitätsverfahren

Die Anforderungen gemäß den Leistungsanforderungen werden
- vom Hersteller geprüft und/oder
- von einer notifizierten Prüfstelle (z.B. vom Deutschen Institut für Bautechnik) geprüft und anerkannt

#### Überprüfungsverantwortung bei der Erstprüfung:

| Eigenschaft | Notifizierte Stelle | Hersteller | |
|---|---|---|---|
| | ITT | ITT | FPC |
| Widerstandsfähigkeit gegen Windlast | ✓ | – | ✓ |
| Schlagregendichtheit | ✓ | – | ✓ |
| Gefährliche Substanzen | ✓ | – | ✓ |
| Stoßfestigkeit | – | ✓ | ✓ |
| Tragfähigkeit von Sicherheitsvorrichtungen | ✓ | – | ✓ |
| Höhe | – | ✓ | ✓ |
| Bedienungskräfte (nur bei automatischen Vorrichtungen) | ✓ | – | ✓ |
| Wärmedurchgangskoeffizient | ✓ | – | ✓ |
| Schallschutz | – | – | ✓ |
| Luftdurchlässigkeit | – | – | ✓ |

### 3. Konformitätserklärung

Mit der Konformitätserklärung erklärt der Hersteller, dass das Produkt dem vorgesehenen Einsatzort-/zweck und den auf der CE-Konformitätsbescheinigung erklärten Produkteigenschaften entspricht.

### 4. Konformitätszertifikat

Das Konformitätszertifikat wird von der notifizierten Zertifizierungsstelle auf der Basis der erfolgten Prüfungen erstellt.

### 5. Konformitätsbescheinigung – das CE-Zeichen

Die Anbringung der CE-Kennzeichnung liegt in der Verantwortung des Herstellers.
Das anzubringende CE-Kennzeichen muss der Richtlinie 93/68/EWG entsprechen und muss folgende Angaben enthalten:

**Hersteller** – producer

**Jahr der Kennzeichnung** – year

**Produktnorm** – product standard

**Produkt** – product

**Verwendung** – use

**Mandierte Eigenschaften und Klassifizierungen**
mandated Properties and classifications

CE

Musterfirma
Musterstr. 1
12345 Musterstadt
Deutschland
06
DIN EN 14351-1
Dreh-Kipptür
Geeignet für den Einsatz in Wohngebäuden

| | |
|---|---|
| Widerstandsfähigkeit gegen Windlast | B3 |
| Schlagregendichtigkeit | 7A |
| Schalldämmung $R_W(C; C_{tr})$ | 34(–1; –4) |
| Wärmedurchgang $U_W$ | 1,7 W/m²K |
| Luftdurchlässigkeit | 3 |
| Tragfähigkeit der Sicherheitsvorrichtungen | 350 N |

## Bänder

### Anschweißbänder
#### Anschweißband mit Lappen

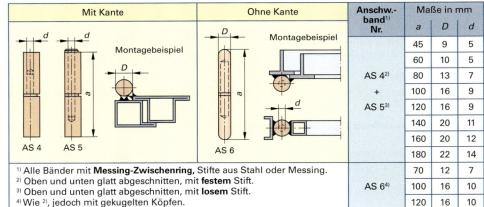

| Anschw.-band Nr. | Maße in mm | | | | |
|---|---|---|---|---|---|
| | a | D | d | L | s |
| AS 1[1) | 90 | 22 | 12 | 90 | 6 |
| | 95 | 27 | 15 | 105 | 8 |
| | 105 | 32 | 20 | 115 | 8 |
| AS 2[2) | 90 | 22 | 12 | 30 | 6 |
| | 95 | 27 | 15 | 35 | 8 |
| | 105 | 32 | 20 | 45 | 8 |
| AS 3[3) | 80 | – | 16 | 24 | 5 |
| | 100 | – | 18 | 24 | 5 |
| | 120 | – | 20 | 26 | 5 |

[1) dreiteilig, für Gittertore, verzinkt, für Rohr-, Flach- oder Winkelstahlrahmen, Mittelband mit Steindolle.
[2) dreiteilig, für Gittertore, verzinkt, für Rohr-, Flach- oder Winkelstahlrahmen, Mittelband zum Anschweißen.
[3) dreiteilig, für Gittertore, verzinkt.

#### Anschweißband ohne Lappen

| Mit Kante | Ohne Kante | Anschw.-band[1) Nr. | Maße in mm | | |
|---|---|---|---|---|---|
| | | | a | D | d |
| AS 4   AS 5 | AS 6 | AS 4[2) + AS 5[3) | 45 | 9 | 5 |
| | | | 60 | 10 | 5 |
| | | | 80 | 13 | 7 |
| | | | 100 | 16 | 9 |
| | | | 120 | 16 | 9 |
| | | | 140 | 20 | 11 |
| | | | 160 | 20 | 12 |
| | | | 180 | 22 | 14 |
| | | AS 6[4) | 70 | 12 | 7 |
| | | | 100 | 16 | 10 |
| | | | 120 | 16 | 10 |

[1) Alle Bänder mit **Messing-Zwischenring**, Stifte aus Stahl oder Messing.
[2) Oben und unten glatt abgeschnitten, mit **festem** Stift.
[3) Oben und unten glatt abgeschnitten, mit **losem** Stift.
[4) Wie [2), jedoch mit gekugelten Köpfen.

#### Laufringe, Fitschenringe

| Fitschenringe aus Stahl (gestanzt) | | | | Laufringe ganz aus Messing (gedrehter Rand) | | | |
|---|---|---|---|---|---|---|---|
| Ring | Für Stift d mm | h mm | D mm | Ring | Für Stift d mm | h mm | D mm |
| FR 1 | 7 | 2 | 11,5 | RR 1 | 10 | 2 | 16 |
| FR 2 | 8 | 2 | 12,5 | RR 2 | 12 | 2,5 | 18 |
| FR 3 | 9 | 2 | 13,5 | RR 3[1) | 14 | 4 | 24 |
| FR 4 | 10 | 2 | 14,5 | RR 4[1) | 16 | 4 | 28 |
| FR 5 | 11 | 2 | 15,5 | [1) Diese Ringe auch aus Stahl | | | |
| FR 6 | 12 | 2 | 16,5 | | | | |
| FR 7 | 13 | 2 | 17,5 | | | | |
| FR 8 | 14 | 2 | 18,5 | | | | |

# Bänder

## Konstruktionsbänder
### Konstruktionsbänder für Türen und Tore

| Konstr.-band Nr. | Maße in mm | | | | | | Verwendung |
|---|---|---|---|---|---|---|---|
| | $l$ | $b, c$ | $D$ | $s$ | $f, g$ | $h$ | |
| KO 1 | 180 | 50 | 14 | 4 | 60 | 60 | Konstruktionsband für Stahlzargen und Stahltore, zum Anschweißen, mit losem, verzinktem Stift, Knopf gerillt und verzinkt, zum Einschlagen auf Presssitz. |
| KO 2 | 220 | 50 | 14 | 4 | 70 | 80 | |
| KO 3 | 240 | 50 | 16 | 5 | 70 | 100 | |
| KO 4 | 260 | 50 | 16 | 5 | 80 | 100 | |
| KO 5 | 260 | 50 | 20 | 6 | 80 | 100 | |
| KO 6 | 300 | 50 | 20 | 6 | 100 | 100 | |

rechts und links verwendbar

### Konstruktionsbänder für Hoftore

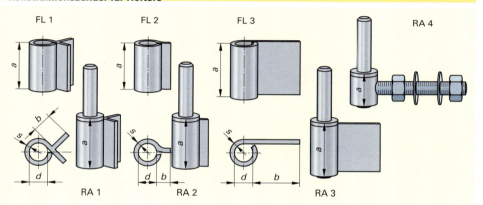

### Montagebeispiele

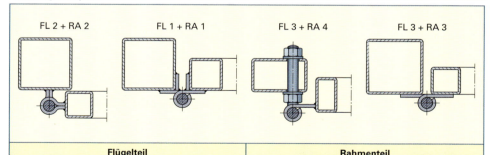

| Typ | Flügelteil | | | | Lappenart | Typ | Rahmenteil | | | | Lappenart |
|---|---|---|---|---|---|---|---|---|---|---|---|
| | Maße in mm | | | | | | Maße in mm | | | | |
| | $a$ | $b$ | $d$ | $s$ | | | $a$ | $b$ | $d$ | $s$ | |
| FL 1 | 50 | 19 | 16 | 5 | mit Winkellappen | RA 1 | 50 | 19 | 16 | 5 | mit Winkellappen |
| FL 2 | 50 | 11 | 16 | 5 | mit kurzem, geradem Lappen | RA 2 | 50 | 11 | 16 | 5 | mit kurzem, geradem Lappen |
| FL 3 | 50 | 37 | 16 | 5 | mit langem, geradem Lappen | RA 3 | 50 | 37 | 16 | 5 | mit langem, geradem Lappen |
| | | | | | | RA 4 | 30 | 85 | 16 | M 16 | mit Gewindebolzen für Metallpfosten |

# Tore

## Torarten, Einsatzbereiche

### Torarten
vgl. DIN EN 13241-1 (2011-06)

| Drehtor | Schiebe-Falttor | Schiebetor | Rolltor |
| --- | --- | --- | --- |
| | eingruppig / zweigruppig | | |

| Hub-Senktor | Sektionaltor | Rundlauftor | Schwingtor (Kipptor) |
| --- | --- | --- | --- |
| | | nach einer Seite ... / nach links und rechts ... verschiebbar | |

### Einsatzbereiche von Toren nach dem Verwendungszweck

| Verwendungszweck | Drehtore | Schiebe-Falttore | Schiebetore | Rolltore | Hubtore | Sektionaltore | Rundlauftore | Schwingtore |
| --- | --- | --- | --- | --- | --- | --- | --- | --- |
| Fertigungshallen | ◐ | ● | ● | ● | ● | ● | ● | ◐ |
| Lagerhallen | ◐ | ● | ● | ● | ● | ● | ● | ○ |
| Lagerhallen mit Verladerampe | | ◐ | ● | ● | ◐ | ● | ◐ | ○ |
| Montagehallen | ◐ | ● | ● | ● | ◐ | ● | ● | ● |
| Werkstätten für Handwerk | ● | ● | ● | ● | ○ | ● | ◐ | ● |
| Autobahnmeisterei | ● | ● | ● | ● | ○ | ● | ○ | ● |
| Fahrzeugpflegehallen | ○ | ● | ◐ | ◐ | ○ | ● | ◐ | ○ |
| Lkw-Garagen | ◐ | ● | ◐ | ● | ○ | ● | ◐ | ◐ |
| Pkw-Garagen | ◐ | ◐ | ○ | ◐ | ○ | ● | ◐ | ● |
| Munitionsdepot | ● | ● | ● | ● | ○ | ○ | ○ | ○ |
| Geräteschuppen | ● | ● | ● | ● | ○ | ● | ○ | ● |
| Flugzeughallen | ○ | ● | ● | ● | ○ | ○ | ● | ○ |
| Feuerwehrgerätehaus | ◐ | ● | ○ | ◐ | ○ | ● | ◐ | ◐ |
| Kfz-Werkstätten | ◐ | ● | ● | ● | ○ | ● | ● | ◐ |
| Depot für Busse | ◐ | ● | ○ | ● | ○ | ● | ● | ○ |
| Depot für Straßenbahnen | ◐ | ● | ○ | ● | ○ | ● | ● | ○ |
| Hallen mit Autokran und Schürze | ◐ | ◐ | ● | ● | ○ | ○ | ● | ○ |
| Landwirtschaftliche Gebäude | ● | ● | ● | ● | ○ | ● | ◐ | ● |
| Getreideschuppen | ● | ● | ◐ | ● | ◐ | ○ | ◐ | ○ |
| Turnhallen | ● | ○ | ● | ○ | ◐ | ● | ○ | ○ |
| Ausstellungshallen | ● | ● | ◐ | ● | ◐ | ● | ◐ | ○ |

● Empfehlung     ◐ eingeschränkte Empfehlung     ○ ungeeignet

## Torelemente
### Verstellbare Torbänder

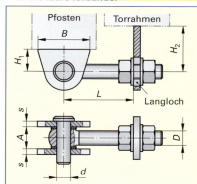

Pfosten- und Rahmenteile, eisenblank zum Anschweißen.

Augenschrauben, Muttern, Bolzen und U-Scheiben in verzinkter Ausführung.

| Maße | Torbandmaße in mm | | | |
|---|---|---|---|---|
| | TB 1 | TB 2 | TB 3 | TB 4 |
| $d$ | 16 | 18 | 22 | 12 |
| $D$ | 16 | 20 | 24 | 12 |
| $A$ | 25 | 30 | 34 | 17 |
| $s$ | 8 | 8 | 10 | 5 |
| $H_1$ | 28 | 35 | 35 | 24 |
| $B$ | 54 | 79 | 79 | 45 |
| $L_{min}$ | 25 | 35 | 40 | 34 |
| $L_{max}$ | 93 | 100 | 112 | 80 |
| $H_{2\,min}$ | 54 | 87 | 89 | 46 |
| $H_{2\,max}$ | 68 | 107 | 109 | 59 |

### Torfeststeller

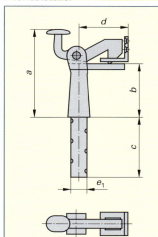

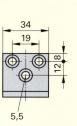

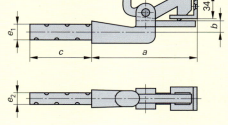

| Torflügelfeststeller zum Einmauern | | Maße in mm | | | | | |
|---|---|---|---|---|---|---|---|
| | | $a$ | $b$ | $c$ | $d$ | $e_1$ | $e_2$ |
| für **mittelschwere** Tore | in den Fußboden | 120 | 75 | 75 | 60 | 16 | 13 |
| | in die Wand | 120 | 17 | 75 | – | 16 | 13 |
| für **schwere** Tore | in den Fußboden | 120 | 80 | 85 | 65 | 20 | 15 |
| | in die Wand | 135 | 22 | 85 | – | 20 | 15 |

### Auflaufstütze

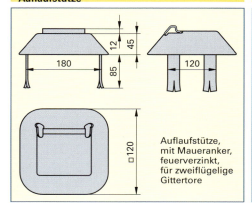

Auflaufstütze, mit Maueranker, feuerverzinkt, für zweiflügelige Gittertore

### Zackenleisten

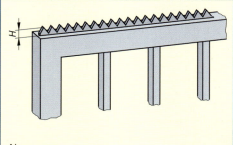

Abmessungen:
Dicke: 3 mm,
$H$ = 35 mm, 40 mm, 45 mm

# Tore

## Schiebetore
### Freitragendes Schiebetor

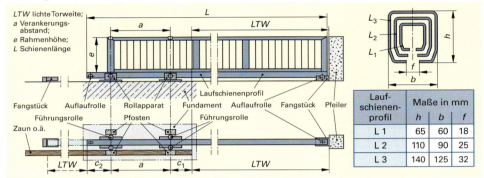

LTW lichte Torweite;
a Verankerungsabstand;
e Rahmenhöhe;
L Schienenlänge

| Laufschienenprofil | Maße in mm | | |
|---|---|---|---|
| | h | b | f |
| L 1 | 65 | 60 | 18 |
| L 2 | 110 | 90 | 25 |
| L 3 | 140 | 125 | 32 |

### Toraufbau (schwere Ausführung, bis max. 500 N Torfüllungsgewicht)

| Nr. | Toraufbau mit Laufschienenprofil L 1 |
|---|---|
| 11 | |
| 12 | |
| 13 | |

| Nr. | Toraufbau mit Laufschienenprofil L 2 |
|---|---|
| 21 | |
| 22 | |
| 23 | |
| 24 | |

| Nr. | Toraufbau mit Laufschienenprofil L 3 |
|---|---|
| 31 | |
| 32 | |
| 33 | |
| 34 | |
| 35 | |
| 36 | |

Lichte Torweite LTW — Die Toranlage soll innerhalb der lichten Durchfahrt wie eine geschlossene Einheit aussehen, d.h. links und rechts mit 2 sichtbaren senkrechten Pfosten aufhören (s.o.).

### Hohlprofile für Stahlrahmen

| Laufschienenprofil | Toraufbau Nr. | Maße in m | | | L m | LTW m | Rahmenhöhe e max. 1,60 m | | | Rahmenhöhe e max. 2,20 m | | |
|---|---|---|---|---|---|---|---|---|---|---|---|---|
| | | a | $c_1$ | $c_2$ | | | Obergurt Endstäbe | Untergurt | Zwischenstäbe, Schrägstab | Obergurt Endstäbe | Untergurt | Zwischenstäbe, Schrägstab |
| L 1 | 11 | 0,55 | | | 3,20 | 2,00 | 70 × 70 × 4 | | | 70 × 70 × 4 | | |
| | 12 | 0,85 | 0,325 | 0,325 | 4,00 | 2,50 | 70 × 70 × 4 | | | 70 × 70 × 4 | | |
| | 13 | 1,35 | | | 5,00 | 3,00 | 80 × 80 × 3,6 | | | 80 × 80 × 3,6 | | |
| L 2 | 21 | 0,45 | | | 4,00 | 2,75 | 80 × 80 × 3,6 | | | 80 × 80 × 3,6 | | |
| | 22 | 0,70 | 0,307 | 0,493 | 5,00 | 3,50 | 80 × 80 × 3,6 | | | 80 × 80 × 3,6 | | |
| | 23 | 1,20 | | | 6,00 | 4,00 | 80 × 80 × 3,6 | | | 80 × 80 × 3,6 | | |
| | 24 | 1,70 | | | 7,50 | 5,00 | 90 × 90 × 5 | | | 90 × 90 × 5 | | |
| L 3 | 31 | 1,20 | | | 7,00 | 5,00 | 90 × 90 × 5 | | | 90 × 90 × 5 | | |
| | 32 | 1,50 | | | 8,30 | 6,00 | 90 × 90 × 5 | | | 100 × 100 × 5 | 100 × 80 × 5 | |
| | 33 | 1,70 | 0,344 | 0,456 | 9,00 | 6,50 | 90 × 90 × 5 | | | 100 × 100 × 5 | 100 × 80 × 5 | |
| | 34 | 2,20 | | | 10,00 | 7,00 | 100 × 100 × 5 | 100 × 80 × 5 | | 120 × 100 × 5 | 120 × 80 × 5 | |
| | 35 | 2,70 | | | 11,50 | 8,00 | 100 × 100 × 5 | 100 × 80 × 5 | | 120 × 100 × 5 | 120 × 80 × 5 | |
| | 36 | 3,20 | | | 12,50 | 8,50 | 100 × 100 × 5 | 100 × 80 × 5 | | 120 × 100 × 5 | 120 × 80 × 5 | |

# Tore

## Schiebetore
### Freitragendes Schiebetor – Torelemente
### Rollapparat mit Querrolle, Gegenplatte und Befestigungsdübeln

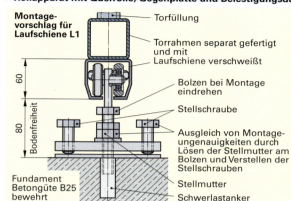
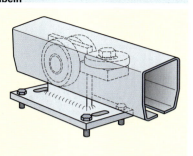

Montagevorschlag für Laufschiene L1
- Torfüllung
- Torrahmen separat gefertigt und mit Laufschiene verschweißt
- Bolzen bei Montage eindrehen
- Stellschraube
- Ausgleich von Montageungenauigkeiten durch Lösen der Stellmutter am Bolzen und Verstellen der Stellschrauben
- Stellmutter
- Schwerlastanker

Fundament Betongüte B25 bewehrt

Das Verzinken der Torkonstruktion sollte erst nach dem Aufschweißen des Torrahmens auf die Laufschiene erfolgen, um Verziehen zu vermeiden.

### Obere Führungsrollen (Polyamid)

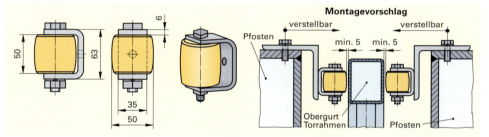

Montagevorschlag – verstellbar – Pfosten – min. 5 – Obergurt Torrahmen – Pfosten

### Untenlaufende Schiebetore
### Aus Stahl gedrehte Rollen für untenlaufende Schiebetore

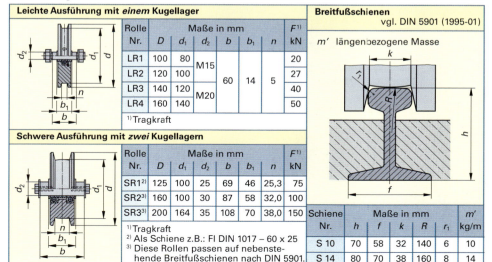

**Leichte Ausführung mit *einem* Kugellager**

| Rolle Nr. | Maße in mm | | | | | | $F^{1)}$ kN |
|---|---|---|---|---|---|---|---|
| | $D$ | $d_1$ | $d_2$ | $b$ | $b_1$ | $n$ | |
| LR1 | 100 | 80 | M15 | 60 | 14 | 5 | 20 |
| LR2 | 120 | 100 | M15 | 60 | 14 | 5 | 27 |
| LR3 | 140 | 120 | M20 | 60 | 14 | 5 | 40 |
| LR4 | 160 | 140 | M20 | 60 | 14 | 5 | 50 |

[1] Tragkraft

**Schwere Ausführung mit *zwei* Kugellagern**

| Rolle Nr. | Maße in mm | | | | | | $F^{1)}$ kN |
|---|---|---|---|---|---|---|---|
| | $D$ | $d_1$ | $d_2$ | $b$ | $b_1$ | $n$ | |
| SR1[2] | 125 | 100 | 25 | 69 | 46 | 25,3 | 75 |
| SR2[3] | 160 | 100 | 30 | 87 | 58 | 32,0 | 100 |
| SR3[3] | 200 | 164 | 35 | 108 | 70 | 38,0 | 150 |

[1] Tragkraft
[2] Als Schiene z.B.: FI DIN 1017 – 60 x 25
[3] Diese Rollen passen auf nebenstehende Breitfußschienen nach DIN 5901.

**Breitfußschienen** vgl. DIN 5901 (1995-01)

$m'$ längenbezogene Masse

| Schiene Nr. | Maße in mm | | | | | $m'$ kg/m |
|---|---|---|---|---|---|---|
| | $h$ | $f$ | $k$ | $R$ | $r_1$ | |
| S 10 | 70 | 58 | 32 | 140 | 6 | 10 |
| S 14 | 80 | 70 | 38 | 160 | 8 | 14 |

## Tore

### Schiebetore
#### Laufschienenprofile

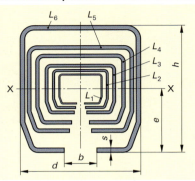

$m_{R\,max}$ Maximale Masse pro Rollapparat

$W_x$ Widerstandsmoment

$m'$ längenbezogene Masse

Tür-, Torarten:
A geradelaufende Tore
B geradelaufende Tore mit elektrischem Antrieb
C Harmonika- und Falttüren
D Garagentore „um die Ecke"
E Garagentore „um die Ecke" mit elektrischem Antrieb

#### Bestimmung des Laufschienenprofils über die Tragfähigkeit der Rollapparate

| Laufsch.-Profil Nr. | Maße in mm | | | | | $W_x$ | $m$ | Rollapparat Nr. | $m_{R\,max}$ | Maximale Tür-, Torflügelmasse in kg für Tür-, Torart | | | | |
|---|---|---|---|---|---|---|---|---|---|---|---|---|---|---|
| | $h$ | $d$ | $b$ | $s$ | $e$ | cm³ | kg/m | | kg | A | B | C | D | E |
| L 1 | 28,0 | 30,0 | 8,0 | 1,75 | 15,4 | 1,08 | 1.300 | R 1 | 45 | 90 | – | 20 | 45 | – |
| L 2 | 35,0 | 40,0 | 11,0 | 2,75 | 19,4 | 2,59 | 2.600 | R 2 | 85 | 170 | 90 | 42 | 85 | 45 |
| L 3 | 43,5 | 48,5 | 15,0 | 3,20 | 24,4 | 4,40 | 3.600 | R 3 | 150 | 300 | 170 | 75 | 150 | 85 |
| L 4 | 60,0 | 65,0 | 18,0 | 3,60 | 33,8 | 10,07 | 5.700 | R 4 | 300 | 600 | 300 | 150 | 300 | 150 |
| L 5 | 75,0 | 80,0 | 22,0 | 4,50 | 41,9 | 19,99 | 8.900 | R 5 | 600 | 1200 | 600 | 300 | 600 | 300 |
| L 6 | 110,0 | 90,0 | 25,0 | 6,50 | 60,5 | 51,69 | 16.500 | R 6 | 1000 | 2000 | 1200 | 500 | 1000 | 600 |

**Beispiele:**
190 kg Flügelgewicht bei geradelaufenden Toren: Profil L 3, Rollapparat R 3 (1 Torflügel, 2 Rollapparate)
190 kg Flügelgewicht bei „um die Ecke"-Toren: Profil L 4, Rollapparat R 4 (1 Torflügel, 1 Rollapparat)
190 kg Flügelgewicht bei Falt- und Harmonikatüren: Profil L 5, Rollapparat R 5 (2 Türflügel, 1 Rollapparat)

#### Untere Führungsschienen

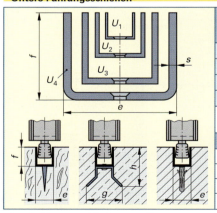

| U-Schiene | Rollendurchmesser | Maße in mm | | | | |
|---|---|---|---|---|---|---|
| | | $e$ | $f$ | $g$ | $h$ | $t$ |
| U 1 | 12 | 15 | 15 | 42 | 38 | 1 |
| U 2 | 19 | 25 | 25 | 42 | 48 | 2 |
| U 3 | 32 | 40 | 40 | 80 | 78 | 3 |
| U 4 | 50 | 60 | 50 | 80 | 88 | 4 |

Alle U-Schienen sind in Abständen von ca. 45 cm … 50 cm gebohrt und gesenkt.

| Zuordnung der U-Schienen zu den Laufschienen: | |
|---|---|
| Bei Laufschiene L 1 | Schiene U 1 |
| Bei Laufschienen L 2 und L 3 | Schiene U 2 |
| Bei Laufschiene L 4 | Schiene U 3 |
| Bei Laufschienen L 5 und L 6 | Schiene U 4 |

#### Laufschienenverbindungsmuffe

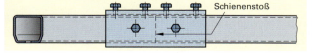

Schienenstoß

**Montagehinweis:**
Kein Verschweißen der Schienen. Bei der Montage auf stoßfreien Übergang achten.

## Schiebetore
### Einbaumaße

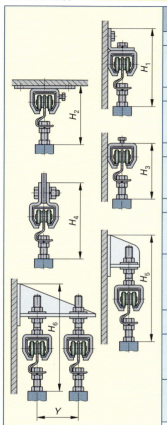

| Laufschienenprofil Nr. | L 1 | L 2 | L 3 | L 4 | L 5 | L 6 |
|---|---|---|---|---|---|---|
| Wandmuffe | WM1 | WM2 | WM3 | WM4 | WM5 | WM6 |
| Maß $H_1$ in mm | 110 | 140 | 172 | 222 | 287 | 390 |
| | (120)[1] | (149) | (189) | (244) | (317) | (420) |
| | ± 10 | ± 12 | ± 14 | ± 16 | ± 36 | ± 40 |
| Deckenmuffe | DM1 | DM2 | DM3 | DM4 | DM5 | DM6 |
| Maß $H_2$ in mm | 89 | 115 | 137 | 180 | 234 | 329 |
| | (99) | (124) | (154) | (202) | (264) | (359) |
| | ± 10 | ± 12 | ± 14 | ± 16 | ± 36 | ± 40 |
| Übersteckmuffe | ÜM1 | ÜM2 | ÜM3 | ÜM4 | ÜM5 | ÜM6 |
| Maß $H_3$ in mm | 86 | 110 | 131 | 172 | 224 | 314 |
| | (96) | (119) | (148) | (194) | (254) | (344) |
| | ± 10 | ± 12 | ± 14 | ± 16 | ± 36 | ± 40 |
| Aufhängeklemmen | AK1 | AK2 | AK3 | AK4 | AK5 | AK6 |
| Maß $H_4$ in mm | 122 | 153 | 175 | 228 | 278 | 366 |
| | (132) | (162) | (192) | (250) | (308) | (396) |
| | ± 10 | ± 12 | ± 14 | ± 16 | ± 36 | ± 40 |
| Winkel mit Muffe Maß $H_5$ in mm | WiB1 | WiB2 | WiB3 | WiB4 | WiB5 | WiB6 |
| | 158 | 216 | 237 | 332 | 440 | – |
| | (168) | (225) | (254) | (354) | (470) | – |
| | ± 22 | ± 32 | ± 36 | ± 50 | ± 70 | – |
| seitliche Verstellung in mm | 12 | 20 | 20 | 30 | 30 | – |
| Doppel-Winkel-befestigung mit höhenverstellbaren Muffen | DW1 | DW2 | DW3 | DW4 | DW5 | DW6 |
| Maß $H_6$ in mm | 168 | 216 | 237 | 332 | 440 | 504 |
| Maß $y$ | ± 22 | ± 32 | ± 36 | ± 50 | ± 70 | ± 70 |
| von bis in mm | 38/68 | 60/100 | 60/100 | 100/200 | 100/200 | 114/118 |

[1] Alle Klammermaße für Türen/Tore mit drehender Bewegung

### 90°-Laufschienenhorizontalbogen

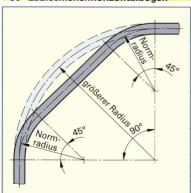

| Laufschienenprofil Nr. | Normradius | weitere mögliche Radien |
|---|---|---|
| L 1 | 650 ± 10 mm | 205 ± 10 mm<br>300 ± 10 mm<br>400 ± 10 mm<br>900 ± 10 mm |
| L 2 | 630 ± 10 mm | 320 ± 15 mm<br>410 ± 15 mm<br>950 ± 15 mm |
| L 3 | 610 ± 15 mm | 415 ± 15 mm<br>905 ± 15 mm |
| L 4 | 605 ± 15 mm | 875 ± 15 mm |
| L 5 | 790 ± 20 mm | – |
| L 6 | 1035 ± 20 mm | – |

Es sollen möglichst Normradien und anstatt eines großen 90°-Horizontalbogens zwei 45°-Bogenstücke mit Normradien verwendet werden (Einwandfreier Durchlauf der Rollapparate).

## Tore

### Drehtorantrieb

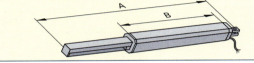

| | Maße in mm | | |
|---|---|---|---|
| | Kurzer Hub | Standard | Langer Hub |
| A | 863 | 1022 | 1272 |
| B | 504 | 583 | 713 |

#### Standardantrieb

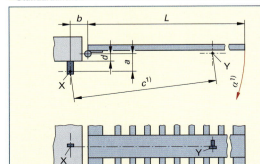

[1]) Für $\alpha$ werden 95° und für das Maß c 95 cm angenommen.

| | Maße in cm | | |
|---|---|---|---|
| L | a | b | $d_{max}$ |
| 130 | 7 | 7 | 2 |
| 150 | 8 | 8 | 3 |
| 180 | 9 | 9 | 4 |
| 220 | 10 | 10 | 5 |
| 260 | 11 | 11 | 6 |
| 300 | 12 | 12 | 7 |
| 350 | 13 | 13 | 8 |
| 400 | 13 | 14 | 9 |
| 450 | 12 | 12 | 7 |
| 500 | 13 | 13 | 7 |
| 600 | 13 | 14 | 7 |

#### Antriebe mit kurzem Hub

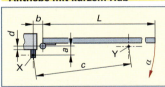

Für kleine Eingangstore mit Flügelbreiten bis 1,2 m.

Die Abmessungen des Antriebs sind kleiner als beim Standardantrieb.

| $\alpha$ in ° | Maße in cm | | | | |
|---|---|---|---|---|---|
| max | L | a | b | c | $d_{max}$ |
| | 80 | 7 | 7 | | 2 |
| 95 | 100 | 8 | 8 | 80 | 3 |
| | 120 | 9 | 9 | | 4 |

#### Antriebe mit langem Hub

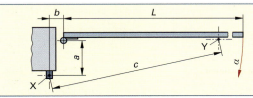

| $\alpha$ in ° | Maße in cm | | | |
|---|---|---|---|---|
| max | $L_{max}$ | $a_{max}$ | $b_{min}$ | c |
| 90 | 200 | 20 | 18 | 120 |

Für große Pfosten, bei denen es nicht möglich ist, eine Nische entsprechend den u. a. Maßen auszuheben.

#### Antriebe mit langem Hub

| Maße in cm | | |
|---|---|---|
| L | a | b |
| 130 | 9 | 9 |
| 150 | 10 | 10 |
| 180 | 11 | 11 |
| 220 | 12 | 12 |
| 260 | 12 | 13 |
| 300 | 13 | 13 |
| 350 | 13 | 14 |

[1]) Für $\alpha$ werden 95° und für das Maß c 95 cm angenommen.

#### Pfeiler mit großen Abmessungen oder Wände

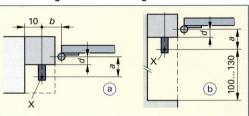

Bei großen Pfosten (Abb. a) bzw. zum geöffneten Flügel parallelen Wänden (Abb. b), ist eine Nische auszuheben, um Behinderungen der Öffnungsbewegungen des Flügels zu vermeiden. Die Höhe der Nische ist ca. 20 cm. Bei großen Säulen kann auch ein Antrieb mit langem Hub (s. o.) eingesetzt werden.

## Torproduktnorm  vgl. DIN EN 13241-1 (2011-06)

Die Torproduktnorm beschreibt als **Hauptnorm alle in der Normenfamilie untergeordneten Normen**. Teil 1 ist gültig für alle Torprodukte ohne Feuer- und Rauchschutzeigenschaften. Als Torprodukte im Sinne dieser Norm gelten alle Tore und Schranken, die für den Einbau in Zugangsbereichen von Personen vorgesehen sind und deren hauptsächlich vorgesehene Verwendung darin besteht, eine sichere Zufahrt für Waren und Fahrzeuge in industriellen, gewerblichen oder Wohnbereichen zu ermöglichen. Alle Tore müssen mit einem CE-Zeichen versehen werden.

| Maschinenrichtlinie (98/37/EG) | Bauproduktenrichtlinie (89/106/EWG) | Richtlinie für elektromagnetische Verträglichkeit (89/336/EWG) |
|---|---|---|

EN 13241-1 „Tor– Produktnorm –Teil 1: Produkte ohne Feuer-und Rauchschutzeigenschaften"

| Terminologienormen | Sicherheitsnormen | Umweltnormen | Elektronormen |
|---|---|---|---|
| • DIN EN 12433-1 Torarten<br>• DIN EN 12433-2 Torkomponenten (ohne Antriebe) | • DIN EN 12604/12605 Mechanische Aspekte von Toren – Anforderungen, Prüfungen<br>• DIN EN 12453/12445 Nutzungssicherheit von Toren – Anforderungen und Prüfungen<br>• DIN EN 12978 Schutzeinrichtungen für kraftbetätigte Tore<br>• DIN EN 12635 Einbau und Nutzung | • DIN EN 12424/12444 Widerstand gegen Windlast, Klassifizierung und Prüfung<br>• DIN EN 12428 Wärmewiderstand<br>• DIN EN 12425/12489 Widerstand gegen Wasser – Klassifizierung und Prüfung<br>• DIN EN 12426/12427 Widerstand gegen Luft, Klassifizierung/ Prüfung<br>• EN ISO 140-3 i.V.m.<br>• EN ISO 717-1 Schallschutz | • DIN EN 60335-1 Sicherheit elektrischer Geräte (z.B. Antriebe) – Allgemeine Anforderungen<br>• DIN EN 60335-2-95 dto; Besondere Anforderungen für Antriebe für Garagentore<br>• DIN EN 60335-2-103 dto; Besondere Anforderungen für Antriebe für sonstige Tore, Türen und Fenster |

### Konformitätsbewertung als Grundlage für die Vergabe des CE-Zeichens

| Aufgaben | | Aufgabeninhalt |
|---|---|---|
| Aufgaben des Herstellers | Werkseigene Produktionskontrolle | Regelmäßige Überprüfung der Produktionsabläufe mit den Kernpunkten „Wareneingangskontrolle", „Kontrolle und Prüfung", „Dokumentation" und Fehlermanagement" |
| | Erstprüfung des Torproduktes | Überprüfung der Eigenschaften:<br>• Geometrie von Glas     • Mechanische Festigkeit |
| Aufgaben der anerkannten Prüfstelle | Erstprüfung des Torproduktes | Überprüfung der Eigenschaften:<br>• Wasserdichtheit     • Luftdurchlässigkeit<br>• Freisetzung gefährlicher Substanzen     • Wärmewiderstand<br>• Widerstand gegen Windlast     • Betriebskräfte<br>• Dauerhaftigkeit von Wasserdichtheit, Wärmewiderstand und Luftdurchlässigkeit     • sicheres Öffnen |

### CE-Kennzeichnung für Torprodukte (Beispiel für ein handbetätigtes Tor)

| | |
|---|---|
| Fa. EUROPA-Tore, Haan, Deutschland | Name und eingetragene Anschrift des Herstellers |
| 09 | Die letzten beiden Ziffern des Jahres der CE-Anbringung |
| DIN EN 13241-1 | Nummer der Europäischen Norm |
| Handbetätigtes Tor | Produktbeschreibung |
| Nr. 2009/123 | Eindeutige Kenn- oder Seriennummer |
| Wasserdichtheit (Klasse 0 … 3) | Produkteigenschaften nach EN 12425 u. EN 12489 |
| Widerstand gegen Windlast (Klasse 0 … 5) | Produkteigenschaften nach EN 12424 u. EN 12444 |
| Wärmewiderstand (Wert in W/m$^2$K) | Produkteigenschaften nach EN 12428; DIN EN ISO 12567-1 |
| Luftdurchlässigkeit (Klasse 0 … 6) | Produkteigenschaften nach EN 12426 u. 12427 |
| CE | CE-Konformitätskennzeichnung (Richtlinie 93/68/EWG) |
| (89/106/EWG) | Verweis auf entsprechende Richtlinien |

# Tore

## Torproduktnorm

**Überprüfte Eigenschaften und mögliche Leistungsklassen nach DIN 13241-1**

| wesentliche Eigenschaften | mögliche Klassen | Ermittlung durch | heranzuziehende Klassifizierungs-Norm | heranzuziehende Prüf-Norm |
|---|---|---|---|---|
| Widerstand gegen Windlast | 0,1,2,3,4,5 | anerkannte Prüfstelle | EN 12424 | EN 12444 |
| Luftdurchlässigkeit | 0,1,2,3,4,5,6 | anerkannte Prüfstelle | EN 12426 | EN 12427 |
| Wasserdichtheit | 0,1,2,3 | anerkannte Prüfstelle | EN 12425 | EN 12489 |
| Wärmewiderstand | $U$-Wert in W/m²K | anerkannte Prüfstelle | Angabe des Wertes | EN 12428; DIN EN ISO 12567-1 |
| Dauerhaftigkeit von Windlast, Luftdurchlässigkeit etc. | Anzahl der geprüften Betätigungszyklen | anerkannte Prüfstelle | Angabe der Zyklen | EN 12605 |
| Sicherheit: „Sicheres Öffnen" | bestanden | anerkannte Prüfstelle | – | EN 12605 EN 12445 |
| Sicherheit: „Mechanische Festigkeit" | bestanden | Hersteller | – | EN 12605 |
| Sicherheit: „Glasbauteile" | bestanden | Hersteller | – | EN 12605 EN 12600 |
| Sicherheit: „Betriebskräfte" | bestanden | anerkannte Prüfstelle | – | EN 12445 |
| Freisetzung gefährlicher Substanzen | bestanden | anerkannte Prüfstelle / Hersteller | – | Nationale Datenbanken über gefährliche Stoffe |
| Übereinstimmung Bauprodukten-Richtlinie | bestanden | Hersteller | – | 89/106/EWG |
| Übereinstimmung Maschinenrichtlinie | bestanden | Hersteller | – | 98/37/EG 98/79/EG |
| Übereinstimmung elektronische Verträglichkeit | bestanden | anerkannte Prüfstelle / Hersteller | – | 89/336/EWG |
| Werkseigene Produktionskontrolle | – | Hersteller | – | EN 13241-1 |

**Eigenschaftsprüfung nach DIN 12 455** am Beispiel „Betriebskräfte"

Zur Messung der Schließkräfte wird ein Prüfgerät gem. der Norm EN 12445 benötigt. Die Messung wird an den in der Grafik dargestellten Punkten durchgeführt. Die Messung wird an jedem Messpunkt dreimal durchgeführt und der Mittelwert gebildet. Die dynamischen Kräfte von 400/1400 N (Diagramm 1) dürfen nicht überschritten werden (s. auch S. 361).
Öffnungsweiten $L$ = 50 mm, 300 mm und 500 mm; Messhöhen $H$ = 50 mm, mittig und 300 mm unter Torhöhe

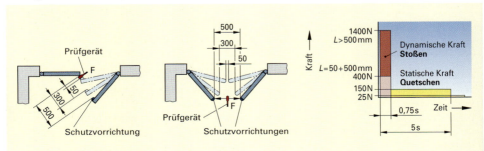

# Treppen

## Treppenarten
vgl. DIN 18065 (2011–06)

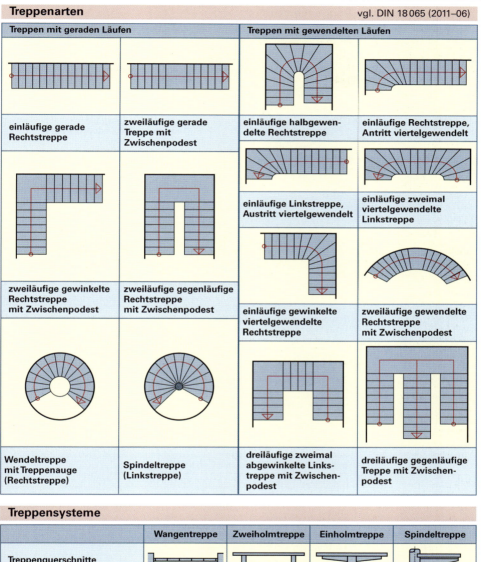

| Treppen mit geraden Läufen | | Treppen mit gewendelten Läufen | |
|---|---|---|---|
| einläufige gerade Rechtstreppe | zweiläufige gerade Treppe mit Zwischenpodest | einläufige halbgewendelte Rechtstreppe | einläufige Rechtstreppe, Antritt viertelgewendelt |
| | | einläufige Linkstreppe, Austritt viertelgewendelt | einläufige zweimal viertelgewendelte Linkstreppe |
| zweiläufige gewinkelte Rechtstreppe mit Zwischenpodest | zweiläufige gegenläufige Rechtstreppe mit Zwischenpodest | einläufige gewinkelte viertelgewendelte Rechtstreppe | zweiläufige gewendelte Rechtstreppe mit Zwischenpodest |
| Wendeltreppe mit Treppenauge (Rechtstreppe) | Spindeltreppe (Linkstreppe) | dreiläufige zweimal abgewinkelte Linkstreppe mit Zwischenpodest | dreiläufige gegenläufige Treppe mit Zwischenpodest |

## Treppensysteme

| | Wangentreppe | Zweiholmtreppe | Einholmtreppe | Spindeltreppe |
|---|---|---|---|---|
| Treppenquerschnitte | | | | |
| Statische Systeme | $b$ | $b$ | $r$, $b$ | $r = \dfrac{b}{2}$ |
| Belastungsfälle | $Q_k$, $g_k$ | $Q_k$, $g_k$ | $Q_k$, $g_k$ | $Q_k$, $g_k$ |
| Bemessungsmomente | $M_{y,d} = 1{,}35 \cdot \dfrac{g_k \cdot b^2}{8} + 1{,}5 \, \dfrac{Q_k \cdot b}{4}$ | | $M_{y,d} = 1{,}35 \cdot \dfrac{g_k \cdot r^2}{2} + 1{,}5 \, Q_k \cdot r$ | |

# Treppen

## Konstruktionsmaße, Treppenberechnung

### Konstruktionsmaße
vgl. DIN 18065 (2011-06)

Beschriftungen am Bild:
- Setzstufe
- Trittfläche
- Podest einschließlich Austrittsstufe
- Antrittsstufe
- a, b, c, h, l, s, u, p, α, L

- $s$ Treppensteigung (Steigungshöhe)
- $b$ Stufenbreite
- $a$ Treppenauftritt (Auftrittsbreite)
- $l$ Treppenlauflänge
- $\alpha$ Steigungswinkel (aus Steigungsverhältnis)
- $u$ Unterschneidung
- $p$ Podestlänge
- $h$ Treppenhöhe (Geschosshöhe, Stockwerkshöhe)
- $c$ Treppenlaufbreite
- $L$ Lauflinie (gedachte Linie)

### Konstruktionsbegriffe
vgl. DIN 18065 (2011-06)

| Begriff | Zeichen | Erläuterung |
|---|---|---|
| Treppenlaufbreite | $c$ | Grundriss der Konstruktionsbreite, Abstand von Treppenwange zu Treppenwange. genormte Laufbreiten in mm: 600  **800**  1000  1400 |
| Treppenauftritt | $a$ | Waagerechter Abstand von der Vorderkante einer Treppenstufe bis zur Vorderkante der nächsten Treppenstufe oder von Setzstufenvorderkante zu Setzstufenvorderkante. |
| Treppensteigung | $s$ | Senkrechter Abstand von der Trittflächenoberkante einer Stufe bis zur Trittflächenoberkante der nächsten Stufe. |
| Steigungswinkel | $\alpha$ | Zu ermitteln aus dem Tangens des Steigungsverhältnisses $s/a$, Maß für die Neigung einer Treppe. |
| Unterschneidung | $u$ | Waagerechtes Maß, um das die Vorderkante einer Stufe über die Breite der Trittfläche der darunterliegenden Stufe vorspringt. |
| Treppenlauflänge | $l$ | Maß von der Vorderkante der Antrittsstufe bis Vorderkante Austrittsstufe im Grundriss an der Lauflinie gemessen. |
| Treppenhöhe | $h$ | Senkrechter Abstand zwischen Fußbodenoberkante eines Geschosses und Fußbodenoberkante des nächsten Geschosses. genormte Geschosshöhen in mm vgl. DIN 41742:  2500  2750  3000 |
| Stufenbreite | $b$ | Waagerechter Abstand zwischen Auftrittsvorderkante und Vorderkante der Setzstufe. |
| Lichte Treppendurchgangshöhe | $d$ | Lotrechtes Fertigmaß gemessen von der gedachten Verbindungslinie der Stufenvorderkanten bis zur Unterkante des darüber liegenden Bauteils.  mindestens 2000 mm |
| Lauflinie | $L$ | Befindet sich als gedachte Linie in der Mitte der Treppe. Die Auftrittsbreite $a$ längs der Lauflinie bleibt immer gleich groß. |

### Berechnungsgrundlagen

**Schrittmaßregel nach DIN 18065**

$$2 \cdot s + a = 630 \begin{smallmatrix}+\ 20 \\ -\ 40\end{smallmatrix} \text{ mm}$$

**Sicherheitsregel (Empfehlung)**

$$a + s = 460 \pm 10 \text{ mm}$$

**Bequemlichkeitsregel (Empfehlung)**

$$a - s = 120 \text{ mm}$$

| | | | | | |
|---|---|---|---|---|---|
| Podestlänge | $p = (a + 2 \cdot s) + a$ | Anzahl der Steigungen | $n_s = \dfrac{h}{s}$ | Treppenlauflänge | $l = (n_s - 1) \cdot a$ |
| Steigungsverhältnis | $\tan \alpha = \dfrac{s}{a}$ | Auftrittsbreite | $a = \dfrac{l}{(n_s - 1)}$ | Anzahl der Auftritte | $n_a = n_s - 1$ |

# Treppen

## Konstruktionsmaße, Treppenberechnung

### Berechnung gerader Treppen ohne Tabelle

**Beispiel für eine gerade Treppe**

$h$ = 2500 mm; $l$ = 3520 mm; $n_s$ = ?; $s$ = ?; $a$ = ?

Größe $s'$ ist nach Steigungsverhältnisdiagramm frei zu wählen.

gewählt: $s'$ = 180 mm

$$n_s = \frac{h}{s'} = \frac{2500 \text{ mm}}{180 \text{ mm}} = 13{,}8 \rightarrow n_s = \mathbf{14}$$

Da es keine gebrochene Anzahl von Steigungen gibt, wird auf 14 gerundet.

wirkliche Steighöhe:

$$s = \frac{h}{n_s} = \frac{2500 \text{ mm}}{14} = \mathbf{178{,}6 \text{ mm}}$$

$$a = \frac{l}{(n_s - 1)} = \frac{3520 \text{ mm}}{(14 - 1)} = \mathbf{270{,}8 \text{ mm}}$$

**Probe nach Schrittmaßregel:**

$2 \cdot s + a = 630 \,{}^{+20}_{-40}$ mm

$2 \cdot 178{,}6$ mm $+ 270{,}8$ mm $= \mathbf{628 \text{ mm}}$

Das Ergebnis liegt innerhalb der angegebenen Toleranz. Damit wird die Schrittmaßregel eingehalten.

**Steigungsverhältnisdiagramm**

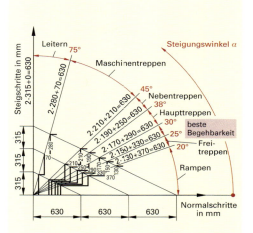

### Berechnung gerader Treppen mit Tabelle

| Ge-schoss-höhe cm | Anzahl der Stei-gungen | Stei-gung cm | Anzahl der Auf-tritte | Auf-tritts-breite cm | Grund-maß cm | Grund-maß-bereich cm | Ge-schoss-höhe cm | Anzahl der Stei-gungen | Stei-gung cm | Anzahl der Auf-tritte | Auf-tritts-breite cm | Grund-maß cm | Grund-maß-bereich cm |
|---|---|---|---|---|---|---|---|---|---|---|---|---|---|
| | 14 | 19,43 | 13 | 24,14 | 314 | 288…342 | | 15 | 19,40 | 14 | 24,20 | 339 | 311…368 |
| 272 | 15 | 18,13 | 14 | 26,73 | 374 | 343…403 | 291 | 16 | 18,19 | 15 | 26,63 | 399 | 369…428 |
| | 16 | 17,00 | 15 | 29,00 | 435 | 404…465 | | 17 | 17,12 | 16 | 28,76 | 460 | 429…492 |
| | 14 | 19,50 | 13 | 24,00 | 312 | 286…341 | | 15 | 19,47 | 14 | 24,07 | 337 | 309…366 |
| 273 | 15 | 18,20 | 14 | 26,60 | 372 | 342…401 | 292 | 16 | 18,25 | 15 | 26,50 | 398 | 367…426 |
| | 16 | 17,06 | 15 | 28,88 | 433 | 402…463 | | 17 | 17,18 | 16 | 28,65 | 458 | 427…490 |
| | 14 | 19,57 | 13 | 23,86 | 310 | 284…339 | | 15 | 19,53 | 14 | 23,93 | 335 | 307…364 |
| 274 | 15 | 18,27 | 14 | 26,47 | 371 | 340…399 | 293 | 16 | 18,31 | 15 | 26,38 | 396 | 365…425 |
| | 16 | 17,13 | 15 | 28,75 | 431 | 400…461 | | 17 | 17,24 | 16 | 28,53 | 456 | 426…488 |
| | 15 | 18,60 | 14 | 25,80 | 361 | 333…390 | | 16 | 18,75 | 15 | 25,50 | 383 | 353…411 |
| 279 | 16 | 17,44 | 15 | 28,13 | 422 | 391…451 | 300 | 17 | 17,65 | 16 | 27,71 | 443 | 412…472 |
| | 17 | 16,41 | 16 | 30,18 | 483 | 452…515 | | 18 | 16,67 | 17 | 29,67 | 504 | 473…538 |
| | 15 | 18,67 | 14 | 25,67 | 359 | 331…388 | | 16 | 18,81 | 15 | 25,38 | 381 | 351…410 |
| 280 | 16 | 17,50 | 15 | 28,00 | 420 | 389…449 | 301 | 17 | 17,71 | 16 | 27,59 | 441 | 411…471 |
| | 17 | 16,47 | 16 | 30,06 | 481 | 450…513 | | 18 | 16,72 | 17 | 29,56 | 502 | 472…536 |
| | 15 | 18,73 | 14 | 25,53 | 357 | 329…386 | | 16 | 18,88 | 15 | 25,25 | 379 | 349…408 |
| 281 | 16 | 17,56 | 15 | 27,88 | 418 | 387…447 | 302 | 17 | 17,76 | 16 | 27,47 | 440 | 409…469 |
| | 17 | 16,53 | 16 | 29,94 | 479 | 448…511 | | 18 | 16,78 | 17 | 29,44 | 501 | 470…535 |
| | 15 | 19,33 | 14 | 24,33 | 341 | 313…369 | | 16 | 19,06 | 15 | 24,88 | 373 | 343…402 |
| 290 | 16 | 18,13 | 15 | 26,75 | 401 | 370…430 | 305 | 17 | 17,94 | 16 | 27,12 | 434 | 403…463 |
| | 17 | 17,06 | 16 | 28,88 | 462 | 431…494 | | 18 | 16,94 | 17 | 29,11 | 495 | 464…529 |

**Beispiel zur Ermittlung der Geschosshöhe:**

| | | | |
|---|---|---|---|
| | Lichte Geschosshöhe | = | 2500 mm |
| | Dicke der Decke | = | 220 mm |
| | Fußbodenaufbau EG | = | 140 mm |
| | Fußbodenaufbau UG | = | 70 mm |
| | Geschosshöhe | = | ? |

| | | | |
|---|---|---|---|
| | Lichte Geschosshöhe | | 2500 mm |
| + | Dicke der Decke | | 220 mm |
| + | Fußbodenaufbau EG | | 140 mm |
| − | Fußbodenaufbau UG | | 70 mm |
| = | Geschosshöhe | | **= 2790 mm** |

# Treppen

## Konstruktionsmaße, Treppenberechnung

### Konstruktionsmaße
vgl. DIN 18065 (2011-06)

**Treppen-Lichtraumprofil,** Benennungen, Maße (in cm)

**Treppen-Lichtraumprofil,** Gehbereich

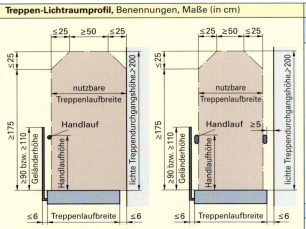

Laufbreiten für gerade und gewendelte Treppen

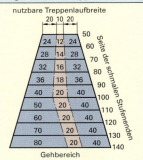

Laufbreiten für Spindeltreppen

### Lastfälle
vgl. DIN EN 1991-1-1 (2010-12)

| Gebäudeart | Verkehrslasten $p$ in kN/m² | | Eigenlast $g$ in kN/m² | |
|---|---|---|---|---|
| | lotrechte | waagerechte | Ausführung | $g$ |
| Wohngebäude | 3,5 | 0,5 | leicht | ≤ 1,0 |
| öffentliche Gebäude | 5,0 | 1,0 | mittel | ≤ 3,0 |
| Kraftwerke u. Anlagenbau | 5,0[1] | 1,0[1] | schwer | ≤ 5,0 |

[1] Nach Absprache mit Bauaufsicht oder Auftraggeber evtl. höhere oder niedrigere Lasten möglich.

### Begrenzung der Öffnung zwischen Geländer und Treppenlauf

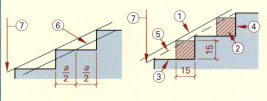

1 Unterkante Geländer für Treppengeländer über Treppenläufen
2 Würfel (darf nicht zwischen Unterkante Geländer und Stufenkante hindurchpassen)
3 Auftrittsfläche
4 Setzstufe (Stoßstufe, Futterstufe)
5 Messebene für lichte Durchgangshöhe
6 Unterkante Geländer für Treppengeländer neben Treppenläufen
7 lichte Treppendurchgangshöhe

### Treppenhauptmaße

| Gebäudeart | Treppenart | nutzbare Treppenlaufbreite $b$ in mm | Steigung $s$ in mm[2] | Auftritt $a$ in mm[3] |
|---|---|---|---|---|
| Wohngebäude mit nicht mehr als zwei Wohnungen[1] | baurechtlich notwendige Treppen | ≥ 800 | 170 ± 30 | $280^{+90}_{-50}$ |
| sonstige Gebäude | baurechtlich notwendige Treppen | ≥ 1000 | $170^{+20}_{-30}$ | $280^{+90}_{-20}$ |
| alle Gebäude | baurechtlich nicht notwendige (zusätzliche) Treppen | ≥ 500 | ≤ 210 | ≥ 210 |

[1] Schließt auch Maisonette-Wohnungen in Gebäuden mit mehr als zwei Wohnungen ein.
[2] Aber nicht < 140 mm
[3] Aber nicht > 370 mm

## Profilgrößen für Treppenwangen

| Wangentreppen Wohngebäude | | | Bestimmung erforderlicher Profilgrößen mit < 18 Steigungen und Steigungswinkeln von 20° bis 45° | | | | | | | |
|---|---|---|---|---|---|---|---|---|---|---|
| Stütz-weite in m | $b = 0,8$ m | | | $b = 1$ m | | | $b = 1,25$ m | | | $b = 1,5$ m | | |
| | I | L | [ | I | L | [ | I | L | [ | I | L | [ |
| **Ausführung leicht** – Stufen aus Gitterrosten, Riffelblechen, Holz o.Ä. $g_k = 1$ kN/m²; $q_k = 3,5$ kN/m² | | | | | | | | | | | |
| 2,5 | 160×10 | 150×75×9 | 180 | 160×10 | 150×75×9 | 180 | 160×10 | 150×75×9 | 180 | 160×10 | 150×75×9 | 180 |
| 3,0 | 160×10 | 150×75×9 | 180 | 160×10 | 150×75×9 | 180 | 160×10 | 150×75×9 | 180 | 160×10 | 150×75×9 | 180 |
| 3,5 | 160×10 | 150×75×9 | 180 | 160×10 | 150×75×9 | 180 | 160×10 | 150×75×9 | 180 | 180×10 | 150×75×9 | 180 |
| 4,0 | 160×10 | 150×75×9 | 180 | 160×12 | 150×75×9 | 180 | 160×12 | 180×90×10 | 180 | 180×12 | 180×90×10 | 180 |
| 4,5 | 180×12 | 150×75×9 | 180 | 180×12 | 180×90×10 | 180 | 200×12 | 180×90×10 | 180 | 220×12 | 180×90×10 | 180 |
| 5,0 | 200×10 | 180×90×10 | 180 | 200×12 | 180×90×10 | 180 | 200×15 | 200×100×10 | 180 | 220×15 | 200×100×10 | 180 |
| 5,5 | 200×12 | 180×90×10 | 180 | 220×12 | 200×100×10 | 180 | 220×15 | 200×100×10 | 180 | 240×15 | 200×100×12 | 200 |
| **Ausführung mittelschwer** – Stufen aus Stahlbeton o.Ä. $g_k = 3$ kN/m²; $q_k = 3,5$ kN/m² | | | | | | | | | | | |
| 3,5 | 160×10 | 150×75×9 | 180 | 160×12 | 150×75×9 | 180 | 160×12 | 180×90×10 | 180 | 180×12 | 180×90×10 | 180 |
| 4,0 | 180×10 | 150×75×9 | 180 | 180×12 | 180×90×10 | 180 | 200×12 | 180×90×10 | 180 | 220×12 | 180×90×12 | 180 |
| 4,5 | 200×12 | 180×90×10 | 180 | 200×12 | 180×90×10 | 180 | 200×15 | 200×100×10 | 180 | 220×15 | 200×100×12 | 180 |
| 5,0 | 220×12 | 180×90×10 | 180 | 220×15 | 200×100×10 | 180 | 240×15 | 200×100×14 | 180 | 240×16 | 200×100×14 | 200 |
| 5,5 | 220×15 | 200×100×10 | 180 | 240×15 | 200×100×14 | 200 | 240×20 | – | 200 | 240×20 | – | 220 |
| **Ausführung schwer** – Stufen aus schweren Natur- oder Betonwerksteinen o.Ä. $g_k = 5$ kN/m²; $q_k = 3,5$ kN/m² | | | | | | | | | | | |
| 3,5 | 160×12 | 150×75×9 | 180 | 180×12 | 180×90×10 | 180 | 200×12 | 180×90×10 | 180 | 200×12 | 180×90×12 | 180 |
| 4,0 | 200×10 | 180×90×10 | 180 | 200×12 | 180×90×10 | 180 | 200×15 | 200×100×10 | 180 | 220×15 | 200×100×12 | 180 |
| 4,5 | 200×15 | 180×90×10 | 180 | 220×15 | 200×100×10 | 180 | 220×15 | 200×100×10 | 180 | 240×15 | 200×100×14 | 200 |
| 5,0 | 220×15 | 200×100×10 | 180 | 240×15 | 200×100×14 | 200 | 240×20 | – | 200 | 240×20 | – | 220 |
| 5,5 | 240×15 | 200×100×14 | 200 | 250×20 | – | 220 | 250×20 | – | 220 | 240×30 | – | 240 |

| Wangentreppen öffentliche Gebäude | | | Bestimmung erforderlicher Profilgrößen mit < 18 Steigungen und Steigungswinkeln von 20° bis 45° | | | | | | | | | |
|---|---|---|---|---|---|---|---|---|---|---|---|---|
| **Ausführung leicht** – Stufen aus Gitterrosten, Riffelblechen, Holz o.Ä. $g_k = 1$ kN/m²; $q_k = 5$ kN/m² | | | | | | | | | | | |
| 2,5 | 160×10 | 150×75×9 | 180 | 160×10 | 150×75×9 | 180 | 160×10 | 150×75×9 | 180 | 160×10 | 150×75×9 | 180 |
| 3,0 | 160×10 | 150×75×9 | 180 | 160×10 | 150×75×9 | 180 | 160×10 | 150×75×9 | 180 | 160×10 | 150×75×9 | 180 |
| 3,5 | 160×10 | 150×75×9 | 180 | 160×12 | 150×75×9 | 180 | 160×12 | 150×75×9 | 180 | 180×12 | 180×90×10 | 180 |
| 4,0 | 160×12 | 150×75×9 | 180 | 180×12 | 180×90×10 | 180 | 200×12 | 180×90×10 | 180 | 200×12 | 180×90×10 | 180 |
| **Ausführung mittelschwer** – Stufen aus Stahlbeton o.Ä. $g_k = 3$ kN/m²; $q_k = 5$ kN/m² | | | | | | | | | | | |
| 3,0 | 160×10 | 150×75×9 | 180 | 160×10 | 150×75×9 | 180 | 160×12 | 150×75×9 | 180 | 180×12 | 150×75×11 | 180 |
| 3,5 | 160×10 | 150×75×9 | 180 | 180×12 | 180×90×10 | 180 | 180×12 | 180×90×10 | 180 | 200×12 | 180×90×10 | 180 |
| 4,0 | 180×12 | 180×90×10 | 180 | 200×12 | 180×90×10 | 180 | 220×12 | 200×100×10 | 180 | 220×15 | 200×100×10 | 180 |
| **Ausführung schwer** – Stufen aus schweren Natur- oder Betonsteinen o.Ä. $g_k = 5$ kN/m²; $q_k = 5$ kN/m² | | | | | | | | | | | |
| 3,5 | 180×12 | 180×90×10 | 180 | 180×12 | 180×90×10 | 180 | 200×12 | 180×90×10 | 180 | 220×12 | 200×100×10 | 180 |
| 4,0 | 200×12 | 180×90×10 | 180 | 220×12 | 200×100×10 | 180 | 220×15 | 200×100×12 | 180 | 220×15 | 200×100×14 | 180 |
| 4,5 | 200×15 | 200×100×10 | 180 | 220×15 | 200×100×14 | 180 | 240×15 | 200×100×14 | 200 | 220×25 | – | 200 |

## Treppen

### Profilgrößen für Treppenwangen

**Zweiholmtreppen Wohngebäude** — Bestimmung erforderlicher Profilgrößen mit < 18 Steigungen und Steigungswinkeln von 20° bis 45°

| Stütz-weite in m | $b = 0{,}8$ m | | | $b = 1$ m | | | $b = 1{,}25$ m | | | $b = 1{,}5$ m | | |
|---|---|---|---|---|---|---|---|---|---|---|---|---|
| | I | □ | ⌐ | I | □ | ⌐ | I | □ | ⌐ | I | □ | ⌐ |

**Ausführung leicht** – Stufen aus Gitterrosten, Riffelblechen, Holz o.Ä.    $g_k = 1$ kN/m²    $q_k = 3{,}5$ kN/m²

| 2,5 | 120 | 90×50×5,0 | 90×50×5,0 | 120 | 90×50×5,0 | 90×50×5,0 | 120 | 90×50×5,0 | 90×50×5,0 | 120 | 100×60×5,6 | 100×60×5,6 |
| 3,0 | 120 | 90×50×5,0 | 90×50×5,0 | 120 | 100×60×5,6 | 100×60×5,6 | 120 | 100×60×5,6 | 100×60×5,6 | 120 | 120×60×6,3 | 120×60×6,3 |
| 3,5 | 120 | 100×60×5,6 | 100×60×5,6 | 120 | 120×60×6,3 | 120×60×6,3 | 140 | 100×60×6,3 | 120×60×6,3 | 140 | 120×80×5,0 | 140×80×5,0 |
| 4,0 | 120 | 120×60×6,3 | 120×60×6,3 | 140 | 140×80×5,0 | 140×80×5,0 | 140 | 140×80×5,0 | 140×80×5,0 | 160 | 160×90×5,6 | 160×90×5,6 |
| 4,5 | 140 | 140×80×5,0 | 140×80×5,0 | 160 | 160×90×5,6 | 160×90×5,6 | 160 | 160×90×5,6 | 160×90×5,6 | 160 | 160×90×5,6 | 160×90×5,6 |
| 5,0 | 160 | 160×90×5,6 | 160×90×5,6 | 160 | 160×90×5,6 | 160×90×5,6 | 180 | 180×100×7,1 | 180×100×7,1 | 180 | 180×100×7,1 | 180×100×7,1 |
| 5,5 | 160 | 160×90×5,6 | 160×90×5,6 | 180 | 180×100×7,1 | 180×100×7,1 | 180 | 180×100×7,1 | 180×100×7,1 | 200 | 180×100×7,1 | 180×100×7,1 |

**Ausführung mittelschwer** – Stufen aus Stahlbeton o.Ä.    $g_k = 3$ kN/m²    $q_k = 3{,}5$ kN/m²

| 2,5 | 120 | 90×50×5,0 | 90×50×5,0 | 120 | 100×60×5,6 | 100×60×5,6 | 120 | 100×60×5,6 | 100×60×5,6 | 120 | 100×60×5,6 | 100×60×5,6 |
| 3,0 | 120 | 100×60×5,6 | 100×60×5,6 | 120 | 120×60×6,3 | 120×60×6,3 | 120 | 120×60×6,3 | 120×60×6,3 | 140 | 120×60×6,3 | 120×60×6,3 |
| 3,5 | 120 | 120×60×6,3 | 120×60×6,3 | 140 | 140×80×5,0 | 140×80×5,0 | 140 | 140×80×5,0 | 140×80×5,0 | 160 | 160×90×5,6 | 160×90×5,6 |
| 4,0 | 140 | 140×80×5,0 | 140×80×5,0 | 160 | 160×90×5,6 | 160×90×5,6 | 160 | 160×90×5,6 | 160×90×5,6 | 160 | 160×90×5,6 | 160×90×5,6 |
| 4,5 | 160 | 160×90×5,6 | 160×90×5,6 | 160 | 160×90×5,6 | 160×90×5,6 | 180 | 180×100×7,1 | 180×100×7,1 | 180 | 180×100×7,1 | 180×100×7,1 |
| 5,0 | 160 | 180×100×7,1 | 180×100×7,1 | 180 | 180×100×7,1 | 180×100×7,1 | 200 | 180×100×7,1 | 180×100×7,1 | 200 | 200×120×8,0 | 200×120×8,0 |
| 5,5 | 180 | 180×100×7,1 | 180×100×7,1 | 200 | 180×100×7,1 | 180×100×7,1 | 200 | 200×120×8,0 | 200×120×8,0 | 220 | 200×120×8,0 | 200×120×8,0 |

**Ausführung schwer** – Stufen aus schweren Natur- oder Betonwerksteinen o.Ä.    $g_k = 5$ kN/m²    $q_k = 3{,}5$ kN/m²

| 2,5 | 120 | 100×60×5,6 | 100×60×5,6 | 120 | 100×60×5,6 | 100×60×5,6 | 120 | 120×60×6,3 | 120×60×6,3 | 120 | 120×60×6,3 | 120×60×6,3 |
| 3,0 | 120 | 120×60×6,3 | 120×60×6,3 | 120 | 120×60×6,3 | 120×60×6,3 | 140 | 140×80×5,0 | 140×80×5,0 | 140 | 140×80×5,0 | 140×80×5,0 |
| 3,5 | 140 | 140×80×5,0 | 140×80×5,0 | 140 | 140×80×5,0 | 140×80×5,0 | 160 | 160×90×5,6 | 160×90×5,6 | 160 | 160×90×5,6 | 160×90×5,6 |
| 4,0 | 160 | 160×90×5,6 | 160×90×5,6 | 160 | 160×90×5,6 | 160×90×5,6 | 180 | 180×100×7,1 | 180×100×7,1 | 180 | 180×100×7,1 | 180×100×7,1 |
| 4,5 | 160 | 160×90×5,6 | 160×90×5,6 | 180 | 180×100×7,1 | 180×100×7,1 | 180 | 180×100×7,1 | 180×100×7,1 | 200 | 200×120×8,0 | 200×120×8,0 |
| 5,0 | 180 | 180×100×7,1 | 180×100×7,1 | 200 | 180×100×7,1 | 180×100×7,1 | 200 | 200×120×8,0 | 200×120×8,0 | 220 | 200×120×8,0 | 200×120×8,0 |

**Zweiholmtreppen öffentliche Gebäude** — Bestimmung erforderlicher Profilgrößen mit < 18 Steigungen und Steigungswinkeln von 20° bis 45°

**Ausführung mittelschwer** – Stufen aus Stahlbeton o.Ä.    $g_k = 3$ kN/m²    $q_k = 5$ kN/m²

| 2,5 | 120 | 100×60×5,6 | 100×60×5,6 | 120 | 100×60×5,6 | 100×60×5,6 | 120 | 100×60×5,6 | 100×60×5,6 | 120 | 120×60×6,3 | 120×60×6,3 |
| 3,0 | 120 | 120×60×6,3 | 120×60×6,3 | 120 | 120×60×6,3 | 120×60×6,3 | 140 | 140×80×5,0 | 140×80×5,0 | 140 | 140×80×5,0 | 140×80×5,0 |
| 3,5 | 140 | 140×80×5,0 | 140×80×5,0 | 140 | 140×80×5,0 | 140×80×5,0 | 160 | 160×90×5,6 | 160×90×5,6 | 160 | 160×90×5,6 | 160×90×5,6 |
| 4,0 | 160 | 160×90×5,6 | 160×90×5,6 | 160 | 160×90×5,6 | 160×90×5,6 | 160 | 160×90×5,6 | 160×90×5,6 | 180 | 180×100×7,1 | 180×100×7,1 |
| 4,5 | 160 | 160×90×5,6 | 160×90×5,6 | 160 | 160×90×5,6 | 160×90×5,6 | 180 | 180×100×7,1 | 180×100×7,1 | 180 | 180×100×7,1 | 180×100×7,1 |

**Ausführung schwer** – Stufen aus schweren Natur- oder Betonsteinen o.Ä.    $g_k = 5$ kN/m²    $q_k = 5$ kN/m²

| 2,5 | 120 | 100×60×5,6 | 100×60×5,6 | 120 | 100×60×5,6 | 100×60×5,6 | 120 | 120×60×6,3 | 120×60×6,3 | 120 | 120×60×6,3 | 120×60×6,3 |
| 3,0 | 120 | 120×60×6,3 | 120×60×6,3 | 140 | 140×80×5,0 | 140×80×5,0 | 140 | 140×80×5,0 | 140×80×5,0 | 140 | 140×80×5,0 | 140×80×5,0 |
| 3,5 | 140 | 140×80×5,0 | 140×80×5,0 | 160 | 160×90×5,6 | 160×90×5,6 | 160 | 160×90×5,6 | 160×90×5,6 | 160 | 180×100×5,6 | 180×100×5,6 |
| 4,0 | 160 | 160×90×5,6 | 160×90×5,6 | 160 | 160×90×5,6 | 160×90×5,6 | 180 | 180×100×7,1 | 180×100×7,1 | 180 | 180×100×7,1 | 180×100×7,1 |
| 4,5 | 180 | 180×100×7,1 | 180×100×7,1 | 180 | 180×100×7,1 | 180×100×7,1 | 200 | 200×120×8,0 | 200×120×8,0 | 200 | 200×120×8,0 | 200×120×8,0 |
| 5,0 | 200 | 180×100×7,1 | 180×100×7,1 | 200 | 200×120×8,0 | 200×120×8,0 | 220 | 200×120×8,0 | 200×120×8,0 | 220 | 220×120×8,0 | 220×120×8,0 |

## Profilgrößen für Treppenwangen

### Einholmtreppen — Wohngebäude

Bestimmung erforderlicher Profilgrößen mit < 18 Steigungen und Steigungswinkeln von 20° bis 45°

| Stützweite in m | b = 0,8 m □ | b = 0,8 m ○ | b = 1 m □ | b = 1 m ○ | b = 1,25 m □ | b = 1,25 m ○ | b = 1,5 m □ | b = 1,5 m ○ |
|---|---|---|---|---|---|---|---|---|
| **Ausführung leicht** – Stufen aus Gitterrosten, Riffelblechen, Holz o. Ä. | | | | | | $g_k = 1$ kN/m²; | $q_k = 3{,}5$ kN/m² | |
| 2,5 | 100×4,0 | 101,6×5 | 100×4,0 | 101,6×6,3 | 100×4,0 | 101,6×8,0 | 100×5,0 | 114,3×6,3 |
| 3,0 | 100×5,0 | 114,3×6,3 | 100×6,3 | 114,3×6,3 | 120×4,5 | 114,3×10 | 120×4,5 | 139,7×6,3 |
| 3,5 | 120×4,5 | 114,3×10 | 120×5,6 | 139,7×6,3 | 140×5,6 | 159,0×5,0 | 140×5,6 | 159×6,3 |
| 4,0 | 140×5,6 | 139,7×8,0 | 140×5,6 | 137,7×10 | 140×7,1 | 159×10 | 140×8,8 | 168,3×8,0 |
| **Ausführung mittelschwer** – Stufen aus Stahlbeton o. Ä. | | | | | | $g_k = 3$ kN/m²; | $q_k = 3{,}5$ kN/m² | |
| 2,5 | 100×4,0 | 101,6×6,3 | 100×5,0 | 114,3×5,6 | 120×4,5 | 114,3×8,0 | 120×4,5 | 114,3×10 |
| 3,0 | 120×4,5 | 114,3×8 | 120×5,0 | 139,7×6,3 | 120×6,36 | 139,7×6,3 | 140×5,6 | 139,7×8,0 |
| 3,5 | 120×6,3 | 139,7×6,3 | 140×5,6 | 159×6,3 | 140×7,1 | 168,3×6,3 | 140×8,0 | 168,3×8,0 |
| 4,0 | 140×5,6 | 159×6,3 | 140×7,1 | 168,3×8,0 | 160×6,3 | 193,7×6,3 | 160×8,0 | 193,7×8,0 |
| 4,5 | 160×6,3 | 168,3×8,0 | 160×8,0 | 193,7×6,3 | 180×6,3 | 193,7×8,0 | 180×8,0 | 193,7×12,5 |
| **Ausführung schwer** – Stufen aus schweren Natur- oder Betonsteinen o. Ä. | | | | | | $g_k = 5$ kN/m²; | $q_k = 3{,}5$ kN/m² | |
| 2,5 | 100×6,3 | 114,3×6,3 | 120×4,5 | 114,3×4,0 | 120×4,5 | 139,7×6,3 | 120×6,3 | 139,7×6,3 |
| 3,0 | 120×5,6 | 139,7×6,3 | 120×8,0 | 139,7×8,0 | 140×5,6 | 159,0×6,3 | 140×7,1 | 168,3×6,3 |
| 3,5 | 140×5,6 | 159×5,6 | 140×7,1 | 168,3×6,3 | 160×6,3 | 168,3×8,0 | 160×6,3 | 139,7×6,3 |
| 4,0 | 160×6,3 | 168,3×8,0 | 160×6,3 | 193,7×6,3 | 160×8,8 | 193,7×8,0 | 180×8,0 | 193,7×10 |
| 4,5 | 160×8,0 | 193,7×8,0 | 180×6,3 | 193,7×10 | 180×8,0 | 193,7×12,5 | 200×8,0 | 244,5×6,3 |

### Einholmtreppen — öffentliche Gebäude

Bestimmung erforderlicher Profilgrößen mit < 18 Steigungen und Steigungswinkeln von 20° bis 45°

| Stützweite in m | b = 0,8 m □ | b = 0,8 m ○ | b = 1 m □ | b = 1 m ○ | b = 1,25 m □ | b = 1,25 m ○ | b = 1,5 m □ | b = 1,5 m ○ |
|---|---|---|---|---|---|---|---|---|
| **Ausführung leicht** – Stufen aus Gitterrosten, Riffelblechen, Holz o. Ä. | | | | | | $g_k = 1$ kN/m²; | $q_k = 5$ kN/m² | |
| 2,5 | 100×4,0 | 101,6×6,3 | 100×5,0 | 114,3×6,3 | 100×6,3 | 114,6×6,3 | 100×7,1 | 114,3×8,0 |
| 3,0 | 100×6,3 | 114,3×8,0 | 120×4,5 | 114,3×10 | 120×5,6 | 139,7×6,3 | 120×6,3 | 139,7×8,0 |
| 3,5 | 120×5,6 | 139,7×6,3 | 120×8,0 | 139,7×8,0 | 140×5,6 | 159,0×6,3 | 140×7,1 | 159,0×8,0 |
| 4,0 | 140×5,6 | 139,7×10 | 140×7,1 | 159,0×8,0 | 140×8,8 | 168,3×8,0 | 160×6,3 | 168,3×10 |
| 4,5 | 140×8,8 | 159,0×8,0 | 160×6,3 | 168,3×8,0 | 160×8,0 | 193,7×6,3 | 180×6,3 | 193,7×8,0 |
| **Ausführung mittelschwer** – Stufen aus Stahlbeton o. Ä. | | | | | | $g_k = 3$ kN/m²; | $q_k = 5$ kN/m² | |
| 2,5 | 100×5,0 | 114,3×6,3 | 100×6,3 | 114,3×8,0 | 120×4,5 | 114,3×10 | 120×5,6 | 139,7×6,3 |
| 3,0 | 120×4,5 | 114,3×10 | 120×6,3 | 139,7×6,3 | 140×5,6 | 139,7×5,6 | 140×5,6 | 159,0×6,3 |
| 3,5 | 140×5,6 | 159,0×5,0 | 140×5,6 | 159,0×8,0 | 140×8,8 | 168,3×8,0 | 160×6,3 | 168,3×10 |
| 4,0 | 140×7,1 | 168,3×6,3 | 160×6,3 | 168,3×10 | 160×8,0 | 168,3×12,5 | 180×6,3 | 193,7×8,0 |
| 4,5 | 160×6,3 | 193,7×6,3 | 180×6,3 | 193,7×8,0 | 180×8,0 | 200×6,3 | 200×6,3 | 193,7×12,5 |
| **Ausführung schwer** – Stufen aus schweren Natur- oder Betonsteinen o. Ä. | | | | | | $g_k = 5$ kN/m²; | $q_k = 5$ kN/m² | |
| 2,5 | 100×7,1 | 114,3×8,0 | 120×5,0 | 114,3×10 | 120×5,6 | 139,7×6,3 | 140×5,6 | 139,7×8,0 |
| 3,0 | 120×6,3 | 139,7×8,0 | 140×5,6 | 159,0×6,3 | 140×6,3 | 159,0×8,0 | 140×7,1 | 159,0×10 |
| 3,5 | 140×10,3 | 159,0×8,0 | 140×8,8 | 168,3×8,0 | 160×6,3 | 168,3×10 | 160×8,0 | 168,3×12,5 |
| 4,0 | 160×6,3 | 168,3×10 | 160×8,0 | 168,3×12,5 | 180×6,3 | 193,7×10 | 180×8,0 | 193,7×12,5 |
| 4,5 | 180×6,3 | 193,7×8,0 | 180×8,0 | 193,7×12,5 | 180×10 | 219,9×10 | 200×8,0 | 219,9×12,5 |

# Treppen

## Profilgrößen für Spindeltreppen

| Angaben für Spindeltreppen | Begriffe / Symbole | Beispiel |
|---|---|---|
| | Treppendurchmesser $d$ in m | $d = 1,80$ |
| | Spindelhöhe $h$ in m | $h = 2,5$ |
| | Stufenart | Stahlkästen |
| | Eigengewicht der Treppe $g$ in kN/m² | $g_k = 1,0$ |
| | Verkehrslast der Treppe $p$ in kN/m² | $q_k = 3,5$ |
| | Rohrdurchmesser nach Tabelle | $101,6 \times 4,5$ |
| | Fußplatte $a \times b$ bzw. $\varnothing$ | $180 \times 12$ |
| | Dübel für Verankerung | $2 \times M12$ |
| | Handlauf (Rundstahl) | $\varnothing\ 30 \times 2,9$ |
| | Stababstand $p$ in mm | $p = 120$ |
| | abgelesen nach Tabelle: | |
| | $H_K$ = maximale horizontale Lagerkraft in kN | $H_K = 1,1$ kN |
| | $V_K$ = maximale vertikale Lagerkraft in kN | $V_K = 14,3$ kN |

### Spindeltreppen Wohngebäude — Bestimmung erforderlicher Profilgrößen

| Spindelhöhe in m | Treppendurchmesser $d$ in m ||||||||||||||||
|---|---|---|---|---|---|---|---|---|---|---|---|---|---|---|---|---|
| | 1,20 ||| 1,40 ||| 1,60 ||| 1,80 ||| 2,00 ||| 2,20 |||
| | $\varnothing$ | $V_K$ | $H_K$ | $\varnothing$ | $V_K$ | $H_K$ | $\varnothing$ | $V_K$ | $H_K$ | $\varnothing$ | $V_K$ | $H_K$ | $\varnothing$ | $V_K$ | $H_K$ | $\varnothing$ | $V_K$ | $H_K$ |

**Ausführung leicht** – Stufen aus Gitterrosten, Riffelblechen, Stahlkästen, Holz o.Ä. $g_k = 1$ kN/m²; $q_k = 3,5$ kN/m²

| Spindelhöhe | 1,20 $\varnothing$ | $V_K$ | 1,40 $\varnothing$ | $V_K$ | 1,60 $\varnothing$ | $V_K$ | 1,80 $\varnothing$ | $V_K$ | 2,00 $\varnothing$ | $V_K$ | 2,20 $\varnothing$ | $V_K$ | $H_K$ |
|---|---|---|---|---|---|---|---|---|---|---|---|---|---|
| 2,5 | | 6,4 | | 8,7 | | 11,3 | | 14,3 | | 17,7 | | 21,4 | |
| 3,0 | | 7,2 | | 10,4 | | 13,6 | | 17,2 | | 21,2 | | 25,7 | |
| 3,5 | | 8,9 | | 12,1 | | 15,8 | | 20,0 | | 24,7 | | 29,9 | |
| 4,0 | 101,6×5,0 | 10,2 | 101,6×5,0 | 13,9 | 101,6×5,0 | 18,1 | 101,6×5,0 | 22,9 | 114,3×5,0 | 28,3 | 114,3×5,0 | 34,2 | ± 0,3 / 0,5 / 0,8 / 1,1 / 1,5 / 2,0 |
| 4,5 | | 11,5 | | 15,6 | | 20,4 | | 25,8 | | 31,8 | | 38,5 | |
| 5,0 | | 12,7 | | 17,3 | | 22,6 | | 28,6 | | 35,3 | 133,0×5,6 | 42,8 | |
| 5,5 | | 14,0 | | 19,1 | | 24,9 | 114,3×4,5 | 31,5 | 133,0×5,6 | 38,9 | | 47,0 | |

### Spindeltreppen öffentliche Gebäude — Bestimmung erforderlicher Profilgrößen

| Spindelhöhe in m | Treppendurchmesser $d$ in m ||||||||||||
|---|---|---|---|---|---|---|---|---|---|---|---|---|
| | 1,20 | | 1,40 | | 1,60 | | 1,80 | | 2,00 | | 2,20 | |

**Ausführung leicht** – Stufen aus Gitterrosten, Riffelblechen, Stahlkästen, Holz o.Ä. $g_k = 1$ kN/m²; $q_k = 3,5$ kN/m²

| Spindelhöhe | $\varnothing$ 1,20 | $V_K$ | $\varnothing$ 1,40 | $V_K$ | $\varnothing$ 1,60 | $V_K$ | $\varnothing$ 1,80 | $V_K$ | $\varnothing$ 2,00 | $V_K$ | $\varnothing$ 2,20 | $V_K$ | $H_K$ |
|---|---|---|---|---|---|---|---|---|---|---|---|---|---|
| 2,5 | | 8,5 | | 11,6 | | 15,1 | | 19,1 | | 23,6 | | 28,5 | |
| 3,0 | | 10,2 | | 13,9 | | 18,1 | 101,6×5,0 | 22,9 | 114,3×5,0 | 28,3 | | 34,2 | |
| 3,5 | | 11,9 | | 16,2 | | 21,1 | | 26,7 | | 33,0 | | 39,9 | ± 0,4 / 0,7 / 1,0 / 1,5 / 2,0 / 2,7 |
| 4,0 | 101,6×5,0 | 13,6 | 101,6×5,0 | 18,5 | 101,6×5,0 | 24,1 | | 30,5 | | 37,7 | 133,0×5,6 | 45,6 | |
| 4,5 | | 15,3 | | 20,8 | | 27,1 | | 34,4 | | 42,4 | | 51,3 | |
| 5,0 | | 17,0 | | 23,1 | | 30,2 | 114,3×5,0 | 38,2 | 133,0×5,0 | 47,1 | | 57,0 | |
| 5,5 | | 18,7 | | 25,4 | 114,3×4,5 | 33,2 | | 42,0 | | 51,8 | | 62,7 | |

# Treppen

## Stufenverziehung bei gewendelten Treppen

**Gegeben durch vorherige Berechnung:**
- $h$ Geschosshöhe
- $s$ Steigungshöhe
- $l$ Treppenlauflänge
- $a$ Auftrittsbreite
- $n_s$ Anzahl der Steigungen
- $n_a$ Anzahl der Auftritte

### Winkelmethode bei einer einläufigen viertelgewendelten Treppe

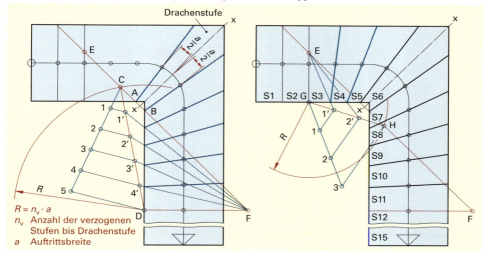

$R = n_v \cdot a$
$n_v$ Anzahl der verzogenen Stufen bis Drachenstufe
$a$ Auftrittsbreite

**Konstruktion:**
1. Grundriss der Treppe zeichnen, Lauflinie eintragen.
2. Eckpunkte des Grundrisses durch Achse x-x verbinden.
3. Beiderseits der Achse x-x auf der Lauflinie $\frac{1}{2} a$ abtragen.
4. Ausgehend davon die restlichen Auftrittsbreiten $a$ auf der Lauflinie abtragen.
5. Beginnend von Achse x-x nach links und rechts Abstände im Verhältnis 30 mm/70 mm oder 40 mm/60 mm oder 50 mm/50 mm abtragen und Punkte A und B markieren.
6. Linien beginnend von Punkt A bzw. B durch die neben der Achse x-x liegenden Teilungspunkte der Lauflinie bis zur Außenwange zeichnen → Drachenstufe.
7. Durch A und B eine Gerade zeichnen, die die Vorder- bzw. Hinterkante der ersten bzw. letzten verzogenen Stufe schneidet (oder ihre Verlängerung) → Punkte E und F.
8. Um D bzw. G einen Kreisbogen mit Radius R zeichnen, der EF schneidet, → Schnittpunkt C bzw. H.
9. Verbindungslinie $\overline{DC}$ bzw. $\overline{GH}$ einzeichnen.
10. Strecke $\overline{DC}$ bzw. $\overline{GH}$ in $n_v$ gleiche Teile teilen. (Grundkonstruktion „Teilen einer Strecke in n gleiche Teile" Seite 96 anwenden.) → Punkte 1', 2', usw.
11. Punkte 1', 2' usw. mit Punkt F bzw. E verbinden. → Die Schnittpunkte dieser Linien mit der inneren Wange sind die Verziehungspunkte.
12. Diese Punkte mit den Teilungspunkten ($a$) auf der Lauflinie verbinden und bis zur Außenwange verlängern. → Damit sind die Stufen verzogen.

### Abwicklung der inneren Treppenwange

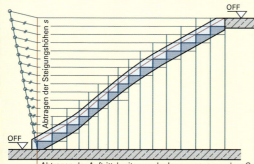

1. Auftrittsbreiten der Innenwange auf waagerechter und Geschosshöhe auf senkrechter Achse abtragen.
2. Geschosshöhe in $n_s$ gleiche Teile teilen.
3. Auf waagerechter Achse Auftrittsbreiten an der Innenwange aus dem Grundriss abtragen.
4. Aus beiden Teilungen ein Raster zeichnen.
5. Bei OFF unten beginnend Setzstufen und Auftritte zeichnen.
6. Lauflinie jeweils über die Vorderkanten der Stufen zeichnen.
7. Lauflinie ergibt Wangenform. Wange nach Konstruktionsvorgaben zeichnen.

## Treppen

### Trittstufen aus Gitterrosten

#### Ausführungsarten

vgl. DIN 24531 (2006-04)

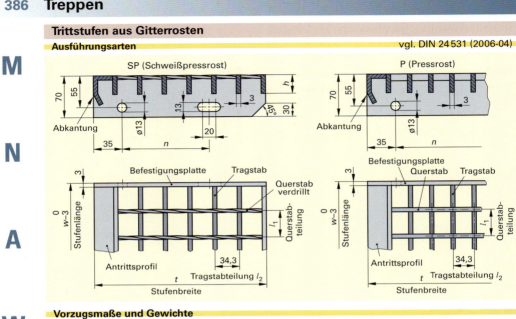

#### Vorzugsmaße und Gewichte

| Stufen-länge | Stufen-breite | Tragstab-höhe | Loch-abstand | Querstabteilung $l_1$ in mm | | Einzel-kraft | Gewicht verzinkt | |
|---|---|---|---|---|---|---|---|---|
| | | | | SP | P | F | G in kg/Stück | |
| $w$ in mm | $t ± 5$ in mm | $h$ in mm | $n$ | | | in N | $w = 800$ | $w = 1000$ |
| **Trittstufen aus schweißbarem Stahl** | | | | | | | vgl. DIN EN 10025 | |
| 800, 1000 | 270 | 30 | 150 | 38,1 | 33,33 | 1500 | 7,5 | 8,2 |
| | | 40 | | | | | 9,1 | 9,9 |
| | 305 | 30 | 180 | | | | 8,3 | 9,2 |
| | | 40 | | | | | 10,1 | 11,2 |
| **Trittstufen aus schweißbarem Edelstahl** | | | | | | | vgl. DIN EN 10088 | |
| 800, 1000 | 270 | 30 | 150 | – | 33,33 | 1500 | 7,2 | 8,8 |
| | | 40 | | | | | 8,7 | 10,7 |
| | 305 | 30 | 180 | | | | 8,0 | 9,8 |
| | | 40 | | | | | 9,7 | 11,9 |
| **Trittstufen aus schweißbarem Aluminium** | | | | | | | vgl. DIN EN 485 und DIN EN 573 | |
| | | | | | | | $w = 600$ | $w = 800$ |
| 600, 800 | 270 | 40 | 150 | – | 33,33 | 1500 | 2,3 | 2,9 |
| | 305 | 40 | 180 | | | | 2,5 | 3,3 |

#### Bezeichnungsbeispiel

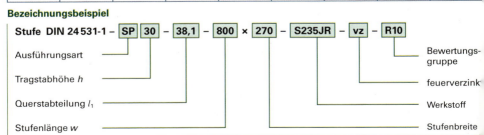

# Geländer

## Abmessungen, lichte Weite
### Abmessungen an Geländern
vgl. DIN 18065 (2011-06)

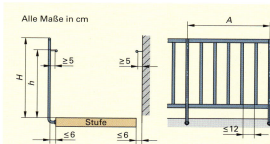

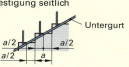

### Geländer- und Umwehrungsmindesthöhen $H$ in cm
vgl. DIN 18065 (2011-06)

| Absturzhöhen m | nach DIN 18065 | nach Landesbauordnung | Länder |
|---|---|---|---|
| bis 12 m | 90 | 90 | alle deutschen Bundesländer ohne Bayern und Bremen[1] |
| über 12 m | 110 | 110 | alle deutschen Bundesländer ohne Bayern und Baden-Württemberg[2] |
| Arbeitsstätten | 100 | – | |
| Umwehrungen müssen ausreichend sicher sein | | | Bayern: für alle Höhen |

### Geländermaße in cm
vgl. DIN 18065 (2011-06)

| | | |
|---|---|---|
| Handlaufhöhe $h$ | 80 bis 115 | – |
| Pfostenabstand $A$ | 120 bis 150 | – |

[1] Bremen 100 cm  [2] Baden-Württemberg 90 cm

### Berechnung der lichten Weite

Geländerarten

Einzelfeld mit Pfosten

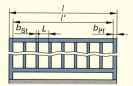

Einzelfeld ohne Pfosten

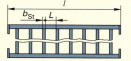

Durchlaufendes Geländer

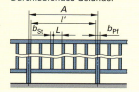

$L$ lichte Weite
$l$ Feldlänge
$l'$ innere Feldlänge
$b_{Pf}$ Pfostenbreite
$b_{St}$ Stabbreite
$n$ Anzahl der Stäbe
$A$ Pfostenabstand

**Einzelfeld**

$$L = \frac{l - (2 \cdot b_{Pf} + n \cdot b_{St})}{n + 1}$$

**Durchlaufendes Geländer**

$$L = \frac{A - (b_{Pf} + n \cdot b_{St})}{n + 1}$$

Für $n$ bei $L$ = 12 cm gilt:

**Einzelfeld**

$$n = \frac{l - (2 \cdot b_{Pf} + 12\ \text{cm})}{b_{St} + 12\ \text{cm}}$$

**Durchlaufendes Geländer**

$$n = \frac{A - (b_{Pf} + 12\ \text{cm})}{b_{St} + 12\ \text{cm}}$$

**Beispiel:** Ein durchlaufendes Geländer hat die Maße $A$ = 1413 mm, $b_{PF}$ = 34 mm, $b_{ST}$ = 12 mm.

$$n = \frac{A - (b_{Pf} + 12\ \text{cm})}{b_{St} + 12\ \text{cm}} = \frac{141{,}3\ \text{cm} - (3{,}4\ \text{cm} + 12\ \text{cm})}{1{,}2\ \text{cm} + 12\ \text{cm}} = 9{,}5$$

gewählt $n$ = 10

$$L = \frac{A - (b_{Pf} + n \cdot b_{St})}{n + 1} = \frac{141{,}3\ \text{cm} - (3{,}4\ \text{cm} + 10 \cdot 1{,}2\ \text{cm})}{10 + 1}$$

= **11,4 cm**

# Geländer

## Abmessungen, lichte Weite

### Bestimmung der lichten Weite mit Hilfe von Tabellen

Für bestimmte Stabbreiten $b_{St}$ können die Anzahl der Stäbe $n$ und die lichte Weite $L$ mit Hilfe von Tabellen ermittelt werden.

**Für Stabbreiten $b_{St}$ = 10 mm**

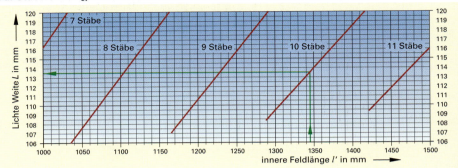

**Beispiel:** Innere Feldlänge $l'$ = 1345 mm und die Stabbreite $b_{St}$ = 10 mm.
Nach Tabelle $n$ = **10** und $L$ = **113,5 mm**, gerundet $L$ = **113,0 mm**

**Für Stabbreiten $b_{St}$ = 10 mm**

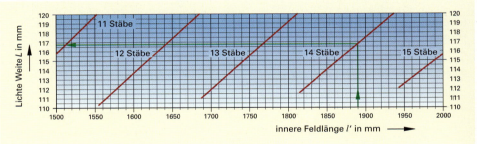

**Beispiel:** Innere Feldlänge $l'$ = 1890 mm und die Stabbreite $b_{St}$ = 10 mm.
Nach Tabelle $n$ = **14** und $L$ = **116,75 mm**, gerundet $L$ = **117,0 mm**

**Für Stabbreiten $b_{St}$ = 12 mm**

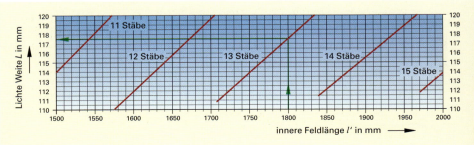

**Beispiel:** Innere Feldlänge $l'$ = 1800 mm und die Stabbreite $b_{St}$ = 12 mm.
Nach Tabelle $n$ = **13** und $L$ = **117,5 mm**

# Geländer

## Abmessungen, lichte Weite
### Bestimmung der lichten Weite mit Hilfe von Tabellen
#### Für Stabbreiten $b_{St}$ = 15 mm

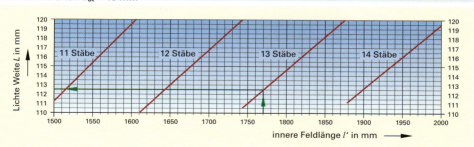

**Beispiel:** Innere Feldlänge $l'$ = 1770 mm und die Stabbreite $b_{St}$ = 15 mm.
Nach Tabelle **n = 13** und **L = 112,5 mm**, gerundet **L = 113,0 mm**

#### Für Stabbreiten $b_{St}$ = 20 mm

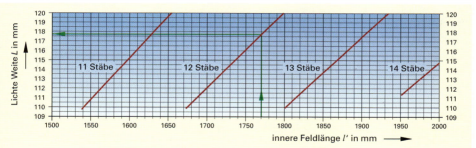

**Beispiel:** Innere Feldlänge $l'$ = 1770 mm und die Stabbreite $b_{St}$ = 20 mm.
Nach Tabelle **n = 12** und **L = 117,7 mm**, gerundet **L = 118 mm**

#### Für Stabbreiten $b_{St}$ = 32 mm

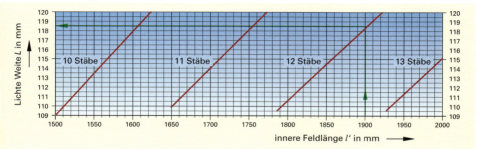

**Beispiel:** Innere Feldlänge $l'$ = 1900 mm und die Stabbreite $b_{St}$ = 30 mm.
Nach Tabelle **n = 12** und **L = 118,5 mm**, gerundet **L = 119 mm**

# Geländer

## Sicherheitstechnische Anforderungen

**Ortsfeste Zugänge zu maschinellen Anlagen**          vgl. DIN EN ISO 14 122-3 (2002-01)

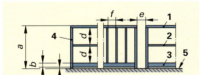

Die Kurzzeichen und Größen für ortsfeste Zugänge zu maschinellen Anlagen weichen von denen für Gebäudetreppen DIN 18065 (ab Seite 377) ab.

| | | | |
|---|---|---|---|
| $H$ | Treppenhöhe | $\alpha$ | Steigungswinkel |
| $g$ | Auftritt | $w$ | Laufbreite |
| $e$ | lichte Durchgangshöhe | $p$ | Steigungslinie |
| $h$ | Steigung | $t$ | Stufentiefe |
| $l$ | Podestlänge | $c$ | Freiraum |
| $r$ | Unterschneidung | | |

### Sicherheitstechnische Anforderungen

| Kurzzeichen | Treppen Maße in mm | Treppenleitern Maße in mm | Kurzzeichen | Treppen Maße in mm | Treppenleitern Maße in mm |
|---|---|---|---|---|---|
| $H$ | bis Podest ≤ 3000   ≤ 4000[1] | ≤ 3000 | $r$ | ≥ 10 | ≥ 10 |
| $e$ | ≥ 2300 | ≥ 2300 | $w$ | 600, **800**[3] 1000[2] | 450 bis 800 **600**[3] |
| $h$ | – | ≤ 250 | $t$ | – | ≥ 80 |
| $l$ | ≥ 800 | – | $c$ | ≥ 1900 | ≥ 850 |

[1] bei Einzellauf    [2] wenn mehrere Personen aneinander vorbeigehen müssen    [3] Vorzugsmaße

Auftritt und Steigung müssen die Formel erfüllen:    $600 \leq g + 2 \times h \leq 660$

## Geländer

Bei einer Absturzhöhe > 500 mm muss ein Geländer angebracht werden.

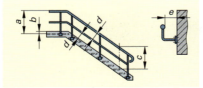

1  Handlauf      4  Pfosten
2  Knieleiste    5  Laufebene
3  Fußleiste

### Waagerechte Geländer

| $a$ in mm | $b$ in mm | $c$ in mm | $d$ in mm | $e$ in mm | $f$ in mm |
|---|---|---|---|---|---|
| ≥ 1100 | ≥ 100 | ≤ 10 | ≤ 500 | 75 … 120 | ≤ 180 |

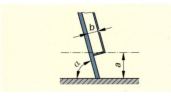

### Geländer für Treppen und Treppenleitern

| $a$ in mm | $b$ in mm | $c$ in mm | $d$ in mm | $e$ in mm |
|---|---|---|---|---|
| ≥ 1100 | ≥ 100 | ≥ 900 | ≤ 500 | ≥ 100 |

### Handlauf an Treppenleitern

| $\alpha$ in ° | $a$ in mm | $d$ in mm |
|---|---|---|
| 60 | 250 | |
| 65 | 200 | 1000 |
| 70 | 150 | |
| 75 | 100 | |

# Geländer

## Belastungsfälle

**Verkehrslasten:**

$L_{V1}, L_{V2}, L_{V3}$ senkrechte Last

$L_H$ waagerechte Last

$W_S$ Windsog[1]

$W_D$ Winddruck[1]

[1] Bei Geländern an Gebäudeecken sind die Werte mit einem Faktor zu multiplizieren.

**Rechenwerte**

| | | |
|---|---|---|
| $L_H$ Wohngebäude | 0,50 | kN/m |
| $L_H$ öffentliche Gebäude | 1,0 | kN/m |
| $L_{V1}$ (ohne Verkleidung) | 0,85 | kN/m |
| $L_{V2}$ (untere Hälfte mit Verkleidung) | 1,05 | kN/m |
| $L_{V3}$ (vollflächige Verkleidung) | 0,85 | kN/m |
| $W_S, W_D$ (Höhe 0 m … 8 m) | 0,5 | kN/m |
| $W_S, W_D$ (Höhe > 8 m … 20 m) | 0,8 | kN/m |
| $W_S, W_D$ (> 20 m … 100 m) | 1,1 | kN/m |

## Bemessung der Geländer und Pfosten

### Statische Längen $H_E$ der Geländerpfosten

**Montagefälle**

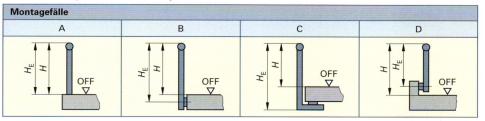

A | B | C | D

### Bemessung von Geländerpfosten durch Berechnung

vgl. DIN 18800-1 und -2 (1990-11)

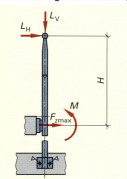

$W_{erf}$ erforderliches Widerstandsmoment

$M$ Biegemoment

$\sigma_{R,d}$ Grenzwert der Spannung

$H$ Hebellänge

$A$ Achsabstand der Pfosten

$F_{Q,d}$ veränderliche Einwirkung

$\gamma_F, \gamma_M$ Teilsicherheitsbeiwerte

$\Psi$ Kombinationsbeiwert

$F_k$ charakteristische Kraft

$f_{y,k}$ Streckgrenze

$\sigma$ Spannung

$$W_{erf} = \frac{M}{\sigma_{R,d}}$$

$$M = F_{Q,d} \cdot H \cdot A$$

$$F_{Q,d} = \gamma_F \cdot \Psi \cdot F_k$$

$$\sigma_{R,d} = \frac{f_{y,k}}{\gamma_M}$$

**Vereinfachter Nachweis**

$$\sigma \leq \sigma_{R,d}$$

**Beispiel:** $A = 1300$ mm, $H = 1100$ mm, $l = 100$ mm, Werkstoff S235, Wohngebäude
Nach Tabelle: für Wohngebäude $L_H = F_k = 0,5$ kN/m; Werkstoff S235 (S. 48),
$f_{y,k} = 240$ N/mm², Teilsicherheitsbeiwerte (S. 40 f) $\gamma_F = 1,5$, $\gamma_M = 1$, $\Psi = 1$

$\sigma_{R,d} = \dfrac{f_{y,k}}{\gamma_M} = \dfrac{240 \text{ N/mm}^2}{1,1} = 218,18$ N/mm²   $F_{Q,d} = \gamma_F \cdot \Psi \cdot F_k = 1,5 \cdot 1 \cdot 0,5$ kN/m = 0,75 kN/m

$M = F_{Q,d} \cdot H \cdot A = 0,75$ kN/m $\cdot$ 1,1 m $\cdot$ 1,3 m = 1,072 kN $\cdot$ m = 107 200 N $\cdot$ cm

$W_{erf} = \dfrac{M}{\sigma_{R,d}} = \dfrac{107\,200 \text{ N} \cdot \text{cm}}{21\,818 \text{ N/cm}^2} = \mathbf{4,9 \text{ cm}^3}$

Gewähltes Rohr: **Hohlprofil DIN EN 10 219 – 2 – S235JR – 40 × 40 × 4; $W = 5,54$ cm³**

Vereinfachter Nachweis: $\sigma = \dfrac{M}{W} = \dfrac{107\,200 \text{ N} \cdot \text{cm}}{5,54 \text{ cm}^3} = 19\,350$ N/cm² = 193,5 N/mm²

$\sigma \leq \sigma_{R,d}$; **193,5 N/mm² ≤ 218,18 N/mm² erfüllt**

# Geländer

## Bemessung der Geländer und Pfosten

### Bemessung der Geländerpfosten mit Hilfe von Tabellen für gerade freistehende Geländer

Das erforderliche Widerstandsmoment $W_{erf}$ wird mit Hilfe der Tabellen je nach Montagefall ermittelt. Für das erforderliche Widerstandsmoment des Handlaufs reichen 25 % des Widerstandsmoments des Pfostens aus.

**Erforderliches Widerstandsmoment $W_{erf}$ in cm³ für Stahl S235JR[1]**

| Montagefälle | Max. Pfosten- abstand[2] $A$ in m | Absturzhöhe[3] | | | | | |
|---|---|---|---|---|---|---|---|
| | | 0 m ... 8 m | | | 8 m ... 20 m[6] | | |
| | | Ohne[4] Ver- kleidung | Verkleidung untere Hälfte | Sonstige und Voll- verkleidung | Ohne[4] Ver- kleidung | Verkleidung untere Hälfte | Sonstige und Voll- verkleidung |
| Montagefall A $L_H = 0{,}5$ kN/m | 0,8 | 2,59 | 2,78 | 3,38 | 2,64 | 2,96 | 3,90 |
| | 0,9 | 2,91 | 3,13 | 3,80 | 2,97 | 3,32 | 4,39 |
| | 1,0 | 3,23 | 3,48 | 4,22 | 3,30 | 3,69 | 4,88 |
| | 1,1 | 3,56 | 3,83 | 4,64 | 3,63 | 4,06 | 5,36 |
| | 1,3 | 4,20 | 4,52 | 5,48 | 4,29 | 4,80 | 6,34 |
| | 1,5 | 4,85 | 5,22 | 6,33 | 4,95 | 5,54 | 7,31 |
| | 1,7 | 5,50 | 5,92 | 7,17 | 5,61 | 6,28 | 8,29 |
| | 1,9 | 6,15 | 6,61 | 8,02 | 6,27 | 7,02 | 9,26 |
| Montagefall B $L_H = 0{,}5$ kN/m | 0,8 | 3,02 | 3,36 | 4,08 | 3,09 | 3,64 | 4,78 |
| | 0,9 | 3,39 | 3,78 | 4,59 | 3,47 | 4,09 | 5,38 |
| | 1,0 | 3,77 | 4,20 | 5,10 | 3,86 | 4,55 | 5,98 |
| | 1,1 | 4,15 | 4,62 | 5,61 | 4,25 | 5,00 | 6,58 |
| | 1,3 | 4,90 | 5,46 | 6,63 | 5,02 | 5,91 | 7,77 |
| | 1,5 | 5,66 | 6,30 | 7,65 | 5,79 | 6,82 | 8,97 |
| | 1,7 | 6,41 | 7,14 | 8,66 | 6,56 | 7,73 | 10,20 |
| | 1,9 | 7,17 | 7,98 | 9,68 | 7,34 | 8,64 | 11,40 |
| Montagefall C $L_V$ $L_H = 0{,}5$ kN/m | 0,8 | 4,20 | 4,84 | 5,84 | 4,28 | 5,14 | 6,58 |
| | 0,9 | 4,73 | 5,44 | 6,57 | 4,81 | 5,78 | 7,41 |
| | 1,0 | 5,25 | 6,05 | 7,30 | 5,35 | 6,42 | 8,23 |
| | 1,1 | 5,78 | 6,65 | 8,09 | 5,88 | 7,06 | 9,05 |
| | 1,3 | 6,83 | 7,86 | 9,49 | 6,95 | 8,35 | 10,70 |
| | 1,5 | 7,88 | 9,07 | 10,90 | 8,02 | 9,63 | 12,30 |
| | 1,7 | 8,93 | 10,30 | 12,40 | 9,09 | 10,90 | 14,00 |
| | 1,9 | 9,98 | 11,50 | 13,90 | 10,20 | 12,20 | 15,60 |
| Randbereich[5] | – | 1,1 | 1,2 | 1,4 | 1,1 | 1,3 | 1,6 |
| $H_E = 1{,}1$[6] | – | 1,07 | 1,08 | 1,11 | 1,08 | 1,09 | 1,12 |
| $H_E = 1{,}2$ | – | 1,14 | 1,17 | 1,22 | 1,15 | 1,19 | 1,25 |

[1] Multiplikatoren bei anderen Werkstoffen:
   AlMgSi 0,5 F22   1,7
   S355J0   0,7
   Nichtrost. Stahl   1,0

[2] Bei Zwischenmaßen wird der größere Wert genommen oder interpoliert.

[3] Über 20 m ist ein besonderer Nachweis zu erbringen.

[4] Berücksichtigt wird eine Füllstabfläche von 10 %

[5] Multiplikatoren für Balkone im Randbereich

[6] Multiplikatoren für statische Längen von 1,1 m und 1,2 m.

**Beispiel:** Absturzhöhe 7 m; Balkon mit Verkleidung in der unteren Hälfte; Pfostenabstand 1,1 m; Geländerhöhe $H = 1$ m; Werkstoff S355J0; Balkon im Randbereich des Gebäudes; Montagefall A.

Nach Tabelle gilt:

Multiplikatoren für Werkstoff 0,7 und Randbereich 1,2

Pfosten:   $W_{erf} = 3{,}83$ cm³ · 1,2 · 0,7 = **3,217 cm³**

Erfüllt durch die Profile: Hohlprofil 50 × 30 × 2,5 oder T 50

Handlauf:   $W_{erf} = 3{,}217$ cm³ · 0,25 = **0,804 cm³**

Erfüllt durch Profile: Fl 35 × 8 oder Rohr ¾"

# Geländer

## Bemessung der Geländer und Pfosten

**Bemessungswerte der Biegemomente $m'_d$ in kN·m/m und Kräfte $h'_d$ und $v'_d$ in kN/m für 1 m Pfostenabstand**

| Ort des Geländers | Höhe des Geländers über Gelände in m | Wohngebäude $L_H = 0,5$ kN/m | | | | öffentliche Gebäude $L_H = 1,0$ kN/m | | | | alle Gebäude |
|---|---|---|---|---|---|---|---|---|---|---|
| | | $m'_d{}^{1)}$ für H | | $h'_d{}^{1)}$ für H | | $m'_d{}^{1)}$ für H | | $h'_d{}^{1)}$ für H | | $v'_d{}^{1)}$ für alle H |
| | | 1,0 m | 1,1 m | 1,0 m | 1,1 m | 1,0 m | 1,1 m | 1,0 m | 1,1 m | |

### Montagefall A

| Ort | Höhe | | | | | | | | | |
|---|---|---|---|---|---|---|---|---|---|---|
| im Freien (außerhalb geschlossener Gebäude) | 0…8 | 0,872 | 0,947 | 0,750 | 0,750 | 1,70 | 1,85 | 1,50 | 1,50 | 1,24 |
| | > 8…20 | 0,983 | 1,16 | 1,56 | 1,72 | 1,70 | 1,85 | 1,50 | 1,50 | 1,24 |
| | > 20…100 | 1,33 | 1,58 | 2,15 | 2,36 | 1,70 | 1,85 | 1,50 | 1,50 | 1,24 |
| im Gebäudeinneren | | 0,872 | 0,947 | 0,75 | 0,75 | 1,70 | 1,85 | 1,50 | 1,50 | 1,24 |

### Montagefall B

| Ort | Höhe | | | | | | | | | |
|---|---|---|---|---|---|---|---|---|---|---|
| im Freien (außerhalb geschlossener Gebäude) | 0…8 | 1,03 | 1,11 | 0,750 | 0,750 | 1,92 | 2,07 | 1,50 | 1,50 | 1,24 |
| | > 8…20 | 1,23 | 1,42 | 1,84 | 2,00 | 1,92 | 2,07 | 1,50 | 1,50 | 1,24 |
| | > 20…100 | 1,64 | 1,90 | 2,53 | 2,75 | 1,92 | 2,07 | 1,50 | 1,50 | 1,24 |
| im Gebäudeinneren | | 1,03 | 1,11 | 0,750 | 0,750 | 1,92 | 2,07 | 1,50 | 1,50 | 1,24 |

### Montagefall C

| Ort | Höhe | | | | | | | | | |
|---|---|---|---|---|---|---|---|---|---|---|
| im Freien (außerhalb geschlossener Gebäude) | 0…8 | 1,32 | 1,39 | 0,785 | 0,75 | 2,29 | 2,44 | 1,50 | 1,50 | 1,24 |
| | > 8…20 | 1,66 | 1,87 | 2,03 | 2,18 | 2,29 | 2,44 | 1,50 | 1,50 | 1,24 |
| | > 20…100 | 2,16 | 2,45 | 2,79 | 3,00 | 2,29 | 2,45 | 1,50 | 3,00 | 1,24 |
| im Gebäudeinneren | | 1,32 | 1,39 | 0,75 | 0,75 | 2,29 | 2,44 | 1,50 | 1,50 | 1,24 |

[1] Die Werte $m'_d$, $h'_d$ und $v'_d$ sind Bemessungswerte im Sinne der DIN EN 1993-1-1 (2010-12) und enthalten die Teilsicherheitsbeiwerte $\gamma_{F,G} = 1,5$ und $\gamma_{F,Q} = 1,35$.

## Aufnehmbare Momente $M_{R,d}$ ausgewählter Profile für Geländerpfosten

| Querschnitt | Abmessungen in mm | | Normstreckgrenze der Werkstoffe $f_{y,k}$ in N/mm² | | | | | | | |
|---|---|---|---|---|---|---|---|---|---|---|
| | | | 240 Baustahl | | 360 Baustahl | | 190 nichtrostender Stahl | | 220 nichtrostender Stahl | | 160 Aluminium | |
| | h | t | 1 | 2 | 1 | 2 | 1 | 2 | 1 | 2 | 1 | 2 |
| Rechteck | 40 | 10 | 0,723 | 0,647 | 0,107 | 0,961 | 0,574 | 0,513 | 0,664 | 0,594 | 0,191 | 0,421 |
| | 45 | 10 | 0,914 | 0,837 | 1,35 | 1,24 | 0,726 | 0,665 | 0,839 | 0,769 | 0,240 | 0,541 |
| | 45 | 12 | 1,10 | 1,01 | 1,64 | 1,51 | 0,874 | 0,801 | 1,01 | 0,926 | 0,294 | 0,664 |
| | 50 | 10 | 1,13 | 1,05 | 1,66 | 1,55 | 0,895 | 0,834 | 1,03 | 0,964 | 0,293 | 0,673 |
| | 50 | 12 | 1,36 | 1,27 | 2,02 | 1,89 | 1,08 | 1,00 | 1,25 | 1,16 | 0,361 | 0,830 |
| | 60 | 10 | 1,61 | 1,54 | 2,36 | 2,25 | 1,28 | 1,22 | 1,48 | 1,14 | 0,412 | 0,967 |
| | 70 | 10 | 2,18 | 2,10 | 3,16 | 3,05 | 1,74 | 1,68 | 2,01 | 1,94 | 0,546 | 1,300 |
| | 70 | 12 | 2,65 | 2,56 | 3,91 | 3,78 | 2,11 | 2,03 | 2,43 | 2,35 | 0,691 | 1,640 |
| T-Profil | 40 | 5 | 0,775 | 0,528 | 1,16 | 0,787 | 0,615 | 0,419 | 0,711 | 0,484 | 0,207 | 0,347 |
| | 50 | 6 | 1,46 | 1,09 | 2,18 | 1,63 | 1,16 | 0,862 | 1,34 | 0,998 | 0,392 | 0,718 |
| | 60 | 7 | 2,47 | 1,94 | 3,69 | 2,90 | 1,95 | 1,54 | 2,26 | 1,78 | 0,663 | 1,28 |
| Rohr d=h | 33,7 | 3,25 | 0,660 | 0,600 | 0,990 | 0,900 | 0,522 | 0,457 | 0,605 | 0,550 | 0,179 | 0,400 |
| | 42,4 | 3,25 | 1,09 | 1,03 | 1,63 | 1,54 | 0,862 | 0,815 | 0,999 | 0,944 | 0,295 | 0,686 |
| | 48,3 | 3,25 | 1,44 | 1,38 | 2,16 | 2,07 | 1,14 | 1,09 | 1,32 | 1,27 | 0,390 | 0,921 |

1 für einbetonierte, aufgesetzte oder angeschweißte ($t \geq 3$ mm) Pfosten.
2 für angeschraubte Pfosten.

## Geländer

### Bemessung der Geländer und Pfosten

#### Aufnehmbare Momente $M_{R,d}$ ausgewählter Profile für Geländerpfosten

| Querschnitt in mm | Abmessungen Baustahl | | | Normstreckgrenze der Werkstoffe $f_{y,k}$ in N/mm² | | | | | | | | | |
|---|---|---|---|---|---|---|---|---|---|---|---|---|---|
| | | | | 240 Baustahl | | 360 nichtrostender Stahl | | 190 nichtrostender Stahl | | 220 Aluminium | | 160 | |
| | h | b | t | 1 | 2 | 1 | 2 | 1 | 2 | 1 | 2 | 1 | 2 |
|  | 45 | 30 | 5 | 1,85 | 1,71 | 2,78 | 2,56 | 1,47 | 1,35 | 1,70 | 1,56 | 0,502 | 1,14 |
| | 50 | 40 | 5 | 2,41 | 2,12 | 3,62 | 3,18 | 1,91 | 1,68 | 2,21 | 1,95 | 0,653 | 1,42 |
|  | 60 | 30 | 5 | 3,12 | 2,97 | 4,68 | 4,46 | 2,47 | 2,35 | 2,86 | 2,73 | 0,845 | 1,98 |
| | 60 | 30 | 7 | 4,21 | 4,00 | 6,31 | 6,00 | 3,33 | 3,17 | 3,86 | 3,67 | 1,14 | 2,67 |
| | 60 | 40 | 5 | 3,40 | 3,10 | 5,09 | 4,66 | 2,69 | 2,46 | 3,11 | 2,85 | 0,919 | 2,07 |
|  | 20 | 50 | 2 | 0,881 | 0,844 | 1,32 | 1,27 | 0,697 | 0,668 | 0,807 | 0,773 | 0,238 | 0,562 |
| | 20 | 50 | 3 | 1,25 | 1,19 | 1,87 | 1,79 | 0,989 | 0,945 | 1,14 | 1,09 | 0,338 | 0,796 |
| | 25 | 50 | 2 | 0,985 | 0,948 | 1,48 | 1,42 | 0,78 | 0,751 | 0,903 | 0,869 | 0,267 | 0,632 |
| | 25 | 50 | 3 | 1,40 | 1,35 | 2,10 | 2,02 | 1,11 | 1,07 | 1,29 | 1,24 | 0,380 | 0,898 |
|  | 20 | 60 | 2 | 1,19 | 1,15 | 1,79 | 1,73 | 0,942 | 0,913 | 1,09 | 1,06 | 0,322 | 0,769 |
| | 20 | 60 | 3 | 1,70 | 1,65 | 2,55 | 2,47 | 1,35 | 1,30 | 1,56 | 1,51 | 0,460 | 1,10 |
| | 25 | 60 | 2 | 1,32 | 1,28 | 1,98 | 1,92 | 1,04 | 1,01 | 1,21 | 1,17 | 0,356 | 0,953 |
| | 25 | 60 | 3 | 1,89 | 1,83 | 2,83 | 2,75 | 1,49 | 1,45 | 1,73 | 1,68 | 0,511 | 1,22 |
| | 30 | 60 | 2 | 1,44 | 1,41 | 2,17 | 2,11 | 1,14 | 1,11 | 1,32 | 1,29 | 0,391 | 0,938 |
| | 30 | 60 | 3 | 2,07 | 2,02 | 3,11 | 3,03 | 1,64 | 1,60 | 1,90 | 1,85 | 0,561 | 1,35 |
| | 30 | 60 | 4 | 2,65 | 2,57 | 3,97 | 3,86 | 2,09 | 2,04 | 2,43 | 2,36 | 0,716 | 1,71 |

1 für einbetonierte, aufgesetzte oder angeschweißte ($t \geq 3$ mm) Pfosten.
2 für angeschraubte Pfosten.

### Schweißnahtdicken zum Fügen Pfosten – Fußplatte

#### Erforderliche Nahtdicke $a_{Werf}$ in mm für Stabstähle

| $t$ oder $d$ in mm | 4 | 4,5 | 5 | 6 | 7 | 8 | 10 | 12 | 16 | 20 | $t \geq 3$ |
|---|---|---|---|---|---|---|---|---|---|---|---|
| $a_{Werf}$ in mm | 3,5 | 4 | 4 | 5 | 5,5 | 6,5 | 8 | 9,5 | 4 | 5 | $a_{Werf} = t$ |

### Beispiel:

Balkongeländer eines Wohnhauses. Absturzhöhe 8,5 m, Montagefall B, Pfostenabstand $A$ = 1,2 m, Pfosten aus Flachstahl.
Nach Landesbauordnung: $H_{min}$ = 0,9 m
Nach Tabelle S. 393: $m'_d$ = 1,23 kN · m/m

$M_d = m'_d · A$ = 1,23 kN · m/m · 1,2 m = 1,476 kN · m ≈ **1,48 kN · m**

Auswahl eines Flachstahls (S235, angeschweißt) für Pfosten.    $M_d \leq M_{R,d}$;
Nach Tabelle S. 393: **Fl 60 × 10** ⇒    $M_{R,d}$ = 1,61 kN · m ≥ $M_d$

Bestimmung der Schweißnahtdicke $a_w$ und -länge $l_w$.    $M_d \leq M_{R,d}$
Nach Tabelle S. 395: $l_w$ = **90 mm** und $a_w$ = **4 mm**    ⇒    $M_{R,d}$ = 1,84 kN · m ≥ $M_d$

Bestimmung der Größe der Befestigungsplatte.
Nach Tabelle S. 396: **180 × 18** oder **150 × 30**    ⇒    $M_{R,d}$ = 1,89 kN · m ≥ $M_d$

# Geländer

## Bemessung der Geländer und Pfosten
### Bestimmung der Momente $M_{R,d}$ mit Hilfe von Tabellen

#### Geschweißter Anschluss des Pfostens an der Stirnseite

Aufnehmbares Moment $M_{R,d}$ in kN · m

| Schweißnaht- dicke $a_w$ in mm | länge $l_w$ in mm | \multicolumn{5}{c}{Normstreckgrenzen der Werkstoffe $f_{y,k}$ in N/mm²} |||||
|---|---|---|---|---|---|---|
| | | 240 Baustahl | 360 Baustahl | 190 nicht rosten- der Stahl | 220 nicht rosten- der Stahl | 160 Aluminium |
| 3 | 50 | 0,431 | 0,646 | 0,341 | 0,395 | 0,146 |
| 3 | 60 | 0,691 | 0,929 | 0,490 | 0,567 | 0,209 |
| 3 | 70 | 0,840 | 1,26 | 0,665 | 0,770 | 0,284 |
| 3 | 80 | 1,10 | 1,64 | 0,867 | 1,00 | 0,370 |
| 3 | 90 | 1,38 | 2,07 | 1,09 | 1,27 | 0,468 |
| 3 | 100 | 1,70 | 2,55 | 1,35 | 1,56 | 0,576 |
| 4 | 50 | 0,575 | 0,862 | 0,455 | 0,527 | 0,194 |
| 4 | 60 | 0,825 | 1,24 | 0,653 | 0,757 | 0,279 |
| 4 | 70 | 1,12 | 1,68 | 0,887 | 1,03 | 0,379 |
| 4 | 80 | 1,46 | 2,19 | 1,16 | 1,34 | 0,494 |
| 4 | 90 | 1,84 | 2,77 | 1,46 | 1,69 | 0,624 |
| 4 | 100 | 2,27 | 3,41 | 1,80 | 2,08 | 0,768 |
| 5 | 50 | 0,718 | 1,08 | 0,569 | 0,658 | 0,243 |
| 5 | 60 | 1,03 | 1,55 | 0,817 | 0,946 | 0,349 |
| 5 | 70 | 1,40 | 2,10 | 1,11 | 1,28 | 0,474 |
| 5 | 80 | 1,83 | 2,74 | 1,44 | 1,67 | 0,618 |
| 5 | 90 | 2,30 | 3,46 | 1,82 | 2,11 | 0,780 |
| 5 | 100 | 2,84 | 4,26 | 2,25 | 2,60 | 0,961 |

#### Geschraubter Anschluss des Pfostens an der Stirnseite

Aufnehmbares Moment $M_{R,d}$ in kN · m

| Anschlussplatte || Schraube M12 | Verbindungsart | Schraubenabstand $e$ in mm |||||
|---|---|---|---|---|---|---|---|---|
| Norm- streck- grenze $f_{y,k}$ N/mm² | Mindest- dicke $t$ mm | Werkstoff- güte | Art 1 / Art 2 | 40 | 60 | 80 | 100 | 120 | 140 |
| 240 | 3,4 | 4.6 | 1 | 0,695 | 1,06 | 1,43 | 1,82 | 2,22 | 2,64 |
| 360 | 2,3 | 4.6 | | | | | | | |
| 190 | 4,3 | 4.6 | | | | | | | |
| 220 | 3,7 | 4.6 | 2 | 1,39 | 2,12 | 2,87 | 3,65 | 4,45 | 5,27 |
| 160 | 5,1 | 4.6 | | | | | | | |
| 240 | 4,2 | nicht- rostender Stahl | 1 | 0,869 | 1,32 | 1,79 | 2,28 | 2,78 | 3,30 |
| 360 | 2,8 | | | | | | | | |
| 190 | 5,3 | | | | | | | | |
| 220 | 4,6 | | 2 | 1,74 | 2,65 | 3,59 | 4,56 | 5,56 | 6,59 |
| 160 | 6,3 | | | | | | | | |
| 240 | 8,5 | 10.9 | 1 | 1,74 | 2,65 | 3,59 | 4,56 | 5,56 | 6,59 |
| 360 | 5,6 | | | | | | | | |
| 190 | 11 | | | | | | | | |
| 220 | 9,2 | | 2 | 3,48 | 5,3 | 7,17 | 9,11 | 11,1 | 13,2 |
| 160 | 13 | | | | | | | | |

# Geländer

## Größe der Befestigungsplatten

### Aufnehmbares Moment $M_{R,d}$ in kN · m der Befestigungsplatte; Befestigung von oben oder unten

| Norm-streckgrenze $f_{y,k}$ in N/mm² | Blech-dicke $t$ in mm | Breite der Befestigungsplatte in mm | | | | |
|---|---|---|---|---|---|---|
| | | 80 | 100 | 120 | 150 | 180 |
| 240 (Baustahl) | 10 | 0,218 | 0,291 | 0,364 | 0,473 | 0,582 |
| | 12 | 0,314 | 0,419 | 0,524 | 0,681 | 0,838 |
| | 15 | 0,491 | 0,655 | 0,818 | 1,06 | 1,31 |
| | 18 | 0,707 | 0,943 | 1,18 | 1,53 | 1,89 |
| | 20 | 0,873 | 1,16 | 1,45 | 1,89 | 2,33 |
| 190 (nicht rostender Stahl) | 10 | 0,173 | 0,23 | 0,288 | 0,374 | 0,461 |
| | 12 | 0,249 | 0,332 | 0,415 | 0,539 | 0,663 |
| | 15 | 0,389 | 0,518 | 0,648 | 0,842 | 1,04 |
| | 18 | 0,56 | 0,746 | 0,933 | 1,21 | 1,49 |
| | 20 | 0,691 | 0,921 | 1,15 | 1,50 | 1,84 |

### Aufnehmbares Moment $M_{R,d}$ in kN · m der Befestigungsplatte; Befestigung stirnseitig

| Norm-streckgrenze $f_{y,k}$ in N/mm² | Blech-dicke $t$ in mm | Breite der Befestigungsplatte in mm | | | | | | | | |
|---|---|---|---|---|---|---|---|---|---|---|
| | | 80 | 100 | 120 | 150 | 160 | 180 | 200 | 240 | 280 |
| 240 (Baustahl) | 10 | 0,549 | 0,676 | 0,801 | 0,98 | 1,04 | 1,15 | 1,26 | 1,48 | 1,68 |
| | 12 | 0,790 | 0,974 | 1,15 | 1,41 | 1,50 | 1,66 | 1,82 | 2,13 | 2,42 |
| | 15 | 1,23 | 1,52 | 1,80 | 2,21 | 2,34 | 2,59 | 2,85 | 3,33 | 3,79 |
| | 18 | 1,78 | 2,19 | 2,59 | 3,18 | 3,37 | 3,74 | 4,10 | 4,79 | 5,45 |
| | 20 | 2,20 | 2,71 | 3,20 | 3,92 | 4,16 | 4,61 | 5,06 | 5,92 | 6,73 |
| 190 (nicht rostender Stahl) | 10 | 0,435 | 0,536 | 0,634 | 0,776 | 0,822 | 0,913 | 1,00 | 1,17 | 1,33 |
| | 12 | 0,626 | 0,771 | 0,913 | 1,12 | 1,18 | 1,31 | 1,44 | 1,69 | 1,92 |
| | 15 | 0,978 | 1,20 | 1,43 | 1,75 | 1,85 | 2,05 | 2,25 | 2,63 | 3,00 |
| | 18 | 1,41 | 1,74 | 2,05 | 2,51 | 2,66 | 2,96 | 3,24 | 3,79 | 4,32 |
| | 20 | 1,74 | 2,14 | 2,54 | 3,10 | 3,29 | 3,65 | 4,00 | 4,68 | 5,33 |

## Dübelabstände für Verbundanker für ungerissenen und gerissenen Beton

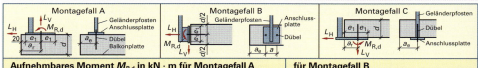

### Aufnehmbares Moment $M_{R,d}$ in kN · m für Montagefall A / für Montagefall B

| $e_1$ mm | $a_r$ mm | 60 M10 $a_e \geq 90$ mm $d \geq 130$ mm | 80 M12 $a_e \geq 120$ mm $d \geq 150$ mm | 100 M12 $a_e \geq 150$ mm $d \geq 200$ mm | 60 M10 $a_e \geq 90$ mm $d \geq 130$ mm | 80 M12 $a_e \geq 120$ mm $d \geq 150$ mm | 100 M12 $a_e \geq 150$ mm $d \geq 200$ mm |
|---|---|---|---|---|---|---|---|
| 40 | 60 | 0,17 | – | – | 0,12 | – | – |
| 60 | 80 | 0,26 | 0,45 | – | 0,19 | 0,35 | – |
| 80 | 100 | 0,34 | 0,6 | 0,87 | 0,25 | 0,51 | 0,78 |
| 100 | 120 | 0,43 | 0,75 | 1,12 | 0,32 | 0,63 | 1,00 |
| 120 | 140 | 0,51 | 0,9 | 1,34 | 0,38 | 0,76 | 1,21 |

### Aufnehmbares Moment $M_{R,d}$ in kN · m pro Dübelpaar für Montagefall C

| $e_1$ mm | $d$ mm | 60 M10 | | 80 M12 | | 100 M12 | |
|---|---|---|---|---|---|---|---|
| | | $a = 100$ mm $a_e \geq 150$ mm | $a = 150$ mm $a_e \geq 150$ mm | $a = 100$ mm $a_e \geq 150$ mm | $a = 150$ mm $a_e \geq 150$ mm | $a = 100$ mm $a_e \geq 150$ mm | $a = 150$ mm $a_e \geq 150$ mm |
| 40 | 120 | 0,18 | 0,21 | – | – | – | – |
| 60 | 160 | 0,39 | 0,47 | 0,44 | 0,51 | – | – |
| 80 | 200 | 0,60 | 0,62 | 0,76 | 0,86 | 0,83 | 0,94 |
| 100 | 240 | 0,74 | 0,76 | 1,16 | 1,30 | 1,28 | 1,43 |
| 120 | 280 | 0,86 | 0,89 | 1,36 | 1,53 | 1,82 | 2,06 |

## Hauptbegriffe im Fensterbau

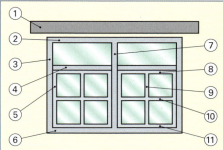
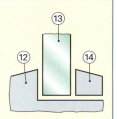

1 Sturz
2 Blendrahmen-Oberstück
3 senkrechter Rahmenteil
4 Riegel (Kämpfer)
5 Flügelrahmenteil senkrecht
6 Wetterschenkel
7 Pfosten
8 Flügelrahmen-Oberteil
9 Sprosse senkrecht
10 Sprosse waagerecht
11 Flügelrahmen-Unterteil
12 Glasfalz (Glasfalzhöhe und Glasfalzgrund)
13 Verglasung
14 Glashalteleiste

### Aufmaße am Bau

Lichtes Rohbaumaß (lichte Höhe)
Lichtes Rohbaumaß (lichte Breite)
Meterriss MR
Brüstungshöhe BRH
OFF
1000

Die Baurichtmaße sind die Kleinstmaße der Rohbaumaße. Da Fenster und Türen in die Bauwerksöffnungen hineinpassen müssen und außerdem noch eine Bauanschlussfuge gewährleistet sein muss, liegen die Außenmaße des Blendrahmens 20 mm ... 30 mm in der Breite und 10 mm ... 20 mm in der Höhe unter dem Baurichtmaß.

### Links und rechts im Bauwesen — vgl. DIN EN 12519

Rechts — Schließrichtung — Flügel — Öffnungsfläche — Band — Links

Eine Rechtstür, ein Rechtsfenster (+), schließen im Uhrzeigersinn und sind auf der Betrachterseite rechts angeschlagen.

Eine Linkstür, ein Linksfenster (−) schließen gegen den Uhrzeigersinn und sind auf der Betrachterseite links angeschlagen.

### Grenzabmaße in mm — vgl. DIN 18 202 (2005-10)

| bei Nennmaßen in m | bis 1 | über 1 bis 3 | über 3 bis 6 |
|---|---|---|---|
| für Fenster- und Türöffnungen und Einbauelemente | ± 10 | ± 12 | ± 16 |
| für Öffnungen wie vor, jedoch mit oberflächenfertigen Laibungen | ± 8 | ± 10 | ± 12 |

## Öffnungsarten der Fensterflügel — vgl. DIN 1356 (1995-02)

| Symbol | Bezeichnung | Symbol | Bezeichnung |
|---|---|---|---|
| + | Festverglasung | ◇ | Wendefenster mittig, rechts öffnend |
| ◸ | Drehfenster einflügelig nach innen öffnend, links | ← | Horizontalschiebeflügel |
| △ | Kippfenster | ⌐ | Hebeschiebeflügel, nach links öffnend |
| ⟁ | Drehkippfenster links | ↑ | Hebeflügel |
| ⌵ | Klappfenster | ◁ | Hebedrehflügel |
| ◇ | Schwingfenster mittig angeschlagen | ——— nach innen öffnend  - - - - nach außen öffnend- Standort des Betrachters innen. | |

# Fenster

## Richtlinien zur Beurteilung der visuellen Qualität von ISO-Glas

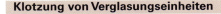

Nach einer Richtlinie des Instituts des Glaserhandwerks für Verglasungstechnik und Fensterbau und des Ausschusses des Bundesverbandes Flachglas Großhandel, Isolierglasherstellung und Veredelung e.V.

**F Falzzone (Randverbund)**
Breite 18 mm, mit Ausnahme von mechanischen Kantenbeschädigungen, keine Einschränkung.

**R Randzone**
Fläche 10% der jeweiligen Lichten Breiten- u. Höhen-Maße, weniger strenge Beurteilung.

**H Hauptzone**
Strengste Beurteilung

## Klotzung von Verglasungseinheiten

| | |
|---|---|
| Tragklötze | Übertragen das Gewicht der Verglasungseinheit auf die Rahmenkonstruktion |
| Distanzklötze | Gewährleisten den Abstand zwischen Glaskante und Falzgrund. |
| Klotzbrücken | Gewährleisten einen umlaufenden Dampfdruckausgleich. |

| Dicken | 1 | 2 | 3 | 4 | 5 | 6 | 7/10 |
|---|---|---|---|---|---|---|---|
| Farben | natur/braun | rot | grün | gelb | blau | schwarz | natur/braun |

Grundmaße von Klötzen: Länge 80 mm bis 100 mm; Breite = Glasdicke + 2 mm

### Klotzungsvorschläge

Drehflügel – Kippflügel – Drehkipp-Flügel
Klappflügel – Schwingflügel – Wendeflügel mittig
Horizontal-Schiebeflügel – Drehflügel mit Sprossen

### Beispiele fachgerechter Klotzung

- Tragklotz
- Distanzklotz
- elastischer Distanzklotz

# Fenster

## Prüfanforderungen an Fenster und Fassaden
vgl. DIN 18 055 (1981-10)

| | |
|---|---|
| Fugendurchlässigkeit $V$ in m³/h | Die Fugendurchlässigkeit kennzeichnet den über die Fugen zwischen Flügel und Blendrahmen in der Zeit stattfindenden Luftaustausch, der durch eine am Fenster vorhandene Luftdruckdifferenz verursacht wird. |
| Fugendurchlasskoeffizient $a$ | Der Fugendurchlasskoeffizient $a$ kennzeichnet die über die Fugen zwischen Flügel und Blendrahmen eines Fensters je Zeit, Meter Fugenlänge und Luftdruckdifferenz von 10 Pa ausgetauschte Luftmenge. |
| Schlagregendichtheit | Schlagregendichtheit ist die Sicherheit, die ein geschlossenes Fenster bei gegebener Windstärke, Regenmenge und Beanspruchungsdauer gegen das Eindringen von Wasser in das Innere des Gebäudes bietet (DIN EN 86). |

## Beanspruchungsgruppen
vgl. DIN 18 055 (1981-10)

| Beanspruchungsgruppen[1] | A | B | C | D[3] |
|---|---|---|---|---|
| Prüfdruck in Pa entspricht etwa einer | bis 150 | bis 300 | bis 600 | Sonderregelung |
| Windgeschwindigkeit bei Windstärke[2] | bis 7 | bis 9 | bis 11 | |
| Gebäudehöhe in m (Richtwert) | bis 8 | bis 20 | bis 100 | |

[1] Die Beanspruchungsgruppe ist im Leistungsverzeichnis anzugeben.
[2] Nach der Beaufort-Skala
[3] In die Beanspruchungsgruppe D sind Fenster einzustufen, bei denen mit außergewöhnlicher Beanspruchung zu rechnen ist. Die Anforderungen sind im Einzelfall anzugeben.

## Anforderungen bei gebrauchsmäßiger Nutzung

| Prüfung | Lasten | Anforderungen |
|---|---|---|
| Verformung | 300 N | Nach der Prüfung dürfen die Einzelteile des Fensters keine Schäden aufweisen (Beschlagteile, Verglasung, usw.) Das Glas darf nicht brechen. Die Verformungen oder Absenkungen müssen so gering sein, dass der Flügel einwandfrei geschlossen werden kann. |
| Last an der Flügelecke | 500 N | |
| Torsion | 200 N | |
| Diagonale Verformung | 400 N | |
| Prüfung der Arretierung | Prüfung min. 10-mal durchführen | |
| Prüfung der Blockierungen | 200 N | Diese Last darf den Flügel nicht aus seiner Lage bringen. |

## Längenbezogene Fugendurchlässigkeit $V_L$

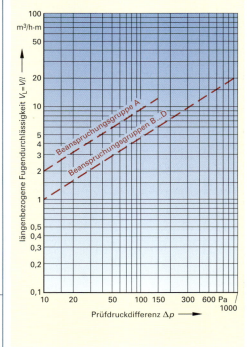

# Fenster

## Bemessung von Rahmenquerschnitten
vgl. DIN 18 056 (1966-06)

Bedingungen für die Bemessung von Fenstern und Fensterwänden
- Die Fläche der Fensterwand übersteigt 9 m².
- Die kurze Seite der Fensterwand ist länger als 2 m.

### Berechnungsgrundlagen
Der statische Nachweis der Durchbiegung wird nur für Pfosten und Riegel geführt. Der Blendrahmen wird nicht durchgebogen, da die auftretenden Kräfte von der Befestigung in den Baukörper eingeleitet werden.

| Zulässige Durchbiegung | 1/300 der Stützweite, maximal 8 mm |
|---|---|
| Grenzwert der Stützweite | $\frac{L_{max}}{300} = 8$ mm, $L_{max} = 300 \cdot 8$ mm $= 2400$ mm<br>Um zu sichern, dass das Glas sich nicht mehr als die zulässigen 8 mm durchbiegt, muss ab einer Stützweite von mehr als 2400 mm das ermittelte Flächenmoment 2. Grades für den Profilquerschnitt durch einen Faktor korrigiert werden. |
| Annahme für die Lastverteilung an einer Scheibenfläche | S Scheibenfläche<br>a Belastungsbreite<br>L Stützweite<br>Als Lastfall wird ein Träger auf zwei Stützen mit trapezförmiger Lastauflage angenommen. Dabei wird vereinfachend davon ausgegangen, dass sich bei Scheibenflächen eine Lastabtragung durch die Winkelhalbierende ergibt. |

### Ermittlung des erforderlichen Flächenträgheitsmomentes $I$ in cm⁴

| | | Arbeitsschritte |
|---|---|---|
| Zur Begrenzung der Durchbiegung und zur Sicherung der erforderlichen Biegesteifigkeit der Pfosten und Riegel muss das erforderliche Flächenmoment für die Profilauswahl ermittelt werden. | 1 | Ermittlung der Stützweite $L$. |
| | 2 | Ermittlung der Belastungsbreite $a$ und $b$ in cm. |
| | 3 | Flächenmoment für Belastungsbreite $a$ Seite 401. |
| | 4 | Flächenmoment für Belastungsbreite $b$ Seite 401. |
| | 5 | Flächenmomente addieren. |
| | 6 | Multiplikation der Summe der Flächenmomente mit dem bauwerksabhängigen Faktor für die Windbelastung $f_W$ Seite 408. |
| | 7 | Ermittlung des Flächenmomentes $I$ durch Multiplikation des Ergebnisses von Schritt 6 mit dem Korrekturfaktor für die Scheibenkante $f_{IV}$ Seite 401. |
| | 8 | Profilauswahl nach Profilhersteller-Katalog mit Eingangswert $I$. |

### Beispiel:
Für ein Fassadenelement in einem normalen Bauwerk mit Verglasungshöhe 10 m über dem Gelände ist der erforderliche Profilquerschnitt für den Pfosten zu ermitteln. Rahmenwerkstoff: Stahl.

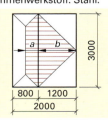

| | Lösungsschritte |
|---|---|
| 1 | $L = 3000$ mm $= 300$ cm |
| 2 | $a = 800$ mm $: 2 = 400$ mm $= 40$ cm<br>$b = 1200$ mm $: 2 = 600$ mm $= 60$ cm |
| 3 | $I_{x_a} = 11{,}7$ cm⁴ |
| 4 | $I_{x_b} = 16{,}9$ cm⁴ |
| 5 | $I_{x_{ab}} = I_{x_a} + I_{x_b}$ $= 11{,}7$ cm⁴ $+ 16{,}9$ cm⁴ $= 28{,}6$ cm⁴ |
| 6 | $I_{x_S} = I_{x_{ab}} \cdot f_W$ $= 28{,}6$ cm⁴ $\cdot 1{,}27 = 36{,}32$ cm⁴  $f_W$ Seite 408 |
| 7 | $L_1/L = 3000$ mm $: 3000$ mm $= 1$  $f_{IV} = 1{,}24$<br>$I = I_{x_S} \cdot f_{IV}$ $= 36{,}32$ cm⁴ $\cdot 1{,}24 = 45{,}04$ cm⁴ |
| 8 | Profilauswahl nach Katalog des Herstellers mit Eingangswert $I$. |

# Fenster 401

## Bemessung von Rahmenquerschnitten (Fortsetzung) vgl. DIN 18 056 (1966-06)

### Korrekturfaktoren für Scheibenkante bei Isolierverglasung $f_{IV}$

| $L_1/L$ | L in cm | | | | | | | | | | |
|---|---|---|---|---|---|---|---|---|---|---|---|
| | 250 | 300 | 350 | 400 | 450 | 500 | 550 | 600 | 700 | 800 | 900 | 1000 |
| 1,0 | 1,04 | 1,24 | 1,45 | 1,66 | 1,87 | 2,08 | 2,29 | 2,49 | 2,91 | 3,33 | 3,74 | 4,16 |
| 0,75 | 1 | 1 | 1 | 1 | 1,05 | 1,17 | 1,28 | 1,40 | 1,64 | 1,87 | 2,10 | 2,34 |
| 0,66 | 1 | 1 | 1 | 1 | 1 | 1,01 | 1,11 | 1,29 | 1,48 | 1,66 | 1,85 |

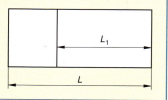

L Stützweite des Rahmenteiles; $L_1$ Länge der größten Isolierglasscheibe an dem betrachteten Rahmenteil.

### Flächenträgheitsmomente für Aluminium $I_x$ in cm⁴

| L in cm | Belastungsbreite in cm | | | | | | | | | | | | | | | | | |
|---|---|---|---|---|---|---|---|---|---|---|---|---|---|---|---|---|---|---|
| | 20 | 30 | 40 | 50 | 60 | 70 | 80 | 90 | 100 | 110 | 120 | 130 | 140 | 150 | 160 | 170 | 180 | 190 |
| 100 | 0,6 | 0,8 | 1,0 | 1,0 | | | | | | | | | | | | | | |
| 120 | 1,1 | 1,5 | 1,9 | 2,1 | 2,2 | | | | | | | | | | | | | |
| 140 | 1,7 | 2,5 | 3,2 | 3,7 | 4,0 | 4,1 | | | | | | | | | | | | |
| 160 | 2,6 | 3,8 | 4,9 | 5,8 | 6,4 | 6,8 | 7,0 | | | | | | | | | | | |
| 180 | 3,8 | 5,6 | 7,2 | 8,5 | 9,7 | 10,5 | 11,0 | 11,2 | | | | | | | | | | |
| 200 | 5,2 | 7,7 | 10,0 | 12,0 | 13,3 | 15,2 | 16,2 | 16,9 | 17,1 | | | | | | | | | |
| 220 | 7,0 | 10,3 | 13,5 | 16,3 | 18,9 | 21,0 | 22,8 | 24,0 | 24,8 | 25,0 | | | | | | | | |
| 240 | 9,1 | 13,5 | 17,7 | 21,5 | 25,0 | 28,1 | 30,7 | 32,8 | 34,3 | 35,2 | 35,5 | | | | | | | |
| 260 | 11,6 | 17,2 | 22,6 | 27,7 | 32,3 | 36,5 | 40,2 | 43,2 | 45,7 | 47,5 | 48,6 | 48,9 | | | | | | |
| 280 | 14,5 | 21,6 | 28,4 | 34,8 | 40,9 | 46,4 | 51,3 | 55,6 | 59,2 | 62,1 | 64,1 | 65,4 | 65,8 | | | | | |
| 300 | 17,9 | 26,6 | 35,1 | 43,2 | 50,8 | 57,8 | 64,3 | 70,0 | 75,0 | 79,2 | 82,4 | 84,8 | 86,3 | 86,7 | | | | |
| 320 | 21,8 | 32,4 | 42,7 | 52,7 | 62,1 | 71,0 | 79,2 | 86,6 | 93,2 | 98,9 | 103 | 107 | 110 | 111 | 112 | | | |
| 340 | 26,1 | 38,9 | 51,4 | 63,5 | 75,0 | 85,9 | 96,1 | 105 | 114 | 121 | 128 | 133 | 137 | 140 | 142 | 143 | | |
| 360 | 31,0 | 46,3 | 61,2 | 75,7 | 89,6 | 102 | 115 | 126 | 137 | 147 | 155 | 162 | 168 | 173 | 177 | 179 | 179 | |
| 380 | 36,5 | 54,4 | 72,1 | 89,3 | 105 | 121 | 136 | 150 | 163 | 175 | 186 | 196 | 204 | 211 | 216 | 220 | 222 | 223 |
| 400 | 42,6 | 63,7 | 84,3 | 104 | 123 | 142 | 160 | 177 | 193 | 208 | 221 | 233 | 244 | 253 | 260 | 266 | 270 | 273 |
| 450 | 60,8 | 90,8 | 120 | 149 | 177 | 205 | 231 | 257 | 281 | 304 | 325 | 345 | 363 | 379 | 394 | 407 | 417 | 426 |
| 500 | 83,4 | 124 | 165 | 205 | 245 | 283 | 321 | 357 | 392 | 425 | 457 | 486 | 514 | 540 | 564 | 585 | 605 | 622 |

L Stützweite
a Belastungsbreite
b Belastungsbreite

### Flächenträgheitsmomente für Stahl $I_x$ in cm⁴

| L in cm | Belastungsbreite in cm | | | | | | | | | | | | | | | | | |
|---|---|---|---|---|---|---|---|---|---|---|---|---|---|---|---|---|---|---|
| | 20 | 30 | 40 | 50 | 60 | 70 | 80 | 90 | 100 | 110 | 120 | 130 | 140 | 150 | 160 | 170 | 180 | 190 |
| 100 | 0,2 | 0,2 | 0,3 | 0,3 | | | | | | | | | | | | | | |
| 120 | 0,3 | 0,5 | 0,6 | 0,7 | 0,7 | | | | | | | | | | | | | |
| 140 | 0,5 | 0,8 | 1,0 | 1,2 | 1,3 | 1,3 | | | | | | | | | | | | |
| 160 | 0,8 | 1,2 | 1,6 | 1,9 | 2,1 | 1,2 | 2,3 | | | | | | | | | | | |
| 180 | 1,2 | 1,8 | 2,4 | 2,8 | 3,2 | 3,5 | 3,6 | 3,7 | | | | | | | | | | |
| 200 | 1,7 | 2,5 | 3,3 | 4,0 | 4,6 | 5,0 | 5,4 | 5,6 | 5,7 | | | | | | | | | |
| 220 | 2,3 | 3,4 | 4,5 | 5,4 | 6,3 | 7,0 | 7,6 | 8,0 | 8,2 | 8,3 | | | | | | | | |
| 240 | 3,0 | 4,5 | 5,9 | 7,1 | 8,3 | 9,3 | 10,2 | 10,9 | 11,4 | 11,7 | 11,8 | | | | | | | |
| 260 | 3,8 | 5,7 | 7,5 | 9,2 | 10,7 | 12,1 | 13,4 | 14,4 | 15,2 | 15,8 | 16,2 | 16,3 | | | | | | |
| 280 | 4,8 | 7,2 | 9,4 | 11,6 | 13,6 | 15,4 | 17,1 | 18,5 | 19,7 | 20,7 | 21,3 | 21,8 | 21,9 | | | | | |
| 300 | 5,8 | 8,8 | 11,7 | 14,4 | 16,9 | 19,2 | 21,4 | 23,3 | 25,0 | 26,4 | 27,4 | 28,2 | 28,7 | 28,9 | | | | |
| 320 | 7,2 | 10,8 | 14,2 | 17,5 | 20,7 | 23,6 | 26,4 | 28,8 | 31,0 | 32,9 | 34,5 | 35,8 | 36,7 | 37,2 | 37,4 | | | |
| 340 | 8,7 | 12,9 | 17,1 | 21,1 | 25,0 | 28,6 | 32,0 | 35,1 | 38,0 | 40,5 | 42,6 | 44,4 | 45,8 | 46,9 | 47,5 | 47,7 | | |
| 360 | 10,3 | 15,4 | 20,4 | 25,2 | 29,8 | 34,2 | 38,4 | 42,2 | 45,8 | 49,0 | 51,8 | 54,3 | 56,3 | 57,9 | 59,0 | 59,7 | 59,9 | |
| 380 | 12,1 | 18,1 | 24,0 | 29,7 | 35,2 | 40,5 | 45,5 | 50,2 | 54,6 | 58,6 | 62,2 | 65,4 | 68,1 | 70,3 | 72,1 | 73,4 | 74,2 | 74,4 |
| 400 | 14,2 | 21,2 | 28,1 | 34,8 | 41,3 | 47,5 | 53,5 | 59,1 | 64,4 | 69,3 | 73,8 | 77,8 | 81,3 | 84,3 | 86,9 | 88,8 | 90,2 | 91,1 |
| 450 | 20,2 | 30,2 | 40,1 | 49,8 | 59,2 | 68,4 | 77,2 | 85,7 | 93,8 | 101 | 108 | 115 | 121 | 126 | 131 | 135 | 139 | 142 |
| 500 | 27,8 | 41,6 | 55,2 | 68,6 | 81,7 | 94,6 | 107 | 119 | 130 | 141 | 152 | 162 | 171 | 180 | 188 | 195 | 201 | 207 |

L Stützweite
a Belastungsbreite
b Belastungsbreite

**Beispiel:** Stützweite $L = 300$ cm, Belastungsbreite $a = 40$ cm sind Tabelleneingangswerte für die Stahlprofiltabelle. Das entspricht einem Flächenträgheitsmoment $I_x = 11,7$ cm⁴.

# Verglasungen

## Bemessung der Glasscheibendicke

Die Ermittlung der Glasscheibendicke erfolgt nach Regeln, die vom Deutschen Institut für Bautechnik (DIBt) herausgegeben werden. Zur Zeit gelten folgende Regeln:

| Technische Regeln für | Kürzel | Ausgabe |
|---|---|---|
| für die Verwendung von linienförmig gelagerten Verglasungen | (TRLV) | Fassung von August 2006 |
| die Verwendung von absturzsichernden Verglasungen | (TRAV) | Fassung von Januar 2003 |
| die Bemessung und Ausführung punktförmig gelagerter Verglasungen | (TRPV) | Fassung von August 2006 |

Der Besteller von Glasprodukten hat *eigenverantwortlich* für die richtige Dimensionierung der Glasdicke gemäß der jeweils gültigen technischen Regeln zu sorgen. Die in diesem Tabellenbuch angegebenen Werte geben die produktionstechnischen Möglichkeiten der Glashersteller wieder.

### Technische Regeln für die Verwendung von linienförmig gelagerten Verglasungen (TRLV) – Auszug

#### Geltungsbereich der TRLV[1]

| | | |
|---|---|---|
| 1 | „Für Verglasungen, die an mindestens zwei gegenüberliegenden Seiten durchgehend linienförmig gelagert sind. Je nach ihrer Neigung zur Vertikalen werden sie eingeteilt in: | |
| | Überkopfverglasungen | Vertikalverglasungen |
| | Neigung > 10° | Neigung ≤ 10° |
| 2 | Für vertikale Verglasungen, sofern diese nicht nur kurzzeitigen veränderlichen Einwirkungen z.B. durch Wind unterliegen. Dazu zählen z.B. Dachverglasungen, bei denen eine Belastung durch Schneeanhäufungen auftreten kann. | |

[1] TRLV gelten nicht für geklebte Fassadenelemente, für Verglasungen die planmäßig zur Aussteifung dienen sowie für gekrümmte Überkopfverglasungen.

#### Bauprodukte

| | | | | | |
|---|---|---|---|---|---|
| 1 | SPG | Spiegelglas | 5 | TVG[2] | Teilvorgespanntes Glas |
| 2 | – | Gussglas (Drahtglas, Ornamentglas) | 6 | VSG[2] | Verbund-Sicherheitsglas aus Gläsern nach 1 … 5 mit ZWS[3] |
| 3 | ESG | Einscheiben-Sicherheitsglas | | | |
| 4 | ESG-H | Heißlagerungsgeprüftes ESG | 7 | VG | Verbundglas aus Gläsern 1 … 5 mit ZWS[2] |

| Bei Gläsern nach 1 … 4 gilt … | der Elastizitätsmodul von $E = 70000 \text{ N/mm}^2$. |
|---|---|
| | die Querdehnungszahl von $\mu = 0{,}23$. |
| | der thermische Längenausdehnungskoeffizient von $\alpha = 9 \cdot 10^{-6} \text{ K}^{-1}$. |

[2] mit bauaufsichtlicher Zulassung;
[3] Zwischenschicht, deren Verwendbarkeit durch allgemeine bauaufsichtliche Zulassung nachgewiesen ist.

#### Anwendungsbedingungen

##### Allgemein

| | |
|---|---|
| 1 | Der Glaseinstand ist so zu wählen, dass die Standsicherheit der Verglasung langfristig gesichert ist. |
| 2 | Die Durchbiegung der Auflagerprofile muss < 1/200 der Scheibenlänge, max. 15 mm sein. |
| 3 | Unter Last und Wärmeeinwirkung darf kein Kontakt zwischen Glas und harten Werkstoffen bestehen. |
| 4 | Das Verrutschen der Scheiben ist durch Distanzklötze zu verhindern. |
| 5 | Der Abstand zwischen Falzgrund und Scheibenrand muss so groß sein, dass ein Dampfdruckausgleich möglich ist. Grenzmaße von Unterkonstruktion und Verglasung beachten. |

##### Überkopfverglasungen

| | |
|---|---|
| 1 | Für Einfachverglasungen und für die untere Scheibe von Isolierverglasungen dürfen nur Drahtglas oder VSG aus SPG oder TVG nach allgemeiner bauaufsichtlicher Zulassung verwendet werden. |
| 2 | VSG-Scheiben aus SPG oder/und TVG mit einer Stützweite > 1,2 m müssen allseitig linienförmig gelagert sein. Das Seitenverhältnis darf nicht größer als 3:1 sein. |
| 3 | Drahtglas ist nur bei einer Stützweite in Haupttragrichtung bis 0,7 m zulässig. Der Glaseinstand von Drahtglas muss mindestens 15 mm betragen. |
| 4 | Bohrungen und Ausschnitte in den Scheiben sind nur bei Verwendung von VSG aus TVG zulässig, wenn sie zur Befestigung mit durchgehenden Klemmleisten dienen. Der Randabstand der Bohrungen und ihr Abstand untereinander muss mindestens 80 mm betragen. |
| 5 | Der freie Rand von VSG darf maximal 300 mm über den von den linienförmigen Lagerungen aufgespannten Bereich hinauskragen. Die Auskragung der Scheibe eines VSG über den Verbundbereich hinaus darf höchstens 30 mm betragen (z.B. Tropfkanten). |

## Bemessung der Glasscheibendicke (Fortsetzung)
### Technische Regeln für die Verwendung von linienförmig gelagerten Verglasungen (Fortsetzung)

| | Vertikalverglasungen | | | | | |
|---|---|---|---|---|---|---|
| 1 | Einfachverglasungen aus SPG, Ornamentglas oder VG müssen allseitig linienförmig gelagert sein. | | | | | |
| 2 | Die Verwendung von ESG ist nur in Einbauhöhen $h < 4$ m zulässig, bei denen Personen nicht direkt unter die Verglasung treten können. | | | | | |
| 3 | Bohrungen und Ausschnitte sind nur in vorgespannten Scheiben (ESG, ESG-H, TVG) oder VSG zulässig. | | | | | |

**Begehbare Verglasungen**

⇒ Die folgenden Regeln gelten nur für Verglasungen mit einer allseitigen linienförmigen Lagerung zur Verwendung als Treppenstufe oder Podest. Befahren, hohe Dauerlasten und Stoßbelastung sind bei der Nutzung ausgeschlossen.

Standsicherheit und Gebrauchstauglichkeit sind rechnerisch nachzuweisen.

| | **Tabelle 1** | | … bei gleichmäßig verteilter lotrechter Verkehrslast | | |
|---|---|---|---|---|---|
| 1 | Bei der Berechnung anzusetzende Lasten | | bis 3,5 kN/m² | > 3,5 … 5 kN/m² | > 5 kN/m² |
| | zul. Einzellast | | 1,5 kN | 2,0 kN | nicht zulässig |

| | **Tabelle 2** | Produkt | Glasdicke | max. Länge × Breite | Glaseinstand | Dicke der PVB-Folie |
|---|---|---|---|---|---|---|
| 2 | Obere Scheibe | ESG/TVG | mind. 10 mm | 1500 mm × 400 mm | mind. 30 mm | mind. 1,52 mm pro Zwischenschicht |
| | Untere Scheibe | SPG/TVG | mind. 12 mm | | | |

| | | |
|---|---|---|
| 3 | Die Verglasungen müssen in Scheibenebene in ihrer Lage gesichert werden. Kanten sind zu schützen. | |
| 4 | Bohrungen oder Ausnehmungen sind nicht zulässig. | |
| 5 | Die Oberflächen der Verglasungen müssen rutschsicher sein. | |
| 6 | Für die Spannungsnachweise ist anzunehmen, dass die oberste Scheibe nicht mitträgt. | |

**Einwirkungen**

Es sind Einwirkungen zu berücksichtigen, die sich aus den bauaufsichtlich bekannt gemachten Technischen Baubestimmungen ergeben. Einwirkungen auf Tragwerke siehe ab Seite 51.

*Wirkung von Druckdifferenzen*

Bei Isolierverglasungen ist zusätzlich die Wirkung von Druckdifferenzen $p_0$ zu berücksichtigen, die sich aus der Veränderung der Temperatur $\Delta T$ und des meteorologischen Luftdrucks $\Delta p_{max}$ und aus der Höhendifferenz $\Delta H$ zwischen Einbauort und Herstellungsort (Ort der Scheibenabdichtung) ergeben.

| **Tabelle 3** | Rechenwerte für klimatische Einwirkungen und den isochoren Druck $p_0$ | | | |
|---|---|---|---|---|
| Einwirkungskombination | $\Delta T$ in K | $\Delta p_{max}$ in kN/mm² | $\Delta H$ in m | $p_0$ in kN/mm² |
| Sommer | +20 | −2 | +600 | +16 |
| Winter | −25 | +4 | −300 | −16 |

Voraussetzung für den Ansatz der Rechenwerte für $\Delta T$ nach Tabelle 3 ist die Verwendung von Isolierglas mit einem Gesamtabsorptionsgrad < 30% und keiner zusätzlichen Aufheizung durch andere Bauteile

**Standsicherheits- und Durchbiegungsnachweise**

*Allgemeines*

Die Glasscheiben sind für o.g. Einwirkungen unter Beachtung aller spannungserhöhenden Einflüsse (Bohrungen, Ausschnitte) zu bemessen. Bei Isolierverglasungen ist die Kopplung der Einzelscheiben durch das eingeschlossene Gasvolumen zu berücksichtigen.

*Spannungsnachweis*

Bei Überlagerung der Einwirkungen nach Tabelle 3 dürfen die zulässigen Biegezugspannungen um 15% und bei Vertikalverglasungen mit Scheiben aus SPG und Glasflächen bis zu 1,6 m² um 25% erhöht werden.

| **Tabelle 4** | zulässige Biegezugspannungen in N/mm² | | | |
|---|---|---|---|---|
| Glassorte | Überkopf- und Vertikalverglasung | Glassorte | Überkopfverglasung | Vertikalverglasung |
| ESG aus SPG | 50 | SPG | 12 | 18 |
| ESG aus Gussglas | 37 | Gussglas | 8 | 10 |
| Emailliertes ESG aus SPG | 30 | VSG aus SPG | 15 | 22,5 |

Die untere Scheibe einer Überkopfverglasung aus Isolierglas ist außer für den Fall der planmäßigen Einwirkungen auch für den Fall des Versagens der oberen Scheibe mit deren Belastung zu bemessen.

## Bemessung der Glasscheibendicke (Fortsetzung)
### Technische Regeln für die Verwendung von linienförmig gelagerten Verglasungen (Fortsetzung)

Durchbiegungsnachweis

Die Durchbiegung der Glasscheiben darf an ungünstigster Stelle nicht größer sein als nach Tabelle 5.

| Tabelle 5 | Durchbiegungsbegrenzungen | | |
|---|---|---|---|
| Lagerung | | Überkopfverglasung | Vertikalverglasung |
| vierseitig | | 1/100 der Scheibenstützweite in Haupttragrichtung | keine Anforderungen[1]) |
| zwei- und dreiseitig | | Einfachverglasung:<br>1/100 der Scheibenstützweite in Haupttragrichtung | 1/100 der freien Kante[2]) |
| | | Scheiben der Isolierverglasung: 1/200 der freien Kante | 1/100 der freien Kante[2]) |

[1]) Herstellerangaben beachten.
[2]) Beim Nachweis, dass der Glaseinstand unter Last nicht < 5 mm ist, kann diese Begrenzung entfallen.

Nachweiserleichterungen für Vertikalverglasungen

| Tabelle 6 | Allseitig gelagerte Isolierverglasungen können bis 20 m über Gelände ohne weiteren Nachweis verwendet werden, wenn folgende Bedingungen eingehalten werden: | | |
|---|---|---|---|
| Glaserzeugnis | SPG, TVG, ESG | Differenz der Scheibendicken | ≤ 4 mm |
| Fläche der Verglasung | ≤ 1,6 m² | Scheibenzwischenraum | ≤ 16 mm |
| Scheibendicke | ≤ 4 mm | Windlast $w$ | ≤ 0,8 kN/mm² |

### Technische Regeln für die Verwendung von absturzsichernden Verglasungen (TRAV) – Auszug

| Geltungsbereich der TRAV | | | |
|---|---|---|---|
| 1 | Für Vertikalverglasungen nach den TRLV, an die wegen ihrer absturzsichernden Funktion zusätzliche Anforderungen gestellt werden. | | |
| 2 | Für tragende Glasbrüstungen mit durchgehendem tragenden Handlauf, die an ihrem Fußpunkt mittels einer Klemmkonstruktion linienförmig gelagert sind. | | |
| 3 | Geländerausfachungen aus Glas. | | |
| Zu sichernder Höhenunterschied nach Landesbauordnung: | Absturzhöhe | ≥ 1 m bis 12 m | ≥ 12 m |
| | Umwehrungshöhe | 0,9 m | 1,10 m |

| Kategorien absturzsichernder Verglasungen | |
|---|---|
| Kategorie A | Linienförmig gelagerte Vertikalverglasungen nach TRLV, die keinen tragenden Brüstungsriegel oder vorgesetzten Holm besitzen, Horizontallasten somit selbst aufnehmen müssen. |
| Kategorie B | Am unteren Rand linienförmig gelagerte Glasbrüstungen, die durch einen aufgesteckten durchgehenden Handlauf verbunden sind. Neben dem Kantenschutz muss der Handlauf die sichere Abtragung der Horizontallasten auch bei Zerstörung eines Brüstungselements gewährleisten. |
| Kategorie C | Absturzsichernde Verglasungen, die nicht zur Abtragung von Horizontallasten in Holmhöhe dienen und einer der folgenden Gruppen zuzuordnen sind: |
| | C1 | An mindestens zwei Seiten linien- oder punktförmig gelagerte Geländerausfachungen. |
| | C2 | Unterhalb eines in Holmhöhe liegenden lastabtragenden Querriegels befindliche und an mindestens zwei gegenüberliegenden Seiten linienförmig gelagerte Vertikalverglasungen. |
| | C3 | Verglasungen der Kategorie A mit vorgesetztem lastabtragenden Holm |

| Bauprodukte | |
|---|---|
| 1 | Glaserzeugnisse nach TRLV (Seite 402). Außerdem solche Glaserzeugnisse, die eine allgemeine bauaufsichtliche Zulassung für die Verwendung nach TRLV besitzen. Vorgespanntes Borosilikatglas darf in diesen Technischen Regeln für die Anwendungsbereiche von ESG verwendet werden |
| 2 | Die tragenden Teile der Glaskonstruktionen z.B. Pfosten, Riegel, Verankerungen usw. müssen den gültigen Technischen Baubestimmungen entsprechen. |
| 3 | Alle zu verwendenden Materialien müssen dauerhaft beständig gegen äußere Einflüsse sein. |

| Kategorien absturzsichernder Verglasungen | |
|---|---|
| Kategorie A | Einfachverglasungen aus VSG. |
| | Mehrscheiben-Isolierverglasungen: Für die stoßzugewandte Seite (Angriffsseite) von Isolierverglasungen dürfen, nur VSG, ESG oder Verbundglas aus ESG verwendet werden. |
| | Besteht die Angriffsseite von Mehrscheiben-Isolierverglasungen aus VSG, so dürfen für die äußere Scheibe alle Glasprodukte nach TRLV (Seite 402) verwendet werden. |

## Bemessung der Glasscheibendicke (Fortsetzung)
### Technische Regeln für die Verwendung von absturzsichernden Verglasungen (Fortsetzung)

| Kategorie B | Es darf nur VSG verwendet werden. | |
|---|---|---|
| Kategorie C | Alle Einfachverglasungen | Ausführung in VSG. |
| | Einfachverglasungen der Kategorie C1 und C2 | Bei allseitig linienförmiger Lagerung in ESG. |
| | Isolierverglasungen nach Kategorie C1 und C2 | Äußere Scheibe alle Gläser nach TBLV. |
| | Angriffseitige Scheibe von Isolierverglasungen | Ausschließlich ESG oder VSG. |
| | Für Isolierglastafeln Kategorie C3 | Wie Anforderungen an Kategorie A. |

| Weitere Bedingungen: | |
|---|---|
| 1 | Freie Kanten von randgelagerten Geländerausfachungen müssen durch die Geländerkonstruktion vor unbeabsichtigten Stößen geschützt sein. Hinreichender Kantenschutz ist bei einem Abstand von höchstens 30 mm zwischen Scheibenkanten oder zu angrenzenden Bauteilen gegeben. Bei Geländerausfachungen aus VSG, die in Bohrungen gelagert werden, kann der Kantenschutz entfallen. |
| 2 | Bohrungen sind nur in VSG-Scheiben aus ESG oder aus TVG zulässig. |
| 3 | Für Glasbrüstungen und Geländerausfachungen gelten die Bedingungen nach TRLV (Seite 402). |

| Einwirkungen | |
|---|---|
| 1 | Es sind Einwirkungen zu berücksichtigen, die sich aus den bauaufsichtlich bekannt gemachten Technischen Baubestimmungen ergeben. Einwirkungen auf Tragwerke siehe ab Seite 51. |
| 2 | Bei Isolierverglasungen sind Druckdifferenzen zwischen eingeschlossenem Gasvolumen und Umgebungsluft aus atmosphärischen Druckschwankungen und Höhenlage zwischen Einbau- und Herstellort nach TRLV zu berücksichtigen. (Seite 403, Tabelle 3) |
| 3 | Beim Nachweis der Isolierverglasung unter gleichzeitiger Einwirkung von Wind- und Holmlast dürfen zusätzliche Beanspruchungen aus Druckdifferenzen (siehe Ziffer 2) vernachlässigt werden. Anstatt der vollen Überlagerung der beiden Einwirkungen darf der ungünstigere Fall bei der Bemessung der Glaskonstruktion zu Grunde gelegt werden. |
| 4 | Neben den planmäßigen statischen Einwirkungen sind auch außergewöhnliche Einwirkungen z.B. durch den Anprall von Personen zu berücksichtigen. |

| Nachweis der Tragfähigkeit und Stoßsicherheit | |
|---|---|
| 1 | Grundsätzlich sind die Tragfähigkeitsnachweise nach den Bestimmungen der TRLV vorzunehmen. |
| 2 | Bei Glasbrüstungen der Kategorie B müssen zusätzlich die Auswirkungen einer möglichen Beschädigung eines beliebigen Brüstungselements untersucht werden. Dazu muss der Nachweis geführt werden, dass der durchgehende Handlauf in der Lage ist, die Holmlasten im Havariefall auf Endpfosten oder Verankerungen im Gebäude zu übertragen. |
| 3 | Wenn die Brüstungsscheiben höchstens 30 mm Abstand in Längsrichtung der Brüstung haben, dann darf davon ausgegangen werden, dass nur die der Verkehrsfläche zugewandte VSG-Schicht stoßbedingt ausfällt. In anderen Fällen muss vom Totalausfall des Brüstungselements ausgegangen werden. |
| 4 | Für stoßartige Einwirkungen kann der Nachweis experimentell geführt werden. |

### Tabelle 1: Glasaufbauten mit nachgewiesener Stoßsicherheit (Auswahl)

| Kategorie | Glastyp | Linienförmige Lagerung | Breite in mm min. | Breite in mm max. | Höhe in mm min. | Höhe in mm max. | Glasaufbau in mm (von der Angriffsseite nach der Absturzseite) |
|---|---|---|---|---|---|---|---|
| A | MIG | allseitig | 500 | 1300 | 1000 | 2000 | 8 ESG/SZR/4 SPG/0,76 PVB/4 SPG |
| | | | 300 | 500 | 1000 | 4000 | 4 ESG/SZR/4 SPG/0,76 PVB/4 SPG |
| | | | 2100 | 2500 | 1100 | 1500 | 5 SPG/0,76 PVB / 5 SPG/SZR/8 ESG |
| | einfach | allseitig | 500 | 2000 | 1000 | 2500 | 8 SPG/0,76 PVB/8 SPG |
| | | | 1000 | 3000 | 1200 | 2100 | 10 SPG/0,76 PVB/10 SPG |
| C1 + C2 | MIG | allseitig | 500 | 2000 | 500 | 1000 | 6 ESG/SZR/4 SPG/0,76 PVB/4 SPG |
| | | zweiseitig o./u. | 1000 | beliebig | 500 | 1000 | 6 ESG/SZR/5 SPG/0,76 PVB/5 SPG |
| | einfach | allseitig | 500 | 2000 | 500 | 1000 | 5 SPG/ 0,76 PVB/ 5 SPG |
| | | zweiseitig o./u. | 1000 | beliebig | 500 | 800 | 6 SPG/ 0,76 PVB/6 SPG |
| | | zweiseitig l./r. | 500 | 800 | 1000 | 1100 | 6 SPG/ 0,76 PVB/ 6 SPG |
| Ce | MIG | allseitig | 500 | 1500 | 1000 | 3000 | 6 ESG/SZR/4 SPG/0,76 PVB/4 SPG |
| | einfach | allseitig | 500 | 1500 | 1000 | 3000 | 5 SPG/ 0.76 PVB/ 5 SPG |

MIG – Mehrscheiben-Isolierverglasung; SZR – Scheibenzwischenraum (mind. 12 mm); SPG – Float-Glas
ESG – Einscheiben-Sicherheitsglas; PVB – Polyvinyl-Butyral-Folie

## Verglasungen

### Bemessung der Glasscheibendicke (Fortsetzung)

**Technische Regeln für die Verwendung von absturzsichernden Verglasungen** (Fortsetzung)

**Tabelle 1: Glasaufbauten mit nachgewiesener Stoßsicherheit** (Fortsetzung)

Vorgaben für punktförmig über Bohrungen gelagerte Geländerausfachungen aus VSG

| Spannweite[1] in mm min. | Spannweite[1] in mm max. | Tellerdurchmesser in mm | Glasaufbau in mm |
|---|---|---|---|
| 500 | 1200 | ≥ 50 | ≥ 6 ESG/1,52 PVB/6 ESG |
| 500 | 1600 | ≥ 70 | ≥ 8 ESG/1,52 PVB/8 ESG |
| 500 | 1600 | ≥ 70 | ≥ 10TVG/1,52PVB/10TVG |

[1] Maßgebend ist der Abstand zwischen den Punkthaltern.

Vorgaben für VSG-Tafeln für Kategorie B

| Breite in mm min. | Breite in mm max. | Höhe in mm min. | Höhe in mm max. | Glasaufbau in mm |
|---|---|---|---|---|
| 500 | 2000 | 900 | 1100 | ≥ 10ESG/1,52 PVB/10 ESG |
| 500 | 2000 | 900 | 1100 | ≥ 10TVG/1,52 PVB/10TVG |

Zulässige Spannungen für stoßartige Einwirkungen

| SPG | 80 N/mm² | TVG | 120 N/mm² | ESG | 170 N/mm² |
|---|---|---|---|---|---|

**Konstruktive Vorgaben für von Versuchen freigestellte Brüstungen der Kategorie B**

| | Konstruktionsmerkmale für den Handlauf |
|---|---|
| 1 | Tragendes U-Profil mit beliebigem nicht tragendem Aufsatz oder tragendem metallischem Handlauf mit integriertem U-Profil. |
| 2 | Verhinderung von Glas-Metall-Kontakt durch Einlegen druckfester Elastomerstreifen, Abstand ca. 200 mm bis 300 mm. |
| 3 | Verbindung des Handlaufs mit den Scheiben durch Verfüllung des verbleibenden Hohlraums im U-Profil mit Dichtstoffen nach DIN 18545-2 Gruppe E. |
| 4 | Glaseinstand im Profil ≥ 15 mm. |
| | **Konstruktionsmerkmale der Einspannung** |
| 5 | Einspannhöhe ≥ 100 mm. |
| 6 | Klemmblech aus Stahl, Dicke ≥ 12 mm. |
| 7 | Abstände der Verschraubungen ≤ 300 mm. |
| 8 | Klotzung am unteren Ende der Scheiben. |
| 9 | Kunststoffhülse über der Verschraubung. |
| 10 | Glasbohrungen mittig zum Klemmblech 25 mm ≤ d ≥ 35 mm. |
| 11 | In Längsrichtung durchgehende Zwischenlagen aus druckfestem Elastomer. |
| 12 | Die Klemmung der Scheiben darf auch über andere Haltekonstruktionen realisiert werden, wenn sie die erforderliche Steifigkeit besitzen. |

**Technische Regeln für die Bemessung und die Ausführung punktförmig gelagerter Verglasungen (TRPV)**

| | Geltungsbereich der TRPV | | |
|---|---|---|---|
| 1 | Die technischen Regeln beziehen sich ausschließlich auf die Standsicherheit und Gebrauchstauglichkeit von Vertikal- und Überkopfverglasungen. | Vertikalverglasungen | Neigung ≤ 10% gegen die Lotrechte |
| | | Überkopfverglasungen | Neigung > 10% gegen die Lotrechte |
| 2 | Es gelten die baurechtlichen Anforderungen an Brand-, Schall- und Wärmeschutz. | | |
| 3 | Für alle Glaskonstruktionen, deren Glasscheiben ausschließlich durch mechanische Halterungen formschlüssig gelagert sind. | | |
| 4 | Für absturzsichernde, begehbare und bedingt betretbare Verglasungen sind zusätzliche Anforderungen zu berücksichtigen. | | |
| 5 | Jede Einzelscheibe darf nur Beanspruchungen aus ihrem Eigengewicht, Temperaturschwankungen und Querlasten, z.B. Wind, erfahren. Unterkonstruktionen müssen selbst ausreichend steif sein. | | |
| 6 | Die Oberkante der Verglasung darf maximal 20 m über Gelände liegen. Die maximalen Abmessungen der Glasscheiben betragen 2600 mm x 3000 mm. | | |

## Bemessung der Glasscheibendicke (Fortsetzung)

| | Anforderungen an Bauprodukte | | |
|---|---|---|---|
| 1 | VSG aus ESG; VSG aus TVG; Bei Halterung mit Randklemmhaltern, zweischeibig muss mindestens eine Scheibe aus VSG oder ESG-H sein. | | |
| 2 | Mindestanforderungen an die Bohrungsoberflächen | Oberflächenstruktur | glatt und riefenfrei |
| | | Kantenversatz | ≤ 0,5mm |
| | | Bohrungsränder | Fasen beidseitig mit 0,5 mm ... 1mm x 45°. |
| 3 | Die Glasdicken der zu VSG verbundenen Scheiben dürfen höchstens um den Faktor 1,5 abweichen. | | |
| 4 | Die Nenndicke der PVB-Folie beträgt mindestens 0,76 mm. | | |
| 5 | Forderungen an das Material: | Einwirkungen | Dauerhafte Beständigkeit gegen UV-Strahlung, Wasser, Reinigungsmittel u. Temperaturschwankungen von –25 °C bis 100 °C. |
| | | Elastische Zwischenschichten | Schwarzes EPDM – Ethylen-Propylen-Dien-Copolymer, Silikon |
| | | Punkthalter | Nichtrostender Stahl |
| | | Hülse | POM – Polyoximethylen, PA 6 – Polyamid |

### Konstruktive Anforderungen

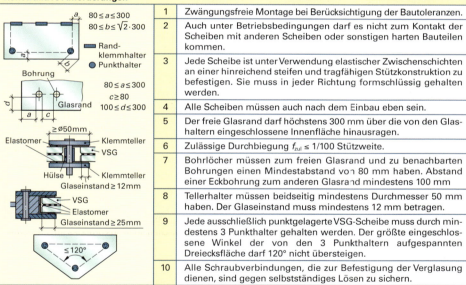

| | |
|---|---|
| 1 | Zwängungsfreie Montage bei Berücksichtigung der Bautoleranzen. |
| 2 | Auch unter Betriebsbedingungen darf es nicht zum Kontakt der Scheiben mit anderen Scheiben oder sonstigen harten Bauteilen kommen. |
| 3 | Jede Scheibe ist unter Verwendung elastischer Zwischenschichten an einer hinreichend steifen und tragfähigen Stützkonstruktion zu befestigen. Sie muss in jeder Richtung formschlüssig gehalten werden. |
| 4 | Alle Scheiben müssen auch nach dem Einbau eben sein. |
| 5 | Der freie Glasrand darf höchstens 300 mm über die von den Glashaltern eingeschlossene Innenfläche hinausragen. |
| 6 | Zulässige Durchbiegung $f_{zul}$ ≤ 1/100 Stützweite. |
| 7 | Bohrlöcher müssen zum freien Glasrand und zu benachbarten Bohrungen einen Mindestabstand von 80 mm haben. Abstand einer Eckbohrung zum anderen Glasrand mindestens 100 mm |
| 8 | Tellerhalter müssen beidseitig mindestens Durchmesser 50 mm haben. Der Glaseinstand muss mindestens 12 mm betragen. |
| 9 | Jede ausschließlich punktgelagerte VSG-Scheibe muss durch mindestens 3 Punkthalter gehalten werden. Der größte eingeschlossene Winkel der von den 3 Punkthaltern aufgespannten Dreiecksfläche darf 120° nicht übersteigen. |
| 10 | Alle Schraubverbindungen, die zur Befestigung der Verglasung dienen, sind gegen selbstständiges Lösen zu sichern. |

### Zusätzliche Anforderungen an Überkopfverglasungen

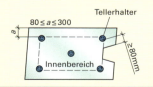

| | |
|---|---|
| 1 | Für Einfachverglasungen ist VSG aus TVG, das aus gleichdicken, jeweils 6 mm starken Scheiben und PVB-Folie mit einer Nenndicke ≥ 1,52 mm zu verwenden. |
| 2 | Der von den äußeren Punkthaltern eingeschlossene Innenbereich der Glasscheibe darf, außer durch Bohrungen für innenliegende Punkthalter, nicht durch sonstige Bohrungen, Ausschnitte oder Öffnungen geschwächt sein. |
| 3 | Die Verwendung von Tellerhaltern ist Pflicht. |

### Glasaufbauten mit nachgewiesener Resttragfähigkeit bei rechteckigem[1] Stützraster

| Tellerdurchmesser in mm | 70 | 60 | 70 | 60 | 70 |
|---|---|---|---|---|---|
| Minimale Glasdicke TVG in mm | 2 × 6 | 2 × 8 | 2 × 8 | 2 × 10 | 2 × 10 |
| Stützweite in mm in Richtung 1 | 900 | 950 | 1100 | 1000 | 1400 |
| Stützweite in mm in Richtung 2 | 750 | 750 | 750 | 900 | 1000 |

[1] Bei Glasscheiben, die von der Rechteckform abweichen, ist das umschließende Rechteck maßgebend.

## Verglasungen

### Bemessung der Glasscheibendicke (Fortsetzung)

**Windbelastungsfaktor $f_W$**

| Verglasungs-höhe über Gelände $h$ m | Wind-staudruck $q$ kN/m² | Normales Bauwerk $c = 1,2$ Winddruck $w$ kN/m² | Faktor $f_W$ | Turmartiges Bauwerk[1] $c = 1,6$ Winddruck $w$ kN/m² | Faktor $f_W$ |
|---|---|---|---|---|---|
| 0 bis 8 | 0,5 | 0,6 | 1,0 | 0,8 | 1,16 |
| 8 bis 20 | 0,8 | 0,96 | 1,27 | 1,28 | 1,46 |
| 20 bis 100 | 1,1 | 1,32 | 1,48 | 1,76 | 1,72 |
| über 100 | 1,3 | 1,56 | 1,61 | 2,08 | 1,87 |

[1] Turmartige Bauwerke: Gebäudeschmalseite < 1/5 der Gebäudehöhe. Der Faktor c ist ein von der Gestalt des Bauwerks abhängiger dimensionsloser Beiwert, der entsprechend DIN 18 056 für die Bemessung der Pfosten und Riegel erforderlich ist.

**Erläuterung**

Grundlage für die Ermittlung der Glasdicke sind die zulässige Biegespannung (30 N/mm²) von Floatglas sowie die Windlasten. Nach Richtlinien der Glashersteller darf die Durchbiegung der einzelnen Gläser von Mehrscheiben-Isolierglas nicht mehr als 1/300 der Länge der Glasscheibe bzw. nicht mehr als 8 mm betragen.

Für $h > 8$ m:

$$t_L = t_G \cdot f_W$$

$t_L$ erforderliche Dicke
$t_G$ Glasdicken-Grundwert
$f_W$ Windbelastungsfaktor

### Windbelastungsdiagramm

vgl. DIN 1055-04 (1986-08)

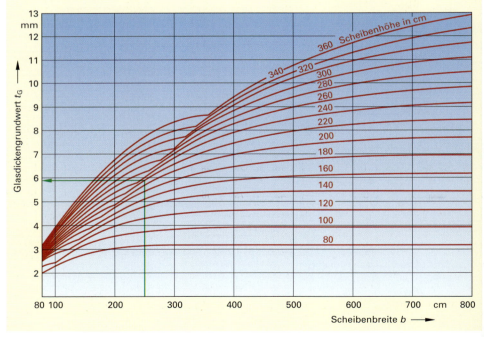

Zur Bemessung der äußeren Scheibe von Isoliergläsern ist der ermittelte Glasdicken-Grundwert mit dem Faktor $f_W$ für die Verglasungshöhe zu multiplizieren. Das Ergebnis ist auf die nächstmögliche Lieferdicke aufzurunden.

**Beispiel:** Isolierglas, Breite 240 cm, Höhe 220 cm. Einbauhöhe 16 m, normales Bauwerk, $f_W = 1,27$
Ablesen des Glasdickengrundwertes aus dem Windbelastungsdiagramm $t_G = 5,8$ mm.
$t_L = t_G \cdot f_W = 5,8$ mm $\cdot 1,27 = 7,4$ mm.   Gewählte Lieferdicke der äußeren Scheibe $t_L = 8$ mm.

# Verglasungen

## Glasprodukte

(nach Herstellerangaben)

Abstandhalter, Trockenmittel, Sekundärdichtung, Primärdichtung

### Konventionelles (unbeschichtetes) Isolierglas

| lfd. Nr. | Aufbau a/SZR/i | $U_g$-Wert W/m²·K | g-Wert % | $T_L$ % | Dicke mm | m" kg/m² | b×h cm | $A_{max}$ m² | b/h 1:x |
|---|---|---|---|---|---|---|---|---|---|
| 1 | 4/12/4 | 2,9 | 77 | 82 | 20 | 20 | 141 × 240 | 3,4 | 1:6 |
| 2 | 5/12/5 | 2,8 | 75 | 80 | 22 | 25 | 245 × 300 | 6,0 | 1:6 |

Dieses Glas wird den ökologischen und ökonomischen Ansprüchen nicht mehr gerecht.

### Wärmedämmglas

Wärmeschutzschicht, Abstandhalter, Edelgas, außen, Trockenmittel, innen, Primärdichtung: Butyl, Sekundärdichtung: z.B. Polysulfid/PU

| lfd. Nr. | Aufbau a/SZR/i | $U_g$-Wert W/m²·K | g-Wert % | $T_L$ % | Dicke mm | m" kg/m² | b×h cm | $A_{max}$ m² | b/h 1:x |
|---|---|---|---|---|---|---|---|---|---|
| 1 | 4/16/4 | 1,1 | 60 | 80 | 24 | 20 | 141 × 240 | 3,4 | 1:6 |
| 2 | 6/16/6 | 1,1 | 58 | 78 | 28 | 30 | 250 × 400 | 8,0 | 1:10 |
| 3 | 4/14/4 | 1,2 | 60 | 80 | 22 | 20 | 141 × 240 | 3,4 | 1:6 |
| 4 | 6/14/6 | 1,1 | 58 | 78 | 26 | 30 | 250 × 400 | 8,0 | 1:10 |
| 5 | 4/12/4 | 1,3 | 60 | 80 | 20 | 20 | 141 × 240 | 3,4 | 1:6 |
| 6 | 6/12/6 | 1,3 | 58 | 78 | 24 | 30 | 250 × 400 | 8,0 | 1:10 |

Zweifachscheiben; Diese Gläser vereinen sehr guten Wärmeschutz, hervorragende Transparenz und hohen Sonnenenergiegewinn.

### Super-Wärmedämmglas

Wärmefunktionsschicht, Abstandhalter, außen, Trockenmittel, innen, Primärdichtung: Butyl, Krypton-Gasfüllung, Sekundärdichtung: z.B. Polysulfid/PU

| lfd. Nr. | Aufbau a/SZR/i | $U_g$-Wert W/m²·K | g-Wert % | $T_L$ % | Dicke mm | m" kg/m² | b×h cm | $A_{max}$ m² | b/h 1:x |
|---|---|---|---|---|---|---|---|---|---|
| 1 | 4/14/4/14/4 | 0,6 | 47 | 71 | 40 | 30 | 141 × 240 | 3,4 | 1:6 |
| 2 | 4/12/4/12/4 | 0,5 | | | 36 | | | | |
| 3 | 4/12/4/12/4 | 0,7 | | | 36 | | | | |
| 4 | 4/10/4/10/4 | 0,6 | | | 32 | | | | |
| 5 | 4/16/4/16/4 | 0,6 | 55 | 72 | 44 | | | | |
| 6 | 4/12/4/12/4 | 0,5 | | | 36 | | | | |
| 7 | 4/10/4/10/4 | 0,6 | | | 32 | | | | |

Dreifachscheiben; Diese Gläser zeichnen sich durch sehr guten Gesamtenergiedurchlassgrad und sehr geringe Energieverluste aus.

### Sonnenschutzgläser[1]

So.-schutzschicht, Abstandhalter, außen, Trockenmittel, innen, Primärdichtung: Butyl, Edelgas, Sekundärdichtung: z.B. Polysulfid/PU

| lfd. Nr. | Aufbau a/SZR/i | g-Wert % | $T_L$ % | $R_{LA}$[2] % | Dicke mm | m" kg/m² | b×h cm | $A_{max}$ m² | b/h 1:x |
|---|---|---|---|---|---|---|---|---|---|
| 1 | 6/16/4 | 15 | 25 | 28 | 26 | 25 | 141×240 | 3,4 | 1:6 |
| 2 | 6/16/4 | 33 | 61 | 13 | | | | | |
| 3 | 6/16/4 | 42 | 73 | 10 | | | | | |
| 4 | 8/16/6 | 18 | 31 | 25 | 30 | 35 | 250×400 | 8,0 | 1:10 |
| 5 | 8/16/6 | 51 | 71 | 10 | | | | | |

[1] $U_g$-Wert 1,1 W/m²·K;   [2] Lichtreflexionsgrad nach außen

### Kombinierte Wärme- und Schallschutzgläser[3]

Krypton-Gasfüllung, Wärmefunktionsschicht, Abstandhalter, außen, Trockenmittel, innen, Primärdichtung: Butyl, Sekundärdichtung: z.B. Polysulfid/PU

| lfd. Nr. | Aufbau a/SZR/i | $R_w$[4] dB | g-Wert % | $T_L$ % | Dicke mm | m" kg/m² | b×h cm | $A_{max}$ m² | b/h 1:x |
|---|---|---|---|---|---|---|---|---|---|
| 1 | 6/16/4 | 36 | 58 | 79 | 26 | 25 | 141×240 | 3,4 | 1:6 |
| 2 | 10/20/4 | 39 | 55 | 77 | 34 | 35 | 141×240 | 3,4 | 1:6 |
| 3 | 6/12/8VSG | 38 | 53 | 76 | 26 | 35 | 255×400 | 8,0 | 1:10 |
| 4 | SF13/16/SF13 | 50[5] | 50 | 73 | 42 | 62 | 260×410 | 9,6 | 1:10 |

[3] $U_g$-Wert 1,1 W/m²·K;   [4] bewertetes Schalldämmmaß = Differenz des Schallpegels zwischen ankommendem und durchgelassenem Schall;   [5] mit Schallschutzfolie SF 0,76 mm Dicke, besitzt Sicherheitseigenschaften wie VSG nach TRLV.

$U_g$-Wert: Wärmedurchgangskoeffizient der Verglasung
g-Wert: Gesamtenergiedurchlassgrad
$T_L$: Lichtdurchlässigkeit
Dicke: Scheibendicke der Verglasung
m": flächenbezogene Masse der Verglasung
b × h: Breite mal Höhe der Verglasung
$A_{max}$: maximale Oberfläche der Verglasung
b/h: max. Seitenverhältnis Breite/Höhe

# Verglasungen

## Glasprodukte (Fortsetzung)
### Sicherheitsgläser

| Kennbuchstabe für Widerstandsklasse nach DIN 356 | Widerstands- klasse nach VdS | Anforderung | Kennbuchstabe für Widerstandsklasse nach EN 1036 | Anforderung |
|---|---|---|---|---|
| P1A / P2A / P3A | – | durchwurf- hemmend | BR 1 … BR 7[1) | durchschuss- hemmend |
| P4A / P5A | EH 01 / EH 02 | | SG 1 / SG 2[1) | |
| P6B / P7B / P8B | EH 1 / EH 2 / EH 3 | durchbruch- hemmend | [1) Unterscheidung in zwei Kategorien: NS splitterfrei  S geringfügige Glassplitterablösungen auf der Schutzseite sind zulässig | |

### durchwurfhemmend

| Ifd. Nr. | Aufbau a/SZR/i | Widerstands- klasse[6) EN 356 | Dicke mm | $m''$ $kg/m^2$ | $b \times h$ cm | $A_{max}$ $m^2$ | $b/h$ $1:x$ | Anwendung |
|---|---|---|---|---|---|---|---|---|
| 1 | einschalig | P1A | 7 | 16 | 225 × 321 | 7,22 | | EFH, MFH in Siedlungen |
| 2 | 7/10/6 | P1A | 23 | 31 | | | | |
| 3 | einschalig | P3A | 9 | 21 | 260 × 420 | 10,92 | | abseits gelegene private Gebäude |
| 4 | 9/10/6 | P3A | 25 | 36 | 250 × 400 | 8,0 | 1 : 10 | |
| 5 | 95,/10/6 | P4A | 25 | 37 | 250 × 400 | 8,0 | | Wohnhäuser mit hochwerti- ger Einrichtung |
| 5 | einschalig | P5A | 10,5 | 22 | 260 × 420 | 10,92 | | |
| 6 | 10,5/10/6 | P5A | 26 | 32 | 250 × 400 | 8,0 | | |

### durchbruchhemmend

| Ifd. Nr. | Aufbau a/SZR/i | Widerstands- klasse[6) EN 356 | Dicke mm | $m''$ $kg/m^2$ | $b \times h$ cm | $A_{max}$ $m^2$ | $b/h$ $1:x$ | Anwendung |
|---|---|---|---|---|---|---|---|---|
| 1 | einschalig | P6B | 18 | 39 | 260 × 420 | 10,92 | 1 : 10 | Apotheken, Foto- u. Video- geschäfte |
| 2 | 18/10/6 | P6B | 34 | 54 | 250 × 400 | 8,0 | | |
| 3 | 24/10/6 | P7B | 40 | 69 | 250 × 400 | 7,25 | 1 : 6 | Galerien, Museen |
| 4 | einschalig | P8B | 31 | 67 | 260 × 420 | 7,46 | 1 : 10 | Juweliere, Justizvollzug |
| 5 | 31/10/6 | P8B | 47 | 82 | 250 × 400 | 6,1 | 1 : 6 | |

### durchschusshemmend

| Ifd. Nr. | Aufbau a/SZR/i | Widerstands- klasse[6) EN 356 | Dicke mm | $m''$ $kg/m^2$ | $b \times h$ cm | $A_{max}$ $m^2$ | $b/h$ $1:x$ | Anwendung |
|---|---|---|---|---|---|---|---|---|
| 1 | einschalig | BR 2-S | 19 | 43 | 260 × 420 | 10,92 | 1 : 10 | Personen- schutz, Juwelierläden, Banken |
| 2 | 10,5/10/6 | BR 1-S | 26 | 37 | 250 × 400 | 8,0 | | |
| 3 | 13/10/10,5 | BR 3-S | 33 | 53 | | 9,4 | | |
| 4 | 35/10/11,5 | BR5-NS | 56 | 110 | 260 × 420 | 4,5 | 1 : 6 | |
| 5 | 48/10/11,5 | SG 2-NS | 69 | 141 | | 3,8 | | |

### Alarmgläser

Alarmglas ist ein mindestens 8 mm dickes Verbundsicherheitsglas, in dessen Kunststoffzwischenwand ein dünner Alarmdraht mäanderförmig eingebettet ist. Bei Zerstörung der Glasscheibe reißt der dünne Alarmdraht, wodurch über eine angeschlossenen Meldeanlage Alarm ausgelöst wird.

### Art der Alarmgebung

Die Hersteller bieten verschiedene Funktionsgläser oder Glaskombinationen mit unterschiedlicher Art der Alarmgebung an.

**mittels Alarmschleife**

**mittels Randanschluss**

**mittels Flächenanschluss**

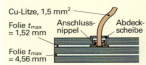

# Verglasungen

## Glasprodukte (Fortsetzung)
### Brandschutzgläser

Brandschutzverglasungen in Gebäuden beugen dem Entstehen und Ausbreiten von Schadensfeuern vor. Sie werden entsprechend der Musterbauordnung (MBO) eingesetzt und ermöglichen wirksame Löscharbeiten sowie die Rettung von Leib und Leben.

**Aufgabe des Baustoffes Glas:**
- Sichern von Rettungswegen
- Verhindern von Feuerüberschlag
- Begrenzung von Brandabschnitten
- Schutz von Leben und Sachwerten
- Sicherstellung der Evakuierung von Gebäuden

Architektonische Erfordernisse bestimmen zusätzlich das Leistungsprofil von Brandschutzsystemen hinsichtlich:
- Ästhetik und Sicherheit
- Multifunktion der Fassade
- Großflächigkeit der Einzelscheiben
- Vereinfachung der Verglasungssysteme

Brandschutzverglasungen sind nach Bauregelliste nicht geregelte Bauarten. Deshalb ist eine bauaufsichtliche Zulassung der Produkte oder eine Zustimmung im Einzelfall erforderlich. Die Prüfanforderungen durch Norm-Brandversuche sind in DIN 4102 definiert. Dem Prüfnachweis entsprechend wird unterschieden in Feuerwiderstandsklassen G, F und T (gilt für Feuerschutzabschlüsse, siehe Seite 74).

### Klassifizierung nach DIN 4102, F-Verglasungen

Die F-Verglasungen müssen über die gesamte genannte Feuerwiderstandsdauer vor Feuer und Rauch schützen und darüber hinaus den Wärmedurchgang durch die Verglasung fast völlig verhindern.

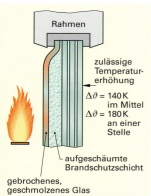

| Klasse | Feuerwiderstandsdauer | Einstufung | Verwendete Glasarten |
|---|---|---|---|
| F 30 | 30 min | feuerhemmend | Vorgespanntes Brandschutzglas mit Gel-Füllung, mehrscheibiges Verbundglas mit Brandschutz-Zwischenschichten |
| F 60 | 60 min | hochfeuerhemmend | |
| F 90 | 90 min | feuerbeständig | |
| F 120 | 120 min | | |

Die F-Verglasungen bestehen aus mehreren dünnen Silikatglasscheiben, zwischen denen Brandschutzschichten eingelagert sind. Im Brandfall springt die dem Feuer zugewandte Seite, die Brandschutzschicht beginnt zu reagieren. Das Aufschäumen beginnt, wenn die feuerseitige Brandschutzschicht eine Temperatur von 120 °C erreicht hat. Der im Brandfall thermisch isolierende Block aus Glas und Schaum verhindert während der angegebenen Schutzdauer, dass die Oberflächentemperatur der Schutzseite um mehr als 140 K ansteigt.

### Klassifizierung nach DIN EN 13501

| Darstellung | Klasse | Bedingungen |
|---|---|---|
| | E (wie G30) | E – Raumabschluss. Keine Flammen oder entzündbaren Gase auf der feuerabgewandten Seite. |
| | EW (wie G30 oder F30) | EW – Raumabschluss und Strahlungsreduzierung. Wie Klasse E. Zusätzlich darf der Strahlungsdurchgang 15 kW/m² nicht überschreiten. |
| | EI (wie F30 bis F120) | EI – Raumabschluss und Isolierung. Hitzeschildfunktion. Im Mittel darf die Ausgangstemperatur auf der feuerabgewandten Seite der Verglasung um nicht mehr als 140 K ansteigen. |

## Verglasungen

### Glasprodukte (Fortsetzung)

**Brandschutzglas, F-Glas** (nach Herstellerangaben)

| Typ[1] | Feuer-widerstands-klasse | Ver-glasungs-art | zugelassene Kombination | Dicke mm | Licht-durch-lässig-keit in % | flächen-bezogene Masse kg/m² | $R_W$-Wert dB | $U_g$-Wert W/m²·K |
|---|---|---|---|---|---|---|---|---|
| **Innenverglasung** | | | | | | | | |
| 30-10 | F 30 | E[2] | Standard | 15 | 86 | 35 | 38 | 5,1 |
| 30-12 | | | mit Ornamentglas | 16 | 85 | 38 | | |
| 30-17 | | ISO[3] | Schalldämm-VSG als Außenscheibe | 32 (SZR 8) 36 (SZR 12) | | 57 | 43 (SZR 8) 46 (SZR 12) | 2,9 (SZR 8) 2,7 (SZR 12) |
| 30-18 | | | VSG als Außenscheibe | | | 56 | 39 (SZR 8) 40 (SZR 12) | |
| 60-101 | F 60 | E | Standard | 23 | 87 | 55 | 41 | 4,8 |
| 60-171 | | ISO | Schalldämm-VSG als Außenscheibe | 40 (SZR 8) 44 (SZR 12) | 76 | 75 | 45 (SZR 8) 46 (SZR 12) | 2,7 (SZR 8) 2,6 (SZR 12) |
| 90-10 | F 90 | E | Standard | 50 | 75 | 101 | 42 | 2,6 |
| 90-182 | | ISO | VSG als Außenscheibe | 54 (SZR 8) 58 (SZR 12) | 73 | 107 | 45 (SZR 8) 46 (SZR 12) | 2,5 (SZR 8) 2,4 (SZR 12) |
| 120-106 | F 120 | ISO | Standard | 54 | 75 | 112 | 43 | 2,6 |
| **Außenverglasung** | | | | | | | | |
| 30-200 | F 30 | E | Standard | 18 | 85 | 42 | 38 | 5,0 |
| 30-25 | | ISO | Standard | 32 (SZR 8) 36 (SZR 12) | 76 | 58 | 39 (SZR 8) 40 (SZR 12) | 2,9 (SZR 8) 2,7 (SZR 12) |
| 30-26 | | ISO | ESG als Außenscheibe | | | | | |
| 30-27 | | ISO | Schalldämm-VSG als Außenscheibe | 33 (SZR 8) 39 (SZR 12) | 74 | 64 | 44 (SZR 8) 46 (SZR 12) | 2,8 (SZR 8) 2,6 (SZR 12) |
| 30-36 | | | ESG als Außenscheibe mit Beschichtung | 32 (SZR 8) 36 (SZR 12) | je nach Typ der Beschich-tung[4] | 58 | 39 (SZR 8) 40 (SZR 12) | je nach Typ der Beschich-tung |
| 60-201 | F 60 | E | Standard | 27 | 86 | 61 | 41 | 4,7 |
| 90-22 | | ISO | mit Ornamentglas | 57 | 74 | 118 | 44 | 2,5 |
| 90-201 | F 90 | E | Standard | 40 | 83 | 93 | 44 | 4,1 |
| 90-261 | | ISO | ESG als Außenscheibe, wahlweise Beschichtung | 54 (SZR 8) | 74 (unbe-schichtet) | 108 | 44 (SZR 8) | 2,5 (SZR 8) (unbe-schichtet) |
| **Dachverglasung** | | | | | | | | |
| 30-401 | F 30 | ISO | mit ESG als Außenscheibe, Beschichtung | 44 (SZR 12) | je nach Typ der Beschich-tung | 77 | 40 (SZR 12) | je nach Typ der Geschich-tung |

[1] Typenbezeichnung nach Typencode
[2] E einschalig bzw. Komplettelement
[3] Isolierglas
[4] Art der Wärme- und Sonnenschutzbeschichtung

# Verglasungen

## Glasprodukte (Fortsetzung)
### Brandschutzglas, G-Glas
(nach Herstellerangaben)

### G-Verglasungen

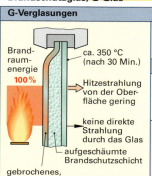

Die G-Verglasungen müssen über die gesamte genannte Feuerwiderstandsdauer die Ausbreitung von Feuer und Rauch verhindern. Der Durchtritt der Wärmestrahlung wird behindert.

| Klassifizierung nach DIN 4102 | | | | Glasarten |
|---|---|---|---|---|
| G30 | G60 | G90 | G120 | speziell vorgespanntes Floatglas, vorgespanntes Borosilikatglas, Verbundglas mit Brandschutz-Zwischenschichten |

Die G-Verglasungen bestehen aus Silikatglasscheiben, die durch eine oder mehrere Brandschutzschichten verbunden sind.
Im Brandfall schäumen diese Schichten bei ca. 120 °C auf und verhindern gemeinsam mit dem Glas den Durchtritt von Feuer und Rauch.
Sie reduzieren zusätzlich den Durchgang der Hitzestrahlung und die Abstrahlung in den Schutzraum erheblich.

### Innenverglasung

| Typ[1] | Feuer-widerstands-klasse | Ver-glasungs-art | zugelassene Kombination | Dicke mm | Licht-durch-lässig-keit in % | flächen-bezogene Masse kg/m² | $R_W$-Wert dB | $U_g$-Wert W/m²·K |
|---|---|---|---|---|---|---|---|---|
| 30-10 | G 30 | E | Standard | 7 | 89 | 17 | 34 | 5,6 |
| 30-12 | | E | mit Ornamentglas | 8 | 88 | 20 | | 5,5 |

### Außenverglasung

| | | | | | | | | |
|---|---|---|---|---|---|---|---|---|
| 30-200 | G 30 | E | Standard | 14 | 86 | 32 | 38 | 5,2 |
| 30-25 | | ISO | Standard | 28 (SZR 8) 32 (SZR 12) | 77 | 48 | 38 (SZR 8) 39 (SZR 12) | 2,9 (SZR 8) 2,7 (SZR 12) |
| 30-27 | | ISO | Schalldämm-VSG als Außenscheibe | 31 (SZR 8) 35 (SZR 12) | 76 | 55 | 43 (SZR 8) 45 (SZR 12) | 2,9 (SZR 8) 2,7 (SZR 12) |
| 30-28 | | ISO | mit VSG als Außenscheibe | 31 (SZR 8) 35 (SZR 12) | 76 | 53 | 39 | 2,9 (SZR 8) 2,7 (SZR 12) |

### Dachverglasung

| | | | | | | | | |
|---|---|---|---|---|---|---|---|---|
| 30-401 | G 30 | ISO | mit ESG als Außenscheibe Beschichtung | 40 (SZR 12) | Je nach Typ der Besch. | 67 | 40 | Je nach Typ der Besch. |

### Erläuterung zur Typenbezeichnung

| | Anwendungsbereich |
|---|---|
| 1 | Innenanwendung |
| 2 | Außenanwendung ohne Beschichtung |
| 3 | Außenanwendung mit Beschichtung |
| 4 | Außenanwendung mit Beschichtung im Schrägbereich |

| | Glastyp |
|---|---|
| 0 | Einschaliges Glas, Standardausführung |
| 2 | Einschaliges Glas kombiniert mit Ornamentglas |
| 5 | Isolierglas kombiniert mit vorgesetztem Floatglas als Außenscheibe |
| 6 | Isolierglas kombiniert mit vorgesetztem ESG als Außenscheibe |
| 7 | Isolierglas kombiniert mit Schalldämm-VSG als Außenscheibe |
| 8 | Isolierglas kombiniert mit vorgesetztem VSG als Außenscheibe |

# Verglasungen

## Wärmeschutzfunktion von Fenstern

**Wärmetechnisches Verhalten von Fenstern, Türen und Abschlüssen** vgl. DIN EN ISO 10077-01 (2006-12)

Zur Ermittlung des Jahresprimärenergiebedarfes eines Gebäudes nach EnEV 2014 wird der Wärmedurchgangskoeffizient $U_w$ der Fenster benötigt. Für Neubauten gibt es das monatliche Bilanzverfahren und den vereinfachten Nachweis. Im Folgenden wird der vereinfachte Nachweis dargestellt.

### Rechnerische Ermittlung des Wärmedurchgangskoeffizienten $U_w$

$U_f$ Wärmedurchgangskoeffizient des Rahmens[1]
$U_g$ Wärmedurchgangskoeffizient der Verglasung
$\Psi_g$ längenbezogener Wärmedurchgangskoeffizient
$A_f$ Flächenanteil des Fensters
$A_g$ Flächenanteil der Verglasung
$A_w$ Fensterfläche $A_w = A_f + A_g$
$l_g$ Umfangslänge des Glasrandes

$$U_w = \frac{A_f \cdot U_f + A_g \cdot U_g + l_g \cdot \Psi_g}{A_w}$$

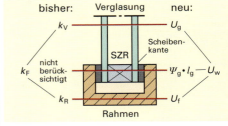

[1] $U_f$-Werte: Die Profilhersteller sind verpflichtet, die Wärmedurchgangskoeffizienten ihrer Produkte bekanntzugeben.
Typische Werte sind:
Holz- und Kunststoffrahmen $U_f$ = 1,0 ... 2,5;
Metallrahmen thermisch getrennt $U_f$ = 1,8 ... 4,0

**Beispiel:**
Fensteraußenmaße 1230 × 1480
Rahmenfläche $A_f$ = 0,62 m²
Verglasungsfläche $A_g$ = 1,2 m²
Glasrandlänge $l_g$ = 4,41 m
$U$-Wert des Rahmens = 1,8 W/(m²·K)
$U$-Wert der Verglasung = 1,1 W/(m²·K)
Zweischeibenisolierverglasung mit niedrigem Emissionsgrad, Rahmenwerkstoff Metall mit wärmetechnischer Trennung $\Psi_g$ = 0,08; $U_w$?

$A_w = A_f + A_g = 0{,}62\ m^2 + 1{,}2\ m^2 = 1{,}82\ m^2$

$$U_w = \frac{0{,}62 \cdot 1{,}8 + 1{,}2 \cdot 1{,}1 + 4{,}41 \cdot 0{,}08}{1{,}82}$$

$U_w = 1{,}5\ W/(m^2 \cdot K)$

### Wärmedurchgangskoeffizient $\Psi_g$ für Abstandhalter aus Aluminium und Stahl

| Rahmenwerkstoff | Zweischeiben- oder Dreischeiben-Isolierverglasung, unbeschichtetes Glas, Luft- oder Gaszwischenraum | Zweischeiben-Isolierverglasung mit niedrigem Emissionsgrad, Dreischeiben-Isolierverglasung mit zwei Beschichtungen mit niedrigem Emissionsgrad |
|---|---|---|
| | $\Psi_g$ in W/(m K) | |
| Holz- und Kunststoff | 0,06 | 0,08 |
| Metall mit wärmetechnischer Trennung | 0,08 | 0,11 |
| Metall ohne wärmetechnische Trennung | 0,02 | 0,05 |

### Wärmedurchgangskoeffizienten der Verglasung $U_g$

| | Zweischeiben-Isolierverglasung | | | | | Dreischeiben-Isolierverglasung | | | | |
|---|---|---|---|---|---|---|---|---|---|---|
| Glas | Emissionsgrad $\varepsilon$ | Maße mm | Art des Gaszwischenraumes | | | Glas | Emissionsgrad $\varepsilon$ | Maße mm | Art des Gaszwischenraumes | | |
| | | | Luft | Argon | Krypton | | | | Luft | Argon | Krypton |
| Normal-Glas (unbeschichtet) | 0,89 | 4-12-4 | 2,9 | 2,7 | 2,6 | Normal-Glas (unbeschichtet) | 0,89 | 4-6-4-6-4 | 2,3 | 2,1 | 1,8 |
| | | 4-15-4 | 2,7 | 2,6 | 2,6 | | | 4-9-4-9-4 | 2,0 | 1,9 | 1,7 |
| | | 4-20-4 | 2,7 | 2,6 | 2,6 | | | 4-12-4-12-4 | 1,9 | 1,8 | 1,6 |
| Eine Scheibe beschichtetes Glas | ≤ 0,4 | 4-12-4 | 2,4 | 2,1 | 2,0 | | ≤ 0,4 | 4-6-4-6-4 | 2,0 | 1,7 | 1,4 |
| | | 4-15-4 | 2,2 | 2,0 | 2,0 | | | 4-9-4-9-4 | 1,7 | 1,5 | 1,2 |
| | | 4-20-4 | 2,2 | 2,0 | 2,0 | | | 4-12-4-12-4 | 1,5 | 1,3 | 1,1 |
| | ≤ 0,2 | 4-12-4 | 1,9 | 1,7 | 1,5 | Zwei Scheiben beschichtet | ≤ 0,2 | 4-6-4-6-4 | 1,8 | 1,5 | 1,1 |
| | | 4-15-4 | 1,8 | 1,6 | 1,6 | | | 4-9-4-9-4 | 1,4 | 1,2 | 0,9 |
| | | 4-20-4 | 1,8 | 1,7 | 1,6 | | | 4-12-4-12-4 | 1,2 | 1,0 | 0,8 |
| | ≤ 0,1 | 4-12-4 | 1,8 | 1,5 | 1,3 | | ≤ 0,1 | 4-6-4-6-4 | 1,7 | 1,3 | 1,0 |
| | | 4-15-4 | 1,6 | 1,4 | 1,3 | | | 4-9-4-9-4 | 1,3 | 1,0 | 0,8 |
| | | 4-20-4 | 1,6 | 1,4 | 1,3 | | | 4-12-4-12-4 | 1,1 | 0,9 | 0,6 |

## Verglasungen

### Wärmeschutzfunktion von Fenstern (Fortsetzung)
#### Nachweisverfahren des Wärmedurchgangs – Vereinfachtes Verfahren

Entsprechend den Bestimmungen der Energieeinsparverordnung (EnEV) wird der Jahres-Heizwärmebedarf über ein Energiebilanzverfahren ermittelt. Für Wohngebäude mit maximal zwei Geschossen und bis zu drei Wohneinheiten kann ein vereinfachtes Nachweisverfahren geführt werden. Der Nachweis gilt als erbracht, wenn die in den Tabellen angegebenen bauteilspezifischen Werte eingehalten werden.

$U_{m,eq}$ mittlerer äquivalenter $U$-Wert
$U_{eq}$ äquivalenter $U$-Wert
$U$ $U$-Wert
$A$ Fläche

**Index**
W Fenster   Himmelsrichtungen
D Tür       S Süd     N Nord
AW Wand     O Ost     W West

**mittlerer äquivalenter $U$-Wert**

$$U_{m,eq,W} \leq U_{max,W}$$

$$U_{m,eq,W} = \frac{\Sigma(A \cdot U_{eq,W})}{A_{ges}}$$

$$U_{m,eq,W} = \frac{(A_{W,N} \cdot U_{eq,W,N} + A_{W,OW} \cdot U_{eq,W,OW} + A_{W,S} \cdot U_{eq,W,S})}{A_{W,N} + A_{W,OW} + A_{W,S}}$$

Ermittlung des äquivalenten U-Wertes $U_{eq,W}$ eines einzelnen Fensters:
$U_W$ $U$-Wert des Fensters
$g_W$ Gesamtenergiedurchlassgrad für Fenster
$S_W$ Strahlungsgewinnfaktor für Fenster abhängig von der Himmelsrichtung

**äquivalenter $U$-Wert**

$$U_{eq,W} = U_W - g_W \cdot S_W$$

| Strahlungsgewinnfaktor $S_W$ für Fenster | |
|---|---|
| Himmelsrichtung | $S_W$ |
| NORD | 0,95 |
| SÜD | 2,4 |
| OST, WEST | 1,65 |
| **Beispiel:** Für ein Fenster mit Doppelverglasung $U_W = 2,6\,W/m^2 \cdot K$, Südwestseite: $U_{eq,W} = U_W - g_W \cdot S_W = 2,6\,W/m^2 \cdot K - 0,75 \cdot 2,4 = 0,8\,W/m^2 \cdot K$ | |

| Energiedurchlassgrad für Fenster $g_W$ | $g$ in W/m²·K |
|---|---|
| Verglasungsart | |
| Einfachverglasung | 0,87 |
| Doppelverglasung | 0,75 |
| Wärmeschutzverglasung mit Beschichtung | 0,62 |
| Dreifachverglasung, normal | 0,55 |
| Dreifachverglasung mit Beschichtung | 0,5 |
| Sonnenschutzverglasung | 0,35 |

| Maximaler $U$-Wert $U_{max}$ in W/m²·K | |
|---|---|
| Außenwände | 0,4 |
| Außen liegende Fenster, Fensterwände, Dachfenster | 0,7 |
| Decken unter nicht ausgebauten Dachräumen und Decken, die gegen die Außenluft abgrenzen | 0,22 |
| Wände und Decken gegen unbeheizte Räume und Wände gegen das Erdreich abgrenzend | 0,35 |

**Beispiel:** Durchführung des vereinfachten Nachweisverfahrens

In einer Ausschreibung wird gefordert, dass der $U$-Wert der Fenster und der Energiedurchlassgrad des Glases folgende Werte nicht überschreiten soll:
$U_W = 1,8\,W/m^2 \cdot K$;  $g_W = 0,62$

Das Haus hat folgende Fensterflächen:

Ist die Bedingung erfüllt?

$$U_{m,eq,W} \leq U_{max,W} = 0,7\,W/m^2 \cdot K$$

NORDSEITE 10 m²
SÜDSEITE 20 m²
OSTSEITE 9 m²
WESTSEITE 7 m²
Fensterfläche ges. 46 m²

| | $A$ in m² | $U_W$ | $g_W$ | $S_W$ | $g_W \cdot S_W$ | $U_{eq,W} = U_W - g_W \cdot S_W$ | $A_W \cdot U_{eq,W}$ |
|---|---|---|---|---|---|---|---|
| N | 10 | 1,8 | 0,62 | 0,95 | 0,589 | 1,211 | 12,11 |
| S | 20 | 1,8 | 0,62 | 2,4 | 1,488 | 0,312 | 6,24 |
| O | 9 | 1,8 | 0,62 | 1,66 | 1,023 | 0,777 | 6,993 |
| W | 7 | 1,8 | 0,62 | 1,66 | 1,023 | 0,777 | 5,439 |
| **ges.** | **46** | | | | | | **30,782** |

$$U_{m,eq,W} = \frac{\Sigma(A \cdot U_{eq,W})}{A_{ges}} = \frac{30,782\,m^2 \cdot W/m^2 \cdot K}{46\,m^2} = 0,669\,\frac{W}{m^2 \cdot K} \leq 0,7\,\frac{W}{m^2 \cdot K},\ \text{die Bedingung ist erfüllt.}$$

# Verglasungen

## Wärmeschutzfunktion von Fenstern (Fortsetzung)

**Wärmetechnisches Verhalten von Fenstern, Türen und Abschlüssen**   vgl. DIN EN ISO 10077-01 (2006-12)

### Tabellarische Ermittlung des Wärmedurchgangskoeffizienten $U_w$

#### Für Fenster mit einem Flächenanteil des Rahmens von 20% an der Gesamtfensterfläche

| Art der Verglasung | $U_G$ W/(m²·K) | $U_f$ in W/(m²·K) | | | | | | | |
|---|---|---|---|---|---|---|---|---|---|
| | | 1,0 | 1,4 | 1,8 | 2,2 | 2,6 | 3,0 | 3,4 | 3,8 | 7,0 |
| Zwei-Scheiben-Isolierverglasung | 2,7 | 2,4 | 2,5 | 2,6 | 2,7 | 2,8 | 2,9 | 3,0 | 3,0 | 3,6 |
| | 2,3 | 2,1 | 2,2 | 2,3 | 2,4 | 2,5 | 2,6 | 2,7 | 2,7 | 3,3 |
| | 2,1 | 2,0 | 2,1 | 2,2 | 2,2 | 2,3 | 2,4 | 2,5 | 2,6 | 3,1 |
| | 1,9 | 1,8 | 1,9 | 2,0 | 2,1 | 2,2 | 2,3 | 2,3 | 2,4 | 3,0 |
| | 1,7 | 1,7 | 1,8 | 1,8 | 1,9 | 2,0 | 2,1 | 2,2 | 2,3 | 2,8 |
| | 1,5 | 1,5 | 1,6 | 1,7 | 1,8 | 1,9 | 1,9 | 2,0 | 2,1 | 2,6 |
| | 1,3 | 1,4 | 1,4 | 1,5 | 1,6 | 1,7 | 1,8 | 1,9 | 2,0 | 2,5 |
| | 1,1 | 1,2 | 1,3 | 1,5 | 1,6 | 1,7 | 1,8 | 1,9 | 2,0 | 2,5 |
| Drei-Scheiben-Isolierverglasung | 2,3 | 2,1 | 2,2 | 2,3 | 2,4 | 2,5 | 2,6 | 2,6 | 2,7 | 3,2 |
| | 2,1 | 2,0 | 2,0 | 2,1 | 2,2 | 2,3 | 2,4 | 2,5 | 2,6 | 3,1 |
| | 1,9 | 1,8 | 1,9 | 2,0 | 2,0 | 2,2 | 2,2 | 2,3 | 2,4 | 2,9 |
| | 1,7 | 1,6 | 1,7 | 1,8 | 1,9 | 2,0 | 2,1 | 2,2 | 2,2 | 2,8 |
| | 1,5 | 1,5 | 1,6 | 1,7 | 1,8 | 1,9 | 1,9 | 2,0 | 2,1 | 2,6 |
| | 1,3 | 1,4 | 1,4 | 1,5 | 1,6 | 1,7 | 1,8 | 1,9 | 2,0 | 2,5 |
| | 1,1 | 1,2 | 1,3 | 1,4 | 1,4 | 1,5 | 1,6 | 1,7 | 1,8 | 2,3 |
| | 0,9 | 1,0 | 1,1 | 1,2 | 1,3 | 1,4 | 1,5 | 1,6 | 1,6 | 2,2 |
| | 0,7 | 0,9 | 1,0 | 1,0 | 1,1 | 1,2 | 1,3 | 1,4 | 1,5 | 2,0 |
| | 0,5 | 0,7 | 0,8 | 0,9 | 1,0 | 1,1 | 1,2 | 1,2 | 1,3 | 1,8 |

#### Für Fenster mit einem Flächenanteil des Rahmens von 30% an der Gesamtfensterfläche

| Art der Verglasung | $U_g$ W/(m²·K) | $U_f$ in W/(m²·K) | | | | | | | |
|---|---|---|---|---|---|---|---|---|---|
| | | 1,0 | 1,4 | 1,8 | 2,2 | 2,6 | 3,0 | 3,4 | 3,8 | 7,0 |
| Zwei-Scheiben-Isolierverglasung | 2,7 | 2,3 | 2,4 | 2,5 | 2,6 | 2,8 | 2,9 | 3,1 | 3,2 | 4,0 |
| | 2,5 | 2,2 | 2,3 | 2,4 | 2,6 | 2,7 | 2,8 | 3,0 | 3,1 | 3,9 |
| | 2,3 | 2,1 | 2,2 | 2,3 | 2,4 | 2,6 | 2,7 | 2,8 | 2,9 | 3,8 |
| | 2,1 | 1,9 | 2,0 | 2,2 | 2,3 | 2,4 | 2,6 | 2,7 | 2,8 | 3,6 |
| | 1,9 | 1,8 | 1,9 | 2,0 | 2,1 | 2,3 | 2,4 | 2,5 | 2,7 | 3,5 |
| | 1,7 | 1,6 | 1,8 | 1,9 | 2,0 | 2,2 | 2,3 | 2,4 | 2,5 | 3,3 |
| | 1,5 | 1,5 | 1,6 | 1,7 | 2,9 | 2,0 | 2,1 | 2,3 | 2,4 | 3,2 |
| | 1,3 | 1,4 | 1,5 | 1,6 | 1,7 | 1,9 | 2,0 | 2,1 | 2,2 | 3,1 |
| | 1,1 | 1,2 | 1,3 | 1,5 | 1,6 | 1,7 | 1,9 | 2,0 | 2,1 | 2,9 |
| Drei-Scheiben-Isolierverglasung | 2,3 | 2,0 | 2,1 | 2,2 | 2,4 | 2,5 | 2,7 | 2,8 | 2,9 | 3,7 |
| | 2,1 | 1,9 | 2,0 | 2,1 | 2,2 | 2,4 | 2,5 | 2,6 | 2,8 | 3,6 |
| | 1,9 | 1,7 | 1,8 | 2,0 | 2,1 | 2,3 | 2,4 | 2,5 | 2,6 | 3,4 |
| | 1,7 | 1,6 | 1,7 | 1,8 | 1,9 | 2,1 | 2,2 | 2,4 | 2,5 | 3,3 |
| | 1,5 | 1,5 | 1,6 | 1,7 | 1,9 | 2,0 | 2,1 | 2,3 | 2,4 | 3,2 |
| | 1,3 | 1,4 | 1,5 | 1,6 | 1,7 | 1,9 | 2,0 | 2,1 | 2,2 | 3,1 |
| | 1,1 | 1,2 | 1,3 | 1,5 | 1,6 | 1,7 | 1,9 | 2,0 | 2,1 | 2,9 |
| | 0,9 | 1,1 | 1,2 | 1,3 | 1,4 | 1,6 | 1,7 | 1,8 | 2,0 | 2,8 |
| | 0,7 | 0,9 | 1,1 | 1,2 | 1,3 | 1,5 | 1,6 | 1,7 | 1,8 | 2,9 |
| | 0,5 | 0,8 | 0,9 | 1,0 | 1,2 | 1,3 | 1,5 | 1,6 | 1,7 | 2,5 |

**1. Beispiel:**
20% Flächenanteil des Rahmens;
Aluminiumrahmen mit $U_f$ = 1,8 W/(m²·K);
Zweischeiben Isolierverglasung mit
$U_g$ = 1,3 W/(m²·K);   $U_w$ = 1,5 W/(m²·K)
$U_w$ ?

**2. Beispiel:**
30% Flächenanteil des Rahmens;
Aluminiumrahmen mit $U_f$ = 2,2 W/(m²·K);
Dreischeiben-Isolierverglasung mit
$U_g$ = 1,7 W/(m²·K);   $U_w$ = 1,9 W/(m²·K)
$U_w$ ?

# Verglasungen

## Schallschutzfunktion von Fenstern
### Ermittlung des „maßgeblichen Außenlärmpegels"

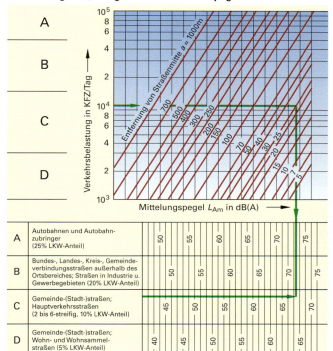

**Beispiel**
Notwendige Verglasung
für einen Unterrichtsraum
in einem Gebäude, das an einer
städtischen Hauptverkehrsstraße
mit 4 Fahrspuren liegt, geschätztes Verkehrsaufkommen:
10 000 Fahrzeuge/Tag.
Entfernung Fenster-
Straßenmitte: 30 m;
Gefälle der Straße: 8 %;
beiderseitige dichte Bebauung.
Schallschutzklasse = ?

Aus Tabelle:    $L_{Am}$ = 67 db (A)
Längsneigung 8 %    + 2 dB (A)
Bebauungsart:    + 2 dB (A)

maßgeblicher
Außenlärmpegel    = 71 dB (A)
$R_w$ = 45 dB erfordert Verglasung
der Schallschutzklasse L5

| | | Mittelungspegel $L_{Am}$ in dB(A) | | | | |
|---|---|---|---|---|---|---|
| A | Autobahnen und Autobahnzubringer (25 % LKW-Anteil) | 50 | 55 | 60 | 65 | 70 | 75 |
| B | Bundes-, Landes-, Kreis-, Gemeindeverbindungsstraßen außerhalb des Ortsbereiches; Straßen in Industrie u. Gewerbegebieten (20 % LKW-Anteil) | | 50 | 55 | 60 | 65 | 70 | 75 |
| C | Gemeinde-(Stadt-)straßen; Hauptverkehrsstraßen (2 bis 6-streifig, 10 % LKW-Anteil) | | 45 | 50 | 55 | 60 | 65 | 70 |
| D | Gemeinde-(Stadt-)straßen; Wohn- und Wohnsammelstraßen (5 % LKW-Anteil) | 40 | 45 | 50 | 55 | 60 | 65 |

**Zuschläge zum Mittelungspegel $L_{Am}$**

| Zuschlag in dB (A) | Bedingung |
|---|---|
| 2 | Straße mit beiseitig geschlossener Bebauung |
| 2 | Straße mit Längsneigung > 5 % |
| 3 | Entfernung von der nächsten lichtsignalgeregelten Kreuzung < 100 m |

### Schalldämmmaß von Fenstern und Außenwänden

| Lärmpegelbereich | Maßgeblicher Außenlärmpegel in dB (A) | Raumarten | | | | | |
|---|---|---|---|---|---|---|---|
| | | Bettenräume in Krankenanstalten und Sanatorien | | Aufenthaltsräume in Wohnungen, Übernachtungsräume in Beherbergungsstätten, Unterrichtsräume u. Ä. | | Büroräume und Räume mit ähnlichem Verwendungszweck | |
| | | Außenwand $R_w$ in dB | Fenster $R_w$ in dB | Außenwand $R_w$ in dB | Fenster $R_w$ in dB | Außenwand $R_w$ in dB | Fenster $R_w$ in dB |
| I | bis 55 | 35 | 30 | 35 | 25 | 35 | 25 |
| II | 56 … 60 | 40 | 35 | 35 | 30 | 35 | 30 |
| III | 61 … 65 | 45 | 40 | 40 | 35 | 35 | 30 |
| IV | 66 … 70 | 50 | 45 | 45 | 40 | 35 | 35 |
| V | 71 … 75 | 55 | 50 | 50 | 45 | 40 | 40 |

### Schallschutzklassen von Fenstern     vgl. DIN 52 210 (1988-11) u. VDI 2719 (1987-07)

| Klasse | 1 | 2 | 3 | 4 | 5 | 6 |
|---|---|---|---|---|---|---|
| Verglasungsart | 4 | 4 12 4 Luft | 6 12 4 Luft | | | 12 20 8 Argon |
| Bewertetes Schalldämmmaß $R_w$ des am Bauwerk funktionsfähig eingebauten Fensters, nach DIN 52 210-05 in dB | 25 … 29 | 30 … 34 | 35 … 39 | 40 … 44 | 45 … 49 | ≥ 50 |

# Verglasungen

## Schallschutzfunktion von Fenstern

**Fensterkonstruktion und Schallschutzklasse**     vgl. DIN 4109 (1998-04) u. VDI 2719 (1987-07)

| Fensterkonstruktion | | Anforderungen | Schallschutzklassen[1] | | | | |
|---|---|---|---|---|---|---|---|
| | | | 1 | 2 | 3 | 4 | 5 |
| Einfach-fenster | | $S_{min}$ in mm | 6 | 8 | o | o | – |
| | | SZR in mm | 8 | 12 | o | o | – |
| | | $R_w$ in dB | 27 | 32 | ≥ 37 | ≥ 45 | – |
| | | Falzdichtung | x | a erf. | a erf. | a und b erf. | – |
| Verbund-fenster | | $S_{min}$ in mm | o | 4/12/4 u. ≥ 4 | 4/12/4 u. ≥ 6 | 6/12/4 u. ≥ 8 | 8/12/4 u. ≥ 8 |
| | | SZR in mm | o | o | ≥ 40 | ≥ 50 | ≥ 60 |
| | | $R_w$ in dB | – | – | – | – | – |
| | | Falzdichtung | x | a erf. | a erf. | a und b erf. | a und b erf. |
| Kasten-fenster | | $S_{min}$ in mm | o | o | o | o | 6/12/4 u. ≥ 8 |
| | | SZR in mm | o | o | o | ≥ 100 | ≥ 100 |
| | | $R_w$ in dB | – | – | – | – | – |
| | | Falzdichtung | x | x | a erf. | a und b erf. | a und b erf. |

x nicht erforderlich,    o keine Anforderungen,    – keine Angaben
[1] Bei Schallschutzkl. 6 sind allgemeingültige Angaben nicht möglich. Ein Nachweis kann nur über eine Eignungsprüfung erbracht werden.

**Beanspruchungen bei der Verglasung von Fenstern**     vgl. DIN 18545-03 (1995-03)

| Beanspruchungsgruppen | | 1 | 2 | 3 | 4 | 5 |
|---|---|---|---|---|---|---|
| Werkstoffunabhängige schematische Darstellung und Kurzzeichen für Verglasungssysteme   ▨ Dichtstoff des Falzraumes   ▨ Vorlegeband   ■ Dichtstoff der Versiegelung | | Va1 | Va2 | Va3 / Vf3 | Va4 / Vf4 | Va5 / Vf5 |
| Dichtstoffgruppe nach DIN 18 545 | für Falzraum | A[1] | B | B | B | B |
| | für Versiegelung | – | – | C | D | E |

[1] Für das Verglasungssystem Va1 dürfen auch Dichtstoffe der Gruppe B eingesetzt werden, wenn sie vom Hersteller dafür empfohlen werden.

| V | Verglasungssystem | Va1 | Verglasung mit freier Dichtstoffmasse |
|---|---|---|---|
| a | ausgefüllter Falzraum | Va2 ... Va5 | Verglasung mit Glashalteleiste und ausgefülltem Falzraum |
| f | dichtstofffreier Falzraum | Vf3 ... Vf5 | Verglasung mit Glashalteleiste und dichtstofffreiem Falzraum |

| Beanspruchung aus | | | | | | | |
|---|---|---|---|---|---|---|---|
| Bedienung | | Zuordnung über Öffnungsart, z.B. Drehfenster, Drehkippfenster | | | | | |
| Umgebungseinwirkung | | Zuordnung über Einwirkung von der Raumseite, z.B. Feuchtigkeit | | | | | |
| Scheibengröße | | Zuordnung über Rahmenmaterial, Kantenlänge und Dichtstoffvorlage | | | | | |

| Rahmenmaterial | Dichtstoff-vorlage | Kantenlänge in mm | | | | | |
|---|---|---|---|---|---|---|---|
| Aluminium Aluminium-Holz Stahl | 3 mm | Farbton | hell/dunkel | bis 800 | bis 1000 | bis 1500 | |
| | 4 mm | | hell/dunkel | b. 1500 | b. 1250 | b. 2000 | b. 1500 | b. 2500 | b. 2000 |
| | 5 mm | | hell/dunkel | b. 1750 | b. 1500 | b. 2250 | b. 2000 | b. 3000 | b. 2750 |
| Kunststoff | 3 mm | bis 800 | bis 1000 | bis 1500 | bis 1750 | bis 2000 | |
| | 5 mm | | hell/dunkel | b. 1500 | b. 1250 | b. 2000 | b. 1500 | b. 2500 | b. 2000 |
| | 6 mm | | dunkel | bis 1500 | bis 2000 | bis 2500 | |

| Scheibengröße | | Belastung der Glasauflage in Abhängigkeit von der Gebäudehöhe | | | | | |
|---|---|---|---|---|---|---|---|
| Scheibengröße in m² | | bis 0,5 | bis 0,8 | bis 1,8 | bis 6,0 | bis 9,0 | |
| Gebäude-höhe/Last-annahme | 8 m | 0,60 kN/m² | b. 0,16 N/mm | b. 0,22 N/mm | b. 0,35 N/mm | b. 0,70 N/mm | b. 0,90 N/mm |
| | 20 m | 0,96 kN/m² | b. 0,25 N/mm | b. 0,35 N/mm | b. 0,55 N/mm | b. 1,10 N/mm | b. 1,40 N/mm |
| | 100 m | 1,32 kN/m² | b. 0,35 N/mm | b. 0,50 N/mm | b. 0,75 N/mm | b. 1,50 N/mm | b. 1,90 N/mm |

## Verglasungen

### Fugendichtstoffe
#### Eignung von Fugendichtstoffen

| Anwendung | Silicon | | | Polysulfid | | PUR | Acrylat |
| --- | --- | --- | --- | --- | --- | --- | --- |
| | sauer | alkalisch | neutral | 1 k[1] | 2 k[1] | | elastisch |
| Glasversiegelung | x | x | x | x | – | – | – |
| Fassadenanschluss | – | x | x | – | x | x | x |
| Metall/Metall | x | x | x | – | – | – | – |
| Einsatz an Aluminium, eloxiert | x | x | x | x | x | x | x |
| Einsatz an Aluminium, beschichtet | x | x | x | o | o | x | x |
| Einsatz an Buntmetallen | – | x | x | x | x | x | x |
| Einsatz an lackierten Flächen | o | o | x | o | o | o | x |

[1] einkomponentig bzw. zweikomponentig
x = möglich;   o = Versuch bzw. Beratung erforderlich;   – = nicht möglich

#### Technisches Datenblatt eines Silicon-Fugendichtstoffes

| Eigenschaften und Hinweise | | Prüfung | Verarbeitungshinweise |
| --- | --- | --- | --- |
| • Dichte (farbenabhängig) | ca. 1,3 g/cm³... 1,5 g/cm³ | DIN EN ISO 1183-1 | Weichelastisch, daher besonders für poröse, saugende Untergründe geeignet (z. B. Gasbeton, Putz, usw.) |
| • Standvermögen | ≤ 2 mm | DIN EN ISO 7390 | Gute Haftung und Verträglichkeit mit stark korrosiven, metallischen Untergründen (z. B. Kupfer) – nicht korrosiv wirkend. |
| • Hautbildungszeit (23 °C/50 % r. L.) | ca. 15 min | | |
| • Aushärtezeit (23 °C/50 % r. L.) | 4 Tage/5 mm | | |
| • Volumenschwund | < 6 % | DIN EN ISO 10563 | Gute Haftung auf den meisten Untergründen ohne Haftvermittler. |
| • Verarbeitungstemperatur | + 5 °C bis + 40 °C | | Witterungs- und alterungsbeständig, UV-beständig (lichtecht). |
| • Temperaturbeständigkeit | – 50 °C bis + 120 °C | | |
| • Rückstellvermögen | ca. 80 % | DIN EN ISO 7389 | Anstrichverträglich, lösungsmittelfrei, einkomponentig, geruchsfrei. |
| • Bruchdehnung | ca. 500 % | DIN EN 27389 | |
| • Zugfestigkeit | 1,0 N/mm² | DIN 53 504 | |
| • Zugspannung (E-Modul) 100 % | 0,24 N/mm² | DIN 53 504 | |
| • Shore-A-Härte | ca. 14 | DIN ISO 7619-1 | |
| • max. Gesamtverformung | ca. 25 % | – | |
| • max. Fugenbreite | 30 mm | – | |
| • Lagerzeit (im original geschlossenen Gebinde) | 9 Monate | bei 20 °C trocken | |
| • Gefahrenklassen | Keine. | | |
| • Transportbestimmungen | Kein Gefahrengut im Sinne der Transportbedingungen | | |

#### Dichtstoff-Verbrauch

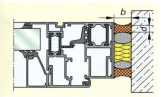

$V_F$  Dichtstoffmenge
$l_{ges}$  Gesamtlänge der Fuge pro Fenster
$b$  Fugenbreite
$d$  Dicke des Fugendichtstoffes
$i$  Zahl der Fenster
$n$  Kartuschenanzahl
$V_K$  Kartuscheninhalt

**Faustformeln:**

$$V_F = i \cdot l_{ges} \cdot b \cdot d \qquad d \approx 0{,}5 \cdot b$$

$$d \geq 6 \text{ mm} \qquad n = \frac{V_F}{V_K}$$

**Beispiel:** Versiegelung von 20 Fenstern (Anschlussfugen), innen und außen; Größe 1100 × 1100 mm, Kartuscheninhalt 310 ml; Kartuschenzahl $n$ = ?

$V_F = i \cdot l_{ges} \cdot b \cdot d = 20 \cdot 110 \text{ cm} \cdot 4 \cdot 2 \cdot 1{,}5 \text{ cm} \cdot 0{,}8 \text{ cm}$    $n = \frac{V_F}{V_K} = \frac{21120 \text{ ml}}{310 \text{ ml}} = 68{,}13 \approx$ **69 Kartuschen**

# Verglasungen

## Anschlussfugen

### Fugenbreite und Fugendicke
vgl. DIN 18540 (2013-06)

Hinterfüllstrang, Dichtschnur (nicht saugend)
Dichtstoff (z.B. Silicon)
Dämmstoff (z.B. Mineralwolle, PU-Schaum)
innen
außen
stumpfer Anschlag

| Fugenabstand der Bauteile | Fugenbreite | | Dicke bzw. Tiefe des Fugendichtstoffes[3] | |
|---|---|---|---|---|
| | Nennmaß[1] | Mindestmaß[2] | | Grenzabmaße |
| | $b$ | $b_{min}$ | $d$ | |
| in m | in mm | in mm | in mm | in mm |
| bis 2 | 15 | 10 | 8 | ± 2 |
| über 2 bis 3,5 | 20 | 15 | 10 | ± 2 |
| über 3,5 bis 5 | 25 | 20 | 12 | ± 2 |
| über 5 bis 6,5 | 30 | 25 | 15 | ± 3 |
| über 6,5 bis 8 | 35 | 30 | 15 | ± 3 |

[1] Nennmaß für Planung
[2] Mindestmaß zum Zeitpunkt der Fugenabdichtung
[3] Die angegebenen Werte gelten für den Endzustand, dabei ist auch die Volumenänderung des Fugendichtstoffes zu berücksichtigen.

### Mindestfugenbreite der Anschlussfugen für Fenster

| Werkstoff der Fensterprofile | Fenster-Elementlänge | | | | | | |
|---|---|---|---|---|---|---|---|
| | bis 1,5 m | bis 2,5 m | bis 3,5 m | bis 4,5 m | bis 2,5 m | bis 3,5 m | bis 4,5 m |
| | Mindestfugenbreite für stumpfen Anschlag $b$ in mm | | | | Mindestfugenbreite für Innenanschlag $b$ in mm | | |
| PVC hart (weiß) | 10 | 15 | 20 | 25 | 10 | 10 | 15 |
| PVC hart und PMMA (dunkel) (farbig extrudiert) | 15 | 20 | 25 | 30 | 10 | 15 | 20 |
| Harter PUR-Integralschaum | 10 | 10 | 15 | 20 | 10 | 10 | 15 |
| Aluminium-Kunststoff-Verbundprofile (hell) | 10 | 10 | 15 | 20 | 10 | 10 | 15 |
| Aluminium-Kunststoff-Verbundprofile (dunkel) | 10 | 15 | 20 | 25 | 10 | 10 | 15 |
| Holzfensterprofile | 10 | 10 | 10 | 10 | 10 | 10 | 10 |

### Bewegungsaufnahme der Fugendichtstoffe

| Fugendichtstoff | Verformungs-Verhalten | Dauerbewegungsaufnahme | Fugendichtstoff | Verformungs-Verhalten | Dauerbewegungsaufnahme |
|---|---|---|---|---|---|
| Silikon | elastisch | | Polyurethan | elastisch | |
| – säurehärtend (acetat) | | 15 % … 25 % | – einkomponentig | | 20 % … 25 % |
| – neutralhärtend (benzamid) | | 20 % … 25 % | – zweikomponentig | | 25% |
| – neutralhärtend (alkoxg) | | 20 % … 25 % | Acrylat | | |
| – neutralhärtend (oxim) | | 20 % … 25 % | – Dispersionstyp | elastisch elastisch-plastisch | 10 % |
| – alkalisch härtend (amin) | | 20 % … 25 % | – Dispersionstyp | plastisch-elastisch | 15 % … 20 % |
| Polysulfid (Thiokol®) | elastisch | | – Dispersionstyp lösungsmittelhaltig | elastisch zäh-plastisch | 20 % 5 % … 10 % |
| – einkomponentig | | 15 % … 25 % | MS-Polymer (Hybrid) | elastisch | 20 % … 25 % |
| – zweikomponentig | | 20 % … 25% | Butyl/Polyisobutylen | plastisch | 0 % … 5 % |

# Sonnenschutzeinrichtungen

## Konstruktionen im Vergleich

| Bewertungskriterien \ Benennung | Vordach, Loggia Balkon | Innenrollo | Innen-jalousie | Rollo zwischen Scheiben | Außen-rollo, Markisen | Rollläden Fenster-läden |
|---|---|---|---|---|---|---|
| Abminderungsfaktor $z$ | 0,3 | 0,4 … 0,7 | 0,5 | 0,3 … 0,6 | 0,4 … 0,5 | 0,3 |
| Gesamtenergiedurchlassgrad $g_F$[1] (Fenster einschl. Sonnenschutz) | 0,25 | 0,3 … 0,6 | 0,4 | 0,25 … 0,5 | 0,3 … 0,4 | 0,25 |
| Wärmeschutz | – | x | x | x | – | + |
| Schallschutz | – | – | – | – | x | + |
| Einbruchsicherung | – | – | – | – | – | + |

[1] bei $g = 0,8$     – nicht integrierbar;    + gut integrierbar;    x bedingt integrierbar

## Rollladenstäbe, Eigenschaften

| Stabformen | | | | | | | |
|---|---|---|---|---|---|---|---|
| Werkstoff der Stäbe | Kunststoff, aluminium-verstärkt | Aluminium ausge-schäumt, kunststoff-ummantelt | Aluminium | Aluminium ausge-schäumt, kunststoff-beschichtet | Kunststoff | Holz | Kunststoff ausge-schäumt |
| Bauform der Stäbe | doppel-wandig | doppel-wandig, rollgeformt | doppel-wandig, stranggepr. | doppel-wandig, rollgeformt | doppel-wandig, | Profil nach DIN 18076 | doppel-wandig |
| Dicke der Stäbe in mm | 8 | 9 | 14,5 | 15 | 14 | 14 | 14,5 |
| Deckbreite in mm | 30 | 38 | 50 | 50 | 55 | 47 | 56 |
| Dichtungsmaßnahmen an den Führungsschienen | Lippen-dichtung | Lippen-dichtung | Hartgummi-dichtung | Hartgummi-dichtung | Hartgummi-dichtung | ohne Dichtung | Hartgummi-dichtung |
| Bewertetes Schall-dämmmaß $R_W$ in dB | Zum Vergleich: Fenster ohne Rollläden 35 dB | | | | | | |
| Abstand zur Scheibe:  40 mm | 34 | 34 | 35 | 34 | 34 | 34 | 34 |
| Abstand zur Scheibe:  120 mm | 42 | 43 | 44 | 42 | 43 | 41 | 45 |
| Wärmedurchgangswider-stand b. 40 mm Abstand zw. Scheibe und Rollladen-panzer $1/U$ in m² · K/W | Zum Vergleich: Fenster ohne Rollläden 0,37 m² · K/W | | | | | | |
|  | 0,55 | 0,54 | 0,58 | 0,57 | 0,63 | 0,63 | 0,72 |

## Beurteilung des Wärmeschutzes

vgl. DIN 4108 (1994-08)

### $g_F$-Wert, Abminderungsfaktor für Sonnenschutzeinrichtungen

Der Abminderungsfaktor $z$ ist für die Beurteilung des sommerlichen Wärmeschutzes innerhalb eines Wärmeschutznachweises notwendig. Werden in einem Bauvorhaben Sonnenschutzvorrichtungen zum Erreichen der Anforderungen nach der Energieeinsparverordnung geplant, so müssen diese teilweise beweglich ausgeführt werden. Außerdem darf der $z$-Wert den Betrag 0,5 nicht übersteigen.

| Art der Schutzvorrichtung | $z$-Wert | Art der Schutzvorrichtung | $z$-Wert |
|---|---|---|---|
| Fehlender Sonnenschutz | 1,0 | Außenliegende Jalousie oder drehbare Lamellen | 0,25 |
| Innenliegendes Gewebe oder Folie | 0,4 … 0,7 | Rollläden, Fensterläden | 0,3 |
| Innenliegende Jalousie | 0,5 | Markisen | 0,4 … 0,5 |

### $g_F$-Wert, Gesamtenergiedurchlassgrad

Der Gesamtenergiedurchlassgrad $g_F$ gibt an, wie viel Prozent der auftretenden Sonnen-strahlung durch Verglasung und Sonnenschutzeinrichtung hindurch kommt und ins Rauminnere gelangt. Insofern kann der $g_F$-Wert zur Beurteilung der Wirksamkeit einer Sonnenschutzeinrichtung herangezogen werden.

$$g_F = g \cdot z$$

**Beispiel** für ein Fenster mit Standard-Glas, $g_F$-Wert 0,77 mit Rollladen, $z$-Wert 0,3:
Somit gelangen 23,1 % der Sonnenenergie ins Rauminnere.

$g_F = 0,77 \cdot 0,3$
$g_F = 0,231$

# Sonnenschutz / Fensterbeschläge

## Montagedaten für Gelenkarmmarkisen

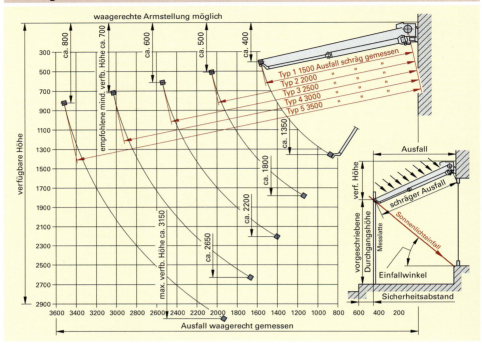

## Fensterbeschläge und Befestigung

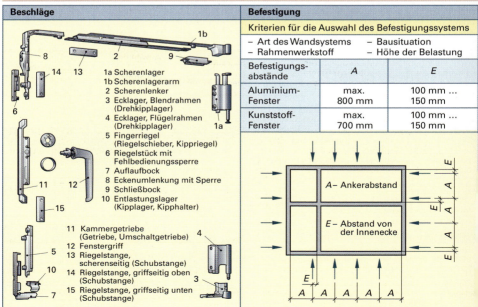

### Beschläge

- 1a Scherenlager
- 1b Scherenlagerarm
- 2 Scherenlenker
- 3 Ecklager, Blendrahmen (Drehkipplager)
- 4 Ecklager, Flügelrahmen (Drehkipplager)
- 5 Fingerriegel (Riegelschieber, Kippriegel)
- 6 Riegelstück mit Fehlbedienungssperre
- 7 Auflaufbock
- 8 Eckenumlenkung mit Sperre
- 9 Schließbock
- 10 Entlastungslager (Kipplager, Kipphalter)
- 11 Kammergetriebe (Getriebe, Umschaltgetriebe)
- 12 Fenstergriff
- 13 Riegelstange, scherenseitig (Schubstange)
- 14 Riegelstange, griffseitig oben (Schubstange)
- 15 Riegelstange, griffseitig unten (Schubstange)

### Befestigung

Kriterien für die Auswahl des Befestigungssystems
- Art des Wandsystems
- Rahmenwerkstoff
- Bausituation
- Höhe der Belastung

| Befestigungs-abstände | A | E |
|---|---|---|
| Aluminium-Fenster | max. 800 mm | 100 mm ... 150 mm |
| Kunststoff-Fenster | max. 700 mm | 100 mm ... 150 mm |

A – Ankerabstand
E – Abstand von der Innenecke

# Stahlbau

## Winkelanschlüsse

**Querkraftbeanspruchte Winkelanschlüsse für I-förmige Profile**  vgl. DSTV-1: 2000

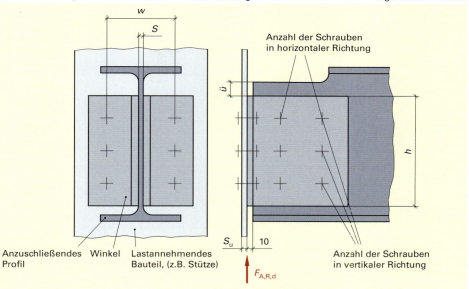

$F_{A,R,d}$  Grenzanschlusskraft
$h$  Höhe des Winkels
$s_U$  erforderliche Dicke des lastannehmenden Bauteils
$s$  Stegdicke des anzuschließenden Profils
$ü$  Mindestabstand des Winkels zur evtl. Trägerausklinkung
$e_i$  Anreißmaße
$w$  Wurzelmaß $w = s + 2 \cdot e_3$

**Bezeichnungsbeispiel:**  IW  H  16  2  3

- Querkraft-beanspruchter Winkelanschluss
- Nur bei Verwendung der Schraubenfestigkeitsklasse 10.9
- Schraubenschaftdurchmesser in mm
- Anzahl der Schrauben in horizontaler Richtung
- Anzahl der Schrauben in vertikaler Richtung

**Grenzanschlusskräfte, Abmessungen, Abstände und Dicken für Winkelanschlüsse**

| Anschlusstyp IW ... | | Profil | $F_{A,R,d}$ kN | Winkel | h | $e_1$ | $e_2$ | $e_3$ | $e_4$ | ü | $s_U$ | Schraube |
|---|---|---|---|---|---|---|---|---|---|---|---|---|
| | | | | | | | Maße in mm | | | | | |
| 16 1 2 | 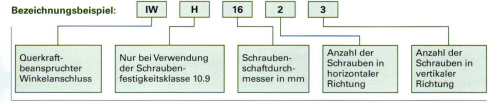 | IPE 160 | 35,1 | L 90 × 9 | 120 | 35 | 50 | 50 | – | 16 | 1,5 | M16 – 4.6 |
| | | IPE 200 | 39,3 | | | | | | | | 1,7 | |
| | | IPE 240 | 43,5 | | | | | | | | 1,9 | |
| | | IPE 270 | 46,3 | | | | | | | | 2,0 | |
| | | IPE 300 | 49,8 | | | | | | | | 2,1 | |
| 20 1 2 | | IPE 330 | 79,8 | L 100 × 12 | 150 | 40 | 70 | 60 | – | 23 | 2,2 | M20 – 4.6 |
| | | IPE 360 | 85,2 | | | | | | | | 2,4 | |
| 24 1 2 | | IPE 400 | 107,8 | L 120 × 12 | 180 | 50 | 80 | 70 | – | 25 | 2,6 | M24 – 4.6 |
| | | HE 320 A | 112,8 | | | | | | | | 2,7 | |
| | | HE 360 A | 125,4 | | | | | | | | 3,0 | |
| | | HE 400 A | 137,9 | | | | | | | | 3,3 | |

# Stahlbau

## Winkelanschlüsse

**Grenzanschlusskräfte, Abmessungen, Abstände und Dicken für Winkelanschlüsse**

| Anschlusstyp IW ... | Profil | $F_{A,R,d}$ kN | Winkel | h | $e_1$ | $e_2$ | $e_3$ | $e_4$ | ü | $s_ü$ | Schraube |
|---|---|---|---|---|---|---|---|---|---|---|---|
| 16 1 3 | IPE 240 | 81,6 | L 90 × 9 | 170 | 35 | 50 | 50 | – | 16 | 1,9 | M16 – 4.6 |
| | IPE 300 | 93,5 | | | | | | | | 2,2 | |
| | IPE 330 | 98,8 | | | | | | | | 2,3 | |
| 20 1 3 | IPE 300 | 141,4 | L 100 × 12 | 220 | 40 | 70 | 60 | – | 23 | 2,2 | M20 – 4.6 |
| | IPE 360 | 159,3 | | | | | | | | 2,5 | |
| | IPE 400 | 171,2 | | | | | | | | 2,7 | |
| 24 1 3 | IPE 330 | 175,0 | L 120 × 12 | 260 | 50 | 80 | 70 | – | 25 | 2,4 | M24 – 4.6 |
| | IPE 450 | 219,3 | | | | | | | | 3,0 | |
| | IPE 500 | 238,0 | | | | | | | | 3,2 | |
| 16 2 1 | IPE 100 | 23,4 | L 150 × 75 × 9 | 70 | 35 | – | 50 | 60 | 16 | 2,2 | M16 – 4.6 |
| | IPE 140 | 26,8 | | | | | | | | 2,5 | |
| | IPE 180 | 30,2 | | | | | | | | 2,9 | |
| | IPE 200 | 31,9 | | | | | | | | 3,0 | |
| 20 2 1 | IPE 200 | 39,4 | L 180 × 90 × 12 | 80 | 40 | – | 60 | 70 | 2 | 3,2 | M20 – 4.6 |
| | HE 100 A | 42,2 | | | | | | | | 3,4 | |
| | HE 200 A | 45,8 | | | | | | | | 3,7 | |
| 24 2 1 | IPE 300 | 59,4 | L 200 × 100 × 12 | 100 | 50 | – | 70 | 80 | 25 | 3,3 | M24 – 4.6 |
| | HE 280 A | 67,0 | | | | | | | | 3,7 | |
| | HE 300 A | 71,2 | | | | | | | | 4,0 | |
| 16 2 2 | IPE 160 | 57,1 | L 150 × 75 × 9 | 120 | 35 | 50 | 50 | 60 | 16 | 2,5 | M16 – 4.6 |
| | IPE 200 | 63,9 | | | | | | | | 2,7 | |
| 20 2 2 | IPE 300 | 121,7 | L 180 × 90 × 12 | 150 | 40 | 70 | 60 | 70 | 23 | 3,4 | M20 – 4.6 |
| | IPE 330 | 128,5 | | | | | | | | 3,6 | |
| | IPE 360 | 137,2 | | | | | | | | 3,8 | |
| 24 2 2 | IPE 400 | 100,4 | L 200 × 100 × 12 | 180 | 50 | 80 | 70 | 80 | 25 | 4,0 | M24 – 4.6 |
| | HE 360 A | 118,1 | | | | | | | | 5,0 | |
| | HE 400 A | 129,9 | | | | | | | | 5,0 | |
| 16 2 3 | IPE 240 | 121,5 | L 150 × 75 × 9 | 170 | 35 | 50 | 50 | 60 | 16 | 2,9 | M16 – 4.6 |
| | IPE 300 | 139,1 | | | | | | | | 3,3 | |
| 20 2 3 | IPE 360 | 236,3 | L 180 × 90 × 12 | 220 | 40 | 70 | 60 | 70 | 23 | 3,7 | M20 – 4.6 |
| | IPE 400 | 254,0 | | | | | | | | 3,9 | |
| | IPE 450 | 277,6 | | | | | | | | 4,3 | |
| 24 2 3 | IPE 500 | 350,6 | L 200 × 100 × 12 | 260 | 50 | 80 | 70 | 80 | 25 | 4,6 | M24 – 4.6 |
| | HE 400 A | 378,1 | | | | | | | | 4,9 | |
| | HE 500 A | 412,5 | | | | | | | | 5,4 | |

### Ablesebeispiel:

Ein Träger soll mit Winkeln an eine Stütze montiert werden. Es wird eine maximale Grenzanschlusskraft von 75,0 kN angenommen.

Gesucht: Ein Trägerprofil mit möglichst niedriger Nennhöhe, $F_{A,R,d}$, die Winkelmaße und die Anreiß- und Montagemaße der Winkel, Schrauben.

Gewähltes Profil: IPE 240, $F_{A,R,d}$ = 81,6 kN, Typ IW 16 1 3

Winkel: L 90 × 9, h = 170 mm, $e_1$ = 35 mm, $e_2$ = $e_3$ = 50 mm, ü = 16 mm, $s_ü$ = 1,9 mm, 9 × M16 – 4.6

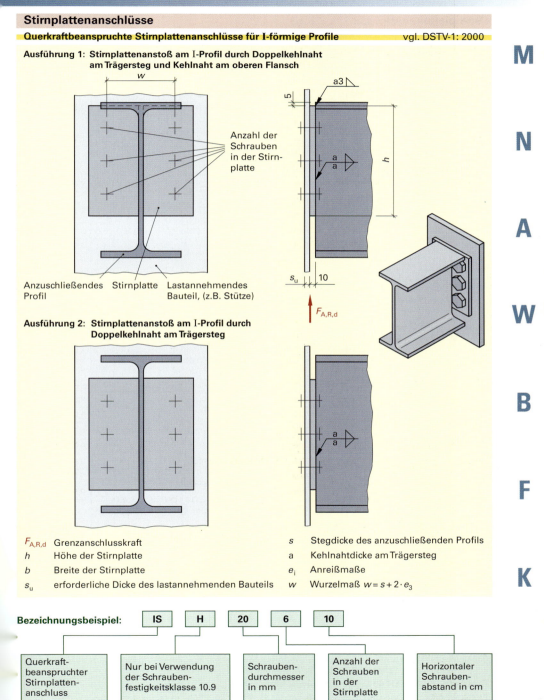

# Stahlbau

## Stirnplattenanschlüsse

**Grenzanschlusskräfte, Abmessungen, Abstände und Nahtdicken für Stirnplattenanschlüsse**

| Anschlusstyp IS ... | Profil | $F_{A,R,d}$ kN | h | b | $e_1$ | $e_2$ | w | $s_ü$ | a | Schraube |
|---|---|---|---|---|---|---|---|---|---|---|
| 1 6 2 6 | IPE 100 | 39,7  | 70 | 120 | 35 | – | 60 | 1,9 | 3,0 | M16 – 4.6 |
|         | IPE 120 | 42,6  |    |     |    |   |    | 2,0 |     |           |
|         | IPE 140 | 45,5  |    |     |    |   |    | 2,2 |     |           |
|         | IPE 180 | 51,4  |    |     |    |   |    | 2,5 |     |           |
|         | IPE 200 | 54,3  |    |     |    |   |    | 2,6 |     |           |
| 2 0 2 8 | IPE 100 | 45,4  | 80 | 160 | 40 | – | 80 | 1,7 | 3,0 | M20 – 4.6 |
|         | IPE 240 | 68,7  |    |     |    |   |    | 2,6 |     |           |
|         | IPE 270 | 73,1  |    |     |    |   |    | 2,8 |     |           |
|         | IPE 300 | 78,7  |    |     |    |   |    | 3,0 |     |           |
| 2 4 2 10| IPE 360 | 110,9 | 100| 200 | 50 | – | 100| 3,5 | 3,0 | M24 – 4.6 |
|         | IPE 400 | 119,2 |    |     |    |   |    | 3,8 | 3,0 |           |
|         | IPE 450 | 130,3 |    |     |    |   |    | 4,1 | 4,0 |           |
| 1 6 4 6 | IPE 140 | 78,1  | 120| 120 | 35 | 50| 60 | 2,1 | 3,0 | M16 – 4.6 |
|         | IPE 160 | 83,1  |    |     |    |   |    | 2,2 |     |           |
|         | IPE 200 | 98,1  |    |     |    |   |    | 2,6 |     |           |
|         | HE 160 A| 99,7  |    |     |    |   |    | 2,6 |     |           |
|         | HE 200 A| 108,1 |    |     |    |   |    | 2,9 |     |           |
| 2 0 4 8 | IPE 240 | 128,9 | 150| 160 | 40 | 70| 80 | 2,5 | 3,0 | M20 – 4.6 |
|         | IPE 270 | 137,2 |    |     |    |   |    | 2,7 |     |           |
|         | IPE 300 | 147,6 |    |     |    |   |    | 2,9 |     |           |
|         | IPE 360 | 166,3 |    |     |    |   |    | 3,3 |     |           |
| 2 4 4 10| IPE 400 | 214,5 | 180| 200 | 50 | 80| 100| 3,6 | 3,0 | M24 – 4.6 |
|         | IPE 450 | 234,5 |    |     |    |   |    | 3,9 | 3,0 |           |
|         | IPE 500 | 254,4 |    |     |    |   |    | 4,3 | 4,0 |           |
|         | HE 500 A| 299,3 |    |     |    |   |    | 5,0 | 5,0 |           |
|         | HE 550 A| 311,8 |    |     |    |   |    | 5,2 | 5,0 |           |
| 1 6 6 6 | IPE 200 | 131,9 | 170| 120 | 35 | 50| 60 | 2,4 | 3,0 | M16 – 4.6 |
|         | IPE 220 | 139,0 |    |     |    |   |    | 2,5 |     |           |
|         | HE 220 A| 163,9 |    |     |    |   |    | 3,0 |     |           |
|         | HE 260 A| 176,5 |    |     |    |   |    | 3,2 |     |           |
| 2 0 6 8 | IPE 300 | 216,4 | 220| 160 | 40 | 70| 80 | 2,9 | 3,0 | M20 – 4.6 |
|         | IPE 400 | 262,2 |    |     |    |   |    | 3,5 | 3,0 |           |
|         | IPE 450 | 286,6 |    |     |    |   |    | 3,8 | 4,0 |           |
|         | HE 400 A| 335,3 |    |     |    |   |    | 4,4 | 4,0 |           |
|         | HE 450 A| 350,6 |    |     |    |   |    | 4,6 | 4,0 |           |

**Ablesebeispiel:**

Ein Träger soll mit einer am Steg verschweißten Stirnplatte an eine Stütze montiert werden. Es wird eine maximale Grenzanschlusskraft von 280,0 kN angenommen.

Gesucht: Ein Trägerprofil mit möglichst niedriger Nennhöhe, $F_{A,R,d}$, die Abmessungen und die Anreißmaße der Stirnplatte sowie die Montagemaße.

Gewähltes Profil: HEA 400, $F_{A,R,d}$ = 335,3 kN, Typ IS 20 6 8

Platte: $h$ = 220 mm, $b$ = 160 mm, $e_1$ = 40 mm, $e_2$ = 70 mm, $w$ = 80 mm, $s_ü$ = 4,4 mm, $a$ = 4,0 mm

# Stahlbau

## Stirnplattenanschlüsse
### Biegesteife Stirnplattenanschlüsse für I-förmige Profile
vgl. DSTV-1: 2000

**Ausführung IH 1: Bündige Stirnplatte**

Anzuschließendes Profil — Stirnplatte — Lastannehmendes Bauteil, (z.B. Stütze)

**Ausführung IH 3: Überstehende Stirnplatte**

| Symbol | Bedeutung |
|---|---|
| $M_{y,1,Rd}$ | Grenzanschlussbiegemoment |
| $M_{y,2,Rd}$ | Grenzanschlussbiegemoment in Gegenrichtung |
| $F_{z,Rd}$ | Grenzanschlusskraft |
| $h_p$ | Höhe der Stirnplatte |
| $b_p$ | Breite der Stirnplatte |
| $t_p$ | Dicke der Stirnplatte |
| $a_f$ | Kehlnahtdicke an den Trägerflanschen |
| $a_w$ | Trägerdicke am Trägersteg |
| $e_i$ | Senkrechte Anreißmaße |
| $w_i$ | Waagerechte Anreißmaße |
| $u_i$ | Überstand der Stirnplatte zum Träger |
| $d$ | Schraubendurchmesser |
| $d_a$ | Schraubenlochdurchmesser |

**Bezeichnungsbeispiel:** IH — 1 — E — 10 — 16

- Momententragfähiger Stirnplattenanschluss
- Stirnplattenform: 1: bündig; 3: überstehend
- Trägerprofiltyp: E: IPE; A: HE-A; B: HE-B
- Trägerprofilnennhöhe in cm
- Schraubendurchmesser $d$ in mm

# Stahlbau

## Stirnplatten

### Grenzanschluss-Biegemomente,- Kräfte und Abmessungen für biegesteife Stirnplatten

| Typ IH … | Träger-profil[1] | $M_{y,1,Rd}$ kNm | $M_{y,2,Rd}$ kNm | $F_{z,Rd}$ kN | $h_P$ | $b_P$ | $t_P$ | $a_t$ | $a_w$ | $e_1$ | $e_2$ | $e_3$ | $e_4$ | $w_1$ | $w_2$ | $u_1$ | $u_2$ | Stützen-profil[1] |
|---|---|---|---|---|---|---|---|---|---|---|---|---|---|---|---|---|---|---|
|  |  |  |  |  | Maße in mm |  |  |  |  |  |  |  |  |  |  |  |  |  |
| 1 E 12 16 | IPE 120 | 10,3 | 10,3 | 42,8 | 140 | 120 | 25 | 5 | 3 | 45 | 50 | 45 | – | 70 | 25 | 10 | 10 | HE 120 B |
| 1 E 14 16 | IPE 140 | 15,8 | 15,8 | 51,9 | 160 | 120 | 25 | 6 | 3 | 45 | 70 | 45 | – | 70 | 25 | 10 | 10 | HE 160 B |
| 1 E 16 16 | IPE 160 | 21,0 | 21,0 | 65,5 | 180 | 120 | 25 | 5 | 3 | 50 | 80 | 50 | – | 70 | 25 | 10 | 10 | HE 160 B |
| 1 E 18 16 | IPE 180 | 24,6 | 24,6 | 76,3 | 200 | 120 | 25 | 5 | 3 | 50 | 100 | 50 | – | 70 | 25 | 10 | 10 | HE 200 B |
| 1 E 20 16 | IPE 200 | 28,2 | 28,2 | 94,9 | 220 | 120 | 25 | 5 | 3 | 50 | 120 | 50 | – | 70 | 25 | 10 | 10 | HE 200 B |
| 1 E 22 16 | IPE 220 | 31,7 | 31,7 | 107,7 | 260 | 120 | 25 | 5 | 3 | 60 | 140 | 60 | – | 70 | 25 | 20 | 20 | HE 200 B |
| 1 E 22 20 | IPE 220 | 46,7 | 46,7 | 107,7 | 260 | 150 | 30 | 6 | 3 | 70 | 120 | 70 | – | 90 | 30 | 20 | 20 | HE 260 B |
| 1 E 24 20 | IPE 240 | 52,2 | 52,2 | 129,9 | 280 | 150 | 30 | 6 | 3 | 70 | 140 | 70 | – | 90 | 30 | 20 | 20 | HE 260 B |
| 1 E 27 20 | IPE 270 | 60,7 | 60,7 | 150,2 | 310 | 150 | 30 | 6 | 3 | 70 | 170 | 70 | – | 90 | 30 | 20 | 20 | HE 260 B |
| 1 E 30 20 | IPE 300 | 69,1 | 69,1 | 174,2 | 340 | 150 | 30 | 6 | 3 | 70 | 200 | 70 | – | 90 | 30 | 20 | 20 | HE 260 B |
| 1 E 30 24 | IPE 300 | 95,4 | 95,4 | 174,2 | 340 | 180 | 35 | 7 | 3 | 80 | 180 | 80 | – | 110 | 35 | 20 | 20 | HE 320 B |
| 1 E 33 24 | IPE 330 | 107,5 | 107,5 | 209,0 | 370 | 180 | 35 | 7 | 3 | 80 | 210 | 80 | – | 110 | 35 | 20 | 20 | HE 320 B |
| 1 E 36 24 | IPE 360 | 117,4 | 117,4 | 238,4 | 400 | 180 | 35 | 7 | 3 | 85 | 230 | 85 | – | 110 | 35 | 20 | 20 | HE 320 B |
| 1 E 40 24 | IPE 400 | 133,5 | 133,5 | 289,6 | 460 | 180 | 35 | 7 | 3 | 95 | 270 | 95 | – | 110 | 35 | 30 | 30 | HE 320 B |
| 1 E 45 24 | IPE 450 | 153,6 | 153,6 | 344,9 | 510 | 190 | 35 | 7 | 4 | 95 | 320 | 95 | – | 110 | 40 | 30 | 30 | HE 320 B |
| 1 E 50 24 | IPE 500 | 173,6 | 173,6 | 406,0 | 560 | 200 | 35 | 7 | 4 | 95 | 370 | 95 | – | 120 | 40 | 30 | 30 | HE 360 B |
| 1 E 60 24 | IPE 600 | 211,7 | 211,7 | 434,3 | 660 | 220 | 35 | 6 | 4 | 100 | 460 | 100 | – | 120 | 50 | 30 | 30 | HE 360 B |
| 1 A 26 24 | HE 260 A | 72,7 | 72,7 | 180,1 | 290 | 260 | 30 | 4 | 4 | 85 | 120 | 85 | – | 130 | 65 | 20 | 20 | HE 360 B |
| 1 A 28 24 | HE 280 A | 80,7 | 80,7 | 212,7 | 310 | 280 | 30 | 4 | 4 | 85 | 140 | 85 | – | 140 | 70 | 20 | 20 | HE 400 B |
| 1 A 30 24 | HE 300 A | 88,7 | 88,7 | 239,9 | 330 | 300 | 30 | 4 | 4 | 85 | 160 | 85 | – | 150 | 70 | 20 | 20 | HE 400 B |
| 1 B 26 24 | HE 260 B | 73,7 | 73,7 | 240,1 | 290 | 260 | 30 | 5 | 5 | 90 | 120 | 90 | – | 130 | 65 | 20 | 20 | HE 360 B |
| 3 E 40 20 | IPE 400 | 187,4 | 95,5 | 289,6 | 500 | 180 | 20 | 9 | 3 | 85 | 290 | 95 | 30 | 90 | 45 | 30 | 70 | HE 400 B |
| 3 E 40 24 | IPE 400 | 259,8 | 132,4 | 289,6 | 515 | 180 | 25 | 11 | 7 | 95 | 270 | 115 | 35 | 110 | 35 | 30 | 85 | HE 400 B |
| 3 E 50 24 | IPE 500 | 332,3 | 137,6 | 406,0 | 615 | 200 | 25 | 10 | 6 | 95 | 370 | 115 | 35 | 120 | 40 | 30 | 85 | HE 400 B |
| 3 A 24 20 | HE 240 A | 107,7 | 47,7 | 170,8 | 320 | 240 | 20 | 7 | 4 | 75 | 120 | 95 | 30 | 120 | 60 | 20 | 70 | HE 320 B |
| 3 A 26 20 | HE 260 A | 119,9 | 53,3 | 195,1 | 340 | 260 | 20 | 7 | 4 | 75 | 140 | 95 | 30 | 130 | 65 | 20 | 70 | HE 320 B |
| 3 A 26 24 | HE 260 A | 164,7 | 72,7 | 195,1 | 355 | 260 | 25 | 8 | 4 | 85 | 120 | 115 | 35 | 130 | 65 | 20 | 85 | HE 400 B |
| 3 A 30 24 | HE 300 A | 199,4 | 88,7 | 239,9 | 395 | 300 | 25 | 8 | 4 | 85 | 160 | 115 | 35 | 150 | 75 | 20 | 85 | HE 450 B |
| 3 B 30 24 | HE 300 B | 204,6 | 89,7 | 310,4 | 405 | 300 | 25 | 9 | 6 | 90 | 160 | 120 | 35 | 150 | 75 | 20 | 85 | HE 450 B |
| 3 B 40 24 | HE 400 B | 275,1 | 127,3 | 474,9 | 515 | 300 | 25 | 9 | 5 | 105 | 250 | 125 | 35 | 150 | 75 | 30 | 85 | HE 450 B |
| 3 B 50 24 | HE 500 B | 346,0 | 165,1 | 521,2 | 615 | 300 | 25 | 9 | 5 | 110 | 340 | 130 | 35 | 160 | 70 | 30 | 85 | HE 500 B |
| 3 B 60 24 | HE 600 B | 419,5 | 205,4 | 521,2 | 715 | 300 | 25 | 9 | 6 | 110 | 440 | 130 | 35 | 160 | 70 | 30 | 85 | HE 500 B |

[1] Stirnplatten, Träger- und Stützenprofile aus S235JR
[2] Sechskantschrauben nach DIN ISO 4014, Festigkeitsklasse 8.8, Nennlochspiel: 2 mm

**Ablesebeispiel:**

Ein Träger soll mit einer biegesteifen Stirnplatte an eine Stütze montiert werden. Es wird ein beidseitig max. Biegemoment von 50,0 kNm und eine maximale Grenzanschlusskraft von 220,0 kN angenommen.

Gesucht: Ein Trägerprofil mit möglichst niedriger Nennhöhe, $M_{y,1,Rd}$, $F_{z,Rd}$, das Stützenprofil, die Stirnplattenmaße mit Schraubenlochdurchmesser und die Schrauben.

Gewähltes Profil: HE 260 B, $M_{y,1,Rd}$ = 73,7 kNm, $F_{z,Rd}$ = 240,1 kN, Typ: IH 1 B 26 24, Stützenprofil: HE 360 B
Platte: 30 × 260 × 300, $d_a$ = 26 mm ($d_a$ = d + 2 mm = 24 mm + 2 mm), Schrauben: 4 × M24 – 8.8

# Stahlbau

## Trägerausklinkungen mit Stirnplatten
vgl. DSTV 1: 2000

**Typ IK 1:** $d = 17$ mm[1])  **Typ IK 3:** $r = 8,5$ mm[2])  **Typ IK 2:** $d = 17$ mm[1])  **Typ IK 4:** $r = 8,5$ mm[2])

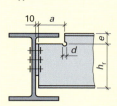 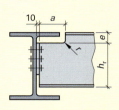 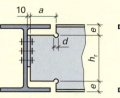 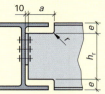

$F_{A,R,d}$ Grenzanschlusskraft für ausgeklinkten Bereich  
$a$ Ausklinkungslänge  
$h_r$ Resthöhe im ausgeklinkten Bereich  
$e$ Ausklinkungshöhe  

[1]) $d = 17$ mm: Ausrundung durch Abbohren  
[2]) $r = 8,5$ mm: Ausrundung mit $r = 8,5$ mm

### Ermittlung der Ausklinkungsmaße e und a

**Ermittlung von $e$:**
a) Ablesen $t + r$ aus nebenstehender Tabelle,
b) Aufrunden auf den nächsthöheren 10er Wert

**Ermittlung von $a$:**
a) Ablesen von $\frac{(b-s)}{2}$ aus nebenstehender Tabelle,
b) Aufrunden auf den nächsthöheren 10er Wert

**Beispiel:** Ein Deckenträger HE 200B soll an einen Unterzug HE 200B angeschlossen werden.
a) Wie groß ist $e$? b) Wie groß ist $a$ zu wählen?
*Lösung:* a) Aus der Tabelle $t + r = 33$ mm aufgerundet auf $e = 40$ mm
b) Aus der Tabelle $\frac{(b-s)}{2} = 95,5$ mm, aufgerundet auf $a = 100$ mm.

| Nenn-höhe | IPE | | HE-A | | HE-B | |
|---|---|---|---|---|---|---|
| | $t+r$ mm | $\frac{(b-s)}{2}$ mm | $t+r$ mm | $\frac{(b-s)}{2}$ mm | $t+r$ mm | $\frac{(b-s)}{2}$ mm |
| 100 | 12,7 | 25,5 | 20,0 | 47,5 | 22,0 | 47,0 |
| 120 | 13,3 | 29,8 | 20,0 | 57,5 | 23,0 | 56,8 |
| 140 | 13,9 | 34,2 | 20,5 | 67,3 | 24,0 | 66,5 |
| 160 | 16,4 | 38,5 | 24,0 | 77,0 | 28,0 | 76,0 |
| 180 | 17,0 | 42,9 | 24,5 | 87,0 | 29,0 | 85,8 |
| 200 | 20,5 | 47,2 | 28,0 | 96,8 | 33,0 | 95,5 |
| 220 | 21,2 | 52,1 | 29,0 | 106,5 | 34,0 | 105,3 |
| 240 | 24,8 | 56,9 | 33,0 | 116,3 | 38,0 | 115,0 |

**Bezeichnungsbeispiel:** IK | 1 | 4 | 10

- Bauteilgruppe: Ausgeklinktes I-förmiges Profil
- Ausklinkungstyp (s.o.)
- Ausklinkungshöhe $e$ in cm
- Ausklinkungslänge $a$ in cm

### Grenzanschlusskräfte ($F_{A,R,d}$)

| | | Für IPE 200 | | | | | | Für HE 200A | | | | | | Für HE 200B | | | |
|---|---|---|---|---|---|---|---|---|---|---|---|---|---|---|---|---|---|
| $e$ mm | $h_r$ mm | \multicolumn{4}{c}{$a$ in mm} | | | $e$ mm | $h_r$ mm | \multicolumn{4}{c}{$a$ in mm} | | | $e$ mm | $h_r$ mm | \multicolumn{4}{c}{$a$ in mm} |
| | | 40 | 60 | 80 | 100 | | | | | 40 | 60 | 80 | 100 | | | | 40 | 60 | 80 | 100 |

| $e$ mm | $h_r$ mm | 40 | 60 | 80 | 100 | $e$ mm | $h_r$ mm | 40 | 60 | 80 | 100 | $e$ mm | $h_r$ mm | 40 | 60 | 80 | 100 |
|---|---|---|---|---|---|---|---|---|---|---|---|---|---|---|---|---|---|
| \multicolumn{18}{c}{$F_{A,R,d}$ für IK1 in kN} |
| 30 | 170 | 90,26 | 90,26 | 90,26 | 83,77 | 30 | 160 | 94,72 | 94,72 | 94,72 | 91,96 | 40 | 160 | 129,3 | 129,3 | 129,3 | 124,5 |
| 40 | 160 | 84,34 | 84,34 | 84,34 | 74,09 | 40 | 150 | 88,06 | 88,06 | 88,06 | 80,34 | 50 | 150 | 120,2 | 120,2 | 120,2 | 108,6 |
| \multicolumn{18}{c}{$F_{A,R,d}$ für IK2 in kN} |
| 30 | 140 | 63,63 | 48,41 | 37,65 | 30,81 | 30 | 130 | 66,40 | 47,43 | 36,89 | 30,18 | 40 | 120 | 76,38 | 54,56 | 42,44 | 34,72 |
| 40 | 120 | 47,53 | 33,95 | 26,40 | 21,60 | 40 | 110 | 44,97 | 32,12 | 24,99 | 20,44 | 50 | 100 | 49,60 | 35,43 | 27,56 | 22,55 |
| \multicolumn{18}{c}{$F_{A,R,d}$ für IK3 in kN} |
| 30 | 170 | 95,30 | 95,30 | 95,30 | 92,42 | 30 | 160 | 100,4 | 100,4 | 100,4 | 100,4 | 40 | 160 | 137,1 | 137,1 | 137,1 | 137,1 |
| 40 | 160 | 89,37 | 89,37 | 89,37 | 82,29 | 40 | 150 | 93,72 | 93,72 | 93,72 | 90,17 | 50 | 150 | 127,9 | 127,9 | 127,9 | 122,1 |
| \multicolumn{18}{c}{$F_{A,R,d}$ für IK4 in kN} |
| 30 | 140 | 72,42 | 62,72 | 48,78 | 39,91 | 30 | 130 | 78,06 | 62,77 | 48,82 | 39,95 | 40 | 120 | 99,77 | 74,06 | 57,60 | 47,13 |
| 40 | 120 | 62,08 | 46,08 | 35,84 | 29,32 | 40 | 110 | 62,92 | 44,94 | 34,96 | 28,60 | 50 | 100 | 72,00 | 51,43 | 40,00 | 32,73 |

# Stahlbau

## Fundamentverankerungen
### Stützenfüße und Verankerungen
DSTV: 1998

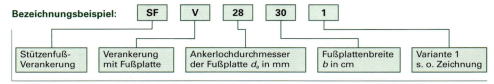

- N  Stützkraft
- b  Breite der Fußplatte
- l  Länge der Fußplatte
- t  Dicke der Fußplatte
- $e_i$  senkrechte Anreißmaße
- $d_a$  Durchmesser des Ankerloches
- d  Durchmesser des Ankers
- A  Breite des Fundaments
- B  Länge des Fundaments
- C  Höhe des Fundaments

**Bezeichnungsbeispiel:** SF V 28 30 1

- SF: Stützenfuß-Verankerung
- V: Verankerung mit Fußplatte
- 28: Ankerlochdurchmesser der Fußplatte $d_a$ in mm
- 30: Fußplattenbreite b in cm
- 1: Variante 1 s. o. Zeichnung

### Grenzstützenkräfte und Auswahl von Verankerungen

| Typ | Profil | $N^{1)}$ | Fußplatte | | | | Anker | Typ | Profil | $N^{1)}$ | Fußplatte | | | | Anker |
|---|---|---|---|---|---|---|---|---|---|---|---|---|---|---|---|
| SF V ... | IPE | kN | $d_a$ mm | b mm | l mm | t mm | d mm | SF V ... | HE-A/B | kN | $d_a$ mm | b mm | l mm | t mm | d mm |
| 23 30 1 | 140 | 127 | 23 | 300 | 200 | 20 | 20 | 23 30 1 | 160 | 340 | 23 | 300 | 300 | 20 | 20 |
| 23 30 1 | 140 | 231 | 23 | 300 | 300 | 50 | 20 | 23 30 1 | 160 | 396 | 23 | 300 | 300 | 30 | 20 |
| 28 30 1 |  | 308 | 28 | 300 | 300 | 50 | 24 | 28 30 1 |  | 395 | 28 | 300 | 300 | 50 | 24 |
| 23 30 1 | 220 | 371 | 23 | 300 | 400 | 30 | 20 | 28 35 1 | 300 | 1239 | 28 | 350 | 500 | 50 | 24 |
| 28 30 1 | 220 | 413 | 28 | 300 | 400 | 50 | 24 | 28 35 1 | 300 | 1426 | 28 | 350 | 600 | 50 | 24 |
| 28 30 1 |  | 505 | 28 | 350 | 400 | 50 | 24 | 35 35 1 |  | 1383 | 35 | 350 | 600 | 60 | 30 |

$^{1)}$ bei Beton B 25 bzw. C 20/25

### Fußplatten

**Bezeichnungsbeispiel:** SF Ü 23 E 14 3 2 2

- SF: Stützenfußverankerung
- Ü: Art der Fußplatte  Ü: überstehend  B: profilbündig
- 23: Ankerlochdurchmesser der Fußplatte $d_a$ in mm
- E: Profil  E: IPE  B: HE-B
- 14: Profilhöhe $h_T$ in cm
- 3: Plattenbreite b in dm
- 2: Plattenlänge l in dm
- 2: Plattendicke t in cm

### Abmessungen der Fußplatten

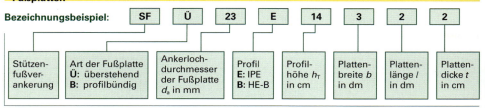

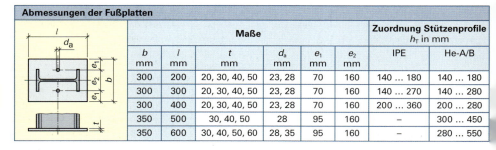

| Maße | | | | | | Zuordnung Stützprofile $h_T$ in mm | |
|---|---|---|---|---|---|---|---|
| b mm | l mm | t mm | $d_a$ mm | $e_1$ mm | $e_2$ mm | IPE | He-A/B |
| 300 | 200 | 20, 30, 40, 50 | 23, 28 | 70 | 160 | 140 ... 180 | 140 ... 180 |
| 300 | 300 | 20, 30, 40, 50 | 23, 28 | 70 | 160 | 140 ... 270 | 140 ... 280 |
| 300 | 400 | 20, 30, 40, 50 | 23, 28 | 70 | 160 | 200 ... 360 | 200 ... 280 |
| 350 | 500 | 30, 40, 50 | 28 | 95 | 160 | – | 300 ... 450 |
| 350 | 600 | 30, 40, 50, 60 | 28, 35 | 95 | 160 |  | 280 ... 550 |

## Stahlbau

## Fundamentverankerungen
### Ankerschrauben und Fundamente
DSTV: 1984

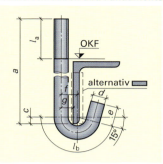

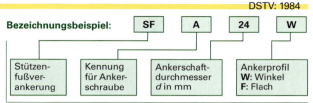

Bezeichnungsbeispiel: **SF** **A** **24** **W**

- Stützenfußverankerung
- Kennung für Ankerschraube
- Ankerschaftdurchmesser $d$ in mm
- Ankerprofil
  W: Winkel
  F: Flach

| Festigkeitsklasse Beton | | | |
|---|---|---|---|
| Bezeichnung n. DIN 1045 (alt) | B 15 | B 25 | B 35 |
| Bezeichnung n. DIN 1045-2 (neu) | C 12/15 | C 20/25 | C 30/37 |
| Druckfestigkeit in N/mm² | 12 | 25 | 30 |

### Ankerabmessungen

| Anker | Ankerschraube Maße in mm | | | | | | Ankerprofil Maße in mm | | Betonfundament Maße in mm | | |
|---|---|---|---|---|---|---|---|---|---|---|---|
|  | $a$ | $l_a$ | $c$ | $l_b$ | $e$ | $f$ | $g$ | standard | alternativ | A | B | C |
| M 20 - 550 | 550 | 150 | 15 | 72 | 33 | 25 | 15 | 100× 65× 9-600 | 80×´5-700 | 300 | 160 | 550 |
| M 24 - 650 | 650 | 150 | 15 | 78 | 37 | 27 | 20 | 120× 80×10-600 | 100×20-700 | 300 | 200 | 650 |
| M 30 - 800 | 800 | 200 | 20 | 101 | 49 | 35 | 30 | 150×100×10-600 | 120×20-900 | 340 | 260 | 750 |

### Biegesteife Fundamentverankerungen – Köcherfundamente für eingespannte Stützen

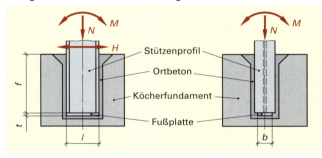

- N  Längskraft der Stütze
- H  Querkraft der Stütze
- M  Biegemoment der Stütze
- f  Einspanntiefe
- t  Dicke der Fußplatte
- l  Länge der Fußplatte
- b  Breite der Fußplatte

Bezeichnungsbeispiel: **SF** **K** **A** **30** **8**

- Stützenfuß-Verankerung
- Köcherfundament
- Profil E: IPE
  A: HE-A  B: HE-B
- Profilhöhe in cm
- Einspanntiefe $f$ in dm

### Grenzstützenkräfte, Grenzbiegemomente und Auswahl von Verankerungen

| Typ SF K E | Profil IPE | N kN | H kN | M kNm | Tiefe $f$ mm | Fußplatte | | | Typ SF K A | Profil HE-A | N kN | H kN | M kNm | Tiefe $f$ mm | Fußplatte | | |
|---|---|---|---|---|---|---|---|---|---|---|---|---|---|---|---|---|---|
|  |  |  |  |  |  | $b$ mm | $l$ mm | $t$ mm |  |  |  |  |  |  | $b$ mm | $l$ mm | $t$ mm |
| 22 4 | 220 | 146 | 20 | 29 | 400 | 100 | 220 | 15 | 30 8 | 300 | 491 | 40 | 110 | 800 | 220 | 300 | 30 |
| 22 5 |  | 56 | 25 | 36 | 500 | 60 | 220 | 10 | 30 9 |  | 546 | 50 | 121 | 900 | 200 | 300 | 30 |
| 24 4 | 240 | 207 | 20 | 33 | 400 | 120 | 240 | 20 | 32 8 | 320 | 628 | 50 | 123 | 800 | 240 | 320 | 35 |
| 24 6 |  | 28 | 30 | 49 | 600 | 60 | 240 | 10 | 32 9 |  | 569 | 60 | ´37 | 900 | 220 | 320 | 30 |
| 30 5 | 300 | 273 | 30 | 60 | 500 | 120 | 300 | 20 | 34 8 | 340 | 696 | 60 | ´38 | 800 | 260 | 340 | 35 |
| 30 7 |  | 69 | 50 | 81 | 700 | 60 | 300 | 10 | 34 9 |  | 632 | 70 | 153 | 900 | 240 | 340 | 30 |

# Stahlbau

## Rippenlose Krafteinleitung
vgl. DIN EN 1993-1-1 (2010-12)

$c_A$ Lasteinleitungslänge am Endauflager
$c_K$ Lasteinleitungslänge bei Trägerkreuzung
$F_{A,R,d}$ Grenzanschlusskraft am Endauflager
$F_{K,R,d}$ Grenzanschlusskraft bei Trägerkreuzung
$h_T$ Nennhöhe des Trägers

### Grenzanschlusskräfte und Lasteinleitungslängen

| IPE 160 | | | | IPE 180 | | | | HE 240 A | | | |
|---|---|---|---|---|---|---|---|---|---|---|---|
| Endauflager | | Kreuzung | | Endauflager | | Kreuzung | | Endauflager | | Kreuzung | |
| $c_A$ mm | $F_{A,R,d}$ kN | $c_K$ mm | $F_{K,R,d}$ kN | $c_A$ mm | $F_{A,R,d}$ kN | $c_K$ mm | $F_{K,R,d}$ kN | $c_A$ mm | $F_{A,R,d}$ kN | $c_K$ mm | $F_{K,R,d}$ kN |
| 0 | 44,73 | 0 | 89,45 | 0 | 49,15 | 0 | 98,29 | 0 | 135,0 | 0 | 270,0 |
| 2 | 46,91 | 10 | 100,4 | 2 | 51,46 | 10 | 109,9 | 5 | 143,2 | 10 | 286,4 |
| 4 | 49,09 | 20 | 111,3 | 4 | 53,77 | 20 | 121,4 | 10 | 151,4 | 20 | 302,7 |
| 6 | 51,27 | 30 | 122,2 | 6 | 56,08 | 30 | 133,0 | 15 | 159,5 | 30 | 319,1 |
| 8 | 53,45 | 40 | 133,1 | 8 | 58,40 | 40 | 144,5 | 20 | 167,7 | 40 | 335,5 |
| 10 | 55,64 | 50 | 144,0 | 10 | 60,71 | 50 | 156,1 | 25 | 175,9 | 50 | 351,8 |
| 12 | 57,82 | 60 | 154,9 | 12 | 63,02 | 60 | 167,7 | 30 | 184,1 | 60 | 368,2 |
| 14 | 60,00 | 70 | 165,8 | 14 | 65,33 | 70 | 179,2 | 35 | 185,4 | 70 | 370,7 |
| 16 | 62,18 | 80 | 173,0 | 16 | 67,65 | 80 | 190,8 | 40 | 185,4 | 80 | 370,7 |
| 18 | 64,36 | 90 | 173,0 | 18 | 69,96 | 90 | 202,4 | 45 | 185,4 | 90 | 370,7 |
| 20 | 66,55 | 100 | 173,0 | 20 | 72,27 | 100 | 206,7 | 50 | 185,4 | 100 | 370,7 |
| 22 | 68,73 | 110 | 173,0 | 22 | 74,59 | 110 | 206,7 | 55 | 185,4 | 110 | 370,7 |
| 24 | 68,95 | 120 | 173,0 | 24 | 76,90 | 120 | 206,7 | 60 | 185,4 | 120 | 370,7 |
| Lasteinleitungsbreite: 57 mm | | | | Lasteinleitungsbreite: 67 mm | | | | Lasteinleitungsbreite: 101 mm | | | |

**1. Beispiel:** Ein Unterzug aus einem HE 240 A wird von einem Deckenträger IPE 180 gekreuzt. Welche Grenzanschlusskraft $F_{K,R,d}$ muss für diese Kombination berücksichtigt werden?

Aus der Tabelle: Lasteinleitungsbreite des HE 240 A = 101 mm;
beim Profil IPE 180 wird dieser Wert als Lasteinleitungslänge $c_K$ angesetzt;
$F_{K,R,d}$ beträgt **206,7 kN**, da dieser Wert ab $c_K$ = 100 mm auch bei steigendem $c_K$-Wert konstant bleibt.
Eine Ermittlung der Grenzanschlusskraft für den Unterzug in umgekehrter Weise kann unterbleiben, da dieser Träger wesentlich höhere Grenzanschlusskräfte als der Deckenträger aufnehmen kann und bei jeder Trägerkombination der niedrigere Wert maßgebend ist.

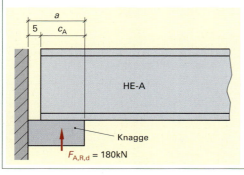

**2. Beispiel:**
Für das Endauflager eines Trägers aus einem HE-A-Profil soll eine Knagge gefertigt werden.
Welches Maß $a$ muss die Knagge besitzen, wenn die Anschlusskraft $F_{A,R,d}$ = 180 kN beträgt und als Abstand des Trägers von der Stütze 5 mm eingeplant werden?

Aus der Tabelle: $c_A$ = 30 mm,
Grenzanschlusskraft $F_{A,R,d}$ = 184,1 kN

$a = c_A + 5$ mm $= 30$ mm $+ 5$ mm $=$ **35 mm**

## Pfettenstöße[1]

DSTV: 1984

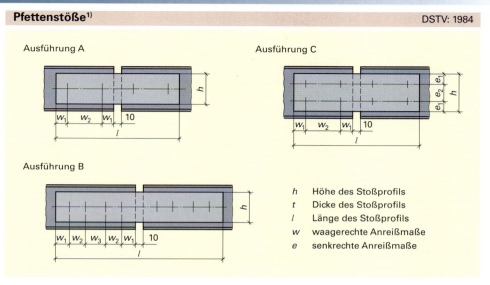

### Ausführung A
### Ausführung C
### Ausführung B

- h  Höhe des Stoßprofils
- t  Dicke des Stoßprofils
- l  Länge des Stoßprofils
- w  waagerechte Anreißmaße
- e  senkrechte Anreißmaße

[1] Die Stöße ersetzen das volle Widerstandsmoment der Pfetten.

**Bezeichnungsbeispiel:** PM – F – A – H 16 – E – 14

- PM: Pfettenstoß Momentenbeanprucht
- F: Stoßprofil — F: Flacheisen, U: U-Profil
- Ausführung A – B – C
- Schraubendurchmesser in mm — H: Zusatz für 10.9
- Pfettenprofil — E: IPE, A: HE-A, B: HE-B
- Profilhöhe $h_T$ in cm

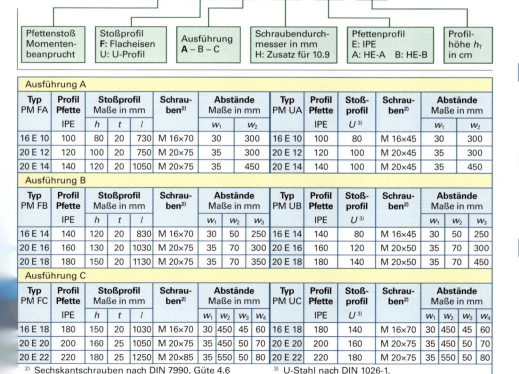

### Ausführung A

| Typ PM FA | Profil Pfette IPE | Stoßprofil Maße in mm h | t | l | Schrauben[2] | Abstände Maße in mm $w_1$ | $w_2$ | Typ PM UA | Profil Pfette IPE | Stoßprofil $U$[3] | Schrauben[2] | Abstände Maße in mm $w_1$ | $w_2$ |
|---|---|---|---|---|---|---|---|---|---|---|---|---|---|
| 16 E 10 | 100 | 80 | 20 | 730 | M 16×70 | 30 | 300 | 16 E 10 | 100 | 80 | M 16×45 | 30 | 300 |
| 20 E 12 | 120 | 100 | 20 | 750 | M 20×75 | 35 | 300 | 20 E 12 | 120 | 100 | M 20×45 | 35 | 300 |
| 20 E 14 | 140 | 120 | 20 | 1050 | M 20×75 | 35 | 450 | 20 E 14 | 140 | 100 | M 20×45 | 35 | 450 |

### Ausführung B

| Typ PM FB | Profil Pfette IPE | Stoßprofil Maße in mm h | t | l | Schrauben[2] | Abstände Maße in mm $w_1$ | $w_2$ | $w_3$ | Typ PM UB | Profil Pfette IPE | Stoßprofil $U$[3] | Schrauben[2] | Abstände Maße in mm $w_1$ | $w_2$ | $w_3$ |
|---|---|---|---|---|---|---|---|---|---|---|---|---|---|---|---|
| 16 E 14 | 140 | 120 | 20 | 830 | M 16×70 | 30 | 50 | 250 | 16 E 14 | 140 | 80 | M 16×45 | 30 | 50 | 250 |
| 20 E 16 | 160 | 130 | 20 | 1030 | M 20×75 | 35 | 70 | 300 | 20 E 16 | 160 | 120 | M 20×50 | 35 | 70 | 300 |
| 20 E 18 | 180 | 150 | 20 | 1130 | M 20×75 | 35 | 70 | 350 | 20 E 18 | 180 | 140 | M 20×50 | 35 | 70 | 450 |

### Ausführung C

| Typ PM FC | Profil Pfette IPE | Stoßprofil Maße in mm h | t | l | Schrauben[2] | Abstände Maße in mm $w_1$ | $w_2$ | $w_3$ | $w_4$ | Typ PM UC | Profil Pfette IPE | Stoßprofil $U$[3] | Schrauben[2] | Abstände Maße in mm $w_1$ | $w_2$ | $w_3$ | $w_4$ |
|---|---|---|---|---|---|---|---|---|---|---|---|---|---|---|---|---|---|
| 16 E 18 | 180 | 150 | 20 | 1030 | M 16×70 | 30 | 450 | 45 | 60 | 16 E 18 | 180 | 140 | M 16×70 | 30 | 450 | 45 | 60 |
| 20 E 20 | 200 | 160 | 25 | 1050 | M 20×75 | 35 | 450 | 50 | 70 | 20 E 20 | 200 | 160 | M 20×75 | 35 | 450 | 50 | 70 |
| 20 E 22 | 220 | 180 | 25 | 1250 | M 20×85 | 35 | 550 | 50 | 80 | 20 E 22 | 220 | 180 | M 20×75 | 35 | 550 | 50 | 80 |

[2] Sechskantschrauben nach DIN 7990, Güte 4.6  [3] U-Stahl nach DIN 1026-1.

# Stahlbau

## Pfettenschuhe für I- und IPE-Profile aus Flach- und Winkelstahl

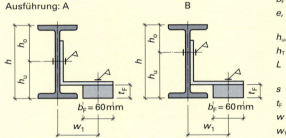

alle $t_F = 20$ mm

| Symbol | Bedeutung |
|---|---|
| $b$ | Breite des Pfettenschuhes |
| $b_F$ | Breite des Unterfutters |
| $e, e_1, e_2$ | Bohrungsabstände, Pfettenschuh |
| $h_u, h_o$ | senkrechte Montagemaße |
| $h_T$ | Nennhöhe des Trägers |
| $L$ | Abgewickelte Länge Pfettenschuh |
| $s$ | Dicke des Pfettenschuhes |
| $t_F$ | Dicke des Unterfutters |
| $w$ | Wurzelmaß |
| $w_1$ | waagerechtes Montagemaß |

### Ausführung aus Flachstahl

| Pfetten-schuh Nr. | Maße in mm | | | | | Schrauben mit Scheibe | Maße in mm | | | | | | | Futter |
|---|---|---|---|---|---|---|---|---|---|---|---|---|---|---|
| | | | | | | | Ausführung A | | Ausführung B | | | Ausführung C | | |
| | $L$ | $s$ | $w_1$ | $e$ | $e_1$ | $e_2$ | | $h_T$ | $h_u = h_o$ | $h_T$ | $h_u$ | $h_o$ | $h_T$ | $h_u$ | $h_o$ | $b_F \times t_F$ |
| PSF1 | 112 | 6 | 50 | | 20 | 16 | M 16×35 | 100 | 50 | 80 | 50 | 30 | – | – | – | – |
| PSF2 | 136 | 8 | 60 | | 25 | 17 | | 120 | 60 | 100 | 60 | 40 | 80 | 40 | 40 | 50×20 |
| PSF3 | 150 | 8 | 70 | 35 | 25 | 18 | M 16×40 | 140 | 70 | 120 | 70 | 50 | 100 | 50 | 50 | 60×20 |
| PSF4 | 166 | 8 | 80 | | 25 | 21 | | 160 | 80 | 120 | 80 | 40 | 100 | 60 | 40 | |
| | | | | | | | | | | 140 | 80 | 60 | 120 | 60 | 60 | 70×20 |
| PSF5 | 190 | 8 | 90 | | 30 | 24 | M 16×45 | 180 | 90 | 140 | 90 | 50 | 120 | 70 | 50 | |
| | | | | | | | | | | 160 | 90 | 70 | 140 | 70 | 70 | 80×20 |
| PSF6 | 208 | 10 | 100 | | 30 | 30 | | 200 | 100 | 160 | 100 | 60 | 140 | 80 | 60 | |
| | | | | | | | | | | 180 | 100 | 80 | 160 | 80 | 80 | 90×20 |

### Ausführung aus Winkelstahl

| Pfetten-schuh Nr. | Maße in mm | | | | Schrauben mit Scheibe | Maße in mm | | | | | | Futter |
|---|---|---|---|---|---|---|---|---|---|---|---|---|
| | | | | | | Ausführung A | | Futter | Ausführung B | | | |
| | L-Profil | $w_1$ | $e$ | $w_2$ | | $h_T$ | $h_u = h_o$ | $b_F \times t_F$ | $h_T$ | $h_u$ | $h_o$ | $b_F \times t_F$ |
| PSW1 | 100 × 65 × 9 | 70 | 40 | | M 16 × 40 | – | – | – | 100 | 60 | 40 | 60×20 |
| | | | | | | 120 | 80 | 60×20 | 120 | 70 | 50 | 60×30 |
| | | | | | | 140 | 70 | 60×30 | – | – | – | – |
| PSW2 | 100 × 10 | | 35 | 60 | | – | – | – | 140 | 80 | 60 | 60×20 |
| | | | | | | 160 | 80 | 60×20 | 160 | 90 | 70 | 60×30 |
| PSW3 | 110 × 12 | 80 | | 70 | M 16 × 45 | – | – | – | | 100 | 60 | |
| | | | | | | 180 | 90 | 60×20 | 180 | | 80 | |
| | | | | | | 200 | 100 | 60×30 | – | – | – | – |

# Stahlbau

## Breite und Wurzelmaß der Pfettenschuhe und Maße der Unterfutter

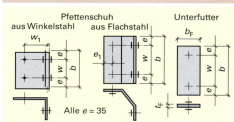

| w mm | $b = l_F$ mm | Empfohlen für **Binderobergurte** aus | | |
|---|---|---|---|---|
| | | I | IPE | HE-A, HE-B |
| 50 | 120 | 200 ... 220 | 180 ... 200 | 100 |
| 60 | 130 | 240 ... 300 | 220 ... 240 | 120 |
| 80 | 150 | 320 ... 400 | 270 ... 330 | 140 ... 160 |
| 100 | 170 | 450 ... 500 | 360 ... 500 | 180 ... 300 |
| 120 | 190 | 550 ... 600 | 550 ... 600 | 320 ... 1000 |

**Bezeichnung** für einen Pfettenschuh aus Flachstahl mit einem waagerechten Montagemaß von 60 mm und einem Wurzelmaß von 100 mm:

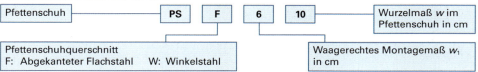

**Ablesebeispiel:** Eine Pfette IPE 160 soll auf einen Binderobergurt IPE 300 montiert werden.

Für die Pfettenschuhe in der Ausführung A sollen ermittelt werden:
a) Pfettenschuh: $L$; $s$; $w_1$; $e$; $e_1$; $e_2$;  Schraubenmaße: $h_u$; $h_o$; $w$; $b$.
b) Die Bezeichnung

zu a) Aus obigen Tabellen: Pfettenschuh PFL4; $L = 166$ mm;
$s = 8$ mm; $w_1 = 80$ mm; $e = 35$ mm; $e_1 = 25$ mnm;
$e_2 = 21$ mm;
Schraubenmaße: M 16 x 40; $h_u = h_o = 80$ mm; $w = 80$ mm;
$b = 150$ mm

zu b) **PS F 8 8**

**Bezeichnung** eines Unterfutters für einen Pfettenschuh aus Winkelstahl mit einem waagerechten Montagemaß von 40 mm und einem Wurzelmaß von 120 mm:

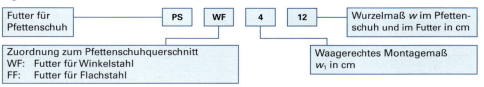

## Zugstangen zur Pfettensicherung

### Lage der Zugstangen

A schräge Ausführung
B gerade Ausführung über die Firstpfetten

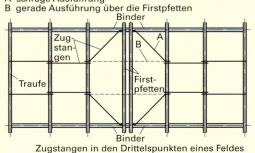

Zugstangen in den Drittelspunkten eines Feldes

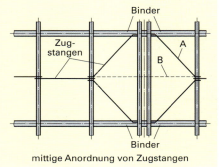

mittige Anordnung von Zugstangen

# Stahlbau

## Zugstangen zur Pfettensicherung
vgl. DIN EN 1993-1-1 (2010-12)

### Montage am Pfettensteg

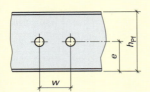
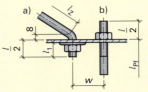

- $d$ — Zugstangendurchmesser
- $e$ — Anreißmaß für Zugstangenbohrungen
- $F$ — aufnehmbare Zugkraft für die Zugstangen
- $h_{Pf}$ — Profilhöhe der Pfette
- $l$ — Länge des Gewindeendes
- $l_{Pf}$ — Pfettenabstand
- $l_z$ — ist aus der Zeichnung zu ermitteln
- a) schräge Zugstange
- b) gerade Zugstange
- $d$ — Gesamtlänge der Zugstange
- $m'$ — längenbezogene Masse
- $w$ — Abstand der Zugstangenbohrungen

| Anreißmaße für Zugstangenbohrungen | | | | | | | |
|---|---|---|---|---|---|---|---|
| Profilhöhe $h_{Pf}$ in mm | 80 | 100 | 120 | 140 | 160 | 180 | 200 |
| $e^{1)}$ in mm (Empfehlg.) | 50 | 70 | 90 | 105 | 120 | 135 | 150 |

[1] wenn konstruktiv möglich: $e > 0{,}735 \cdot h_{PF}$

**Länge der schrägen Zugstange**

$$L = l_z + l + 16\ \text{mm}$$

| Zugstangen aus S235JR | | | | | | |
|---|---|---|---|---|---|---|
| $h_{Pf}$ mm | | Maße in mm | | | $F$ kN | $m'$ kg/m |
| | $d$ | $l$ | $l_1$ | $w$ | | |
| 80 … 120 | 12 | 70 | 30 | 30 | 8,32 | 0,888 |
| 140 … 200 | 16 | 80 | 35 | 40 | 15,8 | 1,580 |

**Länge der geraden Zugstange**

$$L = l_{Pf} + l$$

### Montage mit Winkeln am Dachträgerflansch

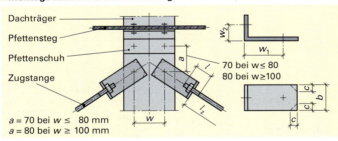

- Dachträger
- Pfettensteg
- Pfettenschuh
- Zugstange
- $a = 70$ bei $w \leq 80$ mm
- $a = 80$ bei $w \geq 100$ mm
- 70 bei $w \leq 80$
- 80 bei $w \geq 100$

- $a$ Bohrungsabstand Pfettenschuh/Winkel
- $b$ Winkelbreite
- $c$ Winkelabschrägung
- $l$ Länge des Gewindeendes
- $w$ Bohrungsabstand zwischen beiden Winkeln
- $w_1$ Anreißmaß für Bohrung im langen Winkelschenkel
- $w_2$ Anreißmaß für Bohrung im kurzen Winkelschenkel

| Winkel aus S235JR | | | | | | | | |
|---|---|---|---|---|---|---|---|---|
| Typ | Für Gewinde | Maße in cm | | | $c$ für $w =$ | | | kg/ Stück |
| | | $b$ | $w_1$ | $w_2$ | 60 mm | 80 mm | 100 mm | |
| 100 × 50 × 10 | M 12 | 55 | 70 | 30 | 20 | 0 | | 0,611 |
| 130 × 65 × 12 | M 16 | 60 | 100 | 35 | 25 | 0 | | 1,038 |

**Länge der Zugstange**

$$L = l_z + l$$

**Masse der Zugstange**

$$m = m' \cdot L$$

Das Anbringen der Gegenmuttern ist an beiden Enden der Zugstangen möglich, wobei Unterlegscheiben nicht erforderlich sind. Die Gewindelänge $l$ ist so bemessen, dass bei zurückgedrehter Gegenmutter (sofern eine verwendet wird) die Zugstange problemlos eingebaut werden kann.

**Beispiel:** Die Pfettenprofile eines Hallendaches sollen mit geraden Zugstangen gesichert werden. Es werden I-Profile mit einer Nennhöhe $l_{Pf} = 140$ mm verwendet. Der Pfettenabstand beträgt $l_{Pf} = 1500$ mm. Wie groß sind L, d, w, e, F, m?

**Lösung:** Aus obigen Tabellen: $l = 80$ mm; $L = l_{Pf} + l = 1500$ mm $+ 80$ mm $= 1580$ mm; $d = 16$ mm; $w = 40$ mm; $e = 105$ mm; $F = 15{,}8$ kN; $m' = 1{,}580$ kg/m; $m = m' \cdot L = 1{,}580$ kg/m $\cdot 1{,}58$ m $= 1{,}257$ kg

# Stahlbau

## Tragwerke, Grenzstützweiten

### Tragwerke aus Hohlprofilen bei vorwiegend ruhender Beanspruchung vgl. DIN EN 1993-1-1 (2010-12)

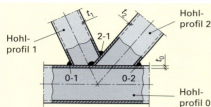

- 0    Hohlprofil, am Knoten durchlaufend
- 1, 2 ... n    Hohlprofil, am Knoten endend und fortlaufend im Uhrzeigersinn nummeriert
- $t_u$    Dicke des untersetzten Hohlprofils
- $t_a$    Dicke des aufgesetzten Hohlprofils
- $t_o$    Dicke des am Knoten durchlaufenden Hohlprofils
- $t_i$    Dicke des am Knoten endenden Hohlprofils

### Wanddickenverhältnis für unversteifte Fachwerkknoten

Für eine ausreichende Tragfähigkeit des Knotens ist untenstehende Bedingung werkstoffabhängig für jeden Anschluss einzuhalten.

**Erforderliches Wanddickenverhältnis**

Für S235JR $\left(\dfrac{t_u}{t_a}\right)_{erf.} = 1{,}6$

Für S355J0 $\left(\dfrac{t_u}{t_a}\right)_{erf.} = 1{,}33$

$$\left(\dfrac{t_u}{t_a}\right)_{vorh.} \geq \left(\dfrac{t_u}{t_a}\right)_{erf.}$$

**Beispiel:** Kann bei einer Stahlkonstruktion bezüglich der Wanddickenverhältnisse ein Knoten aus den folgenden 3 Hohlprofilen geschweißt werden?

Untersetztes Profil „0":    **Hohlprofil DIN 59 410 – S355J0 – 70 × 40 × 4**
Aufgesetzte Profile „1" und „2":    **Hohlprofil DIN 59 410 – S355J0 – 40 × 40 × 2,9**

**Lösung:** Berechnung für Anschluss: „0 – 1":

$\left(\dfrac{t_u}{t_a}\right)_{erf.} = 1{,}33$ (s.o.)

$\left(\dfrac{t_u}{t_a}\right)_{vorh.} = \dfrac{t_0}{t_1} = \dfrac{4\ mm}{2{,}9\ mm} = 1{,}38 > 1{,}33$

Bedingung erfüllt. Anschluss „0 – 2" ist identisch.

### Grenzstützweiten für Walzprofile

| Belas-tungen | Grenzstützweiten in m | | | | | | | | | | | | | | |
|---|---|---|---|---|---|---|---|---|---|---|---|---|---|---|---|
| | IPE | | | | | | U | | | | | HE-B | | | |
| kN/m | 240 | 270 | 300 | 330 | 360 | 400 | 450 | 240 | 260 | 300 | 350 | 400 | 300 | 340 | 360 | 400 | 450 | 500 |
| Gleichmäßig verteilte Belastung S235JR (Trägereigenmasse nicht berücksichtigt) | | | | | | | | | | | | | | | | | | |
| 10 | 6,0 | 6,9 | 7,9 | 8,9 | 10,1 | 11,4 | 13,0 | 5,8 | 6,5 | 7,7 | 9,1 | 10,7 | 13,7 | 15,6 | 16,4 | 18,0 | – | – |
| 20 | 4,3 | 4,9 | 5,6 | 6,3 | 7,1 | 8,1 | 9,2 | 4,1 | 4,6 | 5,5 | 6,4 | 7,6 | 9,7 | 11,0 | 11,6 | 12,7 | 14,1 | 15,5 |
| 30 | 3,5 | 4,0 | 4,6 | 5,2 | 5,8 | 6,6 | 7,5 | 3,4 | 3,7 | 4,5 | 5,2 | 6,2 | 7,9 | 9,0 | 9,5 | 10,4 | 11,5 | 12,7 |
| 40 | 3,0 | 3,5 | 3,9 | 4,5 | 5,0 | 5,7 | 6,5 | 2,9 | 3,2 | 3,9 | 4,5 | 5,3 | 6,9 | 7,8 | 8,2 | 9,0 | 10,0 | 11,0 |
| 50 | 2,7 | 3,1 | 3,5 | 4,0 | 4,5 | 5,1 | 5,8 | 2,6 | 2,9 | 3,5 | 4,1 | 4,8 | 6,1 | 7,0 | 7,3 | 8,0 | 8,9 | 9,8 |
| Gleichmäßig verteilte Belastung S355J0 (Trägereigenmasse nicht berücksichtigt) | | | | | | | | | | | | | | | | | | |
| 10 | 7,4 | 8,5 | 9,7 | 11,0 | 12,3 | 14,0 | 15,9 | 7,1 | 7,9 | 9,5 | 11,1 | 13,1 | 16,8 | 18,0 | – | – | – | – |
| 20 | 5,2 | 6,0 | 6,9 | 7,7 | 8,7 | 9,9 | 11,2 | 5,0 | 5,6 | 6,7 | 7,9 | 9,3 | 11,9 | 13,5 | 14,2 | 15,6 | 17,3 | 18,0 |
| 30 | 4,3 | 4,9 | 5,6 | 6,3 | 7,1 | 8,1 | 9,2 | 4,1 | 4,6 | 5,5 | 6,4 | 7,6 | 9,7 | 11,0 | 11,6 | 12,7 | 14,1 | 15,5 |
| 40 | 3,7 | 4,3 | 4,8 | 5,5 | 6,2 | 7,0 | 7,9 | 3,6 | 3,9 | 4,7 | 5,5 | 6,5 | 8,4 | 9,5 | 10,0 | 11,0 | 12,2 | 13,4 |
| 50 | 3,3 | 3,8 | 4,3 | 4,9 | 5,5 | 6,3 | 7,1 | 3,2 | 3,5 | 4,2 | 5,0 | 5,9 | 7,5 | 8,5 | 9,0 | 9,8 | 10,9 | 12,0 |
| Einzellast in Trägermitte S235JR | | | | | | | | | | | | | | | | | | |
| 50 | 3,6 | 4,7 | 6,1 | 7,7 | 9,6 | 12,0 | 15,1 | 3,3 | 4,1 | 5,8 | 7,8 | 10,4 | 15,5 | 18,0 | – | – | – | – |
| 100 | – | 2,4 | 3,1 | 4,2 | 5,0 | 6,4 | 8,2 | – | – | 3,0 | 4,1 | 5,6 | 8,9 | 11,3 | 12,4 | 14,5 | 17,2 | 18,0 |
| 200 | – | – | – | – | 3,3 | 4,2 | – | – | – | – | – | 2,9 | 4,6 | 5,9 | 6,6 | 7,8 | 9,6 | 11,4 |
| Einzellast in Trägermitte S355J0 | | | | | | | | | | | | | | | | | | |
| 50 | 5,3 | 7,0 | 9,0 | 11,4 | 14,1 | 17,4 | – | 4,9 | 6,1 | 8,6 | 11,4 | 15,0 | – | – | – | – | – | – |
| 100 | 2,7 | 3,6 | 4,6 | 5,9 | 7,4 | 9,4 | 12,0 | 2,5 | 3,1 | 4,5 | 6,1 | 8,3 | 13,1 | 16,4 | 17,9 | – | – | – |
| 200 | – | – | – | 3,0 | 3,8 | 4,8 | 6,2 | – | – | – | 3,1 | 4,2 | 6,9 | 8,8 | 9,7 | 11,6 | 14,1 | 16,7 |

## Stahlbau

### Sonderprofile aus Stahl
#### Stahltrapezprofile

vgl. DIN 18807-3 (1987-06)

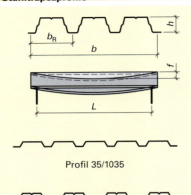

| | | | |
|---|---|---|---|
| $b_R$ | Rippenbreite | $L$ | Stützweite |
| $b$ | Baubreite $(n \cdot b_R)$ | $L_{max}$ | Grenzstützweite |
| $b_A$ | Endauflagerbreite | $m''$ | Flächenbezogene Masse |
| $b_B$ | Zwischenauflagerbreite | $n$ | Anzahl der Rippen |
| | | $h$ | Profilhöhe |
| $f$ | Durchbiegung | $L$ | Feldlänge |
| $f_{max}$ | Maximale Durchbiegung | $s$ | Blechdicke |

Profil 35/1035

Profil 83/1120

| $h/b$ mm | $s$ mm | $m''$ kg/m² | $b_B$ mm | $l_{max}$ m | |
|---|---|---|---|---|---|
| | | | | Einfeld | Zweifeld |
| 35/1035 | 0,75 | 7,11 | 60 | 1,77 | 2,21 |
| | 0,88 | 8,34 | | 2,50 | 3,13 |
| | 1,00 | 9,48 | | 2,86 | 3,57 |
| | 1,25 | 11,85 | | 3,60 | 4,50 |
| 83/1120 | 0,75 | 8,15 | 120 | 3,50 | 4,38 |
| | 0,88 | 9,58 | | 4,93 | 6,16 |
| | 1,00 | 10,90 | | 5,63 | 7,04 |
| | 1,25 | 13,65 | | 7,10 | 8,88 |

**Tragfähigkeit für Profil 35/1035**, $b_B \leq 60$ mm, $b_A \leq 40$ mm, $s = 1$ mm

| | $f_{max}$ bei 1-, 2- und 3-Feld-konstruktion | $L_{max}$ für Begehbarkeit m | zul. Flächenlast in kN/m² bei Feldlänge in m (Werte rechts von der Treppe nicht tragend) | | | | | | | |
|---|---|---|---|---|---|---|---|---|---|---|
| | | | 0,50 | 1,00 | 1,50 | 2,00 | 2,50 | 3,00 | 3,50 | 4,00 |
| 1-Feld | $f < L/150$ | 1,75 | 39,06 | 16,45 | 7,13 | 3,01 | 1,54 | 0,89 | 0,56 | 0,38 |
| | $f < L/200$ | | 39,06 | 16,45 | 5,35 | 2,26 | 1,16 | 0,67 | 0,42 | 0,28 |
| | $f < L/300$ | | 39,06 | 12,04 | 3,57 | 1,50 | 0,77 | 0,45 | 0,28 | 0,19 |
| 2-Feld | $f < L/150$ | 2,25 | 36,41 | 13,18 | 6,69 | 4,00 | 2,63 | 1,83 | 1,34 | 0,91 |
| | $f < L/200$ | | 36,41 | 13,18 | 6,69 | 4,00 | 2,63 | 1,61 | 1,01 | 0,68 |
| | $f < L/300$ | | 36,41 | 13,18 | 6,69 | 3,62 | 1,86 | 1,07 | 0,68 | 0,45 |
| 3-Feld | $f < L/150$ | 2,25 | 39,06 | 15,82 | 7,31 | 4,11 | 2,63 | 1,68 | 1,06 | 0,71 |
| | $f < L/200$ | | 39,06 | 15,82 | 7,31 | 4,11 | 2,18 | 1,26 | 0,80 | 0,53 |
| | $f < L/300$ | | 39,06 | 15,82 | 6,73 | 2,84 | 1,45 | 0,84 | 0,53 | 0,36 |

#### Mindestauflagerbreiten

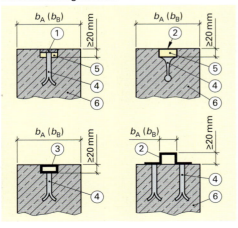

| Art der Unter- konstruktion | Stahl, Stahlbeton | Mauer- werk | Holz |
|---|---|---|---|
| $b_{A\,min}$ in mm | 40 | 100 | 60 |
| $b_{B\,min}$ in mm | 60 | 100 | 60 |

① Flachstahl mindestens 8 mm dick
② Stahlprofil — für Setzbolzen, Wanddicke
③ Stahlhohlprofil — mindestens 6 mm
④ Verankerung
⑤ Hinterfüllung aus Hartschaum, Holz oder Ähnlichem (erforderlich bei Schraubenbefestigungen)
⑥ Beton, Stahlbeton oder Spannbeton

## Stahlbau

### Sonderprofile aus Stahl (Fortsetzung)
#### U-Profil

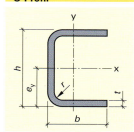

- $b$ Profilbreite
- $e_y$ Abstand der y-Achse
- $h$ Profilhöhe
- $I$ Flächenmoment
- $m'$ längenbezogene Masse
- $S$ Profilquerschnitt
- $t$ Profildicke
- $U$ längenbezogene Oberfläche
- $W$ axiales Widerstandsmoment

**Bezeichnungsbeispiel:**
für ein U-Profil mit 120 mm Höhe, 60 mm Breite, 4 mm Dicke und 6000 mm Profillänge aus S235J2G3 nach EN 10025

U-Profil – U 120 × 60 × 4 – 6000 S235J2G3

| Kurz-zeichen U | Abmessungen in mm | | | | $e_y$ cm | $S$ cm² | $U$ m²/m | $m'$ kg/m | Für die Biegeachse | | | |
|---|---|---|---|---|---|---|---|---|---|---|---|---|
| | | | | | | | | | x – x | | y – y | |
| | $h$ | $b$ | $t$ | $r$ | | | | | $I_x$ cm⁴ | $W_x$ cm³ | $I_y$ cm⁴ | $W_y$ cm³ |
| 30 × 30 | 30 | 30 | 2 | 2 | 1,11 | 1,67 | 0,17 | 1,31 | 2,53 | 1,69 | 1,55 | 0,82 |
| 35 × 35 | 35 | 35 | 2 | 2 | 1,28 | 1,97 | 0,20 | 1,54 | 4,16 | 2,37 | 2,52 | 1,13 |
| 40 × 40 | 40 | 40 | 2 | 2 | 1,44 | 2,27 | 0,23 | 1,78 | 6,35 | 3,18 | 3,82 | 1,50 |
| 50 × 30 | 50 | 30 | 3 | 3 | 0,96 | 3,00 | 0,21 | 2,36 | 11,36 | 4,55 | 2,65 | 1,30 |
| 60 × 40 | 60 | 40 | 3 | 3 | 1,29 | 3,90 | 0,27 | 3,06 | 22,41 | 7,47 | 6,34 | 2,34 |
| 70 × 50 | 70 | 50 | 4 | 4 | 1,67 | 6,27 | 0,32 | 4,92 | 49,05 | 14,01 | 15,92 | 4,79 |
| 80 × 50 | 80 | 50 | 4 | 4 | 1,58 | 6,67 | 0,34 | 5,24 | 66,97 | 16,74 | 16,75 | 4,90 |
| 100 × 50 | 100 | 50 | 3 | 3 | 1,39 | 5,70 | 0,39 | 4,48 | 88,45 | 17,69 | 14,09 | 3,90 |
| 105 × 40 | 105 | 40 | 2,5 | 2,5 | 0,98 | 4,42 | 0,36 | 3,47 | 71,15 | 13,55 | 6,51 | 2,15 |
| 120 × 50 | 120 | 50 | 4 | 4 | 1,32 | 8,27 | 0,42 | 6,49 | 174,01 | 29,00 | 19,24 | 5,22 |
| 140 × 60 | 140 | 60 | 4 | 4 | 1,57 | 9,87 | 0,50 | 7,75 | 288,55 | 41,22 | 33,71 | 7,60 |
| 160 × 60 | 160 | 60 | 5 | 7,5 | 1,52 | 13,07 | 0,53 | 10,26 | 473,45 | 59,18 | 42,45 | 9,48 |
| 180 × 70 | 180 | 70 | 6 | 9 | 1,82 | 17,86 | 0,61 | 14,02 | 822,71 | 91,41 | 79,64 | 15,36 |
| 200 × 60 | 200 | 60 | 6 | 9 | 1,40 | 17,86 | 0,61 | 14,02 | 947,62 | 94,76 | 52,90 | 11,50 |

#### Z-Profil

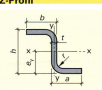

**Bezeichnungsbeispiel:**
Z-Profil mit 53 mm Höhe, Maß $b$ = 40 mm, Maß $a$ = 30 mm, 3 mm Dicke und 6000 mm Profillänge aus S235J2G3 nach EN 10025

Z-Profil – Z 40 × 53 × 30 × 3 – 6000 S235J2G3

#### Hut-Profil

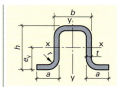

**Bezeichnungsbeispiel:**
H-Profil mit 50 mm Höhe, Maß $b$ = 35 mm, Maß $a$ = 22 mm, 2,5 mm Dicke und 6000 mm Profillänge aus S235J2G3 nach EN 10025

Hut-Profil – Hut 35 × 50 × 22 × 2,5 – 6000 S235J2G3

| Profil | Abmessungen in mm | | | | $e_y$ cm | $S$ cm² | $U$ m²/m | $m'$ kg/m | Für die Biegeachse | | | |
|---|---|---|---|---|---|---|---|---|---|---|---|---|
| | | | | | | | | | x – x | | y – y | |
| | $h$ | $b$ | $a$ | $t = r$ | | | | | $I_x$ cm⁴ | $W_x$ cm³ | $I_y$ cm⁴ | $W_y$ cm³ |
| **Z-Profil** | | | | | | | | | | | | |
| 30 × 34 × 30 | 34 | 30 | 30 | 3 | 2,85 | 2,52 | 0,17 | 1,98 | 4,56 | 2,68 | 4,64 | 1,63 |
| 40 × 53 × 30 | 53 | 40 | 30 | 3 | 3,15 | 3,39 | 0,23 | 2,66 | 14,76 | 5,14 | 7,74 | 2,18 |
| 50 × 100 × 50 | 100 | 50 | 50 | 3 | 4,85 | 5,70 | 0,39 | 4,48 | 88,45 | 17,69 | 22,84 | 4,71 |
| 50 × 50 × 50 | 150 | 50 | 50 | 4 | 4,80 | 9,47 | 0,48 | 7,44 | 297,00 | 39,60 | 29,57 | 6,16 |
| **Hut-Profil** | | | | | | | | | | | | |
| 35 × 50 × 22 | 50 | 35 | 22 | 2,5 | 3,70 | 4,06 | 0,33 | 3,19 | 13,67 | 5,27 | 14,30 | 3,86 |
| 60 × 50 × 32 | 50 | 60 | 32 | 4 | 5,80 | 7,90 | 0,40 | 6,20 | 28,68 | 11,26 | 77,67 | 13,39 |

# Stahlbau

## Sonderprofile aus Stahl (Fortsetzung)

### Gleichschenkliges L-Profil

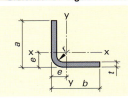

**Bezeichnungsbeispiel:**

Gleichschenkliges L-Profil
mit 50 mm Schenkelbreite, 4 mm Schenkeldicke und 6000 mm Profillänge aus
S235J2G3 nach DIN EN 10025:

**L-Profil – L 120 × 60 × 4 – 6000 S235J2G3**

S  Querschnittsfläche
U  längenbezogene Oberfläche
m' längenbezogene Masse
I  Flächenmoment
W  axiales Widerstandsmoment

| Kurz-zeichen | Abmessungen in mm | | | e | S | U | m' | Für d. Biegeachsen | |
|---|---|---|---|---|---|---|---|---|---|
| | | | | | | | | x – x | y – y |
| L | a | t | r | cm | cm² | m²/m | kg/m | $I_x = I_y$ cm⁴ | $W_x = W_y$ cm³ |
| 15 × 15 | 15 | 2 | 2 | 0,47 | 0,53 | 0,06 | 0,42 | 0,11 | 0,11 |
| 20 × 20 | 20 | 2 | 2 | 0,59 | 0,73 | 0,08 | 0,58 | 0,28 | 0,20 |
| 25 × 25 | 25 | 2 | 2 | 0,72 | 0,93 | 0,10 | 0,73 | 0,57 | 0,32 |
| 30 × 30 | 30 | 2 | 2 | 0,84 | 1,13 | 0,12 | 0,89 | 1,00 | 0,46 |
| | | 3 | 3 | 0,89 | 1,65 | 0,12 | 1,30 | 1,42 | 0,67 |
| 35 × 35 | 35 | 2 | 2 | 0,97 | 1,33 | 0,14 | 1,05 | 1,62 | 0,64 |
| | | 3 | 3 | 1,02 | 1,95 | 0,14 | 1,53 | 2,31 | 0,93 |
| 40 × 40 | 40 | 2 | 2 | 1,09 | 1,53 | 0,16 | 1,20 | 2,45 | 0,84 |
| | | 3 | 3 | 1,14 | 2,25 | 0,16 | 1,77 | 3,51 | 1,23 |
| | | 3 | 3 | 1,39 | 2,85 | 0,20 | 2,24 | 7,04 | 1,95 |
| 50 × 50 | 50 | 4 | 4 | 1,44 | 3,74 | 0,20 | 2,93 | 9,06 | 2,54 |
| 60 × 60 | 60 | 3 | 3 | 1,64 | 3,45 | 0,24 | 2,71 | 12,39 | 2,84 |
| 70 × 70 | 70 | 5 | 7,5 | 2,00 | 6,53 | 0,27 | 5,13 | 31,35 | 6,27 |
| 75 × 75 | 75 | 4 | 4 | 2,06 | 5,74 | 0,29 | 4,50 | 32,07 | 5,89 |
| 80 × 80 | 80 | 5 | 7,5 | 2,25 | 7,53 | 0,31 | 5,91 | 47,59 | 8,27 |

### Ungleichschenkliges L-Profil

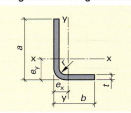

**Bezeichnungsbeispiel:**

Ungleichschenkliges L-Profil mit
100 mm und 50 mm Schenkelbreite
und 4 mm Schenkeldicke
und 6000 mm Profillänge aus S235J2G3
nach DIN EN 10025:

**L-Profil – L 120 × 60 × 4 – 6000 S235J2G3**

S  Querschnittsfläche
U  Mantelfläche
m' längenbezogene Masse
I  Flächenmoment
W  axiales Widerstandsmoment

| Kurz-zeichen | Abmessungen in mm | | | | $e_x$ | $e_y$ | S | U | m' | Für die Biegeachsen | | | |
|---|---|---|---|---|---|---|---|---|---|---|---|---|---|
| | | | | | | | | | | x – x | | y – y | |
| L | a | b | t | r | cm | cm | cm² | m²/m | kg/m | $I_x$ cm⁴ | $W_x$ cm³ | $I_y$ cm⁴ | $W_y$ cm³ |
| 30 × 20 | 30 | 20 | 2 | 2 | 1,00 | 0,49 | 0,93 | 0,1 | 0,73 | 0,87 | 0,43 | 0,32 | 0,21 |
| 40 × 20 | 40 | 20 | 2 | 2 | 1,44 | 0,42 | 1,13 | 0,12 | 0,89 | 1,91 | 0,75 | 0,34 | 0,22 |
| 50 × 30 | 50 | 30 | 3 | 3 | 1,72 | 0,69 | 2,25 | 0,16 | 1,77 | 5,87 | 1,79 | 1,66 | 0,72 |
| 60 × 30 | 60 | 30 | 3 | 3 | 2,16 | 0,63 | 2,55 | 0,18 | 2,00 | 9,68 | 2,52 | 1,74 | 0,73 |
| 60 × 40 | 60 | 40 | 3 | 3 | 1,95 | 0,93 | 2,85 | 0,20 | 2,24 | 10,77 | 2,66 | 3,98 | 1,30 |
| 70 × 50 | 70 | 50 | 4 | 4 | 2,24 | 1,22 | 4,54 | 0,23 | 3,56 | 23,05 | 4,84 | 10,08 | 2,67 |
| 100 × 50 | 100 | 50 | 4 | 4 | 3,55 | 1,01 | 5,74 | 0,29 | 4,50 | 61,13 | 9,48 | 11,08 | 2,77 |
| 125 × 65 | 125 | 65 | 5 | 7,5 | 4,41 | 1,34 | 9,03 | 0,37 | 7,09 | 150,34 | 18,58 | 30,19 | 5,85 |
| 150 × 50 | 150 | 50 | 5 | 7,5 | 5,96 | 0,85 | 9,53 | 0,39 | 7,48 | 224,15 | 24,79 | 14,64 | 3,52 |

## Sonderprofile aus Stahl (Fortsetzung)
### Z- und C-Profile

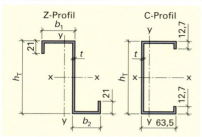

$h_T$    Nennhöhe des Profils
$I_x, I_y$    Flächenmoment
$L$    Stützweite
$L_g$    Gesamtlänge
$M_{max}$    maximales Biegemoment
$N_{max,d}$    aufnehmbare Druckkraft in Längsrichtung
$N_{max,z}$    aufnehmbare Zugkraft in Längsrichtung
$S$    Querschnittsfläche
$t$    Profildicke
$W_x$    axiales Widerstandsmoment

| Profilquerschnitt | Profil-Nr. | $h_T$ mm | $b_1$ mm | $b_2$ mm | $t$ mm | $m'$ kg/m | $S$ cm² | $I_x$ cm⁴ | $I_y$ cm⁴ | $W_x$ cm³ | $N_{max,z}$ kN | $N_{max,d}$ kN |
|---|---|---|---|---|---|---|---|---|---|---|---|---|
| | Z 1 | 122 | 54 | 49 | 1,5 | 2,97 | 3,78 | 105 | 9,7 | 13,78 | 114 | 36,6 |
| | Z 2 | 142 | 54 | 49 | 1,6 | 3,41 | 4,35 | 151 | 11,2 | 18,29 | 132 | 35,8 |
| | Z 3 | 172 | 65 | 60 | 1,8 | 4,56 | 5,80 | 296 | 20,8 | 28,23 | 181 | 46,3 |
| | Z 4 | 202 | 65 | 60 | 2,0 | 5,52 | 7,04 | 460 | 24,9 | 38,94 | 222 | 46,9 |
| | Z 5 | 232 | 76 | 69 | 2,3 | 7,23 | 9,22 | 794 | 42,1 | 57,87 | 294 | 59,8 |

| Profilquerschnitt | Profil-Nr. | $h_T$ mm | $t$ mm | $m'$ kg/m | $S$ cm² | $I_x$ cm⁴ | $I_y$ cm⁴ | $W_x$ cm³ | $M_{max}$ kN | $N_{max,d}$ kN |
|---|---|---|---|---|---|---|---|---|---|---|
| | C 1 | 127 | 1,6 | 3,38 | 4,26 | 114 | 22,8 | 15,4 | 5,39 | 20,7 |
| | C 2 | 165 | 1,8 | 4,32 | 5,46 | 232 | 27,7 | 25,1 | 8,79 | 21,0 |
| | C 3 | 200 | 2,0 | 5,33 | 6,75 | 403 | 32,2 | 35,4 | 12,4 | 21,3 |
| | C 4 | 220 | 2,5 | 7,06 | 8,92 | 626 | 40,4 | 52,7 | 18,5 | – |

## Montage der Z-Pfetten

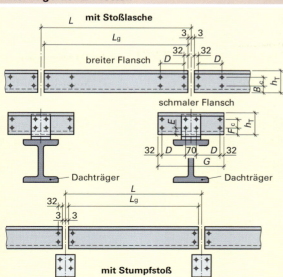

| Haltewinkel | | | | | |
|---|---|---|---|---|---|
| Maße in mm | | | | | kg/St. |
| $h_T$ | a | b | c | d | |
| 122 | 120 | 40 | 56 | 6 | 1,15 |
| 142 | 130 | 50 | 56 | 6 | 1,20 |
| 172 | 160 | 50 | 86 | 6 | 1,38 |
| 202 | 190 | 50 | 116 | 8 | 2,09 |
| 232 | 220 | 50 | 146 | 8 | 2,33 |

| Maße in mm | | | | |
|---|---|---|---|---|
| $h_T$ | B | D | E | F | G |
| 122 | 32 | 185 | 34 | 37 | 504 |
| 142 | 42 | 240 | 44 | 47 | 614 |
| 172 | 42 | 290 | 44 | 47 | 714 |
| 202 | 42 | 350 | 44 | 47 | 834 |
| 232 | 42 | 410 | 44 | 47 | 954 |

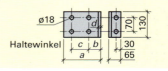

Haltewinkel

## Metallbauelemente

### Lochplatten (auch Lochbleche)
vgl. DIN 24041 (2002-12)

| Symbol | Bedeutung |
|---|---|
| $a_1$ | 1. Plattenaußenmaß |
| $a_2$ | Maß für die gelochte Fläche, parallel zum Plattenmaß $a_1$ |
| $b_1$ | 2. Plattenaußenmaß |
| $b_2$ | Maß für die gelochte Fläche, parallel zum Plattenmaß $b_1$ |
| $c$ | Stegbreite |
| $c_1$ | Seitensteg (Langlochung) |
| $c_2$ | Kopfsteg (Langlochung) |
| $e_1, e_2$ | Breite des Randstreifens parallel dem Maß $a_1$ |
| $f_1, f_2$ | Breite des Randstreifens parallel dem Maß $b_1$ |
| $l$ | Lochlänge |
| $s$ | Plattendicke |
| $t$ | Lochteilung |
| $t_1$ | Querteilung (Langlochung) |
| $t_2$ | Längsteilung (Langlochung) |
| $v$ | Versatz |
| $w$ | Lochweite |

**Bezeichnungsbeispiele:** Q d 8 – 10  
L g 4·20 – 7·2

| Lochform | Lochstellung | Lochabmessung | Lochteilung |
|---|---|---|---|
| R Rundlochung | v in versetzten Reihen | Bei Rundlochung: Durchmesser in mm | $t$ Lochteilung (Abstand von Lochmitte zu Lochmitte) |
| L Langlochung | d in diagonal versetzten Reihen | Bei Quadratlochung: Seitenlänge in mm | Bei Langlochung: $t_1 \cdot t_2$ |
| Q Quadratlochung | g in geraden Reihen | Bei Langlochung: $w \cdot l$ (Lochweite × Lochlänge) | (Querteilung × Längsteilung) |

Weitere erforderliche Angaben:  Platten-(Blech-)Dicke;  Werkstoff  
Weitere mögliche Angaben:  Stegbreiten;  Maße von ungelochten Rändern, Streifen oder Zonen (siehe obige Legende).

### Warmgewalzte Musterbleche
vgl. DIN 59220 (2000-04)

Ausführungsart T (Tränenblech)  
Ausführungsart R (Riffelblech)  
Musterhöhe $h$ = 1 mm ... 2 mm

$s$ Blechdicke  
$m''$ flächenbezogene Masse

| $s$ mm | $m''$ kg/m² bei Ausführungsart T | $m''$ kg/m² bei Ausführungsart R |
|---|---|---|
| 3 | 25,55 | 27,55 |
| 4 | 33,40 | 35,40 |
| 5 | 41,25 | 43,25 |
| 6 | 49,10 | 51,10 |
| 8 | 64,80 | 66,80 |
| 10 | 80,5 | 82,5 |

**Bezeichnungsbeispiel:**  
Warmgewalztes Musterblech aus Stahl S235JR; Ausführung T;  
$s$ = 5 mm;  $b$ = 1200 mm  und  $L$ = 2000 mm  
Blech DIN 59220 – S235JR – T5 × 1200 × 1200

# Metallbauelemente

## Gitterroste

| Symbol | Bedeutung |
|---|---|
| $f$ | Durchbiegung |
| $I_x$ | Flächenmoment |
| $L$ | Stützweite |
| $MT$ | Maschenteilung |
| $m''$ | flächenbezogene Masse |
| $Q_{max}$ | Zulässige Flächenlast |
| $W_x$ | axiales Widerstandsmoment |
| $s$ | Stabstärke |
| $t$ | Rostdicke |

Stützweite = Tragstabrichtung

Ausführung A / Ausführung B

### Tragfähigkeiten für Einpressgitterroste

- Von Personen mit Traglast begehbar. Bei schweren Teilen Holzbohlen unterlegen.
- Wenig begangene Laufstege auf denen geringe elastische Durchbiegung nicht stört.
- Oft begangene Laufstege. Kein Transport von Geräten oder Ersatzteilen oder nennenswerte Inst.-Arbeiten.
- Wegen zu starker Durchbiegung als begehbare Abdeckung nicht mehr zu empfehlen.

(Bei Industrieanlagen und befahrenen Abdeckungen mindestens 3 mm starke Tragstäbe verwenden.)

| MT/s | $W_x$ | $I_x$ | $m''$ | | $Q_{max}$ in kg/m² und $f$ in mm bei $t$ = 30 mm und $L$ in mm | | | | | | | | | | | |
|---|---|---|---|---|---|---|---|---|---|---|---|---|---|---|---|---|
| mm | cm³ | cm⁴ | kg/m² | | 500 | 600 | 700 | 800 | 900 | 1000 | 1100 | 1200 | 1300 | 1400 | 1500 | 1600 | 1800 |
| 25/2 | 6,25 | 7,81 | 20 | $Q_{max}$ / $f$ | 2800 / 1,39 | 1945 / 2,00 | 1429 / 2,72 | 1094 / 3,56 | 864 / 4,50 | 700 / 5,56 | 579 / 6,73 | 486 / 8,00 | 414 / 9,40 | 358 / 10,90 | | | |
| 25/3 | 9,38 | 11,72 | 26 | $Q_{max}$ / $f$ | 4200 / 1,39 | 2918 / 2,00 | 2144 / 2,72 | 1641 / 3,56 | 1296 / 4,50 | 1050 / 5,56 | 869 / 6,73 | 729 / 8,00 | 621 / 9,40 | 537 / 10,90 | | | |
| 30/2 | 9,00 | 13,50 | 23 | $Q_{max}$ / $f$ | 4032 / 1,16 | 2800 / 1,67 | 2057 / 2,27 | 1575 / 2,97 | 1244 / 3,75 | 1008 / 4,64 | 833 / 5,60 | 700 / 6,67 | 596 / 7,83 | 515 / 9,08 | 448 / 10,42 | | |
| 30/3 | 13,50 | 20,25 | 30 | $Q_{max}$ / $f$ | 6048 / 1,16 | 4200 / 1,67 | 3086 / 2,27 | 2363 / 2,97 | 1866 / 3,75 | 1512 / 4,64 | 1250 / 5,60 | 1050 / 6,67 | 894 / 7,83 | 773 / 9,08 | 672 / 10,42 | 590 / 11,87 | 463 / 15,00 |
| 35/2 | 12,25 | 21,44 | 26 | $Q_{max}$ / $f$ | 5488 / 0,99 | 3811 / 1,43 | 2800 / 1,95 | 2144 / 2,54 | 1694 / 3,22 | 1372 / 3,97 | 1134 / 4,80 | 953 / 5,72 | 812 / 6,71 | 701 / 7,78 | 610 / 8,94 | 536 / 10,18 | 423 / 12,88 |
| 35/3 | 18,38 | 32,16 | 34 | $Q_{max}$ / $f$ | 8232 / 0,99 | 5717 / 1,43 | 4200 / 1,95 | 3216 / 2,54 | 2541 / 3,22 | 2058 / 3,97 | 1701 / 4,80 | 1430 / 5,72 | 1218 / 6,71 | 1052 / 7,78 | 915 / 8,94 | 804 / 10,18 | 635 / 12,88 |
| 40/2 | 16,00 | 32,00 | 28 | $Q_{max}$ / $f$ | 7168 / 0,87 | 4978 / 1,25 | 3657 / 1,70 | 2800 / 2,22 | 2212 / 2,82 | 1792 / 3,47 | 1481 / 4,20 | 1244 / 5,00 | 1060 / 5,87 | 915 / 6,81 | 796 / 7,82 | 700 / 8,90 | 553 / 11,26 |
| 40/3 | 24,00 | 48,00 | 37 | $Q_{max}$ / $f$ | 10752 / 0,87 | 7467 / 1,25 | 5486 / 1,70 | 4200 / 2,22 | 3318 / 2,82 | 2688 / 3,47 | 2222 / 4,20 | 1866 / 5,00 | 1590 / 5,87 | 1373 / 6,81 | 1194 / 7,82 | 1050 / 8,90 | 830 / 11,26 |
| 50/3 | 37,50 | 93,75 | 46 | $Q_{max}$ / $f$ | 16800 / 0,70 | 11667 / 1,00 | 8572 / 1,36 | 6563 / 1,78 | 5185 / 2,25 | 4200 / 2,78 | 3472 / 3,36 | 2916 / 4,00 | 2485 / 4,70 | 2144 / 5,45 | 1866 / 6,26 | 1641 / 7,12 | 1296 / 9,00 |

**Beispiel:** Für eine Arbeitsbühne sollen bei einer Stützweite von 1400 mm und einer geforderten Flächenlast von 1000 kg/m² Gitterroste montiert werden.
a) Welcher Gitterrost wird gewählt?
b) Wie groß ist $Q_{max}$ und die zugehörige Durchbiegung?

Aus obiger Tabelle:
a) Es wird der **Gitterrost 35/3** gewählt.
b) $Q_{max}$ = **1052 kg/m²**;  $f$ = **7,78 mm**

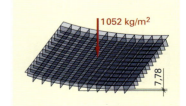

# Rohrrahmenprofile

## Rohrrahmenprofile aus Stahl
### Fenster, Türen (thermisch nicht getrennt)

| | |
|---|---|
| S | Querschnittsfläche |
| U | längenbezogene Oberfläche |
| $m'$ | längenbezogene Masse |
| $I_x, I_y$ | Flächenmoment |
| $W_x, W_y$ | axiales Widerstandsmoment |
| $a \times b$ | Kastenmaß |
| $a$ | Bauhöhe (Kastenhöhe) |
| $b$ | Kastenbreite |
| $c$ | Falzmaß (Lappenmaß) |
| $d$ | Ansichtsmaß |
| $e$ | Falzmaß in der Tiefe |

| Profilquerschnitt | Profil-Nr. | Maße in cm | | | | | S cm² | U m²/m | $m'$ kg/m | $I_y$ cm⁴ | $W_y$ cm³ | $I_z$ cm⁴ | $W_z$ cm³ |
|---|---|---|---|---|---|---|---|---|---|---|---|---|---|
| | | $a$ | $b$ | $c$ | $d$ | $e$ | | | | | | | |
| | 11 | 34 | 35 | 15 | 50 | 30 | 3,18 | 0,159 | 2,49 | 5,54 | 2,80 | 7,74 | 2,78 |
| | 12 | 40 | 40 | 20 | 60 | 36 | 3,77 | 0,195 | 2,96 | 9,17 | 3,86 | 12,97 | 3,84 |
| | 13 | 50 | 40 | 20 | 60 | 46 | 4,30 | 0,215 | 3,37 | 16,07 | 5,42 | 15,69 | 4,39 |
| | 14 | 60 | 40 | 20 | 60 | 56 | 4,62 | 0,231 | 3,62 | 24,34 | 7,00 | 16,28 | 4,66 |
| | 21 | 34 | 35 | 15 | 65 | 30 | 3,77 | 0,188 | 2,96 | 6,29 | 2,90 | 12,18 | 3,75 |
| | 22 | 40 | 40 | 20 | 80 | 36 | 4,56 | 0,234 | 3,58 | 10,51 | 4,01 | 21,75 | 5,44 |
| | 23 | 50 | 40 | 20 | 80 | 46 | 5,17 | 0,259 | 4,06 | 18,52 | 5,65 | 26,00 | 6,19 |
| | 24 | 60 | 40 | 20 | 80 | 56 | 5,40 | 0,270 | 4,24 | 27,93 | 7,31 | 24,77 | 6,19 |
| | 31 | 34 | 35 | 15 | 50 | 30 | 3,77 | 0,188 | 2,96 | 7,12 | 4,19 | 12,18 | 3,75 |
| | 32 | 40 | 40 | 20 | 60 | 36 | 4,56 | 0,234 | 3,58 | 12,27 | 6,14 | 21,75 | 5,44 |
| | 33 | 50 | 40 | 20 | 60 | 46 | 5,17 | 0,259 | 4,06 | 21,62 | 8,65 | 26,00 | 6,19 |
| | 34 | 60 | 40 | 20 | 60 | 56 | 5,41 | 0,271 | 4,24 | 31,61 | 10,54 | 24,79 | 6,20 |

## Verglasungsarten

| Mittige Verglasung | | | Anschlag-Verglasung | | | | | | | | | | |
|---|---|---|---|---|---|---|---|---|---|---|---|---|---|
| Glasdicke $a$ | 6 | 8 | Glasdicke $a$ | 5 | 7 | 8 | 10 | 12 | 13 | 15 | 17 | 18 | 20 | 22 |
| Glasleiste Nr. | G1 | G1 | Glasleiste Nr. | G4 | G4 | G3 | G3 | G3 | G2 | G2 | G2 | G1 | G1 | G1 |
| Glasleistenbreite $c_1$ | 18 | 18 | Glasleistenbreite $c$ | 33 | 33 | 28 | 28 | 28 | 23 | 23 | 23 | 18 | 18 | 18 |
| Glasleistenbreite $c_2$ | 18 | 18 | Falzbreite $d$ | 13,4 | 13,4 | 18,4 | 18,4 | 18,4 | 23,4 | 23,4 | 23,4 | 28,4 | 28,4 | 28,4 |
| Falzbreite $d$ | 14 | 14 | Fugenmaß $b_1$ | 3 | 3 | 3 | 3 | 3 | 3 | 3 | 3 | 3 | 3 | 3 |
| Fugenmaß $b_1$ | 3 | 3 | Dichtung Nr. | D4 | D4 | D4 | D4 | D4 | D4 | D4 | D4 | D4 | D4 | D4 |
| Dichtung Nr. | D1 | D1 | Fugenmaß $b_2$ | 5,4 | 3,4 | 7,4 | 3,4 | 7,4 | 5,4 | 3,4 | 7,4 | 5,4 | 3,4 |
| Fugenmaß $b_2$ | 5 | 3 | Dichtung Nr. | D2 | D1 | D3 | D2 | D1 | D3 | D2 | D1 | D3 | D2 | D1 |
| Dichtung Nr. | 2 | 1 | | | | | | | | | | | | |

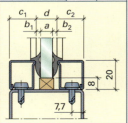

Glasleisten: 18 G1 7,7 | 23 G2 12,7 | 28 G3 17,7 | 33 G4 22,7 (1,7 / 20)

Dichtungen: 3 D1 | 5 D2 | 7 D3 | 3 D4

Klemmschraube

# Rohrrahmenprofile

## Profile für Fenster und Türen
### Fenster, Türen (thermisch getrennt)

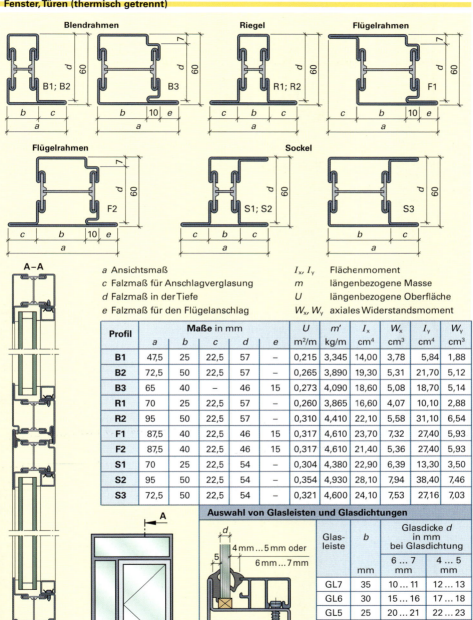

- $a$ Ansichtsmaß
- $c$ Falzmaß für Anschlagverglasung
- $d$ Falzmaß in der Tiefe
- $e$ Falzmaß für den Flügelanschlag
- $I_x, I_y$ Flächenmoment
- $m$ längenbezogene Masse
- $U$ längenbezogene Oberfläche
- $W_x, W_y$ axiales Widerstandsmoment

| Profil | Maße in mm | | | | | $U$ | $m'$ | $I_x$ | $W_x$ | $I_y$ | $W_y$ |
|---|---|---|---|---|---|---|---|---|---|---|---|
| | $a$ | $b$ | $c$ | $d$ | $e$ | m²/m | kg/m | cm⁴ | cm³ | cm⁴ | cm³ |
| B1 | 47,5 | 25 | 22,5 | 57 | – | 0,215 | 3,345 | 14,00 | 3,78 | 5,84 | 1,88 |
| B2 | 72,5 | 50 | 22,5 | 57 | – | 0,265 | 3,890 | 19,30 | 5,31 | 21,70 | 5,12 |
| B3 | 65 | 40 | – | 46 | 15 | 0,273 | 4,090 | 18,60 | 5,08 | 18,70 | 5,14 |
| R1 | 70 | 25 | 22,5 | 57 | – | 0,260 | 3,865 | 16,60 | 4,07 | 10,10 | 2,88 |
| R2 | 95 | 50 | 22,5 | 57 | – | 0,310 | 4,410 | 22,10 | 5,58 | 31,10 | 6,54 |
| F1 | 87,5 | 40 | 22,5 | 46 | 15 | 0,317 | 4,610 | 23,70 | 7,32 | 27,40 | 5,93 |
| F2 | 87,5 | 40 | 22,5 | 46 | 15 | 0,317 | 4,610 | 21,40 | 5,36 | 27,40 | 5,93 |
| S1 | 70 | 25 | 22,5 | 54 | – | 0,304 | 4,380 | 22,90 | 6,39 | 13,30 | 3,50 |
| S2 | 95 | 50 | 22,5 | 54 | – | 0,354 | 4,930 | 28,10 | 7,94 | 38,40 | 7,46 |
| S3 | 72,5 | 50 | 22,5 | 54 | – | 0,321 | 4,600 | 24,10 | 7,53 | 27,16 | 7,03 |

### Auswahl von Glasleisten und Glasdichtungen

| Glas-leiste | $b$ mm | Glasdicke $d$ in mm bei Glasdichtung | |
|---|---|---|---|
| | | 6 ... 7 mm | 4 ... 5 mm |
| GL7 | 35 | 10 ... 11 | 12 ... 13 |
| GL6 | 30 | 15 ... 16 | 17 ... 18 |
| GL5 | 25 | 20 ... 21 | 22 ... 23 |
| GL4 | 20 | 25 ... 26 | 27 ... 28 |
| GL3[1] | 15 | 30 ... 31 | 32 ... 33 |
| GL2[1] | 12 | 33 ... 34 | 35 ... 36 |
| GL1[1] | 9 | 36 ... 37 | 38 ... 39 |

[1] Wegen Überschneidungen in den Grenzdicken, beste Dichtung durch Versuche ermitteln.

# Rohrrahmenprofile

## Fassadenprofile

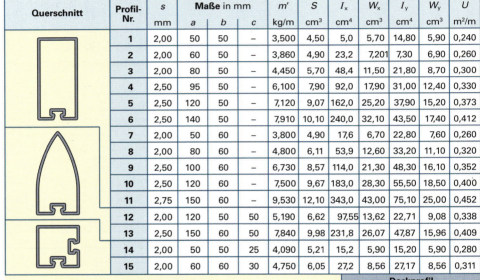

Pfosten/Riegel · Pfosten · Eckpfosten 90°

| Symbol | Bedeutung |
|---|---|
| $U$ | längenbezogene Oberfläche |
| $S$ | Profilquerschnitt |
| $a$ | Bauhöhe |
| $b$ | Ansichtsmaß |
| $c$ | maximale Riegelhöhe |
| $I_{x,y}$ | Flächenmomente |
| $m'$ | längenbezogene Masse |
| $s$ | Wanddicke |
| $W_{x,y}$ | axiale Widerstandsmomente |

| Querschnitt | Profil-Nr. | $s$ mm | Maße in mm $a$ | $b$ | $c$ | $m'$ kg/m | $S$ cm² | $I_x$ cm⁴ | $W_x$ cm³ | $I_y$ cm⁴ | $W_y$ cm³ | $U$ m²/m |
|---|---|---|---|---|---|---|---|---|---|---|---|---|
| | 1 | 2,00 | 50 | 50 | – | 3,500 | 4,50 | 5,0 | 5,70 | 14,80 | 5,90 | 0,240 |
| | 2 | 2,00 | 60 | 50 | – | 3,860 | 4,90 | 23,2 | 7,201 | 7,30 | 6,90 | 0,260 |
| | 3 | 2,00 | 80 | 50 | – | 4,450 | 5,70 | 48,4 | 11,50 | 21,80 | 8,70 | 0,300 |
| | 4 | 2,50 | 95 | 50 | – | 6,100 | 7,90 | 92,0 | 17,90 | 31,00 | 12,40 | 0,330 |
| | 5 | 2,50 | 120 | 50 | – | 7,120 | 9,07 | 162,0 | 25,20 | 37,90 | 15,20 | 0,373 |
| | 6 | 2,50 | 140 | 50 | – | 7,910 | 10,10 | 240,0 | 32,10 | 43,50 | 17,40 | 0,412 |
| | 7 | 2,00 | 50 | 60 | – | 3,800 | 4,90 | 17,6 | 6,70 | 22,80 | 7,60 | 0,260 |
| | 8 | 2,00 | 80 | 60 | – | 4,800 | 6,11 | 53,9 | 12,60 | 33,20 | 11,10 | 0,320 |
| | 9 | 2,50 | 100 | 60 | – | 6,730 | 8,57 | 114,0 | 21,30 | 48,30 | 16,10 | 0,352 |
| | 10 | 2,50 | 120 | 60 | – | 7,500 | 9,67 | 183,0 | 28,30 | 55,50 | 18,50 | 0,400 |
| | 11 | 2,75 | 150 | 60 | – | 9,530 | 12,10 | 343,0 | 43,00 | 75,10 | 25,00 | 0,452 |
| | 12 | 2,00 | 120 | 50 | 50 | 5,190 | 6,62 | 97,55 | 13,62 | 22,71 | 9,08 | 0,338 |
| | 13 | 2,50 | 150 | 60 | 50 | 7,840 | 9,98 | 231,8 | 26,07 | 47,87 | 15,96 | 0,409 |
| | 14 | 2,00 | 50 | 50 | 25 | 4,090 | 5,21 | 15,2 | 5,90 | 15,20 | 5,90 | 0,280 |
| | 15 | 2,00 | 60 | 60 | 30 | 4,750 | 6,05 | 27,2 | 8,56 | 27,17 | 8,56 | 0,311 |

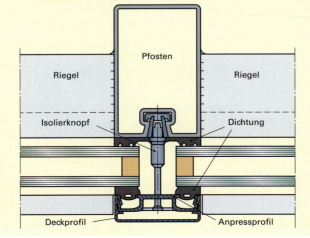

Pfosten · Riegel · Riegel · Isolierknopf · Dichtung · Deckprofil · Anpressprofil

### Deckprofil

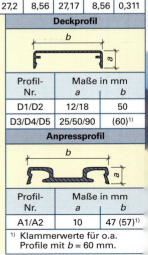

| Profil-Nr. | Maße in mm $a$ | $b$ |
|---|---|---|
| D1/D2 | 12/18 | 50 |
| D3/D4/D5 | 25/50/90 | (60)[1] |

### Anpressprofil

| Profil-Nr. | Maße in mm $a$ | $b$ |
|---|---|---|
| A1/A2 | 10 | 47 (57)[1] |

[1] Klammerwerte für o.a. Profile mit $b$ = 60 mm.

## Rohrrahmenprofile 447

### Rohrrahmenprofile aus Aluminium / Profile für Fenster und Türen
**Fenster, Türen (thermisch getrennt)**

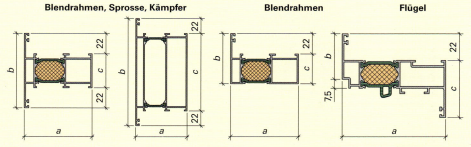

a Bauhöhe  
b äußeres Ansichtsmaß  
c inneres Ansichtsmaß  
d Lappenmaß (ist hier bei allen Profilen 22,0 mm)  
$I_x$ Flächenmoment  
L Stützweite

| Profildarstellung | Profil-Nr. | Maße in mm | | | $I_x$ in cm⁴ für Stützweite L in cm | | | | |
|---|---|---|---|---|---|---|---|---|---|
| | | a | b | c | < 200 | ≥ 200 | ≥ 250 | ≥ 300 | ≥ 400 |
| | 1 | 72,0 | 81,5 | 37,5 | 26,0 | 30,0 | 32,0 | 34,0 | 36,0 |
| | 2 | 72,0 | 90,0 | 46,0 | 30,0 | 35,0 | 38,0 | 40,0 | 43,0 |
| | 3 | 72,0 | 120,0 | 76,0 | 37,0 | 45,0 | 51,0 | 55,0 | 59,0 |
| | 4 | 72,0 | 160,0 | 116,0 | 46,0 | 58,0 | 66,0 | 72,0 | 79,0 |
| | 5 | 72,0 | 200,0 | 156,0 | 54,0 | 69,0 | 81,0 | 89,0 | 101,0 |
| | 6 | 72,0 | 250,0 | 206,0 | 62,0 | 80,0 | 95,0 | 106,0 | 122,0 |
| | 7 | 72,0 | 59,5 | 37,5 | 24,0 | – | – | – | – |
| | 8 | 72,5 | 68,0 | 46,0 | 28,0 | – | – | – | – |
| | 9 | 72,0 | 98,0 | 76,0 | 36,0 | – | – | – | – |
| | 10 | 83,0 | 37,0 | 46,5 | – | – | – | – | – |
| | 11 | 83,0 | 42,0 | 51,5 | – | – | – | – | – |
| | 12 | 83,0 | 62,5 | 72,0 | – | – | – | – | – |

### Klotzungsbrücken

| Nr. | Maße | Glas-stärke | für Profil-Nr. | Nr. | Maße | Glas-stärke | für Profil-Nr. |
|---|---|---|---|---|---|---|---|
| 1 | 40 | 18 – 41 | 1 – 9 | 3 | 58,7 | 18 – 50 | 10 – 12 |
| 2 | 54 | 42 – 53 | | | | | |

**Beispiel:**
Für die Verglasung des nebenstehenden Fensterflügels ist eine Glasstärke von 20 mm vorgesehen.
a) Welche Glasleiste,
b) welche innere Verglasungsdichtung und
c) welche Klotzungsbrücke muss gewählt werden?

Aus Glasleistentabelle S. 448:
a) Glasleiste 14 ($b$ = 45 mm);
b) Verglasungsdichtung A;
c) aus Tab. Klotzungsbrücken (s.o.): Klotzungsbrücke 3.

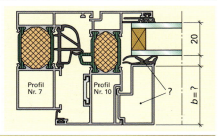

## Rohrrahmenprofile

### Glasleistentabelle

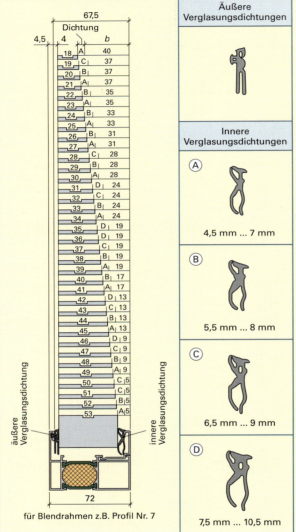

für Blendrahmen z.B. Profil Nr. 7

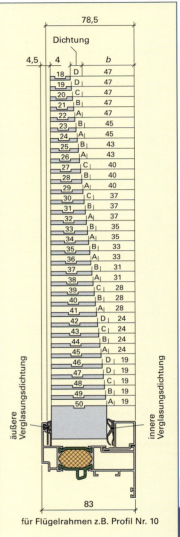

für Flügelrahmen z.B. Profil Nr. 10

**Äußere Verglasungsdichtungen**

**Innere Verglasungsdichtungen**

A  4,5 mm ... 7 mm

B  5,5 mm ... 8 mm

C  6,5 mm ... 9 mm

D  7,5 mm ... 10,5 mm

### Glasleisten

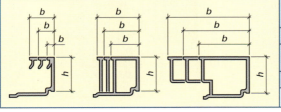

| Glasleiste | 1 | 2 | 3 | 4 | 5 | 6 | 7 | 8 |
|---|---|---|---|---|---|---|---|---|
| b in mm | 5 | 9 | 13 | 17 | 19 | 24 | 28 | 31 |
| Glasleiste | 9 | 10 | 11 | 12 | 13 | 14 | 15 | – |
| b in mm | 33 | 35 | 37 | 40 | 43 | 45 | 47 | – |
| Alle Glasleisten: $h = 22{,}0$ mm | | | | | | | | |

# Rohrrahmenprofile

## Aluminiumprofile für rauchdichte Türen (thermisch nicht getrennt)

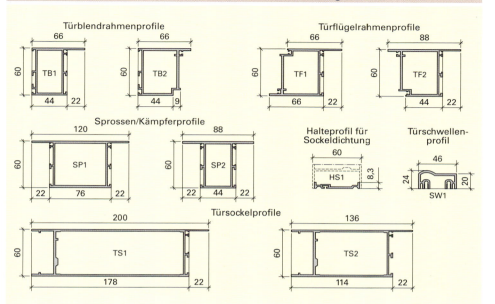

### Detailschnitte

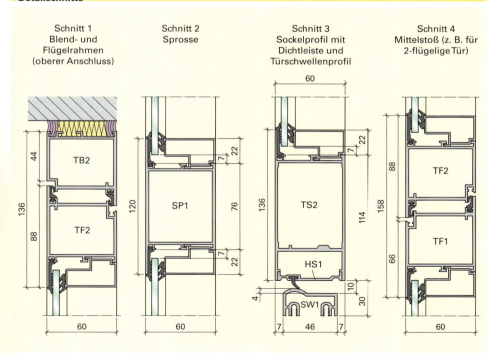

Schnitt 1: Blend- und Flügelrahmen (oberer Anschluss)
Schnitt 2: Sprosse
Schnitt 3: Sockelprofil mit Dichtleiste und Türschwellenprofil
Schnitt 4: Mittelstoß (z. B. für 2-flügelige Tür)

# 450 Rohrrahmenprofile

## Aluminiumprofile für rauchdichte Türen (thermisch nicht getrennt)

### Anwendungsbeispiel 1

- a  Baurichtmaß in der Höhe
- a'  Baurichtmaß in der Breite
- b  Breite der Detailschnitte 1 + 4
- c  Breite des Detailschnittes 2
- d  Dichtfugenbreite (hier 10 mm)
- e  Glaseinstand (überall 15 mm)
- f  Breite des Rahmenprofils
- g  Senkrechte Glasleistenlänge
- h  Lichte Durchgangshöhe
- i  Senkrechtes Glasmaß
- k  Glasleistenhöhe (überall 22 mm)
- l  Lichte Durchgangsbreite
- $l_k$  Waager. Glasleistenlänge (kurze Leiste)
- $l_l$  Waager. Glasleistenlänge (lange Leiste)
- n  Waagerechtes Glasmaß
- o  Zargeneinstand im Fußboden

Für die unten dargestellte einflügelige Tür sind ein waagerechter Schnitt B – B und ein senkrechter Schnitt A – A durch Kombination von Detailschnitten aus der nebenstehenden Seite zu erstellen.

**Gegeben:**
a) Baurichtmaß:
   **Wandöffnung DIN 18 100 – 1000 x 2125.**
b) Dichtfugenbreite in den Wandanschlüssen und Spalt zwischen Fertigfußboden und Unterkante Türsockelprofil: 10 mm.

**Gesucht:**
Aus den Schnitten:
a) Lichte Durchgangsbreite, lichte Durchgangshöhe
b) Glasmaße
c) Glasleistenlängen
d) Zargeneinstand im Fußboden

### Anwendungsbeispiel 2

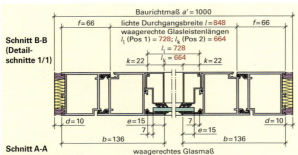

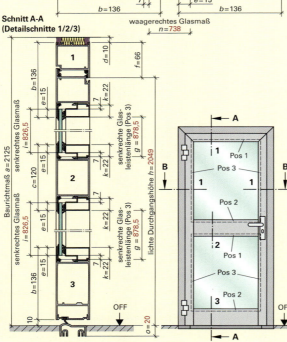

**Lichte Durchgangshöhe**
$h = a - (d + f)$
$\phantom{h} = 2125\ mm - (10\ mm + 66\ mm)$
$h = 2049\ mm$

**Lichte Durchgangsbreite**
$l = a - (2d + 2f)$
$\phantom{l} = 1000\ mm - (20\ mm + 132\ mm)$
$l = 848\ mm$

**Senkrechtes Glasmaß**
$i = \dfrac{a - (2d + 2b + c) + 4e}{2}$
$\phantom{i} = [2125\ mm - (20\ mm + 272\ mm + 120\ mm) + 60\ mm] \backslash 2$
$i = 826{,}5\ mm$

**Waagerechtes Glasmaß**
$n = a - (2d + 2b) + 2e$
$\phantom{n} = 1000\ mm - (20\ mm + 272\ mm) + 30\ mm$
$n = 738\ mm$

**Senkrechte Glasleistenlänge**
(Pos. 3)
$g = \dfrac{a - (2d + 2b + c) + 2k}{2}$
$\phantom{g} = [2125\ mm - (20\ mm + 272\ mm + 120\ mm) + 44\ mm] \backslash 2$
$g = 878{,}5\ mm$

**Waagerechte Glasleistenlänge**
kurze Leiste (Pos. 2)
$l_k = a - (2d + 2b + 2k)$
$\phantom{l_k} = 1000\ mm - (20\ mm + 272\ mm) + 44\ mm$
$l_k = 664\ mm$

**Waagerechte Glasleistenlänge**
lange Leiste (Pos. 1)
$l_l = a - (2d + 2b)$
$\phantom{l_l} = 1000\ mm - (20\ mm + 272\ mm)$
$l_l = 728\ mm$

**Zargeneinstand im Fußboden**
Aus Profildarstellung S. 448:
$O = 20\ mm$

# Rohrrahmenprofile

## Fassadenprofile

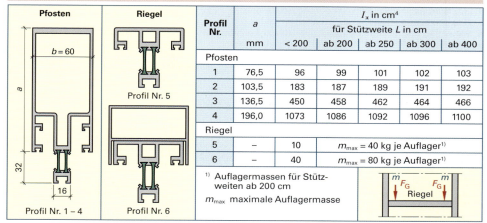

| Profil Nr. | a mm | $I_x$ in cm⁴ für Stützweite L in cm | | | | |
|---|---|---|---|---|---|---|
| | | < 200 | ab 200 | ab 250 | ab 300 | ab 400 |
| Pfosten | | | | | | |
| 1 | 76,5 | 96 | 99 | 101 | 102 | 103 |
| 2 | 103,5 | 183 | 187 | 189 | 191 | 192 |
| 3 | 136,5 | 450 | 458 | 462 | 464 | 466 |
| 4 | 196,0 | 1073 | 1086 | 1092 | 1096 | 1100 |
| Riegel | | | | | | |
| 5 | – | 10 | $m_{max}$ = 40 kg je Auflager[1] | | | |
| 6 | – | 40 | $m_{max}$ = 80 kg je Auflager[1] | | | |

[1] Auflagermassen für Stützweiten ab 200 cm
$m_{max}$ maximale Auflagermasse

## Ermittlung der Dichtung für bestimmte Füllungsdicken (Glasstärken)

d Füllungsdicke (Glasdicke)
v Dicke der Vorlage (Dichtung)

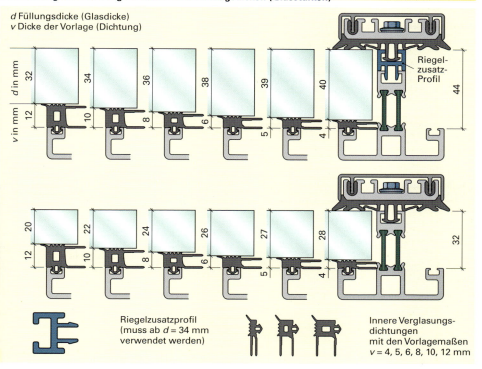

Riegelzusatzprofil (muss ab d = 34 mm verwendet werden)

Innere Verglasungsdichtungen mit den Vorlagemaßen v = 4, 5, 6, 8, 10, 12 mm

### Beispiel:

Für eine Pfosten/Riegelkonstruktion aus obigen Profilen ist eine Füllung mit einer Dicke von 34 mm vorgesehen.
a) Welche innere Verglasungsdichtung wird gewählt?   b) Ist das Riegelzusatzprofil erforderlich?

*Lösung:* a) Innere Verglasungsdichtungen mit v = 10 mm   b) Das Riegelzusatzprofil ist erforderlich.

# Instandhaltung

## Inhalte von Wartungs- und Inspektionsplänen
vgl. DIN EN 13306 (2010-12)

- Lfd. Nummer nach einem Gliederungsschema
- Anlagenteile, auszuführende Arbeiten
- Mess- und Prüfgrößen, Betriebs- und Hilfsstoffe in firmenneutraler Bezeichnung
- Häufigkeit, Zeitintervall der auszuführenden Arbeiten

| Häufigkeit | |
|---|---|
| Bezeichnung | Intervall |
| h | stündlich |
| d | täglich |
| w | wöchentlich |
| m | monatlich |
| a | jährlich |
| 4m | alle 4 Monate |

| Einsatzklasse | Ausnutzung der Anlage |
|---|---|
| A | Benutzung gelegentlich mit langen Betriebspausen |
| B | Benutzung regelmäßig mit Unterbrechungen |
| C | Dauerbetrieb |
|  | Nach Betriebsstunden |

Besondere Hinweise in Bemerkungen:
- Spezielle Werkzeuge, Prüf-, Hilfsmittel, Vorrichtungen
- Ergänzende Instandhaltungsunterlagen
- Besondere Gefahren, Sicherheits- und Schutzmaßnahmen, Schutzausrüstung
- Betriebszustand bestimmter Prüfungen

Für besondere Aufgaben ist die Qualifikation des Ausführenden anzugeben

**Beispiele:**

| Wartungsplan<br>Hersteller: Kaltenbach | | Wartung durchgeführt am:<br>von: | | Erzeugnis: Vertikalsäge<br>Typ: KKS 400 H/L 45 E | |
|---|---|---|---|---|---|
| Nr. | Anlagenteil | Auszuführende Arbeiten | Mess- und Prüfgrößen Betriebs- und Hilfsstoffe | Häufigkeit | Bemerkungen |
| 1 | Sägeantrieb Antriebskette | Kettenspannung prüfen und nachspannen | Prüfkraft 25 N Prüfung in halbem Achsabstand Durchbiegung der Kette 3 mm … 4 mm | nach ca. 200 Std. | Maschine grundsätzlich von Hauptstromversorgung trennen Verletzungsgefahr |
| 2 | Getriebe | Ölwechsel | Getriebeöl C-LP 100 | nach ca. 1000 Std. | In unterer Getriebestellung ablassen und füllen; Schlauch und Trichter verwenden |
| 3 | | | | | |

| Inspektionsplan<br>Hersteller: Kaltenbach | Erzeugnis: Vertikalsäge<br>Typ: KKS 400 H/L 45 E |
|---|---|
| Anlagenteil: | Inspekteur: | Inspektionsdatum: |

Erläuterung:
1 = nicht vorhanden  4 = Beanstandung
2 = nicht geprüft     5 = Verstoß gegen Vorschriften
3 = in Ordnung        6 = Beanstandung beseitigt

| | Jan | Feb | Mrz | Apr | Mai | Jun | Jul | Aug | Sep | Okt | Nov | Dez |
|---|---|---|---|---|---|---|---|---|---|---|---|---|
| | 1 | 3 | 5 | 7 | 9 | 11 | 13 | 15 | 17 | 19 | 21 | 23 |
| | 2 | 4 | 6 | 8 | 10 | 12 | 14 | 16 | 18 | 20 | 22 | 24 |

Prüfstellen

| Nr. | Baugruppe Druckversorgung | 1 | 2 | 3 | 4 | 5 | 6 | Nr. | Baugruppe Bauteile | 1 | 2 | 3 | 4 | 5 | 6 | Nr. | Baugruppe | 1 | 2 | 3 | 4 | 5 | 6 |
|---|---|---|---|---|---|---|---|---|---|---|---|---|---|---|---|---|---|---|---|---|---|---|---|
| 1 | Ölstand | | | | | | | 1 | Ventile | | | | | | | | | | | | | | |
| 2 | Ölpumpe | | | | | | | 2 | Hydraulikzylinder | | | | | | | | | | | | | | |
| 3 | Ölqualität | | | | | | | 3 | Endschalter | | | | | | | | | | | | | | |
| 4 | Öldruck | | | | | | | 4 | | | | | | | | | | | | | | | |
| 5 | Öltemperatur | | | | | | | 5 | | | | | | | | | | | | | | | |

| Nr. | Baugruppe Leitungssystem | | | | | | | Nr. | Baugruppe | | | | | | | Nr. | Baugruppe | | | | | | |
|---|---|---|---|---|---|---|---|---|---|---|---|---|---|---|---|---|---|---|---|---|---|---|---|
| 1 | Leitungen | | | | | | | | | | | | | | | | | | | | | | |
| 2 | Dichtungen | | | | | | | | | | | | | | | | | | | | | | |
| 3 | Ölfilter | | | | | | | | | | | | | | | | | | | | | | |

# Steuerungs- und Regelungstechnik, CNC-Technik

**Grundbegriffe der Steuerungs- und Regelungstechnik** — 454
- Grundbegriffe — 454
- Bezeichnungen und Kennbuchstaben — 454

**Schaltalgebra und elektronische Schaltzeichen** — 455
- Mathematische Zeichen und Sinnbilder — 455
- Rechenregeln und Beispiele — 455
- Symbole für Schaltpläne — 455
- Kennzeichnung von elektrischen Betriebsmitteln — 457
- Bezeichnungen in Stromlaufplänen — 458
- Kennzeichnung von Kontaktanschlüssen — 458

**Schutzmaßnahmen gegen gefährliche Körperströme** — 459
- Übersicht über Schutzmaßnahmen — 459
- Symbole zur Kennzeichnung von Geräten — 459

**Logische Verknüpfungen** — 460
- Grundfunktionen und Gegenüberstellungen — 460

**GRAFCET** — 464
- Grafische Sinnbilder — 464

**Funktionsdiagramme** — 466
- Schaltzeichen eines Funktionsdiagramms — 466
- Ausführung eines Funktionsdiagramms — 466

**Pneumatik und Hydraulik** — 467
- Schaltzeichen — 467
- Schaltpläne — 469
- Pneumatische Steuerung — 470
- Elektropneumatische Steuerung — 471
- Hydraulische Steuerung — 472
- Pneumatikzylinder — 473
- Berechnungen zur Pneumatik und Hydraulik — 474

**Steuerung von Werkzeugmaschinen** — 476
- Koordinatensysteme für CNC-Werkzeugmaschinen nach DIN — 476
- Bildzeichen für CNC-Werkzeugmaschinen — 477
- Programmaufbau bei CNC-Werkzeugmaschinen nach DIN — 478
  - Aufbau eines Steuerprogramms — 478
  - Wegbedingungen — 479
  - Zusatzfunktionen — 479
  - Arbeitsbewegungen bei Senkrecht-Fräsmaschinen — 481
- Programmaufbau bei CNC-Werkzeugmaschinen nach PAL — 482
  - Wegbedingungen und Zyklen beim Fräsen nach PAL — 482
  - Adressen (Auswahl für Fräsen) — 483
  - Berechnungen zu Lochkreisen — 484
  - Berechnungen zu Kreisbahnen mit Werkzeugbahnkorrekturen — 484

**Datenverarbeitung und Internet** — 485
- ANSI- und ASCII-Zeichensätze — 485
- Internetadressen — 486

# Grundbegriffe der Steuerungs- und Regelungstechnik

## Grundbegriffe

### Steuern

Steuern ist der Vorgang, bei dem eine oder mehrere Eingangsgrößen (z.B. Ein-/Aus-Schalter für den Markisenmotor) die Ausgangsgrößen (Ausfalllänge der Markise) beeinflussen.

Die Ausgangsgrößen wirken dabei **nicht** wieder auf die Eingangsgrößen zurück.

Die Steuerung hat einen offenen Wirkungsweg.

### Regeln

Beim Regeln wird eine Führungsgröße (z.B. Soll-Temperatur) mit der Regelgröße (Ist-Temperatur) einer Messeinrichtung verglichen. Die Regeldifferenz (Temperaturdifferenz) wird im Regler der Führungsgröße angeglichen und über ein Stellglied (Ventil) als Ausgangsgröße der Regelstrecke ausgegeben. Gleichzeitig wirkt sie als Regelgröße (Ist-Temperatur) wieder auf die Messeinrichtung zurück.

Regler haben einen geschlossenen Wirkungsweg.

### Beispiel: Sonnenschutz

### Beispiel: Heizung

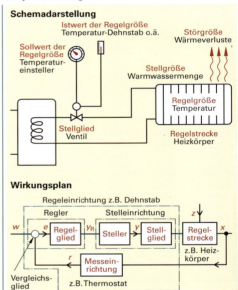

## Bezeichnungen und Kennbuchstaben

vgl. DIN EN 60027-6 (2008-4)

| Bezeichnung | Kennbuchstabe | Erklärung |
|---|---|---|
| Führungsgröße | $w$ | Die Führungsgröße wird von außen eingegeben und wird **nicht** durch die Steuerung oder Regelung beeinflusst, z.B. vorgewählte Ausfalllänge bzw. Temperatur. |
| Rückführgröße | $r$ | Die Rückführgröße entsteht aus der Messung der Regelgröße und wird zum Vergleichsglied zurückgeführt. |
| Regelgröße | $x$ | Die Regelgröße ist die Ausgangsgröße der Regelstrecke und gleichzeitig Eingangsgröße der Messeinrichtung. |
| Regeldifferenz | $e$ | Die Regeldifferenz ist der Unterschied zwischen Führungsgröße und Rückführgröße ($e = w - r$). Wird die Messeinrichtung nicht berücksichtigt, so ist die Regeldifferenz der Unterschied zwischen Führungsgröße und Regelgröße ($e = w - x$). |
| Stellgröße | $y$ | Die Stellgröße ist die Ausgangsgröße der Steuer- oder Regeleinrichtung. Sie steuert die Einrichtung. |
| Störgröße | $z$ | Die Störgröße ist eine von außen einwirkende nicht beabsichtigte Größe, die die Steuerung oder Regelung beeinträchtigt. |

# Schaltalgebra und elektronische Schaltzeichen

## Mathematische Zeichen und Sinnbilder
vgl. DIN 66000 (1985-11)

| Sinnbild | Benennung | Beispiel | Sinnbild | Benennung | Beispiel |
|---|---|---|---|---|---|
| ∧ (·) | UND Konjunktion | $A = E_1 \wedge E_2$ | ⇸ | XOR (Exklusiv-ODER) Antivalenz | $A = (\overline{E_1} \wedge E_2) \vee (E_1 \wedge \overline{E_2})$ $A = E_1 \nleftrightarrow E_2$ |
| ∨ (+) | ODER Disjunktion | $A = E_1 \vee E_2$ | = | Identität | $A = \overline{\overline{E_1}}$ |
| — | NICHT Negation | $A = \overline{E_1}$ | → | Äquivalenz | $A = (E_1 \wedge E_2) \vee (\overline{E_1} \wedge \overline{E_2})$ |
|  |  |  | → | Implikation | $A = (\overline{E_1} \vee E_2)$ |

## Rechenregeln und Beispiele
vgl. DIN 66000 (1985-11)

| Vertauschungsgesetz (Kommutativ-Gesetz) | Verbindungsgesetz (Assoziativ-Gesetz) | Verteilungsgesetz (Distributiv-Gesetz) | Verneinungsgesetz (Inversions-Gesetz) |
|---|---|---|---|
| $E_1 \wedge E_2 = E_2 \wedge E_1$ $E_1 \vee E_2 = E_2 \vee E_1$ | $E_1 \wedge E_2 \wedge E_3 = (E_1 \wedge E_2) \wedge E_3$ $E_1 \vee E_2 \vee E_3 = (E_1 \vee E_2) \vee E_3$ | $(E_1 \wedge E_2) \vee (E_1 \wedge E_3) = E_1 \wedge (E_2 \vee E_3)$ $(E_1 \vee E_2) \wedge (E_1 \vee E_3) = E_1 \vee (E_2 \wedge E_3)$ | $\overline{E_1 \wedge E_2} = \overline{E_2} \vee \overline{E_1}$ $\overline{E_1 \vee E_2} = \overline{E_2} \wedge \overline{E_1}$ |

## Symbole für Schaltpläne
vgl. DIN EN 60617 (1997-08)

| Bildzeichen | Bezeichnung, Erläuterung | Bildzeichen | Bezeichnung, Erläuterung | Bildzeichen | Bezeichnung, Erläuterung |
|---|---|---|---|---|---|
| **Leitungen, Verbindungen** | | **Allgemeine Schaltzeichen** | | | Ventil, allgemein |
|  | Leiter, allgemein |  | Widerstand, allgemein |  | Gehäuse, Begrenzungslinie |
|  | Leiter, beweglich |  | Sicherung |  | Messgerät, Maschine |
|  | Leiter geschirmt |  | Spule, Induktivität; wahlweise Darstellung |  | Messgerät, aufzeichnend |
|  | Schutzleiter, Schutzerdung PE |  | Kondensator |  |  |
|  | Neutralleiter N |  | Galvanisches Element (Batterie) |  |  |
|  | Neutralleiter mit Schutzfunktion PEN | **Geräte und Maschinen** | | **Kennzeichnungen, Zusätze** | |
|  | Abzweig, wahlweise Darstellung |  | Transformator, Umformer, Umsetzer, | U bzw. V I bzw. A M und G | Kennbuchstaben: Spannung Strom Motor, Generator |
|  | Doppelabzweig, wahlweise Darstellung |  | wahlweise Darstellung Transformator | a) b) c) | Veränderbarkeit: a) allgemein b) geregelt c) einstellbar |
|  | Buchse mit Stecker |  | wahlweise Darstellung Transformator | a) b) | Funktion: a) thermisch b) stetig |
|  | Erdung |  | Lampe allgemein wahlweise Darstellung | a) b) | Wirkung: a) thermisch b) Strahlung |
|  | Schutzleiteranschluss |  | Horn, Melder |  |  |
|  | Schutzleiteranschluss |  |  |  |  |

# Schaltalgebra und elektronische Schaltzeichen

## Symbole für Schaltpläne

vgl. DIN EN 60 617 (1997-08)

| Bildzeichen | Bezeichnung, Erläuterung | Bildzeichen | Bezeichnung, Erläuterung | Bildzeichen | Bezeichnung, Erläuterung |
|---|---|---|---|---|---|
| **Kontakte, Schalter** | | **Betätigungsarten** | | **Elektromagnetische Antriebe** | |
| | Schließer Einschaltglied/ ohne und mit Anschlussklemme | | allgemein | | Relais, Schütz elektromechanisch allgemein |
| | | | durch Drücken (manuell) | | Relais, Spule mit Wickelrichtung |
| | Öffner Ausschaltglied/ ohne und mit Anschlussklemme | | durch Ziehen (manuell) | | Relais mit zwei Schaltstellungen. Letzte Stellung bleibt auch bei Energieausfall. |
| | | | durch Drehen (manuell) | | |
| | Wechsler Umschaltglied/ ohne und mit Anschlussklemme | | durch Rolle (mechanisch) | | Relais mit drei Schaltstellungen. In Ruhe Mittelstellung. |
| | | | durch Kipphebel (mechanisch) | | |
| | a) Schließer betätigt b) Öffner betätigt | | durch Kippen (mechanisch) | | Stromstoßrelais. Letzte Stellung bleibt erhalten, auch bei Energieausfall. |
| | | | andere Betätigung, z. B. Fuß | | |
| **Sensoren (3-adrig)** | | | durch Bimetall (thermisch) | | Blinkrelais |
| | Kapazitiver Sensor, Schließer, reagiert bei Annäherung aller Stoffe | | durch Kraft (allgemein) | | Relais mit besonderen Eigenschaften. |
| | | | durch Druck (Wert) | | Remanenzrelais Stellung bleibt erhalten, auch bei Energieausfall. |
| | Induktiver Sensor, Schließer, reagiert bei Annäherung von Metallen | | durch Temperatur (Wert) | | |
| | | | durch Annähern (allgemein) | | Zeitrelais, anzugverzögert. |
| | Magnetischer Sensor, Schließer, reagiert bei Annäherung eines Magneten (Reedschalter) | | durch magnetische Annäherung (Reedschalter) | | Zeitrelais, abfallverzögert |
| | | | Anzugverzögerung (bei Zeitrelais) | | Zeitrelais, anzug- und abfallverzögert |
| | Optischer Sensor, Öffner, reagiert auf Reflexion von Licht (Infrarot) | | Abfallverzögerung (bei Zeitrelais) | **Elektromagneten** | |
| | | | Anzug- und Abfallverzögerung (bei Zeitrelais) | | elektromagnetisch betätigtes Ventil, a) in Ruhe Durchfluss gesperrt, allgemein |
| **Meldeeinrichtungen** | | | Raste, Einrasten bei Betätigung | | b) in Ruhe Durchfluss offen, federrückgestellt |
| | Tonmelder, Hupe | | Kennzeichen für Darstellung im betätigten Zustand | | c) in Ruhe Durchfluss gesperrt, Impulsventil |
| | | | Sperre in einer Richtung | | Magnetkupplung: a) gekuppelt b) entkuppelt |
| | Leuchtmelder, Lampe | | Sperre in zwei Richtungen | | a) Drehmagnet b) Hubmagnet |

# Schaltalgebra und elektronische Schaltzeichen

## Kennzeichnung von elektrischen Betriebsmitteln
**Kennzeichnung von elektrischen Betriebsmitteln in Schaltungsunterlagen**  vgl. DIN EN 61082-1 (2007-03)

**Beispiel:**   = F5   + A2   − S3E   : 5

| Kennzeichnungsblock 1 **Anlage** | Kennzeichnungsblock 2 **Ort** | Kennzeichnungsblock 3 **Art, Zählnummer, Funktion** | Kennzeichnungsblock 4 **Anschluss** |
|---|---|---|---|
| Vorzeichen = <br> F5 Förderband Nr. 5 | Vorzeichen + <br> A2 Halle 2, Produktion 2 | Vorzeichen − <br> S3 Signalglied Nr. 3, <br> E  Funktion EIN | Vorzeichen : <br> 5 Klemme 5 |

Die Angaben der Kennzeichnungsblöcke sind optional. Meistens wird nur Kennzeichnungsblock 3, Art und Zählnummer verwendet, das Vorzeichen (−) kann dann weggelassen werden. **Beispiel:** K1 = Relais Nr. 1

### Kennbuchstaben der Art der Betriebsmittel in Schaltplänen (Auswahl)   vgl. DIN EN 81346-2 (2010-05)

| Kenn-[2]) buchstabe | Aufgabe des Betriebsmittels DIN EN 81346-2 (2010-05) | Art des Betriebsmittels DIN EN 61346-2, zurückgezogen, galt bis 08.12 |
|---|---|---|
| B | Umwandeln einer Eingangsvariablen <br> z.B.: Positionsschalter, Näherungsschalter | Umsetzer <br> z.B.: Sensor, Näherungsschalter |
| F | Schutz vor Energie- oder Signalfluss <br> z.B.: Sicherung, Schutzschalter | Schutzeinrichtung <br> z.B.: Sicherungen |
| G | Initiieren eines Energie- oder Signalflusses <br> z.B.: Generator, Batterie | Erzeugung von Energie-, Signal- oder Materialfluss <br> z.B.: Generator, Batterie, Ventilator, Pumpe |
| H | Produzieren einer neuen Art von Material <br> z.B.: Materialabscheider, Brecher, Mischer | Für spätere Nutzung reserviert |
| K | Verarbeitung von Signalen und Informationen <br> z.B.: Schaltrelais, Zeitrelais, Hilfsschütz | Verarbeitung von Signalen <br> z.B.: Hilfsschütz, Relais, Transistor, Zeitglied |
| M | Bereitstellung mechanischer Energie <br> z.B.: Elektromotor, Linearmotor | Mechanische Energie zu Antriebszwecken <br> z.B. Motor, Hubmagnet, Stellantrieb, Betätigungsspule |
| P | Darstellung von Information <br> z.B.: Messinstrumente, Klingel, Zähler | Informationsdarstellung <br> z.B.: Manometer, Messgeräte, Klingel |
| R | Begrenzung von Energie-, Signal- oder Materialfluss <br> z.B.: Widerstand, Diode, Drosselspule | Begrenzung von Energie-, Signal- oder Materialfluss <br> z.B.: Widerstand, Diode, Rückschlagventil |
| S | Umwandeln einer manuellen Betätigung <br> z.B.: Taster, Wahlschalter | Umwandeln einer manuellen Betätigung <br> z.B.: manuell betätigter Schalter o. Taster o. Ventil |
| T | Umwandlung von Energie oder Signal <br> z.B.: AC/DC-Umformer, Verstärker | |

### Kennzeichnung von Leitern und Betriebsmittelanschlüssen   vgl. DIN EN 60 445 (2011-10)

| Art des Leiters | Kurzzeichen | Farbe | Art des Leiters | Kurzzeichen | Farbe | Klemmenanschluss für | Kurzzeichen |
|---|---|---|---|---|---|---|---|
| Außenleiter 1 <br> Außenleiter 2 <br> Außenleiter 3 | L1 <br> L2 <br> L3 | schwarz[1]) | Neutralleiter mit Schutzfunktion | PEN | grün-gelb | Außenleiter 1 <br> Außenleiter 2 <br> Außenleiter 3 | U <br> V <br> W |
| Neutralleiter | N | hellblau | Positiv 24 V | L+ | rot[2]) | Neutralleiter | N |
| Schutzleiter | PE | grün-gelb | Negativ 24 V | L− | schwarz, hellblau[3]) | Schutzleiter PE, PEN | ⏚ |

[1]) Farbe nicht festgelegt. Empfohlen wird schwarz, zur Unterscheidung und bei flexiblen Leitungen braun. Nicht verwendet werden darf grün-gelb, blau sollte gemieden werden.
[2]) Farbe nicht festgelegt. Im Allgemeinen wird bei Gleichstrom mit 24 V rot bevorzugt. Beim Kfz rot für Dauerplus (Batterie) und schwarz für geschaltet Plus (Zündung).
[3]) Schwarz oft Anschlussklemmfarbe. Beim Kfz wird braun als Minus verwendet.

# Schaltalgebra und elektronische Schaltzeichen

## Bezeichnungen in Stromlaufplänen
vgl. DIN 61082-1 (2007-03), DIN 43456-1 u. 2

### Beispiele für Kennzeichnung von Betriebsmitteln

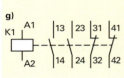

a) Schließer, Anschlussbez. 3 u. 4, mit Handbetätigung.
b) Öffner, Anschlussbez. 1 u. 2, mit Kraftantrieb, schaltet bei Temperatur über 30 °C.
c) Wechsler, Anschlussbez. 1, 2 u. 4, Rollenbetätigung.
d) Schließer, Näherungsschalter, durch Magnet im betätigten Zustand.
e) Schließerkontakt eines Endlagenschalters.
f) Schließerkontakt eines Zeitrelais, anzugverzögert, Anschlussbez. 7 u. 8.
g) Relais mit 2 Schließern und 2 Öffnern.

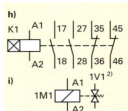

h) Zeitrelais, anzugsverzögert mit 2 Schließern und 2 Öffnern.
i) Elektromagnetventil mit Angabe der Ventilnummer und der Rückstellart, hier federrückgestellt (optional) in der Fluidtechnik.
j) Stellantrieb allgemein, Ventil hat Durchfluss in Ruhestellung.
k) Sensor 3-Draht, optisch
⊓⎽ = Schaltausgang
l) Sensor 3-Draht, magnetisch, Schließer
⊓⎽ = Schaltausgang (Lage der Anschlüsse nicht festgelegt).

## Kennzeichnung von Kontaktanschlüssen
vgl. DIN 43456-1 u. 2

### Klemmenbezeichnung
vgl. DIN EN 50011 (1978-05)

| Öffner | Schließer | Öffner, anzugsverzögert | Öffner, rückfallverzögert | Schließer, anzugsverzögert | Schließer, rückfallverzögert | Wechsler | Wechsler, anzugsverzögert | Wechsler, rückfallverzögert | Mehrkontaktschalter |
|---|---|---|---|---|---|---|---|---|---|
| 1 / 2 | 3 / 4 | 5 / 6 | 5 / 6 | 7 / 8 | 7 / 8 | 1 / 2 / 4 | 5 / 6 / 8 | 5 / 6 / 8 | 13 / 14 / 21 / 22 |

### Mehrkontaktschalter

**Beispiel:** Relais mit 1 Öffner, 2 Schließern und 1 Wechselkontakt

1. Ziffernpaar = Nummer des Kontaktes (hier 1 = 1. Kontakt)
2. Ziffernpaar = Anschlussnummer für die Kontaktart (hier 3 und 4 = Schließer)

Spulenanschluss und Nummer

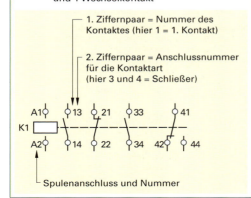

**Einbaubeispiel** (Ausschnitt)

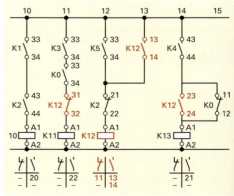

# Schutzmaßnahmen gegen gefährliche Körperströme

## Übersicht über Schutzmaßnahmen
vgl. DIN VDE 0100-410 (2007-06)

### Schutz gegen direktes Berühren
Zweck: Verhindert ein **Berühren** spannungsführender Teile einer Anlage.

#### Allgemeine Schutzarten
**Isolierung** (spannungsführende Teile); **Abdeckung** (Gitter, Hindernisse, Absperrungen); **Abstand** (Freileitungen).

### Schutz gegen indirektes Berühren
Zweck: Verhindert eine Gefährdung des Menschen im **Fehlerfall**.

| Netzunabhängige Schutzarten | | |
|---|---|---|
| **Schutzart** | **Symbol** | **Bemerkung** |
| Schutzisolierung | ▢ | Die Zuleitung darf keinen Schutzleiter enthalten. Der Stecker darf keine Schutzkontakte besitzen. Alle Geräte, die Spannung zur Erde führen können, sind mit zwei Isolierschichten umgeben. Basisisolierung und Hauptisolierung. Schutzklasse II; Symbolkennzeichnung am Gerät. |
| Schutzkleinspannung SELV (Safty Extra Low Voltage) | ◇ | Die maximale Betriebsspannung darf 50 V Wechselspannung bzw. 120 V Gleichspannung nicht übersteigen. Die Steckvorrichtungen dürfen nicht mit denen über 50 V Wechselspannung bzw. 120 V Gleichspannung zusammen passen. Schutzklasse III; Symbolkennzeichnung am Gerät. |
| Schutztrennung | o\|o | Trennung zweier Stromkreise durch einen Transformator mit i = 1 : 1. Der Sekundärstromkreis ist der Arbeitsstromkreis. Es darf nur ein Gerät bis max. 16 A angeschlossen werden. Mobile Trenntrafos besitzen zusätzlich eine Schutzisolierung. Schutzkontakte und Schutzleiter sind im Arbeitsstromkreis nicht erlaubt. Schutzklasse nicht zugeordnet; Symbolkennzeichnung am Gerät. |

| Netzabhängige Schutzarten | | |
|---|---|---|
| **Schutzart** | **Symbol** | **Bemerkung** |
| Schutzleiter (Schutzerdung) | ⏚ | Alle nichtisolierten Metallteile eines Gerätes, einer Installationsanlage (Wasserrohre, Heizungsrohre, Bade- und Duschwannen, Antennen und TV-Kabelanlagen usw.) müssen mit einem Schutzleiter verbunden sein. Im Fehlerfall (Körperschluss, Gehäusekurzschluss) wird der Strom zur Erde abgeleitet, sodass Überstrom entsteht, der die Sicherung betätigt. Schutzklasse I; Farb-Kennzeichnung des Schutzleiters: grün-gelb, Bezeichnung: PE. Symbolkennzeichnung am Geräteanschluss. |
| Fehlerstrom-Schutzschalter (FI-Schutzschalter) | | Zusätzlicher Schutz für Fälle, in denen andere Schutzmaßnahmen nicht wirken. Unterbricht bei einem Fehlerstrom ab 30 mA in 0,2 sec. den Stromkreis. Ersetzt nicht die Sicherung, da er nicht auf Überstrom reagiert. Vorgeschrieben in Baustellenverteilern, Nassräumen, Laborräumen. Schutzklasse I oder II. Keine Symbolkennzeichnung, nur Typenschild. |

## Symbole zur Kennzeichnung von Geräten

| Symbol | Bedeutung | Symbol | Bedeutung |
|---|---|---|---|
| Kein Symbol | **Abgedeckt:** Nur für trockene Räume geeignet. | ▲ ▲ | **Strahlwassergeschützt:** Schutz gegen Wasserstrahlen aus allen Richtungen |
| ● | **Tropfwassergeschützt:** Für feuchte Räume und im Freien unter dem Dach. | ● ● 4 bar | **Druckwassergeschützt:** Mit Druckangabe für nasse Räume, z. B. Schwimmbäder. |
| ● ● | **Regenwassergeschützt:** Für Leuchten und Geräte in feuchten Räumen und im Freien. | ※ | **Staubgeschützt:** Räume mit Staub, aber ohne Explosionsgefahr. |
| ▲ | **Spritzwassergeschützt:** Schutz gegen Wassertropfen aus allen Richtungen. | ◇ | **Staubdicht:** Schutz gegen Eindringen von Staub unter Druck. In Räumen mit brennbaren Stäuben. |

# Logische Verknüpfungen

## Grundfunktionen und Gegenüberstellungen
vgl. DIN EN 60617-12 (1999-04)

| Logik/Funktions-Baustein (FB) | Funktionstabelle Wahrheitstafel | technische Realisierung mechanisch | technische Realisierung pneumatisch und hydraulisch | Signalverknüpfung (Weg-Schritt) |
|---|---|---|---|---|
| **UND (AND)** $A = E1 \land E2$ | E1 E2 A / 0 0 0 / 0 1 0 / 1 0 0 / 1 1 1 | | aktiv / passiv | |
| **ODER (OR)** $A = E1 \lor E2$ | E1 E2 A / 0 0 0 / 0 1 1 / 1 0 1 / 1 1 1 | | aktiv / passiv | |
| **NICHT (NOT)** $A = \overline{E1}$ | E1 A / 0 1 / 1 0 | | | $\overline{E1}$ |
| **UND-NICHT (NAND)** $A = \overline{E1 \land E2}$ Ersatzweise | E1 E2 A / 0 0 1 / 0 1 1 / 1 0 1 / 1 1 0 | | aktiv / passiv | $\overline{E1}\ \overline{E2}$ |
| **ODER-NICHT (NOR)** $A = \overline{E1 \lor E2}$ Ersatzweise | E1 E2 A / 0 0 1 / 0 1 0 / 1 0 0 / 1 1 0 | | aktiv / passiv | $\overline{E1}\ \overline{E2}$ |

M N A W B F K S

## Logische Verknüpfungen

**Grundfunktionen und Gegenüberstellungen** (Fortsetzung von Seite 460)

| elektrisch direkt | elektrisch indirekt mit Relais | Kontaktplan einer SPS (KOP) Schalter am Eingang wie Bilder elektr. direkt. Abfrage auf „1". | Anweisungsliste AWL vgl. DIN EN 61131-3 (2003-12) |
|---|---|---|---|
| E1, E2 in Reihe, A | E1, E2 in Reihe über Relais, A | E1—E2—( A ) | U E1 / U E2 / = A |
| | | E1—E2—( M1 ) / M1—( A ) | U E1 / U E2 / = M1 / L M1 / = A |
| E1, E2 parallel, A | E1, E2 parallel über Relais, A | E1—( A ) / E2— | O E1 / O E2 / = A |
| | | E1—( M1 ) / E2— / M1—( A ) | O E1 / O E2 / = M1 / L M1 / = A |
| E1 Öffner, A | E Öffner über Relais, A | E1—|/|—( A ) | UN E1 / = A |
| | | E1—( M1 ) / M1—|/|—( A ) | U E1 / = M1 / UN M1 / = A |
| E1, E2 Öffner in Reihe, A | E1, E2 Öffner über Relais, A | E1—|/|—( A ) / E2—|/|— | ON E1 / ON E2 / = A |
| | | E1—E2—( M1 ) / M1—|/|—( A ) | U E1 / U E2 / = M1 / UN M1 / = A |
| | | Oberer KOP und AWL gelten für Eingangssignalabfrage auf 1, unterer KOP und AWL gelten für Abfrage auf 0. | |
| E1, E2 Öffner parallel, A | E1, E2 Öffner parallel über Relais, A | E1—|/|—E2—|/|—( A ) | UN E1 / UN E2 / = A |
| | | E1—( M1 ) / E2— / M1—|/|—( A ) | O E1 / O E2 / = M1 / UN M1 / = A |

M N A W B F K S

# Logische Verknüpfungen

## Grundfunktionen und Gegenüberstellungen (Fortsetzung von Seite 460)

| Logik/Funktions-Baustein (FB) | Funktionstabelle/Wahrheitstafel | pneumatisch und hydraulisch | Signalverknüpfung (Weg-Schritt) |
|---|---|---|---|
| **SPEICHER (RS-Flip-Flop)** <br> E1–S Q–A <br> E2–R Q̄–Ā <br><br> S (= J) = Setzen <br> R (= K) = Rücksetzen <br> A (= Q) = Ausgang <br> E1 = A setzen <br> E2 = rücksetzen <br> * = behält den vorherigen Zustand bei <br> □ = unbestimmter Zustand bzw. negierter Wert des vorherigen Zustandes | **Allgemein/unbestimmt** <br> E1 E2 A Ā <br> 0 0 * * <br> 0 1 0 1 <br> 1 0 1 0 <br> 1 1 □ □ <br><br> **Rücksetzdominant** <br> E1 E2 A Ā <br> 0 0 * * <br> 0 1 0 1 <br> 1 0 1 0 <br> 1 1 0 1 <br><br> **Setzdominant** <br> E1 E2 A Ā <br> 0 0 * * <br> 0 1 0 1 <br> 1 0 1 0 <br> 1 1 1 0 | Rücksetzdominant, wenn E2 in Ruhestellung drucklos ist. (z.B. 3/2-WV in Ruhestellung gesperrt) | |
| **ZEITGLIED (TIMER)** <br><br> Ansprechverzögert <br> E1–[$t_1$ 0]–A <br><br> Rückfallverzögert <br> E1–[0 $t_2$]–A | Wird E1 = 1, so wird A = 1, wenn die Zeit $t_1$ abgelaufen ist. <br> Wird E1 = 0, so wird A = 0. <br><br> Wird E1 = 1, so wird A = 1. <br> Wird E1 = 0, so wird A = 0, wenn die Zeit $t_2$ abgelaufen ist. | $t = 10s$ <br><br> $t = 10s$ | $t_1$ 10s <br><br> $t_2$ 10s |

## Logische Verknüpfungen 463

### Grundfunktionen und Gegenüberstellungen (Fortsetzung von Seite 460)

| technische Realisierung mit Relais | | Kontakplan einer SPS (KOP) Schalter am Eingang wie Bilder Abfrage der Eingänge auf „1" | Anweisungsliste AWL vgl. DIN EN 61131-3 (2003-12) |
|---|---|---|---|
| elektrisch direkt | elektrisch indirekt | | |

**Rücksetzdominant** (S=E1, R=E2)

Rücksetzdominant m. E2(R) als Schließer

Am Eingang E2 liegt ein Schließer an.

E1(S) → (S) A
E2(R) → (R) A

```
U E1
S A
U E2
R A
```

Rücksetzdominant mit E2(R) als Öffner

E1(S) → (S) A
E2(R) →/→ (R) A

```
L E1
S A
LN E2
R A
```

**Setzdominant**

Setzdominant mit E2(R) als Schließer

Am Eingang E2 liegt ein Schließer an.

E2(R) → (R) A
E1(S) → (S) A

```
U E2
R A
L E1
S A
```

Setzdominant mit E2(R) als Öffner

Am Eingang E2 liegt ein Öffner an.

E2(R) →/→ (R) A
E1(S) → (S) A

```
UN E2
R A
U E1
S A
```

**Einschaltverzögerung** der Lampe, nachdem E1 betätigt wurde. Lampe erlischt sofort, wenn E2(R) betätigt wird.

E1 → (K100) T1
T1 → ( ) A

```
U E1
= T1
  K100
U T1
= A
```

Die meisten SPS-Systeme kennen nur anzugverzögerte Timer. Durch den vorgesetzten Timer und die parallele ODER-Verknüpfung von A wird eine Abfallverzögerung erreicht.

```
O E1
O A
UN T1
U A¹⁾
UN E1
= T1
  K100
```

**Ausschaltverzögerung** der Lampe, nachdem E2(R) betätigt wurde. Lampe leuchtet sofort, wenn E1 betätigt wird.

E1 →/→ T1 → ( ) A
A → E1 →/→ T1 → (K100)

¹⁾ Systembedingt, nicht immer notwendig

**M N A W B F K S**

# GRAFCET

Es ist eine Methode zur Darstellung der Steuerfunktionen in der Automatisierungs- und Verfahrenstechnik mit Schritten und Weiterschaltbedingungen. GRAFCET ist eine Ablaufsteuerung mit löschender Taktkette, bei der für jeden Schritt ein Speicher gesetzt wird. Deshalb ist er bei rein pneumatischen Schaltungen nicht anwendbar, außer bei Taktketten.

## Grafische Sinnbilder

### Schritte

| Symbol | Erklärung | | Symbol | Erklärung |
|---|---|---|---|---|
| * | **Schritt, allgemein** <br> * = Kurzzeichen z. B. Schrittnr. | **Beispiel:** „Schritt 4"  [4] <br><br> **Beispiel:** „Schritt 4 im aktiven Zustand" [4•] | ⬨* | **Einschließender Schritt** <br> Dieser Schritt enthält weitere Schritte. Diese werden in einen Rahmen gesetzt, der die Nummer * und die Bezeichnung # des Schrittes bekommt. |
| ⊡ | **Anfangsschritt allgemein** | **Beispiel:** „Schritt 10 ist Anfangssituation" [10] | M* | **Makroschritt** <br> Der Eingangsschritt wird aktiviert durch die vorangehende Transition. Die nachfolgende Transition wird erst durch den Ausgangsschritt aktiviert. |
| X * | **Schrittvariable** <br> Ein Schritt kann als Bedingung mittels einer Boole'schen Variablen herangezogen werden, z.B. X4 | | | |

### Transitionen (Übergangsbedingungen)

| Symbol | Erklärung | Symbol | Erklärung |
|---|---|---|---|
| ┤├ | **Transition** <br> Eine Transition wird durch eine waagerechte Linie quer zur Verbindungsstelle zweier Schritte dargestellt. | (*)─┤ Boole'sche Bedingung | **Transitionsname/ Transitionsbedingung** <br> Eine Transition kann einen Namen erhalten, der links von der Klammer steht. Rechts steht die Übergangsbedingung als Boole'scher Ausdruck, z.B. S1 ∧ S2 |
| [10] ─┬─ a ─┬─ <br> [11] [21] [31] | **Synchronisierung** (Parallel-Betrieb) <br> Zwei parallele Linien fassen Schritte zusammen, die mit der selben Transition verbunden sind. <br> **Verzweigung:** <br> Die Schritte 11, 21 und 31 werden durch die Transition „a" gleichzeitig ausgelöst, laufen aber unabhängig voneinander ab. <br> **Zusammenführung:** <br> Erst wenn Schritt 20 **und** Schritt 30 **und** Schritt 40 abgearbeitet/aktiv sind, wird die Transition „b" freigegeben und der nächste Einzelschritt ausgeführt. | [3] <br> ┤a ┤b <br> [4] [5] | **Ablaufauswahl** (Alternativbetrieb) <br> Die Auswahl findet statt, wenn Schritt 3 gesetzt ist, <br> a) nach Schritt 4, wenn die Bedingung „a" erfüllt ist <br> **oder** <br> b) nach Schritt 5, wenn die Bedingung „b" erfüllt ist. |
| [20] [30] [40] <br> ─┬─ b ─┬─ <br> [50] | | | **Wirkverbindung/ Rückführung** <br> Wirkverbindungen gehen grundsätzlich von oben nach unten. Rückführungen vom letzten zum ersten Schritt müssen deshalb mit einem Pfeil versehen werden. |

# GRAFCET

## Grafische Sinnbilder (Fortsetzung)

| Transitionsbedingungen | Beispiele |
|---|---|
| Transitionsbedingungen in Textform, als grafischer Ausdruck oder Boole'scher Ausdruck (nach DIN vorzugsweise) | 1A eingefahren UND 2A eingefahren    1S1 & 2S1    1S1∧2S1 |

### Transitionen (Beispiele)

| 2 — Zylinder 1A ausfahren | 4 — 1M1 / 2M1 | 2B1 / 2 — 1M1 |
|---|---|---|
| Kontinuierlich wirkend: Zylinder 1A fährt aus, wenn Schritt 2 aktiv ist. | 2 kontinuierliche Aktionen gleichzeitig. | Zuweisungsbedingung: Magnetspule 1M1 wird aktiviert, solange Schritt 2 aktiv und 1B1 geschaltet ist. |
| 2s/X8 / 8 — 2M1:=1 | 20s/X6·S3 / 6 — Lüfterventilator an | 3 — C:=C+1 |
| Anzugsverzögert: Magnetspule 2M1 wird aktiviert 2 Sekunden nachdem Schritt 8 aktiviert wurde. | Zeitbegrenzt: der Ventilator läuft 20 s, wenn Schritt 6 aktiviert UND S3 betätigt wird. | Speichernd: Der Zähler C wird um 1 erhöht, wenn der Schritt 3 deaktiviert wird. |
| 2 — K3:=1 | 3 — 2M1:=1   1M2:=0 | 3s/2B2 / 5 — 2M1:=0 |
| Zuweisungsbedingung: Eine Zuweisung erfolgt durch das Symbol „:=". Beispiel: Relais K3 wird der Wert TRUE zugewiesen. | Speichernd: Magnetspule 2M1 wird speichernd eingesetzt und Magnetspule 1M2 wird speichernd rückgesetzt bei Aktivierung des Schrittes 3. | Speichernd und verzögernd: 2M1 wird speichernd zurückgesetzt, nach Ablauf von 3 Sekunden wenn 2B2 geschaltet ist und Schritt 5 aktiv ist. |

### Beispiel: Spann- und Sägeeinrichtung

Ein Werkstück soll durch einen Zylinder gespannt und anschließend durch eine Kreissäge, bewegt durch einen Vorschub-Zylinder, gesägt werden. Wenn beide Zylinder eingefahren sind und der Starttaster S1 betätigt wird, fährt Spannzylinder 1A1 aus und spannt das Werkstück mit dem eingestellten Druck von mind. 0,6 MPa (B3). Ist der Druck erreicht, fährt Vorschub-Zylinder 2A1 mit einer Zeitverzögerung von 1 s aus und sägt das Werkstück.

In der Endposition betätigt Zylinder 2A1 den Grenzkontakt 2B2 und fährt wieder in die Ausgangsstellung zurück, betätigt Grenzkontakt 2B1, wodurch nach einer Zeitverzögerung von 2 s der Spannzylinder 1A1 löst und die Ruheposition zurückfährt. Sind beide Zylinder eingefahren und ist der Spanndruck abgebaut, kann der nächste Zyklus beginnen.

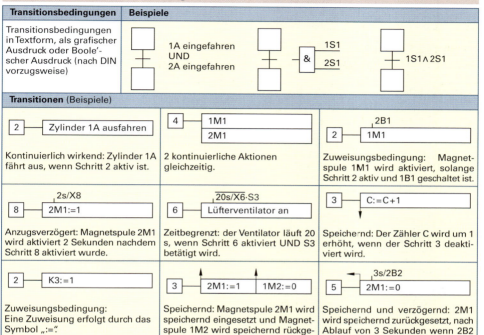

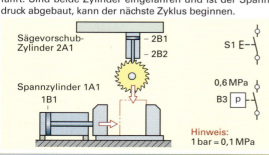

Hinweis: 1 bar = 0,1 MPa

# Funktionsdiagramme

## Schaltzeichen eines Funktionsdiagramms

## Ausführung eines Funktionsdiagramms (nicht mehr genormt)

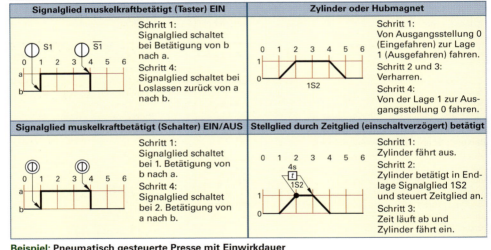

**Beispiel: Pneumatisch gesteuerte Presse mit Einwirkdauer**

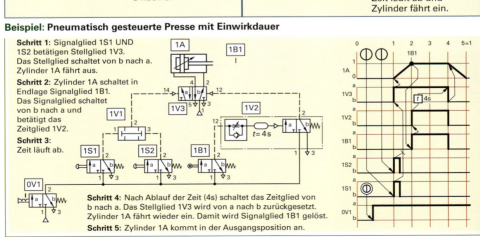

**Schritt 1:** Signalglied 1S1 UND 1S2 betätigen Stellglied 1V3. Das Stellglied schaltet von b nach a. Zylinder 1A fährt aus.
**Schritt 2:** Zylinder 1A schaltet in Endlage Signalglied 1B1. Das Signalglied schaltet von b nach a und betätigt das Zeitglied 1V2.
**Schritt 3:** Zeit läuft ab.
**Schritt 4:** Nach Ablauf der Zeit (4s) schaltet das Zeitglied von b nach a. Das Stellglied 1V3 wird von a nach b zurückgesetzt. Zylinder 1A fährt wieder ein. Damit wird Signalglied 1B1 gelöst.
**Schritt 5:** Zylinder 1A kommt in der Ausgangsposition an.

## Pneumatik und Hydraulik

### Schaltzeichen
vgl. ISO 1219-1 (2012-06)

| Funktionssinnbilder | | Energieübertragung | | Sperrventile | |
|---|---|---|---|---|---|
| ► | Hydrostrom | ▷ ► | Druckquelle a) pneumatisch b) hydraulisch | | Absperrventil |
| ▷ | Druckluftstrom | | Arbeitsleitung | | Rückschlagbzw. Sperrventil unbelastet |
| ↓↓↓ | Strömungsrichtung | ----- | Steuerleitung, Abfluss- oder Leckleitung | | Rückschlagbzw. Sperrventil federbelastet |
| ⁄ | Verstellbarkeit | ┼ ┴ | Leitungsverbindung, -abzweigung | | Drosselrückschlagbzw. -sperrventil |
| ( ( | Drehrichtung | ┼ | Leitungskreuzung | | Schnellentlüftungsventil |
| **Energieumformer** | | | Entlüftung ohne Anschluss | | Wechselventil |
| **Pumpen, Kompressoren** | | | Entlüftung mit Anschluss | | Zweidruckventil |
| | Konstantpumpe mit 1 Stromrichtung. | | Tank, Behälter | **Druck- und Regelventile** | |
| | Verstellpumpe mit 2 Stromrichtungen. | | Schalldämpfer | a) | Druckbegrenzungsventil DBV Druckfolgeventil: a) m. internem Steueranschluss |
| | Kompressor mit konstantem Verdrängungsvolumen. | | Luftspeicher | b) | b) m. externem Steueranschluss |
| **Motoren** | | | Speicher, hydraulisch, pneumatisch | | Druckregel- bzw. Druckreduzierventil DRV |
| | Konstantmotor mit 1 Stromrichtung. | | Filter, Sieb | **Stromventile** | |
| | Verstellmotor mit 2 Stromrichtungen. | | Abscheider | | Drosselventil nicht verstellbar |
| | Schwenkmotor | | Lufttrockner | | Drosselventil verstellbar |
| (M) | Elektromotor | | Kühler | | Stromregelventil mit veränderlichem Ausgangsstrom |
| **Zylinder** | | | Öler | **Zeitventile** | |
| | einfach wirkender Zylinder. Rückhub durch Feder | | Aufbereitungseinheit | | |
| | doppeltwirkender Zylinder mit einseitiger Kolbenstange | | | | |
| | doppeltwirkender Zylinder mit beidseitig einstellbarer Endlagendämpfung | | | | |
| | einfachwirkender Teleskopzylinder | | | | |

# Pneumatik und Hydraulik

## Schaltzeichen (Fortsetzung)
vgl. ISO 1219-1 (2012-06)

### Wegeventile

#### Grundsinnbilder

Anzahl der Rechtecke = Anzahl der Schaltstellungen

| Symbol | Bedeutung |
|---|---|
| | Grundsinnbild für 2-Stellungs-Wegeventil |
| | Grundsinnbild für 3-Stellungs-Wegeventil |
| | Anschlüsse an Ventilen werden mit kurzen Strichen markiert |

#### Durchflusswege

| Symbol | Bedeutung |
|---|---|
| | ein Durchflussweg |
| | zwei gesperrte Anschlüsse |
| | zwei Durchflusswege |
| | zwei Durchflusswege mit Verbindung zueinander |
| | zwei Durchflusswege, ein gesperrter Anschluss |
| | ein Durchflussweg und zwei gesperrte Anschlüsse |

#### Bezeichnung der Wege-Ventile

Die erste Zahl gibt die Anzahl der gesteuerten Anschlüsse und die zweite Zahl die Anzahl der Schaltstellungen an. Die Schaltstellungen werden gekennzeichnet:
a = links, b = rechts, 0 = Mitte

**Beispiel:**
3/2-Wegeventil
- 2 Schaltstellungen (a und b)
- 3 Anschlüsse (1, 2, 3)

5/3-Wegeventil
- 3 Schaltstellungen (a, 0 und b)
- 5 Anschlüsse (1, 2, 3, 4, 5)

### Bauarten (Auswahl)

#### 2-Wegeventile
- 2/2-Wegeventil Sperrruhestellung
- 2/2-Wegeventil Durchflussruhestellung

#### 3-Wegeventile
- 3/2-Wegeventil Sperrruhestellung
- 3/2-Wegeventil Durchflussruhestellung
- 3/3-Wegeventil Mittelstellung „Gesperrt"

#### 4-Wegeventile
- 4/2-Wegeventil
- 4/3-Wegeventil Mittelstellung „Pumpenumlauf" (Pumpenumlaufstellung)
- 4/3-Wegeventil Mittelstellung „Gesperrt" (Sperrnullstellung)
- 4/3-Wegeventil Mittelstellung „Arbeitsleitung entlastet" (Schwimmnullstellung)
- 4/3-Wegeventil Mittelstellung „Umströmt" (Lastnullstellung)
- 4/3-Wegeventil „H"-Mittelstellung

#### 5-Wegeventile
- 5/2-Wegeventil
- 5/3-Wegeventil Mittelstellung „Gesperrt" (Sperrnullstellung)
- 5/3-Wegeventil Mittelstellung „Arbeitsleitungen entlastet" und gedrosselt (Schwimmnullstellung)

### Betätigungsarten

#### Muskelkraft betätigt
- allgemein
- Druckknopf (Hand)
- Zugknopf (Hand)
- Hebel (Hand)
- Pedal (Fuß)

#### Mechanische Betätigung
- Feder
- Rollenstößel
- Rollenstößelhebel (Leerrücklaufstößel/-rolle)
- Stößel

#### Druckbetätigung
- direkt hydraul., pneum.
- indirekt durch Vorsteuerventil

#### Elektrische Betätigung
- Elektromagnet
- Elektromotor

#### Kombinierte Betätigung
- Elektromagnet oder Vorsteuerventil
- Elektromagnet und Vorsteuerventil
- Elektromagnet oder Feder
- Druckluft oder Feder

#### Mechanische Bestandteile
- Raste, hält 2 vorgegebene Stellungen aufrecht
- hält 3 vorgegebene Stellungen aufrecht

# Pneumatik und Hydraulik

## Schaltpläne

### Aufteilung des Schaltplanes

- Die Steuerung wird in einzelne, nebeneinanderliegende Steuerketten unterteilt. Zu jeder Steuerkette gehört ein Arbeitsglied. Dieses hat die Nummer der Steuerkette.
- Die Steuerketten werden von links nach rechts, entsprechend der Reihenfolge des Funktionsablaufes, aneinandergereiht. Der Schaltplan kann dabei aus mehreren Seiten bestehen.

### Anordnung der Bauglieder

- Bauglieder einer Steuerkette werden von unten nach oben in Richtung des Energieflusses angeordnet.
- Bauglieder gleicher Steuerfunktion sollten möglichst in gleicher Ebene nebeneinander angeordnet werden.
- Die gesamte Steuerkette wird in Ruhelage und in der Ausgangsstellung dargestellt; Pneumatikpläne werden unter Druck dargestellt.
- Die Zylinder sollten möglichst waagerecht und mit Ausfahrrichtung nach rechts dargestellt werden.

### Kennzeichnung der Bauglieder

**Beispiel** eines Kennzeichnungsschlüssels:

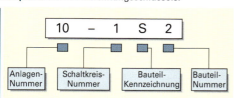

- Das Bauteilkennzeichen wird mit einem Rahmen versehen.
- Nur wenn der Schaltplan aus mehreren Anlagen besteht, wird die Anlagennummer, beginnend mit 1, angegeben.
- Steuerketten erhalten eine Nummer. Alle Bauteile einer Steuerkette bekommen die gleiche Nummer, ausgenommen Signalglieder, die einem anderen Antriebsglied zugeordnet sind.
- Versorgungs-, Aufbereitungs-, Zubehör- und Hauptventilglieder beginnen vorzugsweise mit der Ziffer 0.
- Die Bauteilkennzeichnung besteht aus einem Buchstaben für:

| | |
|---|---|
| Pumpen, Kompressoren | P |
| Antriebe, Aktoren | A |
| Motoren | M |
| Signalaufnehmer | S, B |
| Ventile und willensabhängige Signalglieder | V |
| andere Bauteile | Z |
| (oder ein anderer nicht belegter Buchstabe) | |

Alle Bauteile innerhalb einer Steuerkette erhalten eine fortlaufende Bauteil-Nummerierung beginnend mit 1.

### Bezeichnung der Ventilstellungen

Je nach Anzahl werden die Schalterstellungen mit a, b und 0 bezeichnet. Bei Ventilen mit 2 Schalterstellungen ist gewöhnlich die Stellung b die Ruhelage bzw. Ausgangsstellung.

Bei Ventilen mit 3 Schalterstellungen ist die mittlere Stellung 0 die Ruhelage bzw. Ausgangsstellung.

### Bezeichnung der Anschlüsse

Grundsätzlich sollten die Anschlüsse im Schaltplan so bezeichnet werden, wie die einzubauenden Originalbauteile.

**Ziffern oder Buchstaben**

| | | |
|---|---|---|
| 1 | P | Druckanschluss, Zufluss |
| 2, 4 | B, A | Arbeitsanschlüsse (gerade Nr.) |
| 3, 5 | S, R, | Entlüftung, Abfluss (ungerade Nr.) |
| | bzw. | T = Tank, L = Leckleitung bei |
| | T, L | Hydraulik |
| 10, 12, 14 | X, Z, Y | Steueranschlüsse, (12 bedeutet, bei Signal Anschlussverbindung von 1 nach 2) |

### Bezeichnungsbeispiel von Steueranschlüssen[1]

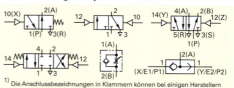

[1] Die Anschlussbezeichnungen in Klammern können bei einigen Herstellern alternativ zu Anschlussnummern vorkommen. Insbesondere in der Hydraulik werden vorzugsweise noch Buchstaben verwendet.

### Bezeichnung der Einbaustellen an Zylindern

Bei Betätigung von Signal- oder Stellgliedern durch Arbeitsglieder wie Zylinder, wird die Betätigungsstelle durch einen senkrechten Strich am Zylinder gekennzeichnet und mit der Gerätenummer versehen.

Die Signalaufnehmer an den Arbeitsgliedern (Zylindern) erhalten die Steuerketten-Nummer des Arbeitsgliedes. Der Signalaufnehmer, der den eingefahrenen Zustand signalisiert, bekommt immer die Kennung S1, der Signalaufnehmer, der den ausgefahrenen Zustand signalisiert, bekommt immer die Kennung S2.

**Beispiel:**

**Pneumatikventile:**
Rollenventil 1B1 ist betätigt.
Rollenventil 1B2 wird im ausgefahrenen Zustand betätigt.
Rollenhebelventil 1B5 wird nur kurzzeitig beim Einfahren betätigt.

**Elektropneumatikventile:**
Näherungsschalter 1B1 ist durch magnetische Kolbenfläche betätigt. Näherungsschalter 1B2 und Rollentaster 1B4 werden im ausgefahrenen Zustand betätigt.
Rollenhebeltaster 1B3 wird nur kurzzeitig beim Einfahren betätigt.

# Pneumatische Steuerung

## Beispiel einer pneumatischen Steuerung

### Lageplan und Funktionsfolge

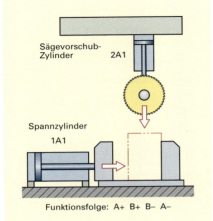

Funktionsfolge: A+ B+ B− A−

### Funktionsdiagramm

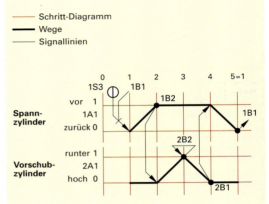

### Pneumatikschaltplan mit zwei Zylindern

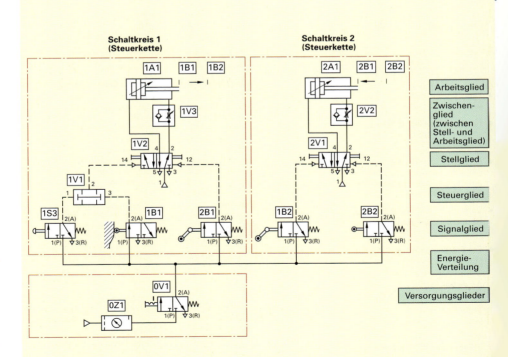

# Pneumatik und Hydraulik

## Elektropneumatische Steuerung
### Beispiel einer elektropneumatischen Steuerung

**Lageplan**

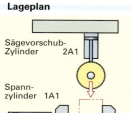

Funktionsfolge: A+ B+ B– A–

**Pneumatikschaltplan**

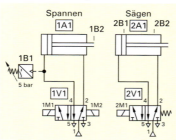

**Funktionsdiagramm**

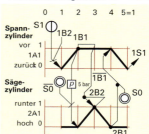

**Stromlaufplan**

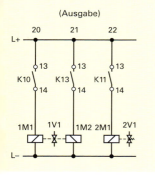

Für den Schaltplan wurden zwei verschiedene Relaistypen mit 2 Öffnern und 2 Schließern gewählt.

⊣ = Öffnerkontakt
⊢ = Schließerkontakt
– = nicht belegter Anschluss

Relaistyp Eingabe (K0 - K5)

Relaistyp Verarbeitung (K10 - K13)

Bei umfangreichen Schaltplänen werden der Übersichtlichkeit halber Signaleingänge, Signalverarbeitung und die Signalausgabe getrennt voneinander geschaltet (EVA-Prinzip).

In kleineren Schaltplänen und bei kurzen Kabelwegen kann man die Signale direkt miteinander verknüpfen.

Elektroschaltpläne werden im spannungslosen Zustand dargestellt.

## Hydraulische Steuerung

**Beispiel: Sägeeinrichtung mit Eil- und Arbeitsvorschub und Eilrücklauf**

### Lageplan

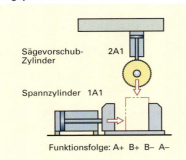

### Funktionsdiagramm

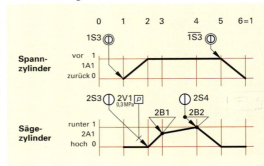

### Hydraulikschaltplan

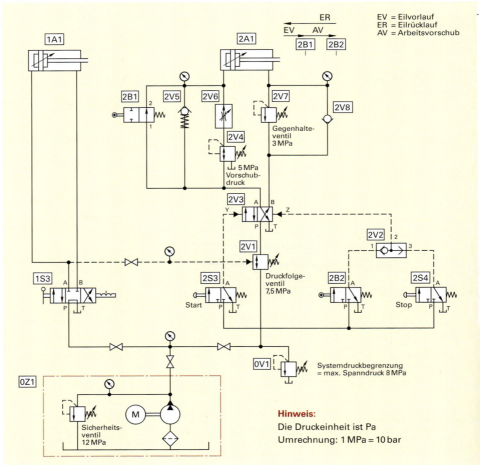

**Hinweis:**
Die Druckeinheit ist Pa
Umrechnung: 1 MPa = 10 bar

# Pneumatik und Hydraulik

## Pneumatikzylinder
### Abmessungen und Kolbenkräfte

| Zylinderdurchmesser in mm | | 12 | 16 | 20 | 25 | 32 | 40 | 50 | 63 | 80 | 100 | 125 | 160 | 200 |
|---|---|---|---|---|---|---|---|---|---|---|---|---|---|---|
| Kolbenstangendurchmesser (mm) | | 6 | 8 | 8 | 10 | 12 | 16 | 20 | 20 | 25 | 25 | 32 | 40 | 40 |
| Anschlussgewinde | | M5 | M5 | $G^1/_8$ | $G^1/_8$ | $G^1/_8$ | $G^1/_4$ | $G^1/_2$ | $G^3/_8$ | $G^3/_8$ | $G^1/_2$ | $G^1/_2$ | $G^3/_4$ | $G^3/_4$ |
| Druckkraft[1] bei $p_e$ = 6 bar in N | einfachwirk. Zyl.[2] | 50 | 96 | 151 | 241 | 375 | 644 | 968 | 1560 | 2530 | 4010 | – | – | – |
| | doppeltwirk. Zyl. | 58 | 106 | 164 | 259 | 422 | 665 | 1040 | 1650 | 2660 | 4150 | 6480 | 10600 | 16600 |
| Zugkraft[1] bei $p_e$ = 6 bar in N | doppeltwirk. Zyl. | 54 | 79 | 137 | 216 | 364 | 560 | 870 | 1480 | 2400 | 3890 | 6060 | 9960 | 15900 |
| Hublängen in mm | einfachwirk. Zyl. | 10, 25, 50 | | | | | 25, 50, 80, 100 | | | | | | – | | |
| | doppeltwirk. Zyl. | bis 160 | bis 200 | bis 320 | 10, 25, 50, 80, 100, 160, 200, 250, 320, 400, 500 | | | | | | | | | |

[1] Bei einem Zylinderwirkungsgrad $\eta$ = 0,88    [2] Dabei ist die Rückzugskraft der Feder berücksichtigt

### Berechnung des Luftverbrauchs

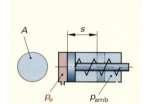

- $Q$ Luftverbrauch für einfachwirkenden Zylinder
- $p_e$ Überdruck im Zylinder
- $p_{amb}$ Luftdruck
- $s$ Kolbenhub
- $n$ Hubzahl
- $A$ Kolbenfläche
- $q$ spezifischer Luftverbrauch je cm Kolbenhub

**Luftverbrauch: Einfachwirkender Zylinder**

$$Q = A \cdot s \cdot n \cdot \frac{p_e + p_{amb}}{p_{amb}}$$

**Luftverbrauch: Doppeltwirkender Zylinder**

$$Q \approx 2 \cdot A \cdot s \cdot n \cdot \frac{p_e + p_{amb}}{p_{amb}}$$

**Beispiel:**
Einfachwirkender Zylinder mit $d$ = 50 mm, $s$ = 100 mm, $p_e$ = 0,6 MPa, $n$ = 120/min, $p_{amb}$ = 1 bar
Luftverbrauch $Q$ in l/min?

$$Q = A \cdot s \cdot n \cdot \frac{p_e + p_{amb}}{p_{amb}} = \frac{\pi \cdot (5 \text{ cm})^2}{4} \cdot 10 \text{ cm} \cdot 120 \frac{1}{\text{min}} \cdot \frac{(0{,}6 + 0{,}1) \text{ MPa}}{0{,}1 \text{ MPa}}$$

$$= 164\,934 \frac{\text{cm}^3}{\text{min}} \approx 165 \frac{\text{l}}{\text{min}}$$

### Ermittlung des Luftverbrauchs aus einem Diagramm

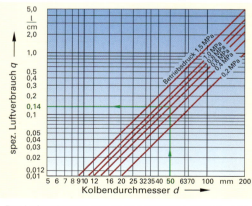

**Luftverbrauch: Einfachwirkender Zylinder**

$$Q = q \cdot s \cdot n$$

**Luftverbrauch: Doppeltwirkender Zylinder**

$$Q \approx 2 \cdot q \cdot s \cdot n$$

**Beispiel:** Der Luftverbrauch des oben genannten einfachwirkenden Zylinders mit $d$ = 50 mm soll aus dem Diagramm ermittelt werden.
Nach Diagramm ist $q$ = 0,14 l/cm Kolbenhub.
$Q = q \cdot s \cdot n$ = 0,14 l/cm · 10 cm · 120/min = **168 l/min**

**Hinweis:**
1 bar = 0,1 MPa
1 MPa = 10 bar

## Berechnungen zur Pneumatik und Hydraulik

### Kolbenkräfte

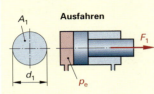

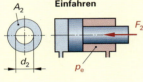

$p_e$  Überdruck
$A_1, A_2$  Kolbenflächen
$F_1$  Kolbenkraft beim Ausfahren
$F_2$  Kolbenkraft beim Einfahren
$d_1$  Kolbendurchmesser
$d_2$  Kolbenstangendurchmesser
$\eta$  Wirkungsgrad

**Wirksame Kolbenkraft**

$$F = p_e \cdot A \cdot \eta$$

**Beispiel:**
Hydrozylinder mit $d_1 = 100$ mm, $d_2 = 70$ mm, $\eta = 0{,}85$ und $p_e = 6$ MPa.
Wie groß sind die wirksamen Kolbenkräfte?

**Hinweis:**
1 MPa = 10 bar

Ausfahren:
$$F_1 = p_e \cdot A_1 \cdot \eta = 600 \, \frac{N}{cm^2} \cdot \frac{\pi \cdot (10\,cm)^2}{4} \cdot 0{,}85 = \mathbf{40\,055\ N}$$

$$d = \sqrt{\frac{F \cdot 4}{p_e \cdot \eta}}$$

Einfahren:
$$F_2 = p_e \cdot A_2 \cdot \eta = 600 \, \frac{N}{cm^2} \cdot \frac{\pi \cdot [(10\,cm)^2 - (7\,cm)^2]}{4} \cdot 0{,}85$$
$$= \mathbf{20\,428\ N}$$

### Hydraulische Presse

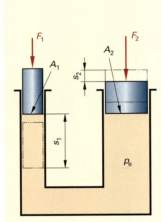

Druck breitet sich in abgeschlossenen Flüssigkeiten oder Gasen nach allen Richtungen gleichmäßig aus.

$F_1$  Kraft am Druckkolben
$F_2$  Kraft am Arbeitskolben
$A_1$  Fläche des Druckkolbens
$A_2$  Fläche des Arbeitskolbens
$s_1$  Weg des Druckkolbens
$s_2$  Weg des Arbeitskolbens
$i$  hydraulisches Übersetzungsverhältnis

**Verhältnisse: Kräfte, Flächen, Wege**

$$\frac{F_1}{F_2} = \frac{A_1}{A_2}$$

$$\frac{s_1}{s_2} = \frac{A_2}{A_1}$$

$$\frac{F_1}{F_2} = \frac{d_1^2}{d_2^2}$$

**Beispiel:**
$F_1 = 200$ N; $A_1 = 5$ cm²; $A_2 = 500$ cm²;
$s_2 = 30$ mm; $F_2 = ?$; $s_1 = ?$; $i = ?$

$$F_2 = \frac{F_1 \cdot A_2}{A_1} = \frac{200\ N \cdot 500\ cm^2}{5\ cm^2}$$
$$= 20\,000\ N = \mathbf{20\ kN}$$

$$s_1 = \frac{s_2 \cdot A_2}{A_1} = \frac{30\ mm \cdot 500\ cm^2}{5\ cm^2} = \mathbf{3000\ mm}$$

$$i = \frac{F_1}{F_2} = \frac{200\ N}{20\,000\ N} = \mathbf{\frac{1}{100}}$$

**Übersetzungsverhältnis**

$$i = \frac{F_1}{F_2}$$

### Druckübersetzer

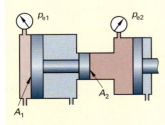

$A_1, A_2$  Kolbenflächen
$p_{e1}$  Überdruck an der Kolbenfläche $A_1$
$p_{e2}$  Überdruck an der Kolbenfläche $A_2$
$\eta$  Wirkungsgrad des Druckübersetzers

**Überdruck**

$$p_{e2} = p_{e1} \cdot \frac{A_1}{A_2} \cdot \eta$$

**Beispiel:**
Druckübersetzer mit
$A_1 = 200$ cm²; $A_2 = 5$ cm²; $\eta = 0{,}88$;
$p_{e1} = 0{,}7$ MPa = 70 N/cm²; $p_{e2} = ?$

$$p_{e2} = p_{e1} \cdot \frac{A_1}{A_2} \cdot \eta = 70 \, \frac{N}{cm^2} \cdot \frac{200\ cm^2}{5\ cm^2} \cdot 0{,}88$$
$$= 2464\ N/cm^2 = 246{,}4\ bar = \mathbf{24{,}64\ MPa}$$

**Hinweis:**
1 MPa = 10 bar

# Pneumatik und Hydraulik

## Berechnungen zur Pneumatik und Hydraulik
### Durchflussgeschwindigkeiten

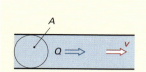

$v, v_1, v_2$  Durchflussgeschwindigkeiten
$Q, Q_1, Q_2$  Volumenströme
$A, A_1, A_2$  Querschnittsflächen

**Kontinuitätsgleichung**

In einer Rohrleitung mit wechselnden Querschnittsflächen fließt in der Zeit $t$ durch jeden Querschnitt der gleiche Volumenstrom $q_v$.

**Beispiel:**

Rohrleitung mit $A_1 = 19{,}6\text{ cm}^2$; $A_2 = 8{,}04\text{ cm}^2$ und $Q = 120$ l/min; $v_1 = ?$; $v_2 = ?$

$$v_1 = \frac{Q}{A} = \frac{120\,000\,\frac{\text{cm}^3}{\text{min}}}{19{,}6\text{ cm}^2} = 6162\,\frac{\text{cm}}{\text{min}} = 1{,}02\,\frac{\text{m}}{\text{s}}$$

$$v_2 = \frac{v_1 \cdot A_1}{A_2} = \frac{1{,}02\,\frac{\text{m}}{\text{s}} \cdot 19{,}6\text{ cm}^2}{8{,}04\text{ cm}^2} = 2{,}49\,\frac{\text{m}}{\text{s}}$$

**Durchflussgeschwindigkeit**

$$v = \frac{Q}{A}$$

$$\frac{v_1}{v_2} = \frac{A_2}{A_1}$$

**Volumenstrom**

$$Q_1 = Q_2$$

$$Q = A \cdot v$$

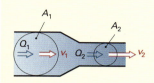

### Kolbengeschwindigkeiten

$Q$  Volumenstrom
$A_1, A_2$  wirksame Kolbenflächen
$v_1, v_2$  Kolbengeschwindigkeiten

**Beispiel:**

Hydrozylinder mit Kolbendurchmesser $d_1 = 50$ mm, Kolbenstangendurchmesser $d_2 = 32$ mm und $Q = 12$ l/min. Wie hoch sind die Kolbengeschwindigkeiten?

**Ausfahren:**

$$v = \frac{Q}{A} = \frac{12\,000\text{ cm}^3/\text{min}}{\frac{\pi \cdot (5\text{ cm})^2}{4}} = 611\,\frac{\text{cm}}{\text{min}} = 6{,}11\,\frac{\text{m}}{\text{min}}$$

**Einfahren:**

$$v = \frac{Q}{A} = \frac{12\,000\text{ cm}^3/\text{min}}{\frac{\pi \cdot (5\text{ cm})^2}{4} - \frac{\pi \cdot (3{,}2\text{ cm})^2}{4}} = 1035\,\frac{\text{cm}}{\text{min}} = 10{,}35\,\frac{\text{m}}{\text{min}}$$

**Kolbengeschwindigkeit**

$$v = \frac{Q}{A}$$

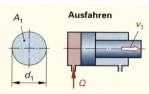

### Leistung von Pumpen und Zylindern

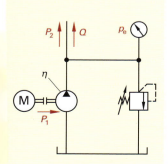

$P_1$  zugeführte Leistung
$P_2$  abgegebene Leistung
$Q$  Volumenstrom
$p_e$  Überdruck
$\eta$  Wirkungsgrad der Pumpe

$M$  Drehmoment
$n$  Drehzahl
60  Umrechnungsfaktor
9550  Umrechnungsfaktor

Als Zahlenwertgleichung mit: $P$ in kW, $Q_v$ in l/min, $p_e$ in MPa

**Beispiel:**

Pumpe mit $Q = 40$ l/min; $p_e = 12{,}5$ MPa; $\eta = 0{,}84$; $P_1 = ?$; $P_2 = ?$

$$P_2 = \frac{Q \cdot p_e}{60} = \frac{40 \cdot 12{,}5}{60}\text{ kW} = 8{,}333\text{ kW}$$

$$P_1 = \frac{P_2}{\eta} = \frac{8{,}333}{0{,}84}\text{ kW} = 9{,}920\text{ kW}$$

**Abgegebene Leistung**

$$P_2 = \frac{Q \cdot p_e}{60}$$

**Zugeführte Leistung**

$$P_1 = \frac{P_2}{\eta}$$

$$P_1 = \frac{M \cdot n}{9500}$$

**Hinweis:**
1 MPa = 10 bar

## Steuerung von Werkzeugmaschinen

### Koordinatensysteme für CNC-Werkzeugmaschinen nach DIN vgl. DIN 66 217 (1975-12)

Die Koordinatenachsen und die Drehrichtungen beziehen sich auf ein rechtshändiges, rechtwinkliges Koordinatensystem, das auf das aufgespannte Werkstück bezogen ist. Dabei wird vereinbart, dass die Bewegung vom Werkzeug relativ zum Werkstück ausgeführt wird.

**Rechte-Hand-Regel**

#### Achsen

Z-Achse: Die Z-Achse liegt immer in Richtung der Arbeitsspindel bzw. senkrecht zur Aufspannfläche des Werkstückes.

X-Achse: Die X-Achse liegt parallel zur Aufspannfläche des Werkstückes. Sie bildet die Hauptachse der Positionierebene.

Y-Achse: Die Y-Achse steht senkrecht zur XZ-Ebene.

#### Drehungen um die Koordinatenachsen

Drehrichtungen sind vom Koordinatennullpunkt aus betrachtet im Uhrzeigersinn positiv.

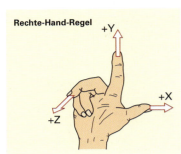

Kartesisches Koordinatensystem

#### Bezugspunkte im Koordinatensystem

| Symbol | Bezeichnung | Symbol | Bezeichnung |
|---|---|---|---|
| ⊕ | Maschinennullpunkt (M) | ⊕ | Werkzeugaufnahmepunkt (N) |
| ⊕ | Werkstücknullpunkt (W) | ⊕ | Werkzeugeinstellpunkt (E) |
| ⊕ | Referenzpunkt (R) | ⊕ | Werkzeugwechselpunkt (R) |

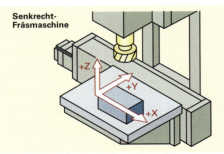

Senkrecht-Fräsmaschine

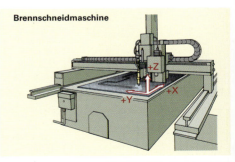

Brennschneidmaschine

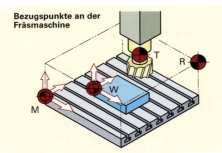

Bezugspunkte an der Fräsmaschine

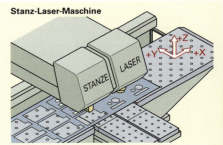

Stanz-Laser-Maschine

## Steuerung von Werkzeugmaschinen

### Bildzeichen für CNC-Werkzeugmaschinen
#### Grundbildzeichen

| Zeichen | Funktion | Zeichen | Funktion | Zeichen | Funktion | Zeichen | Funktion |
|---|---|---|---|---|---|---|---|
| | Richtungspfeil | | Satz | | Bezugspunkt | | Ändern |
| | Funktionspfeil | | Programm ohne Maschinenfunktion | | Korrektur, Verschiebung | | Wechsel |
| | Datenträger | | Programm mit Maschinenfunktion | | Speicher | | |

#### Angewandte Bildzeichen

| Zeichen | Funktion | Zeichen | Funktion | Zeichen | Funktion | Zeichen | Funktion |
|---|---|---|---|---|---|---|---|
| | Programm Anfang | | Satzunterdrückung | | Fehlerhafte Datenträger | | Maschinen-Nullpunkt |
| | Programm Ende | | Datenträger-Vorlauf ohne Einlesen, ohne Maschinenfunktion | | Fehlerhafte Programmdaten | | Werkstück-Nullpunkt |
| | Handeingabe | | Datenträger-Rücklauf ohne Einlesen, ohne Maschinenfunktion | | Speicherfehler | | Referenzpunkt |
| | Programm einlesen ohne Maschinenfunktion | | Unterprogramm | | Speicherüberlauf | | Nullpunkt-Verschiebung |
| | Programm einlesen mit Maschinenfunktion | | Löschen | | Vorwarnung Speicherüberlauf | | Absolute Maßangabe |
| | Satzweises Einlesen ohne Maschinenfunktion | | Grundstellung Rücksetzen | | Programm verändern | | Inkrementale Maßangabe |
| | Satzweises Einlesen mit Maschinenfunktion | | Daten-Eingabe eines Programmes von externer Einrichtung | | Daten im Speicher verändern | | Position |
| | Suchlauf vorwärts ohne Maschinenfunktion | | Datenträger-Eingabe von externen Geräten | | Werkzeug-Korrektur für nicht drehendes Werkzeug | | Positions-Sollwert programmiert |
| | Suchlauf rückwärts ohne Maschinenfunktion | | Programmspeicher | | Werkzeuglängen-Korrektur für drehendes Werkzeug | | Positions-Istwert |
| | Suchlauf rückw. zum Programmanf. ohne Maschinenfunktion | | Unterprogramm-Speicher | | Werkzeugdurchmesser Korrektur | | Positionsfehler |
| | Progr. Ende m. Datenträgerrückl. z. Progr.-anf. o. Masch.funkt. | | Zwischenspeicher | | Werkzeugradius-Korrektur | | Positioniergenauigkeit fein |
| | Hauptsatzsuche vorwärts | | Daten-Eingabe in einen Speicher | | Werkzeugschneidenradius-Korrektur | | Positioniergenauigkeit mittel |
| | Hauptsatzsuche rückwärts | | Daten-Ausgabe aus einem Speicher | | Kontur wieder anfahren | | Positioniergenauigkeit grob |
| | Satznummer-Suche vorwärts ohne Maschinenfunktion | | Speicher-Inhalt löschen | | Programmierter Halt, entspricht M 00 | | Achssteuerung normal (Maschine folgt d. Programm) |
| | Satznummer-Suche rückwärts ohne Maschinenfunktion | | Speicher-Inhalt rücksetzen | | Wahlweiser programmierter Halt, entspricht M 01 | | Achssteuerung normal (Maschine folgt d. Programm) |

# Steuerung von Werkzeugmaschinen

## Programmaufbau bei CNC-Werkzeugmaschinen nach DIN

### Aufbau eines Steuerprogramms
vgl. DIN 66 025-1 (1983-01)

| | |
|---|---|
| CNC-Programm | Ein CNC-Programm besteht aus dem Zeichen für den Programmanfang (%), einer Folge von Sätzen und dem Programmende (M02 oder M30). |
| CNC-Satz | Ein CNC-Satz besteht aus mehreren Wörtern, die eine geometrische, technologische oder programmtechnische Information enthalten können und dem nichtabdruckbaren Zeichen für das Satzende (LF). Die Reihenfolge der Wörter ist festgelegt. Innerhalb eines Satzes können Wörter wiederholt werden (Ausnahme: Satz-Nr., Koordinaten, Interpolationsparameter und Parameter für die Gewindesteigung). |
| CNC-Wort | Ein CNC-Wort besteht aus einem Adressbuchstaben und einer Ziffernfolge mit oder ohne Vorzeichen. Wörter, deren Wirkung sich in den nachfolgenden Sätzen nicht ändert, brauchen nur einmal angegeben zu werden. |

### Reihenfolge der Wörter eines Satzes

| Satz-Nr. | Weginformation | | | Schaltinformation | | | |
|---|---|---|---|---|---|---|---|
| | Wegbedingung | Koordinatenachsen | Interpolationsparameter | Vorschub | Spindeldrehzahl | Werkzeug, Korrekturspeicher | Zusatzfunktion |
| N | G | X, Y, Z U, V, W P, Q, R A, B, C | I, J, K | F, E | S | T, D | M |

### Adressbuchstaben

| Buchstabe | Bedeutung | Buchstabe | Bedeutung | Buchstabe | Bedeutung |
|---|---|---|---|---|---|
| A | Drehbewegung um X-Achse | K | Interpolationsparameter oder Gewindesteigung parallel zur Z-Achse | S | Spindeldrehzahl |
| B | Drehbewegung um Y-Achse | | | T | Werkzeug |
| C | Drehbewegung um Z-Achse | L | (frei verfügbar) | U | zweite Bewegung parallel zur X-Achse |
| | | M | Zusatzfunktion | | |
| D | Werkzeugkorrekturspeicher | N | Satz-Nummer | V | zweite Bewegung parallel zur Y-Achse |
| E | Zweiter Vorschub | O | (frei verfügbar) | | |
| F | Vorschub | P | dritte Bewegung parallel zur X-Achse | W | zweite Bewegung parallel zur Z-Achse |
| G | Wegbedingung | | | | |
| H | (frei verfügbar) | Q | dritte Bewegung parallel zur Y-Achse | X | Bewegung in Richtung der X-Achse |
| I | Interpolationsparameter oder Gewindesteigung parallel zur X-Achse | R | dritte Bewegung parallel zur Z-Achse oder Bewegung im Eilgang in Richtung der Z-Achse | Y | Bewegung in Richtung der Y-Achse |
| J | Interpolationsparameter oder Gewindesteigung parallel zur Y-Achse | | | Z | Bewegung in Richtung der Z-Achse |

### Abdruckbare Sonderzeichen

| Zeichen | Bedeutung |
|---|---|
| % | Programmanfang; unbedingter Stopp beim Programm-Rücksetzen |
| ( | Anmerkungsbeginn |
| ) | Anmerkungsende |
| + | plus |
| , | Komma |
| – | minus |
| . | Dezimalpunkt |
| / | Satzunterdrückung |
| : | Hauptsatz; bedingter Stopp beim Programm-Rücksetzen |

### Nichtabdruckbare Sonderzeichen

| Zeichen | Bedeutung |
|---|---|
| HT | Horizontaler Tabulator |
| LF/NL | Satzende, auch Zeilenvorschub (Line Feed) oder Zeilenvorschub mit Wagenrücklauf (New Line) |
| CR | Wagenrücklauf (Carriage Return) |
| SP | Zwischenraum (Space) |
| DEL | Löschen (Delete) |
| NUL | Leerzeichen (Null) |
| BS | Rückwärtsschritt (Backstep) |

## Steuerung von Werkzeugmaschinen

### Programmaufbau bei CNC-Werkzeugmaschinen nach DIN (Fortsetzung)
**Wegbedingungen (Auswahl), Adressbuchstabe G** vgl. DIN 66025-2 (1988-09)

| Weg-bedin-gung | Wirksamkeit gespei-chert[1] | Wirksamkeit satz-weise[2] | Bedeutung | Weg-bedin-gung | Wirksamkeit gespei-chert[1] | Wirksamkeit satz-weise[2] | Bedeutung |
|---|---|---|---|---|---|---|---|
| G00 | • | | Positionieren im Eilgang | G54 | • | | Verschiebung des Nullpunktes in X-Richtung oder in allen Achsen X,Y,Z |
| G01 | • | | Geraden-Interpolation | | | | |
| G02 | • | | Kreis-Interpolation rechts ⌒ | G55 | • | | Verschiebung des Nullpunktes in Y-Richtung oder 2. Nullpunkt in allen Achsen X,Y,Z |
| G03 | • | | Kreis-Interpolation links ⌒ | | | | |
| G04 | | • | Verweilzeit, zeitl. vorbestimmt | | | | |
| G06 | • | | Parabelinterpolation | G56 | • | | Verschiebung des Nullpunktes in Z-Richtung oder 3. Nullpunkt in allen Achsen X,Y,Z |
| G08 | | • | Geschwindigkeitszunahme | | | | |
| G09 | | • | Geschwindigkeitsabnahme | | | | |
| G17 | • | | Ebenenauswahl XY | | | | |
| G18 | • | | Ebenenauswahl ZX | G57-G59 | • | | Weitere Nullpunktverschiebungen |
| G19 | • | | Ebenenauswahl YZ | | | | |
| G33 | • | | Gewindeschneiden, Steigung konstant | G74 | | • | Referenzpunkt anfahren |
| G40 | • | | Aufhebung der Werkzeugkorrektur | G80 | • | | Arbeitszyklus aufheben |
| G41 | • | | Werkzeugbahnkorrektur, links | G81 ... G89 | • | | Arbeitszyklus 1 ... Arbeitszyklus 9 |
| G42 | • | | Werkzeugbahnkorrektur, rechts | G90 | • | | absolute Maßangabe |
| G43 | • | | Positive Werkzeugkorrektur; wird zum Koordinatenwert im Programm addiert. | G91 | • | | inkrementale Maßangabe |
| | | | | G92 | | • | Speicher setzen |
| | | | | G94 | • | | Vorschubgeschwindigkeit in mm/min |
| G44 | • | | Negative Werkzeugkorrektur; wird vom Koordinatenwert im Programm subtrahiert. | G95 | • | | Vorschub in mm je Umdrehung |
| | | | | G96 | • | | Konst. Schnittgeschwindigkeit |
| G53 | • | | Aufhebung der Verschiebung | G97 | • | | Spindeldrehzahl in 1/min |

### Klassifizierung der Zusatzfunktionen, Adressbuchstabe M
vgl. DIN 66025-2 (1988-09)

| Klasse | Anwendungsbereich | Klasse | Anwendungsbereich |
|---|---|---|---|
| 0 | Universelle Zusatzfunktionen (alle Klassen) | 5 | Optimierung, Adaptive Steuerung (AC) (Bisher wurde keine Norm festgelegt.) |
| 1 | Fräsmaschinen, Bohrmaschinen, Lehrenbohrwerke, Bearbeitungszentren | 6 | Maschinen mit Mehrfachschlitten, mehreren Spindeln und Handhabungsausrüstung. |
| 2 | Drehmaschinen und -bearbeitungszentren | 7 | Stanz- und Nibbelmaschinen |
| 3 | Schleifmaschinen, Messmaschinen (Bisher wurde keine Norm festgelegt.) | 8 | Ständig frei verfügbar |
| 4 | Maschinen zum Brenn-, Laser-, Wasserstrahl-Schneiden, Drahterodieren | 9 | Für Erweiterungen vorbehalten (Bisher wurde keine Norm festgelegt.) |

| Zusatz-funk-tion | Wirksamkeit sofort[3] | Wirksamkeit später[4] | Wirksamkeit gespei-chert[5] | Wirksamkeit satz-weise | Bedeutung | Zusatz-funk-tion | Wirksamkeit sofort[3] | Wirksamkeit später[4] | Wirksamkeit gespei-chert[5] | Wirksamkeit satz-weise | Bedeutung |
|---|---|---|---|---|---|---|---|---|---|---|---|
| **Klasse 0 – Universelle Zusatzfunktionen** | | | | | | | | | | | |
| M00 | | • | | • | Programmierter Halt | M30 | | • | | • | Programmende mit Rücksetzen |
| M01 | | • | | • | Wahlweiser Halt | M48 | | • | • | | Überlagerungen wirksam |
| M02 | | • | | • | Programmende | | | | | | |
| M06 | | • | | • | Werkzeugwechsel | M49 | | • | • | | Überlagerungen unwirksam |
| M10 | | • | • | | Klemmen | M60 | | • | | • | Werkstückwechsel |
| M11 | | • | • | | Lösen | | | | | | |

[1] Wegbedingungen, die so lange wirksam bleiben, bis sie durch eine artgleiche Bedingung überschrieben werden.
[2] Wegbedingungen, die nur in dem Satz wirksam sind, in dem sie programmiert wurden.
[3], [4] und [5] siehe nächste Seite

# Steuerung von Werkzeugmaschinen

## Programmaufbau bei CNC-Werkzeugmaschinen nach DIN (Fortsetzung)

### Klassifizierung der Zusatzfunktionen, Adressbuchstabe M (Auswahl) vgl. DIN 66025-2 (1988-09)

| Zusatz-funktion | Wirksamkeit sofort [3] | Wirksamkeit später [4] | Wirksamkeit gespeichert [5] | Bedeutung | Zusatz-funktion | Wirksamkeit sofort [3] | Wirksamkeit später [4] | Wirksamkeit gespeichert [5] | Bedeutung |
|---|---|---|---|---|---|---|---|---|---|
| **Klasse 1 – Fräsmaschinen, Bohrmaschinen, Lehrenbohrwerke, Bearbeitungszentren** |||||||||| |
| M03 | • |  | • | Spindel Rechtslauf | M35 | • |  | • | Spanndruck red. |
| M04 | • |  | • | Spindel Linkslauf | M40 | • |  | • | Autom. Getriebeschaltung |
| M05 |  | • | • | Spindel Halt | M41 | • |  | • | Getriebestufe 1 |
|  |  |  |  |  | M45 | • |  | • | Getriebestufe 5 |
| M07 | • |  | • | Kühlschmierung 2 Ein | M50 | • |  | • | Kühlschmierung 3 Ein |
| M08 | • |  | • | Kühlschmierung 1 Ein | M51 | • |  | • | Kühlschmierung 4 Ein |
| M09 |  | • | • | Kühlschmierung Aus | M71 | • |  | • | Indexpositionen des Drehtisches |
| M19 |  | • | • | Definierter Spindelhalt | ⋮ |  |  |  |  |
| M34 | • |  | • | Spanndruck normal | M78 | • |  | • |  |
| **Klasse 2 – Drehmaschinen und Dreh-Bearbeitungszentren** |||||||||| |
| M03 ... ... M51 |  |  |  | Befehle und Wirksamkeit wie Klasse 1. | M59 | • |  | • | Konst. Spindeldrehzahl Ein |
| M54 | • |  | • | Reitstockpinole zurück | M80 | • |  | • | Lünette 1 öffnen |
| M55 | • |  | • | Reitstockpinole vor | M81 | • |  | • | Lünette 1 schließen |
| M56 | • |  | • | Reitstock mitschleppen Aus | M82 | • |  | • | Lünette 2 öffnen |
|  |  |  |  |  | M83 | • |  | • | Lünette 2 schließen |
| M57 | • |  | • | Reitstock mitschleppen Ein | M84 | • |  | • | Lünette mitschleppen Aus |
| M58 | • |  | • | Konstante Spindeldrehzahl Aus | M85 | • |  | • | Lünette mitschleppen Ein |
| **Klasse 4 – Brenn-, Plasma-, Laser-, Wasserstrahlschneid-, Drahterodiermaschinen** |||||||||| |
| M03 |  | • | • | Schneiden Aus | M26 |  | • | • | Mittelbrenner Aus |
| M04 | • |  | • | Schneiden Ein | M27 | • |  | • | Mittelbrenner Ein |
| M08 | • |  | • | Vorwärmung Ein | M28 | • |  | • | Automatische Tangentialsteuerung für Schrägbrenner |
| M09 |  | • | • | Vorwärmung Aus |  |  |  |  |  |
| M12 |  | • |  | Unterprogramm Ende |  |  |  |  |  |
| M14 |  | • | • | Höhenregelung Aus | M29 |  | • | • | Programmierbare Winkelstellung für Schrägbrenner |
| M15 | • |  | • | Höhenregelung Ein |  |  |  |  |  |
| M16 |  | • | • | Schneidkopf Zurück |  |  |  |  |  |
| M17 |  | • | • | Powder Marker | M33 |  | • | • | Zeitglied Eckenverzögert |
|  |  |  |  | Swirl Off | M63 |  | • | • | Hilfsgas Luft |
| M18 |  | • | • | Signiereinrichtung Aus | M64 |  | • | • | Hilfsgas Sauerstoff |
| M19 | • |  | • | Signiereinrichtung Ein | M80 | • |  | • | Aufheben M81, M82, M83 |
| M20 |  | • | • | Plasmabrenner Aus | M90 |  | • | • | Vorheizen Links Aus |
| M21 | • |  | • | Plasmabrenner Ein | M91 | • |  | • | Vorheizen Links Ein |
| M22 |  | • | • | Linker Schrägbrenner Aus | M92 |  | • | • | Vorheizen Mitte Aus |
|  |  |  |  |  | M93 | • |  | • | Vorheizen Mitte Ein |
| M23 | • |  | • | Linker Schrägbrenner Ein | M94 |  | • | • | Vorheizen Rechts Aus |
|  |  |  |  |  | M95 | • |  | • | Vorheizen Rechts Ein |
| M24 |  | • | • | Rechter Schrägbrenner Aus |  |  |  |  |  |
| M25 | • |  | • | Rechter Schrägbrenner Ein |  |  |  |  |  |
| **Klasse 7 – Stanz- und Nibbelmaschinen** |||||||||| |
| M07 |  | • | • | Körner Aus | M72 | • |  | • | Niedrige Hubzahl |
| M08 | • |  | • | Körner Ein Dauerlauf | M73 |  |  | • | Hohe Hubzahl |
|  |  |  |  |  | M74 |  |  |  | Pratzen nachsetzen |
| M09 | • |  | • | Körner Ein Einzelhub Bohrzyklus | M76 |  |  | • | Verzögerte Stanzauslösung Aus |
| M34 |  | • |  |  |  |  |  |  |  |
| M70 |  | • |  | Stanzen Aus | M77 |  |  | • | Verzögerte Stanzauslösung Ein |
| M71 |  | • |  | Stanzen Ein |  |  |  |  |  |

[3] Die Zusatzfunktion wird zusammen mit den übrigen Angaben des Satzes wirksam.
[4] Die Zusatzfunktion wird nach der Ausführung der übrigen Angaben des Satzes wirksam.
[5] Zusatzfunktionen, die so lange wirksam bleiben, bis sie durch artgleiche Bedingungen überschrieben werden.
[6] Zusatzfunktionen, die nur in dem Satz wirksam sind, in dem sie programmiert wurden.

## Steuerung von Werkzeugmaschinen

### Programmaufbau bei CNC-Werkzeugmaschinen nach DIN (Fortsetzung)
**Arbeitsbewegungen bei Senkrecht-Fräsmaschinen** vgl. DIN 66 025-2 (1988-09)

#### G01  Linearbewegung

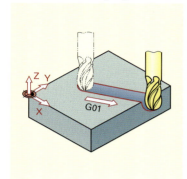

**Bezeichnungs- und Bearbeitungsbeispiel:**

| N30 | G01 | X50 | Y19 | Z-8 |
|---|---|---|---|---|
| Linear-Interpolation, Arbeitsbewegung im programmierten Vorschub | | Koordinaten des Zielpunktes | | |
| | | in X-Richtung | in Y-Richtung | in Z-Richtung |

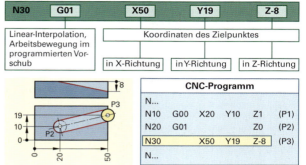

**CNC-Programm**

| N... | | | | | |
|---|---|---|---|---|---|
| N10 | G00 | X20 | Y10 | Z1 | (P1) |
| N20 | G01 | | | Z0 | (P2) |
| N30 | | X50 | Y19 | Z-8 | (P3) |
| N... | | | | | |

#### G02  Kreisbewegung im Uhrzeigersinn

**Bezeichnungs- und Bearbeitungsbeispiel:**

| N40 | G02 | X32 | Y38 | I26 | J-10.39 |
|---|---|---|---|---|---|
| Kreis-Interpolation im Uhrzeigersinn, Arbeitsbewegung im programmierten Vorschub | | Koordinate des Kreis-Endpunktes | | Inkrementale Angabe des Mittelpunktes bezogen auf den Kreis-Anfangspunkt | |
| | | in X-Richtung | in Y-Richtung | in X-Richtung | in Y-Richtung |

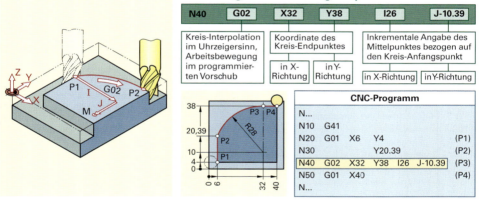

**CNC-Programm**

| N... | | | | | |
|---|---|---|---|---|---|
| N10 | G41 | | | | |
| N20 | G01 | X6 | Y4 | | (P1) |
| N30 | | | Y20.39 | | (P2) |
| N40 | G02 | X32 | Y38 | I26 | J-10.39 | (P3) |
| N50 | G01 | X40 | | | (P4) |
| N... | | | | | |

#### G03  Kreisbewegung gegen den Uhrzeigersinn

**Bezeichnungs- und Bearbeitungsbeispiel:**

| N40 | G03 | X32 | Y38 | I8 | J-16.12 |
|---|---|---|---|---|---|
| Kreis-Interpolation gegen den Uhrzeigersinn, Arbeitsbewegung im programmierten Vorschub | | Koordinate des Kreis-Endpunktes | | Inkrementale Angabe des Mittelpunktes bezogen auf den Kreis-Anfangspunkt | |
| | | in X-Richtung | in Y-Richtung | in X-Richtung | in Y-Richtung |

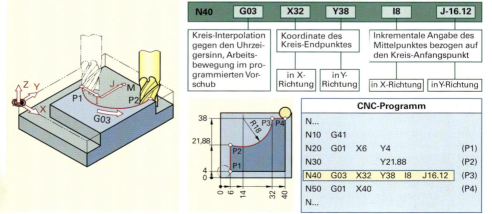

**CNC-Programm**

| N... | | | | | |
|---|---|---|---|---|---|
| N10 | G41 | | | | |
| N20 | G01 | X6 | Y4 | | (P1) |
| N30 | | | Y21.88 | | (P2) |
| N40 | G03 | X32 | Y38 | I8 | J16.12 | (P3) |
| N50 | G01 | X40 | | | (P4) |
| N... | | | | | |

# Steuerung von Werkzeugmaschinen

## Programmaufbau bei CNC-Werkzeugmaschinen nach PAL

### Wegbedingungen und Zyklen beim Fräsen nach PAL

**Wegbedingungen**

| Nullpunkte, Ebenen und Maßeinheiten | |
|---|---|
| G17 ... G19 | Ebenenanwahl 2 $^1/_2$ D-Bearbeitung (Standardebene) |
| G50 | Aufheben von inkrementellen Nullpunkt-Verschiebungen und Drehungen |
| G53 | Alle Nullpunktverschiebungen und Drehungen aufheben. |
| G54 ... G57 | Einstellbare absolute Nullpunkte |
| G58 | Inkrementelle Nullpunktverschiebung polar und Drehung |
| G 59 | Inkrementelle Nullpunktverschiebung kartesich und Drehung |
| G70 | Umschalten auf Maßeinheit Zoll (inch) |
| G71 | Umschalten auf Maßeinheit Millimeter (mm) |
| G90 | Absolutmaßangbabe einschalten |
| G91 | Kettenmaßangabe einschalten |
| G37 | Schlichttechnologie des Konturtaschenzyklus |

| Verfahrwege, Interpolationsarten | |
|---|---|
| G0 | Verfahren im Eilgang |
| G1 | Linearinterpolation im Arbeitsgang |
| G2 | Kreisinterpolation rechts (im Uhrzeigersinn) |
| G3 | Kreisinterpolation links (gegen den Uhrzeigersinn) |
| G4 | Verweildauer |
| G9 | Genauhalt |
| G10 | Verfahren im Eilgang in Polarkoordination |
| G11 | Linearinterpolation mit Polarkoordinaten |
| G12 | Kreisinterpolation rechts mit Polarkoordinaten |
| G13 | Kreisinterpolation links mit Polarkoordinaten |
| G40 | Abwahl der Fräsradiuskorrektur |
| G41 | Anwahl der Fräsradiuskorrektur links |
| G42 | Anwahl der Fräsradiuskorrektur rechts |
| G45 | Lineares tangentiales Anfahren an eine Kontur |
| G46 | Lineares tangentiales Abfahren von einer Kontur |
| G47 | Tangentiales Anfahren an eine Kontur im $^1/_4$-Kreis |
| G48 | Tangentiales Abfahren von einer Kontur im $^1/_4$-Kreis |
| G61 | Linearinterpolation für Konturzüge |
| G62 | Kreisinterpolation rechts für Konturzüge |
| G63 | Kreisinterpolation links für Konturzüge |
| G66 | Spiegeln an der X- und/oder Y-Achse – Spiegelung aufheben |
| G67 | Skalieren: Vergrößern, Verkleinern, Aufheben |

| Vorschübe, Geschwindigkeiten, Drehzahlen | |
|---|---|
| G94 | Vorschub in Millimeter pro Minute |
| G95 | Vorschub in Millimeter pro Umdrehung |
| G96 | Konstante Schnittgeschwindigkeit |
| G97 | Konstante Drehzahl |

| Programmaufruf und -sprünge | |
|---|---|
| G22 | Unterprogrammaufruf |
| G23 | Programmwiederholung |
| G29 | Bedingte Programmsprünge |

| Bearbeitungzyklen | |
|---|---|
| G34 | Eröffnung des Konturtaschenzyklus |
| G35 | Schrupptechnologie des Konturtaschenzyklus |
| G36 | Restmaterial des Konturtaschenzyklus |
| G38 | Konturbeschreibung des Konturtaschenzyklus |
| G80 | Abschluss eines G38-Zyklus |
| G39 | Konturtaschenzyklusaufruf mit konturparalleler oder mäanderförmiger Ausräumstrategie |
| G72 | Rechtecktaschenfräszyklus |
| G73 | Kreistaschen- und Zapfenfräszyklus |
| G74 | Nutenfräszyklus |
| G75 | Kreisbogennut-Fräszyklus |
| G76 | Mehrfachzyklusaufruf auf einer Geraden (Lochreihe) |
| G77 | Mehrfachzyklusaufruf auf einem Teilkreis (Lochkreis) |
| G78 | Zyklusaufruf an einem Punkt (Polarkoordination) |
| G79 | Zyklusaufruf an einem Punkt (kartesiche Koordination) |
| G81 | Bohrzyklus |
| G82 | Tiefbohrzyklus mit Spanbruch |
| G83 | Tiefbohrzyklus mit Spanbruch und Entspänen |
| G84 | Gewindebohrzyklus |
| G85 | Reibzyklus |
| G86 | Ausdrehzylus |
| G87 | Bohrfräszyklus |
| G88 | Innengewindefräszyklus |
| G89 | Außengewindefräszyklus |

[1] **P**rüfungs-**A**ufgaben- und **L**ehrmittelentwicklungsstelle

## Steuerung von Werkzeugmaschinen

### Programmaufbau bei CNC-Werkzeugmaschinen nach PAL
#### Adressen (Auswahl für Fräsen)

| | | | |
|---|---|---|---|
| XA, YA, ZA | Absolute Eingabe von Koordinaten, bezogen auf das Werkstück-Koordinatensystem. | | |
| XI, YI, ZI | Inkrementale Eingabe von Koordinaten, bezogen auf das Werkstückkoordinatensystem. | | |
| IA, JA, KA | Absolute Eingabe der Interpolationsdaten, bezogen auf das Werkstück-Koordinatensystem. | | |
| V | Sicherheitsabstand von der Oberkante der jeweiligen Bearbeitung | W | Rückzugsebene bezogen auf die Werkstück-Koordinaten |
| LP | Länge der Bearbeitung in X-Richtung | AR | Drehwinkel zur positiven 1. Geometrieachse |
| BP | Breite der Bearbeitung in Y-Richtung | AK | Aufmaß auf dem Taschenrand |
| D | maximale Zustelltiefe | AL | Aufmaß auf dem Taschenboden |
| R | Radius (Tasche, Teilkreis) | DB | Fräserbahnüberdeckung in % |
| AN | Polarwinkel des ersten Objektes (Teilkreis) | EP0, EP1, usw. | Setzpunkt-Festlegung beim Zykluslauf |
| AI | Konstanter Segmentwinkel (Teilkreis) | | |
| AP | Polarwinkel des letzten Objektes | **Syntaxbeispiel eines Satzaufbaus:** | |
| O | Anzahl der Objekte (Teilkreis) | N [G] [X] [Y] [Z] [I] [J] [LP] [BP] [D] [V] [R/AR] [W] [ | |

### G72  Rechtecktaschenfräszyklus

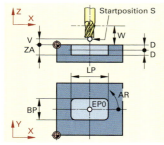
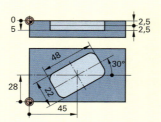

**CNC-Programm**
N...
N40  G72 ZA-5 LP48 BP22 D2,5 V3 AR30 W10
N50  G79 X45 Y28 Z3; Zyklusaufruf für G72
N...

### G74  Nutenfräszyklus

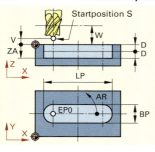
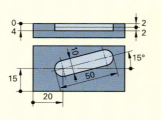

**CNC-Programm**
N...
N40  G74 ZA-4 LP50 BP10 D2 V3 AR15 W10
N50  G79 X20 Y15 Z3; Zyklusaufruf für G74 an einem Punkt
N...

### G81 und G77  Bohrzyklus und Mehrfachzyklusaufruf

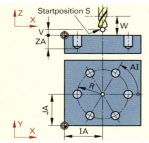
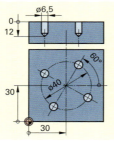

**CNC-Programm**
N...
N30  G81 ZA-12 V5 W10 F100 S1450 M03 M07
N40  G77 R20 AN0 AI60 O6 IA40 JA30; Zyklusaufruf
N...

# Steuerung von Werkzeugmaschinen

## Programmaufbau bei CNC-Werkzeugmaschinen

### Berechnungen zu Lochkreisen

**Beispiel:** Berechnung der X- und Y-Werte der 2. und 3. Bohrung in einem Lochkreis bezogen auf den Kreismittelpunkt.

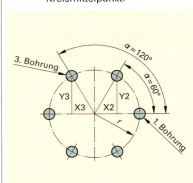

Einzelwinkel = 360° : Anzahl der Bohrungen

Winkel werden gegen den Uhrzeigersinn gerechnet. Dabei ist 0° immer im Osten oder bei 3 Uhr. 90° ist Norden oder 12 Uhr usw.

2. Bohrung $\quad X2 = r \cdot \cos \alpha = r \cdot \cos 60° \quad = r \cdot 0{,}5$
$\qquad\qquad Y2 = r \cdot \sin \alpha = r \cdot \sin 60° \quad = r \cdot 0{,}866$

3. Bohrung $\quad X3 = r \cdot \cos \alpha = r \cdot \cos 120° = r \cdot (-0{,}5)$
$\qquad\qquad Y2 = r \cdot \sin \alpha = r \cdot \sin 120° = r \cdot 0{,}866$

**Programmierungsbeispiel:**

Anfahren der 3. Bohrung vom Kreismittelpunkt, bei einem Radius $r = 50$ mm.

z. B. N49 G91
N50 G00 X-25 Y43.3 Z2

### Berechnungen zu Kreisbahnen mit Werkzeugbahnkorrekturen / Brennerbahnkorrekturen

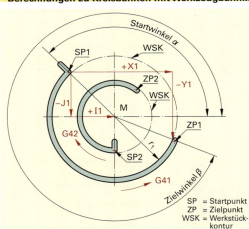

SP = Startpunkt
ZP = Zielpunkt
WSK = Werkstückkontur

Z Werkzeuglänge
R Werkzeugradius
T Werkzeugträger-Bezugspunkt
E Werkzeug-Bezugspunkt
P Werkzeug-Schneidenpunkt

**Berechnung des Startpunktes 1 von M aus:**

$X_s = r \cdot \cos \alpha$
$Y_s = r \cdot \sin \alpha$

Damit ist $I1 = X_s$ und $J1 = Y_s$ wenn ab Startpunkt inkremental berechnet wird.

**Berechnung des Zielpunktes 1 von M aus:**

$X_z = r \cdot \cos \beta$
$Y_z = r \cdot \sin \beta$

**Berechnung des Zielpunktes 1 vom Startpunkt 1 (über M) aus:**

$X1 = I1 + X_z$
$Y1 = J1 + Y_z$

(**Achtung,** für die Werte die jeweiligen Vorzeichen beachten.)

**Beispiel:** $r = 50$ mm; $\alpha = 135°$; $\beta = 330°$

$X_s = r \cdot \cos \alpha = 50 \cdot \cos 135°$
$\qquad\qquad\quad = 50 \cdot (-0{,}71) \qquad = -35{,}36$

$Y_s = r \cdot \sin \alpha = 50 \cdot \sin 135°$
$\qquad\qquad\quad = 50 \cdot (+0{,}71) \qquad = +35{,}36$

$X_z = r \cdot \cos \beta = 50 \cdot \cos 330°$
$\qquad\qquad\quad = 50 \cdot (+0{,}87) \qquad = +43{,}30$

$Y_z = r \cdot \sin \beta = 50 \cdot \sin 330°$
$\qquad\qquad\quad = 50 \cdot (-0{,}5) \qquad = -25$

$X1 = I1 + X_z$
$\quad = (+35{,}56) + (+43{,}30) \qquad = +78{,}66$

$Y1 = J1 + Y_z$
$\quad = (-36{,}36) + (-25) \qquad = -60{,}36$

# Datenverarbeitung und Internet

## ANSI- und ASCII-Zeichensätze

**ANSI und ASCII**[1] **Zeichensätze** für Standardschriftarten wie Arial, Courier, Helvetia, Times Roman usw.
Der Zahlencode wird über die numerischen Tasten eingegeben (Num-Tasten). Dem Zahlencode muss eine Null vorangestellt werden, z.B. 0216 = Ø.

**Beispiel: Taste [ALT]+0+NumZahlencode** (bis Code-Nr. 128 ASCII-Zeichensatz identisch, danach unter Windowsanwendungen gleich bei unterschiedlichem Code).

| Code | ANSI | Code | ANSI | Code | ANSI | Code | ANSI | Code | ANSI | Code | ANSI | Code | ANSI |
|---|---|---|---|---|---|---|---|---|---|---|---|---|---|
| 32 | Leer | 60 | < | 88 | X | 116 | t | 144 | □ | 172 | ¬ | 200 | È | 228 | ä |
| 33 | ! | 61 | = | 89 | Y | 117 | u | 145 | ' | 173 |  | 201 | É | 229 | å |
| 34 | flfl | 62 | > | 90 | Z | 118 | v | 146 | ' | 174 | ® | 202 | Ê | 230 | æ |
| 35 | # | 63 | ? | 91 | [ | 119 | w | 147 | " | 175 |  | 203 | Ë | 231 | ç |
| 36 | $ | 64 | @ | 92 | \ | 120 | x | 148 | " | 176 | ° | 204 | Ì | 232 | è |
| 37 | % | 65 | A | 93 | ] | 121 | y | 149 | • | 177 | ± | 205 | Í | 233 | é |
| 38 | & | 66 | B | 94 | ^ | 122 | z | 150 | – | 178 | ² | 206 | Î | 234 | ê |
| 39 | fl | 67 | C | 95 | _ | 123 | { | 151 | — | 179 | ³ | 207 | Ï | 235 | ë |
| 40 | ( | 68 | D | 96 | ` | 124 | \| | 152 | ~ | 180 | ´ | 208 | ≤ | 236 | ì |
| 41 | ) | 69 | E | 97 | a | 125 | } | 153 | ™ | 181 | µ | 209 | Ñ | 237 | í |
| 42 | * | 70 | F | 98 | b | 126 | ~ | 154 | ∏ | 182 | ¶ | 210 | Ò | 238 | î |
| 43 | + | 71 | G | 99 | c | 127 | DEL | 155 | › | 183 | · | 211 | Ó | 239 | ï |
| 44 | , | 72 | H | 100 | d | 128 | € | 156 | œ | 184 | ¸ | 212 | Ô | 240 | ∞ |
| 45 | - | 73 | I | 101 | e | 129 | □ | 157 | □ | 185 | ¹ | 213 | Õ | 241 | ñ |
| 46 | . | 74 | J | 102 | f | 130 | ‚ | 158 | ∆ | 186 | º | 214 | Ö | 242 | ò |
| 47 | / | 75 | K | 103 | g | 131 | ƒ | 159 | Ÿ | 187 | » | 215 | © | 243 | ó |
| 48 | 0 | 76 | L | 104 | h | 132 | „ | 160 | ° | 188 | fi | 216 | Ø | 244 | ô |
| 49 | 1 | 77 | M | 105 | i | 133 | … | 161 | ¡ | 189 | √ | 217 | Ù | 245 | õ |
| 50 | 2 | 78 | N | 106 | j | 134 | † | 162 | ¢ | 190 | ≠ | 218 | Ú | 246 | ö |
| 51 | 3 | 79 | O | 107 | k | 135 | ‡ | 163 | £ | 191 | ¿ | 219 | Û | 247 | ÷ |
| 52 | 4 | 80 | P | 108 | l | 136 | ˆ | 164 | € | 192 | À | 220 | Ü | 248 | ø |
| 53 | 5 | 81 | Q | 109 | m | 137 | ‰ | 165 | ¥ | 193 | Á | 221 | π | 249 | ù |
| 54 | 6 | 82 | R | 110 | n | 138 | Σ | 166 |  | 194 | Â | 222 | Ω | 250 | ú |
| 55 | 7 | 83 | S | 111 | o | 139 | ‹ | 167 | § | 195 | Ã | 223 | ß | 251 | û |
| 56 | 8 | 84 | T | 112 | p | 140 | Œ | 168 | ¨ | 196 | Ä | 224 | à | 252 | ü |
| 57 | 9 | 85 | U | 113 | q | 141 | □ | 169 | © | 197 | Å | 225 | á | 253 | ſ |
| 58 | : | 86 | V | 114 | r | 142 | ≈ | 170 | ª | 198 | Æ | 226 | â | 254 | ◊ |
| 59 | ; | 87 | W | 115 | s | 143 | □ | 171 | « | 199 | Ç | 227 | ã | 255 | ÿ |

### ASCII-Steuerzeichen (z.B. für Drucker) (Auswahl)

| Code | ASCII | Bedeutung | Code | ASCII | Bedeutung |
|---|---|---|---|---|---|
| 0 | NUL | NULL | 14 | SO | Dauerumschaltung (SHIFT OUT) |
| 1 | SOH | Anfang des Kopfes (START OF HEADING) | 15 | SI | Rückschaltung (SHIFT IN) |
| 2 | STX | Anfang des Textes (START OF TEXT) | 16 | DLE | Übertragung-Umschaltung (DATA LINK ESCAPE) |
| 3 | ETX | Ende des Textes (END OF TEXT) | 17 | DC1 | Gerätesteuerung 1 (DEVICE CONTROL 1) |
| 4 | EOT | Ende der Übertragung (END OF TRANSMISSION) | 18 | DC2 | Gerätesteuerung 2 (DEVICE CONTROL 2) |
|  |  |  | 19 | DC3 | Gerätesteuerung 3 (DEVICE CONTROL 3) |
| 5 | ENQ | Stationsaufforderung (ENQUIRY) | 20 | DC4 | Gerätesteuerung 4 (DEVICE CONTROL 4) |
| 6 | ACK | Positive Rückmeldung (ACKNOWLEDGE) | 21 | NAK | Negative Rückmeldung (NEGATIVE ACKNOWLEDGE) |
| 7 | BEL | Klingel (BELL) | 22 | SYN | Synchronisierung (SYNCHRONOUS IDLE) |
| 8 | BS | Rückwärtsschritt (BACKSPACE) | 23 | ETB | Ende Übertragung (END OF TRANSMISSION BLOCK) |
| 9 | HT | Horizontal Tabulator (HORIZONTAL TABULATOR) | 24 | CAN | Ungültig (CANCLE) |
| 10 | LF | Zeilenvorschub (LINE FEED) | 25 | EM | Ende der Aufzeichnung (END OF MEDIUM) |
| 11 | VT | Vertikal Tabulator (VERTICAL TABULATOR) | 26 | SUB | Substitution (SUBSTITUTE CHARACTER) |
| 12 | FF | Formularvorschub (FORM FEED) | 27 | ESC | Code Umschaltung (ESCAPE) |
| 13 | CR | Wagenrücklauf (CARRIAGE RETURN) |  |  |  |

[1] ASCII = AMERICAN STANDARD CODE FOR INFORMATION INTERFACE (Amerikanischer Standardcode für Informations-Austausch); ANSI = AMERICAN NATIONAL STANDARDS INSTITUTE (Amerikanisches Nationales Standardisierungs Institut)

# Datenverarbeitung und Internet

## Internetadressen

### Internetadressenformat

| http:// | www. | europa-lehrmittel | .de | /europa | 7index.htm |
|---|---|---|---|---|---|
| Zugriffsmethode (HyperText Transfer Protocol) | Internetdienst (World Wide Web) | Adresse der Startseite/ Homepage | Kennung/ Länderkennung, vorangestellter Punkt (dot) | Pfadangabe, vorangestellter Schrägstrich (slash) | Dateiname des Dokumentes mit Typkennung (Hypertext markup language) |

### Länderkennungen (Auswahl)

| Kennung | Bedeutung | Kennung | Bedeutung | Kennung | Bedeutung |
|---|---|---|---|---|---|
| .at | Österreich | .de | Deutschland | .net | Netzwerk-Anbieter |
| .au | Australien | .edu | Universitäten, Schulen, usw. (education) | .org | Organisationen |
| .ca | Kanada | | | .us | USA |
| .com | kommerzieller Anbieter (commercial) | .fr | Frankreich | .uk | Großbritannien (United Kingdom) |
| | | .gov | Regierungsbehörde (Government) | | |

### Internetadressen (Auswahl)

| Suchmaschinen | | Computer Software | |
|---|---|---|---|
| **Metasuchmaschinen** | | Adobe | www.adobe.de |
| Apollo7 | www.apollo7.de | Freeware | www.freeware.de |
| Metacrawler | www.metacrawler.de | Microsoft | www.microsoft.de |
| MetaGer | www.metager.de | Shareware | www.shareware.de |
| Suchen | www.suchen.com | **Portale und Verbände der Metallbranche** | |
| **Allgemeine Suchmaschinen** | | Aluminium Portal | www.metalle.com |
| Alta Vista | www.AltaVista.de | Alu-Profile-Firmenliste | www.zulieferer.de |
| Austronaut Österr. | www.austronaut.at | Stahlzentrum | www.stahl-online.de |
| CaloWeb | www.caloweb.com | Bundesverb. Deutscher Stahlhandel | www.stahlhandel.de |
| Deutsches Branchenbuch | www.branchenbuch.de | Deutscher Schraubenverband | www.schraubenverband.de |
| Excite | www.excite.de | Deutscher Stahlbau Verband | www.deutscherstahlbau.de/flash.asp |
| Fireball | www.fireball.de | | |
| Google | www.google.de | Edelstahl Portal | www.edelstahl.com |
| Infoseek | www.infoseek.de | Industrieverband Feuerverzinken e.V. | www.feuerverzinken.com |
| Lycos | www.lycos.de | Industrieverband Tore, Türen, Zargen | www.ttz-online.de |
| Search Schweiz | www.search.ch | Informationsstelle Edelstahl Rostfrei | www.edelstahl-rostfrei.de |
| **Webkataloge** | | Wer liefert was | www.wlw.de |
| Allesklar | www.allesklar.de | | |
| Bellnet | www.bellnet.de | **Arbeit, Bildung** | |
| Deutsches Internet Verzeichnis | www.internet-verzeichnis.de | Bundesagentur für Arbeit | www.arbeitsamt.de |
| Dino-Online | www.dino-online.de | Bundesinstitut für Berufsbildung | www.bibb.de |
| Web.de | www.web.de | Deutscher Bildungsserver | www.dbs.schule.de |
| Yahoo | www.yahoo.de | Deutscher Stellenmarkt | www.deutscher-stellenmarkt.de |
| **Computer Hardware** | | Online Bibliothek | www.bibliothek.de |
| AMD | www.amd.com | Schul Web | www.schulweb.de |
| ASUS | www.asus.com | Universitäten in Deutschland | http://ourworld.compuserve.com |
| Brother Deutschl. | www.brother.de | | |
| Canon Deutschl. | www.canon.de | **Fachzeitschriften** | |
| Epox | www.epox.de | Aluminium | www.alu-web.de |
| Epson | www.epson.de | Aluminium Kurier News | www.alu-news.de |
| Gigabyte | www.gigabyte.de | Bänder, Bleche, Rohre | www.bbr.de |
| Hewlett Packard | www.hewlett-packard.com | Fachzeitschriften Portal | www.fensterplatz.de |
| Intel | www.intel.com | Fertigung | www.fertigung.de |
| Lexmark | www.lexmark.de | Glas und Fassade | www.agsn.de |
| MSI | www.msi-computer.de | Moderne Metalltechnik | www.scripthost.de/directa-verlag.de |
| samsung | www.samsung.com | | |
| sony | www.sony.com | M&T Metallhandwerk | www.metallbau-praxis.de |

## Verzeichnis der zitierten Normen und anderer Regelwerke

**Hinweis:** In diesem Verzeichnis werden nur Normen und andere Regeln aufgeführt, zu denen auch nähere Informationen in Form von Tabellen, Definitionen, Beispielen oder Ähnlichem zu finden sind.

| Nr. | Seite | Nr. | Seite | Nr. | Seite |
|---|---|---|---|---|---|
| **DIN** | | **DIN** | | **DIN** | |
| 13-1 | 232 | 1356 | 397 | 16 730 | 206 |
| 13-2 | 232 | 1356-01 | 143 ff., 146 f. | 16 731 | 206 |
| 74 | 241 | 1479 | 260 | 16 735 | 206 |
| 103-1 | 234 | 1587 | 259 | 16 956 | 206 |
| 124 | 268 | 1623 | 174 | 16 962 | 206 |
| 186 | 246 | 1732 | 323 | 16 963-1 … 3 | 206 |
| 199-1 | 337 | 1910-3 | 337 | 16 980 | 206 |
| 202 | 230 f. | 2403 | 153 | 16 985 | 206 |
| 250 | 85 | 3570 | 254 | 17 006-1 | 164 |
| 267-27 | 243 | 4102 | 411 | V 17 006-100 | 164 |
| 315 | 261 | 4102-1 | 74 | 17 007-4 | .162 |
| 323-1 | 84 | 4102-4 | 75 | 17 611 | 219 |
| 356 | 410 | 4108 | 421 | 18 055 | 399 |
| 406-10 | 103 ff. | 4108-2 | 61, 63 f., 71 | 18 056 | 400 f. |
| 406-11 | 103 ff. | 4108-3 | 63 f., 71 | 18 065 | 377 ff., 387 ff. |
| 434 | 262 | 4108-4 | 65 | 18 082-1 | 363 |
| 435 | 262 | 4109 | 418 | 18 093 | 362 |
| 444 | 253 | 4172 | 144 | 18 100 | 357 |
| 461 | 82 | 4766-01 | 124 | 18 111-1 | 358 f. |
| 488 | 170 | 4766-02 | 124 | 18 111-2 | 359 |
| 509 | 115 | 4844-2 | 42 | 18 111-4 | 359 |
| 513 | 234 | 5520 | 293 | 18 251-1 | 348 ff. |
| 525 | 254, 315 | 5901 | 371 | 18 202 | 145, 397 |
| 529 | 279 | 6335 | 261 | 18 250 | 349 |
| 580 | 289 | 6773 | 126 | 18 251-1 | 348 ff. |
| 582 | 289 | 6776-01 | 85 | 18 251-2 | 349 |
| 603 | 251 | 6780 | 113 | 18 251-3 | 349 |
| 603-6 | 315 | 6793 | 263 | 18 272 | 363 |
| 604 | 251 | 6796 | 263 | 18 360 | 343 |
| 605 | 251 | 6912 | 236 | 18 365 | 311 |
| 660 | 267 f. | 6935 | 241, 292, 293 ff. | 18 540 | 420 |
| 661 | 267 | 7157 | 120 | 18 545-03 | 418 |
| 685-4 | 287 | 7558 | 300 | 18 807-1 | 200, 438 |
| 791 | 197 | 7753-2 | 308 | 18 807-3 | 200, 438 |
| 917 | 259 | 7952-1 | 261 | 18 808 | 200, 437 |
| 928 | 260 | 7968 | 236, 247 | 19 221 | 454 |
| 938 | 254 | 7969 | 250 | 24 041 | 195, 442 |
| 939 | 254 | 7975 | 256 | 24 531 | 386 |
| 940 | 254 | 7984 | 241, 245 | 24 537-1 | 197 |
| 962 | 235 | 7985 | 241 | 24 537-2 | 197 |
| 974-1 | 241 | 7989 | 262 | 25 201-2 E | 237 |
| 976-1 | 254 | 7990 | 236, 247 | 25 570 | 300 |
| 976-2 | 240 | 7992 | 246 | 33 409 | 290 |
| 986 | 259 | 7999 | 236 | 43 456 | 462 |
| 1022 | 181 | 8062 | 203 | 46 420 | .196 |
| 1025-1 | 184, 194 | 8063 | 206 | 46 431 | 196 |
| 1025-2 | 185, 194 | 8074 | 203 | 51 385 | 208 |
| 1025-3 | 186, 194 | 8076-1 | 206 | 51 502 | 207 |
| 1025-5 | 184, 194 | 10 023 | .265 | 51 524-1 | 208 |
| 1026-1 | 180, 194 | 10 268 | 174 | 51 524-2 | 208 |
| 1026-2 | 179 | 11 023 | 265 | 51 524-3 | .208 |
| 1027 | 194 | 11 024 | 264 | 52 210 | 417 |
| 1055-1 | 51 | 12 084 | 226 | 53 504 | 419 |
| 1055-3 | 51 ff., 54 f., 391 | 12 455 | 376 | 54 130 | 226 |
| 1055-4 | 54 f., 391, 408 | 12 585 | 202 | 59 051 | 181 |
| 1055-5 | 58 | 13 501-1 | 74 | 59 200 | 179 195, 442 |
| 1301, 2, 3 | 7 f. | 13 501-2 | 74 | 59 220 | 195 |
| 1304-1 | 6 | 15 401 | 288 | 61 082-1 | 462 |
| 1353-02 | 140 | 16 729 | 206 | 66 000 | 459 |

# Verzeichnis der zitierten Normen und anderer Regelwerke

## DIN

| Nr. | Seite |
|---|---|
| 66 025-1 | 478 |
| 66 025-2 | 479 ff. |
| 66 217 | 476 |
| 68 851 | 351 |
| 71 802 | 253 |

## DIN EN

| Nr. | Seite |
|---|---|
| 485-4 | 196 |
| 515 | 198 |
| 571-1 | 226 |
| 573-2 | 198 |
| 573-3 | 199 |
| 573-5 | 199 |
| 583-1 | 226 |
| 754 | 200 |
| 756 | 334 |
| 757 | 322 |
| 818-4 | 287 |
| 988 | 201 f. |
| 1011-4 | 336 |
| 1044 | 339 |
| 1045 | 339 |
| 1057 | 188 |
| 1089-2 | 326 |
| 1089-3 | 326 |
| 1154 | 360 |
| 1172 | 201 f. |
| **1303** | **352** |
| 1435 | 226 |
| 1492-1 | 285 |
| 1492-2 | 285 |
| 1492-4 | 284 |
| 1561 | 172 |
| 1562 | 172 |
| 1563 | 172 |
| 1600 | 322 f. |
| 1627 | 361 |
| 1652 | 196 |
| 1706 | 199 |
| 1712-4 | 226 |
| 1990 | 40 |
| 1991-1 | 40, 51 f., 54 f., 57, 84, 380 |
| 1993-1…8 | 44, 46, 132, 407, 432, 436 |
| 2050 | 200 |
| 10 020 | 163 |
| 10 025-2 | 169, 292 |
| 10 025-3, 4, 5 | 170 |
| 10 025-6 | 292 |
| 10 027-1 | 164 |
| 10 027-2 | 162 |
| 10 028-2 | 174 |
| 10 029 | 196 |
| 10 045-1 | 223 |
| 10 051 | 195 |
| 10 055 | 181, 194 |
| 10 056-1 | 182 f., 194 |
| 10 058 | 178 |
| 10 059 | 178 |
| 10 060 | 178 |
| 10 061 | 180 |

## DIN EN

| Nr. | Seite |
|---|---|
| 10 083-1 | 171 |
| 10 083-2 | 171, 221 |
| 10 083-3 | 221 |
| 10 084 | 171, 178 |
| 10 087 | 171, 178 |
| 10 088 | 176 |
| 10 088-3 | 171 |
| 10 088-4 | 175 f. |
| 10 130 | 174 |
| 10 131 | 196 |
| 10 162 | 197 |
| 10 210-2 | 189 ff. |
| 10 218-2 | 196 |
| 10 219-2 | 189 ff. |
| 10 220 | 300 |
| 10 305-1 | 188, 300 |
| 10 305-2 | 188 |
| 10 326 | 175 |
| 10 327 | 175 |
| 10 346 | 175 |
| 12 163 | 201 f. |
| 12 167 | 202 |
| 12 373 | 219 |
| 12 449 | 300 |
| 12 453 | 361 |
| 12 519 | 397 |
| 12 524 | 65 |
| 12 536 | 320 |
| 13 241-1 | 361, 368, 375 f. |
| 13 414-1 | 286 |
| 13 501 | 74, 411 |
| 13 677 | 206 |
| 14 351-1 | 364 |
| 14 598-1 | 206 |
| 14 640 | 336 |
| 18 252 | 352 f., 355 |
| 20 273 | 240 |
| 22 553 | 127 f. |
| 27 389 | 419 |
| 28 839 | 239 |
| 29 454-1 | 338 |
| 50 011 | 462 |
| 60 445 | 457 |
| 60 529 | 154 |
| 60 617 | 456 f. |
| 60 617-12 | 455 |
| 60 745-1 | 154 |
| 61 082-1 | 457 |
| 61 131 | 456, 458 |
| 81 346-2 | 461 |

## DIN EN ISO

| Nr. | Seite |
|---|---|
| 128-20 | 86 |
| 636 | 328 |
| 898-1 | 235 ff., 240 |
| 898-2 | 236 |
| 1043-1 | 204 |
| 1043-2 | 206 |
| 1127 | 190, 300 |
| 1183-1 | 419 |

## DIN EN ISO

| Nr. | Seite |
|---|---|
| 1461 | 215 |
| 2560 | 321 |
| 3098 | 85 |
| 3506-1, 2 | 239 |
| 3677 | 339 |
| 4063 | 318, 327 |
| 4957 | 172 |
| 5457 | 87 |
| 5817 | 335 |
| 6506-1 | 224 |
| 6507-1 | 225 |
| 6508-1 | 224 |
| 6892-1 | 223 |
| 6946 | 65 |
| 6947 | 319 |
| 7010 | 42 |
| 7225 | 326 |
| 7389 | 419 |
| 7390 | 419 |
| 8501-1 | 213, 216 ff. |
| 9013 | 304 |
| 9453 | 338 |
| 9692-1 | 319 |
| 10 077-1 | 70, 414, 416 |
| 10 563 | 419 |
| 11 963 | 206 |
| 12 944-2 | 211 |
| 12 944-3 | 210 |
| 12 944-4 | 212 |
| 12 944-5 | 216 ff. |
| 13 920 | 123 |
| 14 122-3 | 390 |
| 14 171 | 334 |
| 14 175 | 327 |
| 14 341 | 332 |
| 14 343 | 329 |
| 14 555 | 334 |
| 14 577-1 | 225 |
| 14 713-1 | 214 f. |
| 14 713-2 | 214 |
| 16 834 | 329 |
| 17 632 | 333 |
| 18 273 | 336 |

## DIN ISO

| Nr. | Seite |
|---|---|
| 128-30 | 91 |
| 128-34 | 91 |
| 261 | 232 |
| 272 | 232 |
| 286-1 | 116 f. |
| 286-02 | 117 f. |
| 513 | 173 |
| 525 | 315 |
| 603-1 | 315 |
| 603-16 | 315 |
| 1101 | 121 f. |
| 2768-1, 2 | 123 |
| 5261 | 134 f., 138 f. |
| 5419 | 311 |
| 5455 | 87 |

## Verzeichnis der zitierten Normen und anderer Regelwerke

| Nr. | Seite |
|---|---|
| **DIN ISO** | |
| 5456-02 | 88 ff. |
| 5845-1 | 132 |
| 6410-02 | 114 |
| 6412-01 | 141 f. |
| 6412-02 | 142 |
| 7619-1 | 419 |
| **DIN SPEC** | |
| SPEC 1134 | 351 |
| **DIN V** | |
| 4109 | 73 f. |
| 17 006-10 | 164 |
| **DIN VDE** | |
| 0100-410 | 463 |
| **DSTV** | |
| DSTV-1: 2000 | 423, 425, 427, 429 |
| DSTV: 1984 | 431 |
| DSTV: 1998 | 430 |
| **EG-Nr.** | |
| EG-Nr. 67/548/EWG | 156 f. |
| **EN** | |
| 720-2 | 326 |
| 1036 | 410 |
| 4027 | 253 |
| 10220 | 300 |
| 10 226 | 233 |
| 10 305 | 300 |
| 12 449 | 300 |
| 14 399-3 | 250, 260 |
| 14 399-4 | 236, 246, 248, 250, 260 |
| 14 399-5 | 263 |
| 14 399-6 | 263 |
| 14 399-7 | 250, 260 |
| 14 399-8 | 236, 249, 260 |
| 24766 | 253 |
| 27434 | 253 |
| **EN EV** | |
| 2014-05 | 64 f., 414 f |
| **EN ISO** | |
| 1302 | 125 f. |
| 10156 | 226 |

| Nr. | Seite |
|---|---|
| **ISO** | |
| 128-60 | 93 |
| 228-1 | 233 |
| 1207 | 241, 252 |
| 1219-1 | 467 f. |
| 1234 | 264 |
| 1380 | 241 |
| 1478 | 256 |
| 1482 | 241 |
| 1483 | 241 |
| 1580 | 241 |
| 2009 | 252 |
| 2010 | 241 |
| 2340 | 264 |
| 2341 | 264 |
| 2560 | 321, 323 |
| 4014 | 236, 244 |
| 4017 | 236, 244 |
| 4026 | 253 |
| 4027 | 253 |
| 4032 | 258 |
| 4034 | 258 |
| 4035 | 258 |
| 4762 | 241, 245 |
| 4766 | 253 |
| 7040 | 259 |
| 7045 | 241 |
| 7046-1 | 241, 252 |
| 7047 | 241, 252 |
| 7050 | 241 |
| 7051 | 241, 255 |
| 7053 | 255 |
| 7089 | 262 |
| 7090 | 262 |
| 7093-1 | 262 |
| 8501-1 | 213 |
| 8738 | 262 |
| 8742 | 265 |
| 8743 | 265 |
| 8752 | 265 |
| 9454-1 | 338 |
| 10298 | 326 |
| 10 510 | 255 |
| 10 642 | 246 |
| 13 337 | 265 |
| 13 338 | 326 |
| 14 341 | 328 |
| 14 579 | 241 |
| 14 580 | 241 |
| 14 582 | 241 |
| 14 583 | 241 |
| 14 584 | 241 |
| 14 586 | 241 |
| 14 587 | 241 |
| 14 582 | 241 |
| 15 065 | 241 |
| 15 480 | 257 |
| 15 483 | 257 |
| 15 977 | 266 |
| 15 979 | 266 |
| 15 983 | 266 |
| 17 632 | 333 |

| Nr. | Seite |
|---|---|
| **ISO** | |
| 17 633 | 333 |
| 18 276 | 333 |
| **Bauaufsichtliche Zulassung** | |
| Z30.3-6 | 218 |
| **EU/EG-Bestimmungen** | |
| 67/548/EWG | 156 ff. |
| 73/23/EWG | 375 |
| 89/100/EWG | 364 |
| 89/106/EWG | 375 |
| 89/336/EWG | 375 |
| 98/37/EG | 364, 375 |
| **PAS** | |
| PAS 1061 | 287 |
| **VDE** | |
| VDE 0470-1 | 154 |
| **VDI-Richtlinie** | |
| 2230-1 | 237 |
| 2719 | 417 f. |
| 2880-4 | 456 f. |
| 3389 | 297 |

# Sachwortverzeichnis

**Vorbemerkung:** Die Begriffe werden im Allgemeinen in der ersten Person Einzahl, wo es üblich oder notwendig ist, auch in der Mehrzahl aufgeführt.

## A

Ablegereife .............. 286
  Replacement state of wear
Abmaße ................. 116
  Deviations
Abscherung ........... 47, 49
  Shearing
Abschreibung ............ 345
  Depreciation
Abwicklungen ........... 99 ff.
  Developed views and surfaces
Addition ................. 12
  Addition
Adressbuchstaben ....... 478 f.
  Address letters
Alarmglas ............... 410
  Alarm glass
Allgemeintoleranzen ...... 123
  General tolerances
Alphabet, griechisches ...... 85
  Alphabet, Greek
Aluminium ............. 198 f.
  Aluminium
Aluminium-Erzeugnisse .... 200
  Aluminium products
Aluminiumlegierungen ..... 199
  Aluminium alloys
Aluminiumprofile ..... 447, 449 f.
  Aluminium sections
Angebotskalkulation ...... 342
  cost estimation
Anker ................. 272 ff.
  Anchor bolts
Ankerschraube ........... 431
  Anchor bolt
Anlassfarben ............. 222
  Annealing colours
Anlasstemperaturen ....... 222
  Annealing temperatures
Anordnungsplan ........... 81
  General arrangement drawing
Anschläger, Handzeichen für . 290
  Slinger, hand signals for
Anschlagfaserseile ........ 284
  Fiber rope slings
Anschlagketten ......... 287 f.
  Sling chains
Anschlagmittel ......... 284 ff.
  Sling gears
Anschlagseile ............ 286
  Stopping ropes
Anschlussfugen .......... 420
  Connecting joints
Anschweißbänder ......... 366
  Weld-on hinges
Anschweißenden .......... 254
  Welding ends

Anschweißmuttern ........ 260
  Welding on nuts
Antriebsarten ............ 242
  Types of drive
Antriebstechnik ........ 306 ff.
  Drive engineering
Anwärmlänge ............ 301
  Heating-up length
Anziehdrehmomente ..... 237 f.
  Fastening torques
Arbeit ................. 34 f.
  Work
Arbeit, elektrische ......... 60
  Work, electrical
Arbeit, mechanische ........ 34
  Work, mechanical
Arbeitssicherheit ....... 150 ff.
  Occupational safety
Aufhängeglieder .......... 288
  Hangers
Auflager .................. 32
  Supports
Auflagerkräfte ............. 38
  Supporting forces
Auftragszeit .............. 346
  Order filling time
Auftriebskraft ............. 36
  Buoyant force
Augenschrauben .......... 253
  Eye bolts
Ausgleichswerte ........ 294 ff.
  Balance values
Autogenschweißen ........ 320
  Oxyacetylene welding
Automatenstähle .......... 171
  Free-cutting steels

## B

Band ................... 174
  Strip steel
Bänder ............ 363, 366 f.
  Hinges
Basisgrößen .............. 7 f.
  Basement sizes
Bauelemente ............. 197
  Structural elements
Bauphysik ............. 61 ff.
  Construction physics
Baustähle .............. 169 f.
  Structural steels
Baustoffe ................ 65
  Building materials
Bauzeichnungen ........ 143 ff.
  Construction drawings
Befestigungselemente .... 269 ff.
  Fasteners

Befestigungsplatte ......... 396
  Fixing plate
Betonschrauben .......... 279
  Concrete bolts
Betriebsmittel, elektrische ... 461
  Electrical equipment
Bewegung ................ 30
  Motion
Biegebelastung ............ 39
  Bending load
Biegelinie ................ 293
  Bending line
Biegeradius ........ 292 f., 301
  Radius of bend
Biegetechnik ........... 292 ff.
  Bending technology
Biegung ................. 50
  Bending
Bildzeichen für CNC-
  Werkzeugmaschinen ...... 477
  Pictograms for
  CNC machine tools
Blech ............... 174, 195 f.
  Sheet metal
Blechdurchzüge ........... 261
  Sheet metal passage
Blechformate ............. 174
  Sheet metal sizes
Blechheber .............. 289
  Sheet metal lifter
Blechoberflächen ...... 176, 195
  Sheet metal surfaces
Blechschrauben ........ 255 ff.
  Tapping screws
Blei .................. 201 f.
  Lead
Blindniete ............... 266
  Blind rivets
Blindnietmuttern .......... 261
  Blind rivet nuts
Bogenformen ............ 149
  Arch types
Bohren ................. 311
  Drilling
Bohrschrauben ........... 257
  Drill screws
Bolzen .................. 264
  Bolt
Bolzenanker ........... 272 f.
  Bolt anchor
Bolzenschweißen .......... 334
  Bolt welding
Brandklassen ............. 151
  Fire classifications
Brandschutz ............ 74 f.
  Fire protection
Brandschutzglas ........ 411 ff.
  Fire protection glass

# Sachwortverzeichnis

Brandschutzzeichen ......... U2
　Fire protection symbols
Breitflachstahl .............. 179
　Wide flat steels
Brennschneiden ............ 304
　Flame-cutting
Brinell-Härteprüfung ....... 224
　Brinell hardness test
Bruchrechnung .............. 10
　Fractional arithmetic

## C

CE-Zeichen ....... 153, 364f. 375
　CE-signs
Chemie ................. 76 ff.
　Chemistry
Chemikalien ................ 78
　Chemicals
Cosinussatz ................. 16
　Cosine rule
Cotangens .................. 16
　Cotangent
C-Profile .................. 441
　C-sections

## D

Darstellung, perspektivische . 148
　Perspective representation
Datenverarbeitung, Zeichen . 485
　Data processing, character
Diagramme ................. 82
　Diagrams
Dichte von Stoffen ........ 160 f.
　Density of substances
Dichtstoff-Verbrauch ....... 419
　Sealant use
Distanzklötze .............. 398
　Spacers
Division .................... 12
　Division
Drahtelektroden ......... 328 ff.
　Wire electrodes
Drehen .................... 313
　Turning
Drehfrequenz .............. 310
　Rotary frequency
Drehmoment ................ 32
　Torque
Drehtor ................... 368
　Hinged gates
Drehtorantrieb ............. 374
　Hinged-gate driving element
Drehwinkelverfahren ....... 238
　Rotation angle methods
Drehzahldiagramm ......... 310
　Rotational speed diagram
Dreieck .................. 18 f.
　Triangle
Dreisatz ................... 14
　Rule of three

Druck ..................... 36
　Pressure
Druckbelastung ............. 49
　Pressure load
Druckeinheit ................ 9
　Pressure unit
Druckübersetzer ........... 474
　Pression intensifier
Dübel .................. 269 ff.
　Screw plugs
Dübelabstände ............ 396
　Screw plug distances
Durchflussgeschwindigkeit . . 475
　Flow rates
Durchgangslöcher ......... 240
　Through-bore fit
Durchsetzfügen ............ 268
　Clinching
Duroplaste .............. 204 f.
　Thermosetting plastics

## E

Ebene, schiefe .............. 33
　Inclined Plane
Eckfalz ................... 299
　Side locked seam joint
Edelstähle ............... 163 f.
　High-grade steels
Einbruchhemmung ......... 361
　Burglary resistant
Einfallenschlösser .......... 349
　Single-rim latch locks
Einheiten ................. 7 f.
　Units
Einheitsbohrung ........... 118
　Basic hole
Einholmtreppe ............. 377
　Single-string stairs
Einsatzstähle .............. 171
　Case-hardening steels
Einschlaganker ............ 272
　Drive-in anchor bolt
Einsteckschlösser ....... 348 ff.
　Mortise locks
Einstellgrößen ....... 330, 332 f.
　Setting values
Einzelteilzeichnung .......... 81
　Single part drawing
Eisen-Kohlenstoff-
Zustandschaubild ........ 221
　Iron-Carbon phase diagram
Eislasten ................... 58
　Ice loads
Elastomere .............. 204 f.
　Elastomers
Elektrodenbedarf .......... 324 f.
　Electrodes required
Elektrotechnik ............. 59 f.
　Electrical engineering
Ellipse ..................... 21
　Ellipse

Emissionsgrade ............. 65
　Emissive power
Energie .................. 34 f.
　Energy
Energiebilanz .............. 67
　Energy balance
Energiedurchlassgrad ...... 415
　Transmission value
Energieeinsparverordnung ... 66
　Energy savings ordinance
Energiekosten ............. 345
　Energy costs
Erste-Hilfe ................ 151
　First-aid
E-Schweißen ........... 321 ff.
　Electric welding
Euklid, Lehrsatz des ......... 19
　Euclidean theorem

## F

Fächerscheiben ............ 263
　Serrated lock washers
Fallen-Riegelschlösser ...... 349
　Rim latch deadlocks
Falzverbindungen .......... 299
　Seam joints
Fassadenprofile ....... 446, 451
　Facade contours
Federringe ................ 263
　Spring lock washers
Federscheiben ............. 263
　Spring washers
Federstecker .............. 264
　Spring cotter pin
Feingewinde .............. 232
　Fine-pitch screw threads
Feinkornbaustähle ........ 170 f.
　Fine-grained steel
Fenster ............ 397 ff., 417
　Windows
Fensterbeschläge .......... 422
　Window fittings
Fensterelemente ........... 397
　Window components
Fensterflügel .............. 397
　Casements
Fensterprofile ....... 445, 447
　Window profils
Fertigungsgemeinkosten .... 345
　Production overhead cost
Fertigungsverfahren,
　spanende ............ 311 ff.
　Production process, cutting
Festigkeits-
　berechnungen ......... 37 ff.
　Strength calculations
Festigkeitsklassen .... 236, 239 f.
　Property classes
Feuchteschutz ............ 68 ff.
　Moisture proofing

# Sachwortverzeichnis

Feuerschutztüren . . . . . . . . . 362 f.
Fire-resistant doors
Feuerverzinken . . . . . . . . . . . . 214
Hot-dip zinc-coated
Feuerwiderstandsklassen 74, 362
Fire-resistance classes
Fitschenringe . . . . . . . . . . . . . 366
Ring washers
Flachzeuge . . . . . . . . 174 f., 195 f.
Flat products
Flächen . . . . . . . . . . . . . . . . 18 ff.
Geometrical areas
Flächenbezogene Masse . . . . . 27
Mass per unit area
Flächeneinheiten . . . . . . . . . . . . 9
Units of area
Flächenmomente . . . . . . . . . . . 37
Geometrical moments
Flächenpressung . . . . . . . . . . . 36
Surface pressure
Flächenträgheitsmomente . 400 f.
Geometrical moments
of inertia
Flacherzeugnisse . . . . . . 174, 195
Flat-rolled products
Flachrundschrauben . . . . . . . . 251
Coach bolts
Flachstahl . . . . . . . . . . . . . . . 178
Flat steels
Flaschenzug . . . . . . . . . . . . . . . 33
Tackles
Flügelmuttern . . . . . . . . . . . . . 261
Wing nuts
Flussmittel . . . . . . . . . . . . . 338 f.
Fluxing agents
Formelzeichen . . . . . . . . . . . . . . 6
Physical symbols
Formstahl . . . . . . . . . . . . . . 179 f.
Rolled-steel sections
Formtoleranzen . . . . . . . . . 120 ff.
Tolerances of form
Fräsen . . . . . . . . . . . . . . . . . . 314
Milling
Freistiche . . . . . . . . . . . . . . . . 115
Relief grooves
Fugenbreite . . . . . . . . . . . . . . 420
Joint width
Fugendichtstoffe . . . . . . . . . 419 f.
Jointing materials
Fugendurchlässigkeit . . . . . . . 399
Joint permeability
Führungsschienen . . . . . . . . . 372
Guiding rails
Fülldrahtelektroden . . . . . . . . 333
Flux-cored wire electrodes
Fundamentverankerung . . . 430 f.
Foundation anchorages
Funktionsdiagramm . . . . . . . . 466
Function diagrams
Fußplatten . . . . . . . . . . . . . . . 430
Footings

## G

Gasflaschen . . . . . . . . . . . . . . 326
Gas cylinders
Gasschmelzschweißen . . . . . . 320
Acetylene welding
Gebotszeichen . . . . . . . . . . . . U2
Mandatory signs
Gefahrenhinweise . . . . . . . 156 ff.
Hazard warnings
Gefahrgutaufkleber . . . . . . . . 326
Danger stickers
Gefahrstoffe . . . . . . . . . . . 156 ff.
Hazardous substances
Gefahrstoffsymbole . . . . . . . . . U3
Hazardous material signs
Gefahrzeichen . . . . . . . . . . . . 326
Danger signals
Gefügebilder . . . . . . . . . . . . . 222
Structure pictures
Geländer . . . . . . . . . . . . . . 387 ff.
Railings, rail
Geländerarten . . . . . . . . . . . . 387
Types of railings
Geländermaße . . . . . . . . . . . . 387
Railing dimensions
Geländerpfosten . . . . . . . . 391 ff.
Railing posts
Gelenkarmmarkisen . . . . . . . . 422
Articulated-arm awnings
Gemeinkosten . . . . . . . . 341, 344
Overhead cost
Generalhauptschlüsselanlage 356
Master key system
Gesamtzeichnung . . . . . . . . . . 81
General arrangement drawing
Geschwindigkeit . . . . . . . . . . . 30
Velocity
Gesenkbiegen . . . . . . . . . . 297 f.
V-bending
Gestaltung . . . . . . . . . . . . . 148 f.
Pictorial representation
Gestaltung, korrosions-
gerechte . . . . . . . . . . . . . . . 210
Construction, accordingly
to corrosion
Gestreckte Länge . . . . . . . . . . 293
Drawn-out length
Gesundheitsgefahren . . . . . . . U3
Health dangers
Gewichtskraft . . . . . . . . . . . . . 31
Weight force
Gewinde . . . . . . . . . . . . . . 230 ff.
Thread
Gewindeanschlüsse . . . . . . . . 261
Threaded connection
Gewindearten . . . . . . . . . . 230 ff.
Thread types
Gewindebolzen . . . . . . . . . . . 254
Thread bolt
Gewindestangen . . . . . . . . . . 254
Threaded rods

Gewindestifte . . . . . . . . . . . . . 253
Threaded pins
GHS . . . . . . . . . . . . . . . . . . . 158
Globally Harmonised System
Gipskartonanker . . . . . . . . . . 280
Plasterboard anchor
Gitterroste . . . . . . . 197, 386 f., 443
Gratings
Glasleisten . . . . . . . . . . . . . . 448
Window glazing bars
Glasprodukte . . . . . . . . . . . 409 ff.
Glass products
Glasscheibendicke . . . . . . . 402 ff.
Glass pane thickness
Gleichungen . . . . . . . . . . . . . . 12
Equations
Glühfarben . . . . . . . . . . . . . . 222
Annealing colours
Glühtemperaturen . . . . . . . . . 222
Annealing temperatures
Goldener Schnitt . . . . . . . . . . 148
Golden section
GRAFCET . . . . . . . . . . . . . . 464 f.
GRAFCET
Grenzabmaße . . . . . . . . . . . . 119
Deviation limits
Grenzanschlusskräfte . . . . . 423 ff.
Maximum admissible
bearing reactions
Grenzkräfte . . . . . . . . . . . . . . 236
Limit forces
Grenzmaße . . . . . . . . . . . . 116 ff.
Limit dimensions
Grenzschweißnahtspannung . 48
Permissible weld stress
Grenzstützweiten . . . . . . . . . . 437
Limit spans
Griffmuttern . . . . . . . . . . . . . . 261
Knurled nuts
Grundfunktionen . . . . . . . . 455 ff.
Basic logic functions
Grundkonstruktionen,
geometrische . . . . . . . . . . . 96 f.
Basic geometrical
constructions
Grundtoleranzen . . . . . . . . . . 117
Standard tolerances
Guldin'sche Regel . . . . . . . . . . 25
Guldins law
Gusseisen . . . . . . . . . . . . . . . 172
Cast iron

## H

Hakenfallenschlösser . . . . . . . 350
Hook locks
Halbrundnieten . . . . . . . . . . 267 f.
Round-head rivets
Halbschnitt . . . . . . . . . . . . . . . 85
Half-section
Hammerschrauben . . . . . . . . 246
T-head bolts

# Sachwortverzeichnis 493

Handelsgewichte .......... 343
Commercial weights
Handzeichen für Anschläger . 290
Hand signals for slingers
Hanfseile ................. 284
Hemp ropes
Härtetemperaturen ......... 222
Hardening temperatures
Hartlöten ................. 339
Brazing
Hartmetalle ............... 173
Cemented metal
Hauptnutzungszeit ...... 311 ff.
Productive time
Hauptnutzungszeit beim
Schweißen .............. 332
Productive time during
welding
Hauptschlüssel-Anlage ..... 356
Master-keyed system
Hebebänder ............... 285
Lifting straps
Hebel ..................... 32
Lever
Heizelementschweißen ..... 337
Heated-tool welding
Heizwerte ................. 65
Heating values
Hinterschnittanker ........ 274
Undercut anchor bolt
Hochbau, Eigenlasten ....... 51
Building construction,
dead loads
Hochbau, Nutzlast ....... 51 ff.
Building construction,
payload
Hochbautoleranzen ........ 145
Building construction
tolerances
Hochfrequenzschweißen .... 337
High-frequency welding
Höhensatz ................. 19
Theorem of height
Hohlprofile .......... 189, 191 f.
Hollow sections
Hohlraumanker ............ 280
Cavity anchor
Hohlzylinder .............. 23
Hollow cylinders
HR-Sechskantmuttern ...... 260
HR Hexagon nuts
HR-Sechskantschrauben .... 250
HR Hexagon bolts
HR-Senkschrauben ...... 250 f.
HR Countersunk bolts
H-Sätze ................... 158
Informatory notes on possible
hazards and risks
Hub-Senktor ............... 368
Vertically sliding gates
Hülsenanker ............... 273
Sleeve Anchor

Hutmuttern ............... 259
Cap nuts
Hut-Profile ............... 439
Acorn-type steel bars
HV-Klemmlängen ....... 247 f.
HV Gripping lengths
HVP-Sechskantmuttern ..... 260
HVP Hexagon nuts
HVP-Sechskant-
Passschrauben .......... 249
HVP Hexagon fit bolts
HV-Sechskantmuttern ...... 260
HV Hexagon nuts
HV-Sechskantschrauben ... 248 f.
HV Socket screws
Hydraulik ............. 467 ff.
Hydraulics
Hydrauliköle .............. 208
Hydraulic oils
Hydraulikschaltpläne ....... 472
Hydraulic circuit diagrams

## I

Injektionsanker .......... 276 f.
Grout anchors
Innensechskantschrauben . 250 f.
Socket screws
Inspektionspläne ........... 452
Inspection drawings
Instandhaltung ............ 452
Service and Maintenance
Instandhaltungskosten ...... 345
Maintenance cost
Internetadressen .......... 486
Internet addresses
ISO-Gewinde .............. 232
ISO metric screw threads
Isolierglas ................ 409
Thermopane glass
I-Träger ............... 184 ff.
I-beam

## K

Kalkulation ............ 341 ff.
Calculation of costs
Kaltbiegen von Rohren ..... 300
Cold-bending of Pipes
Kastenschlösser ........... 351
Box locks
Kegel ..................... 24
Cone
Kegelstumpf ............... 24
Cone frustum
Kerbschlagbiegeversuch .... 223
Impact bending test
Ketten ................. 287 f.
Chains
Kettenanhänger ............ 287
Chain hanger
Kettenschäkel ............. 288
Chain shackle

Kettenverbindungsglieder ... 288
Chain links
Kipptor ................... 368
Up-and-over gates
Klammerrechnung .......... 10 f.
Calculation with
parenthetical expressions
Klappstecker .............. 265
Lynch pin
Kleben ................... 340
Bonding
Klebstoffarten ............ 340
Types of adhesive
Klemmenbezeichnung ...... 462
Terminal designation
Klemmlängen .......... 247 f.
Gripping lengths
Klotzbrücken .............. 398
Padding bridges
Klotzung ................. 398
Padding
Klotzungsbrücken .......... 447
Padding bridges
Knabbern ................. 304
Nibbling
Knebelkerbstifte .......... 265
Center grooved pins
Knickfestigkeit ........... 45 f.
Buckling resistance
Kolbengeschwindigkeit ..... 475
Piston speed
Kolbenkraft ............... 474
Piston force
Kommunikation, technische .. 80
Technical communication
Konformitätsbewertung ..... 375
Conformity evaluation
Konformitätszertifikat ....... 365
Conformity
Konstruktionsbänder ....... 367
Pivot hinges
Kontaktanschlüsse ......... 462
Terminal contacts
Koordinatenbemaßung ..... 106
Co-ordinate dimensioning
Koordinatensystem ........ 476
Cartesian co-ordinates
Korrosionsarten ........... 209
Types of corrosion
Korrosionsbeständige Stähle 171
Corrosion-resistant steels
Korrosionsschutz ....... 209 ff.
Corrosion prevention
Korrosionsschutz-
Beschichtungssysteme .. 216 ff.
Corrosion prevention
coating
Korrosivitätskategorien ..... 211
Corrosive categories
Kosinussatz ............... 16
Cosine theorem

# Sachwortverzeichnis

Kostenstellen .......... 341 f.
  Cost centres
Kotangens ................ 16
  Cotangent
Kräfte .................. 31 ff.
  Forces
Krafteinheiten ............. 9
  Force units
Krafteinleitung, rippenlose .. 432
  Ribless transfer of forces
Kreis ..................... 20
  Circle
Kreisabschnitt ............. 21
  Circle segment
Kreisausschnitt ............ 21
  Circle sector
Kreisring ................. 20
  Annulus
Kreisringausschnitt ......... 21
  Annulus sector
Kreisscheren ............. 303
  Circular shears
Kreuzgriffe .............. 261
  Palm grips
Kugel ..................... 25
  Sphere
Kugelabschnitt ............ 25
  Spherical segment
Kugelausschnitt ........... 25
  Spherical sector
Kühlschmierstoffe ........ 208
  Cooling lubricants
Kunststoffe ............ 204 ff.
  Plastics
Kunststoff-Erzeugnisse .... 206
  Plastic products
Kupfer .................. 201 f.
  Copper
Kupplungsglieder ......... 288
  Coupling elements

## L

Lagetoleranzen .......... 120 ff.
  Tolerances of position
Längen .................... 17
  Lengths
Längen, gestreckte ......... 17
  Effective lengths
Längen, Teilung ............ 17
  Division of lengths
Längenänderung, thermisch .. 61
  Linear deformation, thermal
Längenausdehnungs-
  koeffizient ............ 160 f.
  Coefficient of linear expansion
Längenbezogene Masse ..... 27
  Mass per unit length
Längeneinheiten ............ 9
  Length units
Längfalz ................. 299
  Longitudinal seam joint

Längsfalz ................ 299
  Longitudinal seam joint
Längsschlitze ............ 242
  Longitudinal slot
Lärm .................... 150
  Noise
Laserstrahlschneiden ....... 305
  Laser cutting
Laufringe ................ 366
  Thrust rings with pin holes
Laufschienenprofile ........ 372
  Running rail profiles
Leerlaufspannung ......... 155
  Open circuit voltage
Leistung ................ 34 f.
  Power
Leistung, elektrische ........ 60
  Power, electrical
Leistung, mechanische ...... 34
  Power, mechanical
Leiterwiderstand ........... 59
  Electrical resistance
  of conductors
Lichtbogen-
  handschweißen ....... 321 ff.
  Manual arc welding
Linienarten ................ 86
  Types of lines
Liniengruppen ............. 86
  Line groups
Linksgewinde ............ 230
  Left-hand thread
Linkstreppe .............. 377
  Left side stair
Lochabstände ............ 132
  Hole spacings
Lochbleche .............. 442
  Perforated sheets
Lochleibung ............... 47
  Hole bearing
Lochplatten .............. 442
  Perforated plates
Lohnkosten .............. 344
  Labour costs
Löschmittel .............. 151
  Extinguishing agents
Löten .................. 338 f.
  Soldering
Lötnähte ............... 127 ff.
  Soldered seams
L-Profile ................ 440
  L-section
L-Stahl .................. 181
  Angle steels
Luftdruck ................. 36
  Air pressure
Luftschall ................. 72
  Airborne sound
Luftverbrauch ............ 473
  Air consumption

## M

MAG-Schweißen ....... 327 ff.
  Metal active gas welding
Mantelflächen ............ 194
  Surface areas
Maßanordnung ........... 105
  Dimensional arrangement
Martens-Härteprüfung ...... 225
  Martens hardness test
Maschinendrehzahl ........ 310
  Machine rotation speed
Maschinenlaufzeit ......... 345
  Machine running time
Maschinenstundensatz .... 345
  Machine hour rates
Maßbezugssystem ........ 104
  Dimensional reference system
Masse .................. 26 f.
  Mass
Masse von Rohren ........ 203
  Mass of pipes
Masseeinheiten ............. 9
  Mass units
Massen, flächenbezogene ... 196
  Masses per unit areas
Massen, längenbezogen ... 196
  Masses per length areas
Maßanordnung ........... 105
  Measuring arrangement
Maßeinheiten .............. 9
  Units of measurement
Maßeintragung ......... 103 ff.
  Dimensioning
Maßhilfslinien ............ 107
  Witness lines
Maßlinie ................ 107
  Dimension lines
Maßstäbe ................. 87
  Scales
Maßtoleranzen ........... 145
  Dimensional tolerance
Maßzahlen .............. 108
  Dimension numbers
Materialkosten ........... 342
  Material cost
Metallbauelemente ... 197, 442 f.
  Metal engineering
  components
Metallbauzeichnungen .... 132 ff.
  Drawings of
  Metal engineering
Metrisches Gewinde ...... 222
  Metric thread
MIG-Schweißen ........ 327 ff.
  Metal inert gas welding
Mindestbiegeradien . 292 f., 300 f.
  Minimum bending radii
Mindesteinschraubtiefe .... 240
  Minimum screw depth
Mindestfugenbreite ........ 420
  Minimum width of joints

# Sachwortverzeichnis 495

Mischungsrechnung . . . . . . . . . 14
   Calculation of mixtures
Möbelschlösser . . . . . . . . . . . . 351
   Furniture locks
Montageschienen . . . . . . . . . . 283
   Mounting channels
Montagetechnik . . . . . . . . 282 ff.
   Mounting technique
Multiplikation . . . . . . . . . . . . . . 12
   multiplication
Musterbleche . . . . . . . . . . . . . 442
   Pattern metal sheets
Muttern . . . . . . . . . . . . . . . . 258 f.
   Nuts

## N

Nageldübel . . . . . . . . . . . . . . . 271
   Screwnail anchor
Nibbeln . . . . . . . . . . . . . . . . . . 304
   Nibbling
Nichtrostende Stähle . . . . . . . 171
   Stainless steels
Niete . . . . . . . . . . . . . . . . . . . . 267
   Rivet
Normalglühen . . . . . . . . . . . . . 220
   Annealing
Normalprojektion . . . . . . . . . . . 90
   Orthographic projection
Normschrift . . . . . . . . . . . . . . . . 85
   Standard lettering
Normzahlen . . . . . . . . . . . . . 84 f.
   Preferred numbers

## O

Oberflächen . . . . . . . . . . . . 23 ff.
   Surfaces
Oberflächenbeschaffenheit 124 ff.
   Surface finish
Ohm'sches Gesetz . . . . . . . . . . 59
   Ohm's law
Ornamente . . . . . . . . . . . . . . . 149
   Ornaments

## P

Parallelbemaßung . . . . . . . . . 106
   Parallel dimensioning
Parallelogramm . . . . . . . . . . . . 18
   Parallelogram
Parallelschaltung . . . . . . . . . . . 59
   Parallel connection
Passungen . . . . . . . . . . . . . 116 ff.
   Fits
Passungsauswahl . . . . . . . . . . 120
   Selection of fits
Passungssysteme . . . . . . . . . . 117
   System of fits
Periodensystem . . . . . . . . . . . . 76
   Periodic Table
Pfettenschuhe . . . . . . . . . . . 434 f.
   Purlin shoes

Pfettensicherung . . . . . . . . . 435 f.
   Securing of purlins
Pfettenstöße . . . . . . . . . . . . . . 433
   Purlin butt joints
Pfosten . . . . . . . . . . . . . . . 391 ff.
   Jamps
Pläne . . . . . . . . . . . . . . . . . . . . 83
   Plans
Plasmaschneiden . . . . . . . . . . 305
   Plasma cutting
Pneumatik . . . . . . . . . . . . . 467 ff.
   Pneumatics
Pneumatikschaltpläne . . . . . . 470
   Pneumatic circuit
   diagrams
Pneumatikzylinder . . . . . . . . . 473
   Pneumatic cylinders
Polyamidseil . . . . . . . . . . . . . . 284
   Polyamide fibre rope
Potenzieren . . . . . . . . . . . . . . . 11
   Exponentiating
Presse, hydraulische . . . . . . . . 474
   Hydraulic press
Presskraft . . . . . . . . . . . . . . . . 298
   Press force
Primärenergiebedarf . . . . . . . . 66
   Primary energy need
Produktivstunden . . . . . . . . . . 344
   Productive hours
Profil-Doppelzylinder . . . . . . . 352
   Double-profile cylinder
   for door locks
Profilgrößen . . . . . . . . . . . . 381 ff.
   profile sizes
Profil-Knaufzylinder . . . . . . . . 353
   Profile knob cylinders
Profilheber . . . . . . . . . . . . . . . 289
   Profile lifter
Programmaufbau/DIN . . . . 478 ff.
   Program structure/DIN
Programmaufbau/PAL . . . . 482 ff.
   Program structure/PAL
Projektion, isometrische . . . . . 89
   Isometrical projection
Projektion, rechtwinklige . . . . . 89
   Orthogonal projection
Projektionen . . . . . . . . . . . . . . . 98
   Projections
Projektionsverfahren . . . . . . . . 89
   Projection methods
Proportionen . . . . . . . . . . . . . . 148
   Proportions
Prozentrechnung . . . . . . . . . . . 13
   Percentage calculation
Prüfverfahren,
   zerstörungsfreie . . . . . . . . . 226
   Non-destructive testing me-
   thods
Prüfzeichen . . . . . . . . . . . . . . 153
   Test symbol

Pyramide . . . . . . . . . . . . . . . . . 24
   Pyramid
Pyramidenstumpf . . . . . . . . . . . 24
   Truncated pyramid
Pythagoras, Lehrsatz des . . . . . 19
   Pythagoras' theorem

## Q

Quadrat . . . . . . . . . . . . . . . . . . 18
   Square
Qualitätsstähle . . . . . . . . . . . 163 f.
   High-quality steels

## R

Radizieren . . . . . . . . . . . . . . . 11 f.
   Extracting roots of number
Rahmendübel . . . . . . . . . . . . . 270
   Sleeve anchor
Rahmenquerschnitte . . . . . . 400 f.
   Frame sections
RAL-Farbregister . . . . . . . . 227 f.
   RAL colour scale
Randabstände . . . . . . . . . 17, 132
   Margins
Randversteifungen . . . . . . . . . 299
   Edge-stiffening blanks
Raumkosten . . . . . . . . . . . . . . 345
   Occupancy costs
Raute . . . . . . . . . . . . . . . . . . . . 18
   Rhombus
Reaktionsgleichungen,
   chemische . . . . . . . . . . . . . . 76
   Chemical equations
Rechteck . . . . . . . . . . . . . . . . . 18
   Rectangle
Rechtstreppe . . . . . . . . . . . . . 377
   Right-side stairs
REFA . . . . . . . . . . . . . . . . . . . 346
   REFA
Regelgewinde . . . . . . . . . . . . . 232
   Coarse-pitch screw thread
Regelungstechnik . . . . . . . . 454 ff.
   Control engineering
Reibschweißen . . . . . . . . . . . . 337
   Friction welding
Reibungskraft . . . . . . . . . . . . . . 31
   Frictional force
Reibungszahlen . . . . . . . . . . . 238
   Coefficients of friction
Reihenschaltung . . . . . . . . . . . 59
   Series connection
Rekristallisationsglühen . . . . . 220
   Recrystallization annealing
Rettungswege . . . . . . . . . . . . 151
   Rescue routes
Rettungszeichen . . . . . . . . . . . U2
   Escape and rescue signs
Rhombus . . . . . . . . . . . . . . . . . 18
   Rhombus
Richtwerte . . . . . . . . . . . . . . . 320
   Benchmarks

# Sachwortverzeichnis

Riegelschlösser .......... 350 f.
Bolt locks
Riementrieb .............. 307
Belt drive
Ringmuttern .............. 289
Eye nuts
Ringschrauben ............ 289
Eye bolts
RIPP-Muttern ............. 258
TR strain relief
insert nuts
RIPP-Schrauben ........... 245
TR strain relief
insert screws
Risikohinweise .......... 156 ff.
Risk indication
Rockwell-Härteprüfung ..... 224
Rockwell hardness test
Rohe Sechskantschraube .... 247
Raw hexagon screw
Rohlänge ................. 17
Rough length
Rohre .................. 188 ff.
Pipes
Rohrgewinde .............. 233
Pipe threads
Rohrleitungen ....... 141 f., 153
Pipe runs
Rohrrahmenprofile ....... 444 ff.
Tubular frame profiles
Rohrschelle .............. 282
Pipe clamps
Rollladenstäbe ............ 421
Roller shutter slats
Rollenfallenschlösser ....... 350
Roller latch locks
Rolltor .................. 368
Roll-up gates
R-Sätze ................. 156
Informatory notes on
possible hazards and risks
Rückfederung ............. 297
Spring-back resilience
Rundlauftor .............. 368
Carousel gates
Rundschlingen ............ 285
Round slings
Rundstahlbügel ........... 254
Round steel clips

## S

Sägen ................. 312
Sawing
Sägengewinde ............ 234
Buttress screw thread
Schallarten ............... 72
Sound types
Schallausbreitung ........... 72
Noise dispersion
Schalldämmmaß .......... 417
Sound reduction index

Schalldämmung .......... 72 f.
Sound insulation
Schallpegel ............... 72
Sound level
Schallschutz ........ 72 f., 417 f.
Sound insulation
Schallschutzglas ........... 409
Sound-insulation glass
Schallschutzklassen ....... 417 f.
Sound insulation classes
Schaltalgebra ............ 459 ff.
Boolean algebra
Schaltpläne ........... 460, 469
Circuit diagrams
Schaltzeichen,
pneumatische ........... 467
Circuit symbols,
pneumatical
~, elektronische ......... 459 ff.
~, electronical
~, hydraulische .......... 467 f.
~, hydraulic
Scheiben ............... 262 f.
Washers
Scherschneiden ........... 303
Shear cutting
Schiebe-Falttor ............ 368
Sliding and folding gates
Schiebefalz .............. 299
Supported seam joint
Schiebetor(e) ....... 368, 370 ff.
Sliding gate(s)
Schienenmuttern .......... 283
Rail nuts
Schimmelpilzbildung ........ 71
Mould growth
Schleifen ................ 315
Grinding
Schleifkörper ............ 315 f.
Grinding stone
Schleifscheiben ........... 315
Grinding discs
Schließanlagen .......... 355 f.
Locking systems
Schließkanten ............ 361
Locking edges
Schließkräfte ............. 361
Locking pressures
Schließplan ............. 355 f.
Locking plan
Schließzylinder ........... 352 f.
Cylinder locks
Schlösser .............. 348 ff.
Locks
Schlussrechnung ........... 14
Calculations by
the rule of three
Schmalkeilriementrieb ...... 308
Narrow V-belt drive
Schmelzwärme ............ 62
Latent heat of fusion

Schmiedetemperaturen ..... 302
Forging temperatures
Schmierfette ............. 207
Lubricating greases
Schmieröle .............. 207
Lubricating oils
Schmierstoffe ............ 207
Lubricants
Schneckentrieb ........... 307
Worm drive
Schneelasten .............. 57
Snow loads
Schneidstoffe ............ 173
Cutting materials
Schnellarbeitsstahl ......... 172
High-speed steel
Schnittgeschwindigkeit ..... 309
Cutting speed
Schnittgrößen ............. 38
Section sizes
Schnittdarstellungen ...... 92 ff.
Cutting drawings
Schraubenbezeichnung ..... 235
Screw designation
Schraubensicherung ....... 242
Screw locking device
Schriftfelder .............. 88
Title blocks
Schutzalterbestimmung ..... 152
Protection of young people
in working life
Schutzarten .......... 154, 463
Protection classes
Schutzdauer ............. 212
Term of protection
Schutzgase .............. 327
Inert gas
Schutzgasschweißen . 327 ff., 336
Inert gas arc welding
Schutzklassen ............ 154
Protection classes
Schutzmaßnahmen .... 150, 463
Safety precautions
Schweißen ............ 318 ff.
Welding
Schweißen von Aluminium .. 336
Welding of aluminium
Schweißen von Kunststoffen . 337
Welding of plastics
Schweißen von Kupfer ...... 336
Welding of copper
Schweißfolgeplan ....... 83, 137
Sequence of welding
operations
Schweißmuttern ........... 260
Weld nuts
Schweißnähte ....... 43, 127 ff.
Welds
Schweißnahtvorbereitung ... 319
Weld preparation

# Sachwortverzeichnis 497

Schweißnahtberechnung ..... 43
Weld calculation
Schweißplan .............. 83
Welding schedule
Schweißpositionen ......... 319
Welding positions
Schweißstab .......... 320, 331
Filler rod
Schweißunregelmäßigkeiten 335
Welding irregularities
Schweißverbindungen . 43 f., 335
Welded joints
Schweißverfahren ....... .318 ff.
Welding methods
Schweißzeichnungen ..... 127 ff.
Welding drawings
Schweißzusätze .......... 328 f.
Welding fillers
Schwerpunkte .............. 28
Centroids
Schwingtor ............... 368
Swing-up overhead gate
Sechskantmuttern ....... 258 ff.
Hexagonal nuts
Sechskant-Passschrauben ... 247
Hexagonal fit bolts
Sechskantschrauben  244 f., 247 ff.
Hexagonal screws and bolts
Sechskant-Spannschloss-
muttern ................. 260
Hexagonal strainer nuts
Sechskantstahl ........... 180
Hexagonal steel bars
Seile ..................... 284
Ropes
Seilkräfte ................. 33
Cable forces
Sektionaltor ............... 368
Sectional gates
Senkniete ................. 267
Countersunk head rivets
Senkschrauben ...... 246, 250 f.
Flat head screws
Senkungen .............. 241
Countersinkings
Setzbolzen ............... 281
Power-actuated fastener
Sicherheitsglas ........... 410
Safety glass
Sicherheitskennzeichnung ... U2
Safety signs
Sicherheitsratschläge ....... 157
Safety phrases
Sicherungselemente ....... 263
Safety elements
Silicon-Fugendichtstoff ..... 419
Silicon jointing material
Sinnbilder, grafische ...... 464 f.
Graphical symbols
Sinussatz ................. 16
Law of sine

Sonnenschutz ........... 421 f.
Sun protective
Sonnenschutzglas ......... 409
Solar protective glass
Spannhülsen .............. 265
Clamping sleeves
Spannscheiben ............ 263
Clamping disks
Spannschlösser ........... 289
Turnbuckles
Spannschlossmuttern ...... 260
Turnbuckle sleeves
Spannstifte .............. 265
Rollpins
Spannungsarmglühen ...... 220
Stress relief heat
treatment
Spannungs-Dehnungs-
Schaubild .............. 223
Tensile lead-extension diagram
Spannungsnachweis ....... 42 f.
Stress evaluation
Sperrzahnschrauben ....... 244
Locking tooth bolts
Spindeltreppe ......... 377, 384
Spiral stairs
Spiralbohrer .............. 311
Twist drills
Splinte .................. 264
Cotter pins
S-Sätze ................. 157
Recommended safety
measures
Stabelektroden .......... 321 f.
Stick electrodes
Stabstahl ............... 178 f.
Steel bars
Stähle .................. 163 ff.
Steels
Stähle,
korrosionsbeständige ..... 171
Steels, corrosion resistant
Stahlbau .......... 40 ff., 423 ff.
Steel construction
engineering
Stahlbauzeichnungen .... 132 ff.
Steel construction
drawings
Stahlbezeichnung ....... 164 f.
Steel specification
Stahlbleche .............. 175
Steel plates
Stahldraht ............... 196
Steel wir
Stahlnormung .......... 164 ff.
Designation system
for steels
Stahlprofile, warmgewalzte . . 177
General survey of
hot-rolled steel sections
Stahlrohre ............. 189 ff.
Steel tubes

Stahltrapezprofile .......... 438
Trapezoidal steel sections
Stahlzargenprofile ......... 359
Profiles of steel door frames
Standardantrieb ........... 374
Standard drive system
Standardzargen ........... 358
Standard door frames
Stangenschlösser .......... 351
Bar locks
Stanzniete ............... 268
Stamped rivets
Statik .................. 37 ff.
Statics
Stehfalz ................. 299
Standing seam joint
Steinschrauben ........... 279
Stone bolts
Stellringe ................ 265
Adjusting clamps
Steuerprogramm ......... 478
Control program
Steuerung,
elektropneumatische ...... 471
Electropneumatic controllers
Steuerung, hydraulische .... 472
Hydraulic controllers
Steuerung, pneumatische ... 470
Pneumatic controllers
Steuerungstechnik ....... 454 ff.
Control engineering
Stiftschrauben ............ 254
Set crew
Stirnplatten ............. 428 f.
Faceplates
Stirnplattenanschluss .... 425 ff.
Connection of faceplates
Stoffgruppen, chemische ..... 77
Groups of substances,
chemical
Stoffwerte .......... 65, 160 f.
Material characteristics
Strahlensatz .............. 15
Theorem of rays
Strahlungsgewinnfaktor .... 415
Radiation amount factor
Streckenteilung ........... 148
Division of a given length
Streckgitter .............. 197
Rib mesh
Ströme, gefährliche ........ 155
Currents, dangerous
Stromunfall .............. 155
Electric accident
Stromlaufplan ....... 462, 471
Circuit diagrams
Stücklisten ............... 88
Parts lists
Stufenverziehung .......... 385
Balancing of steps

# Sachwortverzeichnis

Stundenverrechnungssatz ... 344
 Hour cost rate
Stützenfüße ............... 430
 Support bases
Subtraktion ............... 12
 Subtraction
Symbole für Schaltpläne .. 459 f.
 Symbols for circuit diagrams

## T

Tafelscheren ............. 303
 Guillotine shears
Taupunkttemperatur ......... 70
 Dew-point temperature
Tauwasserbildung ........... 71
 Dew formation
Teilschnitt ................ 94
 Partial section
Teilungen ................ 112
 Sectionings
Temperatur ................ 61
 Temperature
Thermisches Trennen ..... 304 f.
 Flame cutting
Thermoplaste ........... 204 f.
 Thermoplastics
Toleranzen .......... 116 f., 145
 Tolerances
Torbänder ................ 369
 Gate hinges
Tore .................. 368 ff.
 Gates
Torelemente ......... 369, 371
 Gate components
Torfeststeller ............. 369
 Gate stop
Torproduktnorm .......... 375
 Gate product standard
Torsion .................. 50
 Torsion
Torus .................... 23
 Torus
Trägerausklinkungen ....... 429
 Beam notchs
Trägerklammern .......... 282
 Beam clamps
Tragklötze ............... 398
 Supporters
Tragsicherheitsnachweis  40, 42 f.
 Load capacity evaluation
Tragwerke .......... 51 ff., 437
 Support structures
Transformator ............. 60
 Transformers
Transitionen ............. 464 f.
 Transitions
Transmissionswärmeverlust .. 66
 Loss of heat by
 transmission
Trapez .................... 18
 Trapezium

Trapezgewinde ........... 234
 Trapezoidal thread
Treppen ............... 377 ff.
 Stairs
Treppenberechnung ...... 378 ff.
 Calculation of stairs
Treppenhauptmaße ........ 380
 Principal dimensions
 of stairs
Trittschall ................ 72
 Impact sound
T-Stahl .................. 181
 T-section steels
Türen ................ 357 ff.
 Doors
Türöffneranlage .......... 354
 Door-opening system
Türprofile ........... 445, 447
 Door profiles
Türproduktnorm .......... 364
 Product standard of doors
Türschließer ........... 360 f.
 Door checks
Türzargen .............. 358 f.
 Door cases
Typenschild ............. 154
 Type plate

## U

Übersetzungen ........... 307
 Transmissions
Umfangsgeschwindigkeit ... 309
 Peripheral speed
Umlegefalz .............. 299
 U-seam joint
Universaldübel ........ 269 ff.
 Multipurpose screw plug
U-Profile ............... 439
 Channel sections
Unterlegscheiben ....... 262 f.
 Flat washer
Unterweisungspflichten ..... 153
 Duty to provide training
Unterpulver-Schweißen ..... 334
 Submerged welding
U-Stahl ............... 179 f.
 Channel steels
U-Wert ................. 415
 U-value

## V

Verankerungen ........... 430
 Anchorages
Verbindungsarten ......... 240
 Connecting types
Verbindungselemente .... 264 f.
 Fasteners
Verbotszeichen ........... U2
 Prohibitive signs

Verbrennungswärme ........ 62
 Heat of combustion
Verbundanker .......... 275 f.
 Connection anchor bolt
Verdampfungswärme ....... 62
 Heat of vaporization
Verglasungen .. 402 ff., 411, 417 f.
 Glazings
Vergüten ................ 220
 Tempering
Vergütungsstähle ......... 171
 Quenched and
 tempered steels
Verknüpfungen, logische .. 455 ff.
 Logic operations
Verschnitt ................ 22
 Waste
Verzinken ............. 214 f.
 Galvanizing
Vickers-Härteprüfung ...... 225
 Vickers hardness test
Vieleck .................. 20
 Polygon
Vierkantprisma ........... 23
 Square prism
Vierkant-Schweißmutter .... 260
 Square welding nuts
Vollschnitt ............... 94
 Full section
Volumen .............. 23 ff.
 Volume
Volumenänderung,
 thermische ............. 61
 Heating-induced change
 of volume, thermal
Volumeneinheiten ........... 9
 Volume units
Vorkalkulation ........... 342
 Preliminary calculations
Vorschubgeschwindigkeit ... 309
 Feed rate
Vorspannkräfte ......... 237 f.
 Pretensioning forces
Vorspannung ............ 238
 Prestressing
Vorzeichenregeln .......... 10
 Rules of preceding signs

## W

Walzstahl ................ 48
 Rolled steel
Wachstumsspirale ........ 148
 Spiral of growth
Wandöffnungen .......... 357
 Wall openings
Wangentreppe ........... 377
 String stairs
Wärmebehandlungsangabe . 126
 Heat treating information

# Sachwortverzeichnis 499

Wärmebehandlungsverfahren . . . . . . . . . . . . . 220 ff.
Heat treatment process
Wärmedämmglas . . . . . . . . . . 409
Heat insulation glass
Wärmedurchgang . . . . . . . . . . . 63
Heat transition
Wärmedurchgangskoeffizient . . . . . . . . . 62 ff., 414
Heat transition coefficient
Wärmeleitung . . . . . . . . . . . . . . 62
Thermal conduction
Wärmemenge . . . . . . . . . . . . . . 61
Amount of heat
Wärmeschutzfunktion . . . . . 414 f.
Thermal insulation function
Wärmestrahlung . . . . . . . . . . . . 63
Thermal radiation
Wärmestrom . . . . . . . . . . . . . . . 62
Heat flow
Wärmeübergang . . . . . . . . . . . . 62
Heat transmission
Wärmeübergangswerte . . . . . . 65
Heat transmission values
Warmgasschweißen . . . . . . . . 337
Hot-gas welding
Warnzeichen . . . . . . . . . . . . . . . U2
Warning signs
Wartungspläne . . . . . . . . . . . . 452
Maintenance schedules
Wasserdampfdiffusion . . . . . 68 f.
Vapour diffusion
Wasserdampfsättigungsdruck . 68
Saturation pressure of water vapour
Wasserstrahlschneiden . . . . . 305
Water jet cutting
Wegbedingung . . . . . . . . . . . . 479
Preparatory functions
Weichglühen . . . . . . . . . . . . . . 220
Annealing
Weichlote . . . . . . . . . . . . . . . . 338
Soft solders
Weichlöten . . . . . . . . . . . . . . . 338
Soft soldering
Wendeltreppe . . . . . . . . . . . . . 377
Spiral staircase
Werkstoffnummern . . . . . . . 162 f.
Material codes
Werkstoffprüfung . . . . . . . . 223 ff.
Material testing
Werkzeugmaschinen, Steuerung . . . . . . . . . . . . 477 ff.
Machine tools, control
Werkzeugstähle . . . . . . . . . . . 172
Tool steels
Whitworth-Gewinde . . . . . . . . 233
Whitworth screw threads
Widerstandsklassen . . . . . . . . 361
Classifications of antiburglary equipment

Widerstandsmomente . . . . . . . 37
Moments of resistance
WIG-Schweißen . . . . . . . . . 327 ff.
TIG welding
Windbelastungsdiagramm . . 408
Diagram of wind loading
Windbelastungsfaktor . . . . . . 408
Factor of wind loading
Windlasten . . . . . . . . . . . . . . . . 55
Wind loading
Winkel . . . . . . . . . . . . . . . . . . . . 15
Angles
Winkelanschlüsse . . . . 423 f., 426
Angular connections
Winkelfunktionen . . . . . . . . . . . 16
Trigonometric functions
Winkelgelenke . . . . . . . . . . . . 253
Angle joints
Winkelstahl . . . . . . . . . . . . . . 182 f.
Angle steel
Wirkungsgrad . . . . . . . . . . . . . . 35
Efficiency
WP-Schweißen . . . . . . . . . . 327 ff.
Tungsten plasma welding
Würfel . . . . . . . . . . . . . . . . . . . . 23
Cube

## Z

Z-Profile . . . . . . . . . . . . . . . . . 441
Z-profiles
Zahnradberechnung . . . . . . . . 306
Gearwheel calculations
Zahnradtrieb . . . . . . . . . . . . . . 307
Gearwheel drives
Zargen . . . . . . . . . . . . . . . . . 358 f.
Frame
Zehnerpotenzen . . . . . . . . . . . . 15
Powers of ten
Zeichen, mathematische . . . . . . 6
Mathematical symbols
Zeichnen, technisches . . . . . . . 81
Drawing, technical
Zeichnungsblatt . . . . . . . . . . . . 87
Drawing sheet
Zeichnungen, Arten . . . . . . . . . 70
Types of drawings
Zentral-Schließanlage . . . . . . 355
Central locking system
Zentralhauptschlüssel-Anlage . . . . . . . . . . . . . . . . 355
Central master-keyed system
Ziffern, römische . . . . . . . . . . . 85
Numerals, roman
Zink . . . . . . . . . . . . . . . . . . . 201 f.
Zinc
Zinsen . . . . . . . . . . . . . . . . . . . 345
Interests
Z-Pfetten . . . . . . . . . . . . . . . . . 441
Z-type purlins

Z-Profile . . . . . . . . . . . . . 439, 441
Z-sections
Z-Stahl . . . . . . . . . . . . . . . . . . 187
Z-section steels
Zugbeanspruchung . . . . . . . . . 47
Tensile load
Zugbelastung . . . . . . . . . . . . . . 49
Tensile load
Zugstangen . . . . . . . . . . . . . 435 f.
Tension rods
Zugversuch . . . . . . . . . . . . . . . 223
Tensile testing
Zuschlagskalkulation . . . . . . . 342
Overhead calculation
Zuschlagssätze . . . . . . . . . . . . 341
Costing rates
Zweiholmtreppe . . . . . . . . . . . 377
Two-string stairs
Zylinder . . . . . . . . . . . . . . . . . . . 22
Cylinders
Zylinder-Hebelschloss . . . . . . 353
Cylinder lever lock
Zylinderschraube . . . . . . 245, 252
Cap screws

# Quellenverzeichnis

Folgenden Firmen und Buchautoren danken wir für die Überlassung von Bildern und die Erlaubnis zur Nutzung von technischen Informationen:

**Böllhoff Verbindungstechnik GmbH**
Bielefeld

**EHT Werkzeugmaschinen**
Teningen

**Euro-Inox**
Brüssel

**Femas S.R.L.**
Corregio/Italien

**Gerd Eisenblätter GmbH**
Geretsried

**Fischer**
Waldachtal

**Flow Europe GmbH**
Bretten

**Heinz Soyer Bolzenschweißtechnik**
Wörthsee-Etterschlag

**Hilti Deutschland GmbH**
Kaufering

**Informationsstelle Edelstahl Rostfrei**
Düsseldorf

**Kerb-Konus Vertriebs GmbH**
Amberg

**Kjellberg Plasma und Maschinen GmbH**
Finsterwalde

**Köster & Co. GmbH**
Ennepetal

**Lindapter GmbH**
Essen

**Lincoln Smitweld GmbH**
Essen

**Linde AG**
München

**Maximator JET GmbH**
Schweinfurt

**Messer Griesheim Schweißtechnik GmbH & Co.**
München

**Oerlikon Schweißtechnik**
Eisenberg

**Peschel**
u.a. Tabellenbuch Bautechnik,
Verlag Europa-Lehrmittel, Haan-Gruiten

**Pfeifer**
Memmingen

**RAL, Deutsches Institut für Gütesicherung und Kennzeichnung e.V.**
St. Augustin

**F. Reyher Nchfg. GmbH**
Hamburg

**Stahl-Informations-Zentrum**
Düsseldorf

**Trumpf**
Ditzingen

**Voestalpine Böhler Welding Germany GmbH**
Bad Krozingen

**Volz Maschinenhandel GmbH & Co. KG**
Witten-Annen

**Warema Renkhoff SE**
Marktheidenfeld

**Zinser GmbH**
Albershausen

## Gefahrstoffsymbole in der Gegenüberstellung

| alt<br>Gefahrstoffverordnung<br>RL 67/548/EWG | neu<br>UN-GHS<br>EU-GHS | alt<br>Gefahrstoffverordnung<br>RL 67/548/EWG | neu<br>UN-GHS<br>EU-GHS |
|---|---|---|---|
| **Physikalische Gefahren** | | Unter Druck stehende Gase wurden bisher nicht gekennzeichnet. | H 280<br>H 281 |
| <br>Explosionsgefahr<br>R 1, R 2, R 3, R 4, R 5, R 6<br>E = Explosive | <br>H 200, H 201, H 202, H 203, H 204, H 205, H 240, H 241, EUH 001, EUH 006 | <br>Unter Druck stehende Gase, die in einem Behältnis unter einem Druck von 20 kPa (Überdruck) oder mehr enthalten sind. | |
| Explosive Stoffe, Gemische und Erzeugnisse mit Explosivstoff.<br>Selbstzersetzliche Stoffe und Gemische, die bei Erwärmung Explosion oder Brand und Explosion verursachen können.<br>Organische Peroxide, die bei Erwärmung Explosion oder Brand verursachen können. | | **Gesundheitsgefahren** | |
| | | <br>Sehr giftig<br>R 26, R 27, R 28, R 39<br>T = Toxic | H 300<br>H 310<br>H 330 |
| <br>Brandfördernd<br>R 7, R 8, R 9<br>O = Oxidizing | <br>H 270, H 271, H 272 | Stoffe, die beim Verschlucken, bei Hautkontakt und beim Einatmen lebensgefährlich sind. | |
| Entzündend (oxidierend) wirkende Gase, Flüssigkeiten und Feststoffe, die einen Brand verursachen oder verstärken können. | | <br>Giftig<br>R 23, R 24, R 25, R 39, R 48 | H 300<br>H 301<br>H 310<br>H 311<br>H 330<br>H 331 |
| <br>Leichtentzündlich<br>R 10, R 11, R 15, R 17 | H 225<br>H 226<br>H 228<br>H 250<br>H 260<br>H 261 | oder | |
| oder<br><br>Hochentzündlich<br>R 12 | H 220<br>H 221<br>H 222<br>H 223<br>H 224 | <br>Gesundheitsschädlich<br>R 20, R 21, R 22<br>X = Andreaskreuz<br>n = noxious | H 301<br>H 311<br>H 331 |
| F = Flammable | | Stoffe, die beim Verschlucken, bei Hautkontakt und beim Einatmen giftig sind. | |
| Entzündbare Gase, Aerosole, Flüssigkeiten und Feststoffe.<br>Selbstzersetzliche Stoffe und Gemische, die bei Erwärmung Brand und Explosion verursachen können.<br>Organische Peroxide, die bei Erwärmung Brand und Explosion verursachen können .<br>Selbsterhitzungsfähige Stoffe und Gemische, die sich, wenn sie in großen Mengen vorliegen, nach einem längeren Zeitraum in Berührung mit Luft ohne Energiezufuhr selbst erhitzen und in Brand geraten können. | | <br>Gesundheitsschädlich<br>R 20, R 21, R 22, R 40, R 42, R 48<br>T = Toxic | <br>H 334<br>H 350<br>H 351<br>H 372<br>H 373 |
| | | Stoffe, die beim Einatmen Allergie, asthmaartige Symptome oder Atembeschwerden verursachen können.<br>Stoffe, die bei Verschlucken und Eindringen in die Atemwege tödlich sein können. | |

Europa-Nr.: 16011

ISBN 978-3-8085-1609-6